Production Process Flow Diagram
on the Modern Fine Chemicals

现代精细化工
生产工艺流程图解

李和平　主编

化学工业出版社
·北京·

本书以精细化工产品的生产工艺及流程为核心，详细介绍了精选的 500 余种精细化工产品的生产或合成原理、生产工艺流程及流程图。为了更好地理解这些流程，还介绍了产品的中英文名称、分子式或组成、性能指标、生产原料与用量、产品用途等。本书内容涵盖了精细化工产品的主要类别，包括表面活性剂、胶黏剂、涂料、香料与香精、化妆品、食品与饲料添加剂、洗涤剂、电子信息化学品、功能高分子与智能材料、精细化工合成功能与助剂、油田化学品、纺织染整助剂、水处理化学品、皮革化学品、造纸化学品、精细纳米材料、有机染料与颜料、无机精细化学品、气雾剂与喷雾剂、油墨、农用精细化工产品等。

本书所选的精细化工产品均为各领域的重要产品或有发展前途的新产品，所述的工艺流程均来自工业实践，具有较强的实用性，对从事精细化工产品开发、工艺设计、生产管理和产品应用的人员有很大参考价值；也可作为大专院校化学工程与工艺、精细化工、应用化学、石油化工、制药工程、高分子材料科学与工程等专业的教学与科研参考书。

图书在版编目（CIP）数据

现代精细化工生产工艺流程图解/李和平主编. —北京：
化学工业出版社，2014.1（2021.10 重印）
ISBN 978-7-122-18695-9

Ⅰ.①现… Ⅱ.①李… Ⅲ.①精细化工-生产流程-图解
Ⅳ.①TQ062-64

中国版本图书馆 CIP 数据核字（2013）第 245077 号

责任编辑：傅聪智　路金辉　　　　　　文字编辑：颜克俭
责任校对：顾淑云　　　　　　　　　　装帧设计：王晓宇

出版发行：化学工业出版社（北京市东城区青年湖南街 13 号　邮政编码 100011）
印　　装：北京虎彩文化传播有限公司
787mm×1092mm　1/16　印张 37　字数 1092 千字　2021 年 10 月北京第 1 版第 2 次印刷

购书咨询：010-64518888　　　　　　　售后服务：010-64518899
网　　址：http://www.cip.com.cn
凡购买本书，如有缺损质量问题，本社销售中心负责调换。

定　　价：198.00 元

  化学工业与石油化学工业是我国近现代发展十分迅速的国民经济的支柱产业，而精细化工作为其重要组成部分，在 20 世纪也得到了长足的发展，其为解决人类的衣食住行及人类赖以生存的资源、能源与环境问题做出了重要贡献。进入 21 世纪，精细化工已步入快速发展的轨道。随着国内化工生产技术的进步、市场需求的快速增长、原料供应能力的提高，以及发达国家迫于环境保护、生产成本和市场饱和等压力所进行的产业转移或放弃，给我国的精细化工提供了前所未有的发展机遇。不仅传统的精细化工继续保持着国际大国的地位，新领域精细化工的竞争能力也大幅度提高，一大批有影响力的产品主导着国际市场，从而使我国成为全球精细化工最具发展活力的市场与生产国。

  为顺应精细化工的发展与市场需求，作者在多年从事精细化工领域科研、教学工作的基础上，参阅并归纳国内外有关精细化工产品生产原理、生产设备与工艺流程等技术文献资料，编写 3 本专著。本书以市场较为畅销或典型的精细化工产品及新领域精细化工产品为核心，精选了各领域的 500 余种产品，对其生产原理、反应方程式、生产工艺、工艺流程、生产原料与用量、产品性能指标、用途等进行详细的论述，并且详细绘出生产工艺流程图，便于读者掌握相关的精细化工产品的生产知识。全书编排新颖、层次清楚、系统全面、资料翔实，突出精细化工产品的工艺流程图及生产原理，具有较强的实用性、理论性与学术性，是从事精细化工产品开发、生产、研究、教学、管理和应用人员的参考书；对大专院校化学工程与工艺、精细化工、应用化学、石油化工、制药工程、高分子材料科学与工程等相关专业的教学与科研也有一定的参考价值。

  本书由李和平担任主编，孙建军、张淑华、冯光炷、袁超、尹志刚担任副主编。参加本书编著的作者及编著章节如下：第 1、2、3、10 章由桂林理工大学李和平编著；第 4 章由桂林理工大学欧辉、李东旭、白国韡、李和平编著；第 5 章由北京化工大学孙建军编著；第 6 章由嘉兴禾大科技化学有限公司江雄知编著；第 7 章由太原科技大学高晓荣编著；第 8 章由桂林理工大学李东旭、白国韡、李和平编著；第 9、18 章由河南农业大学赵仲麟编著；第 11 章由江雄知、仲恺农业工程学院冯光炷编著；第 12 章由桂林理工大学白国韡、李和平编著；第 13 章由郑州轻工业学院尹志刚编著；第 14 章由桂林理工大学张淑华、李和平编著；第 15 章由桂林理工大学鲁勇、李和平编著；第 16 章由冯光炷编著；第 17、20 章由河南农业大学袁超编著；第 19 章由张淑华编著。全书由李和平教授统编、修改定稿。在全书历时五年的编写过程中，桂林理工大学杨官威、袁金伟、黄云燕、吕虎强、胡杨、杨永哲、张垚、杨旭、武冠亚、牛春花、魏锦萍、袁庆广等参与了部分绘图、文献资料的搜集、整理及核对工作；书稿引用了一些国内外学者的研究成果、专著及文献，在此作者一并致谢。

由于精细化工发展较快，涉及范围广，加之编著人员水平和资料收集等条件有限，本书难免有遗漏或不足，甚至还有错误和不妥之处，在此作者热忱希望广大读者批评指正。

作　者
2013 年 8 月

目录 | CONTENTS

第 1 章

精细化工概述

精细化工产品是化学工业中用来与基本化工产品相区分的一个专用术语。精细化工是生产精细化学品的工业，是现代化学工业的重要组成部分，是发展高新技术的重要基础，也是衡量一个国家的科学技术发展水平和综合实力的重要标志之一。因此，世界各国都把精细化工作为化学工业优先发展的重点行业之一。近几十年来，"化学工业精细化"已成为发达国家科技和生产发展的一个重要特征。

1.1 精细化工的定义与范畴

1.1.1 精细化工的定义

化工产品可以分为通用化工产品或大宗化学品（heavy chemicals）和精细化工产品或精细化学品（fine chemicals）两类。通用化工产品又可分为无差别产品（如硫酸、烧碱、乙烯、苯等）和有差别产品（如合成树脂、合成橡胶、合成纤维等）。通用化工产品用途广泛，生产批量大，产品常以化学名称及分子式表示，规格是以其中主要物质的含量为基础。精细化工产品则分为精细化学品（如中间体、医药和农药以及香精的原料等）和专用化学品（如医药成药、农药配剂、各种香精、水处理剂等），具有生产品种多、附加价值高等特点，产品常以商品名称或牌号表示，规格以其功能为基础。精细化学品是通用化工产品的次级产品，它虽然有时也以化学名称及分子式表示，且规格有时也是以其主要物质的含量为基础，但它往往有较明确的功能指向，与通用化工产品相比，商品性强，生产工艺精细。专用化学品是化工产品精细化后的最终产品，更强调其功能性，一种精细化学品可以制成多种专用化学品；例如铜酞菁有机颜料，同一种分子结构，由于加工成晶型不同、粒径不同、表面处理不同或添加剂不同，可以制成纺织品着色用、汽车上漆用、建筑涂料中用或作催化剂用等。专用化学品的附加值要比精细化学品高得多。制造专用化学品的专用化技术多种多样，例如经过分离纯化、复配增效或剂型改造等技术。

"精细化工"是精细化学工业（fine chemical industry）的简称，是生产精细化工产品工业的通称。"精细化学品"一词国外沿用已久，但迄今尚无统一确切的科学定义。20 世纪 70 年代，美国化工战略研究专家 C. H. Kline 根据化工产品"质"和"量"引出差别化的概念，把化工产品分为通用化学品、有差别的通用化学品、精细化学品、专用化学品四大类。根据 Kline 的观点，精细化学品是指按分子组成（即作为化合物）来生产和销售的小吨位产品，有统一的商品标准，强调产品的规格和纯度；专用化学品是指小量而有差别的化学品，强调的是其功能。现代精细化工应该是生产精细化学品和专用化学品的工业，我国正是将精细化学品和专用化学品纳入精细化工的统一范畴。因此，从产品的制造和技术经济性的角度进行归纳，通常认为精细化学品是生产规模较小、合成工艺精细、技术密集度高、品种更新换代快、附加值大、功能性强和具有最终使用性能的化学品。我国化工界目前得到多数人公认的定义是：凡能增进或赋予一种（类）产品以特定功能，或本身拥有特定功能的多品种、技术含量高的化学品，称为精细化工产品，有时称为专用化学品（speciality chemicals）或精细化学品（fine chemicals）。按照国家自然科学技术学科分类标准，精细化工的全称应为"精细化学工程"（fine chemical engineering），属化学工程（chemical engineering）学科范畴。

可以用下面的比率表示化工产品的精细化率：

$$精细化工产值率（精细化率）＝\frac{精细化工产品的总产值}{化工产品的总产值}×100\%$$

随着科学技术的发展及人们生活水平的提高，要求化学工业不断提高产品质量及应用性能，增加规格品种，以适应各方面用户的不同需求。因此精细化工已成为当今世界各国发展化学工业的战略重点，而精细化率也在相当大程度上反映着一个国家的发达水平及综合技术水平以及化学工业集约化的程度。

1.1.2　精细化工的形成

精细化工的产生和发展是与人们的生活和生产活动紧密联系在一起的，是随着化学工业和整个工业的发展进程而逐步发展的。19世纪前，伴随人类生活与生产活动的发展，生产精细化学品的原料，尽管主要取之于天然，而在品种上确已有了很大发展，像药物、油漆、肥皂、酿造、农药等。20世纪初，由于石油化学工业的兴起，精细化学品的发展产生了第一次大的突跃。该次突跃的特征是：以合成化学品为原料的精细化学品，在数量上和品种上均逐渐居于主体（特别是精细有机化学品）。20世纪中叶，高分子化学的发展和高分子材料的出现，对工农业生产和人们的日常生活都产生了极其深刻的影响，同时也为精细化学品带来了第二次大的突跃。这次突跃的特点是：①部分老行业更新换代，有了新发展，如肥皂发展了合成洗涤剂、油漆扩展为涂料等；②新生行业崛起，如胶黏剂、信息用化学品、功能高分子等。

大型化学工业在20世纪50年代初期是以煤为原料的生产路线。到20世纪50年代中期，美国解决了高压深冷的技术和设备，改用石油和天然气做原料，因而成本大为降低，使得不产油国家的煤化工路线无法与石油化工路线竞争。因此，当时的联邦德国、日本、英国等国也相继改用石油化工路线。20世纪70年代两次石油危机，油价暴涨，1973年石油提价70%，接着阿拉伯产油国减产25%，油价上涨至原来的3倍，到1981年已涨到10倍。结果迫使贫油国家的化学工业向精细化工方面发展。精细化工和新技术的开发，促使一些发达化学工业总体面貌发生了根本的变化。

西欧化学工业在20世纪70年代石油危机引发的衰退中，依靠向高技术、精细化转移的结构调整，走出了困境，取得了发展。20世纪80年代中期以后，主要工业国家化学工业结构重整，产品结构升级，产品精细化、功能化，加速精细化工发展成为世界化学工业发展的一个基本动向。该阶段可以说是精细化工的第三次飞跃。西方发达国家一面控制以进口石油为原料的石油化工规模；另一方面以自己的雄厚财力和技术优势，在发达的石油化工基础上，向发展中国家难与之竞争的精细化工做战略转移。以乙烯生产为例，到1985年，美国削减27%，日本已削减36%，联邦德国削减24%，形成了一个由大规模的传统产品向精细化工产品的转移。而这时产油产气国家如沙特阿拉伯、加拿大、墨西哥和澳大利亚等，正在大规模发展石油化工，使1987—1992年世界乙烯产量再度回升。据美国化学制造商协会报告，由于美国化学工业在1985年采取艰苦的结构重整决策后，于1986年迅速复苏，净利润比1985年剧增54.5%，而一般化产品的交易额仅增1%。德国巴斯夫公司调整并改革了塑料生产，关闭了年产33万吨的聚氯乙烯工厂，从大吨位普通塑料转向生产高价值的精细高分子化工产品——工程塑料，并研制高强度、耐高温的聚合物合金，用于汽车制造、通信业和电子技术，代替金属的专用品，取得了巨大的经济效益。

1.1.3　精细化工的范畴

精细化工产品的种类繁多，所包括的范围很广，其分类方法根据每个国家各自的工业生产体制而有所不同，但差别不大，只是划分的宽窄范围不同。随着科学技术的进步，精细化工行业会越来越细。归纳国内外目前的精细化工行业或种类，主要包括医药、农药、合成染料、有机颜料、涂料、胶黏剂、香料、化妆品与盥洗卫生用品、表面活性剂、合成洗涤剂、肥皂、印刷用油墨、塑料增塑剂和塑料添加剂、橡胶添加剂、成像材料、电子用化学品与电子材料、饲料添加剂与兽药、催化剂、合成沸石、试剂、燃料油添加剂、润滑剂、润滑油添加剂、保健食品、金属表面处理剂、食品添加剂、混凝土外加剂、水处理剂、高分子絮凝剂、工业杀菌防霉剂、芳香除臭剂、造纸用化学品、纤维用化学品、溶剂与中间体、皮革用化学品、油田用化学品、汽车用化学品、炭黑、脂肪酸及其衍生物、稀有气体、稀有金属、精细陶瓷、无机纤维、贮氢合金、非晶态合金、火药与推进剂、酶、生物技术产品、功能高分子材料与智能材料等。

根据我国原化工部文件的界定及近十年来精细化工工业发展的实践，当代中国精细化工的涵义指的是国际上通用的精细化学品和专用化学品的总和，它包括了农药、染料、涂料（包括油漆和油墨）及颜料、试剂和高纯物、信息用化学品（包括感光材料、磁性材料等）、食品和饲料添加剂、胶黏剂、催化剂和各种助剂、化学药品、日用化学品、功能高分子材料等11个门类；在催化剂和各种助剂中可分为催化剂、印染助剂、塑料助剂、橡胶助剂、水处理剂、纤维抽丝用油剂、有机抽提剂、高分子聚合物添加剂、表面活性剂、皮革助剂、农药用助剂、油田用化学品、混凝土添加剂、机械和冶金用助剂、油品添加剂、炭黑、吸附剂、电子工业专用化学品、纸张用添加剂、其他助剂等20个小类。

值得注意的是，精细化工涵盖范围很广，上述分类是我国原化工部在1986年为了统一精细化工产品的口径，加快调整产品结构，发展精细化工，作为计划、规划和统计的依据而提出的。由于当时以计划经济体制为主，条块分割，除了原化工部主管精细化工一大块外，其他如轻工部、卫生部、农业部等部委也分管了一部分，因此以上11大类并未包括精细化工的全部内容。而且由于我国精细化工起步较晚，精细化工产品的门类也比国外少，但这种差距正在逐步缩小。除11大类之外，生物技术产品、医药制剂、酶、精细陶瓷等也属于精细化工产品。此外，因新品种不断出现，且生产技术往往是多门学科的交叉产物，故很难确定其准确范畴。

1.2　精细化工生产特点与经济效益评价

多品种、系列化和特定功能、专用性质构成了精细化工产品的量与质的两大基本特征。精细化工产品生产的全过程不同于一般化学品，它是由化学合成或复配、剂型（制剂）加工和商品化（标准化）三个生产部分组成的。在每一个生产过程中又派生出各种化学的、物理的、生理的、技术的、经济的要求和考虑，这就导致精细化工必然是高技术密集的产业。与传统大化工（无机、有机、高分子化工等）相比，精细化工的综合特点主要表现在以下几个方面。

1.2.1　精细化工产品的生产特点

1.2.1.1　品种多

从精细化工的分类可以看出精细化工产品必然具有多品种的特点。随着科学技术的进步，精细化工产品的分类越来越多，专用性越来越强，应用范围越来越窄。由于产品应用面窄、针对性强，特别是专用化学品，往往是一种类型的产品可以有多种牌号，因而新品种和新剂型不断出现。如表面活性剂的基本作用是改变不同两相界面的界面张力，根据其所具有的润湿、洗涤、浸渗、乳化、分散、增溶、起泡、消泡、凝聚、平滑、柔软、减摩、杀菌、抗静电、匀染等表面性能，制造出多种多样的洗涤剂、渗透剂、扩散剂、起泡剂、消泡剂、乳化剂、破乳剂、分散剂、杀菌剂、润湿剂、柔软剂、抗静电剂、抑制剂、防锈剂、防结块剂、防雾剂、脱皮剂、增溶剂、精炼剂等。多品种也是为了满足应用对象对性能的多种需要，如染料应有各种不同的颜色，每种染料又有不同的性能以适应不同的工艺。食品添加剂可分为食用色素、食用香精、甜味剂、营养强化剂、防腐抗氧保鲜剂、乳化增稠品质改良剂及发酵制品等七大类，约 1000 余个品种。

随着精细化工产品的应用领域不断扩大和商品的创新，除了通用型精细化工产品外，专用品种和定制品种愈来愈多，这是商品应用功能效应和商品经济效益共同对精细化工产品功能和性质反馈的自然结果。不断地开发新品种、新剂型或配方及提高开发新品种的创新能力是当前国际上精细化工发展的总趋势。因此，多品种不仅是精细化工生产的一个特征，也是评价精细化工综合水平的一个重要标志。

1.2.1.2　采用综合生产流程和多功能生产装置

精细化工的多品种反映在生产上需经常更换和更新品种，采用综合生产流程和多功能生产装置。生产精细化工产品的化学反应多为液相并联反应，生产流程长、工序多，主要采用的是间歇式的生产装置。为了适应以上生产特点，必须增强企业随市场调整生产能力和品种的灵活性。国外在 20 世纪 50 年代末期就摒弃了那种单一产品、单一流程、单用装置的落后生产方式，广泛地采用了多品种综合生产流程和多用途多功能生产装置，取得了很好的经济效益。到了 20 世纪 80 年代从单一产品、单一流程、单元操作的装置向柔性生产系统（FMS）发展。如英国的帝国化学工业公司（ICI）的一个子公司，1973 年用一套装备、三台计算机可以生产当时的 74 个偶氮染料中的 50 个品种，年产量 3500t，它可能是最早的 FMS 的例子。FMS 指的是一套装备里，生产同类多个品种的产品。它设有自动清洗的装置，清洗后用摄像机确认清洗效果。1986 年日本化药（株）提出了"无管路（pipeless）化工厂"的方案，开始了"多用途（multipurpose）装备系统"的研制，这样的一套装备有可能生产近百个品种。如日本旭工程（株）到 1993 年初已制造"AI-BOS8000 型移动釜式多用途间歇生产系统"达十套，它的反应釜是可移动的，自动清洗（CIP），无管路，计算机控制，遥控，可以无菌操作。同时，很多厂家发展了一机多能的设备，如在一台设备中，可以进行过滤、洗涤滤饼和干燥等操作。

1.2.1.3　技术密集度高

高技术密集度是由几个基本因素形成的。首先，在实际应用中，精细化工产品是以商品的综合功能出现的，这就需要在化学合成中筛选不同的化学结构，在剂型（制剂）生产中充分发挥精细化学品自身功能与其他配合物质的协同作用。这就形成了精细化工产品高技术密集度的一个重要因素。

其次，精细化工技术开发的成功概率低，时间长，费用高。据报道，美国和德国的医药和农药新品种的开发成功率为万分之一，日本为一万至三万分之一；在染料的专利开发中，成功率通常为 0.1%～0.2%。据统计，开发一种新药约需 5～10 年，其耗资可达 2000 万美元。若按化学工业的各个门类来统计，医药的研究开发投资最高，可达年销售额的 14%。对一般精细化工产品来说，研究开发投资占年销售额的 6%～7% 是正常现象。造成以上情况的原因除了精细化工行业是高技术密集型行业外，产品更新换代快、市场寿命短、技术专利性强、市场竞争激烈等也是重要原因。另外，从 20 世纪 70 年代开始，各国由于环境保护以及对产品毒性控制方面的要求日益严格，也直接影响到精细化工研究开发的投资和速度。不言而喻，其结果必然导致技术垄断性强，销售利润率高。

技术密集还表现在情报密集、信息量大而快。由于精细化学品常根据市场需求和用户不断提出应用上的新要求改进工艺过程，或是对原化学结构进行修饰，或是修改更新配方和设计，其结果必然产生了新产品或新牌号。另外，大量的基础研究工作产生的新化学品，也不断地需要寻找新的用途。为此，必须建立各种数据库和专家系统，进行计算机仿真模拟和设计。因此，精细化工生产技术保密性强，专利垄断性强，世界各精细化工公司通过自己的技术开发部拥有的技术进行生产，在国际市场上进行激烈的竞争。

精细化学品的研究开发，关键在于创新。根据市场需要，提出新思维，进行分子设计，采用新颖化工技术优化合成工艺。早在 20 世纪 80 年代初，ICI 公司的 C. Suekling 博士就提出 R&D（研究与开发）与生产和贸易构成三维体系。衡量化学工业水平的标志，除了生产和贸易外，主要是它的 R&D 水平。就技术密集度而言，化学工业是高技术密集指数工业，精细化工又是化学工业中的高技术密集指数工业。以机械制造工业的技术密集度指数为100，则化学工业为248，精细化工中的医药和涂料分别为340和279。

1.2.1.4　大量采用复配和剂型加工技术

复配和剂型加工技术是精细化工生产技术的重要组成部分。精细化工产品由于应用对象专一性和特定功能，很难用一种原料来满足需要，常常必须加入其他原料进行复配，于是配方的研究便成为一个很重要的问题。例如香精常常由几十种甚至上百种香料复配而成，香精除了有主香剂之外，还有辅助剂、头香剂和定香剂等组分，这样制得的香精才香气和谐、圆润、柔和。在合成纤维纺织用的油剂中，除润滑油以外，还必须加入表面活性剂、抗静电剂等多种其他助剂，而且还要根据高速纺或低速纺等不同的应用要求，采用不同的配方，有时配方中会涉及十多种组分。又如金属清洗剂，组分中要求有溶剂、防锈剂。医药、农药、表面活性剂等门类的产品，情况也类似，可以说绝大部分的专用化学品都是复配产品。为了满足专用化学品特殊的功能、便于使用和贮存的稳定性，常常要将专用化学品制成适当的剂型。在精细化工中，剂型是指将专用化学品加工制成适合使用的物理形态或分散形式，如制成液剂、混悬液、乳状液、可湿剂、半固体、粉剂、颗粒等。香精为了使用方便常制成溶液；液体染料为了使印染工业避免粉尘污染和便于自动化计量也制备成溶液；洗涤剂根据使用对象不同可以制成溶液、颗粒和半固体；牙膏和肤用化妆品则制成半固体；为了缓释和保护敏感成分，有些专用化学品制成微胶囊。因此，加工成适当剂型也是精细化工的重要特点之一。

有必要指出，经过剂型加工和复配技术所制成的商品数目，往往远远超过由合成得到的单一产品数目。采用复配技术和剂型加工技术所推出的商品，具有增效、改性和扩大应用范围等功能，其性能往往超过结构单一的产品。因此，掌握复配技术和剂型加工技术是使精细化工产品具有市场竞争能力的一个极为重要的方面，这些也是我国精细化工发展的一个薄弱环节。

1.2.2　精细化工产品的商业特点

1.2.2.1　技术保密、专利垄断

精细化工公司通过技术开发拥有的技术进行生产，并以此为手段在国内及国际市场上进行激烈竞争，在激烈竞争的形势下，专利权的保护是十分重要的。尤其是专用化学品多数是复配型的，配方和剂型加工技术带有很高的保密性。如许多特种精细化工产品，其分装销售网可能遍布世界各地，但工艺或配方仅为总部极少数人掌握，严格控制，排斥他人，以保证独家经营，独占市场，不断扩大生产销售额，获得更多的利润。

1.2.2.2　重视市场调研、适应市场需求

精细化工产品的市场寿命不仅取决于它的质量和性能，而且还取决于它对市场需求变化的适应性。因此，做好市场调研和预测，不断研究消费者的心理需求，不断了解科学技术发展所提出的新课题，不断调查国内外同行的新动向，不断改进自己的工作，做到知己知彼，才能在同行强手面前赢得市场竞争的胜利。

1.2.2.3　重视应用技术和技术服务

精细化工属于开发经营性工业，用户对商品的选择性高，因而应用技术和技术服务是组织精细化工生产的两个重要环节。为此，精细化工的生产单位应在技术开发的同时，积极开发应用技术和开展技术服务工作，不断开拓市场，提高市场信誉；还要十分注意及时把市场信息反馈到生产计划中去，从而增强企业的经济效益。国外精细化工产品的生产企业极其重视技术开发和应用、技术服务这些环节间的协调，反映在技术人员配备比例上，技术开发、生产经营管理（不包括工人）和产品销售（包括技术服务）大体为2：1：3，值得我们借鉴。

例如一个新的食品添加剂或新的皮革化学品生产出来，坐等用户上门采购是不可能的，做广告宣传效果也有限，因为食品厂和皮革厂使用现有的食品添加剂品种或皮革化学品品种已成习惯，在不了解新品种的使用性能、操作条件和优缺点的情况下，是不乐意也不可能采用新的品种的。唯一的办法就是在研究开发阶段要开展应用技术研究，在推广应用阶段要加强技术服务，其

目的是掌握产品性能，研究应用技术和操作条件，指导用户正确使用，并开拓和扩大应用领域。只有这样，一个精细化工新品种才能为用户所认识，才能打开销路，进入市场并占领市场。

1.2.3　精细化工产品的经济效益评价

生产精细化工产品可获得较高的经济效益，概括起来，可从下列三个方面加以评价。

1.2.3.1　附加价值与附加价值指数

附加价值是指在产品的产值中扣除原材料、税金、设备和厂房的折旧费后，剩余部分的价值。它包括利润、人工劳动、动力消耗以及技术开发等费用，所以称为附加价值。附加价值不等于利润，因为某种产品加工深度大，则工人劳动及动力消耗也大，技术开发的费用也会增加。而利润则有各种因素的影响，例如是否一种垄断技术、市场的需求量如何等。附加价值高可以反映出产品加工中所需的劳动、技术利用情况，以及利润是否高等。此外，产品的质量是否能达到要求也很重要，这些都是高利润不可忽视的因素。

据美国商业部工业经济调查局资料介绍，投入石油化工原料 50 亿美元，产出初级化学品 100 亿美元，再产出有机中间体 240 亿美元和最终成品 40 亿美元。如进一步加工成塑料、树脂、合成橡胶、化学纤维、橡胶和塑料制品、清洗剂和化妆品，可产出中间产品 400 亿美元和最终成品 270 亿美元。再进一步深度加工成用户直接使用的农药、汽车材料、纸浆及纸的联产品、家庭耐用品、建筑材料、纺织品、鞋、印刷品及出版物，总产值可达 5300 亿美元。由此可见，初级化工产品随着加工深度的不断延伸，精细化程度越高，附加价值不断提高。一般来说，1 美元石油化工原料加工到合成材料，可增值 8 美元（塑料为 5 美元，合成纤维为 10 美元），如加工成精细化工产品，则可增值到 106 美元。

如能把深度加工与副产物的综合利用结合起来，则经济效益会更好。我国石化企业具有丰富的精细化工产品所需原料，但当前已形成生产能力的大宗化工品均是经过一次或二次加工而成的，大部分未进行产品的深度加工，而且副产物的综合利用差距更大。一般来说，化工产品每深度加工一次，经济效益可成倍或成几倍增长。如从丙烯出发合成丙烯酸，进而再合成高档原料 2-乙基己基丙烯酸酯，其经济效益可提高 3～4 倍。

以氮肥为基数的有关行业的附加价值指数（有关行业附加价值/氮肥附加价值）如下：氮肥 100，石油化工产品 335.8，染料、有机颜料、环式中间体 1219.2，塑料 1213.2，合成纤维 606，涂料 732.4，医药制剂 4078，农药 310.6，感光材料 589.4，表面活性剂 143.3，合成橡胶 423.8，脂肪族中间体 632，无机盐 485，无机颜料 218.7，香料 79，油墨 95.7。

1.2.3.2　投资效率

就总体来说，化学工业属于资本型工业，资本密集度高，但精细化工投资少，投资效率［投资效率＝（附加价值/固定资产）×100％］高，资本密集度仅为化学工业平均指数的 0.3～0.5，为化肥工业的 0.2～0.3。通常精细化工产品的返本期短，一般投产 3～5 年即可收回全部设备投资，有些产品还可以更短。

1.2.3.3　利润率

国际上评价利润率高低的标准是：销售利润率少于 15％的为低利润率，15％～20％的为中利润率，大于 20％的为高利润率。根据近年来的统计结果，世界 100 家大型化工公司中，高、中利润率的均为生产精细化工产品的公司，大化工产品的深度加工可以提高利润率。

1.3　精细化工与高新技术的关系

当代高科学技术领域的研究开发是精细化工发展的战略目标。所谓高科技领域是指当代科学、技术和工程的前沿，对社会经济的发展具有重要的战略意义，从政治意识看是影响力，从经济发展看是生产力，从军事安全看是威慑力，从社会进步看是推动力。精细化工是当代高科技领域中不可缺少的重要组成部分，精细化工与电子信息技术、航空航天技术、自动化技术、生物技术、新能源技术、新材料技术和海洋开发技术等密切相关。

20 世纪人们合成和分离了 2285 万种新化合物，新药物、新材料的合成技术大幅度提高，典型的单元操作日趋成熟，这主要归功于精细化工的长足发展和贡献。21 世纪科技界三大技术，即纳米技术、信息技术和生物技术，实际上都与精细化工紧密相关。可见，精细化工还将继续在社会发展中发挥其核心作用，并被新兴的信息、生命、新材料、能源、航天等高科技产业赋予新时代的内容和特征。

1.3.1 精细化工与微电子和信息技术

信息技术作为现代社会文明的三大支柱之一，精细化工的发展为微电子信息技术奠定了坚实的基础。例如，近年来国外生产的大型电子计算机，已大部分采用金属氧化物半导体大规模集成电路作为主存储器。同时薄膜多层结构已大量用于集成电路，而电子陶瓷薄膜作为衬底和封装材料是实现多层结构的支柱。GaAs 作为电子计算机逻辑元件的材料，被认为是最有希望的材料。同时，制造集成电路块时，需要为之提供各种超纯试剂、高纯气体、光刻胶等精细化学品。例如聚酰亚胺可用于三维化集成电路的制作。目前世界光刻胶年销售额超过 5 亿美元。

精细化工产品可以用于大规模和超大规模集成电路的制备，在声光记录、传输和转换等方面也有重要应用。如电子封装材料、各种焊剂和基板材料；光存贮材料和垂直磁性记录材料，传感器用的光、电、磁、声、力以及对气氛有敏感性的材料，如精细陶瓷材料、成像材料、光导纤维、液晶和电致变色材料等方面都有广泛的应用。

1.3.2 精细化工与空间技术

当代航天工业和空间技术发展很快，各国竞争十分激烈，它体现了一个国家的综合实力。而航天所用的运载火箭、航天飞机、人造卫星、宇宙飞船、空间中继站以及通信、导航、遥测遥控等设备的功能材料、电子化学品、结构胶黏剂、高纯物质、高能燃料等都属于特种精细化学品。例如，航天运载火箭发动机的喷嘴温度高达 2800℃，产生强大的推动力；喷嘴材料要求耐高温、耐高冲击和耐腐蚀，用石墨和 SiC 陶瓷可以满足喷嘴材料的要求。火箭的绝热材料可用石墨和 Al_2O_3、ZrO_2、SiC 陶瓷制作。航天飞机由太空重返大气层时，机体各部分均处在超高温状态，机体的防护层采用碳纤维增强复合材料，并在 Al_2O_3-SiC-Si 的粉末中进行热处理，使其表面形成 SiC 保护层，再添入 SiO_2 以提高防护层的抗氧化性。又如，空间技术所用结构胶黏剂一般常采用聚酰亚胺胶、聚苯并咪唑胶、聚喹噁啉胶、聚氨酯胶、有机硅胶以及特种无机胶黏剂。

1.3.3 精细化工与纳米科学技术

纳米科学技术是用单个原子、分子制造物质的科学技术。纳米科技是以许多现代先进科学技术为基础的科学技术，它是现代科学（混沌物理、量子力学、介观物理、分子生物学等）和现代技术（计算机技术、微电子和扫描隧道显微镜技术、核分析技术等）结合的产物。纳米科学技术又引发一系列新的科学技术，如纳米电子学、纳米材料学、纳米机械学等。纳米科学技术被认为是世纪之交出现的一项高科技，有关专家认为其将有可能迅速改变物质资料的生产方式，从而导致社会发生巨大变革。欧美各国十分重视纳米技术，有关国家将其列入"政府关键技术"、"战略技术"，投入大量人力物力进行研发。我国也相当重视纳米技术，并取得了多项高水平的研究成果，有些方面已达到国际先进水平。

纳米材料由纳米粒子组成，纳米粒子一般是指尺寸在某一方向为 1~100nm 的粒子，是处在原子簇和宏观物体交界的过渡区域，是一种介观系统，它具有表面效应、量子尺寸效应、体积效应和宏观量子隧道效应。

精细化工和当代纳米科学技术密切相关。首先，有些传统的精细化工技术可以应用于纳米技术，如制备纳米粒子的方法可以采用精细化工的传统技术方法，即真空冷凝法、物理粉碎法、机械球磨法、气相沉积法、沉淀法、溶胶凝胶法、微乳液法、水热合成法等方法。另外，纳米材料在精细化工方面也得到了一定的应用。它已在胶黏剂和密封胶、涂料、橡胶、塑料、纤维、有机玻璃、固体废弃物处理等方面得到了应用。由于纳米粒子的奇特性质，纳米材料在精细化工方面的应用，亦将使精细化工发生巨大的变革。

1.3.4　精细化工与生物技术

生物技术可以认为是 21 世纪的革新技术，而精细化工正是实现生物技术工业化的部门。生物技术研究的任务主要是解决直接与人类生活和生存有关的重大问题，如粮食、能源、资源、健康和环境等。生物技术是与化学工业密切相关的，它的突破与发展，给世界经济发展和社会发展产生巨大影响。但生物技术固然先进，但也有一些难以处理的化学工程问题。例如生化反应产物往往组分多而复杂；产物在料液中的含量很低；生物物质易变性，对热、某些酶和机械剪切力等都很敏感，很易引起分解变异；许多生物物质或生化体系的性质与 pH 值的变化有很大的关系，很容易引起变性、失活、离解或降低回收率和产物纯度；且生物物质混合液中，物理化学性质不一，情况十分复杂，其中有些生物大分子呈胶粒状悬浮物质，很难用常规的沉降、过滤等办法进行分离纯化。所有这些问题，会使分离和纯化工艺过程变得十分复杂，使设备庞大、生产费用上升，因而成为需要投入大量研究力量的突出问题。

1.3.5　精细化工与新能源技术

精细化工与能源技术的关系十分密切。例如太阳能电池材料是新能源材料研究的热点，IBM 公司研制的多层复合太阳能电池其光电转换效率可达 40％。氢能是人类未来的理想能源，资源丰富、干净、无污染，应用范围广。而光解水所用的高效催化剂和各种储氢材料，固体氧化物燃料电池（SOFC）所用的固体电解质薄膜和阴极材料，质子交换膜燃料电池（PEMFC）用的有机质子交换膜等，都是目前研究的热点题目。精细化工与新能源技术相互促进、相互发展。

1.4　精细化工产品的研制与开发

为了提高精细化工产品的竞争能力，必须坚持不懈地开展科学研究，注意采用新技术、新工艺和新设备。同时还必须不断研究消费者的心理和需求，以指导新产品的研制开发。企业只有处于不断研制开发新产品的领先地位，才能确保其自身在激烈的竞争面前永远立于不败之地。

1.4.1　基础与前期工作

1.4.1.1　新产品的分类

（1）按新产品的地域特征分类

① 国际新产品　指在世界范围内首次生产和销售的产品。

② 国内新产品　指国外已生产而国内首次生产和销售的产品。

③ 地方或企业新产品　指市场已有，但在本地区或本企业第一次生产和销售的产品。

（2）按新产品的创新和改进程度分类

① 全新产品　指具有新原理、新结构、新技术、新的物理和化学特征的产品。

② 换代新产品　指生产基本原理不变，部分地采用新技术、新的分子结构，从而使产品的功能、性能或经济指标有显著提高的产品。

③ 改进新产品　指对老产品采用各种改进技术，使产品的功能、性能、用途等有一定改进和提高的产品。也可以是在原有产品的基础上派生出来而形成的一种新产品。改进新产品的工作，是企业产品开发的一项经常性工作。

1.4.1.2　信息收集与文献检索

信息收集是进行精细化工开发的基础工作之一。企业在开发新产品时，必须充分利用这种廉价的"第二资源"。据统计，现代一项新发明或新技术，90％左右的内容可以通过各种途径从已有的知识中取得信息。信息工作做得好，可以减少科研的风险，提高新产品的开发速度，避免在低水平上的重复劳动。

（1）信息的内容

① 化工科技文献中有关的新进展、新发现、最新研究方法或工艺等。

② 国家科技发展方向和有关部门科技发展计划的信息。

③ 有关研究所或工厂新产品、新材料、新工艺、新设备的开发和发展情况的信息。

④ 有关市场动态、价格、资源及进出口变化的信息。

⑤ 有关产品产量、质量、工艺技术、原材料供应、消耗、成本及利润的信息。

⑥ 有关厂家基建投资、技术项目、经济效益、技术经济指标的信息。

⑦ 国际国内的新标准及三废治理方面的新法规。

⑧ 使用者对产品的新要求、产品样品及说明书、价目表等。

⑨ 有关专业期刊或报刊的广告等。

（2）信息的查阅和收集　精细化工信息的来源途径较多，可从中外文科技文献、调查研究、参加各种会议得到，也可以从日常科研和生活中注意随时留心观察和分析获得。目前各图书馆的电子资源较为常用，如中文期刊网全文数据库、维普科技期刊全文数据库、CALIS 外文期刊数据库、ASP＋BSP 全文数据库、Elsevier 期刊、万方学位论文数据库、ProQuest 学位论文全文数据库、万方会议论文全文数据库、EI 工程索引等。

1.4.1.3　市场预测和技术调查

（1）注意掌握国家产业发展政策　国家产业发展重点的变化，往往导致某些产品的需求量大增而另一些产品的需求量减少，例如建材化工产品受政策影响较大。现在，国家对环境保护的要求日益重视，一些对环境有污染的精细化工产品势必好景不长，例如残余甲醛超标的精细化学品、涂料用的有毒颜料、农业用的剧毒农药都逐渐被淘汰。

（2）了解同类产品在发达国家的命运　随着现代化水平的提高，人民的生活不断改善，某些正在使用的产品将逐渐被淘汰，新产品也将不断出现。这一过程发达国家比我国较早发生，在这些国家所发生的情况也可能在我国出现，因此他们的经验可以作为我们分析产品前景时的借鉴。在许多专业性刊物，例如《化工科技动态》、《化工新型材料》、《精细与专用化学品》、《精细化工》、《现代化工》等期刊上便经常载有这一类的信息或综述文章，可供了解产品在国外市场上兴起和消亡的情况。

（3）了解产品在国际国内市场上的供求总量及其变化动向　企业应该针对产品在国际国内市场上的总需求量有一个估计。国外市场的需求数量可通过查阅有关数据库或询问外贸部门获得，并应了解需求上升或下降的原因；国内市场的总需求量则可根据用户的总数及典型用户的使用量来估计，并通过了解同类生产厂家的数量、生产规模的情况来估计总供货量，根据需求量与供货量的对比来确定是否生产或生产规模的大小。

（4）注意国家在原料基地建设方面的信息　有些市场较好的化工产品，由于原料来源短缺，无法在国内广泛生产和应用。但若解决了原料来源问题，产品可能很快更新换代。企业对此应有所准备，提前研制采用这些将大批量生产的原料的新产品。

（5）了解产品用户信息　产品用户的生产规模变化及生产经营态势，必然导致产品需求量的变化，如能及时获取信息，将有利于企业作好应变准备。

（6）设法保护本企业的产品　在我国，一旦一种产品销路广、利润高，便容易出现一哄而起的状况。企业对于自己独创的"拳头"产品，应申请专利或采用其他措施进行保护。

（7）技术调查和预测　通过技术调查和预测，了解产品的技术状况与技术发展趋势，本企业能够达到的水平、国内的先进水平以及国际的先进水平。注意收集我国进口精细化工产品的品种和数量、国内销售渠道、样品、说明书、商品标签、生产厂家，以观测国外产品的特色和优点，预测本厂新产品的成本、价格、利润和市场竞争能力等。还要预测可能出现的新产品、新工艺、新技术及其应用范围、预测技术结构和产业结构的发展趋势。

（8）注意"边空少特新"产品发展动向　凡是几个部门的边缘产品、几个行业间的空隙产品、市场需要量少的产品、用户急需的特殊产品和全国最新的产品，一般都易被大企业忽视或因"调头慢"而一时难以生产，却对精细化工企业特别适宜。对于这类产品，往往市场较好，如果一时无法自我开发，也可向研究机构或大专院校直接购买技术投产。

（9）注意本地资源的开发利用　精细化工企业尤其是乡镇企业应注意本地资源的开发利用。例如，在盛产玉米、薯类的地区可发展糠醛、淀粉、柠檬酸、丙酮、丁醇等综合利用产品，并可将这些产品配制成其他利润更高的产品；在动植物油丰富的地区则可发展油脂化工产品，并对产品进行深加工，生产出化妆品或洗涤剂等产品；在有土特产的山区、养蚕区则可发展香料、色素等产品。这类利用本地资源开发的产品的竞争力是很强的，而且生命力一般都比较旺盛。

1.4.1.4 产品的标准化及标准级别

产品标准是对产品结构、规格、质量和检验方法所作的技术规定。它是一定时期和一定范围内具有约束力的产品技术准则，是产品生产、质量检验、选购验收、使用、保管和洽谈贸易的依据。产品标准的内容主要包括：产品的品种、规格和主要成分；产品的主要性能；产品的适用范围；产品的试验、检验方法和验收规则；产品的包装、储存和运输等方面的要求。

（1）国际标准　国际标准是国际上有权威的组织制订、为各国承认和通用的标准，例如国际标准化组织（ISO）和国际电工委员会（IEC）所制定的标准。ISO 在电子技术以外几乎所有领域里制订国际标准。1983 年，ISO 出版了《国际标准题录关键词索引》，简称《KWIC 索引》。我国国家技术监督局于 1994 年 8 月正式加入国际标准化组织。

（2）国家标准　国家标准（GB）是对全国经济、技术发展有重大意义而必须在全国范围内统一的标准。国家标准是国家最高一级和规范性技术文件，是一项重要的技术法规，一经批准发布，各级生产、建设、科研、设计管理部门和企事业单位，都必须严格贯彻执行，不得更改或降低标准。

（3）行业标准　根据《中华人民共和国标准化法》的规定：由我国各主管部、委（局）批准发布，在该部门范围内统一使用的标准，称为行业标准。例如：机械、电子、建筑、化工、冶金、轻工、纺织、交通、能源、农业、林业、水利等等，都制定有行业标准。

在全国某个行业范围内统一的标准。行业标准由国务院有关行政主管部门制定，并报国务院标准化行政主管部门备案。当同一内容的国家标准公布后，则该内容的行业标准即行废止。

行业标准由行业标准归口部门统一管理。行业标准的归口部门及其所管理的行业标准范围，由国务院有关行政主管部门提出申请报告，国务院标准化行政主管部门审查确定，并公布该行业的行业标准代号。

行业标准分为强制性标准和推荐性标准。下列标准属于强制性行业标准：

① 药品行业标准、兽药行业标准、农药行业标准、食品卫生行业标准；

② 工农业产品及产品生产、储运和使用中的安全、卫生行业标准；

③ 工程建设的质量、安全、卫生行业标准；

④ 重要的涉及技术衔接的技术术语、符号、代号（含代码）、文件格式和制图方法行业标准；

⑤ 互换配合行业标准；

⑥ 行业范围内需要控制的产品通用试验方法、检验方法和重要的工农业产品行业标准。

推荐性行业标准的代号是在强制性行业标准代号后面加"/T"，例如农业行业的推荐性行业标准代号是 NY/T。

（4）企业标准　企业标准（QB）是由生产企业制订发布并报当地技术监督部门审查备案的标准。随着我国经济的发展，已研制生产出许多新型产品，这些产品尚未制订统一的国家标准，往往由企业根据用户的要求自行制定。有些产品虽有相应的国家标准或部标准，但某些企业为提高产品质量或扩大使用范围，允许企业制订高于国家标准的内控企业标准。

1.4.2 精细化工产品的研究与开发

1.4.2.1 科研课题的来源

精细化工新产品开发课题的来源多种多样，但从研究设想产生的方式来考虑，主要有下述两种情况。

（1）起源于新知识的科研课题　研究者通过某种途径，如文献资料、演讲会、意外机遇、科学研究、市场及日常生活中了解到某一种科学现象或一个新产品，在寻找该科学现象或新产品的实际应用的过程中提出了新课题。一般而言，课题的产生往往伴随着灵感的闪现，虽然新课题可能仍在研究者的研究领域之内，但大多并非他预期要进行的研究内容。由于这类课题通常是研究者智慧的结晶，往往具有较高的独创性和新颖性。如果通过仔细分析和尝试性实验后认为课题符合科学性、实用性等原则，并且尚没有人进行同样研究的话，那么研究成果往往是具有创造性的新发明。图 1-1 表示了这一类课题的产生过程。

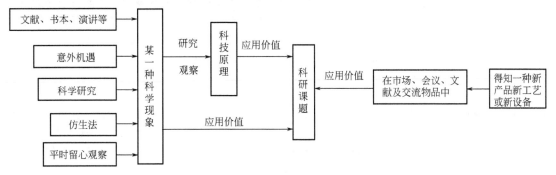

图 1-1　起源于新知识科研课题的产生

（2）解决具体问题的科研课题　在更多的情况下，精细化工产品的发明和改进是通过对具体课题进行深入研究后产生的，其思维过程如图 1-2。

这一类课题可以是针对某一具体的精细化工产品，通过缺点列举、希望列举所提出的，也可以是在工业生产实际中提出来的，还可以是一些久攻不克的研究课题或攻关课题，以及仿制进口产品等。这些课题研究的目标和任务与第一种方式不同，它预先就有明确的任务和指标要求。我国现阶段精细化工产品的开发大部分是采用这一方式。

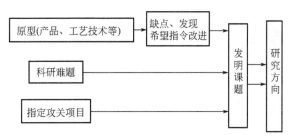

图 1-2　解决具体问题科技课题的产生

科技人员要采用这一方式选题，就要经常深入生产现场和产品用户，了解现有产品的缺点和人们对它的期望。除此之外，还应经常了解其他研究人员的研究选题动向（通过技术刊物、会议、网络或调研活动），并及时向有关领导机关或厂家了解产品开发要求或国产化要求等信息，在积累了大量信息的基础上，便可找到合适的科研课题。

1.4.2.2　科研课题的研究方法

在研究课题选择的同时或课题选定之后，便要开始考虑怎样着手进行研究，即制定研究方案。一个课题的研究方法往往不止一种，有时甚至有几种或十几种方法都可以用来研究同一个课题。研究者的知识结构不同，思维方法不同，就可能选择不同的研究方法。常用的研究方法有以下几种。

① 模仿和类比研究法　即模仿别人在研究同类产品时的研究方法开展研究；或以已有的产品为蓝本，根据其在某一种特征上与待开发产品的类似之处，通过模仿进行研究的方法。

② 仿天然物研究法　这是类比研究法的一种特殊形式，即以自然界中天然存在的物资为蓝本。通过结构分析和机理研究，模拟天然物质的结构，研究出性能相近或更为优越的产品。

③ 应用科学技术原理或现象法　即通过查阅文献，深入了解有关的科学原理、作用机理、特殊科学现象，并应用这些科学技术原理进行研究的方法。

④ 筛选研究法　通过对大量物质和配方的尝试，找到所期望的物质或配方的研究方法。

⑤ 样品解剖分析法　如果掌握了某一精细化工产品的样品，而由于技术保密的原因无法知道其组成和配方，在研制同类产品时，可以采用分析化学的方法对其组成进行定性、定量分析，

以便了解产品的大致成分及配方，在不侵犯其专利权的情况下作为研究工作的参考。

上述 5 种常用的研究方法并不是孤立存在的，在解决一个具体的研究课题时，科研人员往往把上述几种方法交织在一起使用。

1.4.2.3　精细化工新产品的发展规律

一个精细化工产品从无到有、从低级到高级的不断发展，往往要经历很长时间，随着现代科学技术的进步，这个时间过程被大大缩短了。只有掌握了新产品发展的规律，才能对产品的发展方向有正确的预测，才能确定研制开发新产品的目标。新产品的发展一般要经历以下几个阶段。

（1）原型发现阶段　精细化工产品的原型，即是其发展的起点，原型的发现是一种科学发现。在原型被发现之前，人们对所需要的产品是否存在，是否可能实现是完全茫然无知的，原型的发现是该类产品研究和发展的根源，为开发该产品提供了基本思路。在 1869 年 Ross 发现磷化膜对金属有保护作用之前，人们并不知道可通过磷化来提高金属的防锈能力；在一百多年前人们发现除虫菊花可以防治害虫并对人畜无害之前，人们并不知道存在对人类无害的杀虫剂。许多精细化工产品的原型是人们在长期的实践中逐步发现的。再如数千年前人类便已发现了天然染料，如由植物提取的靛蓝、由茜草提取的红色染料、由贝壳动物提取的紫色染料等，这些天然染料便是人工合成染料的原型。

现代科学技术的发展，使许许多多的闻所未闻的新产品原型不断被发现。新产品原型的发现，往往预示着一类产品即将诞生，一系列根据原型发现的原理做出的新发明即将出现。

（2）雏形发明阶段　原型发现往往直接导致一个全新的化工产品的雏形发明。但在多数情况下，雏形发明的实用价值很低。例如，Ross 发现铁制品磷化防锈及由此发明了最简单的磷化液配方，但这个发明由于实用价值低而长期未受重视。有些情况下，原型的发现并未直接导致雏形发明的产生，例如在弗莱明发明青霉素之前，便已有细菌学者发现某些细菌会阻碍其他细菌生长这一现象，但并没有导致青霉素的发明。而弗莱明却利用类似发现于 1929 年制成了青霉素粗制剂（雏形发明），但还未达到实用目的。

雏形发明的出现可视为精细化工产品研究的开始，为开发该类产品提供了客观可能性。一般而言，在雏形发明诞生之后，针对该雏形发明的改进工作便会兴起，许多有类似性质和功能的物质会逐渐发现，有关的科技论文也会逐渐增多，产品日益朝实际应用的方向发展。通常，雏形发现和发明容易引起人们的怀疑和抵制，因为它的出现往往冲击了人们的传统观念。科研人员如果能认识到某一雏形发明的潜在前景，在此基础上开展深入研究，往往可以做出有重大意义的产品发明来。

（3）性能改进阶段　雏形发明出现之后，对雏形发明的性能、生产方式进行改进并克服雏形发明的各种缺陷的应用研究工作便会广泛地开展，科技论文数量大幅度增加，对作用机理及化合物结构和性能特点的研究也开始进行。一般通过两种方式对雏形发明进行改进。

第一，通过机理研究，初步弄清雏形发明的作用机理，从而从理论上提出改进的措施，并通过大量的尝试和筛选工作，找到在性能上优于雏形发明的新产品。

第二，使雏形发明在工艺上、生产方法上以及价格上实用化。经过改进后的雏形发明虽然性能上有所改善并能够应用于工业及生活实际中，但往往受到工艺条件复杂、使用不方便及原料缺乏等限制。为了解决这些问题，必须做更多更深入的研究，使产品逐渐走向实用。

（4）功能扩展阶段　在一种新型精细化工产品已在工业或人们生活中实际应用之后，便面临研究工作更为活跃的功能扩展阶段。功能扩展主要表现在以下几个方面。

① 品种日益增多　为了满足不同使用者和应用场合的具体要求，在原理上大同小异的新产品和新配方大量涌现，出现一些系列产品。在这一阶段，研究论文或专利数量非常多，重复研究现象也大量出现。

② 产品的性能和功能日益脱离原型　虽然新产品仍留有原型的影子，但在化学结构、生产工艺和配方组成上离原型会越来越远，性能也更为优异。

③ 产品的使用方式日益多样化　经常出现不同使用方法的产品或系列产品。

小型精细化工企业开发的新产品一般都是功能扩展阶段的产品，但对于一个具有创新精神的企业，则应时刻注意有关原型发现和雏形发明的信息，不失时机地开展性能改进工作。一旦性能改进研究工作完成后，便要尽快转入产品的功能扩展研究，力争早日占领市场。

1.4.3　精细化工过程开发试验及步骤

精细化工过程开发的一般步骤是从一个新的技术思想的提出，再通过实验室试验、中间试验到实现工业化生产取得经济实效并形成一整套技术资料这一个全过程；或者说是把"设想"变成"现实"的全过程。由于化工生产的多样性与复杂性，化工过程开发的目标和内容有所不同，如新产品开发、新技术开发、新设备开发、老技术及老设备的革新等。但开发的程序或步骤则大同小异。一般精细化工过程开发步骤示意如图1-3。综合起来看，一个新的精细化工过程开发可分为三大阶段，分述如下。

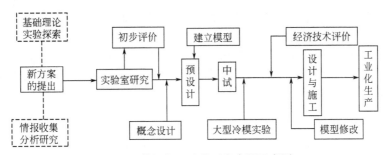

图1-3　精细化工过程开发步骤示意图

1.4.3.1　实验室研究（小试）

实验室研究阶段包括根据物理和化学的基本理论、或从实验现象的启发与推演、信息资料的分析等出发，提出一个新的技术或工艺思路，然后在实验室进行实验探索，明确过程的可能性和合理性，测定基础数据，探索工艺条件等，具体事项说明如下。

（1）选择原料　小试的原料通常用纯试剂（化学纯、分析纯级）。纯试剂杂质少、能本质地显露出反应条件和原料配比对产品收率的影响，减少研制新产品的阻力。在用纯试剂研制取得成功的基础上，逐一改用工业原料。有些工业原料含有的杂质对新产品质量等影响很小，则可直接采用。有些工业原料杂质较多，影响合成新产品的反应或质量，那就要经过提纯或别的方法处理后再用。

（2）确定催化体系　催化剂可使反应速度大大加快，能使一些不宜用于工业生产的缓慢反应得到加速，建立新的产业。近年来关于制取医药、农药、食品和饲料添加剂等的催化剂专利增长很快。选择催化体系尽量要从省资源、省能源、少污染的角度考虑，尤其要注意采用生物酶作催化剂。

（3）提出和验证实施反应的方法、工艺条件范围、最优条件和指标　包括进料配比和流速、反应温度、压力、接触时间、催化剂负荷、反应的转化率和选择性、催化剂的寿命或失活情况等，这些大部分可以通过安排单因素实验、多因素正交试验等来得出结论。

（4）收集或测定必要的理化数据和热力学数据　包括密度、黏度、热导率、扩散系数、比热容、反应的热效应、化学平衡常数、压缩因子、蒸气压、露点、泡点、爆炸极限等。

（5）动力学研究　对于化学反应体系应研究其主反应速度、重要的副反应速度，必要时测定失活速度、处理动力学方程式并得出反应的活化能。

（6）传递过程研究　流体流动的压降、速度分布、混合与返混、停留时间分布、气含率、固含率、固体粒子的磨损、相间交换、传热系数、传质系数以及有内部构件时的影响等。

（7）材料抗腐蚀性能研究　所用原料应考虑对生产设备的腐蚀等影响。

（8）毒性试验　许多精细化工新产品都要做毒性试验。急性毒性用LD_{50}来表示，又称半数致死量，指被试验的动物（大白鼠、小白鼠等）一次口服、注射或皮肤敷药剂后，有半数

（50％）动物死亡所用的剂量。LD_{50}的单位是所用药剂毫克数/千克体重。LD_{50}数值越小，表示毒性越大。对于医药、农药、食品和饲料添加剂等精细化工产品，除了做急性毒性外，还要做亚急性和慢性毒性（包括致癌、致畸）等试验。在开发精细化工产品时，预先就要查阅毒性方面的资料，毒性较大的精细化工产品就不能用于与人类生存密切相关的领域，如食品周转箱、食品包装材料和日用精细化工产品等。

（9）质量分析 小试产品的质量是否符合标准或要求，须用分析手段来鉴别。原材料的质量、工艺流程的中间控制、三废处理和利用等都要进行分析。从事精细化工产品生产和开发的企业，应根据分析任务、分析对象、操作方法及测定原理等，建立必要的分析机构和添置相应的分析仪器设备。

1.4.3.2 中试放大

从实验室研究到工业生产的开发过程，一般易于理解为量的扩大而忽视其质的方面。为使小试的成果应用于生产，一般都要进行中试放大试验，它是过渡到工业化生产的关键阶段。往往每一级的放大，都伴随有技术质量上的差别，小装置上的措施未必与大装置上的相同，甚至一些操作参数也可能要另做调整。在此阶段中，化学工程和反应工程的知识和手段是十分重要的。中试的时间对一个过程的开发周期往往具有决定性的影响。中试要求研究人员具有丰富的工程知识，掌握先进的测试手段，并能取得提供工业生产装置设计的工程数据，进行数据处理从而修正为放大设计所需的数学模型。此外，对于新过程的经济评价也是中试阶段的重要组成部分。

（1）预设计及评价 结合已有的小试结果、资料或经验，较粗略地预计出全过程的流程和设备，估算出投资、成本和各项技术经济指标，然后加以评价或进行可行性研究。考察是否有工业化的价值？哪些方面还有待于改进？是要全流程的中间厂，还是只要局部中试就可以了？是否有可能利用现有的某些生产装置来进行中试？据此进行中间厂设计。

（2）中试的任务 中试是过渡到工业化生产的关键阶段，它的建设和运转要力求经济和高效。中试的任务如下：①检验和确定系统的连续运转条件和可靠性；②全面提供工程设计数据，包括动力学的、传递过程的诸方面数据，以供数学模型或直接设计之需；③考察设备结构的材质和材料的性能；④考察杂质的影响；⑤提供部分产品或副产品的应用研究和市场开发之需；⑥研究解决"三废"的处理问题；⑦研究生产控制方法；⑧确定实际的经济消耗指标，⑨修正和检验数学模型。

（3）中试放大方法 根据目前国内外研究进展情况，放大方法一般分为经验放大法、部分解析法和数学模型放大法等，分述如下。

① 经验放大法 这是依靠对类似装置或产品生产的操作经验而建立起来的以经验认识为主实行放大的方法。因此，为了不冒失败的危险，放大的比例常常是比较小的，甚至再有意加大一些安全系数。对难于进行的理论解析课题，往往依靠经验来解决。

② 部分解析法 这是一种半经验、半理论的方法，即根据化学反应工程的知识（动量传递、热量传递、质量传递和反应动力学模型），对反应系统中的某些部分进行分析，确定各影响因素之间的主次关系，并以数学形式作出部分描述，然后在小装置中进行试验验证，探明这些关系式的偏离程度，找出修正因子，或者结合经验的判断，定出设计方法或所需结果来。

③ 数学模型放大法 该法是针对一个实际放大过程用数学方程的形式加以描述，即用数学语言来表达过程中各种变量之间的关系，再运用计算机来进行研究、设计和放大。这种数学方程称之为数学模型，它通常是一组微分或代数方程式。数学模型的建立是整个放大过程的核心，也是最困难的部分。只要能够建立正确的模型，利用电子计算机之助，一般总可以算出结果来。要建立一个正确的数学模型，首先得对过程的实质有深刻的认识和确切的掌握，这就需要有从生产实践和科学研究两方面积累起来的、直接的和间接的知识，经过去伪存真、去芜存精的功夫，把它抽象成为概念、理论和方法，然后才能运用数学手段把有关因素之间的相互关系定量地表示出来。数学模型放大法成功的关键在于数学模型的可靠性，一般从初级模型到预测模型再到设计模型需经过小试、中试到工业试验的多次检验修正，才能达到真正完美的程度。

④ 相似模拟法　通过无量纲数进行放大的相似模拟法被成功地应用于许多物理过程，但对化学反应过程，由于一般不能做到既物理相似又化学相似，故除特殊情况外，多不采用。

1.4.3.3　工业化生产试验

一般正式化工业生产厂的规模约为中间试验厂的 10～50 倍，当腐蚀情况及物性常数都明确时，规模可扩大到 100～500 倍。

组成一个过程的许多化工单元和设备，能够有把握放大的倍数并不一致。对于通用的流体输送机械，如泵及压缩机等，因是定型产品，不存在这个问题。对于一般的换热设备，只要物性数据准确，可以放大数百倍而误差不超过 10%。对于蒸馏、吸收等塔设备，如有正确的平衡数据，也可放大 100～200 倍。总之，对于精细化工生产的单元操作和设备，经过中试后，即可比较容易地进行工业设计并投入工业化生产试验。但对于化学反应装置，由于其中进行着多种物理与化学过程，而且相互影响，情况错综复杂，理论解析往往感到困难，甚至实验数据也不易归纳为有把握的规律性的形式，工业化生产的关键或难点即在此。

精细化工产品大致分为配方型产品和合成型产品。对于配方型产品，其反应装置内进行的只是一定工艺条件下的复配或只有简单的化学反应，这种产品在经过中试后，可直接进入工业化生产，一般不会存在技术问题。对于合成型产品，尤其是需经过多步合成反应的医药类产品，由于反应过程复杂，影响因素较多，在进行设计时需建立工业反应器的数学模型，然后再进行工业化生产试验。这方面的问题属于化学反应工程学的研究范畴，在此简述如下。

数学模型可以分为两大类，一类是从过程机理出发推导得到的，这一类模型叫做机理模型；另一类是由于对过程的实质了解得不甚确切，而是从实验数据归纳得到的模型，叫做经验模型。机理模型由于反映了过程的本质，可以外推使用，即可超出实验条件范围；而经验模型则不宜进行外推，或者不宜大幅度地进行外推。既然是经验性的东西，自然就有一定的局限性，超过了所归纳的实验数据范围，结论就不一定可靠。显而易见，能够建立机理模型当然最好，但由于科技发展水平的限制，目前还有许多过程的实质尚不甚清楚，也只能建立经验模型。工业反应器中的过程都是十分复杂的，需要抓住主要矛盾，将复杂现象简化，构成一个清晰的物理图像。一般工业化学反应器数学模型的建立，首先要结合反应器的形式，充分运用各个有关学科的知识进行过程的动力学分析。图 1-4 为反应器模型建立程序，同时也示出了所涉及的学科及其相互关系。通过实验数据以及热力学和化学知识，首先获得微观反应速率方程，前已指出，要确定反应过程的温度条件，就牵涉到相间的传热、反应器与外界的换热；要确定反应器内物料的浓度分布情况，则与器内流体流动状况、混合情况、相间传质等有关。无论反应组分的浓度或温度，都是决定反

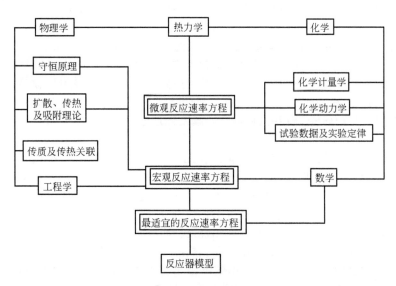

图 1-4　反应器模型的建立程序

应速率的重要因素。因此，微观反应速率方程是不可能描述工业反应器的全过程的。这就需要将微观反应速率方程与传递过程结合起来考虑，运用相应的数学方法，建立宏观反应速率方程。最后，还需从经济的角度进行分析，以获得最适宜的反应速率方程。

数学模型的模型参数不宜过多，因为模型参数过多会掩盖模型和装置性能相拟合的真实程度。还应考虑到所得的模型方程计算机是否能运算，费时多少，特别是控制用的数学模型。另外，同一过程往往可以建立许多数学模型，这里就存在着一个模型识别的问题，即对可能的模型加以鉴别，找出最合适的模型来，模型确定下来之后，还需根据实验数据进行参数估值。

工业反应器的规模改变时，不仅产生量的变化，而且产生质的变化。这样一来根据实验室的数据和有关的学科知识建立起来的反应器模型，用于实际生产时需要做不同规模的反应器试验，反复将数学模型在实践中检验、修改、锤炼与提高，方可作为工业化生产设计时的依据。当然，目前还不能说所有化工过程都可以用数学模型来描述，也不是说每个化工过程的开发都必须建立数学模型，应视具体情况而定。

上述所讨论的几个放大阶段，仅仅是有关工艺过程方面，当然这是重要的一面。但是，作为一个新产品工厂或车间的设计与建设，这是不够的，还有许多方面的问题需要解决，诸如经济分析、机械设计、自动控制等，都需综合起来进行考虑。

1.5　21世纪精细化工研究和发展方向

科技发展的目标是造福人类，实现人类社会的可持续发展。目前面临的挑战主要来自于以下几个方面：资源与能源危机；环境污染与治理；人类健康水平和生活质量的提高；人类生活空间的拓展（空间技术）；高科技产业（信息、生命、材料科学等）。因此，精细化工主要向如下所述方向发展。

（1）高尖端、高技术、功能化、专用化，与快速发展的高科技时代接轨　全球经济一体化快速发展，跨国公司重组、兼并，使生产更集中、专业化。以信息化技术、生物技术、纳米技术、催化技术、新能源利用技术、新材料技术等为代表的新技术、新品种，将成为化工产业升级换代的巨大动力，多门学科交叉的高新技术会进一步涌现。催化剂、生物医学、纳米材料、功能高分子、精细陶瓷、薄膜材料、复合材料、非晶体材料、智能材料、富勒烯材料、电子信息化学品、光纤材料等方面将形成产业化、商品系列化。膜分离技术、超临界萃取技术、超细粉体技术、分子蒸馏技术，以及利用计算机技术和组合化学技术进行分子设计等都将进一步得到应用。

（2）绿色化发展方向，与"全球变化科学"和现行政策接轨　全球变化科学核心问题是气候的变化，因大气污染造成的气候变暖现象更是热门话题。世界各国均耗费大量的财物治理三废，排放标准也日趋严格。欧洲的化学品注册评估和许可管理制度，美国的"总统绿色化学挑战年度奖"，其目的都是控制污染、倡导绿色。绿色化工的特点是对环境无毒无害，反应选择性极高。已形成了化学工业的一个重要方向，即"清洁化生产"和"原子经济反应"。己内酰胺、丙烯腈丙二醇醚、环氧丙烷等新工艺的开发，涂料、胶黏剂的水性化或无溶剂化，制冷行业的氟里昂及汽油添加剂甲基叔丁基醚的代替，化学致癌物质的禁用及可降解材料的开发利用等种种迹象表明，追求"绿色"、保护环境、保护人们的身心健康将是化学工业未来永恒不变的目标，也是刻不容缓的责任。

（3）开发新方法、新路线，完善传统精细化工产品生产中存在的问题　21世纪要用一些高新技术改造传统精细化工，使原有的化工产品纯度提高、分离更彻底、三废排放更少、环境污染更小，使原有的生产技术和产品结构更加完善。目前已发展或正在开发的新技术包括新的合成技术、分离技术、催化技术等。合成新技术有声化学合成、一锅合成法、微波电介质热效应合成、电化学合成、等离子体化学合成、力化学固相合成、冲击波化学合成、手性合成、利用太阳能进行化学合成、超临界状态下化学合成、室温和低热温度下固相化学合成及光化学合成等，备受瞩目的是生物化工合成法如发酵工程、酶工程、基因工程和绿色化学合成法的清洁化生产。新的催化技术主要有配位催化、相转移催化、超强酸超强碱催化、杂多酸催化、胶束催化、氟离子催化、钛化合物催化、纳米粒子催化、光催化、晶格氧选择氧化及非晶态合金加氢催化等，其中发展最快的有配位催化、相转移催化、固体强酸强碱催化和纳米催化技术。其他先进技术还有分离与反应偶合-反应蒸馏技术、分离与分离偶合-吸附蒸馏技术、高聚物改性技术、复合材料技术、精细加工技术、材料成型技术、化工模拟技术、复配技术、计算机化工应用技术、超高温超低温技术和高真空超高压技术、贮能技术、再生资源利用技术和固体废物回收技术等。这些技术的频频出现和应用，必将给传统化工带来一次技术革命，优胜劣汰提高效率，满足当今时代的要求。

（4）开发新能源，与日趋紧张的能源形势接轨　世界能源有限。现在世界能源消费以石油计约为 80 亿吨/年，地球人口约 60 亿，平均每人每年消费量约为 1.5t。到 21 世纪中叶，预计全球人口将达 100 亿。仅从人口增长数字看，能源消费的增加是惊人的。随着世界人口不断增加和能耗时间累计，能源紧缺时期将会提前到来。要实现人类可持续发展，就必须解决能源替代问题。要完成这一艰巨任务离不开化学工业。根据科学家预测，21 世纪的能源主要为核能、太阳能、风能、地热能、氢能、潮汐能和海洋能。此外，人们还在大力发展乙醇汽油、生物柴油、合成柴油等其他能源来弥补当前的能源短缺问题。所以，在能源替代方面精细化工将会发挥重要的直接或间接作用。

第2章

表面活性剂

2.1 概述

近年来，世界表面活性剂发展迅猛，其应用已由日用化工领域发展到各工业领域。同时，表面活性剂的绿色化、功能化越来越受到世人的关注，成为以后研究的重点方向。

表面活性剂是由亲油基和亲水基组成的双亲化合物。该基本结构使得表面活性剂分子具有在界面或表面定向吸附、定向排列，在溶液中生成胶团的基本性质。表面活性剂具有润湿作用、渗透作用、分散作用、乳化作用、发泡作用、加溶作用、洗涤作用；此外，表面活性剂还可派生一些附加性质，如润滑作用（减摩作用）、抗静电作用、柔软作用、匀染作用、防锈作用、杀菌作用、染料固色作用等。所以表面活性剂可作为洗涤剂、发泡剂、分散剂、润湿剂、乳化剂、增溶剂、渗透剂、消泡剂、柔软剂、抗静电剂、匀染剂、杀菌剂、染料固色剂、防锈剂、润滑剂等，广泛应用于化妆品、洗涤剂、食品、纺织、材料、机械加工、造纸、制革、玻璃、石油、医药、农药、胶片、照相、金属加工、选矿、环保等工业部门。它用量虽小，但对改进技术、提高工作效率和产品质量、增收节支方面收效显著，因此有"工业味精"之美称。

表面活性剂亲油基的差异在于碳氢链的大小及形状，而亲水部分的变化则远较亲油基为大，因而表面活性剂一般依据亲水基的特点，可分为离子型和非离子型表面活性剂。而离子型按其在水中生成的表面活性离子种类，又可分为阴离子表面活性剂、阳离子表面活性剂及两性离子表面活性剂。一些含氟、硅等的特种表面活性剂则以其亲油基的特殊性来区分。

2.2 阴离子表面活性剂

在水中能离解出具有表面活性的阴离子的一类表面活性剂叫做阴离子表面活性剂。阴离子表面活性剂是表面活性剂中产量最大的一类。阴离子表面活性剂依其亲油基链长的不同，有水溶性的，水中分散的，也有油溶性的，其同系物在水中的临界溶解度随亲油基数的增加而提高。

在表面活性剂工业中，阴离子表面活性剂是发展最早、产量最大、品种最多及工业化最成熟的一类，按其亲水基一般分为：羧酸盐型、磺酸盐型、硫酸盐型和磷酸盐型。其中磺酸盐型产量最大，应用最广，其次是硫酸盐型。Sisley 在《表面活性剂大全》中列出 60 余种阴离子表面活性剂，非磺化物或硫酸化产物仅占 11.7%。其原因是由于膜式磺化反应器的研制成功，使磺化工艺和硫酸化工艺日益完善，产品成本降低，质量提高。在磺酸盐类表面活性剂中以烷基苯磺酸盐应用最广泛。它去污力强，泡沫力和泡沫稳定性良好。而且原料丰富，容易喷雾干燥成型。

硫酸盐表面活性剂的润湿率、乳化率和去污力优异，可配制重垢棉织物的洗涤剂、餐具净洗剂、香波、地毯和室内装饰品的清洁剂；亦可用作牙膏发泡剂、乳化剂、纺织品助剂及电镀添加剂。由脂肪醇提供亲油基的一类硫酸盐表面活性剂其品种、价格都处于优越地位，有可能逐渐取代直链烷基苯成为第三代洗涤剂原料。

2.2.1 工业烷基苯磺酸

中文别名：十二烷基苯磺酸

英文名称：alkylbenzene sulfonic acid，dodecylbenzene sulfonic acid，LASH，LAS

结构式：$R—C_6H_4—SO_3H$（R 为平均十二碳烷基）

（1）性能指标（GB/T 8447—1995）

	优级品	一级品	二级品
烷基苯磺酸	≥97%	≥96%	≥96%
游离油	≤1.5%	≤2.0%	≤2.5%
硫酸	≤1.5%	≤1.5%	≤1.5%
色泽（Klett）	≤35	≤50	≤100

（2）生产原料与用量

硫黄	工业级	108kg
烷基苯	工业级	765kg

（3）生产原理

① 发烟硫酸磺化法　该方法工艺成熟、产品质量稳定、易于控制、投资小，多为中小型生产厂家采用；不足之处是磺化剂利用率仅为 32%，产生大量废酸，污染环境。磺化反应式如下：

$$R—\text{⟨苯环⟩}+H_2SO_4 \cdot SO_3 \longrightarrow R—\text{⟨苯环⟩}—SO_3H + H_2SO_4$$

② SO_3 磺化法　该工艺产品含盐量低，产品内在质量好，生产成本较低，无废酸生成；但磺化反应需用特殊设计的高精确度加工反应器，适合于大规模工业生产。磺化反应式如下：

$$R—\text{⟨苯环⟩}+SO_3 \longrightarrow R—\text{⟨苯环⟩}—SO_3H$$

烷基苯磺酸与 NaOH 中和后即为烷基苯磺酸钠。下面介绍 SO_3 磺化法的生产工艺流程。

（4）生产工艺流程（参见图 2-1）

① 空气压缩和干燥　空气经过滤器 M101 被工艺风机 J101 送入系统，经水冷却器 C101 和乙二醇冷却器 C102 冷却到 5℃ 左右，除去大部分水。冷却后的空气被送入硅胶干燥塔 L102 进行干燥吸附，使其出口空气露点达到 −60℃。

② 硫黄燃烧和 SO_3 发生　固体硫黄在熔硫装置 L101 中经蒸汽加热熔化（温度 140～150℃），被液硫计量泵 J102 送入燃硫炉 L103 中与干燥空气相遇，燃烧后生成 650℃ 左右的 SO_2 气体，通过 SO_2 冷却器 C103 进入 SO_2/SO_3 转化塔 E101 中，在 V_2O_5 催化剂条件下转化为 SO_3，其中两个中间空气冷却器保证最佳催化温度 430～450℃，其出口 SO_2 转化率可达 98%。然后气体 SO_3 通过 SO_3 冷却器 C104、105 冷却至磺化工艺的要求温度 50～55℃。

③ 磺化反应　经干燥空气稀释的 SO_3 气体通过 SO_3 过滤器 M102 除去酸雾后进入降膜式磺化反应器 D101，与经过计量的烷基苯沿反应器内壁流下形成的液膜并流发生磺化反应。生成热由夹套冷却水及时移去，生成的磺酸与未反应的尾气在气液分离器 L104 中分离之后，经过约 30min 的老化和水解反应，通过输送泵送至产品储罐，得到质量稳定的产品。

④ 尾气处理　根据环保要求，来自磺化单元的尾气在放空前需经处理。以微粒形式存在的有机物和微量的 SO_3 经静电除雾器 L106 除去。尾气中所含 SO_2 在碱洗塔 E102 中被连续循环的 NaOH 溶液吸收移去。

（5）产品用途　工业烷基苯磺酸是各种家用洗涤剂配方中所用的主要阴离子表面活性剂之

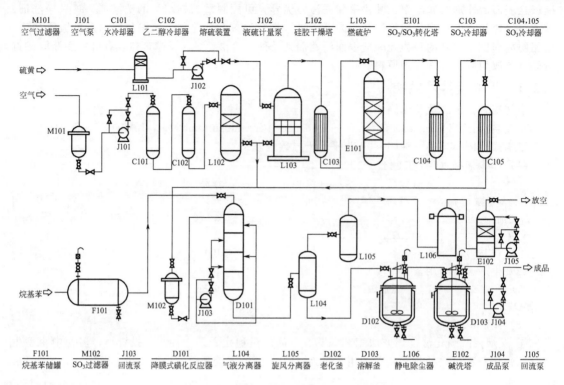

M101	J101	C101	C102	L101	J102	L102	L103	E101	C103	C104,105
空气过滤器	空气泵	水冷却器	乙二醇冷却器	熔硫装置	液硫计量泵	硅胶干燥塔	燃硫炉	SO₂/SO₃转化塔	SO₂冷却器	SO₃冷却器

F101	M102	J103	D101	L104	L105	D102	D103	L106	E102	J104	J105
烷基苯储罐	SO₃过滤器	回流泵	降膜式磺化反应器	气液分离器	旋风分离器	老化釜	溶解釜	碱洗塔	静电除尘器	成品泵	回流泵

图 2-1 工业烷基苯磺酸生产工艺流程

一。主要用于洗衣粉与餐洗剂中，与其他阴离子表面活性剂复配，以增强去污力、稳泡性、脱脂能力和抗硬水性。由于单体具有析出趋势和变稀现象，故储存磺酸比单体较好。

2.2.2　十二烷基硫酸钠

中文别名：月桂醇硫酸钠，K12，发泡粉，AS

英文名称：sodium lauryl sulfate

结构式：$C_{12}H_{25}SO_4Na$

（1）性能指标（GB/T 15963—1995）

	一等品	二等品
外观	白色或微黄色粉状	白色或微黄色粉状
活性物含量	≥86%	≥82%
石油醚可溶物	≤3.0%	≤4.0%
无机盐含量（NaCl+NaSO₄）	≤7.5%	≤8.5%
水分	≤3.0%	≤5.0%
pH 值（1%溶液）	7.5～9.5	7.0～10.0
白度	65 W₉	60 W₉

（2）生产原料与用量

月桂醇	工业级	687kg
硫黄	工业级	111kg
氢氧化钠	工业级	150kg

（3）生产原理　十二烷基硫酸钠的生产有发烟硫酸磺化法与 SO₃ 磺化法。后一种工艺产品内在质量好，生产成本较低，无废酸生成；大规模工业生产的磺化反应需用特殊设计的高精确度反应器。磺化反应式如下：

$$C_{12}H_{25}OH + SO_3 \longrightarrow C_{12}H_{25}OSO_3H \xrightarrow{NaOH} C_{12}H_{25}OSO_3Na$$

（4）生产工艺流程（参见图 2-2）

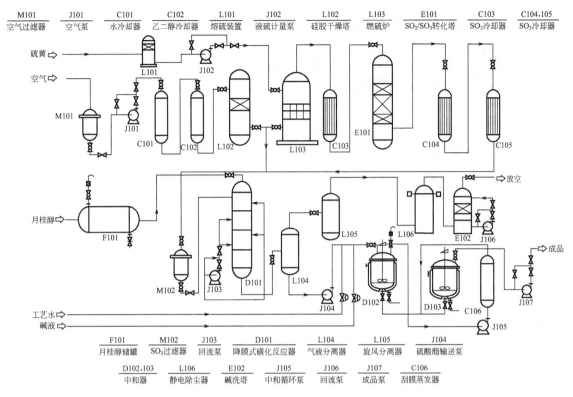

M101	J101	C101	C102	L101	J102	L102	L103	E101	C103	C104,105
空气过滤器	空气泵	水冷却器	乙二醇冷却器	熔硫装置	液硫计量泵	硅胶干燥塔	燃硫炉	SO₂/SO₃转化塔	SO₂冷却器	SO₃冷却器

F101	M102	J103	D101	L104	L105	J104
月桂醇储罐	SO₃过滤器	回流泵	降膜式磺化反应器	气液分离器	旋风分离器	硫酸酯输送泵

D102,103	L106	E102	J105	J106	J107	C106
中和器	静电除尘器	碱洗塔	中和循环泵	回流泵	成品泵	刮膜蒸发器

图 2-2　十二烷基硫酸钠生产工艺流程

① 空气压缩和干燥　空气经过滤器 M101 被工艺风机 J101 送入系统，经水冷却器 C101 和乙二醇冷却器 C102 冷却到 5℃左右，除去大部分水。冷却后的空气被送入硅胶干燥塔 L102 进行干燥吸附，使其出口空气露点达到 −60℃。

② 硫黄燃烧和 SO₃ 发生　固体硫黄在熔硫装置 L101 中经蒸汽加热熔化（温度 140～150℃），被液硫计量泵 J102 送入燃硫炉中与干燥空气相遇，燃烧后生成 650℃左右的 SO₂ 气体，通过 SO₂ 冷却器 C103 进入 SO₂/SO₃ 转化塔 E101 中，在 V₂O₅ 催化剂条件下转化为 SO₃，其中两个中间空气冷却器保证最佳催化温度 430～450℃，其出口 SO₂ 转化率可达 98％。然后气体 SO₃ 通过 SO₃ 冷却器 C104，105 冷却至磺化工艺的要求温度 50～55℃。

③ 磺化反应　经干燥空气稀释的 SO₃ 气体通过 SO₃ 过滤器 M102 除去酸雾后进入降膜式磺化反应器 D101，与经过计量的月桂醇沿反应器内壁流下形成的液膜并流发生磺化反应。生成热由夹套冷却水及时移去，生成的磺酸与未反应的尾气在气液分离器 L104 中分离之后，经过约 30min 的老化和水解反应，通过输送泵送至产品储罐，得到质量稳定的产品。

④ 尾气处理　根据环保要求，来自磺化单元的尾气在放空前需经处理。以微粒形式存在的有机物和微量的 SO₃ 经静电除雾器 L106 除去。尾气中所含 SO₂ 在碱洗塔 E102 中被连续循环的 NaOH 溶液吸收移去。

⑤ 中和　将来自硫酸化单元的硫酸酯与经过计量的工艺水和碱液，在中和器 D102、D103 中发生中和反应得到一定浓度的十二烷基硫酸钠水溶液，中和热由水冷却器移去。最后经刮膜蒸发器 C106 脱除水分进而制得高活性物含量的粉状产品。

（5）产品用途　该品易溶于水，与阴离子、非离子复配伍性好，具有良好的乳化、发泡、渗透、去污和分散性能，泡沫丰富，生物降解快，广泛用于牙膏、香波、洗发膏、洗发香波、洗衣粉、液洗、化妆品以及制药、造纸、建材、化工等行业。

2.2.3　脂肪醇聚氧乙烯醚硫酸钠

英文名称：polyoxyethylene fatty alcohol sodium sulfate，AES

结构式：$RO(CH_2CH_2O)_nSO_3Na$　　（R＝C_{12}～C_{18}烷基）

（1）性能指标（GB/T 13529—92）

	优等品	一等品	合格品
烷基聚氧乙烯醚硫酸钠含量(70型)	70%±2%	70%±2%	70%±2%
(28型)	28%±1%	28%±1%	28%±1%
未硫酸化物含量（相对100%AES）	≤2.0%	≤3.0%	≤3.5%
硫酸钠含量（相对100%AES）	≤1.5%	≤2.0%	≤3.0%
色泽（Klett）	≤40	≤60	≤90
pH值	7.0～8.5	7.0～9.0	7.0～10.0

（2）生产原料与用量

硫黄	工业级	80kg	脂肪醇聚氧乙烯醚	工业级	786kg
烧碱	工业级	107kg	（AEO₃）		

（3）生产原理　AES的主要原料是脂肪醇聚氧乙烯醚，同SO_3、氯磺酸等硫酸化，进而与氢氧化钠中和而得。由于SO_3硫酸化制得的产品无机盐含量低、色泽浅、质量高、连续化生产、规模大，故广泛应用。本流程介绍燃硫法制备SO_3的硫酸化工艺。反应式如下：

$$RO(CH_2CH_2O)_nH+SO_3 \longrightarrow RO(CH_2CH_2O)_nSO_3H \xrightarrow{NaOH} RO(CH_2CH_2O)_nSO_3Na$$

（4）生产工艺流程（参见图2-3）

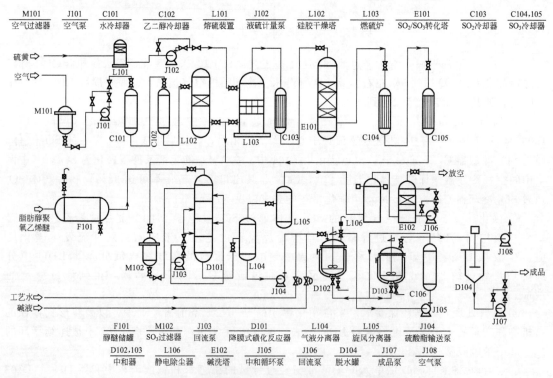

M101	J101	C101	C102		L102	J102	L103	E101	C103	C104,105
空气过滤器	空气泵	水冷却器	乙二醇冷却器	熔硫装置	液硫计量泵	硅胶干燥塔	燃硫炉	SO₂/SO₃转化塔	SO₂冷却器	SO₃冷却器

F101	M102	J103	D101	L104	L105	J104
醇醚储罐	SO₃过滤器	回流泵	降膜式磺化反应器	气液分离器	旋风分离器	硫酸酯输送泵
D102,103	L106	E102	J105	J106	D104	J107	J108
中和器	静电除尘器	碱洗塔	中和循环泵	回流泵	脱水罐	成品泵	空气泵

图 2-3　脂肪醇聚氧乙烯醚硫酸钠生产工艺流程

①　空气压缩和干燥　空气经过滤器M101被空气泵J101送入系统，经水冷却器C101和乙二醇冷却器C102到5℃左右，除去大部分水。冷却后的空气被送入硅胶干燥塔L102进行干燥吸

附，使其出口空气露点达到−60℃。

②硫黄燃烧和 SO_3 发生　固体硫黄在熔硫装置 L101 中经蒸汽加热熔化（温度 140～150℃），被液硫计量泵 J102 送入燃硫炉中与干燥空气相遇，燃烧后生成 650℃ 左右的 SO_2 气体，通过 SO_2 冷却器 C103 进入 SO_2/SO_3 转化塔 E101 中，在 V_2O_5 催化剂条件下转化为 SO_3，其中两个中间空气冷却器保证最佳催化温度 430～450℃，其出口 SO_2 转化率可达 98%。然后气体 SO_3 通过 SO_3 冷却器 C104，105 冷却至磺化工艺的要求温度 50～55℃。

③磺化反应　经干燥空气稀释的 SO_3 气体通过 SO_3 过滤器 M102 除去酸雾后进入降膜式磺化反应器 D101，与经过计量的脂肪醇聚氧乙烯醚沿反应器内壁流下形成的液膜并流发生磺化反应。生成热由夹套冷却水及时移去，生成的磺酸与未反应的尾气在气液分离器 L104 中分离之后，经过约 30min 的老化和水解反应，通过输送泵送至产品储罐，得到质量稳定的产品。

④尾气处理　根据环保要求，来自磺化单元的尾气在放空前需经处理。以微粒形式存在的有机物和微量的 SO_3 经静电除雾器 L106 除去。尾气中所含 SO_2 在碱洗塔 E102 中被连续循环的 NaOH 溶液吸收移去。

⑤中和　来自硫酸化单元的硫酸脂与经过计算的工艺水和碱液在中和器 D102、D103 中发生中和反应，得到一定浓度的 AES。70%AES 需要经过真空脱水处理。

（5）产品用途　AES 具有优良的去污、乳化、洗涤、抗硬水、易生物降解、良好的皮肤相容性等特点，是一种性能优良的阴离子表面活性剂。广泛应用于香波、餐洗等产品中以及石油、冶金、纺织、建材、造纸等工业领域。

2.2.4　仲烷基磺酸钠

英文名称：secondary alkanyl sodium sulfonate，SAS

结构式：$RCHSO_3NaR'$

（1）性能指标

项目	SAS30	SAS60	SAS93
外观（25℃）	微黄透明液体	微黄膏状	微黄片蜡状
活性物	30.0%±0.3%	60.0%±0.5%	93.0%±0.5%
硫酸钠（最大）	2%	4%	6.5%
烷烃（最大）	0.3%	0.5%	0.7%
平均相对分子质量	328	328	328
密度（20℃）	1.048g/cm³	1.087g/cm³	—
表观密度	—	—	0.50g/cm³
振动后密度	—	—	0.55g/cm³
黏度（30℃）	(160±40)mPa·s	约 7000mPa·s(20℃)	—
pH 值	7.0～8.0		
比热容	3.56kJ/(kg·K)	2.76kJ/(kg·K)	

（2）生产原料与用量

正构烷烃（98%）	工业级	700kg	过氧化氢	工业级	40kg
二氧化硫	工业级	470kg	磷酸	工业级	8kg
氧	工业级	140kg	无离子水	工业级	800kg
烧碱（折成100%）	工业级	185kg	氮	工业级	25m³

（3）生产原理　仲烷基磺酸盐是较新的商品表面活性剂，由正构烷烃 C_{14}～C_{18} 与二氧化硫及空气作用制得，该反应与用硫酸的磺化和酯化明显不同，称为磺氧化。反应的总平衡式如下：

$$H_3C{-}CH_2{-}R+2SO_2+O_2+H_2O \xrightarrow{h\nu} H_3C{-}\underset{\underset{SO_3H}{|}}{CH}{-}R+H_2SO_4$$

在反应过程中，磺酸基可能会出现在直链烷烃基上任何一个位置，磺化后直接进行中和及干燥。例如：

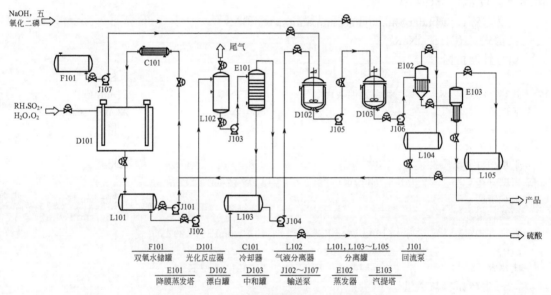

$$C_{16}H_{34} \xrightarrow{SO_2 \cdot O_2} \begin{matrix} C_8H_{17} \\ | \\ CH-SO_3H \\ | \\ C_7H_{15} \end{matrix} \xrightarrow{NaOH} \begin{matrix} C_8H_{17} \\ | \\ CH-SO_3Na \\ | \\ C_7H_{15} \end{matrix}$$

（4）生产工艺流程（参见图 2-4）

① 将冷却至 20℃ 的循环烷烃和补充的新鲜烷烃，在光化反应器 D101 内混合，并注入少量的水，加水量约为烷烃量的 1%～3%，在强紫外光照射下，通过光化反应器 D101 的分布器通入 SO_2 和 O_2，在稍增温的条件下（＜40℃）进行反应。反应是放热的，释出的热量由循环烷烃带走。

② 从光化反应器 D101 底部排出的物料，经过一个分离罐 L101，上层的未反应烃经 C101 冷却至 20℃ 循环返回至光化反应器 D101 中，下层含磺酸的萃取液从罐底取出。

③ 萃取液经 L102 气液分离和 E101 降膜蒸发塔分去大部的未反应烃和水。

④ 降膜塔底的物料，放至分酸罐 L103 中，分掉大部的硫酸（废酸中 H_2SO_4 的浓度约为 60%）。

⑤ 上层的磺酸相泵入 D102 经过氧化氢漂白，再泵入 D103 中用 50% 氢氧化钠溶液中和。为了防止产品氧化，尚需添加少量磷酸。

⑥ 中和后的料浆含 SAS 约 45%，然后经 E102 蒸发浓缩至 72%，最后经过 E103 过热蒸汽汽提脱去残留的烷烃，并浓缩至含量约 93%。

F101	D101	C101	L102	L101, L103～L105	J101
双氧水储罐	光化反应器	冷却器	气液分离器	分离罐	回流泵

E101	D102	D103	J102～J107	E102	E103
降膜蒸发塔	漂白罐	中和罐	输送泵	蒸发器	汽提塔

图 2-4　仲烷基磺酸钠生产工艺流程

（5）产品用途　烷基磺酸钠毒性低、去污力较强、漂洗、溶解性和抗硬水性能好，润湿性和生物降解性均佳。可用于洗涤剂、香波、浴液。在工业上可作为耐热树脂抗静电剂；橡胶、乳胶的乳化聚合剂；皮革加工中的初洗剂和清洗剂；铸造工业的砂型黏结剂；金属加工的润滑剂和清洗剂；纺织油剂的乳化剂；印染工业作为高效、快速、耐热、耐碱的渗透剂和净洗剂。

2.2.5　α-烯烃磺酸盐

英文名称：α-Alkenyl Sodium Sulfonate，AOS

结构式：$RCH{=}CH(CH_2)_nSO_3Na$

（1）性能指标

外观	白色至黄色粉末	Na_2SO_4	<2.0%
活性物含量	38%~40%	pH	8.0~9.0
未磺化物	<1.25%	色泽（klett，5%水溶液）	<100
NaCl	<1.0%	黏度（25℃）	<500mPa·s

（2）生产原料与用量

α-烯烃	工业级	465kg	烧碱	工业级	20~30kg
硫黄	工业级	108kg	无离子水	工业级	500~800kg

（3）生产原理　AOS的生产包括 α-烯烃的磺化和水解两个主要反应过程。反应式如下：

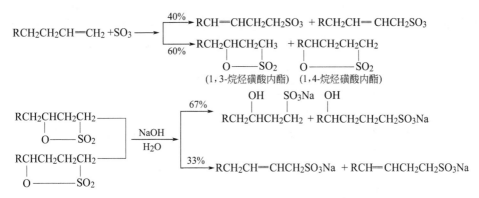

α-烯烃（AO）与 SO_3 的磺化过程较为复杂，生成的是多种化合物的混合物，大约为40%的烯烃磺酸和约60%的1,3-烷烃磺酸内酯和1,4-烷烃磺酸内酯。

（4）生产工艺流程（参见图2-5）

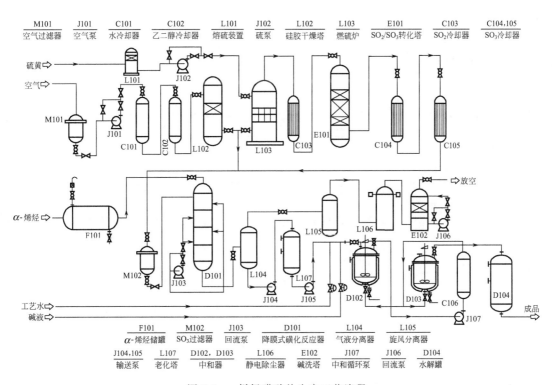

图2-5　α-烯烃磺酸盐生产工艺流程

① 空气压缩和干燥　空气经过滤器 M101 被空气泵 J101 送入系统，经水冷却器 C101 和乙二醇冷却器 C102 将乙二醇冷却到5℃左右，除去大部分水。冷却后的空气被送入硅胶干燥塔 L102

进行干燥吸附，使其出口空气露点达到$-60℃$。

② 硫黄燃烧和 SO_3 发生　固体硫黄在熔硫装置 L101 中经蒸汽加热熔化（温度 140～150℃），被液硫计量泵 J102 送入燃硫炉中与干燥空气相遇，燃烧后生成 650℃ 左右的 SO_2 气体，通过 SO_2 冷却器 C103 进入 SO_2/SO_3 转化塔 E101 中，在 V_2O_5 催化剂条件下转化为 SO_3，其中两个中间空气冷却器保证最佳催化温度 430～450℃，其出口 SO_2 转化率可达 98%。然后气体 SO_3 通过 SO_3 冷却器 C104，105 冷却至磺化工艺的要求温度 50～55℃。

③ 磺化反应　经干燥空气稀释的 SO_3 气体通过 SO_3 过滤器 M102 除去酸雾后进入降膜式磺化反应器 D101，与经过计量的 α-烯烃沿反应器内壁流下形成的液膜并流发生磺化反应。生成热由夹套冷却水及时移去，生成的磺酸与未反应的尾气在气液分离器 L104 中分离之后，经过约 30min 的老化和水解反应，通过输送泵送至产品储罐，得到质量稳定的产品。

④ 尾气处理　根据环保要求，来自磺化单元的尾气在放空前需经处理。以微粒形式存在的有机物和微量的 SO_3 经静电除雾器 L106 除去。尾气中所含 SO_2 在碱洗塔 E102 中被连续循环的 NaOH 溶液吸收移去。

⑤ 中和　来自硫酸化单元的硫酸酯与经过计算的工艺水和碱液在中和器 D102、D103 中发生中和反应，得到一定浓度的 AOS，中和热由水冷却器除去。

⑥ 水解　将中和后的溶液泵入 D104 中，水解完全后即可得到产品。

（5）产品用途　AOS 具有优异的乳化、去污和钙皂分散力，溶解性、配伍性好，泡沫细腻丰富，易于生物降解，且毒性低、对皮肤刺激小等特点，特别是应用于无磷洗涤剂中，不仅可保持较好的洗涤能力，而且与酶制剂的相容性佳。粉（粒）状产品的流动性好。因而可广泛应用于无磷洗衣粉、液体洗涤剂等各种家用洗涤用品和纺织印染工业、石油化学品、工业硬表面清洗方面。

2.2.6　烷基磷酸酯二乙醇胺盐

中文别名：抗静电剂 P

英文名称：alkyl phosphate diethanolamine salt，antistatic agent P

分子式：$C_8H_{26}N_2O_8PR$

（1）性能指标

外观	棕黄色黏稠膏状物	pH 值（20℃）	8～9
有机磷	6.5%～8.5%		

（2）原料及消耗定额

脂肪醇	羟值 370～380mgKOH/g	350kg	二乙醇胺　工业级	520kg
五氧化二磷	含量＞95%	180kg		

（3）生产原理　脂肪醇与 P_2O_5 进行磷酸酯化反应，然后用二乙醇胺中和而制得。其反应式如下：

$$2ROH + P_2O_5 \longrightarrow R-O-\overset{\overset{\displaystyle O}{\|}}{\underset{\underset{\displaystyle OH}{|}}{P}}-O-\overset{\overset{\displaystyle O}{\|}}{\underset{\underset{\displaystyle OH}{|}}{P}}-O-R + 2H_2O$$

$$R-O-\overset{\overset{\displaystyle O}{\|}}{\underset{\underset{\displaystyle OH}{|}}{P}}-O-\overset{\overset{\displaystyle O}{\|}}{\underset{\underset{\displaystyle OH}{|}}{P}}-O-R + 4NH(CH_2CH_2OH)_2 \longrightarrow 2R-O-\overset{\overset{\displaystyle O}{\|}}{\underset{\underset{\displaystyle OH·NH(CH_2CH_2OH)_2}{|}}{P}}-OH·NH(CH_2CH_2OH)_2$$

（4）生产工艺流程（参见图 2-6）

① 将 F101 中的脂肪醇泵入搪瓷反应釜 D101 中，升温至 40℃。

② 在搅拌下逐渐加入五氧化二磷，然后在 50～55℃ 保温 3h。

③ 把物料压入中和釜 D102 中，在 70℃ 以下加二乙醇胺中和至 pH＝7～8，趁热包装。

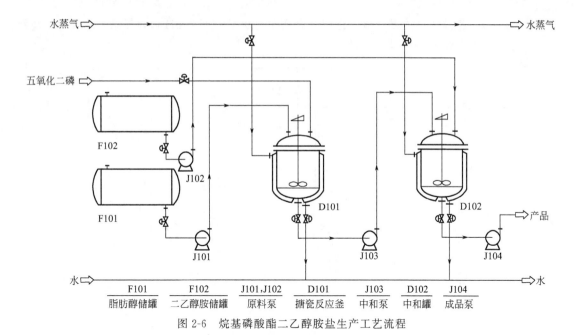

图 2-6　烷基磷酸酯二乙醇胺盐生产工艺流程

F101	F102	J101,J102	D101	J103	D102	J104
脂肪醇储罐	二乙醇胺储罐	原料泵	搪瓷反应釜	中和泵	中和罐	成品泵

（5）产品用途　用作涤纶、丙纶等合成纤维纺织油剂的组分，起润滑及抗静电作用。在纺丝油剂中用量为油剂总量的 5％～10％。在塑料工业中用作抗静电剂。

2.2.7　醇醚磺基琥珀酸单酯二钠盐

英文名称：disodium laureth（n）sulfosuccinate，AESM，MES

结构式：$RO(CH_2CH_2O)_nCOCH_2CH(SO_3Na)COONa$

（1）性能指标

外观	清亮液体	活性物	33％±2％
色泽（Klett）	＜50	盐含量（以 Na_2SO_4 计）	＜1.5％
固体物	35％±2％	pH 值（10％水溶液）	5～7

（2）生产原料与用量

醇醚	工业级	H_2O 含量＜0.1％	220kg
顺丁烯二酸酐	工业级	含量≥98％	70kg
亚硫酸钠	工业级	含量＞95％	90kg

（3）生产原理　通过醇醚和顺酐进行反应生成单酯后再和亚硫酸钠进行加成反应而制得。反应式如下：

$$RO(C_2H_4O)_nH + \begin{array}{c} HC-C \\ \| \quad \diagdown O \\ HC-C \end{array} \xrightarrow{催化剂} RO(C_2H_4O)_n-\overset{O}{\overset{\|}{C}}-CH=CH-COOH$$

$$RO(C_2H_4O)_n-\overset{O}{\overset{\|}{C}}-CH=CH-COOH + Na_2SO_3 \xrightarrow{H_2O} RO(C_2H_4O)_n-\overset{O}{\overset{\|}{C}}-CH_2-\underset{\underset{SO_3Na}{|}}{CH}-COONa$$

（4）生产工艺流程（参见图 2-7）

① 酯化反应　在反应釜 D101 中加入 F101 中熔化均匀的醇醚，搅拌下加入催化剂和熔化均匀、跟醇醚等物质的量的顺酐，开动真空泵 J102，N_2 保护下升温到 80～100℃，保温 2～6h，定时取样测定酸值，当1h内酸值下降小于1时可视为反应到了终点。

② 磺化反应　在另一反应釜 D102 中加入 F103 去离子水和亚硫酸钠，搅拌，升温到一定温

度，从 D101 泵入酯化反应生成的酯。继续升温到 50～90℃，调节 pH 值，保温 1～4h 后冷却到 40℃ 以下，静置消泡后放料，即得成品。

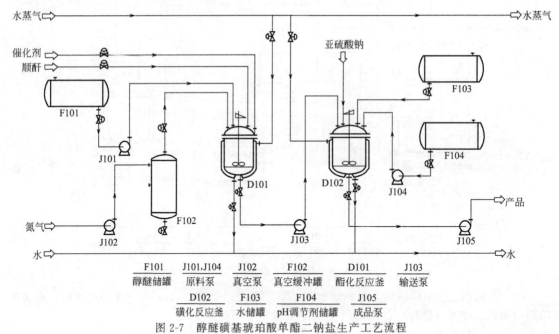

图 2-7　醇醚磺基琥珀酸单酯二钠盐生产工艺流程

（5）产品用途　广泛用于温和型洗涤剂、浴洗剂、香波、餐洗、化妆品，尤其是婴儿香波、溶液，还可作为乳化剂、分散剂、发泡剂等用于乳液聚合、涂料、皮革、造纸、油墨、纺织印染等行业。

2.2.8　苄基萘磺酸钠

中文别名：匀染剂 S

英文名称：benzyl naphthalene sulfonate，levelling agent S

分子式：$C_{17}H_{13}NaO_3S$

（1）性能指标

外观	黄色粉状物	活性物含量	≥73%

（2）生产原料与用量

氯苄	工业级，≥95%	442kg	发烟硫酸	工业级，20%SO₃	1098kg
氢氧化钠	工业级，>98%	830kg	液碱	工业级，30%	1373kg
萘	工业级	391kg	保险粉	85%	33kg

（3）生产原理　以氯化苄、萘为原料进行苄基化、磺化、中和等而制得。其反应方程式如下：

（4）生产工艺流程（参见图2-8）

① 将氯化苄、硫酸、萘加入耐酸反应釜 D101 中，加热熔化、搅拌、混合均匀。

② D101 中尾气通过 E101 用水吸收掉。

③ 再将 D101 的反应物泵入 D102 中，于50℃时，不断搅拌下缓慢加入发烟硫酸（因磺化反应放热，注意控温），加完后继续搅拌1h，生成苄基萘磺酸。

④ 再泵入 D103 后用30％碱液中和，再加入保险粉，成盐。

⑤ 泵入 L101 中静置后过滤，再经过 L102 干燥得成品。

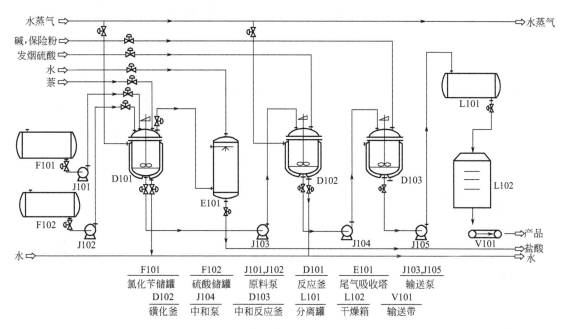

F101	F102	J101,J102	D101	E101	J103,J105
氯化苄储罐	硫酸储罐	原料泵	反应釜	尾气吸收塔	输送泵
D102	J104	D103	L101	L102	V101
磺化釜	中和泵	中和反应釜	分离罐	干燥箱	输送带

图 2-8　苄基萘磺酸钠生产工艺流程

（5）产品用途　本品易溶于水及一般有机溶剂，耐酸、耐高温，具有良好的分散、乳化和匀染性；用作毛织物的匀染剂、酸性介质渗透剂、电镀用的渗透剂。

2.2.9　油酸正丁酯硫酸酯钠

中文别名：锦油一号，磺化油 AH

英文名称：Jin-oil number 1

分子式：$C_{22}H_{43}NaO_6S$

（1）性能指标

外观	红棕色透明油状液体	pH 值	6.7～7.2
有机酸	7％～10％	酸值	≤10 mgKOH/g
无机硫	≤1.5％	碘值	≤8 gI$_2$/kg
水分	35％～45％		

（2）生产原料与用量

油酸	工业级，凝固点<5℃	430kg	液碱	工业级，29.5％	600kg
丁醇	工业级，118℃馏出95％以上	140kg	乙醇	工业级，95％	250kg
硫酸	工业级，98％	200～300kg			

（3）生产原理　将油酸和正丁醇进行酯化，再以浓硫酸进行磺化反应，然后用液碱中和，并用乙醇萃取，脱乙醇后即得成品。其反应式如下。

$$CH_3(CH_2)_7CH=CH(CH_2)_7COOH+C_4H_9OH \xrightarrow{H_2SO_4} CH_3(CH_2)_7CH=CH(CH_2)_7COOC_4H_9+H_2O$$

$$CH_3(CH_2)_7CH{=}CH(CH_2)_7COOC_4H_9 + H_2SO_4 \longrightarrow CH_3(CH_2)_8\underset{\underset{OSO_3H}{|}}{CH}(CH_2)_7COOC_4H_9$$

$$CH_3(CH_2)_8\underset{\underset{OSO_3H}{|}}{CH}(CH_2)_7COOC_4H_9 + NaOH \longrightarrow CH_3(CH_2)_8\underset{\underset{OSO_3Na}{|}}{CH}(CH_2)_7COOC_4H_9 + H_2O$$

（4）生产工艺流程（参见图 2-9）

① 将油酸、丁醇依次加入反应釜 D101 中，在搅拌下加入 3kg 硫酸作催化剂。

② 加热，用分水器分水。待温度升至 140℃ 以上后，通过 E101 蒸馏塔蒸出过量的丁醇。

③ 馏液泵入 D102 降温后，冷却到 0～5℃，在搅拌下加发烟硫酸，加完后，继续反应 1h，冷却降湿。

④ 再将其转移到预先加好水的中和釜 D103 中，在 30～40℃ 下搅拌 0.5h，静置 10h，分出废酸液。

⑤ 油层加碱中和至 pH 值为 4～6，通过 E102 用乙醇萃取，滤出残渣。

⑥ 滤液进入蒸馏塔 E103，蒸出乙醇，得产品。

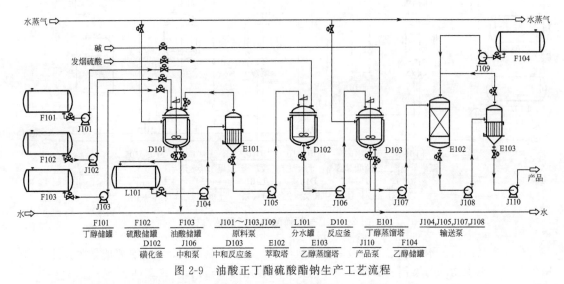

F101	F102	F103	J101～J103,J109	L101	D101	E101	J104,J105,J107,J108
丁醇储罐	硫酸储罐	油酸储罐	原料泵	分水罐	反应釜	丁醇蒸馏塔	输送泵
D102	J106	E102	D103	J110	F104		
磺化釜	中和泵	萃取塔	中和反应釜	产品泵	乙醇储罐		

图 2-9　油酸正丁酯硫酸酯钠生产工艺流程

（5）产品用途　用作锦纶长丝及短纤维纺丝油剂的组分，亦用于配制黏胶帘子线油剂。在印染行业中用作润湿剂和柔软剂。

2.2.10　醇醚羧酸盐

英文名称：alcohol polyoxyethylene carboxylate，AEC

结构式：$R(CH_2CH_2O)_nOCH_2COONa$

（1）性能指标

项目	AEC-9Na	AEC-9Na	AEC-10Na	AEC-H
外观	透明液体	白色固体	浅黄色膏体或半流动液体	淡黄色液体
固含量/%	28±1	98±2	98±2	88±2
盐含量/%	2.5±0.5	9±1	8±1	≤0.5
pH 值	6±1	9±1	9±1	2±1
氯乙酸钠/(mg/kg)	<10	<20	<20	<20

（2）生产原料与用量

脂肪醇聚氧乙烯醚	工业级	580kg	一氯乙酸		工业级	190kg
氢氧化钠	工业级	180kg				

（3）生产原理　脂肪醇聚氧乙烯醚用氯乙酸钠羧甲基化：

$$R(OCH_2CH_2)_nOH + ClCH_2COOH \xrightarrow{NaOH} R(OCH_2CH_2)_nOCH_2COONa + NaCl + H_2O$$

（4）生产工艺流程（参见图 2-10）

① 在反应器 D101 中泵入定量脂肪醇聚氧乙烯醚，加热搅拌。

② 然后再加入氯乙酸，在温度 70～80℃下反应 4～5h。

③ 反应液泵入 D102，在 60℃下加入氢氧化钠，冷却后，得产品。

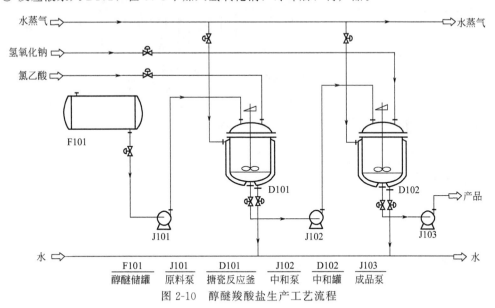

图 2-10 醇醚羧酸盐生产工艺流程

F101	J101	D101	J102	D102	J103
醇醚储罐	原料泵	搪瓷反应釜	中和泵	中和罐	成品泵

（5）产品用途 用于皮革、造纸、油漆工业乳化剂、洗涤剂、柔软剂、抗静电剂、杀菌剂、卫生清洁剂、浴剂、化妆品、各类清洗剂。

2.2.11 醇醚磷酸单酯

英文名称：fatty alcohol polyoxyethylene ether dihydrogen phosphate monoester，MAP

结构式：$RO(CH_2CH_2O)_nPO(OH)_2$ $\qquad R=C_{12}\sim C_{14}$

（1）性能指标

外观	淡黄色黏稠液体	单酯（摩尔百分数）	≥90%
活性物	≥96%	pH 值	2±1

（2）生产原料与用量

脂肪醇聚氧乙烯醚	工业级	820kg	五氧化二磷	工业级	180kg

（3）生产原理

以脂肪醇聚氧乙烯醚和 P_2O_5 为原料，经特殊磷酸酯化工艺制得以单酯为主的单双酯混合物。

$$RO(CH_2CH_2O)_nH + P_2O_5 \longrightarrow RO(CH_2CH_2O)_nPO(OH)_2$$

（4）生产工艺流程（参见图 2-11）

① 在反应釜 D101 中泵入 F101 中熔化均匀的醇醚，搅拌下加入催化剂。

② 密封系统，开启真空泵 J102，在 N_2 的保护下慢慢加入计量好的五氧化二磷，控制加料速度，使温度不高于 50℃为宜，加毕后升温到 50～90℃，保温 3～7h。然后再升温到 70～100℃，加水水解，同时进行漂色，保温 0.5～2h 后，冷却到 50℃以下放料即可。

③ 也可根据使用要求，泵入 D102，接着进行中和。

（5）产品用途 该产品根据应用要求也常中和成 K、Na、胺等盐类。产品具有较强的乳化性能和优良的润湿、增溶、洗涤、消泡、抗静电、防锈、除锈等性能，在化妆品工业、农药生产、皮革加脂、纺织印染工业、化纤工业、金属加工和表面处理等生产中，用作乳化剂、柔软剂、润湿剂、增溶剂、消泡剂、抗静电剂、除锈剂和渗透剂等。

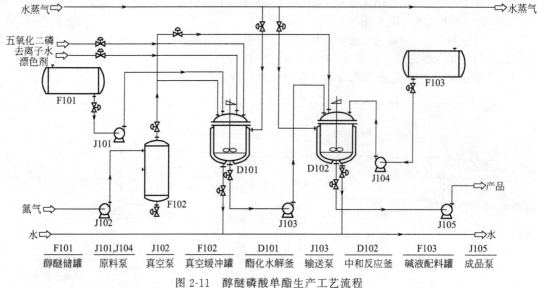

图 2-11 醇醚磷酸单酯生产工艺流程

F101	J101,J104	J102	F102	D101	J103	D102	F103	J105
醇醚储罐	原料泵	真空泵	真空缓冲罐	酯化水解釜	输送泵	中和反应釜	碱液配料罐	成品泵

2.2.12 扩散剂 NNO

中文别名：萘磺酸甲醛缩合物

英文名称：dispersing agent NNO，naphthalene sulfonate formaldehyde condensation compound

结构式：

$$NaO_3S-\text{[naphthalene]}-CH_2-\text{[naphthalene]}-SO_3Na$$

（1）性能指标

	固体产品	液体产品		固体产品	液体产品
外观	米黄色固体	棕色液体	pH 值	7～9	7～9
扩散力	100%	120%	水不溶物	≤0.2%	≤0.2%
干品含量	—	≥32%	细度（60 目筛余）	≤5%	—
硫酸钠	≤3%	≤3%			

（2）生产原料与用量

萘	工业级，灰度≤0.02%	420kg	液碱	工业级，30%	600kg
硫酸	工业级，95%	450kg	甲醛	工业级，≥33%	300kg

（3）生产原理　硫酸与萘进行磺化后，与甲醛进行缩合，再用液碱一次中和，最后经喷雾干燥而制得。其反应方程式如下：

$$\text{[naphthalene]} + H_2SO_4 \xrightarrow{160℃} \text{[naphthalene-}SO_3H] + H_2O$$

$$n\ \text{[naphthalene-}SO_3H] + (n-1)HCHO \longrightarrow \left[\text{H}-\text{[naphthalene]}-CH_2-\text{[naphthalene]}\right]_{n-1}$$

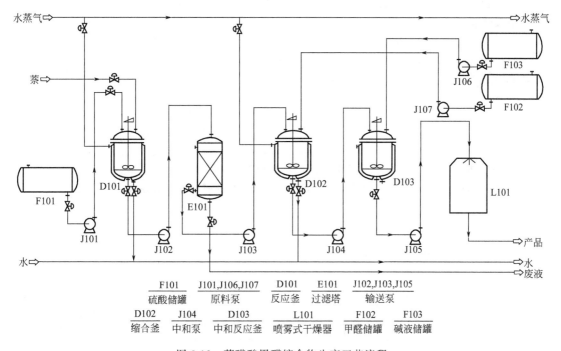

（4）生产工艺流程（参见图 2-12）

① 将萘加入反应釜 D101 中，升温加硫酸磺化，磺化终了降温水解。

② 通过 E101 过滤后泵入 D102 中再加甲醛，在 196kPa 压力下缩合。

③ 物料压入中和釜 D103 中，加液碱中和，经 L101 喷雾干燥而得成品。

F101	J101,J106,J107	D101	E101	J102,J103,J105
硫酸储罐	原料泵	反应釜	过滤塔	输送泵
D102	J104	D103	L101	F102	F103
缩合釜	中和泵	中和反应釜	喷雾式干燥器	甲醛储罐	碱液储罐

图 2-12　萘磺酸甲醛缩合物生产工艺流程

（5）产品用途　主要用于印染工业扩散剂、匀染剂、分散剂；棉纺及针织工业稳定剂；皮革工业鞣革剂及染色助剂；橡胶工业作填料和助剂的分散剂；建筑工业混凝土减水剂及增强剂；农药分散剂等。

2.3　阳离子表面活性剂

在水中能离解出具有表面活性的阳离子的一类表面活性剂叫阳离子表面活性剂。就其结构而言，它至少含有一个长链疏水基，通常是由脂肪酸或石油化学品衍生而来的，因此商品表面活性剂都是由复杂的混合物组成。

1935 年 Ponragk 认定阳离子表面活性剂具有抑菌作用，它便作为杀菌剂面市。随着产量增加、品种增多，其应用范围也迅速拓展。目前已用于纤维收敛剂、抗静电剂、肥料抗结块剂、农作物防霉剂、沥青与石子表面的黏结促进剂、金属防腐蚀剂、颜料分散剂、头发调理剂、化妆品的乳化剂、矿石浮选剂等。

阳离子表面活性剂按其结构可分为开链脂肪胺盐，亲油基通过中间键与 N 相连的胺盐，烷基环状含氮杂环胺盐阳离子表面活性剂，聚合型阳离子表面活性剂。除含氮阳离子表面活性剂外，还有一小部分含硫、磷、砷等元素的阳离子表面活性剂。其中最重要的是季铵盐阳离子表面活性剂。

2.3.1 十二烷基二甲基叔胺

英文名称：N,N'-dimethyl dodecyl amine

分子式：$C_{14}H_{31}N$

（1）性能指标

	优等品	一等品	合格品
外观	无色透明黏稠液体	无色至微黄色黏稠液体	浅黄透明黏稠液体
色泽（Hazen）	≤30	≤60	—
叔胺含量	≥97%	≥95%	≥90%
胺值（mgKOH/g）	255～263	250～263	224～263
伯仲胺含量	≤1%	≤2%	—
主组分	≥95%	≥90%	≥85%

（2）生产原料与用量

脂肪醇	醇含量＞94%，主馏分＞90%	940kg
二甲胺	含量＞98%	250kg
氢气	纯度大于99%，氧含量＜0.3%	24m³

（3）生产原理 十二烷基二甲基叔胺的生产工艺按原料分有脂肪酸法和脂肪醇法。脂肪酸法具有工艺路线长、产品质量不高及环境污染等方面的缺点，已逐渐被淘汰。醇法有卤代和醇一步法两种工艺。前者具有设备腐蚀及环保等问题不易解决，后者则有工艺路线短、产品质量高、基本上无三废污染等优点，近几年发展比较迅速，也是我国目前生产十二烷基二甲基叔胺的主要方法。其反应如下：

$$C_{12}H_{25}OH+(CH_3)_2NH \xrightarrow[\triangle]{H_2,催化剂} C_{12}H_{25}N(CH_3)_2+H_2O$$

（4）生产工艺流程（参见图2-13）

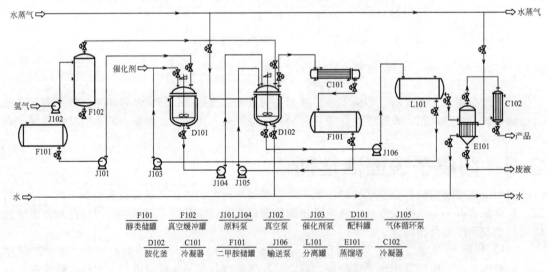

F101	F102	J101,J104	J102	J103	D101	J105
醇类储罐	真空缓冲罐	原料泵	真空泵	催化剂泵	配料罐	气体循环泵

D102	C101	F101	J106	L101	E101	C102
胺化釜	冷凝器	二甲胺储罐	输送泵	分离罐	蒸馏塔	冷凝器

图2-13 十二烷基二甲基叔胺生产工艺流程

① 配料 将脂肪醇和催化剂投入配料罐D101搅拌均匀后压入胺化反应釜D102中。

② 胺化反应 胺化反应釜内泵入氮气、氢气置换，搅拌升温并通入二甲胺，反应温度为180～240℃。

③ 未反应完的二甲胺再通过C101冷却后流回F101储罐中。

现代精细化工生产工艺流程图解

④ 催化剂分离　胺化反应结束后物料压入催化剂沉降罐 L101 中，催化剂在下层沉积，上层清液送至蒸馏工段，下层返回至配料罐。

⑤ 蒸馏　催化剂沉降分离后，使粗产品在 E101 中减压条件下蒸馏，得到十二烷基二甲基叔胺成品。

（5）产品用途　用于矿石浮选剂、金属缓蚀剂、杀菌剂等；大部分情况下，将其制成盐或季铵盐的衍生物使用。是十二烷基甜菜碱和氧化胺的中间体；也用于制备纤维洗涤剂、织物柔软剂、沥青乳化剂、染料油添加剂、金属防锈剂、抗静电剂等。

2.3.2　十八烷基二甲基叔胺

英文名称：fatty alkyl dimethyl tertiary amines，18DMA

结构式：$C_{18}H_{37}N(CH_3)_2$

（1）性能指标

	优等品	一等品	合格品
外观	无色～微黄	无色～浅黄	浅黄色
色泽（Hazen）	≤30	≤60	—
叔胺含量	≥97％	≥95％	≥90％
胺值（mgKOH/g）	183～189	179～189	161～189
伯仲胺含量	≤1％	≤2％	—
主组分	≥95％	≥90％	≥85％

（2）生产原料与用量

脂肪醇	醇含量＞94％，主馏分＞90％	980kg
二甲胺	含量＞98％	175kg
氢气	纯度大于99％，氧含量＜0.3％	24m³

（3）生产原理　十八烷基二甲基叔胺的制备工艺与十二烷基二甲基叔胺的制备类似，以醇一步法工艺最具有优势。

$$C_{18}H_{37}OH + (CH_3)_2NH \xrightarrow[\triangle]{H_2,催化剂} C_{18}H_{37}N(CH_3)_2 + H_2O$$

（4）生产工艺流程（参见图 2-13）　与十二烷基二甲基叔胺类似，也分配料、胺化、催化剂分离、蒸馏等几步，可参见十二烷基二甲基叔胺的工艺流程及图 2-13。

（5）产品用途　用作浮选剂、化肥防结块剂、缓蚀剂等。是合成表面活性剂 1830 和 1827 等的中间体。

2.3.3　十二烷基三甲基氯化铵

中文别名：表面活性剂 1231

英文名称：dodecyl trimethyl ammonium chloride，lauryl trimethyl ammonium chloride，surfactant 1231

分子式：$C_{15}H_{34}ClN$

（1）性能指标

外观	浅黄色胶状液体	pH（1％水溶液）	6～8
含量	50％±2％	NaCl	≤0.44％
总游离胺	≤1％		

（2）生产原料与用量

十二烷基二甲基叔胺	工业级	430kg	乙醇	含量≥95％	适量
（十二叔胺）			氢氧化钠	含量＞90％	适量
氯甲烷	工业级	111kg			

（3）生产原理　由十二烷基二甲基叔胺（十二叔胺）和氯甲烷进行季铵化反应而制得。其反应方程式如下：

$$C_{12}H_{25}N(CH_3)_2 + CH_3Cl \xrightarrow{NaOH} [C_{12}H_{25}N(CH_3)_3]^+ Cl^-$$

（4）生产工艺流程（参见图 2-14）

① 先将十二叔胺、乙醇、水和少量碱（NaOH）加入反应釜 D101 中。

② 开动真空泵 J102 通入氮气，经置换空气后，升至反应温度，在搅拌下通入氯甲烷，反应数小时。

③ 再泵入 D102 中老化，即可冷却出料。

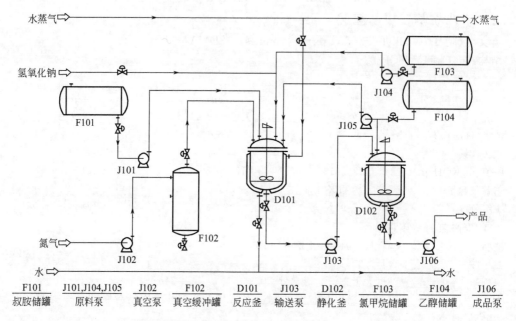

图 2-14　十二烷基三甲基氯化铵生产工艺流程

F101	J101,J104,J105	J102	F102	D101	J103	D102	F103	F104	J106
叔胺储罐	原料泵	真空泵	真空缓冲罐	反应釜	输送泵	静化釜	氯甲烷储罐	乙醇储罐	成品泵

（5）产品用途　本品可用作硝基还原重排法制造对胺基苯酚的转移催化剂；还可利用它的乳化性生产建筑防水涂料乳化剂、护发素乳化剂、化妆品乳化剂、阳离子氯丁胶乳专用乳化剂。油田钻凿深井时，用作抗高温油包水乳化泥浆的乳化剂等；青霉素发酵工艺过程中的蛋白质凝聚剂；亦可用于生产合成纤维抗静电剂、乳胶工业的防黏剂和隔离剂、工农业用杀菌剂等。

2.3.4　十六烷基三甲基氯化铵

中文别名：表面活性剂 1631

英文名称：cetyl trimethyl ammomum chloride, surfactant 1631

分子式：$C_{19}H_{42}ClN$

（1）性能指标

	一级	二级	三级
外观	白色或微黄色膏状物或固体		
活性物含量	≥90％	≥75％	≥50％
pH 值（1％水溶液）	7～8	7～8	7～8

（2）生产原料与用量

十六叔胺或 $C_{16} \sim C_{18}$ 烷基叔胺	工业级	650kg
乙醇	含量≥95％	300kg
氯甲烷	工业级	150kg

（3）生产原理　由十六烷基二甲基胺（十六叔胺）与氯甲烷进行季铵化反应而制得。其反应方程式如下：

$$C_{16}H_{33}N(CH_3)_2 + CH_3Cl \xrightarrow{NaOH} [C_{16}H_{33}N(CH_3)_3]^+Cl^-$$

（4）生产工艺流程（参见图 2-14）

① 先将十六叔胺、乙醇、水和少量碱（NaOH）加入反应釜 D101 中。

② 开动真空泵 J102 通入氮气，经置换空气后，升至反应温度，在搅拌下通入氯甲烷，反应数小时。

③ 再泵入 D102 中老化，即可冷却出料。

（5）产品用途　用于配制乳化硅油、护发素、纤维柔软剂和抗静电剂等。也用作沥青乳化剂。

2.3.5　十八烷基三甲基氯化铵

中文别名：表面活性剂 1831

英文名称：octadecyl trimethyl ammonium chloride，surfactant 1831

分子式：$C_{21}H_{46}ClN$

（1）性能指标

外观	白色至淡黄色固体	未反应胺含量	$\leqslant 2\%$
活性物含量	$70\% \pm 2\%$	pH 值	$5 \sim 8$

（2）生产原料与用量

十八烷基二甲基叔胺	含量≥90%	675kg	酒精	工业级	适量
氯甲烷	含量>98%	125kg	氢氧化钠	含量>90%	2kg

（3）生产原理　制备工艺为脂肪胺和氯甲烷经烷基化反应而制得季铵盐。从理论上讲，用十八烷基伯胺和十八烷基二甲基叔胺为原料都可以得到"1831"，但用前者为原料时产物中含有大量的氯化钠，如不脱除在很多场合不能满足使用要求，所以一般都以十八烷基二甲基叔胺为原料。

$$C_{18}H_{37}N(CH_3)_2 + CH_3Cl \xrightarrow{\triangle} [C_{18}H_{37}N(CH_3)_3]^+Cl^-$$

（4）生产工艺流程（参见图 2-14）

① 投料　将十八烷基二甲基叔胺焙化后用真空吸入反应釜 D101 中，再加入计量的工业酒精和水，上部余留空间用 N_2 置换；开启真空泵 J102 用氮气置换系统中的空气。

② 季铵化反应　开动季铵化反应釜搅拌 D101，夹套通入蒸气升温，到 80℃后通入氯甲烷，反应压力控制在 0.4MPa。随着反应进程不断向体系滴加氢氧化钠水溶液。4h 后取样分析反应体系中未反应胺的含量，若不合格继续反应，以后每隔 1h 取样一次，直至分析合格为止。未反应胺合格后停止加热，准备出料。

③ 出料　反应体系中未反应胺检验合格后，D102 夹套通冷却水，物料由季铵化釜 D101 直接压入出料罐 D102。物料压完后取样分析活性物、pH 值及未反应胺。若活性物偏高可用工业乙醇稀释调整，若 pH 值不在所要求的范围、可用 Na_2CO_3 溶液或醋酸溶液调整。所有指标都合格后，降温至 60℃，物料出至出料池或出料盘，冷凝成块后包装。

（5）产品用途　本品广泛应用于沥青乳化及防水涂料乳化、硅油乳化、护发素化妆品乳化调理、织物纤维柔软抗静电、有机膨润土改性、生物制药工业的蛋白质絮凝及水处理絮凝、玻璃纤维柔软加工、尼龙降落伞面的防灼处理剂以及杀菌剂和消毒剂等。

2.3.6　双十八烷基二甲基氯化铵

英文名称：dioctadecyl dimethyl ammonium chloride，DODMAC，D1821

分子式：$C_{38}H_{80}ClN$

（1）性能指标

外观	白色固体	pH 值	$5 \sim 8$
活性物含量	$75\% \pm 2\%$	灰分	$< 0.3\%$
未反应物含量	$\leqslant 2\%$		

（2）生产原料与用量

双十八烷基甲基叔胺	含量≥92%	805kg	异丙醇	工业级	100kg
氯甲烷	含量≥98%	75kg	氢氧化钠	含量>90%	2kg

（3）生产原理

$$(C_{18}H_{37})_2NCH_3 + CH_3Cl \xrightarrow{\triangle} [(C_{18}H_{37})_2N(CH_3)_2]^+Cl^-$$

（4）生产工艺流程（参见图 2-14）

① 投料　将双十八烷基甲基叔胺熔化后用真空吸入反应釜 D101 中，再加入计量的工业酒精和水，上部余留空间用 N₂ 置换；开启真空泵 J102 用氮气置换系统中的空气。

② 季铵化反应　完成上述操作后，开动季铵化反应釜搅拌 D101，夹套通入蒸气升温，到 80℃后通入氯甲烷，反应压力控制在 0.4MPa。随着反应进程不断向体系滴加氢氧化钠水溶液。4h 后取样分析反应体系中未反应胺的含量，若不合格继续反应，以后每隔 1h 取样一次，直至分析合格为止。未反应胺合格后停止加热，准备出料。

③ 出料　反应体系中未反应胺检验合格后，D102 夹套通冷却水，物料由季铵化釜 D101 直接压入出料罐 D102。物料压完后取样分析活性物、pH 值及未反应胺。若活性物偏高可用工业乙醇稀释调整，若 pH 值不在所要求的范围、可用 Na₂CO₃ 溶液或醋酸溶液调整。所有指标都合格后，降温至 60℃，物料出至出料池或出料盘，冷凝成块后包装。

（5）产品用途　本产品是一种性能优良的织物柔软抗静电剂，在纺织工业和家用柔软剂中用作活性组分。除此之外，也可用作脱色剂、脱水剂等。

2.3.7　甲基三羟乙基甲基硫酸铵

中文别名：抗静电剂 TM

英文名称：methyl trihydroxyethyl ammonjum methyl sulfate，antistatic agent TM

分子式：C₈H₂₁NO₇S

（1）性能指标

外观	淡黄色油状黏稠液体	游离三乙醇胺含量	≤4%

（2）生产原料与用量

三乙醇胺	含量>75%	545kg	硫酸二甲酯	含量>97%	475kg

（3）生产原理

由二乙醇胺和硫酸二甲酯进行季铵化反应而制得。其反应方程式如下：

$$N(CH_2CH_2OH)_3 + (CH_3)_2SO_4 \longrightarrow [CH_3N(CH_2CH_2OH)_3]^+CH_3SO_4^-$$

（4）生产工艺流程（参见图 2-15）

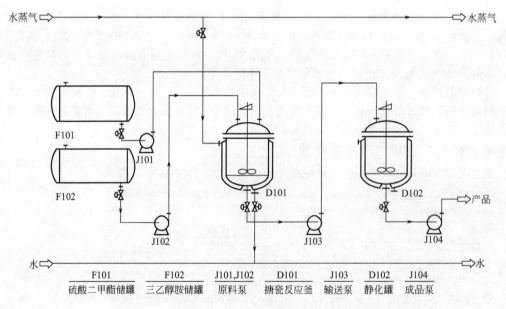

F101	F102	J101,J102	D101	J103	D102	J104
硫酸二甲酯储罐	三乙醇胺储罐	原料泵	搪瓷反应釜	输送泵	静化罐	成品泵

图 2-15　甲基三羟基乙基甲基硫酸铵生产工艺流程

① 先将 F102 中三乙醇胺按计量泵入搪玻璃反应釜 D101 中。

② 然后在搅拌和加热下，以细流状加入硫酸二甲酯，温度控制在 50℃ 以下，加毕升温，在 80℃ 反应 4h。

③ 再泵入静化罐 D102 中静化，制得成品。

（5）产品用途　用作腈纶、涤纶、尼龙等合成纤维的静电消除剂（抗静电剂）。也用于配制涤纶，腈纶等合纤纺丝油剂。一般用量为 0.2%～0.5%。还可用作塑料抗静电剂，用量为 0.5%～2%。

2.3.8　氯化二乙基硬脂酰乙基苄基铵

中文别名：色必明 BCH

英文名称：softener BCH

分子式：$C_{31}H_{57}ClN_2O$

（1）性能指标

外观	白色结晶体	活性组分含量	≥90%

（2）生产原料与用量

N,N-二乙基乙二胺	工业级	100kg	苯	工业级	1000kg
硬脂酰氯	工业级	306kg	氯化苄	工业级，含量95%	110kg

（3）生产原理　由 N,N-二乙基乙二胺与硬脂酰氯进行酰基化反应，生成 N,N-二乙基-2-硬脂酰胺基乙胺。再与氯化苄进行季铵化反应而制得。其反应方程式如下：

$$(C_2H_5)_2NCH_2CH_2NH_2 + C_{17}H_{35}COCl \longrightarrow C_{17}H_{35}CONHCH_2CH_2N(C_2H_5)_2 + HCl$$

$$C_{17}H_{35}CONHCH_2CH_2N(C_2H_5)_2 + C_6H_5CH_2Cl \longrightarrow [C_{17}H_{35}CONHCH_2CH_2 - \overset{\overset{\displaystyle C_2H_5}{|}}{\underset{\underset{\displaystyle C_2H_5}{|}}{N}} - CH_2C_6H_5]^+Cl^-$$

（4）生产工艺流程（参见图 2-16）

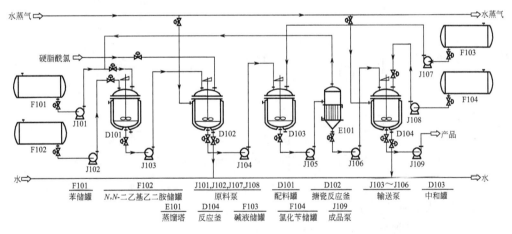

F101	F102	J101,J102,J107,J108	D101	D102	J103～J106	D103
苯储罐	N,N-二乙基乙二胺储罐	原料泵	配料罐	搪瓷反应釜	输送泵	中和罐
E101	D104	F103	F104	J109		
蒸馏塔	反应釜	碱液储罐	氯化苄储罐	成品泵		

图 2-16　氯化二乙基硬脂酰乙基苄基铵生产工艺流程

① 将 N,N-二乙基乙二胺、苯加入配料釜 D101 中，搅拌成为均一溶液。

② 将硬脂酰氯投入反应釜 D102 中，加热升温到 60～70℃，在搅拌下缓慢泵入 N,N-二乙基乙二胺的苯溶液，加完后反应 1h。

③ 然后泵入 D103 中用 10% 稀碱溶液中和至中性。

④ 再经过 E101 蒸馏回收苯。

⑤ 待苯回收以后，泵入 D104 中，控温 65℃，搅拌下加入氯化苄，加完后，控温 75℃，冷却出料即得成品。

（5）产品用途　用作柔软剂、固色剂、润湿剂、抗静电剂等。

2.3.9　三乙醇胺单硬脂酸酯

中文别名：乳化剂 FM，索罗明

英文名称：emulsifying agent FM，soromine

结构式：$C_{17}H_{35}COOCH_2CH_2N(CH_2CH_2OH)_2 \cdot HX$

（1）性能指标

外观	棕色黏稠液体	活性物含量	30%
pH 值	10	酯含量	≥75%

（2）生产原料与用量

硬脂酸	工业级	639kg	三乙醇胺	含量＞97%	342kg

（3）生产原理　由硬脂酸和三乙醇胺进行脱水缩合而制得。其反应方程式如下：

$$C_{17}H_{35}COOH+N(CH_2CH_2OH)_3 \xrightarrow{\text{加热}} N\begin{cases} CH_2CH_2OOCC_{17}H_{35} \\ CH_2CH_2OH \\ CH_2CH_2OH \end{cases} +H_2O$$

（4）生产工艺流程（参见图 2-17）　将硬脂酸和三乙醇胺加入反应釜 D101，加热升温至130~160℃，反应 4h 后导入静化罐 D102，静化 4~8h 而得成品。

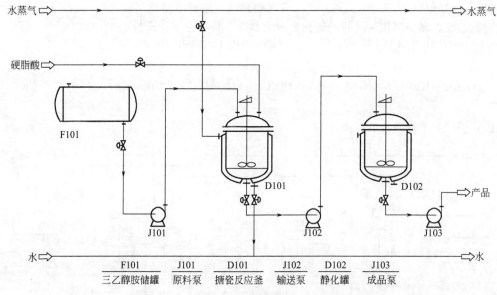

F101	J101	D101	J102	D102	J103
三乙醇胺储罐	原料泵	搪瓷反应釜	输送泵	静化罐	成品泵

图 2-17　三乙醇胺单硬脂酸酯生产工艺流程

（5）产品用途　用作乳化剂，用于各种矿物油、润滑脂、动植物油脂及其混合物的乳化。也用作酞菁颜料合成后加工助剂。

2.3.10　阳离子咪唑啉（SD-2 型）

英文名称：cation imidazoline SD-2

分子式：$C_{42}H_{85}N_3O_5S$

（1）性能指标

外观	琥珀色膏体	pH 值	4~6
固体物	70%±2%	溶解性	可溶于热水和分散于冷水中

（2）生产原料与用量

脂肪酸	白色固体，酸价（200±10）mgKOH/g	530kg
DETA（二亚乙基三胺）	无色或淡黄色液体，含量＞98%	100kg

Me₂SO₄	无色或淡黄色液体，含量≥95%	130kg
异丙醇	无色液体，含量>98%	315kg

（3）生产原理　通过脂肪酸和二亚乙基三胺反应生成酰胺基烷基咪唑啉后，再与硫酸二甲酯 Me_2SO_4 进行季铵化反应而制得。

（4）生产工艺流程（参见图2-18）

① 咪唑啉中间体的制备（环化反应）　在反应釜D101中加入脂肪酸，加热，待脂肪酸全部熔化后，升温到150℃，搅拌下慢慢加入计量的DETA。加完DETA后，在一定时间内升温到250℃，开启真空泵J102，在氮气保护下不断蒸出反应生成的水。反应完成后，分析咪唑啉中间体的质量，达到预定的指标后进入下一步反应。

② 产品的制备（季铵化反应）　在另一反应釜D102内加入计量的异丙醇，升温到一定温度后，慢慢加入咪唑啉中间体，待咪唑啉中间体全部溶解后，控制一定温度慢慢加入计量的 Me_2SO_4。加完后，在100℃下保温一定时间至反应完全即得产品，分析产品质量合格后包装。

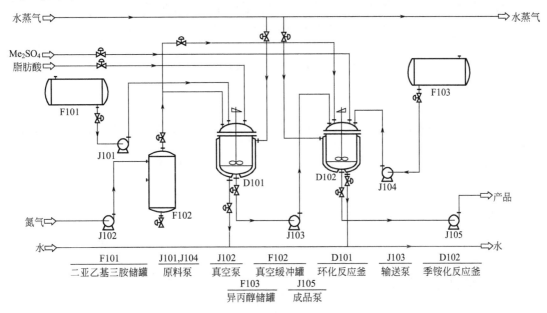

F101	J101,J104	J102	F102	D101	J103	D102
二亚乙基三胺储罐	原料泵	真空泵	真空缓冲罐	环化反应釜	输送泵	季铵化反应釜

F103	J105
异丙醇储罐	成品泵

图2-18　阳离子咪唑啉生产工艺流程

（5）产品用途　阳离子咪唑啉具有优良的柔软性、抗静电性、缓蚀性、乳化性和润滑性，作为柔软剂、抗静电剂、缓蚀剂、乳化剂和润滑剂等广泛用于丝绸、化纤、棉麻、造纸、石油开采和加工以及金属加工、机械制造等行业。

2.4　两性表面活性剂

在水中既能离解出具有表面活性的阴离子，又能离解出具有表面活性的阳离子的表面活性剂称为两性表面活性剂。目前主要依据其阳离子结构通常分为：两性咪唑啉衍生物、表面活性甜菜碱、氨基酸类表面活性剂、卵磷脂类表面活性剂。其中最主要的是咪唑啉型，约占整个产量的一半以上。

两性表面活性剂开发较晚，但由于它的特殊结构决定了其独特的优势，即在相当宽的pH值范围内都具有良好的表面活性，并能和所有的表面活性剂兼容，在一般情况下产生增效协同作用；可吸附在带电物质表面，不产生憎水膜，有很好的润湿发泡性、乳化性、分散性；对织物有优异的柔软平滑性和抗静电性；有极好的耐硬水性和耐高浓度电解质性，甚至在海水中也可以使用；有一定的杀菌抑霉性，对皮肤、眼睛刺激性低，所以一面市就受到社会的欢迎和重视。随着国民经济的迅速发展，原料工业的基本配套，加之环保要求日益严峻，人们对化妆品的要求越来越高，可以预计，两性表面活性剂将会更加迅速发展。

2.4.1　N-十二烷基甜菜碱

中文别名：BS-12

英文名称：dodecyl dimethyl betaine

分子式：$C_{16}H_{33}NO_2$

（1）性能指标

外观	无色至淡黄色黏稠液体	pH 值	6～8
活性物	30%±2%	无机盐	<8%

（2）生产原料与用量

十二烷基二甲基叔胺（十二叔胺）	工业级	215kg
氯乙酸	白色结晶，含量≥98%	160kg
烧碱	白色粉末，含量≥98%	90kg

（3）生产原理　工业上主要采用烷基二甲基叔胺与卤代乙酸盐进行反应制得。

$$ClCH_2COONa + NaOH \longrightarrow ClCH_2COONa + H_2O$$

$$C_{12}H_{25}N(CH_3)_2 + ClCH_2COONa \longrightarrow C_{12}H_{25}-\overset{\overset{CH_3}{|}}{\underset{\underset{CH_3}{|}}{N^+}}-CH_2COO^- + NaCl$$

（4）生产工艺流程（参见图 2-19）

① 按计量加入氯乙酸至 D101 中，再用等物质的量的氢氧化钠溶液中和氯乙酸至 pH 为 7，得到氯乙酸钠盐。

② 然后一次加入等物质的量的十二烷基二甲基胺，在 50～150℃反应 5～10h，即得目的产品，浓度为 30%左右。

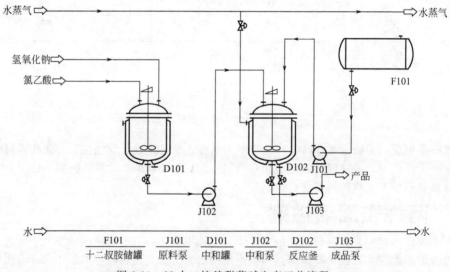

图 2-19　N-十二烷基甜菜碱生产工艺流程

F101	J101	D101	J102	D102	J103
十二叔胺储罐	原料泵	中和罐	中和泵	反应釜	成品泵

（5）产品用途　本品有优良的发泡性能，能使毛发柔软，适用于制造无刺激的、对头发有调理性的香波、婴幼儿香波、浴液、餐具洗涤剂、高级液体洗涤剂、杀菌剂、液体皂等日化产品中作为稳泡、增效、调节黏度等作用。也用作织物的柔软剂、抗静电剂、羊毛缩绒剂、金属缓蚀剂、清洗剂、橡胶工业中用作凝胶乳化剂，还可用作灭火器中的泡沫剂、钙皂分散剂等。

2.4.2　月桂基乙酸钠型咪唑啉

英文名称：undecyl carboxylated-type imidazoline

分子式：$C_{18}H_{34}O_3N_2Na$

（1）性能指标

	含盐型	无盐型
外观	琥珀色液体	琥珀色液体
pH（10％水溶液）	7.5～9.5	7.5～9.5
含固量	40％±2％，50％±2％	40％±2％，50％±2％
含盐量	8％±2％，10％±2％	0.2％±0.1％，0.3％±0.1％
黏度（25℃）	—	150～280mPa·s

（2）生产原料与用量

月桂酸	白色结晶体，酸价278.0	170kg
AEEA（羟乙基乙二胺）	含量≥98％	90kg
氯乙酸	白色结晶，含量≥98％	160kg
碳酸钠	含量≥98％	90kg

（3）生产原理　通过脂肪酸和羟乙基乙二胺反应生成烷基咪唑啉后，再和氯乙酸钠进行季铵化反应而制得。合成反应如下：

$$C_{11}H_{23}COOH + H_2NCH_2CH_2NHCH_2CH_2OH \xrightarrow{脱水} C_{11}H_{23}CONHCH_2CH_2NHCH_2CH_2OH$$

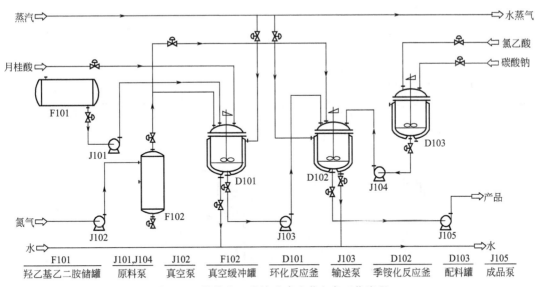

（4）生产工艺流程（参见图2-20）

F101	J101,J104	J102	F102	D101	J103	D102	D103	J105
羟乙基乙二胺储罐	原料泵	真空泵	真空缓冲罐	环化反应釜	输送泵	季铵化反应釜	配料罐	成品泵

图2-20　月桂基乙酸钠型咪唑啉生产工艺流程

①　烷基咪唑啉中间体的制备（环化反应）　加入计量的月桂酸到反应釜D101内，加热熔化后，再从F101泵入计量的AEEA，在一定时间内升温到指定温度，开启真空泵J102，在氮气保护下不断蒸出反应生成的水，反应完成后，分析中间体的质量，达到预定的指标后进入下一步反应。

②　氯乙酸钠的制备　在另一配料罐D103内加入计量的水，在一定温度和搅拌下加入计量的氯乙酸，全部溶解后，用碳酸钠调节到预定的pH（9～11），即得到反应所需的氯乙酸钠溶液。

③　产品的制备（季铵化反应）　将氯乙酸钠溶液泵入季铵化反应釜D102中，升温到85～90℃后，搅拌下慢慢泵入环化反应制得的咪唑啉中间体，加完后，保温反应一定时间。当体系的

pH 值从 13 降至 8～8.5 时，为反应终点，产物分析合格后包装。

（5）产品用途　羧甲基型两性咪唑啉表面活性剂具有低的表面张力、良好的发泡性、增溶性和耐硬水性，与其他表面活性剂配伍性好、毒性低、刺激性小、易生物降解，是配制婴儿香波、浴液和个人清洁用品（如香波、浴液、化妆品等）的优质原料，还可作为洗涤剂、抗静电剂、柔软剂、钙皂分散剂等广泛用于其他工业。

2.4.3　氧化十二烷基二甲基胺

中文别名：OA-12
英文名称：dodecyl dimethyl amine oxide
分子式：$C_{14}H_{31}NO$

（1）性能指标

外观	浅黄色透明液体	过氧化氢残留量	＜0.1%
活性物含量	30%±1%	pH 值（5%水溶液）	7.5±0.5
未反应胺含量	≤0.5%		

（2）生产原料与用量

十二烷基二甲基叔胺	含量≥95%	295kg	氢氧化钠	工业品，10%	适量
双氧水	含量≥27%	172kg	去离子水		533kg
亚硫酸钠	含量≥60%	适量			

（3）生产原理　通常用烷基叔胺和过氧化氢溶液在合适的温度条件下进行反应而制得。反应式如下：

$$C_{12}H_{25}N(CH_3)_2 + H_2O_2 \longrightarrow C_{12}H_{25}N \overset{\displaystyle CH_3}{\underset{\displaystyle CH_3}{\longrightarrow}} O + H_2O$$

（4）生产工艺流程（参见图 2-21）

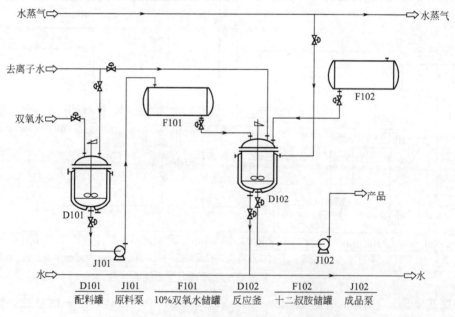

D101	J101	F101	D102	F102	J102
配料罐	原料泵	10%双氧水储罐	反应釜	十二叔胺储罐	成品泵

图 2-21　氧化十二烷基二甲基胺生产工艺流程

① 配制 10%的双氧水　取样测定原料双氧水含量后，根据每批投入的叔胺量，将一定量的双氧水（按叔胺和双氧水摩尔比为 1∶1.1 计）吸至双氧水配料罐 D101 中，加入计量的去离子水使双氧水溶液的浓度为 10%，搅拌 0.5min 后打入高位槽 F101 备用。

② 氧化胺的制备　在反应釜 D102 中投入计量的水，搅拌升温至 40～50℃，用 10%氢氧化

钠溶液调整 pH 值为 8。然后将高位槽 F102 中的叔胺放入，继续升温至 75℃，开始加入双氧水，控制在 40～60min 加完。加完后在 80℃下继续反应 4h，取样分析，未反应胺含量检测合格后根据过氧化氢残余量加入计量的亚硫酸钠，搅拌 15min，冷却至 40℃出料。

（5）产品用途　氧化十二烷基二甲基胺是十二烷基叔胺衍生物的一个重要品种，也是一种优良的表面活性剂。该产品对皮肤刺激性小，与阴阳离子型的表面活性剂都可相容，泡沫丰富而细腻，广泛用于香波、洁液、餐具洗涤剂等产品中。

2.4.4　2-十七烷基-3-硬脂酰胺乙基咪唑啉醋酸盐

中文别名：柔软剂 IS

英文名称：2-heptadecyl-3-stearoylamido ethyl imidazole acetate，softening agent IS

分子式：$C_{42}H_{32}O_3N_3$

（1）性能指标

外观	白色浆状物	pH 值	5～7
固体含量	≥20%		

（2）生产原料与用量

硬脂酸	工业级	33.80kg	冰醋酸	工业级	9.18kg
二亚乙基三胺	工业级	6.80kg	乙酸钠	工业级	1.68kg
亚硫酸氢钠	工业级	0.84kg	水	去离子水	适量

（3）生产原理　以硬脂酸和二乙烯三胺为原料，经过 170～190℃酰胺化，260～300℃咪唑化，再经乙酸中和而制得。反应方程式如下：

$$C_{17}H_{35}COOH + NH_2C_2H_4NHC_2H_4NH_2 \xrightarrow[\text{酰胺化}]{\text{加热}} C_{17}H_{35}CONHC_2H_4NC_2H_4NHOCC_{17}H_{35} + H_2O$$

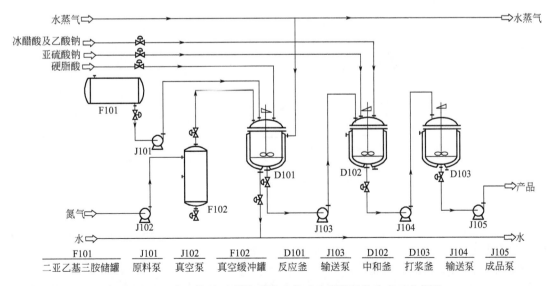

（4）生产工艺流程（参见图 2-22）

F101	J101	J102	F102	D101	J103	D102	D103	J104	J105
二亚乙基三胺储罐	原料泵	真空泵	真空缓冲罐	反应釜	输送泵	中和釜	打浆釜	输送泵	成品泵

图 2-22　2-十七烷基-3-硬脂酰胺乙基咪唑啉醋酸盐生产工艺流程

① 按物料配比将硬脂酸、二亚乙基三胺投入反应釜 D101 中。

② 启动真空泵 J102，通氮气，加热熔化，搅拌，继续加热升温，达 140℃后，调整升温速度，于 1.5～2h 内，由 140℃升至 170℃，脱水。然后，在 1h 内升温至 260℃，在 260～280℃条件下保温反应 2h。取样，测定凝固点。若凝固点大于 70℃，可认为反应达到终点。

③ 反应物料泵入 D102 中，待冷却至 100℃时，加入亚硫酸氢钠、冰醋酸及乙酸钠，再加水，使含固量大于 20%。

④ 输送至 D103 中搅拌、打浆 0.5h，即得成品。

（5）产品用途　主要用作腈纶纤维的柔软剂和涤纶纺丝油剂的添加剂。

2.4.5　N-辛基-二氨乙基甘氨酸盐酸盐

中文别名：Tego 51

英文名称：glycine N-C$_2$-aminoethyl-N-2-octylamino ethyl mono hydrochloride

分子式：$C_{14}H_{32}ClN_3O_2$

（1）性能指标

外观	片状晶体	pH 值	8～10
活性物	≥30%		

（2）生产原料与用量

二亚乙基三胺	工业级	110kg	氯乙酸	工业级	95kg
氯代辛烷	工业级	150kg			

（3）生产原理　氯代烷和多胺反应后，生成物再与氯乙酸反应制得。

$$NH_2CH_2CH_2NHCH_2CH_2NH_2 \xrightarrow{C_8H_{17}Cl} C_8H_{17}NHCH_2CH_2NHCH_2CH_2NH_2 + HCl$$

$$C_8H_{17}NHCH_2CH_2NHCH_2CH_2NH_2 + ClCH_2COOH \longrightarrow C_8H_{17}NHC_2H_4NHC_2H_4NHCH_2COOH \cdot HCl$$

（4）生产工艺流程（参见图 2-23）

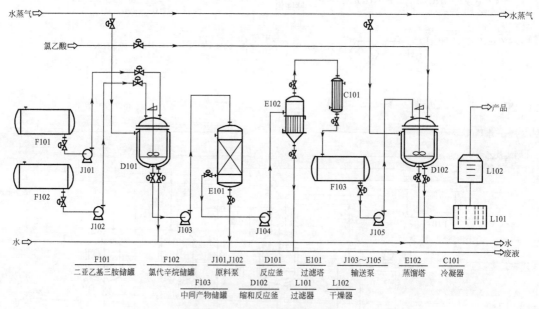

图 2-23　N-辛基-二氨乙基甘氨酸盐酸盐生产工艺流程

① 将计量的二亚乙基三胺加入反应釜 D101 中，加热到 180℃，在不断搅拌下加入氯代辛烷，保温反应 4h。静置一夜，让二亚乙基三胺盐酸盐沉淀完全。

② 通过 E101 过滤除去沉淀。

③ 滤液进入蒸馏釜 E102 中减压蒸馏，收集 150～200℃（2kPa）的馏分储存在 F103 中，得

淡黄色黏稠液，为十八烷基二亚乙基三胺。

④ 将计量的十八烷基二亚乙基三胺和氯乙酸水溶液加入缩合釜 D102 中，在 100℃下反应 2h。趁热放入结晶槽中，得无色片状结晶，再经 L101 抽滤、L102 干燥即为产品。

（5）产品用途　一般用作杀菌剂、抗静电剂、柔软剂。

2.5　非离子表面活性剂

在水中不离解成离子状态，表面活性由中性分子体现的表面活性剂称为非离子表面活性剂。

非离子表面活性剂按其亲水基的结构不同，可分为聚氧乙烯型非离子表面活性剂、多元醇型非离子表面活性剂、烷基醇胺型非离子表面活性剂、聚醚型及氧化胺型非离子表面活性剂。随着石油工业的发展，环氧乙烷供应量增加，聚氧乙烯或环氧乙烷型非离子表面活性剂得到迅速发展，成为非离子表面活性剂中产量最大、品种最多、应用最广的一族。

非离子表面活性剂具有高表面活性，其水溶液表面张力低，临界胶束浓度也比离子型表面活性剂低，增溶作用强。非离子表面活性剂都有一定的浊点，这一性质决定了它在水中有一个溶解和析出过程。比如在织物洗涤中，高温下表面活性剂析出覆盖在织物表面，使织物上油脂性污垢得以溶解，温度降低后，表面活性剂通过醚键与水形成氢键的结合力，重新回到水中，油污被清除洗掉，所以非离子表面活性剂具有良好的乳化能力和洗涤作用。非离子表面活性剂的生产和应用日益广泛，目前其产量已占到表面活性剂总量的 40% 左右。

我国非离子表面活性剂的生产始于 1958 年，主要用作纺织助剂。目前有上百个品种，应用范围相继扩展到印染工业、农药工业、金属加工业、石油开采工业等方面。

2.5.1　脂肪醇聚氧乙烯醚（AEO-9）

英文名称：fatty alcohol polyoxyethylene ether 9，AEO-9

分子式：$RO(CH_2CH_2O)_nH$　$R=C_{12}\sim C_{18}$

（1）性能指标

外观	白色蜡膏状	色泽（APHA）	≤50
含水量	≤0.2%	游离 EO	≤1×10^{-6}
羟值	91±5	灰色	≤0.1%
羟值复现性	±2	酸值	≤0.1mgKOH/g
pH	6～7	铁	≤5×10^{-6}
聚乙二醇	≤1.5%		

（2）生产原料与用量

环氧乙烷	650kg	冰醋酸	2kg
$C_{12}\sim C_{14}$醇	350kg	双氧水（30%）	2kg
催化剂	3kg		

（3）生产原理　本系列产品为脂肪醇与环氧乙烷在反应温度和催化剂作用下聚合而得到。主要反应式如下：

$$ROH+9EO\longrightarrow RO(CH_2CH_2O)_9H$$

$$R=C_{12}\sim C_{14}醇或 C_{10}\sim C_{18}醇，n=3,9,15,25 等$$

（4）生产工艺流程（参见图 2-24）

① 将脂肪醇与催化剂加入反应器 D101，升温至 90～110℃，同时启动物料循环泵 J103 及 J104 喷雾抽空脱水。

② 然后用氮气置换，继续升温至 160℃左右，通入液态环氧乙烷，环氧乙烷进入反应器 D101 后立即汽化并充满反应器，而溶有催化剂的脂肪醇经泵压和喷嘴以雾状均匀喷入反应器的环氧乙烷气相中，并迅速反应，液相物料连续循环喷雾与环氧乙烷反应，保持环氧乙烷分压 0.2～0.4MPa，反应生成热由 C101、C102 热交换系统传出，以控制反应温度。

③ 环氧乙烷加入达预定量时，进料阀自动关闭，物料继续循环一定时间，直至环氧乙烷充

分反应，当达较低残压时，反应结束。

④ 然后真空下脱除游离的环氧乙烷，并加入中和剂进行中和，即得产品。

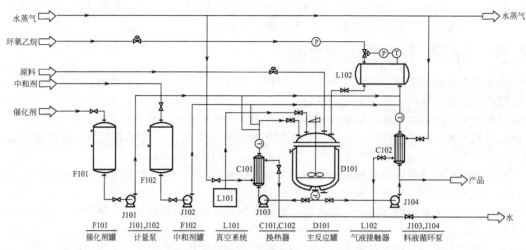

图 2-24　脂肪醇聚氧乙烯醚生产工艺流程

（5）产品用途　本品作为洗净剂、乳化剂、润湿剂、匀染剂、渗透剂、发泡剂等在民用及各种工业领域中均有着较为广泛的应用。

2.5.2　壬基酚聚氧乙烯醚系列

英文名称：polyoxy ethrlene nonyl phinyl ether series，TX，NP，OP

结构式：$C_{19}H_{19}C_6H_4(CH_2CH_2O)_nH$

（1）性能指标

	NP-4	NP-10		NP-4	NP-10
外观	无色液体	无色液体	pH 值	6～8	6～8
色度（APHA）	≤70	≤70	浊点	—	60～64℃
羟基	135～140(mg KOH/g)	82～88(mg KOH/g)	水分	0.5％	0.5％
			HLB 值	8.9	13.3

（2）生产原料与用量（kg）

	NP-4	NP-10		NP-4	NP-10
环氧乙烷	440	670	冰醋酸	2	2
壬基酚	560	330	双氧水（30％）	2	2
催化剂（NaOH）	3	3			

（3）生产原理　将壬基酚在反应温度下和催化剂作用下与环氧乙烷反应生成壬基酚聚氧乙烯醚。反应式如下：

$$C_{19}H_{19}\!-\!\!\langle\bigcirc\rangle\!\!-\!OH + nC_2H_4O \xrightarrow{\text{催化剂}} C_{19}H_{19}\!-\!\!\langle\bigcirc\rangle\!\!-\!(CH_2CH_2O)_nH$$

（4）生产工艺流程（参见图 2-25）

① 预处理段　将定量的壬基酚和催化剂（NaOH）加入到脱水反应釜 D101 中，同时启动真空泵 J102，在 110℃下减压脱水，然后升温至 160℃后进入回路喷射反应塔 E101 中。

② 反应段　160℃的物料进入预先处于氮气保护的喷射反应塔 E101 后，启动物料循环泵 J103，循环物料并升温，在反应器内物料温度和氮气压力达到设定值后，即可通入液态或气态环氧乙烷，通过 E101 汽化后的环氧乙烷在高效气液混合喷射反应器中与液相物料充分混合反应，保持环氧乙烷分压，直至所需环氧乙烷加完为止。

③ 后处理段　减压除氮，输送至 D102 中后中和物料，然后送至产品储罐。

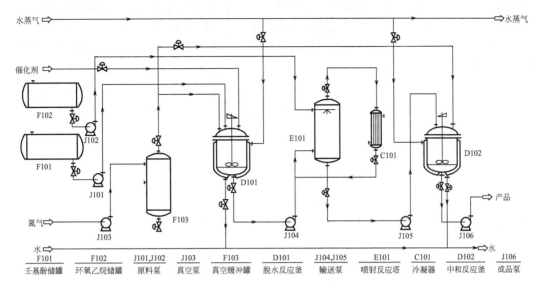

F101	F102	J101,J102	J103	F103	D101	J104,J105	E101	C101	D102	J106
壬基酚储罐	环氧乙烷储罐	原料泵	真空泵	真空缓冲罐	脱水反应釜	输送泵	喷射反应塔	冷凝器	中和反应釜	成品泵

图 2-25 壬基酚聚氧乙烯醚系列生产工艺流程

（5）产品用途 本系列产品作为乳化剂、润湿剂、分散剂、清洗剂、增溶剂等在洗涤剂和各个工业领域中均有着极为广泛的应用。例如：作为民用洗涤剂和工业清洗剂中的主要去污活性组分；在石油开采及三次采油中作为乳化降黏、清防蜡及驱油组分；在农药乳油中用作乳化剂及润湿剂；在乳化聚合中作为乳化剂及稳定剂；皮革工业中用作脱脂剂；化纤油剂单体；印染用匀染剂、净洗剂等。

2.5.3 蓖麻油聚氧乙烯醚系列

英文名称：castor oil polyoxyethylene ether series

结构式：$C_{57}H_{104}O_9(CH_2CH_2O)_n$

（1）性能指标

	EL-20	EL-90		EL-20	EL-90
外观	黄色油状液体	乳白色膏状	pH 值	6～8	6～8
浊点	58～60℃	≥100℃	HLB 值	10.0	16.5
酸值/(mgKOH/g)	≤0.5	≤0.5			

（2）生产原料与用量

	EL-20	EL-90		EL-20	EL-90
环氧乙烷	600kg	800kg	冰醋酸	2kg	2kg
蓖麻油	400kg	200kg	双氧水	适量	适量
催化剂氢氧化钠	3kg	3kg			

（3）生产原理 将蓖麻油与环氧乙烷在催化剂作用下聚合而得。反应式如下：

$$
\begin{array}{l}
CH_2OOC(CH_2)_7CH=CHCH_2CH(CH_2)_5CH_3 \\
\qquad\qquad\qquad\quad |\ OH \\
CHOOC(CH_2)_7CH=CHCH_2CH(CH_2)_5CH_3 \\
\qquad\qquad\qquad\quad |\ OH \\
CH_2OOC(CH_2)_7CH=CHCH_2CH(CH_2)_5CH_3 \\
\qquad\qquad\qquad\quad |\ OH
\end{array}
\xrightarrow[\ H_2C-CH_2\ ]{NaOH}
\begin{array}{l}
CH_2OOC(CH_2)_7CH=CHCH_2CH(CH_2)_5CH_3 \\
\qquad\qquad\qquad\quad |\ O(CH_2CH_2O)_xH \\
CHOOC(CH_2)_7CH=CHCH_2CH(CH_2)_5CH_3 \\
\qquad\qquad\qquad\quad |\ O(CH_2CH_2O)_yH \\
CH_2OOC(CH_2)_7CH=CHCH_2CH(CH_2)_5CH_3 \\
\qquad\qquad\qquad\quad |\ O(CH_2CH_2O)_zH
\end{array}
$$

（4）生产工艺流程（参见图 2-26）

① 将蓖麻油与催化剂按配比量加入到不锈钢聚合反应釜 D101 中，同时开启真空泵 J103，然后搅拌升温至 80～120℃下抽真空脱水，至水分脱尽，用 0.2～0.4MPa 氮气置换 2～3 次，然后

继续升温至 150～170℃。通入环氧乙烷，维持反应釜内压力 0.2～0.4MPa 和反应温度 160～180℃，将配比量环氧乙烷加完，老化直至釜内压力不再下降，排空，并用氮气吹扫一次。

② 物料泵入 D102 中，然后降温至 80℃左右，用冰醋酸中和至 pH 为 6～8，必要时用双氧水脱色，取样分析、出料、包装。

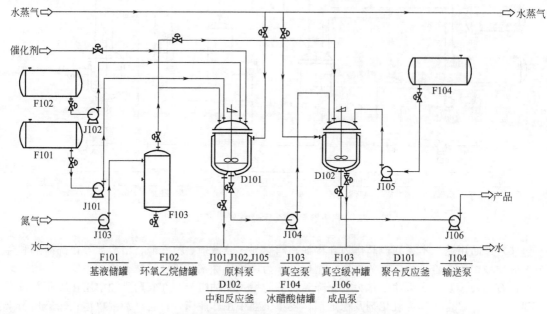

图 2-26 蓖麻油聚氧乙烯醚系列生产工艺流程

（5）产品用途　本系列产品广泛用于纺织印染行业中作为柔软剂、匀染剂、抗静电剂和润滑剂，在农药行业中用作杀虫剂、除草剂的乳化剂；在皮革、涂料及民用洗涤剂工业中用作乳化剂、净洗剂和分散剂；在化妆品行业中用作香精油的增溶剂、泡沫剂及护肤品的润湿剂等。

2.5.4　斯盘-60

中文别名：山梨醇酐单硬脂酸酯，司本-60，S-60 乳化剂

英文名称：Span-60

分子式：$C_{24}H_{46}O_6$

（1）性能指标

外观	棕黄色蜡状物或米黄色片状固体	皂化值	130～155mgKOH/g
羟值	230～270mgKOH/g	水分	≤1.5%
酸值	≤8mgKOH/g		

（2）生产原料与用量

山梨糖醇	工业级（含量 50%）	700kg	碱液（NaOH）	工业级，40%　2.5kg
硬脂酸	工业级	780kg		

（3）生产原理　山梨醇与硬脂酸发生脱水酯化反应而得。反应式如下：

$$2CH_2OH(CH_2OH)_4CH_2OH \xrightarrow{\triangle}$$

$$+ C_{17}H_{35}COOH \xrightarrow{NaOH}$$

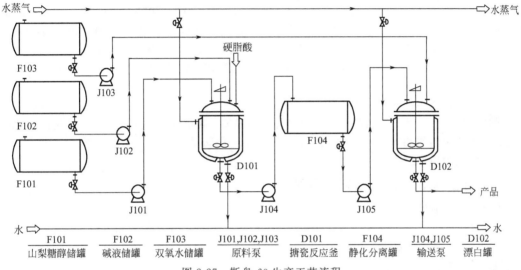

$$\text{(结构式)} + C_{17}H_{35}COOH \xrightarrow{NaOH} \text{(产物)}$$

（4）生产工艺流程（参见图 2-27）

① 将 F101 中山梨糖醇按计量泵入反应釜 D101 中，减压脱水至釜内翻起小泡，然后加入硬脂酸，再加入 40% 碱液 2.5kg，在减压条件下 2h 内升温至 170℃，然后缓慢升温至 180～190℃，保温 2h 后再继续升温，直至 210℃，在此温度下保温 4h。抽样测酸值，当酸值到 8mgKOH/g 左右酯化反应结束。

② 泵入 F104 中静置，冷却过夜，除去底层焦化物。

③ 物料输送到 D102 中，加入适量双氧水脱色，最后升温至 110℃ 左右，冷却成型、包装得成品。

F101	F102	F103	J101,J102,J103	D101	F104	J104,J105	D102
山梨糖醇储罐	碱液储罐	双氧水储罐	原料泵	搪瓷反应釜	静化分离罐	输送泵	漂白罐

图 2-27 斯盘-60 生产工艺流程

（5）产品用途 本品用于医药、化妆品、食品、农药、涂料、塑料工业作乳化剂、稳定剂，纺织工业用作抗静电剂、柔软上油剂。

2.5.5 失水山梨醇脂肪酸酯聚氧乙烯醚系列

中文别名：失水山梨醇脂肪酸酯聚氧乙烯醚系列（吐温 T-20、T-40、T-60、T-80）

英文名称：polyoxyethylene sorbitan monostearate，polysorbate

结构式：$C_6H_9O_4(CH_2CH_2O)_nOOCR$

（1）性能指标

	T-20	T-40	T-60	T-80
外观	黄色油状液体	琥珀色膏状	琥珀色蜡状	琥珀色液体
皂化值/(mgKOH/g)	45～55	40～55	40～55	40～55
羟值/(mgKOH/g)	90～110	85～105	80～105	68～85
酸值/(mgKOH/g)	≤2.0	≤2.0	≤2.0	≤2.0
pH 值	5.0～7.0	5.0～7.0	5.0～7.0	5.0～7.0
HLB 值	16.7	15.6	14.9	15.6

（2）生产原料与用量

	T-20	T-40	T-60	T-80
环氧乙烷	700kg	680kg	670kg	680kg

Span	300kg	320kg	330kg	320kg
催化剂	2kg	2kg	2kg	2kg
冰醋酸	2kg	2kg	2kg	2kg
双氧水	8kg	6kg	6kg	6kg

（3）生产原理　在催化剂作用下，由失水山梨醇脂肪酸酯与环氧乙烷聚合而得。反应式如下：

（4）生产工艺流程（参见图2-26）

① 将 F101 中斯盘和催化剂（溶液）按配比量加入到不锈钢反应釜 D101 中，同时启动真空泵 J102，然后升温至 80～120℃，开始抽真空减压脱水，水分脱净后，用 0.2～0.4MPa 氮气置换 2～3 次，然后继续升温至 150～170℃，通入环氧乙烷，并维持反应器内压力 0.2～0.4MPa，温度 150～170℃，将配比量环氧乙烷加完，老化一段时间反应釜内压力不再下降，即可排空，置换。

② 物料泵入 D102 然后降温至 80℃左右，用冰醋酸中和至 pH 为 6～8。必要时脱色，取样分析、出料、包装。

（5）产品用途　广泛用于化妆品、食品加工、制革工业、化纤油剂、农药、印染和加工等工业领域中，例如在药品、化妆品生产中用作乳化润湿剂；在泡沫塑料生产中用作乳化稳定剂；在合成纤维工业中用作油剂单体；在金属加工中用作乳化防锈剂；油田中用作乳化、防蜡、降黏剂；农药助剂中用作展着剂和黏附剂。

2.5.6　苯乙基苯酚聚氧乙烯醚系列

中文别名：农乳 600#

英文名称：phenethyl phenol polyoxyethylene ether series，pesticide emulsifier 600#

结构式：$C_{32}H_{29}O(CH_2CH_2)_nH$

（1）性能指标

	600# B	600# C		600# B	600# C
外观	乳白色膏状	乳白色膏状	pH 值	5～7	5～7
浊点	85～90℃	95～100℃	HLB 值	14.3	14.6

（2）生产原料与用量

	600# B	600# C		600# B	600# C
环氧乙烷	720kg	800kg	催化剂（NaOH）	2kg	2kg
三苯乙基苯酚	280kg	200kg	冰醋酸	2kg	2kg

（3）生产原理　由三苯乙基苯酚与配比量的环氧乙烷在催化剂作用下聚合而得。反应式如下：

（4）生产工艺流程（参见图2-26）

① 将F101中三苯乙基苯酚及催化剂（NaOH）水溶液按配比加入到不锈钢压力反应釜D101中，同时启动真空泵J102，然后升温至80～120℃时，抽真空脱水，当釜内水分脱净之后，用0.2～0.4MPa的氮气置换2～3次，然后继续升温至150～160℃，通入环氧乙烷，并维持釜内反应温度160～170℃和压力0.2～0.4MPa，直至配比环氧乙烷加完，至釜内压力不再下降为止，用氮气置换一次。

② 泵入D102然后降温至80～100℃，用冰醋酸中和至pH为6～8脱色，取样分析，出料包装。

（5）产品用途　本系列产品因其多苯环的特殊结构与农药具有更大的相似相溶性，具有优良的乳化性能，且易溶于甲苯、二甲苯中，因而广泛用作有机磷、有机氯等农药的乳化剂的单体，与农乳500#及700#等单体复配。此外在涤纶高温染色及油田助剂方面也有广泛应用。

2.5.7　烷基酚甲醛树脂聚氧乙烯醚

中文别名：农乳700#

英文名称：pesticide emulsifier 700#

分子式：$C_{69}H_{124}O_{22}$

（1）性能指标

外观	橙黄色油状液体	pH值	5.0～7.0
浊点	70～75℃	HLB值	14.2

（2）生产原料与用量

壬基酚	工业级	320kg	催化剂氢氧化钠	工业级	4kg
甲醛	工业级，37%	150kg	冰醋酸	工业级	2kg
环氧乙烷	工业级	600kg			

（3）生产原理　将壬基酚与甲醛在NaOH催化作用下混合后再与环氧乙烷聚合而得。反应式如下：

（4）生产工艺流程（参见图2-25）

① 将F101壬基酚甲醛水溶液按配比加入到不锈钢聚合釜D101中，在搅拌下加入催化剂NaOH，同时启动真空泵J102，升温至80℃，并维持在80～85℃下反应1h，然后降温至40℃左右，并在101.324kPa压力下脱水至145℃，用0.2～0.4MPa氮气置换后通过E101汽化后的环氧乙烷在高效气液混合喷射反应器中与液相物料充分混合反应，并维持反应压力0.2～0.4MPa，反应温度160～180℃，直至配比量的环氧乙烷反应完毕，老化至釜内压力不再下降，排空置换。

② 降温至80℃，用冰醋酸中和至pH为6～8，然后取样分析、出料、包装。

（5）产品用途　本品因其双烷基酚的结构特点及与农药和芳烃溶剂的较好的相溶性，广泛用于多种有机磷、有机氯农药的乳化剂及乳化性能调整剂，在其他工业乳化剂领域中也有应用。

2.5.8　三异丙胺聚氧丙烯聚氧乙烯醚

中文别名：消泡剂BAPE

英文名称：tri-isopropanolamine polyoxypropylene-polyoxyethylene ether，antifoaming agent BAPE

结构式：$C_9H_{21}O_3N(C_3H_6O)_n(C_2H_4O)_m$

（1）性能指标

外观	无色至淡黄色透明油状物	酸值	$\leqslant 0.5mgKOH/g$
浊点（1%水溶液）	17～22℃	水分	$<0.5\%$
羟值	45～56mgKOH/g	灰分	$<0.5\%$

（2）生产原料与用量

环氧丙烷	工业级	100kg	氢氧化钠	工业级	3～5kg
环氧乙烷	工业级	25kg	甲醇	工业级	适量
三乙醇胺	工业级	190kg	活性炭	工业级	适量

（3）生产原理　由三乙醇胺、环氧乙烷、环氧丙烷进行缩合反应后，再经中和、脱色而制得。其反应方程式如下：

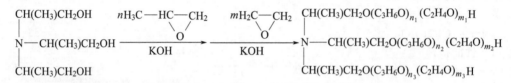

（4）生产工艺流程（参见图 2-28）

① 在反应釜 D101 中加入计量的三乙醇胺和 NaOH 固体，在搅拌下升温至 120℃，直至 NaOH 溶解；泵入 D102 中。

② 向 D102 中加入环氧丙烷，维持温度 120℃，加完环氧丙烷后，通入环氧乙烷，条件同上。直至压力不再上升，并逐渐下降至常压，反应完毕冷却。

③ 再将其输送至 D103 中加磷酸中和至 pH 为 7.0～7.5。

④ 在 D104 中加适量的活性炭在 70～80℃下搅拌脱色 30min。

⑤ 再经过 L101 压滤除去无机盐和活性炭。

⑥ 将滤液加入蒸馏釜 E101 中减压脱水。

⑦ 脱水后泵入到 D105 中，最后加适量甲醇，搅拌均匀，即得成品。

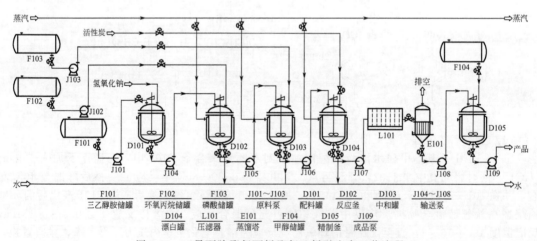

图 2-28　三异丙胺聚氧丙烯聚氧乙烯醚生产工艺流程

（5）产品用途　用作消泡剂，用于抗菌素、味精的生产，能提高发酵率。

2.5.9　蔗糖硬脂酸酯

英文名称：sucrose stearate

分子式：$C_7H_{10}O_6R$

（1）性能指标

水分	≤4%	二甲基甲酰胺	—
游离蔗糖	≤5%	砷含量	≤0.001%
硫酸盐灰分	≤2%	重金属（以 Pb 计）	≤0.02%
酸值	≤6mgKOH/g		

（2）生产原料与用量

硬脂酸	食品级	800kg	乙酸乙酯	工业级	550kg
甲醇	工业级，精制	250kg	二甲基甲酰胺	工业级	600～800kg
蔗糖	食品级	950kg	催化剂 K_2CO_3	工业级	适量
硫酸	工业级	500kg			

（3）生产原理　硬脂酸与甲醇进行酯化反应生成硬脂酸甲酯，然后在二甲基甲酰胺溶剂中，硬脂酸甲酯和蔗糖进行催化酯交换反应，再蒸去副产甲醇而制得。其反应方程式如下：

$$C_{17}H_{35}COOH + CH_3OH \longrightarrow C_{17}H_{35}COOCH_3 + H_2O$$
$$C_{17}H_{35}COOCH_3 + ROH（蔗糖）\longrightarrow C_{17}H_{35}COOR + CH_3OH$$

（4）生产工艺流程（参见图 2-29）

① 先将硬脂酸和甲醇按配料比投入反应釜 D101 中，在 H_2SO_4 存在下进行甲酯化反应，制得硬脂酸甲酯。

② 然后将其泵入反应釜 D102 中，加入蔗糖、二甲基甲酰胺和碱性催化剂 K_2CO_3，搅拌使物料溶解，在 0.12MPa 减压、100℃下反应 3～5h。

③ 再输送至精制釜 D103 中浓缩后加乙酸乙酯精制，再用乙醇中重结晶。

④ 经 L101 过滤、L102 干燥而得成品。

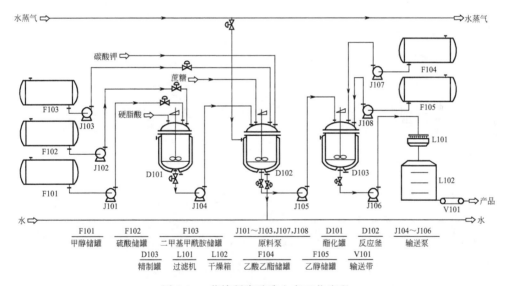

图 2-29　蔗糖硬脂酸酯生产工艺流程

（5）产品用途　主要用作食品乳化剂、稳定剂，用于制造肉制品、香肠、乳化香精、冰淇淋、糖果、巧克力、面包、蛋糕、饼干、人造奶油等，也用于橘子、苹果保鲜。亦可用于制药、化妆品、洗涤剂等工业中。

2.5.10　甘油单硬脂酸酯

英文名称：polyglycerol fatty acid ester

分子式：$C_{21}H_{42}O_4$

（1）性能指标

外观	白色粉末、片状或块状固体	砷含量	≤0.0001%
游离酸（以硬脂酸计）	≤2.5%	重金属（以 Pb 计）	≤0.0005%
碘值	≤3gI₂/100g	铁含量	≤0.002%
凝固点	≥54℃		

（2）生产原料与用量

甘油	食品级	260kg	NaOH 溶液	工业级，20%	100kg
硬脂酸	食品级	800kg	磷酸	食品级	适量

（3）生产原理　在催化剂存在下，甘油和硬脂酸进行酯化反应，经精制（90%以上精品须进行分子蒸馏）而制得。其反应方程式如下：

$$C_{17}H_{35}COOH+CH_2OHCHOHCH_2OH \xrightarrow[加热]{NaOH} \begin{matrix} CH_2OOCC_{17}H_{35} \\ CHOH \\ CH_2OH \end{matrix} + H_2O$$

（4）生产工艺流程（参见图 2-30）

① 将甘油、硬脂酸和 NaOH 溶液加入反应釜 D101 中，同时启动真空泵 J104，在真空和氮气流中加热至 200～220℃，反应 30～60min。

② 物料泵入到中和釜 D102，加磷酸中和，冷却至 90℃，除去游离脂肪酸后再于 150℃下短时间加热，以除去不纯物和挥发性物，获得单甘油酯含量为 40%～50%的产品。

③ 再经 E101 分子蒸馏制得单甘油酯含量 90%～95%的精制产品。

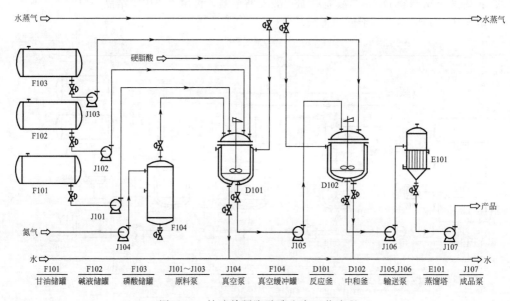

图 2-30　甘油单硬脂酸酯生产工艺流程

（5）产品用途　本品为食品乳化剂，用于糖果、巧克力糖、饼干、面包、乳化香精、冰淇淋。也用作面包及烘焙食品的结构改良剂、糕点的起泡剂、豆浆的消泡剂等。

2.5.11　聚氧丙烯聚氧乙烯甘油醚

中文别名：消泡剂 GPE，泡敌

英文名称：polyoxypropylene polyoxyethylene glycerol ether，antifoaming agents GPE

结构式：$C_3H_8O_3(C_2H_4O)_n(C_3H_6O)_m$

（1）性能指标

	一级品	二级品
外观	无色透明液体	黄色透明液体

浊点	17～21℃	17～21℃
酸值	≤0.5mgKOH/g	≤0.5mgKOH/g
羟值	45～56mgKOH/g	45～56mgKOH/g

（2）生产原料与用量

甘油	试剂级	16.18kg	环氧乙烷	工业级	256.24kg
环氧丙烷	工业级	971kg	氢氧化钾	工业级	2～5kg

（3）生产原理　以甘油为起始剂，在催化剂氢氧化钾存在下，先与精制环氧丙烷进行聚合，然后再加精制环氧乙烷聚合而成。反应方程式如下：

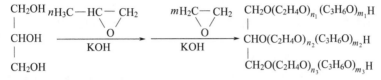

（4）生产工艺流程（参见图 2-31）

① 将环氧丙烷和甘油加入聚合釜 D101 中，在加热和氢氧化钾催化下进行加成反应 3～5h。

② 反应完后泵入聚合釜 D102 中，然后加入环氧乙烷进行聚合反应 4～6h。

③ 聚合完成后降温至 60～70℃，把物料压入中和釜 D103，于搅拌下加入一定量的水和磷酸，使物料中过剩碱溶解。

④ 泵入 D104 中，再加入硫酸中和、脱水。

⑤ 最后经 L101 过滤而得成品。

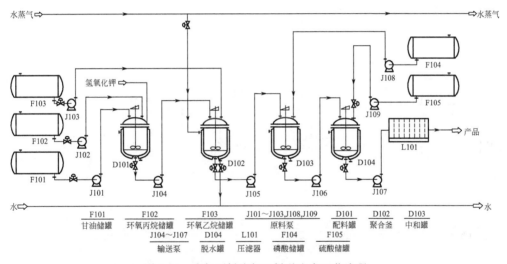

图 2-31　聚氧丙烯聚氧乙烯醚生产工艺流程

（5）产品用途　制药工业用作消泡剂，广泛用于土霉素、四环素等抗菌素生产过程中代替豆油消泡，消泡效率比豆油提高 25～30 倍，可减少原液损失。

2.5.12　烷基葡萄糖苷

英文名称：alkyl polyglycosides，APG

结构式：$(C_6H_{11}O_6)_xC_nH_{2n+1}$

（1）性能指标

外观	白色膏状物	游离脂肪醇	≤2%
活性物含量	≥50%	游离葡萄糖	≤1%
黏度（25℃）	15～20Pa·s		

（2）生产原料与用量

| 月桂醇 | 工业级 | 4075kg | 对甲苯磺酸 | 工业级 | 11.7kg |
| 无水葡萄糖 | 工业级 | 781kg | 氢氧化钠 | 工业级，20% | 5～10kg |

（3）生产原理　由天然脂肪醇与葡萄糖反应制得。总反应式如下：

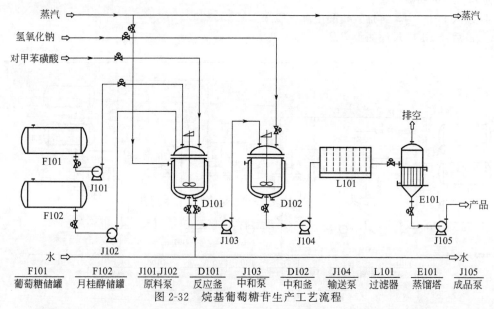

通常以通式 RO(G)$_n$ 来表示烷基葡糖苷，其中 R 表示烷基（一般为含 C$_8$～C$_{18}$ 的饱和直链烷基）；G 表示葡萄糖单元；n 为每个脂肪醇链所结合的葡萄糖单元数；以平均聚合度 DP 表征烷基葡糖多苷组成。

（4）生产工艺流程（参见图 2-32）

① 将月桂醇、无水葡萄糖液依次加入反应釜 D101 中，在搅拌下加入对甲苯磺酸作催化剂，在 0.005 MPa 下加热至 100℃，反应 8h。

② 泵入中和釜 D102 冷却，用 NaOH 中和。

③ 在通过过滤器 L101 过滤。

④ 收集滤液在蒸馏塔 E101 中减压蒸馏，在真空度 0.09MPa 下收集 180℃的馏分得产品。

| F101 | F102 | J101,J102 | D101 | J103 | D102 | J104 | L101 | E101 | J105 |
| 葡萄糖储罐 | 月桂醇储罐 | 原料泵 | 反应釜 | 中和泵 | 中和釜 | 输送泵 | 过滤器 | 蒸馏塔 | 成品泵 |

图 2-32　烷基葡萄糖苷生产工艺流程

（5）产品用途　为绿色表面活性剂的典型品种。可用作洗涤剂，如餐具洗涤剂、通用及专用清洗剂、衣物粉状或液体洗涤剂。也可用于食品类、膏霜类、乳液类、美容化妆品类等。

2.6　新型与特种表面活性剂

所谓特殊表面活性剂，是指含有氟、硅、磷、硼等元素的表面活性剂。该类表面活性剂由于其结构的特殊性，呈现出很多特殊性能。例如氟表面活性剂与普通表面活性剂相比，突出性能是"三高二憎"，即高表面活性、高耐热稳定性、高化学惰性、憎水性、憎油性。硅表面活性剂具有耐高温，耐气候老化，无毒，无腐蚀及生理惰性等特点。含硼表面活性剂既溶于油又溶于水，沸点高，不挥发，高温下极稳定但能水解，具有很强的抗菌性。目前这类表面活性剂已广泛应用于国民经济的各个领域，展示出良好的应用前景。

2.6.1　十二烷基磷酸酯钾盐

英文名称：potassium dodecyl phosphate

主要成分：$ROPO_3K_2$ 和 $(RO)_2PO_2K$　　　　　　　$R=C_{12}H_{25}$

（1）性能指标

| 外观 | 白色黏稠液体 | 总磷含量 | ≥5% |
| 有效物 | ≥50% | pH | 6.5～7.5 |

（2）生产原料与用量

| 月桂醇 | 工业级 | 170kg | 三氟化硼 BF₃ | 工业级 | 2～4kg |
| 五氧化二磷 | 工业级 | 150kg | KOH | 工业级，40% | 适量 |

（3）生产原理　将 P_2O_5 与月桂醇反应，中和后得产品。

（4）生产工艺流程（参见图 2-33）　将 P_2O_5 加入反应釜 D101 中，冷却至 5℃，再加入计量的月桂醇与适量的 BF₃，然后在搅拌下升温至 20℃，反应 12h。加水水解，冷却，泵入中和釜 D102 中用 40% 的 KOH 中和，得产品。

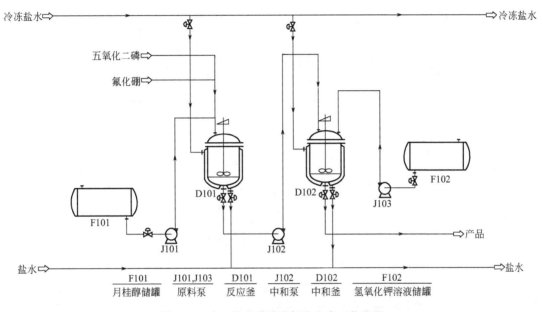

| F101 | J101,J103 | D101 | J102 | D102 | F102 |
| 月桂醇储罐 | 原料泵 | 反应釜 | 中和泵 | 中和釜 | 氢氧化钾溶液储罐 |

图 2-33　十二烷基磷酸酯钾盐生产工艺流程

（5）产品用途　用作化妆品的乳化剂、香波的抗静电剂、化纤用油剂等。

2.6.2　含氟含磷表面活性剂

中文别名：二(1,1,5-三氢八氟戊基)磷酸酯盐

英文名称：phosphaticper fluoroalkane surfactant

分子式：$C_{10}H_6F_{16}KO_4P$

（1）性能指标

| 外观 | 白色晶体 | 活性物含量 | ≥98% |
| 熔点 | 250～300℃ | | |

（2）生产原料与用量

| 四氟化戊醇 | 工业级 | 250kg | 亚磷酸 | 工业级 | 0.5kg |
| 五氧化二磷 | 工业级 | 150kg | KOH | 工业级，30% | 150kg |

（3）生产原理　将四氟化戊醇与五氧化二磷酯化后，再经过 KOH 中和后得到产品。

$$H(C_2F_4)_2CH_2OH + P_2O_5 \longrightarrow \begin{array}{c} H(C_2F_4)_2CH_2O \\ \\ H(C_2F_4)_2CH_2O \end{array} \begin{array}{c} O \\ \backslash \ \| \\ P \\ / \ \backslash \\ OH \end{array} \xrightarrow{KOH} \begin{array}{c} H(C_2F_4)_2CH_2O \\ \\ H(C_2F_4)_2CH_2O \end{array} \begin{array}{c} O \\ \backslash \ \| \\ P \\ / \ \backslash \\ OK \end{array}$$

（4）生产工艺流程（参见图 2-34）

① 将 F101 中四氟化戊醇按计量泵入反应釜 D101 中，预热至 40℃后加入 0.2％的亚磷酸（防止五氧化二磷局部氧化），然后分批加入五氧化二磷溶液，加毕，升温至 80～90℃反应 4～5h。

② 酯化结束后，加入双氧水把亚磷酸氧化为磷酸，趁热经过过滤器 L101 过滤，除去杂质。

③ 将滤液打入中和釜 D102 中，在 70℃下用 30％的 KOH 中和至 pH 为 8～8.5。浓缩，结晶干燥得产品。

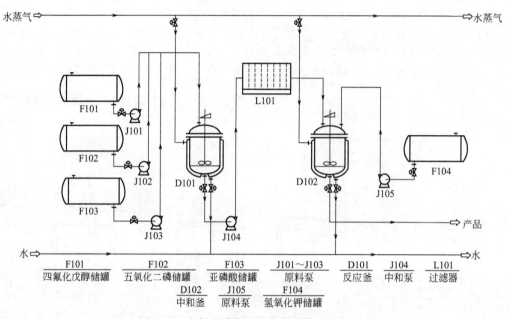

图 2-34　含氟含磷表面活性剂生产工艺流程

（5）产品用途　可用于纺织、皮革、造纸工业中。为应用广泛的纸张涂料涂层交联剂，用于纸张表面涂层，提高表面的耐水性、耐溶剂、柔软强韧性、抗拉强度等。可改善羧基丁苯胶乳、苯丙类及醋丙类合成胶乳涂料之运行性能，提高纸张印刷适性。

2.6.3　ω-含氢全氟庚酸钾盐

中文别名：调聚酸钾盐

英文名称：potassium ω-hydroperfluroheptylate

分子式：$C_7HF_{12}KO_2$

（1）性能指标

外观	白色粉末	pH 值（1％溶液）	7～7.5

（2）生产原料与用量

四氟乙烯	工业级	300kg	磷酸钠	工业级	适量
甲醇	工业级	200kg	高锰酸钾	工业级	40kg
过氧化叔丁醚	工业级	适量	KOH 水溶液	工业级，20％	适量
氧化钡	工业级	适量			

（3）生产原理　将四氟乙烯与甲醇调聚，在高锰酸钾的氧化下得到产品。反应式如下：

$$3CF_2{=\!\!=}CF_2 + CH_3OH \xrightarrow{NaPO_4} H(CF_2CF_2)_3CH_2OH \xrightarrow{KMnO_4} H(CF_2CF_2)_3COOK$$

（4）生产工艺流程（参见图 2-35）

① 将 F101 中四氟乙烯按计量泵入反应器 D101 中，加入甲醇作调聚剂。再依次加入引发剂过氧化叔丁醚、助引发剂氧化钡。在 135～160℃，2.45MPa 下进行调聚得黏稠状调聚物。然后用 F104 中的磷酸钠水溶液中和至 pH 为 7 左右。

② 通过过滤器 L101 进行分离。

③ 滤液通过精馏塔 E101 蒸发，精馏。精馏时塔顶温度最好在 60℃ 左右，出料温度在 40～45℃，得到 α,α,ω-含氢全氟庚醇。

④ 将含氢全氟庚醇泵入氧化釜 D102 中，加入高锰酸钾，在 100℃ 下回流 14h，进行氧化反应。反应毕，冷却，萃取。

⑤ 萃取液通过蒸馏塔 E102 减压蒸馏得 ω-含氢全氟庚醇。

⑥ 再泵入中和釜 D103 中，用 KOH 水溶液中和至 pH 为 7 左右，浓缩，冷却得结晶。干燥得白色粉末状 ω 含氢全氟庚酸钾盐。

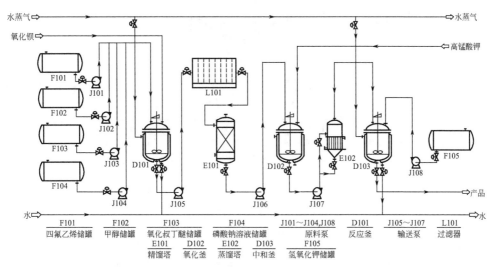

图 2-35　ω-含氢全氟庚酸钾盐生产工艺流程

（5）产品用途　为一种性能较为独特的表面活性剂，用作四氟乙烯悬浮聚合时的分散剂及化工原料。

2.6.4　全氟烷基醚羧酸钾盐 FC-5

英文名称：potassium perfluorether carboxylate FC-5

分子式：$C_{15}F_{29}O_6K$

（1）性能指标

| 外观 | 白色粉末 | 表面张力（0.23%溶液，25℃） | 0.018N/m |

（2）生产原料与用量

| 全氟烷基醚羧酸 | 工业级 | 880kg | 水 | 去离子水 | 适量 |
| 氢氧化钾 | 工业级 | 60kg | | | |

（3）生产原理　以乙醇为溶剂，将全氟烷基醚羧酸用氢氧化钾中和即得产品。反应式如下：

$$C_3F_7O(CFCF_3CF_2O)_3CFCF_3COOH + KOH \longrightarrow C_3F_7O(CFCF_3CF_2O)_3CFCF_3COOK + H_2O$$

（4）生产工艺流程（参见图 2-36）　将和等体积的去离子水依次加入反应釜 D101 中。在搅拌下加入氢氧化钾。升温至 70℃，加入精制的全氟烷基醚羧酸，进行中和反应。反应结束后，经 F104 冷却结晶、过滤器 L101 过滤、干燥得产品。

（5）产品用途　用作全氟高分子聚合物相的分散剂、乳化剂。

2.6.5　氟碳表面活性剂 6201

中文别名：全氟癸烯对氧苯磺酸钠，全氟癸基醚苯磺酸钠

英文名称：fluorocarbon surfactant 6201

分子式：$C_{16}H_4F_{19}NaO_4S$

（1）性能指标

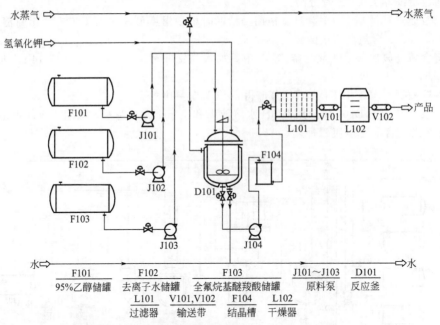

图 2-36　全氟烷基醚羧酸钾盐 FC-5 生产工艺流程

F101		F102		F103		J101~J103		D101
95%乙醇储罐		去离子水储罐		全氟烷基醚羧酸储罐		原料泵		反应釜

L101	V101,V102	F104	L102
过滤器	输送带	结晶槽	干燥器

氟含量	≥45%	水含量	35%~40%
水不溶物	≤1.7%	pH 值	7.0~8.0

（2）生产原料与用量

全氟癸烯	工业级	500kg	硫酸	工业级，98%	20kg
苯酚	工业级	94kg	氢氧化钠	工业级，20%	5~10kg
三乙胺	工业级	137kg			

（3）生产原理　将全氟癸烯、苯酚、三乙胺聚合，再经硫酸磺化、碱中和而得成品。合成反应如下：

$$C_{10}F_{20} + \text{苯酚}OH \xrightarrow{(C_3H_5)_3N} \text{苯基}-O-C_{10}F_{19} + (C_3H_5)_3N\cdot HF$$

$$\text{苯基}-O-C_{10}F_{19} + H_2SO_4\cdot SO_3 \longrightarrow HO_3S-\text{苯基}-O-C_{10}F_{19}$$

$$HO_3S-\text{苯基}-O-C_{10}F_{19} \xrightarrow{NaOH} NaO_3S-\text{苯基}-O-C_{10}F_{19}$$

（4）生产工艺流程（参见图 2-37）

① 将 F102 全氟癸烯、苯酚、F103 三乙胺依次按计量泵入反应釜 D101 中，在搅拌下加热制备全氟癸烯苯基醚，反应完毕后用溶剂乙醚萃取全氟癸烯苯基醚。

② 再通过蒸馏塔 E101 蒸除溶剂。

③ 然后泵入磺化中和釜 D102 中，在 45℃左右加入硫酸磺化，反应，取样观测，待反应物完全溶于水时，反应完毕。

④ 在 D102 中继续加入 NaOH 水溶液中和得产品。

（5）产品用途　在油漆、涂料、油墨行业作润湿、流平、防粘、防污剂；在消防工业上用作轻水泡沫灭火剂；在聚合物体系中用作乳化剂、脱模剂、防雾剂、防静电剂；在电子行业作清洗剂、助焊剂、氧化抑制剂；在金属制备中作润滑剂、漂洗添加剂、腐蚀抑制剂；在农业材料上用作杀菌剂、防雾剂；以及在医疗、石油、感光材料、清洗、纺织等领域均有重要应用。

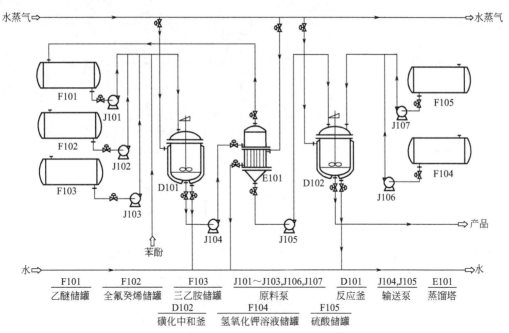

	F101	F102	F103	J101～J103,J106,J107	D101	J104,J105	E101
	乙醚储罐	全氟癸烯储罐	三乙胺储罐	原料泵	反应釜	输送泵	蒸馏塔
		D102		F104	F105		
		磺化中和釜		氢氧化钾溶液储罐	硫酸储罐		

图 2-37　氟碳表面活性剂 6201 生产工艺流程

2.6.6　丙三醇硼酸酯脂肪酸酯

中文别名：BS 系列品（BS-20，BS-40，BS-60，BS-66，BS-80，BS-83，BS-160，BS-260）

英文名称：fatty acid glycerol borate，BS series of products

分子式：$C_9H_{13}BO_8R_2$

（1）性能指标

	BS-20	BS-40	BS-60	BS-66	BS-80	BS-83	BS-160	BS-260
外观	淡黄色糊状	淡黄色块状	乳白色块状	乳白色块状	橙黄色油状	橙黄色油状	橙黄色黏稠状	淡黄色块状
相对密度	1.07	1.11	1.09	1.05	1.04	1.00	1.03	1.06
熔点/℃	—	46～51	52～57	48～53	—	—	—	83～91
HLB	9.3	7.8	7.6	5.7	7.9	5.9	7.4	5.4
黏度/Pa·s	2260				7090	1240	11800	—

（2）生产原料与用量

甘油	184kg	脂肪酸	280kg
硼酸	62kg		

（3）生产原理　在氮气的保护下甘油与硼酸聚合而成。反应式如下：

$$2\,CHOH + H_3BO_3 \longrightarrow \text{（硼酸双甘油酯）} \xrightarrow{RCOOH} \text{（产品）}$$

（4）生产工艺流程（参见图 2-38）

① 将 F101 中甘油按计量泵入反应釜 D101 中，在搅拌下加入硼酸，同时开启真空泵 J102，在氮气保护下，于 93kPa、140℃下反应 4h，得硼酸双甘油酯。

② 将计量的硼酸双甘油酯和脂肪酸依次加入反应釜 D102 中，在氮气保护下于 200～210℃下反应 4～5h。经后处理得产品。

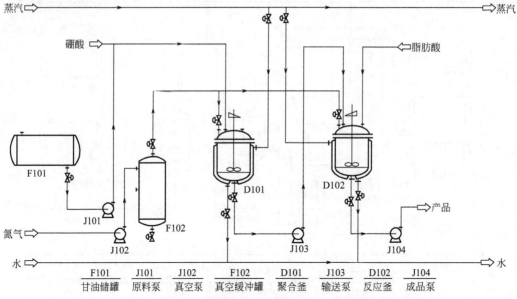

图 2-38 丙三醇硼酸酯脂肪酸酯生产工艺流程

F101	J101	J102	F102	D101	J103	D102	J104
甘油储罐	原料泵	真空泵	真空缓冲罐	聚合釜	输送泵	反应釜	成品泵

（5）产品用途　用作金属液压防锈添加剂。还广泛用作纤维加工乳化剂、抗静电剂、柔软平滑剂、染料溶解剂、染色助剂、颜料分散剂、金属清洗剂、油墨分散剂、水泥分散剂、脱脂剂等。

2.6.7　分散剂WA

中文别名：脂肪醇聚氧乙烯（30）醚甲基硅烷，扩散剂WA

英文名称：dispersant WA

结构式：$[RO(CH_2CH_2O)_{30}]_3SiCH_3$

（1）性能指标

外观	棕黄色透明液	扩散力（相当于标准品）	100％±10％
含量	≥25％	pH值（1％溶液）	7.0～8.0

（2）生产原料与用量

脂肪醇聚氧乙烯（30）醚	4500kg	甲基三氯硅烷	150kg

（3）生产原理　由脂肪醇聚氧乙烯（30）醚与甲基三氯硅烷缩合而成。

$$3RO(CH_2CH_2O)_{30}H + CH_3SiCl_3 \longrightarrow [RO(CH_2CH_2O)_{30}]_3SiCH_3$$

（4）生产工艺流程（参见图2-25）　由脂肪醇聚氧乙烯（30）醚与甲基三氯硅烷在25～30℃反应1h缩合而成。作分散剂使用一般将其稀释成25％的水溶液。

参照2.5.1生产流程图2-25。

（5）产品用途　用作真丝精炼、复炼的煮炼剂及织物匀染剂。

2.6.8　减水剂MY

中文别名：木质素磺酸钠

英文名称：water decreasing agent MY

分子式：LO_4HSNa　　　　　L：木质素

（1）性能指标

外观	棕褐色粉末或液体	水溶物	＜3％
含量（液体）	25％～30％	还原物	2％～3％
（固体）	50％～60％	pH值（1％水溶液）	8.0～9.0

（2）生产原料与用量

亚硫酸纸浆废液	工业废料，含亚硫酸氢钙等	300

石灰乳	工业级，10％	100～150
碳酸钠	工业级	适量
硫酸	工业级，98％	50～80

（3）生产原理　以钙基亚硫酸纸浆废液为原料，经石灰乳沉降、过滤洗涤、转化，制得木质素磺酸钠。

（4）生产工艺流程（参见图2-39）

① 将亚硫酸氢钙的纸浆废液加入D101中，往废液中泵入F103中的10％的石灰乳，在（95±2)℃下加热30min。其中所含有的亚硫酸盐或硫酸氢盐直接与木质素分子中的羟基结合生成木质素磺酸盐。

② 将钙化液静置沉降，沉淀物经过滤器L101滤出。

③ 水洗后物料泵入磺化釜D102中，加硫酸反应2～4h。

④ 再经过滤器L102过滤，除去硫酸钙。

⑤ 然后输送到转化釜D103中，往滤液中加入 Na_2CO_3，使木质素磺酸钙转化成磺酸钠。反应温度以90℃为宜，反应2h后，静置。

⑥ 经L104过滤除去硫酸钙等杂质。滤液在F104中冷却结晶，最后经L103过滤得产品。

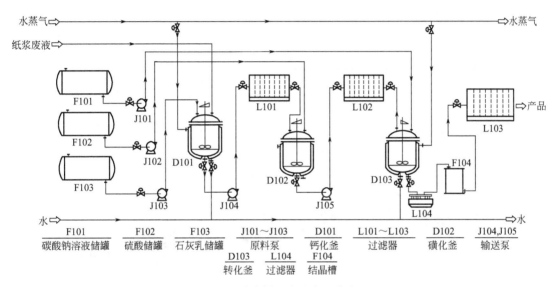

图 2-39　减水剂MY生产工艺流程

（5）产品用途　用作水泥减水剂，使成团水泥扩散，所含水分析出，增加其流动性。将其用于石油钻井泥浆配方中，可有效降低泥浆黏度和剪切力，防止泥浆絮凝化，并有突出的抗盐性、抗钙性和抗高温性。

2.6.9　农乳 2000

中文别名：烷基酚聚氧乙烯醚磺化琥珀酸酯

英文名称：pesticide emalsifier 2000

分子式：$C_{10}O_7H_7(C_2H_4O)_nSNa_2R$

（1）性能指标

| 外观 | 淡黄色流动或半流动液体 | pH值（10％溶液） | 5.0～7.0 |
| 活性物含量 | ≥30％ | | |

（2）生产原料与用量

| 烷基酚聚氧乙烯醚 | 工业级 | 600kg | 亚硫酸钠 | 工业级 | 115kg |
| 顺丁烯二酸酐 | 工业级 | 100kg | 乙酸钠 | 工业级 | 适量 |

图中标注：

水蒸气　纸浆废液　水蒸气　产品

L101　L102　L103

F101　F102　F103　J101　J102　J103　D101　D102　D103　F104　L104

水

F101	F102	F103	J101～J103	D101	L101～L103	D102	J104,J105
碳酸钠溶液储罐	硫酸储罐	石灰乳储罐	原料泵	钙化釜	过滤器	磺化釜	输送泵
			D103	L104	F104		
			转化釜	过滤器	结晶槽		

（3）生产原理　烷基酚聚氧乙烯醚与顺丁烯二酸酐酯化后，在亚硫酸钠的作用下磺化得到产品。反应式如下：

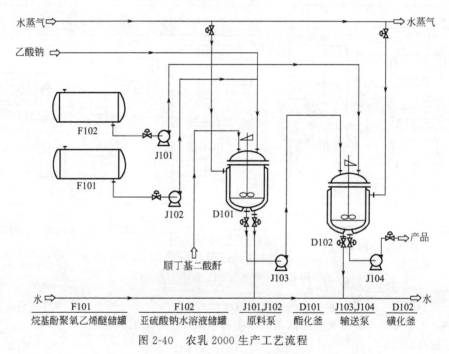

（4）生产工艺流程（参见图 2-40）

① 酯化　将 F101 中烷基酚聚氧乙烯醚按计量泵入酯化釜 D101 中，加入少量的抗氧催化剂乙酸钠，在强力搅拌下，分批加入顺丁烯二酸酐，加毕后逐渐升温至 70℃，反应 6h，得烷基酚聚氧乙烯醚琥珀酸酯。

② 磺化　将所得的烷基酚聚氧乙烯醚琥珀酸酯投入磺化釜 D102 中，在强力搅拌下加入亚硫酸钠水溶液。加毕后在 80℃左右搅拌 1h，得磺化产物。

F101	F102	J101,J102	D101	J103,J104	D102
烷基酚聚氧乙烯醚储罐	亚硫酸钠水溶液储罐	原料泵	酯化釜	输送泵	磺化釜

图 2-40　农乳 2000 生产工艺流程

（5）产品用途　用作农药可湿粉剂、胶囊剂和水剂的助剂；胶悬浮剂的特效助剂；亦可作金属加工、纺织印染助剂。

2.6.10　羟基硅油乳液 305

中文别名：羟基硅油乳液 Hz305，Hz306，Hz305P，305A，305P

英文名称：hydroxy silicone oil emulsion 305

结构式：HO(SiCH$_3$CH$_3$O)$_n$SiCH$_3$CH$_3$OH

（1）性能指标

外观	白色乳液	相对分子质量	5.0 万～15 万
硅油含量	28%～30%	离心稳定性（3000r/min）	15min
乳液粒度	<2.0μm	热稳定性（120℃）	30min

（2）生产原料与用量

有机硅油 D4　　工业级　　　　　　80kg　　　匀染剂 Tx-10　　　工业级　　　　50kg

（3）生产原理　将有机硅油 D4 跟匀染剂 Tx-10 在催化剂作用下聚合，得到产品。反应式如下：

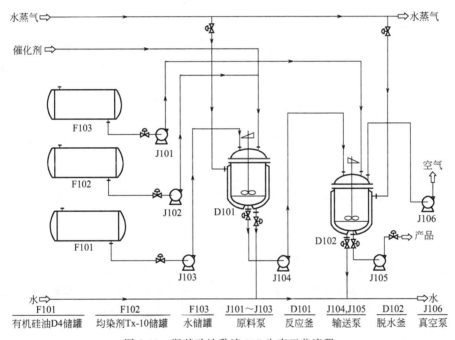

（4）生产工艺流程（参见图 2-41）

① 将 F101 中有机硅油 D4 按计量投入反应釜 D101 中，在搅拌下依次加入匀染剂 TX-10，助溶剂，水。然后升温，在 80～85℃下回流 2h。再冷却到室温，搅拌 6～8h。使其充分反应。最后加入适量催化剂，促进聚合反应。

② 聚合反应结束后进行减压脱水，将物料输送至脱水釜 D102 后，启动真空泵 J106，减压脱水，当相对分子质量在 5 万～15 万范围内反应结束。出料，包装为成品。

图 2-41　羟基硅油乳液 305 生产工艺流程

（5）产品用途　本品作为整理剂用于棉、毛、麻、丝及合成纤维等织物。织物经整理后具有良好的柔软性，弹性和手感性也大为改观。且能减轻磨损，增加纤维强度。本品可单独使用或与热固性树脂共用，用于织物的耐久压烫整理。还可与其他助剂配合使用，作防水整理剂。亦可作脱膜剂、消色剂、润湿剂等。

第3章

胶 黏 剂

3.1 概述

胶黏剂是现代工业发展和人类生活提高必不可少的重要材料，粘接技术以其他连接方式无与伦比的特种工艺，在现代经济、现代国防、现代科技中发挥着重大作用。如现代航天、航空的各种飞行器中几乎没有不采用胶黏剂和粘接技术的。目前胶黏剂已经渗透到现代工业和日常生活当中，可以说，哪里有人类，哪里就少不了胶黏剂产品和粘接技术，它为工业提供了新颖实用的工艺，为人类营造了多姿多彩的生活。胶黏剂与粘接技术在结构连接、装配加固、减振抗振、减重增速、装饰装修、防水防腐、应急修复等方面的作用越来越大，特别是在节能、环保、安全以及新技术、新工艺、新产品的开发中已成为重要的工程材料和工艺方法。

胶黏剂广泛地应用于国民经济建设的各个领域，成为各行不可缺少的材料之一。它可解决用其他连接方式难以解决的问题，不仅使用方便而且效果显著，尤其特种胶黏剂的特殊性能和效果，使一些难以解决的连接、修补、密封等问题迎刃而解。

在我国生产的各类胶黏剂中，仍然是"三醛"胶（脲醛、酚醛和三聚氰胺甲醛树脂胶）和乳液型胶产量最大。从使用行业看，建筑业用胶量最大，约占总胶量的51.8%，其次是纸制品等包装行业，约占总胶量的12.6%，制鞋业占9.0%。根据我国胶黏剂市场的供需情况，未来胶黏剂的发展方向主要是环保型、高性能、高附加值；其品种主要有：低甲醛脲醛胶、环保型氯丁橡胶胶黏剂、VAE乳液胶及其改性胶黏剂、热熔胶、高性能环氧树脂胶、水性聚氨酯胶、汽车用胶、有机硅胶及其改性胶。

3.2 天然胶黏剂

天然胶黏剂的特点是粘接速度快、储存时间长、操作方便、价格便宜；而且大多为水溶性、无毒或低毒。但是由于天然胶黏剂的原料来源受地区、季节、气候等多方面自然条件的限制，品种比较单一、粘接力较低，不能适用于现代化生产，因而20世纪50年代以后，大部分被合成胶黏剂所取代。但天然胶黏剂大都是水溶性或热熔型的，无毒、不污染环境，使得天然胶黏剂仍然占有很重要的地位。尤其是近些年来随着石油资源的日益枯竭，合成胶黏剂又易污染环境，在当前环保呼声日高的情况下，开发和利用再生资源制作胶黏剂又重新受到重视。由于天然胶黏剂原料易得，价格低廉，低毒无害，制造容易，使用方便，因而在生产和生活当中广泛用于粘接木材、棉织物、纸制品、皮革、玻璃、文教用品、工艺美术等领域。

天然胶黏剂按其来源不同可分为植物胶黏剂、动物胶黏剂和矿物胶黏剂等。

天然胶黏剂按其组成和结构分类，可分为葡萄糖衍生物类胶黏剂、蛋白质类胶黏剂、其他天然树脂类胶黏剂等，或分为淀粉及其衍生物胶黏剂、蛋白质胶黏剂、纤维素胶黏剂等。

3.2.1 淀粉胶黏剂

英文名称：starch adhesive

主要成分：氧化淀粉、硼砂、甘油等

（1）性能指标

外观	白色半透明状黏稠糊状物	初粘时间	5～10min
黏度（20℃）	30～45Pa·s	粘接强度（纸箱材料）	>600N/m
固含量	≥15%		

（2）生产原料与用量

玉米淀粉	食品级	140	硼砂	工业级	5
H_2O_2	工业级，30%	3	甘油	工业级	36
亚硫酸钠	工业级	2	辛醇	工业级	适量
氢氧化钠	工业级，10%	14	水	自来水	800

（3）生产原理 淀粉经双氧水氧化的主要反应原理如下：

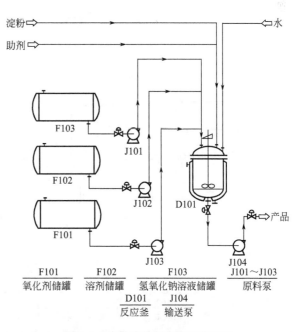

（4）生产工艺流程（参见图 3-1）

① 首先将玉米淀粉加水在 D101 中进行搅拌，制成含量为 30% 的悬浊液。

② 然后加入催化剂亚硫酸钠，在不断搅拌下缓慢地加入氧化剂，搅拌反应 3～4h。

③ 加入质量分数为 10% 的糊化剂氢氧化钠，待淀粉完全糊化后，加入硼砂及其他助剂。

④ 最后把剩余的水量加入，搅拌均匀。测试性能，合格后，放料贮存。

（5）产品用途 主要用于出口纸制品的粘接，亦可用于印刷及其他纸制品的粘接。

3.2.2 XY-4 玉米淀粉胶黏剂

英文名称：corn starch adhesive XY-4

主要成分：氧化玉米淀粉，改性脲醛树脂

（1）性能指标

图 3-1 淀粉胶黏剂生产工艺流程

| 外观 | 红棕色黏稠胶液 | 固含量 | >16% |
| 黏度（25℃，涂-4 杯） | 30～80s | 粘接强度 | >60N/0.1m |

（2）生产原料与用量

玉米淀粉	食品级	140	磷酸三丁酯	工业级	适量
次氯酸钠	工业级，有效氯10%	4	水	自来水	800
氢氧化钠	工业级，10%	14	改性脲醛树脂	固含量，50%～55%	200
硼砂	工业级	5	CMC	工业级	适量
甘油	工业级	36			

（3）生产原理　由氧化玉米淀粉与改性脲醛树脂等复配而成。

（4）生产工艺流程（参见图 3-1）　将玉米淀粉在 D101 中用次氯酸钠溶液氧化，再以 10% NaOH 糊化，加入硼砂络合，再加入增黏剂 CMC、水、磷酸三丁酯，最后加入改性脲醛树脂，搅拌混合均匀，既得产品。

（5）产品用途　主要用于生产瓦楞纸箱，性能优良而稳定。还可用作办公胶水或内墙涂料的黏料。

3.2.3　聚乙烯醇改性淀粉胶黏剂

英文名称：polyvinyl alcohol modified starch adhesive

主要成分：玉米淀粉，聚乙烯醇等

（1）性能指标

| 外观 | 乳白色黏稠胶液 | 固含量 | >16% |
| 黏度 | 2000mPa·s | 湿强度 | 0.91MPa |

（2）生产原料与用量

玉米淀粉	食品级	10～14	磷酸三丁酯	工业级	0.05～0.1
双氧水	工业级，30%	0.5～1.5	聚乙烯醇	工业级，2099	1.2～3.5
氢氧化钠	工业级，30%	4～7	水	自来水	100
硼砂	工业级	0.25～1.0			

（3）生产原理　由氧化玉米淀粉与聚乙烯醇等混合配成。参照 3.2.1 生产原理。

（4）生产工艺流程（参见图 3-2）

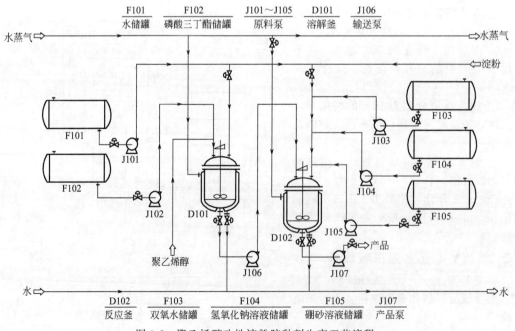

图 3-2　聚乙烯醇改性淀粉胶黏剂生产工艺流程

① 在带搅拌器的反应釜 D101 中加入总水量的 1/5 及聚乙烯醇和磷酸三丁酯。在搅拌下加热至 85～92℃，使聚乙烯醇全溶后，冷却至 60～70℃待用。

② 在反应釜 D102 中加入剩余量水及玉米淀粉，搅拌混匀后加热至 60～65℃。加入双氧水，搅拌 5～10min 后，加入适量氢氧化钠溶液使反应液 pH 值达到 9～10。保温搅拌约 1h，使淀粉发生充分氧化反应。

③ 加入剩余的氢氧化钠溶液，继续反应 30～50min 进行糊化。

④ 反应结束后加入用适量水溶解的硼砂，快速搅拌均匀，制成半透明胶液。

⑤ 在搅拌下将步骤①所得溶液加入胶液中，搅拌 5～10min，胶液与聚乙烯醇溶液充分混匀后即制成产品。

（5）产品用途　主要用于生产瓦楞纸箱及办公胶水或内墙涂料的黏料。

3.2.4　甲基纤维素胶黏剂

英文名称：methyl cellulose adhesive

主要成分：甲基纤维素

（1）性能指标

| 外观 | 纤维状或粉状固体 | pH 值 | | 6.5～7.0 |
| 固含量 | 50%～60% | | | |

（2）生产原料与用量

精制棉浆粕	市售农产品	93	冰醋酸	工业级	6
氯甲烷	工业级	242	草酸	工业级	5
烧碱	工业级，40%	110			

（3）生产原理　由纤维素与碱和溶剂化剂（水）反应制成碱纤维素；再由碱纤维素与醚化剂氯甲烷或硫酸二甲酯反应得甲基纤维素。主反应式如下：

$$[C_6H_7O_2(ONa)_3]_n + 3nClCH_3 \longrightarrow [C_6H_7O_2(OCH_3)_3]_n + 3nNaCl$$

（纤维素钠盐）　（氯甲烷）　（甲基纤维素）　（氯化钠）

（4）生产工艺流程（参见图 3-3）

① 将精制棉浆粕开松并投入浸压机 L101 中，加入浓度 40% 的碱液，使纤维素充分碱化，温

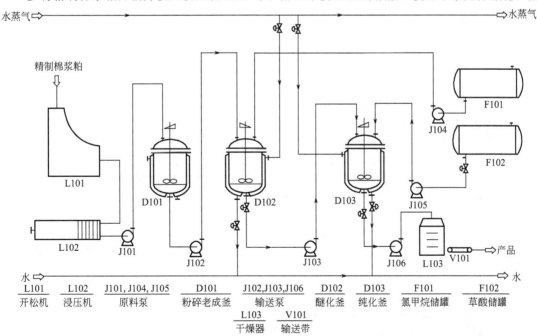

图 3-3　甲基纤维素胶黏剂生产流程

度 35℃，之后经压榨机 L102 压榨，控制压榨比 3.2 左右，而后在粉碎老成釜 D101 中于 37℃ 老成 3～4h，此时碱纤维素聚合度为 650～800 范围内。

② 上述碱纤维素投入醚化釜 D102，抽真空在搅拌下投入精制氯甲烷进行醚化，此时釜内压力约为 0.6～0.8MPa，温度为 20～35℃。随着醚化进行夹套内热水循环终温在 72～73℃，压力为 17.8～18.5kg/cm² （1kg/cm²＝0.1MPa），全部醚化时间为 6h，在边搅拌边加热水下出料，放入洗涤釜 D103 进行纯化处理。

③ 经过洗涤纯化后的湿产品（含水约 40％～60％）投入耙式干燥器 L103 干燥即得纤维状成品。

④ 若把湿产品投入捏合机内进行成型处理，即得 MC 粉状成品。

（5）产品用途　水溶性甲基纤维素可直接作胶黏剂、增黏剂和乳胶稳定剂。在建筑材料、陶瓷方面作为胶黏剂、悬浮剂、降低絮凝作用，水泥浆中常用作保水剂。在农业方面还可作为肥料的胶黏剂。

3.2.5　羧甲基纤维素

中文别名：羧甲基纤维素（钠），CMC

英文名称：carboxyl methyl cellulose

结构式：$(C_6H_9O_4 \cdot OCH_2COONa)_n$

（1）性能指标

外观	白色或微黄色絮状纤维粉末	表面张力（2％水溶液）	71mN/m
	或白色粉末	pH（1％水溶液）	6.5～8.5

（2）生产原料与用量

棉绒	市售农产品	62.5	一氯醋酸	工业级	35.4
乙醇	工业级，95％	317.2	甲醇	工业级	310.2
烧碱	工业级，44.8％	81.1			

（3）生产原理　将纤维素与氢氧化钠水溶液或氢氧化钠-乙醇水溶液制成碱纤维素，再与一氯醋酸或一氯醋酸钠作用而得粗制品。碱性产品经干燥、粉碎而成市售羧甲基纤维素（钠盐型）。粗制品则再经过中和、洗涤、除去氯化钠后经干燥，粉碎而成精制羧甲基纤维素钠。化学反应式如下：

$$(C_6H_9O_4\text{-}OH)_n + nNaOH \longrightarrow (C_6H_9O_4\text{-}ONa)_n + nH_2O$$

　　（纤维素）　　（氢氧化钠）　　（纤维素钠）　　（水）

$$\overset{\text{Cl}}{\underset{|}{}}$$

$$(C_6H_9O_4\text{-}ONa)_n + n\,CH_2COONa \longrightarrow (C_6H_9O_4 \cdot OCH_2COONa)_n + nNaCl$$

　　（纤维素钠）　　（氯醋酸钠）　　（羧甲基纤维素钠）　　（氯化钠）

（4）生产工艺流程（参见图 3-4）

① 将 F101 中乙醇按计量泵入反应釜 D101 中。

② 将经粉碎的纤维素棉绒悬浮于乙醇中，在不断搅拌下用 30min 加入碱液，保持 28～32℃。

③ 然后降温至 17℃后加入一氯醋酸，反应 1.5h 后升温至 55℃ 反应 4h。

④ 物料泵入中和釜 D102，加入醋酸中和反应混合物，经分离溶剂得粗品。

⑤ 粗品在搅拌机和离心机组成的洗涤设备 L101 内分二次用甲醇液洗涤，经 L102 干燥得产品。

（5）产品用途　羧甲基纤维素可形成高黏度的胶体、溶液、有黏着、增稠、流动、乳化分散、赋形、保水、保护胶体、薄膜成型、耐酸、耐盐、悬浊等特性，且生理无害，因此在食品、医药、日化、石油、造纸、纺织、建筑等领域生产中得到广泛应用。可直接做胶黏剂、增黏剂、上浆剂等。

3.2.6　大豆蛋白胶黏剂

英文名称：soy protein adhesive

主要成分：大豆蛋白粉，聚醋酸乙烯等

（1）性能指标

固含量	40％～50％	pH 值	6.5～7.0

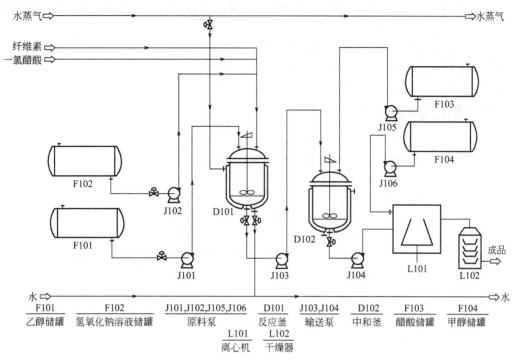

图 3-4　羧甲基纤维素（CMC）胶黏剂生产工艺流程

（2）生产原料与用量

大豆蛋白粉	食品级	12～13	尿素	化肥	15～18
聚醋酸乙烯乳液	工业品	4～8	正辛醇	工业级	0.1～0.3
淀粉磷酸钠	食品级	4～6	苯甲酸钠	食品级	0.05～0.1
氧化锌	工业级，5%	1.5～2.5	水	自来水	100
双氰胺	工业级	2～3			

（3）生产原理　以大豆蛋白粉为主要原料，经添加适量高分子改性剂和助剂配制而成。

（4）生产工艺流程（参见图 3-5）

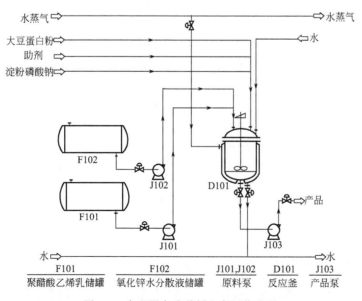

图 3-5　大豆蛋白胶黏剂生产工艺流程

① 在带有搅拌器的反应釜 D101 中先加入水，升温至 60℃时，加入大豆蛋白粉，保温搅拌 30～40min 后，加入淀粉磷酸钠，继续搅拌 30～40min。

② 将反应液降至 40～50℃，加入尿素及双氰胺，搅拌溶解后，继续搅匀 10～15min，再加入聚醋酸乙烯及氧化锌水分散液（5%氧化锌）。同时加入正辛醇及苯甲酸钠，充分搅匀后即可出料包装。

（5）产品用途　适合于自动贴标机贴标。国外在木材工业上亦使用一定量的豆胶。

3.3　酚醛胶黏剂

1909 年，美国科学家 Baekeland 的酚醛树脂胶黏剂专利，为酚醛树脂的工业化奠定了基础。近百年来，人们对酚醛树脂的化学结构、生产工艺与实际应用进行了大量的研究，并取得了较多的成果，合成了许多改性及增强的新品种。

酚醛树脂是由酚类化合物与醛类化合物缩聚制得的树脂。由酚醛树脂为主体制成的胶黏剂称为酚醛树脂胶黏剂，其中，应用最多的是苯酚与甲醛缩聚制成的胶黏剂。酚醛树脂胶黏剂具有粘接强度高、耐热性好、抗潮、抗菌、耐介质和耐大气老化性能比较好、绝缘性好、抗蠕变性好、价格低廉、生产工艺简单、易于改性等优点。其简单地分为未改性酚醛树脂胶黏剂和改性酚醛树脂胶黏剂。未改性的酚醛树脂胶黏剂包括钡酚醛树脂胶黏剂、醇溶性酚醛树脂胶黏剂、水溶性酚醛树脂胶黏剂，主要应用于木材加工业，用于生产耐水胶合板、酚醛树脂塑化胶合板、木材层压制品、装饰胶合板、细木工板和纤维板等。改性酚醛树脂胶黏剂的品种主要有酚醛-聚乙烯醇缩醛胶黏剂，酚醛-丁腈橡胶胶黏剂、酚醛-环氧树脂胶黏剂、酚醛-氯丁橡胶胶黏剂，目前广泛应用于航天航空工业、汽车工业等领域。

3.3.1　水溶性酚醛树脂胶黏剂

中文别名：水溶性酚醛树脂胶黏剂

英文名称：water-soluble phenolic resin adbesive

主要成分：水溶性酚醛树脂

（1）性能指标

外观	红棕色透明黏稠液体	游离酚含量	≤2.5%
固体含量	45%～50%	可被溴化物含量	≥12%
黏度（20℃）	500～1000mPa·s	碱度	≤3.5%

（2）生产原料与用量

| 苯酚 | 工业级，98% | 100 | 甲醛溶液 | 工业级，37% | 192.2 |
| 氢氧化钠 | 工业级，40% | 26.5 | 水 | 去离子水 | 19 |

（3）生产原理　水溶性酚醛树脂是由苯酚与甲醛在氢氧化钠催化剂作用下缩聚而成。苯酚与 NaOH 在平衡反应时形成负离子的形式：

离子形式的酚钠和甲醛起加成反应：

（4）生产工艺流程（参见图 3-6）

① 在反应釜 D101 中加入 100 份的苯酚，26.5 份的 40％氢氧化钠水溶液，开动搅拌器、加热至 40～50℃，保持 20～30min。

② 然后在半小时内，于 42～45℃下将 107.6 份的 37％甲醛缓慢加入反应釜，反应物温度升高，在 1.5h 内上升到 87℃，继续在 20～25min 内使反应物温度由 87℃升至 94℃，在此温度下保持 18min，降温至 82℃，保持 13min。

③ 再加入 21.6 份的甲醛，19 份的去离子水，升温至 90～92℃，反应至黏度符合要求为止。

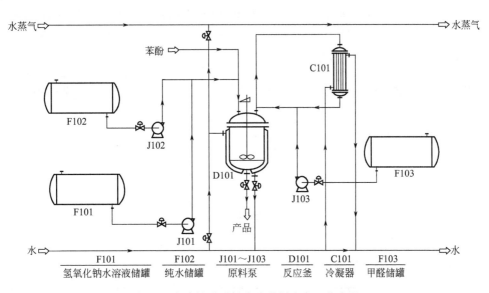

图 3-6　水溶性酚醛树脂胶黏剂生产工艺流程

（5）产品用途　用于制造耐水胶合板、纤维板、层压板、家具等。

3.3.2　热固性酚醛树脂胶黏剂

中文别名：树脂砂

英文名称：thermosetting phenolic resin adhesive

主要成分：热固性酚醛树脂

（1）性能指标

外观	黄棕色透明黏稠液体	水含量	<3％
黏度（25℃，涂-4 杯）	5～10s	游离酚含量	<6％
固含量	>65％		

（2）生产原料与用量

苯酚	工业级	1152	氢氧化钠	工业级，25％	155
甲醛	工业级，37％	1294	乙醇	工业级	600

（3）生产原理　该树脂是由苯酚与甲醛在少量氢氧化钠催化剂作用下进行缩聚反应，经减压脱水，用乙醇稀释而得的红棕色黏稠液体。

苯酚与 NaOH 在平衡反应时形成负离子的形式：

$$
\text{OH} \quad + \text{NaOH} \rightleftharpoons \left[\text{O} \right]^{-} \text{Na}^{+} + \text{H}_2\text{O}
$$

离子形式的酚钠和甲醛起加成反应：

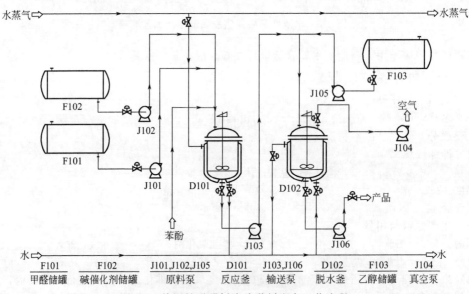

固化反应与温度有关，在低于170℃时主要是分子链的增长，此时的主要反应有两类：①酚核上的羟甲基与其他酚核上的邻位或对位的活泼氢反应，失去一分子水，生成亚甲基键：

据报道，生成亚甲基键的活化能约为 57.4kJ/mol。

② 两个酚核上的羟甲基相互反应，失去一分子水，生成二苄基醚：

（4）生产工艺流程（参见图 3-7）

图 3-7　热固性酚醛树脂胶黏剂生产工艺流程

① 将苯酚加入反应釜 D101 中，开动搅拌，打开冷却水，在 40～45℃下加入氢氧化钠，保持10min。

② 加入甲醛溶液，在 15min 内使内温升至 70℃，保持 20min 后再升温到 95～98℃。

③ 保持回流沸腾约 30min，每隔一定时间取样测定黏度或折射率，当折射率达到 1.478～1.485 时即为缩聚终点。

④ 物料泵入脱水釜 D102，立即降温至 70℃，启动真空泵 J107，进行真空脱水，大约 30min，取样测定黏度，当达到 1400mPa·s 时停止脱水。

⑤ 加入 F104 中乙醇，继续搅拌至树脂完全溶解。冷却至 40℃出料。

（5）产品用途　主要用于木材工业的胶合板、人造纤维板、密度板等加工及电绝缘层压板材等的制造中。

3.3.3　钡酚树脂胶黏剂

英文名称：phenolic resin adhesive

主要成分：钡酚醛树脂

（1）性能指标

外观	红棕色透明黏稠液体	游离酚含量	≤21%
固含量	65%～70%	水分	≤20%
黏度（20℃）	1～2mPa·s		

（2）生产原料与用量

| 苯酚 | 工业级，98% | 300 | 甲醛溶液 | 工业级，37% | 303 |
| 氢氧化钡 | 工业级，40% | 5.5 | 水 | 去离子水 | 27.6 |

（3）生产原理　该树脂是由苯酚与甲醛在氢氧化钡催化剂作用下缩聚而成。参照 3.3.2 节生产原理。

（4）生产工艺流程（参见图 3-6）　将苯酚和氢氧化钡加入反应釜，再加水搅拌升温至 65～70℃，氢氧化钡溶解后加入甲醛，约 30～40min 升温至沸腾，温度到 85℃时停止搅拌，沸腾同流 40min。减压蒸馏除去过多的水分和甲醛，即得酚钡树脂。

（5）产品用途　用于粘接木材、泡沫塑料、玻璃纤维层压板等。

3.3.4　醇溶性酚醛树脂胶黏剂

英文名称：alcohol-soluble phenolic resin adbesive

主要成分：醇溶性酚醛树脂

（1）性能指标

| 外观 | 棕色透明液体 | 游离酚含量 | ≤5% |
| 固含量 | 50%～55% | | |

（2）生产原料与用量

苯酚	工业级，98%	162	碳酸钠	工业级	2.72
甲醛	工业级，37%	154	乙醇	工业级	162
氢氧化钠	工业级，25%	8.7			

（3）生产原理　苯酚与甲醛在氨水或有机胺催化剂作用下进行缩聚反应，之后经过减压脱水，再用适量的乙醇溶解而得。

（4）生产工艺流程（参见图 3-7）

① 取熔化了的 128 份苯酚、81 份甲醛和 8.7 份 25%氢氧化钠加入反应釜 D101 内，开动搅拌机，在 20min 内升温至（65±1）℃，并保持 20min。

② 以每分钟升温 1℃的速度升温至 90～95℃，保持此温度直至出现浑浊。

③ 反应液浑浊后，在 88～90℃保温 60min 后，加入 34 份苯酚、73 份甲醛和 2.72 份碳酸钠。

④ 第二批原料加入后，在 15～20min 内升温至 90～94℃，此时应注意反应放热，要适当控制蒸汽量。在升温过程中，注意反应液由浑浊转清。

⑤ 反应液转清后，控制在 90～94℃。如发现回流应适当控制温度，待反应液再浑浊后，保持温度为 86～90℃，30min 后加入 162 份乙醇，为防止喷出，可用真空吸入，同时打开回流。

⑥ 乙醇加入后，保持 70℃，30min 后，冷却至 50℃放料。产品储存于铁桶中，或直接打入贴面板车间的储槽中。

（5）产品用途　主要用于纸张或单板的浸渍，以及生产高级耐水胶合板、船舶板等。

3.3.5 酚醛-聚乙烯醇缩醛胶黏剂

英文名称：phenolic-polyvinyl formal adhesive

主要成分：酚醛树脂、聚乙烯醇缩醛

（1）性能指标

| 外观 | 橙黄或红棕色液体 | 固含量 | 约20% |

（2）生产原料与用量

苯酚	工业级，98%	180	聚乙烯醇缩丁醛	工业级	100
甲醛	工业级，37%	160	乙醇	工业级，95%	900
氨水	工业级	15～20			

（3）生产原理　将苯酚与甲醛在氢氧化钠和氨水存在下进行缩聚反应，并用聚乙烯醇丁醛改性制得水溶性酚醛树脂。反应式如下：

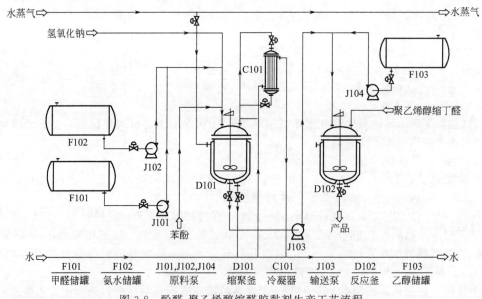

（4）生产工艺流程（参见图3-8）

| F101 | F102 | J101,J102,J104 | D101 | C101 | J103 | D102 | F103 |
| 甲醛储罐 | 氨水储罐 | 原料泵 | 缩聚釜 | 冷凝器 | 输送泵 | 反应釜 | 乙醇储罐 |

图 3-8　酚醛-聚乙烯醇缩醛胶黏剂生产工艺流程

① 取熔化了苯酚、甲醛和氨水加入反应釜 D101 内，开动搅拌机，在 20min 内升温至（65±1）℃，并保持 20min。

② 以每分钟约升温 1℃ 的速度升温至 90～95℃，保持此温度反应直至出现混浊。

③ 继续反应1～2h，泵入混合釜D102。

④ 将聚乙烯醇缩丁醛、乙醇按配比置于D102中，进行搅拌使之溶解。

⑤ 待物料全部溶解后，测试其黏度合格后，出料即可。

（5）产品用途　用于金属、玻璃、陶瓷及层压塑料的粘接。

3.3.6　酚醛-丁腈胶黏剂

英文名称：phenolic-butyronitrile adhesive

主要成分：酚醛树脂，丁腈橡胶

（1）性能指标

外观	棕黑色黏稠液体	剪切强度（金属-金属）	＞5MPa
黏度	6000～8000mPa·s	剥离强度（金属-橡胶）	＞50N/cm
固含量	约30%		

（2）生产原料与用量

丁腈橡胶	工业级	100	防老剂	工业级	1
线型酚醛树脂	工业级	50	硬脂酸	工业级	0.5
甲阶酚醛树脂	工业级	50	炭黑	工业级	30
氧化锌	工业级，300目	5	轻质碳酸钙	工业级，300目	0～80
硫黄	工业级	2	混合溶剂（醋酸乙	工业级	300～500
促进剂	工业级	0.5	酯与醋酸丁酯）		

（3）生产原理　先将丁腈橡胶在炼胶机中塑炼，然后按顺序加入其他配合剂进行混炼。再将料片剪成碎块，尽快溶于溶剂中配成胶液，最后加入酚醛树脂。用打浆机混合均匀即成酚醛-丁腈胶黏剂。

（4）生产工艺流程（参见图3-9）

① 先将丁腈橡胶与酚醛树脂加入L101进行混炼，混炼时温度不得超过45℃。

② 然后加入氧化锌等各种橡胶配合剂进行混炼，使之混合均匀。

③ 将混炼均匀之物质，在调小辊距后进行压片，使之成为较薄的均匀胶片。

④ 将胶片通过V101输送至切片机L102裁剪成小的胶块。

⑤ 将小胶片经V102放入已装好混合溶剂的混合釜D101中进行搅拌溶解。

⑥ 溶解成均匀的胶液后，放料测试性能，再包装入库。

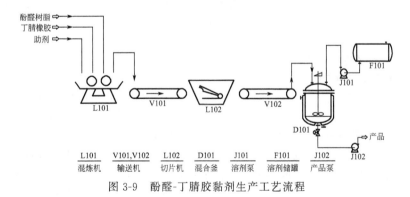

L101	V101,V102	L102	D101	J101	F101	J102
混炼机	输送机	切片机	混合釜	溶剂泵	溶剂储罐	产品泵

图3-9　酚醛-丁腈胶黏剂生产工艺流程

（5）产品用途　主要应用于金属与非金属之间，耐较高温度使用条件的物件粘接。亦可粘接一些塑料制品与弹性体。

3.3.7　三聚氰胺改性酚醛树脂胶黏剂

英文名称：melamine-phenolic adhesive

主要成分：三聚氰胺，酚醛树脂

（1）性能指标

固体含量	50%～55%	游离酚含量	≤10%
黏度（涂-4 杯，24～26℃）	45～65s		

（2）生产原料与用量

苯酚	工业级，98%	40	稀氨水	工业级，5%	0.72
三聚氰胺	工业级	6	氨水	工业级，25%	2.2
甲醛溶液	工业级，37%	54	乙醇	工业级，95%	30～40

（3）生产原理　由苯酚、三聚氰胺与甲醛在碱催化剂作用下，进行共缩聚反应而制得的改性酚醛树脂胶黏剂。

（4）生产工艺流程（参见图 3-7）

① 将 12 份甲醛溶液和 0.72 份稀氨水加入反应釜内，升温到 60℃，迅速加入 6 份三聚氰胺，在 70～80℃保温至完全溶解，立即冷却至 60℃。

② 加入 40 份苯酚、42 份甲醛溶液和 1.5 份氨水，加热至 80℃保持 15min，再加热至沸腾，保持 20min 后，冷却至 80℃。加入 0.43 份油酸和 0.65 份氨水，再加热至沸腾。注意反应液出现浑浊的起始时间。

③ 从浑浊开始，再保持沸腾回流 30min，然后迅速冷却至 60～70℃，真空脱水，至树脂液由浑浊变为透明后取样测黏度，当达到要求时停止脱水，加入 0.43 份油酸，再加入 30～40 份 95%乙醇，冷却至 40℃以下出料。

（5）产品用途　主要用于高档胶合板的粘接。

3.3.8　间苯二酚-甲醛树脂胶黏剂

英文名称：resorcinol-methananl adhesive

主要成分：间苯二酚、甲醛树脂等

（1）性能指标

外观	棕红至红褐色透明液体	游离甲醛	0.5%～1.0%
固体含量	40%～50%	可被溴化物	12%～20%
黏度（涂-4 杯）	30～90s		

（2）生产原料与用量

间苯二酚	工业级，99%	100	氢氧化钠	工业级，30%	3.2
水	去离子水	80	甲醛溶液	工业级，37%	55

（3）生产原理　间苯二酚-甲醛树脂胶黏剂是由间苯二酚与甲醛在酸性或碱性催化剂存在下进行加成缩合反应而得。参照 3.3.1 节生产原理。

（4）生产工艺流程（参见图 3-6）

① 将水和氢氧化钠溶液加入到反应釜中，加热至 45～60℃，在搅拌下加入间苯二酚，当间苯二酚完全溶解后冷却到 20～25℃。

② 加入 21 份甲醛溶液，由于反应放热使反应液可达 35℃，应冷却至 25～30℃，保持 10～15min。

③ 加入 14 份甲醛溶液，控制温度 25～30℃，保持 10min。

④ 再加入 12 份甲醛溶液，温度自然升至 35℃，然后冷却至 25～30℃，保持 10min。

⑤ 加入 8 份甲醛溶液，反应放热会使反应液升至 45℃，冷却使温度降至 40℃，保持 5min，之后将升温至 55～60℃，保持 10～20min。当用涂-4 杯测得黏度为 10～15s 时，在 30～40min 内将树脂液冷却到 20～25℃，出料。

（5）产品用途　可用于粘接木材，制造高级耐水胶合板，还可用于粘接金属、塑料、纤维、皮革、橡胶及其他材料。

3.4　乙烯系及脲醛树脂系胶黏剂

由尿素与甲醛在催化剂（碱性催化剂或酸性催化剂）存在下缩聚而成的初期脲醛树脂使用

时，在高温、固化剂或助剂存在下，形成不溶不熔的末期脲醛树脂。由脲醛树脂为主体制成的胶黏剂称为脲醛树脂胶黏剂。

脲醛树脂胶黏剂由于其粘接强度高、固化快、操作性能良好，且原料易得，成本低廉；胶液为无色透明或呈乳白色，不污染木材粘接制品，有较好的耐水性、耐热性及耐腐性（与蛋白胶相比较），并且使用方便，所以被广泛采用。

聚乙烯具有良好的初始粘接强度，能任意调节黏度，易于和各种添加剂混溶，可配制成性能优异、品种繁多、用途广泛的胶黏剂。具有使用方便，价格便宜等特点。可用于纸张、木材、皮革等加工，也可用于书籍装订、纤维塑料、薄膜和混凝土等材料的粘接。

3.4.1 107 胶

中文别名：聚乙烯醇缩甲醛胶黏剂

英文名称：polyvinylformal adhesive，adhesive 107

主要成分：聚乙烯醇缩甲醛

（1）性能指标

外观	透明状微白色黏稠液体	pH 值	7～8
固含量	10%～12%	游离甲醛含量	≤2.5%
黏度（20℃）	3000～4000mPa·s	缩甲醛含量	9%～11%
粘接强度（木材-木材）	1.0～1.2MPa		

（2）生产原料与用量

聚乙烯醇	2099 或 2088 型	150	氢氧化钠	工业级		适量
甲醛	工业级，37%水溶液	370	水	自来水		1400
盐酸	工业级，37%～38%	适量				

（3）生产原理　PVA 与甲醛发生缩醛反应即得缩醛类胶黏剂。反应原理示意如下：

$$\sim\!\!\!\!\sim CH_2-CH-CH_2-CH\sim\!\!\!\!\sim + HCHO \xrightarrow[\triangle]{[H^+]} \sim\!\!\!\!\sim CH_2-CH-CH_2-CH\sim\!\!\!\!\sim + H_2O$$

$$\sim\!\!\!\!\sim CH_2-CH\sim\!\!\!\!\sim + HCHO \longrightarrow + H_2O$$

还可能发生如下反应：

$$\sim\!\!\!\!\sim CH_2-CH-CH_2-CH\sim\!\!\!\!\sim + HCHO \longrightarrow$$

（4）生产工艺流程（参见图 3-10）

① 将氢氧化钠加水配制成 10%溶液，储存在 F102 备用。

② 将水加入带夹套的容积 1000 升的反应釜 D101 中，加热至 70℃，在搅拌下加入聚乙烯醇，升温至 90℃，保温至全部溶解。

③ 向夹套内注入冷水使釜内液体降温至 80℃，在搅拌下，以细流方式加入盐酸。

④ 继续搅拌 20～30min，加入甲醛，保持 75～80℃下，反应 40～60min。

⑤ 加入配制好的 10％氢氧化钠溶液中和至中性，即得产品（107 胶）。

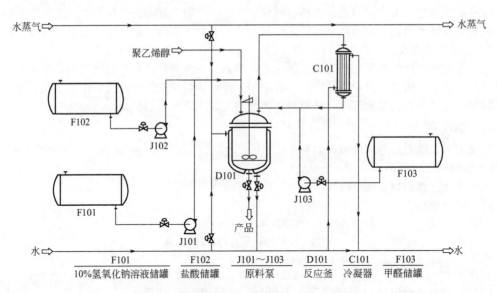

图 3-10　聚乙烯醇缩甲醛胶黏剂生产工艺流程

（5）产品用途　目前除了应用于一般纸制品的粘接外，主要用作建材的粘接增强剂，亦可作普通办公胶水使用。

3.4.2　聚醋酸乙烯酯乳液胶黏剂

中文别名：聚醋酸乙烯乳液胶黏剂，白乳胶，乳白胶

英文名称：polyvinyl acetate（PVAc）emulsion adhensive

分子式：$(C_4H_6O_2)_n$

（1）性能指标（HG/T 2727—1995）

外观	乳白色均匀的黏稠液体	pH 值	5～6
固含量	30％～50％	黏结强度	黏结木材剪切强度≥8MPa
黏度（20℃）	7000～10000mPa·s		

（2）生产原料与用量

聚乙烯醇	工业级	17.0	邻苯二甲酸二丁酯	工业级	12.0
醋酸乙烯	工业级	100.0	碳酸氢钠	工业级	0.3
乳化剂（OP-10）	工业级	0.4	蒸馏水或去离子水		250.0
引发剂（过硫酸铵）	化学纯试剂	0.28			

（3）合成原理　聚醋酸乙烯酯可采用游离基聚合、负离子聚合及幅照聚合等方法获得，但较通用的方法是游离基聚合方法。在游离基聚合中，采用本体聚合、溶液聚合及乳液聚合方法均可，但乳液聚合方法最为常用。聚醋酸乙烯乳液通过游离基引发的加聚反应而形成，遵循游离基加聚反应的一般规律，反应过程包括链引发、链增长、链终止三个阶段。可用作醋酸乙烯酯乳液聚合反应的游离基引发剂很多，常用的引发剂为过硫酸铵。总括反应式及结构示意如下：

　　　　现代精细化工生产工艺流程图解

（4）生产工艺流程（参见图 3-11）

① 将蒸馏水放入水计量槽 F101 计量后放入聚乙烯醇溶解釜 D101 中。

② 将 5.4 份聚乙烯醇由人孔投入到聚乙烯醇溶解釜 D101 内。

③ 向聚乙烯醇溶解釜 D101 的夹套中通入水蒸气，使釜内升温至 80～95℃，搅拌 1～4h，配制成聚乙烯醇溶液。

④ 把 100 份醋酸乙烯酯投入到单体计量槽 F103 内；把邻苯二甲酸二丁酯投入到增塑剂计量槽 F102 内；把预先配制好的 2 份 10％过硫酸钾溶液和 10％碳酸氢钠溶液分别投入到引发剂计量槽 F105 和 pH 缓冲剂计量槽 F104 内。

⑤ 把聚乙烯醇溶液由聚乙烯醇溶解釜 D101 通过过滤器 M101 用隔膜泵 J101 输送到聚合釜 D102 中，并由人孔加入 1.1 份 OP-10，开动搅拌使其溶解。

⑥ 向聚合釜 D102 中由单体计量槽 F103 加入 15 份单体醋酸乙烯酯，并通过引发剂计量槽 F105 向其中加入占总量 40％的引发剂溶液，在搅拌下乳化 30min。

⑦ 向聚合釜 D102 的夹套中通入水蒸气，将釜内物料升温至 60～65℃，此时聚合反应开始，釜内温度因聚合反应的放热而自行升高，可达 80～83℃，釜顶回流冷凝器 C101 中将有回流出现。

⑧ 待回流减少时，开始向聚合釜 D102 内通过单体计量槽 F103 滴加 85 份醋酸乙烯酯单体，并通过引发剂计量槽 7 滴加过硫酸钾溶液。通过控制加料速度来控制聚合反应温度在 78～80℃ 之间，所有单体约在 8h 内滴加完毕；单体滴加完毕后，加入全部剩余的过硫酸钾溶液。

⑨ 加完全部物料后，通过蒸汽将体系温度升至 90～95℃，并在该温度下保温 30min。

⑩ 向聚合釜 D102 夹套中通入冷水使物料冷却至 50℃，通过 pH 缓冲剂计量槽 F104 加入 0.3 份碳酸氢钠（配成 10％溶液）；通过增塑剂计量槽 F102 向釜内加入 10.9 份邻苯二甲酸二丁酯，然后充分搅拌使物料混合均匀。

⑪ 最后出料，通过过滤器 M102 过滤后，进入乳液储槽 F106。

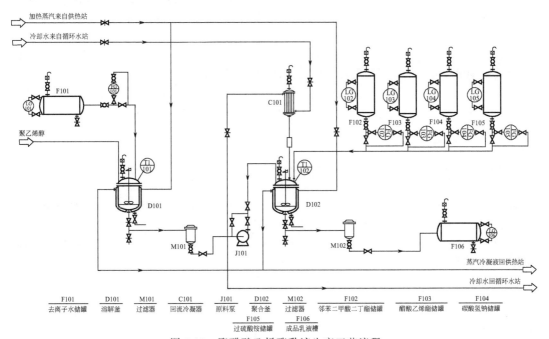

图 3-11　聚醋酸乙烯酯乳液生产工艺流程

（5）产品用途　广泛应用于纸品加工、木材加工、家具组装、卷烟接嘴、建筑装潢、织物粘接、铅笔生产、印刷装订、汽车内装饰、工艺品制造、皮革加工、标签固定、瓷砖粘贴、乳胶漆制造等许多领域。

3.4.3 液状脲醛树脂胶黏剂

中文别名：液状脲醛树脂胶黏剂

英文名称：liquid urea-formaldehyde adhesive

主要成分：脲醛树脂

(1) 性能指标

固体含量	66%±1%	固化时间	40~55s
游离甲醛含量	0.1%~0.3%	黏度（20℃）	200~350mPa·s
pH 值	6.5~8.0	折射率	1.462~1.467

(2) 生产原料与用量

甲醛	工业级，37%水溶液	175.7	氢氧化钠	工业级	适量
尿素	农用化肥	100	盐酸	工业级，37%~38%	适量

(3) 生产原理

① 羟甲基脲的生成　尿素与甲醛在中性至弱碱性介质（pH＝7~8）中进行反应时，依摩尔比的不同，可生成一羟甲基脲、二羟甲基脲、三羟甲基脲和四羟甲基脲。羟甲基脲生成反应可表达如下：

$$
\begin{array}{c}
NH_2 \\
| \\
C\!=\!O \\
| \\
NH_2
\end{array}
+ HCHO \Longleftrightarrow
\begin{array}{c}
NHCH_2OH \\
| \\
C\!=\!O \\
| \\
NH_2
\end{array}
\quad \text{一羟甲基脲}
$$

$$
\begin{array}{c}
NHCH_2OH \\
| \\
C\!=\!O \\
| \\
NH_2
\end{array}
+ HCHO \Longleftrightarrow
\begin{array}{c}
NHCH_2OH \\
| \\
C\!=\!O \\
| \\
NHCH_2OH
\end{array}
\quad \text{二羟甲基脲}
$$

这些反应在水溶液中是可逆的，反应进行到平衡的确立。羟甲基基团的依次引入均降低氨基基团剩余氢原子加成和缩合反应的能力。生成一、二和三羟甲基脲反应的速率常数比均为 9∶3∶1。

尿素相当于 4 个官能团的单体，但在反应过程中，由于空间阻碍的原因，这些官能团并不全部进行反应。甲醛分子上的羰基具有双官能团的性能。反应式为：

$$
H_2N\!-\!CO\!-\!NH_2 \xrightarrow[-H_2O]{+OH^-} H_2N\!-\!CO\!-\!\overline{N}H \xrightarrow{CH_2O} H_2N\!-\!CO\!-\!NH\!-\!CH_2O^- \xrightarrow{+H^+}
$$

$$
H_2N\!-\!CO\!-\!NH\!-\!CH_2OH \Longleftrightarrow
\begin{array}{c}
\quad H \quad\quad NH_2 \\
\quad | \quad\quad | \\
\quad N\!-\!C \\
H_2C \quad\quad \| \\
\quad | \quad\quad O \\
\quad O\!-\!H
\end{array}
$$

所生成的 N-羟甲基脲因分子内的氢键而稳定，继续反应则生成二羟甲基脲。如果甲醛过量很多，也可以生成三羟甲基脲和四羟甲基脲。

② 树脂化反应　在碱性催化反应中，反应停止在羟甲基脲阶段，但是酸的影响很容易使 N-羟甲基脲变成共振稳定的正碳-亚氨离子，如：

$$
R_2N\!-\!CO\!-\!NH\!-\!CH_2OH \xrightarrow[-H_2O]{+H^+} [R_2N\!-\!CO\!-\!NH\!-\!\overset{+}{C}H_2 \Longleftrightarrow R_2N\!-\!CO\!-\!\overset{+}{N}\!-\!CH_3]
$$

然后，上式中的后一产物和适当的亲核反应对象发生亲电取代反应。因为尿素是一个酸性的 NH 化合物，其自身在这样的反应中可作为反应对象，从而按下式发生链增长，生成相对分子质量为数百的不溶于水或有机溶剂的聚亚甲基脲。

$$
R_2N\!-\!CO\!-\!NH\!-\!\overset{+}{C}H_2 + H_2N\!-\!CO\!-\!NH_2 \longrightarrow H_2NCONHCH_2NHCONH_2 + H^+
$$

羟甲基脲分子中由于存在活泼的羟甲基（—CH_2OH），可进一步发生缩聚反应，生成具有线型结构的聚合物。在 pH<7 时，羟甲基相互之间和羟甲基与尿素之间的反应是缩聚过程的基本

反应，可能发生的反应如下。

a. 一羟甲基脲的缩聚生成亚甲基键并析出水：

$$H_2N-CO-NH-CH_2OH + H_2N-CO-NH-CH_2OH \longrightarrow$$
$$H_2N-CO-NH-CH_2-NH-CO-NH-CH_2OH + H_2O$$

$$H_2N-CO-NH-CH_2-NH-CO-NH-CH_2OH + H_2N-CO-NH-CH_2OH \longrightarrow$$
$$H_2N-CO-NH-CH_2-NH-CO-NH-CH_2-NH-CO-NH-CH_2OH + H_2O$$

b. 一羟甲基脲和尿素缩聚生成亚甲基（—CH₂—）键并析出水：

$$H_2N-CO-NH-CH_2OH + H_2N-CO-NH_2 \longrightarrow$$
$$H_2N-CO-NH-CH_2-NH-CO-NH_2 + H_2O$$

$$H_2N-CO-NH-CH_2-NH-CO-NH_2 + H_2N-CO-NH-CH_2OH \longrightarrow$$
$$H_2N-CO-NH-CH_2-NH-CO-NH-CH_2-NH-CO-NH_2 + H_2O$$

c. 二羟甲基脲缩聚生成二亚甲基醚键（—CH₂—O—CH₂—）并析出水和甲醛：

$$HOH_2C-HN-CO-NH-CH_2OH + HOH_2C-NH-CO-NH-CH_2OH \longrightarrow$$

（结构式）

d. 一羟甲基脲和二羟甲基脲缩聚并析出水：

$$2H_2N-CO-NH-CH_2OH + 2HOH_2C-NH-CO-NH-CH_2OH \longrightarrow$$

（结构式 + 5H₂O）

尿素和甲醛缩聚产物的特征是既有羟甲基基团，又有亚甲基基团。树脂中这些基团的相对含量对黏度、贮存稳定性、与水混合性、固化速度和脲醛树脂的其他性质影响很大。

脲醛树脂与酚醛树脂不同。酚醛树脂不用固化剂，加热即能固化；而脲醛树脂要有固化剂，在室温或加热下，而且只有在树脂中含有游离羟甲基的情况下才进行固化。脲醛树脂转化为不熔不溶状态，这种转化是分子链之间形成横向交联的结果。横向交联不仅仅是分子键之间羟甲基相互作用，而且由于羟甲基和亚氨基的氢之间相互作用。脲醛树脂固化时可能发生下列的基本反应：

$$-NH-CH_2OH + H_2N-CO-NH- \xrightarrow{-H_2O} -NH-CH_2-NH-CO-NH-$$

$$-NH-CH_2OH + -NH-CH_2- \xrightarrow{-H_2O} -NH-CH_2-N-CH_2-$$

$$-NH-CH_2OH + -NH-CH_2OH \xrightarrow{-H_2O} -NH-CH_2-O-CH_2-NH-$$

$$-NH-CH_2OH + -NH-CH_2OH \xrightarrow{-(H_2O+CH_2O)} -NH-CH_2-NH-$$

脲醛树脂转变成不熔不溶的化合物时放出水和甲醛，可以下列反应式表示：

（结构式）

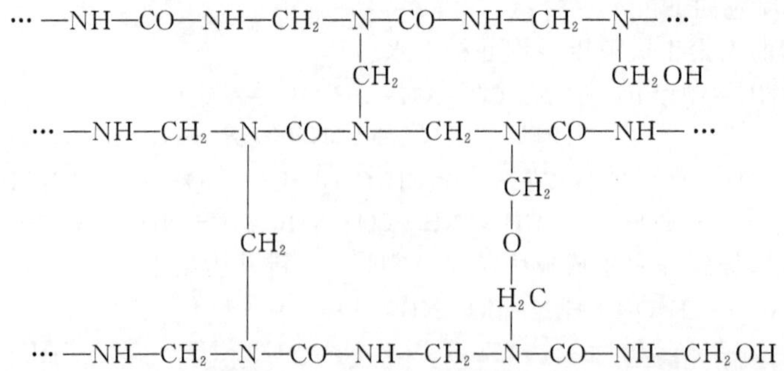

树脂转变成固化状态经历三个阶段（甲、乙、丙阶段）。在甲阶段，树脂是可溶于水的黏性液体（或固体）；在乙阶段，树脂是凝胶状疏松体；进一步转变成不熔不溶状的丙阶段。与酚醛树脂不同，脲醛树脂即使在固化状态下，在溶剂中也能膨胀，加热时也可软化，这证明脲醛树脂在固化时生成的交联键数量少。

脲醛树脂为基料的胶黏剂的某些性质取决于脲醛缩聚作用机理和固化树脂空间结构的特点。在原树脂中羟甲基和醚基基团含量的增加，会引起胶黏剂固化过程中甲醛析出量的增加。如果在固化后的树脂中含有相当多的游离羟甲基基团，则粘接强度和耐水性明显降低。这些和其他一些特点，必须在各种脲醛树脂合成过程和应用过程中加以考虑。

尿素与甲醛之间反应的进程，受一系列因素的影响，其中包括不同缩合阶段的 pH 值、尿素与甲醛的摩尔比、反应温度。这些因素直接影响树脂相对分子质量的增长速度，因此在缩聚程度不同时，反应产物的性质有很大区别，特别是可溶性、黏度、固化时间，这些性质很大程度上取决于树脂的相对分子质量。

（4）生产工艺流程（参见图 3-12）

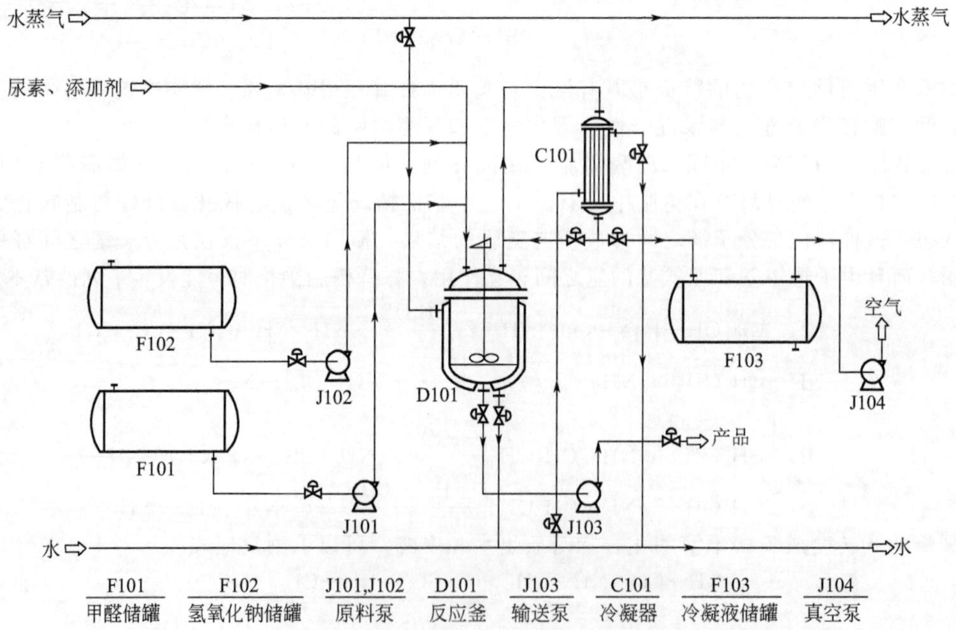

图 3-12　液状脲醛树脂胶黏剂生产工艺流程

① 将 175.7 份甲醛（尿素与甲醛的摩尔比为 1∶1.3）溶液加入反应釜 D101 中，用 30％氢氧化钠溶液调 pH 为 7.0～7.5。

② 加入第一次尿素 65 份后开始加热，升温到 90～92℃。并在此温度下保持 30min。此时反应液 pH 应降至 6.0～6.5。

③ 用盐酸调 pH 至 4.2～4.5，在 90～92℃下反应 20～30min。当试样与水混合变乳白时即停止反应。

④ 此时反应液黏度应为 15～18s（涂-4 杯，20℃）。立即用 30％氢氧化钠溶液调 pH 为 6.7～7.0，并冷却至 70～72℃。

⑤ 启动真空泵 J104，开始真空脱水。在 pH 为 6.7～7.0、温度 65～70℃下脱水量达到 22％（对原料投入总量）时，折射率应为 1.450，即停止脱水。

⑥ 加入第二次尿素 35 份，在 60℃补充缩合 30min。

⑦ 冷却到 40℃以下放料。

（5）产品用途　一般多应用于木制品生产，如刨花板、胶合板、细木工板及中密度纤维板。

3.4.4 粉状脲醛树脂胶黏剂

中文别名：粉状脲醛树脂胶黏剂

英文名称：powdery urea-formaldehyde adhesive

主要成分：脲醛树脂

（1）性能指标

外观	白色或微黄色粉末	水分含量	≤2％
粒度	70～100μm		

（2）生产原料与用量

甲醛	工业级，37％水溶液	380～450	三乙醇胺	工业级	适量
尿素	农用化肥	170～230	六亚甲基四胺	工业级	适量
氢氧化钠	工业级	适量			

（3）生产原理　将尿素和甲醛在催化剂作用下发生缩聚，喷雾干燥制得粉状脲醛树脂。参照 3.4.3 节生产原理。

（4）生产工艺流程（参见图 3-13）

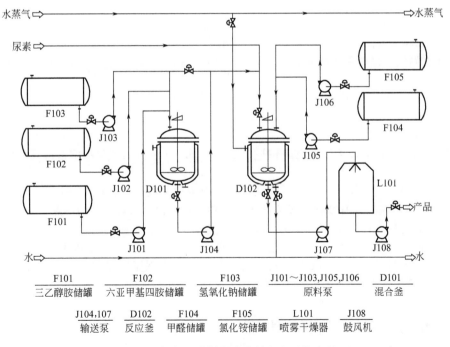

图 3-13　粉状脲醛树脂胶黏剂生产工艺流程

① 将 380～450 份甲醛水溶液加入混合釜 D101 中，在不断搅拌下加入碱性催化剂调节 pH

值为 6.0。碱性催化剂为氢氧化钠、三乙醇胺、六亚甲基四胺的水溶液，其质量配比为氢氧化钠：三乙醇胺：六亚甲基四胺：水＝1.8：2.1：1.5：150。并升温至 75℃。

② 将物料泵入反应釜 D102 后，再将第一次尿素 110～160 份在 35min 内加入反应釜 D102。

③ 加完尿素后，在 90～92℃保温反应 40～60min。

④ 用 10%氯化铵水溶液调节反应液的 pH 值为 4.5～5.3，并加入第二次尿素 60～70 份，反应至雾点。

⑤ 用 15%氢氧化钠水溶液调节反应液的 pH 值为 7.0，终止反应。

⑥ 将反应釜 D102 夹套通冷水降温至 40℃以下。

⑦ 在反应物中加入占反应物质量 0.25%～0.85%的聚硅氧烷表面活性剂，然后通过 L101 进行喷雾干燥制得粉状脲醛树脂。

（5）产品用途　用于生产三层复合地板、出口竹地板等。

3.4.5　胶合板用脲醛树脂胶黏剂

英文名称：plywood urea-formaldehyde adhesive

主要成分：脲醛树脂

（1）性能指标

固体含量	62%±2%	固化时间	70～80s
游离甲醛含量	≤0.2%	黏度（20℃）	400～600mPa·s
pH 值	7.0～8.0		

（2）生产原料与用量

| 甲醛 | 工业级，37%水溶液 | 162.3 | 氢氧化钠 | 工业级，20% | 适量 |
| 尿素 | 农用化肥 | 100 | 氯化铵 | 工业级 | 适量 |

（3）生产原理　将尿素和甲醛在催化剂作用下发生缩聚反应而得。参照 3.4.3 节的生产原理。

（4）生产工艺流程（参见图 3-12）

① 将 162.3 份甲醛溶液（尿素与甲醛的摩尔比为 1：1.2）加入反应釜中，开始搅拌。

② 用 30%氢氧化钠溶液调 pH 为 7.8，并慢慢升温。当温度 25～30℃时，加入第一次尿素 40 份。

③ 以每分钟约 1℃的速度升温，在 30min 内升至 60℃。

④ 此时加入第二次尿素 25 份，以每分钟约 1℃的速度在 30min 内升温至 90℃。在（90±2）℃时保温 1h。

⑤ 保温后，用氯化铵溶液缓慢调 pH 值至 4.5～5.0（注意加氯化铵溶液时反应液放热，温度上升）。

⑥ 然后每隔 5～10min 即取样测一次终点，到终点时间最好控制在 40～60min 内。测试终点的方法：将反应液滴入盛有 25～28℃清水的烧杯中，见起白色云雾状即为终点。

⑦ 终点到达后即用 20%氢氧化钠溶液调 pH 值为 7.8。

⑧ 温度降至 75～80℃时进行真空脱水，脱水时间根据树脂要求的固体含量而定。

⑨ 脱水结束后，在 70～75℃加入第三次尿素 35 份，并保温搅拌 1h，然后降温至 40℃放料，树脂的 pH 值不低于 7.0。

（5）产品用途　用于胶合板的黏合。

3.4.6　糠醇改性脲醛树脂胶黏剂

英文名称：furfuralcohol urea-formaldehyde adhesive

主要成分：脲醛树脂，糠醇

（1）性能指标

外观	乳白色黏性液体	游离甲醛含量	≤1.5%
固体含量	48%~52%	pH 值	7.2~7.6
黏度	150~200mPa·s		

（2）生产原料与用量

甲醛	工业级，37%水溶液	100	糠醇	工业级	25
尿素	农用化肥	30	甲酸	工业级	适量
氢氧化钠	工业级，40%	适量	浓硫酸	工业级，98%	适量

（3）生产原理　在常见脲醛树脂胶的生产基础上，采用糠醇作为改性添加剂，制出的一种防止因固化收缩引起裂纹的脲醛树脂胶黏剂。参照 3.4.3 节生产原理。

（4）生产工艺流程（参见图 3-12）

① 将甲醛溶液加入反应釜内，开动搅拌，以 40%氢氧化钠溶液调节 pH 为 8.0，加入尿素。

② 快速升温至 95~97℃，保温 30min。测 pH 值，当 pH＝6 时，取出小样，加入少量浓硫酸出现凝胶为止。

③ 加入糠醇，搅拌混合均匀，当温度回升到 95~97℃时，缓慢加入甲酸，将 pH 值调至 4.0~5.0，继续加热，直至液面的气泡变为不消失的小泡为止。

④ 取出少量反应液慢慢滴入水中，如成珠状下沉而无薄雾时，反应物黏度合格。

⑤ 用 40%氢氧化钠溶液调 pH 值为 8.0~9.0，继续加热 5min，降温至 35℃，出料。

（5）产品用途　主要用于胶合板粘接。

3.4.7　三聚氰胺-聚乙烯醇改性脲醛树脂胶黏剂

英文名称：melamine-polyvinyl urea-formaldehyde adhesive

主要成分：三聚氰胺、聚乙烯醇、脲醛树脂

（1）性能指标

外观	乳白色黏性液体	游离甲醛含量	≤1%
固体含量	49%~51%	pH 值	7.0~7.5
黏度	250~500mPa·s		

（2）生产原料与用量

甲醛	工业级，37%水溶液	250	PVA	工业级，2099	0.8
尿素	农用化肥	110	三聚氰胺	工业级	5
氢氧化钠	工业级，40%	适量	盐酸	工业级，37%~38%	适量

（3）生产原理　在常见脲醛树脂胶的生产基础上，采用三聚氰胺、聚乙烯醇作为改性添加剂，能制出一种改性成本提高不多而具有耐水性和耐老化性的脲醛树脂胶黏剂。

① 耐水性改进机理　在树脂缩聚过程中加入三聚氰胺共聚，三聚氰胺结构中的活性基团氨基与树脂中的羟甲基发生缩聚反应。反应式如下：

反应的结果：一方面可减少游离羟甲基的含量，另一方面由于三聚氰胺的环状结构而使树脂形成更多的体型结构，从而将一部游离羟甲基封闭在体型结构中。这样即大大降低了能与水结合的游离羟甲基的量，从而提高了胶的耐水性。同时，三聚氰胺的环状结构也可以提高树脂固化后的胶结强度。此外，三聚氰胺还具有降低游离甲醛含量的作用。

② 耐老化性改进机理　在缩聚过程中，聚乙烯醇线型链上的活性基团（—OH）与别的活性基团发生反应而形成接枝和嵌断共聚物。由于聚乙烯醇线型链本身的柔性和其支链上醚键的柔性

而使整个树脂分子具有良好的柔韧性，可减少树脂固化时体积收缩而释放出相应应力的能量。提高了胶的韧性（耐老化性）。此外，聚乙烯醇参与共聚的结果还可使树脂交联密度下降，脆性下降，挠性增加而提高胶的韧性。可能的反应如下：

a.
$$-H_2C-\overset{OH}{\underset{}{CH}}-CH_2-\overset{OH}{\underset{}{CH}}- + HOH_2C-NH-\overset{O}{\underset{}{C}}-NHCH_2OH \xrightarrow[\text{（弱酸）}]{H^+}$$

$$-CH_2-\overset{}{\underset{OH}{CH}}-CH_2-\overset{H}{\underset{HOH_2C-\underset{O}{\overset{|}{N}}-C-NHCH_2OH}{C}}- \quad \text{或} \quad -CH_2-CH-CH_2-\overset{}{\underset{H_2C-HN-\overset{O}{\underset{}{C}}-NHCH_2OH}{C}}-$$

b.
$$-CH_2-\overset{}{\underset{OH}{CH}}-CH_2-\overset{}{\underset{OH}{CH}}- + \text{（三聚氰胺结构）} \xrightarrow[\text{（弱酸）}]{H^+}$$

$$-CH_2-\overset{}{\underset{OH}{CH}}-CH_2-CH-\text{（三嗪环）}$$

c.
$$-CH_2-\overset{}{\underset{OH}{CH}}-CH_2-\overset{}{\underset{OH}{CH}}- + HCHO \xrightarrow[\text{（弱酸）}]{H^+} -CH_2-CH-CH_2-CH-\overset{}{\underset{O-CH_2-O}{}}$$

（4）生产工艺流程（参见图 3-12）

在反应器中投入 25 份甲醛水溶液，开动搅拌，用 NaOH 溶液调 pH 为 7.5～8.5，升温至 40℃，加入 0.08 份 PVA 和第一批尿素 8 份（为尿素总量的 73%），在 15min 内均匀升温至 95℃，保温搅拌反应 1h。再降温至 60℃，此时测 pH＝6.0 左右，加盐酸调 pH＝5.5，再加入余下 3 份尿素和 0.5 份三聚氰胺。此时测 pH＝6.5，调 pH＝5.5，在 15min 内均匀升温至 70～75℃，保温反应 25～35min，直至反应物黏度达到要求为止。达到终点后用 NaOH 溶液调反应物 pH＝7.5～8.5，再冷却，出料。

（5）产品用途　可用于聚苯乙烯泡沫塑料、聚氯乙烯泡沫塑料、各种纸制品、木材等的粘接。

3.5　环氧胶黏剂

环氧树脂胶黏剂是以环氧树脂为基料的胶黏剂的统称，其组成除了环氧树脂主体外，还有固化剂、增韧剂和填料等。由于其粘接强度高、收缩性低、工艺性能良好、使用温度范围广、耐介质性能和电绝缘性好、蠕变小等优点，目前在机械工业、电子、电器工业、光学工业、建筑工业、航天航空、造船、汽车、铁路机车以及民用方面都得到了广泛应用，素有"万能胶"之称。

环氧树脂胶黏剂的种类很多。根据固化温度分类，可分为室温固化型环氧树脂胶黏剂、中温固化型环氧树脂胶黏剂和高温固化型环氧树脂胶黏剂；以化学结构分类，大致可分为双酚 A 型环氧树脂胶黏剂、非双酚 A 型环氧树脂胶黏剂、脂肪族和脂环族环氧树脂胶黏剂，以及改性环氧树脂胶黏剂；按用途分类，可分为通用型环氧树脂胶黏剂、结构型环氧树脂胶黏剂和特种环氧树脂胶黏剂。

3.5.1 单组分环氧树脂胶黏剂

英文名称：single component epoxy adhesive

主要成分：低相对分子质量环氧树脂

（1）性能指标

外观	黄色的棒状固体物	粘接强度（金属-金属剪切，室温下）	28MPa
固含量	＞99.8%	T形剥离强度	30～35N/cm

（2）生产原料与用量

环氧树脂 E-51	工业级	100	二氰二胺	工业级	4
环氧树脂 E-20	工业级	30	气相二氧化硅	工业级	2
端羧基液体丁腈橡胶	工业级	30			

（3）生产原理　将潜性固化剂二氰二胺细粉、增韧剂气相二氧化硅等分散于环氧树脂中而制得的胶黏剂。

（4）生产工艺流程（参见图 3-14）

① 先将环氧树脂 E-51、E-20 加入反应釜 D101，在加热条件下，进行混合。

② 加入端羧基液体丁腈橡胶，在温度为 120～150℃下进行预反应处理。

③ 降温至 50～60℃时，移料液至捏合机 L101 进行与其他组分的混合，搅拌均匀后，即可出料，制成棒型的单组分环氧胶。

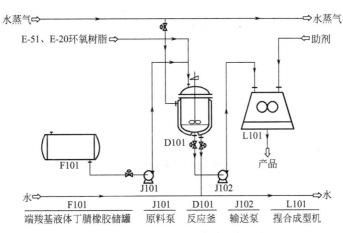

图 3-14　单组分环氧树脂胶黏剂生产工艺流程

（5）产品用途　用于金属及非金属可加温固化的硬质结构材料的粘接。

3.5.2 通用环氧树脂胶黏剂

英文名称：general purpose epoxy adhesive

主要成分：环氧树脂，固化剂

（1）性能指标

外观	甲组分为灰白色黏稠状膏体	适用期（20℃）	20min
	乙组分为棕色透明黏稠物	粘接强度（钢-钢剪切）	23MPa
固含量	＞99.5%		

（2）生产原料与用量

甲组分

E-51 环氧树脂	工业级	100	石英粉	工业级	30
聚醚 N-330	工业级	20			

乙组分

| 固化剂（苯酚-甲醛-四亚乙基五胺加成物） | 实验室合成 | 45 | DMP-30 | 工业级 | 2 |
| | | | 偶联剂 KH-550 | 工业级 | 0.5 |

（3）生产原理　将甲组分、乙组分分别合成后按 3∶1 的比例混合得到产品。

（4）生产工艺流程（参见图 3-15）

① 将 E-51 环氧树脂在混合釜 D101 内预热到 40～50℃。并按配比质量加入 N-300 聚醚，混合均匀，然后再加入已烘干、过筛好的石英粉，混合均匀即为甲组分。

② 固化剂计量，将苯酚与四亚乙基五胺加入反应釜 D102 中，加热升温至 70～80℃，滴加甲醛，反应 3～4h 得到加成物，而后将水脱除，得一棕色透明黏糊固化剂。

③ 将 DMP-30 及 KH-500 加入到固化剂中并混匀，即为乙组分。

④ 甲组分∶乙组分按 3∶1（质量）使用前混合。

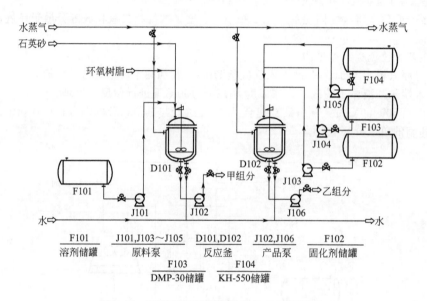

图 3-15　通用环氧树脂胶黏剂生产工艺流程

（5）产品用途　适用于－60～60℃下金属、非金属等硬质材料粘接。

3.5.3　建筑结构胶黏剂

英文名称：architectural structural adhesive

主要成分：环氧树脂，固化剂，KH-550

（1）性能指标

外观	甲组分为灰白色黏稠膏状物		黏度（混合后）		8000～12000mPa·s
	乙组分为灰白色黏稠液体		固含量		＞99.5％
相对密度（混合后）		1.6～1.7	粘接强度（金属-金属剪切）		20MPa

（2）生产原料与用量

甲组分

环氧树脂 E-51	工业级	40	石英砂	工业级	300
环氧树脂 E-44	工业级	60	滑石粉	工业级	50
聚醚（或环氧大豆油）	工业级	20	白水泥	工业级	30

乙组分

固化剂（改性胺）	工业级	25	石英砂	工业级	45
DMP-30	工业级	2	滑石粉	工业级	25
KH-550	工业级	1			

（3）生产原理　将甲组分、乙组分分别合成后按 4∶1 的比例混合得到产品。

（4）生产工艺流程（参见图 3-15）

① 先将环氧树脂预热，而后称量加入反应釜 D101 中，并依次加入增韧剂、聚醚、填料、混匀即为甲组分。

② 在混合罐内依次加入固化剂、DMP-30、KH-550 和填料，即成为乙组分。

③ 甲与乙的使用比例为 4∶1。

（5）产品用途　主要用于建筑结构的裂纹修补、房屋加固和土建工程改造的粘接；亦可粘接除聚烯烃之外的硬质建筑材料等。

3.5.4　室温固化环氧胶黏剂

英文名称：room temperature rapid-curing epoxy adhesive

主要成分：环氧树脂，703 固化剂

（1）性能指标

外观	甲组分为灰白色黏稠膏状物	粘接强度（剪切强度）	20～22MPa（Al-Al）
	乙组分为棕色黏稠液体		24～26MPa（钢-钢）
固含量	＞99.5%		

（2）生产原料与用量

甲组分

711 型环氧树脂	工业级	700	聚硫橡胶	液体型 JLY-124	200
712 型环氧树脂	工业级	300	石英粉	＞270 目	400
E-20 环氧树脂	环氧值 0.2	200	气相白炭黑（2# 或 3#）	工业级	20

乙组分

703 固化剂	工业级	360	DMP-30	工业级	10
KH-550	工业级	20			

（3）生产原理　将甲组分、乙组分分别合成后按（4∶1）～（6∶1）的比例混合得到产品。

（4）生产工艺流程（参见图 3-15）

① 甲组分制造工艺

a. 在反应釜中（或混合釜中）加入 711、712 环氧树脂和聚硫橡胶，并使之加热至 50～60℃，然后加入预先粉碎的 E-20，搅拌成均匀的黏稠液体。

b. 降温到 30～35℃，加入石英粉及气相白炭黑，搅拌均匀，并进行包装。

② 乙组分制造工艺　乙组分 703 固化剂是由乙二胺、苯酚及甲醛缩合成为一种固化剂。

a. 将苯酚与乙二胺加入反应釜中，并升温到苯酚熔化。

b. 将甲醛滴加到反应釜中，滴加时温度不得高于 35℃，速度以不产生结块为宜。

c. 滴加完甲醛后，在 50～60℃下反应 2h。

d. 在真空下脱水，得到红棕色透明的黏稠物，即为 703 固化剂。

e. 在 703 固化剂中加入 DMP-30 和 KH-550 搅拌均匀，即为乙组分。

使用方法：使用前将两组分的按质量比甲∶乙＝（4∶1）～（6∶1）配比，搅拌均匀后使用。

（5）产品用途　是一种多用途、快固化的胶种。可用于各种材料的粘接，如金属、玻璃、陶瓷、硬质塑料及木材等。

3.5.5　耐低温环氧胶黏剂

英文名称：ultra-low temperature resistant epoxy adhesive

主要成分：均苯三酸三缩水甘油酯，丁腈-40

（1）性能指标

外观	深灰色黏稠状胶体	粘接强度（钢-钢剪切）	＞18MPa
固含量	＞99.5%		

（2）生产原料与用量

1,3,5-苯三甲酰胺	工业级	100	丁腈-40	工业级	15
环氧氯丙醇	工业级	300	α-乙基-4-甲基咪唑	试剂	12
三乙胺	工业级	适量	碳酸钙	工业级	30

（3）生产原理　将均苯三甲酰胺、环氧氯丙醇在三乙胺的催化下合成均苯三酸三缩水甘油酯，然后加入丁腈-40、固化剂混合，即可制得。主要的反应式如下：

$$R'—CONH_2 + H_2C\underset{O}{\overset{}{\diagdown\diagup}}CH—R \longrightarrow R'—CONH—CH_2—\underset{OH}{\overset{}{CH}}—CH_2—R$$

（4）生产工艺流程（参见图 3-16）

① 将均苯三甲酰胺与 F101 环氧氯丙醇加入反应釜 D101，在 F102 催化剂三乙胺作用下在 5℃下进行反应合成出均苯三酸三缩水甘油酸。产物熔点 60～65℃，环氧值 0.66～0.67，为胶黏剂的主料。

② 依次加入丁腈-40、固化剂和 α-乙基-4-甲基咪唑、碳酸钙，将其混合均匀，即可制成耐低温胶黏剂。

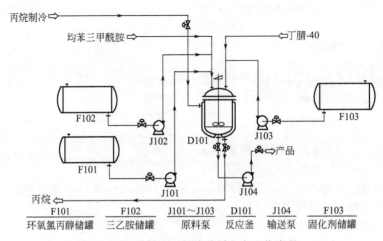

| F101 | F102 | J101～J103 | D101 | J104 | F103 |
| 环氧氯丙醇储罐 | 三乙胺储罐 | 原料泵 | 反应釜 | 输送泵 | 固化剂储罐 |

图 3-16　耐低温环氧胶黏剂生产工艺流程

（5）产品用途　能在中温（80℃）固化后，对金属、非金属等硬质材料进行粘接，并可在 −196～150℃ 的温度范围内长期使用。

3.5.6　农机 1 号胶黏剂

英文名称：adhesive for agricultaral machine 1
主要成分：环氧树脂，聚硫橡胶

（1）性能指标

| 外观 | 甲组分为灰白色黏稠膏状物 | 固含量 | ＞99.5％ |
| | 乙组分为棕色透明黏稠液体 | 粘接强度（金属-金属剪切） | 21MPa |

（2）生产原料与用量

E-44 环氧树脂	工业级	100	DMP-30	工业级	2.1
液体聚硫橡胶（相对分子	工业级	30	三亚乙基四胺	工业级	7.8
质量 1000±100）			硫脲	工业级	1
生石灰	工业级	30	DMP-30	工业级	2.1
KH-550	工业级	2	2-甲基咪唑	工业级	1.1

（3）生产原理　将甲组分、乙组分分别合成后按 8：1 的比例混合得到产品。

（4）生产工艺流程（参见图 3-15）

① 将环氧树脂预热后，称入捏合机（或混合罐）中，再加入聚硫橡胶及生石灰混合均匀，即为甲组分。

② 固化剂按下列配比进行配制：三乙烯四胺 7.8 份，硫脲 1 份，DMP-30 2.1 份和 2-甲基咪唑 1.1 份，室温下混合均匀后为乙组分。

③ 使用前将两组分的按质量比甲：乙＝8：1 配比，搅拌均匀后使用。

（5）产品用途　主要用作农业机械的粘接修理，可在 −55～100℃ 下粘接金属、非金属硬质材料。

3.5.7　水下胶黏剂

英文名称：underwater adhesive

主要成分：环氧树脂，固化剂

（1）性能指标

粘接强度　　　　　　　　　　　　2.5～3.0MPa

（2）生产原料与用量

E-44 环氧树脂	工业级	100	乙二胺	工业级	3
酮亚胺	工业级	30	邻苯二甲酸二丁酯	工业级	10
丙酮	工业级	5			

（3）生产原理　酮亚胺是由羰基化合物（如酮或醛类）与胺基化合物（如某些多元胺）反应而得，反应式如下：

$$2 \begin{matrix} R^1 \\ \diagdown \\ \diagup \\ R^2 \end{matrix} CO + H_2N-X-NH_2 \longrightarrow \begin{matrix} R^1 \\ \diagdown \\ \diagup \\ R^2 \end{matrix} C=N-X-N=C \begin{matrix} R^1 \\ \diagup \\ \diagdown \\ R^2 \end{matrix} + 2H_2O$$

此反应物在无水情况下是稳定的，与环氧树脂不起固化作用，但在遇水后，分解为胺和酮，酮将挥发，而胺可固化环氧树脂。

$$\begin{matrix} R^1 \\ \diagdown \\ \diagup \\ R^2 \end{matrix} C=N-X-N=C \begin{matrix} R^1 \\ \diagup \\ \diagdown \\ R^2 \end{matrix} + 2H_2O \longrightarrow 2 \begin{matrix} R^1 \\ \diagdown \\ \diagup \\ R^2 \end{matrix} CO + H_2N-X-NH_2$$

（4）生产工艺流程（参见图 3-17）

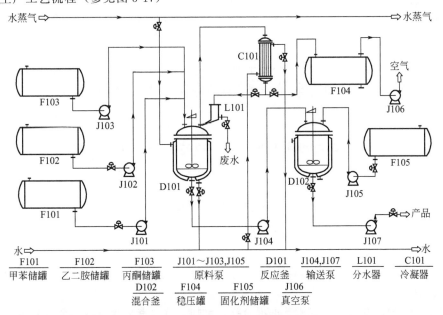

F101	F102	F103	J101～J103,J105	D101	J104,J107	L101	C101
甲苯储罐	乙二胺储罐	丙酮储罐	原料泵	反应釜	输送泵	分水器	冷凝器
D102	F104	F105	J106				
混合釜	稳压罐	固化剂储罐	真空泵				

图 3-17　水下胶黏剂生产工艺流程

① 将 F102 乙二胺、F103 丙酮、F101 甲苯泵入反应釜 D101 中，升温并搅拌，通过冷凝器 C101 加热至回流，回流所产生的水由甲苯带出，水从分水器 L101 分出。水达理论值后为反应终点，然后开启真空泵 J106，真空减压脱除甲苯，得酮亚胺固化剂。

② 胶的配制按比例投料在混合釜 D102 中搅拌即可，现配现用。或配成 A，B 组分保存，用时将 A，B 组分按比例混匀后使用。

（5）产品用途　应用于水中、水下或潮湿表面物件的粘接。

3.6　丙烯酸酯系胶黏剂

丙烯酸酯类胶黏剂包括丙烯酸、甲基丙烯酸及其酯以及在分子中包含丙烯酸酯类的大量化合物。它已成为品种多、产量大、性能好、用途广的一类胶黏剂。

丙烯酸酯类胶黏剂主要可分两大类：一类是热塑性聚丙烯酸酯与其他单体的共聚物；另一类是反应性丙烯酸酯。前者大量应用于压敏型、热熔型和水乳型接触胶黏剂，可称为非反应性的胶黏剂；后者包括各种丙烯酸酯单体或在分子末端具有丙烯酰基的低聚物为主要组分的胶黏剂，即瞬干胶、厌氧胶、光敏胶和丙烯酸酯结构胶。其中应用最多的是水乳型接触胶黏剂，其次是溶液型胶黏剂。

由于丙烯酸酯类胶黏剂具有强度高、韧性好、可油面粘接、适应性强等显著优异性能，广泛用于宇航、航空、汽车、机械、舰船、电子、电器、仪表、建筑、家具、玩具、铁路、车辆、土木工程、工艺美术等行业的结构粘接。在尖端技术和高科技方面也得到了较好地应用。

3.6.1　502 胶

中文别名：氰基丙烯酸乙酯胶黏剂

英文名称：adhesive 502

主要成分：α-氰基丙烯酸乙酯，增塑剂

（1）性能指标

外观	无色透明液体	粘接强度（金属-金属）	20MPa
黏度（25℃）	2～10mPa·s		

（2）生产原料与用量

氰基乙酸乙酯	工业级	126	邻苯二甲酸二丁酯	工业级	20
二氯乙烷	工业级	80	对甲基苯磺酸	工业级	1.0
甲醛	工业级，37%	82	五氧化二磷	工业级	5.0
六氢吡啶	工业级	0.4	对苯二酚	工业级	0.5

（3）生产原理　由氰乙酸酯与甲醛发生缩合反应，然后在热作用下发生解聚得粗单体，最后经蒸馏而获得精单体。再与增塑剂、稳定剂等配制而成。反应式如下：

$$CH_2O + nCH_2O(CN)COOR \xrightarrow{\text{碱催化剂}} \left(H_2CC\right)_n + nH_2O$$

（带有 CN 和 COOR 取代基）

$$\left(CH_2-C\right)_n \xrightarrow{\text{加热裂解}} nCH_2=C$$

（带有 CN 和 COOR 取代基）

（4）生产工艺流程（参见图 3-18）

① 先将 F101 中氰基乙酸乙酯与 F102 中二氯乙烷按计量泵入反应釜 D101 中，搅拌并升温到 70℃。

② 然后慢慢加入甲醛与六氢吡啶的混合物，泵加速度以釜内温度稍低于回流温度为宜，在 30～60min 内加完。

③ 打开冷凝器 C101 通水管，继续加热使之回流，通过分水器 L101 除水，使出水达 70～72 份后，加入邻苯二甲酸二丁酯及对甲基苯磺酸，再继续回流分水，直到蒸汽温度超过 83℃ 时，蒸去二氯乙烷。

④ 降温到 60～70℃，加入五氧化二磷，对苯二酚搅匀后，启动真空泵 J106，在减压蒸馏装置中，并在二氧化硫气氛中，进行裂解，收集沸程为 90～120℃ 的粗品于 F105 中。

⑤ 在收集的物料中再加入五氧化二磷 2 份，对苯二酚 0.5 份，再通过精馏塔 E101 进行精馏，收集 80～90℃ 下的馏分于 F108 中（仍在二氧化硫的保护下）即得产物 502 胶。

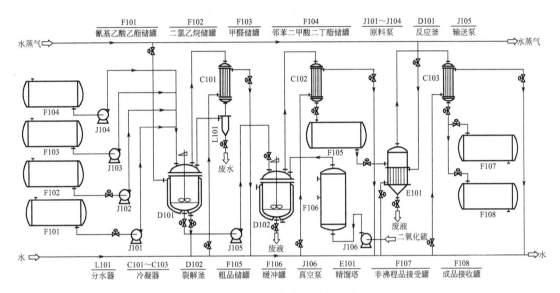

图 3-18　502 胶生产工艺流程

（5）产品用途　可对多种材料进行粘接，且固化时间短。在 -50～70℃ 范围内，适用于小面积零件的粘接与修理。

3.6.2　丙烯酸酯压敏胶（溶剂型）

英文名称：acrylic pressure sensitive adhesive

主要成分：丙烯酸丁酯，丙烯酸，乙酸乙酯等

（1）性能指标

| 外观 | 无色透明黏稠液体 | 黏度 | 800～1500mPa·s |
| 固含量 | ＞60% | 粘接强度 | 0.4kg/cm² |

（2）生产原料与用量

丙烯酸丁酯	工业级	100	乙酸乙酯	工业级	适量
甲基丙烯酸缩水甘油酯	工业级	6	氯化锌	工业级，10%	10
丙烯酸	工业级	4		的乙醇溶液	
十二烷基硫醇	工业级	2.4	三羟甲基丙烷与异	工业级	6
过氧化苯甲酰	化学纯	2.0	氰酸酯的反应物		

（3）生产原理　以丙烯酸高级酯（碳原子数为 4～8）为主要成分，配以硬的单体共聚而成。总括反应式如下：

$$x\text{CH}_2\text{=CH} + y\text{CH}_2\text{=C} + z\text{CH}_2\text{=CH} \longrightarrow \left[\text{CH}_2\text{—CH}\right]_x \left[\text{CH}_2\text{—C}\right]_y \left[\text{CH}_2\text{—CH}\right]_z$$

（4）生产工艺流程（参见图 3-19）

① 将以上组分（除溶剂外）在一个玻璃或塑料容器中室温下混合，搅拌均匀后取出 50 份加到反应釜 D101 中，搅拌，启动真空泵 J105，通 N_2 气，在 60℃下保持 15～30min。

② 将余下的混合物在 2～2.5h 内加入反应釜 D101 中，于 58～60℃下聚合反应 5～6h。

③ 冷却至室温，得到固含量不小于 93％的聚合物。

④ 在此聚合物中，再加入 10％氯化锌的醇溶液 10 质量份、三羟甲基丙烷与异氰酸酯的反应物 6 质量份（此物为 37％的乙酸乙酯溶液）搅拌均匀。

⑤ 根据用户要求，加入适量的乙酸乙酯制成溶剂型压敏胶。

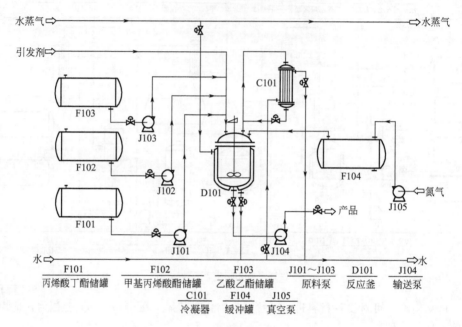

图 3-19 丙烯酸酯压敏胶生产工艺流程

（5）产品用途 用于制造各种压敏胶带、不干胶带等，亦可作多种铭牌、标签压敏胶使用。

3.6.3 丙烯酸酯乳液胶黏剂

英文名称：acrylic adhesive

主要成分：丙烯酸丁酯，丙烯酸-2-乙基己酯，甲基丙烯酸甲酯等

（1）性能指标

外观	白色乳状液	pH 值	7.2
固含量	≥55％	黏度	150～500MPa·s

（2）生产原料与用量

丙烯酸丁酯	工业级	650	氨水	工业级	适量
丙烯酸-2-乙基己酯	工业级	200	过硫酸铵	工业级	0.8
甲基丙烯酸甲酯	工业级	100	水	去离子水	800
乳化剂	工业级	30			

（3）生产原理 以丙烯酸酯类为主要成分，与乳化剂、引发剂等经自由基引发聚合而成。主要反应原理如下：

链引发：$R^{\cdot} + H_2C=CH-COOR \longrightarrow RCH_2-\overset{\cdot}{C}H-COOR$

链增长：$RCH_3-\overset{\cdot}{C}H + CH_2=\overset{\cdot}{C}H \longrightarrow RCH_2-\overset{|}{C}H-CH_2-\overset{\cdot}{C}H$

$\underset{COOR}{\quad} \quad \underset{COOR}{\quad} \quad \underset{COOR}{\quad} \quad \underset{COOR}{\quad}$

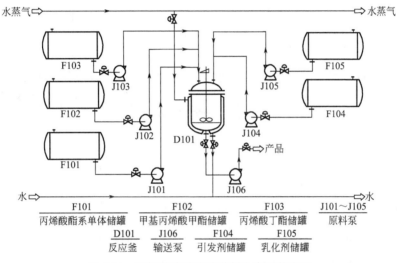

R* 表示引发剂分解产生的自由基。

（4）生产工艺流程（参见图 3-20）

① 将乳化剂、引发剂、水先制成乳液，将其 1/3 加入反应釜 D101 中。

② 将单体与 2/3 乳化剂快速搅拌后，取 4/5 置于 F105 中，另 1/5 置于反应釜 D101 内。

③ 升温搅拌，温度到 80℃后，保持 30min，再加入 F105 中计量的混合液。

④ 将混合液在 2h 内加完并在 80～85℃下再反应 2h。

⑤ 降温，氨水调 pH 值到 9，出料，放置 1～2 天后使 pH 自动降至 7.2，即为产品。

F101	F102	F103	J101～J105
丙烯酸酯系单体储罐	甲基丙烯酸甲酯储罐	丙烯酸丁酯储罐	原料泵
D101	J106	F104	F105
反应釜	输送泵	引发剂储罐	乳化剂储罐

图 3-20　丙烯酸酯乳液胶黏剂生产工艺流程

（5）产品用途　丙烯酸系聚合物乳液胶黏剂与其他胶黏剂相比，其粘接强度高，耐水性好，比醋酸乙烯酯均聚物乳液胶黏剂的弹性大，断裂伸长率大。丙烯酸系乳液作为胶黏剂使用时耐候性及耐老化性能特别优异，耐紫外光老化，同时也耐热老化，并具有优良的抗氧化性，因而广泛应用于织物印花胶黏剂、静电植绒胶黏剂、织物胶黏剂、纸品胶黏剂等。

3.6.4　常温快固化丙烯酸酯胶黏剂

英文名称：normal temperature expediting setting acrylic adhesive

主要成分：甲基丙烯酸甲酯，甲基丙烯酸等

（1）性能指标

外观	甲组分为淡黄色的黏稠胶液	固含量	甲组分		99.8%
	乙组分为棕褐色的液体	黏度（25℃）	甲组分	8000～12000mPa·s	
剪切强度	18MPa（钢-钢）		乙组分	500～800mPa·s	

（2）生产原料与用量

甲组分

甲基丙烯酸甲酯	工业级	60	甲基丙烯酸	工业一级	10
甲基丙烯酸羟丙酯	工业级	10	氯磺化聚乙烯	工业级	40

异丙苯过氧化氢	工业级	0.6	乙酸乙酯	工业级	50
2,6-二叔丁基-4-甲基苯酚	工业级	0.15			

乙组分

活化剂由丁醛与正丁胺缩合而成，称作底漆（或称作乙组分）

（3）生产原理　由甲基丙烯酸酯类单体为主要成分的甲组分，和丁醛与正丁胺缩合而成的乙组分复配而成。

（4）生产工艺流程（参见图 3-21）

① 甲组分　将引发剂异丙苯过氧化氢、乙酸乙酯先制成溶液，将其 1/3 加入反应釜 D101 中，再把混合单体与其余引发剂溶液滴加入 D101 中，在 80～90℃反应 4～6h 得均一的黏稠胶液。

② 乙组分　将丁醛与正丁胺加入反应釜 D102 中，在 70～80℃缩合反应 2～3h 得底漆。

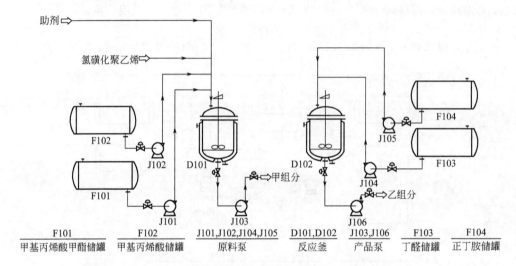

图 3-21　常温快固化丙烯酸酯胶黏剂生产工艺流程

（5）产品用途　用于−15～80℃下金属、非金属及塑料的粘接。

3.6.5　第二代丙烯酸酯胶黏剂

中文别名：丙烯酸酯结构胶，二液瞬间胶黏剂，蜜月胶

英文名称：second generation acrylics adhesive

主要成分：甲基丙烯酸甲酯，氯磺化聚乙烯等

（1）性能指标

外观　　　　甲、乙组分均为淡黄色黏稠胶液　　　　粘接强度　　22～24MPa（金属-金属剪切强度）

（2）生产原料与用量

甲组分

甲基丙烯酸甲酯	工业级	180～220	异丙苯过氧化氢	工业级	15
甲基丙烯酸羟乙酯	工业级	30	甲基丙烯酸酯增强剂	现配	15
ABS（固体）	工业级	35～50			

乙组分

甲基丙烯酸甲酯	工业级	120～180	还原剂胺	工业级	15
甲基丙烯酸羟乙酯	工业级	35～95	甲基丙烯酸	工业级	15
丁腈橡胶（固体）	工业级	30～40	促进剂 M	工业级	0.4

（3）生产原理　由甲基丙烯酸甲酯、稳定剂和颜料等合成的甲组分，与由甲基丙烯酸甲酯和颜料、塑炼过的丁腈橡胶等合成的乙组分互配而成。参照 3.6.3 节生产原理。

（4）生产工艺流程（参见图 3-21）　在配胶釜中投入甲基丙烯酸甲酯、稳定剂和颜料（红色），搅拌溶解后，依次投入甲基丙烯酸羟乙酯、增强单体、ABS，室温放置使橡胶溶胀。热水夹套加热，搅拌下保持釜内温度 55～70℃，时间 3～6h。待丁腈橡胶完全溶解后停止加热。冷却，加入过氧化物搅拌至均匀分散，出料得甲组分。

在配胶釜中投入甲基丙烯酸甲酯和颜料（蓝色），搅拌溶解后，依次投入甲基丙烯酸羟乙酯、增强单体、塑炼过的丁腈橡胶，室温放置使橡胶溶胀，热水夹套加热，搅拌，50～60℃时投入甲基丙烯酸和还原剂，并保温搅拌 6h，停止加热，冷却，加入促进剂 M 搅匀，出料得乙组分。

（5）产品用途　可在 -40～80℃ 的温度范围内粘接金属、非金属的很多材料，尤其对有极性的塑料粘接力更好。可用于多种材料的粘接与修理。

3.6.6　骨用胶黏剂

名称：骨用黏黏剂，骨水泥

英文名称：bone adhesive

主要成分：聚甲基丙烯酸甲酯

（1）性能指标

外观	甲组分为固体粉状物	压缩强度	60～70MPa
	乙组分为淡黄色液体	抗弯强度	58～68MPa
固化后的强度		抗伸强度	1～3MPa

（2）生产原料与用量

甲组分

| 聚甲基丙烯酸甲酯 | 医用级 | 38.8 | 过氧化氢 | 化学纯 | 1.2 |

乙组分

| 甲基丙烯酸甲酯 | 医用级 | 21.8 | 对苯二酚 | 化学纯 | 0.15 |
| N,N-二甲基对甲苯胺 | 化学纯 | 0.2 | 抗坏血酸 | 医药级 | 0.004 |

（3）生产原理　由丙烯酸酯类的甲、乙组分互配而成。生产原理参见 3.6.3 节。

（4）生产工艺流程（参见图 3-21）

① 将聚甲基丙烯酸甲酯与过氧化氢在反应釜中混合均匀，即成甲组分。

② 将余下组分加入反应釜中，在室温下搅拌混合均匀即得乙组分。

（5）产品用途　主要用于骨外科中的粘接。

3.6.7　静电植绒胶黏剂

英文名称：electrostatic spinning adhesive

主要成分：丙烯酸甲酯，丙烯酸乙酯等

（1）性能指标

| 外观 | 乳白色胶液 | 黏度（25℃） | 8000～10000mPa·s |
| 固含量 | 45% | pH 值 | 7～8 |

（2）生产原料与用量

丙烯酸甲酯	工业级	35.6	OP-10	工业级	40
丙烯酸乙酯	工业级	139.0	过硫酸钾	化学纯	0.5
丙烯酸 2-乙基己酯	工业级	59.3	偏亚硫酸钠	化学纯	0.5
丙烯酸	工业级	6.1	水	去离子水	674
N-羟甲基丙烯酰胺	工业级	6.0			

（3）生产原理　由丙烯酸酯类为主要成分，与引发剂、乳化剂等搅拌和成而得。参照 3.6.3 节生产原理。

（4）生产工艺流程（参见图 3-22）

① 在反应锅 D101 中先加入水 600 份，40 份的 OP-10，以及 N-羟甲基丙烯酰胺 6 份，依次加入丙烯酸甲酯、丙烯酸乙酯、丙烯酸 2-乙基己酯及丙烯酸，启动真空泵 J105，通入 N_2 气，并

搅拌。

② 加入引发剂及偏亚硫酸钠，使反应温度达 80～85℃，保持此温度将剩余之丙烯酸混合物及酰胺水溶液均匀添加至反应锅 D101 中（180min 加完）。

③ 补加 4％的引发剂、4％亚偏硫酸钠及水溶液各 40 份，在 55℃下反应 3～4h，出料。

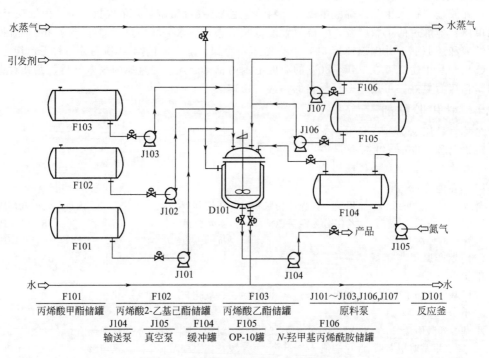

图 3-22　静电植绒胶黏剂生产工艺流程

（5）产品用途　主要作静电植绒用胶黏剂。

3.6.8　牙科用胶黏剂

英文名称：dentistry adhesive

主要成分：双甲基丙烯酸二缩三乙二醇双酯

（1）性能指标

| 外观 | 甲、乙组分均为白色黏稠膏状物 | 毒性 | 无毒 |
| 固含量 | ＞99.6％ | 粘接强度 | 常温剪切强度 15MPa |

（2）生产原料与用量

甲基丙烯酸双酚 A 缩水甘油醚	医用级	100	KH-550	工业级	0.1
双甲基丙烯酸二缩三乙醇双酯	医用级	80	氧化钛	试剂级	5
过氧化苯甲酰	试剂级	0.3	二氧化硅	试剂级	20～30
N,N-二甲基对甲苯胺	试剂级	0.5			

（3）生产原理　将甲基丙烯酸与双酚 A 缩水甘油反应后再添加填料等合成而得。

（4）生产工艺流程（参见图 3-23）

① 先将甲基丙烯酸与双酚 A 缩水甘油合成为甲基丙烯酸双酚 A 缩水甘油醚储存在 F101；将甲基丙烯酸与二缩三乙二醇酯化合成为双甲基丙烯酸二缩三乙醇双酯储存在 F102。并将此两组分在 D101 中搅拌混匀。

② 将上述混合物再均分成两份，并在每份中加入填料氧化钛与二氧化硅搅均匀。

③ 将其中一份泵入 D102 中，加入过氧化苯甲酰，即成为甲组分；另一份泵入 D103 中，加入 N,N-二甲基对甲苯胺和 KH-550 即成为乙组分。

④ 使用时混合均匀即得双组分牙用胶黏剂。

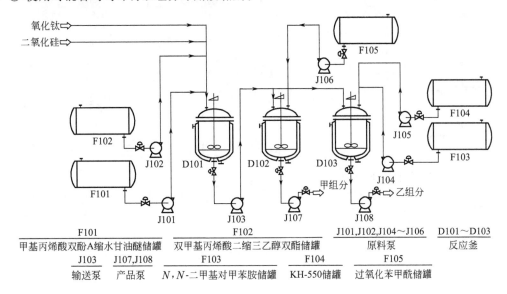

图 3-23 牙科用胶黏剂生产工艺流程

（5）产品用途　主要用于牙科中牙齿粘接与修复。

3.6.9 厌氧性密封胶黏剂

英文名称：anaerobic adhesive

主要成分：甲基丙烯酸，一缩二乙二醇等

（1）性能指标

| 外观 | 黄色透明黏稠状液体 | 黏度 | 0.6～1Pa·s |
| 固含量 | >99.5% | | |

（2）生产原料与用量

甲基丙烯酸	工业级	62	二甲基苯胺	化学品	1
一缩二乙二醇	工业级	38	糖精	工业级	0.5
异丙苯过氧化氢	化学品	5	填料（气相二氧化硅）	工业级	2
浓硫酸	工业级，98%	3～5	丙烯酸	工业级	2
甲苯	工业级	20			

（3）生产原理　将甲基丙烯酸和一缩二乙二醇进行酯化反应，再经中和、过滤、干燥而得产品。

（4）生产工艺流程（参见图 3-24）

① 先将 F102 中甲基丙烯酸和 F101 中一缩二乙二醇按计量加入酯化釜 D101 中，再加入催化料（通常用浓硫酸）及溶剂（甲苯）加热升温并通过 C101 回流，进行酯化反应。

② 在回流下反应到酸值小于 10 时，停止反应。反应过程中的水，从苯水分离器 L101 中分出，亦可根据反应出水量，确定反应终点。

③ 将上述产物泵入中和釜 D102 中，用氢氧化钠溶液进行中和，并进行水洗至中性，分出产物和水层，除去水，保留反应物层。

④ 将反应物通过 L102 过滤，再在干燥箱 L103 中进行干燥。

⑤ 再将物料转至蒸馏塔 E101 中，加入（200～300）$\times 10^{-6}$ 阻聚剂（对苯二酚），开启真空泵 J111，进行真空脱除甲苯，得到双酯产物。

⑥ 将上述产物泵入混合罐 D103 中与其他物料进行混合均匀后，即为一种厌氧胶。

（5）产品用途　主要用于汽车与机械等的螺纹锁固，亦可作低压密封胶使用。

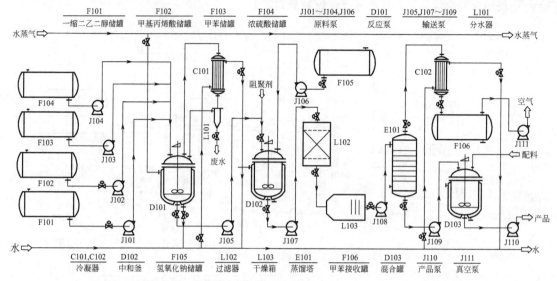

F101	F102	F103	F104	J101~J104,J106	D101	J105,J107~J109	L101
一缩二乙二醇储罐	甲基丙烯酸储罐	甲苯储罐	浓硫酸储罐	原料泵	反应泵	输送泵	分水器

C101,C102	D102	F105	L102	L103	E101	F106	D103	J110	J111
冷凝器	中和釜	氢氧化钠储罐	过滤器	干燥箱	蒸馏塔	甲苯接收罐	混合罐	产品泵	真空泵

图 3-24　厌氧性密封胶黏剂生产工艺流程

3.7　聚氨酯系胶黏剂

聚氨酯胶黏剂是指分子链中含有多个氨基甲酸酯基的一类胶黏剂，一般是由异氰酸酯化合物与羟基化合物加聚而成，具有粘接强度高、性能设计性强、耐低温性能优异、耐磨性、耐振动性、耐疲劳性优良、耐介质性好等优点。按化学结构可分为三类：多异氰酸酯胶黏剂、端异氰酸酯基聚氨酯预聚物和聚氨酯树脂胶黏剂；按照商品分类，又可分为双组分聚氨酯胶黏剂、单组分聚氨酯胶黏剂、水性聚氨酯胶黏剂、聚氨酯热熔胶和聚氨酯压敏胶。由于这些黏合剂优异的性能，因此使其广泛用于汽车制造业、制鞋工业、包装工业、低温工程、航天工业、木材加工业、建筑工业、电子电器元件等方面。

3.7.1　单组分聚氨酯密封胶

英文名称：single component polyurethane adhesive

主要成分：多羟基聚醚，二苯基甲烷二异氰酸酯等

（1）性能指标

外观	黏稠膏状物	伸长率	>320%
固含量	>99.5%	抗拉强度	1.2MPa
粘接强度（20℃）	1.3MPa		

（2）生产原料与用量

多羟基聚醚	工业级	500	催化剂	试剂级	0.6
甲苯二异氰酸酯（TDI）	工业级	13	阻聚剂（对苯二酚）	工业级	0.6
二苯基甲烷二异氰酸酯（MDI）	工业级	110	填料（轻质碳酸钙）	工业级	120~150
			增黏剂（松香）	工业级	3

（3）生产原理　将 TDI，MDI 与松香加入到脱水后的聚醚混配而成。

$$2n \text{OCN}-\text{R}-\text{NCO} + \left(\text{CH}_2-\underset{\underset{\text{R}}{|}}{\text{CH}}-\text{O}\right)_{\!\!n}\!\!\text{H} + n\text{HO}-\left(\text{CH}_2\right)_{\!4}\!\text{OH}$$

$$\text{(MDI)} \qquad \text{(聚氧化乙烯多元醇)} \qquad \text{(1,4-丁二醇)}$$

$$\longrightarrow \left(\text{CONH}-\text{R}-\text{NHCO}-\text{CH}_2-\underset{\underset{\text{R}}{|}}{\text{CH}}-\text{OCONH}-\text{R}-\text{NHCO}-\text{O}\left(\text{CH}_2\right)_{\!4}\text{O}\right)_{\!\!n}$$

（4）生产工艺流程（参见图 3-25）

① 首先将聚醚置于反应釜中，进行真空脱水，温度为 110～150℃，保持 1h 以上，以除去原料中含有的微量水。

② 在不断搅拌下，将 TDI、MDI 与松香加入到脱水后的聚醚中，控制温度为 80～90℃，反应 2h 左右后加入阻聚剂、催化剂和填料，搅拌均匀即可，然后装管密封保存。

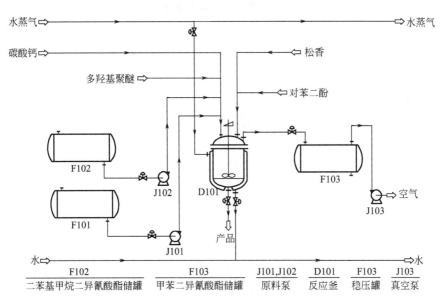

F102	F103	J101,J102	D101	F103	J103
二苯基甲烷二异氰酸酯储罐	甲苯二异氰酸酯储罐	原料泵	反应釜	稳压罐	真空泵

图 3-25　单组分聚氨酯密封胶生产工艺流程

（5）产品用途　可用于汽车顶棚、车身护板及挡风玻璃安装等的粘接与密封，也可用在各种车辆车身钢板的焊接处。

3.7.2　混凝土填缝密封膏

英文名称：beton gap filling glue

主要成分：聚醚 N-220，MDI 等

（1）性能指标

外观	甲组分为淡黄色透明胶状物	拉伸量	＞20mm
	乙组分为黑色黏稠状胶液	粘接强度	0.3MPa
初黏性（25℃）	24h 内初固并初黏		

（2）生产原料与用量

4,4'-二甲基二异	工业级	20	煤焦油	工业级	55
氰酸酯（MDI）			甘油（交联剂）	工业级	10
聚醚 N-220	工业级	80	碳酸钙	工业级	27
磷酸	工业级 少量（0.03～0.04）		助剂	工业级	8

（3）生产原理　由异氰酸酯反应得甲组分；煤焦油、交联剂、填料、助剂和聚醚混合得乙组分；再将甲、乙组分复配而成的一种胶黏剂。

（4）生产工艺流程（参见图 3-15）

① 首先对聚醚进行预处理，以除去多余的水分，然后滴入少许磷酸。

② 然后与异氰酸酯在反应釜中进行反应，温度控制在 85～90℃ 之间，反应时间 2～2.5h。以上即成甲组分（又叫预聚体）

③ 将煤焦油、交联剂、填料与助剂加入混合罐中进行混匀即成为乙组分。

（5）产品用途　主要用于水泥道路路道裂缝的密封，亦可作其他建筑物的嵌缝与密封。

3.7.3 JQ-1 胶黏剂

中文别名：列克纳胶，三苯基甲烷三异氰酸酯胶黏剂

英文名称：JQ-1 adhesive

主要成分：氯苯，副品红

（1）性能指标

| 外观 | 紫红色氯苯溶液 | 氯苯不溶物 | ≤0.1％ |
| 固含量 | 20％±1％ | 粘接强度 | ≥4MPa |

（2）生产原料与用量

| 副品红 | 工业级 | 190 | 氯苯 | 工业级 | 500 |
| 光气 | 工业级 | 1250 | 液碱 | 工业级，30％ | 300 |

（3）生产原理　合成反应如下：

$$HC \left[\!\!\left[\text{—} \bigcirc \text{—} NH_2 \right]\!\!\right]_3 + 3COCl_2 \xrightarrow{0\sim40℃} HC \left[\!\!\left[\text{—} \bigcirc \text{—} NHCOCl_3 \right]\!\!\right]_3 + 3HCl$$

$$HC \left[\!\!\left[\text{—} \bigcirc \text{—} NHCOCl_3 \right]\!\!\right]_3 \xrightarrow[COCl_2]{120℃} HC \left[\!\!\left[\text{—} \bigcirc \text{—} NCO \right]\!\!\right]_3 + 3HCl$$

（4）生产工艺流程（参见图 3-26）

① 将 F101 中计量的氯苯及 F102 中计量的副品红加入悬浮液配制釜 D101 中制成副品红悬浮液，将光气经由计量罐 F103 加至低温光化釜 D102 中，在小于 40℃下加入悬浮液，在低温反应 2h。

② 将此物料压至高温光化釜 D103，于 120℃下反应至终点。反应过程部分氯苯经冷凝器 C101 返回高温光化釜，光化反应液压至赶气釜 D104 中，过量的光气、反应生成的氯化氢用氮气吹至尾气回收及在 300kg 碱液中和系统进行处理。

③ 反应液压至储罐，放至减压过滤器 L101，滤除残渣，反应液经蒸馏釜 E101 蒸出溶剂氯苯，即得产品。

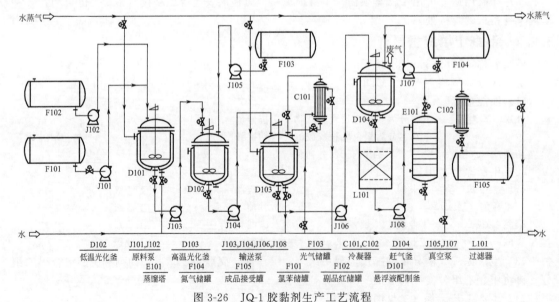

D102	J101,J102	D103	J103,J104,J106,J108	F103	C101,C102	D104	J105,J107	L101
低温光化釜	原料泵	高温光化釜	输送泵	光气储罐	冷凝器	赶气釜	真空泵	过滤器
E101		F104	F105	F101	F102			
蒸馏塔		氮气储罐	成品接受罐	氯苯储罐	副品红储罐	悬浮液配制釜		

图 3-26　JQ-1 胶黏剂生产工艺流程

（5）产品用途　主要用于橡胶与金属及其他材料的粘接，亦被广泛用于制鞋行业氯丁胶黏剂的固化剂。

3.7.4 热塑性聚氨酯弹性体胶黏剂

英文名称：thermoplastic polyurethane adhesive

主要成分：聚己二酸-1,4-丁二醇酯等

（1）性能指标

外观	浅黄色透明胶液	剥离强度	3.9kN/m（橡胶-皮革）
固含量	≥15％		8.4kN/m（橡胶-橡胶）
黏度（25℃）	2050mPa·s		

（2）生产原料与用量

聚己二酸-1,4-丁二醇酯	工业级	300	乙酸乙酯	工业级	适量
MDI	工业级	6.5			

（3）生产原理　热塑性聚氨酯弹性体的结构中含有少量羟基，又称为羟基聚氨酯，合成反应如下：

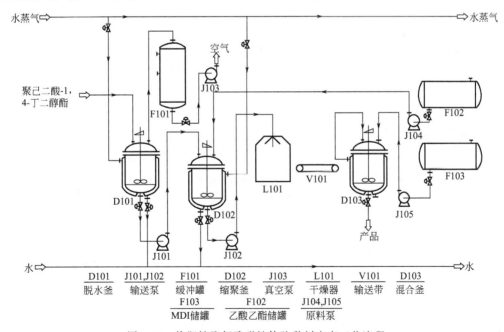

$$n\,HO—R'—OH + n\,OCN—\text{〈}CH_2\text{〉}—NCO \longrightarrow$$

（聚酯多元醇）　　　　　　　　（MDI）

$$—[CONH—\text{〈}CH_2\text{〉}—NHCO—R'—O]_n—H$$

（4）生产工艺流程（参见图 3-27）

① 聚酯多元醇脱水　将聚己二酸-1,4-丁二醇酯按计量加入脱水釜 D101 中，开启真空泵 J107，抽真空，加热至 130～135℃，真空度为 1.3kPa，2h 后测定水分含量，合格后可投料。

② 羟基聚氨酯树脂制备　计量脱水后的聚己二酸-1,4-丁二醇酯加入缩聚反应釜 D102。开动搅拌，加热至 60～65℃，加入 MDI（预先已于 60℃熔化，R 值为 0.94），快速搅拌物料，待反应物料的黏度明显变高时（即电流表中的电流发生突然升高时），立即放料。

③ 聚氨酯弹性体制备　将以上制备的羟基聚氨酯树脂物料放入喷涂聚四氟乙烯 L101 的盆内，于 130℃烘箱熟化 5h，冷却后从盆中取出块状聚氨酯弹性体。

④ 聚氨酯胶黏剂胶料制备　块状聚氨酯弹性体用剪板机裁成条状，加入塑料破碎机中粉碎成聚氨酯胶黏剂胶粒。将制得聚氨酯胶黏剂胶粒与适量乙酸乙酯配制。

图 3-27　热塑性聚氨酯弹性体胶黏剂生产工艺流程

（5）产品用途　用作高级鞋用胶黏剂，粘接人造革等软质 PVC 制品。还可用作织物和纸张的涂层，起着增强和防水作用。

3.7.5 双组分聚氨酯胶黏剂

中文别名：双组分聚氨酯胶黏剂，101 胶

英文名称：101 adhesive

主要成分：聚己二酸乙二醇酯，三羟甲基丙烷等

（1）性能指标

外观	甲组分为浅黄色透明胶液		乙组分为 60%
	乙组分为浅黄色透明胶液	粘接强度	8MPa（当甲∶乙＝5∶1时的
固含量	甲组分为 30%		剪切强度）

（2）生产原料与用量

己二酸	工业级	735	乙酸乙酯	工业级	212
乙二醇	工业级	367.5	乙酸丁酯	工业级	5
三羟甲基丙烷	工业级	60	丙酮	工业级	140
甲苯二异氰酸酯（TDI）	工业级	246.5			

（3）生产原理 聚酯合成反应式如下：

$$n\text{HOOC(CH}_2)_4\text{COOH}+(n+1)\text{HO(CH}_2)_2\text{OH} \longrightarrow$$
$$\text{HO}\!-\!\!\left[\text{CH}_2\text{CH}_2\text{OOC(CH}_2)_4\text{COO}\right]_n\!\!\text{CH}_2\text{CH}_2\text{OH}+2n\text{H}_2\text{O}$$

聚酯改性反应式如下：

乙组分为 TDI 的改性，反应式如下：

（4）生产工艺流程（参见图 3-28）

① 聚己二酸乙二醇酯的生产工艺 在不锈钢反应釜 D101 中加入 F101 中计量的乙二醇，加热并搅拌，加入 F102 己二酸，逐步升温至 200～210℃，出水量达 185kg。当酸值达 40mgKOH/g 时，开启真空泵 J105，减压脱水 8h（内温 200℃，0.048MPa）。当酸值达到 10mgKOH/g 时，减压去醇 5h（内温 210℃，0.67kPa）。控制酸值 2mgKOH/g 出料。制得羟值为 50～70mgKOH/g（相对分子质量为 1600～2240）、外观为浅黄色的聚己二酸乙二醇酯，收率为 76%。

② 改性聚酯树脂（甲组分）的合成 于反应釜 D102 内加入醋酸丁酯，开动搅拌，再加入聚己二酸乙二醇酯，加热至 60℃，加入 TDI（80/20）4～6kg（根据羟值与酸值确定加量），升温至 110～120℃，黏度达到 6A（变速箱 W-6，电机 2.8kW）。打开计量槽加入醋酸乙酯 5kg 溶解，

再加醋酸乙酯10kg溶解，最后加入丙酮134～139kg，搅拌混合均匀，制得浅黄色或茶色透明黏稠液体，便为甲组分，收率为98%。

③ 三羟甲基丙烷加成物（乙组分）的合成　于反应釜D103内加入TDI（80/20）246.5kg和醋酸乙酯（优级品）212kg，开动搅拌，升温至65～70℃。滴加预先熔化的TMP60kg，控制温度65～70℃，大约2h滴完，之后在70℃保温1h，冷却到室温出料，制得外观为浅黄色的黏稠液体，即为乙组分，收率98%。

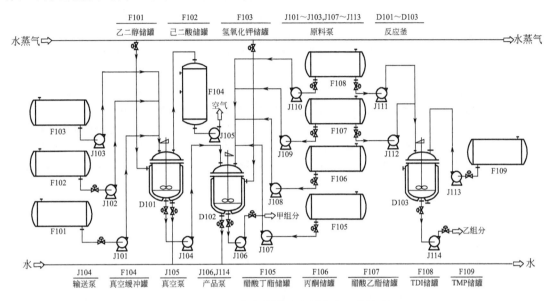

图 3-28　双组分聚氨酯胶黏剂生产工艺流程

（5）产品用途　广泛用于金属、非金属、塑料、皮革的粘接。

3.8　橡胶胶黏剂

橡胶胶黏剂是以天然橡胶或合成橡胶为原料配制而成的胶黏剂。近年来，由于合成橡胶种类和配合技术的迅速发展，橡胶胶黏剂的品种不断增加、粘接性能不断提高，应用也日益广泛。

橡胶的特点是高弹性、粘接时成膜性能良好、胶膜富于柔韧性，因而使胶膜具有优异的耐屈挠性、抗震性和蠕变性能，适用于动态下部件的胶接和不同热膨胀系数材料之间的粘接，在飞机制造、汽车制造建筑、轻工、橡胶制品加工等部门得到广泛的应用。

橡胶胶黏剂可分为溶液型及乳液型两大类，溶液型又可分为非硫化型和硫化型两种，硫化型又可分为高温硫化型和室温硫化型两种。

非硫化型橡胶胶液：将生胶塑炼后直接溶于有机溶剂即可，如天然橡胶、环化橡胶、再生橡胶等，这类橡胶价格低廉，但胶接强度较低。

硫化型橡胶胶液：在塑炼后的生胶中加入硫化剂、硫化促进剂、补强剂、增塑剂、防老剂等经混炼后，溶于有机溶剂即可。它性能优良、应用范围较广，其中室温硫化型工艺简便，深受用户欢迎，因而发展速度较快；而高温硫化型胶接强度较高。

3.8.1　聚硫密封胶

英文名称：polysulfide adhesive

主要成分：聚硫橡胶等

（1）性能指标

| 外观 | 甲乙组分均为黏稠胶状物 | 粘接强度 | ＞2MPa |
| 固含量 | ＞99.5% | 伸长率 | 80%～100% |

（2）生产原料与用量

甲组分

聚硫橡胶	工业级	100	二氧化钛	工业级	10
碳酸钙	工业级，细度300目	25	环氧树脂	工业级	5
邻苯二甲酸二丁酯	工业级	20	硫黄	工业级	0.1
无水硅酸铝	工业级	30	硬脂酸	工业级	7

乙组分

二氧化铅	工业级	8	硬脂酸	工业级	1
邻苯二甲酸二丁酯	工业级	6			

（3）生产原理　将聚硫橡胶、环氧树脂、邻苯二甲酸二丁酯等在捏合机中捏合而成。

（4）生产工艺流程（参见图 3-29）

① 在捏合机 L101 中，先将 100kg 聚硫橡胶（相对分子质量 3000～4000）、5kg 环氧树脂（E-51 或 E-44）和 20kg 邻苯二甲酸二丁酯混合均匀，然后通过 V101 输送到干燥箱 L102 中加热烘干。再通过 L103 过筛，过筛后的固体组分由 V103 输送至 D101 中，将 25kg 碳酸钙、30kg 无水硅酸铝、10kg 二氧化钛、0.1kg 硫黄以及 7kg 硬脂酸加入 D101 中，混合均匀即为甲组分。

② 在捏合机 L104 中，将 8kg 二氧化铅、6kg 邻苯二甲酸二丁酯、1kg 硬脂酸进行混匀即为乙组分。

③ 使用比例：甲组分：乙组分＝100：（7～8）。

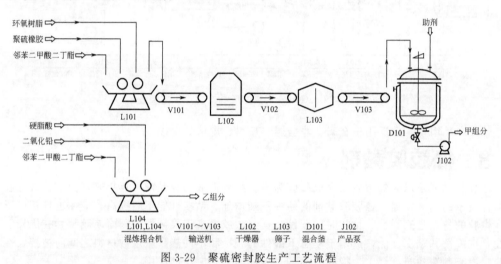

图 3-29　聚硫密封胶生产工艺流程

（5）产品用途　可用于机械、建筑物等处密封、嵌缝。

3.8.2　接枝氯丁橡胶胶黏剂

英文名称：chloroprene rubber adhesive

主要成分：氯丁橡胶，甲基丙烯酸甲酯等

（1）性能指标

外观	淡黄色的黏稠液体	粘接强度	>5N/cm
固含量	>25%		

（2）生产原料与用量

氯丁橡胶	工业级，A-90	100	古马隆树脂	工业级	5
甲基丙烯酸甲酯（MMA）	工业级	90	甲苯	工业级	450
过氧化苯甲酰（BPO）	化学纯	0.4	环己酮	工业级	100
增黏树脂	工业级	5			

（3）生产原理　氯丁橡胶与甲基丙烯酸甲酯接枝共聚反应是按自由基聚链锁方式进行的：

引发剂分解 $\qquad$ I $\longrightarrow$ 2I· $\qquad$ (1)

生成单体自由基 $\qquad$ I· + M $\longrightarrow$ P· $\qquad$ (2)

自由基攻击主链 $\qquad$ I· + R $\longrightarrow$ R· $\qquad$ (3)

单体自由基进攻主链 $\qquad$ P· + R $\longrightarrow$ R· + P $\qquad$ (4)

接枝主链自由基 $\qquad$ R· + M $\longrightarrow$ ~R~ $\qquad$ (5)

单体增长链自由基 $\qquad$ P· + M $\longrightarrow$ PMMA′ $\qquad$ (6)

形成接枝共聚物　P· + R·

主链本身的聚合　R· + R· $\qquad$ (7)

生成 MMA 的均聚物　P· + P·

由上述反应历程看出，引发剂自由基进攻 CR 产生的主链自由基（3）或单体自由基攻击 CR 产生的主链自由基都能与单体自由基发生终止反应，形成 CR/MMA 接枝共聚物。单体链增长的自由基可以发生终止反应生成 MMA 的均聚物。可以说接枝氯丁胶黏剂是 CR、CR/MMA、MMA、PMMA、溶剂等复杂的混合物。

（4）生产工艺流程（参见图 3-30）

① 先将甲苯加入 D101 中，搅拌下再将 A-90 溶解于其中，加入 MMA、BPO，在 70～80℃下反应 6～8h。

② 降至室温，并加入环己酮等其他组分，搅拌均匀即得成品。

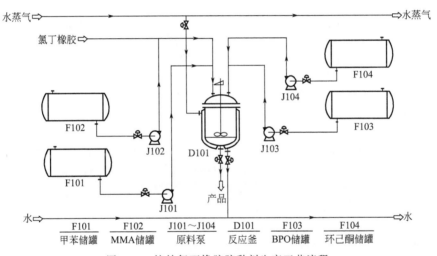

图 3-30　接枝氯丁橡胶胶黏剂生产工艺流程

（5）产品用途　主要用于制鞋业中各种面料的粘接，亦可用于皮革、橡胶、软质塑料、织物等的粘接。

3.8.3　刹车片胶黏剂

中文别名：酚醛-丁腈胶

英文名称：phenolic aldehyde butyronitrile adhesive

主要成分：酚醛树脂、丁腈橡胶

（1）性能指标

外观	棕黑色黏稠胶液	粘接强度	金属-金属剪切	常温	≥15MPa
固含量	＞55%			200℃	8MPa
黏度	9000～12000MPa·s				

（2）生产原料与用量

酚醛树脂	工业级	350	氧化锌	工业级	5
丁腈橡胶	工业级	100	炭黑	工业级	25

铁红	工业级	20	硫黄	工业级	2
促进剂	工业级	1	防老剂	工业级	1
硬脂酸	工业级	0.5	溶剂（香蕉水）	工业级	470

（3）生产原理　先将丁腈橡胶在炼胶机上塑炼，然后加入助剂混炼而成。

（4）生产工艺流程（参见图 3-9）

① 先将丁腈橡胶在炼胶机上进行塑炼。

② 而后加入氧化锌、炭黑、硫黄、防老剂、促进剂、铁红等进行混炼，直到混炼均匀。

③ 将混炼物压片，切成小块与酚醛树脂同溶于溶越中，即得胶液。

（5）产品用途　主要用于硬质非金属与金属结构件的粘接，如汽车、拖拉机的刹车片。亦可用于其他耐湿件粘接。

3.8.4　建筑密封胶黏剂（氯丁型）

英文名称：build seal adhesive

主要成分：氯丁橡胶，沥青等

（1）性能指标

外观	黑色黏稠膏状物	固化时间	72h（25℃）
固含量	65%	剥离强度	4kgf/2.5cm
表干时间	15min（25℃）	剪切强度	0.1MPa

（2）生产原料与用量

沥青	工业品	60	促进剂	工业品	1
叔丁基酚醛树脂	工业品	40	防老剂	工业品	1
氧化锌	工业品	3	碳酸钙	工业品	40
氧化镁	工业品	5	溶剂	工业品	460

（3）生产原理　先将丁腈橡胶在炼胶机上塑炼，然后加入助剂混炼，再经压片、切片、溶解，与酚醛树脂互溶捏合即得。

（4）生产工艺流程（参见图 3-9）

① 先将氯丁橡胶进行塑炼，而后与氧化锌、氧化镁、促进剂、防老剂及填料进行混炼。

② 将上述混炼物进行压片、切片，并在溶解釜中加入混合溶剂进行溶解。

③ 将酚醛树脂溶入混合溶剂中，也将沥青溶于混合溶剂中。

④ 将上述三种溶解物再在一混合机中进行搅拌均匀（或捏合机中）。

⑤ 移入包装机中进行灌装即可。

（5）产品用途　主要用钢框的密封，亦可用于混凝土的堵漏密封。

3.8.5　通用氯丁橡胶胶黏剂

英文名称：neopren adhesive

主要成分：氯丁橡胶，叔丁基酚醛树脂等

（1）性能指标

外观	淡黄色的黏稠胶液	剥离强度	2.5kg/cm（钢-橡胶）
固含量	＞20%		5kg/cm（铝-帆）
黏度（25℃）	1000～2000mPa·s		

（2）生产原料与用量

氯丁橡胶	工业级	100	防老剂 D	工业级	2
叔丁基酚醛树脂	工业级	60	促进剂 DM	工业级	1
氧化锌	工业级	5	溶剂（醋酸乙酯：	工业级	360
氧化镁	工业级	4	汽油：甲苯混合）		

（3）生产原理　先将丁腈橡胶在炼胶机上塑炼，然后与各组分混炼，切片后溶解得胶料。

（4）生产工艺流程（参见图 3-9）

① 先将氯丁橡胶在炼胶机上进行塑炼。

② 然后将各组分加入进行混炼，直到混合均匀。

③ 调整炼胶机辊距，将已混炼好的胶料压延称胶片，并将其切成小块。

④ 将小块胶料放于溶解釜中，搅拌溶解，直到搅拌为均匀的胶料，即得成品。

（5）产品用途　主要用于粘接软质材料，如橡胶、织物、软塑料等，目前多用于制鞋和装饰业。

3.9　热熔胶黏剂

热熔胶黏剂（hot melt adhesives）简称为热熔胶，通常是指在室温下呈固态，加热熔融成液态，涂布、润湿被粘物后，经压合、冷却，在几秒钟内完成粘接的胶黏剂，属一种无溶剂的热塑性固体胶黏剂。利用加热使其达到熔点左右变成液态，获得流动性，湿润被粘物表面，显示出优异的黏合能力，能迅速地与其他物体黏合在一起，冷却之后就能通过硬固或化学反应几乎是瞬间形成较高强度的粘接。热熔胶是胶黏剂中发展最快的品种，应用范围极其广泛。

热熔胶一般是由热塑性树脂、增黏剂、增塑剂、黏度调节剂、抗氧剂、填料等组成。其品种繁多，用途不同，组成各异，一般按其化学组成和用途分类。热熔胶可用于粘接塑料、纸张、木材、皮革、织物、陶瓷、玻璃、金属、宝石、橡胶等多种材料，在印刷、制鞋、包装、装饰、电子、汽车、家具、玩具、家用电器、卫生用品、服装、首饰、工艺品等行业获得广泛应用，经济效益显著。

3.9.1　通用热熔胶黏剂

英文名称：hot-melt adhesive

主要成分：EVA，石蜡等

（1）性能指标

| 外观 | 淡黄色片状固体物 | 粘接强度 | >2MPa |
| 熔点 | ≤170℃ | | |

（2）生产原料与用量

乙烯-醋酸乙烯共聚物（EVA）	工业级	100	石蜡	工业级	85
松香酸季戊四醇酯	工业级	70	填料（轻体碳	工业级，细	适量
萜烯树脂	工业级	35	酸钙等）	度≥300目	

（3）生产原理　由乙烯-醋酸乙烯共聚物为主成分，与各组分混合而成。乙烯、醋酸乙烯共聚反应式如下：

$$nx CH_2 = CH_2 + ny CH_2 = CH \longrightarrow \left[(CH_2 - CH_2)_x (CH_2 - CH)_y \right]_n$$
$$\begin{array}{c} | \\ O = C - CH_3 \end{array} \qquad \begin{array}{c} | \\ O = C - CH_3 \end{array}$$

（4）生产工艺流程（参见图3-31）

① 先将（填料除外）各组分按配方，加入加热的混合釜D101中，在150～200℃下进熔融，并充分搅拌。

② 在以上搅均匀的溶体中，加入填料再混合均匀。

③ 趁热出料，进传送带进行冷却。切断机使之切为块状、片状或滴入冷水中制成颗粒状，包装即可。

（5）产品用途　可用于一般物件的快速粘接与修理，主要用于无线装订中。

3.9.2　EVA型热熔胶

中文别名：乙烯-醋酸乙烯酯型热熔胶

英文名称：EVA hot-melt adhesive

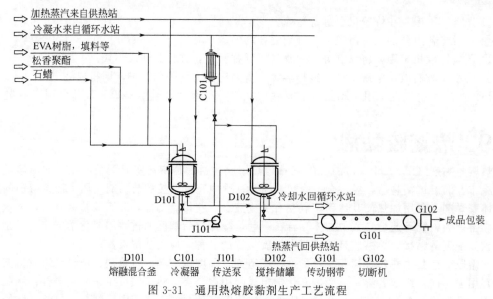

图 3-31　通用热熔胶黏剂生产工艺流程

D101	C101	J101	D102	G101	G102
熔融混合釜	冷凝器	传送泵	搅拌储罐	传动钢带	切断机

主要成分：乙烯-醋酸乙烯共聚物（EVA），松香聚酯，石蜡等

（1）性能指标

外观	白色或黄色固体	剪切强度（粘铝，常温）	4.8～5MPa
软化温度	74～83℃		

（2）生产原料与用量

乙烯-醋酸乙烯树脂	工业级	100	防老剂丁（N-苯基-	工业级	0.5～1
松香聚酯	工业级	60～90	β-萘胺）		
石蜡	工业级	70～80			

（3）生产原理　EVA 热熔胶主要是由 30%～40%的 EVA 树脂、30%～40%的增黏剂和 20%～30%的蜡类复配而成。

（4）生产工艺流程（参见图 3-31）

① 将松香聚酯和石蜡，放入备有搅拌器的熔融混合釜 D101 中，在搅拌下将釜中的反应物加热到 150～285℃，此温度下待反应物熔化并成为均匀的混合物（约需 1～1.5h）。

② 再加入 100 份乙烯-醋酸乙烯树脂，保持温度，搅拌 2～3h 后放到储罐，使反应物重新成为均匀的熔融体，不含任何块状物。再由泵通过模口放到冷却传动钢带上冷却成型，经切断机装袋。对于难以混熔的组分，可预先与基体聚合物混炼或捏合，然后再投入釜内。也可由釜出料到普通挤出机上，经挤出、冷却。如需要，釜里可通氮气保护。

生产热熔胶的熔融黏度不宜过高，胶的各个组分受热时间较长，尤其是釜壁上有热氧化分解的现象，而且对搅拌桨形状也应注意，避免釜内产生停滞区域而局部过热。

（5）产品用途　用于纸盒、书籍粘接、书籍无线装订、木材积层板制作和木工封边、无纺布制作等。该热熔胶在车辆方面可用于坐席、车灯和尾灯等的组装，在电子、电器方面可用于绝缘捻子封缄、电子部件灌封、线圈绝缘固定、电线末端固定、塑料和金属粘接密封、绝缘材料粘接、缓冲垫粘接和光盘制作等。其在卷烟、制罐方面也有应用。

3.9.3　地毯用热熔胶黏剂

英文名称：rug hot-melt adhesive

主要成分：EVA，低分子量聚乙烯等

（1）性能指标

外观	淡黄色的固体物	粘接强度（常温剪切强度）	≥1.5MPa
软化温度	≥80℃		

（2）生产原料与用量

乙烯-醋酸乙烯共聚物（EVA）	工业级	150	石油树脂	工业级	172
低分子量聚乙烯	工业级	18	抗氧剂	工业级	2
微晶蜡	工业级	102	碳酸钙	工业级	300

（3）生产原理　在氮气的保护下，由乙烯-醋酸乙烯共聚物为主要成分，与各组分混合而成。参照 3.9.1 节生产原理。

（4）生产工艺流程（参见图 3-32）

① 先将微晶蜡、石油树脂、抗氧剂和碳酸钙等投入反应釜 D101 中。开启真空泵 J106，在通氮气条件下加热熔融。

② 然后加 EVA 搅拌均匀。

③ 加入余下之固体组分，搅拌均匀。

④ 趁热出料，按要求制成块状、片状或粒状产品。

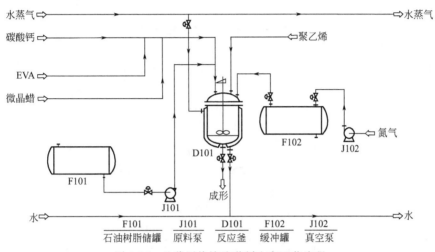

图 3-32　地毯用热熔胶黏剂生产工艺流程

（5）产品用途　用于化纤地毯生产中的粘接，亦可用于其他物品的粘接。

3.9.4　聚丙烯薄膜用热熔胶黏剂

英文名称：polypropylene hot-melt adhesive

主要成分：EVA，松香等

（1）性能指标

| 外观 | 黄色半透明有弹性固体 | 剥离强度 | 9.0kgf/2.5cm |
| 固含量 | ＞99.8% | 流动温度 | 65～70℃ |

（2）生产原料与用量

乙烯-醋酸乙烯共聚物（EVA）	工业级	100	石油树脂	工业级	20
松香	工业级	120	邻苯二甲酸二辛酯	工业级	17
萜烯树脂	工业级	60	抗氧剂 CA	工业级	2

（3）生产原理　将松香及萜烯树脂、石油树脂等与乙烯-醋酸乙烯共聚物混炼而成。

（4）生产工艺流程（参见图 3-31）

① 将松香及萜烯树脂、石油树脂在混合釜中加热到 135～145℃，将其熔融之后加入 EVA 及抗氧剂 CA，搅拌均匀。

② 继续升温 160～170℃，待 EVA 全部熔融后再加入增塑剂，并在此温度下保持 1h。

③ 降温到 120～130℃放料于水中，制成所要求的固体形状即可（棒、块、丝等）。

（5）产品用途　主要用于聚烯烃塑料膜、板等材料粘接，亦可粘接其他塑料。

3.9.5　聚乙二酸丁二醇-MDI 热熔胶

中文别名：聚乙二酸丁二醇-MDI 热熔胶

英文名称：PBSA-MDI hot-melt adhesive

主要成分：聚乙二酸丁二醇，MDI 等

（1）性能指标

外观	淡黄色胶液	熔融温度	90～100℃
固含量	＞30%	剥离强度	涤纶-涤纶 ＞3.9kN/m
黏度	4Pa·s		

（2）生产原料与用量

聚乙二酸丁醇酯	工业级	100	甲苯	工业级	200
MDI	工业级	12.5	醋酸乙酯	工业级	100

（3）生产原理　由聚己二酸丁二醇脱水后与 MDI 反应而成。

（4）生产工艺流程（参见图 3-33）

① 将聚己二酸丁二醇加入反应釜 D101 中，加热熔融至 120℃，开启真空泵 J103，在搅拌下减压（真空度 0.67kPa）脱水 30min。

② 将预先于 60℃熔化的 MDI 加入反应釜 D102 内，并在搅拌下于 2h 内将甲苯分 4 次加入釜内，反应温度控制在 110～115℃，再反应 30min，加醋酸乙酯，搅拌均匀后停止反应。

③ 使用前将胶液在玻璃板上刮膜，使溶剂自然挥发，24h 后即可取下使用。

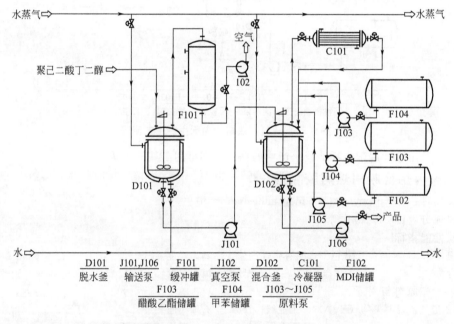

D101	J101,J106	F101	J102	D102	C101	F102
脱水釜	输送泵	缓冲罐	真空泵	混合釜	冷凝器	MDI储罐

F103		F104		J103～J105	
醋酸乙酯储罐		甲苯储罐		原料泵	

图 3-33　聚乙二酸丁二醇-MDI 热熔胶生产工艺流程

（5）产品用途　广泛用于服装、制鞋、家具、汽车、电气、机械等行业。

3.9.6　聚酯酰胺嵌段共聚物热熔胶

英文名称：polyesteramide hot-melt adhesive

主要成分：己二胺，C_{36} 二羧酸等

（1）性能指标

外观	白色或淡黄色固体	伸长率	600%
拉伸强度	30MPa	剥离强度	1.0kN/m

（2）生产原料与用量

C_{36}二羧酸	工业级	240	聚对苯二甲酸乙二醇酯	工业级	11.61
1,6-己二胺	工业级	45	乙二醇	工业级	12.4

（3）生产原理　反应式示意如下：

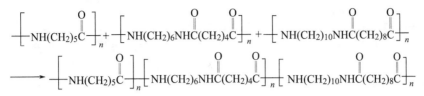

（4）生产工艺流程（参见图 3-34）

① 在压力反应釜 D101 中，加入 C_{36}二羧酸和 1,6-己二胺。开启真空泵 J105，反应釜通入氮气，在 93℃温度下搅拌反应 1h，形成聚酰胺树脂。然后，往反应釜中加入晶态的聚对苯二甲酸乙二醇酯和乙二醇，在 1h 过程中，将反应混合物加热到 260℃。

② 开启真空泵 J106，抽真空，反应继续在 260℃和全真空（13.3～667Pa）下进行 4h，反应终了时，所得聚酯酰胺呈熔融状态（190～200℃），在氮气压力下将树脂放入水中聚冷固化。

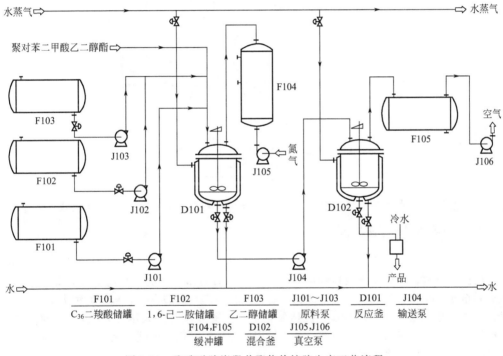

图 3-34　聚酯酰胺嵌段共聚物热熔胶生产工艺流程

（5）产品用途　能够粘接多种材料，如织物、木材、金属、陶瓷、玻璃、塑料、皮革、混凝土、橡胶等，尤其是对增塑的乙烯基聚合物有突出的胶黏性。

3.9.7　尼龙热熔胶粉

英文名称：nylon hot-melt adhesive

主要成分：尼龙盐，己内酰胺等

（1）性能指标

外观	白色透明颗粒	伸长率	450%
熔点	155～165℃	剥离强度	1.0kN/m
拉伸强度	34MPa		

（2）生产原料与用量

尼龙 1010 盐	工业级	30	癸二酸	工业级	适量
尼龙 610 盐	工业级	20	抗氧剂 1010	工业级	适量
尼龙 66 盐	工业级	20	稳定剂（亚磷酸）	工业级	适量
己内酰胺	工业级	30			

（3）生产原理　由尼龙盐，己内酰胺等复配而成。

（4）生产工艺流程（参见图 3-35）　将几种尼龙盐，己内酰胺等在不锈钢高压釜 D101 中混合均匀；开动真空泵 J101 抽真空除去釜内空气，然后再开启真空泵 J102 充入 0.2MPa 的高纯 N_2，开启电感应加热器加热，当釜压达 1.5MPa 和温度 230℃时保持 2h。2.5h 后使釜压逐渐降至常压，保持常压 1h，同时温度保持 230～250℃，釜内充入高纯 N_2 至 0.6MPa，打开放料阀，透明柔软的尼龙胶从料口流出，通过冷却水槽降温变硬即得。

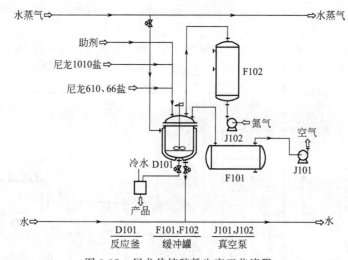

图 3-35　尼龙热熔胶粉生产工艺流程

（5）产品用途　常用于外衣黏合衬、衣革黏合衬、鞋帽及装饰黏合衬（如地毯、墙布等）。

3.10　无机胶黏剂

以无机物为主要原料生产的胶黏剂称为无机胶黏剂（inorganic adhesives），是人类历史上最早使用的胶接材料，主要用于胶接刚性体或受力较小的物体。无机胶黏剂是由无机盐、无机酸、无机碱和金属氧化物、氢氧化物等组成的一类范围相当广泛的胶黏剂，包括的种类很多，主要有磷酸盐、硅酸盐、硼酸盐、硫酸盐、胶体氧化铝、齿科胶泥等。人尽皆知的水泥、石膏、水玻璃、锡焊料、银焊料等都是古老而至今仍在沿用的无机胶黏剂，但现代无机胶的发展趋势是多组分无机物的配合，性能将更优异。

3.10.1　无机胶黏剂

英文名称：inorganic adhesive

主要成分：硫酸铜、磷酸等

（1）性能指标

外观	甲组分为黑色粉末	硬度	HB 45～65
	乙组分为无色透明液体	使用温度	−180～800℃
粘接强度	>80MPa		

（2）生产原料与用量

甲组分

| 硫酸铜 | 工业级 | 50 | 氢氧化钠 | 工业级 | 25 |

乙组分

| 磷酸 | 工业级 | 100 | 氢氧化钠 | 工业级 | 5 |

（3）生产原理　甲组分的反应式如下：

$$CuSO_4 + 2NaOH \longrightarrow Na_2SO_4 + Cu(OH)_2$$

$$Cu(OH)_2 \xrightarrow{\triangle} CuO + H_2O$$

乙组分反应生成部分磷酸铝起缓冲作用，可延长粘接时间。其反应式如下：

$$H_3PO_4 + Al(OH)_3 \longrightarrow AlPO_4 + 3H_2O$$

（4）生产工艺流程（参见图3-36）

① 甲组分的生产工艺

a. 将 F101 中的 10%氢氧化钠溶液置于反应釜 D101 中，加热至 80～85℃，然后泵入 15%～20%硫酸铜溶液，边搅拌边加，逐渐沉淀出氧化铜黑色固体物质，最后加热至沸腾约 29min，使氧化铜全都沉淀出来。

b. 将氧化铜沉淀物经 L101 过滤分离出来，反复多次用沸水洗涤，以除去 SO_4^{2-}。洗涤好的滤饼氧化铜置于 150℃干燥箱 L102 中干燥 4h。

c. 将烘干的氧化铜经粗粉碎后放入马弗炉 L103 中，加热至 800～900℃，煅烧后氧化铜呈银灰黑色硬块。再将氧化铜细粉碎，过筛 200 目，最后再烘干，封存，即为甲组分成品。

② 乙组分的生产工艺　将 100 份 H_3PO_4 与 5 份 $Al(OH)_3$ 加入反应釜 D102 中，搅拌加热至 200～250℃，使其溶解，自然冷却，包装密封入库。

使用时，按 1∶5 取制备好的乙组分和甲组分，调制均匀，即可涂胶、黏合。固化条件：室温放置一定时间后，非常缓慢地加热到 100℃，并保持 1h 即可。

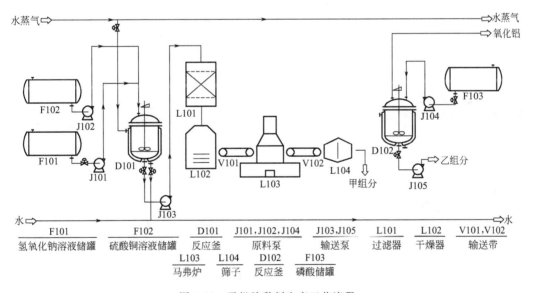

图 3-36　无机胶黏剂生产工艺流程

（5）产品用途　用于各种耐高温机械零件的粘接与修复，耐温可达 600～800℃，亦可用于陶瓷等耐火材料的粘接。

3.10.2　无机耐高温密封胶

中文别名：无机耐高温密封胶

英文名称：inorganic high temperature adhesive

主要成分：硅酸钠

（1）性能指标

外观	黏稠状膏状物	密封性	2～3MPa
耐温性	<700℃		

（2）生产原料与用量

硅酸钠	工业级	100	二氧化钛	工业级	7
三氧化二铝	工业级	20	氢氧化铝	工业级	1
硼酸	工业级	4	石棉粉	工业级	10
氧化锌	工业级	7	水	自来水	20
氧化镁	工业级	6			

（3）生产原理　将水玻璃与三氧化二铝、硼酸等组分在捏合机中混合均匀而得。

（4）生产工艺流程（参见图3-37）

① 所有固化粉末均粉碎后过120目筛，并烘干。

② 先将水玻璃与三氧化二铝在一个料桶内混合均匀。

③ 将硼酸溶于水。

④ 在捏合机内，将余下组分混合后，再与上述组分混合均匀即可。

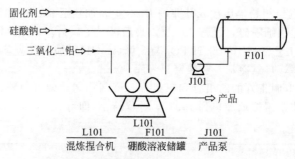

图 3-37　无机耐高温密封胶生产工艺流程

（5）产品用途　主要用于高温设备的低压部件密封。

Chapter 4

第4章

涂 料

4.1 概述

涂料是指用特定的施工方法涂覆到物体表面后，经固化使物体表面形成美观而有一定强度的连续性保护膜，或者形成具有某种特殊功能涂膜的一种精细化工产品。涂料作为一个工业部门仅有近百年的历史。涂料的应用十分广泛，涉及日常生活及国民经济的各个部门，因此必须生产出性能和规格各异的涂料产品，以满足各种不同使用的要求。目前涂料产品已形成了醇酸树脂、丙烯酸树脂、乙烯树脂、环氧树脂、聚氨酯树脂涂料为主体的五大系列。

早期的涂料是以油脂和天然树脂为原料，因而涂料又称油漆，涂料在物体表面结成薄膜，这层膜称涂膜，又称涂层，油漆形成的涂膜又称漆膜。

随着石油化工和有机合成技术的迅速发展，许多性能优良的合成树脂取代了天然的植物油脂和生漆。科学技术的日新月异，工农业的不断发展，对涂布和涂饰材料提出了更新更高的要求，许多复合性涂料相继出现。凡此种种，使"油漆"一词实际已不再与涂料同义。

涂料是指涂敷于物体表面能干结成坚韧而连续的物料、它可以是黏稠状液态材料，也可以是粉体材料。出于传统习惯，某些黏稠状液态涂料，有时仍被惯称为某某"漆"，例如醇酸树脂漆、乙烯基树脂漆等；而一些新型的涂料品种则直接称为某某涂料、例如水性涂料、粉末涂料等。

涂料一般由成膜剂、填充剂、辅助剂和功能性添加剂等四种成分构成，古老的成膜剂是经加工的天然的干性油或树脂等组成，现在大多已被合成树脂所替代；填充剂是经成膜剂黏合后使涂料具有一定强度或遮盖力的物质，例如体质颜料；辅助剂是使涂料有实际使用性能的物质，例如使涂料稀释的某些溶剂、促使涂料干燥的催干剂、令涂料有良好柔韧性的增塑剂、防止涂料腐败变质的防腐剂或防霉剂、赋予涂料适当流变性能并使各种成分能稳定和均匀混合的添加剂等；功能性添加剂可赋予涂料以某些特定的性能，例如使其有特定的色彩、防护性、导电性等。

在今天，涂料在人们的日常生活、工农业生产、通信运输、以致航空、航大、国防等众多领域中，已经变得越来越重要了。

4.2 建筑涂料

涂覆于建筑物，装饰建筑物或保护建筑物的涂料称为建筑涂料。

建筑涂料具有装饰功能、保护功能和居住性改进功能。各种功能所占的比重因使用目的不同而不尽相同。装饰功能是通过建筑物的美化来提高它的外观价值的功能。主要包括平面色彩、图案及光泽方面的构思设计及立体花纹的构思设计。但要与建筑物本身的造型和基材本身的大小和形状相配合，才能充分的发挥出来。保护功能是指保护建筑物不受环境的影响和破坏的功能。不同种类的被保护体对保护功能要求的内容也各不相同。如室内与室外涂装所要求达到的指标差别就很大。有的建筑物对防霉、防火、保温隔热、耐腐蚀等有特殊要求。居住性改进功能主要是对室内涂装而言，就是有助于改进居住环境的功能，如隔声性、吸声性、防结露性等。

4.2.1　106 内墙涂料

英文名称：interior wall paint 106

主要成分：聚乙烯醇树脂，水玻璃

（1）性能指标

固含量	27%～40%	耐水性（浸 24h，室温）	无起泡、脱落、颜
黏度（涂-4 杯，10～32℃）	30～70s		色不均匀现象
细度（刮板法）	≤90μm	耐热性（80℃，5h）	无发黏、开裂现象
表面干燥时间	≤1h	紫外光照射（100h）	稍有变色起粉
相对湿度（≤70℃）	25%	耐洗刷性（重压 200kg）	湿绸布揩 20 次有掉粉
附着力（划格法）	100%	贮存稳定性	10 以上半年；10 以下 3 个月
遮盖力（黑白格玻璃）	≥300g/m²		

（2）生产原料与用量

聚乙烯醇	工业级，2099	42	钛白粉（着色颜料）	工业级		30
水玻璃	工业级	58	立德粉	工业级		45
水	自来水	700	轻质碳酸钙（体质颜料）	工业级，300 目	200
助剂	工业级	0.6	滑石粉	工业级，300 目	50
快速渗透剂	工业级	0.2				

（3）生产原理　以聚乙烯醇树脂的水溶液和水玻璃作为胶黏剂，加入一定数量的体质颜料、着色颜料和少量助剂，经搅拌研磨加工而成的水溶液涂料。

（4）生产工艺流程（参见图 4-1）

① 将聚乙烯醇、水加入反应器 D101 中，升温 80～95℃，开动搅拌待聚乙烯醇完全溶解后，停止加热。

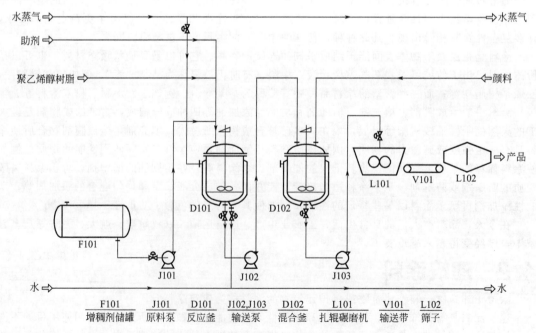

F101	J101	D101	J102,J103	D102	L101	V101	L102
增稠剂储罐	原料泵	反应釜	输送泵	混合釜	扎辊碾磨机	输送带	筛子

图 4-1　106 内墙涂料生产工艺流程

② 继续搅拌降温，慢慢加入助剂，当温度降至 40～50℃时，在搅拌下缓慢加入 F101 中的水玻璃，加完后继续搅拌反应 40～60min，这时制成的料浆称为胶黏剂溶液或涂料的基料。

③ 基料从反应釜 D101 中放入另一反应釜 D102 内，体质颜料和着色颜料按配方加入存有基料的反应釜 D102 中，经高速搅拌混合均匀。

④ 混合料送入 L101 三辊碾磨机碾磨，碾磨时间遍数，根据材料细度而定，碾磨得不好的涂料上墙后容易掉粉。

⑤ 碾磨后的浆料经过 L102 过筛，筛去碾磨介质玻璃珠及粗粒，得涂料成品，装桶出厂。

（5）产品用途　适用于一般建筑物的内墙饰面。

4.2.2　HQ-2 水性建筑涂料

英文名称：HQ-2 water building paint

主要成分：聚乙烯醇缩甲醛，填料等

（1）性能指标

外观	易分散无结块现象	白度	85%
黏度	30～50s	遮盖力	270～300g/cm²
固含量	30%～35%	附着力	100%
表面干燥时间	60min	耐水性	15
实干时间	24h		

（2）生产原料与用量

聚乙烯醇	工业级，2099	5～7	轻质碳酸钙	工业级	5～7
甲醛	工业级，36%	0.5～1.5	滑石粉	工业级	5～7
尿素	农药化肥	0.5～1.5	盐酸	工业级，36%	适量
三聚氰胺	工业级	0.3～1.0	DBP	工业级	适量
钛白粉	工业级	1.0～2.0	磷酸三丁酯	工业级	适量
立德粉	工业级	5.0～6.0	氨水	工业级	适量
氧化锌	工业级	5.0～6.0	硼砂	工业级	适量
六偏磷酸钠	工业级	0.1～0.5	水	自来水	适量

（3）生产原理　将聚乙烯醇两次氨基化后，加入一定数量的体质颜料、着色颜料和少量助剂，经搅拌研磨加工而成的水溶液涂料。

（4）生产工艺流程（参见图 4-2）

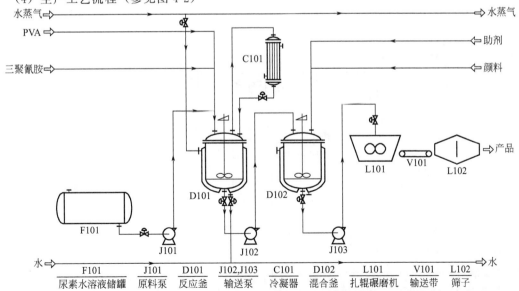

F101	J101	D101	J102,J103	C101	D102	L101	V101	L102
尿素水溶液储罐	原料泵	反应釜	输送泵	冷凝器	混合釜	扎辊碾磨机	输送带	筛子

图 4-2　HQ-2 水性建筑涂料生产工艺流程

① 将定量的水加入反应釜 D101 中，开动搅拌，接通回流冷凝器 C101。

② 再向 D101 中加入 PVA，升温至全溶后，再加入盐酸；调节 pH 值至酸性。

③ 然后加入 F101 中已配好的尿素水溶液进行第一次氨基化反应，之后仍用氨水调节 pH 值至碱性。

④ 再加入三聚氰胺，当第二次氨基化反应结束后，降温至 50℃ 以下，然后泵入 D102 中。

⑤ 按配方将定量的水加入配料罐 D102 中，开动搅拌，加入预配制好的六偏磷酸钠溶液，然后依次加入立德粉、氧化锌、钛白粉、轻质碳酸钙、滑石粉至无结块状或团状粉料后加入基料，加入 DBP，并酌用消泡剂消泡。

⑥ 送至 L101 研磨机研磨成一定细度为止。

⑦ 经过 L102 过筛后包装。

（5）产品用途　用于一般建筑物的涂装。

4.2.3　LT-08 内墙涂料

英文名称：LT-08 interior wall coatings

主要成分：LT 苯丙乳液

（1）性能指标

| 固含量 | ≤48% | pH 值 | 5～6 |
| 黏度 | 0.2～0.7Pa·s | | |

（2）生产原料与用量

LT 苯丙乳液	工业级	10.0～15.0	消泡剂	工业级	0.25～0.35
水溶性纤维素	工业级	0.8～1.2	乙二醇丁醚	工业级	1.0
颜填料（钛白粉等）	工业级	28.0～42.0	乳化剂 OP-10	工业级	0.1～0.2
五氯酚钠	工业级	适量	水	自来水	32～36

（3）生产原理　以 LT 苯丙乳液为基料，加入颜填料、消泡剂等搅拌均匀即得。

（4）生产工艺流程（参见图 4-3）　高速搅拌下加入颜填料，经研磨分散成白色浆在低速搅拌下加入苯丙乳液、乙二醇丁醚、水溶性纤维素、乳化剂等，分散均匀后即得内墙涂料。

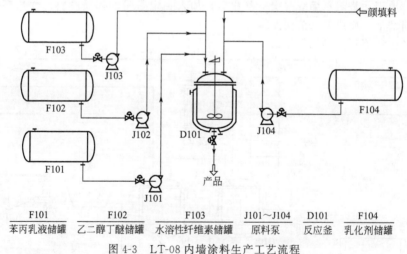

| F101 | F102 | F103 | J101～J104 | D101 | F104 |
| 苯丙乳液储罐 | 乙二醇丁醚储罐 | 水溶性纤维素储罐 | 原料泵 | 反应釜 | 乳化剂储罐 |

图 4-3　LT-08 内墙涂料生产工艺流程

（5）产品用途　用于内墙外墙、钢木质门窗的涂饰。

4.2.4　NW-811 无机外墙涂料

英文名称：NW-811 inorganic exterior wall paint

主要成分：钾水玻璃，填料等

（1）性能指标

黏度（涂-4）	20～30 Pa·s	附着力	100%
pH 值	12～13	遮盖力	450～700g/m²
固含量	32%～45%	硬度	≥9H
表面干燥时间	≤2h		

（2）生产原料与用量

钾水玻璃	工业级	100	增稠剂	工业级	2～6
填料	工业级	80～135	表面活性剂	工业级	0.3～0.5
颜料	工业级	20～25	复合型固化剂	工业级	6～8
分散剂	工业级	0.3～0.6	外罩剂	工业级	30～40

（3）生产原理　在钾水玻璃中加入增稠剂、颜料浆等助剂，高速搅拌混合后即得。

（4）生产工艺流程（参见图 4-3）　把钾水玻璃加入反应器中，加水搅拌至规定之浓度，以细流方式加入增稠剂和颜料浆，并使之混合均匀。将各种填料和助剂等投入反应器中，高速搅拌1.5～3h。取样分析合格后，将成品涂料放出装桶。

（5）产品用途　用于建筑物外墙的装饰。

4.2.5　PVB 丙烯酸复合型建筑外墙涂料

英文名称：PVB acrylate compound type building exterior wall paint

主要成分：BC-01 乳液，VAC 乳液，PVA 溶液

（1）性能指标

固含量	≥45%	干燥时间	≤2h
遮盖力	250g/m²	耐洗刷性	1000

（2）生产原料与用量

混合成膜乳液、助剂溶剂	工业级	40	滑石粉	工业级	15
钛白粉	工业级	5	轻质碳酸钙	工业级	10
沉淀硫酸钡	工业级	15	消泡剂	工业级	适量
硅灰粉	工业级	5	防腐剂	工业级	适量
立德粉	工业级	10			

（3）生产原理　将水和混合乳液、助剂、分散剂、填料加入反应釜中高速搅拌均匀即得。

（4）生产工艺流程（参见图 4-1）　将水和混合乳液、助剂、分散剂、填料加入反应釜中高速搅拌 2h，使用时混合均匀，然后用胶体磨研磨二遍，调色即成为成品。

（5）产品用途　用于建筑的外墙涂料。

4.2.6　改性聚乙烯醇耐擦洗内墙涂料

英文名称：modified PVA washing fastness interior wall paint

主要成分：聚乙烯醇缩甲醛，填料等

（1）性能指标

沉降率	1.0%	耐擦洗性	300 以上
黏度	30～50s	表干时间	≤1.0
遮盖力	≤300g/m²	细度	≤80μm
耐水性	24h	固含量	30%～40%

（2）生产原料与用量

聚乙烯醇	工业级，2099	20～30	凹凸棒土	工业级	10～30
甲醛	工业级	10～40	催化剂	工业级	1.5～2.5
灰钙粉	工业级	100～250	交联剂	工业级	2.0～3.0
轻质碳酸钙	工业级	50～100	改性剂	工业级	3.0～5.0
硅灰石粉	工业级	50～100	其他助剂		4.0～8.0
滑石粉	工业级	30～80	水		适量

（3）生产原理　将聚乙烯醇改性反应后得到的一种涂料。

（4）生产工艺流程（参见图 4-4）

① 将水加入反应釜 D101 中，开动搅拌，并逐渐加入聚乙烯醇，同时升温，当反应釜内温度升至 90～95℃时，开始恒温，直至聚乙烯醇完全溶解。

② 当聚乙烯醇完全溶解后，加入催化剂，并搅拌均匀，逐渐泵入 F101 中的甲醛。

③ 在反应过程中加入交联剂、改性剂，继续反应 1h。

④ 反应完毕后，开始降温到 80℃调到 pH 值为 7～8，继续降温至 40℃。

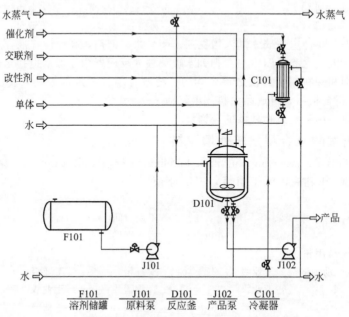

| F101 | J101 | D101 | J102 | C101 |
| 溶剂储罐 | 原料泵 | 反应釜 | 产品泵 | 冷凝器 |

图 4-4　改性聚乙烯醇耐擦洗内墙涂料生产工艺流程

（5）产品用途　广泛应用于家庭、办公楼、饭店、商店及一般民用建筑的室内装饰。

4.2.7　硅丙树脂外墙涂料

英文名称：organosilicon acrylic resin coating exterior wall paint

主要成分：甲基丙烯甲酯，丙烯酸丁酯，硅中间体等

（1）性能指标

| 外观 | | 透明 | 黏度 | | 2.3Pa・s |
| 固含量 | | 50.8% | 平均相对分子质量 | | $2.3×10^4$ |

（2）生产原料与用量

甲基丙烯甲酯（MMA）	工业级	165～300	二甲苯	工业级	225
丙烯酸丁酯（BA）	工业级	30～75	乙酸丁酯	工业级	75
丙烯酸（AA）	工业级	1.5～7.5	硅中间体	工业级	0.5～7.5
引发剂	工业级	适量			

（3）生产原理　将硅中间体、溶剂混合后加入引发剂、单体混合物反应即得。

（4）生产工艺流程（参见图 4-4）　在反应釜 D101 中加入硅中间体、溶剂，搅拌升温至回流温度，泵入引发剂、单体混合物，3h 滴加完毕，保温 0.5h，补加引发剂反应 1h，保温 0.5h，冷却至室温，出料。

（5）产品用途　用于高档建筑物的外墙涂料。

4.2.8　过氯乙烯外墙涂料

英文名称：chlorinated polyvinyl chloride exterior wall paint

主要成分：过氯乙烯树脂，填料等

（1）性能指标

外观	稍有光，漆膜平整	流平性	无刷痕
黏度（涂-4杯）	70～150	遮盖力	≤250kg/cm²
表干时间	≤5min	附着力	15～50%

（2）生产原料与用量

过氯乙烯树脂	工业级	100	滑石粉	工业级	10
邻苯二甲酸二甲酯（DOP）	工业级	30～40	氧化锌	工业级	适量
松香酚醛改性树脂	工业级	50	二甲苯	工业级	130
二盐基亚磷酸铅	工业级	2	色浆料	工业级	适量

（3）生产原理　将二碱式亚磷酸铅、邻苯二甲酸二甲酯等混炼，切粒溶解、添加色料等而得。

（4）生产工艺流程（参见图4-5）

① 将二碱式亚磷酸铅和邻苯二甲酸二甲酯加入L101中混合后，加入过氯乙烯树脂，再加入氧化锌、滑石粉充分混合。

② 在60～80℃时，采用L101双辊炼胶机将物料混炼，时间为30～40min混炼出的色片厚度为1.5～2mm色片。

③ 冷却后，用L102塑料切粒机切粒。

④ 在装有夹套加热的反应器D101中先加入一定量的溶剂二甲苯，然后在搅拌下通过V102加入粒料，保持温度55～60℃。

⑤ 搅拌机转速200～300r/min，约4～5h，全部溶解；在溶解料中加入松香改性酚醛树脂和色料，充分搅拌、加入适量的溶剂调节黏度。

⑥ 然后用L103不锈钢丝筛过滤，除去杂质和粗料即成。

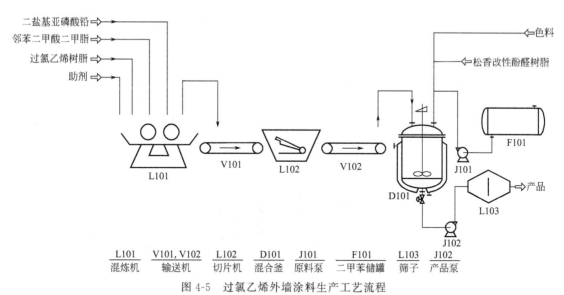

L101	V101，V102	L102	D101	J101	F101	L103	J102
混炼机	输送机	切片机	混合釜	原料泵	二甲苯储罐	筛子	产品泵

图4-5　过氯乙烯外墙涂料生产工艺流程

（5）产品用途　用于建筑物外墙壁涂饰。

4.2.9　膨润土仿瓷内墙涂料

英文名称：bentonite imitative ceramic tile interior wall coating

主要成分：聚乙烯醇，膨润土等填料

（1）性能指标

容器中的状态	均匀无结块的膏状物	涂层外观	色泽均匀、光滑平整
固含量	58%	白度	81.7%

耐水性（浸 72h，室温）	无起泡、脱落、颜	硬度（铅笔）	6H
	色不均匀现象	耐洗刷性	350 次
黏结强度	0.257MPa		

（2）生产原料与用量

聚乙烯醇	工业级，2099	1.0～2.5	甲醛（溶液）	工业级，30%～40%	0.15
羧甲基纤维素	工业级	1.0～2.0	轻质碳酸钙	工业级，300 目	10～20
明胶	工业级	0.5～2.5	重质碳酸钙	工业级，100 目	20～30
膨润土	工业级	1.0～3.0	邻苯二甲酸二丁酯	工业级	适量
膨润土改性剂	工业级	适量	乙二醇	工业级	适量
灰钙粉	工业级	5～10	增白剂	工业级	0.01～0.03
灰钙粉处理剂	工业级	适量	水	自来水	适量

（3）生产原理　以聚乙烯醇、羧甲基纤维素、膨润土等原料复配而成。

（4）生产工艺流程（参见图 4-6）

① 按配方把一部分水加入反应釜 D101 中，在搅拌下加入聚乙烯醇，开始升温至 95℃左右，保温 0.5h 直至聚乙烯醇完全溶解。

② 将羧甲基纤维素在 F101 中用水浸润，并浸泡一定时间，使其在常温下溶解。

③ 将明胶加入反应釜 D101 中，先用水浸锅，搅拌约 30min，使完全溶解后降温至 85℃。

④ 再把增塑剂、防腐剂等加入反应釜 D101 中搅拌均匀，冷却至 45℃以下，再将预先溶解好的羧甲基纤维素水溶液加入反应釜中，搅拌均匀，即为生产的涂料基料。

⑤ 将灰钙粉的预处理剂用开水溶解后投入捏和机 L101 中，加入两倍于灰钙粉质量的水，然后，加入灰钙粉搅拌均匀。

⑥ 将膨润土分散于其质量两倍的水，投入乙二醇，搅拌 15～20min，使其充分反应，然后投入捏和机 L101 中，再投入轻质碳酸钙和重质碳酸钙以及部分基料，搅拌均匀后即为成品仿瓷涂料。

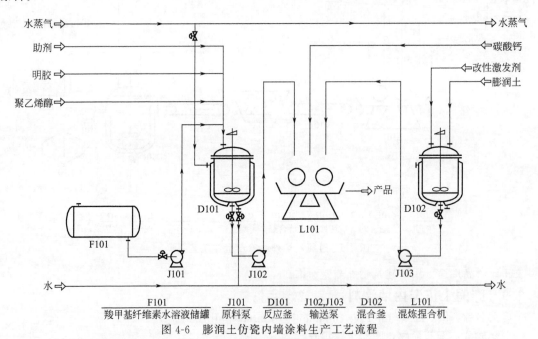

| F101 | J101 | D101 | J102,J103 | D102 | L101 |
| 羧甲基纤维素水溶液储罐 | 原料泵 | 反应釜 | 输送泵 | 混合釜 | 混炼捏合机 |

图 4-6　膨润土仿瓷内墙涂料生产工艺流程

（5）产品用途　作为内墙涂料或多功能涂料的母料。

4.2.10　丝感内装饰涂料

英文名称：silky inner decorating coating

主要成分：纤维素，颜料，助剂等

（1）性能指标

外观	表面平整	遮盖力	100g/cm²
固含量	56%	耐擦洗性（11000 次）	不露底
干燥时间	0.5h	细度	10μm

（2）生产原料与用量

纤维素	工业级	100	成膜助剂	工业级	2.0～4.0
分散剂	工业级	0.2～0.5	颜料	工业级	35～45
消泡剂	工业级	0.5～1.0	助剂	工业级	5～10
防霉剂	工业级	0.5～1.0	黏结剂	工业级	20～25
增稠剂	工业级	0.3～0.5	水		20～30

（3）生产原理　以纤维素为主要原料复配而得。

（4）生产工艺流程（参见图 4-1）　增稠剂在前一天溶解好，按配比将纤维素称量好，放入反应釜内，搅拌均匀，放置 4h，完全溶解后待用。

把其余的组分（除黏结剂外）按配比准确称量，然后将增稠剂倒入；采用砂磨法进行砂磨。

（5）产品用途　适用于混凝土、石膏板、石棉板、纤维板、灰泥墙面等基面，是商场、会议中心、居室理想的装饰材料。

4.3　粉末涂料

粉末涂料和一般涂料形态完全不同，它是微细粉末，由于不使用溶剂，因此这种涂料具有无公害、高效率、省资源的特点。热塑性粉末涂料成膜物质的性质可分为两大类，成膜物质为热塑性树脂的称热塑性粉末涂料；成膜物质为热固性树脂的称热固性粉末涂料。

热塑性粉末涂料是由热塑性树脂、颜料、填料、增塑剂和稳定剂等成分组成，经干混合或熔融混合、粉碎、过筛、分级得到的，包括聚乙烯、聚丙烯、聚氯乙烯、聚酯、氯化聚醚、聚酰胺系（如尼龙）、纤维素系（如醋丁纤维素）、聚酯系和烯烃树脂系。

热固性粉末涂料是由热固性树脂、固化剂、颜料、填料和助剂等组成，经预混合、熔融挤出混合、粉碎、过筛、分级而得到的。包括环氧树脂系、聚酯系、丙烯酸树脂系。

4.3.1　FC-1 防腐环氧树脂粉末涂料

英文名称：FC-1 corrosion protection epoxy powder coating

主要成分：E-12 环氧树脂、促进剂、填料等

增韧剂

（1）性能指标

外观	涂层平整、光滑的粉末	冲击强度	49J
铅笔硬度	6H	柔韧性	1mm
附着力	1 级		

（2）生产原料与用量

环氧树脂	工业级，E-12	100	流平剂	工业级	0.8～1
酚醛树脂	工业级	10～40	填料	工业级	15～40
促进剂	工业级	0.1～1	着色剂	工业级	1～3
增韧剂	工业级	10～20			

（3）生产原理　以环氧树脂为主要成分，与酚醛树脂、促进剂、填料等复配而成。

（4）生产工艺流程（参见图 4-7）　将环氧树脂和其他组分加入混合器 D101 中充分混合，然后在挤出机 L101 中熔融混合，冷却，粉碎成片，在研磨机 L102 中研磨至一定细度为止，得到平均粒度为 50μm 的粉末涂料。

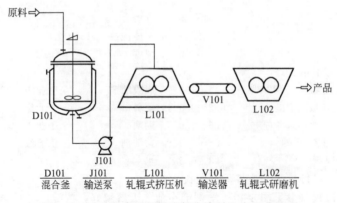

图 4-7　FC-1 防腐环氧树脂粉末涂料生产工艺流程

D101	J101	L101	V101	L102
混合釜	输送泵	轧辊式挤压机	输送器	轧辊式研磨机

（5）产品用途　用于化工、电力、环保等严重腐蚀单位的防腐。

4.3.2　丙烯酸-聚酯粉末涂料

英文名称：acrylic-polyester powder coating

主要成分：聚酯树脂，丙烯酸树脂等

（1）性能指标

	Ⅰ型	Ⅱ型		Ⅰ型	Ⅱ型
外观	淡黄色固体粉末		冲击强度	294.2N/cm	294.2N/cm
烘烤条件	180℃/20min	180℃/20min	铅笔硬度	H～2H	F～H
涂膜厚度	91μm	98μm			

（2）生产原料与用量

	Ⅰ型	Ⅱ型		Ⅰ型	Ⅱ型
聚酯树脂	63	78	二丁基月桂酸锡	—	0.2
丙烯酸树脂	30	15	流平剂	0.5	0.5
封闭型异氰酸酯	—	4	安息香	0.5	0.5
十二碳二羧酸	4	—	二氧化钛	43	43
环氧树脂	3	3			

（3）生产原理　由聚酯树脂、丙烯酸树脂为主要成分，与其他助剂混合研磨而成。

（4）生产工艺流程（参见图 4-7）　把以上组分加入混合器中进行混合，然后加入研磨机中进行研磨至平均粒度为 50μm 的粉末涂料。

（5）产品用途　适用于高装饰性的预涂钢板。

4.3.3　纯聚酯粉末涂料

英文名称：pure polyester powder coating

主要成分：羧基聚酯等

（1）性能指标

冲击强度	9N/cm	铅笔硬度		H
涂膜厚度	66.04μm	光泽（60°）		99%

（2）生产原料与用量

		配方1	配方2			配方1	配方2
羧基聚酯	工业级	943.6	500	Irgano	工业级	20.0	11.0
Tgic	工业级	59.6	—	β-羟烷基酰胺	工业级	—	29.7
安息香	工业级	8.0	4.4	二氧化钛	工业级	—	137.5
Modaflow	工业级	13.8	6.8	白炭黑	工业级	—	1.4

（3）生产原理　以羧基聚酯为主要成分，与其他助剂混合研磨而成。

（4）生产工艺流程（参见图4-7）　把以上组分加入反应釜中混合，然后再加入挤出机中进行研磨挤出，冷却，制片。

（5）产品用途　用于室外建筑罩面、建筑铝材、露天设备、栅栏杆、空气调节装置、钢窗等。

4.3.4　环氧粉末涂料（Ⅴ）

英文名称：epoxy powder coating（Ⅴ）

主要成分：环氧树脂等

（1）性能指标

附着力	≤1级	固化时间	12min
固化温度	150℃	铅笔硬度	≥2H
柔韧性	1mm	光泽（60°）	≥85%
冲击强度	49N/cm		

（2）生产原料与用量

	配方1	配方2	配方3		配方1	配方2	配方3
环氧树脂	66	5	35	流平剂	1	1	1
聚酯树脂	—	65	35	颜填料	30	27	29
固化剂	3	7	—				

（3）生产原理　以环氧树脂/聚酯树脂为主要成分，与固化剂、颜填料等助剂混合研磨而成。

（4）生产工艺流程（参见图4-7）　将以上组分加入混合器D101中，混合均匀，然后加入研磨机进行研磨至平均粒度为$50\mu m$即可。

（5）产品用途　用于家电、家具、仪器仪表等外壳的涂饰。

4.3.5　聚氯乙烯粉末涂料

英文名称：polyvinyl chloride powder paint

主要成分：PVC树脂，助剂等

（1）性能指标

熔点	135～150℃	铅笔硬度	5B
密度	135g/cm³	冲击强度	490.3N/cm
拉伸强度	14.7～24.5	光泽（60°）	86%
伸长率	200～400	体积电阻（20℃）	$3\times10^9\Omega\cdot cm$
邵氏硬度	35～55		

（2）生产原料与用量

PVC树脂	工业级，高黏度	100	马来酸酐有机锡	工业级	2
DOP增塑剂	工业级	70	钛白粉	工业级	5
环氧树脂	工业级，E-44	3	季戊四醇四(2,2-二乙基丙酸)酯	工业级	1
钡/锌复合稳定剂	工业级	0.5			

（3）生产原理　以PVC树脂为主要成分，与助剂混合而成。

（4）生产工艺流程（参见图4-8）　把物料加入反应釜D101中，在100～150℃下加热混合，过挤压机L101，同时冷却后，再经L102研磨、L103过筛即得PVC粉末涂料。

（5）产品用途　广泛用于汽车内部件、电器、网栏、货柜、钢制家具、陶瓷制品以及金属管道内外壁等的保护与装饰。

4.3.6　热固性纤维素酯粉末涂料

英文名称：thermosetting cellulose ester powder coating

主要成分：醋丁纤维素，颜料等

（1）性能指标

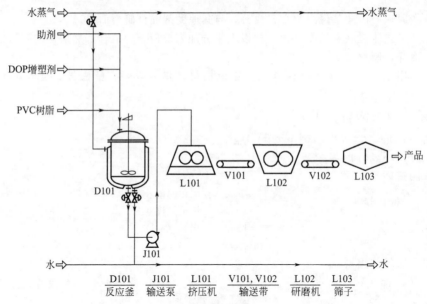

图 4-8　聚氯乙烯粉末涂料生产工艺流程

| D101 | J101 | L101 | V101, V102 | L102 | L103 |
| 反应釜 | 输送泵 | 挤压机 | 输送带 | 研磨机 | 筛子 |

外观	自由流动，流平性好的粉末	柔韧性		1mm
冲击强度	50kg/cm	硬度		≤2H
附着力	1级			

（2）生产原料与用量

醋丁纤维素	工业级	100	六甲氧甲基三聚氰胺（交联剂）	工业级	5
颜料	工业级	50	对甲基苯磺酸的正丁醇溶液(1：1)	工业级	1.0
增塑剂（偏苯三酸三辛酯）	工业级	17.5	稳定剂	工业级	0.5

（3）生产原理　以醋丁纤维素为主要成分，与颜料、增塑剂、交联剂、催化剂对甲基苯磺酸和稳定剂混炼而成。

（4）生产工艺流程（参见图 4-7）　在反应釜中加入醋丁纤维素、颜料、增塑剂、交联剂、催化剂和稳定剂，搅拌混合均匀后，在挤出机中，在 115～130℃下混炼，冷却，低温粉碎，过 150mg 筛，其粒度不大于 105μm，即得粉末涂料。

（5）产品用途　用作汽车、家电等高装饰性涂料。

4.3.7　珠光粉末涂料

英文名称：poarle powder coating

主要成分：环氧树脂等

（1）性能指标

外观	金铜色珠光粉末	弯曲（180°）	6
相对密度	1.45g/cm³	铅笔硬度	3H
冲击强度	50kg/cm	附着力	0级

（2）生产原料与用量

环氧树脂	工业级，E-44	60～65	填料 A	工业级	15～17.5
固化剂	工业级	2～3	填料 B	工业级	15～17.5
流平剂	工业级	1～1.5	添加剂	工业级	1.5

（3）生产原理　以环氧树脂为主要成分，与添加剂、填料混合研磨而成。

（4）生产工艺流程（参见图 4-8）　把全部原料加入混合器 D101 中，然后加入颜料，过挤压机 L101，同时冷却后，再经 L102 研磨、L103 过筛即得 PVC 粉末涂料。

（5）产品用途　用于室内家具、户外门窗、自行车、汽车等工业产品的涂装。

4.4 水基涂料

水溶性涂料是以水为溶剂或分散介质的涂料，均称为水性涂料。水性涂料已形成多品种、多功能、多用途、庞大而完整的体系。

水性涂料分为水溶性涂料、水分散性涂料；又分为电沉积涂料、乳胶涂料；或分为水溶性自干或低温烘干涂料；按用途分类，可分为水溶性木器底漆、装饰性水溶性涂料、内外墙建筑用水溶性涂料、工业用水溶性涂料，其中以水溶性涂料、电沉积涂料以及乳胶涂料占据主导地位。

4.4.1 苯丙乳液涂料

英文名称：styrene acrylic emulsion paint

主要成分：苯乙烯，丙烯酸酯类等

（1）性能指标

不挥发性物含量	50%	pH 值	8～9
黏度	2500～8000MPa·s	粒径	0.05～0.15μm
触变指数	5～7	最低成膜温度	13～18℃

（2）生产原料与用量

MS-1 乳化剂	工业级	10.0～20.0	甲基丙烯酸	工业级	2.5～19.0
DZ-1 助剂	工业级	12～48	引发剂	工业级	1.6～2.4
苯乙烯	工业级	177	缓冲剂	工业级	2.0～3.0
丙烯酸酯类	工业级	200.5	水		141.0

（3）生产原理　将苯乙烯与丙烯酸酯类单体乳化后，再加入引发剂反应聚合而成。

（4）生产工艺流程（参见图 4-9）　按配方进行乳液聚合，其中聚合单体与水质量比为1：1，苯乙烯与丙烯酸酯类单体质量比为1：1，将单体与部分乳化剂及 DZ-1 助剂等在 D101 中室温下进行预乳化，然后通过向反应釜 D102 中连续滴加预乳液及分批加入引发剂的方法进行乳液聚合反应，乳液制备约 3～4h 后出料即可。

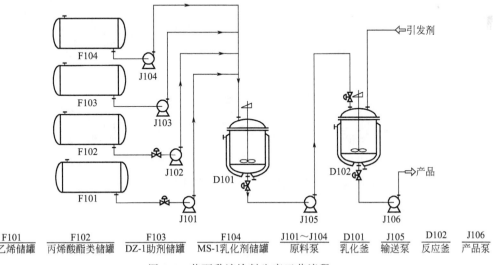

图 4-9　苯丙乳液涂料生产工艺流程

（5）产品用途　适用于水性建筑涂料。

4.4.2 硅溶胶-丙烯酸乳液复合涂料

英文名称：silicone-acrylic emulsion compound coating

主要成分：硅溶胶，丙烯酸乳液等

（1）性能指标

	83-1 型	83-2 型	83-3 型		83-1 型	83-2 型	83-3 型
细度	90μm	90μm	85μm	遮盖力	200g/m²	200g/m²	200g/m²
黏度	22s	24s	21s	固含量	46.3%	46.5%	46.0%
pH 值	9	9	9	稳定性	≥6 月	≥6 月	≥6 月

（2）生产原料与用量

硅溶胶（20%）	工业级	90	增稠剂-B	工业级	3.2
丙烯酸乳液（40%）	工业级	27	分散剂-6	工业级	0.11
钛白（金红型）	工业级	18	分散剂-N	工业级	0.375
钛白（锐钛型）	工业级	2	消泡剂	工业级	0.033
轻质碳酸钙	工业级	15	助成膜剂	工业级	6.5
滑石粉	工业级	18	防腐剂	工业级	0.75
瓷土	工业级	6	水		15
云母粉	工业级	5			

（3）生产原理　以硅溶胶为主要成分，加入颜料填料和分散剂混合研磨而成。

（4）生产工艺流程（参见图 4-10）　把水和硅溶胶加入反应釜 D101 中进行混合，再加入颜料填料和分散剂，充分搅拌均匀。搅拌后浆液通过球磨机 L101 研磨或胶体磨进行研磨，直至细度合格。研磨后进行调节漆，输送至调节釜 D102 中，加入乳液和助剂，充分搅拌混合均匀，过滤装桶即可。

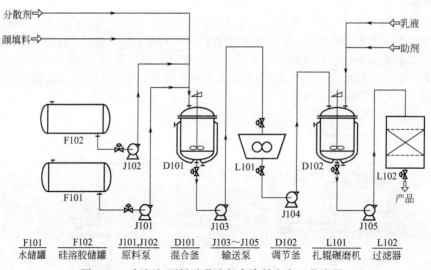

图 4-10　硅溶胶-丙烯酸乳液复合涂料生产工艺流程

（5）产品用途　用于建筑外墙壁涂装。

4.4.3　金属乳胶底漆

英文名称：metal latex paint

主要成分：锌黄浆等

（1）性能指标

		配方Ⅰ	配方Ⅱ		配方Ⅰ	配方Ⅱ
细度		50μm	60μm	弹性	1mm	1mm
干燥时间	表干	2h	0.5h	冲击强度	5MPa	5MPa
	实干	≤24h	≤6h	附着力	1	2
硬度		0.5	≤0.5			

（2）生产原料与用量

	I	II		I	II
铁红	40.5	—	亚油酸醇胺	10	10
铁黄	7.5	7.5	蒸馏水	6.1	6.1
滑石粉	25	25	混合助成膜剂	40	40
巯基苯并噻唑	2	2	消泡剂	10	10
重碳酸钙	—	40.5	醋丙乳液（50%）	200	200
锌黄浆（35%）	71.4	71.4	氨水（28%）	适量	适量
SMB溶液（40%）	37.5	37.5			

（3）生产原理　以锌黄浆为主要成分，与铁红或重碳酸钙、铁黄、滑石粉等助剂混合研磨而成。

（4）生产工艺流程（参见图4-10）　先将SMB溶液、亚油酸醇胺和水混合均匀，加入铁红或重碳酸钙、铁黄、滑石粉、巯基苯并噻唑调匀，然后加入锌黄浆调和，立即加入助成膜剂、消泡剂。经砂磨机研至规定细度后，加入氨水中和后的乳液，经分散器搅拌均匀、包装。

（5）产品用途　用于防锈底漆。

4.4.4　聚丙烯酸酯乳胶涂料（Ⅳ）

英文名称：polyacrylate latex paint（Ⅳ）

主要成分：聚甲基丙烯酸丁酯，填料等

（1）性能指标

黏度（涂-4杯）	14～18s	耐水性	≥24h
固含量	35～40%	附着力	2～3级

（2）生产原料与用量

聚甲基丙烯酸丁酯	工业级	100	磷酸三丁酯	工业级	0.8
聚乙烯醇溶液	工业级，10%	20	OP-10	工业级	0.1
钛白粉	工业级	18	六偏磷酸钠	工业级	1.2
滑石粉	工业级	3	水	自来水	9
硫酸钡	工业级	2			

（3）生产原理　以聚甲基丙烯酸丁酯为主要成分，与颜料、助剂和水混合研磨而成。

（4）生产工艺流程（参见图4-11）　把颜料、助剂和水加入砂磨机L101中，再加入聚甲基丙烯酸丁酯，开始搅拌，并充分搅拌均匀，然后加入聚乙烯醇溶液，继续搅拌研磨0.5～1h，研磨好的浆料，过滤后装桶即成为涂料。

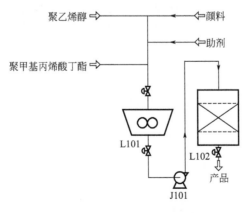

L101	J101	L102
扎辊碾磨机	输送泵	过滤器

图4-11　聚丙烯酸酯乳胶涂料（Ⅳ）生产工艺流程

（5）产品用途　主要用于外墙壁的涂饰。

4.4.5　聚醋酸乙烯乳液涂料

英文名称：polyvinyl acetate latex paint

主要成分：聚醋酸乙烯乳液，填料等

（1）性能指标

漆膜外观	平整无光	光泽	≥10％
黏度（涂-4杯，25℃）	15～45s	附着力	≥2
固含量	≤45％	抗冲击力	≥40kg/cm
干燥时间（实干）	≥2h	硬度	≥03
遮盖力	≥170g/m²		

（2）生产原料与用量

聚醋酸乙烯乳液	工业级	420	亚硝酸钠	工业级	3
钛白粉	工业级	260	醋酸苯汞	工业级	1
滑石粉	工业级	80	六偏磷酸钠	工业级	1.5
羧甲基纤维素	工业级	1	水		232.7
聚甲基丙烯酸钠	工业级	0.8			

（3）生产原理　以聚醋酸乙烯乳液为主要成分，与分散剂、颜料等助剂搅拌混合而成。

（4）生产工艺流程（参见图4-12）　将滑石粉、钛白粉及水放入高速搅拌机D101中，开动搅拌，使之分散至一定细度，然后加入聚醋酸乙烯乳液。再进行高速搅拌0.5h后继续加入羧甲基纤维素、聚甲基丙烯酸钠、六偏磷酸钠、亚硝酸钠和醋酸苯汞，搅拌混合均匀，经过过滤器L101过滤，即可得到白色乳液涂料。

根据用户需要的色彩，可加入颜料浆后搅拌均匀调色。

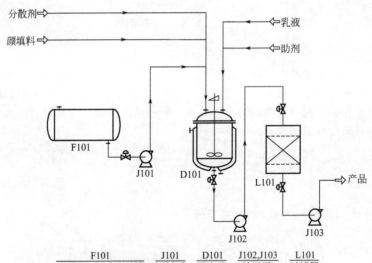

F101	J101	D101	J102,J103	L101
聚醋酸乙烯乳液储罐	原料泵	混合釜	输送泵	过滤器

图4-12　聚醋酸乙烯乳液涂料生产工艺流程

（5）产品用途　主要用于建筑物的内外墙涂饰。

4.4.6　水溶性氨基涂料

英文名称：water soluble amino paint

主要成分：三聚氰胺缩甲醛，聚乙二醇等

（1）性能指标

外观	涂后平整、光滑的稠浆	附着力		2~3级
固含量	≥65%	冲击强度		≥40kg/cm
干燥时间（50~60℃）	60min	黏度（涂-4杯）		≥40s

（2）生产原料与用量

三聚氰胺	工业级	312	NaOH	工业级	适量
甲醛	工业级，36%	990	草酸	工业级	适量
聚乙二醇	工业级	100	甲醇	工业级	500
尿素	农用化肥	50			

（3）生产原理　将三聚氰胺、甲醛经缩合及甲醇醚化反应后，真空脱水处理得产品。

（4）生产工艺流程（参见图 4-13）

① 将甲醛加入反应釜 D101 中，用 NaOH 调节 pH 值为 7.5~9。

② 升高温度，加入三聚氰胺使其溶解，在 60~80℃反应 40~50min，加入聚乙二醇和尿素，继续反应 30~50min，加入甲醇进行醚化，此时反应体系的 pH 用草酸调节至 4.5~6。

③ 继续反应至反应物呈脱水现象，立即用 NaOH 调节 pH 为 7.5~8.5。

④ 开启真空泵 J105，将反应物真空脱水，黏度控制在 20s 左右，冷却至室温出料。

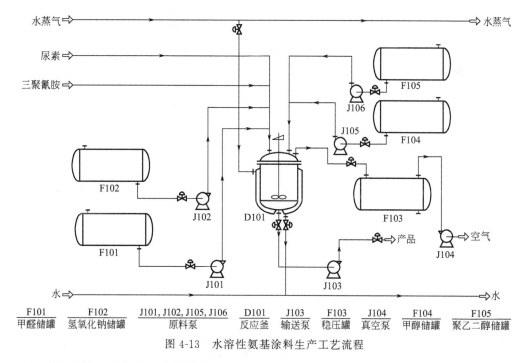

图 4-13　水溶性氨基涂料生产工艺流程

（5）产品用途　用于金属表面的涂装。

4.4.7　水溶性丙烯酸树脂涂料

英文名称：water soluble acrylic resin coating

主要成分：丙烯酸酯共聚物

（1）性能指标

外观	透明黏性清漆	柔韧性	2mm
抗冲击强度	40cm	硬度	0.3~0.557
附着力	1级		

（2）生产原料与用量

| 甲基丙烯酸甲酯 | 工业级 | 50 | 甲基丙烯酸-β-羟乙酯 | 工业级 | 200 |
| 甲基丙烯酸-2-乙基己酯 | 工业级 | 120 | 马来酸单丁酯 | 工业级 | 100 |

甲醇	工业级	300	偶氮双异丁腈	工业级	30
叔丁基过氧化物/			丙烯酰胺	工业级	100
己酸-β-羟乙酯	工业级	3	乙酸丁酯	工业级	50
苯乙烯	工业级	50	N，N-二甲基乙醇胺	工业级	100
丙烯酸丁酯	工业级	380	水	自来水	570

（3）生产原理　将苯乙烯、甲基丙烯酸甲酯、甲基丙烯酸-β-羟乙酯、丙烯酸丁酯、马来酸单丁酯、丙烯酰胺等组分，在偶氮双异丁腈引发下反应而成。

（4）生产工艺流程（参见图 4-14）　按以上配方，加入苯乙烯、甲基丙烯酸甲酯、甲基丙烯酸-β-羟乙酯、丙烯酸丁酯、马来酸单丁酯、丙烯酰胺等组分于反应釜 D101 中，加入甲醇，在偶氮双异丁腈引发下，加热至沸腾，反应 3h，回收甲醇，加入乙酸丁酯和叔丁基过氧化物/己酸-β-羟乙酯，在沸腾℃下，保温 1.5h，再加入二甲基乙醇胺和水，制得透明的水溶性涂料。

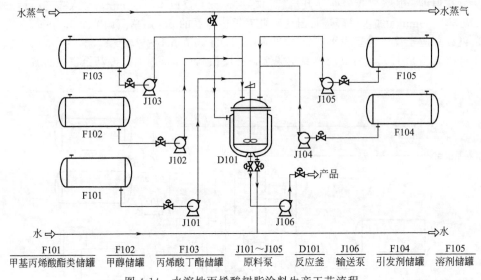

| F101 | F102 | F103 | J101～J105 | D101 | J106 | F104 | F105 |
| 甲基丙烯酸酯类储罐 | 甲醇储罐 | 丙烯酸丁酯储罐 | 原料泵 | 反应釜 | 输送泵 | 引发剂储罐 | 溶剂储罐 |

图 4-14　水溶性丙烯酸树脂涂料生产工艺流程

（5）产品用途　用于金属表面的涂装。

4.4.8　水溶性醇酸树脂漆

英文名称：water soluble alkyd resin coating

主要成分：油酸，三羟甲基丙烷等

（1）性能指标

涂膜外观	蓝色平整	硬度	0.45
固含量	50%	冲击强度	50kg/cm
细度	30μm	附着力	1级
pH 值	8	柔韧性	1mm
干燥时间	表干 40min；实干 15h		

（2）生产原料与用量

油酸	工业级	38.9	三羟甲基丙烷	工业级	23.6
一元酸	工业级	8.5	偏苯三甲酸酐	工业级	7.5
间苯二甲酸	工业级	21.5	助溶剂	工业级	25.0

（3）生产原理　先将脂肪酸、松香酸、三羟甲基丙烷、苯二甲酸等进行酯化反应，再加入颜料、填充料、助剂等混合而成。

（4）生产工艺流程（参见图 4-15）

① 树脂的合成　采用脂肪酸酯化法，首先将脂肪酸、松香酸、三羟甲基丙烷、苯二甲酸等

原料加入反应釜 D101 中，逐渐升温至 230℃进行酯化反应，经 10～15h，直到酸值降至于 10 以下，然后，将温度降至 180℃，加入偏苯三甲酸酐，保持温度在 165℃继续反应至酸值 4.5～5.5 为止，降温加入稀料后出料。

② 色漆的制备　将树脂、颜料、填充料、助剂等加入反应釜 D102 中混合均匀，直到黏度合格后为止，再加入中和剂、催干剂并用去离子交换水稀释，经 L102 过滤，出料。

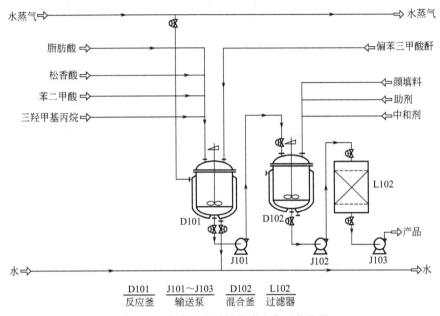

图 4-15　水溶性醇酸树脂漆生产工艺流程

（5）产品用途　水溶性醇酸树脂漆可替代传统的有机溶剂型醇酸树脂漆，环保安全。

4.4.9　水溶性环氧树脂涂料

英文名称：water soluble epoxy resin coating

主要成分：环氧树脂 E-20，亚麻油酸等

（1）性能指标

外观	棕色透明液体	细度	$50\mu m$
pH 值	7.5～8.5	抗冲击强度	490N·cm
不挥发分	77%±2%	附着力	1～2 级

（2）生产原料与用量

环氧树脂	工业级，E-20	196	丁醇	工业级	146.5
亚麻油酸	工业级	500	一乙醇胺	工业级	70～75
顺丁烯二酸酐	工业级	36.5			

（3）生产原理　将亚麻油酸与环氧树脂酯化后，再加入其他物料搅拌反应而成。

（4）生产工艺流程（参见图 4-16）

① 将亚麻油酸加入反应釜 D101 中，升温至 120～150℃，加入全部环氧树脂，开动搅拌。

② 同时开动真空泵 J105，通入 CO_2，继续升温到 240℃保温酯化 1h 后，取样测其酸值为 30～40，黏度 35～50s 即可。

③ 降温至 180℃时，停止搅拌，加入顺丁烯二酸酐，再开始搅拌并升温至 240℃，保温 0.5h 后，迅速降温到 130℃以下，加入丁醇，搅拌均匀。

④ 60℃以下分批加入一乙醇胺进行中和，pH 为 7.5～8.5 时出料。

（5）产品用途　用于金属底漆。

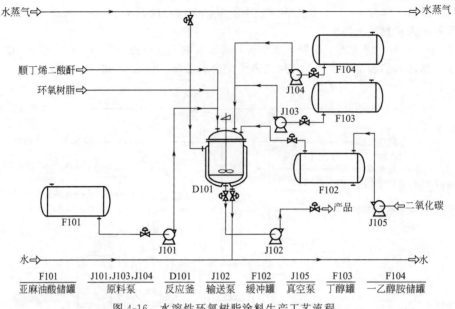

F101	J101,J103,J104	D101	J102	F102	J105	F103	F104
亚麻油酸储罐	原料泵	反应釜	输送泵	缓冲罐	真空泵	丁醇罐	一乙醇胺储罐

图 4-16　水溶性环氧树脂涂料生产工艺流程

4.4.10　水性乙丙乳胶漆

英文名称：water base vinyl acetate-acrylate latex paint

主要成分：乙丙乳液，填料等

（1）性能指标

外观	无硬块，均匀的黏稠液体	耐水性	≥240h
固含量	48.4%	耐碱性	≥240h
遮盖力	52.3g/cm^2	耐擦洗性	≥1500
实干时间	1.5h		

（2）生产原料与用量

乙丙乳液	工业级，40%～50%	32～38	成膜剂	工业级	1.5～3
钛白粉	工业级，金红石型	15～20	增稠剂	工业级	适量
立德粉	工业级	7～12	pH 调节剂	工业级	适量
滑石粉	工业级	7～12	消泡剂	工业级	适量
分散剂	工业级	0.2～0.6	水	自来水	20～30

（3）生产原理　以乙丙乳胶为主要成分，与颜料、填料、分散剂、水等混合研磨而成。

（4）生产工艺流程（参见图 4-17）将全部颜料、填料、分散剂、水依次加入砂磨机 L101 中研磨，至细度合格为止，即得漆浆。用 pH 值调节剂，将漆浆调节至弱碱性，与乙丙乳液和上述其他助剂在高速分散机 D101 中混合均匀，经 L102 过滤，即得乙丙乳胶漆。

（5）产品用途　为一种性能较好的建筑涂料。

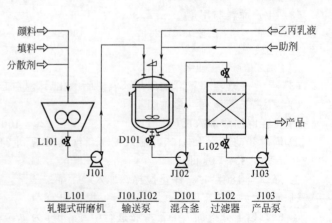

L101	J101,J102	D101	L102	J103
轧辊式研磨机	输送泵	混合釜	过滤器	产品泵

图 4-17　水性乙丙乳胶漆生产工艺流程

4.5 防水涂料

防水涂料是指形成的涂膜能防止雨水或地下水渗漏的一种涂料。

防水涂料的分类方法，可按涂料状态和形式分为三类。第一类溶剂型涂料，这类涂料种类繁多，质量也好，但成本高，安全性差，使用不够普遍。第二类是水乳型及反应型高分子涂料，这类涂料在工艺上很难将各种补强剂、填充剂、高分子弹性体使其均匀分散于胶体中，只能用研磨法加入少量配合剂。第三类塑料型改性沥青，这类产品能抗紫外线，耐高温性好，但断裂延伸性差。

4.5.1 851 防水涂料

英文名称：waterproof paint 851

主要成分：TDI

（1）性能指标

抗拉强度	1.6MPa	抗裂性	12～15mm
黏结强度	1.1MPa	固含量	94%
延伸率	300%	干燥时间	2～6h

（2）生产原料与用量

甲组分

甲苯二异氰酸酯 TDI	工业级	7.2	邻苯二甲酸二丁酯	工业级	7.2
抗氧剂 3010	工业级	25.6			

乙组分

煤焦油	工业级	50	固化剂	工业级	1.25
洗油	工业级	5			

甲组分与乙组分的质量比为 4：5.5。

（3）生产原理　以甲苯二异氰酸酯 TDI 等带有异氰酸基的预聚体为主剂（甲两组分）液，和以煤焦油为填料的固化剂（乙两组分）液构成的双组分反应型高分子涂膜防水涂料。两液均匀混合后，在常温下自行硫化成橡胶状弹性液体防水层。

（4）生产工艺流程（参见图 4-18）

① 将甲苯二异氰酸酯 TDI、抗氧剂 3010 加入反应釜 D101 中，室温下搅拌均匀后，加入邻苯二甲酸二丁酯，搅拌混合均匀即成甲组分。

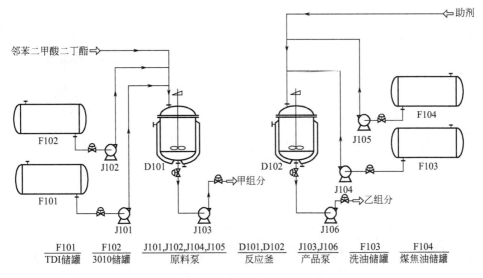

图 4-18　851 防水涂料生产工艺流程

② 将煤焦油、洗油加入反应釜 D102 中，室温下搅拌均匀后，加入固化剂，搅拌混合均匀即成乙组分。

③ 使用前，将甲组分与乙组分按质量比为 4：5.5 混合。

（5）产品用途　用于屋面的防水、地下工程的防水。

4.5.2 SBS 改性沥青乳液防水涂料

英文名称：SBS modified asphalt emulsified waterproof paint

主要成分：石油沥青，SBS 等

（1）性能指标

外观	棕黑色厚浆乳液	耐热性（80℃，5h）	无流淌、无起泡
固含量	51%	黏结性	0.25MPa
柔韧性	无裂纹、无断裂	不透水性（水压 0.1MPa，30min）	不透水

（2）生产原料与用量

甲组分

10$^\#$ 石油沥青	工业级	13	SBS	工业级，792$^\#$	10
60$^\#$ 石油沥青	工业级	70	共混剂 PD	工业级	7

乙组分

OT	工业级	3.5	氯化钠	工业级	0.2
聚乙烯醇	工业级，8% 溶液	4.2	水	去离子水	125
氢氧化钠	工业级	0.3			

（3）生产原理　由以沥青为主要成分的甲组分、聚乙烯醇为主要组分的乙组分两者复配而成。

（4）生产工艺流程（参见图 4-19）

① 将 10$^\#$、60$^\#$ 石油沥青放入反应釜 D104 内升温至 180～200℃，待熔化、脱水，再经 L101 过滤后（用 20mg 网过滤）泵入 D103 中。

② 再将 792$^\#$ SBS 和共混剂 PD 按计量加入 D103 中，搅拌均匀为甲组分。

③ 在反应釜 D101 中加入水，加热至 80～90℃，依次加入氢氧化钠、OT、氯化钠、聚乙烯醇，搅匀得到乙组分。

④ 将甲、乙两组分加入乳化釜 D102 中进行乳化，乳化后冷却，消泡即得产品。

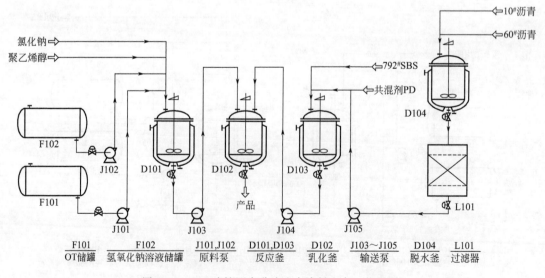

图 4-19　SBS 改性沥青乳液防水涂料生产工艺流程

(5) 产品用途　用于屋面的防水。

4.5.3　防水 1[#]乳化沥青

英文名称：waterproof-1[#] ernulsion bitumeu paint

主要成分：石油沥青等

(1) 性能指标

外观	褐色的乳液	吸水率（24h）	8.82%
耐热度（80℃，4h）	不起泡和不流淌	抗拉力	36kg

(2) 生产原料与用量

10[#]石油沥青	工业级	30	洗衣粉	工业级	0.9
60[#]石油沥青	工业级	70	烧碱	工业级	0.4
肥皂粉	工业级	1.1	水	去离子水	97.6

(3) 生产原理　以沥青为主要成分，与其他助剂混合而成。

(4) 生产工艺流程（参见图 4-20）

① 将石油沥青加入反应釜 D101 内，加热至 180～200℃熔化、脱水，经 L101 过滤，除去杂质，保温在 60～190℃备用。

② 将肥皂粉、洗衣粉、烧碱、水加入循环釜 D102 中，加热至 60～80℃，搅拌均匀得乳化液，送入匀化机 L102 中，喷射循环 1～2s 后，再加入 60～190℃上述所得沥青液（需在 1min 内全部加完）。加入沥青时要注意压力，在 0.5～0.8MPa 为宜，搅拌 4h 后出料即可。

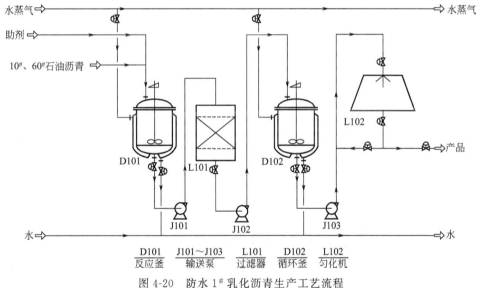

图 4-20　防水 1[#]乳化沥青生产工艺流程

(5) 产品用途　主要用于建筑物的屋面防水。

4.5.4　复合改性聚苯乙烯乳液防水涂料

英文名称：compound modified polystyrene emulsion waterproof coating

主要成分：聚苯乙烯，助剂等

(1) 性能指标

拉伸强度	1.8MPa	不透水性（0.3MPa，30min）	不透水
断裂延率	300%	干燥时间	10h
低温柔性（-30℃）	无裂纹		

(2) 生产原料与用量

聚苯乙烯	工业级	13	ABS 塑料	工业级	4

混合溶剂	工业级	20	填料	工业级	25
引发剂	工业级	0.8	助剂	工业级	16
接枝改性剂	工业级	3	水	去离子水	33
乳化剂	工业级	2			

（3）生产原理　以聚苯乙烯为主要成分，与乳化剂、填料等助剂混合而成。

（4）生产工艺流程（参见图 4-21）

① 把 ABS、混合溶剂与聚苯乙烯加入反应釜 D101 中混溶，搅拌 45min 后，在引发剂存在下，加热至 100℃，缓慢加入接枝改性剂，在不断搅拌下，于 2h 左右加完，继续反应 1h，反应结束，该混合物为甲组分。

② 将乳化剂、水和其他助剂、填料等在混合釜 D102 中混合，搅拌，高速分散后得乙组分。

③ 在强力搅拌下，室温下将甲组分缓慢地加入乙组分中，并调整乳液的 pH 在 7～9 之间，即得产品。

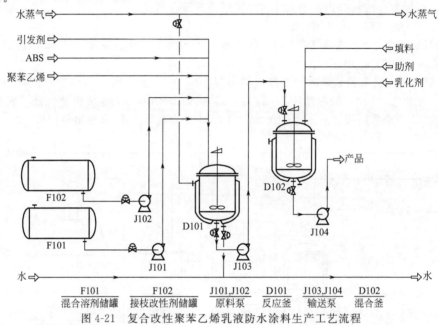

图 4-21　复合改性聚苯乙烯乳液防水涂料生产工艺流程

（5）产品用途　用于屋面的防水涂装。

4.5.5　过氯乙烯防水涂料

英文名称：chlorihated polyvinyl chloride waterproof paint

主要成分：过氯乙烯，溶剂等

（1）性能指标

	底层	弹性层	防老层		底层	弹性层	防老层
稠度（涂-4 杯）	34s	130s	35s	柔韧性	1mm	1mm	1mm
干燥时间	5min	16min	6min	抗冻性	−25℃	−25℃	−25℃
冲击性	≥50cm	≥50cm	≥50cm	耐热性	100℃	100℃	100℃

（2）生产原料与用量

	底层	弹性层	防老层		底层	弹性层	防老层
过氯乙烯	1	1	1	硬脂酸钙	0.01	0.01	0.01
丙酮	4	4	4	煤焦油	—	2	2
苯	5	4	4	铝粉	—	—	0.1
邻苯二甲酸二丁酯	0.2	0.2	0.2				

注：上述原料的规格均为工业级。

（3）生产原理　以过氯乙烯为基料，经丙酮和苯的稀释后再加入填料混合而成。三层分别配制。

（4）生产工艺流程（参见图 4-22）　底层：先将两稀释剂调节好，再把其余三种原料加入，搅拌下加热至 30～40℃，搅拌均匀即得。

弹性层：先将过氯乙烯和丙酮加入 D101 中、苯和焦油加入 D103 分别混合均匀后，再把这两种物料在 D102 中混合，加入其他材料，加热至 30～40℃，搅拌均匀即成。

防老化层：生产工艺同弹性层，制好后，再加入铝粉搅拌均匀即成。

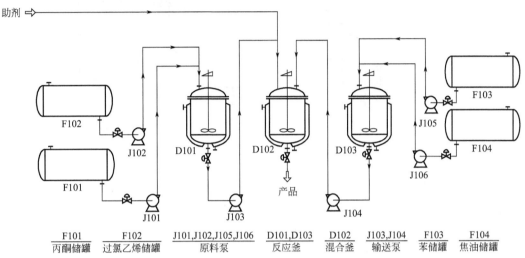

F101	F102	J101,J102,J105,J106	D101,D103	D102	J103,J104	F103	F104
丙酮储罐	过氯乙烯储罐	原料泵	反应釜	混合釜	输送泵	苯储罐	焦油储罐

图 4-22　过氯乙烯防水涂料生产工艺流程

（5）产品用途　用于屋面的防水。

4.5.6　聚氨酯防水涂料

英文名称：polyurethane waterproof paint

主要成分：聚醚二元醇、聚醚三元醇

（1）性能指标

撕裂强度	50N/cm	粘接强度	0.8MPa
延伸率	300%～400%	不透水性	0.8MPa
耐热性（80℃）	不流淌	硬度（邵氏）	30～60
耐低温性（-20℃）	不脆裂		

（2）生产原料与用量

甲组分

聚醚二元醇	工业级	200～380	甲苯二异氰酸酯	工业级	50～88
聚醚三元醇	工业级	50～180	PAP	工业级	10～20

乙组分

甘油	工业级	100～130	固化剂	工业级	8～10.5
蓖麻油	工业级	50～80	催化剂	工业级	0.3～0.5
煤焦油	工业级	240～320	抗老化剂	工业级	0.05～0.08
填料	工业级	280～340	稀释剂	工业级	30～80

（3）生产原理　由以聚醚为主要成分的甲组分和以煤焦油为主要成分的乙组分复配而成。

（4）生产工艺流程（参见图 4-23）

① 将聚醚二元醇、聚醚三元醇加入反应釜 D101 中，同时开启真空泵 J102，进行减压脱水，然后降温再加入甲苯二异氰酸酯 TDI，然后升温。测定 NCO 含量，合格后，降温出料得甲组分。

② 先将甘油、蓖麻油及煤焦油分别脱水，而后将乙组分的几种组成材料按比例在 D102 中搅拌混合均匀得乙组分。

③ 使用前，将甲组分、乙组分室温下混合均匀。

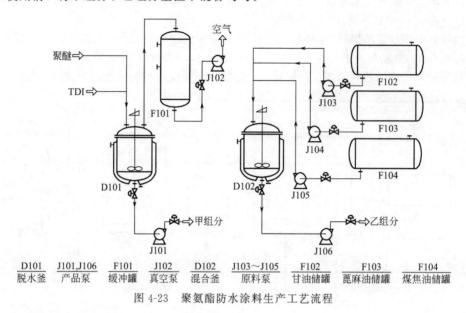

图 4-23　聚氨酯防水涂料生产工艺流程

（5）产品用途　用于管道、地面、屋面的防水。

4.5.7　氯丁橡胶防水涂料

英文名称：chlorobutadiene rubber waterproof paint

主要成分：氯丁橡胶乳液，沥青等

（1）性能指标

外观	深棕色乳状液	低温柔性（−15℃，冻 2h）	无裂纹，无剥离
固含量	52%	不透水性（0.2MPa 动水压，30min）	不渗水
干燥时间	表干：4h	黏结强度	0.25MPa
	实干：≤24h		

（2）生产原料与用量

氯丁橡胶乳液	工业级	25～30	稳定剂	工业级	0.2～1.0
10# 石油沥青	工业级	10～12	聚乙烯醇	工业级	适量
60# 石油沥青	工业级	30～37	其他助剂	工业级	适量
阳离子乳化剂	工业级	0.3～1.5	水	去离子水	50～55
无机乳化剂	工业级	0.5～2			

（3）生产原理　以氯丁橡胶乳液、石油沥青为主要成分，与各种助剂混合而成。

（4）生产工艺流程（参见图 4-24）

① 把无机乳化剂掺入适量的处理助剂和水，在高速分散机 D101 中处理 40～60min，陈化 24h 以上。

② 将聚乙烯醇加入 D101，加热至 90℃溶解。

③ 将阳离子乳化剂加热溶配成 5%～10%的水溶液储存于 F101 中，将各种助剂溶解成水溶液。

④ 配制好的浆料和溶液及水按配方在 D101 中配制成乳化液，搅拌均匀，加热，在 80℃保温。

⑤ 将 10#、60#沥青加入 D101，在 150℃下保温，开动乳化机，制成乳化沥青。

⑥ 将氯丁橡胶乳液、乳化沥青加入混合釜 D102 中，搅拌混合均匀即成。

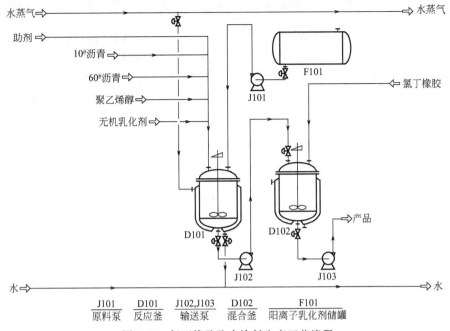

J101	D101	J102,J103	D102	F101
原料泵	反应釜	输送泵	混合釜	阳离子乳化剂储罐

图 4-24　氯丁橡胶防水涂料生产工艺流程

（5）产品用途　一般用于屋面的防水。

4.6　防火与防锈涂料

防火涂料是将涂料刷在某些易燃材料的表面，能提高材料的耐火能力或减缓火焰蔓延传播速度，或在一定时间内能阻止燃烧，这一类涂料称为防火涂料或阻燃涂料。防火涂料分为两大类：一类是非膨胀型防火涂料，另一类是膨胀型防火涂料。

防锈涂料能在钢铁表面生成一种致密的涂膜，可使氧气和水分的透过率减少到最小程度。如在防锈涂料中加入防锈颜料，可抑制锈蚀的发生。防锈涂料的种类有氧化铁型、铬丹型、一氧化二铅型、碱式铬酸铅型、铅酸钙型、锌粉型、铬酸锌型、铅丹铬酸锌型等。

4.6.1　C06-1 水性防锈涂料

英文名称：C06-1 water based anti rust paint

主要成分：聚醋酸乙烯酯乳液，填料等

（1）性能指标

涂抹颜料与外观	铁红色，漆膜平整	实干	≤24h
黏度（涂-4 杯）	≥60	硬度（摆杆法）	≥3
细度	≤50μm	柔韧	1mm
干燥时间		冲击强度	500N·cm
表干	≤2h	附着力	1级

（2）生产原料与用量

聚醋酸乙烯酯乳液	工业级	28	凹凸棒土	工业级	1
磷酸	工业级，85%	3	氧化铁红	工业级	20
磷酸锌	工业级	1	滑石粉	工业级	10
铬酸锌	工业级	0.8	氧化锌	工业级	4
稳定剂	工业级	0.8	水	工业级	31
吐温-80	工业级	0.2	水性除锈防锈漆	工业级	100
磷酸三丁酯	工业级	0.2			

（3）生产原理　以聚醋酸乙烯酯乳液为主要成分，与添加剂、助剂等混合研磨而成。

（4）生产工艺流程（参见图4-25）

① 把配方量90％的水、95％磷酸与磷酸锌、铬酸锌加入D101中混合制成混合溶液。

② 把配方量的4％水和5％磷酸与稳定剂在混配釜D102中混溶后配成溶液。

③ 将配方量3％水在混配釜D103中加热至沸，再加入吐温-80，搅拌均匀后成溶液。

④ 将D101中溶液泵入反应釜D104中，在搅拌下加入聚醋酸乙烯酯乳液和D103中的溶液，搅拌，然后慢慢加入D102中溶液，反应20min后，在高速搅拌下加入磷酸三丁酯、滑石粉、氧化锌、铁红和凹凸棒土等进行高速分散。

⑤ 然后输入胶体研磨机L101中分散至细度为40～50μm后，即得涂料产品。

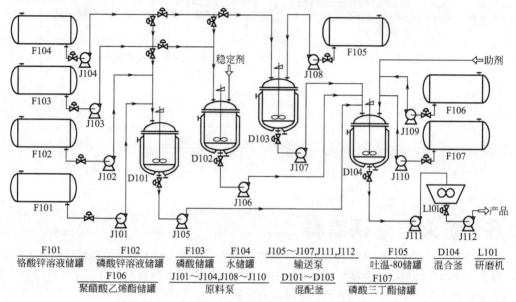

图4-25　C06-1水性防锈涂料生产工艺流程

（5）产品用途　主要用于轻度锈蚀或无锈的钢铁表面作除锈防锈底漆。

4.6.2　FSF-1 水性膨胀型防火涂料

英文名称：FSF-1 water-base dilatational fire-proof coating

主要成分：改性氨基树脂，阻燃分散体等

（1）性能指标

固含量	50％～60％	冲击强度	45～50MPa
黏度（涂-4杯）	60～70	柔韧性	≤1mm
干燥时间		耐水性（24h）	无变化
表干	2～3h	耐油性（24h）	无变化
实干	≤18h	贮存稳定性	一年无变化
附着力/级	2		

（2）生产原料与用量

聚磷酸铵	工业级	0～5	助剂	工业级	0～2
磷酸铵	工业级	20～40	水	工业级	适量
三聚氰胺	工业级	10～20	改性氨基树脂	工业级	20～30
季戊四醇	工业级	5～15	聚合物乳液	工业级	0～10
钛白粉	工业级	2～5			

（3）生产原理　以阻燃分散体、改性氨基树脂、钛白粉为主要成分，与各种助剂复配而成。

（4）生产工艺流程（参见图4-26）

① 将聚磷酸铵和磷酸铵膨胀催化剂、三聚氰胺发泡剂、季戊四醇炭化剂、颜料钛白粉和助剂加入混合釜 D101 中进行混合，加少量水室温下搅拌 2~4h，用作阻燃分散体。

② 再经研磨机 L101 充分混合，输送到 D102 中。

③ 于反应釜 D102 中加入氨基树脂为阻燃分散体的分散介质，搅拌 2h，则得 FSF-1 防火涂料。

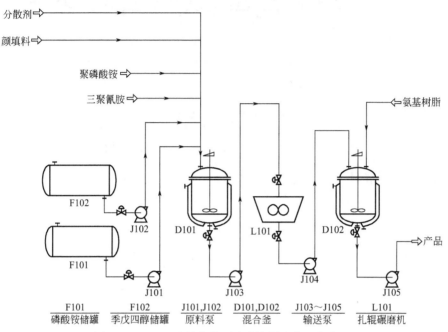

图 4-26　FSF-1 水性膨胀型防火涂料生产工艺流程

（5）产品用途　主要用于防火涂料。

4.6.3　H53-2 红丹环氧酯醇酸防锈漆

中文别名：H53-2 红丹环氧酯醇酸防锈漆

英文名称：H53-2 red lead epoxy ester alkyd antirust paint

主要成分：改性环氧树脂，红丹等

（1）性能指标

黏度（涂-4 杯）	30~60s	实干	≤24h
干燥时间		遮盖力	200 g/cm²
表干	≤1h	柔韧性	≤3mm

（2）生产原料与用量

红丹	工业级	240	中油度干性油改性		
沉淀硫酸钡	工业级	20	醇酸树脂	工业级	48
滑石粉	工业级	20	环烷酸钴	工业级，2%溶液	16
防沉剂	工业级	2	环烷酸铅	工业级，10%溶液	20
604 环氧树脂干性			环烷酸锰	工业级，2%溶液	24
植物油酸酯漆料	工业级	52	环氧漆稀释剂	工业级	12

（3）生产原理　以环氧树脂干性植物油酸酯漆料为底料，与红丹、滑石粉等混合研磨而成。

（4）生产工艺流程（参见图 4-27）　把以上各原料别加入反应釜 D101 中，搅拌均匀后，经 L101 再放入研磨机 L102 中进行研磨分散至一定的细度为止，经 L103 过筛即成。

（5）产品用途　可供黑色金属防锈，适用于车皮、桥梁、船壳的打底漆用。

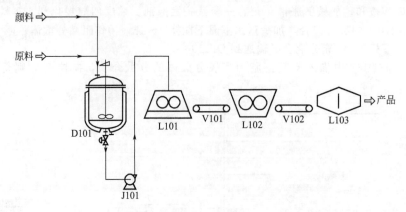

图 4-27　H53-2 红丹环氧酯醇酸防锈漆生产工艺流程

D101	J101	L101	V101,V102	L102	L103
反应釜	输送泵	挤压机	输送带	研磨机	筛子

4.6.4　J60-71 膨胀性氯化橡胶防火涂料

英文名称：J60-71 chlorinated rubber retardate coating

主要成分：氯化橡胶，助剂等

（1）性能指标

附着力	1 级	干燥时间	
柔韧性	10mm	表干	≤0.5h
冲击强度	50N/cm	实干	≤1h
耐水性	48h 不起泡		

（2）生产原料与用量

成膜基料（氯化橡胶）	工业级	10～30	颜料	工业级	2～5
膨胀催化剂（聚磷酸铵盐）	工业级	15～30	填充剂	工业级	3～5
碳化剂（多元醇）	工业级	10～20	助剂	工业级	5～10
发泡剂（氨基树脂）	工业级	10～20	溶剂	工业级	10～15

（3）生产原理　以氯化橡胶为主要成分，与各种溶剂、助剂混合而成。

（4）生产工艺流程（参见图 4-28）　将 F101 中碳化剂（多元醇）及以上其他原料别加入反应

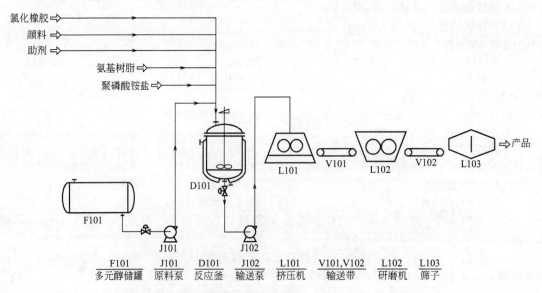

F101	J101	D101	J102	L101	V101,V102	L102	L103
多元醇储罐	原料泵	反应釜	输送泵	挤压机	输送带	研磨机	筛子

图 4-28　J60-71 膨胀性氯化橡胶防火涂料生产工艺流程

釜 D101 中，搅拌均匀后，经 L101 挤压再放入研磨机 L102 中进行研磨分散至一定的细度为止，经 L103 过筛即防火涂料。

（5）产品用途　适用于建筑物构件可燃性基材的防火保护和装饰。

4.6.5 LXK-1 型透明防火涂料

英文名称：LXK-1 transparent fire proof coating

主要成分：脲醛缩合物等

（1）性能指标

耐燃时间		30min	干燥时间	
碳化厚度是涂层厚度的		20 倍以上	表干	≤2h
附着力		合格	实干	≤24h
耐水性（浸泡 24h）	不起泡不起皱不脱落			

（2）生产原料与用量

甲组分

甲醛	工业级，36%	50～60	醇类物质（乙醇等）	工业级	15～25
三聚氰胺	工业级	6～12	助剂Ⅰ	工业级	0.1
多聚甲醛	工业级	2～4	助剂Ⅱ	工业级	0.1～0.2
碱性物质（氢氧化钠、碳酸钠等）	工业级	适量	尿素	工业级	3～5

乙组分

甲醛	工业级	45～60	NaOH	工业级，10%	适量
尿素	工业级	5～25	助剂Ⅲ	工业级	适量
多元醇	工业级	20～30	磷酸	工业级	适量

（3）生产原理　由甲醛、多聚甲醛、尿素、三聚氰胺反应得到甲组分，甲醛、尿素和多元醇混合得到乙组分，甲、乙两组分互配而成。

（4）生产工艺流程（参见图 4-29）

① 将甲醛、多聚甲醛、尿素加入反应釜 D101 中，加热至 80℃，用碱性物质调节至微碱性，加入三聚氰胺，通过 C101 回流反应 1.5h，加入助剂Ⅰ、助剂Ⅱ及醇类物质继续反应 40min，再加入助剂Ⅱ，并同时开动真空泵 J110，真空脱水，冷却出料制成甲组分。

② 将甲醛、尿素和多元醇加入反应釜 D102 中，加碱溶液调节至中性，在搅拌下加热至

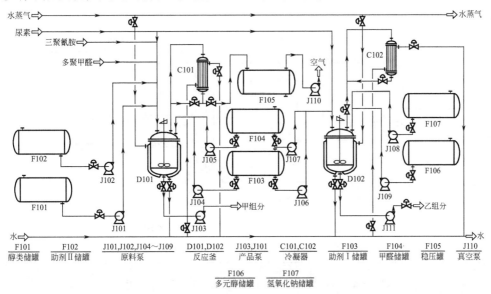

图 4-29　LXK-1 型透明防火涂料生产工艺流程

80℃，30min 后加入助剂Ⅲ，再用磷酸调节 pH 为 6，通过 C102 回流反应 1h，再加入 NaOH 调节体系为微碱性，至脱水冷却出料制成乙组分。

③ 将甲、乙两组分按比例 1∶（1.5～2）的比例混合，并加入 5％～10％的催化剂，然后涂刷，如果料稠，可以适当加水稀释。

（5）产品用途　广泛用于建筑物内的木材、纤维板、塑料等易燃基材的防火和装饰。

4.6.6　带油/带水/带锈涂料

英文名称：greasy/water/rust conversion coating

主要成分：环氧树脂，聚乙烯醇缩丁醛等

（1）性能指标

外观	均匀的亮黑色	实干	≤6h
黏度	30～60s	冲击强度	500N/cm
干燥时间		附碱力	1 级
表干	≤1h	耐水性（25℃，177h）	不变色不起泡

（2）生产原料与用量

		配方 1（黑色）	配方 2（棕褐色）
环氧树脂	工业级，E-52	8～12	8～12
聚乙烯醇缩丁醛	工业级	4～6	4～6
磷酸	工业级	300～350	280～320
单宁酸	工业级	0.8～1.2	0.8～1.2
钼酸盐	工业级	0.8～1.2	0.8～1.2
磷酸二氢锌	工业级	1.0～1.4	1.0～1.4
邻苯二甲酸二丁酯	工业级	4～6	4～6
乙醇	工业级，95％	300～350	300～350
正丁醇	工业级	2～4	2～4
氧化铁红	工业级	8～12	5～8
助剂	工业级	—	1.0～1.5
水	去离子水	—	15～25

（3）生产原理　将环氧树脂经磷酸改性后，再与各类溶剂、助剂混合而成。

（4）生产工艺流程（参见图 4-30）

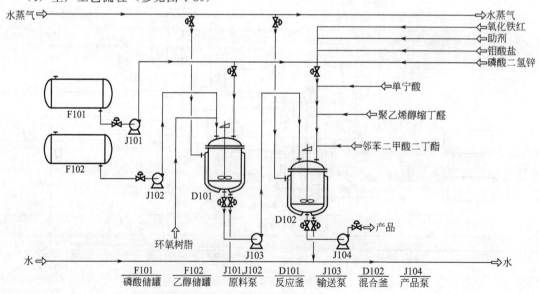

图 4-30　带油/带水/带锈涂料生产工艺流程

① 将环氧树脂加入反应釜 D101 中，再溶于 80kg 乙醇中，升温至 70～80℃，搅拌下缓慢加入 100kg 磷酸反应 3～5h，即得改性环氧树脂。

② 将单宁酸加入混合釜 D102 中，溶于 40kg 热水中，将磷酸二氢锌，钼酸盐依次溶于加有 40g 磷酸的余量水溶液中，以上两种成分的混合物即成 A 液。

③ 将改性环氧树脂、聚乙烯醇缩丁醛、邻苯二甲酸二丁酯、助剂、氧化铁红在搅拌下依次缓慢加入到 D102 中的 A 液中，再加入磷酸与乙醇的混合液，混合均匀即成带锈涂料。

（5）产品用途　主要用于金属材料保护。

Chapter 5

第5章

香料与香精

　　一般来讲，凡是能被嗅觉和味觉感觉出芳香气息或滋味的物质都属于香料，但在香料工业中，香料通常特指用以配制香精的各种中间产品。所谓香精亦称调和香料，是由人工调配制成的香料混合物。单一的香料大多气味比较单调，不能单独地直接使用；采用专门的技术（称为调香）将各种香料按一定的比例调配成香精后，可以赋予香精一定的香型以适应加工对象的特定要求，所以在加香产品中直接使用的是各种香精。

　　香精的用途非常广泛，而且与人们的生活息息相关。在食品、烟酒制品、医药制品、化妆品、洗涤剂、香皂、牙膏等多种行业中，香精都有广泛的应用。此外，在塑料、橡胶、皮革、纸张、油墨以至饲料的生产中，都要使用香精。至于薰香、除臭剂更是广为人知的应用实例。近年来还出现了香疗保健用品，通过直接吸入飘逸的香气或与香料的皮肤接触，使人产生有益的生理反应，从而达到防病、保健、振奋精神的作用。已有的香疗保健用品包括各种香疗袋、香塑料、香涂料、空气清洁剂和洗涤剂等，具有兴奋、催眠、调节食欲、忌烟等多种疗效。

5.1 概述

　　刺激嗅觉神经（或味觉神经）而产生的感觉广义上称之为气味，具有快感的气味称为香味。广义的香味又分为由嗅觉感知的香气和由味觉及嗅觉共同感知的香味。能够发出香气或带有香味的物质即称为香料，但是某些香料当其纯度较高时甚至会发出臭味，只有当适当稀释之后才会发香；而且有时为调香的需要还会直接使用某些臭味物质，这些物质也属于香料的范畴，所以关于香料的概念不宜绝对化。

5.1.1 香与分子构造的关系

　　很久以来，人们一直对有香物质的分子构造很感兴趣。合成香料出现以后，尤其是某些在自然界尚未发现其天然存在的合成香料问世后，极大地丰富了调香师们进行艺术创造的素材，出现了许多充满幻想和抽象色彩的人造香型。这进一步激起化学家们对于有机化合物分子构造与香气之间的关系的研究兴趣，这种研究的最终目标是预测某种新化合物的香气特征，但是由于受到鉴定主观性以及香料分子构造复杂性的影响，研究进展是令人失望的。目前，还只能从碳链中碳原子的个数、不饱和性、官能团、取代基、同分异构等因素对香气的影响作一些经验性的解释，这对于香料化合物的合成仍有一些指导作用。

　　各类有香分子的相对分子质量存在上限，该上限一般与官能基和嗅阈值有关，通常在 300 以内。所谓嗅阈值是指一种物质引起嗅感觉的必要刺激的最小量，通常习惯用 ppm（10^{-6}）和 ppb

（10^{-9}）等单位表示。在有机化合物中，如果碳原子个数太少，则沸点太低，挥发过快；或者反之，碳原子个数太多，难以挥发，都不宜作香料使用。所以在脂肪族香料化合物中，C_8 和 C_9 的香强度最大，C_{16} 以上的脂肪族烃类属于无香物质。醇类化合物中，C_4 和 C_5 醇类化合物有杂醇油香气，C_8 醇香气最浓，而 C_{14} 醇几乎无香。醛类化合物中，C_4 和 C_5 醛具有黄油型香气，C_{10} 醛香气最强，C_{16} 醛无味，而低级脂肪族醛具有强烈的刺鼻气味。酮类化合物中，C_{11} 脂肪族酮香气较强，C_{16} 酮是无臭的。

对于环酮，碳原子个数的改变不但影响香气的强度，而且还影响香气的性质。$C_5 \sim C_8$ 的环酮具有类似薄荷的香气，$C_9 \sim C_{12}$ 的酮具有樟脑香气，$C_{13} \sim C_{14}$ 的环酮有柏木香气，碳数更大的大环酮则具有细腻而温和的麝香香气。

此外，脂肪族羧酸化合物中，C_4 和 C_5 酸有腐败的黄油香气，C_8 和 C_{10} 酸有不快的汗臭气息，C_{14} 羧酸无臭。酯类化合物的香强度介于醇和酸之间，但香气更佳，一般具有花、果、草香。

链状烃比环状烃的香气要强，随着不饱和性的增加，其香气相应变强。例如，乙烷是无臭的，乙烯具有醚的气味，乙炔则具有清香。醇类化合物中引入不饱和键，会令香气增强，而且不饱和键愈接近羟基，一般香气显著增加。

羟基是强发香的官能团，但是—OH 数增加会令香气减弱，尤其是当分子间及分子内形成氢键时。芳香族醛类及萜烯醛类中，大多具有草香、花香香气。其他如酮、酸、酯官能团都是香料化合物中常见的官能团。碳架结构相同而官能团不同的物质，其香气会有很大区别；同时，官能团相同，取代基不同也会导致香气的很大差异。例如，紫罗兰酮和鸢尾酮的香气有很大区别，而它们的分子结构只是差了一个取代基：

（α-紫罗兰酮，紫罗兰花香）　　　　　（α-鸢尾酮，鸢尾根香）

香气也会因分子的立体异构而造成差异，例如反式 α 紫罗兰酮与顺式 α-紫罗兰酮、反式茉莉酮与顺式茉莉酮，还有 l-薄荷醇与 d-薄荷醇、l-香芹酮与 d-香芹酮都是这方面的典型例子。

5.1.2　香气的分类和强度

由于香气类型千差万别，人的主观感觉与偏好又各有所异，所以香气的分类方法也多种多样。比较知名的有里曼（Rimmel）分类法、贝绿特分类法、克拉克分类法、罗伯特分类法和奇华顿分类法，由 K.博尔和 D.加比推荐的比较实用的香气分类法见表 5-1。

表 5-1　香气的分类

序　号	类　　型	香　气　特　征
1	醛香	长链脂肪醛如人体气味，熨烫衣物的气息
2	动物香	麝香及粪臭素等
3	膏香	浓重的甜香型，如秘鲁香膏、可可、香荚兰、肉桂
4	樟脑香	樟脑或近似樟脑的香气
5	柑橘香	新鲜柑橘类水果的刺激性香味
6	泥土香	近似腐殖土壤或潮湿泥土气息
7	油脂香	近似动物油脂及脂肪的香味
8	花香	各类花香总称
9	果香	各类水果香气总称
10	青草香	新割草及叶子的典型香气
11	药草香	青草药的复杂香气，如鼠尾草
12	药香	像消毒剂的气味，如苯酚、来苏水、水杨酸甲酯
13	金属香	接近金属表面的典型香气，如铜和铁
14	薄荷香	薄荷或近似薄荷的香气

序号	类型	香气特征
15	苔香	类似森林深处及海藻的香型
16	粉香	接近于爽身粉的扩散性的甜香香型
17	树脂香	树脂等渗透出的芳香
18	辛香	各种辛香料香气的总称
19	蜡烛香	类似蜡烛或石蜡的香气
20	木香	木香的总称,如檀木、柏木等

各种香料的香气不仅在类型上有区别,而且在强弱程度上也有很大不同。通常有香物质产生的香感觉在一定的浓度范围内随着香物质浓度的增加而增强。当我们将一定的香精或香料产品按照一定比例稀释后进行嗅辨,即可根据能否嗅辨来确定香气强度。这种香气强度反映了有香物质分子固有的性质,香气强度也经常以阈值即最少可嗅值作定量的表证。尽管香气强度的测定受到嗅辨者主观性的影响,但是拟定香精配方时仍为选择各种香料的用量提供了重要的参考依据。

各种香料的香气不仅在类型上有区别,而且在强弱程度上也有很大不同。通常有香物质产生的香感觉在一定的浓度范围内随着香物质浓度的增加而增强。当我们将一定的香精或香料产品按照一定比例稀释后进行嗅辨,即可根据能否嗅辨来确定香气强度。这种香气强度反映了有香物质分子固有的性质,香气强度也经常以阈值即最少可嗅值作定量的表证。尽管香气强度的测定受到嗅辨者主观性的影响,但是拟定香精配方时仍为选择各种香料的用量提供了重要的参考依据。

5.1.3 香精的分类与应用

在各种加香产品中使用的是利用多种天然香料和合成香料调配而成的香料混合物,即香精。香精一般少量添加于其他产品中作为辅助原料。针对香精的不同用途,对香精的形态有着不同的要求;同时在各种用途中,可以选用多种不同香型的香精。因此香精可根据形态分类,也可以根据香型分类。

(1) 按照形态分类

① 水溶性香精　该类香精常用 40%～60% 的乙醇水溶液为溶剂,香精中所含的各种组分必须能溶于这类溶剂中。水溶性香精广泛用于汽水、冰淇淋、果汁、果冻等饮料及烟酒制品中,另外在香水等化妆品中也有应用。

② 油溶性香精　该类香精有两类常用溶剂,其一是天然油脂,如花生油、菜籽油、芝麻油、橄榄油和茶油等;其二是有机溶剂,如苯甲醇、甘油三乙酸酯等。以天然植物油脂配制的油溶性香精主要用于食品工业中,如糕点、糖果的加工;而以有机溶剂配制的油溶性香精,一般用于化妆品中,如霜膏、发脂、发油等,许多香料本身就是醇、酯类化合物,所以也有一些用于上述化妆品中的油溶性香精不需要再添加有机溶剂。

③ 乳化香精　该类香精一般是在大量的蒸馏水中添加少量香料,由于加入表面活性剂和稳定剂经加工制成乳液,乳化抑制了香料的挥发,也有利于改善加香产品的性状。乳化香精主要应用于糕点、巧克力、奶糖、奶制品、雪糕、冰淇淋等食品中,在发乳、发膏、粉蜜等化妆品中也经常使用,常用的表面活性剂有单硬脂酸甘油酯、大豆磷脂、山梨糖醇酐脂肪酸酯、聚氧乙烯木糖醇酐硬脂酸酯等,常用的稳定剂有酪朊酸钠、果胶、明胶、阿拉伯胶、琼胶、海藻酸钠等。

④ 粉末香精　分为由固体香料磨碎混合制成的粉末香精,粉末状液体吸收调和香料制成的粉末香精和由赋形剂包覆香料而形成的微胶囊状粉末香精。这类香精广泛应用于香粉、香袋、固体饮料、固体汤料、工艺品、毛纺品中。

(2) 按香型分类

① 花香型香精　以模仿天然花香为特点,如玫瑰、茉莉、铃兰、郁金香、紫罗兰、薰衣草等。

② 非花香型香精　以模仿非花的天然物质为特点,如檀香、松香、麝香、皮革香、蜜香、薄荷香等。

③ 果香型香精　以模仿各种果实的气味为特点，如橘子、柠檬、香蕉、苹果、梨子、草莓等。

④ 酒用香型香精　有柑橘酒香、杜松酒香、老姆酒香、白半地酒香、威士忌酒香等。

⑤ 烟用香型香精　如蜜香、薄荷香、可可香、马尼拉香型、哈瓦那香型、山茶花香型。

⑥ 食用香型香精　如咖啡香、可可香、巧克力、奶油香、奶酪香、杏仁香、胡桃香、坚果香、肉味香等。

⑦ 幻想型香精　以上6种类型的香精属于模仿天然香味的模仿型香精，幻想型则是在各种模仿型香精的基础上，由调香师根据丰富的经验和美妙的幻想，巧妙地调和各种香料尤其是使用人工合成香料而创造的新香型。幻想型香精大多用于化妆品，往往冠以优雅抒情的称号，如素心兰、水仙、古龙、巴黎之夜、圣诞之夜等。

（3）按用途分类　香精按用途可分为化妆品香精、工业香精、食品香精、家庭制品用香精、洁齿用香精、皂用香精等。

5.1.4　香料的分类

通常香料按照其来源及加工方法分为天然香料和人造香料，进一步可细分为动物性天然香料、植物性天然香料、单离香料、合成香料及半合成香料，其关系见图5-1。

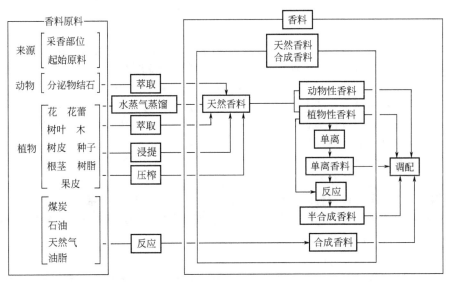

图 5-1　香料的分类与相互关系

（1）动物性天然香料　动物性天然香料是动物的分泌物或排泄物，实际经常应用的只有麝香、灵猫香、海狸香和龙涎香4种。

（2）植物性天然香料　植物性天然香料是以芳香植物的采香部位（花、枝、叶、草、根、皮、茎、籽、果等）为原料，用水蒸气蒸馏、浸提、吸收、压榨等方法生产出来的精油、浸膏、酊剂、香脂等。

（3）单离香料　单离香料是使用物理或化学方法从天然香料中分离提纯的单体香料化合物，例如用重结晶方法从薄荷油中分离出来的薄荷醇（俗称薄荷脑）。

（4）半合成香料　半合成香料是指以单离香料或植物性天然香料为反应原料制成其衍生物而得到的香料化合物。近年来松节油已成为最重要的生产半合成香料的原料，其产品在全部合成香料产品中占有相当大的比重。

（5）合成香料　合成香料是指通过化学合成法制取的香料化合物，特指以石油化工基本原料及煤化工基本原料为起点经过多步合成反应而制取的香料产品。

上述合成香料和半合成香料一般也统称为合成香料。在合成香料中，有些产品的分子结构与天然香料中发现的香料成分完全相同，因此某些香料产品既可能是单离香料，又可能是合成香料。

5.1.5　香料化合物的命名

香料化合物的名称多数来源于最初发现其天然存在的植物或动物的名称，例如桂醛是肉桂中的主要醛类成分，从灵猫的香腺中发现的大环酮类化合物被称为灵猫酮。还有一些香料化合物是根据与其香气相似的天然植物而命名的，例如兔耳草醛是所谓"人造结构"的合成香料，在自然界中未曾发现其存在，由于它的香气有些像兔耳草，故而得名。

随着人工合成香料品种的不断增加，根据这些新品种分子结构与天然品种的相似性，派生出新的香料化合物名称，如二氢灵猫酮、乙基香兰素等。

在香料广泛应用的过程中，很多香料化合物形成了自己的俗名、商品名或代号，有的化合物的各种名称多达近十种，因此香料化合物的命名推行具有客观唯一性的规则十分必要。这种方法就是系统命名法，亦称 IUPAC 命名法，可参阅《有机化学》及有机化合物命名法的书籍。

5.2　香精配方设计与生产工艺

香精的生产工艺包括配方的拟定和批量生产的制造工艺。如上所述，香精的应用包括香型和形态两方面的要求，香型的确定主要是通过配方的拟定来解决的，而香精的形态则主要是通过批量生产中的特定工艺来实现的。

所谓香型是香精的主体香气，而香韵则是指由于一些次要组分的加入而赋予香精的浓郁而丰润、美妙而富于变化、活泼而富于魅力的独特感受。香型和香韵都是通过配方的拟定来实现的。

香精配方的拟定是香精生产的基础，一般称为调香。调香是一种非常强调艺术性和经验性的专门技术，从事这种技术工作的人被称之为调香师。由于嗅觉和味觉是带有主观性的化学感觉，香精品质的评价以至香原料种类和用量的选定均不能由仪器来完成，主要依靠于调香师的嗅觉。在拟方→调配→修饰→加香的反复实践过程中，调香师应具备辨香、仿香和创香的能力。仿香就是要调配出与天然香气或已有加香产品香气相仿的香精，而创香则是在仿香的基础上创拟新颖的幻想型香型（即自然界中不存在的新香型）。无论是仿香还是创香，都要以辨香为基础。所谓辨香就是依靠嗅觉辨别出各种香料的香气特征及其品质等级。已有的香料品种如此之多，而且同一种香料由于原料或加工工艺的不同也会导致香气特征的不同，为了在调香过程中方便地进行辨香和交流，就需要对香气的类型进行分类。

5.2.1　香精的组成和作用

调香没有固定的绝对方法以供遵循，从一定意义上说，它是技术与艺术的结合，因而在很大程度上依赖于调香师的经验和艺术鉴赏力，所以有人将调香师的调香与画家的调色相类比。但是，就像画家调色需要遵循一些最基本的原则或规律一样，对于调香来讲，也存在一些最基本的原则或规律，反映在香精的组成上，就是要求调香师必须从香精的香型香韵以及其中各种香料的挥发度对香感觉的影响两个方面综合平衡地选用香料。香料对于香型香韵的基本组成和作用如下。

① 主香剂　是决定香精香型的基本原料，在多数情况下，一种香精含有多种主香剂。

② 合香剂　亦称协调剂，其基本作用是调和香精中各种主香剂的香气，使主体香气更加浓郁。

③ 定香剂　亦称保香剂，是一些本身不易挥发的香料，它们能抑制其他易挥发组分的挥发，从而使各种香料挥发均匀，香味持久。

④ 修饰剂　亦称变调剂，是一些香型与主香剂不同的香料，少量添加于香精之中可使香精格调变化，别具风韵。

⑤ 稀释剂　常用乙醇，此外还有苯甲醇、二丙基二醇、二辛基己二酸酯等。

根据香料在香精中的挥发性可以将香料分为头香、体香和基香，分述如下。

　　　　現代精细化工生产工艺流程图解

（1）头香　头香是对香精嗅辨时最初片刻所感到的香气。为了给人一个良好的第一印象，总是有意识地添加一些挥发度高、香气扩散力好的香料，使香精轻快活泼、富于魅力。这种香料称为头香剂或顶香剂。常用的头香剂有辛醛、壬醛、癸醛、十一醛、十二醛等高级脂肪醛以及柑橘油、柠檬油、橙叶油等天然精油。

（2）基香　亦称尾香，是指在香精挥发过程中最后残留的香气，一般可持续数日之久。基香香料挥发度很低，实际上就是前面介绍的定香剂。

（3）体香　是挥发度介于头香剂和定香剂之间的香料所散发的反映香精主体香型的香气，也就是头香过后立即能嗅到的香气。其持续时间明显地短于基香而长于头香，这种持续稳定的香气特征是由主香剂等香精的主要组成部分决定的。

5.2.2　香精配方的设计与调香

香精配方的设计，大体上分为以下几个步骤：①首先明确调香的目标，即明确香精的香型和香韵；②根据所确定的香型，选择适宜的主香剂调配香精的主体部分——香基；③如果香基的香型适宜，再进一步选择适宜的合香剂、修饰剂、定香剂等；④最后加入富有魅力的定香剂。

香精初步调配完成后，要经过小样评估和大样评估，考查通过后香精配方的拟定才算完成。小样评估是试配5～10g香精小样直接嗅辨评估；大样评估是试配500～1000g香精在加香产品中使用，考查加香效果。

图5-2所示的调香三角形反映了各类香料之间的过渡关系，是一个很重要的调香参考工具。如图所示，将动物性香气、植物性香气和化学性香气安排在正三角形的三个顶点，在三条边上，以类似香料香气强弱顺序依次排列，将最基本的香料类型都包括在内了。下面以玫瑰香型的调香为例，简单说明其应用。

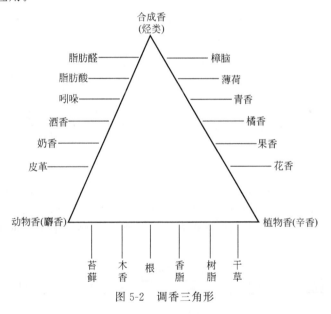

图5-2　调香三角形

首先选择属于玫瑰香型的主香剂，比较典型的如香茅醇、香叶醇、乙酸香叶酯等；其次选择同一香型的定香剂，通常有苯乙醇、乙酸苯乙酯、苯乙酸乙酯、乙酸二甲基苄甲酯、异丁酸苯乙酯；之后选择具有玫瑰型香气的头香剂，有甲酸香叶酯、甲酸香茅酯、苯乙醛、玫瑰醚。

合香剂可以在调香三角形中预定香型（花香）所在的同一条边上的各类香型中选择，如从果香型香料中选择草莓醛和桃醛；从青香型中选择叶醇、庚酸甲酯；从柑橘型中选择香柠檬油；直至从薄荷型香料中选择乙酸薄荷酯；从樟脑型香料中选择樟脑。如此扩展之后的香基香气变得比较丰润协调，但仍嫌枯燥，缺乏天然玫瑰的生机，需要再添加适宜的修饰剂。这些修饰剂需要从调香三角形的另外两条边上选择，例如脂肪醛族香料中的壬醛、动物香中的麝香丁、酒香中的杂醇油、木香中的龙脑、树脂中的泰国树胶、根类香料中的鸢尾根油、香脂中的秘鲁香脂等。经过如此调配的香精就在比较浓郁的玫瑰香型的基础之上，具备了富于变化的美妙香韵。

在调香过程中，在选择香料时还应注意某些香料的变色以及毒性或刺激性的问题。常用的易变色香料有吲哚、硝基麝香、醛、酚等；有毒性或刺激性的香料有山麝香、葵子麝香、香豆素等。

5.2.3 香精的基本生产工艺

5.2.3.1 不加溶剂的液体香精

由多种香料原料复配调制而成。其中熟化是香精制造工艺中的重要环节，经过熟化之后的香精香气变得和谐、圆润和柔和。目前采取的方法一般是将调配好的香精放置一段时间，令其自然熟化。基本工艺步骤如下：

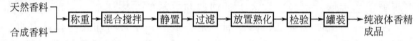

不加溶剂的液体香精的生产工艺流程参见图 5-3。

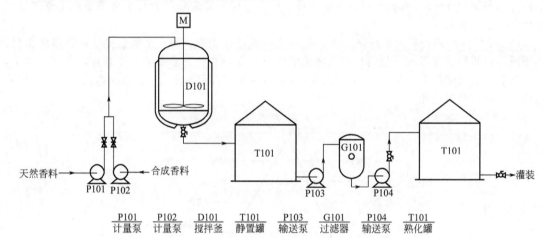

图 5-3　不加溶剂的液体香精的生产工艺流程

5.2.3.2 油溶性和水溶性香精

油性溶剂常用精制天然油脂，一般占香精总量的 80％ 左右；其他的油性溶剂有丙二醇、苯甲醇、甘油三乙酸酯等。水性溶剂常用 40％～60％ 的乙醇水溶液，一般占香精总量的 80％～90％；其他的水性溶剂丙二醇、甘油溶液也有使用。油溶性和水溶性香精的工艺步骤说明参见图 5-4。

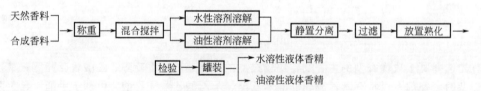

图 5-4　加溶剂的液体香精的生产工艺步骤

油溶性和水溶性香精的工艺流程参见图 5-5。

5.2.3.3 乳化香精

配制外相液的乳化剂常用的有：单硬脂酸甘油酯、大豆磷酯、二乙酰蔗糖六异丁酸酯（SAIB）等；稳定剂常用阿拉伯胶、果胶、明胶、羧甲基纤维素钠等。乳化一般采用高压均浆器或胶体磨在加温条件下进行。乳化香精的生产工艺步骤说明参见图 5-6。

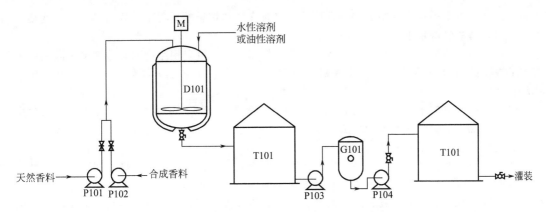

图 5-5　加溶剂的液体香精的生产工艺流程

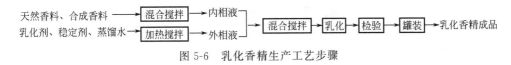

图 5-6　乳化香精生产工艺步骤

乳化香精的生产工艺流程见图 5-7。

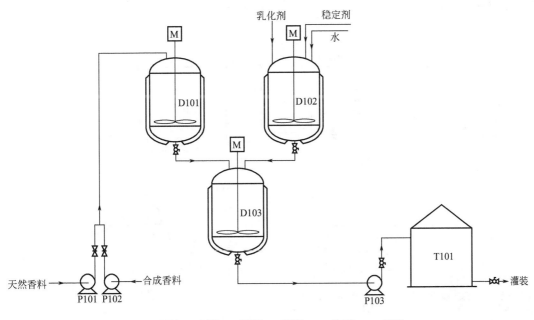

图 5-7　乳化香精生产工艺流程

5.2.3.4　粉末香精

粉末香精的生产工艺方法较多，常用的有以下五种。

（1）粉碎混合法　如果原料均为固体，则粉碎混合法是生产粉末香精的最简便的方法，只需经过粉碎、混合、过筛、检验几步简单处理即可制得粉末香精成品。

（2）熔融体粉碎法　把蔗糖、山梨醇等糖质原料熬成糖浆，加入香精后冷却，将凝固所得硬糖粉碎、过筛以制得粉末香精。这种方法的缺点是在加热熔融的过程中，香料易挥发或变质，制得的粉末香精的吸湿性也较强。

（3）载体吸附法　制造粉类化妆品所需要的粉末香精，可以用精制的碳酸镁或碳酸钙粉末与溶解了香精的乙醇浓溶液混合，使香精成分吸附于固态粉末之上，再经过筛即可用于粉类化妆品。

（4）微粒型快速干燥法　在冰淇淋、果冻、口香糖、粉末汤料中广泛应用的粉末状食用香精，是采用薄膜干燥机或喷雾干燥法制成的。在快速干燥的过程中，含有糊精、糖类等固态基质的溶液或乳化液形成了粉末状的微粒。

（5）微胶囊型喷雾干燥法　将香精与赋形剂混合乳化，再进行喷雾干燥，即可得到香精，包裹在微型胶囊内的粉末香精。所谓赋形剂就是能够形成胶囊皮膜的材料，在微胶囊型食用香精的生产中使用的赋形剂多为明胶、阿拉伯胶、变性淀粉等天然高分子材料，在其他的微胶囊型的香精生产中也使用聚乙烯醇等合成高分子材料。

图 5-8 系以甜橙微胶囊型粉末香精的制备为例，列出该法制备粉末香精的工艺步骤说明。

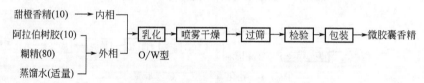

图 5-8　微胶囊型粉末香精的喷雾干燥加工法步骤

微胶囊型粉末香精的喷雾干燥加工法工艺流程参见图 5-9。

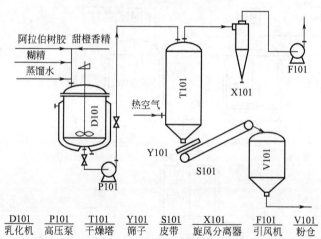

| D101 | P101 | T101 | Y101 | S101 | X101 | F101 | V101 |
| 乳化机 | 高压泵 | 干燥塔 | 筛子 | 皮带 | 旋风分离器 | 引风机 | 粉仓 |

图 5-9　微胶囊型粉末香精的喷雾干燥加工法工艺流程

5.3　天然香料的生产工艺

5.3.1　动物性天然香料

名贵的香精配方（如高级香水等高级化妆品所用香精）几乎都含有动物性香料。常用的动物性天然香料有龙涎香、海狸香、麝香和灵猫香 4 种，均是珍贵的定香剂，分述如下。

（1）龙涎香　龙涎香是产自抹香鲸肠内的病态分泌结石，其密度比水低，排出体外后浮漂于海面或冲至岸上而为人们所采集。现在也有大量的龙涎香来自捕鲸业，但含有龙涎香的抹香鲸很少。新鲜的龙涎香几乎是呈黑色，经长期的阳光照射和海水浸泡后自然化或长期贮存人工熟化后，变成淡灰色，同时香气也得到增强。龙涎香中主要的有效组分是无香气的龙涎香醇（分子式 $C_{30}H_{52}O$），结构式为：

龙涎香醇通过自氧化作用和光氧化作用而成为具有强烈香气的一些化合物；γ-二氢紫罗兰酮、2-亚甲基-4-(2,2-二甲基)-6-亚甲基环己基丁醛、α-龙涎香醇，3a,6,6,9a-四甲基十二氢萘并[2.1.6]呋喃。这些化合物共同形成了强烈的龙涎香气。使用时是用90%的乙醇将龙涎香稀释成30%的酊剂，经放置一段时间后再使用。

龙涎香是品质极高的香料佳品，具有微弱的温和乳香，常用于豪华香水。

（2）海狸香　海狸生长在加拿大、阿拉斯加和西伯利亚等地。在海狸的生殖器附近有两个梨状腺囊，其内的白色乳状黏稠液即为海狸香，雄雌两性海狸均有分泌。捕杀海狸切取香囊，经干燥取出的海狸香呈褐色树脂状。将海狸香稀释成乙醇酊剂，即释放出愉快的温和的动物香气。除乙醇酊剂外，海狸香还可以制成树脂状，制备方法是用丙酮、苯或乙醇萃取干燥的碎末腺囊。

海狸香由于产地不同，香韵也有所不同，加拿大产海狸香有桦木或松木香韵，西伯利亚产海狸香具有优雅的皮革香韵。总的来说，海狸香香气独特，留香持久，主要用作东方型香精的定香剂，以制配豪华香水。

（3）麝香　麝鹿是生长在尼泊尔、西藏及我国西北高原的野生动物，雄性麝鹿从2岁开始分泌麝香，自阴囊分泌的淡黄色、油膏状的分泌液存积于位于麝鹿脐部的香囊，并可由中央小孔排泄于体外。传统的方法是杀麝取香，即切取香囊，先行干燥，腺囊干燥后，分泌液变硬、呈棕色，成为一种很脆的固态物质，呈粒状及少量结晶。固态时麝香发出恶臭，用水或酒精高度稀释后才散发独特的动物香气。由于保护野生动物资源的需要，猎麝已受到禁止或限制，所以试验成功了更科学的养麝刮香方法。无论何种方法获得的麝香，价格都是相当昂贵的。

麝香本身属于高沸点难挥发物质，在东方被视为最珍贵的香料之一。作为珍贵的定香剂，它不但留香能力甚强，而且可以赋予香精诱人的动物性香韵，所以常用于豪华香水香精之中。业已证明，天然麝香中主要的芳香成分是一种饱和大环酮——3-甲基环十五酮（a），其次的香成分还有5-环十五烯酮（b）、麝香吡啶、麝香吡喃等。这些研究结果极大地促进了合成麝香类香料的问世。

（4）灵猫香　灵猫香来自灵猫的囊状分泌腺，无须特殊加工，用刮板刮取香囊分泌的黏稠状分泌物即为灵猫香。现代采集灵猫香的方法是饲养灵猫，定期刮香。灵猫产自埃塞俄比亚、印度、马来西亚等地，在我国人工饲养已获成功。饲养的灵猫有规律地（大约间隔一周）从腺囊内分泌出淡黄色的新鲜分泌液，暴晒后变稠而成褐色油膏状物。浓时有不愉快的恶臭，稀释成酒精酊剂后散发出令人愉快的微甜的香气。在天然灵猫香混合物中，主要的香成分是仅占3%左右的不饱和大环酮——灵猫酮，其化学结构为9-环十七酮。

灵猫香香气与麝香相比更为优雅，曾经长期作为豪华香水的通用成分。

5.3.2　植物性天然香料

植物性天然香料是从芳香植物的花、草、叶、枝、根、茎、皮、果实或树脂中提取出来的有机芳香物质的混合物。根据它们的形态（油状、膏状或树脂状）和制法，可分为精油（含压榨油）、浸膏、酊剂、净油、香脂和香树脂。由于植物性天然香料的主要成分都是具有挥发性和芳香气味的油状物，它们是芳香植物的精华，因此也把植物性天然香料统称为精油。

含精油的植物分布在许多科属，产区也遍布世界各地。精油的含量不但与植物种类及其采香部位有关，同时也随着土壤气候条件、生成年龄、收割时间及储运情况而异，但是芳香植物的选种和培育对于天然香料生产是至关重要的第一步。

采集的芳香植物须经过一定的工艺处理以提取所需的植物天然香料。目前植物性天然香料的提取方法主要有五种：水蒸气蒸馏法、压榨法、浸取法、吸收法和超临界萃取法。用水蒸气蒸馏法和压榨法提取的天然香料，通常是芳香的挥发性油状物，统称精油，其中压榨法制取的产物也称压榨油；超临界萃取法制得的产物一般也属于精油。浸取法是利用挥发性溶剂浸提芳香植物，产品经过溶剂脱除（回收）处理后，通常成为半固态膏状物，故称为浸膏；某些芳香植物（如香荚兰）及动物分泌物经乙醇溶液浸提后，有效成分溶解于其中而成为澄清的溶液，这种溶液则称为酊液或酊剂。用非挥发性溶剂吸收法制取的植物性天然香料一般混溶于脂类非挥发性溶剂之中，故称香脂。将浸膏或香脂用高纯度的乙醇溶解。滤去植物蜡等固态杂质，将乙醇蒸除后所得到的浓缩物称为净油。

下面分类介绍植物性天然香料的主要提取方法及一批重要的植物性天然香料的工艺流程。

5.3.2.1　水蒸气蒸馏法

水蒸气蒸馏法是提取植物性天然香料的最常用的一种方法，其流程、设备、操作等方面的技术都比较成熟，成本低而产量大，设备及操作都比较简单。一般将水蒸气蒸馏法分为三种形式：水中蒸馏、水上蒸馏和水气蒸馏。水蒸气蒸馏法的生产工艺步骤说明参见图 5-10。

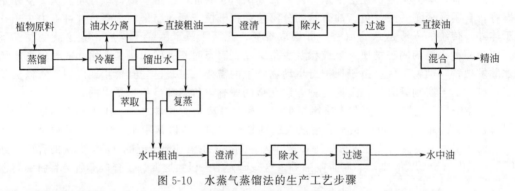

图 5-10　水蒸气蒸馏法的生产工艺步骤

水蒸气蒸馏法的生产工艺流程见图 5-11。

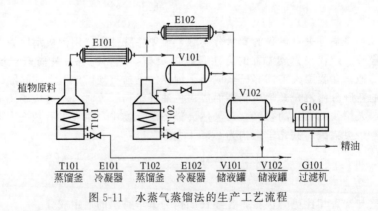

图 5-11　水蒸气蒸馏法的生产工艺流程

图 5-11 介绍的只是水蒸气蒸馏法的关键步骤及其通常的后处理步骤，而实际处理各种芳香植物时，在使用蒸馏手段提取精油之前，往往还需要对植物原料进行某些前处理。如果是草类植

物或者采油部位是花、叶、花蕾、花穗等，一般可以直接装入蒸馏器进行加工处理；但如果采油部位是根茎等，则一般须经过水洗、晒干或阴干，粉碎等步骤，甚至还要经过稀酸浸泡及碱中和；此外有些芳香植物需要首先经过发酵处理。

在最为常用、产量较大的天然植物香料中，有很大一部分是用水蒸气蒸馏法生产的，例如薄荷油、留兰香油、广藿香油、薰衣草油、玫瑰油、白兰叶油以及桂油、茴油、桉叶油、伊兰油等。作为很重要的半合成原料的香茅油也是利用水蒸气蒸馏法生产的。这些重要的天然香料在我国都有大批量的生产，并且出口量也很大。

5.3.2.2　浸提法

浸提法也称液固萃取法，是用挥发性有机溶剂将原料中的某些成分转移到溶剂相中，然后通过蒸发、蒸馏等手段回收有机溶剂，而得到所需的较为纯净的萃取组分。用浸提法从芳香植物中提取芳香成分，所得的浸提液中，尚含有植物蜡、色素、脂肪、纤维、淀粉、糖类等难溶物质或高熔点杂质。

对浸提溶剂的选择，首先应遵循无毒或低毒、不易燃易爆、化学稳定性好和无色无味的原则，其次要兼顾其对于芳香成分和杂质的溶解选择性，并尽量选择沸点较低的溶剂以利于蒸除回收。目前我国常用的浸提溶剂主要有石油醚、乙醇、苯、二氯乙烷等。

按照产品的形态，浸提操作的工艺分为浸膏生产工艺（步骤说明参见图 5-12）、净油生产工艺（步骤说明参见图 5-13）及酊剂制备工艺（步骤说明参见图 5-14）。

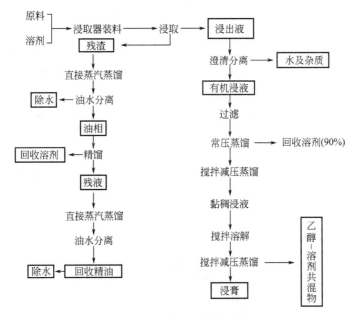

图 5-12　浸膏生产工艺步骤

比较典型的浸膏和净油产品如大花茉莉浸膏、墨红浸膏、桂花浸膏、树苔浸膏、茉莉浸油、

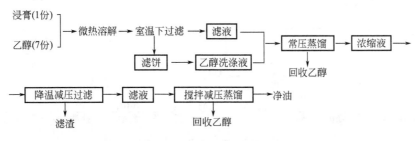

图 5-13　净油生产工艺步骤

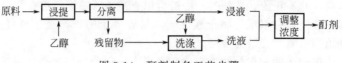

图 5-14 酊剂制备工艺步骤

白兰浸油等在我国均有大量生产，由香荚兰豆大批量制取香荚兰酊的工业开发正在进行中。

茉莉浸膏生产过程中使用的溶剂是石油醚，采用两步蒸馏法（常压蒸馏＋减压蒸馏）回收溶剂；在墨红浸膏、桂花浸膏的生产中使用的有机溶剂也是石油醚，树苔浸膏的有机溶剂是乙醇。为了比较完全地脱除和回收石油醚，一般在进行减压蒸馏之前向粗膏液内加入少量无水乙醇形成乙醇-石油醚共沸物再经减压蒸馏脱除以制得精制的浸膏。

某些鲜花原料进行浸取之前，还需进一步预加工处理，如桂花要先经过腌制，树苔及其树花要先经过酶解，这些预处理的目的是促进有效芳香成分更多更快地扩散传递到溶剂之中。

浸膏、净油及酊剂的生产工艺流程分别参见图 5-15～图 5-17。

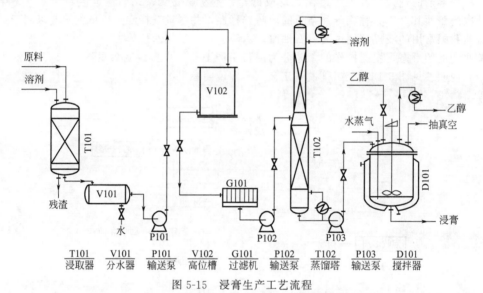

| T101 | V101 | P101 | V102 | G101 | P102 | T102 | P103 | D101 |
| 浸取器 | 分水器 | 输送泵 | 高位槽 | 过滤机 | 输送泵 | 蒸馏塔 | 输送泵 | 搅拌器 |

图 5-15 浸膏生产工艺流程

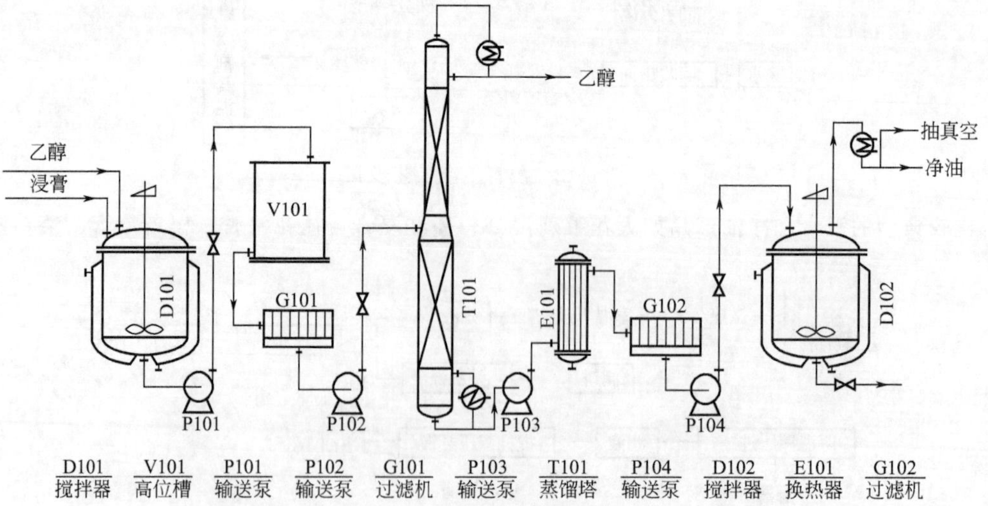

| D101 | V101 | P101 | P102 | G101 | P103 | T101 | P104 | D102 | E101 | G102 |
| 搅拌器 | 高位槽 | 输送泵 | 输送泵 | 过滤机 | 输送泵 | 蒸馏塔 | 输送泵 | 搅拌器 | 换热器 | 过滤机 |

图 5-16 净油生产工艺流程

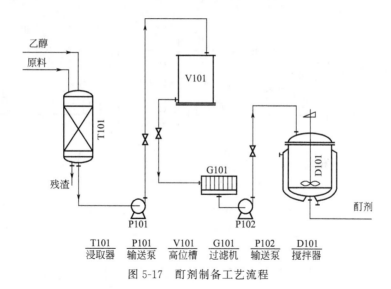

T101	P101	V101	G101	P102	D101
浸取器	输送泵	高位槽	过滤机	输送泵	搅拌器

图 5-17　酊剂制备工艺流程

由于浸提法可以在低温下进行，所以能更好地保留芳香成分的原有香韵。正因为如此，名贵鲜花类的浸提大多在室温下进行。此外，浸提法还可以提取一些不挥发性的有味成分，因此浸膏类香料在食品香精中有着广泛的应用。

5.3.2.3　压榨法

压榨法主要用于柑橘类精油的生产。这些精油中的萜烯及其衍生物的含量高达 90％以上，这些萜烯类化合物在高温下容易发生氧化、聚合等反应，因此如用水蒸气蒸馏法进行加工会导致产品香气失真。压榨法最大的特点是其过程是在室温下进行，可使精油香气逼真，质量得到保证。

目前压榨法制取精油的工艺技术已很成熟，依靠先进设备实现了绝大部分生产过程的自动化。主要的生产设备有螺旋压榨机和平板磨橘机或激振磨橘机两种。

（1）螺旋压榨法　螺旋压榨机依靠旋转的螺旋体在榨笼中的推进作用，使果皮不断被压缩，果皮细胞中的精油被压榨出来，再经淋洗和油水分离、去除杂质，即可得到橘类精油。在螺旋压榨法制取精油工艺中最为重要的一个问题是，如何避免果皮中所含的果胶在压榨粉碎的过程中大量析出，与水发生乳化作用而导致油水分离困难。为此，必须对原料预先进行浸泡处理。首先用清水浸泡，然后用过饱和石灰水浸泡。石灰水可以和果胶反应生成不溶于水的果胶酸钙，从而避免大量果胶乳胶体的生成。除了预先对果皮进行浸泡处理，在进行喷淋时，也常在喷淋中加入少量水溶性电解质如硫酸钠，同样也有着避免乳胶液生成的作用。螺旋压榨法的工艺步骤说明见图 5-18。

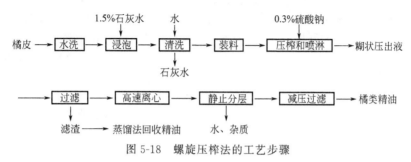

图 5-18　螺旋压榨法的工艺步骤

螺旋压榨法的生产工艺流程见图 5-19。

（2）整果磨橘法　使用平板磨橘机或激振磨橘机生产橘类精油的方法称为整果磨橘法。虽然装入磨橘机的是整果，但实际磨破的仍是果皮。果皮细胞磨破后精油渗出，用水喷淋再经分离即

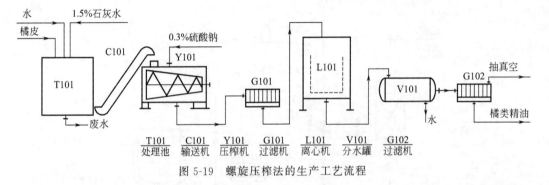

图 5-19 螺旋压榨法的生产工艺流程

得精油。由于果皮并未剧烈压榨粉碎，所以果胶析出发生乳化的问题并不严重。整果磨橘法的工艺步骤说明见图 5-20。

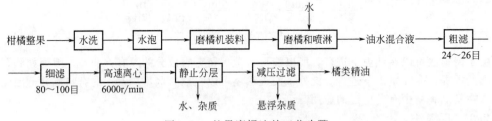

图 5-20 整果磨橘法的工艺步骤

整果磨橘法的工艺流程见图 5-21。

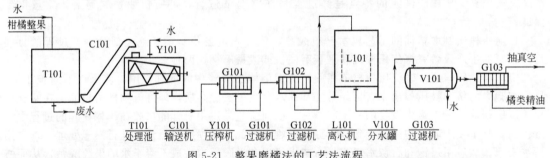

图 5-21 整果磨橘法的工艺法流程

如上所述的冷磨或冷榨法虽然可以避免橘类精油中的大量萜烯类化合物遇高温而反应，但是冷磨冷榨法制得的橘类精油如经长期放置仍然会发生萜烯类化合物氧化或聚合而影响精油质量。为获得高质量的橘类精油，就需进行除萜处理，一般分为两步。首先用减压蒸馏去除单萜烯，然后用 70% 的稀乙醇萃取经过减压蒸馏的高沸点精油以除去沸点较高的倍半萜烯和二萜烯。

压榨法生产的压榨油产品主要包括甜橙油、柠檬油、红橘油、香柠檬油、佛手油等，都是深受人们喜爱的天然香料，在饮料、食品、香水、香皂、牙膏、化妆品以及烟用、酒用香精中都有广泛的应用，甚至还被用于胶黏剂和涂料之中。

5.3.2.4 吸收法

吸收法生产天然香料有非挥发性溶剂吸收法和固体吸附剂吸收法两种主要形式，常用于处理一些名贵鲜花。固体吸附剂吸收法实质上是典型的吸附操作，所得产品也是精油；而非挥发性溶剂吸收中所得的是香脂。

（1）非挥发性溶剂吸收法 根据操作温度的不同，这种吸收法又可分为温浸法和冷吸收法。温浸法的主要生产工艺与前述搅拌浸提法极其相似，只是浸提操作控制在 50~70℃ 下进行。所使用的溶剂是经过精制的非挥发性的橄榄油、麻油或动物油脂，在 50~70℃ 下这些油脂呈黏度较低的液态，便于搅拌浸提。温浸法中的吸收油脂一般总要反复使用，直至油脂被芳香成分饱和。经过一次搅拌温浸并筛除残花后得到的油脂，称为一次吸收油脂。一次吸收油脂与新的鲜花经过二次搅拌温浸后得到二次吸收油脂。吸收油脂就是这样被反复利用，直至接近饱和即可冷却而得所需的香脂。

冷吸收法是在特定尺寸的木制花框中的多层玻璃板的上下两面涂敷"脂肪基"，再在玻璃板上铺满鲜花。所谓的"脂肪基"是冷吸收法专用的膏状猪牛脂肪混合物，系将 2 份精制猪油和 1 份精制牛油加热混合、充分搅拌再冷却至室温而得。脂肪基吸收鲜花所释放的气体芳香成分，间隔一段时间从花框中取出残花再铺上新花，如此反复多次直至脂肪基被芳香成分所饱和，刮下玻璃板上的脂肪即为冷吸收法的香脂产品。以花框中取出的残花还可用挥发性溶剂进行浸提以制取浸膏。

（2）固体吸附剂吸收法　某些固体吸附剂如常见的活性炭、硅胶等，可以吸附香势较强的鲜花所释放的气体芳香成分，利用这一性质人们开发了固体吸附剂吸收法以制取高品质的天然植物精油，并在 20 世纪 60 年代实现了工业应用。如前所述，此法实乃典型的吸附循环操作，包括吸附、脱附和脱附液蒸馏分离三个主要步骤，所用的脱附剂一般为石油醚，蒸馏分离一般亦含常压蒸馏和减压蒸馏两步。吸附是用空气吹过花室内的花层再与吸附器内的吸附剂接触进行气相吸附，空气进入花室之前要分别经过过滤和增湿处理，以保证高质量精油的纯净，避免吸附剂被污染，并提高空气的芳香能力。

上述两种吸收法的手工操作繁重，生产效率很低。由于吸收法的加工温度不高，没有外加的化学作用和机械损伤，香气的保真效果最佳，产品中的杂质极少，所以产品多为天然香料中的名贵佳品。但是吸收法尤其是冷吸收法和吸附法受其吸收或吸附机制的限制，只适用于芳香成分易于释放的花种，如橙花、兰花、茉莉花、水仙、晚香玉等，而且最好用新采摘的鲜花。

5.4　单离香料的生产工艺

所谓单离香料就是从天然香料（主要是植物性天然香料）中分离出比较纯净的某一种特定的香成分，以便更好地满足香精调配的需要。例如，可以从香茅油中分离出一种具有玫瑰花香的萜烯醇——香叶醇，在玫瑰香型香精中被用作主香剂，在其他香型香精中也被广泛使用。而香茅油本身，由于含有其他香成分，所以在很多情况下就不能像香叶醇一样地在香精中直接使用。

单离香料的生产主要有蒸馏法、重结晶法、冻析分离法及化学处理法，下面介绍后两种方法。

5.4.1　冻析法

冻析是利用天然香料混合物中不同组分的凝固点的差异，通过降温的方法使高熔点的物质以固状化合物的形式析出，使析出的固状物与其他液态成分分离，以实现香料的单离提纯。其原理与结晶分离过程类似，但是一般不采用分步结晶等强化分离的手段，而且固态析出物也不一定是晶体。

在日化、医药、食品、烟酒工业有着广泛应用的薄荷脑（薄荷醇）就是从薄荷油中通过冻析的方法单离出来的，工艺步骤如下：

薄荷油──→冻析（脱脑薄荷油）──→粗薄荷脑──→烘脑──→冷却──→薄荷脑

在食用香精中应用广泛的芸香酮，可以通过冻析方法从芸香油中分离出来。用于合成洋茉莉醛和香兰素的重要原料黄樟油素则主要是使用冻析结合减压蒸馏的方法生产的，其工艺步骤如下：

黄樟油──→冷冻（0℃左右）──→过滤──→粗黄樟油素──→减压蒸馏──→黄樟油素

5.4.2　化学处理法

利用可逆化学反应将天然精油中带有特定官能团的化合物转化为某种易于分离的中间产物以实现分离纯化，再利用化学反应的可逆性使中间产物复原而成原来的香料化合物，这就是化学处理法制备单离香料的原理。

5.4.2.1　亚硫酸氢钠加成物分离法

　　醛及某些酮可与亚硫酸氢钠发生加成反应，生成不溶于有机溶剂的磺酸盐晶体加成物。这一反应是可逆的，用碳酸钠或盐酸处理磺酸盐加成物，便可重新生成对应的醛或酮。但是在反应过程中如果有稳定的二磺酸盐加成物生成，则反应就变成不可逆反应。为了防止二磺酸盐加成物的生成，常用亚硫酸钠、碳酸氢钠的混合溶液而不用亚硫酸氢钠溶液，反应原理如下：

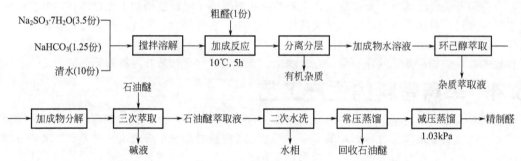

　　该法一般的工艺步骤说明参见图 5-22。

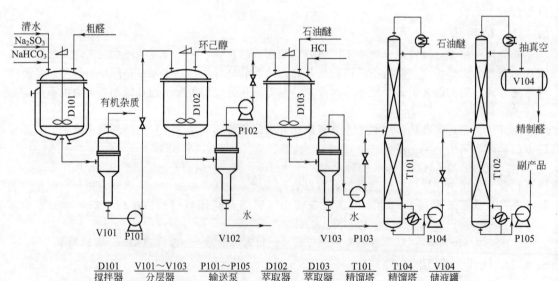

图 5-22　亚硫酸氢钠加成物分离法工艺步骤

　　亚硫酸氢钠加成物分离法的工艺流程见图 5-23。

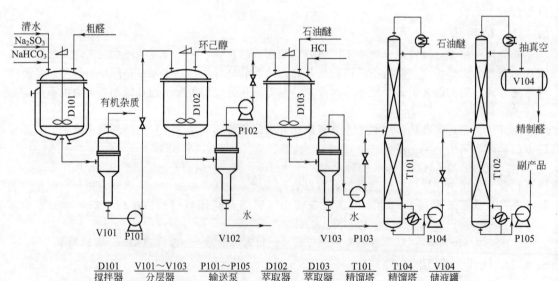

D101	V101～V103	P101～P105	D102	D103	T101	T104	V104
搅拌器	分层器	输送泵	萃取器	萃取器	精馏塔	精馏塔	储液罐

图 5-23　亚硫酸氢钠加成物分离法工艺流程

　　　　　　　现代精细化工生产工艺流程图解

采用亚硫酸氢钠法生产的比较重要的单离香料有：柠檬醛（目前我国生产柠檬醛的主要方法）、肉桂醛、香草醛和羟基香茅醛。此外还有枯茗醛、胡薄荷醛和葑酮等。这些醛酮类单离香料的生产过程中，除了加成反应、分层分离、酸化分解等步骤，一般还需要减压蒸馏等手段作为前处理工序或后处理工序。

5.4.2.2　酚钠盐法

酚类化合物与碱作用生成的酚钠盐溶于水，将天然精油中其他化合物组成的有机相与水相分层分离，再用无机酸处理含有酚钠盐的水相，便可实现酚类香料化合物的单离。在各类香精中有着广泛应用的丁香酚、异丁香酚和百里香酚都是用酚钠盐法生产的。酚钠盐法单离丁香酚的反应原理如下。

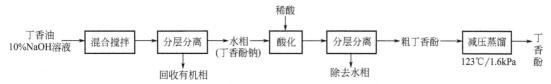

工艺步骤说明参见图 5-24。

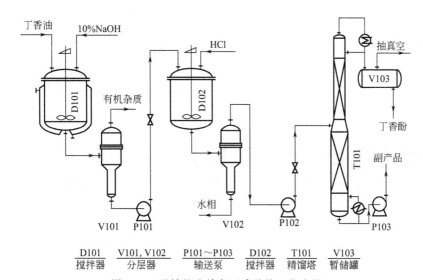

图 5-24　酚钠盐法单离丁香酚的工艺流程

生产工艺流程参见图 5-25。

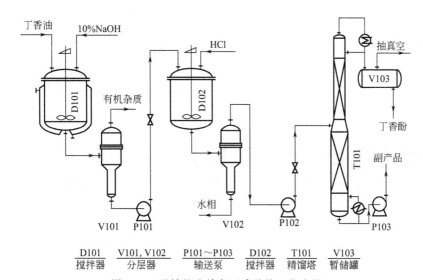

D101	V101, V102	P101~P103	D102	T101	V103
搅拌器	分层器	输送泵	搅拌器	精馏塔	暂储罐

图 5-25　酚钠盐法单离丁香酚的工艺流程

5.4.2.3　硼酸酯法

硼酸酯法是从天然香料中单离醇的主要方法之一。硼酸与精油中的醇可以生成高沸点的硼酸酯，经减压精馏与精油中的低沸点组分分离后，再经皂化反应即可使醇游离出来。以硼酸酯法作为主要方法生产的醇类单体香料有香茅醇、玫瑰醇、芳樟醇、岩兰草醇、檀香醇等。一般经皂化反应得到的粗醇都要经过减压蒸馏再进行精制。硼酸酯法的反应原理如下：

$$3ROH+B(OH)_3 \longrightarrow B(OR)_3+3H_2O$$
$$B(OR)_3+3NaOH \longrightarrow 3ROH+Na_3BO_3$$

生产工艺步骤说明参见图 5-26。

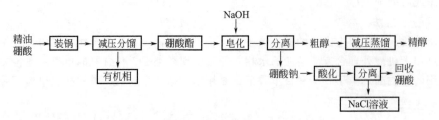

图 5-26　硼酸酯法单离香料的生产工艺步骤

生产工艺流程参见图 5-27。

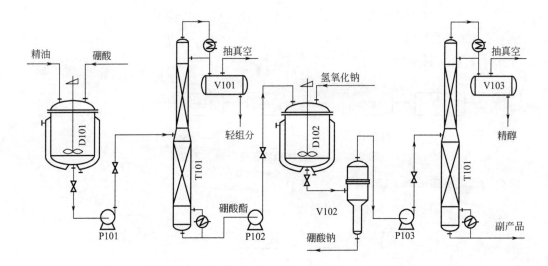

D101	V101	P101~P103	D102	T101	V102	V103
搅拌器	暂储罐	输送泵	搅拌器	精馏塔	分层器	暂储罐

图 5-27　硼酸酯法单离香料的生产工艺流程

5.5　半合成香料的生产工艺

　　人们从 20 世纪初就已经开始利用精油为原料，深度加工制备出所谓半合成香料，例如从丁香油合成香兰素；以柠檬醛制备紫罗兰酮；以黄樟油素制备洋茉莉醛；用香茅醛生产羟基香茅醛等。尤其是利用松节油生产松油醇、乙酸异龙脑酯、樟脑等，已实现工业化的产品多达 180 余种。这些半合成香料是香料的重要组成部分，一般由它独特的品种或品质以及工艺过程的经济性而独具优势，是以煤焦油或石油化工基本原料为原料的全合成香料所无法替代的。

5.5.1　以香茅油和柠檬桉叶油合成香料

　　香茅油和柠檬桉叶油都是天然香料中的大宗商品，它们都含有香茅醛、香茅醇、香叶醇等重要的有香成分，将这些成分单离然后再进行合成反应是常见的工艺路线，但也有不需单离，直接处理精油而制得香精的情况。

5.5.1.1　柠檬桉叶油催化氢化制备香茅醇

　　柠檬桉叶油因含有大量香茅醛，香气中总含有肥皂气息，若通过催化氢化使香茅醛还原为香茅醇，则可使香气质量明显改观。氢化可进行至羰值接近于零，所得产物除香茅醇外，还含有四氢香叶醇和二氢香叶醇，它们是柠檬桉叶油中所含香叶醇的氢化还原产物，使得产品含有玫瑰香气之外的甜韵。反应式如下：

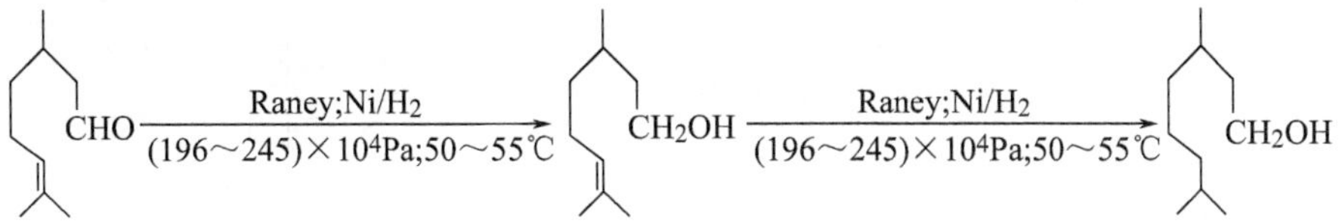

产物中的镍催化剂可经过滤回收，用 20% 的 NaOH 溶液活化，多次反复使用。

5.5.1.2　合成羟基香茅醛

羟基香茅醛具有铃兰菩提花、百合花香气，清甜有力，质量好的还可以用于食用香精。目前主要的生产方法均属于半合成法，即以单离的香茅醛。文献报道的有 5 条反应路线，其中一条重要的反应路线如下：

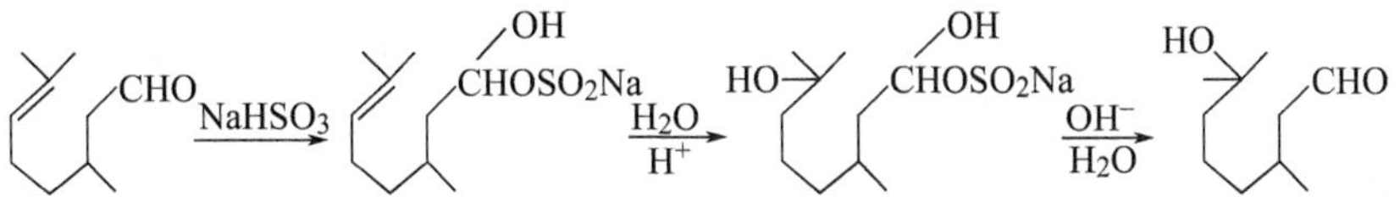

5.5.2　以山苍子油合成香料

山苍子产于我国东南部及东南亚一带，原为野生植物，现在我国已有大面积种植。山苍子油的主要成分为柠檬醛（含量为 66%～80%），是合成紫罗兰酮系列及 α（β）突厥（烯）酮香料的主要原料，在维生素合成、医疗应用等许多方面也有着广泛的应用。

5.5.3　以八角茴香油合成香料

八角茴香油主产于广西、云南及广东，是我国传统的出口物资。八角茴香油的主要成分为大茴香脑，主要用于牙膏和酒用香精，也是重要的合成香料的原料。

5.5.3.1　大茴香脑的异构化

顺式大茴香脑有刺激性、辛辣等不良气味，而且毒性比反式大茴香脑高 10～20 倍，不能用于医药和食用香精中，在化妆品等日用香精中的限用量也要求很高，因此需要通过异构化反应使顺式大茴香脑转变为反式大茴香脑。异构化反应为：

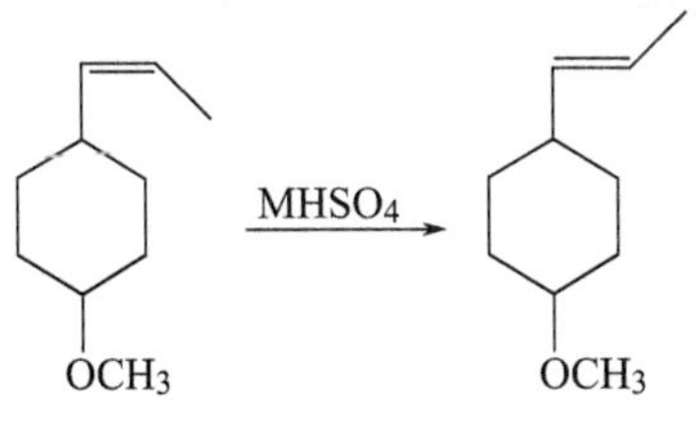

异构化的条件为：在硫酸氢盐作用下在 180～185℃加热 1～1.5h，达到热力学平衡，此时顺式大茴香脑仅有 10%～15%，经高效精馏可将其与反式大茴香脑分离。

5.5.3.2　大茴香醛的合成

大茴香醛具有特殊的类似山楂的气味，主要用于日用香精。通过臭氧化法，其得率可达55% 以上；电解氧化法则可得到 52% 的大茴香醛及 25% 的大茴香酸；如以 1：3.5：2 的质量比将大茴香脑与 14°Bé 硝酸和冰醋酸相作用，可得理论量 70% 的大茴香醛；若用 15%～20% 的重铬酸钠和对氨基苯磺酸在 70～80℃下氧化，转化率可达 50%～60%。反应式如下：

5.5.4 以丁香油或丁香罗勒油合成香料

我国丁香油的主产地是广西、广东，主要成分为丁香酚，含量最高可达 95%。丁香罗勒是从前苏联引种种植于两广、江、浙、闽、沪等地的，丁香罗勒油的主要成分为 30%～60% 的丁香酚。

5.5.4.1 异丁香酚的制取

异丁香酚是合成重要的香料化合物香兰素的中间原料，可通过丁香酚的异构化来制取。

（1）浓碱高温法　用 40%～45% 的 KOH 溶液 1 份加入到约 1 份的丁香油中，加热至 130℃，再迅速加热到 220℃ 左右，分析丁香酚残留量以决定反应的终点。然后采用水蒸气冲蒸除去非酚油成分，之后酸解、水洗至中性，蒸馏分离以得到异丁香酚。

（2）羰基铁催化异构法　首先通过光照使五羰基铁产生金黄色的九羰基二铁，重结晶、过滤、醚洗涤后备用。将含有 0.15%（质量组成）的九羰基二铁的丁香酚在 80℃ 光照约 30min，停止光照后在 80℃ 加热 5h，丁香酚转化率可达 90% 以上，实验过程中可以惰性气体鼓泡搅拌以提高异丁香酚的得率。

5.5.4.2 异丁香酚合成香兰素

香兰素可以异丁香酚为原料合成，而异丁香酚可由丁香酚异构化而得。香兰素的合成原理是异丁香酚丙烯基的双键氧化，具体方法包括：硝基苯一步氧化法；或先以酸酐保护羟基，再进行氧化，最后通过水解使羟基复原；还可用臭氧化，然后再进行还原反应以制取香兰素。第二种方法的合成反应路线为：

5.5.5　以松节油合成香料

松节油是世界上产量最大的精油品种，全世界年产量约 300000t，占世界天然精油产量的 80%，其中 50% 左右是纸浆松节油。从世界范围内来看，以松节油为原料合成半合成香料是香料工业的一大趋势。以美国为例，其合成香料的原料 50% 为松节油，其余 50% 来自石油化工原料，我国也是松节油的主产国之一，生产松脂、松节油的潜力颇大，资源相当丰富，近几年来的开发利用已逐步获得了较好的经济效益。

松节油的综合利用范围非常广阔，涉及选矿、卫生设备、印染助剂、杀虫剂、合成树脂、合成香料等，其中合成香料的种类非常多。如英国 BBA 公司利用松节油合成萜类香料的工艺路线及主要产品见图 5-28。

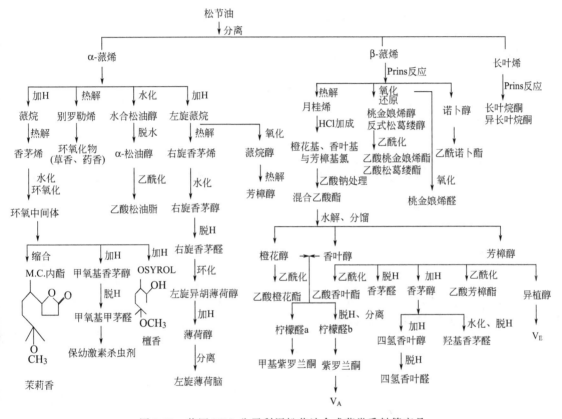

图 5-28　英国 BBA 公司利用松节油合成萜类香料等产品

5.6　合成香料

合成香料可以分为半合成香料和全合成香料，但一般特指全合成香料。全合成香料则从一般的石油化工及煤化工基本原料出发，通过多步合成而制成。由于天然香料受到自然条件的限制和影响，因此存在品种或产量不能满足需要、质量不稳以及成本较高等问题。随着近代科学技术水平的不断提高，尤其是化学分析和有机合成技术的发展，大多数天然香料都已经进行了成分剖析，主要的发香成分也都实现了化学方法的合成，而且有很多自然界并未发现的发香物质被合成出来并应用于香精调配之中。合成香料由于能够克服天然香料的上述缺点，发展十分迅速，至今已在香精香料领域内占据主导地位。香料新品种的全合成开发以及合成新工艺的研究，是目前合成香料研究中的热点。

合成香料是根据一定的合成路线制造的"人造香料"，不宜再根据其原料来源或者带有共性的加工工艺方法来分类，而应根据其分子结构来分类。按照分子结构将合成香料加以分类的方法主要有两种：一种是官能团分类，另一种是按碳原子骨架分类。合成香料分子结构的这两个方面对发香与否以及香气的性质都有影响，无疑地这两个方面对合成路线也都有影响，因此合成香料的分类应该兼顾这两个方面。有鉴于此，可以将合成香料划分为：①无环脂肪族香料；②无环萜类香料；③环萜类香料；④非萜脂环族香料；⑤芳香族香料；⑥酚及其衍生物香料；⑦含氧杂环香料；⑧含 N、S 杂环香料。每类合成香料中又可以根据官能团的情况，划分为饱和烃、不饱和烃、醇、醛、酮、醚、酸、酯、内酯等。本节将择要介绍合成香料的典型品种。

5.6.1 甲基壬基乙醛

中文别名：2-甲基壬乙酸醛，2-甲基十一醛，2-甲基十一烷醛，C_{12}-醛，2-甲基正十一醛，甲基正壬基乙醛，2-甲基壬基乙醛

英文名称：methyl *n*-nonyl acetaldehyde，2-methyl-1-undecanal，2-methylundecanal，aldehyde M. N. A.，NSC 46127

结构式：$CH_3(CH_2)_8CH(CH_3)CHO$

（1）性能指标

外观与性状	无色油状液体，有强烈的像柑橘香气
相对密度	0.830
沸点	171℃ 或 114℃（1.33kPa）
闪点	69℃
折射率	1.432～1.435
溶解性	1mL 溶于 3mL 80％乙醇；溶于非挥发性油和矿物油；溶于丙二醇中时有时有浑浊；不溶于甘油和水。

（2）生产原料与用量

甲基壬酮	工业级	420	氢氧化钠	工业级	60
氯乙酸乙酯	工业级	350	盐酸	工业级，37％	40～50
乙醇钠	工业级	30			

（3）合成原理　甲基壬基乙醛尚未发现其天然存在。合成方法主要有两种。

① 将甲基壬酮与烷基氯代醋酸酯（如氯代乙酸酯）在乙醇钠溶液中反应，生成缩水甘油酯，再经皂化和脱羧等反应制取。反应式如下：

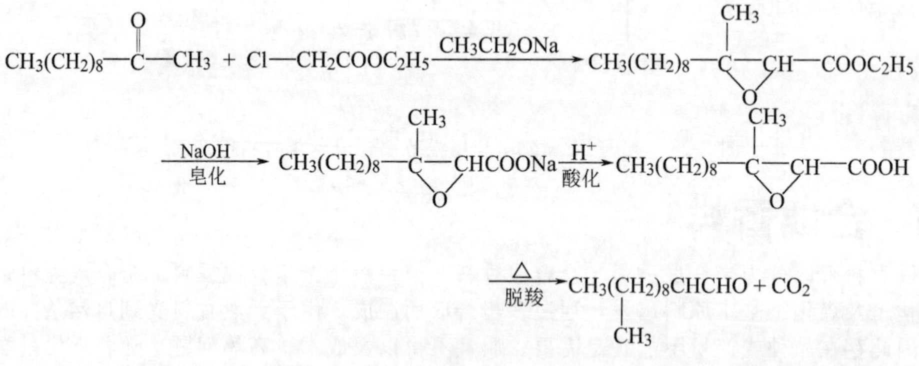

② 利用正十一醛在胺类催化剂存在下与甲醛反应生成 2-亚甲基十一醛，再加氢生成 2-甲基十一醛。反应路线如下：

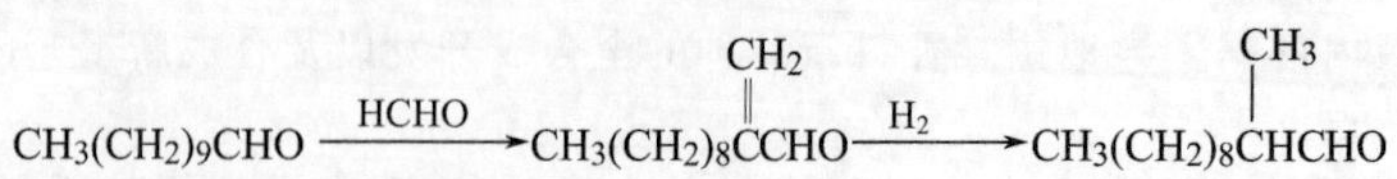

而正十一醛可以从 1-癸烯开始，经羰基化作用而得：

$$CH_3(CH_2)_7CH=CH_2 \xrightarrow{H_2/CO} CH_3(CH_2)_9CHO + CH_3(CH_2)_7\overset{\overset{\displaystyle CH_3}{|}}{C}HCHO$$

实际上这一羰基化反应的产物是以正十一醛和2-甲基癸醛为主的混合物,将该混合物在二正丁胺存在下与甲醛反应再经双键氢化反应,所得产物混合物中含有50%以上的2-甲基十一醛,通过分馏即可分离出纯的2-甲基十一醛。

（4）生产工艺流程（参见图5-29）

① 将甲基壬酮、氯乙酸乙酯、乙醇钠加入反应釜D101中,室温下反应4h。加入冰水继续搅拌洗涤,然后导入分层器V101中得粗缩水甘油酯。经精馏塔T101在150～170减压精馏得甲基壬基环氧丙酸乙酯。

② 将甲基壬基环氧丙酸乙酯导入反应釜D102中,加入氢氧化钠进行皂化反应,控制温度45℃下反应4h,然后加入盐酸进行酸化反应3～5h。

③ 将反应物料在分层器V103中分离得甲基壬基环氧丙酸,再经T102蒸馏脱羧,最后经T103减压精馏得产品甲基壬基乙醛。

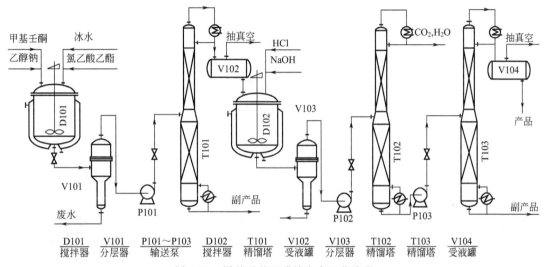

图 5-29 甲基壬基乙醛的生产工艺流程

（5）产品用途 甲基壬基乙醛作为头香剂,在各种化妆品、香水香精中的使用量相当大,而且经常被用作幻想型香精的香料组分。

5.6.2 乙酸乙酯

中文别名：醋酸乙酯,变性酒精,变性乙醇,乙酸乙醚,甲基化乙醇

英文名称：ethyl acetate

结构式：$CH_3COOC_2H_5$

（1）性能指标

外观 无色液体。带有白兰地香韵的果香味液体		偶极矩	1.78
沸点	77℃	闪点	−4℃
熔点	−84℃	溶解度（水）	8.3g/100mL,20℃

（2）生产原料与用量

乙酸	工业级	600	硫酸	工业级,98%	5～10
乙醇	工业级,95%	500			

（3）合成原理 乙酸乙酯有成熟的连续生产工艺。通常由乙酸和乙醇在硫酸存在下直接酯化而得。反应式如下：

$$CH_3COOH + CH_3CH_2OH \xrightarrow{H_2SO_4} CH_3\overset{\displaystyle O}{\overset{\|}{C}}OC_2H_5 + H_2O$$

（4）生产工艺流程（参见图 5-30）

① 将乙酸与过量的共沸点乙醇加入混合釜 D101，搅拌混合均匀后泵入混合釜 D102 中，加入硫酸在混合釜内搅拌均匀，充分接触。

② 泵送高位槽，经酯化反应塔 T101 顶部的回流分凝器 E101 的预热，进入该塔。此塔采用直接蒸汽加热，反应在塔中连续进行，生成的酯和水以及未反应的醇以 80℃的蒸气形式从塔顶蒸出，塔底则排出含有硫酸的废水。

③ 蒸气经分凝器 E101 分流回流，其余凝液与全凝器凝液合并进入酯蒸出塔 T102。此塔是采用间接加热的普通精馏塔，塔顶温度 70℃，蒸出的是酯、醇、水的三元共沸物（共沸组成分别是 83%、9%、8%）。共沸物进入混合盘管 E107 前添加冷水，再经混合冷却，在分离器 V101分成上下两个液层（连续流动状态下）。下层含有少量的酯和醇，返回酯蒸出塔 T102 以便回收；上层则是含酯 93%（水 5%，醇 2%）的粗酯，泵入酯干燥塔 T103，便可在塔底得到 95～100%的乙酸乙酯成品。

④ 干燥塔 T103 塔顶蒸出的仍是三元共沸物，可与酯蒸出塔塔顶采出物流合并处理或返回酯蒸出塔。

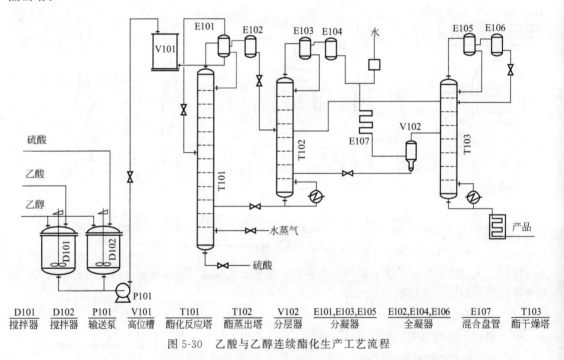

图 5-30　乙酸与乙醇连续酯化生产工艺流程

（5）产品用途　本产品一种重要的有机化工原料，可用于制造乙酰胺、乙酰醋酸酯、甲基庚烯酮等，并在香精香料、油漆、医药、高级油墨、火胶棉、硝化纤维、染料等行业广泛应用，是食用香精中用量较大的合成香料之一，大量用于调配香蕉、梨、桃、菠萝、葡萄等香型食用香精；还可用作萃取剂和脱水剂，亦可用于食品包装彩印等。栲胶系列产品应用于脱硫制革、卷烟材料、油田钻井、金属浮选、除垢等方面。

乙酸乙酯在樱桃、桃子、杏子、葡萄、草莓、香蕉等食用香精和白兰地、威士忌、朗姆、黄酒、白酒等酒用香精中大量使用；也可作为头香剂少量应用于玉兰、依兰等香型的香水香精中。

5.6.3　金合欢醇

中文别名：金合欢醇，法呢醇，3,7,11-三甲基-2,6,10-十二碳三烯-1-醇

英文名称：farnesol，dodecatrienol

分子式：$C_{15}H_{26}O$

（1）性能指标

外观	无色油状液体
密度	$0.89g/cm^3$
沸点	263℃
折射率	1.487～1.491（20℃）
闪点	100℃
溶解性	不溶于水。溶于大多数有机溶剂。以1:3溶于70％乙醇中
香气	具有特有的青香韵的铃兰花香气，并有青香和木香香韵

（2）生产原料与用量

橙花叔醇	工业级	300
无水乙酸	工业级	235
氢氧化钾	工业级	20～40

（3）合成原理

可采用皂化法和合成法生产。由合成方法生产的金合欢醇各异构体的混合物在调香中可代替天然金合欢醇，用于协调剂和定香剂。制备方法如下。

① 以橙花叔醇为原料，与无水乙酸加热异构化，再经皂化而得。反应式如下：

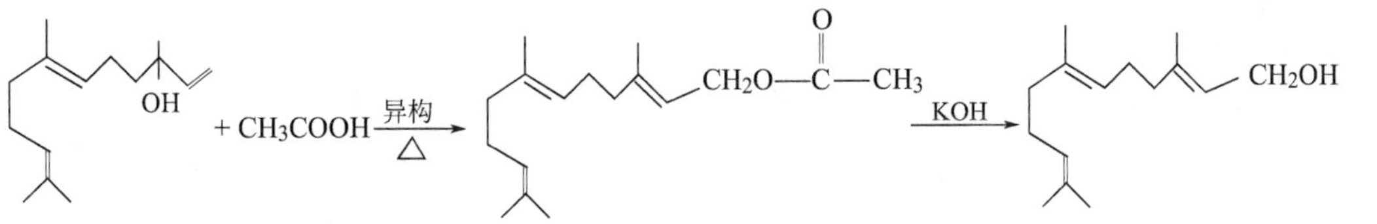

② 以香叶基丙酮为原料，反应式如下：

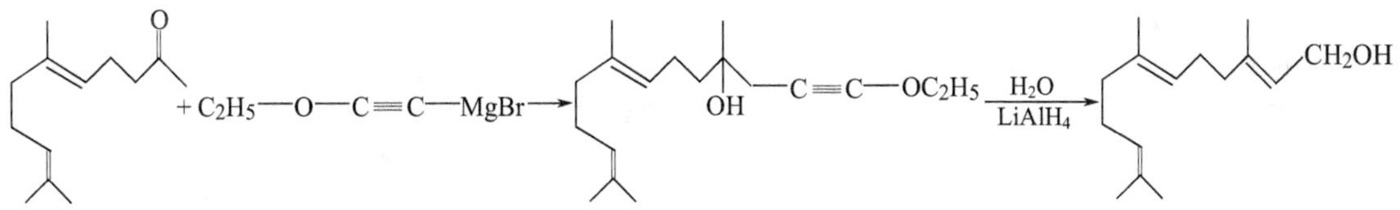

注意事项：金合欢醇是IFRA限制使用的日用香料之一，商品金合欢醇必须含金合欢醇（异构体总量）96％以上才可作为日用香料使用，因为含杂质过多的金合欢醇有过敏作用。金合欢醇因 $C_{6～7}$ 和 $C_{10～11}$ 间双键存在顺反几何异构体，可有反反、顺反、顺顺、反顺4种几何异构体。4种异构体的香气略有不同而大体相近。

（4）生产工艺流程（参见图5-31） 将橙花叔醇与无水乙酸反应釜D101中，加热至120～130℃，进行异构化反应20h，经减压蒸馏得金合欢乙酸酯。

将上述产物金合欢乙酸酯加入D102中，加入氢氧化钾进行皂化反应，再经分层器V102分离得金合欢醇。

（5）产品用途 属醇类合成香料。天然存在于柠檬草油、香茅油等精油中。主要用作铃兰、丁香、玫瑰、紫罗兰、橙花、仙客来等具有花香韵香精的调合料，也可用作东方香型、素心兰香型香精的调合香料。

5.6.4 紫罗兰酮

中文别名：芷香酮，环柠檬烯基丙酮，α-紫罗酮，4-(2,6,6-三甲基-2-环辛烯-1-基)-3-丁烯-2-酮

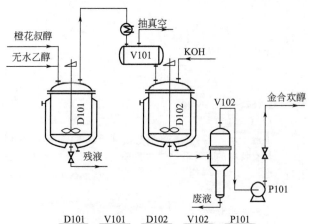

图 5-31　金合欢醇的生产工艺流程

英文名称：alpha-Ionone；ionone；（α-Ionone，β-Ionone，γ-Ionone）（3E)-4-[(1S)-2,6,6-tri-methylcyclohex-2-en-1-yl] but-3-en-2-one；（3E)-4-(2,6,6-trimethylcyclohex-2-en-1-yl) but-3-en-2-one；（3E)-4-[(1R)-2,6,6-trimethylcyclohex-2-en-1-yl] but-3-en-2-one

分子式：$C_{13}H_{20}O$

（1）性能指标

外观与性状	无色至浅黄色黏稠液体。为 α 和 β-紫罗兰酮的混合物，α 体紫罗兰酮具有甜花香；β 体类似松木香，稀时类似紫罗兰香。紫罗兰酮有三种异构体，γ-紫罗兰酮尚未发现天然存在，而 α- 和 β-紫罗兰酮存在于多种天然植物中
沸点	146～147℃（28mmHg，α 体）；140℃（18mmHg，β 体）
相对密度	0.9298（21℃，α 体）；0.9462（21℃，β 体）
溶解性	不溶于水和甘油，溶于丙二醇、大部分非挥发性油和矿物油

（2）生产原料与用量

柠檬醛	工业级	300	醋酸	工业级	20
丙酮	工业级	825	硫酸	工业级，65%	25～30
氢氧化钠	工业级	30～50	水	去离子水	适量

（3）合成原理　紫罗兰酮的合成分为全合成和半合成，半合成从柠檬醛出发和丙酮进行反应生成假性紫罗兰酮，再环化合成紫罗兰酮。全合成由小分子出发合成紫罗兰酮。

① 紫罗兰酮可用柠檬醛与丙酮在碱性条件下缩合，得到假性紫罗兰酮，如用路易斯酸或80%磷酸处理，主要得到动力学产物 α-紫罗兰酮；如用强酸，例如浓硫酸和在较剧烈条件下处理，则得热力学产物 β-紫罗兰酮。柠檬醛可以从山苍子油中单离，如此则实际采取的是半合成路线。合成反应式如下：

α 和 β 体可利用其衍生物的溶解性质不同分离。β-紫罗兰酮的缩氨基脲溶解度极小，可用于分离提纯 β 体。母液中的粗 α-紫罗兰酮缩氨基脲可用稀硫酸使它转回成酮，再变成肟进行纯化。α-紫罗兰酮肟冷却到低温时析出结晶，而 β-紫罗兰酮的肟则为油状物，借此得以分离。

α 和 β 体也可利用其亚硫酸氢钠加成物的性质不同分开，即 β 体的加成物在水蒸气蒸馏时分解，故可蒸出 β 体，留下的是 α 体加成物，可用碱处理再生成 α 体；或者将亚硫酸氢钠加成物溶液以食盐饱和，使 α 体加成物沉淀，而 β 体加成物则留在溶液中，分别再生得 α 和 β-紫罗兰酮。

② 以脱氢芳樟醇为原料　脱氢芳樟醇可以乙炔和丙酮为基本原料经过一系列反应合成，脱氢芳樟醇与乙酰乙酸乙酯反应生成乙酰乙酸脱氢芳樟醇，经脱羧和分子重排即得假性紫罗兰酮。合成反应如下：

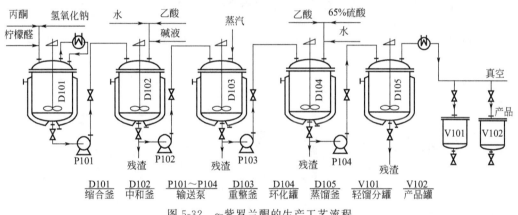

（4）生产工艺流程（参见图5-32）　将柠檬醛、丙酮以及氢氧化钠溶液加至缩合罐 D101 中，加热升温至 60℃ 左右，保温 3h，反应完毕。送至中和釜 D102，先分出丙酮碱水层，油相用水洗，用 10% 稀醋酸中和至 pH=6 左右，然后用沸水洗涤，分去水层，然后在 D103 中冲蒸得粗假性紫罗兰酮。继续用 65% 硫酸在环化罐的 D104 中进行环化；用碱中和至 pH 约 9～10，再用 30% 醋酸中和至 pH=6，水洗，再在 D105 中减压蒸馏，分别收集轻馏分与产品 α-紫罗兰酮在 V101、V102 中。

图 5-32　α-紫罗兰酮的生产工艺流程

（5）产品用途

紫罗兰酮是最常用的合成香料之一，是配制紫罗兰、金合欢、晚香玉、素心兰等花香型及幻想型香精的常用组分。α-紫罗兰酮具有修饰、圆熟、增甜、增花香的作用，是非常宝贵的香料；β-紫罗兰酮除作为上述各种香精的主香剂外，还是生产维生素 A 的原料。

5.6.5　苯乙醇

中文别名：2-苯乙醇，β-苯乙醇，β-苯基乙醇，2-苯基乙醇，苄基甲醇

英文名称：phenethyl alcohol；2-phenylethanol；β-phenylethanol；β-phenylethyl alcohol；2-phenyl ethyl alcohol；beta-phenylethanol

分子式：$C_8H_{10}O$

（1）性能指标

外观与性状	无色液体，有玫瑰花香味	相对蒸气密度（空气=1）	4.21
熔点	−27℃	饱和蒸气压	0.13kPa（58℃）
沸点	219.5℃	闪点	102℃
相对密度（水=1）	1.02（15℃）	溶解性	溶于水，可混溶于醇、醚，溶于甘油

（2）生产原料与用量

苯	工业一级	640	冷冻盐水	工业级	适量
环氧乙烷	工业级	360	氢氧化钠	工业一级	适量
无水三氯化铝	工业级	20	氮气	工业级	适量

（3）合成原理　苯乙醇的合成主要有 3 种方法。

① 氧化苯乙烯法　以氧化苯乙烯在少量氢氧化钠及骨架镍催化剂存在下，在低温、加压下进行加氢即得。

② 环氧乙烷法　在无水三氯化铝存在下，由苯与环氧乙烷发生 Friedel-Crafts 反应制取。Friedel-Crafts 反应如下：

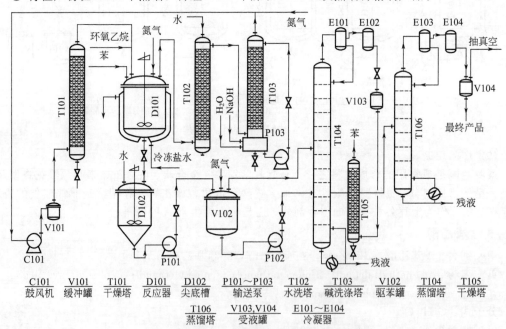

③ 苯乙烯法　苯乙烯在溴化钠、氯酸钠和硫酸催化下进行卤醇化反应，得溴代苯乙醇，加 NaOH 进行环化得环氧苯乙烷，再在镍催化下加氢而得。反应路线如下：

（4）生产工艺流程（参见图 5-33）　环氧乙烷法的工艺流程说明如下。

① 将苯加入反应釜 D101 中，在无水三氯化铝存在下，通入环氧乙烷，经 C101 鼓入空气，同时通入氮气，在 50～70 反应 4～6h，降温。

② 将所得物料导入 D102，加适量水搅拌混合均匀，再导入驱苯罐 V102 驱苯，然后依次经 T102 水洗、T103 碱洗得粗产物。

③ 将粗产物在 T104 中蒸馏，再经 T105 干燥、T106 二次蒸馏得精制产品。

| C101 | V101 | T101 | D101 | D102 | P101～P103 | T102 | T103 | V102 | T104 | T105 |
| 鼓风机 | 缓冲罐 | 干燥塔 | 反应器 | 尖底槽 | 输送泵 | 水洗塔 | 碱洗涤塔 | 驱苯罐 | 蒸馏塔 | 干燥塔 |

| T106 | V103,V104 | E101～E104 |
| 蒸馏塔 | 受液罐 | 冷凝器 |

图 5-33　环氧乙烷法制 β-苯乙醇示意流程

（5）产品用途　苯乙醇是用量较大的一种香料。它是玫瑰香精的通用组分，在许多花香型香精中也大量使用。因其对碱稳定，故适用于皂用香精。主要用以配制蜂蜜、面包、桃子和浆果类等型香精。也可用于调配玫瑰香型花精油和各种花香型香精，如茉莉香型、丁香香型、橙花香型等，几乎可以调配所有的花精油，广泛用于调配皂用和化妆品香精。此外，亦可以调配各种食用香精，如草莓、桃、李、甜瓜、焦糖、蜜香、奶油等型食用香精。

5.6.6 香兰素

中文别名：4-羟基-3-甲氧基苯甲醛，香荚兰醛，香荚兰素，香兰醛，3-甲氧基-4-羟基苯甲醛，香草醛

英文名称：vanillin；2-methoxy-4-formylphenol；3-methoxy-4-hydroxy benzaldehyde（vanillin）；4-formyl-2-methoxyphenol；4-hydroxy-3-methoxy-benzaldehyde；4-hydroxy-3-methoxybenzaldehyde（vanillin）；4-hydroxy-5-methoxybenzaldehyde；4-hydroxy-m-anisaldehyd；4-hydroxy-m-anisaldehyde

分子式：$C_8H_8O_3$

（1）性能指标

外观与性状	具有典型的香荚兰豆香气的无色针状晶体
熔点	81～83℃
沸点	170℃（15mmHg）
相对密度	1.06
蒸气密度	5.3（相对空气）
蒸气压	＞0.01mmHg（25℃）
闪点	147℃
溶解性	溶于125倍的水、20倍的乙二醇及2倍的95％乙醇，溶于氯仿

（2）生产原料与用量

① 以亚硫酸盐废液中的木质素制备香兰素

亚硫酸盐废液	固形物40％～50％	460	苯	工业一级	500～600
NaOH	工业级	230	亚硫酸氢钠	工业级	20～30

② 从愈创木酚制取香兰素

盐酸	工业级，30％	166	愈创木酚	工业级	126
二甲基苯胺	工业级	61.5	乙醇	工业级，95％	63
亚硝酸钠	工业级，25％	75	水	蒸馏水	234
乌洛托品	工业级	26			

（3）合成原理 香兰素可由香荚兰豆提取，亦可用木浆废液、丁香酚、愈创木酚、黄樟素等制成。

① 由香荚兰豆提取 由邻氨基苯甲醚经重氮水解成愈创木酚，在亚硝基二甲基苯胺和催化剂存在下，与甲醛缩合，或在氢氧化钾催化下与三氯甲烷反应而成，再经萃取分离、真空蒸馏和结晶提纯而得。

② 以木质素为原料 可以利用纤维素工业（主要是造纸工业）的亚硫酸制浆废液中所含的木质素制备香兰素。一般废液中含固形物10％～12％，其中40％～50％为木质素磺酸钙。将废母液浓缩后在碱和氧化剂存在下升温、加压处理可使木质素转化为香兰素及一些副产物，再通过萃取、分馏、结晶、重结晶等操作使香兰素与副产物相分离。反应式如下：

③ 以愈创木酚为原料 三氯乙醛法：愈创木酚与三氯乙醛在纯碱或碳酸钾的存在下，加热至27℃缩合生成3-甲氧基-4-羟基苯基三氯甲基甲醇，未反应的愈创木酚用水蒸气蒸馏除去。在苛性钠存在下，用硝基苯作氧化剂，加热至150℃氧化裂解得香兰素；也可用 $Cu-CuO-CoCl_2$ 作催化剂，在100℃下空气氧化，反应后用苯萃取香兰素，经减压蒸馏和重结晶提纯得成品。

乙醛酸法：在乙醛酸溶液中依次加入愈创木酚、氢氧化钠溶液和碳酸钠，并在 30～33℃下缩合生成 3-甲氧基-4-羟基苯基羟乙酸。用溶剂萃取出未反应的愈创木酚后，加入氢氧化钠溶液，在间硝基苯磺酸和氢氧化钙存在下，加热至 100℃进行氧化裂解得香兰素。氧化产物经中和后用二氯乙烷萃取香兰素，粗品经减压蒸馏和重结晶提纯得成品。

亚硝基法：将愈创木酚、对亚硝基二甲苯胺、乌洛托品以及催化剂氯化锌加入到反应罐中进行缩合反应，然后送至水解罐中水解，分出水相，再用苯萃取。然后蒸除苯，减压蒸馏得粗香兰素。所得的粗香兰素先用甲苯结晶提纯，再用乙醇重结晶提纯即得产品。反应式如下：

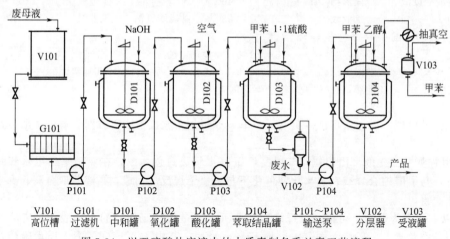

④ 对羟基苯甲醛法　以对羟基苯甲醛为原料，经单溴化、甲氧基化反应制备香兰素。

（4）生产工艺流程（参见图 5-34 与图 5-35）

① 以亚硫酸盐废液中的木质素制备香兰素（参见图 5-34）　亚硫酸盐废液生产香兰素是一条综合利用的工艺路线，原料来源丰富。工艺步骤说明如下。

先将废液浓缩至含固形物 40%～50%，加入木质素量的 25%的 NaOH，并加热至 160～175℃（约 1.1～1.2MPa），通空气氧化 2h，转化率一般可达木质素的 8%～11%。氧化物用苯萃取出香兰素，并用水蒸气蒸馏的方法回收苯；在氧化物中加入亚硫酸氢钠生成亚硫酸氢盐，然后与杂质分开，再用硫酸分解得香兰素粗品，最后经减压蒸馏和重结晶得成品。

V101	G101	D101	D102	D103	D104	P101～P104	V102	V103
高位槽	过滤机	中和罐	氧化罐	酸化罐	萃取结晶罐	输送泵	分层器	受液罐

图 5-34　以亚硫酸盐废液中的木质素制备香兰素工艺流程

亚硫酸盐废液生产香兰素是一条综合利用的工艺路线，原料来源丰富，因此近年来在世界各国的发展很快。

② 从愈创木酚制取香兰素（参见图 5-35）　将 30%的盐酸 166kg 和水 200kg 加入反应釜，冷却至 10℃后，在 2h 内滴加二甲基苯胺 61.5kg，温度不超过 25%，之后继续搅拌 20min。冷却至 6℃后滴加 75kg 亚硝酸钠配成的 25%的水溶液，温度控制在 7～10℃下继续搅拌 1h。滤出对亚硝基二甲基苯胺盐酸盐，再加入一定量的乙醇和浓盐酸，以稀释固体，得对亚硝基二甲基苯胺。

愈创木酚与对亚硝基二甲基苯胺缩合：将乌洛托品 26kg 溶于 34kg 水中，再加入 126kg 愈创木酚和 63kg 乙醇的混合液，储于高位槽备用。将上述所得的对亚硝基二甲基苯胺盐酸盐和乙醇的混合物 550kg 加入反应釜，加热至 28℃后加入金属盐类催化剂，然后加热到 35～36℃时滴加愈创木酚混合液（3～3.5h），温度保持在 40～43℃，滴加完后继续搅拌反应 1h。然后加入

100kg 40℃的水稀释，并搅拌15min，缩合液内香兰素的含量应在11％以上。

以苯为溶剂，在转盘式液—液萃取塔中连续逆流萃取上述缩合液。苯萃取液内含有大量的盐酸，先用水洗涤，再用碱中和至pH＝4；用升膜式蒸发器蒸馏回收苯，然后用水蒸气冲蒸1h以除去残余的苯；再减压蒸去水分，最后在120～150℃（666.6Pa）下快速蒸出香兰素粗品，凝固点70℃左右。将粗品溶解在70℃的甲苯中，过滤后冷却至18～20℃，吸滤并用少量甲苯洗涤得香兰素。接着进行第二次减压蒸馏，收集130～140℃（266.6～399.9Pa）的馏分并将其溶解在60～70℃的稀乙醇中，慢慢冷却至16～18℃使其结晶（1h）。用离心机甩滤，并用少许稀乙醇洗涤。最后在50～60℃下，热气流烘干12h得成品。按愈创木酚计，收率可达65％以上。

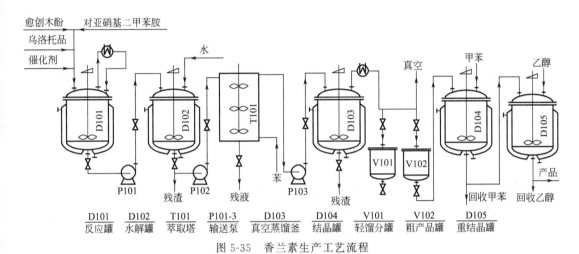

图 5-35　香兰素生产工艺流程

（5）产品用途　香兰素主要的应用范围是食品加香，是香子兰、巧克力、太妃香型的食用香精中必不可少的香料，加香产品涉及冰淇淋、糖果巧克力和烘烤食品。在日用香精调香中可对甜香的日用香精起到调和香气及定香的作用。作为粉底香料，几乎用于所有香型，但因其易变色，故在白色加香产品中使用时应注意。

5.6.7　洋茉莉醛

中文别名：氧化胡椒醛，天芥菜精，3,4-二氧亚甲基苯甲醛

英文名称：3,4-(methylenedioxy) benzaldehyde；piperonaldehyde；1,3-benzodioxole-5-carbaldehyde

分子式：$C_8H_6O_3$

（1）性能指标

外观与性状	白色有光泽晶体，见光变红棕色。有天芥菜的香气
熔点	35.5～37℃
沸点	261～263℃
闪点	131℃
溶解度	1g试样全溶于95％（体积分数）乙醇4mL中（25℃）
含醛量	≥98.0％（GC）
溶解情况	溶于乙醇、乙醚和热水，微溶于冷水。
稳定性	长时间遇热和光，会发生质变。在弱碱性和弱酸性介质中稳定，容易导致变色。
香气	有清甜的豆香兼茴清香气，微辛，有些似葵花、樱桃样香气，香气较弱而留香持久

（2）生产原料与用量

黄樟油素	食品级	280	硫酸	工业级，98％	8～18
氢氧化钾	食品级，15％溶液	30	纯碱液	食品级，20％	30
重铬酸钾	工业级	5～10			

（3）合成原理　天然存在于天然黄樟油、胡椒、香荚兰、鸡、甜瓜、雪利酒、刺槐花、紫罗兰花中。工业合成一般以黄樟脑为原料制得，也可由3,4-二氧亚甲基苄醇氧化制得。传统的工业生产洋茉莉醛的路线，即黄樟油素与KOH共热异构化为异黄樟油素再进行氧化的生产工艺，目前仍是主要的生产方法。反应式如下：

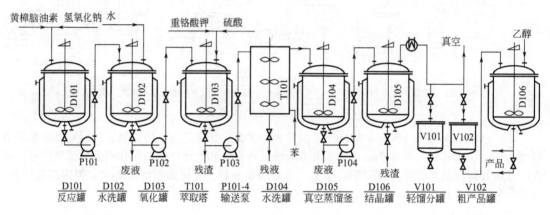

（4）生产工艺流程（参见图5-36）　将黄樟油素以及氢氧化钾溶液加入反应罐D101中，加热进行异构化，然后送至水洗罐D102中进行水洗，去除水相，油相送至氧化罐D103中在重铬酸钾以及硫酸的作用下，进行氧化。然后在萃取塔T101中用苯萃取；萃取后的物料在D104中纯碱液中和，再用水洗涤；泵入D105经减压蒸馏得粗洋茉莉醛（收集在V102中），然后送至重结晶罐D106中重结晶即得产品。

图 5-36　洋茉莉醛生产工艺流程

（5）产品用途　广泛用于医药上以及配制花香型和幻想型香精。在葵花、甜豆花、紫罗兰、香石竹等花香型或辛香型的豪华香精中广泛使用，也是食用香精的一种重要配料，微量用于桃子、坚果、可乐等香型的食品中。

5.6.8　水杨酸异戊酯

中文别名：邻羟基苯甲酸异戊酯

英文名称：isoamyl salicylate

分子式：$C_{12}H_{16}O_3$

（1）性能指标

外观与性状	无色液体，有浓郁的花香气味。	闪点	270℃
相对密度（水＝1）	1.05～1.06（15℃）	溶解性	不溶于水，不溶于甘油，溶于
沸点	265℃		乙醇、乙醚

（2）生产原料与用量

水杨酸	工业级	400	浓硫酸	工业级，98%	12～20
异戊醇	工业级	560			

（3）合成原理　水杨酸异戊酯在某些水果中曾发现其天然存在。通常由水杨酸与异戊醇直接酯化而得，反应式如下：

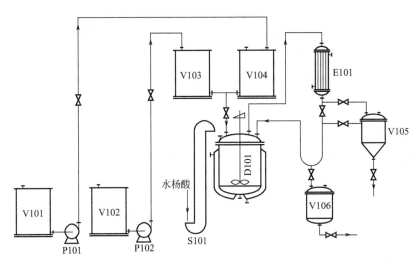

（4）生产工艺流程（参见图5-37） 将水杨酸、异戊醇和浓硫酸分别由升降机 S101、高位槽 V104 和高位槽 V103 加入钢质搪瓷反应器 D101，加热搅拌开始酯化反应。反应结束时由油水分离器 V105 排出的水停止排出，而且反应器温度趋近异戊醇沸点，可以据此停止反应操作。物料再经蒸馏得成品水杨酸异戊酯。

V101	V102	V103	V104	P101-2	D101	S101	E101	V105	V106
异戊醇储罐	硫酸储罐	硫酸高位槽	异戊醇高位槽	输送泵	反应器	升降机	冷凝器	油水分离器	接受器

图 5-37　除水酯化工艺流程

（5）产品用途　水杨酸异戊酯有定香作用，用于配制许多类型的香精。适用于调制素心兰、山茶花、香罗兰、风信子、菊花等香型的香精，可赋予香精药草及花香香韵。由于对碱稳定，故极适用于皂用香精。也用于医药上。

5.6.9　桃醛

中文别名：桃醛、γ-十一内酯、丙位十一内酯、十一烷酸内酯、十四醛、α-庚基-γ-丁内酯

英文名称：γ-unsecalactone；5-heptyldihydro-furanone；gamma-undecanolactone；4-n-heptyl-4-hydroxybutanoic acid lactone；peach aldehyde

分子式：$C_{11}H_{20}O_2$

（1）性能指标

外观	无色至淡黄色略黏稠透明液体。
香气	有强烈的桃子和杏仁样香气。商用的桃醛一般都含有一些杂质。
酸值	≤2.0
折射率	1.4480～1.430（20℃）
沸点	286℃
相对密度	0.941～0.944（25℃/25℃）
闪点	＞230°F
溶解性	溶于乙醇（1mL 溶于 5mL 60%乙醇）、苄醇、苯甲酸苄酯、丙二醇、碱液、大多数非挥发性油和矿物油，几乎不溶于甘油和水

（2）生产原料与用量

蓖麻油	工业级		300	碳酸钠	工业级	8～18
氢氧化钠	工业级		45	水	去离子水	适量
硫酸	工业级，98%		6			

（3）合成原理　桃醛主要有四种合成方法。

① 由十一烯酸在硫酸存在下内酯化而得。在 80～85℃下将十一烯酸和 1.15 倍质量的 80% 的硫酸搅拌反应 4h，加水搅拌后静置分层，有机层依次用水、15% 的碳酸钠溶液、水洗涤。干燥后减压蒸馏，收集 160～170℃（1733.2Pa）馏分，即为 γ-十一内酯。

② 由 ω-十一烯酸与硫酸共热而得。反应时双键位置由链转移到 β，γ 位置上，而后再内酯化。

③ 由 1-辛醇、丙烯酸甲酯与二叔丁基过氧化物的游离基加成制得。

④ 通过热解蓖麻油得到 ω-十一烯酸甲酯，经皂化、酸化而得游离的 ω-十一烯酸。再经转位内酯化即制得了 γ-十一内酯。反应式如下：

$$CH_2=CH(CH_2)_8COOCH_3 + NaOH \xrightarrow{\text{皂化}} CH_2=CH(CH_2)_8COONa + CH_3OH$$
十一烯酸甲酯

$$2CH_2=CH(CH_2)_8COONa + H_2SO_4 \xrightarrow{\text{酸化}} 2CH_2=CH(CH_2)_8COOH + Na_2SO_4$$

$$CH_2=CH(CH_2)_8COOH \xrightarrow{H_2SO_4} CH_3(CH_2)_6CH=CHCH_2COOH \xrightarrow{H_2SO_4} CH_3(CH_2)_6CHCH_2CH_2C=O$$
ω-十一烯酸　　　　　　　　　　　　　　　（γ-十一内酯）

（4）生产工艺流程（参见图 5-38）

① 将蓖麻油加入反应釜 D101 中，加热至 300～350 热解 2～4h，得到 ω-十一烯酸甲酯。

② D101 中加入氢氧化钠，皂化反应 2h 后，加入硫酸酸化 3h，而得游离的 ω-十一烯酸。

③ 将游离的 ω-十一烯酸导入水洗釜 D102 中，水洗、分层的物料再中和釜 D103 中，加入碳酸钠中和；再经分层除去十一烯酸钠后泵入 D104 中减压蒸馏，在 V104 中收集成品 γ-十一内酯。

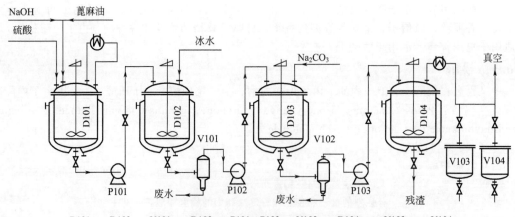

图 5-38　γ-十一内酯的合成工艺流程

（5）产品用途　桃醛是最常用的内酯香料之一，在桂花、茉莉、栀子花、铃兰、橙花、白玫瑰、紫丁香、金合欢等香型的日用香料中均常使用，也是配制桃子、甜瓜、梅子、杏子、樱桃、桂花等食品香精的上好原料。它几乎不溶于水，溶解于乙醇和大多数普通有机溶剂，可广泛应用于日化香精和食用香精。由于其香气强烈，故用量不宜过多。

5.6.10　香豆素

中文别名：氧杂茶邻酮，香豆内酯，邻氧萘酮，2H-1-苯并吡喃-2-酮，1,2-苯并吡喃酮

英文名称：coumarin；2H-1-benzopyran-2-one；COUMARINE；1-benzopyran-2-one；1,2-benzopyrone；chromen-2-one；O-oxy-cinnamic Lactone；2H-chromen-2-one

分子式：$C_9H_6O_2$

（1）性能指标

外观与性状	香气颇似香兰素的白色结晶	溶解性	溶于乙醇、氯仿、乙醚，不溶于水，
熔点	69℃		较易溶于热水
沸点	297～299℃		

（2）生产原料与用量

水杨醛	工业级	165	碱液	工业级，10%	200
醋酐	工业级	120	水	去离子水	适量
乙酸钾	工业级	3～7			

（3）合成原理　香豆素在自然界中存在于黑香豆、肉桂、薰衣草等植物中，带有强烈的干草香气。工业上合成香豆素是采用水杨醛与醋酐在乙酸钾或无水醋酸钠存在下缩合的 Perkin 反应：

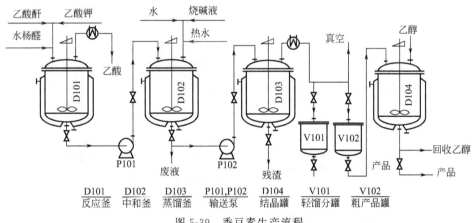

（4）生产工艺流程（参见图 5-39）　将醋酐、水杨醛以及催化剂乙酸钾加入到反应釜中，升温至 145～150℃，控制蒸汽温度在 120℃ 以下。当蒸汽温度不易控制在 120℃，继续提高反应物温度至 208℃，维持 0.5h。然后冷却至 80℃ 左右，送入中和釜中，依次用水、碱液洗涤，最后再用水洗至中性，然后进行减压蒸馏，得粗香豆素。然后用乙醇重结晶，得产品。

D101	D102	D103	P101,P102	D104	V101	V102
反应釜	中和釜	蒸馏釜	输送泵	结晶罐	轻馏分罐	粗产品罐

图 5-39　香豆素生产流程

（5）产品用途　香豆素是一种重要的香料，主要应用在香皂、化妆品和烟用香精中，出现在香薇、素心兰、紫罗兰、葵花等多种香型的配方中。此外，还在橡胶、医药、电镀等行业中用作祛臭剂、增香剂和光亮剂，但一般不作食用。

5.6.11　葵子麝香

中文别名：2,6-二硝基-3-甲氧基-4-叔丁基甲苯

英文名称：musk ambrette；2,6-dinitro-3-methoxy-4-tert-butyltoluene

分子式：$C_{12}H_{16}O_5N_2$

（1）性能指标

外观　　　　　　　浅黄色至淡绿色的粉状结晶体

熔点　　　　　　84.5～85.1℃
溶解度　　　　　在95％乙醇中的溶解度为26g/L（25℃），易溶于邻苯二甲酸二乙酯和苯甲酸苄酯
香气　　　　　　具强的麝香香气并带有花香格调，香气较为接近天然麝香

（2）生产原料与用量

间甲酚	工业级	320	乙酸酐	工业级	70
甲基硫酸钠	工业级	38	氢氧化钠	工业级	25
硝酸	工业级	10	无水三氯化铝	工业级	16
异丁烯	工业级	130	乙醇	工业级，95％	适量

（3）合成原理　葵子麝香尚未发现天然存在。工业上葵子麝香由间甲酚为原料，经甲基化、叔丁基化和硝化等多步反应制得。合成反应式如下：

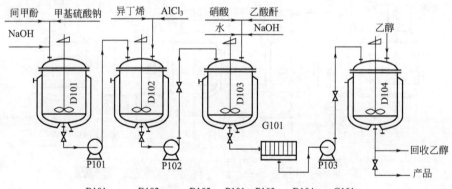

（4）生产工艺流程（参见图5-40）

① 将间甲酚、氢氧化钠加入甲基化釜 D101 中，加热至40～50℃，搅拌0.5h得间甲酚钠。再加入甲基硫酸钠反应一定时间得到间甲氧基甲苯。

② 物料泵入叔丁基化釜 D102，加入异丁烯、催化剂无水三氯化铝，在60～90℃进行叔丁基化反应5～8h得中间产物4-叔丁基-3-甲氧基甲苯。

③ 物料泵入硝化釜 D103，再加入乙酸酐、硝酸进行硝化反应。加入冷水洗涤，分离出废水；再加入氢氧化钠中和，然后水洗；物料再经 G101 过滤后，导入结晶罐 D104。

④ 将乙醇加入结晶罐 D104 中，搅拌均匀后重结晶。结晶后的固体物经干燥即为产品葵子麝香。溶剂乙醇通过蒸馏塔回收重复使用。

图5-40　葵子麝香的生产工艺流程

（5）产品用途　葵子麝香在已知的硝基麝香化合物中是使用最广的产品，因为其香气质量比较高，它可以作为定香剂、调和剂广泛应用于化妆品香精、皂用香精，尤其是在高级香水香精中作定香剂，用量较为可观。

5.6.12　二甲苯麝香

中文别名：2,4,6-三硝基-3,3-二甲基-5-叔丁基苯，1-(1,1-二甲基乙基)-3,5-二甲基-2,4,6-三硝基苯，2,4,6-三硝基-5-叔丁基间二甲苯

英文名称：musk xylene；1-(1,1-dimethylethyl)-3,5-dimethyl-2,4,6-trinitrobenzene；1-tert-butyl-3,5-dimethyl-2,4,6-trinitrobenzene；musk xylol，xylene musk

分子式：$C_{12}H_{15}N_3O_6$

（1）性能指标

外观	淡黄色针状晶体		留香持久
熔点	112.5～114.5℃	溶解性	在乙醇中溶解度较差，易溶于邻苯
沸点	200～202℃		二甲酸二乙酯中
香气	具有干甜的麝香样的动物香气，	其他	具有一定的爆炸性

（2）生产原料与用量

叔丁醇	工业级	37	浓硝酸	工业级，65%	99
盐酸	工业级	57	浓硫酸	工业级，98%	198
间二甲苯	工业级	61			

（3）合成原理 由氯化叔丁烷在氯化铝的存在下与间二甲苯作用成1,3-二甲基-5-叔丁基苯，再用浓硝酸硝化而制得。合成反应式如下所述。

① 氯代叔丁烷的合成 $(CH_3)_3COH + HCl \longrightarrow (CH_3)_3CCl + H_2O$

② 叔丁基反应

③ 硝化反应

（4）生产工艺流程（参见图5-41） 将叔丁醇与过量的盐酸加入氯化罐中，在约15℃下反应4h，然后分出过量的盐酸。将所得的叔丁基氯缓慢加至缩合罐中，在三氯化铝的催化下与间二甲苯缩合，缩合温度7～10℃，将缩合产物送至水洗罐中，先用水洗，再用碱洗，最后用饱和食盐水洗，洗涤后的产品送至硝化罐中，用浓硝酸、浓硫酸进行硝化，温度控制在40℃以下，产品经水洗分酸，转至重结晶罐中进行重结晶提纯，即得产品。

（5）产品用途 二甲苯麝香在合成麝香中价格最为低廉，作为定香剂和修饰剂，广泛应用于

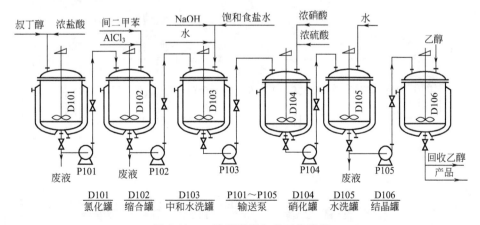

D101	D102	D103	P101～P105	D104	D105	D106
氯化罐	缩合罐	中和水洗罐	输送泵	硝化罐	水洗罐	结晶罐

图5-41 二甲苯麝香生产工艺流程

香皂、香波、香粉等日用香精中，在花香型、松木型等香精中使用效果甚佳。二甲苯麝香同时也作为很多中药膏贴剂的透皮剂使用，增加药物的表皮吸收，且有镇静、镇痛的作用，虽然本品称为人造麝香，但是它是单一的化合物，不同于麝香属于天然的多组分混合物。用麝香制成的含有药物中含有普拉雄酮，而被列为兴奋剂，在使用上有一定的限制，而二甲苯麝香正好避开了这一限制，得到一些业内人士的重视。

5.6.13　结晶玫瑰

中文别名：乙酸三氯甲基苯甲酯

英文名称：rosone；rosalin；rosacetal；benzyl acetate；alpha-(trichloromethyl) benzyl acetate

分子式：$C_{10}H_9Cl_3O_2$

（1）性能指标（QB947—1984）

外观与性状	白色至微黄色结晶；具有强烈的玫瑰香气，且很持久而有力
产品含量	≥98%
熔点	86～88℃
沸点	280～282℃
溶解度	1g 全溶于 25 份 95%（质量体积分数）乙醇中，不溶于水
天然存在	未见文献报道

（2）生产原料与用量

苯甲醛	工业级，含量≥95%	540	氢氧化钾	工业级	45
氯仿	工业级，含量≥95%	610	水	去离子水	适量
醋酐	工业级	710	乙醇	工业级，95%	适量
磷酸	工业级	60			

（3）合成原理　采用苯甲醛与氯仿在碱性条件下缩合生成苯原醇，苯原醇再与醋酐在磷酸催化下酯化生成结晶玫瑰。合成反应式如下：

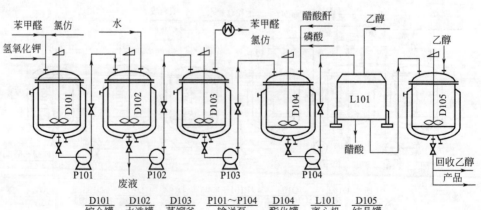

（4）生产工艺流程（参见图 5-42）　将苯甲醛、氯仿加入缩合罐内，调温至 25～30℃，然后

图 5-42　结晶玫瑰生产流程

分批加入氢氧化钾，每小时 3 次，12h 加完。升温至 30～35℃，保温 2h。将物料全部转到水洗罐中，洗至中性，然后在蒸馏釜中进行蒸馏以回收氯仿及苯甲醛。将所得苯原醇送至酯化罐中，先抽真空在 106～110℃下进行脱水，然后降温至 50℃，开始加入醋酐及磷酸，温度控制在 110～115℃。然后冷却送至离心机，将醋酸甩净，并用乙醇冲洗至无酸。将结晶玫瑰粗品进行重结晶提纯，即得产品。

（5）产品用途　作为定香剂广泛使用于玫瑰、香叶型香料中，特别是皂用、粉用香精中更适宜，通常用量 2％～4％。在配方中可作协调剂，同时亦有极佳的定香作用。

Chapter 6

第6章

化妆品

6.1　概述

6.1.1　化妆品的定义和作用

　　化妆品是清洁、美化人体面部、皮肤以及毛发等处的日常用品，它有令人愉快的香气，能充分显示人体的美，给人们以容貌整洁，讲究卫生的好感，并有益于人们的身心健康。

　　关于化妆品的定义，世界各国化妆品法规中均有论述。欧盟化妆品规程中规定：化妆品系指用于人体外部或牙齿和口腔黏膜的物质或制品，主要起清洁、香化或保护作用，以达到健康、改变外形或消除体臭的目的。我国《化妆品卫生监督条例》是生产、储运、经销和安全使用化妆品的基本法规，该条例对化妆品的定义是：化妆品是指以涂擦、喷洒或其他类似的方法，散布于人体表面任何部位，以达到清洁、消除不良气味、护肤、美容和修饰为目的的日用化学工业产品。化妆品的作用可以概括如下。

　　（1）清洁作用　除去面部、皮肤及毛发脏污物质，如清洁霜、清洁面膜、浴液和洗发香波等。

　　（2）保护作用　保护面部，使皮肤、毛发柔软光滑，用以抵御风寒、烈日、紫外线辐射，并防止皮肤开裂，如雪花膏、冷霜、防晒霜、防裂油膏、发乳等。

　　（3）美化作用　美化面部、皮肤以及毛发或散发香气，如香粉、胭脂、唇膏、香水、定型发膏、卷发剂、指甲油、眉笔等。

　　（4）营养作用　营养面部、皮肤及毛发，以增加组织细胞活力，保持表面角质层的含水量，减少皮肤细小皱纹以及促进毛发生机，如丝素霜、珍珠霜、维生素霜、金华素等。

　　（5）治疗作用　用于卫生或治疗，如雀斑霜、粉刺霜、祛臭剂、痱子粉、药性发乳（蜡）等。

6.1.2　化妆品的发展历史

　　（1）古代化妆品时代　在原始社会，一些部落在祭祀活动时，会把动物油脂涂抹在皮肤上，使自己的肤色看起来健康而有光泽，这也算是最早的护肤行为了。由此可见，化妆品的历史几乎可以推算到自人类的存在开始。在公元前5世纪到公元7世纪期间，各国有不少关于制作和使用化妆品的传说和记载，如古埃及人用黏土卷曲头发，古埃及皇后用铜绿描画眼圈，用驴乳浴身，古希腊美人亚斯巴齐用鱼胶掩盖皱纹等，还出现了许多化妆用具。中国古代也喜好用胭脂抹腮，用头油滋润头发，衬托容颜的美丽和魅力。

（2）矿物油时代　20世纪70年代，日本多家名牌化妆品企业，被18位因使用其化妆品而患严重黑皮症的妇女联名控告，此事件既轰动了国际美容界，也促进了护肤品的重大革命。早期护肤品、化妆品起源于化学工业，当时从植物中直接提炼还很难，而石油、石化、合成工业很发达，所以很多护肤品化妆品的原料来源于化学工业，截至目前仍然有很多国际国内的牌子在用那个时代的原料。所以矿物油时代也就是日用化学品时代。但是目前看来，所有护肤品化妆品中的致癌物、有害物质全部来自那个时代。

（3）天然成分时代　从20世纪80年代开始，皮肤专家发现：在护肤品中添加各种天然原料，对肌肤有一定的滋润作用。这时大规模的天然萃取分离工业已经成熟；此后，市场上护肤品成分中慢慢能够找到的天然成分：从陆地到海洋，从植物到动物，各种天然成分应有尽有。有些人甚至到人迹罕至的地方，试图寻找到特殊的原料，创造护肤的奇迹，包括热带雨林。当然此时的天然有很多是噱头，可能大部分底料还是沿用矿物油时代的成分，只是偶尔添加些天然成分，因为这里面的成分混合、防腐等仍然有很多难题很难攻克。

（4）零负担时代　2010年前，零负担产品开始在欧美及我国台湾地区流行，以往过于追求植物，来自天然原料的护肤的产品因为社会的发展和为了满足更多人特殊肌肤的要求，护肤品中各种各样的添加剂越来越多。所以，导致很多护肤产品并不一定天然，很多使用天然成分、矿物成分的护肤产品由于产品的成分较多，给肌肤造成了没必要的损伤，甚至过敏，这给护肤行业敲响了警钟，追寻零负担即将成为现阶段护肤发展史中最实质性的变革。2010年后，零负担产品开始诞生，将主导减少没必要的化学成分，增加纯净护肤成分为主题，给用过频繁化妆品的女性朋友带了全新的变革。"零负担"产品的主要特点在于：产品减少了很多无用成分，护肤成分，例如玻尿酸、胶原蛋白等均为活性使用，直接肌肤吸收，产品性能极其温和。

（5）基因时代　随着人体25000个基因的完全破译，当然这其中也有跟皮肤和衰老有关的基因被破解。许多药厂介入其中。还有很多企业开始以基因为概念的宣传，当然也有企业已经进入产品化。这个时代的特点，就是更严密、更科学，基因的技术在世界各地都是严格控制的。因为技术的先进，必须要有严格的临床和实证及严格检测。这几个时代并不是完全割裂的，是逐渐演变的。

6.1.3　化妆品的分类

化妆品种类繁多，其分类方法也五花八门，可按目的、内含物成分、剂型等分类，也可按使用部位、年龄、性别等分类；但通常按使用目的和相应组合进行分类，可分为以下9类。

（1）乳剂类化妆品　雪花膏、清洁霜、冷霜、减肥霜、润肤霜等。

（2）香粉类化妆品　香粉、粉饼、爽身粉、痱子粉等。

（3）美容类化妆品　唇膏、睫毛膏、眉笔、胭脂、指甲油、面膜等。

（4）香水类化妆品　香水、花露水、化妆水、痱子水、祛臭水等。

（5）香波类化妆品　透明液体香波、珠光香波、调理香波、儿童香波、护发素等。

（6）烫发、卷发类化妆品　电烫发浆、化学卷发剂、喷雾定型发胶、定型啫喱水等。

（7）染发类化妆品　暂时性染发剂、半永久性染发剂和永久性染发剂等。

（8）护发类化妆品　发油、发蜡、发乳、透明发胶等。

（9）其他类化妆品　防晒水、粉刺水、中草药类化妆品、剃须膏等。

6.1.4　化妆品的安全性

使用化妆品的目的是为了保护皮肤、清洁卫生和美容，它是人们常用的日用消费品，而且几乎天天用在健康的皮肤上。因此，安全保证是化妆品必须具有的要素，不得有碍人体的健康，同时在使用时不能有任何副作用。许多国家对化妆品的原料及制品都有一系列法规。化妆品的安全性资料包括急性毒性试验、急性皮肤刺激试验报告、多次重复刺激试验报告、应变性试验报告、光毒性试验报告、光变性试验报告、眼刺激性试验报告、致诱变性试验报告和人体斑贴试验报告等。如果上述材料均符合标准，才能获准生产。

影响化妆品安全性的因素主要有配方的组成、原料的选择及纯度和原料组分之间的相互作用。选择生产化妆品的原料必须符合药典的规定，因为不符合要求的化学合成原料或不纯物质，如重金属元素存在于化妆品中，长期使用会引起癌症或生育畸形等。又如发现含丙二醇高的产品，可引起皮肤湿疹。作为消费者，在使用化妆品时，必须注意产品的有效期；在选用新产品时，有必要进行简易的皮肤刺激性试验，从而选择适合自身皮肤的产品。

6.1.5　化妆品生产原料

化妆品是由各种不同作用的原料，经配方加工所制得的产品。化妆品质量的好坏，除了受配方、加工技术及制造设备条件影响外，主要还是决定于所采用原料的质量。化妆品所用原料品种虽然很多，但按其用途和性能，可分成基质原料和辅助原料两大类。

6.1.5.1　基质原料

组成化妆品基体的原料称为基质原料，它在化妆品配方中占有较大的比例。由于化妆品种类繁多，采用原料也很复杂，随着研究工作的深入，新开发的原料日益增多。现选择有代表性的原料介绍如下。

（1）油性原料　油性原料是组成膏霜类化妆品与发蜡、唇膏等油蜡类化妆品的基本原料。它主要起护肤、柔滑、滋润等作用。化妆品中所用的油性原料一般有三类：从动植物中取得的油性物质；矿物（如石油）中取得的油性物质；化学合成的油性物质。动植物的蜡主要是由脂肪酸和脂肪醇化合而成的酯，蜡是其习惯名称。

① 椰子油、蓖麻油及橄榄油　分别由椰子果肉、蓖麻子及橄榄仁中提取而得，主要成分分别是月桂酸、蓖麻油酸及油酸的三甘油酯，比较适合制造化妆皂、香波、发油、冷霜等化妆品。

② 羊毛脂　从羊毛中提取所得，内含胆甾醇、虫蜡醇和多种脂肪酸酯。它是性能很好的原料，对皮肤有保护作用，具有柔软、润滑及防止脱脂的性能。但由于它的气味和色泽，应用时往往受到限制。目前通常把羊毛脂加工成它的衍生物，不但保持了羊毛脂特有的理想功能，又改善了它的色泽和气味，如羊毛醇已被大量用于护肤膏霜及蜜中。

③ 蜂蜡　它由蜜蜂的蜂房精制而得，主要成分是棕榈酸蜂蜡酯、虫蜡酸等，是制造冷霜、唇膏等美容化妆品的主要原料。由于有特殊气味，不宜多用。

④ 鲸蜡　它从抹香鲸脑中提取而得，主要含有月桂酸、豆蔻酸、棕榈酸、硬脂酸等的鲸蜡脂及其他脂类，是制造冷霜的原料。

⑤ 硬脂酸　从牛脂、硬化油等固体脂中提取而得，其工业品通常是硬脂酸和棕榈酸的混合物，是制造雪花膏的主要原料。

⑥ 白油　它是石油高沸点馏分（330～390℃），经去除芳烃或加氢等方法精制而得，适合于制造护肤霜、冷霜、清洁霜、蜜、发乳、发油等化妆品的原料。

除了上述油性原料外，还有杏仁油、山茶油、水貂油、巴西棕榈蜡、虫胶蜡、凡士林、角鲨烷等在化妆品中都具有广泛的应用。

（2）粉类原料　粉类原料是组成香粉、爽身粉、胭脂等化妆品基体的原料，主要起遮盖、滑爽、吸收等作用。如滑石粉是制造香粉、粉饼、胭脂、爽身粉的主要原料；高岭土是制造香粉的原料，它能吸收、缓和及消除由滑石粉引起的光泽；钛白粉具有极强的遮盖力，用于粉类化妆品及防晒霜中；氧化锌有较强的遮盖力，同时具有收敛性和杀菌作用；云母粉用于粉类化妆品中，使皮肤有千种自然的感觉，主要用于粉饼和唇膏中。

6.1.5.2　辅助原料

使化妆品成型、稳定或赋予化妆品以色、香及其他特定作用的原料称辅助原料。它虽然在产品配方中比重不大，但极为重要。

（1）乳化剂　乳化剂是使油性原料与水制成乳化体的原料。在化妆品中有很大一部分制品，如冷霜、雪花膏、奶液等都是水和油的乳化体。乳化剂是一种表面活性剂，其主要作用，一是起乳化效能，促使乳化体的形成，使乳化体稳定；二是控制乳化类型，即水包油或油包水型。

（2）香精　香精是赋予化妆品以一定香气的原料，它是制造过程中的关键原料之一。香精选用得当，不仅受消费者的喜爱，而且还能掩盖产品介质中某些不良气味。香精是由多种香料调配混合而成，且带有一定类型的香气，即香型。化妆品在加香时，除了选择合适的香型外，还要考虑到所选用的香精对产品质量及使用效果有无影响。因此不同制品对加香要求不同。

（3）色素　色素是赋予化妆品一定颜色的原料。人们选择化妆品往往凭视、触、嗅等感觉，而色素是视觉方面的重要一环，因此色素用的是否适当对化妆品好坏也起决定作用。常用的有合成色素、无机色素（氧化铁、炭黑、氧化铬绿等）、天然色素（胭脂树红、胭脂虫红、叶绿素、姜黄素和叶红素等）。

（4）防腐剂和抗氧剂

① 防腐剂　由于大多数化妆品均含有水分，还含有胶质、脂肪酸、蛋白质、维生素及其他各种营养成分，在产品制造、贮运及消费者使用过程中可能引起微生物繁殖而使得产品变质，所以在化妆品配方中必须加入防腐剂。用于化妆品防腐剂的要求是：不影响产品的色泽，不变色，无气味；在用量范围内应无毒性、对皮肤无刺激性；不会对产品的黏度、pH 值有影响。为了获得广谱的抑菌效果，往往采用 2～3 种防腐剂配合使用。

化妆品防腐剂的品种较多，如对羟基苯甲酸酯类（商品名称"尼泊金"），它稳定性好，无毒性，气味极微，在酸、碱介质中都有效，在化妆品中广泛应用。亦可用山梨酸、脱氢醋酸、乙醇等。

② 抗氧剂　许多化妆品含有油脂成分，尤其是含有不饱和油脂的产品，日久后，因为空气、光等因素使油脂发生酸败而变味，酸败的过程实际上是油脂的氧化过程。抗氧剂的作用是阻滞油脂中不饱和键的氧化或者本身能吸氧，从而防止油脂酸败使化妆品质量得到保证，其用量一般为 $0.02\%\sim0.1\%$。常用的抗氧剂有没食子酸丙酯、二叔丁基对甲酚（BHT）、叔丁羟基茴香醚（BHA）、维生素 E（生育酚）、乙醇胺、抗坏血酸、柠檬酸、磷酸及其盐类等。

在化妆品配方中作为辅助性原料的还有：胶黏剂（如阿拉伯树胶、果胶、甲基纤维素等）；滋润剂，使产品在储存与使用时能保持湿度，起滋润作用的原料（如甘油、丙二醇等）；助乳化剂（如氢氧化钾、氢氧化钠、硼砂等）；收敛剂，使皮肤毛孔收敛的原料（如碱性氧化铝、硫酸铝等）；其他配合原料还有营养成分、防晒原料、中草药成分等。

6.1.6　化妆品生产主要原材料规格

化妆品所用原料较多，为便于查找及简化处理，表 6-1 列出了本章所用主要原料的名称及规格。这样在后面的具体品种讨论中，即省略规格一栏。

表 6-1　化妆品所用原材料的名称与规格

名　称	规　格	名　称	规　格
去离子水或蒸馏水	电导率≤2mS/cm	防腐剂（苯甲酸钠等）	食品级
乙醇	脱臭乙醇,含量95%	抗氧化剂	食品级
巯基乙酸铵	工业一级	色素	食品级
巯基乙酸钙	工业一级	颜料	化妆品级
对苯二胺	工业一级	杀菌剂	食品级
间苯二酚	工业一级	淀粉	食品级
氨基苯酚	工业一级	其余原材料	化妆品级
过氧化氢	工业一级,30%		

6.2　膏霜类化妆品

膏霜类化妆品主要是由油、脂、蜡和水、乳化剂等组成的一种乳化体，其分类方法很多，若从形态上看，呈半固体状态不能流动的膏霜类一般称做固体膏霜，如雪花膏、润肤霜、冷霜等；

呈液态能流动的称为液态膏霜，如奶液、清洁奶液等。

6.2.1　膏霜类化妆品的通用生产工艺

　　膏霜类化妆品生产工艺具有通用性，通用生产工艺流程参见图 6-1。主要包括原料预热、混合乳化、搅拌冷却、静止冷却、包装等工艺过程。

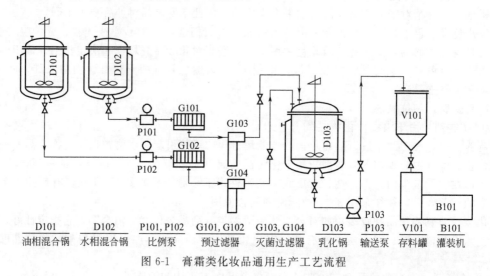

D101	D102	P101, P102	G101, G102	G103, G104	D103	P103	V101	B101
油相混合锅	水相混合锅	比例泵	预过滤器	灭菌过滤器	乳化锅	输送泵	存料罐	灌装机

图 6-1　膏霜类化妆品通用生产工艺流程

　　（1）原料加热　将油相原料甘油、硬脂酸等投入设有蒸汽夹套的不锈钢加热锅 D101 内，边混合边加热至 90～95℃，维持 30min 灭菌，加热温度不要超过 110℃，避免油脂色泽变黄。在另一不锈钢夹套锅 D102 内加入去离子水和防腐剂等，边搅拌加热至 90～95℃，维持 20～30min 灭菌，再将碱液（浓度为 8%～12%）加入水中搅拌均匀。

　　（2）混合乳化　测量油脂加热锅油温，并做好记录，开启加热锅底部放料阀，使升温到规定温度的油脂经过滤器流入乳化搅拌锅 D103，然后启动水相加热锅搅拌并开启放料阀，使水经过油脂同一过滤器流入乳化锅 D103 内，这样下一锅制造时，过滤器不致被固体硬脂酸所堵塞。

　　硬脂酸极易与碱起皂化反应，无论加料次序怎样，都可以很好地进行皂化反应。乳化锅 D103 有夹套蒸汽加热和温水循环回流系统，500L 乳化锅搅拌器转速约 50r/min 较适宜。密闭的乳化锅使用无菌压缩空气，用于制造完毕时压出雪花膏。

　　（3）搅拌冷却　在乳化过程中，因加水时冲击产生的气泡，待乳液冷却至 70～80℃时，气泡基本消失，这时才能进行温水循环冷却。初期夹套水温为 60℃，并控制循环冷却水在 1～1.5h 内由 60℃下降至 40℃，则相应可控制雪花膏停止搅拌的温度为 55～57℃，整个冷却时间约 2h。

　　在冷却过程中，如果回流水与原料温差过大，骤然冷却，势必使雪花膏变粗；温差过小，势必延长冷却时间，所以温水冷却，在每一阶段必须要很好地控制。香精在 40～58℃时加入。

　　（4）静止冷却　乳化锅停止搅拌后，用无菌压缩空气将锅内成品由锅内压出，经取样检验合格后尚须静止冷却到 30～40℃才可以进行瓶装。如装瓶时温度过高，冷却后体积会收缩，温度过低则膏体会变稀薄。一般以隔一天包装为宜。

　　（5）包装　膏霜类化妆品一般是水包油型乳剂，且含水量在 70% 左右，所以水分很易挥发而发生干缩现象，所以包装密封很重要，也是延长保质期的主要因素之一。沿瓶口刮平后，盖以硬质塑料薄膜，盖衬有弹性的厚塑片或纸塑片，将盖子旋紧，在盖子内衬垫塑片上应留有整圆形的瓶口凹纹。另外包装设备、容器必须注意卫生。

6.2.2　雪花膏

　　英文名称：vanishing cream，face cream

　　主要成分：硬脂酸、甘油等

（1）性能指标

外观	具有芳香气味的细腻膏体
乳化形式	水包油型
构成成分	油相含量为 10％～25％，水相含量为 75％～90％
pH 值	4.0～8.5（含有粉质雪花膏≤9.0）
耐热性	40℃24h，膏体无油水分离现象
耐寒性	5～－15℃，24h，恢复室温后膏体无油水分离现象

（2）生产原料与用量（按 100kg 雪花膏计）

	配方 1	配方 2	配方 3
单硬脂酸甘油酯	18kg	2.0kg	—
十八醇	—	4.0kg	—
硬脂酸丁醇酯	—	8.0kg	—
山梨糖醇酐-硬脂酸酯	—	—	2.0kg
聚氧乙烯山梨糖醇酐-硬脂酸酯	—	—	1.5kg
混合醇	20kg	—	—
硬脂酸	17kg	10.0kg	16.0kg
白油	40kg	—	—
羊毛脂	3.0kg	—	—
甘油	4.5kg	—	—
丙二醇	—	10.0kg	10.0kg
氢氧化钾	—	0.2kg	—
十二烷基硫酸钠	5kg	—	—
防腐剂	适量	适量	适量
香精	适量	1.0kg	0.5kg
去离子水	余量	64.8kg	70.0kg
抗氧剂	—	—	适量

（3）合成原理　水相、油相分别加热，然后将两部分混合，经乳化、冷却、脱气、储存后包装。

（4）生产工艺流程（参见图 6-1）　水相罐 D102 中加入去离子水、甘油、丙二醇、氢氧化钾、K-12 等搅拌加热至 90～95℃，维持 20min 灭菌。

油相罐 D101 中加入单甘酯、混合醇、硬脂酸等，搅拌加热，使其熔化均匀。

乳化罐 D103 中抽真空，将水相、油相分别经过滤器抽至乳化罐内，再加入其他成分。均质 2500～3000r/min，刮边搅拌 30r/min，均质 7min 后，停止均质，通冷却水冷却。脱气。破真空，温度至 45℃左右，且已成膏时出料。

（5）产品用途　用于给皮肤补充水分和油分，使皮肤滋润、柔软。防止皮肤衰老，保持弹性，维护健康。可在擦粉前用于打底，以增加香粉黏附力。同时也可以防止粉粒钻入毛孔。

6.2.3　粉底霜

英文名称：foundation cream

主要成分：雪花膏或润肤霜体中加入二氧化钛和氧化铁等颜料

（1）性能指标

外观	具有芳香气味的细腻膏体
乳化形式	水包油型
pH 值	5.0～8.5
耐热性	40℃，24h，膏体无油水分离现象
耐寒性	－5～－15℃，24h，恢复室温后膏体无油水分离现象
遮盖性	既可掩盖皮肤本色，又可阻挡紫外线照射，具有防晒作用
吸收性	能吸收油脂，使皮肤无油腻感

黏附性	对皮肤有较好的黏附性，并耐潮湿的空气及汗水，不易脱落，不易散妆			
滑爽性	易在面部涂敷，并形成均匀薄膜			

（2）生产原料与用量（按 100kg 粉底霜计）

	配方1	配方2		配方1	配方2
硬脂酸	12.0kg	—	香料	0.5kg	适量
十六醇	2.0kg	—	二氧化钛	1.0kg	3kg
十八醇	—	4kg	氧化铁（赤色）	0.1kg	0.2kg
甘油单硬脂酸酯	2.0kg	3kg	丙二醇	10.0kg	—
白油	—	3.4kg	氢氧化钾	0.3kg	—
棕榈酸异丙酯	—	3.2kg	去离子水	71.7kg	余量
羊毛脂	—	0.4kg	氧化铁（黄色）	0.4kg	0.2kg
凡士林	—	1.5kg	防腐剂	适量	适量
甘油	—	9kg	抗氧剂	适量	—
十二烷基硫酸钠	—	0.8kg			

（3）合成原理　水相、油相分别加热，加入到乳化罐中，加入固体粉料，经乳化而得到产品。

（4）生产工艺流程（参见图 6-1）

① 在水相罐 D102 中加入去离子水、甘油等搅拌加热至 90～95℃，维持 20min 灭菌。

② 油相罐 D101 中加入单甘酯、混合醇、硬脂酸等，搅拌加热，使其熔化均匀。将钛白粉、凡士林、铁红、铁黄等加入 D101，混合搅拌均匀。

③ 乳化罐 D103 中抽真空，将水相、油相分别经过滤器抽至乳化罐内。将 D101 中物料加入到真空乳化罐中。以 2500～3000r/min 均质，30r/min 刮边搅拌。均质 10min 后，停止均质，通冷却水冷却。脱气，60℃左右加入防腐剂、香精。温度降至 45℃左右破真空，出料。

（5）产品用途　美容化妆前用于打底，使不易散妆。也用于美容化妆后的显眼定妆、遮盖皮肤本色、遮蔽或弥补面部缺陷，并赋予粉底颜色。调整肤色，使其滑嫩、细腻。

6.2.4　润肤霜

英文名称：moisturizing skin paste

主要成分：润肤剂、调湿剂、柔软剂等

（1）性能指标

色泽	白色或浅色，均匀、细腻的膏体	pH 值	5.0～8.5
乳化形式	水包油型或油包水型		

（2）生产原料与用量（按 100kg 润肤霜计）

	配方1	配方2	配方3
硬脂酸	10.0kg	14.0kg	3.3kg
羊毛脂	—	—	10.4kg
橄榄油	—	—	3.8kg
矿物油	—	—	23.5kg
蜂蜡	3.0kg	—	—
肉豆蔻酸异丙酯	—	5.0kg	—
鲸蜡	—	—	5.4kg
鲸蜡醇	—	1.0kg	10.4kg
氨基甲基丙二醇	—	0.1kg	—
对羟基苯甲酸丁酯	—	2.0kg	—
甘油	—	5.0kg	—
十六醇	8.0kg	—	—
角鲨烷	10.0kg	—	—
单硬脂酸甘油酯	3.0kg	—	—
聚氧乙烯单月桂酸酯	3.0kg	—	—
羊毛脂衍生物	2.0kg	4.0kg	—
丙二醇	10.0kg	—	—

	配方 1	配方 2	配方 3
三乙醇胺	1.0kg	—	9.0kg
香精	0.5kg	—	适量
防腐剂	适量	—	0.8kg
去离子水	49.5kg	余量	33.4kg

（3）合成原理　在设计润肤霜配方时，要根据人类表皮角质层脂肪的组成，选用有效的润肤剂和调湿剂；还要考虑到制品的乳化类型及皮肤的 pH 值等因素。

润肤霜目前大多采用均质刮板搅拌机制备法，适用于少批和中批量生产。水相、油相分别加热，加入到乳化罐中，加入固体粉料，经乳化而得到产品。

（4）生产工艺流程（参见图 6-1）

① 在水相罐 D102 中加入去离子水、甘油、丙二醇、三乙醇胺等，搅拌加热至 90～95℃，维持 20min 灭菌。

② 油相罐 D101 中加入单甘酯、混合醇、硬脂酸、角鲨烷等，搅拌加热，使其熔化均匀。

③ 乳化罐 D103 中抽真空，将水相、油相分别经过滤器抽至乳化罐内。以 2500～3000r/min 均质，30r/min 刮边搅拌。均质 7～15min 后，停止均质，通冷却水冷却。脱气，60℃ 左右加入防腐剂、香精。温度降至 40℃ 左右破真空，出料。

（5）产品用途　润肤霜类化妆品是介于弱油性和油性之间的膏霜。润肤霜的目的在于使润肤物质补充皮肤中天然存在不足的游离脂肪酸、胆固醇、油脂，使皮肤中的水分保持平衡。经常使用润肤霜能使皮肤保持水分和健康，逐渐恢复柔软和光滑。能保持皮肤水分和健康的物质称为天然调湿因子（NMF）。

6.2.5　冷霜

英文名称：coldcream

主要成分：白油、蜂蜡、凡士林、鲸蜡

（1）性能指标

色泽	白色或浅色，均匀、细腻的膏体
乳化形式	水包油型或油包水型。油含量约 50%～75%、水相含量约 50%～25%
pH 值	5.0～8.5
耐热性	(40±1)℃ 24h，渗油率不超过 3%
耐寒性	(−15±1)℃ 24h，恢复室温后膏体无油水分离现象

（2）生产原料与用量（按 100kg 冷霜计）

	配方 1	配方 2	配方 3
白油	30kg	—	—
蜂蜡	10kg	10.0kg	10.0kg
固体石蜡	—	—	5.0kg
凡士林	—	—	15.0kg
液体石蜡	—	—	41.0kg
矿物油	—	44.0kg	—
硬脂酸单甘油酯	—	2.0kg	2.0kg
聚氧乙烯山梨糖醇酐	—	—	2.0kg
皂粉	—	—	0.1kg
地蜡	—	5.0kg	—
白凡士林	7kg	—	—
鲸蜡	4kg	—	—
失水山梨醇单油酸酯	1kg	—	—
乙酰化羊毛脂	2kg	3.0kg	—
羊毛酸异丙酯	—	2.0kg	—
硼砂	0.6kg	0.6kg	0.2kg
防腐剂	适量	适量	适量
香精	适量	适量	1.0kg
去离子水	余量	33.4kg	32.7kg

（3）合成原理　蜂蜡-硼砂制成的水/油型乳剂是典型的冷霜。蜂蜡游离脂肪酸的成分主要是蜡酸，又名二十六酸（$C_{25}H_{51}COOH$），含量约13％，它与硼砂和水生成的氢氧化钠起皂化反应生成二十六酸钠，在制造冷霜过程中起乳化作用，使油相与水相乳化，形成膏体。反应方程式如下：

$$Na_2B_4O_7 + 7H_2O \longrightarrow 2NaOH + 4H_3BO_3$$

$$2C_{25}H_{51}COOH + Na_2B_4O_7 + 5H_2O \rightleftharpoons 2C_{25}H_{51}COONa + 4H_3BO_3$$

如果硼砂用量不足以中和蜂蜡游离脂肪酸，制品不但乳化稳定性差，而且没有光泽，外观粗糙；若硼砂过量，也会导致乳化不稳定，且将有硼酸或硼砂结晶析出。一般情况下，若蜂蜡的酸值为24，它和硼砂质量之比为10∶（0.5～0.6）时，基本上可满足化妆品质量要求。蜂蜡-硼砂制成冷霜的稠度、光泽和润滑性，要依靠配方中的其他成分，使用后要求在皮肤上留下一层油性薄膜，水/油型冷霜的水分含量，一般可以从10％～40％，因此含油、脂、蜡的变化幅度也较大。

（4）生产工艺流程（参见图6-1）　冷霜的生产过程基本和雪花膏生产过程一样，只是某些细节上有些差异。搅拌冷却时，冷却水温度维持在低于20℃，停止搅拌的温度约在25～28℃，静置过夜，次日再经过三滚机研磨，经过研磨剪切后的冷霜，混入了小空气泡，需要经过真空搅拌脱气，使冷霜表面有较好的光泽。

（5）产品用途　因冷霜含油量较高，擦用后在皮肤上留下的一层油脂薄膜，可阻止皮肤表面与外界干燥、寒冷的空气接触，使皮肤保持适时水分，柔软及滋润皮肤，特别用于干性皮肤及严寒季节。

6.2.6　奶液

中文别名：乳液，乳液蜜

英文名称：emuslsion

主要成分：白油、甘油、乳化剂、水等

（1）性能指标

外观	细腻、黏度如蜜、状态如牛奶，呈半流动状态
乳化形式	水包油型。油含量小于15％、水相含量约50％～25％
pH值	4.5～8.5
耐寒性	−15～−5℃，24h，恢复室温后膏体无油水分离现象
离心分层	−15℃，4000r/min；−10℃，3000r/min；−5℃，2000r/min；旋转30min不分层

（2）生产原料与用量（按500kg乳液计）

	配方1	配方2	配方3	配方4
十六醇	10kg	7.5kg	2.5kg	—
硬脂酸	—	12.5kg	7.5kg	—
蜂蜡	—	—	10kg	10kg
乙二醇单甘酯	5kg	—	—	—
凡士林	—	25kg	—	—
白油	40kg	50	—	100kg
微晶石蜡	—	—	—	5kg
羊毛脂	3kg	—	—	10kg
甘油	40kg	—	—	—
异三十烷	—	—	—	50kg
甘油单硬脂酸酯	—	—	5kg	—
温脖子浸出液温（5％水溶液）	—	—	100kg	—
乳化剂P	6kg	—	—	—
山梨糖醇酐倍半油酸酯	—	—	—	20kg
聚氧乙烯（20）失水山梨醇单油酸酯	—	—	—	5kg
聚氧乙烯单油酸酯	—	10kg	5kg	—
三乙醇胺	—	5kg	—	—
丙二醇	—	—	25kg	35kg
乙醇	—	—	50kg	—
聚乙二醇1500	—	15kg	—	—
防腐剂	适量	适量	适量	适量

	配方 1	配方 2	配方 3	配方 4
香精	适量	2.5kg	适量	适量
去离子水	余量	372.5kg	292.5kg	265kg

（3）合成原理　水相、油相分别加热，加入到乳化罐中，经乳化、冷却、脱气、储存而得到产品。

（4）生产工艺流程（参见图 6-1）　将水相加入到水相混合罐中，加热搅拌均匀，90～95℃维持 20min 灭菌。

将油相加入到油相罐中搅拌加热，使其熔化均匀。

真空乳化罐中抽真空，将水相、油相分别经过滤器抽至乳化罐中。均匀乳化 15min，2500～3000r/min，刮边 30r/min，停止均质，通冷却水冷却。脱气，降温至 45℃左右加入香精、防腐剂。30℃左右破真空，出料。

（5）产品用途　用于护肤品，保湿、营养，一年四季都可使用。

6.3　香水类化妆品

以香味为主的化妆品称芳香制品，香水类化妆品是芳香类化妆品中的一类，属于液状化妆品。一般按其用途分类：有皮肤用，如香水、古龙水、花露水、各种化妆水等；毛发用，如洗头水、奎宁水、营养性润发水等。这些香水类化妆品除了用途不同外，有时也可按赋香率不同而加以区分，如香水赋香率为 15％～25％，有时达 50％，而花露水为 5％～10％，古龙水为 3％～5％，洗头水为 0.5％～1％，化妆水为 0.05％～0.5％。

6.3.1　香水

英文名称：perfume

主要成分：乙醇、香料、去离子水

（1）性能指标

外观	澄清、透明溶液	色泽稳定性	（48±1）℃、24h 维持原有色泽不变
香精含量	10％～20％	酒精度	95％
浊度	5～10℃水质清晰、不浑浊	香型	香型变幻莫测

（2）生产原料与用量（按 500kg 乳液计）

	配方 1（玫瑰麝香型香水）	配方 2（紫罗兰香型香水）	配方 3（康乃馨香型香水）	配方 4（薰衣草香型香水）
95％乙醇	385kg	400kg	481kg	400kg
丙二醇	15kg	—	—	—
二叔丁基对甲酚	0.1kg	—	—	—
EDTA	0.5kg	—	—	—
色素	适量	—	—	—
去离子水	50kg	—	—	—
玫瑰麝香	50kg	—	15kg	—
紫罗兰花净油	—	70kg	—	—
金合欢净油	—	2.5kg	—	—
玫瑰油	—	0.5kg	—	—
灵猫香净油	—	0.5kg	—	—
麝香酮	—	0.5kg	—	—
檀香油	—	1kg	—	—
龙涎香酊剂（3％）	—	15kg	—	—
麝香酊剂	—	10kg	—	—
依兰油	—	—	0.5kg	—
豆蔻油	—	—	1kg	—
康乃馨净油	—	—	1kg	—
香兰素	—	—	1kg	—
丁香酚	—	—	0.5kg	—

	配方1(玫瑰麝香型香水)	配方2(紫罗兰香型香水)	配方3(康乃馨香型香水)	配方4(薰衣草香型香水)
二甲苯麝香	—	—	—	2.5kg
薰衣草香水香精	—	—	—	75kg
安息香脂	—	—	—	10kg
葵子麝香	—	—	—	2.5kg
苏合香脂	—	—	—	10kg

（3）合成原理 将香精、定香剂、色素等溶解在乙醇中，并加入相应量的去离子水混合均匀，然后把配置好的香水贮存静置陈化，过滤得到产品。新鲜调制的香水，香气未完全调和，需要放置长时间（数周至数月），这段时间称为陈化期。在陈化期中，香水的香气会渐渐由粗糙转为醇芳馥，此谓成熟或圆熟。

（4）生产工艺流程（参见图6-2）

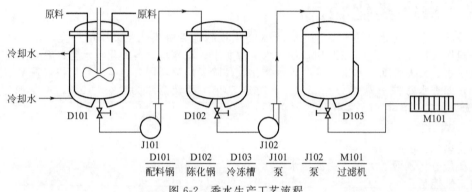

D101	D102	D103	J101	J102	M101
配料锅	陈化锅	冷冻槽	泵	泵	过滤机

图6-2 香水生产工艺流程

① 混合 先将酒精计量加入配料锅 D101 内，然后加入香精（或香料）、色素，搅拌均匀后，再加入去离子水（或蒸馏水），搅拌均匀。用泵 J101 将配制好的香水输送到陈化锅 D102。

② 储存陈化 储存陈化是调制酒精液香水的重要操作之一。陈化有两个作用：其一是使香味匀和成熟，减少粗糙的气味。刚制成的香水，香气未完全调和，香气比较粗糙，需要在低温下放置较长时间，使香气趋于和润芳香，这段时间称为陈化期，或叫成熟期。其二是使容易沉淀的水不溶性物自溶液内离析出来，以便过滤。

香精的成分很复杂，由醇类、酯类、内酯类、醛类、酸类、酮类、脂类、胺类及其他香料组成，再加上酒精液香水大量采用酒精作为介质。它们之间在陈化过程中，可能发生某些化学反应，如酸和醇作用生成酯，而酯也可能分解生成酸和醇；醛和醇能生成缩醛和半缩醛；胺和醛或酮能生成席夫碱化合物；以及其他氧化、聚合等反应。一般总希望香精在酒精溶液中经过陈化后使一些粗糙的气味消失而变得和润芳香。一般认为，香水至少要陈化 3 个月。

陈化是在有安全装置的密闭容器中进行的，容器上的安全管用以调节因热胀冷缩而引起的容器内压力的变化。

③ 过滤 制造酒精液香水及化妆水等液体状化妆品时，过滤是十分重要的一个环节。陈化期间，溶液内所含少量不溶物质会沉淀下来，可采用过滤的方法使溶液透明清晰。为了保证产品在低温时也不至出现混浊，过滤前一般应经过冷冻使蜡质等析出以便滤除。冷冻可在固定的冷冻槽 D103 内进行，也可在冷冻管内进行。过滤机的种类和式样很多，其中板框式过滤机 M101 在化妆品生产中应用最多。

为提高产品的质量（低温透明度），可采用多级过滤。首先经过滤机过滤除去陈化过程中沉淀下来的物质和其他杂质。然后再经冷却器冷却至 0～5℃，使蜡质等有机杂质析出，经过滤后输入半成品储锅。也可在冷却过滤后，恢复至室温再经一次细孔布过滤，以确保产品在储存和使用过程中保持清晰透明。在半成品储锅中应补加因操作过程中挥发掉或损失的乙醇等，化验合格后即可灌装。

采用压滤机过滤，并加入硅藻土或碳酸镁等助滤剂以吸附沉淀微粒，否则这些胶态的沉淀物会阻塞滤布孔道，增加过滤困难，或穿过滤布，使滤液混浊。助滤剂的用量应力求少，达到滤清要求为好，尽可能避免由于助滤剂过多，使一些香料被吸附而造成香气的损失。

④ 灌装及包装　酒精液香水的包装形式较多，通常可分为普通包装和喷雾式（包括泵式和气压式）包装两种类型。

（5）产品用途　主要作用是喷洒于衣襟、手帕及发饰等处，散发出悦人的香气，是重要的化妆用品之一，具有赋香、爽肤、抑菌、消毒等作用。

6.3.2　花露水

英文名称：toilet water

主要成分：乙醇、香精、去离子水

（1）性能指标

外观	澄清、透明溶液	色泽稳定性	(48±1)℃、24h 维持原有
色泽	以淡色为主，有淡绿、黄绿、湖蓝色		色泽不变
香精含量	2%～5%	酒精度	70%～75%
浊度	5～10℃水质清晰、不浑浊	香型	多用清香的薰衣草油为主体香料

（2）生产原料与用量（按 500kg 产品计）

	配方 1	配方 2	配方 3
95%乙醇	372kg	375kg	375kg
丙二醇	15kg	—	—
二叔丁基对甲酚	0.1kg	—	—
EDTA	0.5kg	—	—
色素	适量	适量	适量
去离子水	100kg	108.5kg	110kg
薰衣草香料	12kg	—	—
玫瑰麝香型香精	—	—	15kg
豆蔻酸异丙酯	—	—	1kg
麝香草酚	—	—	0.5kg
橙花油	—	10kg	—
玫瑰香叶油	—	0.5kg	—
香柠檬油	—	5kg	—
安息香	—	1kg	—

（3）合成原理　将香精、色素等溶解在乙醇中，并加入相应量的去离子水混合均匀，然后把配制好的花露水储存静置陈化，过滤得到产品。

（4）生产工艺流程（参见图 6-2）

① 混合　先将酒精计量加入配料锅内，然后加入香精（或香料）、色素，搅拌均匀后，再加入去离子水（或蒸馏水），搅拌均匀。用泵将配制好的花露水输送到陈化锅。

② 储存陈化　一般认为，花露水至少要陈化两个星期。陈化是在有安全装置的密闭容器中进行的，容器上的安全管用以调节因热胀冷缩而引起的容器内压力的变化。

③ 过滤、灌装及包装　陈化后的花露水经过滤、灌装，再以多种形式包装即可。

（5）产品用途　花露水是一种用于沐浴后祛除汗臭，以及在公共场所解除秽气的夏令卫生用品。另外，花露水具有一定消毒杀菌作用，涂在蚊叮、虫咬之处有止痒消肿的功效；涂抹在患痱子的皮肤上，亦能止痒而有凉爽舒适之感。要求香气易于发散，并且有一定持久留香的能力。

6.3.3　古龙水

中文别名：科隆水

英文名称：eau de cologe

主要成分：乙醇、香精、去离子水

（1）性能指标

色泽	澄清透明液体
香精含量	3%～5%

	浊度	5～10℃水质清晰、不浑浊
	色泽稳定性	(48±1)℃、24h维持原有色泽不变
	酒精度	75%～80%
	香型	柑橘类香气含有迷迭香和薰衣草的香气，具有清爽和提神的效果

（2）生产原料与用量（按500kg产品计）

	配方1	配方2	配方3	配方4
95%乙醇	360kg	362.5kg	375kg	400kg
丙二醇	15kg	—	103kg	80kg
二叔丁基对甲酚	0.1kg			
EDTA	0.5kg			
色素	适量	适量		
去离子水	100kg	100kg		
柑橘类香精	25kg			
柠檬油	—	25kg	—	7kg
甲基葡萄糖(PO)$_{20}$醚	—	7.5kg		
甲基葡萄糖(EO)$_2$醚	—	5kg		
迷迭香油			2.5kg	3kg
薰衣草油			1kg	
苦橙花油			1kg	
甜橙花油			1kg	
橙花油			—	4kg
香柠檬油			10kg	4kg
乙酸乙酯			0.5kg	
苯甲酸丁酯			1kg	
甘油			5kg	2kg

（3）合成原理　将香精、色素等溶解在乙醇中，并加入相应量的去离子水混合均匀，然后把配置好的古龙水储存静置陈化，过滤得到产品。

（4）生产工艺流程（参见图6-2）

① 混合　先将酒精计量加入配料锅内，然后加入香精（或香料）、色素，搅拌均匀后，再加入去离子水（或蒸馏水），搅拌均匀。用泵将配制好的古龙水输送到陈化锅。

② 储存陈化　一般认为，古龙水至少要陈化两个星期。

③ 过滤、灌装及包装　陈化后的古龙水经过滤、灌装，再以多种形式包装即可。

（5）产品用途　古龙水通常用于手帕、床巾、毛巾、浴室、理发室等处，散发出令人清新愉快的香气，一般为男士所用。

6.3.4　化妆水

中文别名：收缩水，爽肤养肤水

英文名称：made-up water, astringent, skin toner

主要成分：溶剂（精制水和乙醇、异丙醇等）、保湿剂（甘油、聚乙二醇及其衍生物和糖类等）、柔软剂（如高级醇及其酯、苛性钾、三乙醇胺等）、增黏剂（如果胶、黄蓍胶、纤维素衍生物等）、增溶剂（主要是非离子表面活性剂）、收敛剂、杀菌剂、缓冲剂、营养剂、香料、染料、防腐剂。

（1）性能指标

	外观	澄清透明液体
	浊度	5～10℃水质清晰、不浑浊
	色泽稳定性	(48±1)℃、24h维持原有色泽不变
	介质	以水为主，含有少量乙醇或不含乙醇

（2）生产原料与用量（按500kg产品计）

① 柔软性化妆水

	配方1	配方2	配方3	配方4
甘油	15kg	25kg	25kg	40kg
丙二醇	20kg	20kg	25kg	—
缩水二丙二醇	20kg	—	—	—
聚乙二醇	—	—	10kg	—
油醇	0.5kg	0.5kg	—	—
Tween-20	7.5kg	7.5kg	—	—
月桂醇聚氧乙烯(20)醚	2.5kg	2.5kg	—	—
月桂醇聚氧乙烯(15)醚	—	—	10kg	—
乙醇	75kg	50kg	75kg	75kg
水溶性羊毛脂	—	—	—	5kg
芦荟粉	—	—	—	0.5kg
氢氧化钾	—	—	0.15kg	—
去离子水	359kg	394kg	354kg	379.5kg
香料	0.5kg	0.5kg	1kg	适量
防腐剂	适量	适量	适量	适量
紫外线吸收剂	适量	适量	适量	—

② 润肤化妆水

	配方1	配方2			配方1	配方2
甘油	50kg	125kg		氢氧化钾	—	0.25kg
聚乙二醇	10kg	—		染料	适量	—
油醇聚氧乙烯(15)醚	10kg	—		防腐剂	适量	—
乙醇	100kg	125kg		去离子水	329kg	249.65kg
香精	1kg	0.1kg				

③ 收敛性化妆水

	配方1	配方2	配方3		配方1	配方2	配方3
柠檬酸	0.5kg	—	—	乙醇	100kg	100kg	67.5kg
对酚磺酸锌	1kg	—	5kg	芦荟粉	—	0.5kg	—
硼酸	—	—	20kg	三氯化铝	—	5kg	—
甘油	25kg	15kg	—	去离子水	367.5kg	379.5kg	340kg
油醇聚氧乙烯(20)醚	5.0kg	—	—	香料	1kg	适量	7.5kg
Tween-20	—	—	15kg				

④ 须后水

	配方1	配方2	配方3	配方4
乙醇	220kg	120kg	250kg	250kg
丙二醇	—	10kg	—	—
一缩二丙二醇	5kg	—	—	—
甘油	—	—	—	5kg
尿囊素氯化羟基铝	—	—	—	1kg
山梨醇	—	—	12.5kg	—
对氨基苯甲酸乙酯	—	1kg	—	—
苯酚磺酸锌	0.8kg	—	—	—
硼酸	—	—	10kg	—
聚氧乙烯(20)硬化蓖麻油	2kg	—	—	—
Tween-20	—	10kg	—	—

	配方1	配方2	配方3	配方4
薄荷脑	—	1kg	0.5kg	—
薄荷醇	—	—	—	0.5kg
香精	2.5kg	2.5kg	2.5kg	—
去离子水	270.5kg	355.5kg	224.5kg	243kg
杀菌剂	适量	适量	适量	0.5kg
色素	适量	适量	适量	适量

⑤ 洁肤用化妆水

	配方1	配方2	配方3	配方4
甘油	10kg	—	50kg	15kg
丙二醇	30kg	40kg	—	—
聚乙二醇(1500)	—	25kg	10kg	—
一缩二丙二醇	10kg	—	—	—
羟乙基纤维素	—	0.5kg	—	—
聚氧乙烯聚丙二醇	5kg	—	—	—
Tween-20	10kg	—	—	—
聚氧乙烯(15)油醇醚	—	5kg	10kg	—
氢氧化钾	—	0.25kg	—	—
乙醇	75kg	100kg	100kg	100kg
氨基酸系	—	—	—	15kg
芦荟粉	—	—	—	0.5kg
香精	0.5kg	1kg	2.5kg	适量
色素	适量	适量	适量	—
防腐剂	适量	适量	适量	适量
去离子	359.5kg	328.25kg	327.5kg	369.5kg

（3）合成原理　分别制备水相及醇相，再将两相混合溶解，亦可加入适量色素，过滤除去沉淀，即得澄清透明的化妆水。

（4）生产工艺流程（参见图6-3）　化妆水的生产过程包括溶解、混合、调色、过滤及装瓶。在不锈钢容器D101中加入精制水，并依次加入保湿剂、紫外线吸收剂、杀菌剂、收敛剂及

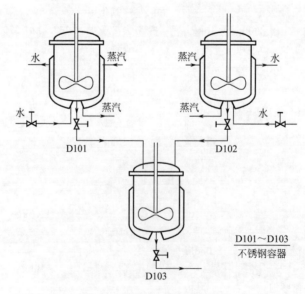

图 6-3　化妆水生产工艺流程

其他水溶性成分，搅拌使其充分溶解。在另一不锈钢容器 D102 中加入酒精，再加入润肤剂、防腐剂、香料、增溶剂及其他水不溶性成分，搅拌使其溶解均匀。

将酒精体系和水体系在室温下加入到不锈钢容器 D103 中混合，搅拌使其充分混合均匀；然后加入色素调色，再经过滤除去杂质、不溶物等（必要时可经贮存陈化后再行过滤），即得澄清透明的化妆水。过滤材料可用素陶、滤纸、滤筒等，滤渣过多则说明增溶和溶解过程不完全，应重新考虑配方及工艺。用不影响组成的助滤剂如硅藻土、漂土、粉状石棉等，可完全除去不溶物。

上述过程中，香精（或香料）一般是加在酒精溶液中，若配方中酒精的含量较少，且加有一些增溶剂时，可将香料先加入增溶剂中混合均匀，在最后缓缓地加入制品中，不断地搅拌直至成为均匀透明的溶液，然后经过陈贮和过滤后，即可灌装。

为了加速溶解，水溶液可略加热，但温度切勿太高，以免有些成分变色或变质。

关于贮存陈化问题，不同的产品，不同的配方以及所用原料的性能不同，所需陈化时间的长短也不同，陈贮期从 1 天到 2 周不等。总之，不溶性成分含量越多，陈贮时间越长；否则陈贮时间可短一些。但陈贮对香味的匀和成熟，减少粗糙的气味是有利的。

（5）产品用途　柔软性化妆水是给皮肤角质层补充适度的水分及保湿，使皮肤柔软、保持皮肤光滑润湿的制品。润肤化妆水是除去附着于皮肤的污垢和皮肤分泌的脂肪，清洁皮肤而使用的化妆水，具有使皮肤柔软的效果。

收敛性化妆水主要是作用于皮肤上的毛孔和汗孔等，能使皮肤蛋白作暂时的收敛，而对过多的脂质及汗等的分泌具有抑制作用，使皮肤显得细腻，防止粉刺形成。从作用特征看适用于油性皮肤者，可作夏天化妆使用。使用前最好先用温和的中性肥皂洗涤，用毛巾擦干后敷以收敛性化妆水。

须后水是男用化妆水，具有滋润、清凉、杀菌、消毒等作用，用以消除剃须后面部绷紧及不舒服之感，防止细菌感染，同时散发出令人愉快舒适的香味。洁肤用化妆水是以清洁皮肤为目的的化妆用品，不仅具有洁肤作用，而且还具有柔软保湿之功效。

6.4　美容类化妆品

美容化妆品是指用于眼部、唇、颊及指甲等部位，以达到掩盖缺陷、美化容貌及赋予被修饰部位各种鲜明彩色及芳馥气味的一大类产品。美容化妆品有面颊类（胭脂、面膜等）、唇膏类、指甲用类（指甲油等）、眼用类（眼影、睑墨、睫毛膏、眉笔、眼线液等）化妆品等。

6.4.1　胭脂

英文名称：rouge

（1）性能指标

外观	质地细腻紧密的粉块
色泽	明亮均匀
覆盖力	有适度的覆盖力，有一定的抗水性、抗汗性，卸妆容易，不会使皮肤着色

（2）生产原料与用量（按 500kg 产品计）

	配方 1	配方 2	配方 3		配方 1	配方 2	配方 3
色料	12	9.5	6	碳酸钙	4	—	—
香料	0.5	0.5	1	碳酸镁	6	20	—
二氧化钛	7.5	—	—	云母	1	1	0.5
氧化锌	—	15	10	高岭土	16	—	10
滑石粉	50	45	60	淀粉	—	—	7
脂肪酸锌	4	—	6	防腐剂、胶黏剂	适量	适量	适量
硬脂酸镁	—	10					

（3）合成原理　胭脂是由色料、香料、滑石粉、碳酸锌、碳酸钙、氧化锌、二氧化钛、云母、脂肪酸锌、胶黏剂及防腐剂等原料组成。生产时根据具体情况可选取其中数种并适当调配，经混合后压制而成为一种粉饼，即为胭脂化妆品。

胭脂的生产可分为研磨、配色，加胶黏剂和压制等步骤。质量好的胭脂，应具有细致的组织，均匀鲜艳的色彩，良好的遮盖力，敷用便利，黏附性良好，能均涂于皮肤上而又容易擦除。粉饼需有一定的坚实度，不轻易破碎。要达到这些要求，必须有好的配方、适当的胶黏剂和严格的操作工艺。

（4）生产工艺流程（参见图6-4）

① 研磨与配色　将色料、滑石粉、碳酸锌、碳酸钙、氧化锌、二氧化钛、云母、脂肪酸锌、防腐剂等在 H101 中混合后，在球磨机 Q101 中研磨成色泽均匀、颗粒细致的细粉，这一步骤对胭脂的生产很重要。为了使粉料和颜料既能磨细，又能均和，多采用球磨机来完成。球磨机的种类和式样很多，有金属制和瓷制的。为了防止金属对胭脂中某些成分的影响，因此用瓷制的球磨机较为安全。

在研磨过程中，每隔一定的时间需取样比较，直至色彩均一，颗粒细腻，前后二次取出的样品对比不再有所区别为止。

每批的产品，保持色泽的一致是很重要的，因此每批产品的色泽必需和标准色样比较，如果色度和标准色样有区别，就需加以调整。比色的方法是取少量的干粉以水或胶黏剂润湿后，压制小样，然后比较色度的深浅，如果色度较浅则以颜料含量较多的混合料调整，色度太深则以颜料含量较少的混合料调整。

② 加胶黏剂　胶黏剂的加入可在球磨机 Q101 内进行，但在带式拌和机 F101 内进行更为适宜。将着色的粉料加入拌合机中不断的搅拌，同时将胶黏剂以喷雾器喷入，这样可使胶黏剂均匀地拌入粉中，拌合后接着就是经 Z101 过筛。采用不同类型的胶黏剂则加入的方法也略有不同，如粉状胶黏剂只要简单拌合过筛，抗水性的胶黏剂是先加油脂拌合，然后再加水过筛。

香料的加入需视压制的方法决定，一般分为湿压和干压两种方法。湿压法香料是在加胶黏剂时加入，干压法是将潮湿的粉料烘干后再混入香料，这样做主要是避免香料受到烘焙的过程。

③ 压制　采用轧片机压制是将加入胶黏剂后的胭脂粉制成颗粒，经烘干后拌入香料即可压制，这种以干粉压制的方法，压力需要大一些。一般的方法是将加过胶黏剂和香料的湿粉，经过筛后，用成型机 B101 压成粉饼，然后一块块的放在盘上，摆在通风的干燥室内，静置1天或2天。干燥的温度不宜太高，否则会引起粉饼不均匀的收缩，比较适宜的温度是 30～40℃。用模子压制时底座是用马口铁或铝皮冲成圆形的盘，底上轧有凹凸的花纹，能使粉饼粘牢。

干燥后的胭脂饼即可装盒。可先在盒内涂一层不干胶水，既有粘牢胭脂饼底座的作用，又能减少运输时受震动的力量，因为不干胶水是有弹性的，能防止底座和容器间相互撞击，从而减少粉饼被震碎的可能。

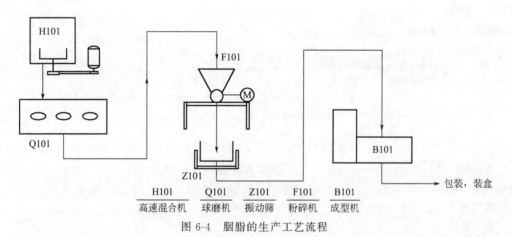

H101	Q101	Z101	F101	B101
高速混合机	球磨机	振动筛	粉碎机	成型机

图 6-4　胭脂的生产工艺流程

（5）产品用途　胭脂可搽在面肤上，使之呈现立体感和红润、健康气息的化妆品。

6.4.2　指甲油

英文名称：nail varnish，nail polish

主要成分：成膜剂、树脂、增塑剂、溶剂、色料和沉淀防止剂

（1）性能指标

外观	具有流动的液体	铅含量	≤30mg/kg
干燥度	≤10min	汞含量	≤1mg/kg
牢固度	无脱落	砷含量	≤10mg/kg
黏度（涂-4杯，25℃)	60～160s		

（2）生产原料与用量（按50kg产品计）

硝化纤维素	7.5kg	乙酸乙酯	16kg
醇酸树脂	6kg	乙醇	16kg
邻苯二甲酸丁酯	3.5kg	颜料	0.75～1kg

（3）合成原理　将硝化纤维素溶于乙醇溶剂中，再将树脂、邻苯二甲酸二丁酯溶于乙酸乙酯溶剂中；两部分混合，过滤除去沉淀后，调色，即得成品。

（4）生产工艺流程（参见图6-5）　于预混锅D101中加入乙醇、硝化纤维素，搅拌溶解。于预混锅D102中加入乙酸乙酯、醇酸树脂、邻苯二甲酸丁酯，搅拌溶解，将上两部分加入到制备釜D103中，搅拌溶解。加入颜料，搅拌溶解。注入到压滤机L101中去除杂质和不溶物，即得成品。

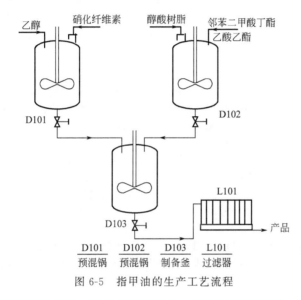

| D101 | D102 | D103 | L101 |
| 预混锅 | 预混锅 | 制备釜 | 过滤器 |

图6-5　指甲油的生产工艺流程

（5）产品用途　涂于指甲表面，形成各种颜色的、坚牢的涂料薄膜，保护指甲，美化指甲。

6.4.3　唇膏

中文别名：口红
英文名称：lipstick
主要成分：油脂、蜡、色料和表面活性剂

（1）性能指标

外观	色泽光亮，色彩丰富，柔软度适中，质地细腻，易于涂展的棒型油蜡栓剂
毒性	无毒、无刺激
耐热性	(45±1)℃，24h无弯曲软化现象
耐寒性	−5～0℃，24h恢复室温后能正常使用

（2）生产原料与用量（按50kg乳液计）

	配方1	配方2	配方3
蓖麻油	17.5kg	—	22.0kg
羊毛脂	8.5kg	2.5kg	—
α-生育酚脂肪酸酯	—	—	1.5kg
蜂蜡	5.0kg	1.0kg	4.5kg
巴西棕榈蜡	4.5kg	1.0kg	—

	配方 1	配方 2	配方 3
地蜡	—	4.0kg	—
小烛树蜡	—	—	0.75kg
十六醇	—	—	2.5kg
凡士林	—	—	7.5kg
硬脂酸丁酯	—	—	2.5kg
可可脂	7.0kg	—	—
白油	3.0kg	13.0kg	—
铝色淀	4.0kg	—	—
角鲨烷	—	2.0kg	—
红 226 号颜料涂覆的钛白/云母	—	3.0kg	—
颜料浆	—	23.35kg	—
颜料	—	—	3.5kg
玫瑰油	—	—	0.25kg
香精	适量	0.15kg	—
防腐剂	适量		
抗氧剂	适量		

（3）合成原理 利用蓖麻油等溶剂对颜料的溶解性，并配合其他颜料，混合于油、脂、蜡中，经三辊机研磨及真空脱泡锅中搅拌、脱除空气泡，得以充分混合制成细腻致密的膏体，再经浇模、冷却成型等过程，可制成表面光洁、细致的唇膏。

（4）生产工艺流程（参见图 6-6）

① 颜料混合 在不锈钢或铝制颜料混合机 D101 内加入溴酸红等颜料及其他颜料，再加入部分蓖麻油或其他溶剂，加热至 70～80℃，充分搅匀后从底部放料口送至三辊轮机 L101 研磨。为尽量使聚结成团的颜料碾碎，需反复研磨数次，然后放入真空脱泡锅 D103。

② 原料熔化 将油、脂、蜡加入原料熔化锅 D102，加热至 85℃左右，熔化后充分搅拌均匀，经过滤放入真空脱气锅 D103。

③ 真空脱泡 在真空脱气锅 D103 内，唇膏基质和色浆经搅拌充分混合，此时应避免强烈的搅拌。同时也因真空条件能脱去经三辊机 L101 研磨后产生的气泡，否则浇成的唇膏表面会带有

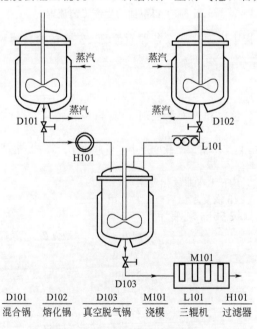

D101	D102	D103	M101	L101	H101
混合锅	熔化锅	真空脱气锅	浇模	三辊机	过滤器

图 6-6 唇膏的生产工艺流程

气孔，影响外观质量。脱气均匀完毕后放入慢速充填机。

④ 保温浇铸　保温搅拌的目的在于使浇铸时颜料均匀分散，故搅拌浆应尽可能靠近锅底，一般采用锚式搅拌浆，以防止颜料下沉。同时搅拌速度要慢，以免混入空气。

浇模时将慢速充填机底部出料口放出的料直接浇入模子，待稍冷后，刮去模子口多余的膏料，置冰箱中继续冷却。也有的模子直接放在冷冻板上冷却，冷冻板底下由冷冻机直接制冷。

控制浇铸时温度很重要，一般控制在高于唇膏熔点10℃时浇铸。各种唇膏熔点差距很大，一般熔点为52～75℃，但一些受欢迎的产品熔点约控制在55～60℃。另外，为了使唇膏在保温浇制时不至于因温度（70～80℃）关系使香气变坏，每批料制造量以5～10kg为宜。

⑤ 加工包装　从冰柜中取出模子，开模取出已定型的唇膏，将其插入容器底座，注意插正、插牢。若外露部分不够光亮，可在酒精灯喷火上将表面快速重熔以使外观光亮圆整。然后插上套子，贴底贴，就可装盒入库了。

(5) 产品用途　护唇膏可防止嘴唇干裂，适宜于男女老幼。涂于唇部，可赋予嘴唇诱人的色彩，可突出嘴唇的优点，掩盖其缺陷。

6.4.4　粉状面膜

英文名称：powder face pack

主要成分：皮膜形成剂、增黏剂、保温剂、柔软剂等

(1) 性能指标

外观	洁净无明显杂质黑点的粉体	pH 值	4.5～9.5
保健功效	可以促进皮肤的血液循环和吸收功能，可以适度地减轻皱纹	细度（120 目）	≥95%
		气味	无异味

(2) 生产原料与用量（按 50kg 产品计）

胶态高岭土	30.3kg	轻质碳酸钙	7kg
膨润土	2.5kg	甘油	2.5kg
硅酸铝镁	2.5kg	防腐剂	适量
氢氧化铝	5kg	香精	适量

(3) 合成原理　将各种粉料经混合、磨细、过筛后制成产品。在制造生产时，在粉末中添加卵磷脂等增溶剂及加氢羊毛脂等油分，赋香后加入防霉剂等，再根据不同使用目的，选择复配合适的添加剂，如化妆水、乳液、果汁、蛋清等。

(4) 生产工艺流程（参见图 6-7）

① 混合　将粉料、香精加入高速搅拌混合器 H101 中进行混合，搅拌速率 1000～1500r/min，混合器 H101 夹套遇冷却水对混合器进行冷却。使用该装置时，加料量约占总容积的 1/2。还可采用螺旋带混合器或 V 形混合器。

② 磨细　混合好的粉料进入粉粹机 F101，得到细小均匀的粉粒。

③ 过筛　通过 120 目振动筛 Z101 过筛，再经 M101 灭菌即得产品。

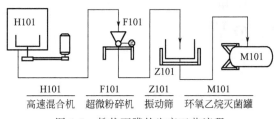

H101	F101	Z101	M101
高速混合机	超微粉碎机	振动筛	环氧乙烷灭菌罐

图 6-7　粉状面膜的生产工艺流程

(5) 产品用途　清除毛孔、皮肤表面的污垢，减轻皮肤皱纹，使皮肤柔软细滑，使用时还可与牛奶、蜂蜜、蛋白、果汁等混合后使用。使用粉状面膜时，将粉状面膜加水（或水果汁、蜂蜜、牛奶等）调成糊状，涂于面部，20～30min 揭去。

6.4.5　胶状面膜

中文别名：胶状面膜

英文名称：colloidal face membrane

主要成分：皮膜形成剂、增黏剂、保温剂、柔软剂等

（1）性能指标

外观	透明黏稠的液体	pH 值	4.5～9.5
保健功效	可以促进皮肤的血液循环和吸收功能，可以适度地减轻皱纹	细度（120 目）	≥95％
		气味	无异味

（2）生产原料与用量（按 50kg 产品计）

	配方 1	配方 2	配方 3	配方 4
聚乙烯醇	3kg	7.5kg	—	5kg
羧甲纤维素	1kg	2.5kg	—	—
甘油	3kg	2.5kg	—	2.5kg
乙醇	5kg	5kg	2.5kg	2.5kg
防腐剂	适量	适量	适量	适量
香精	适量	适量	适量	适量
去离子水	38kg	32.5kg	49.5kg	23.5kg
甲基纤维素	—	—	1.5kg	—
羧基乙烯聚合物	—	—	0.5kg	—
油醇聚氧乙烯(15)醚	—	—	0.5kg	—
三乙醇胺	—	—	0.5kg	—
醋酸乙烯树脂乳浊液	—	—	—	7.5kg
橄榄油	—	—	—	1.5kg
氧化锌	—	—	—	4.0kg
高岭土	—	—	—	3.5kg

（3）合成原理　将所有组分溶于水中，加热溶解均匀，再经过滤即得产品。

（4）生产工艺流程（参见图 6-8）　于制备釜 D101 中加入去离子水、PVA、CMC，加热 70～80℃搅拌溶解均匀，加入甘油、防腐剂，搅拌均匀，45℃左右加入乙醇，香精。将上述料液经板框过滤机 M101 过滤后，即得产品。

（5）产品用途　胶状面膜质地细腻柔润，能与肌肤完全紧密贴合，特有的高分子网状结构储存了较多的营养精华和水分，可直接涂于面部，30～40min 干燥后揭下；可以洁肤、护肤、保健、美容。每周使用 1～2 次。

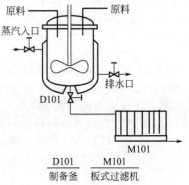

D101	M101
制备釜	板式过滤机

图 6-8　胶状面膜生产工艺流程

6.5　香粉类化妆品

6.5.1　香粉

英文名称：face powder

主要成分：滑石粉、碳酸钙、碳酸镁、氧化锌、陶土粉、色料、香精等

（1）性能指标

外观	洁净，无明显杂质黑点的粉体
pH 值	4.5～9.5
细度（120 目）	≥95％
遮盖性	可遮盖皮肤本色，又可阻挡阳光中紫外线照射，具有防晒性
吸收性	吸收油脂及水分，使皮肤无油腻感，消除油光
黏附性	不易脱落，耐汗水
滑爽性	流动性好，感觉滑爽，在皮肤上形成薄膜

（2）生产原料与用量（按 50kg 产品计）

	配方 1	配方 2
钛白粉	2.5kg	—
锌白粉	7.2kg	7.5kg
高岭土	5.0kg	4.0kg
轻质碳酸钙	2.5kg	4.0kg
碳酸镁	4.5kg	7.5kg
滑石粉	24kg	22.75kg
硬脂酸锌	4.0kg	4.0kg
香精	适量	适量
色素	适量	适量

（3）合成原理　由各种粉料经混合、磨细、过筛后复配制成产品。

（4）生产工艺流程（参见图 6-7）　香粉的生产工艺过程包括混合、磨细、过筛、加脂、灭菌、包装。

① 混合　混合的目的是将各种原料用机械进行均匀地混合，混合香粉用机器主要有 4 种型式：卧式混合机、球磨机、V 型混合机、高速混合机。目前使用比较广泛的是高速混合机，它是一种高效混合设备，该混合机具有一圆筒形夹壁容器，在容器底部装置一转轴，轴上装有一搅拌桨叶，转轴可与电动机用皮带连接，或直接与电动机连接，在容壁底部开有一出料孔，在容器上端有一平板盖，盖上有一挡板插入容器内，并有一测温孔用以测量容器内粉料在高速搅拌下的温度。当各种粉料按配比倒入容器后，必须将密封盖盖好，在夹套内通入冷却水，经检查后才可启动电机，整个香料搅拌混合时间约 5min，搅拌转速达 1000～1500r/min。由于粉料在高速搅拌下，极短的时间内温度直线上升，粉料受温度上升易变质、变色，故在运行时需时常观察温度的变化。另外，投入粉料的量只能是混合机容积的 60% 左右，控制一定的投料量和搅拌时间就不至于产生高热。

② 磨细　磨细的目的是将粉料再度粉碎，可使得加入的颜料分布得更均匀，显出应有的光泽，不同的磨细程度，香粉的色泽也略有不同，磨细机主要有球磨机、气流磨、超微粉碎机三种。气流磨、超微粉碎机不管从生产效率，还是从生产周期，粉料磨细的程度都要比球磨机好得多，但是球磨机还是被经常采用，其原因是结构简单，操作可靠，产品质量稳定。

③ 过筛　通过球磨机混合、磨细的粉料要通过卧式筛粉机，将粗颗粒分开。若采用气流磨或超微粉碎机，再经过旋风分离器得到的粉料，则不一定再进行过筛。

④ 加脂　为了克服一般香粉的缺点，在其中常加入一定量的油分，操作的方法是：在混合、磨细的粉料中加入内含有硬脂酸、蜂蜡、羊毛脂、白油、乳化剂和水的乳剂，充分搅拌均匀。100 份粉料加入 80 份乙醇搅拌均匀，过滤除去乙醇，在 60～80℃ 烘箱内烘干，使粉料颗粒表面均匀地涂布着脂肪物，经过干燥的粉料含脂肪物 6%～15%，通过筛子过筛就成为香粉化妆品。

⑤ 灭菌　要求香粉、粉饼的杂菌数 <100 个/g，尤其是眼部化妆品，例如眼影粉要求杂菌数等于零，所以粉料要进行灭菌。粉料灭菌通常有两种方法；一种是采用环氧乙烷气体灭菌法，另一种是近年来进行研究的钴-60 放射性灭菌法。

⑥ 包装　香粉包装盒子的质量也是重要的一环，除了包装盒的美观外，最主要的是盒子不能有气味。另外要注意不同包装方法对包装量的影响。

（5）产品用途　香粉化妆品是用于面部和身体的化妆品，多为美容后修饰和补妆用，可调节皮肤色调，消除面部油光，防止油腻皮肤过分光滑和过黏，显示出无光泽但透明的肤色；还可吸收汗液和皮脂，增强化妆品的持续性，产生滑嫩、细腻、柔软绒毛的肤感。

6.5.2　粉饼

中文别名：粉饼

英文名称：pressed powder

主要成分：滑石粉、碳酸钙、碳酸镁、氧化锌、陶土粉、色料、香精、油脂等

（1）性能指标

外观　　　　　　　洁净，无明显杂质黑点的粉体

pH 值　　　　　　6.0～9.0

				配方1	配方2

均匀度　　　　　颜料及粉质分布均匀，无明显斑点

疏水性　　　　　粉质乳在水面保持2h不下沉

涂抹性能　　　　油块≤1/4粉块

遮盖性　　　　　可遮盖皮肤本色，又可阻挡阳光中紫外线照射，具有防晒性

吸收性　　　　　吸收油脂及水分，使皮肤无油腻感，消除油光

黏附性　　　　　不易脱落，耐汗水

滑爽性　　　　　流动性好，感觉滑爽，在皮肤上形成薄膜

（2）生产原料与用量（按50kg产品计）

	配方1	配方2		配方1	配方2
滑石粉	25kg	37kg	十六醇	0.75kg	—
高岭土	5.0kg	5.0kg	CMC	0.03kg	—
氧化锌	4.0kg	—	海藻酸钠	0.015kg	—
硬脂酸锌	2.5kg	—	二氧化钛	—	2.5kg
碳酸镁	2.5kg	—	液体石蜡	—	1.5kg
沉淀碳酸钙	5.0kg	—	山梨糖醇	—	2.0kg
铁红	0.07kg	—	山梨糖醇酐倍半油酸酯	—	1.0kg
铁黄	0.05kg	—	丙二醇	—	1.0kg
铁黑	0.005kg	—	香料	—	适量
白油	2.25kg	—	颜料	—	适量
羊毛脂	0.25kg	—			

（3）合成原理　将胶质原料的水溶液与熔化后的脂质原料加入到粉体中，于球磨机中混合研磨约6～7h后，过筛，于压饼机中压制成型。

（4）生产工艺流程（参见图6-9）　粉饼、香粉等制造设备基本类同，要经过混合、磨细和过筛，为了使粉饼压制成型，必须加入胶质、油分等，生产工艺流程如下。

① 胶质溶解　把胶粉加入去离子水中搅拌均匀，加热至90℃，加入保湿剂甘油或丙二醇及防腐剂等，在90℃保持20min灭菌，用沸水补充蒸发的水分后备用。另外，所用的石蜡、羊毛脂等油脂必须先熔解，过滤后备用。

② 混合　按配方称取滑石粉、二氧化钛等粉质原料在球磨机Q101中混合2h，加石蜡、羊毛脂等混合2h，再加香精继续混合2h，然后加入胶水混合15min。在球磨混合过程中，要经常取样检验颜料是否混合均匀，色泽是否与标准样相同。

③ 粉碎　在球磨机Q101中混合好的粉料，筛去石球后，粉料加入超微粉碎机F101中进行磨细，然后再在灭菌器内用环氧乙烷灭菌，将粉料装入清洁的桶内，用桶盖盖好，防止水分挥发，并检查粉料是否有未粉碎的颜料色点等杂质。

④ 压制成型　压粉饼的机器型式有数种，有油压泵产生压力的手动粉末成型机，每次压饼2～4块；也有自动压制粉饼机，每分钟可压制粉饼4～30块。可根据不同生产情况选用。压制前，粉料先要经过60目的筛子，再按规定质量的粉料加入模具内压制，压制要做到平、稳、防

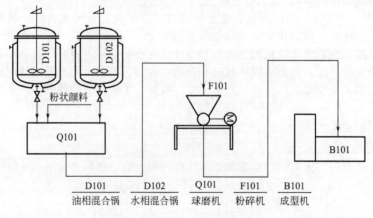

D101	D102	Q101	F101	B101
油相混合锅	水相混合锅	球磨机	粉碎机	成型机

图6-9　粉饼生产工艺流程

止漏粉、压碎，根据配方适当调节压力。压制好的粉饼经外观检查，就可包装。

（5）产品用途　香粉制成粉饼的形式主要是便于携带，防止倾翻及飞扬，其使用效果和目的均与香粉相同。粉饼有两种形式，一种是用湿海绵敷面作粉底用的粉饼，其组成中含有较多油分和胶黏剂，有抗水作用。另一种是普通粉饼，其用法和香粉相同，即用粉扑敷于面部。

6.6　毛发用化妆品

6.6.1　香波

英文名称：shampoo

主要成分：表面活性剂、辅助表面活性剂及添加剂等

（1）性能指标（QB/T 1974—2004）

外观	透明均匀有一定黏度的流体，乳白色或其他不同色泽的珠光色
pH 值（25℃）	4.0～8.0
黏度（25℃）	$\geqslant 0.4Pa\cdot s$
有效物	$\geqslant 10.0\%$
泡沫（40℃）	透明型$\geqslant 100mm$；非透明型$\geqslant 50mm$；儿童产品$\geqslant 40mm$
耐热性	（40±1）℃，24h恢复升温后没有分离、沉淀、变色现象（注明含有不溶性粉粒沉淀物除外）
耐寒性	−5～15℃，24h恢复室温样品正常

（2）生产原料与用量（按 50kg 产品计）

	配方 1 （普通香波）	配方 2 （膏状香波）	配方 3 （珠光香波）	配方 4 （调理香波）
硫酸钠	3.0kg	5.0kg	3.75kg	—
N-椰子酰基-N-甲基牛磺酸钠	—	—	—	5.0kg
十二烷基聚氧乙烯醚	—	1.5kg	1.5kg	—
十二烷基甜菜碱	—	—	—	4.0kg
十二烷基硫酸钠	—	2.5kg	—	—
十二烷基酰胺丙基甜菜碱	—	—	1.05kg	—
Tween-20	—	—	0.7kg	—
椰油脂肪酰基羟乙基磺酸钠	—	—	1.5kg	—
乙二醇单硬脂酸酯	—	1.5kg	—	0.75kg
聚乙二醇单硬脂酸酯	—	—	0.125kg	—
苄醇	—	—	0.1kg	—
硫酸酯三乙醇胺盐(40%)	16kg	—	—	—
月桂酸二乙醇酰胺	2.0kg	1.0kg	—	2.0kg
丙二醇	—	—	—	1.0kg
三甲基原多肽氯化铵	—	—	—	0.3kg
聚季铵化乙烯醇	—	—	—	5.1kg
乙二胺四乙酸二钠	—	—	—	0.05kg
蛋白质衍生物	—	1.5kg	—	—
羊毛脂衍生物	—	0.5kg	—	—
聚乙二醇 400	0.5kg	—	—	—
去离子水	27.5kg	38kg	41.11kg	31.8kg
香料	适量	适量	0.165kg	适量
色素	适量	适量	适量	适量
防腐剂	适量	适量	适量	适量
金属离子螯合剂	适量	—	—	—
柠檬酸	适量	—	—	—

（3）合成原理　　在去离子水中加入表面活性剂及辅助表面活性剂，溶解搅拌均匀后，调节pH值，调节黏度，加入防腐剂、香精、色素等搅拌均匀即得产品。

（4）生产工艺流程（参见图6-10）　　香波的生产过程以混合为主，一般设备仅需有加热和冷却用的夹套配有适当的搅拌反应锅即可。在生产中要注意的是，由于香波的主要原料大多是极易产生泡沫的表面活性剂，因此加料的液面必须浸过搅拌桨叶片，以避免过多的空气被带入而产生大量的气泡。

香波的生产有两种方法，一种是冷混法，它一般适用于配方中原料水溶性较好的制品；一种是热混法。从目前来看，除了部分透明香波产品用冷混生产外，其他产品的生产都用热混法。

热混法的操作步骤是先将水溶性较好的组分如AES、K-12溶于精制水中，在搅拌下加热到70～90℃，然后加入要溶解的固体原料及脂性原料，继续搅拌，直至符合产品外观需求为止。开始冷却，当温度下降到40℃以下时，加色素、香料和防腐剂等。pH和黏度的调节一般在环境温度下进行。

用热混法生产时，温度最好不要超过70～80℃，以免配方中的某些成分遭到破坏。生产珠光香波时，产品能否具有良好的珠光外观不仅与珠光剂用量有关，而且与搅拌速度和冷却时间快慢有联系。快速冷却和迅速的搅拌，会使体系外观暗淡无光。而控制一定的冷却速度，可使珠光剂结晶增大，从而获得闪烁晶莹的光泽。

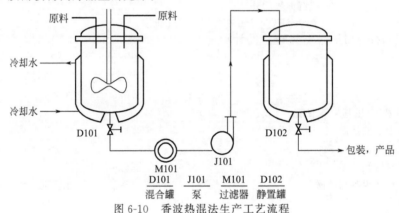

图6-10　香波热混法生产工艺流程

D101	J101	M101	D102
混合罐	泵	过滤器	静置罐

（5）产品用途　　从清洁和保养皮肤来说，能清洁掉新陈代谢累积在人体上的分泌物，同时滋润皮肤，保持皮肤清爽度。一方面能清洁人的头皮和头发上的污垢，另一方面由于引入护发的功效，而使头发易梳理，起到调理、护理、保持头发美观的作用。

6.6.2　发乳

英文名称：hair cream

主要成分：油脂、去离子水、香精、色素、防腐剂

（1）性能指标

外观	乳化型细腻膏乳状
pH值	4.0～8.5
色泽稳定性	暴露在紫外线灯下6h，应不变色或轻微变色

耐热性

油/水型	优级品48℃/24h不分离；一级品45℃/24h不分离；合格品40℃/24h不分离
水/油型	40℃/24h渗油量不超过5%

耐寒性

油/水型	−15℃/24h恢复室温（25℃）无油水分离现象
水/油型	−10℃/24h恢复室温（25℃）膏体不发粗，不出水

（2）生产原料与用量（按50kg产品计）

	配方1	配方2		配方1	配方2
液体石蜡	7.5kg	5.0kg	硬脂酸	2.5kg	0.5kg
硅油	—	2.5kg	羊毛脂衍生物	—	0.15kg

	配方1	配方2		配方1	配方2
蜂蜡	—	1.5kg	丙二醇	2.0kg	—
十六醇	—	0.65kg	抗氧化剂	0.1kg	—
甘油	—	4.0kg	防腐剂	0.25kg	适量
羊毛脂	1.0kg	—	香料	0.2kg	适量
三乙醇胺	0.9kg	0.9kg	去离子水	35.2kg	34.8kg
菁树胶粉	0.35kg				

（3）合成原理　将水相、油相分别加热，然后将两部分混合均匀，经乳化、冷却、脱气、储存后包装即得产品。

（4）生产工艺流程（参见图6-1）

① 在水相罐 D102 中加入去离子水、甘油等搅拌加热至 90～95℃，维持 20min 灭菌。

② 在油相罐 D101 中加入白油、羊毛脂、硬脂酸等，搅拌加热，使其熔化均匀。

③ 将乳化罐 D103 中抽真空，将水相、油相分别经过滤器抽至乳化罐内。2500～3000r/min 均质，30r/min 刮边搅拌，均质 10～15min 后，停止均质，通冷却水冷却。脱气，温度降至 45℃ 左右加入防腐剂，香精。温度降至 40℃ 以下破真空，出料。

（5）产品用途　油/水型发乳，能使头发变软，而具有可塑性，能帮助梳理成型，当部分水分被头发吸收后油脂覆盖于头发，减缓了头发水分的挥发，避免头发枯燥和断裂。油脂残留于头发，延长了头发定型时间，保持自然光泽，而且易于清洗。而水/油型发乳，在使用时，仅有少量的水被吸收，故其定发型效果不如油/水型的。

6.6.3　发蜡

英文名称：pomade

主要成分：蓖麻油、日本蜡、白凡士林、松香动植物油脂及矿脂、香精、色素、抗氧剂等

（1）性能指标

外观	凝胶或半固体状的油脂	pH	6～8
固含量	70%～80%		

（2）生产原料与用量（按 50kg 产品计）

	配方1（植物性发蜡）	配方2（矿物性发蜡）		配方1（植物性发蜡）	配方2（矿物性发蜡）
蓖麻油	44.0kg	—	橄榄油	—	15kg
精制木蜡	5.0kg	—	液体石蜡	—	4.5kg
香料	1.0kg	1.5kg	染料	适量	适量
固体石蜡	—	3.0kg	抗氧剂	适量	适量
凡士林	—	26kg			

（3）合成原理　将动植物及矿脂加热搅拌，熔化均匀，然后加入香精、色素、抗氧剂，搅拌均匀，过滤浇瓶，包装即得产品。

（4）生产工艺流程（参见图6-11）

① 原料熔化　植物性发蜡的生产一般把蓖麻油加热至 40～50℃，若加热温度高，易被氧化，而日本蜡、木蜡可加热至 60～70℃ 备用。对于以矿脂为主要原料的矿脂发蜡，一般熔化原料温度较高，凡士林一般需加热至 80～100℃，并要抽真空，通入干燥氮气，吹去水分和矿物油气味后备用。

② 混合、加香　植物性发蜡的生产是把已熔化备用的油脂混合到一起，同时加入色素、香精、抗氧剂，开动搅拌器，使之搅拌均匀，并维持在 60～65℃，通过过滤器即可浇瓶。对于矿物发蜡，把熔化备用凡士林等加入混合锅，并加入其他配料（如石蜡、色素等），冷却至 60～70℃ 加入香精，搅拌均匀，即可过滤浇瓶。

在发蜡配料时，一般每锅料控制在 100～150kg，以保证配料搅拌和浇瓶包装在 1～2h 内完成。这样一方面避免油脂等长时间加热易被氧化；另一方面保证香气质

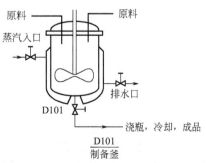

图6-11　发蜡的生产工艺流程

量，因为香精在较长时间保持在 60～70℃，不但头香易挥发，而且香气质量易变坏。

③ 浇瓶冷却　植物性发蜡浇瓶后的发蜡应放入 $-10℃$ 的冰箱或放置在 $-10℃$ 专用的工作台面上，因为它浇瓶后，要求冷却的速度应快一些，这样结晶就细，可增加透明度。而矿物发蜡浇瓶后，冷却速度则要求慢一些，以防发蜡与包装容器之间产生空隙，一般是把整盘浇瓶的发蜡放入 $30℃$ 的恒温室内，使之慢慢冷却。

（5）产品用途　发蜡是一种凝胶状或半固体状的油脂，能够固定发型、使头发亮丽有光泽。发蜡大多由凡士林为原料所组成，所以黏性较高，使用可以使头发梳理成型，头发光亮度也可保持几天，也可以处理发根和毛燥的头发表面；适用于不顺扭结的短发或卷发，令头发自然造型。其缺点是黏稠、油腻不易洗净，为了克服此缺点，在配方中可加入适量植物油或白油，以降低化妆品的黏度，增加滑爽的感觉。

6.6.4　烫发剂

中文别名：烫发水

英文名称：perming agents

主要成分：巯基乙酸铵，三乙醇胺，氨水等

（1）性能指标

外观	水剂：清晰透明，无杂质、沉淀；乳剂：无杂质、沉淀
气味	略有氨的气味
pH 值	8.5～9.5
游离氨的含量	≥0.008g/mL
巯基乙酸铵含量	0.085～0.139g/mL

（2）生产原料与用量

① 卷发剂（按 500kg 卷发剂计）

	配方 1	配方 2		配方 1	配方 2
巯基乙酸铵	40kg	50kg	氨水（28%）	15kg	7.5kg
三乙醇胺	5kg	—	CMC	5kg	—
液体石蜡	—	5.0kg	乙二胺四乙酸钠	—	适量
油醇聚氧乙烯（30）醚	—	10.0kg	香精	适量	—
丙二醇	—	25kg	去离子水	余量	402.5kg

② 定型液（按 500kg 定型液）

	配方 1	配方 2		配方 1	配方 2
过硫酸钾	15kg	40kg	透明质酸钠	—	0.05kg
防腐剂	适量	—	去离子水	余量	余量
柠檬酸	—	0.25kg			

（3）合成原理　将巯基乙酸铵加入去离子水均匀溶解后，加入三乙醇胺或液体石蜡、油醇聚氧乙烯（30）醚、丙二醇，然后用氨水调节 pH 值 9.3～9.5，最后加入已溶于微量的 CMC 及香精，搅拌均匀即得产品。

烫发的原理主要是指将直发处理成卷曲状，其实质是将 α-角朊的自然状态的直发改变为 β-角朊的卷发。由于头发角朊中存在二硫键、离子键、氢键、以及范德华力等多种作用力，所以限制了角朊的 α、β 类型间转变。要实现这种转变必须施以外力克服上述诸作用力，使角朊的型变易于进行。在室温下即可使头发卷曲，若加热，则卷却效果更快更好。

（4）生产工艺流程（参见图 6-10）

① 卷发剂　先将石蜡、油醇聚氧乙烯醚溶于水中调匀，加入丙二醇及乙二胺四乙酸二钠溶解后，最后加入氨水及巯基乙酸铵，充分混合后即得成品，将其装瓶密封。

② 定型剂　在制备釜中加入去离子水，加热至 90～95℃ 10min 灭菌，降温至室温，加入过硫酸钾，防腐剂，搅拌均匀即得产品。

（5）产品用途　烫发剂又叫烫发水，一般烫发剂都是有两剂一个组合，第一剂：卷发剂或软化剂，第二剂：定性剂。它结合影响发质的气候、饮食等因素，采用南北差异化配方，可激活、强化、重建头发脆弱细胞，让头发享受 360 度全方位保护，避免头发烫后干燥无光泽，保持头发生命之初的健康。

6.6.5 染发剂

英文名称：hair dye，rinse，tint

主要成分：对苯二胺、间苯二酚、氨基苯酚等

（1）性能指标

pH 值	染剂 8～11；氧化剂 2～5
氧化剂浓度	4.0%～7.0%
耐寒性	（-10±2）℃，24h，恢复室温无油水分离现象
耐热性	（40±1）℃，6h恢复室温无油水分离现象

（2）生产原料与用量（按 50kg 产品计）

① 染料部分（按制 50kg 染料部分计）

对苯二胺	1.25kg	十六-十八醇醚	1.5kg
间苯二酚	0.5kg	去离子水	46.15kg
氨基苯酚	0.5kg	香精	适量
十二醇硫酸钠	0.1kg	防腐剂	适量

② 氧化剂部分（按制 50kg 氧化剂计）

过氧化氢	7.5kg	EDTA	0.05kg
混合醇	1.0kg	去离子水	39.7kg
十六-十八醇醚（25）	1.75kg		

（3）合成原理

① 染料部分　将对苯二胺、间苯二酚、氨基苯酚、十二醇硫酸钠、十六-十八醇醚、水混合，加热搅拌均匀后，再加入香精、防腐剂即得产品。

② 氧化剂部分　将混合醇、十六-十八醇醚、EDTA、水加热搅拌均匀后，加入过氧化氢，搅拌均匀即得产品。

市场上的主流产品一般含有染料中间体和偶合剂，这些染料中间体和偶合剂渗透进入头发的皮质后，发生氧化反应、偶合和缩合反应形成较大的染料分子，被封闭在头发纤维内。由于染料中间体和偶合剂的种类不同、含量比例的差别，故产生色调不同的反应产物，各种色调产物组合成不同的色调，使头发染上不同的颜色。由于染料大分子是在头发纤维内通过染料中间体和偶合剂小分子反应生成。因此，在洗涤时，形成的染料大分子是不容易通过毛发纤维的孔径被冲洗。

（4）生产工艺流程（参见图 6-12）

① 染料部分　在制备釜 D101 中加入去离子水、对苯二胺、间苯二酚、氨基苯酚，搅拌均匀后，加入十二醇硫酸钠、十六-十八醇醚，必要时加热，搅拌均匀后，加入防腐剂、香精，搅拌均匀，通过过滤器抽入静置后待包装。

② 氧化剂部分　制备釜 D101 中加入去离子水、混合醇、EDTA、醇醚，加热搅拌均匀，降温后，加入过氧化氢，搅拌均匀，通过过滤器抽入静置釜 D102 中静置后待包装。

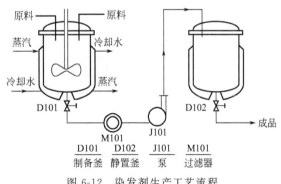

图 6-12　染发剂生产工艺流程

（5）产品用途　可实现永久染发，将头发染成黑色。染发剂接触皮肤，而且在染发的过程中还要加热，使苯类的有机物质通过头皮进入毛细血管，然后随血液循环到达骨髓，长期反复作用于造血干细胞，导致造血干细胞的恶变，导致白血病的发生。而染发剂之所以会导致皮肤过敏、白血病等多种疾病，是因为染发剂中含有一种名叫对苯二胺的化学物质。专家称，对苯二胺是染发剂中必须用到的一种着色剂，是国际公认的一种致癌物质，应该严格控制使用。

6.6.6 脱毛剂

英文名称：depilatory

主要成分：巯基乙酸钙、十二烷醇聚氧乙烯（9）醚、凡士林

（1）性能指标

外观	糊状或膏状黏液	pH	10～13

（2）生产原料与用量（按 100kg 产品计）

巯基乙酸钙	7.0kg	鲸蜡醇	3.0kg
十二烷醇聚氧乙烯（9）醚	5.0kg	凡士林	4.5kg
失水山梨醇单油酸酯	4.0kg	氢氧化钙	9.0kg
十八醇	3.0kg	去离子水	加至 100kg
液体石蜡	4.0kg		

（3）合成原理　将巯基乙酸钙、十二烷醇聚氧乙烯（9）醚、凡士林等在加热条件下混合复配均匀即得产品。

脱毛化妆品是利用剥离溶解涂敷后凝固的蜡来脱毛的蜡状化妆品及使用化学脱毛剂的糊状或膏状化妆品。脱毛剂的主剂是采用对角蛋白有溶解作用的硫化物；巯基乙酸盐也是冷烫液的主剂，pH 在 9.6 以下时可用于烫发，pH 在 10～13 时能切断毛发，作为脱毛剂使用。在实际应用时，一般用两种以上的巯基乙酸盐，并加脱毛辅剂以加速脱毛。

（4）生产工艺流程（参见图 6-12）　在反应釜 D101 中，加入表面活性剂、少量水，再加入已预热熔化的油性物质，搅拌冷却成乳剂；然后加入巯基乙酸钙、氢氧化钙及剩余水混合而成的浆状液，搅拌 30min，静置、过滤、包装。

（5）产品用途　适用于四肢、脸部、阴部等部位的脱毛，对皮肤比较细嫩、敏感，受到刺激可能导致红肿、发炎，一定要注意控制使用。每个人肌肤的健康状况、皮肤质量、敏感程度都不同，所以用同一款脱毛产品后产生的结果也不同。包括自己皮肤健康度、敏感度的诊断等。如果使用脱毛剂后出现过敏、异常，一定第一时间联系医生商讨应对方案。

第**7**章

食品与饲料添加剂

7.1 概述

食品与饲料添加剂虽然用途不同，但其许多品种是相同或类似的，本章一并介绍。

7.1.1 食品添加剂

食品添加剂是一类重要的精细化工产品。随着生活水平的不断提高，人们对食品的要求也越来越高，食品添加剂便是随着食品工业发展而逐步形成和发展起来的。

食品添加剂是指为了改善食品品质和食品色、香、味、形及营养价值，以及为加工工艺和保存需要而加入食品中的化学合成物质或天然物质。食品添加剂的作用主要有以下几个方面：防止食品腐败变质，延长其保藏期和货架期；改善食品感官性状；有利于食品加工操作；保持或提高食品营养价值；满足某些特殊需要。

食品添加剂按其来源可分为天然和化学合成两大类。前者指利用动植物（如从甜叶菊中提取甜味素）或微生物代谢产物（如发酵法制味精）等为原料，经提取所获得的天然物质。化学合成食品添加剂是指采用化学手段，使元素或化合物通过氧化、还原、缩合、聚合、成盐等合成反应得到的物质（包括一般化学合成品及人工合成天然相同物）。

目前世界各国通常按食品添加剂功能来进行分类。我国制定的《食品添加剂使用卫生标准》（GB 12493—1990）中计有食品添加剂 907 种（其中香料 691 种），除香料外，将其分为酸度调节剂、抗结剂、消泡剂、抗氧剂、漂白剂、膨松剂、胶姆糖基础剂、着色剂、护色剂、乳化剂、酸制剂、增味剂、面粉处理剂、被膜剂、水分保持剂、营养强化剂、防腐剂、稳定和凝固剂、甜味剂和增稠剂等。

7.1.2 饲料添加剂

饲料添加剂是指那些在常用饲料（能量饲料和蛋白饲料）之外，为了满足动物生长、繁殖、生产各方面营养需要或为某种特殊目的而加入配合饲料中的少量或微量物质。它的主要作用为配合饲料的营养成分，提高饲料利用率，改善饲料口味，提高适口性，促进动物正常发育和加速生长，改进畜产、水产产品品质，防治动物疾病，减少饲料储藏、加工运输过程中营养物质的损失，改善饲料的加工性能等。2001 年制定的《国务院关于修改〈饲料和饲料添加剂管理条例〉的决定》中将饲料添加剂分为三大类：①补充营养成分的添加剂，主要有氨基酸添加剂、维生素添加剂、矿物质添加剂和非蛋白氮添加剂等；②药物添加剂，主要有抗生素添加剂、激素添加剂、驱虫剂、抗菌促生长剂、生菌剂和中草药添加剂等；③改善饲料质量添加剂，主要有抗氧化剂、脂肪抑制剂、防霉剂、乳化剂、青贮饲料改进剂、黏结剂、调味剂和着色剂等。

　　饲料添加剂用量极少，但作用极大。国内外资料报道，饲料添加剂的应用，平均能提高饲料利用率 5%～7%，有时可达 10%～15%。根据饲养目的不同，对饲料添加剂要求有所不同，选用时要符合安全性、经济性和使用方便的要求，同时还要考察添加剂的效价、有效期，以及注意限用、禁用、用量、用法、配伍禁忌等项规定。

7.2　保藏及保鲜剂

7.2.1　苯甲酸钠

中文别名：安息香酸钠

英文名称：sodium benzoate

分子式：$C_7H_5O_2Na$

（1）性能指标

外观	白色颗粒或晶体粉末	气味	无臭或微带安息香气味
pH	8	溶解性	易溶于水与乙醇

（2）生产原料与用量

苯甲酸	工业级	100	水	工业级	138
碳酸钠	工业级	69			

（3）合成原理　苯甲酸可由邻苯二甲酸酐水解、脱羧制得；也可由甲苯氧化、水解制得；还可直接由甲苯液相氧化制得。苯甲酸经 Na_2CO_3 中和即成钠盐。

　　甲苯氧化法生产苯甲酸的合成反应式如下：

（4）生产工艺流程（参见图 7-1）

　　① 甲苯氧化　将 2200kg 甲苯用泵送入铝质氧化塔 T103 内，再加入 2.2kg 萘酸钴，通夹套蒸汽加热到 120℃，此时甲苯沸腾。这时启动空压机，压缩空气经缓冲罐自塔的底部进入甲苯溶液中，发生氧化反应。该氧化反应是放热的，所以反应温度不断上升，但最高不能超过 170℃。因此中途塔夹套不仅要停止加热，而且要切换通水冷却。氧化反应时有大量的甲苯蒸气及水蒸气从塔顶排出，进入 20m² 的蛇管冷凝器 E102，冷凝成液体再进入分水器，甲苯由分水器 F102 上部返回氧化塔，水从分水器下部分出，然后进入计量槽 V104。分水器上盖有尾气排出管，尾气经排出管至缓冲罐 V103 进入活性炭吸收塔 T104，以吸附其中的甲苯。定时向塔内直接通蒸汽，以解吸被吸附的甲苯，后者经冷凝、分水、干燥后回收再用。甲苯在 170℃氧化时间约 12～16h，甲苯转化率可达 70%以上。

　　② 脱苯　氧化液放入脱苯塔 T101，在 0.08MPa 真空下通夹套蒸汽加热至 100～110℃，用压缩空气鼓泡的办法将未反应的甲苯蒸出，进入 10m² 的冷凝器 E101，冷凝液进入分水器 F101 回收再用。

　　③ 蒸馏　脱苯后的苯甲酸还含有杂质及有机色素，需再进行蒸馏。将料液放入搪瓷或不锈钢蒸馏塔 T102 底部釜中，加热并控制料液温度为 190℃，苯甲酸便蒸出而进入蒸馏塔，控制塔顶温度为 160℃，馏出物经套管冷却进入中和釜 D101，便得到纯净的苯甲酸。

　　④ 中和　苯甲酸进入中和釜 D101 后，及时加入预先配好的纯碱溶液中和。中和温度以70℃为宜，中和物料以 pH 为 7.5 为终点。为除杂色，按中和物料 0.3‰加入活性炭脱色，然后

通过 G101 真空吸滤，即得无色透明的苯甲酸钠溶液，含量为 50％。

⑤ 干燥　将苯甲酸钠溶液经滚筒干燥 Z101 或箱式喷雾干燥即成粉状苯甲酸钠成品。

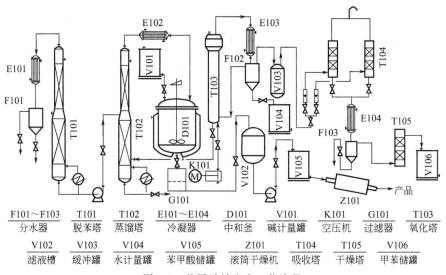

F101～F103	T101	T102	E101～E104	D101	V101	K101	G101	T103
分水器	脱苯塔	蒸馏塔	冷凝器	中和釜	碱计量罐	空压机	过滤器	氧化塔

V102	V103	V104	V105	Z101	T104	T105	V106
滤液槽	缓冲罐	水计量罐	苯甲酸储罐	滚筒干燥机	吸收塔	干燥塔	甲苯储罐

图 7-1　苯甲酸钠生产工艺流程

（5）产品用途　苯甲酸钠是很常用的食品防腐剂，有防止变质发酸、延长保质期的效果，在世界各国均被广泛使用。苯甲酸及其钠盐对多种微生物细胞呼吸酶系的活性有抑制作用，特别是具有较强的阻碍乙酰辅酶 A 缩合反应的作用，同时对微生物细胞膜功能也有阻碍作用，因而具有抗菌作用。在酸性条件下（pH＜4.5）苯甲酸防腐效果较好，pH＝3 时抗菌效果最强。苯甲酸在规定的添加量下使用时，是比较安全的防腐剂。苯甲酸的钠盐水溶性好，常代替苯甲酸作防腐剂使用，但其防腐效果不及苯甲酸。

7.2.2　山梨酸

中文别名：花楸酸，2,4-己二烯酸，清凉茶酸，2-丙烯基丙烯酸

英文名称：sorbic acid

分子式：$C_6H_8O_3$

（1）性能指标

外观	无色或白色晶体粉末	沸点	228℃（分解）
气味	无臭或微带刺激性臭味	相对密度	1.204（19℃）
溶解性	微溶于水，溶于多数有机溶剂	闪点	127℃
熔点	132～135℃		

（2）生产原料与用量

巴豆醛	工业级	200	稀硫酸（10％）	工业级	100
丙二酸	工业级	200	60％乙醇	工业级	适量
吡啶	工业级	300			

（3）合成原理　在吡啶溶剂中，巴豆醛和丙二酸经脱羧反应得山梨酸：

$$CH_3CH=CH-CHO + CH_2(COOH)_2 \xrightarrow{\text{吡啶}} CH_3CH=CH-CH=CHCOOH + H_2O + CO_2 \uparrow$$

（4）生产工艺流程（参见图 7-2）　将吡啶溶剂加入反应釜 D101 中，再加入巴豆醛和丙二酸，室温下搅拌 1h，然后缓慢升温至 90℃，维持 90～100℃下进行脱羧反应 4h。反应完毕，降温至 10℃以下，慢慢加入 10％稀硫酸，并控制温度不超过 20℃，至反应物呈弱酸性，pH 在 4～5 为止。冷却 12h，过滤，固体用水洗涤得山梨酸粗品，再用 3～4 倍 60％乙醇进行重结晶即得精制产品。

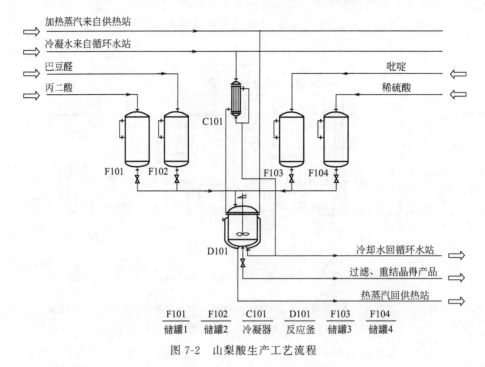

加热蒸汽来自供热站

冷凝水来自循环水站

巴豆醛

丙二酸

吡啶

稀硫酸

C101

F101　F102　F103　F104

D101

冷却水回循环水站

过滤、重结晶得产品

热蒸汽回供热站

F101	F102	C101	D101	F103	F104
储罐1	储罐2	冷凝器	反应釜	储罐3	储罐4

图 7-2　山梨酸生产工艺流程

（5）产品用途　山梨酸是高效无毒防腐防霉剂，可用于各种食品的防腐，也可用于食品用具的消毒。对酵母、霉菌和许多真菌都具有抑制作用。用于人类食品、动物饲料、化妆品、医药、包装材料和橡胶助剂等。

7.2.3　对羟基苯甲酸酯

中文别名：尼泊金酯

英文名称：esters p-hydroxybenzoate

结构式：p-HOPhCOOR（R＝C_2H_5，C_3H_7 或 C_4H_9）

（1）性能指标

外观	无色结晶或白色结晶粉末		溶解性		水溶性差
pH		4～8	气味		无味、无臭

（2）生产原料与用量

苯酚	工业级	200	乙醇（或丙醇，丁醇）	工业级	220～350
氢氧化钾	工业级	120～180	苯	工业级	300～400
碳酸钾	工业级	30	浓硫酸	工业级	100
活性炭	工业级	50	盐酸	工业级	70～90
锌粉	工业级	20～40	CO_2 气体	工业级	适量

（3）合成原理

$$\text{OH} \xrightarrow[\text{少量水}]{\text{KOH, } K_2CO_3} \text{OK} \xrightarrow[\text{② HCl}]{\text{① } CO_2} \text{OH (COOH)} \xrightarrow{\text{ROH}} \text{OH (COOR)}$$

（4）生产工艺流程　［参见图 7-3（a）与图 7-3（b）］

① 从储槽来的苯酚在铁制混合釜 D101 中与氢氧化钾、碳酸钾和少量水混合，加热生成苯酚钾；然后送到高压反应釜 D102 中，在真空下加热至 130～140℃，完全除去过剩的苯酚和水分，

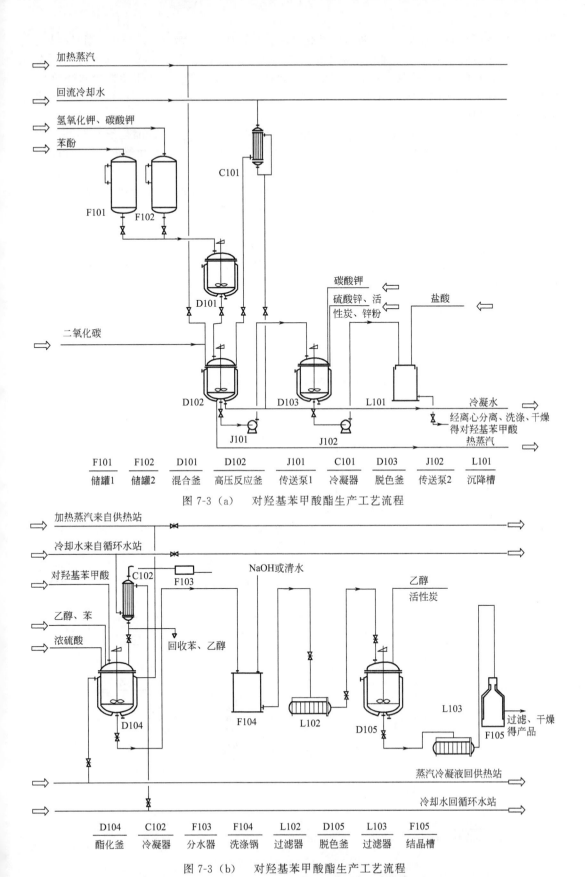

图 7-3（a） 对羟基苯甲酸酯生产工艺流程

F101	F102	D101	D102	J101	C101	D103	J102	L101
储罐1	储罐2	混合釜	高压反应釜	传送泵1	冷凝器	脱色釜	传送泵2	沉降槽

图 7-3（b） 对羟基苯甲酸酯生产工艺流程

D104	C102	F103	F104	L102	D105	L103	F105
酯化釜	冷凝器	分水器	洗涤锅	过滤器	脱色釜	过滤器	结晶槽

得到干燥的苯酚钾盐。通入 CO_2，进入羧基化反应。开始时因反应激烈，反应热可通过冷却水除去，后期反应减弱，需要外部加热，温度控制在 $180\sim210℃$，反应 $6\sim8h$。反应结束后，撤去 CO_2，通入热水溶解得到对羟基苯甲酸钾溶液。溶液经木制脱色釜 D103 用活性炭和锌粉脱色，在木制沉淀槽 L101 中用盐酸析出对羟基苯甲酸。析出的浆液经离心分离、洗涤、干燥后即得工业用对羟基苯甲酸。

② 将对羟基苯甲酸、乙醇（或丙醇、丁醇）、苯和浓硫酸依次加入到酯化釜 D104 内，搅拌并加热，蒸汽通过冷凝器 C102 冷凝后进入分水器 F103，上层苯回流入酯化釜内，当馏出液不再含水时，即为酯化终点。切换冷凝液流出开关，蒸出残余的苯和乙醇，当酯化反应釜内温度升至 $100℃$后，保持 $10min$ 左右，当无冷凝液流出时趁热将反应液放入装有水并不断快速搅拌的洗涤锅 F104 内。加入 NaOH，洗去未反应的对羟基苯甲酸。过滤后的结晶再回到清洗锅 F104 内用清水洗两次，移入脱色釜 D105 用乙醇加热溶解后，加入活性炭脱色，趁热进行压滤，滤液进入结晶槽 F105 结晶，结晶经过滤、干燥后即得产品对羟基苯甲酸酯。

（5）产品用途　主要应用于防腐剂，耐高温，不易氧化变色，抑菌效果好，安全性高。

7.2.4 丙酸

英文名称：propionic acid

分子式：C_2H_5COOH

（1）性能指标

外观	无色液体	熔点	$-22℃$
气味	有刺激性气味	沸点	$140.7℃$
相对密度（20℃）	$0.99g/cm^3$	溶解性	溶于水、乙醇、乙醚等

（2）生产原料与用量

丁烷	工业级	58	富氧空气	工业级	32

（3）合成原理　由丁烷气相氧化而得，氧化反应式如下：

$$C_4H_{10}（丁烷）+O_2 \longrightarrow CH_3COOH+CH_3CH_2COOH$$

（4）生产工艺流程（参见图 7-4）　丁烷和富氧空气通过分布盘进入不锈钢反应釜 D101，反应釜温度控制在 $170\sim200℃$，压力 $6.3MPa$。氧化反应生成物和未反应的丁烷从反应器底部排出，送入冷却器 C101 中，冷却至 $-60℃$，冷凝物送入分馏塔 F101。塔中段分出的丁烷返回反应釜，塔底分出粗氧化产物。粗氧化产物在蒸馏塔系 F102～F106 中连续蒸馏，第一塔 F102 回收低沸点馏分并循环回反应器中；第二塔 F103 蒸出酯和酮的混合物，混合物处理后分成两种馏分作为溶剂，塔底物是酸的混合物、高沸点馏分和水；在第三塔 F104 中，用与水形成共沸物的醚

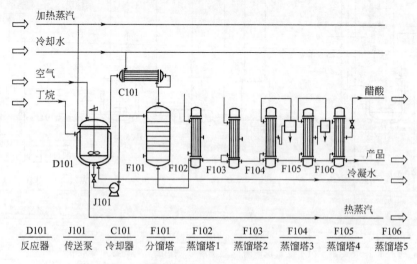

D101	J101	C101	F101	F102	F103	F104	F105	F106
反应器	传送泵	冷却器	分馏塔	蒸馏塔1	蒸馏塔2	蒸馏塔3	蒸馏塔4	蒸馏塔5

图 7-4　丙酸生产工艺流程

处理第二塔塔底物，脱去水；脱水的混酸在第四塔 F105 中用与甲酸形成共沸物的氯化烃处理；塔底分出的甲酸、丙酸及乙酸的混合物在第五塔 F106 中直接蒸馏，塔顶分出醋酸，塔底获得丙酸产品。

（5）产品用途　丙酸是多种有机合成的原料，主要用于制备盐、酯及其他专用产品，广泛应用于香料、农业、食品业、制药业等。食品添加剂丙酸钙和丙酸钠能防止由于微生物作用而引起的食物腐败变质，延长食品保存时间。

7.2.5　富马酸二甲酯

中文别名：反丁烯二酸二甲酯，延胡索酸二甲酯

英文名称：dimethyl fumarate，DMF

分子式：$C_6H_8O_4$

（1）性能指标

外观	白色粉状结晶	沸点	193℃
相对密度（20℃）	1.37g/cm³	溶解性	溶解于乙酸乙酯、氯仿、醇类、微溶于水
熔点	102℃		

（2）生产原料与用量

| 富马酸 | 工业级 | 500～600 | 催化剂 | 工业级 | 5～12 |
| 甲醇 | 工业级 | 300～400 | | | |

（3）合成原理　富马酸二甲酯的合成一般以顺丁烯二酸酐或富马酸为原料，与甲醇直接酯化合成。工业上使用的催化剂主要有浓 H_2SO_4、盐酸、对甲苯磺酸、磷钨酸、BF_3 等。反应式如下：

$$\begin{array}{c} \text{CH—COOH} \\ \| \\ \text{HOOC—CH} \end{array} + 2CH_3OH \xrightarrow{\text{催化剂}} \begin{array}{c} \text{CH—COOCH}_3 \\ \| \\ CH_3OOC\text{—CH} \end{array} + 2H_2O$$

（4）生产工艺流程（参见图 7-5）　将富马酸、甲醇及催化剂投入反应器 D101 中，加热搅拌，反应 6～8h 后，将产物投入结晶罐 D102 中进行冷却结晶，然后在 L101 中离心分离；再投入精制罐 D103，加入溶剂，加热搅拌 1～2h，再进行冷却结晶。然后经 L102 离心分离、洗涤，最后干燥得到富马酸二甲酯成品。

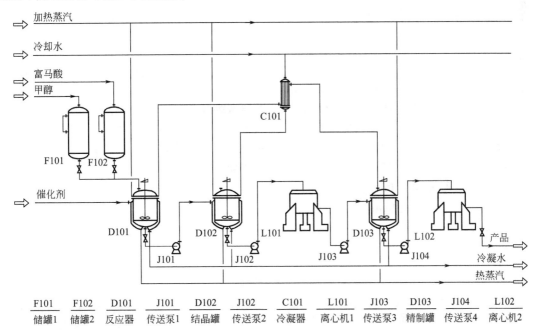

| F101 | F102 | D101 | J101 | D102 | J102 | C101 | L101 | J103 | D103 | J104 | L102 |
| 储罐1 | 储罐2 | 反应器 | 传送泵1 | 结晶罐 | 传送泵2 | 冷凝器 | 离心机1 | 传送泵3 | 精制罐 | 传送泵4 | 离心机2 |

图 7-5　富马酸二甲酯生产工艺流程

（5）产品用途　广泛应用于食品、水果、鱼、肉、蔬菜以及饲料等行业。由于其有较强的升华性，富马酸二甲酯可用于食品加工场合的空气净化、还可利用其挥发性，将其用于粮食的防霉、防虫、国内富马酸二甲酯广泛应用于月饼等烘焙食品中。

7.2.6　丁基羟基茴香醚

中文别名：叔丁基对羟基茴香醚，丁基大茴醚

英文名称：butyl hydroxy anisol，butylated hydroxyanisole，BHA

分子式：$C_{11}H_{16}O_2$

（1）性能指标

外观	无色至浅黄色蜡状晶体粉末或结晶	沸点	264～270℃
气味	稍有石油类的臭气和刺激性味	溶解性	不溶于水
熔点	57～65℃		

（2）生产原料与用量

对羟基茴香醚	工业级	124	磷酸	工业级	30～50
叔丁醇	工业级	73	10%氢氧化钠	工业级	适量

（3）合成原理　BHA 的合成方法有以下两种。

① 以羟基茴香醚、叔丁醇为主要原料，在磷酸或硫酸催化作用下，经烷基化反应合成 BHA，反应式如下：

② 以磷酸为催化剂，对苯二酚和叔丁醇在 101℃下反应，生成中间体叔丁基对苯二酚，再与硫酸二甲酯进行半甲基化反应合成。反应路线如下：

（4）生产工艺流程（参见图 7-6）　在反应釜 D101 中加入羟基茴香醚、磷酸或硫酸，搅拌加热到 50℃左右，然后将叔丁醇在 1.5h 内加入，发生烷基化反应而生成 BHA。反应生成物先用水洗，再用 10%的氢氧化钠溶液洗，经减压蒸馏、重结晶即得成品。

（5）产品用途　广泛应用于食品、水果、鱼、肉、蔬菜以及饲料等行业。由于其有较强的升华性，富马酸二甲酯可用于食品加工场合的空气净化、还可利用其挥发性，将其用于粮食的防霉、防虫。国内富马酸二甲酯广泛应用于月饼等烘焙食品中。

7.2.7　叔丁基对苯二酚

英文名称：tert-butyl hydroquinone，TBHQ

分子式：$C_{10}H_{14}O_2$

（1）性能指标

外观	白色晶体粉末	沸点	300℃
熔点	126～128℃	溶解性	溶于油、乙醇、乙醚，极难溶于水

（2）生产原料与用量

对苯二酚	工业级	110	磷酸	工业级	82
叔丁醇	工业级	74	浓硫酸	工业级	196

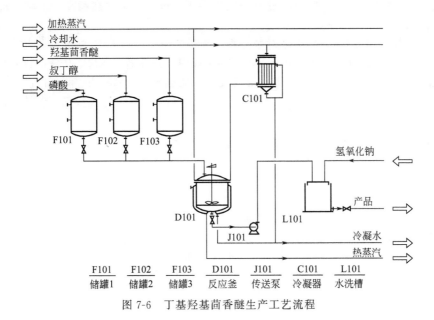

图 7-6　丁基羟基茴香醚生产工艺流程

（3）合成原理　TBHQ 是对苯二酚与叔丁醇通过叔丁基化反应合成 BHA 时的中间体，以磷酸、浓硫酸等为催化剂反应而得。反应式如下：

$$\text{(2-二叔丁基对苯二酚)} \qquad \text{(2,5-二叔丁基对苯二酚)}$$

（4）生产工艺流程（参见图 7-7）　将对苯二酚、浓硫酸、甲苯加入反应釜 D101 中，加热到

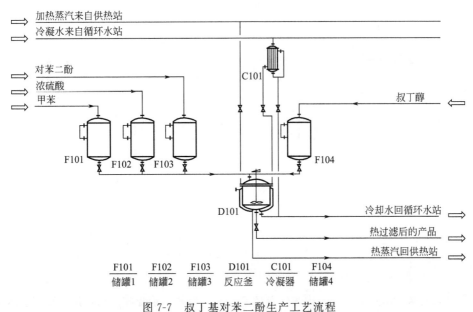

图 7-7　叔丁基对苯二酚生产工艺流程

90℃左右，加入叔丁醇，反应约 1h，将热甲苯层分出，再用水蒸气蒸馏除去甲苯。将含水剩余物进行热过滤，滤液冷却结晶得 TBHQ。

（5）产品用途　TBHQ 即特丁基对苯二酚，为国际上公认最好的食品抗氧化剂之一，已在几十个国家和地区广泛应用于油脂和含油脂食品工业中，并且迅速取代了传统的抗氧化剂。可用于食用油脂、油炸食品、干鱼制品、饼干、方便面、速煮米、干果罐头、腌制肉制品、烘炒坚果食品。

7.2.8　涕必灵

中文别名：噻菌灵，特克多，2-(噻唑-4-基) 苯并噻唑
英文名称：thiabendazole，TBZ，mertect
分子式：$C_{10}H_7N_3S$

（1）性能指标

外观		白色粉末	熔点		304～305℃

（2）生产原料与用量

噻唑-4-羧酰溴	工业级	300	乙醇	工业级	500～800
邻苯二胺	工业级	500～600	30%氢氧化钠	工业级	适量
多磷酸	工业级	28～34			

（3）合成原理　由噻唑-4-羧酰溴，邻苯二胺在一定的反应条件下复合聚合而成。

（4）生产工艺流程（参见图 7-8）　将噻唑-4-羧酰溴和邻苯二胺混合加入反应釜 D101 中，再加入多磷酸，搅拌下混合物缓慢加热至 240℃，并保持 3h；然后将冰注入热的反应溶液中，过滤，滤液在 L101 中用 30%氢氧化钠溶液洗，约 pH=6 时析出 2-(4'-噻唑基) 苯并噻唑沉淀，过滤。结晶在 D102 中用水洗，再经结晶、空气干燥得结晶体粗产品，熔点 296～298℃。再用煮沸的乙醇重结晶得产品，熔点 301～302℃。

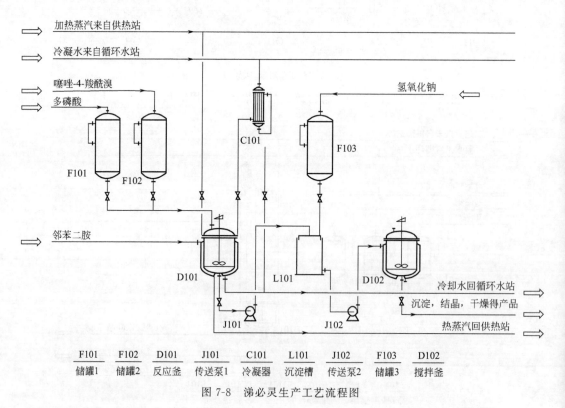

F101	F102	D101	J101	C101	L101	J102	F103	D102
储罐1	储罐2	反应釜	传送泵1	冷凝器	沉淀槽	传送泵2	储罐3	搅拌釜

图 7-8　涕必灵生产工艺流程图

（5）产品用途　高效、广谱、内吸性杀菌剂，兼有保护和治疗作用。可用于蔬菜、水果类的

防腐。低毒内吸性杀菌剂。杀菌谱广，对植物有保护和治疗作用，每亩喷洒 15～25g（有效成分）可防治多种作物的荚、茎、叶部的病害和根腐病，也用于柑橘、香蕉等水果贮藏期病害防治，延长保鲜期。以 13.3～26.7g（有效成分）/亩喷于植物叶上，对许多植物的真菌病害均有防治效果。

7.2.9　虎皮灵

中文别名：乙氧喹，山道喹，6-乙氧基-1,3-二氢化-2,2,4-三甲基喹啉

英文名称：ethoxyquin，6-ethoxy-2,2,4-trimethyl-1,2-dihydroquinoline

分子式：$C_{14}H_{19}NO$

（1）性能指标

外观	黄褐色黏稠液体	沸点	134～136℃
相对密度（20℃）	1.029～1.031g/cm³	溶解性	不溶于水，可与乙醇任意混溶

（2）生产原料与用量

对氨基苯乙醚	工业级	274	苯磺酸（催化剂）	工业级	5～15
丙酮	工业级	120			

（3）合成原理　由对氨基苯乙醚和丙酮在催化剂苯磺酸的存在下加热脱水缩合而得，反应式如下：

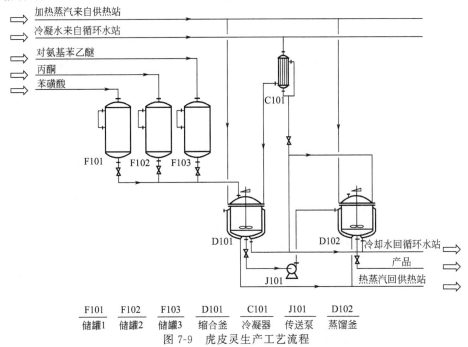

（4）生产工艺流程（参见图 7-9）　将对氨基苯乙醚、丙酮、催化剂苯磺酸加入缩合釜 D101中，升温至 60～90℃，脱水缩合反应 3～5h 制得粗品。粗品在 D102 中采用减压蒸馏及酸性水处理回收精制得产品。

F101	F102	F103	D101	C101	J101	D102
储罐1	储罐2	储罐3	缩合釜	冷凝器	传送泵	蒸馏釜

图 7-9　虎皮灵生产工艺流程

（5）产品用途　主要用于苹果、梨储藏期虎皮病的防治。可将本品制成乳液浸果，药液浓度 2～4g/kg，也可将本品加到包装纸上制成包果纸，加到塑料膜中制成单果包装袋，或与果箱等结合，借其熏蒸性而起作用，本品也可与其他防腐剂等配合作用。

7.2.10　吗啉脂肪酸盐

中文别名：CFW 型果蜡

英文名称：morpholine fatty acid salt

主要成分：吗啉，脂肪酸

（1）性能指标

外观　　　　淡黄色至黄褐色的油状或蜡状物质（视所连接脂肪基的碳链长度而异，高级脂肪酸为固体，低级脂肪酸为液体）

气味　　　　微有氨的臭味

溶解性　　　混溶于丙酮、苯和乙醇，可溶于水，在水中溶解量多时呈凝胶状

（2）生产原料与用量

乙二醇胺	工业级	360	脂肪酸	工业级	240～265
盐酸	工业级，37%	230～280	水	去离子水	适量
氯化钙	工业级	100～150			

（3）合成原理　将乙二醇胺和盐酸在过量氯化钙的条件下复合反应制得吗啉，再与脂肪酸复合而得。

（4）生产工艺流程（参见图 7-10）　将乙二醇胺和盐酸加入反应釜 D101 中，加热至 200～210℃脱水，冷却至室温后加入过量氯化钙进行干馏。馏出液用粒状氢氧化钠脱水蒸馏，收集 126～129℃馏分，制得吗啉。然后加水配成 90% 溶液，再加入定量的脂肪酸，在 20～30℃下静置后蒸去水分而得产品。

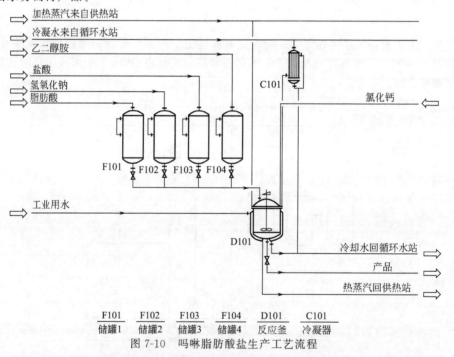

F101	F102	F103	F104	D101	C101
储罐1	储罐2	储罐3	储罐4	反应釜	冷凝器

图 7-10　吗啉脂肪酸盐生产工艺流程

（5）产品用途　主要用作被膜剂，我国规定可用于水果的保鲜，按生产需要适量使用。如用于柑橘类，由本品和蜡及水配制后使用，每升约可供中等大小的柑橘约 1500 只作涂膜处理后保鲜储藏。

7.2.11　环氧乙烷高级脂肪醇

英文名称：oxyethlene higher aliphatic alcohol，OHAA

分子式：$C_nH_{2n+1}O(CH_2CH_2O)_mH$，其中，$n=16～22$，$m=6～12$

（1）性能指标

外观	白至黄白色粉末、粗粒、薄片或蜡状物	气味	无味，无臭或稍有特异的臭味
熔点	60～80℃	溶解性	不溶于水

（2）生产原料与用量

高级脂肪醇（十八醇等）	工业级	100	环氧乙烷	工业级	适量
盐酸	工业级	2～8			

（3）合成原理　OHAA 的合成是环氧乙烷在催化剂的作用下开环和天然高级脂肪醇聚合而成。合成的酸催化剂可以是 Lewis 酸或质子酸，酸催化合成的原理是酸解离出氢离子与环氧乙烷中的氧原子反应，生成中间体非常不稳定，经过开环后生成的阳离子聚合物与天然高级脂肪醇发生加成反应，产物分子链逐渐增长。合成反应原理如下。

① 引发阶段：

$$H_2C\overset{O}{\diagup\diagdown}CH_2 + H^+ \rightleftharpoons H_2C\overset{\overset{H^+}{O}}{\diagup\diagdown}CH_2 \xrightarrow{\text{慢}} HOCH_2\overset{+}{C}H_2 \xrightarrow[ROH]{\text{快}} ROCH_2CH_2OH + H^+$$

② 增长阶段：

$$ROCH_2CH_2OH + H_2C\overset{\overset{OH^+}{}}{\diagup\diagdown}CH_2 \longrightarrow ROCH_2CH_2OCH_2CH_2OH + H^+$$

③ 终止阶段：

$$RO(CH_2CH_2O)_nH + H_2C\overset{O}{\underset{H^+}{\diagup\diagdown}}CH_2 \longrightarrow RO(CH_2CH_2O)_{n+1}H + H^+$$

氢离子进攻使环氧乙烷开环决定反应速率阶段，阴离子可以很快与环氧乙烷合成生成加成物，这样可以得到窄分布效果好的 OHAA。

（4）生产工艺流程（参见图 7-11）　以盐酸为催化剂，C_{18} 天然高级脂肪醇为起始剂合成

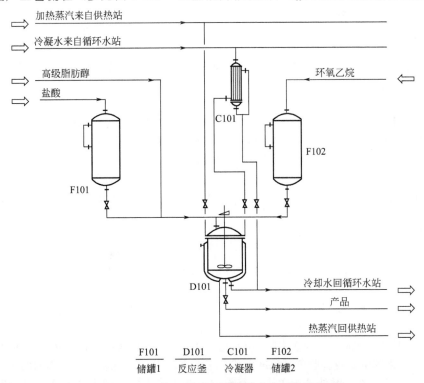

F101	D101	C101	F102
储罐1	反应釜	冷凝器	储罐2

图 7-11　环氧乙烷高级脂肪醇生产工艺流程

OHAA 的工艺步骤如下。

① 在不加入反应物的情况下，将空的高压反应釜加热到 100℃ 以上，保持温度 3h，完全去除反应釜残留的水分。

② 称取一定量起始剂（如十八醇）放入高压反应釜中，将催化剂盐酸加入反应釜中。

③ 将反应釜密封，升温至 65℃，用氮气置换釜内的空气 3 次，最后一次加压到 0.5MPa 保持 10～15min，检测反应釜的密封性。

④ 把反应釜升温至温度 120～130℃，加入环氧乙烷，调节流量，并维持一定的环氧乙烷压力，记录环氧乙烷消耗量、温度、压力值。

⑤ 当环氧乙烷的加入量达到预定的平均加成数时，停止环氧乙烷加料。老化 0.5h，卸压，冷却，出料。

（5）产品用途　本产品是果蔬表皮被膜剂。用于果蔬贮藏、运输中抑制水分蒸发，降低质量减失、防止凋萎和枯死，保色、保鲜、延长果蔬耐藏时间，防止樱桃等发生裂果及葡萄采收后脱粒。

7.3　食品赋形剂

7.3.1　大豆磷脂

中文别名：大豆卵磷脂，磷脂

英文名称：lecithin high potency

主要成分：主要含有约含 34.2％卵磷脂、19.7％脑磷脂、16.0％肌醇磷脂、15.8％磷酯酸丝氨酸、3.6％磷脂酸及约 10.7％其他磷脂。

（1）性能指标

| 外观 | 淡黄色、褐色透明或半透明的黏稠物质 |
| 溶解性 | 不溶于水 |

（2）生产原料与用量

大豆粗油	工业级	300	双氧水	3％，工业级	4～10
丙酮	工业级	300～500	过氧化苯甲酰	工业级	3～8
醋酐	工业级	3～5			

（3）合成原理　大豆磷脂通常是制造大豆油时的副产品，将粗油水化离心分离后，将粗磷脂脱水、脱色、干燥后得产品。

（4）生产工艺流程（参见图 7-12）

① 脱胶　油脂脱胶过程可分为间歇和连续两种。间歇法是先将毛油加入反应釜 D101 中，升温至 70～82℃，然后加入 2％～3％的水以及一些助剂（如醋酐），在搅拌的情况下，油和水于反应釜内充分进行水化反应 30～60min。反应后的物料送入脱胶离心机 L101。

连续法脱胶是在管道中进行的，即原料毛油经过油脂水化、磷脂分离、成品入库等工序基本实现连续生产。投料方式是将定量的水或水蒸气与油同时连续送入管道，在管道中使油与水充分混合。

② 脱水　毛油脱胶后，经离心机分离出来的油和磷脂，必须用提浓设备（如薄膜蒸发器）L102 进行脱水处理。脱水方式也可采用间歇脱水和连续脱水。间歇脱水是在 65～70℃ 下真空蒸发。连续脱水则用薄膜蒸发器，在 2.0～2.7kPa 的压力、115℃ 左右蒸发 2min。最终获得的产品水分含量应小于 0.5％。脱水后的胶状物必须迅速冷却至 50℃ 以下，以免颜色变深。由于胶状磷脂一般储存的时间要超过几个小时，因此为了防止细菌的腐败作用，常在湿胶中加入稀释的双氧水以起到抑菌的作用。

③ 脱色　采用 3％的双氧水在 D102 中脱色，用量为 1.5％时，一次脱色色度可减少 14。采用 1.5％的过氧化苯甲酰两次脱色，色度可减少 12。每一种过氧化物作用于不同的颜色体系，例如双氧水减少棕色色素，对处理黄色十分有效。过氧化苯甲酰可减少红色色素，对处理红色更有

效。上述两种脱色剂一起使用，可得到颜色相当浅的磷脂。脱色温度在70℃为最合适。此外，也有用次氯酸钠和活性炭等物质进行脱色的。

④ 干燥　将磷脂进行分批干燥是最常用的方法，而真空干燥是最合理的方法。由于磷脂在真空干燥时要防止泡沫产生，因此真空干燥有一定难度，必须小心地控制真空度并采用较长的干燥时间（3～4h）。另外，薄膜干燥也是一种很成功的方法，它可通过冷却回路防止磷脂变黑，并对除去脱胶过程中所加入的醋酸残存物也有良好效果。

⑤ 精制　将存在于粗磷脂中的油、脂肪酸等杂质除去，从而获得含量较高的磷脂。将粗磷脂和丙酮按1∶（3～5）（质量比）的比例配制，在冷却的情况下继续在D101中进行搅拌，油与脂肪酸溶于丙酮，磷脂沉淀，将其分离出来。沉渣中再加入丙酮，同样地在搅拌下处理2～3次，直至磷脂搅拌成粉末状为止。然后将粉末状磷脂与丙酮混成糊状，加入篮式离心机中分离，除去绝大部分丙酮，再将粉末状磷脂揉松过筛，置于真空干燥箱中干燥。烘箱真空度控制在47.4kPa左右，在60～80℃下烘至无丙酮气味即可包装。

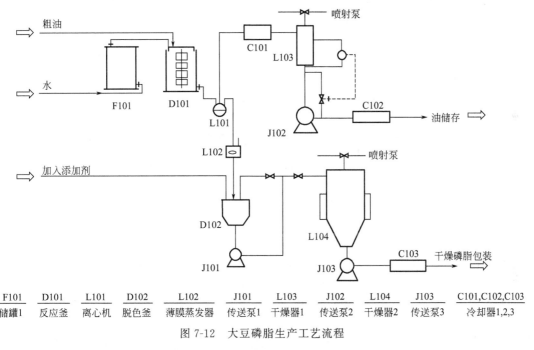

F101	D101	L101	D102	L102	J101	L103	J102	L104	J103	C101,C102,C103
储罐1	反应釜	离心机	脱色釜	薄膜蒸发器	传送泵1	干燥器1	传送泵2	干燥器2	传送泵3	冷却器1,2,3

图7-12　大豆磷脂生产工艺流程

（5）产品用途　大豆磷脂是目前唯一工业化生产的天然乳化剂，在各类食品中用作乳化剂、分散剂、润湿剂、黏度调节剂等，可用于人造奶油、冰淇淋、糖果、巧克力、饼干、面包和起酥油的乳化。它不仅有乳化作用，还具有重要的生化功能，可增加磷酸胆碱、胆胺、肌醇和有机磷，以补充人体营养的需要。在润肤类化妆品中，能提高化妆品的渗透力和滋润性，促进皮肤生理机能。还用作饲料添加剂，油墨、油漆、涂料等的颜料增溶分散剂，制革用的油脂渗透剂。

7.3.2　果胶

英文名称：pectin
主要成分：由半乳糖醛酸组成的多糖混合物，它含有许多甲基化的果胶酸
（1）性能指标

外观	乳白色或淡黄色无定型粉末		溶解性		不溶于水

（2）生产原料与用量

果皮	新鲜、自然风干	200	磷酸或亚硫酸	工业级	适量
酒精	工业级	500～800	活性炭	工业级	适量
水	去离子水	200～260	硅藻土	工业级	适量

（3）合成原理　柑橘类果皮中提取果胶的原理是基于果胶质不溶于水，但在稀酸作用下可水解为可溶性果胶，再加入一定量乙醇使果胶从溶液中析出，经分离干燥得到果胶成品。

（4）生产工艺流程（参见图 7-13）

① 果皮预处理：将自然风干的新鲜柑橘类果皮破碎，水中浸泡使其软化，并除去糖、色素、芳香物质、可溶性酸和盐等。沥干后的果皮没入沸水中灭酶，得到的果皮压除汁液，再清水漂洗沥干。

② 将处理过的果皮置于萃取罐 F101 中，加入定量经离子交换树脂处理过的水，用磷酸或亚硫酸调节 pH＝1.8～2.5，在不断搅拌下进行萃取，得到含果胶萃取液。萃取液加入活性炭脱色后，再加入助滤剂硅藻土，用板框压滤机压滤得到透明的果胶稀溶液。

③ 果胶稀溶液送入浓缩罐 F102 中浓缩至一定浓度，冷却至室温后以泵入洗涤槽 F103 中，以喷淋方式加入定量工业酒精。果胶呈絮状凝聚析出。将得到的乙醇果胶沉淀物经压滤或离心分离后，再用乙醇洗涤几次，除去乙醇，得到湿果胶。

④ 湿果胶经真空干燥，粉碎并筛分后得到成品果胶。

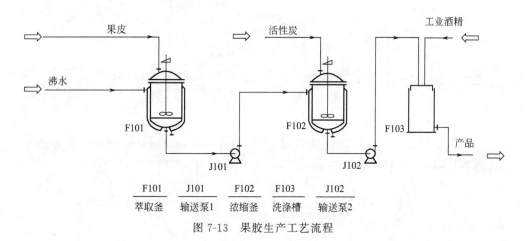

F101	J101	F102	F103	J102
萃取釜	输送泵1	浓缩釜	洗涤槽	输送泵2

图 7-13　果胶生产工艺流程

（5）产品用途　可用作蛋糕制品、水果、蜜饯、冰淇淋、巧克力和饼干等食品的稳定剂和乳化增稠剂。LM 果胶在钙、镁、铝等金属离子存在时，即使可溶性固体物低至 1％仍可形成胶冻。因此适合用于低糖食品、水果制品和奶制品等。此外，果胶还能阻止铅、汞、砷和锶等有害金属在肠道的吸收，可作为金属中毒的良好解毒剂。

7.3.3　琼脂

中文别名：琼胶，寒天，冻粉，洋菜

英文名称：agar

主要成分：多聚半乳糖的硫酸脂

（1）性能指标

外观	无色透明或类白色至淡黄色半透明细长薄片，呈鳞片状无色或淡黄色粉末
溶解性	不溶于冷水但溶于沸水
口感	黏滑
凝胶能力	优质琼脂 0.1％溶液即成凝胶

（2）生产原料与用量

石花菜	食用级	280	冰醋酸（或硫酸）	工业级	300～400

（3）合成原理　由石花菜（或丝藻、小石花菜及其他红藻类植物）用冰醋酸加热水解然后凝固、晾干、切条、冻结、分离、溶解、干燥而得。

（4）生产工艺流程（参见图 7-14）　将石花菜（或丝藻、小石花菜及其他红藻类植物）先用碱液作预处理，水洗除碱后，投入水解槽 F102 中，然后用硫酸或冰醋酸在 120℃，约 0.1MPa

（表压）、pH＝3.5～4.5 条件下加热水解，水解液经过滤净化后在 F103 中经 15～20℃冷却一定时间凝固，凝胶切条后在 0～10℃晾干即成。

将条状琼脂于－13℃下冻结，分离，溶解，用水调成 6%～7%浓度的溶胶，然后在 85℃下喷雾干燥可制得粉状琼脂。

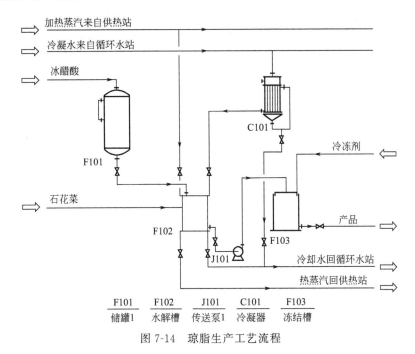

图 7-14　琼脂生产工艺流程

（5）产品用途　琼脂在我国应用较早，主要作凉拌菜使用。在食品工业中主要用于糖果生产，还可用于冷饮食品、西式糕点、乳制品和低热量保健食品中。

7.3.4　明胶

英文名称：gelatin

分子式：$C_{102}H_{151}O_{39}N_{31}$

（1）性能指标

外观　　　　　白色或淡黄色，半透明，微带光泽的薄片或粉粒

气味　　　　　有特殊的臭味，类似肉汁

溶解性　　　　不溶于冷水，溶解于热水中

（2）生产原料与用量

畜骨　　　　　　　　　　　　　　　级　　活性炭　　　　　　　　　　工业级

石灰水　　　　　　　　　　工业级

（3）合成原理　工业上明胶的生产方法有碱法、酸法、盐碱法和酶法四种。其中碱法生产技术成熟，产品质量较好，但生产周期较长。酸法生产操作条件较好，但非胶原蛋白在熬胶前不易清除完全，产品质量比碱法要差些。盐碱法生产周期短，产胶率高，但生产过程中排出的大量高浓度强碱废液难于处理。酶法是比较理想的方法，生产周期短，产胶率最高，但酶的筛选和酶解程度的控制较难掌握。因此，目前国内明胶生产主要采用碱法和酸法，其中碱法约占 80%左右。

将挑好的原料浸酸和脱脂、浸灰、中和、熬胶、过滤、浓缩后让后干燥得产品。

（4）生产工艺流程（参见图 7-15）

① 浸酸和脱脂　生产明胶的畜骨应经过挑选，只有管状骨、肩胛骨、头骨和肋骨可以作为明胶的原料。照相明胶应以牛骨为原料，食用明胶和工业明胶可用羊骨或猪骨为原料。畜骨中含有磷酸钙和碳酸钙等矿物质，其含量约占骨总量的 70%左右，在生产明胶时应首先用盐酸除去

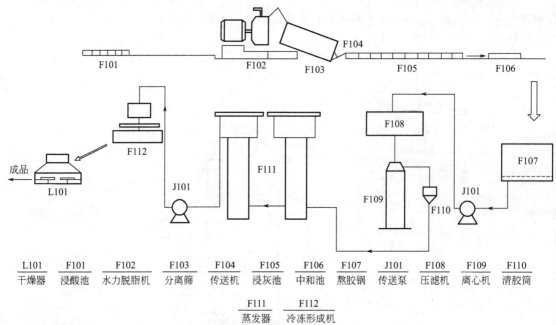

L101	F101	F102	F103	F104	F105	F106	F107	J101	F108	F109	F110
干燥器	浸酸池	水力脱脂机	分离筛	传送机	浸灰池	中和池	熬胶锅	传送泵	压滤机	离心机	清胶筒

F111	F112
蒸发器	冷冻形成机

图 7-15　明胶生产工艺流程

这些物质。

先将畜骨投入耐酸瓷砖砌成的浸酸池 F101 或木桶里，把 4～5 个池子或木桶编成一组，采用逆流浸渍法。浸泡用盐酸浓度约 5％，浸泡的最佳温度为 15～20℃，浸泡时间为 7～8d。浸酸后的骨料称为骨素，采用冷水冲击法在水力脱脂机 F102 中洗掉骨素上的油，当冲洗后排出的水 pH 达 4～4.5 时停止洗涤。

② 浸灰　浸灰是用石灰水浸泡水洗后的骨素，使骨素的结构变软、膨胀，以缩短浸灰后熬胶的时间，并进一步除去骨素中的油脂等杂质，使之变为不溶解的钙皂。将骨素放入浸灰池 F105 中，铺成一定的厚度，然后用石灰水浸泡骨素。骨素和石灰水的配比约为 1：1。第一次浸泡是用骨料量 3.7％的熟石灰配成的石灰乳，浸泡 5～6d 后，池中水的颜色变黄时将水弃去。第二次浸泡是由骨料量 2％的熟石灰与适宜水配成的石灰孔，浸泡约 5d，水颜色变黄时再次排掉。第三次浸泡用的石灰乳用 1％的熟石灰和水配制而成，浸泡至石灰乳的颜色变黄时，应立即更换石灰乳。如此浸灰多次，当骨素的颜色呈现洁白色时，即可结束浸灰。

③ 中和　浸灰后的骨素在中和池 F106 中用水洗去石灰乳，洗至 pH 为 9 时止。然后用稀盐酸调整到 pH 约为 7，最后用冷水洗去骨料上的盐分。

④ 熬胶　熬胶就是用热水将骨素里面的生胶质熬煮出来的过程。首先将骨素放入熬胶锅 F107 中，加水淹没，通过控制水温及熬胶时间进行熬胶。然后将熬好的胶水放出，重新加水再熬，一般要熬 4～6 次，每次操作控制条件见表 7-1。

表 7-1　熬胶的控制条件

次　　数	热水温度/℃	熬胶时间/h	胶水相对密度（20℃）
第一次	60	6～7	1.006～1.008
第二次	65	6～7	1.006～1.008
第三次	70	8	1.006～1.008
第四次	75	8	1.006～1.008
第五次	80	8	1.020
第六次	煮沸	4～5	1.020

⑤ 过滤　将各次熬胶得到的胶液混合，经 F108 压滤、F109 离心等，除去其中的纤维、小

块骨素等杂质。胶液导入 F110 中，加入胶液量 0.03％的活性炭以除去悬浮物及臭味，再行过滤分离掉活性炭。

⑥ 浓缩和干燥　将过滤得到的滤液经蒸发器 F111 蒸发除去大部分水分，泵入铝制的矩形盘形成机 F112 中，在温度为 10℃条件下使其凝固成固体状物，最后在 L101 中经 25～35℃干燥 24h，即得到骨明胶产品。

（5）产品用途　明胶在众多行业都有广泛应用，但在我国主要作为食品增稠剂使用，且允许用于各类食品中，主要添加对象有冷饮（冰淇淋）、罐头、糖果等。

7.3.5　黄原胶

中文别名：黄胶，汉生胶，昔嘌呤树胶

英文名称：xanthan gum

分子式：$C_{35}H_{49}O_{29}$

（1）性能指标

外观	乳白或淡黄色至浅褐色颗粒或粉末	溶解性	易溶于水
气味		微臭	

（2）生产原料与用量

碳源（蔗糖、葡萄糖或玉米糖浆）	食用级	100
氮源（蛋白质水解物）	食用级	150～180
钙盐（硫酸钙、磷酸钙等）	工业级	适量
野油菜黄单孢菌	工业级	20～100
硫酸镁	工业级	1～3
磷酸氢钾溶液	医用	适量
乙醇（或异丙醇）	工业级	适量

（3）合成原理　黄原胶通常是经由玉米淀粉所制造，加入甘蓝黑腐病野油菜黄单胞菌，经好氧发酵生物工程技术，切断 1,6-糖苷键，打开支链后，在按 1,4-键合成直链组成的一种酸性胞外杂多糖。

将碳源，氮源、磷酸氢钾和硫酸镁制成培养基，加入菌体，然后发酵用有机溶剂萃取得产品。黄原胶分子由 D-葡萄糖、D-甘露糖、D-葡萄糖醛酸、乙酰基和丙酮酸构成。

（4）生产工艺流程（参见图 7-16）　以蔗糖、葡萄糖或玉米糖浆为碳源，蛋白质水解物为氮源加入发酵罐 D101 中，再加入钙盐和少量的磷酸氢钾溶液和硫酸镁及水制成培养基，pH 调至

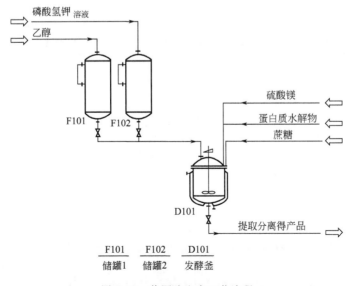

F101	F102	D101
储罐1	储罐2	发酵釜

图 7-16　黄原胶生产工艺流程

6.0～7.0，加入1％～5％的野油菜黄单孢菌接种体，培养50～100h，发酵后得到高黏度（4～12Pa·s）液体，杀菌后用乙醇或异丙醇等有机溶剂提取，或用高价金属盐经沉淀作用从培养液中分离而得。

（5）产品用途　黄原胶是一种性能优良的天然增稠剂，可用于面制品、冷饮食品、肉制品以及饮料中，是我国近年来研究和应用发展比较快的一个食品增稠剂品种。黄原胶用于焙烤食品（面包、蛋糕等）可提高焙烤食品在焙烤和贮存时期的保水性和松软性以改善焙烤食品的口感和延长货架期。亦可作为优良的稳定剂、增粘剂、乳化剂、悬浮剂、助泡剂和凝结剂。广泛应用于能源、化妆品、搪瓷、消防和化工等行业。

7.4　着色剂、护色剂和漂白剂

7.4.1　胭脂红

中文别名：丽春红4R，大红，亮猩红，酸性猩红4R

英文名称：carmine，ponceau 4R

分子式：$C_{20}H_{11}N_2O_{10}S_3Na_3$

（1）性能指标　GB 4480.1—2001

外观	红色至深红色粉末
气味	无臭
溶解性	易溶于水，微溶于乙醇，溶于甘油，不溶于油脂
色泽	在pH＝4.5呈黄色；pH＝5.0呈橙色；pH＝5.5呈红色；pH≥6.0呈紫红色

（2）生产原料与用量

1-萘胺-4-磺酸	工业级	355	盐酸	工业级	116
2-萘酚-6,8-二磺酸钠	工业级	290	纯碱	工业级	适量
亚硝酸钠	工业级	45			

（3）合成原理

（4）生产工艺流程（参见图7-17）

① 将1-萘胺-4-磺酸钠加入反应釜D101中，加水溶解，然后将溶液冷却至0℃，加入一定量的30％盐酸，然后徐徐注入亚硝酸钠溶液，控制温度不能超过5℃，约10min加完，用淀粉碘化钾试纸检验终点，得黄色糊状重氮盐。

② 在20～30min内将2-萘酚-6,8-二磺酸钠的纯碱溶液加入上述得到的重氮盐溶液中，控制温度10～15℃，保温搅拌6～8h，得偶氮化合物溶液。

③ 在反应体系中加入精制食盐，搅拌后静置2h，使染料完全析出。过滤，滤饼溶于热水中，加入少量纯碱，再过滤，滤液中再加入一定量的精盐及30％的盐酸，搅拌0.5h。最后过滤，滤饼烘干，即得产品。

（5）产品用途　为国内外普遍使用的合成色素。其耐光性、耐酸性好，但耐热性、耐还原性

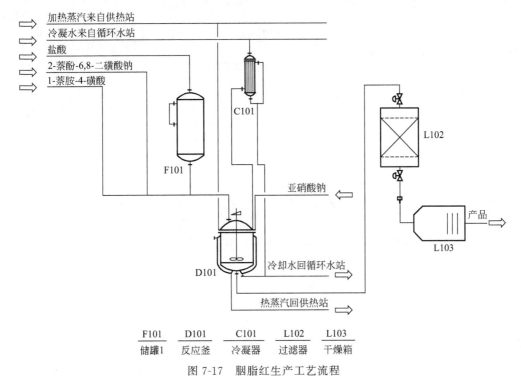

图 7-17　胭脂红生产工艺流程

F101	D101	C101	L102	L103
储罐1	反应釜	冷凝器	过滤器	干燥箱

较差，遇碱变成褐色。多用于糕点、饮料、农畜水产品加工，其最大使用量为 5～100mg/kg，ADI 规定为 0～4mg/kg。

7.4.2　柠檬黄

中文别名：酒石黄，3-羟基-5-羧基-1-(4′-磺基苯基)-4-(4″-磺基苯偶氮)-邻氮茂的三钠盐

英文名称：tartrazine

分子式：$C_{16}H_9Na_3O_9S_2$

（1）性能指标

外观	白色或类白色至橙色粉末	含量	98.0%～100.5%
溶液外观	澄清，≤BY4	性状	橙黄色粉末
pH	6.5～7.5	溶解情况	溶于水呈黄色，其水溶液遇硫酸、硝酸、盐酸及氢氧化钠仍呈黄色
熔点	107～117℃		

（2）生产原料与用量

对磺基苯肼	工业级	300	硫酸	工业级，98%	5～20
二羟基酒石酸	工业级	150～200	氢氧化钠	工业级	32

（3）合成原理　缩合法制备柠檬黄是以对磺基苯肼与二羟基酒石酸在硫酸作用下缩合生成3-羟基-5-羧基-1-(4′-磺基苯基)-4-(4″-磺基苯偶氮)-邻氮茂，再与氢氧化钠反应生成柠檬黄。合成反应路线如下：

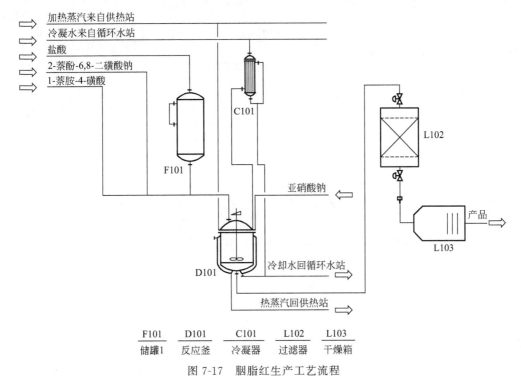

（双羟基酒石酸）　　　（对磺酸苯肼）　　　[3-羟基-5-羧基-1-(4′-磺基苯基)-4-(4″-磺基苯偶氮)-邻氨茂]

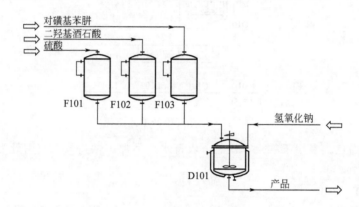

（4）生产工艺流程（参见图 7-18）

① 将对磺基苯肼与二羟基酒石酸加入 D101 中，搅拌下加入硫酸，控制温度 80℃下反应 3～6h，缩合生成 3-羟基-5-羧基-1-(4′-磺基苯基)-4-(4″-磺基苯偶氮-) 邻氮茂。

② 继续加入氢氧化钠反应 1h 即可生成柠檬黄。粗产物经精制得产品。

图 7-18　柠檬黄生产工艺流程

（5）产品用途　柠檬黄是目前世界各国广泛使用的一种食用合成色素，对光、热、酸、碱有良好的耐受性，能与其他色素配伍使用。在柠檬酸、酒石酸等酸性介质中稳定，在着色剂中其稳定性最好。多用于食品、饮料、药品、化妆品、饲料、烟草、玩具、食品包装材料等的着色。也用于羊毛、蚕丝的染色及制造色淀。食品中主要使用于饮料、糕点、糖果、蜜饯以及其他各种食品。动物毒性试验证明柠檬黄安全性很高，是食用色素中用量最大的一种。

7.4.3　新红

英文名称：new red

分子式：$C_{18}H_{12}N_3Na_3S_3$

（1）性能指标

外观	红色粉末
溶解性	易溶于水，微溶于乙醇，不溶于油脂

（2）生产原料与用量

H 酸（4-氨基-5-羟基-2,7-萘二磺酸）	工业级	278
对氨基苯磺酸	工业级	160
亚硝酸	工业级	10

（3）合成原理　先以对氨基苯磺酸为原料经重氮化生成 4-磺基-1-偶氮苯，再进行偶合反应得产品。

（4）生产工艺流程（参见图7-19） 先将H酸加入D101中，在70～80℃乙酰化反应3～5h得生成乙酰H酸；以乙酰H酸作为偶合组分，再将对氨基苯磺酸与亚硝酸在D101中进行重氮化生成对磺基偶氮苯。对磺基偶氮苯在碱性介质中与乙酰H酸进行偶合反应，经F104盐析即可生成新红。

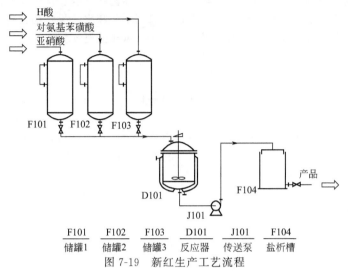

F101	F102	F103	D101	J101	F104
储罐1	储罐2	储罐3	反应器	传送泵	盐析槽

图7-19 新红生产工艺流程

（5）产品用途 适用于糖果、糕点、饮料等的着色。用于液体酱类或膏状食品，可将本品与食品搅匀；固态食品，可用水溶液喷涂表面着色；糖果生产可在熬糖后冷却前加入糖胚中混匀。

7.4.4 日落黄

中文别名：晚霞黄，橘黄，食用黄色5号

英文名称：sunset yellow FCF

分子式：$C_{16}H_{10}N_2Na_2O_7S_2$

（1）性能指标

外观	橙红色粉末或颗粒
气味	无臭
溶解性	溶于甘油，丙二醇，溶于乙醇，不溶于油脂

（2）生产原料与用量

2-萘酚-6-磺酸钠	工业级	亚硝酸钠	工业级
对氨基苯磺酸	工业级		

（3）合成原理 先以对氨基苯磺酸为原料经重氮化，再进行偶合反应得产品。反应式如下：

（4）生产工艺流程（参见图 7-19）　将对氨基苯磺酸、亚硝酸加入 D101 中，在 75～80℃重氮化反应 4～5h 得对磺基偶氮苯。对磺基偶氮苯在碱性介质中与 2-萘酚-6-磺酸钠进行偶合反应，经 F104 盐析即可生成日落黄。

（5）产品用途　日落黄属水溶性偶氮类色素，经长期药物试验，认为安全性高，为世界各国普遍使用。它可用于食品、药物及化妆品的着色。可用于果味水、果味奶、果子露、汽水、配制酒、糖果、糕点上装。亦用于罐头、浓缩果汁、青梅、风味酸奶饮料、对虾片、糖果包衣。单独或与其他色素混合使用，最大使用量为 0.2g/kg。

7.4.5　靛蓝

中文别名：酸性靛蓝，食品蓝，磺化靛蓝，靛蓝粉，还原靛蓝，还原深蓝 BG

英文名称：indigo；C. I. vat blue 1；2-(1,3-dihydro-3-oxo-2H-indol-2-ylidene)-1,2-dihydro-3H-indol-3-one；2,2′-bis（2,3-dihydro-3-oxoindolylidene）；indigo blue；Vat Blue 1；2,2′-biindole-3,3′(1H,1′H)-dione；(delta（2,2′)-biindoline)-3,3′-dione；[delta2,2′(3H,3′H)-biindole]-3,3′-dione；(delta2,2′-biindoline)-3,3′-dione

分子式：$C_{16}H_{10}N_2O_2$

（1）性能指标

性状	蓝色粉末（可能偏深蓝），无臭。
稳定性	耐光性耐热性差，对柠檬酸、酒石酸和碱不稳定。
密度	1.417g/cm³
熔点	390～392℃
沸点	400.4℃
闪点	158.2℃
溶解性	微溶于水、乙醇、甘油和丙二醇，不溶于油脂。0.05％的水溶液呈深蓝色。1g 可溶于约 100mL，25℃水，对水的溶解度较其他食用合成色素低，0.05％水溶液呈蓝色。溶于甘油、丙二醇，微溶于乙醇，不溶于油脂。遇浓硫酸呈深蓝色，稀释后呈蓝色，它的水溶液加氢氧化钠呈绿至黄绿色。

（2）生产原料与用量

硫酸亚铁	工业级	25	苯胺	工业级	330
氢氧化钠	工业级	14	氯乙酸	工业级	70
氢氧化钾	工业级	8	氨基钠	工业级	60

（3）合成原理

① 化学合成法

$$2FeSO_3 + 4NaOH + 2\ \text{C}_6\text{H}_5-NH_2 + 2ClCH_2COOH \longrightarrow 2\ \text{C}_6\text{H}_5-NHCH_2COOK + Fe(OH)_2$$

② 植物叶子发酵法　有机染料深蓝色用蓼蓝以及菘蓝、木蓝、马蓝等含有吲哚酸成分的植物叶子发酵制成（古籍中曰：凡蓝五种、皆可为靛——宋应星，《天工开物》）。用来染布颜色经久不退。通称蓝靛，有的地区叫靛青。

（4）生产工艺流程（参见图 7-20）

① 化学合成法

a. 将硫酸亚铁与氢氧化钠加入反应釜 D101 中，室温下反应 3h 得到氢氧化铁。

b. 将苯胺和氯乙酸加入 D101 中，经缩合制备苯基甘氨酸盐。使用氢氧化铁作为缩合剂以防止氯乙酸的水解。反应完毕生成苯基甘氨酸盐溶液。

c. 将氨基钠、氢氧化钠、氢氧化钾的混溶体加入苯基甘氨酸盐溶液中，在100～200℃反应2～5h制得羟基吲哚碱熔物。然后用水稀释，从反应器底部通入空气进行氧化，产生靛蓝沉淀，然后将分离所得靛蓝酸化至中性即得成品靛蓝。

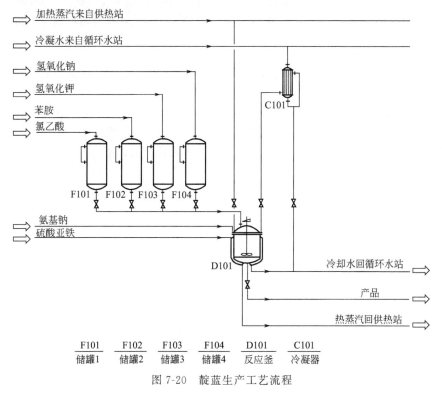

F101	F102	F103	F104	D101	C101
储罐1	储罐2	储罐3	储罐4	反应釜	冷凝器

图 7-20　靛蓝生产工艺流程

② 植物叶子发酵法　将靛叶堆积，经常浇水，使其发酵2～3个月，成为黑色土块状。用白捣实后得到球靛，含靛蓝色素2%～10%。球靛中拌入木灰、石灰及麸皮，再加水拌合，加热至30～40℃，暴露在空气中，即可成为蓝色不溶性靛蓝。

(5) 产品用途　食用靛蓝为食用合色素，是用于食品着色的一类添加剂，包括合成色素和天然色素。广泛用于食品、医药和日用化妆品的着色。

7.4.6　姜黄

英文名称：curcumin

分子式：$C_{21}H_{20}O_6$

(1) 性能指标

外观	橙黄色结晶粉末	含量	9%
气味	有特殊臭味	干燥失重	≤2%
熔点	179～182℃	砷	≤0.0001%
溶解性	易溶于甲醇、乙醇、碱和冰醋酸，微溶于水、苯和乙醚等	重金属（以铅计算）	≤0.001%
		灼烧残渣	≤0.8%

(2) 生产原料与用量

姜粒	食品级	100	乙醇	工业级，95%	10～15

(3) 合成原理　将姜黄洗净晒干后磨成粉末即得姜黄粉。姜黄色素可将姜黄粉用丙二醇或乙醇浸提，得液体色素液，再将其浓缩、干燥制成膏状或精制成结晶。

(4) 生产工艺流程（参见图7-21）

① 蒸油　姜黄中含有挥发油，可用溶剂萃取法或蒸汽蒸馏法提取。将姜黄粉投入蒸馏釜T101中，蒸馏釜闭汽压力100～200kPa，蒸馏6～8h，在蒸馏后期可添加活汽作补充。姜黄油得率一般为1‰～1.5‰（占原料质量）。姜黄油是淡黄色的油状液体，有特殊的芳香味，能以1:1溶于乙醇，相对密度为0.920～0.950，折射率1.5100～1.5130。

② 脱脂　姜黄原料经过蒸汽蒸馏除去一部分挥发油类后，还含有一些高沸点的树脂类物质，不能采用蒸汽蒸馏的方法将它除去，必须用有机溶剂萃取，除去这部分树脂物质。将上述蒸馏后的原料加入萃取釜Q101中，加入有机溶剂乙醇，乙醇能溶解姜黄树脂，萃取24h。回收有机溶剂，残留物质即为姜黄树脂。

③ 浸提　除去姜油及姜油树脂的姜黄原料进入浸提工段，提取姜黄素。采用乙醇溶剂，在浸提罐D101中进行。

④ 浓缩　浸提液浓度较稀，经过浓缩釜D102、D103两步浓缩，回收乙醇溶剂；溶液浓度含干物约30%左右。由于乙醇沸点较低，易挥发，蒸发过程可不使用真空泵，只依靠酒精冷凝器本身由于蒸汽冷凝而产生的真空即可生产。回收的溶剂可返回浸提使用。

⑤ 干燥　经过浓缩、精制后溶液可进行干燥，干燥采用真空箱式干燥K101干燥后即得成品。

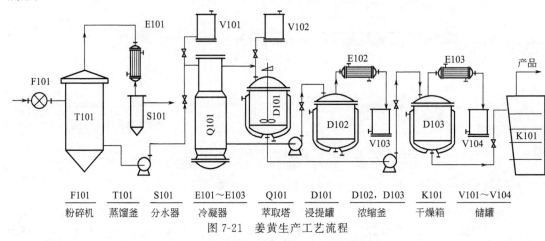

F101	T101	S101	E101～E103	Q101	D101	D102，D103	K101	V101～V104
粉碎机	蒸馏釜	分水器	冷凝器	萃取塔	浸提罐	浓缩釜	干燥箱	储罐

图7-21　姜黄生产工艺流程

（5）产品用途　从姜黄中提取的姜黄素具有着色力强、色泽鲜艳、分散性好、热稳定性强等特点，在食品工业中广泛用作天然着色剂，可用过果汁饮料类、碳酸饮料、配制酒、糖果、青梅等。

7.4.7　辣椒红

英文名称：chilli red

分子式：$C_{40}H_{56}O_3$

（1）性能指标

外观	深红色黏性油状液体	溶解性	不溶于水，易溶于乙醇
气味	辣香味		

（2）生产原料与用量

辣椒	工业级	石油醚	工业级
乙醇	工业级		

（3）合成原理　采用常用的天然色素的提取方法采用石油醚和乙醇对辣椒提取色素。

（4）生产工艺流程（流程图参考姜黄的制取工艺）　将辣椒粉碎为粗粉后装入浸提罐D101，用石油醚作为提取剂，提取色素至辣椒粉末变为白色为止。经过浓缩釜D102、D103两步减压浓缩，回收提取液溶剂，浓缩得油状辣椒红色素粗品。用1:1配比的石油醚和乙醇溶液加入萃取釜Q101中萃取粗品，24h放出乙醇液层，再加入乙醇二次萃取，静置24h后，经浓缩釜D102、

D103 对其减压浓缩得成品。

（5）产品用途　在食品工业中，主要用于调味品、果冻、奶油、冰激凌等，还可应用于仿真食品和药用。

7.4.8　过氧化苯甲酰

英文名称：benzoyl peroxide；benzoyl superoxide

分子式：$C_{14}H_{10}O_4$

（1）性能指标

外观	白色或淡黄色细炷，微有苦杏仁气味的晶体
含量	≥99%
气味	无臭或略带苯甲醛气
密度	1.334g/cm³
熔点	103～106℃（分解）
溶解性	可溶于苯、乙醚、丙酮、氯仿，难溶于乙醇，不溶于水

（2）生产原料与用量

双氧水	工业级，30%	800	苯甲酰氯	工业级，95%	1000
氢氧化钠	工业级，30%	500			

（3）合成原理　双氧水与30%液碱在低温下反应生成过氧化钠，过氧化钠与苯甲酰氯于低温下反应便生成过氧化苯甲酰。反应式如下：

$$2NaOH + H_2O_2 \xrightarrow{0\sim5℃} Na_2O_2 + 2H_2O$$

$$Na_2O_2 + 2C_6H_5COCl \xrightarrow{0\sim5℃} (C_6H_5CO)_2O_2 + 2NaCl$$

（4）生产工艺流程（参见图 7-22）　将双氧水与30%液碱加入反应釜 D101 反应，生成过氧化钠溶液，再与苯甲酰氯反应而得。反应在 0℃ 左右进行，温度过高则引起双氧水分解，苯甲酰氯也易水解生成苯甲酸而影响收率。将生成物析出的过氧化苯甲酰过滤、洗涤、干燥即得成品。

需要提纯时，可用醇类、丙酮、苯及其他合适的溶剂进行重结晶。

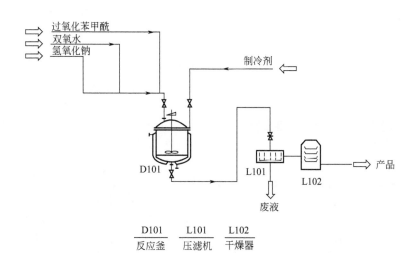

D101	L101	L102
反应釜	压滤机	干燥器

图 7-22　过氧化苯甲酰生产工艺流程

（5）产品用途　本品为强氧化剂，对冲击和摩擦敏感，爆炸的危险性很大，应避免与金属粉末、活性炭及还原剂接触。有毒，会使皮肤、黏膜产生炎症。小鼠经口 LD_{50} 为 3.949mg/kg。主要用作 PVC、聚丙烯腈的聚合引发剂和不饱和聚酯、丙烯酸酯的交联剂。在橡胶工业中用作硅橡胶和氟橡胶的交联剂。还可作为漂白剂、氧化剂，用于化工生产。作为面粉品质改良剂，具有杀菌作用和较强的氧化作用，能使面粉漂白。我国规定仅用于小麦粉，最大使用量 0.06g/kg。

7.5 增欲类食品添加剂

7.5.1 乳酸

中文别名：2-羟基丙酸，DL-乳酸，α-羟基丙酸，丙醇酸

英文名称：lactic acid；2-hydracrylic acid；2-hydroxypropionic acid；lactic acid；lactic acid，*dl*-；propanoic acid，2-hydroxy-；(RS)-2-hydroxypropionsaeure；1-hydroxyethanecarboxylic acid；AI3-03130；acidum lacticum；BRN 5238667；CCRIS 2951；Lactovagan；Tonsillosan；alpha-hydroxypropionic acid

分子式：$C_3H_6O_3$

（1）性能指标

外观	无色透明或浅黄色糖浆状液体
气味	几乎无臭，或微带脂肪酸臭，味酸
相对密度	1.2060（25/4℃）
熔点	18℃
沸点	122℃（2kPa）
折射率	1.4392（20℃）
溶解性	能与水、乙醇、甘油混溶，不溶于氯仿、二硫化碳和石油醚

（2）生产原料与用量

淀粉	工业级	300	活性炭	工业级	适量
浓硫酸	工业级，98%	10~15	水	去离子水	适量
碳酸钙	工业级	30~50			

（3）合成原理　乳酸的主要生产工艺有发酵法、合成法、酶化法三类。目前工业生产乳酸方法主要是发酵法和合成法。发酵法因其工艺简单，原料充足，发展较早而成为比较成熟的乳酸生产方法，约占乳酸生产的70%以上，但周期长，只能间歇或半连续化生产，且国内发酵乳酸质量达不到国际标准。化学法可实现乳酸的大规模连续化生产，且合成乳酸也已得到美国食品和药品管理局（FDA）的认可，但原料一般具有毒性，不符合绿色化学要求。酶法工艺复杂，其工业应用还有待于进一步研究。

① 发酵法

发酵法的原料一般是玉米、大米、甘薯等淀粉质原料（也有以苜蓿、纤维素等作原料，近年有研究提出厨房垃圾及鱼体废料循环利用生产乳酸的）或淀粉、葡萄糖或牛乳为主要原料。乳酸发酵阶段能够产酸的乳酸菌很多，但产酸质量较高的却不多，主要是根霉菌和乳酸杆菌等菌系。不同菌系其发酵途径不同，可分同型发酵和异型发酵，实际由于存在微生物其他生理活动，可能不是单纯某一种发酵途径。

② 合成法

合成方法制备乳酸有乳腈法、丙烯腈法、丙酸法、丙烯法等，用于工业生产的主要是乳腈法（也叫乙醛氢氰酸法）和丙烯腈法。

a. 乳腈法　乳腈法是将乙醛和冷的氢氰酸连续送入反应器生成乳腈（或直接用乳腈作原料），用泵将乳腈打入水解釜，注入硫酸和水，使乳腈水解得到粗乳酸。然后再将粗乳酸送入酯化釜，加入乙醇酯化，经精馏、浓缩、分解得精乳酸。美国斯特林化学公司及日本的武藏野化学公司均采用此法合成乳酸。

b. 丙烯腈法　丙烯腈法是将丙烯腈和硫酸送入反应器中水解，再把水解物送入酯化反应器中与甲醇反应；然后把硫酸氢铵分出后，粗酯送入蒸馏塔，塔底获精酯；再将精酯送入第二蒸馏塔，加热分解，塔底得稀乳酸，经真空浓缩得产品。

c. 丙酸法　丙酸法以丙酸为原料，经过氯化、水解得粗乳酸；再经酯化、精馏、水解得产品。该法原料价格较贵，仅日本大赛璐公司等少数厂家采用。

③ 酶化法

a. 氯丙酸酶法转化 　利用纯化了的L-2-卤代酸脱卤酶和DL-2-卤代酸脱卤酶分别作用于底物L-2-氯丙酸和DL-2-氯丙酸，脱卤制得L-乳酸或D-乳酸。L-2-卤代酸脱卤酶催化L-2-氯丙酸，而DL-2-卤代酸脱卤酶既可催化L-2-氯丙酸，又可催化L-2-氯丙酸生成相应的旋光体，催化同时发生构型转化。

b. 丙酮酸酶法转化 　从活力最高的乳酸脱氢酶的混乱乳杆菌DSM20196菌体中得到D-乳酸脱氢酶，以无旋光性的丙酮酸为底物可得到D-乳酸。

（4）生产工艺流程（参见图7-23）

发酵法的基本过程是将淀粉、硫酸、水加入糖化罐F101中，室温下糖化8～12h。导入中和罐F102，加入碳酸钙在60～90℃下中和，经F103压滤所得糖化液进入发酵罐F104内，并移入所需数量的菌种。发酵至终点后经F106过滤分离菌株，经F107蒸发、F108结晶、F109离心。将滤饼加入溶解罐F110溶解后脱色，L101压滤，母液进入F111用硫酸分解、F112沉析后，上层清液经F113真空蒸馏得乳酸。

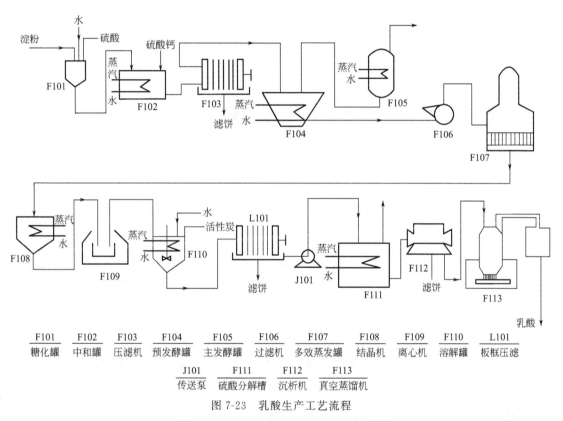

F101	F102	F103	F104	F105	F106	F107	F108	F109	F110	L101
糖化罐	中和罐	压滤机	预发酵罐	主发酵罐	过滤机	多效蒸发罐	结晶机	离心机	溶解罐	板框压滤

J101	F111	F112	F113
传送泵	硫酸分解槽	沉析机	真空蒸馏机

图 7-23　乳酸生产工艺流程

（5）产品用途　乳酸有很强的防腐保鲜功效，可用在果酒、饮料、肉类、食品、糕点制作、蔬菜（橄榄、小黄瓜、珍珠洋葱）腌制以及罐头加工、粮食加工、水果的贮藏，具有调节pH值、抑菌、延长保质期、调味、保持食品色泽、提高产品质量等作用。在酿造啤酒时，加入适量乳酸既能调整pH值促进糖化，有利于酵母发酵，提高啤酒质量，又能增加啤酒风味，延长保质期。在白酒、清酒和果酒中用于调节pH，防止杂菌生长，增强酸味和清爽口感。乳酸是一种天然发酵酸，因此可令面包具有独特口味；乳酸作为天然的酸味调节剂，在面包、蛋糕、饼干等焙烤食品用于调味和抑菌作用，并能改进食品的品质，保持色泽，延长保质期。

7.5.2 　柠檬酸

中文别名：枸橼酸，3-羟基-3-羧基-1,5-戊二酸，2-羟基丙烷-1,2,3-三羧酸英文名称：citric acid；2-hydroxy-1，2，3-propanetricarboxylic acid；citric acid，anhydrous，USP grade 1，2，3-propanetricarboxylic acid，2 hydroxy-citric acid，anhydrous，USP grade；citric acid anhydrous；citric acid anhydride；2-hydroxypropane-1，2，3-tricarboxylate

分子式：$C_6H_8O_7 \cdot H_2O$

（1）性能指标

外观	无色半透明结晶或白色晶体颗粒，无臭气味有强酸味	溶解性	溶于水、乙醇、丙酮，不溶于乙醚、苯，微溶于氯仿。水溶液显酸性
溶解性	易溶于水和乙醇，可溶于乙醚	含水量	$0.5\% \sim 9.0\%$
熔点	53℃	硫酸灰分	≤0.05%
沸点	175℃（分解）	草酸盐	≤0.01%
相对密度	1.6650（水＝1）	氯化物	≤0.005%
闪点	100℃	铁	$\leq 5.0 \times 10^{-6}$
引燃温度	1010℃（粉末）	砷	$\leq 1.0 \times 10^{-6}$
爆炸上限	8.0%（体积分数）（65℃）	铅	$\leq 0.05 \times 10^{-6}$

（2）生产原料与用量

淀粉	食品级	228	碳酸钙	工业级	30~50
黑曲霉菌	标准菌株（CMCC，ATCC）	适量	水	去离子水	适量

（3）合成原理　已经证明，糖质原料生成柠檬酸的生化过程中，由糖变成丙酮酸的过程与酒精发酵相同，亦即通过 E-M 途径（二磷酸己糖途径）进行酵解。然后丙酮酸进一步氧化脱羧生成乙酰辅酶 A，乙酰辅酶 A 和丙酮酸羧化所生成的草酰乙酸缩合成为柠檬酸并进入三羧循环途径。

柠檬酸是代谢过程中的中间产物。在发酵过程中，当微生物体内的乌头酸水合酶和异柠檬酸脱氢酶活性很低、而柠檬酸合成酶活性很高时，才有利于柠檬酸的大量积累。

（4）生产工艺流程（参见图 7-24，图 7-25）

① 种母醪制备　将浓度为 12%～14% 的淀粉浆液放入已灭菌的种母罐 D103 中，用表压为 98kPa 的蒸汽蒸煮糊化 15～20min，冷至 33℃，接入黑曲霉菌 N-588 的孢子悬浮液，温度保持在

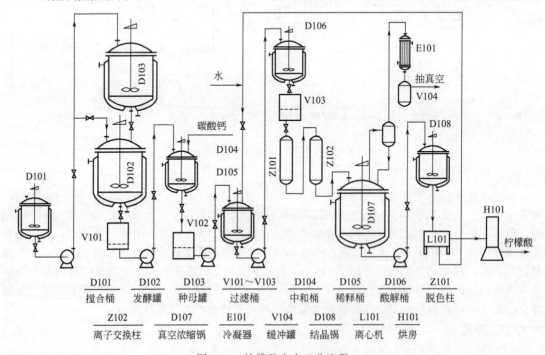

D101	D102	D103	V101~V103	D104	D105	D106	Z101
搅合桶	发酵罐	种母罐	过滤桶	中和桶	稀释桶	酸解桶	脱色柱

Z102	D107	E101	V104	D108	L101	H101
离子交换柱	真空浓缩锅	冷凝器	缓冲罐	结晶锅	离心机	烘房

图 7-24　柠檬酸生产工艺流程

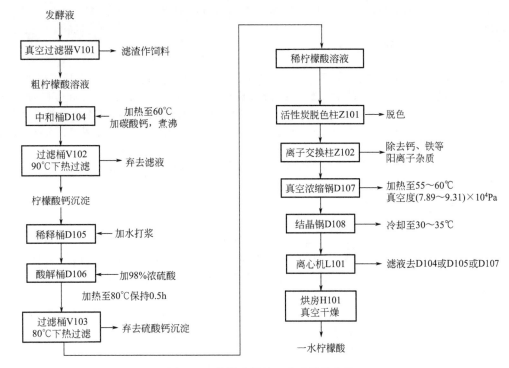

图 7-25　柠檬酸提纯工艺步骤及参数

32~34℃，在通无菌空气和搅拌下进行培养，约 5~6d 完成。

② 发酵　在拌合桶 D101 中加入甘薯干粉和水，制成浓度为 12%~14% 的浆液，泵送到发酵罐 D102 中，通入 98kPa 的蒸汽蒸煮糊化 15~25min，冷至 33℃，按 8%~10% 的接种比接入种醪，在 33~34℃ 下搅拌，通无菌空气发酵。发酵过程中补加 $CaCO_3$ 控制 pH＝2~3，约 5~6d 发酵完成。

③ 发酵液中除柠檬酸和大部分水分外尚有淀粉渣和其他有机酸等杂质，故应继续进行脱色、提取、纯化。其提纯工艺过程参见图 7-24，工艺步骤及参数如图 7-25 所示。

（5）产品用途　柠檬酸是有机酸中第一大酸，是广泛应用于食品、医药、日化等行业最重要的有机酸。因为柠檬酸有温和爽快的酸味，普遍用于各种饮料、汽水、葡萄酒、糖果、点心、饼干、罐头果汁、乳制品等食品的制造。在所有有机酸的市场中，柠檬酸市场占有率 70% 以上，到目前还没有一种可以取代柠檬酸的酸味剂。一分子结晶水柠檬酸主要用作清凉饮料、果汁、果酱、水果糖和罐头等的酸性调味剂，也可用作食用油的抗氧化剂。同时改善食品的感官性状，增强食欲和促进体内钙、磷物质的消化吸收。无水柠檬酸大量用于固体饮料。柠檬酸的盐类如柠檬酸钙和柠檬酸铁是某些食品中需要添加钙离子和铁离子的强化剂。柠檬酸的酯类如柠檬酸三乙酯可作无毒增塑剂，制造食品包装用塑料薄膜，是饮料和食品行业的酸味剂、防腐剂。

7.5.3　酒石酸

中文别名：2,3-二羟基丁二酸，二羟基琥珀酸

英文名称：tartaric acid

分子式：$C_4H_6O_6$

（1）性能指标

外观	无色或白色结晶粉末
状态	单斜晶体（无水）
熔点	168~170℃
溶解性	易溶于水，可溶于乙醇、丙酮，难溶于乙醚，不溶于氯仿。酒石酸在水中溶解度：

右旋酒石酸 139，左旋酒石酸 139，内消旋酒石酸 125，外消旋酒石酸 20.6

熔点	171～174℃
相对密度	1.7598（20℃）
折射率	1.4955

异构体及性能：酒石酸分子中有两个不对称碳原子，故有 3 种光学异构体，即左旋酒石酸或 L-酒石酸、右旋酒石酸或 D-酒石酸、内消旋酒石酸。等量的左旋酒石酸与右旋酒石酸混合得外消旋酒石酸或 DL-酒石酸。天然酒石酸是右旋酒石酸。工业上生产量最大的是外消旋酒石酸。D 型酒石酸为无色透明结晶或白色结晶粉末，无臭，味极酸，相对密度 1.7598。熔点 168～170℃。易溶于水，溶于甲醇、乙醇，微溶于乙醚，不溶于氯仿。DL 型酒石酸为无色透明细粒晶体，无臭味，极酸，相对密度 1.697。熔点 204～206℃，210℃分解。溶于水和乙醇，微溶于乙醚，不溶于甲苯。酒石酸在空气中稳定。无毒。

（2）生产原料与用量

顺丁烯二酸酐	工业级	350	双氧水	工业级，36％	100
钨酸	工业级	3～5	水	去离子水	适量

（3）合成原理　酒石酸具有两个相互对称的手性碳，具有三种旋光异构体；有二个不对称碳原子，有 3 种立体异构体，即：右旋型（D 型，L 型）、左旋型（L 型，D 型）、内消旋型。通常，外消旋型酒石酸又称为葡萄酸。右旋型酒石酸以游离的或 K 盐、Ca 盐、Mg 盐的形态广泛分布于高等植物中，特别是多存在于果实和叶中。在制造葡萄酒时，会沉积大量酒石（氢钾盐）。另外，在霉菌和地衣类中也常见到它的存在。分离到的酒石酸发酵细菌（*Gluconobacter suboxydans* 的变异菌株），在体内是通过葡萄糖氧化分解，经由 5-酮葡萄糖酸，在形成羟基乙酸的同时形成酒石酸。酒石酸铵受微生物作用，可变成琥珀酸，因此，工业上用酒石酸作为生产琥珀酸的原料，巴斯德（L. Pasteus）曾以酒石酸作为研究天然物质旋光性的材料，在历史上是很有名的。

等量右旋酒石酸和左旋酒石酸的混合物的旋光性相互抵消，称为外消旋酒石酸。各种酒石酸均是易溶于水的无色结晶。

右旋酒石酸存在于多种果汁中，工业上常用葡萄糖发酵来制取。左旋酒石酸可由外消旋体拆分获得，也存在于马里的羊蹄甲的果实和树叶中。外消旋体可由右旋酒石酸经强碱或强酸处理制得，也可通过化学合成，例如由反丁烯二酸用高锰酸钾氧化制得。内消旋体不存在于自然界中，它可由顺丁烯二酸用高锰酸钾氧化制得。

工业上，L-酒石酸的主要甚至唯一来源仍然是天然产物。葡萄酒酿造工业产生的副产物酒石，通过酸化处理即可制得 L-酒石酸。意大利是世界上 L-酒石酸的最大生产国，这跟该国造葡萄酒的规模不无关系。

外消旋酒石酸在工业上是通过马来酸酐与双氧水作用后水解制得。

（4）生产工艺流程（参见图 7-26）　在反应釜 D101 中按比例加入水和顺丁烯二酸酐及催化剂钨酸，加热至 65～75℃，逐渐滴加双氧水，反应 8h 后浓缩，用活性炭经 L101 脱色，再经过滤、冷却结晶、过滤、干燥等后处理而得产品。后处理的工艺流程及说明参见图 7-24 及图 7-25。

（5）产品用途　在自然界中酒石酸以钙盐和钾盐存在，以葡萄中含量较高。其酸味为柠檬酸的 1.2～1.3 倍，风味独特，可用于特殊风味罐头食品，与柠檬酸并用可制作酸苹果等一些特殊酸味食品；加入酒中可增加酒香味，使酒晋级；在清凉饮料中用量为 0.1％～0.2％，且不单独使用，常与柠檬酸、苹果酸混合使用；糖果中用量可达 2％左右。

7.5.4　苹果酸

中文别名：羟基丁二酸，马来酸，外消旋体苹果酸，DL-苹果酸，DL-羟基丁二酸，DL-苹果酸，（±）一羟基丁二酸

英文名称：malic acid；hydroxybutanedioic acid；alpha-hydroxysuccinic acid；alpha-hydroxy succinic acid；butanedioic acid, hydroxy-；deoxytetraric acid

分子式：$C_4H_6O_5$

（1）性能指标　苹果酸有 L-苹果酸、D-苹果酸和 DL-苹果酸 3 种异构体。天然存在的苹果酸

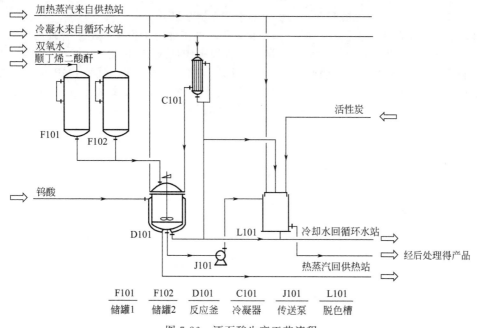

图 7-26 酒石酸生产工艺流程

都是 L 型的，几乎存在于一切果实中，以仁果类中最多。苹果酸为无色针状结晶，或白色晶体粉末，无臭，带有刺激性爽快酸味，熔点 127～130℃，易溶于水，55.59/100mL（20℃），溶于乙醇，不溶于乙醚。有吸湿性，1％（质量）水溶液的 pH 值 2.4。

① D-苹果酸 密度 1.595，熔点 101℃，分解点 140℃，比旋光度＋2.92°（甲醇），溶于水、甲醇、乙醇、丙酮。

② L-苹果酸 密度 1.595，熔点 100℃，分解点 140℃，比旋光度－2.3°（8.5g/100mL 水），易溶于水、甲醇、丙酮、二噁烷，不溶于苯。等量的左旋体和右旋体混合得外消旋体。相对密度 1.601；熔点 131～132℃，分解点 150℃；溶于水、甲醇、乙醇、二噁烷、丙酮，不溶于苯。

③ 质量指标 按日本食品添加剂标准，苹果酸应符合下列质量指标：含量≥99.0％（质量），溶状、水溶液澄清，熔点 127～130℃，重金属≤0.002％（质量），氯化物≤0.0035％（质量），铁≤0.004％（质量），灼烧残留物≤0.05％（质量）。

按美国食用化学品法典（1983）规定，苹果酸应符合下列质量指标：含量≥99.5％（质量）。熔点 130～132℃，灰分≤0.1％（质量），重金属（以 Pb 计）≤0.002％（质量），砷（以 As 计）≤0.0003％（质量），铅≤0.001％（质量），富马酸≤0.5％（质量），顺丁烯二酸≤0.05％（质量），水不溶≤0.1‰（质量）。

（2）生产原料与用量

苯　　　　　　　工业级　　　　　700　　五氧化二钒　　　　　工业级　　　　　200

（3）合成原理 最常见的是左旋体，L-苹果酸，存在于不成熟的山楂、苹果和葡萄果实的浆汁中。也可由延胡索酸经生物发酵制得。外消旋体可由延胡索酸或马来酸在催化剂作用下于高温高压条件和水蒸气作用制得。主要生产原理如下。

① 萃取法 将未成熟的苹果、葡萄、桃等的果汁煮沸，加入石灰水，生成钙盐沉淀，然后再经处理生成游离苹果酸。此法目前已不采用。

② 合成法 将苯催化氧化，得到马来酸和富马酸，然后在高温和加压下水合。反应方程式如下：

③ 发酵法　从反丁烯二酸利用生物酶发酵生产左旋苹果酸。

（4）生产工艺流程（参见图7-27）　苯催化氧化法是工业上生产苹果酸最合理的方法。该法以苯为主原料、五氧化二钒为催化剂，在沸腾床或固定床反应器D101中，350℃下经空气氧化生成顺丁烯二酸酐。然后，用水吸收顺丁烯二酸酐水合成顺丁烯二酸。再在1MPa压力下加热至160～200℃，与水蒸气反应10h生成苹果酸，将反应液浓缩、冷却、结晶、干燥得D,L-苹果酸成品。后处理的工艺流程及说明参见图7-24及图7-25。

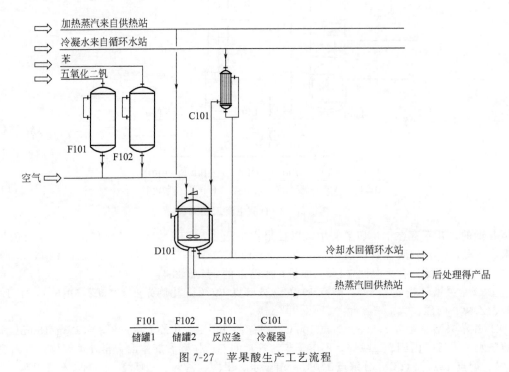

图7-27　苹果酸生产工艺流程

（5）产品用途　苹果酸是人体必需的一种有机酸，也是一种低热量的理想食品添加剂。苹果酸具有天然果汁的口味和天然的香味，用于水果型食品，可提高水果风味，掩盖甜味剂的后味。苹果酸与柠檬酸以1∶4复配，能强化酸味效果和改善酸味的感觉。

L-苹果酸是生物体三羧酸的循环中间体，口感接近天然果汁并具有天然香味，与柠檬酸相比，产生的热量更低，口味更好，因此广泛应用于酒类、饮料、果酱、口香糖等多种食品中，并有逐渐替代柠檬酸的势头。是目前世界食品工业中用量最大和发展前景较好的有机酸之一。

7.5.5　糖精

中文别名：邻磺酰基苯甲酰亚胺

英文名称：saccharin

分子式：$C_4H_6O_5$

（1）性能指标

外观	无色或白色结晶或晶体粉末	含量	≥99.0%（质量分数）
气味	无臭或微有芳香气味，味极甜并微带苦味	重金属（以Pb计）	≤10×10⁻⁶
		碱度	≤15%
熔点	228.8～229.7℃	砷盐（以As计）	≤2×10⁻⁶
密度	0.828g/cm³	干燥失重	≤0.003%
溶解性	微溶于水、乙醚和氯仿，溶于乙醇、乙酸乙酯、苯和丙酮。	铵盐	≤25×10⁻⁶

（2）生产原料与用量

| 甲苯 | 工业级 | 400 | 氨 | 工业级 | 适量 |
| 亚硫酸氢氯 | 工业级 | 265 | 高锰酸钾 | 工业级 | 4 |

（3）合成原理　以甲苯为起始原料，经过硫酸或亚硫酸氢氯磺化、五氯化磷和氨处理后，再用高锰酸钾氧化而得。反应路线如下：

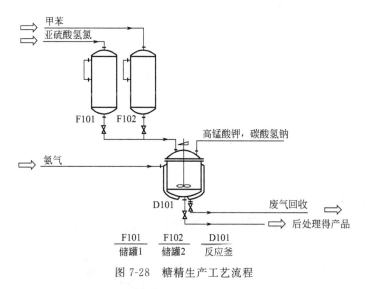

（4）生产工艺流程（参见图 7-28）　将甲苯、亚硫酸氢氯加入反应釜 D101 中，加热下开始进行氯磺化，分离出对位异构体，然后将邻位异构体用五氯化磷或氨处理成邻甲苯磺酰胺，再经高锰酸钾氧化、闭环，得到邻磺酰苯甲酰亚胺，继续加入碳酸氢钠处理，最后经结晶、脱水而得白色结晶体产品。

F101	F102	D101
储罐1	储罐2	反应釜

图 7-28　糖精生产工艺流程

（5）产品用途　糖精很多年来都是世界上唯一大量生产与使用的合成甜味剂，糖精在水中离解出来的阴离子有极甜的甜味，分子状态无甜味而反有苦味。使用时浓度应低于 0.02%，与酸复配使用有令人爽快的甜味，适宜作清凉饮料的甜味剂，由于其不产生热量，可用于生产低热量的食品。

7.5.6　甜味素

中文别名：天门冬酰苯丙氨酸甲酯，天冬甜素，阿斯巴甜

英文名称：aspartame

分子式：$C_{14}H_{18}N_2O_5$

（1）性能指标

| 外观 | 白色粉末，无臭，有强烈甜味 | 甜度 | 为蔗糖的180倍 |

溶解性　　　　　　　　　微溶于水和乙醇

（2）生产原料与用量

L-天冬氨酸	工业一级	133.8	L-苯丙氨酸甲酯	工业级	150
氧化镁	工业级	6	甲醇	工业级	适量
乙酸酐	工业级	15	六水氯化镁	工业级	2~5
异丙醇	工业级	适量	氨水	工业级	适量
乙酸乙酯	工业级	30	盐酸	工业级，10%	适量
冰醋酸	工业级	5	氢氧化钠	工业级，10%	适量

（3）合成原理

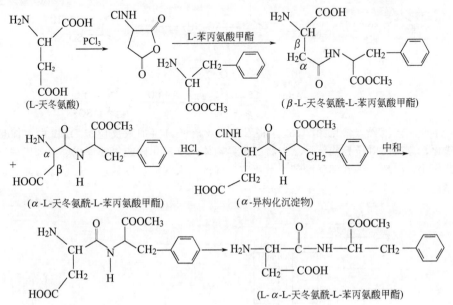

（4）生产工艺流程（参见图7-29）

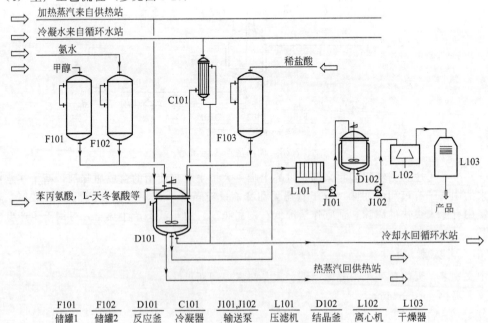

F101	F102	D101	C101	J101,J102	L101	D102	L102	L103
储罐1	储罐2	反应釜	冷凝器	输送泵	压滤机	结晶釜	离心机	干燥器

图 7-29　甜味素生产工艺流程

① 取天门冬氨酸加入反应釜 D101 中，再加入适量氧化镁和乙酸酐，溶解搅拌 5h 后加异丙醇，继续搅拌 1h 后加入乙酸乙酯和冰醋酸、L-苯丙氨酸甲酯，搅拌 6h，得产物Ⅰ，收率 75.2%。

② 将产物Ⅰ加入反应釜 D101 中，加适量稀盐酸水解，在 60℃反应 4.5h，用稀氢氧化钠中和，经 L101 过滤、水洗，得Ⅱ，收率 35.5%。

③ 将适量稀盐酸、甲醇、六水氯化镁、产物Ⅱ加入 D101 中，室温下搅拌反应 72h，L101 过滤，用 10%盐酸洗，得产物Ⅲ，收率 79.2%。

④ 将Ⅲ加入 D101 中，用适量水溶解，再用氨水调 pH 为 4.5，经 L101 过滤、水洗，得粗甜味素。

⑤ 在 D102 中，将粗甜味素用 50%甲醇重结晶得白色针状结晶，再经 L102 离心、L103 干燥得精制甜味素成品，总收率为 44.2%（以苯丙氨酸计）。

（5）产品用途　甜味素是一种新型低热、稳定性较好、安全性高、味道纯正、营养型的甜味剂，有强烈甜味，且甜味与砂糖相似，甜度为蔗糖的 100～200 倍，是糖尿病、高血压、肥胖症和心血管病患者的低糖、低热量保健食品的理想甜味剂，可用于糖果、面包、水果、罐头和特种饮料。

7.5.7　甜蜜素

中文别名：环己基氨基磺酸钠

英文名称：solium cyclsmate

分子式：$C_6H_{12}NNaO_3S$

（1）性能指标

外观	白色结晶或白色晶体粉末
气味	无臭，味甜
溶解性	易溶于水，难溶于乙醇等有机溶剂

（2）生产原料与用量

| 氨基磺酸钠 | 工业级 | 360 | 环己胺 | 工业级 | 300 |

（3）合成原理　甜蜜素是由氨基磺酸钠与环己胺反应而制得。反应式如下：

（4）生产工艺流程（参见图 7-30）　将氨基磺酸钠与环己胺加入反应釜 D101 中，加热至 60～90℃，回流反应 5～8h 后冷却，再经 L101 过滤、水洗，L102 干燥得成品。

（5）产品用途　甜蜜素的甜度为蔗糖的 40～50 倍，为无营养甜味剂。它在人体内无蓄积现象，可作为多种食品和健康食品甜味剂使用。甜蜜素是食品生产中常用的添加剂。中国《食品添加剂使用卫生标准》（GB 2760—2007 及增补品种）明确规定，在酱菜、调味酱汁、配制酒、糕点、饼干、面包、雪糕、冰淇淋、冰棍、饮料范围内使用，最大使用量为 0.65g/kg；在蜜饯中使用，最大使用量为 1.0g/kg；在陈皮、话梅、话李、杨梅干中使用，最大量为 8.0g/kg。

7.5.8　罗汉果甜素

中文别名：拉汉果甜素，假苦瓜甜素

英文名称：momordica

分子式：$C_{60}H_{102}O_{29} \cdot 2H_2O$

（1）性能指标

| 外观 | 淡黄色粉末 | 溶解性 | 易溶于水和乙醇，弱酸、弱碱中不变质 |
| 含量 | 80%～90% | | |

（2）生产原料与用量

| 罗汉果 | 食品级 | 500 | 水 | 蒸馏水 | 适量 |
| 乙醇 | 食品级 | 800 | | | |

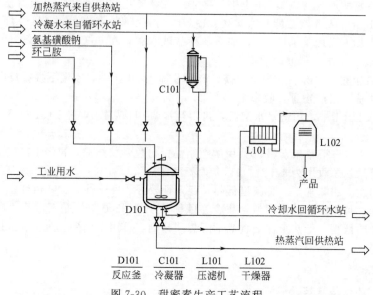

图 7-30 甜蜜素生产工艺流程

（3）合成原理 将罗汉果粉碎、提取得产品。

（4）生产工艺流程（参见图 7-31） 将粉碎的干罗汉果加入反应釜 D101 中，搅拌打浆，加入 50～60℃热水或 50％的乙醇提取，再经 D102 浓缩得浸膏，将浸膏继续经 L102 干燥得淡黄色粉末成品。也可将浸出液通过 F102 吸附柱吸附，经 F103（D-211 丙烯酸型阴树脂）脱色、脱盐、去杂质。然后用热水或稀乙醇溶液洗脱，经 D102 真空浓缩、L101 过滤、L102 干燥得纯度更高的产品。蒸馏法回收乙醇。

（5）产品用途 罗汉果甜素甜度为糖的 300 倍，且含热量低。是糖尿病患者稳定且无发酵性的理想添加剂。罗汉果甜苷含有大量氨基酸，果糖，维他命和矿物质。其同样被用于中国传统烹饪中作为香料和营养添加剂。其作为一种通用的天然甜味剂是代替人工甜味剂如阿斯巴甜等的理想代替品。在饮料、烘烤食品、营养食品、低热食品或其他需要低或无碳水化合物甜味剂或需要低或无热量的食用品中可充分发挥其作用。烹饪或烘烤并不会影响其风味或甜度。罗汉果提取物（罗汉果甜苷）当有控制的使用时很安全，没有任何不良副作用。

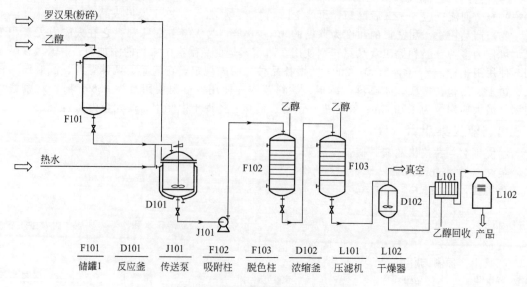

图 7-31 罗汉果甜素生产工艺流程

现代精细化工生产工艺流程图解

7.5.9　甜菊糖苷

中文别名：甜菊苷，甜叶菊苷

英文名称：stevioside

分子式：$C_{38}H_{60}O_{18}$

（1）性能指标

外观	白色结晶粉末	溶解性	微溶于乙醇,不溶于丙二醇或乙二醇
气味	无臭，有清凉甜味		

（2）生产原料与用量

甜叶菊干叶	植物	300	水	蒸馏水	适量
乙醇	食品级	800			

（3）合成原理　甜菊糖苷是从菊科植物甜叶菊的叶、茎中提取，采用沸水-醇浸提法。

（4）生产工艺流程（参见 7-31）　将甜叶菊干叶粉碎、灭酶后，加入反应釜 D101 中用沸水-乙醇溶液浸泡 15h，过滤后提取沉淀，将沉淀在 D102 中浓缩、结晶，最后经 L102 干燥得成品。蒸馏法回收乙醇。

（5）产品用途　可用于糖果、糕点、饮料、固体饮料、油炸小食品、调味料、蜜饯、瓜子中，按生产需要适量使用。甜菊糖的热值仅为蔗糖的 1/300，且在体内不参与新陈代谢，因而适合于制做糖尿病、肥胖症、心血管病患者食用的保健食品。用于糖果，还有防龋齿作用。本品还可作为甘草苷的增甜剂。并往往与柠檬酸钠并用，以改进味质。

7.5.10　5′-鸟苷酸二钠（GMP）

中文别名：鸟苷-5′-磷酸钠

英文名称：disodium 5′-guanylate

分子式：$C_{10}H_{12}N_5Na_2O_8P \cdot 7H_2O$

（1）性能指标（GB 10796—89）

外观	无色或白色结晶	溶解性	易溶于水，微溶于乙醇
气味	特殊的香菇鲜味		

（2）生产原料与用量

氢氧化钠	工业级，20%	适量	酒精	食品级，95%　300～500
核酸	工业级，0.5%	400	水	蒸馏水　适量
5′-磷酸二酯酶	工业级	40		

（3）合成原理　GMP 的制法一般采用的是核酸酶解法，该法是直接使用核酸为原料酶解制得 GMP，分为酶解和酶解液的分离两步。

（4）生产工艺流程（参见图 7-32）　将 0.5% 的核酸溶液加入发酵釜 D101 中，用 20% 的氢氧化钠溶液的 pH 调至 5.0～5.6，然后升温至 75℃ 左右，加入占核酸溶液 10% 量的 5′-磷酸二酯酶的粗酶液，搅拌下于 70℃ 酶解 1h 后，立即加热沸腾 5min 灭酶，冷却并调节 pH 至 1.5，得核酸酶解液。酶解液含 4 种核苷酸：5′-鸟苷酸，5′-腺苷酸，5′-尿苷酸，5′-胞苷酸。

将此酶核酸解液通过离子交换树脂柱 F105 进行分离。将经树脂分离到的 5′-鸟苷酸的洗脱液用 NaOH 溶液导入 D102，将 pH 调至 6.0 后，减压浓缩至浓缩液中产品的含量达 40mmoL/L 以上，再加入 2 倍浓缩液体积的酒精并将 pH 调至 7.0，降温结晶 12min 后经 L101 过滤，在 80℃下经 L102 干燥得白色的 5′-鸟苷酸二钠结晶。

（5）产品用途　GMP 通常很少单独使用，而多与谷氨酸钠（味精）等并用。混合使用时，其用量约为味精总量的 1%～5%，酱油、食醋、肉、鱼制品、速溶汤粉、速煮面条及罐头食品等均可添加，其用量约为 0.01～0.11g/kg。也可与赖氨酸盐等混合后，添加于蒸煮米饭、速煮面条、快餐中，用量约 0.5g/kg。在一般食品加工条件下，对酸、碱、盐和热均稳定。GMP 与味精具有很好的协同效应，可广泛用于酱油等调味品中。

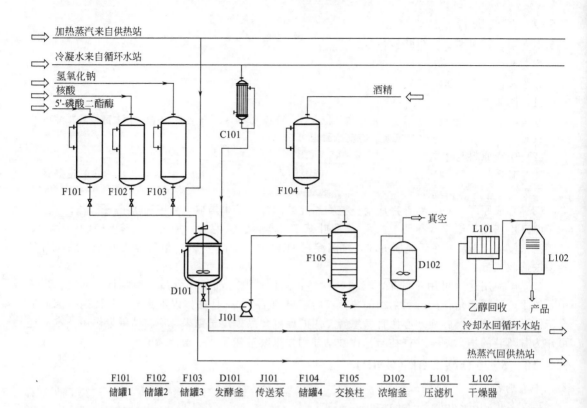

	F101	F102	F103	D101	J101	F104	F105	D102	L101	L102
	储罐1	储罐2	储罐3	发酵釜	传送泵	储罐4	交换柱	浓缩釜	压滤机	干燥器

图 7-32　5′-鸟苷酸二钠（GMP）生产工艺流程

7.5.11　水解植物蛋白（HVP）

中文别名：氨基酸液

英文名称：hydrolyzed vegetable protein

主要成分：氨基酸

（1）性能指标

外观　　　　　　　淡黄色至黄褐色液体或糊状、粉状、颗粒状物质

pH　　　　　　　　5.0～6.5（2％水溶液）

水分含量　　　　　17％～21％（糊状体）；3％～7％（粉状及颗粒状）

总氮量　　　　　　5％～14％（相当于粗蛋白 25％～87％）

（2）生产原料与用量

蛋白质原料	饲料级	300	水	去离子水	适量
酶	食品级	1～3	活性炭	工业级	适量

（3）合成原理　水解植物蛋白液是植物性蛋白质在酸或酶催化作用下，水解后的产物。其构成成分主要是氨基酸，故又称氨基酸液。

（4）生产工艺流程（参见图 7-33）　将蛋白质原料与水加入水解釜 D101 中，搅拌下加入相应的酶酶解，加热至 80～90℃水解 12～24h。然后加热使酶失去活性，经 L101 过滤掉废渣，然后将滤液返回水解釜 D101，再加入活性炭脱色，再一次过滤得蛋白水解物。

酶水解蛋白质，可使其分子质量降低、离子性基团数目增加、疏水性基团暴露出来。从而使蛋白质的官能性质发生变化，达到改善乳化效果、增加保水性、提高热反应能力及摄食时易为人体消化吸收等目的。酶切断蛋白质的肽键使其成为小分子肽的情况，可用蛋白质水解程度（DH）值表示。DH 值越高表示肽键被切断的数目越多，游离氨基酸、低相对分子质量肽生成得也越多。DH 值为 100％则表示蛋白质完全水解。

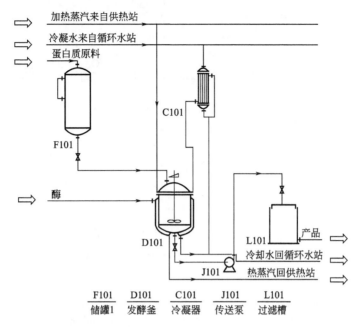

图 7-33　水解植物蛋白（HVP）生产工艺流程

F101	D101	C101	J101	L101
储罐1	发酵釜	冷凝器	传送泵	过滤槽

（5）产品用途　水解植物蛋白作为天然氨基酸调味料，广泛用于各种加工食品和烹调。如与其他调味剂合并使用，则可形成各种独特的风味。广泛用于各种加工食品和烹调，如方便面料包、汤料、清汤、调味料、肉制品、鸡粉、牛粉、猪粉、膨化食品、水产加工品、方便食品等。

7.6　营养强化剂

7.6.1　维生素 B₁

中文别名：硫胺素，抗神经炎素，氯化 4-甲基-3-[（2-甲基-4-氨基-5-嘧啶基）甲基]-5-（2-羟基乙基）噻唑鎓盐酸盐

英文名称：vitamin B_1 hydrochloride

分子式：$C_{12}H_{17}ClN_4OS \cdot HCl$

（1）性能指标

外观	白色结晶或结晶性粉末，有吸湿性
气味	有微弱的特臭，味苦
pH	3.13
溶解性	极易溶于水，能溶于乙醇、甘油、丙二醇，不溶于乙醚和苯

（2）生产原料与用量

盐酸乙脒	工业级	200	乙酸-γ-氯代-γ-乙酸丙酯	工业级	120
α-二甲氧基甲基-β-			盐酸	工业级	适量
甲氧基甲基丙腈	工业级	146	过氧化氢	工业级	20
二硫化碳	工业级	86	硝酸	工业级	适量
氨水	工业级	适量			

（3）合成原理　由被取代的嘧啶和噻唑通过亚甲基相连，嘧啶环上的氨基 N 和噻唑环上的 N 带有两个正电荷。合成反应路线如下：

(I)

(II) 水解 98~100℃ (III) OH⁻ △

(IV) CS₂, NH₃·H₂O (V)

$$\xrightarrow[\text{CH}_3\text{OH, OH}^-]{\text{CH}_3\text{COCHCH}_2\text{CH}_2\text{OCOCH}_3 \ (VI)}$$

$$\xrightarrow[75\sim78℃]{\text{HCl}}$$ (VII) $$\xrightarrow[10\sim25℃]{(1)\text{NH}_3\cdot\text{H}_2\text{O}, (2)\text{H}_2\text{O}_2, (3)\text{NH}_4\text{NO}_3}$$

$$\xrightarrow[40\sim68℃]{\text{HCl} \ \text{CH}_3\text{OH}}$$

（4）生产工艺流程（参见图 7-34）　将过量的盐酸乙脒与 α-二甲氧基甲基-β-甲氧基甲基丙腈加入反应釜 D101 中，在碱性介质中缩合为 3,6-二甲基 1,2-二氢-2,4,5,7-四氮萘（Ⅱ）。然后经

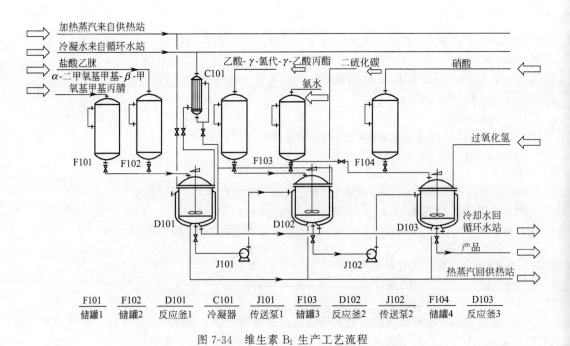

F101	F102	D101	C101	J101	F103	D102	J102	F104	D103
储罐1	储罐2	反应釜1	冷凝器	传送泵1	储罐3	反应釜2	传送泵2	储罐4	反应釜3

图 7-34　维生素 B₁ 生产工艺流程

水解得到中间产物（Ⅲ），再在碱性中闭环成 2-甲基 4-氨基-5-氨甲基嘧啶（Ⅳ）。导入 D102 中，继续与二硫化碳和氨水作用得到（Ⅴ），然后与乙酸-γ-氯代-γ-乙酸丙酯缩合之后，再在盐酸中水解和环合即得到硫代硫胺盐酸盐。泵入 D103，用氨水中和，过氧化氢氧化后，再以硝酸转化为硝酸氨硫胺，最后加盐酸即得到成品。

（5）产品用途　维生素 B_1 在人体内形成磷酸酯硫胺盐，它是一种生物催化剂，作为辅酶成分参与糖质代谢。缺少维生素 B_1 会发生脚气病和神经系统病变。一般添加在面包、饼干、白米和酱油中，使用时应按食品形态选用适宜的维生素 B_1 衍生物。

7.6.2　维生素 B_2

中文别名：核黄素，7,8-二甲基-10-(D-核糖型-2,3,4,5-四羟基戊基)-异咯嗪，7,8-二甲基-10-($1'$-D-核糖基)-异咯嗪，维他命 B_2，乙种维生素二，维生素乙 2，乳黄素，卵黄素，维生素 G，维生素庚

英文名称：vitamin B_2；7,8-dimethyl-10-ribitylisoalloxazine；lactoflavine；riboflavine；riboflavin vitamin B_2；ovoflavin；vitamin G

分子式：$C_{17}H_{20}N_4O_6$

（1）性能指标

外观	黄色结晶	水溶性	0.07g/L（20℃）
气味	微有苦臭味	熔点	290℃
熔点	280℃	比旋光度	$-135°$（$c=5$，0.05 mol/L NaOH）
溶解性	可溶于酸和碱		

（2）生产原料与用量

D-核糖	工业级	370	苯胺重氮盐	工业级	145
3,4-二甲基苯胺	工业级	320	四氧嘧啶	工业级	适量

（3）合成原理　维生素 B_2 的生产方法目前有发酵法和合成法两种，其中发酵法成本低，产量高。发酵法是将豆渣、麦麸、小米等原料浸泡数小时后，用蒸汽蒸熟，水分控制在 50% 左右，然后装入培养瓶，杀菌，冷却后接入纯的阿氏甲囊酵母。当培养基上长满黄色菌丝时，将培养基倒出烘干，可得到核黄素粗品。

化学合成法是用葡萄糖或 D-赤藓糖为原料，先制得 D-核糖（Ⅰ），再与 3,4-二甲基苯胺缩合后，氢化得到核糖胺（Ⅱ），然后用苯胺重氮盐与之偶合，还原后再与四氧嘧啶环合，即得到核黄素。维生素 B_2 的合成反应路线如下：

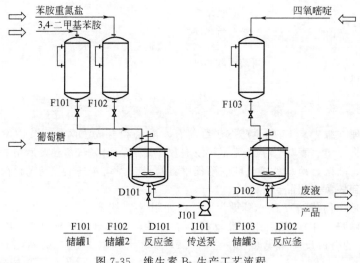

(4) 生产工艺流程（参见图 7-35） 将 D-核糖（Ⅰ）与 3,4-二甲基苯胺加入反应釜 D101，加热至 60～80℃缩合 5～8h 后，再氢化得到核糖胺（Ⅱ）；过滤后导入 D102，用苯胺重氮盐与之偶合，还原后再与四氧嘧啶环合，即得到核黄素产品。

图 7-35 维生素 B2 生产工艺流程

（5）产品用途 维生素 B2 以磷酸盐（FMN）和黄素腺嘌呤二核苷酸（FAD）的形式作为有机体许多辅酶的组成部分，在体内的氧化还原反应中起到氢载体的作用。缺乏维生素 B2 易发生生长迟缓和各种皮炎，可添加于面包、面粉、罐头食品和果酱中。摄取高热量食物时，必须配合摄取更多维生素 B2，光是维生素 B2 的天敌，应尽量避免。

7.6.3　维生素 B12

中文别名：氰钴氨素，红色维生素，氰钴胺

英文名称：vitamin B12；red vitamin

分子式：$C_{63}H_{88}CoN_{14}O_{14}P$

（1）性能指标

外观	暗红色结晶	溶解性	难溶于乙醇，不溶于氯仿、丙酮
气味	无臭		和乙醚

（2）生产原料与用量

酵母膏	食品级	400	K_2HPO_4	工业级	160
大豆油	食品级	20	亚硫酸钠	工业级	适量
蛋白胨	食品级	400	硫酸	工业级，98%	适量

活性炭	食品级	160	硫酸钠	工业级	适量
氰化钠	工业级	适量	己烷	工业级	适量
2-乙基丁酸	工业级	适量			

（3）合成原理　维生素 B_{12} 主要由生物合成法生产，也可从抗菌素生产发酵废液中提取。维生素 B_{12} 的结构式如下：

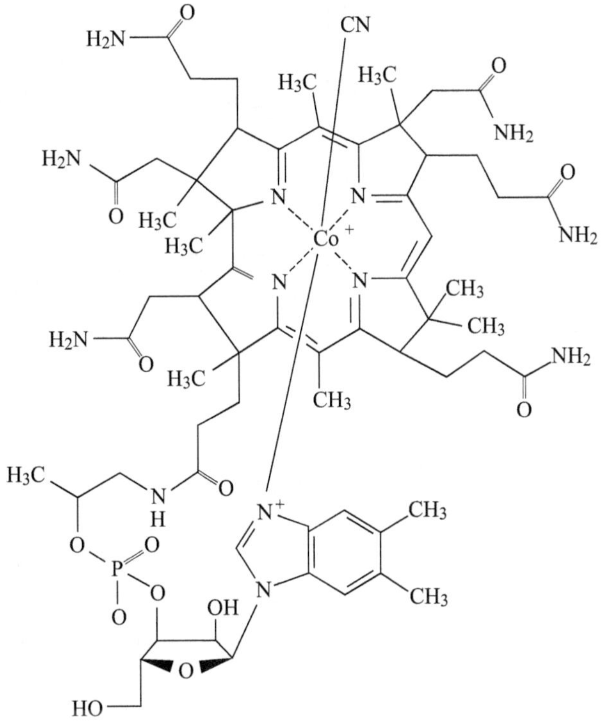

（4）生产工艺流程（参见图 7-36）　将酵母膏、大豆油、蛋白胨等在培养基下经菌种发酵培养结束以后，加入 D104，用亚硫酸钠调节 pH 为 5，搅拌一定时间后，经 L101 离心分离，再用活性炭吸附、洗脱、净化。然后在 D108 中采用 1％氰化钠溶液转化，经溶媒、水萃取、浓缩、结晶等系列步骤得维生素 B_{12}。

（5）产品用途　维生素 B_{12} 是人体内核酸和蛋白质合成及红细胞合成不可缺少的辅酶的成分，也参与碳水化合物、氨基酸和蛋白质代谢。维生素 B_{12} 不足常造成恶性贫血、发育不良和智力低下等疾病。亦是氰化物中毒的解毒药。

维生素 B_{12} 对于机体生长是一种不可缺少的微量营养物质，大多数动物的植物性饲料中不含维生素 B_{12}，动物一方面靠胃肠中的微生物合成，一方面靠外界添加。为了满足动物维生素的需要就必须补充维生素添加剂。饲料中维生素 B_{12} 能促进家禽，特别是幼禽幼畜的生长发育。

7.6.4　维生素 C

中文别名：抗坏血酸
英文名称：vitamin C
分子式：$C_6H_8O_6$

（1）性能指标

外观　　　　　白色结晶或粉末
溶解性　　　　维生素 C 及其钠盐都是水溶性的，不能用于无水食品和脂类食品
熔点　　　　　190～192℃
紫外吸收最大值　245nm

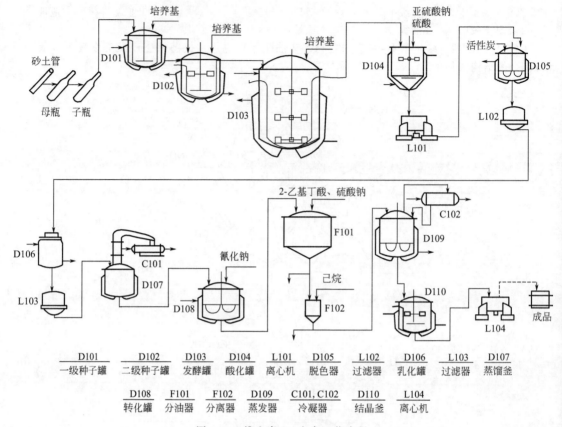

D101	D102	D103	D104	L101	D105	L102	D106	L103	D107
一级种子罐	二级种子罐	发酵罐	酸化罐	离心机	脱色器	过滤器	乳化罐	过滤器	蒸馏釜

D108	F101	F102	D109	C101, C102	D110	L104
转化罐	分油器	分离器	蒸发器	冷凝器	结晶釜	离心机

图 7-36 维生素 B$_{12}$ 生产工艺流程

比旋度　　　　　　　　　 ＋20.5°～＋21.5°

（2）生产原料与用量

葡萄糖	食品级	380	丙酮	工业级	适量
醋酸霉菌	食品级	10～15	次氢酸钠	工业级	20～30
D-山梨醇	工业级	120	盐酸	工业级，37%	18～26

（3）合成原理　维生素 C 最早是从动植物中提炼出来的。后来发展出化学制造法，以及发酵及化学共享的制造法。发酵法是用微生物或酶将有机化合物分解成其他化合物的方法。现在的维生素 C 工业制造法有两种，一种是 Reichstein 发明的一段发酵制造法，一种是尹光琳发明较新的两段发酵法。

Reichstein 制造法是瑞士化学家 Reichstein 发明的制造法，现在还是被西方大药厂如罗氏公司（Hoffmann-La Roche）、BASF 及日本的武田制药厂等采用。中国药厂全部采用两段发酵法，欧洲的新厂也开始使用两段发酵法。

两种方法的第一阶段都相同，就是先将葡萄糖在高温下还原而制成山梨醇（Sorbitol），再将山梨醇发酵变成山梨糖（Sorbose）。Reichstein 制造法将山梨糖加丙酮制成二丙酮山梨糖（di-acetone sorbose），然后再用氯及氢氧化钠氧化成为二丙酮古龙酸 DAKS（di-acetone-ketogulonic acid）。DAKS 溶解在混合的有机溶液中，经过酸的催化重组成为维生素 C。最后粗制的维生素 C 经过再结晶成为纯粹的维生素 C。Reichstein 制造法多年来经过许多技术及化学的改进。使得每一步骤的转化效率都提高到 90%，所以从葡萄糖制造成的维生素 C 的整体效率是 60%。合成反应路线如下：

Reichstein 制造法需要许多有机及无机化学物质和溶剂，例如丙酮、硫酸、氢氧化钠等。虽

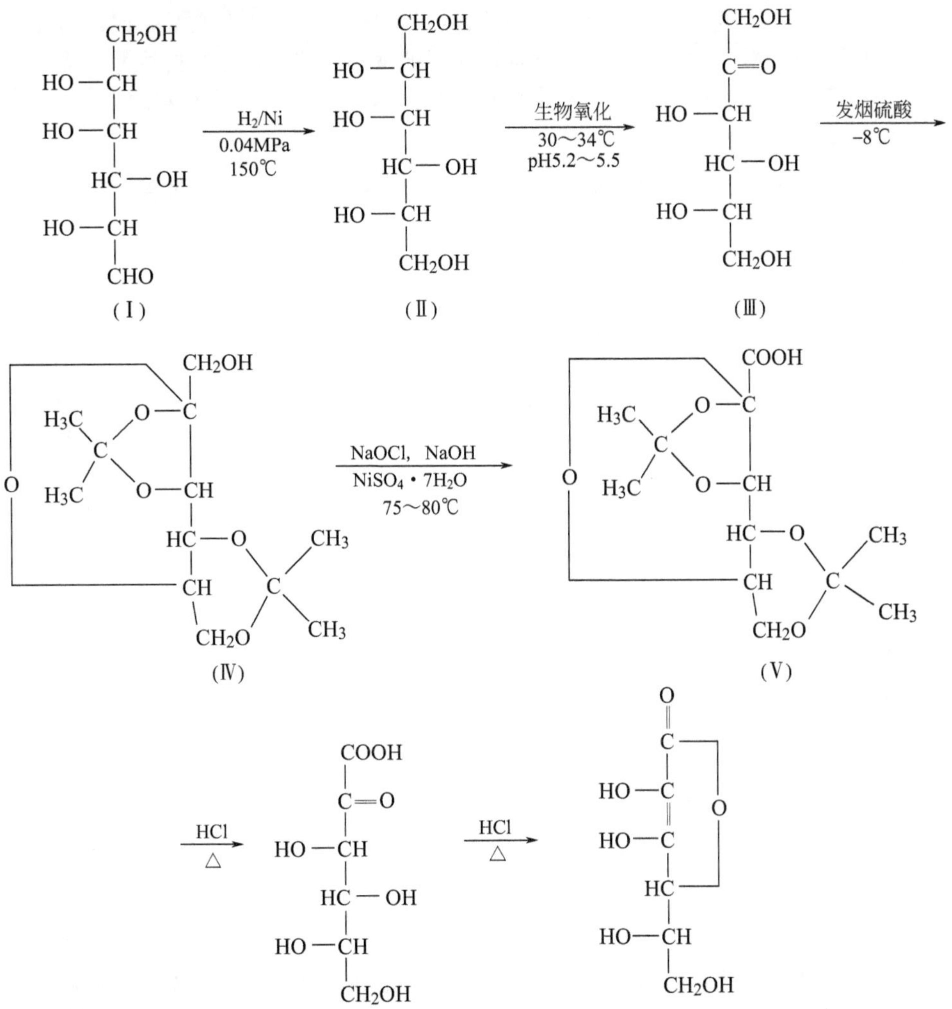

H₂/Ni 0.04MPa 150℃

生物氧化 30～34℃ pH5.2～5.5

发烟硫酸 -8℃

（Ⅰ）　　（Ⅱ）　　（Ⅲ）

NaOCl，NaOH NiSO₄·7H₂O 75～80℃

（Ⅳ）　　（Ⅴ）

HCl △

HCl △

然有些化合物可以回收，但是需要严格的环保控制和高昂的废弃物处理费用。两段发酵法是中国微生物学家尹光琳发展出来的，所有的中国维生素 C 药厂都采用此法。许多西方药厂也得到此法的专利使用权，包括 Roche 和 BASF-Merck 合作的计划。此法的设备费用及操作投资都较低，生产成本只有 Reichstein 制造法的 1/3。两段发酵法是用另一发酵法代替 Reichstein 制造法制造 DAKS 的步骤。发酵的结果是另一种中间产物 2-酮基古龙酸（2-Keto-L-gulonic acid KGA）。最后将 KGA 转化为维生素 C 的方法与 Reichstein 制造法类似。两段发酵法比 Reichstein 制造法使用的化学原料少，所以成本降低，而且废弃物处的费用也减少。

现在有许多其他制造维生素 C 的方法在研究发展中，其中最值得注意的有以下两种方法。一是将葡萄糖直接发酵成为 KGA，在美国有 Genencor，Eastman，Electrosynthesis，Micro-Genomics 等公司及美国阿冈国家实验室 Argonne National Laboratory 在进行。另一是将细菌的基因重组使得可能用一步发酵直接将葡萄糖转化为维生素 C。

（4）生产工艺流程（参见图 7-35）　以葡萄糖（Ⅰ）为原料，在高压下催化氢化得 D-山梨醇（Ⅱ），再用醋酸霉菌进行生物氧化，这时 D-山梨醇氧化成 L-山梨糖（Ⅲ）。将Ⅲ溶于丙酮中进行酮缩醇化反应，得到双酮山梨糖（Ⅳ）。再以次氨酸钠作氧化剂，氧化为双丙酮-2-酮基-L-古罗糖酸（Ⅴ），最后经盐酸转化、重结晶即成维生素 C。

（5）产品用途　维生素 C 是高等灵长类动物与其他少数生物的必需营养素。抗坏血酸在大多的生物体可借由新陈代谢制造出来，但是人类是最显著的例外。最广为人知的是缺乏维生素 C

会造成坏血病。在所有维生素中，维生素 C 是最不稳定的。在储藏、加工和烹调时，容易被破坏。它还易被氧化和分解。主要用于粉状食品、固体饮料和保健食品等干状食品，或者果汁、软饮料等液态食品的强化。微胶囊化抗坏血酸强化剂适用于速溶固体饮料、保健食品等干状制品以及马铃薯制品。结晶抗坏血酸制品主要用于肉类腌制、面粉和面团质量改进、稳定加工马铃薯制品。

7.6.5　维生素 E

中文别名：生育酚，（＋/－)-[2R＊(4R＊,8R＊)]-3,4-二氢-2,5,7,8-四甲基-2-(4,8,12-三甲基十三烷基)-6-色满醇

英文名称：vitamin E；VE

分子式：$C_{29}H_{50}O_2$

（1）性能指标

外观	淡黄色至黄褐色黏稠液体	重金属	$\leqslant 10 \times 10^{-6}$
气味	无臭无味	铅	$\leqslant 2 \times 10^{-6}$
密度	相对密度（25℃）＝0.950g/cm³	砷	$\leqslant 1 \times 10^{-6}$
沸点	200～220℃	汞	$\leqslant 1 \times 10^{-6}$
折射率	1.494～1.499	镉	$\leqslant 0.5 \times 10^{-6}$
闪点	210.2℃		

（2）生产原料与用量

三甲基氢醌	工业级	0.34	汽油	工业级	0.451
异植物醇	工业级	0.68	甲醇	工业级	0.60
溶剂	工业级	0.85			

（3）合成原理

维生素 E 是一种有 8 种形式的脂溶性维生素，为一重要的抗氧化剂。维生素 E 包括生育酚和三烯生育酚两类共 8 种化合物，即 α、β、γ、δ 生育酚和 α、β、γ、δ 三烯生育酚，α-生育酚是自然界中分布最广泛含量最丰富活性最高的维生素 E 形式。

市场上主要有天然维生素 E 和合成维生素 E 两大类。天然维生素 E 一般从天然植物中提取，而合成维生素 E 一般以三甲基氢醌等石油化工副产物为原料制成。天然的维生素 E 广泛存在于植物的绿色部分以及禾本科种子的胚芽（如小麦胚芽）里，尤其在植物油中含量丰富。

据了解，已经有利用高科技从大豆油中分离提纯出的天然维生素 E。这种天然维生素 E 由于在生产过程中没有产生化学反应，保持了维生素 E 原有的生理活性和天然属性，更容易被人体吸收利用，而且安全性也高于合成维生素 E，更适于长期服用。实验还证明，天然维生素 E 的抗氧化和抗衰老性能指标都数十倍于合成的维生素 E。结构式如下：

维生素E(α-生育酚)

合成维生素 E 主要以三甲基氢醌、异植物醇为原料，在氯化锌等脱水剂作用下进行缩合而制取。

（4）生产工艺流程（参见图 7-37）

① 天然维生素 E 的提取　维生素 E 主要存在于各种植物原料中，特别是油料种籽中。在各类植物油脂中以小麦胚芽油中的维生素 E 含量最高，约为 180～450mg/100g 油。目前，国内外主要以此类油为原料进行天然维生素 E 的提取。在一般油脂中生育酚含量约为 40mg/100g 油。

从皂脚中提取维生素 E 是将小麦胚芽油碱炼时所得的皂脚用 0.5mol/L 的 NaOH 乙醇溶液再行皂化，然后用极性溶剂（甲醇、乙醇、丙醇等）萃取，将所得的不皂化物溶液冷冻，除去蜡及

部分甾醇，溶液经活性炭脱色，可得浓度 10%～15% 的维生素 E。将其经真空蒸馏或分子蒸馏可得浓度更高的产品。

也可以用冷冻法处理皂脚后分去沉淀，再用 NaOH 的乙醇溶液进行皂化除去沉淀。然后用石油醚萃取可溶部分，再用洋皂地黄甙处理萃取液，除去硬脂后，用热乙醇抽提，再进行高真空蒸馏即可得生育酚成品。

② 合成法制备生育酚　将原料三甲基氢醌和异植物醇加入 F101 中进行混合配料。混合物导入 D101 中，在氯化锌等脱水剂作用下脱水，然后进行缩合生成生育酚，并在 T101 中进行溶剂回收；同时对其进行提取，再与乙酐进行酯化反应，然后在 D104 中进行洗涤，再在 T102 中进行溶剂回收，洗涤液在 T103 中进行蒸馏分离，馏分经 L101 过滤可得成品维生素 E。

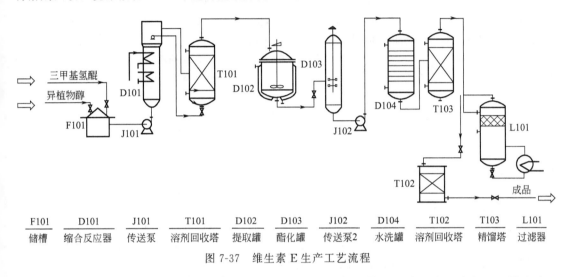

F101	D101	J101	T101	D102	D103	J102	D104	T102	T103	L101
储槽	缩合反应器	传送泵	溶剂回收塔	提取罐	酯化罐	传送泵2	水洗罐	溶剂回收塔	精馏塔	过滤器

图 7-37　维生素 E 生产工艺流程

（5）产品用途　维生素 E 用于医药、食品、饲料及化妆品等工业中。在医疗方面，维生素 E 可治疗冠心病、动脉硬化、血栓、血液循环障碍、皮炎及预防衰老等。维生素 E 在食品工业中被广泛用作婴儿食品、疗效食品及乳制品等的抗氧化剂或营养强化剂，在国际上最大用量是作为天然抗氧剂。因维生素 E 具有美容、预防衰老的特殊功能，所以其产品在化妆品中的用量也占了很大比例。

另外，生育酚对人体最重要的生理功能是促进生殖。它能促进性激素分泌，使男子精子活力和数量增加；使女子雌性激素浓度增高，提高生育能力，预防流产。维生素 E 缺乏时会出现睾丸萎缩和上皮细胞变性，孕育异常。在临床上常用维生素 E 治疗先兆流产和习惯性流产。另外对防治男性不育症也有一定帮助。

7.6.6　乳酸钙

中文别名：α-羟基-丙酸钙五水化合物；乳酸钙（2∶1）；乳酸钙（五水）（药用）；α-羟基-丙酸钙

英文名称：calcium lactate；2-hydroxy-propanoicacicalciumsalt（2∶1）；calphosan；conclyte calcium；hydroxypropanoic acid calcium salt pentahydrate；calcium Lactate（tri or penta hydrate）；calcium DL-lactate

分子式：$C_6H_{10}CaO_6 \cdot 5H_2O$

（1）性能指标

外观　　　　白色或乳酪色晶体颗粒或粉末

气味　　　　无臭，几乎无味

pH　　　　　5.0～7.0

溶解性　　　溶于水，呈透明或微浊的溶液，几乎不溶于乙醇、乙醚、氯仿

（2）生产原料与用量

淀粉	食品级	200	氢氧化钠	工业级	适量
碳酸钙	工业级	50～80	氧化镁	工业级	适量
氢氧化钙	工业级	10～20			

（3）合成原理

① 发酵法　以碳酸钙为中和剂进行乳酸发酵，用石灰水中和发酵液后经二次结晶，直接生产乳酸钙。发酵原料可用大米糊化糖化液或米粉（玉米粉）双酶水解液，具体参考乳酸发酵。

② 中和法　在50%的成品乳酸溶液中加入氢氧化钙或氧化钙进行中和反应，然后过滤除去不溶性杂质，再经冷却结晶、分离、干燥得成品。此法工艺简单，但成本较高。

③ 大米或淀粉等经糊化，用水稀释冷至50～53℃，接入黑曲霉菌和德氏乳酸杆菌，发酵得到代谢产物乳酸，然后加入磷酸钙中和，得到粗乳酸钙，最后再进行精制，或者用碳酸钙中和稀乳酸液，再将溶液蒸发而制得。精制过程是利用氯化镁和氢氧化钙作用生成的氢氧化镁，它有凝聚作用的性质，使发酵液中的部分杂质和蛋白质凝聚后除去，然后经真空浓缩，结晶，精制而得乳酸钙。

（4）生产工艺流程（参见图7-24）

① 将淀粉加水通蒸汽加热至90℃，糊化，在发酵罐稀释至浓度为10%～12%，冷却至50～55℃得糊化液。加入黑曲霉，在55～60℃进行糖化，接入乳酸菌在50℃下保温18h，测定酸度，在每10mL发酵液消耗0.1mol/L氢氧化钠液时，开始分别加入碳酸钙粉，大约耗时40h以上。每4h测定液温，并用压缩空气搅拌，一般在3d内可成熟。发酵液成熟后测定无残糖时，加石灰乳将pH调至13～14，过滤，滤液升温至90℃以上。再加石灰乳使之产生沉淀。取上清液减压浓缩，得乳酸钙浓缩液。

② 将浓缩液静置4d，冷却至36℃左右，离心过滤，将滤饼轧碎淘洗，再离心分离得滤饼。将固体溶解配成10°Bé乳浊液，加0.1%氧化镁溶液。待石灰乳澄清后，静置3～4d，冷却、过滤，淘洗除去氯离子及硫酸根离子，离心得粗产品。

③ 粗产品再加水溶解至24°Bé（100℃），加乳酸调节酸度，使每克成品消耗0.1mol/L氢氧化钠液0.5mL以下，加活性炭0.3g/kg，保温过滤，在65℃以下干燥、粉碎、筛分，包装得成品。

（5）产品用途　乳酸钙主要用作食品添加剂、儿童营养食品的强化剂，医疗上用于补充钙质。乳酸钙是一种很好的食品钙强化剂，吸收效果比无机钙好。可用于婴幼儿食品，使用量为23～46g/kg；在谷类及其制品中为12～24g/kg；在饮液和乳饮料中为3～6g/kg。还作面包发酵粉的膨松剂和缓冲剂。用作营养强化剂的钙剂，作面包、糕点等的缓冲剂、膨松剂。也可用于面包、糕点、面食品、市制奶粉、豆腐、豆酱、腌制品等。作为强化剂与其他钙类容易被吸收。作为药物使用，可防治缺钙症，如佝偻病、手足搐搦症，以及妇女妊娠、哺乳期所需钙的补充。

7.6.7　乳酸锌

中文别名：枸橼酸锌，柠檬酸锌，α-羟基丙酸锌

英文名称：zinc citrate；zinc lactate dihydrate；DL-lacticacidhemizinc；zinc dilactate；zinclactate-2-hydrate；DL-lactic acid hemizinc salt

分子式：$C_6H_{10}O_6Zn \cdot 3H_2O$

（1）性能指标（Q/LST 001—2004）

外观性状	白色斜方结晶粉末，无臭。锌元素含量占乳酸锌的22.2%	旋光度	0.0048
		比旋光度	$[\alpha]_D^{20}$ 0.096
溶解性	易溶于水，微溶于乙醇。100℃时失去结晶水	储存条件	2～8℃
		含量	≥98%（以干基 $C_6H_{10}O_6Zn$ 计）
熔点	280℃	澄清度	溶液透明，无机械杂质，无沉淀物

干燥失重	≤18.5%	重金属	≤0.001%（以 Pb 计）
氯化物	≤0.005%（以 Cl⁻ 计）	砷	≤0.0003%（以 As 计）
硫酸盐	≤0.02%（以 SO₄²⁻ 计）		

（2）生产原料与用量

乳酸	食品级	460	乙醇	食品级，95%	适量
氧化锌	工业级	178	水	去离子水	适量

（3）合成原理

① 复分解法　将乳酸钙（五水物）和硫酸锌（七水物）加入水中，搅拌加热回流反应。反应结束后，趁热过滤并用水洗涤除去硫酸钙沉淀（淡蓝白色粉末），滤液为乳白色半透明液体，冷却静置即有白色结晶析出。最后过滤、用水洗涤、干燥得白色粉末乳酸锌。

② 中和法　在成品乳酸溶液中加入氧化锌粉末加热搅拌反应 2～3h，反应物经冷却结晶、过滤分离，并用水洗涤数次，然后在 60～65℃下干燥得成品。此法工艺简单，质量较好，但成本较高。反应式如下：

$$ZnO + 2CH_3CHOHCOOH + 2H_2O \longrightarrow Zn(CH_3CHOHCOO)_2 \cdot 3H_2O$$

（4）生产工艺流程（参见图 7-38）　将乳酸、水加入 D101 中配成溶液，搅拌均匀后加入氧化锌，加热至 60～80℃，搅拌反应 2h，经 L101 过滤后导入 D102 中，加适量 95% 乙醇（结晶沉淀剂）使其充分结晶，再经 L102 离心、洗涤、L103 真空干燥即得乳酸锌成品。

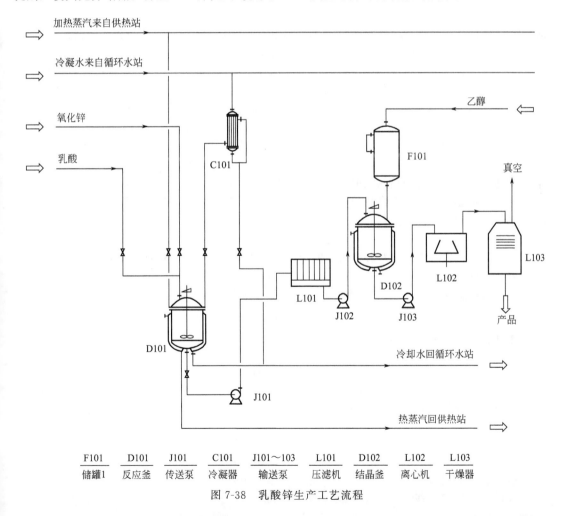

F101	D101	J101	C101	J101～103	L101	D102	L102	L103
储罐1	反应釜	传送泵	冷凝器	输送泵	压滤机	结晶釜	离心机	干燥器

图 7-38　乳酸锌生产工艺流程

（5）产品用途　广泛应用于食品添加剂、医药原料等。乳酸锌是一种性能优良，比较经济的锌质有机强化剂，广泛添加于各种食品中，以补充食品中锌质的不足，对防止各种缺锌症，增强生命活力有显著效果。可用于饮液、谷类及其制品、乳制品、婴幼儿食品、儿童口服液、豆奶粉、果冻等。

7.6.8 葡萄糖酸钙

中文别名：α-羟基丙酸钙盐，糖酸钙，葡糖酸钙，D-葡萄糖酸钙

英文名称：calcium gluconate；gluconic acid calcium salt；calcii gluconas；calcium D-gluconate；D-gluconic acid calcium salt；hexonic acid, calcium salt（2∶1）；calcium bis[(2R,3S,4R,5R)-2,3,4,5,6-pentahydroxyhexanoate](non-preferred name)；calcium bis（2,3,4,5,6-pentahydroxyhexanoate）（non-preferred name）

分子式：$C_{12}H_{22}CaO_{14}$

（1）性能指标

外观	白色结晶状颗粒或粉末	溶解性	不溶于水和其他许多有机溶
气味	无臭无味		剂，能溶于水
pH	6.0～7.0		

（2）生产原料与用量

| 淀粉 | 食品级 | 300 | 石灰乳 | 工业级 | 适量 |
| 硫酸 | 工业级，50% | 5～10 | 黑曲霉菌 | 生物培养 | 适量 |

（3）合成原理

① 以葡萄糖和碳酸钙混匀后加葡萄糖氧化酶和过氧化氢酶，直接氧化得到葡萄糖酸钙。

② 可由葡萄糖酸与石灰或碳酸钙中和，经浓缩而制得。

（4）生产工艺流程（参见图 7-24）　在乳化槽中将原料淀粉及水配成乳浆，搅拌均匀后输入有一定量催化剂（硫酸）的糖化罐内，加热下进行糖化反应制得糖化液，用无菌石灰乳中和至 pH 约为 5，冷却后送至储罐。将糖化液及适量营养成分加到培养罐中，间接加热灭菌后接种黑曲霉菌菌种，搅拌和无菌条件进行培养。当糖液含量降至一定浓度后，送至发酵罐。在发酵罐中加入糖化液和适量营养成分，在无菌和搅拌下发酵至糖化液中糖含量低于 1% 时，停止发酵。加热，用石灰乳中和至中性，过滤，减压蒸馏浓缩得到结晶。该结晶用蒸馏水加热溶解，活性炭脱色，冷却过滤。再将过滤的结晶经造粒干燥后制得葡萄糖酸钙。

（5）产品用途　主要用作食品的钙强化剂与营养剂、缓冲剂、固化剂、螯合剂，是儿童补钙的常用钙源。作为药物，可降低毛细血管渗透性，增加致密度，维持神经与肌肉的正常兴奋性，加强心肌收缩力，并有助于骨质形成。适用于过敏疾患，如荨麻疹；湿疹；皮肤瘙痒症；接触性皮炎以及血清病；血管神经性水肿作为辅助治疗。也适用于血钙过低所致的抽搐和镁中毒。也用于预防和治疗缺钙症等。

7.6.9 乳酸亚铁

英文名称：ferrous lactate

分子式：$C_6H_{10}FeO_6 \cdot 2H_2O$

（1）性能指标（GB 6781—2007）

外观	浅绿色或微黄色晶状，或结晶粉末	亚铁	≥18.0%（以 Fe^{2+} 计）
气味	特殊气味和微甜铁味	水分	≤2.5%（不含结晶水）
溶解性	水溶液带绿色，呈弱酸性；几乎不溶于乙醇	钙盐	≤1.2%（以 Ca^{2+} 计）
		重金属	≤0.002%（以 Pb 计）
总铁	≥18.9%（以 Fe 计）	砷	≤0.0001%（以 As 计）

（2）生产原料与用量

| 乳酸 | 工业级 | 410 | 硫酸亚铁 | 工业级 | 152 |
| 碳酸钙 | 工业级 | 330 | 水 | 去离子水 | 适量 |

（3）合成原理

① 由乳酸与铁粉，或乳酸与硫酸亚铁反应制得。

② 由乳酸与碳酸钙反应制得乳酸钙，再与硫酸亚铁反应得产品。反应式如下：

$$2C_6H_6O_3 + CaCO_3 \longrightarrow C_6H_{10}O_6Ca + CO_2 + H_2O$$

$$C_6H_{10}O_6Ca + FeSO_4 \longrightarrow C_6H_{10}O_6Fe + CaSO_4$$

（4）生产工艺流程（参见图7-38）　在复分解反应釜 D101 中将乳酸、碳酸钙溶于热水中，搅拌下反应1～2h；再加入硫酸亚铁进行反应。约3～4h反应完成后，过滤除去硫酸钙。滤液进行减压蒸发浓缩，冷却结晶。经离心分离，低温真空干燥，即制得乳酸亚铁成品。

（5）产品用途　乳酸亚铁用于强化食品，具有易吸收，对消化系统无刺激，无副作用，对食品的感官性能和风味无影响。

7.6.10　葡萄糖酸锌

中文别名：水合葡（萄）糖酸锌

英文名称：zinc gluconate；gluconic acid zinc；D-gluconic acid-zinc（2:1）；zinc bis（2,3,4,5,6 pentahydroxyhexanoate）；zinc bis [(2R,3S,4R,5R)-2,3,4,5,6-pentahydroxyhexanoate]

分子式：$C_{12}H_{22}O_{14}Zn$

（1）性能指标

外观	白色结晶性粉末	溶解性	易溶于水，极难溶于乙醇
气味	无臭无味	熔点	173～175℃

（2）生产原料与用量

还原铁	工业级	葡萄糖酸	工业级

（3）合成原理　合成葡萄糖酸锌的方法，常见的有复分解法、空气催化氧化法、离子交换树脂法、发酵法、电解法等。空气催化氧化法的合成反应式如下：

$$2C_6H_{12}O_6 + O_2 + 2NaOH \xrightarrow{\text{催化剂}} 2C_6H_{11}O_7Na + 2H_2O$$

$$C_6H_{11}O_7Na + R-H \longrightarrow C_6H_{12}O_7 + R-Na$$

$$2C_6H_{12}O_7 + ZnO \longrightarrow (C_6H_{11}O_7)_2Zn + H_2O$$

（4）生产工艺流程（参见图7-38）　葡萄糖催化空气氧化法是在催化剂存在下，将葡萄糖经空气氧化生成葡萄糖酸，在搅拌下加入 NaOH 溶液，控制 pH 为9.0～10.0，使之转化为葡萄糖酸钠。过滤分离催化剂后，葡萄糖酸钠经强酸性阳离子交换树脂转变为较高纯度的葡萄糖酸，然后和 ZnO 作用生成葡萄糖酸锌。粗产物再经浓缩、结晶和重结晶，即得产品，产率在80%以上。

（5）产品用途　葡萄糖酸锌作为锌强化剂，见效快，吸收率高，副作用小，使用方便，特别是在儿童食品、糖果、乳制品等中应用日益广泛。本品在体内的吸收率高，而且对肠胃无刺激作用，性能优良。锌吸收利用率约14%，和体内胃酸结合，依然能产生氯化锌，因此有一定的副作用（如恶心、呕吐）。只能饭后服用以减少对肠胃的刺激，且含锌量较高，能拮抗钙、铁等其他微量元素的吸收。

7.7　其他食品添加剂

7.7.1　胃蛋白酶

英文名称：pepsin

主要成分：为苯丙氨酸或亮氨酸的肽键。可分解蛋白质中苯丙氨酸或酪氨酸与其他氨基酸形成的肽键，产物为蛋白胨及少量的多肽和氨基酸。

（1）性能指标

外观	白色或淡黄色的粉末	溶解性	有引湿性；水溶液显酸性反应
气味	无霉败臭	干燥失重	≤5.0%（在100℃干燥4h）

（2）生产原料与用量

胃黏膜	食用级，取自猪胃	100	氯仿（或乙醚）	工业级	15～20
盐酸	工业级，10%	适量	水	去离子水	30～35

（3）合成原理　采用从生物体内提取的方法，将提取后的原料浓缩、提纯、干燥而得。

（4）生产工艺流程（参见图7-39）

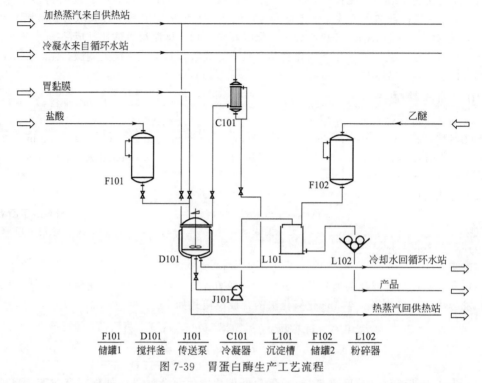

F101	D101	J101	C101	L101	F102	L102
储罐1	搅拌釜	传送泵	冷凝器	沉淀槽	储罐2	粉碎器

图7-39　胃蛋白酶生产工艺流程

①采集原料　胃蛋白酶主要存在于胃黏膜的基底部，因此采集原料时应取胃基底部的黏膜层，采集面不宜太大，否则会直接影响收率，一般每只猪胃平均剥取黏膜约100～150g。胃黏膜在投料时都经冷冻储藏，最好用自然解冻法解冻，可以避免黏膜流失而影响收率。

②提取激活　把绞碎的胃黏膜浆液倒入夹层锅D101内，并加入浆液量1/3的水，加热控制45℃，并在不断搅拌下加入盐酸，调pH为2.5，消化4h，随时监控温度和pH值，特别是在提取时的前1～2h的pH值，因为这时的pH值波动较大。提取结束后，用双层纱布把提取液过滤除去杂质。

③脱脂分层　将滤液冷却至30℃以下，加入氯仿（或乙醚），搅拌均匀后转入沉淀器L101，静置24～48h，杂质沉淀弃去，得酶液。

④干燥　将酶液倾入容器，摊成薄层烘干，即得半透明的胃蛋白酶。经球磨机L102粉碎，过80目筛，即为胃蛋白酶原粉。也可先将酶液在45℃以下真空浓缩干燥，这样酶活力会保护得好一些。

（5）产品用途　胃蛋白酶是一种动物酶制剂，为一种消化酶，能使胃酸作用后凝固的蛋白质分解成及胨，但不能进一步使之分解成氨基酸。主要用于帮助消化和生产干酪、糕点、饼干等。

7.7.2　木瓜蛋白酶

中文别名：木瓜酶，木瓜酵素

英文名称：papain

主要成分：一种含巯基（—SH）肽链内切酶，具有蛋白酶和酯酶的活性

（1）性能指标

外观	白色至浅黄色的粉末，微有吸湿性	等电点	8.75

（2）生产原料与用量

新鲜木瓜	食品级	适量	水	去离子水	适量
焦亚硫酸钠	工业级	0.5	甘油	食品级	适量
NaCl	工业级	适量			

（3）合成原理　由木瓜制得的商品酶制剂中，含有如下3种酶：木瓜蛋白酶，相对分子质量21000，约占可溶性蛋白质的10％；木瓜凝乳蛋白酶，相对分子质量36000，约占可溶性蛋白质的45％；溶菌酶，相对分子质量25000，约占可溶性蛋白质的20％。主要生产方法有两种。

① 从未成熟的木瓜果实中提取胶乳，并将其沉降、凝固、干燥即制得产品。

② 由木瓜（caric papaya）的未成熟果实，经提取乳液、凝固、沉降、干燥而成粗制品。一般工业上以粗制品的应用为主。

（4）生产工艺流程（参见图7-39）

① 乳汁采割　用刀片在未成熟的青绿果实的表面纵割若干条线。乳汁仅在果皮下1～2mm深的乳管中，因此割线不宜深。环绕茎干设置倒伞形集盘，接收果实流下的乳汁。采割时间在清晨或中午下雨后选择2.5～3月龄、已充分长大的青绿果实采割，产量最高。

② 过滤除杂　在新鲜乳汁中加入0.5％（质量）的焦亚硫酸钠（或焦亚硫酸钾）作稳定剂，搅拌，使乳汁液化后过滤除杂。

③ 干燥　滤汁倒入不锈钢盘中，送入干燥箱，保持55℃恒温，即得活性较高的白色颗粒状干粗品。如在过滤除去不溶物后，加入盐等沉淀剂将活性酶萃取出来，这样可制得无杂质、较稳定的产品。也可将粗品溶于水或甘油中，过滤后加入还原剂糖、含酒精的糖或NaCl，可得到稳定的液体产品。

（5）产品用途　木瓜蛋白酶是木瓜乳汁的干制品，实质上是几种关系密切的蛋白酶的混合物。该酶广泛用于食品、饲料、皮革、纺织、医药等领域，但其最大的应用领域是在食品工业。可利用酶促反应，使食品大分子的蛋白质水解成小分子肽或氨基酸。用于水解动植物蛋白、制成嫩肉粉、水解羊胎素、水解大豆、饼干松化剂、面条稳定剂、啤酒饮料澄清剂、高级口服液、保健食品、酱油酿造及酒类发酵剂等。有效转化蛋白质的利用，大大提高食品营养价值，降低成本，有利于人体的消化和吸收。

7.7.3　α-淀粉酶

英文名称：α-amylase；1,4-α-D-glucan gliucano-4-hydrolase

主要成分：作用于可溶性淀粉、直链淀粉、糖元等α-1,4-葡聚糖，水解α-1,4-糖苷键的酶

（1）性能指标

外观	浅黄色粉末
气味	无臭
溶解性	微溶于乙醇
熔点	280℃

（2）生产原料与用量

淀粉芽孢杆菌 BF7658	生物级	适量
絮凝剂（包括磷酸钙凝胶、聚丙烯酰胺、海藻酸钠等）	工业级	适量
食盐	工业级	180～200
苯甲酸钠	工业级	10～30

（3）合成原理　根据酶水解产物异构类型的不同可分为α-淀粉酶（EC3.2.1.1.）与β-淀粉酶（EC3.2.1.2.）。用从生物体内提取的方法，将提取后的原料浓缩、提纯、干燥而得α-淀粉酶。

（4）生产工艺流程（参见图7-40）

① 菌种与种子培养　菌种为解淀粉芽孢杆菌 BF7658。BF7658 的所有变株都用马铃薯斜面保存，斜面保藏菌种经摇瓶筛选，择其优者移种种子罐 F101 斜面扩大培养，当进入对数生长辈

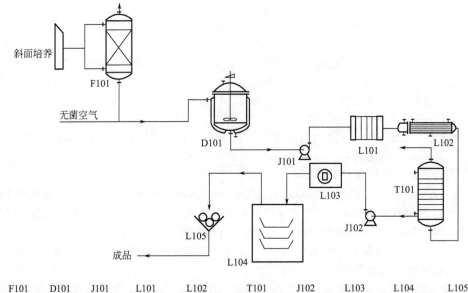

F101	D101	J101	L101	L102	T101	J102	L103	L104	L105
种子罐	发酵罐	传送泵1	压滤机	纤维超滤机	填料吸收塔	传送泵2	成型机	真空干燥器	粉碎器

图 7-40　α-淀粉酶生产工艺流程

期，即可转入发酵罐。

② 发酵　将种子通过无菌管道打入发酵罐 D191，在 37℃、0.05MPa 罐压、搅拌速度 180r/min 下通风培养约 40h。基础培养基与补料培养基的体积比为 2：1 或 3：1，补料的目的在于避免降解生成的糖浓度过高而阻遏产酶，并用以控制 pH，与不补料相比可提高霉产量 15% 左右。

③ 酶液的澄清处理　α-淀粉酶发酵液极难过滤，需采用絮凝剂澄清处理。常用的絮凝剂包括磷酸钙凝胶、聚丙烯酰胺、海藻酸钠等。经澄清处理后发酵液过滤速度可达 20L/(m²·h) 以上，酶活收率 90% 以上。

④ 食品工业用 α-淀粉酶的制造：将滤清发酵液用薄膜蒸发器或超滤 L101、L102 浓缩 5 倍左右，加入食盐、苯甲酸钠，再经絮凝处理滤清，即为液酶。向浓缩 5 倍左右的酶液中加入相当浓缩前酶液原体积 1% 的淀粉，对每份浓缩液加入 5～10℃ 的 95% 酒精 1.3～1.5 份，经 T101 使终浓度达 55%～60%；酶吸附于淀粉一起沉淀，经 L103 挤成条状，60℃ 以下经 L104 真空干燥、L105 磨粉后得含水分约 7% 的成品。

（5）产品用途　α-淀粉酶用于水解淀粉制造饴糖、葡萄糖和糊精。在国外用于制造巧克力，糖浆的淀粉液化，也用于制造特殊糊精（主要食用）的调制。主要用于果汁加工中的淀粉分解和提高过滤速度以及蔬菜加工、糖浆制造、葡萄糖等加工制造，以及生产糊精、啤酒、黄酒、酒精、酱油、醋、果汁和味精。α-淀粉酶还可用于面包的生产，具有降低面团黏度、加速发酵进程、增加含糖量、缓和面包老化等作用。

7.7.4　乳化硅油

英文名称：emulsifying silicon oil

主要成分：聚甲基硅氧烷，二氧化硅等

（1）性能指标

外观	乳白色黏稠液体，几乎无臭
运动黏度	$(100～350)×10^{-6}\,m^2/s$
相对密度	0.98～1.02
溶解性	可溶于苯、甲苯、汽油等芳香族化合物和脂肪族化合物等有机溶剂中，也可溶于氯代碳氢化合物（如笨、四氯化碳等），不溶于水和乙醇，可分散于水

（2）生产原料与用量

| 聚甲基硅氧烷 | 工业级 | 90 | 聚乙烯醇 | 工业级 | 适量 |
| 二氧化硅 | 工业级 | 10 | 吐温 80 | 工业级 | 适量 |

（3）合成原理　将聚甲基硅氧烷和二氧化硅在一定温度和压力下，再加入聚乙烯醇和吐温80等聚合而成。

（4）生产工艺流程（参见图 7-41）

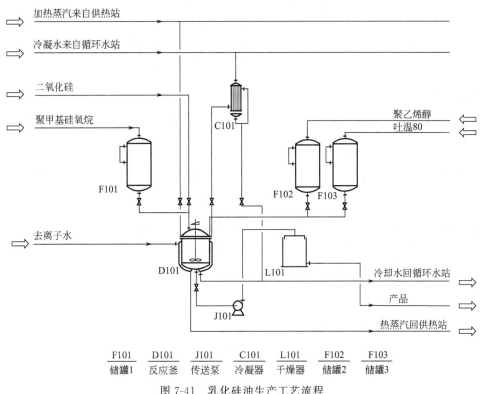

| F101 | D101 | J101 | C101 | L101 | F102 | F103 |
| 储罐1 | 反应釜 | 传送泵 | 冷凝器 | 干燥器 | 储罐2 | 储罐3 |

图 7-41　乳化硅油生产工艺流程

将聚甲基硅氧烷与二氧化硅加入反应釜 D101 中，搅拌下混合，再于 160℃和 0.1MPa 压力下处理 3h，加入余量的聚甲基硅氧烷，并配入聚乙烯醇、吐温 80 和去离子水等，继续乳化 8～10h 得成品。

（5）产品用途　乳化硅油为亲油性表面活性剂，消泡能力很强，是良好的食品消泡剂，主要用于味精的生产，也可用于豆浆中的气泡消除。亦可用于护发产品、皮革光亮剂、汽车、家具、地板、金属加工、聚氨酯、塑料、橡胶、玻璃、陶瓷、石材、纺织、造纸、木材等行业的脱模、上光、塑料薄膜的防粘作用、金属的防锈、洗发香波的柔顺梳理添加剂、清洁和防水和水性涂料的消泡剂等。

7.7.5　茶多酚

中文别名：茶鞣质、茶单宁

英文名称：tea polyphenols

分子式：$C_{17}H_{19}N_3O$

（1）性能指标

外观	黄色粉末或白褐色粉末	咖啡因	≤1.0%
多酚含量	≥98.0%	干燥失重	≤6.0%
儿茶素含量	≥70%	重金属（以铅计）	≤10.0
EGCG 含量	≥40.0%	砷 As	≤2.0×10⁻⁶

总灰分	≤0.3%	沙门菌	不得检出
菌落总数	≤1000cfu/g	大肠杆菌	不得检出
霉菌及酵母菌	≤100		

（2）生产原料与用量

绿茶		乙酸乙酯	工业级
氯仿	工业级		

（3）合成原理　从茶叶中制备茶多酚的传统方法主要分为以下三类。

① 溶剂提取法　将茶叶用极性溶剂浸渍，然后把浸取液进行液-液萃取分离，最后浓缩得到产品。目前工业化生产主要采用此法。产品收率 5%～10%，产品纯度为 80%～98%。所用溶剂有丙酮、乙醚、甲醇、己烷及三氯甲烷等。该法生产成本高，且易造成污染。

② 离子沉淀法　用金属沉淀茶多酚，使其与咖啡碱分离，该方法使用了对人体有毒的重金属作沉淀剂。用该法生产的产品难达到食品和医药行业的要求。

③ 柱分离制备法　分为凝胶柱、吸附柱和离子交换柱法。此项技术的关键是柱填充料和淋洗。研究表明，采用柱分离制备法，茶多酚得率在 4%～8% 之间，纯度可达 98%，但柱填充料非常昂贵，而且淋洗时要用多种和大量有机溶剂，一般不适合大规模工业化生产。

以上传统方法均普遍存在一些问题和弊端，产品无法在安全性、价格和纯度方面全部满足食品添加剂和医药行业的要求。针对这些问题，经有关专家反复试验，成功地开发出将超临界 CO_2 萃取技术与传统提取、浓缩和萃取技术相结合，制备高纯度茶多酚新工艺。该工艺既提高了茶多酚的纯度和得率。又符合工业化生产对原料、溶剂使用、制作路线、生产过程安全性和产品颜色、产率、纯度诸方面的要求，有利于茶多酚更有效地在医药和食品工业中应用。

（4）生产工艺流程（参见图 7-42）

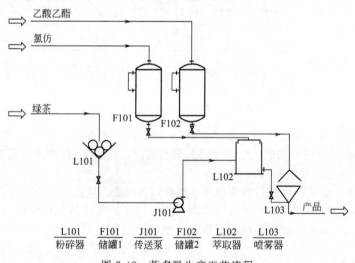

L101	F101	J101	F102	L102	L103
粉碎器	储罐1	传送泵	储罐2	萃取器	喷雾器

图 7-42　茶多酚生产工艺流程

将经 L101 粉碎的绿茶放入热水中浸提，经过滤、减压浓缩后加入等容量的氯仿萃取，溶剂层用于制取咖啡碱，水层加入三倍容量的乙酸乙酯在 L102 中进行萃取。弃去水层，乙酸乙酯溶液层经浓缩后经 L103 喷雾干燥得粗茶多酚混合物，再精制即得产品。

（5）产品用途　茶多酚可用于含油脂酱料中，用于油炸食品、方便面。用于肉制品、鱼制品、油脂、火腿、糕点及其馅中，还可用于豆奶粉、植物蛋白奶中。

Chapter 8

第8章

洗涤剂

8.1 概述

8.1.1 洗涤剂的分类与组成

洗涤剂是指以去污为目的而设计配合的产品，由必需的活性成分（活性组分）和辅助成分（辅助组分）构成。作为活性组分的是表面活性剂；作为辅助组分的有助剂、抗沉淀剂、酶、填充剂等，其作用是增强和提高洗涤剂的各种效能。洗涤剂一般包括肥皂和合成洗涤剂两大类。

所谓肥皂是指至少含有 8 个碳原子的脂肪酸或混合脂肪酸的碱性盐类（无机的或有机的）的总称。根据肥皂阳离子不同，可进行分类。如图 8-1 所示。

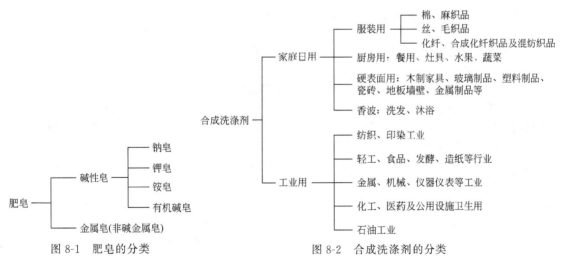

图 8-1　肥皂的分类

图 8-2　合成洗涤剂的分类

另外，根据肥皂的用途可分为家用和工业用两类，家用皂又分为洗衣皂、香皂、特种皂等；工业用皂则主要指纤维用皂。

合成洗涤剂则是近代文明的产物，起源于表面活性剂的开发，是指以（合成）表面活性剂为活性组分的洗涤剂。合成洗涤剂通常按用途分类，分为家庭日用和工业用两大类，如图 8-2 所示。

按合成洗涤剂产品配方组成及洗涤对象不同，又可分为重垢型洗涤剂和轻垢型洗涤剂两种。重垢型洗涤剂是指产品配方中活性物含量高，或含有大量多种助剂，用以除去较难洗涤的污垢的洗涤剂，如棉纤维或合成纤维等质地污染较重的衣料。轻垢型洗涤剂是指含有较少助剂或不加助剂，用以去除易洗涤的污垢的洗涤剂。

按产品状态，合成洗涤剂又分为粉状洗涤剂、液体洗涤剂、块状洗涤剂、粒状洗涤剂、膏状洗涤剂等。

8.1.2 洗涤剂的组成

洗涤剂是由必需的活性成分（活性组分）和辅助成分（辅助组分）构成的。作为活性组分的是表面活性剂；作为辅助组分的有助剂、抗沉积剂、酶、填充剂等，其作用是增强和提高洗涤剂的各种效能，分述如下。

8.1.2.1 表面活性剂

在洗涤剂中使用的表面活性剂主要有以下品种。

（1）直链烷基苯磺酸钠（LAS） 烷基苯磺酸钠是当今世界各地生产洗涤剂用量最多的表面活性剂。市场上各种品牌的洗衣粉几乎都是用它作主要成分而配制的，其产量占表面活性剂总产量的近90%。它的生物降解性好，去污力强，与其他表面活性剂配伍性良好。

（2）烷基硫酸盐（AS） 烷基硫酸钠又称脂肪醇硫酸钠，也是商品洗涤剂的主要成分之一，更是阴离子表面活性剂的一个重要品种。它的分散力、乳化力和去污力都很好，可用作重垢织物洗涤剂、轻垢液体洗涤剂，用于洗涤毛、丝织物，也可配制餐具洗涤剂、香波、地毯清洗剂、牙膏等。

（3）脂肪醇聚氧乙烯醚硫酸盐（AES） AS的缺点之一是溶解度小，不充分稀释则得不到透明液体。因此，在高级醇加成上环氧乙烷而得到烷基聚氧乙烯醚，然后再进行硫酸化，经中和得到AES。AES易溶解于水，在较高浓度下也显示低浊点。而且去污力及发泡性能好。被广泛用做香波、浴液、餐具洗涤剂等液洗配方，当它与LAS复配时，有去污增效效果。

（4）仲烷基磺酸钠（SAS） 烷基磺酸盐是重要的阴离子表面活性剂，具有良好的润湿性、去污力强，泡沫适中，溶解性好，皮肤刺激小，生物降解性优良。同时与其他表面活性剂的配伍性好，可广泛用作配制液体洗涤剂、洗衣粉等洗涤用品。

（5）α-烯基磺酸盐（AOS） 烯基磺酸盐是近20年来广为开发的阴离子型表面活性剂。它的去污性能好，可完全生物降解，耐硬水性好，皮肤刺激性小，原料供应充足，因此，受到洗涤剂行业的普遍重视。AOS广泛用于各类液体、粉状洗涤剂配方，尤其适宜于重垢洗涤剂的配制。

（6）高碳脂肪酸甲酯磺酸盐（MES） 高碳脂肪酸甲酯磺酸盐是利用天然油脂制得的一种磺酸盐表面活性剂皂分散能力和较好的去污力，生物降解性好，毒性低。可以用做肥皂粉具有良好的钙块状皂、液体洗涤剂等的配制。在配方中加入MES特别适宜于低温及在高硬度水中的洗涤。

（7）脂肪醇聚氧乙烯醚 脂肪醇聚氧乙烯醚是非离子表面活性剂系列产品中最典型的代表。它是以高碳醇与环氧乙烷进行聚氧乙烯化反应制得的产品，它与LAS一样，是当今合成洗涤剂的最主要活性物之一。

（8）烷基酚聚氧乙烯醚（APE） 烷基酚聚氧乙烯醚也是洗涤剂中常用的非离子表面活性剂。它是由烷基酚与环氧乙烷加成聚合而得。常用的烷基酚有辛烷基酚、壬烷基酚等。环氧乙烷的加成数为9～10mol的产品是洗涤剂中最常用的。主要是用于各类液体、粉状洗涤剂配方，但由于生物降解性的原因，有些国家和地区已开始限制APE的用量。

（9）脂肪酸烷醇酰胺 烷醇酰胺是一类特殊的非离子表面活性剂，是洗涤剂常用的活性组分之一，与其他表面活性剂复配可以提高产品的去污力，增加泡沫稳定性和黏度。因此可用于配制香波、餐具洗涤剂等液体洗涤剂。

（10）烷基糖苷（APG） APG是国际上20世纪90年代开发出的一种新型表面活性剂，由于具有高表面活性，泡沫丰富，去污和配伍性好，而且无毒，无刺激。生物降解迅速且彻底。受

现代精细化工生产工艺流程图解

到了各国的普遍重视，被认为是继 LAS、醇系表面活性剂之后，最有希望的一代新的洗涤用表面活性剂。

APG 是由天然的脂肪醇及天然碳水化合物制得，无论在生态、毒理等方面，还是在皮肤病学方面都是安全的，因此，APG 又称"绿色"产品。在洗涤剂行业，APG 可广泛用于配制洗衣粉、餐具洗涤剂、香波及浴液、硬表面清洗剂、液体洗涤剂等。

8.1.2.2 洗涤助剂

合成洗涤剂中除表面活性剂外还要有各种助剂才能发挥良好的洗涤能力。助剂本身有的有去污能力，但很多本身没有去污能力，但加入洗涤剂后，可使洗涤剂的性能得到明显的改善。因此，可以称为洗涤强化剂或去污增强剂，是洗涤剂中必不可少的重要组分。

一般认为，助剂有如下几种功能：对金属离子有螯合作用或有离子交换作用以使硬水软化；起碱性缓冲作用，使洗涤液维持一定的碱性，保证去污效果；具有润湿、乳化、悬浮、分散等作用，在洗涤过程中，使污垢能在溶液中悬浮而分散，能防止污垢向衣物再附着的抗再沉积作用，使衣物显得更加洁白。

洗涤剂助剂可分为无机助剂和有机助剂两大类，其主要品种简述如下。

(1) 三聚磷酸钠（STPP） 三聚磷酸钠又称五钠，是洗涤剂中用量最大的无机助剂，它与 LSA 复配可发挥协同效应，大大提高 LSA 的洗涤性能，因此可认为两者是"黄金搭档"。

三聚磷酸钠在洗涤剂中作用很多，如对金属离子有螯合作用，软化硬水，与肥皂或表面活性剂的协同效应；对油脂有乳化去污性能；对无机固体粒子有胶溶作用；对洗涤液提供碱性缓冲作用；使粉状洗涤剂产品具有良好的流动性，不吸潮，不结块等。

除五钠外，焦磷酸钠、焦磷酸钾、三偏磷酸钠、六偏磷酸钠、磷酸三钠等磷酸盐都是洗涤制中重要而且常用的助剂，其作用也大体相同。

近年来，由于水域污染，造成藻类大量繁殖，因此磷的用量受到限制，许多地区已在逐步寻求磷的代用品，但目前为止，尚未找到从价格、性能等方面可以完全取代磷酸盐的洗涤剂助剂。

(2) 碳酸盐 碳酸盐在洗涤剂行业中应用的有碳酸钠、碳酸氢钠和碳酸钾等。在浓缩洗衣粉中，碳酸钠是最重要的助剂之一。

(3) 硅酸盐 合成洗涤剂工业中应用最多的硅酸盐是偏硅酸钠和水玻璃。它的作用是：缓冲作用，即维持一定的碱度；保护作用，可以使纤维织物强度不受损伤；软化硬水作用；抗腐蚀作用，防止配方制品对金属、餐具、洗衣机或其他硬表面的腐蚀作用；具有良好的悬浮力、乳化力、润湿力和泡沫稳定作用；使粉状洗涤剂松散，易流动，防结块。

硅酸盐和碳酸盐配伍，是无磷洗涤剂的主要助剂。

(4) 4A 分子筛 4A 分子筛是由人工合成的沸石，由于钠离子与铝硅酸离子结合比较松弛。可与钙离子、镁离子交换，因此可以软化硬水。4A 沸石与羧酸盐等复配，是重要的无磷洗涤剂助剂，有很大发展前途。

(5) 过硼酸钠或过碳酸钠 过硼酸钠或过碳酸钠都是含氧漂白剂，加在洗涤剂配方中使洗涤剂有漂白作用，可制成彩漂洗衣粉等。过硼酸钠在欧洲和美洲等地区应用于洗衣粉中，应用量很大，起漂白、消毒和去污作用。但它的漂白作用只有在高温下（70～80℃）才完全起作用，低温时需加入活化剂才可使用。

(6) 荧光增白剂 白色物体，如纺织品或纸张等，为了获得更加令人满意的白度，或者某些浅色印染织物需要增加鲜艳度时，通常加入一些能发射出荧光的化合物来达到目的，这种能发射出荧光的化合物被称为荧光增白剂。

洗涤剂中所用的荧光增白剂的结构大致有下列几种：①二苯乙烯类荧光增白剂；②香豆素类荧光增白剂；③萘酰亚胺类荧光增白剂；④芳唑类荧光增白剂；⑤吡唑类荧光增白剂等。

(7) 络合剂 络合剂可以和硬水中的钙、镁离子等螯合，形成溶解性的络合物而被消除。有干扰的重金属离子也可使用多价螯合剂使之变成无害。因此，通过选择合适的、有效的多价螯合剂。可使重金属离子钝化。消除这些金属离子对表面活性剂、过氧化物漂白剂、荧光增白剂等的不良影响。提高洗涤剂的去污性能。

洗涤剂中常用的络合剂除磷酸盐外，还有乙二胺四乙酸（EDTA）、乙二胺四乙酸二钠（ED-TA-2Na）、次氨基三乙酸（NTA）、柠檬酸钠等。

（8）水溶助长剂　水溶助长剂是在轻垢和重垢洗涤剂配方中起到增溶、黏度改变、降低浊点和作为偶合剂等作用。也具有在喷雾干燥前降低料浆的黏度。防止成品粉结块，增加粉体的流动性等作用。

所用的助剂有对甲苯磺酸钠、二甲苯磺酸钠、尿素等。

（9）抗污垢再沉积剂　洗涤过程的主要作用是从织物上将污垢全部除去。只有当除去的污垢完全分散在洗涤液中，并不再沉积到织物上时，才能获得最佳洗涤效果，所以洗涤剂配方中一般要添加抗污垢再沉积剂。抗污垢再沉积剂的作用主要由于它们对污垢的亲和力较强，把污垢粒子包围起来，使之分散于水中，防止污垢与纤维吸附。一般最常用的抗污垢再沉积剂为羧甲基纤维素钠，此外还有聚乙烯醇、聚乙烯吡咯烷酮等。

（10）溶剂　在洗涤剂中，甚至在粉状洗涤剂中，现在还使用许多溶剂。如果污垢是脂肪性或油溶性的，溶剂则有助于将污垢从被洗物上清除。洗涤剂中常用的溶剂有：乙醇、异丙醇、乙二醇、乙二醇单甲醚、乙二醇单丁醚、乙二醇单乙醚、松油、四氯化碳、三氧乙烯、二氯乙烷、煤油等。

（11）防腐剂　微生物的作用，会使洗涤制品等引起霉变、腐败、腐蚀和破坏等。为防止此类破坏，需加入杀菌剂或防腐剂，另外，在制造和使用中一定要注意清洁卫生，防止产品受微生物侵害，洗涤剂中常用尼泊金酯类、甲醛、苯甲酸钠、凯松、布罗波尔、三溴水杨酰苯胺、二溴水杨酰苯胺等防腐剂。

8.2　洗涤剂的通用生产工艺

8.2.1　液体洗涤剂的通用生产工艺

一般市售的液体合成洗涤剂外观清澈透明，不因天气的变化而浑浊，酸碱度接近中性或微碱性，对人体皮肤无刺激，对水硬度不敏感，去污力较强。其主要成分有表面活性剂、碱性助洗剂、泡沫促进剂、稳泡剂、溶剂、增溶剂、防腐缓蚀剂、耐寒防冻剂、香精、色素等。按洗涤对象的差异分为重垢和轻垢型两类产品。重垢型液体洗涤剂主要用于洗涤油污严重的棉麻织物，具有很强的去污力；其碱性助洗剂使产品 pH 值大于10，并配有螯合剂、抗污垢再沉积剂及增白剂等。轻垢型产品主要用于手洗羊毛、尼龙、聚酯纤维及丝织品等柔软性织物，也常用做餐具清洗。产品中一般不采用非离子表面活性剂，用得最多的是 LAS 与 AES 或 FAS 与 AES 的复配物，前者与后者的最佳比率为5:1。

液体洗涤剂生产工艺所涉及的化工单元操作设备主要是带搅拌的混合罐、高效乳化或均质设备、物料输送泵和真空泵、计量泵、物料储罐和计量罐、加热和冷却设备、过滤设备、包装和灌装设备。把这些设备用管道串联在一起，配以恰当的能源动力即组成液体洗涤剂的生产工艺流程，参见图 8-3。

生产过程的产品质量控制非常重要，主要控制手段是原料质量检验、加料配比、计量、搅拌、加热、降温、过滤等操作。液体洗涤剂生产工艺流程至少包括下述几部分组成。

（1）原料准备　所有液体洗涤剂至少有两种原料（表面活性剂和水）组成，多者要 20～30 种。液体洗涤剂产品实际上是多种原料的混合物。因此，熟悉所使用的各种原料物理化学特性，确定合适的物料配比及加料顺序与方式是至关重要的。

（2）混合或乳化　大部分液体洗涤剂是制成均相透明混合溶液，另外一部分则制成乳状液。主要根据原料和产品特点选择不同工艺，还有一部分产品要制成微乳液或双层液体状态。

（3）混合物料的后处理　无论是生产透明溶液还是乳状液，在包装前还要经过一些后处理，以便保证产品质量或提高产品稳定性。这些处理可包括以下几种。

① 过滤　在混合或乳化操作时，要加入各种物料，难免带入或残留一些机械杂质，或产生

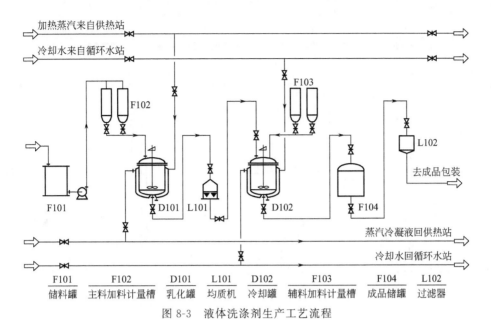

图 8-3　液体洗涤剂生产工艺流程

| F101 | F102 | D101 | L101 | D102 | F103 | F104 | L102 |
| 储料罐 | 主料加料计量槽 | 乳化罐 | 均质机 | 冷却罐 | 辅料加料计量槽 | 成品储罐 | 过滤器 |

一些絮状物。这些都直接影响产品外观，所以物料包装前的过滤是必要的。因为滤渣相对来说很少，只需在釜底放料阀后加一个管道过滤器，定期清理即可。

② 均质　经过乳化的液体，其乳液稳定性往往较差，最好再经过均质工艺，使乳液中分散相的颗粒更细小，更均匀，得到高度稳定的产品。

③ 排气　在搅拌的作用下，各种物料可以充分混合，但不可避免地将大量气体带入产品。由于搅拌的作用和产品中表面活性剂等的作用，有大量的微小气泡混合在成品中。气泡有不断冲向液面的作用力，可造成溶液稳定性差，包装时计量不准。一般可采用抽真空排气工艺，快速将液体中的气泡排出。

④ 稳定　也可称为老化。将物料在老化罐中静置储存数小时，待其性能稳定后再进行包装。

液体洗涤剂生产过程中，原料、中间品和成品的输送可采用不同的方式。少量固体物料是通过人工输送，在设备手孔中加料；液体物料主要由泵送或重力（高位）输送。重力输送主要涉及厂房高度和设备的立面布置。物料流速则主要靠位差和管径大小来决定。

（4）包装　对于绝大部分民用液体洗涤剂都使用塑料瓶小包装。因此，在生产过程的最后一道工序，包装质量是非常重要的，否则将前功尽弃。正规生产应使用灌装机、包装流水线。小批量生产可用高位手工灌装。严格控制灌装量，做好封盖、贴标签、装箱和记载批号、合格证等工作。包装质量与产品内在质量同等重要。将上述介绍的几个工序环节，按工艺顺序连接在一起可绘出工艺流程示意图。

根据液体洗涤剂生产技术确定的生产规模、品种、投资等，可进行工程设计的工艺计算，包括物料衡算、热量衡算、物料输送和设备的平立面布置，即可绘出对工程建设具有指导意义的工艺流程图。

8.2.2　粉状洗涤剂的通用生产工艺

粉状洗涤剂是最常见的合成洗涤剂成型方式，尤其在我国占洗涤剂总量的 80% 以上，其优点是使用方便、产品质量稳定、包装成本较低、便于运输储存、去污效果好。

粉状洗涤剂的生产工艺方法很多，主要包括高塔喷雾干燥法、附聚成型法和膨胀成型法。大型企业目前主要采用第一种，生产工艺详述如下。

高塔喷雾干燥法是目前生产空心颗粒粉状洗涤剂的主要方法。完整的高塔喷雾干燥成型工艺包括配料、喷雾干燥成型及后配料三部分。参见图 8-4。

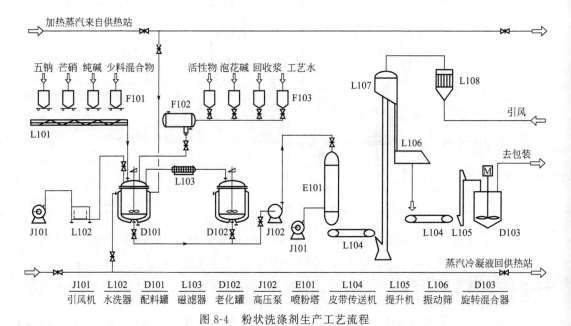

L101	F101	F102	F103	L107	L108
固料预混传送带	固体料仓及电子称系统	液体调整器	液体料罐	风送分离器	带式过滤器

J101	L102	D101	L103	D102	J102	E101	L104	L105	L106	D103
引风机	水洗器	配料罐	磁滤器	老化罐	高压泵	喷粉塔	皮带传送机	提升机	振动筛	旋转混合器

图 8-4　粉状洗涤剂生产工艺流程

（1）配料　所谓配料就是将单体活性物和各种助剂，根据不同品种的配方而计算的投料量，按一定顺序在配料缸中均匀混合制成料浆的操作。料浆质量的好坏，直接影响到成品的质量。根据配料操作方式的不同，配料可分为间歇配料和连续配料。

① 间歇式配料　间歇式配料是根据配料锅的大小，将各种物料按配方比例一次投入，搅匀，将锅内料浆放后，再进行下一锅配料的操作方法。目前，我国大部分都采用这种方法，主要是因为设备简单，操作容易掌握。实际操作中将料浆浓度（即总固体含量）控制在 55％～65％之间。

间歇配料时，控制料浆温度是重要的。一定的料浆温度有助于助剂的溶解，有利于搅拌和防止结块，使浆料呈均匀状。一般情况下，料浆温度提高，助剂易溶，但有的助剂例外，如碳酸钠在 30℃时溶解度最大，温度再高，溶解度反而下降，温度太高可能会使五钠水合过快及加速水解，使料浆发松；温度过低则助剂溶解不完全，料浆黏度大、发稠，影响料浆的流动性。根据国内多年生产的经验，料浆温度控制在 60℃左右。

另外，配料时的投料顺序也会影响料浆的质量。一般情况下，按下述规律投料：先投难溶的料，后投易溶的料；先投密度小的料，后投密度大的料；先投用量少的料，后投用量大的料，边投料边搅拌，以达到料浆均匀一致。

投料完成后，一般要对料浆进行后处理，使其变成均匀、细腻、流动性好的料浆，料浆后处理一般包括过滤、脱气和研磨。过滤是将料浆中的块团、大颗粒物质以及其他不溶于水的物质除掉，防止设备磨损及管道堵塞，常用的设备有过滤筛、真空过滤机等，所用滤网孔径一般在 3mm 以下。脱气是把料浆中的空气除去，以保障喷雾干燥后成品有合适的视密度，常用的脱气设备是真空离心脱气机，实际生产中，也可以略去此工序。研磨是为了使料浆更均匀，防止喷雾干燥时堵塞喷枪，常用的设备是胶体磨。

② 连续配料　连续配料是指各种固体和液体原料经自动计量后连续不断地加入配料罐内，同时连续不断地出料。采用连续配料，制得的料浆均匀一致，使成品质量稳定。由于是自动加料，这样既保证不会因疏忽而多加或少加某种原料，又可保证在称量上不发生错误。除此之外，由于自动配料一般在密封状态下操作，料浆混合时带气现象较少，可使料浆流动性好。一般采用

自动配料可使料浆浓度增加 3%～6%，这样可在不增加任何能量消耗的情况下，使喷粉能力提高 30%～40%。

（2）喷雾干燥成型　喷雾干燥包括喷雾及干燥两个过程。喷雾是将料浆经过雾化器的作用，喷洒成极细小的雾状液滴；干燥则是载热体（热空气）与雾滴均匀混合进行热交换和质交换，使水分蒸发的过程。喷雾与干燥两者必须密切结合，才能取得良好的干燥效果和优质的产品。

（3）高塔喷雾干燥工艺　配制好的料浆用高压泵 J102 以 3～8MPa 的压力通过喷嘴在喷粉塔 E101 内雾化成微小的液滴，而来自热风炉的空气经加热后送至喷粉塔 E101 的下部，液滴和热空气在塔内相遇进行热交换而被干燥成颗粒状洗衣粉，再经风送老化，由振动筛 L106 筛分后作为基础粉去后配料。喷粉塔顶出来的尾气经尾气系统净化后放空。而风送分离器 L107 顶出来的热风经袋式过滤器 L108（或子母式旋风分离器）除尘后排空或作为二次风送入热风炉。

（4）后配料工艺　将一些不适宜在前配料加入的热敏性原料及一些非离子表面活性剂与喷雾干燥制得的洗涤剂粉（又称基础粉）混合，从而生产出多品种洗涤剂的过程叫后配料。

基础粉、过碳酸钠、酶制剂等固体物料经各自的皮带秤计量后由预混合输送带送入旋转混合器；非离子、香精等液体物料计量后进入旋转混合器的一端喷成雾状与固体物料充分混合后而成产品，从另一端出料，收集到一个料斗里为包装工序供成品粉。

8.3　液体洗涤剂

8.3.1　通用液体洗涤剂

中文别名：洗洁精

英文名称：universal liquid detergent，tableware cleaner

主要成分：十二烷基硫酸钠，三乙醇胺等

（1）性能指标（GB 9985—2000）

外观	液体产品不分层，无悬浮物或沉淀	pH	4.0～10.5
气味	不得有其他异味，加香产品应符合规定香型	去污力	不小于标准餐具洗涤剂
		荧光增白剂	不得检出
稳定性	于−3～10℃的冰箱中放置 24h，取出恢复至室温时观察无结晶，无沉淀；（40±1）℃的保温箱中放置 24h，取出立即观察不分层，不浑浊，且不改变气味	甲醇	≤1mg/g
		甲醛	≤0.1mg/g
		砷	≤0.05mg/kg
		重金属	≤1mg/kg
		菌落总数	≤1000 个/g
总活性物含量	≥15%	肠菌群	≤3 个/100g

（2）生产原料与用量

十二烷基硫酸钠	工业级	19.5	次氯酸钠	工业级	0.6
三乙醇胺	工业级	4	硫酸钠	工业级	0.9
月桂酸-乙醇酰胺	工业级	1.5	水	去离子水	73.5

（3）生产原理　配方中，十二烷基苯磺酸钠、二乙醇胺为阴离子型表面活性剂，起乳化、分散、去污、起泡作用；月桂酸-乙醇酰胺为非离子型表面活性剂，与阴离子型表面活性剂合用，去污洗涤效果更好；次氯酸钠为漂白剂，分解出的初生态氧去污脱色力强；硫酸钠为洗涤助剂；水为溶剂。

（4）生产工艺流程（参见图 8-3）

① 于不锈钢釜或塑料桶内，加入十二烷基苯磺酸钠、硫酸钠和水，搅拌混合，使其全溶。

② 加入预先配制的 10% 次氯酸钠的水溶液，继续搅拌 30min。

③ 用另一容器，将月桂酸-乙醇酰胺和三乙醇胺共同加热搅拌，使其完全溶解。

④ 待不锈钢釜或塑料桶内十二烷基苯磺酸钠溶液完全漂白后，加入③配成的溶液。

⑤ 充分搅拌，即得白色透明的液体洗涤剂。

如需要加色或加香时，可加入少许碱性染料或香精，搅拌混合均匀，即得有色带香的液体洗涤剂。

（5）产品用途　使用范围广，价格低廉，是适合一般家庭使用的大众化洗涤剂；用来洗涤碗、碟等餐具，具有洗净和消毒的双重效果；使用方便，不刺激皮肤。可广泛用于洗涤棉、毛、丝、合成纤维等各种织物，也可用于餐具、果蔬的洗净消毒。

8.3.2　玻璃清洁剂

英文名称：glass cleaner

主要成分：表面活性剂、溶剂、辅助成分

（1）性能指标

外观	无色或淡黄色透明液体	磷含量（以 P_2O_5 计）	0
气味	香气纯正清新	砷含量（以 As 计）	≤10mg/kg
pH 值	7～9	铅含量（以 Pb 计）	≤4mg/kg
总活性物	≥2.5%	去污力试验	0.6～0.9
泡沫（40℃）	丰富		

（2）生产原料与用量

脂肪醇聚氧乙烯醚	工业级	0.3	染料	工业级	适量
聚氧乙烯椰油酸酯	工业级	3	香精	工业级	0.01
乙醇	工业级	3	乙二醇单丁醚	工业级	20
氨水	工业级，28%	2.5	水	蒸馏水	适量

（3）生产原理　表面活性剂起润湿、乳化和分散等作用。有机溶剂可降低溶液的冻点和增加其透明度。氨水调节溶液的酸碱度。

（4）生产工艺流程（参见图 8-3）　将活性物脂肪醇聚氧乙烯醚、聚氧乙烯椰油酸酯等溶解于水中，搅拌均匀，加入乙二醇单丁醚和乙醇等溶剂，再加入染料、氨水，最后加入香精，搅拌均匀即可灌装。

（5）产品用途　供清洗、擦亮大型建筑物的窗玻璃、商店橱窗和车辆的挡风玻璃之用。可减轻劳动强度，提高擦窗效率。操作安全简单。使用时将液体喷洒于玻璃表面，再用干布擦亮。用于大面积玻璃时，可加 10 倍水冲洗。

8.3.3　餐具洗涤剂

英文名称：disawashing detergent

主要成分：多种表面活性剂，助剂

（1）性能指标（GB 9985—2000）

外观	透明液体，色泽淡黄至黄色	甲醇	≤1mg/g
总活性物含量	≥15%	甲醛	≤0.1mg/g
pH（25℃，1%溶液）	4.0～10.5	砷（1%溶液中以砷计）	≤0.05mg/g
去污力	不小于标准餐具洗涤剂	重金属（1%溶液中以铅计）	≤1mg/g
荧光增白剂	不得检出		

（2）生产原料与用量

脂肪醇聚氧乙烯醚（$n=9$）	工业级	30	烷基苯磺酸钠	工业级	50
苯甲酸钠	工业级	0.5	水	蒸馏水	850
脂肪醇聚氧乙烯醚（$n=7$）	工业级	20	二乙醇胺	工业级	40
香料	工业级	0.5			

（3）生产原理　将多种表面活性剂与助剂复配而成。

（4）生产工艺流程（参见图 8-3）　将水加入配料罐内，顺序加入表面活性剂，搅拌均匀后，再加入防腐剂苯甲酸钠，最后加入香料，搅拌均匀后灌装。

（5）产品用途　洗涤碗碟，去油腻性能好。洗水果蔬菜，简易卫生，容易过水，是碗碟、果蔬的理想清洁剂。

8.3.4　地毯清洁剂

英文名称：carpet cleaner

主要成分：多种表面活性剂和助剂

（1）性能指标（GB 9985—2000）

外观	淡黄色透明液体	甲醇	≤1mg/g
总活性物含量	≥15%	甲醛	≤0.1mg/g
pH（25℃，1%溶液）	4.0～10.5	砷（1%溶液中以砷计）	≤0.05mg/g
去污力	不小于标准餐具洗涤剂	重金属（1%溶液中以铅计）	≤1mg/g
荧光增白剂	不得检出		

（2）生产原料与用量

磷酸三钠	工业级	15.0	非离子型润湿剂	工业级	1.25
焦磷酸钾	工业级	10.0	乙二胺四醋酸钠	工业级	0.5
100%生物降解的漂洗			天来宝（荧光增白剂）	工业级	0.25
助剂（相对分子质量800）	工业级	7.0	水	去离子水	56.0
烷基酚乙氧基铵盐	工业级	10.0			

（3）生产原理　将多种表面活性剂与助剂混合而成。

（4）生产工艺流程（参见图8-3）　将水加入配料罐内，加入表面活性剂，加热至50～65℃，搅拌溶解均匀后，再加入其他助剂，最后加入荧光增白剂，搅拌均匀后灌装即可。

（5）产品用途　供清洗地毯，去除地毯上灰尘、油污等赃物，使地毯恢复原有的色泽和手感，并能留下优雅的香味。对纯毛以及各种合成纤维地毯均适用，还可用于沙发、窗帘等软表面物质的清洗。人工洗涤时，每升加水15g地毯清洗剂。

8.3.5　洁厕净

英文名称：toilet cleaner

主要成分：酸性液体清洁剂是最常见的厕所清洁剂。其主要成分为酸，另外，也加入少量表面活性剂。视情况需要，可添加的辅助成分还有增稠剂、杀菌剂、缓蚀剂、螯合剂、色素和香料等。

（1）性能指标

外观	浅蓝色透明液体	产品稳定性	三个循环的冻结和50℃
黏度	900～1200mPa·s		一个月的试验通过
溶水性	完全混溶		

（2）生产原料与用量

盐酸或草酸	工业级	7～15	硅酸钠	工业级	5～15
十六烷基二甲基苄			醋酸	工业级	适量
基氯化铵	工业级	0.5～1	香料、染料	工业级	适量
壬基酚乙二醇醚	工业级	2～4	水	自来水	65～75

（3）生产原理　主要成分为有机酸、表面活性剂、螯合剂等。洁厕原理为：有机酸将尿碱结合成可溶性盐，助溶剂及螯合剂将不溶性钙盐和其他无机盐迅速溶解，并将重金属螯合后随水冲走，非离子表面活性剂起去污助溶作用，并可保护瓷砖面。

（4）生产工艺流程（参见图8-3）　准确称量盐酸或草酸、平平加加至60℃热自来水中，搅拌至完全溶解。将配制的溶液冷却至室温，减压抽滤，滤液收集至灌装桶中，加入醋酸、香精、色素，最后分装出厂。

（5）产品用途　本品专用于卫生间、厕所的大小便池、盥洗器及瓷砖等重污垢处的去污清洗。

8.3.6 液体洗手剂

英文名称：liquid hand-cleaner

主要成分：K-12，烷基醇酰胺，PVA 等

（1）性能指标

外观	加保护色黏稠液体	毒性	无毒无刺激性
固含量	25%±2%	pH	7.0～8.5

（2）生产原料与用量

十二烷基硫酸钠	工业级	5	液体石蜡	工业级	1.5
聚乙烯醇	工业级	1～1.5	甘油	工业级	1
烷基醇酰胺	工业级	2～5	尼泊金甲酯	工业级	0.2
羧甲基纤维素钠	工业级	1.5	乙醇	工业级	5～10
吐温 80	工业级	1.5～2	甲醛	工业级	0.1
乙酰羊毛脂	工业级	1～1.5	香精、颜料	化妆品级	适量
三聚磷酸钠	工业级	1～2	水	蒸馏水	加至 100
尿素	工业级	0.7～1.5			

（3）生产原理　配方中，十二烷基硫酸钠为阴离子型表面活性剂，起润湿、去污、洗净作用；烷基醇酰胺、吐温 80 为非离子型表面活性剂，起乳化分散洗涤作用；聚乙烯醇和羧甲基纤维素为增稠剂，起调节黏度作用；乙酰羊毛脂为润湿剂，起润肤渗透作用；三聚磷酸钠为洗涤助剂，起辅助乳化洗净作用；尿素为增溶剂，降低产品的浊点，保持其透明度；液体石蜡为油相成分，起润肤护肤作用；甘油为保湿剂，起润肤固香作用；乙醇可溶解香精、抑菌消毒；甲醛为杀菌剂，起灭菌保鲜作用；尼泊金甲酯起抑菌保鲜作用；香精增加香味；颜料起调色作用；蒸馏水将全部组分溶解分散成为溶液。

（4）生产工艺流程（参见图 8-3）　先将聚乙烯醇加入蒸馏水中，加热升温至 90℃，搅拌保温 30min，使其完全溶解，冷至 50～55℃时，加入烷基醇酰胺，搅拌均匀备用。

在另一反应容器中加入十二烷基硫酸钠和尿素于适量蒸馏水中，加热至 50℃搅拌使之全溶，冷却至 40℃，分别加入乙酰羊毛脂和预先用乙醇润湿的羧甲基纤维素钠，充分搅拌使其分散均匀，即呈半透明浆状物。将其倒入保温备用的聚乙烯醇溶液中，充分搅拌均匀，再依次加入液体石蜡、吐温 80 和甘油，最后加入事先用蒸馏水在 50℃所溶解的三聚磷酸钠。充分混合均匀后，冷却至 35～40℃，加入甲醛、尼泊金甲酯、颜料、香精，调节颜色合适，再调节 pH 值为 7.0～8.5。将制得的溶液静置 1d，陈化成为液体洗手剂。

（5）产品用途　用作高黏度的液体洗手剂。使用时手感舒适，对皮肤有光滑、柔软、富于弹性的作用，对干裂易脱脂皮肤有一定润肤作用，对油脂容易洗净，对油漆、油墨、矿物油以及其他污垢也有较好的洗涤效果。

8.3.7 去油污液体洗涤剂

英文名称：degreasing liquid detergent

主要成分：AES，K-12 等

（1）性能指标

外观	无色或淡黄色黏稠液体	气味	无
有效物含量	10%～15%	pH	9.5～11.0

（2）生产原料与用量

十二烷基硫酸钠	工业级	4	烷基苯磺酸钠	工业级	12
脂肪醇聚氧乙烯醚硫酸盐	工业级	10	氯化钠	工业级	1～1.5
			苯甲酸钠	工业级	0.01～0.05
烷基醇酰胺	工业级	2	水	去离子水	70～85

（3）生产原理　配方中，十二烷基硫酸钠、脂肪醇聚氧乙烯醚硫酸盐、烷基苯磺酸钠为阴离

子型表面活性剂，起乳化、起泡作用。烷基醇酰胺为非离子型表面活性剂，起乳化、去污作用；氯化钠为洗涤助剂；苯甲酸钠为防腐剂；去离子水为溶剂。

（4）生产工艺流程（参见图8-3）　先在配料槽中装入60℃左右去离子水（计需水量的1/2），在慢速搅拌下加入十二烷基硫酸盐，待其溶解后，分批加入脂肪醇聚氧乙烯醚硫酸盐，待其全部溶解后加入烷基苯磺酸钠溶液，烷基苯磺酸钠亦可由烷基苯磺酸与氢氧化钠按一定配比制备，使料液 pH 在7~8之间。然后加入烷基醇酰胺。补加去离子水至所需用量。用柠檬酸调 pH 为7~8，最后加入苯甲酸钠和氯化钠调节至所需黏度。

（5）产品用途　本产品具有去油污力强、泡沫适中、成本低廉等特点，适用于餐具油污、脏物的清洗。

8.4　粉状洗涤剂

8.4.1　无磷洗衣粉

英文名称：phosphate-free laundry detergent powder

主要成分：表面活性剂、助剂等

（1）性能指标（GB/T 13171.2—2009）

外观	不结团的粉状或粒状（如有结团，但用手轻压结团即松散，视为合格）	总五氧化二磷（P_2O_5）含量	≤1.1%
		游离碱（以 NaOH 计）含量	≤10.5%
表观密度	≥0.30g/cm³	pH 值（0.1%溶液，25℃）	≤11.0
总活性物含量	≥13%		

（2）生产原料与用量

脂肪醇聚氧乙烯醚	工业级	10	碳酸钠	工业级	30
醇醚硫酸盐	工业级	5	羧甲基纤维素钠	工业级	1
烷基苯磺酸钠	工业级	5	硫酸钠	工业级	39
硅酸钠	工业级	10	水	去离子水	5
碳酸氢钠	工业级	10			

（3）合成原理　通过代磷助剂 4A 沸石、层状硅酸钠、聚丙烯酸钠、淀粉氧化物、次氮基三乙酸钠、柠檬酸钠及乙二胺四乙酸钠等，在洗衣粉中可以取代聚磷酸盐，通过复配，可以达到理想的去污效果。

（4）生产工艺流程（参见图8-4）　先将配方中未列出的荧光增白剂、着色剂等加至表面活性剂中，搅拌均匀，再加入碳酸钠，然后每加一种其他原料应搅拌均匀，最后加入香料。混合后用10目的筛子过筛，包装。

若用喷雾干燥法，则先配成含固量为50%~60%（质量）的料浆，再喷雾干燥。可用于手工、洗衣机洗涤。

（5）产品用途　广泛用于衣物、工业洗涤。

8.4.2　加酶洗衣粉

英文名称：enzyme laundry powder

主要成分：除了普通洗衣粉中的各成分外，再添加酶制剂。

（1）性能指标（GB/T 13171.1—2009）

各项指标符合 GB/T 13171.1—2009，且酶活力不小于 650 单位/g 洗衣粉（国产酶）。

（2）生产原料与用量

		配方（Ⅰ）	配方（Ⅱ）
直链烷基苯磺酸钠	工业级	25	25
三聚磷酸钠	工业级	28	22
硫酸钠	工业级	20	25
硅酸钠	工业级	10	7

		配方（Ⅰ）	配方（Ⅱ）
羧甲基纤维素钠	工业级	1.5	1.5
荧光增白剂	工业级	0.1	0.05
酶颗粒制剂（1万IU）	工业级	10	10
对甲苯磺酸钠	工业级	2	2
纯碱	工业级	0.1	0.1
香精	工业级，95%	0.1	0.1
酒精	工业级	1	2

说明：常用的酶制剂有蛋白酶，洗涤行业最常用的是碱性蛋白酶，可迅速有效地分解血渍、奶渍等蛋白污垢；脂肪酶，可迅速有效地分解脂肪类污垢，如菜油、黄油等动植物油脂及衣领和油口上的脂肪类顽固污渍；淀粉酶，可迅速有效地分解土豆泥、麦片粥等淀粉类污垢；纤维素酶，可分解棉纤维表面的纤维残片，有效去除绒毛和小球，防止纤维颗粒污渍再沉积，保持织物表面亮丽；以上酶制剂可单独使用，也可复配混合使用。

（3）生产原理　配方中，直链烷基苯磺酸钠为阴离子型表面活性剂，起去污、分散、起泡作用；三聚磷酸钠、硫酸钠、碳酸钠、纯碱、对甲苯磺酸钠为洗涤助剂，起辅助去污作用，三聚磷酸钠对硬水有软化作用；羧甲基纤维素钠为增稠剂，起调节黏度和黏附污垢以便除去的作用；荧光增白剂，对白色衣物有增白作用；酶颗粒能溶解、软化污垢中的蛋白质，便于除去；香精起增香作用；酒精起溶解消毒作用，有助于污垢的溶化软化，便于除去，又起防腐作用。

本品含有蓝绿色碱性蛋白酶，含酶约 $750\sim1000$ IU。它能催化水解蛋白质的肽键，使污垢中高分子蛋白质变成低分子水溶性氨基酸，而易于被洗掉。

（4）生产工艺流程（参见图8-4）　按配比分别将配方（Ⅰ）和配方（Ⅱ）中除酶颗粒和香精外的全部组分混合均匀，首先在大塔内喷出底粉，然后采用后配料混合法加入颗粒酶和香精等，充分混合均匀，即成产品。

（5）产品用途　本品适用于洗涤织物，特别适用于血渍、奶渍、汗渍、果汁、茶渍等特殊污斑的洗涤。酶在 pH 为 $9\sim10$ 和 $50\sim55$℃ 时能发挥最大作用。使用时应注意以下几点。

① 先把水温调到50℃，然后加入加酶洗衣粉进行溶解。

② 将衣服完全浸没于洗涤液中30min，棉织物或特别脏的衣服，可浸泡过夜。

③ 一般精细织物浸泡 $2\sim3$ min。

④ 汗色衣服或容易退色的衣服，应同其他浅色或白色衣服分别浸泡，以免沾色。

⑤ 不要洗涤精细丝毛贵重物品，因为丝毛织物也是蛋白纤维，会影响织物的牢度和光泽。

8.4.3　彩漂洗衣粉

中文别名：漂白洗衣粉

英文名称：bleaching laundry powder

主要成分：除普通洗衣粉的各成分外，再加漂白剂

（1）性能指标

活性氧含量　　　　　　　　0.5%～1.0%　　水分　　　　　　　　　　　　≤8%

（2）生产原料与用量

		配方（Ⅰ）	配方（Ⅱ）	配方（Ⅲ）
烷基苯磺酸钠	工业级	14	12	10
脂肪醇硫酸钠	工业级	2	—	2
醇醚硫酸盐	工业级	2	2	—
脂肪醇聚氧乙烯醚	工业级	—	2	3
肥皂	工业级	3	2	2
三聚磷酸钠	工业级	16	17	20
硅酸钠	工业级	7	8	6
碳酸钠	工业级	—	3	5

		配方（Ⅰ）	配方（Ⅱ）	配方（Ⅲ）
羧甲基纤维素钠	工业级	1.5	—	1.5
过硼酸钠	工业级	15	—	—
过碳酸钠	工业级	—	10	12
荧光增白剂	工业级	0.1	0.05	0.1
酶制剂（1万单位）	工业级	—	4	—
硫酸钠	工业级	32.8	31	30.8
香精	工业级	0.1	0.1	0.1
漂白剂	工业级	0.2	0.2	0.2
四乙酰乙二胺	工业级	适量	适量	适量
水	去离子水	100	100	100

说明：常用的漂白剂为含氧型的，一般采用过碳酸钠或过硼酸钠。前者稳定性差，提高配方中的碱性组分用量，降低成品的水分含量均有利于它的稳定性，特别适宜低温洗涤；后者的稳定性好，适宜高温下洗涤，为使其在洗涤时充分释放活性氧，配方中必须添加激活剂四乙酰乙二胺等。

（3）生产原理　配方中，烷基苯磺酸钠、脂肪醇硫酸钠、醇醚硫酸盐、肥皂都是阴离子型表面活性剂，有起泡去污作用；脂肪醇聚氧乙烯醚为非离子型表面活性剂，起分散去污作用；三聚磷酸钠、硅酸钠、碳酸钠、硫酸钠都是洗涤助剂，起辅助去污作用；羧甲基纤维素钠是增稠剂，有利于黏附污垢而除去；过硼酸钠、过碳酸钠是强氧化剂，容易分解，放出活性氧，起高效去污漂白作用；荧光增白剂，对白色衣服起增白作用；酶制剂有分解污垢蛋白的作用；香精有增香作用；水为溶剂。

加含氧漂白剂，能使白底花布的白度增加面衬托出花更鲜艳，又能去除非白底色布纤维上的污垢而恢复色布原来的色彩，显得光亮、艳丽。加入适量的酶制剂，使具有更全面的洗涤性能，去污力高，漂白性能强，不会损伤纤维，使花布不退色，泡沫中等，易于漂洗。

（4）生产工艺流程（参见图8-4）　按配比分别将配方（Ⅰ）、配方（Ⅱ）、配方（Ⅲ）中除过碳酸钠或过硼酸钠、酶制剂、香精外的全部组分制成浆料。荧光增白剂先溶于水后，最后加入料浆。用高塔喷雾法喷成空心粒状的白色底粉，再根据配方将含氧漂白剂过硼酸钠和过碳酸钠及香精按比例混合。混合前底粉一定要冷却到30℃以下，以免过氧化物失效，影响产品质量。一般产品含水量不宜超过8%，水分含量高，会影响产品中过氧化物的稳定性。

（5）产品用途　洗涤织物，特别适合于洗白色或花色织物。使用注意方法如下。

① 先将水温调到50℃，把彩漂洗衣粉溶于水中。

② 把衣服浸没水中20～30min。

③ 轻轻揉搓，污垢就会脱落。

④ 不要把干粉直接撒在衣服上，防止局部氧化退色。

⑤ 不能洗涤纯丝、纯毛的织物。

8.4.4　浓缩洗衣粉

中文别名：浓缩粉

英文名称：concentrated laundry powder

主要成分：成分与普通洗衣粉基本相同，但活性成分含量高，填充剂 Na_2SO_4 的含量相对低。

（1）性能指标（GB/T 13171—1997，HLB型）

（2）生产原料与用量

		配方（Ⅰ）	配方（Ⅱ）	配方（Ⅲ）
烷基苯磺酸钠	工业级	3	5	10
脂肪醇聚氧乙烯醚	工业级	7	6	6
醇醚硫酸盐	工业级	3	2	—
肥皂	工业级	3	2	2

		配方（Ⅰ）	配方（Ⅱ）	配方（Ⅲ）
碳酸钠	工业级	25	25	20
三聚磷酸钠	工业级	50	45	50
羧甲基纤维素钠	工业级	1	1	2
硅酸钠	工业级	2	4	5
荧光增白剂	工业级	0.1	0.1	0.1
硫酸钠	工业级	—	5	—
香精	工业级	适量	适量	适量
水	去离子水	5	5	5

（3）生产原理　由阴离子型表面活性剂，洗涤助剂碳酸钠、三聚磷酸钠、硅酸钠、硫酸钠，增稠剂羧甲基纤维素钠，荧光增白剂，香精，水等复配而成。

（4）生产工艺流程（参见图8-4）　分别将配方中所有的固体原料过筛，分出团粒和粗粒。把加热的液体表面活性剂与三聚磷酸钠混合1～2min。然后加其他固体原料，搅拌均匀。加水后继续搅拌，直至把团粒打碎。若粉末发黏，可加煅烧的二氧化硅，并老化一个多小时，待粉末流动性好时，再进行包装。

（5）产品用途　洗涤各类织物，特别适合于洗涤重垢织物。

Chapter 9

第9章

电子信息化学品

9.1 概述

电子信息化学品通常是指为电子信息产业配套的专用化工材料，主要包括集成电路（IC）和分立器件、光电子器件、印制电路板（PCB）、液晶显示器件（LCD）、电阻、电容、显像管、电视机、计算机、收录机、录摄像机、激光唱盘、音响、移动通信机、传真机等的电子元器件、零部件和整机生产与组装用的各种化工材料。在化工行业中，它属于精细化工、化工新材料的范畴；在电子行业中，它是电子材料的一个重要分支。

电子化工材料具有品种多、质量高、用量小、对环境洁净度要求苛刻、产品更新换代快、资金投入大、产品的附加值较高等特点。例如在兆位级集成电路的生产中，所用高纯超净特种气体的纯度已达6N（99.9999%）至7N，杂质颗粒的控制一般按照图形线宽的1/10来要求。因此，电子信息化学品的生产工艺、厂房、设备等对清洁度要求是十分苛刻的。有些产品还必须配有终端纯化器。

电子信息化学品品种多、门类广，目前尚无统一的分类方式。按产品的用途可分成以下18大类：基材、抛磨材料、光致抗蚀剂和配套试剂、酸及蚀刻剂、清洗剂及溶剂、高纯金属、超大规模集成电路生产用超净高纯试剂、磁记录技术材料、高纯特种气体及MO源、掩模板、掺杂剂、封装材料、镀覆化学品、液晶显示器件用材料、浆料、电子专用胶黏剂、超纯水制备用化工材料、层间绝缘膜和表面保护膜材料。

根据国内应用现状，结合国外的分类情况，电子信息化学品的主要类别和产品实例见表9-1。

表9-1 电子信息化学品的分类与主要品种

序　号	类　　别	所属产品举例
1	高纯试剂	硫酸、硝酸、盐酸、甲醇、异丙醇、乙二醇、丙酮、甲苯、乙酸乙酯、过氧化氢、三氯甲烷、丁酮
2	高纯及特种气体	高纯氮、高纯氧、纯氩、纯氖、高纯氯化氢、高纯二氧化碳、高纯硅烷、硫化氢、高纯乙硼烷、高纯六氟化硫、四氟化钛、四氟化硅、二乙基锌、二乙基碲、三甲基锑、三乙基钼、三甲基镓
3	光刻胶及其配套化学品	环化光刻胶、聚乙烯醇肉桂酸酯光刻胶、聚酯光刻胶显影液、负性光刻胶显影液、负性光刻胶漂洗液、负性光刻胶去膜剂、负性光刻胶稀释剂、紫外正型感光液
4	电子封装材料	半导体用环氧模塑料、阻燃环氧灌封料、硫化硅橡胶、室温固化硅橡胶、活性硅微粉、电器密封胶、电力电器灌封料、硅酮膜压树脂、C-570、C572、CG6601

序 号	类 别	所属产品举例
5	研磨、抛光材料	硅溶胶抛光液、磨料、研磨液、抛光材料、研磨抛光材料、二氧化锆、三氧化二铝、氧化镁、氯化酮
6	油墨与印刷材料	丝印硬塑油墨、紫外光固化油墨、光固白字符印料、丝印软塑油墨、丝网印刷油墨、可塑性凹印油墨、热固金属油墨、光固化阻焊油墨、耐腐蚀印料、感光材料树脂
7	焊剂和助焊剂	活性焊剂、搪锡助焊剂、防氧化助焊剂、光敏阻焊剂
8	镀覆用化学品	氰化金、氰化金钾、氰化亚金钾、氰化银钾、硝酸银、三氯化铑、氯化钯、氟硼酸锡硬脂酸钠、氨基磺酸
9	覆铜板与清洗剂	自熄性覆嗣环氧纸层压板、酚醛纸覆铜箔层压板、聚四氟乙烯玻璃布覆铜层压板、高效清洗剂、浸涂防粘隔离剂、快干电阻器涂料、去油水、洗网水、线路板清洗剂、洁亮剂
10	电子显示、显像管用材料	有机墨、聚乙烯吡咯烷酮、石墨乳、杀菌防腐剂、各种化工原料(如硝酸铋、硫酸钼、硫酸镁、溴化锶)各种荧光粉、硅溶胶、硝酸钾溶液、硝酸钴
11	浆料	银铂系导体浆料、银浆、金导电浆料、铜导电浆料、镍导电浆料、部件用浆料、金粉、银粉、钯粉、三氯化钌粉、超细氧化铱
12	电子胶黏剂	硅橡胶胶黏剂、粘接性有机硅凝胶、光学胶、电子元件定位密封胶、安装元件贴片胶、胶黏剂、封装胶膜、纸基热熔胶带、黏结剂
13	电子工业用树脂	阻燃聚丙烯、增强聚丙烯、改性聚丙烯黑色专用料、阻燃高抗冲聚苯乙烯、石墨填充增强尼龙1010、阻燃聚碳酸酯、阻燃ABS树脂、阻燃PVC透明胶管、阻燃高抗冲聚苯乙烯浓缩母料
14	其他电子工业高纯或专用试剂与化学品	各种非专用高纯试剂、促进剂、腐蚀剂、二氧化硅胶乳、掺杂乳胶源、磁性蚀刻剂、预浸盐、专用活化剂(加速剂)、各类硅油、硅脂、有机硅树脂

9.2 光致抗蚀剂

光致抗蚀剂也称为光敏胶、光刻胶。根据光照后溶解度变化的不同分为正胶和负胶。负性光刻胶在光照下使涂层发生光交联反应（称为曝光过程），使胶的溶解度下降，在溶解过程中（称为显影过程）被保留下来，在化学腐蚀过程中（称为刻蚀过程）保护氧化层。而正性光刻胶的性能正好相反，感光胶被光照后发生光降解反应，使胶的溶解度增加，在显影过程中被除去，其所覆盖部分在刻蚀过程中被腐蚀掉。

9.2.1 聚乙烯醇肉桂酸酯

中文别名：1号胶

英文名称：polyvinyl cinnamate，adhensive No. 1

结构式：$(C_6H_5CH=CHCOOCH=CH_2)_n$

（1）性能指标

	A 型	B 型
抗蚀剂含量/%	9.0±0.5	8.0±0.5
黏度(25℃)/Pa·s	0.075~0.090	0.065~0.075
水分/%	<0.2	<0.2
灰分/%	<0.015	<0.015
闪点/%	<47	<47
杂质含量(Na)	<1	<1
杂质含量(K)	<1	<1
外观	白色或淡黄色固体	白色或淡黄色固体

（2）生产原料与用量

聚乙烯醇	工业级（平均聚合度＞1700）	1	氯化亚砜	化学纯	3.8
肉桂酸	化学纯	5.2	5-硝基苊	化学纯	3
回用环己酮	化学纯	8.5	吡啶	化学纯	2.5

（3）合成原理

由吡啶作聚乙烯醇溶剂，在50℃下反应。主要反应式如下。

① 肉桂酰氯制备反应

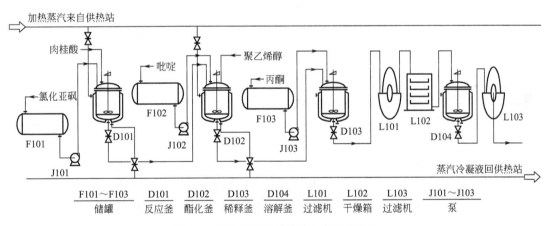

② 酯化反应

（4）生产工艺流程（图9-1）

① 将肉桂酸及氯化亚砜投入到反应釜 D101 内，在 60～65℃下制得肉桂酰氯。

② 将处理好的聚乙烯醇放入 95～100℃溶剂吡啶中膨润，加入酯化釜 D102 内于 50℃温度下滴加肉桂酰氯进行酯化反应。

③ 在酯化反应进行 5h 后，加丙酮稀释。然后导入 D103 中，在水中沉淀，经过洗净、干燥后既得粗产品。

④ 将粗产品在溶解釜 D104 内用环己酮及 5-硝基苊溶解、过滤除去不溶杂质后即得产品。

图 9-1　聚乙烯醇肉桂酸酯生产工艺流程

（5）产品用途　广泛用于制备集成电路、电子元件的光刻工艺，亦适用于印刷线路板、金属表牌、光学仪器、精密量具等微细图形的加工。对光有敏感性，溶于乙二醇、乙酸乙酯、丁酮、环己酮、不溶于水和其他有机溶剂。曝光显影后图形分辨率好，质量稳定，对二氧化硅、硅、铝、氧化铬等材料有良好的附着力，能耐氢氟酸、磷酸腐蚀。

9.2.2　聚烃类-双叠氮系光致抗蚀剂

英文名称：poly hydrocarbon-double fold nitrogen photoresist

主要成分：聚烯烃类、双叠氮型交联剂、增感剂、溶剂等

（1）性能指标

外观	浅黄至琥珀色液体	分辨率	2.5～20μm
闪点	31℃	感光范围	260～400nm
膜厚	1.05～6μm	水分	0.02%～0.03%

（2）生产原料与用量

异戊二烯单体	工业级	35	交联剂	工业级	适量
无水二甲苯	工业级	12	醋酸	工业级	3.8
对甲苯磺酸	工业级	0.5～1.2	聚四氟乙烯	聚合级	7
终止剂	工业级	适量	氮气	工业级	16～20

（3）合成原理 这种光致抗蚀剂是由聚烯烃类、双叠氮型交联剂和增感剂溶于适当的溶剂中配制而成。由高纯异戊二烯单体制备环化橡胶，经精制、浓缩后，加入交联剂调胶。过滤得光致抗蚀剂。

（4）生产工艺流程（图9-2）

① 环化橡胶的制备 采用高纯度异戊二烯单体，用无水二甲苯作溶剂，在催化剂对甲苯磺酸作用下于聚合釜 D101 内进行聚合反应，制得聚异戊二烯。然后将其置于不锈钢环化釜 D102 中，仍以无水二甲苯作溶剂，在通氮下加入环化催化剂进行环化反应，通过环化率的测定，确定反应终点，然后加入终止剂终止反应，即得环化橡胶。

② 精制 在精制釜 D103 内用醋酸水溶液洗涤环化橡胶，以除去未参加反应的聚合物，并用离心分离法精制。

③ 浓缩 精制后的胶液中含有一定量的水分，微量水分的存在对胶性能的影响很大，在浓缩器 L101 内采用浓缩法使微量水分随二甲苯共沸蒸出。

④ 调胶 在不锈钢制的调胶釜 D104 中加入计量后的环化橡胶溶液，再加入定量的交联剂、添加剂，搅拌溶解，并按所需浓度加入无水二甲苯，稀释到一定黏度，保证其固体分含量符合要求。

⑤ 过滤 在特制的不锈钢过滤器 L102 中，采用聚四氟乙烯超微过滤膜，在氮气保护和加压下将胶过滤 2～3 次，第一次除去 $1\mu m$ 以上粒子，第二次除去 $0.1～0.2\mu m$ 粒子。

⑥ 包装 包装容器（玻璃瓶）事先用超声波清洗，经超净干燥处理，然后在 100 级净化室内进行包装。用氮气加压储罐中的胶液，经管道送至包装工作台进行计量包装。然后即用瓶塞塞紧，外加遮光袋，置入纸盒中。

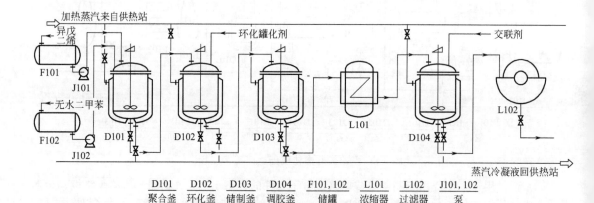

图 9-2 聚烃类-双叠氮系光致抗蚀剂生产工艺流程

（5）产品用途 由于聚烃类-双叠氮系光致抗蚀剂和衬底材料，特别是金属衬底的黏附性较好，并且具有较好的耐腐蚀性，因而在集成电路、大面积集成电路以及各种薄膜器件的光刻工艺中得到广泛应用。

9.2.3 环化聚异戊二烯

英文名称：cyclized polyisoprene

分子式：$(C_{10}H_{18})_n$

（1）性能指标

黏度(25℃)/Pa·s	0.060±0.002	固含量/％	10.3±0.3
密度(25℃)/(g/cm³)	0.875	折射率(液体)	1.502
折射率(薄膜)	1.544	金属杂质(Na)/×10⁻⁶	<0.02
金属杂质(K)/×10⁻⁶	<0.02	金属杂质(Mg)/×10⁻⁶	<0.005
金属杂质(Ca)/×10⁻⁶	<0.005	金属杂质(Al)/×10⁻⁶	<0.02
金属杂质(Fe)/×10⁻⁶	<0.02	金属杂质(Cu)/×10⁻⁶	<0.02

（2）生产原料与用量

天然橡胶	工业级	400	对甲苯磺酸	化学纯	150
异戊二烯	工业级	325	苯酚	化学纯	适量
丁基锂	化学纯	105			

（3）合成原理　传统的生产方法是将天然橡胶或聚异戊二烯经环化反应制得环化天然橡胶或环化异戊二烯橡胶。现今生产上大多以异戊二烯为原料制备环化橡胶，反应式如下。

① 聚合反应

顺式1,4-加成　　　反式1,4-加成　　　1,2-加成　　　3,4-加成

② 环化反应

（4）生产工艺流程（图9-3）

① 在聚合釜内 D101 内，将高纯度的异戊二烯加入经脱水精制过的二甲苯中溶解，加入丁基锂引发剂，在聚合釜内进行聚合反应。待聚合反应产物的分子量及黏度符合要求后加入终止剂，使聚合反应停止。

② 将产物转入环化釜 D102，加入环化反应催化剂对甲苯磺酸进行环化反应，待环化反应进行到一定程度时加入环化反应终止剂。

③ 将产物转移到洗涤器 L101 内，加水充分搅拌，清洗反应器，使金属杂质、催化剂进入水层分离。

④ 将经过洗涤后的产物在浓缩器 L102 内进行浓缩。

⑤ 将浓缩后的产物加入配胶釜 D103，再加入适量交联剂、稳定剂的进行调胶，配制出符合要求的具有一定黏度的胶液。

⑥ 将胶液通过过滤器 L103 进行过滤，经过滤后得抗蚀剂产品。

（5）产品用途　环化聚异戊二烯是一种优良的负性抗蚀剂，有优异的抗酸、抗碱性，良好的黏附性，较高的分辨率及感度，是目前国内外用量较大的一种抗蚀剂。主要用于中、大规模集成电路、功率管、精密机械制造等微细加工。

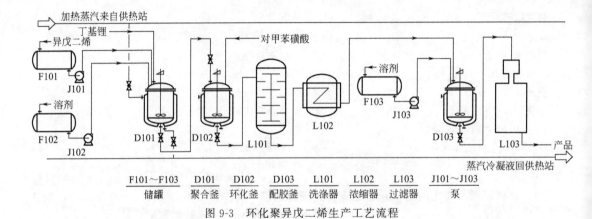

图 9-3　环化聚异戊二烯生产工艺流程

F101～F103	D101	D102	D103	L101	L102	L103	J101～J103
储罐	聚合釜	环化釜	配胶釜	洗涤器	浓缩器	过滤器	泵

9.2.4　邻重氮萘醌正性光致抗蚀剂

英文名称：adjacent diazotization naphthalene quinone positive photoresist

分子式：$C_{10}H_5O_4N_2SCl$

（1）性能指标

指　标 ＼ 型　号	AZ-1350（美国）	AZ-1450（美国）	OFPR800（日本）	BP212（美国）
黏度(25℃)/×10^{-3}Pa·s	30.5±2.0	30.5±2.0	30.0±1.5	30.0±1.5
固含量/%	约31	约31	26.9±2.0	～28
相对密度(25℃)	1.040±0.001	1.040±0.001	1.043±0.005	1.030±0.005
水分/%	<0.5	<0.5	<0.5	<0.5
颗粒	0.2μm 微孔膜过滤			

（2）原料及消耗定额

1-萘酚-5-磺酸	化学纯	110	对甲酚	化学纯	31
硝酸	工业级	80	甲醛	工业级，37%	65
间甲酚	工业级	94	草酸	化学纯	1

（3）合成原理　邻重氮萘醌正性光致抗蚀剂主要由感光剂、成膜剂及添加剂组成。

感光剂 2-重氮-1,2-萘醌-5-磺酰氯可由 1-萘酚-5-磺酸经硝化、重氮化而制得。具体反应如下：

经过重结晶后得到的酰氯为橙黄色晶体，易发生光解、热解和水解反应，需密闭、避光、低温和干燥保存。

成膜剂是正胶的基本成分，它对光刻胶的黏附性、抗蚀性、成膜性及显影性能均有影响，常用的多为酚醛树脂，一般为了获得线型酚醛树脂，采用酚量多于醛量，以草酸作催化剂进行缩聚，反应后用水蒸气蒸馏脱酚，经热水水洗、冷却后即得线型酚醛树脂。

正胶中加入少量硫脲或脂肪酸如癸酸有稳定作用，用对羟基亚苄基丙酮可以增加胶的稳定性和批与批之间的重复性，加入表面活性剂可以改善胶的涂布性能。

(4) 生产工艺流程（图 9-4）

① 将 1-萘酚-5-磺酸在硝化釜 D101 内与硝酸在 55℃下进行硝化 2h。

② 将 D101 内的物料在重氮化釜 D102 内进行重氮化，并在加入了二氯亚砜的磺酰氯釜 D103 内反应，制得感光剂 2-重氮-1,2-萘醌-5-磺酰氯。

③ 在反应釜 D106 内加入间、对甲酚及甲醛，反应 3～6h 生成线型酚醛树脂。

④ 将上步制得的酚醛树脂在 D105 内进行脱水精制。

⑤ 将精制后的线型酚醛树脂与 2-重氮-1,2-萘醌-5-磺酰氯在溶解釜 D104 内进行溶解。

⑥ 将产品经粗过滤器 L101、精滤器 L102 两道工序后，即可包装成品出厂。

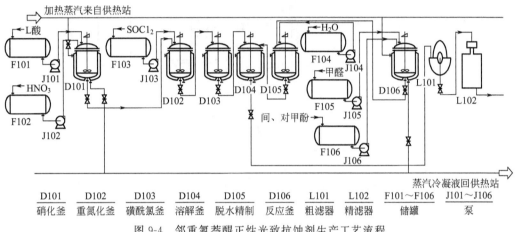

D101	D102	D103	D104	D105	D106	L101	L102	F101～F106	J101～J106
硝化釜	重氮化釜	磺酰氯釜	溶解釜	脱水精制	反应釜	粗滤器	精滤器	储罐	泵

图 9-4 邻重氮萘醌正性光致抗蚀剂生产工艺流程

(5) 产品用途 邻重氮萘醌正性光致抗蚀剂是在紫外（波长 300～450nm）光通过掩膜照射后，光照部分重氮基发生分解重排成羧酸，用稀碱水处理时光照部分溶去，而未曝光部分则保留的一种光致抗蚀剂。是目前国际上用量急剧上升的一类抗蚀剂，适用于大规模集成电路和电子工业元器件及光学机械加工工艺的制作。除了用于接触曝光外，还可用于投影曝光和分布重复曝光等。

9.3 高纯试剂

9.3.1 高纯甲苯

英文名称：high purity methylbenzene

分子式：C_7H_8

(1) 性能指标

外观	无色透明液体	闪点	6～10℃
沸点	110.8℃	折射率（n_D^{20}）	1.4967
相对密度（d_4^{20}）	0.867～0.870		

(2) 生产原料与用量

甲苯	工业级	55	水	蒸馏水	21
硫酸	工业级，50%	25			

(3) 合成原理 由工业甲苯用硫酸和水洗涤，然后进行高效精馏，成品经超净过滤后分装制得。

(4) 生产工艺流程（图 9-5）

① 在搅拌下将甲苯、浓硫酸加入搅拌釜 D101 内，使之充分混合，静置后分出深色酸层。

② 将处理过的甲苯加入不锈钢蒸馏塔 E101 内精馏，弃去最初馏出物。

③ 将产品收集在储罐 F103 内，并在超净工作台经 L101 超净过滤分装产品。

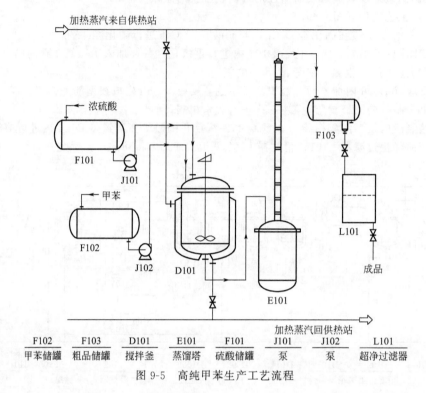

F102	F103	D101	E101	F101	J101	J102	L101
甲苯储罐	粗品储罐	搅拌釜	蒸馏塔	硫酸储罐	泵	泵	超净过滤器

图 9-5　高纯甲苯生产工艺流程

(5) 产品用途　在电子工业中，用作清洗去油剂，可与丙酮、乙醇配合使用。

9.3.2　高纯一氧化碳

英文名称：high purity sulfur hexafluoride

分子式：CO

(1) 性能指标

相对分子质量	28.0104	相对密度（0℃，101.325kPa，	
熔点（15.3kPa）	−205.1℃	空气＝1）	0.967
沸点（101.325kPa）	−191.5℃	比容（21.1℃，101.325kPa）	0.8615m³/kg
液体密度（−191.5℃，		临界温度	−140.2℃
101.325kPa）	789kg/m³	临界压力	3499kPa
气体密度（0℃，101.325kPa）	1.2504kg/m³	临界密度	301kg/m³

(2) 生产原料与用量

甲醇　　　工业级　　　　　　　　37　　氢氧化钠　　　工业级，30%　　　　45

(3) 合成原理　以甲醇为原料，经脱氢、分解而得。反应式如下。

① 甲醇脱氢反应

$$2CH_3OH \longrightarrow HCOOCH_3 + 2H_2$$

② 甲酸甲酯分解反应

$$HCOOCH_3 \longrightarrow CH_3OH + CO$$

③ 将第二步反应生成的甲醇循环到第一步反应。

总反应式为：　　　　　　$$2CH_3OH \longrightarrow CH_3OH + 2H_2 + CO$$

(4) 生产工艺流程（图 9-6）

① 将甲醇蒸汽通入充填了 H-丝光沸石作为催化剂（Si/Al 原子比为 5～30，最好为 10～25）的反应塔 E101 内，在 150～300℃温度条件下反应。

② 收集一氧化碳气体，此时的一氧化碳气体中含有水及微量氧、二氧化碳杂质，将气体通入到洗涤器 L101 内用氢氧化钠进行洗涤。

③ 将洗净后的气体通入干燥器 L102 内进行干燥，即可得到 99.99％的高纯一氧化碳。

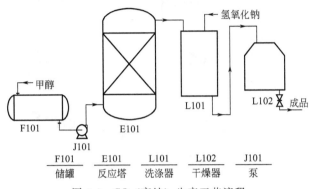

F101	E101	L101	L102	J101
储罐	反应塔	洗涤器	干燥器	泵

图 9-6　CO（高纯）生产工艺流程

（5）产品用途　一氧化碳作为还原剂，高温时能将许多金属氧化物还原成金属单质，电子工业常用于金属的冶炼。在加热和加压的条件下，它能和一些金属单质发生反应，主成分子化合物。这些物质都不稳定，加热时立即分解成相应的金属和一氧化碳，这是提纯金属和制得纯一氧化碳的方法之一。

9.3.3　高纯硝酸

英文名称：high purity nitric acid

分子式：HNO_3

（1）性能指标

外观	无色透明液体，在空气中发黄烟
密度（25℃）	1.42g/mL（含量 70％）

（2）生产原料与用量

工业硝酸	工业一级，95％～98％	17.0

（3）合成原理　原料浓度为 95％以上的工业硝酸，在高效精馏塔内开始精馏时首先蒸出的是浓硝酸，沸点为 85.5℃。随着精馏的进行，温度上升至 121.9℃时达到恒沸点，此时蒸出硝酸浓度稳定在 69.2％。浓硝酸须加入纯水稀释至所需浓度，为了制备无色的硝酸，需通入经过净化的氮气，驱赶二氧化氮。

（4）生产工艺流程（图 9-7）

① 将工业硝酸（一级品）加入高效精馏塔 E101 中进行精馏。开始精馏时沸点为 85.5℃，硝酸浓度近 100％，随着精馏进行沸点升高，当达到 121.8℃时为恒沸点，气液浓度相等均为 68.4％。

② 控制回流比，收集成品在储罐 F102 内，用纯水稀释储罐内的硝酸至相对密度为1.40～1.42。

③ 向罐内通入氮气进行"吹白"，在超净工作台内分装成品，包装瓶应在超净条件下清洗，经检查合格后，方可使用。如成品颗粒指标达不到质量标准，需经超净过滤。

④ 超净过滤在百级超净间 L101 内经 0.2μm 微孔滤膜过滤。选择化学稳定性好的玻璃瓶，在超净环境下进行洗瓶和分装。

（5）产品用途　在电子工业中用作强酸性清洗腐蚀剂。在集成电路制造工艺中，主要用于硅片腐蚀工序。用时可与冰醋酸、双氧水配合使用。

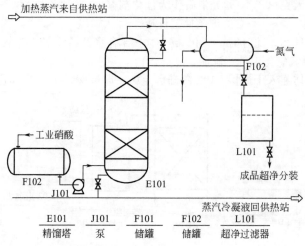

图 9-7　高纯硝酸生产工艺流程

9.3.4　高纯双氧水

中文别名：高纯过氧化氢，电子级双氧水

英文名称：electronic grade hydrogen peroxide

分子式：H_2O_2

（1）性能指标（HG/T 2727—1995）

| 外观 | 无色透明液体 | 密度（25℃） | 1.11g/mL（含量70%） |

（2）原料及消耗定额（以生产每吨产品计）

| 过氧化氢 | 工业级 | 1600 |

（3）合成原理

采用电解法制备的过氧化氢为原料，加入列管式蒸发器内，调节蒸汽阀门控制蒸发速度，经减压蒸馏后，再串联几个水冷接收器收集过氧化氢，然后将不同接收器内过氧化氢混配成所需的浓度。超净过滤后在超净工作台内分装成品。

（4）生产工艺流程（图9-8）

① 以电解法制备的工业过氧化氢为原料，经蒸发器C101，并控制蒸发速度。

② 蒸发出的双氧水在减压蒸馏塔E101内进行减压蒸馏。

③ 然后将蒸馏气体在冷却器C101内进行冷却。

④ 然后将接收器内（不同浓度的过氧化氢混配成所需的浓度）。再经 $0.2\mu m$ 超净过滤器 L101（$0.2\mu m$ 微孔滤膜）过滤，最后在超净工作台分装。

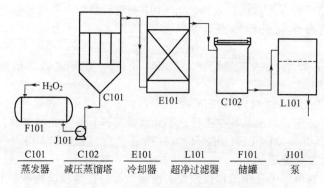

图 9-8　双氧水（高纯）生产工艺流程

　　　　现代精细化工生产工艺流程图解

（5）产品用途　本产品是极弱的酸，是强氧化剂，高浓度时接触有机物可使其燃烧，与二氧化锰作用会发生爆炸。在微电子工业中作为清洗腐蚀剂，可与硫酸、硝酸、氢氟酸和氨水配合使用。

9.3.5　高纯三氯甲烷

中文别名：高纯氯仿

英文名称：high purity trichloromethane, high purity chloroform

分子式：$CHCl_3$

（1）性能指标

外观	无色透明液体	相对密度（20℃）	1.484
气味	有特殊臭味	沸点	61～62℃
溶解度（100mL 水）	0.82g	凝固点	−63.5℃
恒沸点（与水）	56℃（含97.5%的 $CHCl_3$）	折射率（20℃）	1.4476
（与乙醇）	59℃（含93%的 $CHCl_3$）		

（2）生产原料与用量

氯仿	工业级	22.5	水	二次蒸馏水	97
酚钠	化学纯	32	浓硫酸	分析纯，98%	18.6
水	蒸馏水	26.4	无水氯化钙	化学纯	10.6

（3）合成原理　工业氯仿经除杂处理后脱水，精馏后经超净过滤分装即得。

（4）生产工艺流程（图9-9）

① 由于工业氯仿中杂质有水、乙醇、光气和游离氯等，首先必须用酚钠洗涤光气，用纯水洗涤乙醇，也可用浓硫酸洗涤。用2次蒸馏水（每次用量为氯仿体积一半）洗涤5～6次，或用浓硫酸（每次用量为氯仿体积5%）洗涤2次。然后，用稀的烧碱溶液洗2次，蒸馏水洗2～3次，再经无水氯化钙（或无水碳酸钾）脱水（此过程在流程图中被简化为在过滤器 L101 内进行）。

② 将经过脱水处理的产品在精馏塔 E101 内进行精馏，取精馏中间馏段。

③ 将收集到的馏段在百级超净间经 0.2μm 微孔滤膜过滤，然后在超净工作台内分装。

注意：选择化学稳定性好的棕色玻璃瓶，在超净环境下进行洗瓶。

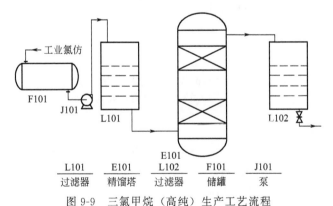

L101	E101	L102	F101	J101
过滤器	精馏塔	过滤器	储罐	泵

图 9-9　三氯甲烷（高纯）生产工艺流程

（5）产品用途　本产品有毒，能同乙醇、乙醚、苯、石油醚等任意混合，不同甘油混溶。在电子工业中用作清洗去油剂。

9.3.6　高纯无水乙醇

中文别名：电子级乙醇

英文名称：high purity ethanol, electronic grade alcohol

结构式：CH_3CH_2OH

（1）性能指标

外观	无色透明液体	折射率	1.3611
沸点	78.5℃	爆炸极限（其蒸气与	
密度（20℃）	0.793g/mL	空气混合）	3.5%~18.0%

（2）生产原料与用量

| 氧化钙 | 化学纯 | 24 | 乙醇 | 工业级，95% | 65 |

（3）合成原理

① 以工业乙醇为原料，可采用分子筛吸附、戊烷共沸和新灼烧的氯化钙等脱水处理。然后在高效精馏塔内进行精馏，所得成品在百级超净间内经 0.2μm 微孔滤膜过滤，然后分装。

② 以分析纯乙醇经脱水处理后蒸馏分馏得高纯乙醇，再经超净微孔滤膜过滤得成品。

（4）生产工艺流程（图 9-10）

① 将氧化钙在工业炉 B101 内进行灼烧。

② 将灼烧过的氧化钙放置于盛有 95% 分析纯乙醇的蒸馏器 E101 内（比例 4：1），进行 4h 回流，并进行脱水实验检测。

③ 待脱水实验检测合格后，将产物移至精馏塔 E102 内进行精馏，弃去一部分低、高沸点物，即得高纯规格的乙醇。

④ 精馏得到的中馏段在百级超净间内经 0.2μm 微孔滤膜过滤，然后分装，即得成品。

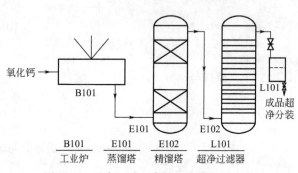

| B101 | E101 | E102 | L101 |
| 工业炉 | 蒸馏塔 | 精馏塔 | 超净过滤器 |

图 9-10　无水乙醇（高纯）生产工艺流程

注意：本产品属一级易燃液体，应远离火源。

（5）产品用途　本产品易吸潮，易燃，能与水、乙醚、三氯甲烷相混溶。在电子工业中用作脱水去污剂，可与油剂配合使用。

9.3.7　高纯冰醋酸

中文别名：电子级乙酸

英文名称：electronic grade acetic acid

分子式：CH_3COOH

（1）性能指标

外观	无色透明液体，在低温下凝固	密度（25℃）	1.05g/mL
	为冰状晶体	折射率（25℃）	1.3718
熔点	16.2℃	解离常数	$1.74×10^{-5}$
沸点	118℃		

（2）生产原料与用量

| 乙酸 | 工业级 | 68.5 | $KMnO_4$ | 化学纯 | 0.5 |

（3）合成原理　以工业乙酸为原料，经化学预处理后，在高效精馏塔内精馏，所得成品在百级超净间内经 0.2μm 微孔滤膜过滤，然后分装。

（4）生产工艺流程（图 9-11）

① 在蒸馏塔 E101 内加入少量的 $KMnO_4$，而后将储罐 F101 内的工业乙酸通过泵 J101 泵入其中进行蒸馏。

② 控制蒸馏的速度，弃去 8%~10% 前段馏分，取 75% 左右中段馏分作成品；残留液下次使用作原料。

③ 成品收集于净化瓶 L101 中，一次操作提纯可达到电子级纯试剂。

（5）产品用途　在电子工业中，本产品主要用作弱酸性腐蚀剂。在集成电路制造中主要用于

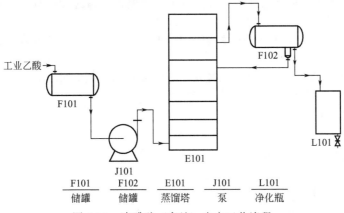

图 9-11　冰醋酸（高纯）生产工艺流程

F101	F102	E101	J101	L101
储罐	储罐	蒸馏塔	泵	净化瓶

硅片腐蚀工序中。可与氟化氢配制使用；与双氧水、硝酸配制强酸性氧化剂。

9.3.8　高纯丙酮

英文名称：high purity acetone

分子式：CH₃COCH₃

（1）性能指标

外观	无色透明易挥发液体	折射率（25℃）	0.3591
沸点	56.5℃	爆炸极限（与空气混合）	2.55%～12.80%
密度（20℃）	0.790～0.793g/mL		

（2）生产原料与用量

丙酮　　　　　　　　　　工业级　　　　　　　　670

（3）合成原理　以工业丙酮为原料，经脱水化学预处理后，在高效精馏塔内进行精馏，所得成品在百级超净间内经 0.2μm 微孔滤膜过滤，然后分装。

（4）生产工艺流程（图 9-12）

① 在预处理器 F102 的上段装上干燥的三孔分子筛，中断装上无水的分析纯碳酸钾，下段装

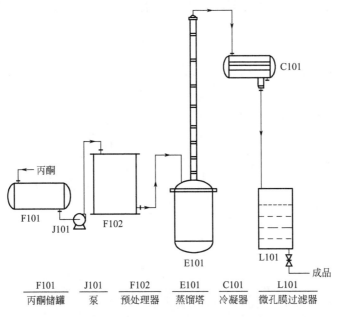

F101	J101	F102	E101	C101	L101
丙酮储罐	泵	预处理器	蒸馏塔	冷凝器	微孔膜过滤器

图 9-12　丙酮（高纯）生产工艺流程

上三孔分子筛，再加入少量高锰酸钾。将分析纯的丙酮慢慢流过预处理器 F102 的柱层，脱水，并去除还原性有机物。

② 将经过预处理的丙酮移入干燥的精馏塔 E101 内，并加入干燥的三孔分子筛进行加热蒸馏，收集沸程为 55～57℃的馏出物。

③ 将得到的馏出物在超净工作台内经 $0.2\mu m$ 的微孔膜过滤，并选择化学稳定性好的玻璃瓶在超净条件下进行洗瓶和分装。

（5）产品用途　本品有刺激性臭味，易燃，易溶于水、乙醇、乙醚等有机溶剂，有毒。在电子工业中用作清洗去油剂，可与乙醇、甲苯配合使用。

9.4　电子封装材料

9.4.1　光固阻焊印料

英文名称：light solidified antiwelding ink

主要成分：环氧树脂，丙烯酸等

（1）性能指标

外观	浅绿色至绿色油墨状液体	耐焊接温度	（260±5）℃≥20s,（290±5）℃≥5s
闪点	77.5℃	存放期	≥6 个月
固化后硬度	≥3H		

（2）生产原料与用量

环氧树脂	电子级	2950	阻聚剂	工业级	2
改性化合物	工业级	860	活性稀释剂	分析纯	适量
丙烯酸	工业级	765	光敏引发剂	分析纯	适量
催化剂	工业级	10	填料、颜料	工业级	适量

（3）合成原理　将环氧树脂、丙烯酸及改性化合物制得的光敏树脂与活性稀释剂、填料、光敏引发剂、颜料等组分复配而成。

（4）生产工艺流程（图 9-13）

① 将环氧树脂、改性化合物和丙烯酸加入聚合釜 D101 内，在 80～90℃聚合 4～6h 得到光敏树脂。

② 将光敏树脂、光敏引发剂、填料、颜料及活性稀释剂投入到捏合机 L101 内混炼，而后经研磨机 L102 进行研磨即得成品。

（5）产品用途　在印制线路板上覆盖一层光固化阻焊印料，经成膜后成为附着力好、硬度

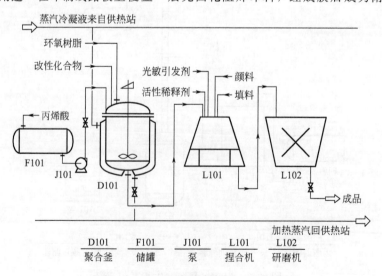

| D101 | F101 | J101 | L101 | L102 |
| 聚合釜 | 储罐 | 泵 | 捏合机 | 研磨机 |

图 9-13　光固阻焊印料生产工艺流程

高、耐热性及电性能优良的阻焊膜层。故本品常用于线路板生产中的阻焊，可代替传统的热固化阻焊剂。

9.4.2　环氧模塑料

中文别名：EMC

英文名称：epoxy molding compound

主要成分：环氧树脂，聚氯乙烯树脂等

（1）性能指标

外观	无色透明半固体或者固体	收缩率	$0.075\%\sim0.14\%$
玻璃纤维含量	$50\%\sim65\%$	热膨胀系数	$(1.75\sim1.85)\times10^{-5}/℃$
玻璃纤维长度	25.4mm	缺口冲击强度	$14.8\sim23.8kJ/m^2$
相对密度	$1.86\sim1.90$		

（2）生产原料与用量

环氧树脂	工业级	100	三氧化二锑	化学纯	$1\sim5$
聚氯乙烯树脂	工业级	$60\sim80$	磷酸三甲苯酯	化学纯	$5\sim15$
二（α-乙基丁基）磷酸酯	工业级	50	胺类催化剂	化学纯	$7\sim12$

（3）合成原理　将环氧塑封料的原料组分按配比混合、加热、混炼、再冷却、研磨即得成品。

（4）生产工艺流程（参见图9-13）

① 将环氧树脂、聚氯乙烯树脂、二（α-乙基丁基）磷酸酯、三氧化二锑、磷酸三甲苯酯和胺类催化剂按比例加入聚合釜 D101 内，在 80℃下聚合反应 3h。

② 将产品投入到捏合机 L101 内混炼，而后经研磨机 L102 进行研磨即得成品。

（5）产品用途　干膜抗蚀剂有三层，表层（聚乙烯）、光敏层和基础层（聚酯）。用时先将表层揭去，用压热法层压在基础机板上，曝光后将基础层除去，然后显影、制备图形。主要用于单层、双层及多层印制电路板的生产、制作耐腐蚀及耐电镀的图形。

9.5　电子显示材料

9.5.1　4-正戊基-4′-氰基联苯

英文名称：4′-pentyl-4-biphenylcarbonitrile

分子式：$C_{18}H_{19}N$

（1）性能指标

外观	乳白色液体	含量	不低于98%
熔点	22.5℃	性能	溶于己烷、石油醚、醋酸乙烯酯
清亮点	$34.5\sim35℃$		等，不溶于水
电阻率	不低于1×10^{11}		

（2）原料及消耗定额（以生产每吨液晶计）

三氯氧磷	化学纯	1460
四氯化碳	工业级（水分<0.05%）	15100
无水氯化铝	工业级（浅黄色粉末）	4800
1,2-二氯乙烷	工业级（水分<0.05%）	16800
草酰氯	工业级（沸程62~66℃）	1800
戊酰氯	工业级（沸程127~129℃）	800
石油醚	工业级（60~90℃，水分<0.05%）	2760
浓硫酸	工业级（98%）	520
水合肼	工业级（50%~70%）	300
联苯	工业级	3380
一缩乙二醇	工业级	10100

（3）合成原理　经 5 步反应而得，反应式如下。

① 正戊酰氯联苯的制备　用联苯与正戊酰氯直接反应：

$$\text{联苯} + n\text{-}C_4H_9COCl \xrightarrow[\text{二氯乙烷}]{AlCl_3} n\text{-}C_4H_9CO\text{-联苯} + HCl$$

② 戊基联苯的制备　正戊酰联苯与水合肼反应：

$$n\text{-}C_4H_9CO\text{-联苯} + NH_2NH_2 \cdot H_2O \longrightarrow n\text{-}C_5H_{11}\text{-联苯} + N_2 + H_2O$$

③ 正戊基联苯甲酰氯的制备　用正戊基联苯与草酰氯反应：

$$n\text{-}C_5H_{11}\text{-联苯} + (COCl)_2 \xrightarrow{AlCl_3} n\text{-}C_5H_{11}\text{-联苯-}COCl + CO + HCl$$

④ 正戊基联苯甲酰胺的制备　正戊基联苯酰氯的氨化：

$$n\text{-}C_5H_{11}\text{-联苯-}COCl + 2NH_4OH \longrightarrow n\text{-}C_5H_{11}\text{-联苯-}CONH_2 + NH_4Cl + 2H_2O$$

⑤ 4-正戊基-4'-氰基联苯的合成

$$3n\text{-}C_5H_{11}\text{-联苯-}CONH_2 + POCl_3 \longrightarrow 3n\text{-}C_5H_{11}\text{-联苯-}CN + H_3PO_4 + 3HCl$$

（4）生产工艺流程（图 9-14）

① 在戊酰基联苯的缩合釜 D101 中加入二氯乙烷、联苯，搅拌均匀，开动冷冻使温度降温到 10℃，加入无水三氯化铝，继续降温到 -5℃慢慢加入戊酰氯，并于 -5℃左右反应 2h，将反应物放入冰槽 F101 中（槽中冰水体积为上述物料的 4 倍体积）。开动搅拌将物料混匀，然后停止搅拌，静止放置过夜分层，上层为有机层、下层为水层，放出有机层并将其冷却到 -10℃，析出结晶，用离心机甩干，将粗产品于结晶槽 F102 中用石油醚重结晶，L104 离心甩干后于干燥箱 L105 中烘干得微黄色结晶，即正戊酰联苯。

② 将干燥过的正戊酰联苯加入到预先放有一缩乙二醇的还原锅 D102 中，慢慢加入水合肼并开动搅拌，加热回流，并用外回流除去反应中的水分，温度升到 200℃，保持反应 1h，冷却反应物，稍静置分离，上层产物放入洗涤分离槽 F103 中，经水洗涤、H_2SO_4 处理后用无水硫酸钠干燥，干燥的母液用过滤法除去无水硫酸钠，母液用泵 J101 打入 E101 减压蒸馏，收集馏分 148～153℃/400～433Pa。

③ 在缩合釜 D103 中，加入四氯化碳，冷到 10℃在搅拌下加入无水三氯化铝和草酰氯，然后慢慢加入正戊基联苯，于 13～15℃反应 1h，这时有大量的 HCl 气冒出，待反应完后将物料放入冰水槽 F104 中，同时搅拌（冰水槽中冰水用量为物料总量的 4 倍体积），0.5h 后静置分层，除去水层，有机层经泵 J102 打入减压蒸馏塔 E102 中，减压蒸去溶剂得黄色固体。

④ 在氨化釜 D104 中，加入氨水，开动搅拌加入正戊基联苯甲酰氯与二氧六环的混合物，搅拌反应半小时，得黄色固体。将反应物料放入过滤器 L103 中进行过滤，所得黄色固体于结晶槽

F105 中进行重结晶，结晶后置于干燥箱 L102 中进行干燥，干燥后的产物为正戊基联苯甲酰氨。

⑤ 将上述中间体加入氰化釜 D105 中，加入苯及三氯氧磷，加热回流 4h，将产品放入冰水槽 F106 中（冰水用量为产物体积的 4 倍），搅拌均匀，静置分层，上层为有机层。抽出有机层用碳酸钠干燥几小时，过滤除去固体，粗品置于精馏塔 E103 中精馏得 4-正戊基-4′-氰基联苯成品。

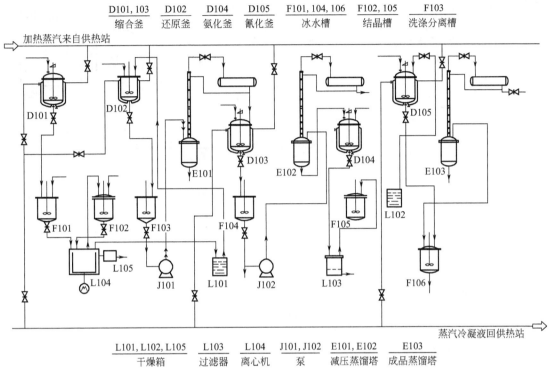

图 9-14 4-正戊基-4′-氰基联苯生产工艺流程

（5）产品用途 主要用作电子显示材料。

9.5.2 4-正丁氧基亚苄基-4′-辛氧基苯胺

英文名称：4-n-butyl oxygen radicals fork-4′benzyl-michael essien oxygen radicals aniline

分子式：$C_{25}H_{35}NO$

（1）性能指标

外观		乳状液	清亮点		79℃
熔点		33℃			

（2）生产原料与用量

正丁氧基苯甲醛	化学纯	3.56	无水乙醇	化学纯	150
4-正辛基苯胺	化学纯	4.1	乙酸	化学纯	0.6

（3）合成原理 由 4-正丁氧基苯甲醛、4-正辛基苯胺在乙酸作催化剂的无水乙醇环境中反应，再经后处理制得 4-正丁氧基苄叉-4′-辛氧基苯胺。

（4）生产工艺流程（图 9-15）

① 将配方量的 4-正丁氧基苯甲醛、4-正辛基苯胺及 100mL 无水乙醇加入反应釜 D101 内，并加入乙酸作为催化剂，在 35℃下搅拌反应 4h。

② 将物料通过过滤器 L101 进行过滤。

③ 再将过滤的物料依次通过洗涤器 L102、L103、L104 进行三次洗涤。

④ 再将洗涤的物料通过重结晶釜 D102、D103 在无水乙醇中进行两次重结晶，即得精制

成品。

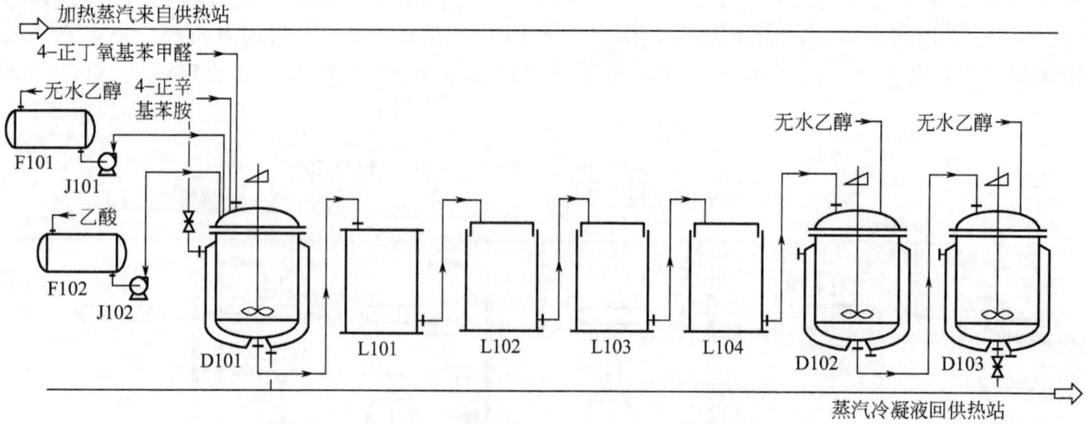

F101, F102	D101	D102, D103	L101	L102～L104	J101, J102
储罐	反应釜	重结晶釜	过滤器	洗涤器	泵

图 9-15　4-正丁氧基亚苄基-4′-辛氧基苯胺生产工艺流程

（5）产品用途　本品适用于各种类型的液晶显示器件，如手表、计算器、仪器仪表、手机、商务通、电子记事本、笔记本电脑、液晶电视等。

9.5.3　三联苯液晶

英文名称：three biphenyl LCD

分子式：$C_{24}H_{23}N$

（1）性能指标

外观	白色固体	含量	＞99％
熔点	130℃	水分含量	0.1×10^{-6}

（2）生产原料与用量

三联苯	化学纯	164	正庚烷	化学纯	98.7
硝基苯	化学纯	500	浓氨水	化学纯	327
二氯乙烷	化学纯	500	氢氧化钾	化学纯	28.77
正戊酰氯	化学纯	0.28	浓盐酸	化学纯，37％	100
一缩二乙醇	化学纯	300	冰水	蒸馏水	4900
水合肼	化学纯	36	无水氯化铝	化学纯	420.5
二硫化碳	化学纯	2000	无水硫酸钠	化学纯	368
五氧化二磷	化学纯	10.65	苯	化学纯	950
草酰氯	化学纯	400	水	蒸馏水或去离子水	250.0
1,4-二氧六环	化学纯	187	活性炭	化学纯	适量
三氯甲烷	化学纯	190			

（3）合成原理　由三联苯为原料合成，反应路线如下：

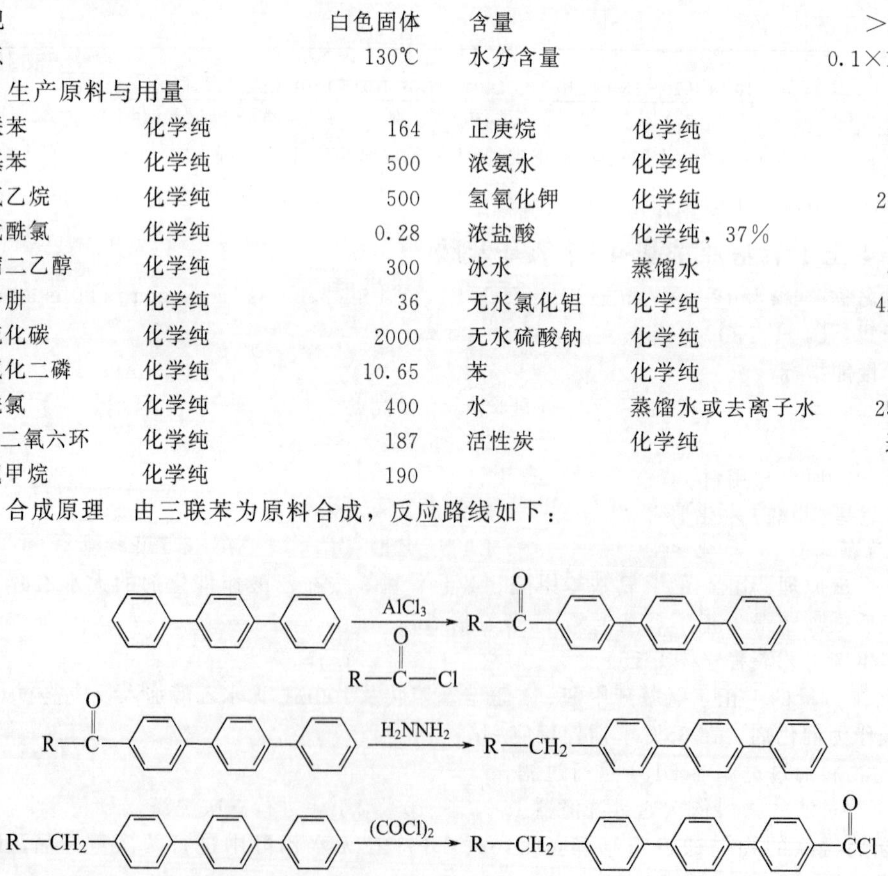

$$R-CH_2 \cdots \overset{O}{\underset{CCl}{\bigcirc\bigcirc\bigcirc}} \xrightarrow{NH_3 \cdot H_2O} R-CH_2 \cdots \overset{O}{\underset{CNH_2}{\bigcirc\bigcirc\bigcirc}}$$

$$R-CH_2 \cdots \overset{O}{\underset{CNH_2}{\bigcirc\bigcirc\bigcirc}} \xrightarrow{SOCl_2} R-CH_2 \cdots \overset{}{\underset{}{\bigcirc\bigcirc\bigcirc}}-CN$$

（4）生产工艺流程（图 9-16）

① 在反应釜 D101 内，将 164kg 三联苯、500L 硝基苯和 500L $C_2H_4Cl_2$ 混合加热，搅拌至

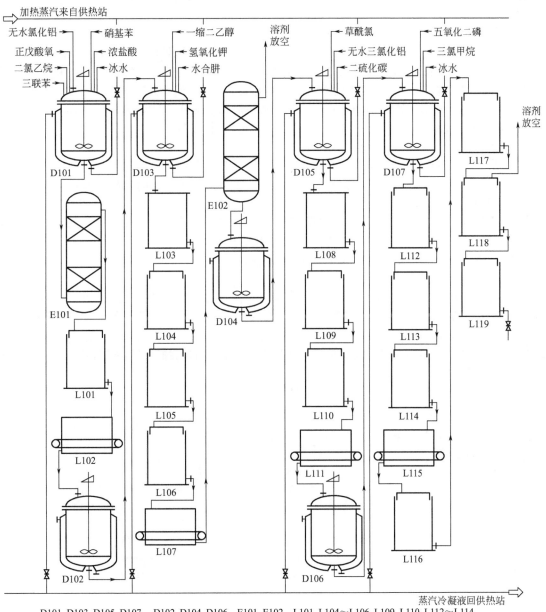

D101, D103, D105, D107	D102, D104, D106	E101, E102	L101, L104~L106, L109, L110, L112~L114				
反应釜	结晶釜	蒸馏塔			洗涤器		
L102, L107, L111, L115	L103	L108	L116	L117	L118	L119	
干燥器	冷却器	分离器	过滤器	淋洗器	蒸发器	升华器	

图 9-16　三联苯液晶生产工艺流程

三联苯溶解。然后加入无水 $AlCl_3$，微热至溶。将溶液冷却至 20℃以下，逐滴加入正戊酰氯，在 15～20℃下搅拌反应 10h，再升温至 55～60℃，反应 2h，在 55～65℃下再搅拌 2h，放置过夜。

② 加浓盐酸 400L 和 900kg 冰水进行水解，然后将产品在蒸馏塔 E101 内进行水蒸气蒸馏除去硝基苯，将滤出固体经洗涤器 L101 进行洗涤，再经干燥器 L102 进行热空气干燥，而后在重结晶釜 D102 内用 1,4-二氧六环进行重结晶。

③ 将产品以及 300mL 一缩二乙醇、28.77kg KOH 和 99％的水合肼 36L 在反应釜 D103 内混合，并在 110℃下加热 2h，然后逐渐升温至 180℃，蒸去挥发性物质后，在此温度下保持 4h。

④ 然后在冷却器 L103 内进行冷却，分离出固体。而后通过洗涤器 L104、L105 用 $CHCl_3$ 提取两次，再在洗涤器 L106 内用水洗有机层，再通过加有无水硫酸钠的干燥器 L107 对其干燥。

⑤ 将上有机层在蒸馏塔 E102 内进行蒸馏以蒸去溶剂，塔底得到片状棕色沉淀，再将该沉淀于溶解釜 D104 内用活性炭脱色。最终得无色片状沉淀。

⑥ 将上步产物与干燥氯化铝和 200L 二硫化碳溶剂置于反应釜 D105 内，在大约 35min 内将 400kg 草酰氯分批加入，保持反应温度不超过 15～20℃。加完后搅拌 1h，混合物呈暗红色。用 400L 冰水和 100mL 浓盐酸处理分离。

⑦ 将上步物料通过 L108 分离出有机层，依次经过洗涤器 L109、L110 用冷的稀盐酸水溶液和水洗，然后再经干燥器 L111 用无水硫酸钠干燥，而后再将产物于重结晶釜 D106 内，在沸腾的二氧六环中进行重结晶。

⑧ 将物料与 10.65kg 五氧化二磷在反应釜 D107 内进行混合，在电热器上加热 2h 后冷却，得到暗棕色物质，用 $CHCl_3$ 处理后，加冰水，再用 $CHCl_3$ 提取几次。

⑨ 再将物料通过洗涤器 L112 用 25％盐酸洗有机层，然后再通过洗涤器 L113、L114 依次用 10％NaOH、H_2O 洗。

⑩ 再将物料通过干燥器 L115 用硫酸钠干燥 2h，经过滤器 L116 进行过滤，而后将粗产品在淋洗器 L117 内流经硅胶柱并用苯淋洗，再经蒸发器 L118 蒸去溶剂。最后在高真空升华器 L119 中于 185℃升华，即得成品。

（5）产品用途　本品对光、电、湿度的作用均较稳定，物理性能良好，是近代工业上被广泛使用的液晶材料之一。

9.5.4　4-丙基-1-(4′-氰基苯基)环己烷液晶

英文名称：4-propyl-1-(4′-cyanophenyl)cyclohexane

分子式：$C_{16}H_{21}N$

（1）性能指标

外观	白色固体	清亮点	46℃
含量	＞99％	电阻率	$1×10^{-6}Ω·cm$
熔点	42.3～43.2℃	水分含量	$0.1×10^{-6}mg/kg$

（2）生产原料与用量

三氯化铝	化学纯	62.36	氯化亚砜	化学纯	15
二硫化碳	化学纯	100	氢氧化钾	化学纯	22.4
草酰氯	化学纯	74.95	硫酸	化学纯，98％	19.5
环己烯	化学纯	61.5	四氯化碳	化学纯	50
苯	化学纯	320	无水硫酸钠	化学纯	675
水合肼	化学纯	65	冰	蒸馏水	980
一缩二乙醇	化学纯	100	盐水	氯化钠含量 5％	1500
二氧六环	化学纯	50			

（3）合成原理　以环己烯、草酰氯为起始原料合成，反应路线如下：

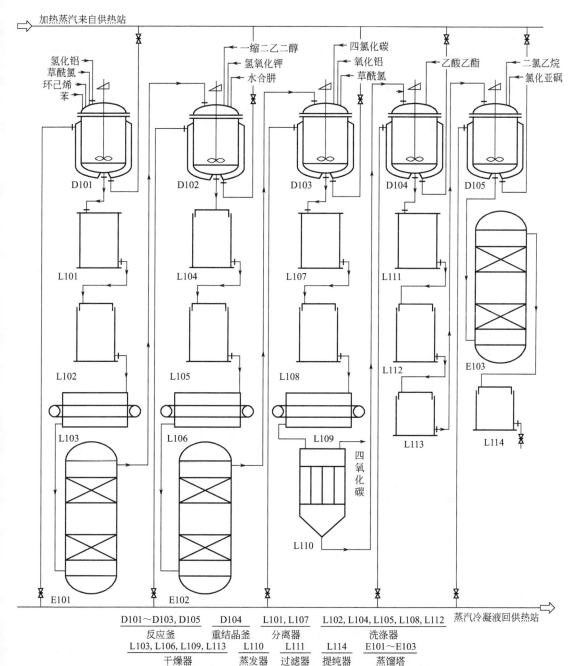

（4）生产工艺流程（图 9-17）

图 9-17　4-丙基-1-(4′-氰基苯基) 环己烷液晶生产工艺流程

① 将 CS_2 加入反应釜 D101 内，并在搅拌下将 $AlCl_3$ 加入其中，混匀后加入草酰氯，温度降到 0℃ 以下。加入环己烯，控制温度在 -10℃ 以下，搅拌 1h 后，加入苯和 $AlCl_3$。

② 当温度上升到 50℃ 时，把反应混合物倒入分离器 L101 内，在冰和盐酸中进行水解，分离出有机相，然后经过洗涤器 L102 用水洗涤，再经干燥器 L103 用无水硫酸钠干燥后，在蒸馏塔 E101 内减压蒸馏，在 130～170℃/400Pa 收集馏分，得到 4-丙酰基-1-苯基环己烷。

③ 将所得-丙酰基-1-苯基环己烷加入反应釜 D102 内，并加入水合肼、一缩二乙二醇互相混合，将混合物加热回流 3h，当温度达到 180℃ 时，停止加热。待温度降到 80℃ 时，加入 KOH，再回流 3h。

④ 温度升至 240℃ 后，让其冷却，然后加水分出油层，依次经洗涤器 L104、L105 分别用水、1:1 硫酸洗，再用水洗，再经干燥器 L106 用无水硫酸钠干燥。

⑤ 将物料在蒸馏塔 E102 内进行减压蒸馏，在 107～110℃/360Pa 下收集馏分得到 4-丙基-1-苯基环己烷。

⑥ 在反应釜 D103 中加入 CCl_4、$AlCl_3$ 和草酰氯，搅拌混合均匀，开始滴加 4-丙基-1-苯基环己烷，温度保持在 20℃ 左右，滴加完后倾入冰-盐酸溶液中。

⑦ 将溶液经分离器 L107 进行分离，然后经洗涤器 L108 用 5% HCl、5% NaCl 和水洗，再经干燥器 L109 用无水硫酸钠干燥，而后在蒸发器 L110 中蒸去 CCl_4，然后加入少量二氧六环，倒入浓氨水中，得浅黄色沉淀。

⑧ 将产品在重结晶釜 D104 中用乙酸乙酯进行重结晶，然后分别经 L111、L112、L113 进行过滤、洗涤、干燥得到 4-丙基-1-(4′-甲酰胺苯基) 环己烷的白色固体。

⑨ 将 4-丙基-1-(4′-甲酰胺苯基) 环己烷、二氯乙烷、氯化亚砜在混合釜 D105 内进行混合，而后再经蒸馏塔 E103 进行减压蒸馏，再经提纯器 L114 进行提纯后即得 4-丙基-1-(4′-氰基苯基) 环己烷液晶成品。

(5) 产品用途 本品具有很高的化学稳定性、光化学稳定性、低黏度以及物理性能优良等特点，是显示器件的理想材料之一。

9.6　磁性信息记录材料

9.6.1　γ-Fe_2O_3 磁粉

中文别名：三氧化二铁磁粉，氧化铁磁粉

英文名称：γ-Fe_2O_3

分子式：Fe_2O_3

(1) 性能指标

外观	褐色粉状状固体	粒长	0.4～0.8μm
矫顽力 H_c	24～32kA/m（300～400Oe）	轴比	6～8 以上
比饱和磁化强度 σ	70～76A·m^2/kg（emu/g）		

(2) 原料及消耗定额（以生产每吨 γ-Fe_2O_3 计）

硫酸亚铁（$FeSO_4 \cdot 7H_2O$）	工业级	350	铁皮	搪瓷厂下脚料	35
氢氧化钠	工业级片碱	50			

(3) 合成原理　将氢氧化钠溶液和硫酸亚铁溶液混合进行中和、氧化反应，生成铁黄晶种 α-FeOOH，经生长后制得大小符合要求的 α-FeOOH，再经水洗、干燥、脱水、还原、氧化制得 γ-Fe_2O_3。反应路线如下：

① 制备铁黄晶种 α-FeOOH

$$4FeSO_4 + 8NaOH + O_2 \longrightarrow \alpha\text{-}FeOOH + 4Na_2SO_4 + 2H_2O$$

② 晶种生长

$$4FeSO_4 + O_2 + 6H_2O \longrightarrow \alpha\text{-}FeOOH + 4H_2SO_4$$

$$H_2SO_4 + Fe \longrightarrow FeSO_4 + H_2$$

③ 脱水生成 α-FeOOH

$$2\alpha\text{-FeOOH} \xrightarrow{\text{加热}} \alpha\text{-Fe}_2\text{O}_3 + \text{H}_2\text{O}$$

④ 还原生成 Fe₃O₄

$$3\alpha\text{-Fe}_2\text{O}_3 + \text{H}_2 \longrightarrow \text{Fe}_3\text{O}_4 + \text{H}_2\text{O}$$

⑤ 氧化生成 γ-Fe₂O₃

$$4\text{Fe}_3\text{O}_4 + \text{O}_2 \longrightarrow 6\gamma\text{-Fe}_2\text{O}_3$$

（4）生产工艺流程（图 9-18）

① 将 FeSO_4 水溶液放入反应槽 F103 中，加入 NaOH 溶液，在 40℃下搅拌，直到变成黄棕色，此时生成晶种 α-FeOOH。

② 将晶种移到有 FeSO_4 和铁皮的生长槽 F105 中，升温至 60℃，吹空气氧化，晶种长大。此时铁皮与酸反应，以补充 FeSO_4 消耗。晶种长到一定尺寸后，L101 过滤、F106 水洗、L102 干燥，得铁黄粉末。

③ 将铁黄在转炉 B101 中于 200～300℃下焙烧脱水，生成红色 α-Fe₂O₃。

④ 向炉中通入 N_2，赶走空气，升温至 300～400℃，送入 H_2 进行还原，生成 Fe₃O₄。

⑤ 在停止送 H_2 后，将炉温调至 200～250℃，用 N_2 赶去 H_2，通入空气进行氧化，即生成褐色的 γ-Fe₂O₃。

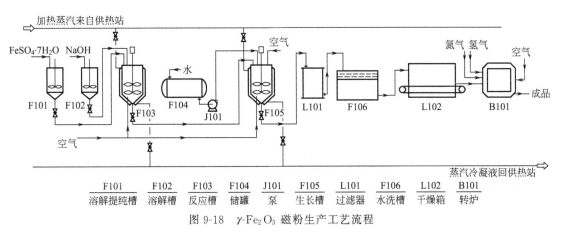

图 9-18　γ-Fe₂O₃ 磁粉生产工艺流程

（5）产品用途　为褐色粉状磁性材料，立方晶系尖晶石型晶体结构，晶粒为针形，具有形状各向异性，居里点温度为 575℃，加热加压磁性稳定。主要用于制造录音磁带、电影磁片、计算机磁带、计测带、软磁盘和磁卡片等。

9.6.2　Co-Fe₃O₄ 磁粉

中文别名：包钴四氧化三铁磁粉，包钴磁粉

英文名称：Co-Fe₃O₄

分子式：$(\text{Co-Fe}_3\text{O}_4)_x\gamma\text{-Fe}_2\text{O}_3$ （$0 < x < 1$）

（1）性能指标

外观	褐黑色粉末	含水量	<5%
比表面积	24～32m²/g	矫顽力	39.8～54.1kA/m
比饱和磁性强度	9.13～95.5nTm³/g		

（2）生产原料与用量

铁黄	工业级	17.0	硫酸钴	化学纯	8
氢气	化学纯	35	尿素	化学纯	35

（3）合成原理　由硫酸亚铁制备铁黄 α-FeOOH，脱水生成 α-Fe₂O₃，进一步还原为 Fe₃O₄，在 Fe₃O₄ 表面延生一层钴铁氧体。反应式如下：

$$FeSO_4 \xrightarrow{NaOH} \alpha\text{-}FeOOH \xrightarrow{\text{加热}} \alpha\text{-}Fe_2O_3 \xrightarrow{H_2} Fe_3O_4 \xrightarrow{CoSO_4} Co\text{-}Fe_3O_4$$

（4）生产工艺流程（图 9-19）

① 在反应釜 D101 内加入定量的硫酸亚铁，而后加入氢氧化钠溶液，使其碱化为碱式氧化铁，在加热条件下生成 $\alpha\text{-}Fe_2O_3$。

② 将上步产物依次通过过滤器 L101、洗涤器 L102 进行过滤、洗涤。

③ 再将产物压入反应釜 D102 内，并通氢气使 $\alpha\text{-}Fe_2O_3$ 分解为四氧化三铁。

④ 向反应釜 D102 内加入定量的硫酸钴，在这一过程中，在颗粒的外表面延生生长一层 $Co\text{-}Fe_3O_4$。

⑤ 将粗产品依次通过过滤器 L103、洗涤器 L104、干燥器 L105 进行过滤、洗涤、干燥即得成品。

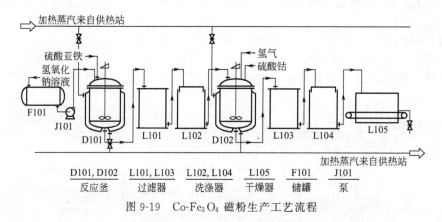

图 9-19　$Co\text{-}Fe_3O_4$ 磁粉生产工艺流程

（5）产品用途　$Co\text{-}Fe_3O_4$ 是在 $0.14 \sim 0.3\mu m$ 针状颗粒体外表面产生一层钴铁氧体（Co-Fe_3O_4）形成的磁粉，主要用于录音磁带、录像带、计算机磁带、软磁盘等。

9.6.3　非正分-$\gamma\text{-}Fe_2O_3$ 磁粉

英文名称：borthollide magnetic powder，borthollide

分子式：$(\gamma\text{-}Fe_2O_3)_x(Fe_3O_4)_{1-x}$

（1）性能指标

外观	褐色粉末	矫顽力	31.5kA/m
比表面积	$18 \sim 22m^2/g$	含水量	<0.5%
比饱和磁化强度	$91nTm^3/g$		

（2）生产原料与用量

$\gamma\text{-}Fe_2O_3$ 磁粉	化学纯	25.8	氯化锰	化学纯	1.56
氢氧化亚铁	化学纯	43.5			

（3）合成原理　由 $\gamma\text{-}Fe_2O_3$ 磁粉分散于氮气保护的氢氧化亚铁溶液中，加热转化后经后处理制得。

（4）生产工艺流程（图 9-20）

① 在反应釜 D101 内，将 $\gamma\text{-}Fe_2O_3$ 磁粉分散于氮气保护的氢氧化亚铁溶液中，并添加二价锰无机盐参与反应，使 $\gamma\text{-}Fe_2O_3$ 磁粉加热转化。

② 再将物料依次通过过滤器 L101、洗涤器 L102、干燥器 L103 进行过滤、洗涤、干燥。

③ 最后通过球磨机 L104 进行粉碎，即得成品。

（5）产品用途　溶于热盐酸，不溶于水和有机溶剂。广泛应用于磁性记录材料。

9.6.4　钡铁氧体磁粉

中文别名：钡铁氧体

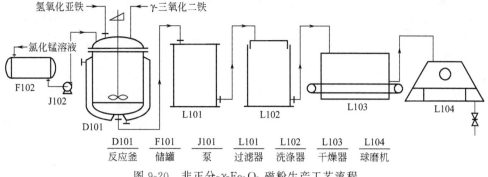

D101	F101	J101	L101	L102	L103	L104
反应釜	储罐	泵	过滤器	洗涤器	干燥器	球磨机

图 9-20　非正分-γ-Fe₂O₃ 磁粉生产工艺流程

英文名称：barium dodecairon nonadecaoxide，barium ferrite

分子式：$BaO \cdot 6Fe_2O_3$

（1）性能指标

外观	褐色粉末	含水量	<0.5%
比饱和磁性强度	9.13～95.5nTm³/g	矫顽力	540kA/m
比表面积	10m²/g		

（2）生产原料与用量

氯化铁	化学纯，饱和溶液	53	氢氧化钠	化学纯，30%	20
氯化钡	化学纯，饱和溶液	47	碳酸钠	化学纯	28

（3）合成原理　将 Fe、Ba 的氯盐溶液按一定比例混合，然后用 NaOH、Na₂CO₃ 碱性溶液使其共沉淀，沉淀物过滤、水洗涤后，在 925℃ 下烧结得到磁粉，再经粉碎制得。

（4）生产工艺流程（图 9-21）

① 将 Fe、Ba 的氯盐溶液按一定比例在混合釜 D101 内进行混合，然后用 NaOH、Na₂CO₃ 碱性溶液使其共沉淀。

② 将沉淀物经过滤器 L101、洗涤器 L102、干燥器 L103 进行过滤、洗涤、干燥。

③ 将物料与 TiO₂ 在 925℃ 下于烧结炉 B101 中进行烧结处理。

④ 再将磁粉放入球磨机 L104 中球磨分散，即得成品。

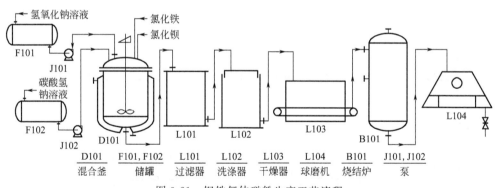

D101	F101,F102	L101	L102	L103	L104	B101	J101,J102
混合釜	储罐	过滤器	洗涤器	干燥器	球磨机	烧结炉	泵

图 9-21　钡铁氧体磁粉生产工艺流程

（5）产品用途　用于制造同方性磁钢、磁性胶片、玩具等。

9.6.5　锶铁氧体磁粉

中文别名：锶铁氧体

英文名称：strontium ferrite magnetic powder，strontium dodecairon，strontium ferrite

分子式：$SrO \cdot 6Fe_2O_3$

（1）性能指标

居里温度	462℃	矫顽力	457~533kA/m
密度	5150kg/m³	比饱和磁化强度	69~80nTm³/g
比表面积	22m²/g	含水量	<0.5%

（2）生产原料与用量

氯化铁	工业级	16.8	氢氧化钠	工业级	1.5~1.8
氯化锶	工业级	28.3	碳酸钠	化学纯	2.6~3.0

（3）合成原理　将 Fe、Sr 的氯盐溶液按一定比例混合，然后用 NaOH、Na_2CO_3 碱性溶液使其共沉淀，沉淀物经过滤、水洗涤、烧结、球磨分散即得成品。

（4）生产工艺流程（参见图 9-21）

① 将 Fe、Sr 的氯盐溶液按配方量在反应釜 D101 内混合，然后加入 NaOH、Na_2CO_3 碱性溶液使其共沉淀。

② 将沉淀物经过滤器 L101、洗涤器 L102、干燥器 L103 进行过滤、洗涤、干燥。

③ 将物料在 925℃下于烧结炉 B101 中进行烧结处理。

④ 将磁粉放入球磨机 L104 中球磨分散，即得成品。

（5）产品用途　主要用于各种磁卡、磁票等材料。

9.6.6　Co-Ti 钡铁氧体磁粉

英文名称：Co-Ti barium ferrite magnetic powder

分子式：$BaFe_{12-2x}Co_{2x}Ti_xO_{19}$

（1）性能指标（HG/T 2727—1995）

居里温度	350℃	比表面积	22m²/g
密度	5250kg/m³	矫顽力	71.6kA/m
比饱和磁化强度	72.8nTm³/g		

（2）生产原料与用量

氯化铁	化学纯，饱和溶液	42	氢氧化钠	化学纯，30%	20
氯化亚钴	化学纯，饱和溶液	35	碳酸钠	化学纯	28
氯化钡	化学纯，饱和溶液	37	砷	分析纯	适量

（3）合成原理　将 Fe、Ba、Co 的氯盐溶液按一定比例混合，然后用 NaOH、Na_2CO_3 碱性溶液使其共沉淀后再经一系列的后处理制得。

（4）生产工艺流程（图 9-22）

① 将 Fe、Ba、Co 的氯盐溶液按一定比例在混合釜 D101 内进行混合，然后加入 NaOH、Na_2CO_3 碱性溶液使其共沉淀。

② 将沉淀物经过滤器 L101、洗涤器 L102、干燥器 L103 进行过滤、洗涤、干燥。

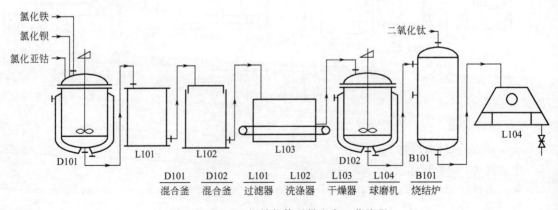

图 9-22　Co-Ti 钡铁氧体磁粉生产工艺流程

③ 将物料在混合釜 D102 内搅拌使其混合均匀。

④ 再与 TiO_2 在 925℃下于烧结炉 B101 中进行烧结处理。

⑤ 最后将磁粉放入球磨机 L104 中球磨分散，即得成品。

说明：最终磁粉的矫顽力与 Co 量成反比关系。例如 $x=0.8$ 时，矫顽力可降低到 64kA/m，而饱和磁化强度基本不变。Co-Ti 钡铁氧体磁粉的比表面积越大，其饱和磁化强度越低。添加 Sn 可以改善 Co-Ti 钡铁氧体磁粉的矫顽力对温度的敏感性。

（5）产品用途　本品用作垂直磁性记录材料，如磁性防伪墨、信息记录材料等。

9.6.7　氧化铬磁粉

中文别名：针状二氧化铬

英文名称：chromium oxide magnetic powder，acicular chromitlm dioxide

分子式：CrO_2

（1）性能指标

外观	褐色粉末	电阻率	$2.5×10^{-4}$
比饱和磁化强度	$126nTm^3/g$	磁致伸缩系数	$1×10^{-6}$
居里温度	116℃		

（2）生产原料与用量

结晶重铬酸铵	化学纯	28.9	晶体调节剂	分析纯	1.4
亚硫酸氢钠	化学纯	19.7			

（3）合成原理　将结晶重铬酸铵 $(NH_4)_2Cr_2O_7$ 在 150～750℃ 热分解得到的 Cr_2O_3 微细粉末，以 Cr_2O_3 为原料，加入晶体调节剂水溶液，于密封铂金容器中反应，然后热压水解生成 CrO_2 磁粉。

（4）生产工艺流程（图 9-23）

① 在反应釜 D101 内，将结晶重铬酸铵 $(NH_4)_2Cr_2O_7$ 在 150～750℃ 热分解得到的 Cr_2O_3 微细粉末，而后以 Cr_2O_3 为原料，加入晶体调节剂水溶液，于密封铂金容器 D101 中反应，然后热压水解生成 CrO_2 磁粉。

② 将得到的 CrO_2 磁粉分散于搅拌釜 D102 内的亚硫酸钠水溶液中，搅拌加温，对其需进行表面处理。

③ 将产品依次通过过滤器 L101、洗涤器 L102、干燥器 L103 进行过滤、洗涤、干燥即得成品。

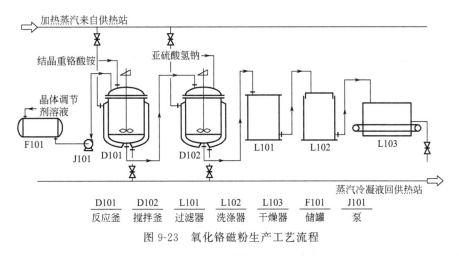

图 9-23　氧化铬磁粉生产工艺流程

（5）产品用途　本产品属于四角晶系金红石结构，溶于热盐酸，不溶于水和有机溶剂。用于电子信息记录材料等。

9.6.8 针状四氧化三铁磁粉

英文名称：acicular ferriferrous oxide magnetic powder

分子式：Fe_3O_4

（1）性能指标

外观	黑色粉末	磁致伸缩系数	18×10^{-6}
比饱和磁化强度	$105nTm^3/g$	磁晶各向异性常数	$-1.1 \times 10^4 J/m^3$
居里温度	585℃	含水量	$\leqslant 0.5\%$
密度	$5179kg/m^3$		

（2）生产原料与用量

硫酸亚铁（七水）	化学纯	16.5	氢氧化钠	化学纯	8.7

（3）合成原理 由硫酸亚铁、氢氧化钠溶液在 pH 接近 14 的条件下，控制温度 35～40℃和一定的溶氧速率，一步法合成。

（4）生产工艺流程 （图 9-24）

① 亚铁离子浓度 0.8mol/L（pH＝1.8～2.0）的硫酸亚铁溶液中搅拌下一次性加入等体积的氢氧化钠溶液，控制碱比（NaOH 的质量/$FeSO_4 \cdot 7H_2O$ 的质量）为 0.76～0.80，调整体系温度在 35℃左右，控制搅拌速度和空气通入速率，制得一定比表面积的铁黄。反应时间越短，铁黄的尺寸越小。

② 将产品经过滤器 L101、洗涤器 L102 进行过滤洗涤至 pH 为 7 即得成品。

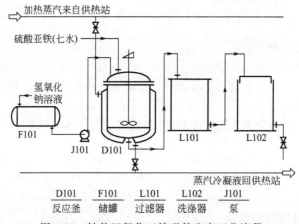

D101	F101	L101	L102	J101
反应釜	储罐	过滤器	洗涤器	泵

图 9-24 针状四氧化三铁磁粉生产工艺流程

（5）产品用途 常用作纵向磁记录用磁粉。用于信息记录、磁性墨水字符识别系统等。

Chapter 10

第10章

功能高分子材料与智能材料

10.1 概述

10.1.1 功能高分子材料概况

功能高分子材料从组成和结构上可分为结构型功能高分子材料和复合型功能高分子材料。所谓结构型功能高分子材料，是指在分子链上带有可起特定作用的功能基团的高分子材料，这种材料所表现的特定功能是高分子结构因素所决定的。所谓复合型功能高分子材料，是指以普通高分子材料为基体或载体，与具有特定功能的结构型功能高分子材料进行复合而得的复合功能材料，以上两种材料称为功能高分子材料。

功能高分子材料的研究内容，概括地说就是研究各种功能的高分子的合成、结构、聚集态对功能的影响和它的加工工艺及其应用。但是，由于功能高分子实际涉及的学科十分广泛，如化学方面的分离、分析、催化等。物理方面的光、热、电、磁等以及生命科学的生物、医学、医药等，非线性光学材料等，内容丰富、品种繁多，许多情况下学科之间又相互渗透交叉，因而对其分类也造成了一定的困难。迄今尚未见有统一的分类方法。一般是按其功能性和应用特点进行分类，参见表 10-1。

表 10-1 按习惯分类的功能高分子材料概况

分　类	特　征	应　用　示　例
电磁功能高分子材料 导电高分子材料	导电性	电极电池、防静电材料、屏蔽材料、面状发热体和接头材料
超导高分子材料	导电性	约瑟夫逊元件、受控聚变反应堆、超导发电机、核磁共振成像技术
高分子半导体	导电性	电子技术和电子器件
光电导高分子	光电效应	电子照相机、光电池、传感器
压电高分子	力电效应	开关材料、仪器仪表材料、机器人感触材料、显示、测量
热电高分子	热电效应	音响调和、仪器
声电高分子	声电效应	塑料磁石、磁性橡胶、仪器仪表的磁性元器件、中子吸收、微型电机、异步电机、传感器
高分子磁性体	导磁作用	

分　类	特　征	应　用　示　例
磁性记录材料	磁性转移	磁带、磁盘
电致变色材料	光电效应	显示、记录
光功能高分子材料		
塑料纤维	光的曲线传播	通讯、显示医疗器械
光致变色、显示	光色效应和光电效应	显示、记录、自动调节光线明暗的太阳镜及窗玻璃
液晶高分子	偏光效应	显示、连接器
光盘的基板材料	光学原理	高密度记录和信息存储
感光树脂、光刻胶	光化学反应	大规模集成电路的精细加工、印刷
光学透明高分子材料	透光	接触眼镜片、菲涅尔透镜、阳光选择膜、安全玻璃以及其他透镜、棱镜和光学元件
光弹材料	光力效应	无损探伤
光高分子材料	光化学作用	情报处理、荧光染料
光降解高分子材料	光化学	减少环境污染
光能转换材料	光电、光化学	太阳能电池
分离材料和化学功能高分子		
高分子分离膜和气液交换膜	传质作用	化工、制药、海水淡化、环保、冶金
离子交换树脂和交换器	离子交换作用	化工、制药、纯水制备
高分子催化剂和高分子固定酶	催化作用	化工、食品加工、制药、生物化工
高分子试剂	反应性	化工、农药、医药、环保
分解性高分子	反应性	农业、包装、制药
整合树脂、絮凝剂	吸附作用	稀有金属提取、水处理、海水提抽
高吸水性材料	吸附作用	化工、农业、纸制品
生物医学高分子材料		
人工器官材料	仿人体功能与替代修补作用	人体脏器
骨科、齿科材料	替代修补作用	人体骨骼。牙齿置换修补
药物高分子	药理作用	
降解性缝合材料	化学降解	非永久性外科材料
医用胶黏剂	物理与化学作用	外科和修补材料

10.1.2　功能高分子材料的发展

新型功能高分子材料已成为当代高技术的重要组成部分，加速发展高技术新材料及其产业化、商品化是国际高技术激烈竞争夺取"制高点"的重要目标。同时也需学会有效利用一定的技术手段把最新的科技成果迅速转化为商品，它才会为社会进步发挥巨大的作用。

当前高技术新材料发展的趋势和特点表现为：

① 单一材料向多种材料扬长避短的复合化；

② 结构材料和功能材料整体化；

③ 材料多功能的集成化；

④ 功能材料和器件一体化；

⑤ 材料制备加工智能化、敏捷化；

⑥ 材料科技微型化、纳米化（从下至上）；

⑦ 材料的制备和功能仿生化；

⑧ 材料产品多元化、个性化；

⑨ 材料设计优选化、创新化；

⑩ 材料研究开发环境意识化、生态化；

⑪ 材料科技多学科渗透综合化、大科学化；

⑫ 走低成本高性能化；

⑬ 科技与文化相互作用愈来愈明显化；

⑭ 科技成果转让更多地走向合作化，促进商品化。

由于现代航天、军工、计算机等技术的发展对材料有特殊的需求，使高分子材料科学得到了进一步的发展，从而出现了耐高温、具有高强度、高绝缘性等特种高分子材料，如有机氟聚合物、有机硅聚合物、聚芳烃、杂环高分子等，通常人们使用这类高聚物的着眼点在于它在特定环境中（如高、低温、腐蚀及高电压）具有很好的力学性能，如高强度、高弹性及高绝缘等。这种高分子材料品种多，用途较为专一，且产量少、价格贵，通常称为特种材料，与有机化学工业观念相对应也有人称为精细高分子材料。

近年来，高科技的发展对材料提出了许多新的要求，例如电子工业、冶金工业、宇航工业、化学工业和医疗、医药工业等提出了许多新的课题，使得高分子化学发展提高到了一个新的阶段，即进入高分子分子设计的时代，因而相继出现了许多所谓的"功能高分子材料"。即经过化学家精心设计，利用高分子本身结构或聚集态结构的特点，引入功能基团，形成新型的具有某种特殊功能的高分子材料。例如具有分离功能的材料——离子交换树脂，以及近些年来出现的对特定金属离子具有螯合功能的螯合树脂、吸附性树脂、混合气体分离膜、混合液体分离膜，具有催化性能的高分子催化剂，导电高分子，感光树脂、液晶高分子，生物活性高分子，高分子医用材料、药物高分子等。

功能高分子材料的迅速发展，出现了各种各样的新品种，功能高分子材料的功能设计原理和制备方法也日趋成熟，因此，在各行各业中获得了广泛应用。功能高分子材料已成为材料科学与工程中的一个重要分支。但由于其产量小、价格高、制造工艺复杂，而价格往往为通用高分子材料的 100 倍以上，因而也常将它归为精细化工产品领域。

功能高分子材料的品种很多，用途亦越来越广泛，除了上述几种功能高分子外，还有许多诸如声功能高分子材料、能量转换高分子材料、热变形高分子材料、形状记忆高分子材料以及仿生高分子材料和不断发现的各种新型功能高分子材料等。目前这些领域的研究工作也十分活跃，并取得了一定的成果。

10.1.3 智能材料概况

10.1.3.1 智能高分子材料的概念

智能高分子材料又称智能聚合物、机敏性聚合物、刺激响应型聚合物、环境敏感型聚合物，是一种能感觉周围环境变化，而且针对环境的变化能采取响应对策的高分子材料。智能高分子材料是智能材料的一个重要组成部分。它通过分子设计和有机合成的方法使有机材料本身具有生物所赋予的高级功能，如自修复与自增殖能力、认识与鉴别能力、刺激响应与环境应变能力等。由于高分子材料在结构上的复杂性和多样性，所以可以在分子结构（包括支链结构）、聚集态结构、共混、复合、界面和表面甚至外观结构等诸方面，或单一，或多种结构综合利用，来达到材料的某种智能化。智能高分子材料的研究涉及到众多的基础理论研究，波及信息、电子、生命科学、宇宙、海洋科学等领域，不少成果已在高科技、高附加值产业中得到应用，已成为高分子材料的重要发展方向之一。

智能高分子材料的研究开发已经取得了一定的进展，但其稳定性及加工制备技术仍有待提高。聚合物合成方法的改进以及结构修饰与分子设计成为寻求高性能智能高分子材料首先要解决的问题。在分子水平上研究高分子的光、电、磁等行为，揭示分子结构和光、电、磁的特性关系，将导致新一代智能高分子材料的出现。智能高分子材料的研究是一个多学科交叉的研究领域，对其研究开发需要多学科协同进行。我们期待着这一领域的全面发展。

10.1.3.2　智能高分子材料研究内容

目前智能高分子材料研究的内容主要集中在以下几方面。

（1）记忆功能高分子材料　包括应力记忆、形状记忆、体积记忆和色泽记忆等高分子材料。主要应用于结构材料的不同半径的管道、容器的包装材料、纺织品材料和医用材料。研究最多的是形状记忆高分子材料。

（2）智能高分子凝胶　包括光敏性、温敏性、电磁敏感性、压力敏感性和 pH 值敏感性等单一响应性高分子凝胶及温度、pH 值敏感性；热、光敏感性；磁、热敏感性；pH 值、离子刺激等双重或多重响应性高分子凝胶等。目前研究较多的是智能高分子凝胶的合成、理化性质及应用方面等，采用各种合成方法来制备各种智能高分子凝胶，以研制出性能优异的凝胶体系，用于实际生产应用。其潜在的应用领域有：细胞培养基质、环境工程、酶的活性控制、药物释放载体、组织工程、可视化光学传感材料、表面图案技术及吸附分离致癌物质等。

（3）智能药物释放体系　药物释放系统是在当药物所在环境发生变化时，体系能够做出相应的反应，以一定的形式释放药物的系统。主要用作智能药物释放体系；生物信息响应体系，如靶向药物释放体系及结合药物释放体系等；纳米药物释放体系等。在不久的将来，智能药物释放体系将成为主要的制剂形式，在疾病治疗、保健、计划生育及健康与卫生方面发挥更重要的作用。

（4）聚合物电流变流体　聚合物电流变流体又称电场致流变体，是新型的智能材料。它由低介电常数的液体和高介电常数的悬浮颗粒等组成。利用其对电场的响应特性，可望用于优良的动力传输、振动控制、新一代机器人等领域。

（5）智能高分子膜　高分子膜的智能化是通过膜的组成、结构和形态来实现的。主要包括荷电型超滤膜、接枝型智能膜、互穿网络膜、聚电解质配合物膜、液晶膜、凝胶膜等，用作选择透过膜材、传感膜材、仿生膜材和人工肺等。

（6）智能纺织品　智能纺织品是传统的纺织服装技术与材料科学、结构机理、传感技术和先进的加工工艺、通信技术、人工智能、生物技术的有机结合。主要产品有信息服装、数字服装、智能文胸、保健服装、灭蚊服装、情感服装、军用帐篷等，还有自动清洁织物和自动修补织物等。

（7）智能橡塑材料　智能橡塑材料是指具有智能化的橡胶和塑料，主要用作热收缩管和自增强体系。智能化的橡胶制品有智能鞋、高吸水性树脂和智能防水材料、智能轮胎、智能安全气囊等。智能化塑料制品报道最多的是智能塑料线。

（8）生物材料的仿生化、智能化　科技的发展使得生物医用材料得到了极大的发展，目前生物材料的仿生化、智能化成为其重要的发展方向。生命从本质上讲源于聚合物，而生物大分子的特征是它们通一断或至少高度非线性地响应环境刺激。生物大分子的非线性响应源于高度协同的相互作用。模拟生物大分子的协同相互作用，可赋予合成高分子材料智能性。

10.1.4　智能材料的发展方向

目前，在新材料领域中，正在形成一门新的分支学科——智能材料，也有人称为机敏材料。智能材料先进的设计思想被誉为材料学史上的一大飞跃，已引起世界各国政府和多种学科科学家的高度重视。智能材料是一门交叉学科。智能结构常常把高技术传感器或敏感元件与传统结构材料和功能材料结合在一起，赋予材料崭新的性能，使无生命的材料变得似乎有了"感觉"和"知觉"。

任何学科的发展都来源于实际的需要。由于在社会实际中经常发生飞机失事，桥梁或一些关键结构的灾难性故障，促使科学家们希望找到失事之前能报警的材料，或预感到要失事时能自动加固或自动修补伤痕或裂纹的材料。比如，人的皮肤划伤后过一段时间就会自然长好，且自我修补天衣无缝；骨头折断后，只要对好骨缝，断骨就会自动长在一起。那么飞机的机翼、桥梁的支架出现裂纹之后能否自我修补呢？如果可能，那就可以防止许多灾难性的事故。这就是目前世界上一大批科学家致力于研究智能材料并将它发展成为一门学科的原因。

智能材料按材料主体性质可划分为金属系智能材料、无机非金属系智能材料和高分子系智能材料。高分子智能材料尚有超分子聚合物、介观高分子材料等许多有待开发的新领域。高分子材料因其具有结构层次丰富多样、便于分子设计和精细控制的特点，加之质轻、柔软且容易涂覆，是一类很有前途的智能材料。金属系智能材料是当代金属材料研究的高级阶段。具有形状记忆效应的材料，在金属、陶瓷和聚合物中都有发现。可以肯定，不久的将来会出现各种实用、新型的智能材料和仿生智能材料。

从功能材料到智能材料，这是材料领域的一次飞跃。这方面的研究与开发孕育着新理论、新材料的出现，显示了其良好的应用前景。在医学领域、航空航天领域、土木建筑领域、高精密仪器及自动化的生产中、机械工业、抑制振动和噪声方面、国防工业、汽车工业等将得到广泛应用。随着材料科学的发展，终有一天会出现各种实用的仿生智能材料。

10.2 化学功能高分子材料

10.2.1 带氨基的阴离子交换树脂

英文名称：amino group type anion exchange resin

分子式：$C_{20}H_{23}NCl$

（1）性能指标

	一级品	二级品		一级品	二级品
颗粒直径	0.3～1.2mm	0.3～1.2mm	湿表观密度	0.65～0.75g/mL	
含水量	40%～50%	40%～50%			0.65～0.75g/mL
交换容量	3.0mmol/g	2.8mmol/g	耐磨率	≥95%	≥90%
湿密度（20℃）	1.06～1.11	1.06～1.11	粒度	≥95%	≥95%

（2）生产原料与用量

苯乙烯	98%	350	三甲胺	70%溶液	600
二乙烯基苯	40%	80	甲醇	98%	450
氯甲基甲醚	40%溶液	750	纯苯	99.5%	600

（3）生产原理 苯乙烯-二乙烯基悬浮共聚珠体在氯化锌的作用下，在二氯乙烷溶剂中与氯甲基醚反应，使共聚珠体的苯环上引入氯甲基制成"氯球"，然后胺化得产品。

氯甲基化反应：

（共聚珠体） +CH₃OCH₂Cl（氯甲醚）→ （氯球） + CH₃OH（甲醇）

胺化反应：

（氯球） +(CH₃)₃N（甲胺）→ （带氨基阴离子交换树脂）

（4）生产工艺流程（参见图10-1） 将共聚珠体和氯甲基甲醚投入反应釜 D101 中，搅拌并升温至 80～85℃反应约 2h，降温至 40℃后加氯化锌，反应完后通过过滤器 M101 过滤，抽除氯甲醚残液，并通过气流干燥器 L101 充分干燥，将上述反应产物氯球和纯苯投入胺化釜 D102 中，膨胀数小时。体系升温至 50～60℃，滴加三甲胺溶液充分反应。反应完全后经过离心机 L102 离心、干燥器 L103 干燥，然后在稀释釜 D103 中用食盐水浸泡，调节 pH 值，冲洗、过滤、干燥后包装。

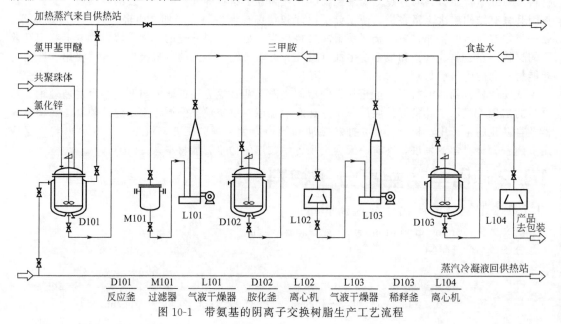

图 10-1　带氨基的阴离子交换树脂生产工艺流程

（5）产品用途　广泛用于水处理，尤其是纯水、超纯水的制备；也可用于催化剂、脱色剂的制备及铀抽取、氨基配分离、色谱分析等许多领域。

10.2.2　淀粉接枝高吸水树脂

英文名称：starch graft superabsorbent

分子式：St-$(C_6H_8O_3NNa)_n$

（1）性能指标

| 外观 | 白色粉末状固体 | 吸水率 | 1000g/g |

（2）生产原料与用量

淀粉（工业级）	408.6	引发剂（硝酸铈铵）	5～10
丙烯腈（工业级）	726.9	氢氧化钠	18
氮气	25	盐酸	16

（3）生产原理　该种树脂的合成是按自由基反应机理进行的，最广泛采用的引发剂是四价铈盐。国内外对使用硝酸铈铵等氧化还原引发剂的接枝共聚做了大量的研究工作。其反应过程如下：

（4）生产工艺流程（参见图10-2）　淀粉接枝丙烯腈是自由基接枝共聚，是使淀粉分子产生自由基，然后再引发单体丙烯腈，成为淀粉-丙烯腈自由基，继续与丙烯腈进行链增长、链终止聚合。工艺流程说明如下。

① 糊化　为了很好地进行聚合反应，必须使淀粉均匀地分散在水中，因此将淀粉及水加入反应器D101中，搅拌，加热至60～90℃使淀粉糊化，糊化时间为0.5～2h。水与淀粉质量配比为12～20。

② 冷却　淀粉经糊化后再在搅拌下冷却至室温，以便进行接枝聚合。

③ 接枝聚合　冷却后的淀粉液，在聚合反应釜D102中，通氮赶走反应釜中的氧，然后加入单体和催化剂并搅拌，经过一定时间就发生放热反应，维持温度直至反应中止。

反应条件：淀粉与丙烯腈质量配比为1：（1～0.5），引发剂为淀粉质量的0.5%～1%，反应温度为25～75℃，反应时间2～4h。

④ 皂化、冷却　反应后的接枝物，加入碱，升温至80～95℃下进行皂化水解4～6h，水解后冷却至室温。

⑤ 中和、分离　水解后的产物黏度很大，然后用酸（硫酸、盐酸等）中和至pH为2～3，通过离心机L101离心分离，再经洗涤、干燥、粉碎后，得到固体产品。

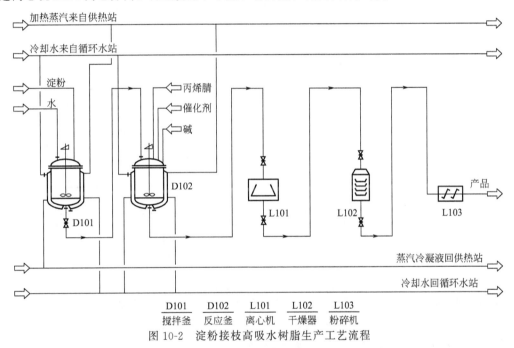

D101	D102	L101	L102	L103
搅拌釜	反应釜	离心机	干燥器	粉碎机

图10-2　淀粉接枝高吸水树脂生产工艺流程

（5）产品用途　农业上用于增产、抗旱、保墒、抗病虫害等；林业、园艺上对于植树造林意义尤大。植树时，将其根部浸沾高吸水性树脂凝胶，然后栽培，再进行浇水，可大大提高成活率，对于干旱、沙漠地区造林具有重要意义。工业上可用于一切吸水、保水的地方，如钻井泥浆助剂、污泥处理剂、脱水剂、增稠剂等；日用化工用作保香剂、化妆品、保湿润剂等；医疗卫生方面用于小儿一次性尿布、妇女卫生巾等。

10.2.3　纤维素高吸水树脂

英文名称：*cellulose-g-acrylic water absorbent resin*

分子式：Cell-$(C_3H_3O_2Na)_n$

（1）性能指标

外观	白色粉末状固体	吸盐水倍率（0.9%氯化钠溶液）	90～100
吸水倍率	800～900g/g		

（2）生产原料与用量

纤维素	工业级	904.8	氮气	工业级	35
丙烯酸	纯度>90%	168.4	丙烯酸钠	工业级	7
甲醇	工业级	25	引发剂（硝酸铈铵）	工业级	5～25

（3）生产原理　纤维素与淀粉类似，可作为接枝共聚体的骨架高分子。接枝单体除丙烯腈外，还可使用丙烯酰胺、内烯酸等，所得产品成片状。纤维素接枝丙烯酸生产纤维素系高吸水性树脂的原理是首先引发使纤维素成为初级自由基，然后再引发丙烯酸单体，成为纤维素-丙烯酸自由基，继续与丙烯酸进行链增长，最终链终止而得到产品。

（4）生产工艺流程（参见图10-3）　为了更好地进行聚合反应，必须先把天然纤维素分散在水及甲醇的混合液中，在氮气流下加热至50℃，搅拌1h使其分散，冷却至30℃。

在聚合反应器D101中，加入丙烯酸、丙烯酸钠、催化剂，反应温度为60℃，反应时间为6h，得到白色聚合物。经过滤机L101滤除杂质，洗涤后经干燥器L102干燥、粉碎机L103粉碎，得到固体接枝物。

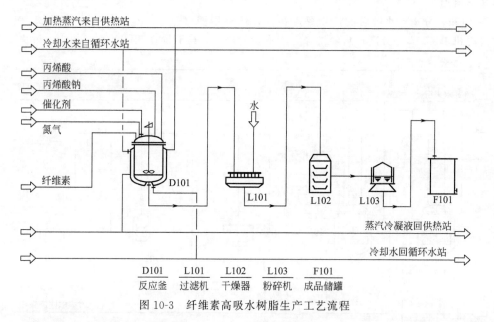

| D101 | L101 | L102 | L103 | F101 |
| 反应釜 | 过滤机 | 干燥器 | 粉碎机 | 成品储罐 |

图10-3　纤维素高吸水树脂生产工艺流程

（5）产品用途　超强吸水剂的优良性决定了它具有广泛的应用前景。例如生理卫生用品、医疗医药等行业。由于纤维素来源非常广，易于获得而且价廉，是制造吸水性材料的良好原料，纤维素系高吸水性树脂的用途将越来越广泛。

10.2.4　苯乙烯-有机硅氧烷系嵌段共聚物

英文名称：styrene-siloxane block copolymer

结构式：$C_4H_9-(C_3H_8)_a(C_2H_6SiO)_b$

（1）性能指标

| 外观 | 柔软的薄膜 | 相对分子质量范围 | 7000～300000 |
| 界面接触能 | 12dyn/cm | | |

（2）生产原料与用量

苯乙烯	工业级	295.4	己烷	工业级	20～60
二氯聚二甲基硅氧烷	工业级	774.9	催化剂 $FeCl_3-HCl$	工业级	5～15
丁基锂	工业级	1～3			

（3）生产原理　用活性聚苯乙烯来引发硅氧烷聚合形成苯乙烯和二甲基硅氧烷嵌段共聚物：

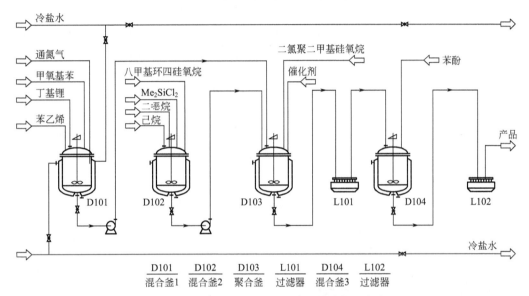

（4）生产工艺流程（参见图10-4） 在氮气保护下，在一定温度时将 295.4kg 苯乙烯与甲氧基苯、苯一起加入混合釜 D101 搅拌，然后加入溶于己烷的丁基锂，此时产生红色溶液。向反应釜 D103 中加入 774.9kg 二氯聚二甲基硅氧烷，然后将 D101 釜中溶液经料泵分批注入，以 $FeCl_3$-HCl 为催化体系。此反应在溶解于己烷和二噁烷的八甲基环四硅氧烷和 Me_2SiCl_2 的调聚作用下反应。所得共聚物经过滤器 L101 过滤，然后再经混合釜 D104 中和过量苯酚混合，最后经过滤干燥得产品。

D101	D102	D103	L101	D104	L102
混合釜1	混合釜2	聚合釜	过滤器	混合釜3	过滤器

图 10-4 苯乙烯-有机硅氧烷系嵌段共聚物生产流程

（5）产品用途 苯乙烯-有机硅氧烷嵌段共聚物能改善塑料和橡胶的物理性能。如掺入苯乙烯均聚物中可改善苯乙烯均聚物的润滑性，降低聚苯乙烯的表面张力。

10.2.5 亚氨基二乙酸型螯合树脂

英文名称：iminodiacetic acid type chelating resin

分子式：$C_{24}H_{25}O_4Na_2$

（1）性能指标

交换容量	≥0.6mg/mL	湿表观密度	0.7~0.8g/cm³
粒度	0.3~1.2mm	膨胀率（$H^+ \rightarrow Na^+$）	30%~40%
外观	淡黄色不透明状颗粒	最高使用温度	100℃
水分	45%~55%	pH 使用范围	1~5
湿密度	1.10~1.15g/cm³		

（2）生产原料与用量

苯乙烯	98%	350	亚氨二乙酸	工业级	500
二乙烯基苯	40%	80	过氧化苯甲酰	工业级	1.5~5
氯甲基甲醚	40%	750			

（3）生产原理 将苯乙烯-二乙烯基苯共聚物，经氯甲基化后，再引入亚氨二乙酸基团而成。反应如下：

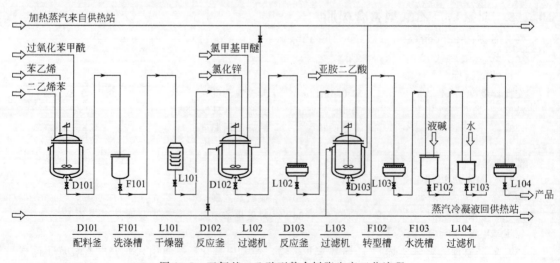

(苯乙烯-二乙烯基苯共聚物)

(亚氨基二乙酸)

(苯乙烯-二乙烯基苯-亚氨基二乙酸型螯合树脂-螯合H⁺)

(苯乙烯-二乙烯基苯-亚氨基二乙酸型螯合树脂-螯合Na⁺)

（4）生产工艺流程（参见图10-5）

① 共聚珠体的制备 将原料苯乙烯和二乙烯基苯胺一定比例投入配料釜 D101 中，加入引发剂过氧化苯甲酰，搅拌升温，进行聚合反应。反应结束后，在洗涤槽 F101 中洗涤、在干燥器 L101 中干燥，过筛即得所需的共聚珠体。

② 氯甲基化反应 将氯甲基甲醚和共聚珠体投入反应釜 D102 中，搅拌控温膨胀 2h，降温后加氯化锌，反应完后，物料在离心过滤机 L102 中滤除氯甲醚残液，干燥。

③ 胺乙酸化 将"氯珠"投入反应釜 D103 中，溶胀数小时，滴加亚氨二乙酸，反应完后，

图 10-5 亚氨基二乙酸型螯合树脂生产工艺流程

现代精细化工生产工艺流程图解

经离心过滤机 L103 过滤、洗涤，加入转型槽 F102 中，用液碱将 H⁺ 型树脂转变成 Na⁺ 型，在 F103 中水洗，经过滤机 L104 过滤，干燥，包装得成品。

(5) 产品用途　主要用于分离碱金属和稀土金属溶液中的二价和三价阳离子。在冶金工业上用以分离镍钴等，回收废水中的汞等。

10.2.6　聚亚烷基多胺型螯合树脂

英文名称：polyalkylene polyamine-type chelating resin

分子式：$C_{10}H_{19}O_4N(C_2H_5N)_n$

(1) 性能指标

氯含量	2.4%	吸附容量	Cu^{2+}	1.93mmol/g
氮含量	11.64%	吸附容量	Ag^+	1.45mmol/g
吸附容量	Hg^{2+} 5.23mmol/g	吸附容量	Zn^{2+}	0.91mmol/g

(2) 生产原料与用量

β-氯乙基缩水甘油醚	含量>98.0%	1120	多亚烷基多胺	含量>99%	249
无水碳酸钠	含量>98.0%	440			

(3) 生产原理　以聚醚为母体的聚亚烷多胺型螯合树脂的制备，是以 β-氯乙基缩水甘油醚的均聚物为预聚物，与多亚烷基多胺进行胺化反应得产物。反应式如下：

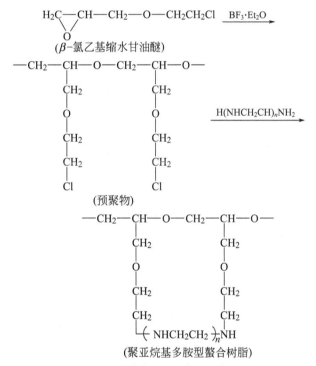

(4) 生产工艺流程（参见图 10-6）　将 β-氯乙基缩水甘油醚的均聚物、无水多亚烷基多胺和甲苯加入配料釜 D101 中，混合均匀后投入装有无水碳酸钠和甲苯的反应釜 D102 中，搅拌下加热至回流温度，在激烈搅拌下反应，反应结束后冷却，在过滤器 M101 中过滤，把所得固体投入洗涤槽 F101 中，用 5% 硝酸浸泡、再用水洗涤，用丙酮抽提，所得固体在干燥器 L102 中干燥即得黄色成品。

(5) 产品用途　在金属离子的分离和富集、环境保护、水处理以及海水资源的综合利用等领域都有较大的实用价值。

10.2.7　醌类氧化还原树脂

英文名称：quinines redox resin

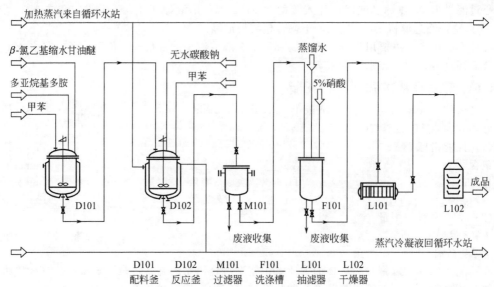

加热蒸汽来自循环水站

β-氯乙基缩水甘油醚

多亚烷基多胺

甲苯

无水碳酸钠

甲苯

蒸馏水

5%硝酸

成品

D101　D102　M101　F101　L101　L102

废液收集　废液收集　蒸汽冷凝液回循环水站

D101	D102	M101	F101	L101	L102
配料釜	反应釜	过滤器	洗涤槽	抽滤器	干燥器

图 10-6　聚亚烷基多胺型螯合树脂生产工艺流程

分子式：$(C_8H_8O_2)_n$

（1）性能指标

外观	棕黑色粉末状固体	交换量	7mmol/g

相对分子质量　　　　3200 左右

（2）生产原料与用量

对苯二酚	含量≥99%	89	氢氧化钠	工业级，含量95%	4
甲醛	工业级，含量37%	63			

（3）生产原理　对苯二酚与甲醛在碱性条件下反应聚合，即得产品。具体反应方程式如下：

$$OH-benzene-OH + CH_2O \longrightarrow$$

（4）生产工艺流程（参见图 10-7）　先向催化反应釜 D101 内通氮气，将空气置换尽后，在氮气保护下将对苯二酚、甲醛与氢氧化钠按一定比例加入，温度控制在 100℃，然后缓慢升到 180℃，使之固化。产物投入粉碎机 L101 中粉碎，置于水回流釜 D102 内回流 3h，送到苯回流釜 D103 回流 2h，经过滤器 M101 过滤，干燥器 L102 干燥即得产品。

（5）产品用途　可用作化学反应的氧化剂或还原剂，制取过氧化氢、抗氧化剂、彩色显影液的非扩散性还原剂等；可用于纯化单体、废水处理、治疗疾病；用作半导体、氧化还原指示纸及配合生化合成制取多种生化活性物质等。

10.2.8　硫醇类聚苯乙烯硫醇氧化还原树脂

英文名称：thiol redox thiols polystyrene resin

分子式：$(C_8H_8S)_n$

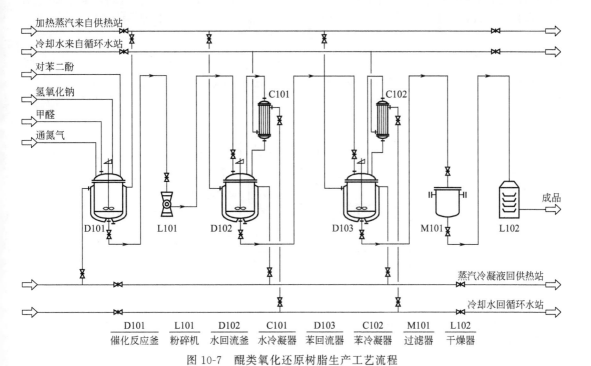

图 10-7 醌类氧化还原树脂生产工艺流程

（1）性能指标

外观	白色颗粒状固体	溶解性	不溶于甲醇、汽油，部分溶于苯、
交换量	4.3mmol/g		环己烷，溶于碱

（2）生产原料与用量

聚苯乙烯	工业级	740	硫黄粉	工业级	1～5
黄原酸钾乙酯	工业级	1290	硫酸	98％，工业级	1～3
硝酸	工业级	20	20％氢氧化钠	溶液	适量
硫化钠	工业级	2～6			

（3）生产原理 聚苯乙烯硝化，还原为对氨基苯乙烯再经过偶氮化处理后与黄原酸钾乙酯反应，产物经过碱、酸洗后，干燥即得产品。具体反应方程如下：

（4）生产工艺流程（参见图 10-8） 聚苯乙烯在硝化釜 D101 中经硝酸硝化后，然后经分离器 L101 分离、水洗釜 D102 水洗后，送入还原釜 D103，加入硫化钠与硫黄粉加热使之还原为对氨基聚苯乙烯。物料输入重氮化槽 F101 中，将对氨基聚苯乙烯于低温重氮化后，和黄原酸钾乙酯在偶合反应釜 D104 内反应，生成不溶物，中间体经过 L103 离心过滤后，送到水解釜 D105 用碱液水解后，送到酸化釜 D106 内用硫酸作酸化处理，过滤干燥后，包装即得产品。

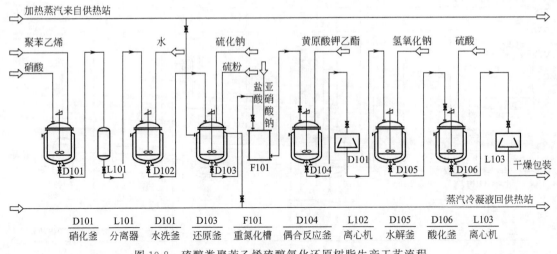

图 10-8　硫醇类聚苯乙烯硫醇氧化还原树脂生产工艺流程

（5）产品用途　用作还原剂，在生物系统中代替或可复活酶，同时去掉生物体内特定位置的氧化剂。

10.2.9　聚乙烯基吩噻嗪氧化还原树脂

英文名称：polyvinyl phenothiazine redox resin

分子式：$(C_{14}H_{10}NS)_n$

（1）性能指标

外观	灰绿色颗粒状固体
溶解性	溶于吡啶、二甲基甲酰胺、二噁烷、四氢呋喃等

（2）生产原料与用量

吩噻嗪	工业级，含量≥99％	89	乙炔		11
氨基钠	工业级	17	醋酐	工业级	42

（3）生产原理　吩噻嗪经过强碱氨基钠处理后，与乙炔反应生成乙烯基吩噻嗪，再与醋酐反应乙酰化并聚合，乙醇钠水解后，即得产品聚乙烯基吩噻嗪。具体反应式如下：

（吩噻嗪）　　（N-乙烯基吩噻嗪）

（聚N-乙酰基乙烯基吩噻嗪）　　（聚乙烯基吩噻嗪）

（4）生产工艺流程（参见图 10-9）　将高压反应釜 D101 用氮气置换后，加入一定量吩噻嗪、溶剂四氢呋喃、强碱氨基钠，最后通入乙炔气，维持压力 1.5MPa，在 60℃下反应 8～10h，得乙烯基吩噻嗪，产物经水洗釜 D102 水洗后，送入酰化釜 D103，在乙醇溶剂中与醋酐沸腾下反应 15h，得乙酰化聚合物。在水解反应釜 D104 内乙醇钠与四氢呋喃混合体系回流水解 2h，再经 D105 中和、M101 过滤、D106 重结晶、L101 干燥即得产品。

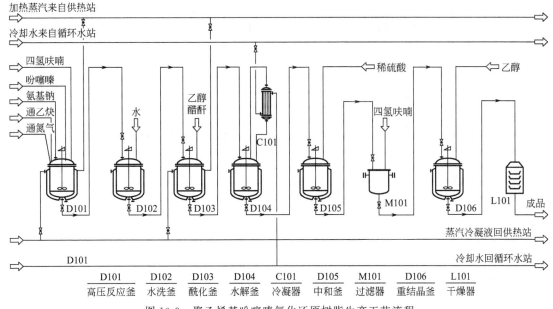

图 10-9　聚乙烯基吩噻嗪氧化还原树脂生产工艺流程

（5）产品用途　主要用于氧化还原反应的指示剂、显色剂等。

10.2.10　丙烯腈-苯乙烯无规共聚物

英文名称：acrylonitrile-styrene random copolymer

分子式：$[(C_8H_8)_m C_3H_3N]_n$

（1）性能指标

苯乙烯含量	$<1000\times10^{-6}$	热变形温度	$87\sim104℃$
丙烯腈含量	$<300\times10^{-6}$	体积电阻	$10^{16}\Omega\cdot cm$
拉伸强度	$61.94\sim82.71MPa$	成型收缩率	$0.3\%\sim0.7\%$

（2）生产原料与用量

苯乙烯	工业品，含量≥99.6%	760	丙烯腈	工业品，含量≥99.0%	270

（3）生产原理　由苯乙烯和丙烯腈经本体聚合法制成苯乙烯-丙烯腈共聚物。总反应式如下：

$$n\left[\begin{matrix}CH_2=CH\\ \\ \end{matrix} + CH_2=CH \atop CN\right]_m \longrightarrow \left(CH_2-CH\right)_m CH_2-CH \atop CN \Bigg]_n$$

（4）生产工艺流程（参见图 10-10）　按 m（苯乙烯）：m（丙烯腈）＝$(75\sim77):(23\sim25)$ 的质量配比，由预热器 L101 加热到 40℃。经过滤器 M101、混合器 D101 进入聚合釜 D102 进行满釜反应。反应温度为 $120\sim150℃$，压力 $0.2\sim0.3MPa$。由聚合釜出来的物料送至脱挥器 L102、L103，两次脱挥后除去大部分未反应的苯乙烯和丙烯腈。物料再经风干、切粒、过筛、储藏包装出厂。

（5）产品用途　丙烯腈-苯乙烯无规共聚物树脂在电器、机械、汽车制造、蓄电池箱内部装饰件、文具杂品和 ABS 掺合等方面有着广泛的用途。

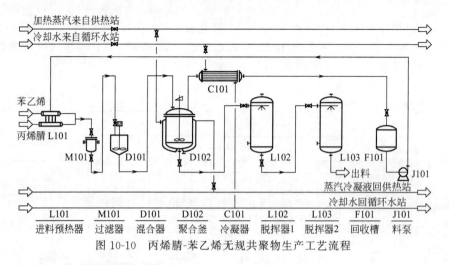

图 10-10　丙烯腈-苯乙烯无规共聚物生产工艺流程

L101	M101	D101	D102	C101	L102	L103	F101	J101
进料预热器	过滤器	混合器	聚合釜	冷凝器	脱挥器1	脱挥器2	回收槽	料泵

10.2.11　乙烯-醋酸乙烯共聚物

英文名称：ethylene-vinyl acetate copolymer，EVA

分子式：$[(C_2H_4)_x(C_4H_6O_2)_y]_n$

（1）性能指标

醋酸乙烯含量	14%±1.0%	维卡软化点	63～64℃
熔体流动速率	(5.0±2.0) g/10min	熔点	85～93℃
密度	0.935g/cm³	固体黏度	0.40～0.60
拉伸强度	13.72～15.68MPa	硬度（邵氏）	A 93.5；D 32.5
伸长率	650%～700%	脆化温度	<-70℃

（2）生产原料与用量

乙烯	纯度>99.9%	103	醋酸乙烯	纯度>99.0%	77

（3）生产原理　用高压本体法制备，具体反应式如下：

$$nx\ CH_2{=}CH_2 + ny\ CH_2{=}CH \longrightarrow \left[(CH_2{-}CH_2)_x(CH_2{-}CH)_y\right]_n$$

（4）生产工艺流程（参见图 10-11）　将醋酸乙烯、引发剂、分子量调节剂及经过 J101、J102 二次压缩的乙烯按照一定配比按一定流量输入高压管式反应器 D101 中，于 200～220℃和 150～

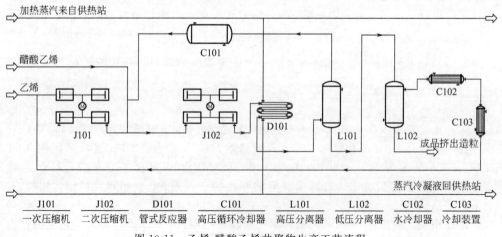

J101	J102	D101	C101	L101	L102	C102	C103
一次压缩机	二次压缩机	管式反应器	高压循环冷却器	高压分离器	低压分离器	水冷却器	冷却装置

图 10-11　乙烯-醋酸乙烯共聚物生产工艺流程

160MPa压力下进行聚合反应，即得含15％～30％醋酸乙烯的共聚物。粗产物与未反应的气体首先在20～30MPa的高压分离器L101分离，未反应的气体经高压循环系统C101重新参加反应。从高压分离器分离出来的醋酸乙烯，再经低压循环系统从新参加反应。聚合物从低压分离器L102分离出来，经挤出、切粒、干燥得EVA产物。

（5）产品用途　可代替部分PVC和橡胶，还可用于电缆护套、包装和农用薄膜、泡沫制品、医用材料、钙塑材料、层合材料、垫圈及热熔胶黏剂等。

10.2.12　乙烯-醋酸乙烯-丙烯酸接枝共聚物

英文名称：ethylene-vinyl acetate-acrylic acid graft copolymer

分子式：$[(C_2H_4)_n(C_4H_6O_2)_m(C_3H_3O_2)_l]_x$

（1）性能指标

接枝率	5％～50％	粘接强度（与铝箔）	5～40N/cm
拉伸强度	50～150kg/cm²		

（2）生产原料与用量

乙烯-醋酸乙烯共聚物（EVA）MI 5％～150％　950　　引发剂（有机过氧化物）　　　　　10～50
　　　　　　　　　　　　VA 10％～30％　　　　助剂（碳酸氢钠、四氯化碳等）工业品　适量
丙烯酸（AA）　　聚合级　　　　70

（3）生产原理　采用浸渍渗透法，将引发剂、单体和EVA在氮气的保护下经自由基聚合而制得。反应式如下：

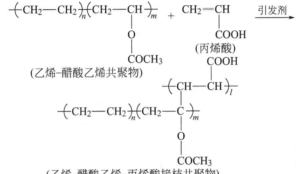

（乙烯-醋酸乙烯-丙烯酸接枝共聚物）

（4）生产工艺流程（参见图10-12）　将丙烯酸、引发剂、助剂（碳酸氢钠、四氯化碳）按比

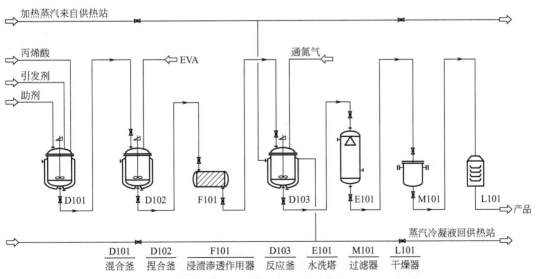

D101	D102	F101	D103	E101	M101	L101
混合釜	捏合釜	浸渍渗透作用器	反应釜	水洗塔	过滤器	干燥器

图10-12　乙烯-醋酸乙烯-丙烯酸接枝共聚物生产工艺流程

例加入混合釜 D101 中，室温下混合均匀后转入捏合釜 D102 中。按不同产品性能要求，将 EVA 以一定比例加入 D102 中混合均匀，然后导入浸渍渗透作用器 F101 中，浸渍、混合 2～3h。再将物料转入反应釜 D103 中，在氮气保护下，加热反应 4～6h。趁热抽真空除去未反应的 AA 单体，出料后经水洗塔 E101、过滤器 M101、干燥器 L101 得成品。

（5）产品用途　可增韧改性尼龙等极性高聚物，使之抗冲击强度提高 300%～400%。在用玻璃纤维或矿物质填充的聚合物中作为化学偶联剂，增加界面结合能力。在复合材料中可用于制成电缆屏蔽层、食品包装袋等。

10.3　光功能高分子材料

10.3.1　紫外正性光刻胶

英文名称：ultraviolet positive photoresist

主要成分：甲酚醛树脂、感光剂、溶剂和添加剂

（1）性能指标

固含量	10%～50%（根据实际要求合成）
黏度	根据实际要求选定
光敏性	最大紫外吸收波长 340～400nm，感光波长 500nm
水分	<0.5%（质量分数）
灰分	<30×10^{-6}
金属杂质	各项杂质<1×10^{-6}

（2）生产原料与用量

215 酰氯	含量（氯值）≥98%	70
丙酮	含量≥95%（体积分数）	700～800
混酚	有效酚含量≥95%（质量分数）	350
甲醛	含量 36%～37%（质量分数）	200
三羟基二苯甲酮	含量≥98%（质量分数）	40～50
乙二醇单乙醚乙酸酯	含量≥98%（体积分数）	650～700
草酸	含量≥95%（质量分数）	1～3

（3）合成原理　紫外正性光刻胶由甲酚醛树脂、感光剂、溶剂和添加剂组成。甲酚醛树脂和感光剂的合成反应式如下：

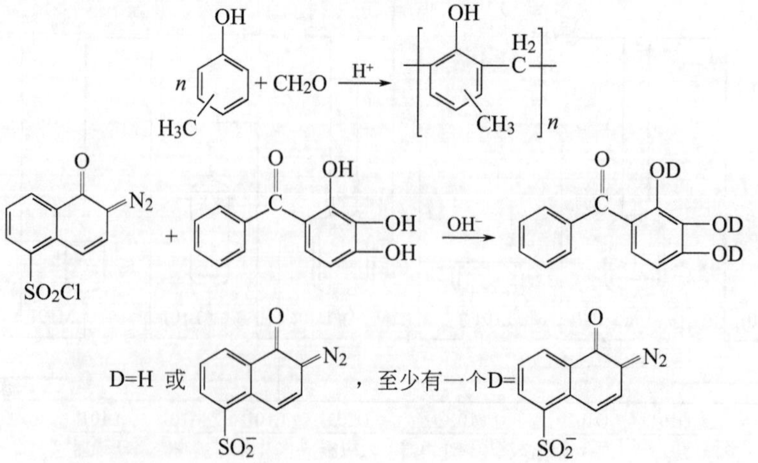

D=H 或 ，至少有一个 D=

（4）生产工艺流程（参见图 10-13）

① 合成甲酚醛树脂　将原料混酚和甲醛送入不锈钢釜 D101，加入适量草酸为催化剂，加热回流反应 5~6h，然后经 B101 减压蒸馏去除水及未反应的单体酚，得到甲酚醛树脂。

② 合成感光剂：将丙酮、三羟基二苯甲酮、215 酰氯加至酯化釜 D102 中搅拌下溶解，待完全溶解后滴加催化剂有机碱溶液，控制反应温度 30~35℃。滴加完毕后，继续反应 1h。将反应液倒入冷水中，感光剂析出，再经 L101 分离、L102 干燥得感光剂。

③ 配胶：将合成的树脂、感光剂与溶剂及添加剂按一定比例加入 D103 中混合配胶。调整胶的各项指标使之达到要求，然后光刻胶首先经过板框式过滤器 L103 过滤，然后转入超净间（100 级）进行超净过滤，滤膜孔径 0.2μm。经超净过滤的胶液分装即为成品。

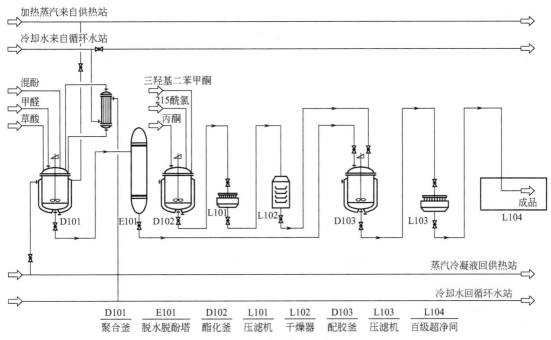

图 10-13　紫外正性光刻胶生产工艺流程

（5）产品用途　适用于大规模、超大规模集成电路、半导体电子元件器件的生产及光学器件的加工。除了用于接触曝光外，还可以用于投影曝光、剥离技术、多层抗蚀剂加工及干法腐蚀等微细加工和分步重复曝光等方面。产品适应半导体和微电子工业不同工艺和胶膜厚度的需要。高黏度正胶适用于半导体器件及大功率晶体管光刻制作工艺。

10.3.2　紫外负性光刻胶

英文名称：ultraviolet negative photoresist

主要成分：环化聚异戊二烯、交联剂（2,6-双对氮叠苯亚苄基环己酮）

（1）性能指标

| 固含量 | 根据实际要求 | 水分 | <0.5%（质量分数） |
| 黏度 | 根据实际要求 | 应用实验 | 合格 |

（2）生产原料与用量

聚异戊二烯橡胶	重均分子量 30 万~40 万		对苯二酚	工业品	0.5~1
		120~130	交联剂（2,6-双对氮		
二甲苯	含量≥95%	900~950	叠苯亚苄基环己酮）	含量≥95%	3~4

（3）合成原理　由聚异戊二烯在酸性催化剂作用下，经环化改性反应生产。反应式如下：

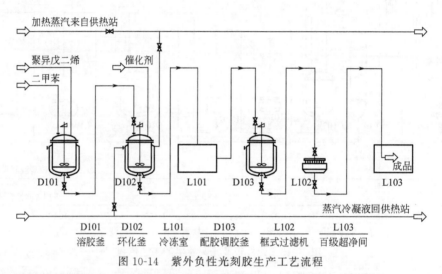

然后加入交联剂等，经过多级过滤，成为紫外负性光刻胶。

（4）生产工艺流程（参见图10-14）　首先将聚异戊二烯、二甲苯加入溶胶釜D101中，室温下搅拌使聚异戊二烯充分溶解。物料导入环化釜D102，将温度升至105℃，加入环化催化剂，保持反应温度105～110℃进行环化，反应过程中不断监测聚异戊二烯环化的程度，到达规定程度时，加入终止剂对苯二酚，在L101中冷冻去除催化剂。物料继续输送到调胶配胶釜D103，在环化橡胶溶液中加入交联剂，并调整胶液的各项应用参数达到要求，经L102框式过滤，转入L103百级超净间进行超净过滤，滤膜孔径0.2μm。洁净度达标后，分装。

图 10-14　紫外负性光刻胶生产工艺流程

（5）产品用途　主要用于中小规模集成电路、分离器件、半导体器件及其他微型器件的光刻。

10.3.3　聚乙烯醇肉桂酸酯

英文名称：poly（vinyl cinnamate）

分子式：$(C_{11}H_{10}O)_n$

（1）性能指标

	A 型	B 型		A 型	B 型
抗蚀剂含量	9.0%±0.5%	8.0%±0.5%	灰分	<0.015%	<0.015%
黏度（25℃）	0.075～0.090Pa·s	0.065～0.075Pa·s	闪点	47℃	47℃
			杂质含量	Na⁺<1	Na⁺<1
水分	<0.2%	<0.2%		K⁺<1	K⁺<1

（2）生产原料与用量

聚乙烯醇	工业级，平均聚合度>1700	50	环己酮	工业品，沸点154～156℃	230～300
肉桂酸	工业品	260	丙酮	工业级	100～200
吡啶	工业级	200～300	5-硝基藜	工业级	100～150

（3）合成原理　采用吡啶法生产。首先由肉桂酸、氯化亚砜合成肉桂酰氯，反应式如下：

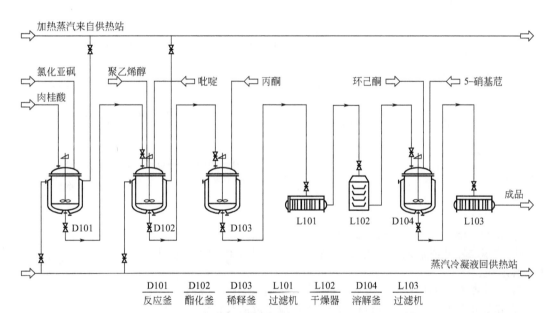

再在吡啶溶剂中进行酯化反应，合成反应如下：

（4）生产工艺流程（参见图10-15） 首先将肉桂酸及氯化亚砜加入反应釜 D101 内，控制 60～65℃下反应 3～5h 肉桂酰氯。然后将处理好的聚乙烯醇放入酯化釜 D102 中，升温至 95～100℃，PVA 在溶剂吡啶中膨润，在 50℃温度下滴加肉桂酰氯于酯化釜 D102 内进行酯化反应，反应 5h 后物料导入稀释釜 D103，再加丙酮稀释、在水中沉淀，经过 L101 过滤、洗净、L102 干燥后即得粗品。粗品在溶解釜 D104 内用环己酮及 5-硝基苊溶解后，再经 L103 过滤除去不溶杂质后得到产品。

图 10-15 聚乙烯酮肉桂酸酯生产工艺流程

（5）产品用途 在光刻工艺中做抗蚀涂层。用于制备集成电路、电子元件，并适用于印刷线路板、金属标牌、光学仪器、精密量具生产中的微细图形加工。

10.3.4 聚乙烯氧乙基肉桂酸酯

英文名称：poly（vinyl ethoxy cinnamate）

分子式：$(C_{13}H_{14}O_3)_n$

（1）性能指标

外观	淡黄色透明液体	水分	<0.2%
固体含量	10%～15%	灰分	<3%
黏度（25℃）	0.03～0.045Pa·s	金属杂质（Na、K、Mn、Fe、Al）	均<1×10⁻⁶

（2）生产原料与用量

氯乙醇	工业级	100	三乙胺	工业品	20
硫酸	工业级	5.8	碘甲烷	工业品	30
肉桂酸	工业品	13	三氟化硼	工业级	1.6
烧碱	>30%，工业级	10	乙醚	工业品	2.2

（3）合成原理　乙烯氧乙基肉桂酸酯的合成通常是先制备 2,2'-二氯二乙基醚、2-氯乙基乙烯基醚及肉桂酸钠等中间体，然后合成乙烯氧乙基肉桂酸酯后再进行聚合。反应步骤如下。

① 二氯二乙基醚的制备

$$2ClCH_2CH_2OH \xrightarrow{H_2SO_4} ClCH_2CH_2OCH_2CH_2Cl + H_2O$$

② 2-氯乙基乙烯基醚的制备

$$ClCH_2CH_2OCH_2CH_2Cl + NaOH \xrightarrow{200\sim220℃} ClCH_2CH_2OCH=CH_2 + NaCl + H_2O$$

③ 肉桂酸钠的合成

④ 乙烯氧乙基肉桂酸酯的合成及聚合

⑤ 乙烯氧乙基肉桂酸酯的聚合

（4）生产工艺流程（参见图 10-16）

① 将氧乙醇、硫酸加入反应釜 D101 中，经脱水反应生成二氯二乙基醚。

② 二氯二乙基醚加入反应釜 D102 中，在氢氧化钠作用下，加热至 200～220℃制得 2-氯乙基乙烯基醚。

③ 由氢氧化钠和肉桂酸在反应釜 D103 中作用生成肉桂酸钠。

④ 由碘甲烷与三乙胺在反应釜 D104 中反应生成的碘化甲基三乙基胺。

⑤ 把上述反应生成的肉桂酸钠、碘化甲基三乙基胺加入反应釜 D105 中，控制在 70～90℃下反应 3～5h 生成乙烯氧乙醇肉桂酸酯单体。

⑥ 经 E101 精馏后的单体乙烯氧乙醇肉桂酸酯，在三氟化硼-乙醚催化剂作用下在聚合釜 D106 内于低温进行阳离子聚合得到聚乙烯氧乙基肉桂酸酯。低温介质采用液氮。

（5）产品用途　用于超高频晶体管、微波三极管等半导体元件及中大规模集成电路制造，精密线条的复印，还能用于等离子腐蚀、等离子去胶等半导体工业中。

10.3.5　环化聚异戊二烯抗蚀剂

英文名称：cyclized polyisoprene resist

主要成分：环化聚异戊二烯、交联剂、稳定剂

（1）性能指标

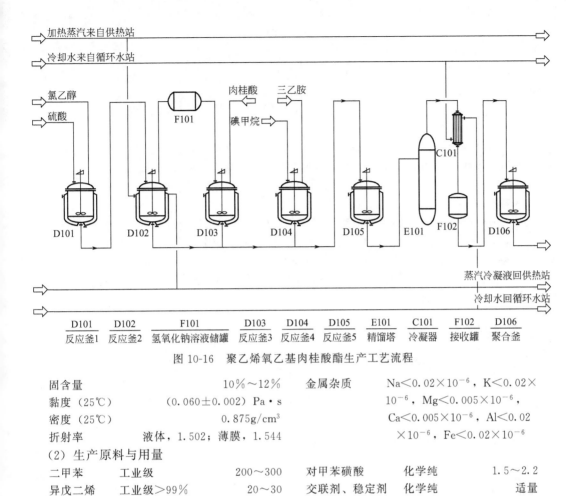

图 10-16　聚乙烯氧乙基肉桂酸酯生产工艺流程

D101	D102	F101	D103	D104	D105	E101	C101	F102	D106
反应釜1	反应釜2	氢氧化钠溶液储罐	反应釜3	反应釜4	反应釜5	精馏塔	冷凝器	接收罐	聚合釜

固含量	10％～12％	金属杂质	Na$<0.02\times10^{-6}$，K$<0.02\times$
黏度（25℃）	（0.060±0.002）Pa·s		10^{-6}，Mg$<0.005\times10^{-6}$，
密度（25℃）	0.875g/cm³		Ca$<0.005\times10^{-6}$，Al<0.02
折射率	液体，1.502；薄膜，1.544		$\times10^{-6}$，Fe$<0.02\times10^{-6}$

（2）生产原料与用量

二甲苯	工业级	200～300	对甲苯磺酸	化学纯	1.5～2.2
异戊二烯	工业级>99％	20～30	交联剂、稳定剂	化学纯	适量
丁基锂	化学纯	1～2			

（3）合成原理　传统的生产方法是将天然橡胶或聚异戊二烯经环化反应制得环化天然橡胶或环化异戊二烯橡胶。而现今生产上大多以异戊二烯为原料制备环化橡胶，该法又有二步法及连续制备法两种。二步法中第一步是将异戊二烯单体合成为聚异戊二烯，第二步将聚异戊二烯经环化反应制备环化橡胶然后经精制、配胶等工艺后制得抗蚀剂产品。连续制备法是由异戊二烯单体聚合成一定分子量的聚异戊二烯，然后停止聚合再连续环化的方法。合成反应如下：

① 聚合反应

② 环化反应

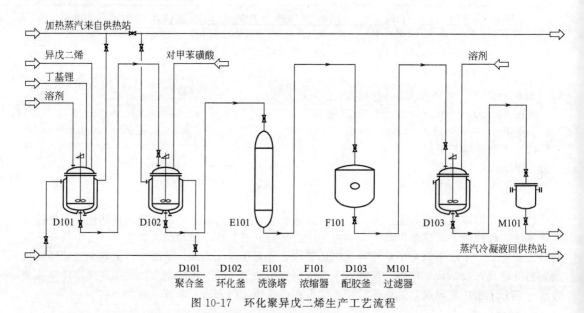

$$(C_5H_8)_n \rightarrow$$

（4）生产工艺流程（参见图 10-17）

① 将高纯度的异戊二烯加入聚合釜 D101，再加入经脱水精制过的二甲苯中，搅拌下溶解。加入引发剂丁基锂，控制温度 80~90℃，在聚合釜内进行聚合反应。

② 待聚合反应产物的分子量及黏度符合要求后，加入终止剂使聚合反应停止，同时降温，产物转入环化釜 D102。

③ 加入环化反应催化剂对甲苯磺酸进行环化反应，待环化反应进行到一定程度时加入环化反应终止剂，进入 E101 洗涤塔加水充分搅拌清洗反应液，使金属杂质、催化剂进入水层分离，清洗后物料经 F101 浓缩，后输送到配胶釜 D103 中。

④ 在配胶釜 D103 中，搅拌下再加入适量交联剂、稳定剂，搅拌均匀得到一定黏度和浓度的胶液，经过滤后得抗蚀剂产品。

D101	D102	E101	F101	D103	M101
聚合釜	环化釜	洗涤塔	浓缩器	配胶釜	过滤器

图 10-17　环化聚异戊二烯生产工艺流程

（5）产品用途　主要用于中、大规模集成电路、功率管、精密机械制造等方面的微细加工。

10.4　电磁功能高分子材料

10.4.1　聚对苯乙烯导电聚合物

英文名称：poly（p-phenylenevinylene）conducting polymer

分子式：$(C_{14}H_{10})_n(CHO)_2$

（1）性能指标

外观	具有类似金属的性质的固体		熔点	>400℃
电导率		100S/cm	分子式中平均 n 含量	9

（2）生产原料与用量

氯化对苯二甲基-三苯基磷	工业级	310	催化剂铝	工业级	3
对苯二甲醚	工业级	60	无水乙醇	工业级	适量

（3）合成原理　以氯化对苯二甲基-三苯基磷、对苯二甲醚为主要原料，通过 Wittig 反应合成，反应式如下：

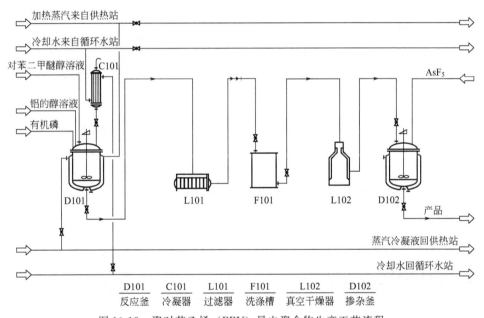

（4）生产工艺流程（参见图 10-18）

① 首先把原料氯化对苯二甲基二苯基磷（从乙醇、乙醚混合溶剂中结晶而得）与对苯二甲醛加入反应釜 D101 中，再加入无水乙醇，搅拌溶解。

② 将催化剂铝溶解于乙醇中配制成铝的乙醇溶液。将该溶液滴加于反应釜 D101 中。在 50～60℃反应 3～5h 溶液变成深橘红色，经 L101 过滤得明亮的柠檬黄沉淀物。

③ 用乙醇洗涤，L102 真空干燥得固体 PPV。

④ 与 AsF₅ 掺杂制得具导电性的 PPV 导电聚合物。所得产品用苯萃取，除去所含的低分子量的原料即可。

图 10-18　聚对苯乙烯（PPV）导电聚合物生产工艺流程

（5）产品用途　可用于制作导电塑料、电磁屏蔽材料、抗静电材料等。

10.4.2　聚对亚苯基导电聚合物

英文名称：polyparaphenylene conducting polymer

分子式：$(C_6H_4)_n$

（1）性能指标

外观		黑色晶体	电导率		1S/cm

（2）生产原料与用量

苯	无水，不含噻吩	150	盐酸	18%水溶液	812.5
三氯化铝	工业级	37.5	水	去离子水	100～150
氯化铜	工业级	18			

（3）合成原理　苯在催化剂的作用下与氯化铜反应，反应式如下：

$$n\ \bigcirc + 2n\ \mathrm{CuCl_2} \xrightarrow{\mathrm{AlCl_3}} \left[\!\!\left\langle\bigcirc\right\rangle\!\!\right]_n + 2n\ \mathrm{CuCl} + 2n\mathrm{HCl}$$

（4）生产工艺流程（参见图 10-19）　在氮气保护下，将苯与催化剂 $\mathrm{AlCl_3}$ 在反应器 D101 中混合，于 6～10℃下滴加去离子水，搅拌下再加入 $\mathrm{CuCl_2}$，在 31～32℃下保温反应 2h。经过 25 分钟的诱导期，反应物变成深紫色，有酸性气体排出。将反应物冷却到 15℃，加入 18% 冰的 HCl 水溶液，过滤，滤出物在 F101 中用水洗涤，然后用 10% HCl 水溶液洗，再用水洗。产物经 L101 过滤，导入 L102 在 120℃下真空干燥，得浅棕色粉状固体，即聚对亚苯基。

将聚对亚苯基与 $\mathrm{AsF_5}$ 在 D102 中进行掺杂反应，制得可导电的聚对亚苯基导电聚合物。

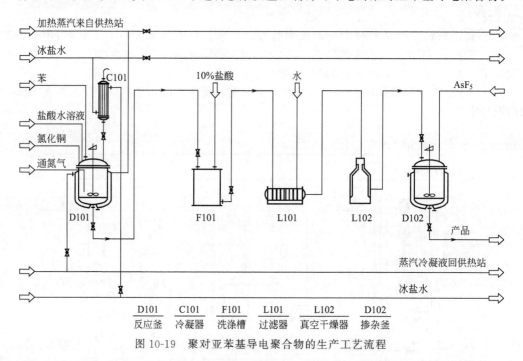

| D101 | C101 | F101 | L101 | L102 | D102 |
| 反应釜 | 冷凝器 | 洗涤槽 | 过滤器 | 真空干燥器 | 掺杂釜 |

图 10-19　聚对亚苯基导电聚合物的生产工艺流程

（5）产品用途　聚对亚苯基导电聚合物主要用于制作导电塑料，亦可作为电磁屏蔽材料、抗静电材料等。

10.4.3　聚噻吩导电聚合物

英文名称：polythiophene conducting polymer；PTH

分子式：$(\mathrm{C_4H_2S})_n$

（1）性能指标

外观	红色无定形固体，掺杂后则显绿色	性能	不溶不熔，有很高的强度
电导率	$10^{-16}\sim10^2\ \mathrm{S/cm}$		

（2）生产原料与用量

噻吩	工业级	420	甲醇	工业级	300～500
三氯化铁	工业级	4.5～10			

（3）合成原理　噻吩在三氯化铁催化剂的作用下聚合得到 PTH，反应式如下：

$$n\ \left\langle\!\!\!\bigcirc_{\mathrm{S}}\!\!\!\right\rangle \xrightarrow{\frac{1}{3}n\ \mathrm{FeCl_3}} \left[\!\!\left\langle\bigcirc_{\mathrm{S}}\right\rangle\!\!\right]_n$$

（4）生产工艺流程（参见图 10-20） 将噻吩与 $FeCl_3$ 混合投入反应釜 D101 中，加入甲醇溶剂，搅拌溶解，室温下搅拌进行聚合反应 2h。反应结束后，所得物料在洗涤槽 F101 中洗涤，再经 M101 过滤，得深棕红色固体物质即为 PTH。

将 PTH 与 Na_2BF_6、$FeCl_3 \cdot 6H_2O$ 在 D102 中掺杂，即可制得具有导电性的聚噻吩（PTH）导电聚合物。

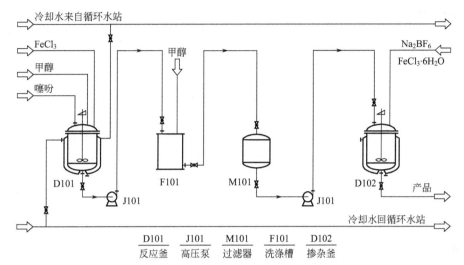

图 10-20　聚噻吩（PTH）导电聚合物的生产工艺流程

（5）产品用途 可用于有机太阳能电池、化学传感、电致发光器件等。聚噻吩（PTH）导电聚合物可熔融成型，用于生产导电性合金、电磁波屏蔽和抗静电材料等。聚噻吩的衍生物 PEDOT 是有机电致发光器件制备中重要的空穴传输层材料。

10.4.4　聚吡咯导电聚合物

英文名称：polypyrrole conducting polymer

分子式：$(C_4H_3N)_n$

（1）性能指标

外观	无定型黑色固体	性能	不溶不熔，200℃分解
电导率	最高可达 100S/cm		

（2）生产原料与用量

吡咯	工业级	340	甲醇	工业级	250～400
三氯化铁	工业级	3～8			

（3）合成原理 吡咯在催化剂三氯化铁的作用下聚合，反应式如下：

$$n\ \underset{\substack{| \\ H \\ \text{吡咯}}}{\boxed{}}N \xrightarrow{\frac{1}{3}nFeCl_3} \left[\underset{\substack{| \\ H \\ \text{聚吡咯}}}{\boxed{}}N\right]_n$$

（4）生产工艺流程（参见图 10-20） 将吡咯与三氯化铁混合投入反应釜 D101 中，加入甲醇溶剂，搅拌溶解，室温下搅拌聚合反应 2h。反应结束后，所得物料在洗涤槽 F101 中洗涤，再经 M101 过滤，得深棕红色固体物质即为具有导电性的聚吡咯（PPY）。

将 PPY 与 Na_2BF_6、$FeCl_3 \cdot 6H_2O$ 在 D102 中掺杂，即可制得具有导电性的聚吡咯（PPY）导电聚合物。

（5）产品用途 可熔融成型，用于生产导电性合金、电磁波屏蔽和抗静电材料。

10.5 医用高分子材料与高分子催化剂

10.5.1 聚丙烯酰胺水凝胶

英文名称：polyacrylamide hydrogel

分子式：$(C_8H_{12}O_2N_2)_n$

（1）性能指标

分子量	$(2.4\sim9.8)\times10^6$	平衡吸水率	93.9%～97.4%
吸水率	15.52%～37.29%		

（2）生产原料与用量（均为工业级）

丙烯酰胺	35	吩噻嗪	14～20
吡咯烷酮	100	四氢呋喃	150～200
多聚甲醛	60～80	甲基丙烯酸 N,N-二	
甲醇	150～200	甲氨基乙酯（DMAEMA）	1～3
浓盐酸	12～18	对硫酸钾	3～6
对甲苯磺酸	5～10		

（3）生产原理 N-[1-(2-吡咯烷酮基)甲基]丙烯酸胺（PyMAM）单体是由吡咯烷酮与多聚甲醛反应生成 N-羟甲基吡咯烷酮，再经甲醇醚化后，与相应的丙烯酸胺缩合反应而得。反应式如下：

$$\text{吡咯烷酮} + (CH_2O)_n \xrightarrow{\text{KOH}} \text{HMPy}$$

$$\text{HMPy} + CH_3OH \longrightarrow \text{MMPy}$$

$$\text{MMPy} + \text{丙烯酰胺} \longrightarrow \text{PyMAM}$$

PyMAM 单体进行自由基聚合，获得超高分子量的聚合物。

（4）生产工艺流程（参见图 10-21）

① HMPy 的合成 将吡咯烷酮加入聚合釜 D101 中，80℃时分批缓慢加入多聚甲醛，保持反应温度 75～80℃，继续反应 0.5h，冷却，反应混合物在 F101 中用苯重结晶。

② MMPy 的合成 将 HMPy 和甲醇加入聚合釜 D102 中，用浓盐酸调至 pH 为 2～3，室温下搅拌反应 2h。泵入中和釜 D103 中，加入适量浓盐酸，除去过量甲醛，经减压蒸馏塔 E101 减压蒸馏得无色透明液体 MMPy。

③ PyMAM 的合成 在聚合釜 D104 中加入 MMPy、丙烯酰胺、对甲苯磺酸吩噻嗪，在氮气保护下，搅拌加热，反应体系温度达 90～100℃时，有甲醇蒸出；继续加热至 150℃，约 1h 后停止反应。冷却后以丙酮为溶剂在 F102 中重结晶得 PyMAM。

④ 聚合物的合成 在聚合釜 D105 中加入 PyMAM 单体，以甲基丙烯酸 N,N-二甲氨基乙酯（DMAEMA）-对硫酸钾（KPS）为引发体系进行本体聚合，通氮气 5min，在室温下聚合反应 4～6h。产物导入 F103，加入四氢呋喃溶剂进行沉淀，然后在 F104 中用甲醇溶解；再于四氢呋喃中沉淀，反复 2～3 次，得 P（PyMAM）。

（5）产品用途 聚丙烯酰胺水凝胶是很有前途的医用水凝胶，并且在二次采油、分散剂、保护性膜及涂料等方面有广泛的用途。

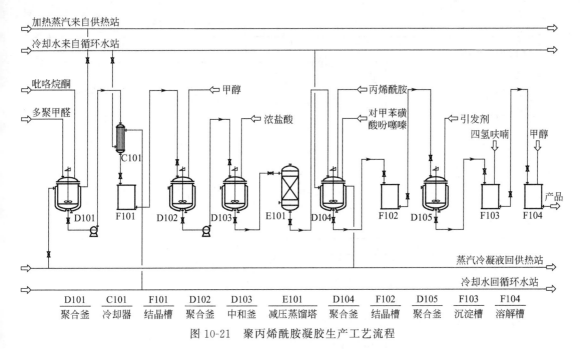

图 10-21 聚丙烯酰胺凝胶生产工艺流程

10.5.2 聚苯乙烯系高分子载体

英文名称：polystyrene polymer carrier

主要成分：聚苯乙烯，DMA，ASME，EBA

（1）性能指标

粒径	$200\sim2000\mu m$	甘氨酸含量	0.20mmol/g
质量比	PS/DMA/ASME＝10/2.9/0.42	溶解度	水 2.3g/g，甲苯 0.87g/g
含量（微量分析）	3.82％		

（2）生产原料与用量

聚苯乙烯	XAD 型，孔径 50Å 784.6	乙烯双丙烯酰胺（EBA）	工业级 20
N,N-二甲		二甲基甲酰胺水溶液	40％水溶液
基丙烯酰			$100\sim150$
胺（DMA）	工业级 227.5	过硫酸铵	工业级 $5\sim10$
丙烯酰 N-甲基		水	自来水 适量
甘氨酸甲基酯		四氢呋喃	工业品 适量
（ASME）	工业级 33	丙酮	工业品 适量

（3）生产原理　将聚苯乙烯珠粒（XAD 型）浸渍在含 DMA，ASME，EBA 单体的二甲基甲酰胺水溶液中即得到聚苯乙烯系高分子载体。

（4）生产工艺流程（参见图 10-22）

① 将 DMA，ASME，EBA 单体加入混合器 D101 中，再加入过硫酸铵、二甲基甲酰胺水溶液，室温下搅拌混合均匀后，泵入 F101 中。

② 将聚苯乙烯珠粒（XAD 型）加入 F101 中，将其浸在含 DMA、ASME、EBA 和过硫酸铵的二甲基甲酰胺水溶液中。

③ 在 80℃下的旋转式汽化器 D102 中旋转 1h，然后经 L101 粉碎。

④ 分别用水、四氢呋喃和丙酮在洗涤塔 E101 中清洗，最后再在萃取塔 E102 中用四氢呋喃萃取即得聚苯乙烯系高分子载体催化剂。

（5）产品用途　可作为高分子试剂、分子催化剂用于高分子、有机合成，亦可用于肽的合成。

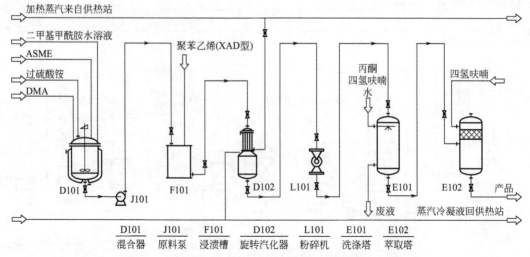

図 10-22 聚苯乙烯系衍生物高分子载体生产工艺流程

D101	J101	F101	D102	L101	E101	E102
混合器	原料泵	浸渍槽	旋转汽化器	粉碎机	洗涤塔	萃取塔

10.6 智能高分子材料

10.6.1 反式聚异戊二烯形状记忆树脂

英文名称：T trans-polyisoprene shape memory resin

结构式：

（1）性能指标

外观	白色固体	结晶速度	13.7min
门尼黏度	30Pa・s	玻璃化温度	68℃
熔体指数	0.7g/10min	熔点	67℃
结晶度	36%	密度（25℃）	0.96g/cm³

（2）生产原料与用量

反式1,4-聚异戊二烯	工业级	70～100	硬脂酸	工业级	1
顺式1,4-聚异戊二烯	工业级	0～30	锌白	工业级	5
环烷系油	工业级	0～30	硫黄	工业级	0.5
轻质碳酸钙	工业级，300目		过氧化异丙苯	工业级	3
		30～150	硫化促进剂	工业级	0～3

（3）生产原理　由反式1,4-聚异戊二烯、顺式1,4-聚异戊二烯、填料及交联剂等，经开式辊筒混炼机、一次成型硫化、二次成型、浸渍等工艺制得。

（4）生产工艺流程（参见图10-23）　将反式1,4-聚异戊二烯、顺式1,4-聚异戊二烯、填料及交联剂等，经开式辊筒混炼机 L101、密闭式混炼机或挤出机等混炼而得反式1,4-聚异戊二烯形状记忆树脂。一次成型硫化，将树脂在100℃，预热5min后，经 L101 压缩成型，在100℃维持5min，再在145℃加热30min而成。二次成型是在80℃预热10min后，经 L102 压缩成型，在这种状态下进一步加热100℃，然后维持形变下冷却至室温，整个二次成型即告结束。如果在60～90℃温水中将二次成型后的制品浸渍10min，制品就会恢复到一次成型时的形状。加热复原所需要的温度，基本上由反式1,4-聚异戊二烯的熔点来决定，但通过调节各组分的加量，在一定程度上也能进行控制。

（5）产品用途　主要应用于不同直径管子的连接材料、管道内外夹层覆盖材料、紧固件填缝

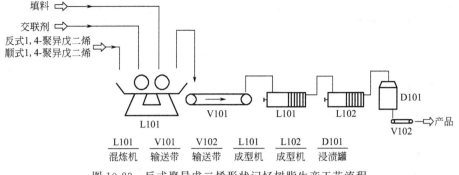

图 10-23 反式聚异戊二烯形状记忆树脂生产工艺流程

材料、固定敷料等医疗用固定器材、汽车保险杠、玩具等。

10.6.2 苯乙烯-丁二烯嵌段共聚物形状记忆树脂

英文名称：styrene-butadiene block copolymer shape memory resin

分子式：$(C_8H_8)_n(C_4H_6)_m$

（1）性能指标

外观	热塑性透明韧性树脂
密度	$1.01g/cm^3$
熔体流动速率	$8.0g/10min$
维卡软化点（0℃）	93
介电常数	2.5
拉伸应力	7.85MPa
拉伸强度	9.81MPa
伸长率	400%
回弹率	40%

（2）生产原料与用量

苯乙烯	＞99.6%	836.7
丁二烯	＞99%	167.1
丁基锂	分析纯	3.7
甲苯	工业级	25（溶剂损失）

（3）生产原理　以苯乙烯为主要原料，丁基锂为催化剂，首先将苯乙烯聚合生成苯乙烯基，然后与丁二烯聚合形成二嵌段聚合物（AB）。反应式如下：

$$C_4H_9-Li + m \; H_2C{=}CH\text{—}C_6H_5 \longrightarrow C_4H_9{+}CH_2{-}CH{-}]_m^- + Li^+$$

$$Li^+ + C_4H_9{+}CH_2{-}CH{-}]_m^- + n\,CH_2{=}CH{-}CH{=}CH_2 \xrightarrow{聚合偶合} PS\text{—}PBa\text{—}X\text{—}PBa\text{—}PS$$

PS—聚苯乙烯链段；PBa—聚丁二烯链段；X—偶合剂

（4）生产工艺流程（参见图 10-24）　将甲苯、苯乙烯加入混合釜 D101 中，再加入催化剂丁基锂，在 50～60℃下，搅拌 1h，导入聚合釜 D102。再加入丁二烯，继续搅拌反应 2h，导入 F101 后加入四氯化碳偶合，再于室温下搅拌反应 15h。粗产物经过滤、离心分离、干燥、造粒即得最终星形嵌段产品。

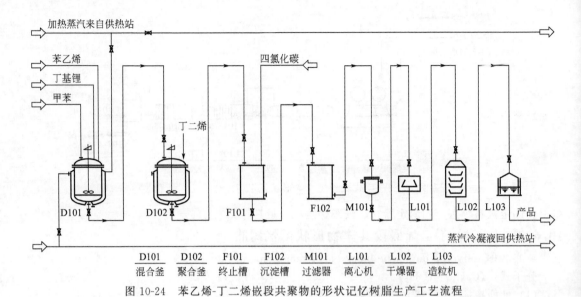

图 10-24　苯乙烯-丁二烯嵌段共聚物的形状记忆树脂生产工艺流程

（5）产品用途　可用于医疗、建筑、汽车、工艺品、包装、日杂、家电、文教用品等。

Chapter 11

第11章

精细化工合成与功能助剂

11.1 概述

近年来，我国石油化工、合成材料和精细化工工业有了较大的发展，它们所需要的配套助剂品种和数量也愈来愈多，助剂的应用已遍及国民经济的各个领域。助剂是精细化工行业中的一大类产品。它能赋予制品以特殊性能，延长使用寿命，扩大应用范围，改善加工效率，加速反应过程，提高产品收率。因此，助剂广泛应用于化学工业，特别是塑料、纤维、橡胶、胶黏剂、涂料等五大合成材料的制造加工，以及石油炼制、纺织、印染、农药、医药、造纸、食品、皮革等精细化工或相关工业部门。

11.1.1 助剂的定义和特点

广义地讲，助剂是泛指某些材料和产品在生产和加工过程中为改进生产工艺和产品的性能而加入的辅助物质。狭义地讲，加工助剂是指那些为改善某些材料的加工性能和最终产品的性能而分散在材料中，对材料结构无明显影响的少量化学物质。助剂亦称添加剂或配合剂、"工业味精"。因此，助剂有如下的特点。

（1）小批量、多品种 助剂是一个品种繁多的精细化工行业，众多的助剂产品采用小批量生产。

（2）添加量不一 添加量根据制品要求而定，悬殊很大。

（3）类型不一 有液体状、有粉末状，有小分子结构、也有大分子高聚物，有无机物，也有有机物。

（4）多种助剂复配使用 为了达到良好的效果，各类助剂常常配合使用；如果配合得当，不同助剂常常会相互增效，即达到所谓"协同作用"。

11.1.2 助剂的分类

随着化工行业的发展，加工技术的不断进步和产品用途的日益扩大，助剂的类别和品种也日趋增加，成为一个品目十分繁杂的化工行业。助剂的分类是比较复杂的。主要有以下两种分类方法。

（1）按应用对象分类 按应用对象可分为四大类，每一大类中又可根据具体应用对象分成若干小类。

① 高分子材料助剂 包括塑料、橡胶、纤维等使用的助剂。

塑料、纤维用助剂主要包括增塑剂、热稳定剂、光稳定剂、抗氧剂、交联剂和助交联剂、发泡剂、阻燃剂、润滑剂、抗静电剂、防雾剂、固化剂等。

橡胶用助剂主要有硫化剂、硫化促进剂、防老剂、抗臭氧剂、塑解剂、防焦剂、填充剂等。

② 石油工业用助剂　包括原油开采和处理添加剂、石油产品添加剂。

原油开采和处理添加剂主要有：钻浆添加剂、强化采油添加剂、原油处理添加剂等。

石油产品添加剂主要有：燃料和溶剂及其添加剂，润滑油、石蜡、沥青添加剂，油品中的抗氧剂、清净剂、分散剂、降凝剂、防锈添加剂、黏度添加剂等。

③ 纺织染整助剂　包括织物纤维的前处理助剂、印染和染料加工用助剂、织物后整理助剂。

织物纤维的前处理助剂主要有：净洗剂、渗透剂、浆料、化学纤维油剂、煮炼剂、漂白助剂、乳化剂等。

印染和染料加工用助剂主要有：消泡剂、匀染剂、胶黏剂、交链剂、增稠剂、促染剂、防染剂、拔染剂、还原剂、乳化剂、助溶剂、荧光增白剂、分散剂等。

织物后整理助剂主要有：抗静电整理剂、阻燃整理剂、树脂整理剂、柔软整理剂、防水及涂层整理剂、固色剂、紫外线吸收剂等。

④ 按应用对象分类还包括涂料助剂、医药助剂、农药助剂、食品添加剂、饲料添加剂、水泥添加剂、燃烧助剂等。

（2）按作用功能分类　按作用功能分类可分为 9 大类，如表 11-1 所示。每一大类中包括若干种类型助剂，这是概括所有应用对象的一种综合性分类方法。

表 11-1　助剂按作用功能的分类

作用功能	助剂类型
稳定化助剂	抗氧剂、光稳定剂、热稳定剂、防霉剂，防腐剂、防锈剂
改善机械性能助剂	硫化剂、硫化促进剂、防焦剂、偶联剂、交联剂、补强剂、填充剂、抗冲击剂
改善加工性能助剂	润滑添加剂、脱模剂、塑解剂、软化剂、消泡剂、匀染剂、胶黏剂、交链剂、增稠剂、促染剂、防染剂、乳化剂、分散剂、助溶剂
柔软化和轻质化助剂	增塑剂、发泡剂、柔软剂
改进表面性能和外观的助剂	润滑剂、抗静电剂、防雾滴剂、着色剂、固色剂、增白剂、光亮剂、防粘连剂、滑爽剂、净洗剂、渗透剂、漂白助剂、乳化剂、分散剂
难燃性助剂	阻燃剂、不燃剂、填充剂
提高强度、硬度助剂	填充剂、增强剂、补强剂、交联剂、偶联剂
改变味觉助剂	调味剂、酸味剂、鲜味剂、品种改良剂
改进流动和流变性能助剂	降凝剂、黏度指数改进剂、流平剂、增稠剂、流变剂

11.1.3　助剂的选择和应用

助剂的使用是一项很复杂的技术，在选择和使用助剂时应注意以下一些基本问题。

（1）助剂与聚合物的配伍性　助剂与聚合物的配伍性是指聚合物和助剂之间的相容性以及在稳定性方面的相互影响。一般而言，助剂必须长期稳定、均匀地存在于制品中才能发挥其应有的效能，因此要求聚合物与助剂之间有良好的相容性。如果相容性不好，助剂就容易析出，固体助剂的析出，俗称"喷霜"，液体助剂的析出，俗称"渗出"或"出汗"。析出后不仅失去作用而且影响制品的外观和手感。一般聚合物和助剂的相容性取决于它们结构的相似性，对于无机填充剂，由于它们和聚合物无相容性，因此要求细度小、分散性好。

（2）助剂的耐久性　助剂的损失主要通过挥发、抽出和迁移三条途径。挥发性大小取决于助剂本身的结构；抽出性与助剂在不同介质中的溶解度直接相关；迁移性是指助剂由制品中向邻近物品的转移，迁移性大小与助剂在不同聚合物中的溶解度有关。因此，选择助剂应结合产品来进行选择。

（3）助剂对加工条件的适应性　某些聚合物的加工条件比较苛刻（如加工温度高、时间长等），必须考虑助剂对加工条件能否适应。加工条件对助剂的要求最主要的是耐热性，即要求助剂在加工温度下不分解、不易挥发和升华。同时还要注意助剂对加工设备和模具可能产生的腐蚀作用。

（4）助剂必须适应产品的最终用途　助剂的选择常常受到制品最终用途的制约，不同用途的制品对所用助剂的外观、气味、污染性、耐久性、电气性能、热性能、耐候性、毒性等都有一定的要求。

（5）助剂配合中的协同作用和相抗作用　一种合成材料常常要同时使用多种助剂，这些助剂之间彼此会产生一定影响。如果相互增效，则起协同作用；如果彼此削弱各种助剂原有的效能，则起相抗作用。助剂配方研究的目的之一就是充分发挥助剂之间的协同作用，得到最佳的效果。

11.2　增塑剂

11.2.1　邻苯二甲酸二丁酯

中文别名：1,2-苯二甲酸二丁酯，邻酞酸二丁酯，酞酸二丁酯，增塑剂 DBP

英文名称：dibutyl phthalate

分子式：$C_{16}H_{22}O_4$

（1）性能指标（GB/T 11405—2006）

外观	无色透明油状液体	色泽（APHA）	≤20#
密度	1.045g/mL	酸值	≤0.1mgKOH/g
沸点	340℃	闪点	≥162℃
水溶解性	微溶，0.0013g/100mL		

（2）生产原料与用量

邻苯二甲酸酐	工业一级，≥99.3%	540kg	活性炭	工业级	1.7kg
正丁醇	工业一级，≥99.5%	560kg	碳酸钠	工业级	48kg
硫酸	工业级，92%	3kg	水	蒸馏水	适量

（3）合成原理

① 单酯的生成：在115℃时邻苯二苯酸酐很快地溶解于正丁醇中并相互反应形成邻苯二甲酸单丁酯，此反应不需要催化剂即可顺利进行且反应是不可逆的。其反应式如下：

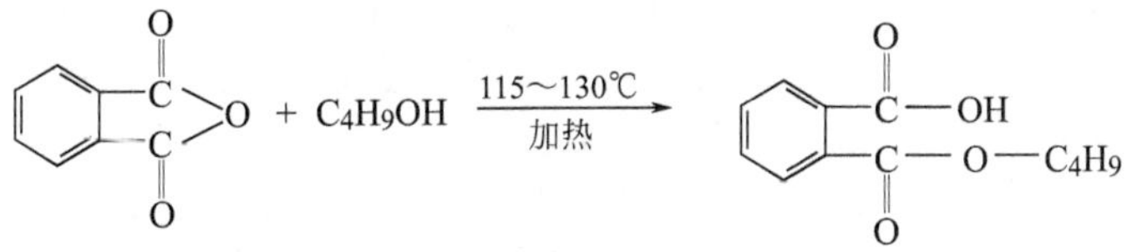

② 双酯的生成：在145～150℃下单酯在催化剂硫酸的作用下，与正丁醇生成双酯和水，此步反应是可逆反应，且进行很慢。其反应式如下：

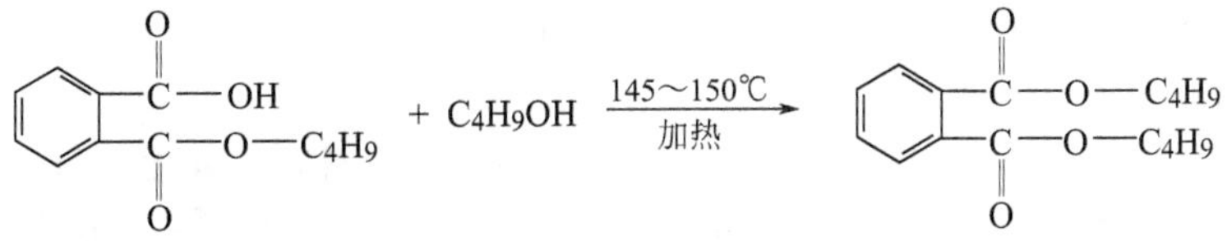

③ 中和反应：酯化合成的粗酯中，含有一定的酸度，这些酸度主要由未反应的催化剂硫酸、苯酐、单丁酯构成，加入纯碱中和除去。

（4）生产工艺流程（参见图 11-1）

① 酯化工序

a. 检查设备　先用 J102 泵将 F102 的正丁醇打入到酯化釜 D101 内，然后将邻苯二甲酸酐加入到酯化釜 D101 内，同时开启搅拌，再投入活性炭，用泵 J101 将 F101 的硫酸打入到酯化釜 D101 内。

b. 升温反应　先打开冷凝器的冷却水，打开脱水罐放空阀，以便随时除去体系内不凝性气体。然后打开夹套、盘管进汽阀通蒸汽慢慢升温，先控制蒸汽压力在 2kg/cm³。当液温升至 110℃ 以上时，开始沸腾。在不冲料的情况下，酯化反应在此沸腾状态下进行，在气相温度 94℃ 左右，丁醇-水共沸物经酯化塔进入冷凝器，经分层器分层后，丁醇流入酯化塔顶部，与汽化的共沸物进行质量交换后，经塔底流入酯化釜底，重新参与酯化反应。分层后的水流入脱水罐，当液温达到 125℃ 时，开回流阀门，由于酯化反应过程不断脱水，到一定时间后，蒸出物的水量逐渐减少，液相温度逐渐上升，当液温达到 145～150℃ 时，反应平稳，出水甚少，反应 4h 开始每隔 30min 取一次样，滴定酯化液酸度。当酸度达到 2mgKOH/g 以下时，反应完毕。停止蒸汽加热关回流阀门，开夹套冷却水，当液温降至 80℃ 左右时通知中和工序进行打料。

② 中和工序　称取约 48kg 纯碱加入 1500L 配碱槽，然后升温到 50～60℃，此时碱液浓度约 3%～4%，测相对密度在 1.03 左右。将碱液通过打碱泵打入高位计量槽。将酯化反应产物通过 J103 泵打入到中和釜 D102 内，物料要控制（70±2）℃然后开搅拌，同时打开半圈碱液阀门加碱液中和，加碱液时间控制在 20min，加完碱后搅拌 10min，停止搅拌，静止 45min 后，放废碱液，同时通过中控取样，控制酸值≤0.05mgKOH/g。

③ 水洗　为除去粗酯中夹带的碱液、钠盐等杂质，如防止粗酯在后续工序高温作业时引起泛酸和皂化，将粗醇进行水洗。水洗的操作方法与中和类似，采用非酸性催化剂或无催化剂的工艺，可不进行中和与水洗。

④ 脱醇工序　烘脱醇塔 E102，开夹套及盘管蒸汽阀门开系统真空，开启冷凝器的冷却水，放净中性酯贮槽中所带酸度碱液，当第一预热器温度达 80℃，第二预热器温度达 120℃，塔顶温度达 135℃，塔中达 135～140℃，塔底 140～145℃ 时，即可进料，进料流量控制在 1200～1600L/h，同时开蒸汽，并控制压力在 60～66kPa，连续进料过程中要特别注意水、电、汽和塔釜温度。

⑤ 精制　采用酸性催化剂，一般需采用真空蒸馏的方法才能得到高质量的绝缘级产品，但能量和物质消耗较大，不太经济。对于只需满足一般使用要求的产品，通常采用加入适量脱色剂（如活性炭、活性白土）吸附杂质，再经压滤将吸附剂分离出来的方法。加入脱色剂的方法常见的有酯化前、脱醇前和脱醇后三种。

⑥ 三废处理　邻苯二甲酸酯生产过程中，工艺废水的主要来源有酯化反应中生成的水（包括随原料和催化剂带入的水）、经多次中和后含有单苯钠盐等杂质的废碱液、洗涤粗酯用的水和脱醇时汽提蒸汽的冷凝水。治理废水首先应从工艺上减少废水排放，其次才是净化。减少工艺废水最好的方法是选用非酸性催化剂，省去中和、水洗等生产步骤，也可采取套用工艺水的方法。国内废水处理一般采用过滤、隔油、粗粒化、生化处理等方法。邻苯二甲酸酯的工业废渣来自精制工序从板框式或叶片式压滤机滤出的滤渣（主要为吸附剂活性炭等），以及来自废水处理工序从微孔管式过滤器中取出的活性炭，其中含有约 50% 的增塑剂，可以采用溶剂萃取法回收。增塑剂生产过程中由真空系统排出的废气，一般采用填粒式废气洗涤器洗涤除臭后排入大气。

（5）产品用途　邻苯二甲酸二丁酯是一种对多种树脂具有很强溶解力的增塑剂，主要用于聚氯乙烯加工，可赋予制品良好的柔软性；由于其相对价廉且加工性好，在国内使用非常广泛，几乎与 DOP 相当，但挥发性和水抽出性较大。用于硝酸纤维涂料，具有优良的溶解性、分散性、黏着性和防水性；漆膜的柔性、耐挠曲性和稳定性良好。此外，该品还可用作聚乙酸乙烯、醇酸树脂、乙基纤维素、硝基纤维素、氯丁橡胶、纤维醋酸丁酯、乙基纤维素聚醋酸、乙烯酯的增塑剂；还可用于制造油漆、黏结剂、人造革、印刷油墨、安全玻璃、赛璐玢、燃料、杀虫剂、香料溶剂和固定剂、织物润滑油剂和橡胶软化剂等。

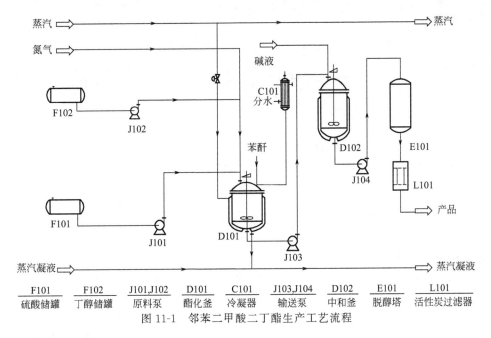

F101	F102	J101,J102	D101	C101	J103,J104	D102	E101	L101
硫酸储罐	丁醇储罐	原料泵	酯化釜	冷凝器	输送泵	中和釜	脱醇塔	活性炭过滤器

图 11-1　邻苯二甲酸二丁酯生产工艺流程

11.2.2　邻苯二甲酸二辛酯

中文别名：邻苯二甲酸二异辛酯，DOP，邻苯二甲酸双（2-乙基己）酯

英文名称：di-i-octyl phthalate，1,2-benzenedicarboxylic acid dioctyl ester

分子式：$C_{24}H_{38}O_4$

（1）性能指标（GB/T 11406—2001）

外观		淡黄色油状液体	水溶解性	不溶于水，能与多数有机溶剂混溶	
密度		0.9661g/mL	折射率（25℃）		1.483
沸点		380℃			

（2）生产原料与用量

邻苯二甲酸酐	工业一级，≥99.3%	390kg	活性炭	工业级	1.2kg
异辛醇	工业一级，≥99.5%	692kg	碳酸钠	工业级	适量
硫酸	工业级，92%	2.2kg	水	蒸馏水	适量

（3）合成原理

① 主反应　邻苯二甲酸酐与异辛醇酯化一般分两步。

第一步，邻苯二甲酸酐与异辛醇合成单酯的反应速率很快，当苯酐完全溶于辛醇，单酯化基本完成。其反应式如下：

$$\text{（反应式）} + C_4H_9CH(C_2H_5)CH_2OH \longrightarrow \text{（生成单酯）} -CH_2CH(C_2H_5)C_4H_9$$

此反应不需要催化剂即可顺利进行且反应是不可逆的。

第二步，邻苯二甲酸单酯与辛醇进一步酯化生成双酯。这一步反应速率很慢，一般需要使用催化剂，提高温度以加快反应速率。其反应式如下：

$$\text{（反应式）} + C_4H_9CH(C_2H_5)CH_2OH \xrightarrow{\text{催化剂}} \text{（生成双酯）}$$

总反应式：

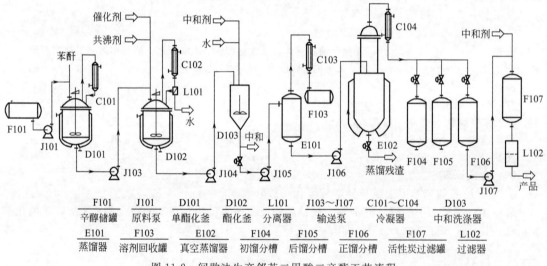

② 副反应

a. 醇分子内脱水生成烯烃。$C_8H_{17}OH$ 醇分子内脱水生成烯烃 C_8H_{16}。

b. 醇分子内脱水生成醚。$C_8H_{17}OH$ 醇分子内脱水生成醚 $C_8H_{17}OC_8H_{17}$。

c. 生成缩醛。

d. 生成异丙醇，从而生成相应的酯。

以上副反应，由于使用的是选择性很高的催化剂，副反应很少，约占总质量的 1% 左右。

(4) 生产工艺流程（参见图 11-2 和图 11-3）

① 酸性催化剂间歇生产邻苯二甲酸二辛酯（参见图 11-2） 邻苯二甲酸酐与异辛醇以 1:2 的质量比在总物料分数为 0.25%～0.3% 的硫酸催化作用下，于 150℃ 左右进行减压酯化反应。操作系统的压力维持在 80kPa，酯化时间一般为 2～3h，酯化时加入总物料量 0.1%～0.3% 的活性炭。反应混合物用 5% 碱液中和，再经 80～85℃ 热水洗涤，分离后粗酯在 130～140℃ 与 80kPa 的减压下进行脱醇，直到闪点为 190℃ 以上为止。脱醇后再以直接蒸汽脱去低沸物，必要时在脱醇前可以补加一定量的活性炭。最后经压滤而得成品。如果要获得更好质量的产品，脱醇后可先进行高真空精馏而后再压滤。

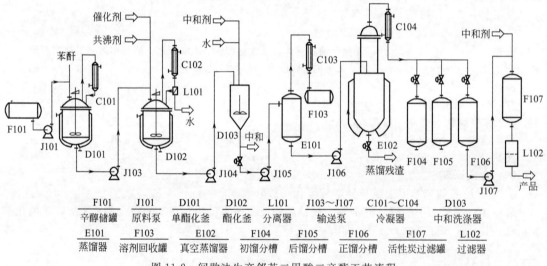

F101	J101	D101	D102	L101	J103~J107	C101~C104	D103
辛醇储罐	原料泵	单酯化釜	酯化釜	分离器	输送泵	冷凝器	中和洗涤器

E101	F103	E102	F104	F105	F106	F107	L102
蒸馏器	溶剂回收罐	真空蒸馏器	初馏分槽	后馏分槽	正馏分槽	活性炭过滤罐	过滤器

图 11-2　间歇法生产邻苯二甲酸二辛酯工艺流程

② 非酸性催化剂连续生产邻苯二甲酸二辛酯（参见图 11-3） 非酸性催化剂连续生产邻苯二甲酸二辛酯，单酯转化率高，副反应少，简化了中和、水洗工序，废水量减少，产品质量稳定，原料及能量消耗低，劳动生产率高。该方法由单酯、酯化、脱醇、中和水洗、汽提、过滤、醇回收等工序组成，有效地避免了在中和过程中酯-醇、醇-水的乳化，对产品质量和消耗都起到了有效控制。

a. 酯化工序　将加热熔融的邻苯二甲酸酐和辛醇以一定的摩尔比投入到单酯反应器 D101，在 130～150℃ 反应形成单酯，再经预热后进入 4 个连串的阶梯式酯化反应器 D102 的第一级，邻苯二甲酸酯催化剂也加入到第一级酯化反应器，第一级酯化反应器温度控制在不低于 180℃，最后一级酯化反应器温度为 220～230℃。酯化部分用 3.9MPa 的蒸汽加热。邻苯二甲酸单酯到双酯的转化率为99.8～99.9％，为了防止反应混合物在高温下长期停留而着色，并强化酯化过程，在各级酯化器的底部通入高纯度的氮气。

b. 脱醇工序　物料在1.32～2.67kPa和50～80℃条件下在脱醇塔E101内进行脱醇。

c. 中和水洗工序　中和、水洗操作是在一个带搅拌的容器D103中同时进行的。碱的用量为反应混合物酸值的3～5倍，使用20％NaOH水溶液，当加入去离子水后碱液浓度仅为0.3％左右。因此无需再进行一次单独水洗。酞酸酯催化剂也在水洗工序与水反应生成$TiO_2 \cdot nH_2O$沉淀被洗去。

d. 汽提干燥　在汽提塔中除去水、低分子杂质和少量醇，再在1.32kPa和50～80℃条件下经薄膜蒸发器L105进行干燥后送至过滤工序。

e. 过滤　过滤可以使用活性炭，也可以使用特殊的吸附剂和助滤剂，通过吸附剂和助滤剂的吸附脱色，同时除去产品中残存的微量催化剂和其他机械杂质，最后得到高质量的邻苯二甲酸二辛酯。

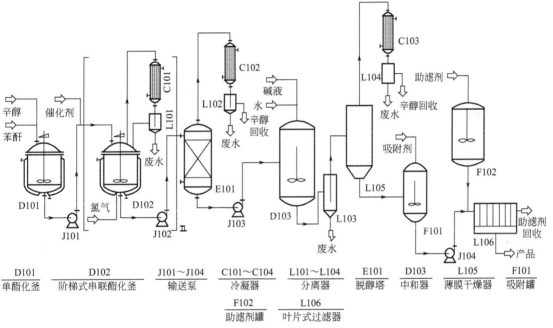

D101	D102	J101～J104	C101～C104	L101～L104	E101	D103	L105	F101
单酯化釜	阶梯式串联酯化釜	输送泵	冷凝器	分离器	脱醇塔	中和器	薄膜干燥器	吸附罐

				F102	L106			
				助滤剂罐	叶片式过滤器			

图11-3　非酸性催化剂连续生产邻苯二甲酸二辛酯工艺流程

（5）产品用途　邻苯二甲酸二辛酯是通用型增塑剂，主要用于聚氯乙烯脂的加工、还可用于ABS树脂及橡胶等高聚物的加工，也可用于造漆、染料、分散剂等。DOP增塑的PVC可用于制造人造革、农用薄膜、包装材料、电缆等。还可以用于有机溶剂、气相色谱固定液。

邻苯二甲酸二辛酯是工业上最广泛使用的增塑剂，除了乙酸纤维、聚乙酸乙烯外，与绝大多数工业上使用的合成树脂和橡胶均有良好的相容性。本品具有良好的综合性能，混合性能好，增塑效率高，挥发性较低，低温柔软性较好，耐水抽出，电气性能高，耐热性和耐候性良好。在暖通空调中，用于测试高效过滤器的过滤效率。

11.2.3　对苯二甲酸二辛酯

中文别名：对苯二甲酸二辛酯，对苯二甲酸二（2-乙基己基）酯，对苯二甲酸二异辛酯，对苯二甲酸二（2-乙基己基）酯

英文名称：dioctyl terephthalate，di-(2-ethylhexyl) terephthalate

分子式：$C_{24}H_{38}O_4$

（1）性能指标（HG/T 2423—2008）

外观	无色或略淡黄色油状液体	水溶解性	几乎不溶于水，20℃时水中
密度	0.986g/mL		溶解度 0.4%
沸点	400℃	折射率（25℃）	1.49

（2）生产原料与用量

对苯二甲酸	工业级	450kg	活性炭	工业级	1.2kg
正辛醇	工业级	685kg	碳酸钠溶液	工业级，3%～5%	适量
钛酸四丁酯	工业级	1.8kg			

（3）合成原理　对苯二甲酸与正辛醇酯化一般分两步。

第一步，对苯二甲酸与正辛醇合成单酯，此反应不需要催化剂即可顺利进行且反应是不可逆的。

第二步，对苯二甲酸单酯与辛醇进一步酯化生成双酯，这一步反应速率很慢，一般需要使用催化剂，提高温度以加快反应速率。其反应式如下：

$$\text{苯环(COOH, COOH)} + 2\,C_8H_{17}OH \xrightarrow{\text{催化剂}} \text{苯环(COOC}_8H_{17}, COOC_8H_{17})$$

反应生成的水和过量的辛醇形成共沸物，蒸出后，经冷凝醇水分离，醇回流入反应系统继续参与反应。反应初期主要是固状的对苯二甲酸与液状的辛醇生成单酯的反应，在搅拌情况下，反应混合物呈固液悬浮状态，属非均相反应。而反应第一步是决定反应速度的步骤，由于生成的单酯可溶于辛醇中呈均相反应，故非均相反应速度应与相界面的大小及相间扩散速度有关。相界消失，体系中所进行的反应，又以双酯化均相反应为主，双酯化的反应速度与反应物浓度、反应温度、催化剂等有关，即为动力学控制过程。

（4）生产工艺流程（参见图11-4）　在单酯化釜 D101 中，对苯二甲酸和辛醇进行第一步单酯化反应；再加入催化剂，导入 D102 中继续进行进一步酯化生成双酯。然后反应混合物在中和器 D103 中用 3%～5%碳酸钠水溶液混合，中和完后水洗。然后脱醇，之后加入活性炭精制，过滤，得成品。

（5）产品用途　对苯二甲酸二辛酯挥发性较低，低温柔软性较好，耐水、耐油、电氧性能尤

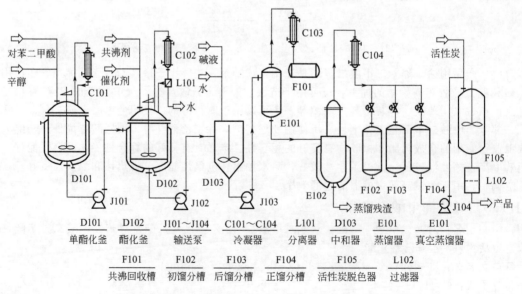

图 11-4　对苯二甲酸二辛酯工艺流程

其突出，可作增塑剂广泛用于软质聚氯乙烯及电缆料，DOTP用于轿车内的PVC制品，能解决玻璃车窗起雾问题。DOTP还用于高级家具和室内装饰的油漆、涂料及精密仪器的优质润滑剂或润滑添加剂、硝基清漆助剂。也可用于人造革膜的生产。此外，具有优良的相溶性，也可用于丙烯腈衍生物、聚乙烯醇缩丁醛、丁腈橡胶、硝酸纤维素等的增塑剂。还可用于合成橡胶的增塑剂、涂料添加剂，亦可作为纸张的软化剂、聚酯酰胺双向拉伸薄膜、膜塑工艺品、血浆储存袋等。

11.2.4　邻苯二甲酸二异壬酯

中文别名：邻苯二甲酸二异壬酯，邻苯二甲酸二异壬基酯（DINP），1,2-苯二甲酸二异壬酯
英文名称：diisononyl phthalate
分子式：$C_{26}H_{42}O_4$

（1）性能指标

外观	无色透明液体	水溶解性	不溶于水
密度（25℃）	0.972g/mL	折射率（25℃）	1.485
沸点	279～287℃		

（2）生产原料与用量

邻苯二甲酸酐	工业一级，≥99.3%	354kg	活性炭	工业级	1.2kg
异壬醇	工业级	690kg	氢氧化钠	工业级	适量
钛酸四丁酯	工业级	1.8kg	水	蒸馏水	适量

（3）合成原理　由邻苯二甲酸酐与异壬醇酯化而制得，其反应式如下：

（4）生产工艺流程（参见图11-5）　将邻苯二甲酸酐自外管网送到酯化反应釜D101；异壬醇经板式换热器与来自降膜蒸发器的粗酯换热，再经醇加热器加热到稍低于沸点进入酯化反应釜D101，储存与催化剂槽的催化剂经计量泵进入酯化反应釜D101，从酯化反应釜D101中溢流出的物料依次进入另外三个酯化釜D102、D103、D104继续酯化。

各酯化釜中的水与醇形成共沸物，离开反应釜后一起进入填料塔E101，其中一部分醇回流酯化反应釜D102、D103、D104中，另一部分出塔经冷凝器C102及冷却器进入分离器L101，在分离器L101中醇水分离，水从底部去中和工序的水收集罐，醇从上部溢流至循环储存槽，经泵打回填料塔作回流液。

将粗酯罐F101的粗酯打入降膜蒸馏器C103中，在真空条件下连续脱醇。醇从顶部排出、经冷凝后进入醇收集槽，重复使用；粗酯依次收集在粗酯罐F102中，送到板式换热器与来自原料罐区的异壬醇进行换热，再去中和釜D105。与氢氧化钠水溶液中和，然后进入分离器L102中，分离出的废水由罐底排出送污水处理装置，分离出的有机相溢流至水洗罐F104，注入脱盐水进行水洗。混合液溢流至分离器L103中，分离出的水相进入水槽，酯相留到粗酯罐F103中。

将粗酯从罐F103用泵抽出经换热器C105加热后去汽提塔E102，进行真空汽提。从塔底流出经干燥塔在高真空下进一步提纯，经热交换后进入搅拌釜D107，在此与活性炭混合后，送到过滤器L105进行粗过滤，滤液再进入槽过滤器进行精过滤L106，滤液经冷却后送到产品槽。

（5）产品用途　本品是性能优良的通用型主增塑剂。与PVC相溶性好，即使大量使用也不会析出；挥发性、迁移性、无毒性均优于DOP，能赋予制品良好的耐光、耐热、耐老化和电绝缘性能，综合性能优于DOP。由于耐水耐抽出性能好、毒性低、耐老化、电绝缘性优良，因此在玩具膜、电线、电缆中得到广泛应用。

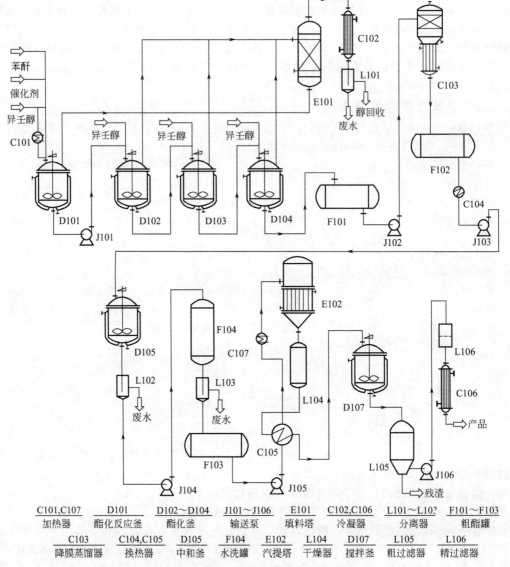

C101,C107	D101	D102~D104	J101~J106	E101	C102,C106	L101~L10?	F101~F103
加热器	酯化反应釜	酯化釜	输送泵	填料塔	冷凝器	分离器	粗酯罐

C103	C104,C105	D105	F104	E102	L104	D107	L105	L106
降膜蒸馏器	换热器	中和釜	水洗罐	汽提塔	干燥器	搅拌釜	粗过滤器	精过滤器

图 11-5　邻苯二甲酸二异壬酯工艺流程

11.2.5　邻苯二甲酸二环己酯

中文别名：1,2-苯二甲酸二环己酯，邻苯二甲酸双环己酯，邻酞酸二环己酯，增塑剂 DCHP，二环己基酯邻苯二甲酸酯

英文名称：dicyclohexyl phthalate，1,2-benzenedicarboxylic acid dicyclohexylester，DCHP，diclohexyl 1,2-benzenedicarboxylate

分子式：$C_{20}H_{26}O_4$

（1）性能指标

外观	白色结晶粉末，微具芳香气味	水溶解性	不溶于水
密度	1.2g/mL	折射率	1.485
熔点	63~67℃	闪点	207℃
沸点	200~235℃		

（2）生产原料与用量

邻苯二甲酸酐	工业一级，≥99.3%	500kg	活性炭	工业级	1.2kg
环己醇	工业级	670kg	碳酸钠	工业级	适量
浓硫酸	工业级，98%	5.8kg	脱色助剂	工业级	适量

（3）合成原理　邻苯二甲酸酐与环己醇酯化而制得，其反应式如下：

（4）生产工艺流程（参见图 11-1）

① 酯化反应　在装有温度计、回流冷凝器、搅拌、导气管的反应釜中，定量加入环己醇、溶剂（用量为苯酐质量的 10%～20%）、苯酐，加热至回流，在规定时间内加入催化剂硫酸（苯酐质量的 1.5%～2.0%）。维持回流温度，继续反应 13～15h，至分水量达到预期值，取样测酸值，计算转化率。

② 中和、水洗、蒸馏　将酯化液降温至规定温度，加入纯碱溶液，中和，水洗。之后加热蒸馏，回收溶剂及过量的环己醇。

③ 脱色、精制　在蒸馏后的粗酯中，加入助剂（加入量为酯量的 5%～15%），控制温度 70～120℃，进行脱色、精制，并除去少量杂质，得到精酯。最后将所得精酯降温固化，粉碎，即得成品。

（5）产品用途　邻苯二甲酸二环己酯一种固体增塑剂。耐火、耐油、光稳定性和耐迁移性好。耐寒性和塑化效率差，即使在 PVC 中加入 50 份也仅使 PVC 玻璃化温度接近于室温，所以不宜做主增塑剂，可用于防潮包装材料；用于硝酸纤维素和一些天然树脂，可制造防潮材料。

邻苯二甲酸二环己酯用作聚氯乙烯、聚苯乙烯、丙烯酸树脂及硝酸纤维素的助增塑剂，与其他增塑剂并用，可使塑料表面收缩致密，起到防潮（蒸汽透过率小）和防止增塑剂挥发的作用，使制品表面光洁、手感好。但本品用量不宜过大，一般为增塑剂总量的 10%～20%。用量过大，会使制品硬度加大。也可与硝基纤维素及一些天然树脂并用，制造防潮涂料；还可用作合成树脂胶黏剂、添加剂，提高其黏合力、耐油性及耐久性；也可用作防潮玻璃纸及纸张防水助剂。

11.2.6　癸二酸二辛酯

中文别名：癸二酸二辛酯，癸二酸二（2-乙基己基）酯，皮脂酸二辛酯，癸二酸二异辛酯，皮脂酸二（2-乙基己基）酯，皮脂酸二异辛酯

英文名称：dioctyl sebacate, di（2-ethylhexyl）sebacate, bis（2-ethylhexyl）decanedioate, bis（2-ethylhexyl）sebacate, sebacic acid dioctyl ester

分子式：$C_{26}H_{50}O_4$

（1）性能指标

外观	无色或微黄色油状液体	水溶解性	20℃时在水中的溶解度为 0.02%
密度	0.914g/mL	折射率	1.4496
沸点	212℃		

（2）生产原料与用量

癸二酸	工业级，熔点在 129～134℃	479kg
2-乙基己醇	工业级，含量<99%	647kg
硫酸	工业级，92%	5.8kg
活性炭	工业级	1.2kg

（3）合成原理　由癸二酸和辛醇在硫酸催化下生成癸二酸二辛酯。其反应式如下：

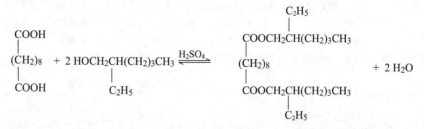

(4) 生产工艺流程（参见图 11-6） 将癸二酸和辛醇在硫酸催化剂存在下在酯化罐 D101 中进行减压酯化，同时加入一定量的活性炭，酯化温度为 130～140℃，真空度约为 93.325kPa。粗酯在 D102 中和，沉降，在 70～80℃下在水洗罐 L101 中进行水洗，然后送至水洗沉降器 L102 中沉降，分出废水后，送到脱醇塔 E101 于 96～97.3kPa 下脱去过量的醇，脱醇后的粗酯经压滤即得成品。

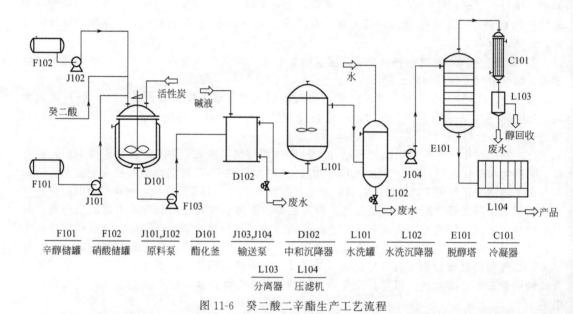

F101	F102	J101,J102	D101	J103,J104	D102	L101	L102	E101	C101
辛醇储罐	硝酸储罐	原料泵	酯化釜	输送泵	中和沉降器	水洗罐	水洗沉降器	脱醇塔	冷凝器

	L103	L104	
	分离器	压滤机	

图 11-6　癸二酸二辛酯生产工艺流程

(5) 产品用途　癸二酸二辛酯为优良的耐寒型增塑剂，具有增塑效率高，挥发性低，既具有优良的耐寒性，又有较好的耐热性、耐光性和电绝缘性，适用于聚氯乙烯、氯乙烯共聚物、硝酸纤维素、乙基纤维素和合成橡胶等多种树脂。特别适用于制作耐寒电线电缆料、人造革、薄膜、板材、片材等。常与邻苯二甲酸酯类并用。作为多种合成橡胶的低温用增塑剂，对橡胶的硫化无影响。用作色谱固定液、塑料的韧化剂及低温增塑剂，也用于润滑剂合成。

11.2.7　烷基磺酸苯酯

中文别名：石油酯

英文名称：alkyl phenylsufonate，petroleum ester

分子式：$C_6H_5O_3SR$，其中 R 为 $C_{12}H_{25}$～$C_{18}H_{37}$

(1) 性能指标（HG/T 2093—1991）

外观	淡黄色油状液体	色泽	≤347
密度	1.030～1.060g/mL	酸度	≤0.05
折射率	1.494～1.500	黏度（20℃）mPa·s	75～125
水溶解性	不溶于水		

(2) 生产原料与用量

中性油	取 230～320℃馏分	620kg	苯酚	工业一级，＞98％	283kg
液氯	工业一级，＞99％	285kg	烧碱	工业级	535kg
二氧化硫	工业一级，＞99％	236kg			

（3）合成原理　一定馏分的中性油或天然石油（含碳 12～18）在光照射下与氯和二氧化硫进行磺酰氯化反应，生成烷基磺酰氯，烷基磺酰氯与苯酚在碱介质下进行酯化反应即生成烷基磺酸苯酯。其反应式如下：

$$RH + Cl_2 + SO_2 \xrightarrow{\text{光}} RSO_2Cl + HCl\uparrow$$

$$RSO_2Cl + C_6H_5OH + NaOH \longrightarrow RSO_2OC_6H_5 + NaCl + H_2O$$

（4）生产工艺流程（参见图 11-7）　将主要成分为 $C_{12}～C_{18}$ 的正构烷烃或反应分离后的中性油置于磺氯化塔 E101 中，在光照下，通入氯气和二氧化硫混合气，反应放出的氯化氢气体在吸收塔 E103 中用水吸收成盐酸。反应转化率为 50％的物料，在脱气塔 E102 中用空气进一步脱去氯化氢气体，也在吸收塔 E103 内用水吸收为盐酸，然后于酯化釜 D101 内与苯酚在碱性条件下酯化，投料温度不超过 55℃，时间不少于 1h，投料后逐步升温到 80℃反应 3h，放掉下层废水，上层粗酯在萃取釜 L101 中用碱水洗涤，洗下的酚钠供下次反应用。废碱液放入废碱储罐 F103，经洗涤后的粗酯在蒸馏塔 E104 中用过热蒸汽进行水蒸气蒸馏以除去未反应的液蜡（俗称中性油）。成品经脱色釜 L102 漂白，脱水釜 L103 除水后经板框压滤机 L104 过滤后进行包装。

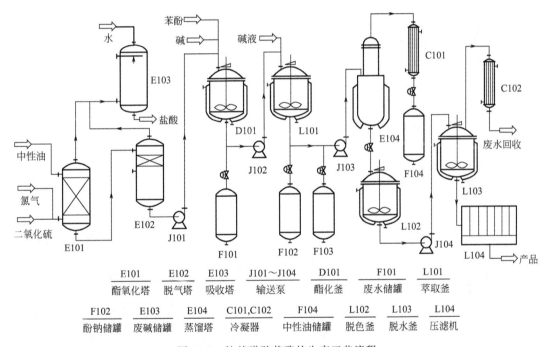

| E101 | E102 | E103 | J101～J104 | D101 | F101 | L101 |
| 磺氧化塔 | 脱气塔 | 吸收塔 | 输送泵 | 酯化釜 | 废水储罐 | 萃取釜 |

| F102 | E103 | E104 | C101,C102 | F104 | L102 | L103 | L104 |
| 酚钠储罐 | 废碱储罐 | 蒸馏塔 | 冷凝器 | 中性油储罐 | 脱色釜 | 脱水釜 | 压滤机 |

图 11-7　烷基磺酸苯酯的生产工艺流程

（5）产品用途　为聚氯乙烯及氯乙烯共聚物的辅助增塑剂，挥发性低，其制品具有优良的耐候性、物理力学性能和电绝缘性能，适用于人造革、薄膜、电线、电缆料及鞋底等制品，耐寒性不及于 DOP，用量一般为 10～30 份。本品还可作为天然橡胶和合成橡胶的增塑剂，改善橡胶制品的低温挠性和回弹性，可用于食品包装。

11.2.8　大豆油酸辛酯

中文别名：环氧大豆油酸辛酯，环氧酯，环氧大豆油酸-2-甲基己酯

英文名称：soybean oil will ester，2-ethyl hexyl ester of epoxidized soybean oil，ESBO

分子式：$C_{26}H_{48}O_4$

（1）性能指标

外观	淡黄色油状液体	碘值	≤10g I/100g
密度	0.92～0.98g/mL	酸值	≤0.5mgKOH/g
色泽（APHA）	≤150	水分	≤0.1％
环氧值	≥4.5％	闪点	≥200℃

（2）生产原料与用量

大豆油	食品级，碘值≥130g I/100g，皂化值≥190mgKOH/g	757kg
辛酯	工业级，≥99％，沸程（181～185℃）≥95％，色泽≤10#	345kg
双氧水	工业级，30％	583kg
甲酸	工业级，≥85％	94kg
浓硫酸	工业级，98％	适量
烧碱	工业级	适量
活性炭	工业级	适量

（3）合成原理 大豆油为一甘油的脂肪酸酯混合物，其脂肪酸成分为：亚油酸51％～57％，油酸32％～36％，棕榈酸2.4％～6.8％，硬脂酸4.4％～7.3％。大豆油与辛醇在硫酸存在下进行酯交换反应，生成大豆油酸辛酯，其反应式如下：

$$
\begin{array}{l}
CH_2OOCR \\
| \\
CHOOCH_2R + 3C_8H_{17}OH \rightleftharpoons 3RCOOC_8H_{17} + \\
| \\
CH_2OOCR
\end{array}
\quad
\begin{array}{l}
H_2C-OH \\
| \\
HC-OH \\
| \\
H_2C-OH
\end{array}
$$

甲酸在硫酸存在下与双氧水反应生成过甲酸，过甲酸与大豆油酸辛酯反应生成环氧大豆油酸辛酯，其反应式如下：

$$HCOOH + H_2O_2 \underset{}{\overset{H^+}{\rightleftharpoons}} HCOOOH + H_2O$$

以大豆油的主要成分为例进行环氧化：

$$H_3C(H_2C)_4HC=CHCH_2CH=CH(CH_2)_7COOC_8H_{17} + 2CHOOOH \longrightarrow$$
亚油酸辛酯

$$H_3C(H_2C)_4HC\underset{O}{\overset{}{\diagdown\diagup}}CHCH_2 \quad CH\underset{O}{\overset{}{\diagdown\diagup}}CH(CH_2)_7COOC_8H_{17} + 2CHOOH$$
环氧化亚油酸辛酯

（4）生产工艺流程（参见图11-8） 在D101中，大豆油和辛醇在硫酸存在下于100～140℃进行醇解，醇解物抽到甘油沉降罐L102沉降一段时间后，将分掉甘油后的酯抽如（水洗）脱醇

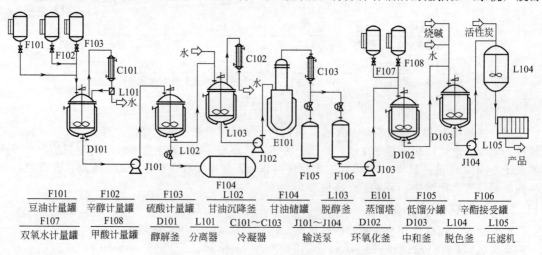

F101	F102	F103	L102	F104	L103	E101	F105	F106
豆油计量罐	辛醇计量罐	硫酸计量罐	甘油沉降釜	甘油储罐	脱醇釜	蒸馏塔	低馏分罐	辛酯接受罐

F107	F108	D101	L101	C101～C103	J101～J104	D102	D103	L104	L105
双氧水计量罐	甲酸计量罐	醇解釜	分离器	冷凝器	输送泵	环氧化釜	中和釜	脱色釜	压滤机

图 11-8　环氧大豆油酸辛酯生产工艺流程

罐 L103，经水洗脱醇（在减压及 150℃以下进行）后得到大豆油酸辛酯精品。精辛酯在硫酸和甲酸存在下用双氧水在环氧化釜 D102 进行环氧化，反应温度为 50～60℃，环氧化产物于水洗中和罐 D103 经烧碱中和、水洗后，送至脱色罐 L104，用活性炭脱色，再经压滤 L105 即得微黄色油状产品。

（5）产品用途　大豆油酸辛酯为聚氯乙烯增塑剂兼稳定剂，热稳定、低温柔软和耐冷性都有较好，迁移性小，不易被溶剂抽出。无毒，与镉、钡或有机锡稳定剂有很好的协同效应。用于农业薄膜和要求耐候耐寒性好的制品。

11.3　抗氧剂

11.3.1　2,6-二叔丁基-4-甲基苯酚

中文别名：抗氧剂 264，丁基羟基甲苯，BHT，二叔丁基-4-甲基苯酚，2,6-对二叔丁基对甲酚，2,6-二特丁基甲酚，2,6-双（1,1-二甲基乙)-4-甲酚

英文名称：2,6-di-tert-butyl-4-methylphenol

分子式：$C_{15}H_{24}O$

（1）性能指标

外观	白色或浅黄色结晶粉末	闪点	127℃
密度	1.048g/mL	溶解性	溶于苯和苯同系物、乙醇、丙酮、
熔点	70℃		四氯化碳、醋酸、油脂和汽油等有
沸点	265℃		机溶剂，不溶于水及稀烧碱溶液
折射率	1.4859		

（2）生产原料与用量

对甲苯酚	工业级，≥98％	730～950kg
异丁烯	工业级，≥90％	1200kg（折成 100％）
乙醇	工业级，95％	150～500kg
浓硫酸	工业级，98％	22～29kg
碳酸钠	工业级	适量

（3）合成原理　由对甲酚在浓硫酸催化下与异丁烯反应即得 2,6-叔丁基-4-甲基苯酚，其反应式如下：

（4）生产工艺流程（参见图 11-9）　此产品生产方法有间歇法和连续法两种。下面以间歇法为例来说明 2,6-叔丁基-4-甲基苯酚的生产工艺流程。

间歇法是以浓硫酸为催化剂将异丁烯在烷化中和反应釜 D101 中与对甲酚反应。反应结束后用碳酸钠中和至 pH＝7，再在烷化水洗釜 L101 中用水洗，分出水层后用乙醇粗结晶。经离心机 L102 过滤后，在熔化水洗釜 L103 内熔化、水洗，分出水层。在重结晶釜 D102 中再用乙醇重结晶。经 L104 离心分离、L105 干燥即得成品 2,6-叔丁基-4-甲基苯酚。

所有废乙醇液经乙醇蒸馏塔精馏后，循环使用。

连续法为连续进行烷化、中和、水洗工序。其余后处理与间歇法相同。

（5）产品用途　抗氧剂 264 是一种优良的通用型酚类抗氧剂，无毒、不易燃、不腐蚀、贮存稳定性好，能抑制或延缓塑料或橡胶的氧化降解而延长使用寿命。是各种石油产品的优良抗氧添加剂，广泛用于各种润滑油、汽油、石蜡和各种原料油，防止润滑油、燃料油的酸值或黏度的上

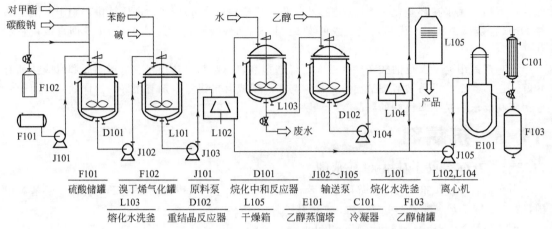

图 11-9　2,6-叔丁基-4-甲基苯酚生产工艺流程

升。在食品级塑料和包装食品中作为食品抗氧化剂、稳定剂能延迟食物的酸败。也可以用于聚乙烯（PE）、聚苯乙烯（PS）、PP（聚丙烯）、聚氯乙烯、ABS树脂、聚酯、纤维素树脂和泡沫塑料（尤其是白色或浅色制品）、食品级塑料、天然橡胶、合成橡胶（丁苯、丁腈、聚氨酯、顺丁橡胶等）、动植物油脂以及含动植物油脂的食品、化妆品等产品中。参考用量一般为 0.1%～1.0%。

11.3.2　抗氧化剂 1010

中文别名：四（3,5-二叔丁基-4-羟基）苯丙酸季戊四醇酯

英文名称：pentaerythritol tetrakis [3-(3,5-di-tert-butyl-4-hydroxyphenyl) propionate]

分子式：$C_{73}H_{108}O_{12}$

（1）性能指标

外观	白色结晶性粉末
溶解性（g/100g 溶剂，20℃）	丙酮47，苯56，氯仿71，己酸乙酯46，甲醇1，己烷0.3，水 <0.01
熔点	115～118℃

（2）生产原料与用量

苯酚	工业一级	920kg
异丁烯	工业级，含量≥90%，水分≤10m/L	1250kg
铝棒	工业级	10.6
甲苯	工业一级，水分≤0.08%	81kg
丙烯酸甲酯	工业一级，水分≤0.5%	650kg
季戊四醇	工业一级，熔点≥250℃	250kg
二甲亚砜	工业级，水分≤0.5%	200kg
乙醇	工业一级，≥95%	1755kg
甲醇	工业一级，水分≤0.5%	720kg
石油醚	工业级，沸程60～90℃	1400kg
乙酸乙酯	工业一级，≥95%	126kg
甲醇钠	工业一级，含量30%±1%	292kg

（3）合成原理　苯酚与异丁烯在苯酚铝催化剂下进行烷化反应制取2,6-二叔丁基苯酚。在甲醇钠的催化下，2,6-二叔丁基苯酚与丙烯酸甲酯进行加成反应，制取3,5-二叔丁基-4-羟基苯丙酸甲酯。再与季戊四醇在甲醇钠的催化下进行酯交换反应即得抗氧化剂1010，反应式如下：

$$6 \text{ HO}-\text{C}_6\text{H}_5 + 2\text{Al} \xrightarrow[(140\pm5)\text{℃}]{\text{H}_3\text{C}-\text{C}_6\text{H}_5} 2\text{Al}\left[\text{O}-\text{C}_6\text{H}_4\right]_3 + 3\text{H}_2\uparrow$$

(4) 生产工艺流程（参见图 11-10） 将苯酚和铝屑在甲苯中于（140±5）℃在催化反应釜 D101 中反应生成苯酚铝，然后投入烷化釜 D102。烷化釜 D102 升温至（135±5）℃时通入热的气态异丁烯，压力一般为 1.0～1.4MPa，反应达到终点后，在烷化水洗釜 L101 中水洗去氢氧化钠。蒸去大部分甲苯后，产物移至 2,6-二叔丁基酚（简称 2,6 体）精馏釜 E101 减压蒸馏，收集 2,6 体。合格的 2,6 体在甲酯化反应应釜 D103 中在氯气保护下加入甲醇钠。当温度为（70±5）℃时加入丙烯酸甲酯，升温至（120±5）℃，反应 2h。在温度为 80℃左右加盐酸酸化并加入工业乙醇回流 30min，降温 2h，离心过滤 L103。结晶在甲酯反应釜 D103 内再用工业乙醇重结晶一次，即得 3,5-二叔丁基-4-羟基苯基丙烯酸甲酯（简称甲酯）。然后在成品反应釜 D104 内加入二甲亚砜、甲酯及季戊四醇，减压后蒸出二甲基亚砜。在 135～140℃反应 2h。降温至 80～90℃，用醋酸中和甲醇钠，再降温加入石油醚溶解反应产物。于成品水洗釜 D104 中洗涤至中性，冷至 5℃，结晶离心甩干即得粗品。粗品在溶解釜中加乙醇-醋酸乙酯混合溶剂，加热，回流至结晶全部溶解，热过滤至成品结晶釜 D105，结晶甩干后烘干即得产品抗氧化剂 1010。

(5) 产品用途 广泛用于聚丙烯、聚乙烯、聚甲醛、ABS 树脂等热加工中。能延长塑料制品的使用寿命。

11.3.3 亚磷酸-苯二异辛酯

中文别名：苯基亚磷酸二异辛酯，亚磷酸苯二异辛酯

英文名称：diisooctyl phenyl phosphate，phosphorous acid，diisooctyl phenyl ester，phosphorous acid phenylbis（6-methylheptyl）ester，phosphorous acid phenyldiisooctyl ester

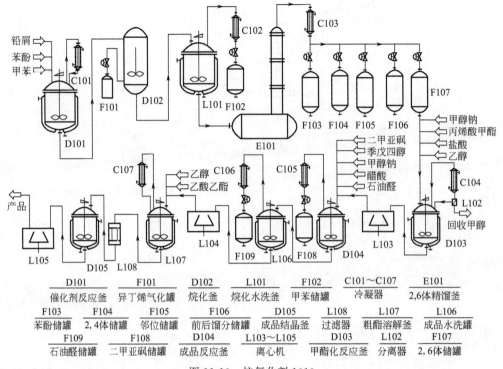

图 11-10　抗氧化剂 1010

D101	F101	D102	L101	F102	C101~C107	E101
催化剂反应釜	异丁烯气化罐	烷化釜	烷化水洗釜	甲苯储罐	冷凝器	2,6体精馏釜

F103	F104	F105	F106	D105	L108	L107	L106
苯酚储罐	2,4体储罐	邻位储罐	前后馏分储罐	成品结晶釜	过滤器	粗酯溶解釜	成品水洗罐

F109	F108	D104	L103~L105	D103	L102	F107
石油醛储罐	二甲亚砜储罐	成品反应釜	离心机	甲酯化反应釜	分离器	2,6体储罐

分子式：$C_{22}H_{39}O_3P$

（1）性能指标

外观	无色透明液体，略有醇样气味	溶解性	不用于水，溶于一般有机溶剂
密度	0.9640g/mL	折射率	1.47
沸点	148～156℃	闪点	127℃

（2）生产原料与用量

2-乙基己醇	工业级	260kg	金属钠	工业级	适量
亚磷酸三苯酯	工业级	310kg			

（3）合成原理　由 2-乙基己醇与亚磷酸三苯酯在催化剂金属钠存在下酯交换而得到亚磷酸-苯二异辛酯，其反应式如下：

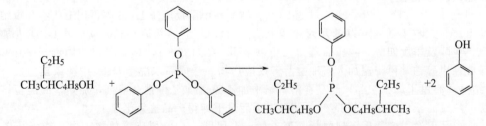

（4）生产工艺流程（参见图 11-10）　将 2-乙基己醇加入搪玻璃反应锅，搅拌加热，投入金属钠，逐步升温至 100℃，溶钠过程排出氢气。溶钠结束后，将料温冷至 45℃ 左右，加入亚磷酸三苯酯进行酯交换反应，加热到 140～150℃，保温反应 8h，测定 pH 在 8 以上时，酯交换反应完成。将反应物抽入不锈钢蒸馏釜，在 160℃、21.3kPa 下蒸出酯交换产生的苯酚，得粗酯加入洗涤锅冷却至 20℃ 左右，漂洗至中性或微碱性。最后进行蒸馏收集 180～200℃（0.40～0.67kPa）馏分，即为成品。

（5）产品用途　可用作多种聚合物的抗氧剂和稳定剂。与许多酚类抗氧剂有较好的协同作用。由于毒性低，可用于塑料制的医疗器械方面。

11.3.4　抗氧化剂1076

中文别名：3-（3,5-二叔丁基-4-羟基苯基）丙酸正十八烷醇酯，抗氧剂AT76，β-（3,5-二叔丁基-4-羟基苯基）丙酸十八醇酯，β-（3,5-二叔丁基-4-羟基苯基）丙酸十八碳醇酯，十八烷基-3,5-双（1,1-二甲基乙基)-4-羟基苯丙酸酯，十八烷基3-（3,5-二叔丁基-4-羟苯基）丙酸酯

英文名称：irganox 1076，octadecyl 3-(3,5-di-tert-butyl-4-hydroxyphenyl) propionate，3-(3′, 5′-di-tert-butyl-4′-hydroxyphenyl) propionic acid stearyl ester，3,5-bis (1,1-dimethylethyl)-4-hydroxybenzene propanoic acid octadecyl ester

分子式：$C_{35}H_{62}O_3$

（1）性能指标

外观	白色或微黄色固体粉末
溶解性	不用于水，易溶于苯、氯仿、环己烷、丙酮以及酯类等有机溶剂，微溶于甲醇、乙醇、矿物油
闪点	≥110℃
熔点	50～52℃

（2）生产原料与用量

苯酚	工业一级	900kg	乙醇	工业级，95％	适量
异丁烯	工业一级，99％	1250kg	氢氧化钠	工业级	适量
正十八碳醇	工业级，95％	572kg	盐酸	工业级，9％	适量
丙烯酸甲酯	工业一级，99％	600kg	二甲亚砜	工业一级，水分≤0.5％	适量
浓硫酸	工业级，98％	适量	甲醇钠	工业一级，含量30％±1％	适量
碳酸钠	工业级	适量	醋酸	工业级	适量

（3）合成原理　将苯酚用异丁烯烷基化，制得2,6-二叔丁基苯酚，然后在甲醇钠的催化作用下与丙烯酸反应，生成β-（3,5-二叔丁基-4-羟基苯基）丙酸甲酯，最后与十八碳醇进行酯交换，制得抗氧剂1076。合成反应路线如下：

（4）生产工艺流程（参见图11-11）

① 烷基化反应　将异丁烯在烷化反应釜D101中与对甲酚在浓硫酸催化下进行反应，在80～85℃反应4h。反应结束后用碳酸钠中和至pH=7，再在烷化水洗釜L101中用水洗，分出水层后用乙醇粗结晶。经过滤、干燥即得成品2,6-二叔丁基-4-甲基苯酚。

② 酯化反应　称取2,6-二叔丁基-4-甲基苯酚和NaOH，加入反应器D102中，在氮气保护下加入溶剂，加热回流1h左右，通过蒸汽夹带出去生成水；在（70±3）℃时滴加丙烯酸甲酯，2h加完及反应结束后，蒸出混合溶剂，降温后（90℃左右）加入9％盐酸中和至pH为6，加入蒸馏水水洗，除去可溶性盐类，分离有机层得粗产品。将上述粗产品进行精馏得β-（3,5-二叔丁基-4-羟基苯基）丙酸甲酯纯品。

③ 酯交换反应　将β-（3,5-二叔丁基-4-羟基苯基）丙酸甲酯、十八醇、甲醇钠、二甲基亚砜等投入酯交换釜D103，搅拌下加热升温使物料熔融、溶解，在140℃左右反应3h。然后冷却降

温至 80～90℃，用醋酸中和甲醇钠。继续降温至 30℃，加入石油醚萃取反应物。搅拌后静置分层，从分去的废液中回收甲醇及醋酸钠。油层经水洗、冷却、结晶、过滤、干燥，即得粗产品。滤液经蒸馏回收石油醚。

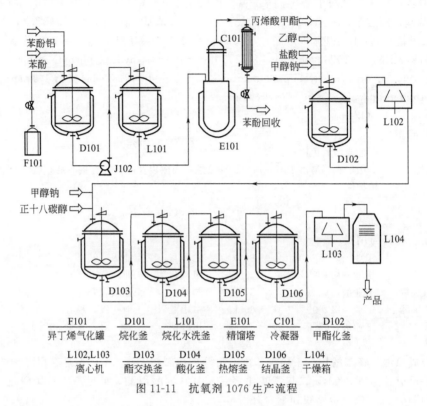

图 11-11　抗氧剂 1076 生产流程

（5）产品用途　抗氧剂 1076 是一种非污染型无毒受阻酚类抗氧剂，对光稳定、不易变色、不污染、不着色、挥发性低、耐水抽提、相容性好、抗氧化效能高的优点，广泛用于聚乙烯、聚丙烯、聚甲醛、ABS 树脂、聚苯乙烯、聚氯乙烯醇、工程塑料、合成纤维、弹性体、胶黏剂、蜡、合成橡胶及石油产品中。在产品的聚合、制成或最终使用阶段均适于添加。与辅助抗氧剂 DLTP、168 等并用发挥协同效应，抗氧性能更佳。一般用量为 0.1%～0.5%。

11.3.5　硫代二丙酸月桂醇酯（DLTDP）

中文别名：防老剂 TPL，抗氧剂 DLTDP

英文名称：dilauryl 3,3-thiobispropionate

分子式：$C_{30}H_{58}O_4S$

（1）性能指标

外观	白色絮片状结晶固体或鳞片状物
熔点	≥38℃
密度	0.915
溶解性/(g/100g 溶剂)	丙酮 20，四氯化碳 100，苯 133，石油醚 40，甲醇 9.1，在 60～80℃水中的溶解度为 0.1 以下

（2）生产原料与用量

丙烯腈	工业级	700kg	月桂醇	工业级	1100kg
硫化钠	工业级	900kg	丙酮	工业级	适量
硫酸	工业级,55%	700kg	纯碱	工业级	适量

（3）合成原理　将丙烯腈与硫化钠水溶液反应得硫代二丙烯腈，用硫酸水解再与月桂酸酯得

硫代二丙酸二月桂酯。合成反应式如下：

$$2H_2C\!=\!CHCN+H_2O+Na_2S\longrightarrow S(CH_2CH_2CN)_2+2NaOH$$

$$S(CH_2CH_2CN)_2+H_2SO_4+4H_2O\longrightarrow S(CH_2CH_2COOH)_2+(NH_4)_2SO_4$$

$$S(CH_2CH_2COOH)_2+2C_{12}H_{25}OH\longrightarrow S(CH_2CH_2COOC_{12}H_{25})_2+2H_2O$$

（4）生产工艺流程（参见图 11-12） 将硫化钠在溶解锅 L101 中制成水溶液，然后与丙烯腈在缩合釜 D101 中在 20℃左右进行反应，所得硫代二丙烯腈送至水洗釜 L102，洗去并分离掉碱水，然后将物料送到水解釜 D102，用 55% 的硫酸进行水解得硫代二丙酸。物料经 L103 过滤滤去硫铵，再送到酯化釜 D103 与月桂醇（减压下）酯化。酯化完毕后加入丙酮将产物溶解，再在中和釜 D104 中用纯碱进行中和。然后经压滤机 L104 除去硫酸钠，再将 DLTDP 粗品经过结晶、L105 离心过滤及 L106 干燥后得 DLTDP 精制品。

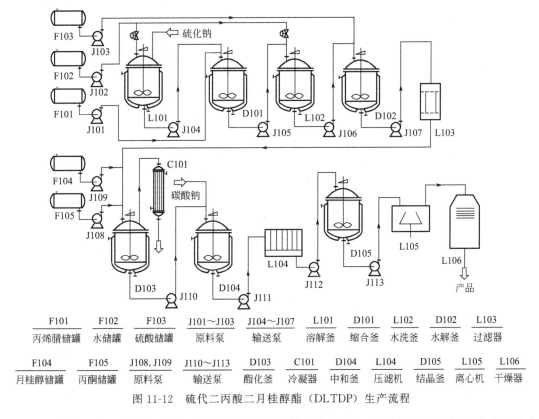

F101	F102	F103	J101~J103	J104~J107	L101	D101	L102	D102	L103
丙烯腈储罐	水储罐	硫酸储罐	原料泵	输送泵	溶解釜	缩合釜	水洗釜	水解釜	过滤器

F104	F105	J108,J109	J110~J113	D103	C101	D104	L104	D105	L105	L106
月桂醇储罐	丙酮储罐	原料泵	输送泵	酯化釜	冷凝器	中和釜	压滤机	结晶釜	离心机	干燥器

图 11-12 硫代二丙酸二月桂醇酯（DLTDP）生产流程

（5）产品用途 硫代二丙酸二月桂酯为优良的辅助抗氧剂，具有分解氢过氧物产生稳定结构阻止氧化的作用。可作聚乙烯、聚丙烯、聚氯乙烯、ABS 树脂等的抗氧剂、稳定剂，亦可用于天然橡胶和合成橡胶。和酚类抗氧剂并用可产生协同效应，有优良的抗屈挠龟裂性。由于不着色和非污染性，所以适用于白色或艳色制品。也可用作油脂、肥皂、润滑油和润滑脂的抗氧剂，并常与烷基酚类防老剂或紫外线吸收剂配合使用。用作聚丙烯加工时的热稳定剂特别有效。

11.4 热稳定剂和光稳定剂

11.4.1 硬脂酸钙

中文别名：十八酸钙

英文名称：stearic acid calcium salt

分子式：$C_{36}H_{70}CaO_4$

（1）性能指标（HG/T 2424—1993）

外观　　　　白色颗粒状或脂肪性粉末

密度　　　　1.08g/cm³

溶解性　　　易溶于热吡啶，微溶于热醇、热的植物油及矿物油，几乎不溶于水、醚、氯仿、丙酮及冷醇

熔点　　　　179～180℃

（2）生产原料与用量

硬脂酸　　　酸值198～205，碘值≤4　　　940kg

液碱　　　　30%　　　　　　　　　　　470kg

氯化钙　　　≥93%　　　　　　　　　　200kg

（3）合成原理　首先将熔化的硬脂酸与氢氧化钠溶液反应，制成稀皂液，然后硬脂酸皂化后与氯化钙进行复分解反应。反应式如下：

$$C_{17}H_{35}COOH + NaOH \longrightarrow C_{17}H_{35}COONa + H_2O$$

$$2C_{17}H_{35}COONa + CaCl_2 \longrightarrow (C_{17}H_{35}COO)_2Ca + 2NaCl_2$$

（4）生产工艺流程（参见图11-13）　在反应釜D101中投入硬脂酸与水，加热溶解后在90℃左右加入液碱进行皂化反应。然后，在同一温度下加入氯化钙溶液进行复分解反应，硬脂酸钙沉淀用水洗涤，L101离心脱水。再于100℃左右在干燥箱L102内干燥后即得成品。

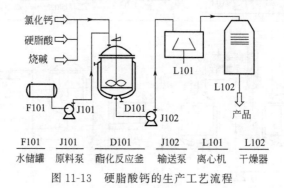

F101	J101	D101	J102	L101	L102
水储罐	原料泵	酯化反应釜	输送泵	离心机	干燥器

图11-13　硬脂酸钙的生产工艺流程

（5）产品用途　硬脂酸钙用作聚氯乙烯的稳定剂和润滑剂，可做无毒的食品包装、医疗器械等软质薄膜器皿。在聚乙烯、聚丙烯中作为卤素吸收剂，可以消除树脂中残留的催化剂对树脂颜色和稳定性的不良影响。还广泛用作聚烯烃纤维和模塑品的润滑剂，也可以作酚醛、氨基等热固性塑料以及聚酯增强塑料的润滑剂和脱模剂、润滑脂的增厚剂、纺织品的防水剂和油漆的平光剂等。

食品级硬脂酸钙用作抗结剂，防止粉状或晶状食品聚集、结块，以保持其自由流动，可用于涂敷到葡萄糖粉、蔗糖粉等，最高允许用量为15g/kg。

11.4.2　二月桂酸二丁基锡

英文名称：dibutyltion dilaurate

分子式：$C_{32}H_{64}O_4Sn$

（1）性能指标（GB 16199—1996）

外观	透明油状液体	闪点	226.7℃
密度	1.047～1.049g/cm³	折射率	1.4686
黏度（25℃）	0.05Pa	溶解性	不溶于水、甲醇，溶于乙醚、丙酮、苯、四氯化碳、石油醚
凝固点	16～23℃		

（2）生产原料与用量

锡锭	工业级，≥99.5%	220kg	月桂酸	工业级	640kg
碘	工业级，≥99.5%	50kg	红磷	工业级，≥97.5%	30kg

正丁醇	工业级，密度0.81g/cm³，		稀盐酸	工业级，5%～10%	适量
	沸程114～119℃	300kg	液碱	工业级	适量
镁粉	工业级		适量		

（3）合成原理　由氧化二丁基锡与月桂酸缩合得到二月桂酸二丁基锡，其反应式如下：

$$C_4H_9 \underset{C_4H_9}{\overset{}{\text{Sn}}}{=}O + 2C_{11}H_{23}COOH \longrightarrow C_4H_9 \underset{C_4H_9}{\overset{}{\text{Sn}}}\underset{O-C-C_{11}H_{23}}{\overset{O-C-C_{11}H_{23}}{}} + 2H_2O$$

其中氧化二丁基锡的合成方法有两种。

① 格氏法

$$C_4H_9Cl + Mg \longrightarrow C_4H_9MgCl$$
$$4C_4H_9MgCl + SnCl_4 \longrightarrow C_4H_9Sn + MgCl_2$$
$$C_4H_9Sn + SnCl_4 \longrightarrow 2(C_4H_9)_2SnCl_2$$
$$2(C_4H_9)_2SnCl_2 + 2RCOONa \longrightarrow (C_4H_9)_2Sn(OOCR)_2 + NaCl$$

② 直接法

$$2C_4H_9I + Sn \longrightarrow (C_4H_9)_2SnI_2$$
$$(C_4H_9)_2SnI_2 + 2RCOONa \longrightarrow (C_4H_9)_2Sn(OOCR)_2 + NaI$$

（4）生产工艺流程（参见图11-14）　以直接法生产工艺为例，其工艺过程如下。

① 常温下将红磷和正丁醇投入碘烷反应釜D101中，然后分批加入碘。将反应温度逐渐上升，当温度达到127℃左右时停止反应，水洗蒸馏得到精制碘丁烷。

② 将规定配比的碘丁烷、正丁醇、镁粉、锡粉加入锡化反应釜D102内，强烈搅拌下于120～140℃蒸出正丁醇和未反应的碘丁烷，得到碘代丁基锡粗品。粗品在酸洗釜D103内用稀盐酸于60～90℃洗涤精制二碘代二正丁基锡。

③ 在缩合釜D104中加入水、液碱升温到30～40℃逐渐加入月桂酸，加完后再加入二碘二正丁基锡于80～90℃下反应1.5h，静置10～15min，分出碘化钠。将反应液送往脱水釜L104减压脱水、冷却、L105压滤得成品。

（5）产品用途　二月桂酸二丁基锡主要用于聚氯乙烯塑料稳定剂，透明性和耐候性好，耐硫化污染。还可用作室温时硅橡胶的熟化剂、合成纤维稳定剂及聚氨酯材料合成时的催化剂。

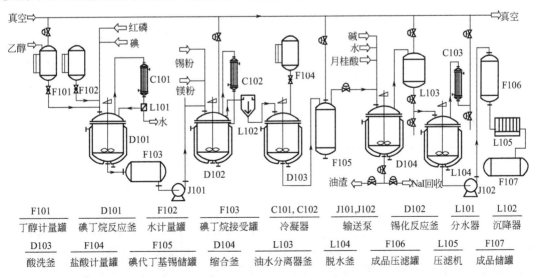

F101	D101	F102	F103	C101, C102	J101,J102	D102	L101	L102
丁醇计量罐	碘丁醇反应釜	水计量罐	碘丁烷接受罐	冷凝器	输送泵	锡化反应釜	分水器	沉降器

D103	F104	F105	D104	L103	L104	F106	L105	F107
酸洗釜	盐酸计量罐	碘代丁基锡储罐	缩合釜	油水分离器釜	脱水釜	成品压滤罐	压滤机	成品储罐

图11-14　二月桂酸二丁基锡生产工艺流程

11.4.3　紫外线吸收剂 UV-327

中文别名：2-(2′-羟基-3′,5′-二叔丁基苯基)-5-氯代苯并三唑

英文名称：5-chloro-2-(3,5-di-tert-butyl-2-hydroxy) phenyl-benzotriazole

分子式：$C_{20}H_{24}ClN_3O$

（1）性能指标

外观	白色至浅白色或淡黄色粉末结晶粉末
熔点	154～157℃
含量	≥99%（HPLC）
透光率	460nm≥92%；500nm≥95%
溶解性	溶于苯、甲苯、苯乙烯、甲基丙烯酸甲酯、环己烷和增塑剂，微溶于醇、酮，不溶于水

（2）生产原料与用量

苯酚	工业级，≥99%，		铝粉	工业级		适量
	凝固点≥40.4℃	220.1kg	甲苯	工业级		适量
异丁烯	工业级，≥90%，		甲醇	工业级		适量
	水分≤10mg/L	261.5kg	乙醇	工业级，95%		适量
对氯邻硝基苯胺	工业级，≥60%	204.4kg	锌粉	工业级		适量
乙酸乙酯	工业级，98%	676.5kg				

（3）合成原理　由对氯邻硝基苯胺重氮化后与异丁烯和苯酚烷基化生成的2,4-二叔丁基苯酚进行偶合，产物在碱介质中加锌还原即得紫外线吸收剂 UV-327。反应式如下：

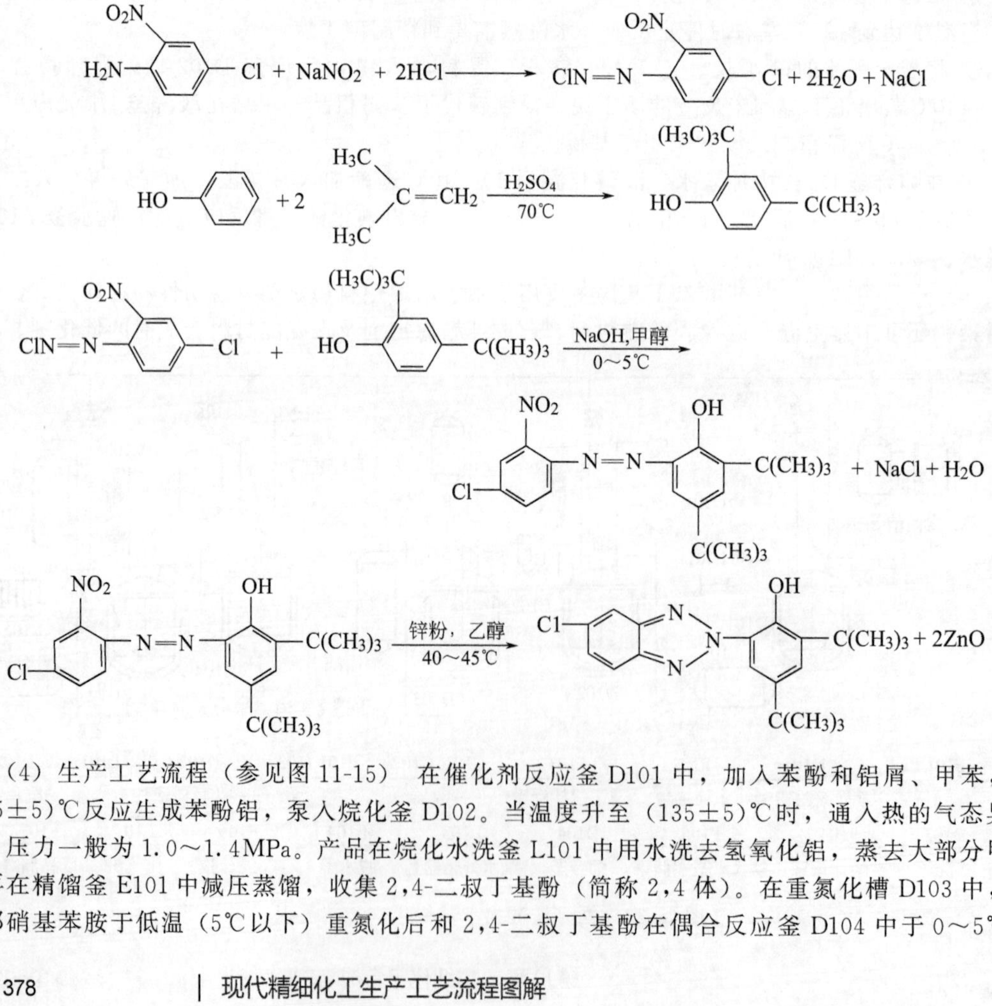

（4）生产工艺流程（参见图 11-15）　在催化剂反应釜 D101 中，加入苯酚和铝屑、甲苯，于（145±5）℃反应生成苯酚铝，泵入烷化釜 D102。当温度升至（135±5）℃时，通入热的气态异丁烯，压力一般为 1.0～1.4MPa。产品在烷化水洗釜 L101 中用水洗去氢氧化铝，蒸去大部分甲苯后再在精馏釜 E101 中减压蒸馏，收集 2,4-二叔丁基酚（简称 2,4 体）。在重氮化槽 D103 中，对氯邻硝基苯胺于低温（5℃以下）重氮化后和 2,4-二叔丁基酚在偶合反应釜 D104 中于 0～5℃下

以甲醇为溶剂偶合。过滤后，在还原反应釜 D105 中以乙醇为溶剂用锌粉还原，即得产品 UV-327。再于重结晶釜 D106 中用乙酸乙酯净化提纯，趁热过滤，弃去锌渣，冷却、过滤、水洗、离心、烘干即得产品。

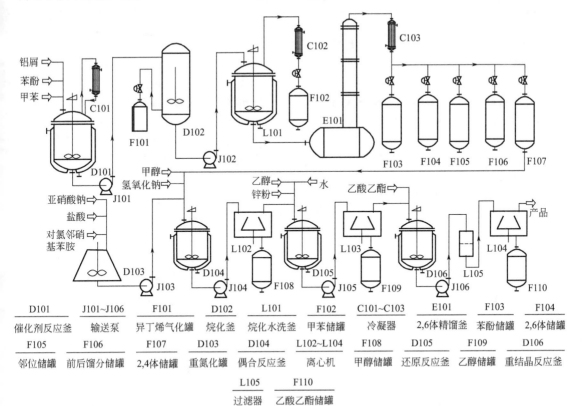

D101	J101~J106	F101	D102	L101	F102	C101~C103	E101	F103	F104
催化剂反应釜	输送泵	异丁烯气化罐	烷化釜	烷化水洗釜	甲苯储罐	冷凝器	2,6体精馏釜	苯酚储罐	2,6储罐

F105	F106	F107	D103	D104	L102~L104	F108	D105	F109	D106
邻位储罐	前后馏分储罐	2,4体储罐	重氮化罐	偶合反应釜	离心机	甲醇储罐	还原反应釜	乙醇储罐	重结晶反应釜

L105	F110
过滤器	乙酸乙酯储罐

图 11-15　紫外线吸收剂 UV-327 的生产工艺流程

（5）产品用途　紫外线吸收剂 UV-327 可强烈地吸收 300～400nm 的紫外线，化学稳定性好，挥发性极小。与聚烯烃的相溶性良好，可用于耐高温材料的加工。有优良的耐洗涤性能，特别适用于聚丙烯纤维。本品在聚乙烯中用量 0.2～0.4 份，在聚丙烯中用量 0.3～0.5 份，还可用于聚甲醛、聚甲基丙烯酸甲酯、聚氨酯、聚丙烯、聚乙烯和多种涂料。与抗氧化剂并用，有优良的协同作用。

11.4.4　紫外线吸收剂 UV-328

中文别名：2-(2′-羟基-3′,5′-二戊基苯基) 苯并三唑，2-[2-羟基-3,5-二(1,1-二甲基丙基苯基)]-2H-苯并三唑

英文名称：ultraviolet absorber UV-328，2-(2′-hydroxy-3′,5′-dipentylphenyl)-benzotriazole，2-(2-hydroxy-3,5-dipentylphenyl)-benzoriazole

分子式：$C_{22}H_{29}N_3O$

（1）性能指标

外观	淡黄色粉末	灰分	≤0.1%
密度	1.08g/cm³	溶解性（20℃）	水<0.01；丙酮6；苯39；
熔点	80～83℃		氯仿44；甲醇0.4；二氯
沸点	469.1℃		甲烷56；环己烷15；
闪点	237.5℃		乙酸乙酯16
干燥失重	≤0.5%		

（2）生产原料与用量

2-硝基苯胺	工业级，≥60％，熔点≥67℃	330kg
1-氯代戊烷	工业级，≥99％，水分≤10mg/L	330kg
苯酚	工业级，≥99％，凝固点≥40.4℃	200kg
铝	工业级	适量
甲苯	工业级	适量
甲醇	工业级	适量
乙醇	工业级，95％	适量
乙酸乙酯	工业级，99％	适量

（3）合成原理　2-硝基苯胺重氮化后与1-氯代戊烷和苯酚生成的烷基化产物2,4-二戊基苯酚进行偶合，产物再经偶氮染料还原制得。反应式如下：

$$\text{2-硝基苯胺} + NaNO_2 + 2HCl \xrightarrow{0\sim5℃} \text{重氮盐} + 2H_2O + NaCl$$

$$HO\text{—}C_6H_5 + 2CH_3(CH_2)_3CH_2Cl \longrightarrow \text{2,4-二戊基苯酚} + 2HCl$$

$$\text{重氮盐} + \text{2,4-二戊基苯酚} \xrightarrow[0\sim20℃]{NaOH,\text{甲醇}} \text{偶氮化合物} + H_2O + NaCl$$

$$\text{偶氮化合物} \longrightarrow \text{UV-328}$$

（4）生产工艺流程（参见图11-16）　在催化剂反应釜D101中，依次加入苯酚、铝屑、甲

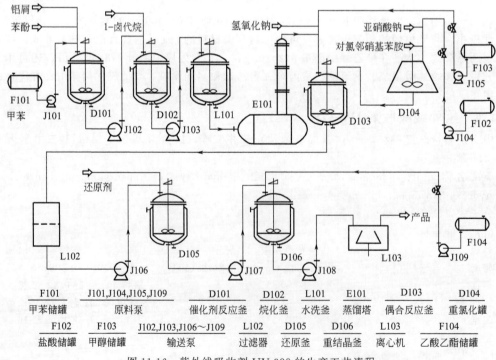

| F101 | J101,J104,J105,J109 | | D101 | D102 | L101 | E101 | D103 | D104 |
| 甲苯储罐 | 原料泵 | | 催化剂反应釜 | 烷化釜 | 水洗釜 | 蒸馏塔 | 偶合反应釜 | 重氮罐 |

| F102 | F103 | J102,J103,J106~J109 | L102 | D105 | D106 | L103 | F104 |
| 盐酸储罐 | 甲醇储罐 | 输送泵 | 过滤器 | 还原釜 | 重结晶釜 | 离心机 | 乙酸乙酯储罐 |

图 11-16　紫外线吸收剂 UV-328 的生产工艺流程

苯，于（145±5）℃反应生成苯酚铝，然后泵入烷化釜 D102。当温度升至一定值时，通入 1-氯戊烷。产品在水洗釜 L101 中水洗除去氢氧化铝，蒸去大部分甲苯后在精馏釜 E101 中减压蒸馏，收集 2,4-二戊基酚。在重氮化槽 D103 中，2-硝基苯胺于低温（5℃以下）重氮化后和 2,4-二戊基酚在耦合反应釜 D104 中于 0～20℃以甲醇为溶剂耦合，过滤后在还原釜 D105 中以乙醇为溶剂用偶氮染料还原，即得产品 UV-328。再于重结晶釜 D106 中用乙酸乙酯净化提纯，趁热过滤，除去副产物，冷却、过滤、水洗、离心、烘干即得产品。

（5）产品用途　UV-328 的最高紫外线吸收峰为 345nm，与高聚合物的相溶性好，挥发性低，并兼具有抗氧性能，可与一般抗氧剂并用。广泛用于聚丙烯、聚乙烯，还可用于聚氯乙烯、有机玻璃、ABS 树脂、涂料、石油制品和橡胶等制品。

11.4.5　紫外线吸收剂 UV-531

中文别名：2-羟基-4-辛氧基二苯甲酮

英文名称：ultraviolet absorber UV-531，2-hydroxy-4-octyoxybenzophenone

分子式：$C_{21}H_{26}O_3$

（1）性能指标

外观	淡黄色或白色结晶粉末
密度（25℃）	$1.160g/cm^3$
熔点	47.5～48.5℃
溶解性（g/100g，25℃）	苯 72.2，95％乙醇 2.6，己烷 40.1，丙酮 74.3，微溶于二氯乙烷

（2）生产原料与用量

甲苯	工业级	424kg	氯化锌	工业级	适量
间苯二酚	工业级，≥95％	501kg	浓盐酸	工业级，35％	适量
正辛醇	工业级	620kg	无水氯化钙	工业级	适量
氯气	工业级，≥95％	982kg	纯碱	工业级	适量
环己酮	工业级	527kg	碘化钾	工业级	适量
乙醇	工业级，95％	适量			

（3）合成原理　甲苯氯化后与间苯二酚反应，生成 2,4-二羟基二苯甲酮，再与正辛醇氧化后的 1-氯代正辛烷反应即得产品。反应式如下：

（4）生产工艺流程（参见图 11-17）　甲苯在氯化反应釜 D101 中用氯气氯化后，生成三氯甲苯，于合成反应釜 D102 中与间苯二酚水溶液在乙醇中反应，反应温度约 40℃左右，即生成 2,4-二羟基二苯甲酮。过滤、水洗、干燥后备用。

正辛醇在氯化釜 D103 中以氯化锌为脱水催化剂和浓盐酸反应生成 1-氯代正辛烷粗产品。在氯化水洗釜 D104 中水洗后在干燥釜 L103 中用无水氯化钙干燥，在蒸馏釜 E101 蒸馏后得到精 1-氯代正辛烷。

在成品合成釜 D104 中与干燥后的 2,4-二羟基二苯甲酮在溶剂环己酮中反应，由纯碱和碘化钾作催化剂，搅拌、回流，反应后经过滤得粗产品，再用乙醇在重结晶釜 D105 中精制，过滤后即得紫外光吸收剂 UV-531 成品。废环己酮和废乙醇分别在环己酮蒸馏釜 E102 和乙醇蒸馏釜 E103 中蒸馏后循环使用。

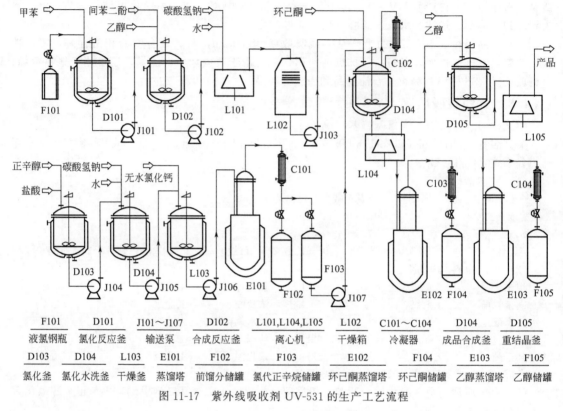

图 11-17　紫外线吸收剂 UV-531 的生产工艺流程

（5）产品用途　紫外线吸收剂 UV-531 能强烈地吸收 300～375nm 的紫外线，与大多数聚合物相容，特别是与聚烯烃有很好的相容性。挥发性低，几乎无色。本品主要用于聚烯烃，也用于乙烯基树脂、聚苯乙烯、纤维素塑料、聚酯、聚酰胺等塑料、纤维及涂料。在塑料中用量：聚烯烃中 0.25～1.0 份；硬质 PVC 中 0.25～0.5 份；聚丙烯纤维和腈纶中用量 0.5 份左右。

11.4.6　光稳定剂 1084

中文别名：光稳定剂 1084，2,2′-硫代双（对叔辛基苯酚）镍·正丁胺络合物

英文名称：light stability agent 1084，2,2′-thiobis（p-tert-octylphenolate)-n-butylamine nickel

分子式：$C_{32}H_{51}NO_2SNi$

（1）性能指标

外观	淡绿色粉末	溶解性（25℃，g/100mL 溶剂）　95%乙醇 1.0；
密度	1.367g/cm³	正庚烷 51.2；甲乙酮 1.2；
熔点	258～261℃	四氢呋喃 48.8；甲苯 42.8

（2）生产原料与用量

对叔辛基苯酚	工业级，≥95%	2060kg	四氯化碳	工业级	适量
二氯化硫	工业级	5150kg	氯仿	工业级	适量
正丁胺	工业级	2190kg	无水硫酸钠	工业级	适量
醋酸镍	工业级	1437.5kg			

（3）合成原理　由对叔辛基苯酚和二氯化硫反应得到硫代双叔辛基苯酚，然后再与正丁胺和

醋酸镍水溶液反应即得到光稳定剂 1084。

（4）生产工艺流程（参见图 11-18）

① 硫代双叔辛基苯酚的合成　将对叔辛基苯酚和四氯化碳加入反应釜 D101，搅拌溶解后冷却降温至 7～10℃，再一边搅拌，一边滴加入二氯化硫的四氯化碳溶液，进行反应。粗产物导入 D102，再经水洗、石油醚稀释沉析、L101 过滤、E101 干燥即得硫代双叔辛基苯酚。

② 2,2'-硫代双（对叔辛基苯酚）镍-正丁胺络合物的合成　在上述制得的硫代双叔辛基苯酚中加入氯仿溶解，加入正丁胺和醋酸镍水溶液，于常温下进行反应。反应产物经无水硫酸钠干燥 L102 过滤、蒸发及干燥，即得成品。

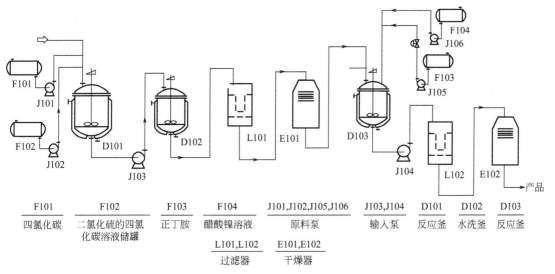

图 11-18　光稳定剂 1084 的生产工艺流程

（5）产品用途　光稳定剂 1084 色泽较浅，对制品着色性小，对高温下使用的制品特别有效。能强烈吸收波长为 270～330nm 的紫外线，对聚烯烃的染料有螯合作用，可改善其染色性。添加量为 0.25％～0.5％。本品是聚丙烯和聚乙烯的优良稳定剂，不仅具有抗紫外线辐射的作用，而且还有抗氧化剂的功能。

11.5　促进剂

11.5.1　促进剂 M

中义别名：2-巯基苯并噻唑，2-硫醇基苯并噻唑，2-巯基-1,3-硫氮茚，M 快熟粉，苯并噻唑硫醇

英文名称：accelerator M，2-mercaptobenzothiazole，2-thiocarbamidothiophenol

分子式：$C_7H_5NS_2$

（1）性能指标（GB/T 11407—2003）

外观	淡黄色单斜状体或片状结晶
密度	1.42g/cm³
熔点	177～181℃
闪点	243℃
溶解性	不溶于水和汽油，溶于乙醇、乙醚、丙酮、醋酸乙酯、苯、氯仿和稀碱液

（2）生产原料与用量

① 常压法生产促进剂 M 原料消耗配比如下：

邻硝基氯苯	工业级，≥98％，凝固点≥31.5℃	1064kg
硫酸	工业级，10％～15％	1450kg

硫化钠	工业级，≥63.5%	1850kg
二硫化碳	工业级，≥94%	750kg
烧碱	工业级	300kg

② 高压法生产促进剂 M 原料消耗配比如下：

苯胺	工业级	700kg
二硫化碳	工业级，≥94%	660kg
硫黄	工业级	300kg
氢氧化钠	工业级	适量
硫酸	工业级，10%～15%	适量

（3）合成原理　常压法以邻硝基氯苯为主要原料合成促进剂 M。主要反应如下：

$$\text{邻硝基氯苯} + 2Na_2S_n + CS_2 + H_2O \longrightarrow \text{苯并噻唑-SH} + 2H_2S\uparrow + Na_2S_2O_3 + NaCl + 2(n-2)S\downarrow$$

$$\text{苯并噻唑-SH} + H_2SO_4 \longrightarrow \text{苯并噻唑-SH} + Na_2SO_4$$

高压法以苯胺、二硫化碳和硫黄为原料合成促进剂 M，其反应式如下：

$$\text{苯胺} + CS_2 + S \longrightarrow \text{苯并噻唑-SH} + H_2S\uparrow$$

（4）生产工艺流程（参见图 11-19 和图 11-20）

① 常压法生产促进剂 M 的工艺流程（参见图 11-19）　在多硫化钠配置釜 D101 内，温度 80～90℃下制成多硫化钠；然后在缩合反应釜 D102 内，将多硫化钠、邻硝基氯苯、二硫化碳在 30℃及不大于 343kPa 压力下，缩合生成 M 钠盐。将缩合液压入氧化釜 D103，加水调节温度在 50～60℃，鼓入空气直至氧化完全。然后经 L101 进行抽滤，M 钠盐由储槽 F103 打入酸化罐 D104；在约 50℃条件下，用 10%～15%稀硫酸缓缓加入酸化罐 D104 进行酸化，然后在 L102 进行离心脱水，用 40～50℃温水洗到无硫酸根离子为止，再经 L103 干燥、L104 粉碎、L105 过筛、包装，即得成品。

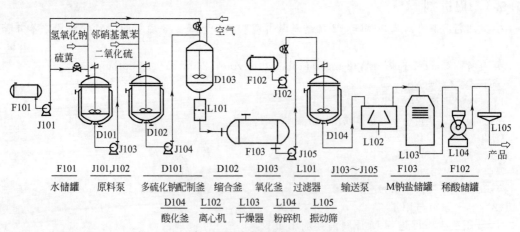

图 11-19　常压法生产促进剂 M 的生产工艺流程

② 高压法生产促进剂 M 的工艺流程（参见图 11-20）　将硫黄溶于二硫化碳中，再将它和苯

胺打入高压釜 D101 中，于 250～260℃，7.84MPa 条件下反应完毕时排除硫化氢气体。将生成物压入碱溶釜 D102，用氢氧化钠溶解，再经树脂釜 D103 加硫酸调至 pH＝9，通入空气沉出杂质（副产的树脂），然后过滤。滤液经中和釜 D104 用硫酸中和后，经水洗，再经 L103 干燥、L104 粉碎、L105 过筛、包装，即得成品。

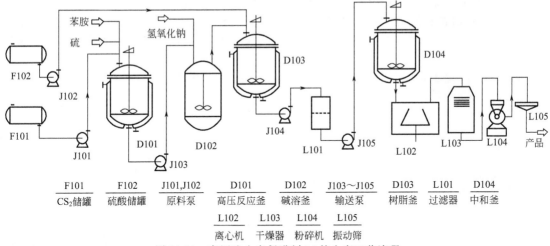

图 11-20　高压法生产促进剂 M 的生产工艺流程

（5）产品用途　促进剂 M 作为通用型硫化促进剂，广泛用于各种橡胶。对于天然橡胶和通常以硫黄硫化的合成胶具有快速促进作用。但使用时需要氧化锌、脂肪酸等活化。常与其他促进剂体系并用，如与二硫代秋兰姆和二硫代氨基甲酸并用可作丁基胶的促进剂；与三碱式顺丁烯二酸铅并用，可用于浅色耐水的氯磺化聚乙烯胶料。在胶乳中常与二硫代氨基甲酸盐并用，而与二乙基二硫代氨基甲酸二乙胺并用时，可室温硫化。该品在橡胶中易分散、不污染。但由于其有苦味，故不宜用于食品接触的橡胶制品。促进剂 M 是促进剂 MZ、DM、NS、DIBS、CA、DZ、NOBS、MDB 等的中间体，2-巯基苯并噻唑与 1-氨基-4-硝基蒽醌和碳酸钾在二甲基甲酰胺中回流3h，可制得染料分散艳红 S-GL（C. I. Disperse Red 121）。这种染料用于涤纶及其混纺织物的染色。

促进剂 M 用作电镀添加剂时又称酸性镀铜光亮剂 M，在以硫酸铜为主盐的光亮镀铜时作为辅助光亮剂，具有良好的整平作用，一般用量 0.05～0.10g/L。还可用作氰化镀银作光亮剂，加入 0.5g/L 后，使阴极极化度增大，使银离子结晶定向排列得光亮镀银层。促进剂 M 是铜或铜合金的有效缓蚀剂之一，凡冷却系统中含有铜设备和原水中含在一定量的铜离子时，可加入本品，以防铜的腐蚀。

此外，该品还用于制取农药杀真菌剂、氮肥增效剂、切消油和润滑添加剂、照相化学中的有机防灰化剂、金属腐蚀抑制剂等。此外，它还是化学分析的试剂。用作检定金、铋、镉、钴、汞、镍、铅、铊和锌的灵敏试剂。该品低毒，对皮肤和黏膜有刺激作用。

11.5.2　促进剂 MZ

中文别名：2-巯基苯并噻唑锌盐，促进剂 ZMBT，2-硫醇基苯并噻唑锌盐

英文名称：accelerator MZ, zinc 2-mercaptobenzothiazole, 2（3H）-benzothiazolethione zinc salt, 2-benzo-thiazol-ethiol zinc salt, bis（2-benzothiazolylthio）zinc

分子式：$C_{14}H_8N_2S_4Zn$

（1）性能指标

外观	淡黄色粉末（颗粒）	溶解性	可溶于氯仿、丙酮，部分溶于苯和
密度	1.70g/cm³		乙醇、四氯化碳，不溶于汽油、水
熔点	300℃		和乙酸乙酯

（2）生产原料与用量

促进剂 M	工业级	664kg	硫酸锌	工业级	161kg
氢氧化钠	工业级	适量			

（3）合成原理　将促进剂 M 的钠盐溶液与硫酸锌进行复分解反应即可得到促进剂 MZ。

（4）生产工艺流程（参见图 11-21）

① 促进剂 M 的钠盐的配置　将固体氢氧化钠投入到反应釜 D101 内，加入水溶解，配成 10% 浓度的氢氧化钠溶液，将促进剂 M 加入到反应釜 D101 内，搅拌溶解，制得促进剂 M 的钠盐溶液；

② 促进剂 MZ 的合成　将上述制备的促进剂 M 的钠盐溶液通过泵 J103 打入到反应釜 D102 中，加入 10% 的硫酸锌溶液，搅拌下保持温度在 30℃ 以下，进行复分解反应。反应产物经 L101 过滤、D103 水洗、甩干，再经 L103 干燥、L104 粉碎、L105 过筛、包装，即得成品。

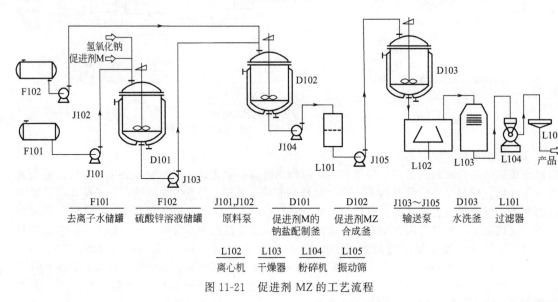

图 11-21　促进剂 MZ 的工艺流程

（5）产品用途　为一种高速硫化促进剂，不具有橡胶染色性。适用于 NR、IR、BR、SBR、NBR、EPDM 和乳胶。用于乳胶体系具有温和的活性且通常与超促进剂并用。硫化临界温度较高（138℃）。不易产生早期硫化，硫化平坦性较宽。适用于乳胶体系，具有调节体系黏度的功能。适用于注塑与发泡橡胶产品。操作安全，易分散，不污染，不变色。与 TP 合用时耐老化。主要用于制造轮胎、胶管、胶鞋、胶布等一般工业品。

11.5.3　促进剂 D

中文别名：二苯胍，促进剂 DPG，1,3-二苯胍

英文名称：accelerator D，diphenyguanidine，1,3-diphenylguanidine

分子式：$C_{13}H_{13}N_3$

（1）性能指标（HG/T 2342—1992）

外观	白色粉末	溶解性	溶于苯、甲苯、氯仿、乙醇、丙
密度	$1.13\sim1.19g/cm^3$		酮、乙酸乙酯，易溶于无机酸，
熔点	147℃		微溶于水，其水溶液呈强碱性
沸点	170℃		

（2）生产原料与用量

二苯基硫脲	工业级，95%	1136kg	氧气	工业级，99.5%	152kg
氨水	工业级，20% 以上	1207kg			

（3）合成原理　促进剂 D 合成工艺分为氧化铅氧化工艺、氯化氰工艺和氧气催化氧化工艺

三种生产方法。氧化铅氧化工艺以二苯基硫脲、氨水、硫酸铵和氧化铅为原料，经氧化反应而制得。氯化氰工艺以氯化氰、苯胺为主要原料而制得促进剂 D。氧化催化氧化法工艺系以二苯基硫脲为主要原料，经氧气氧化反应制得促进剂 D。主要反应如下：

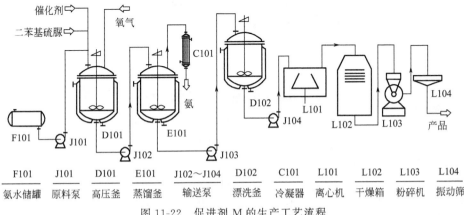

（4）生产工艺流程（参见图 11-22）　将二苯基硫脲、氨水、催化剂先投入高压釜 D101 内，在不断快速搅拌下，于 50～80℃，0.2～0.8MPa 条件下，缓慢通入氧气约 4～6h。然后将反应产物转入蒸馏釜 E101 内，在减压条件下蒸出氨，然后将物料转入漂洗釜 D102 内，用纯水洗涤至中性。再经脱水、干燥、粉碎、过筛得成品。

F101	J101	D101	E101	J102～J104	D102	C101	L101	L102	L103	L104
氨水储罐	原料泵	高压釜	蒸馏釜	输送泵	漂洗釜	冷凝器	离心机	干燥箱	粉碎机	振动筛

图 11-22　促进剂 M 的生产工艺流程

（5）产品用途　主要用作天然胶及合成胶的中速促进剂。常用作噻唑类、秋兰姆及次碘酰类促进剂的活性剂，与促进剂 DM、TMTD 并用时，可用于连续硫化。用作噻唑类促进剂的第二促进剂时，硫化胶的耐老性能有所下降，必须配以适当的防老剂。在氯丁胶中，该品有增塑剂和塑解剂的作用。使用本品胶料具有变色性，因此该品不适于白色或浅色制品以及与食物接触的橡胶制品。主要用于制造轮胎、胶板、鞋底、工业制品、硬质胶和厚壁制品。二苯胍还被用作塑料交联剂、示温材料、矿石浮选用助剂、涂料助剂、抛光材料助剂、金属分析试剂及建材用助剂等。

11.5.4　促进剂 DM

中文别名：促进剂 DM，二硫化二苯并噻唑，2,2′-二硫代二苯并噻唑，促进剂 MBTS

英文名称：accelerator DM，2,2′-dithiobis（benzothiazole），accelerator MBTS

分子式：$C_{14}H_8N_2S_4$

（1）性能指标（GB/T 11408—2003）

外观	淡黄色针状结晶	溶解性	室温下微溶于苯、二氯甲烷、
密度	1.5g/cm³		四氯化碳、丙酮等，不溶于水、
熔点	177～180℃		醋酸乙酯、汽油及碱
闪点	271℃		

（2）生产原料与用量

2-巯基苯并噻唑	工业级	1080kg	一氧化氮	工业级	适量
亚硝酸钠	工业级	210kg	空气	压缩空气	适量
硫酸	工业级	适量			

（3）合成原理　在一氧化氮存在下用空气于 60℃氧化 2-巯基苯并噻唑而制得。其反应如下：

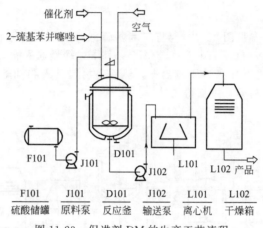

$$\text{(benzothiazole)}\text{—SH} + H_2SO_4 + NaNO_2 \longrightarrow \text{(dibenzothiazyl disulfide)} + Na_2SO_4 + NO + H_2O$$

（4）生产工艺流程（参见图 11-23） 将 2-巯基苯并噻唑和亚硝酸钠加入到反应釜 D101 中，并滴加硫酸。在一氧化氮存在下同空气氧化，得到粗品，再经水洗、脱水、干燥、筛选而得到产品。

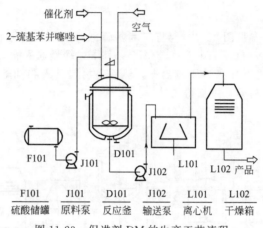

F101	J101	D101	J102	L101	L102
硫酸储罐	原料泵	反应釜	输送泵	离心机	干燥箱

图 11-23　促进剂 DM 的生产工艺流程

（5）产品用途 为天然胶、合成胶、再生胶的通用型促进剂，在胶料中易分散、不污染。硫化胶耐老化性优良，但与硫化胶接触的物品易有苦味，故不适用于与食品接触的橡胶制品。可用于制造轮胎、胶管、胶带、胶布、一般工业橡胶制品等。通常都与秋兰姆类、二硫代氨基甲酸盐类、硅胶类、胍类促进剂并用以提高活性，需配以氧化锌和硬脂酸。

11.5.5　促进剂 DTDM

中文别名：4,4′-二硫代二吗啉，4,4′-二硫代吗啡啉，二硫代二吗啉

英文名称：accelerator DTMM，4,4′-dithiodimorpholine

分子式：$C_8H_{16}N_2O_2S_2$

（1）性能指标

外观	白色针状结晶	溶解性	溶于苯、四氯化碳，稍溶于丙酮、
密度	$1.32\sim1.38g/cm^3$		汽油，难溶于乙醇、
熔点	$124\sim125℃$		乙醚，不溶于水

（2）生产原料与用量

吗啉	工业级	856.8kg	氢氧化钠	工业级	372.5kg
一氯化硫	工业级，≥95%	635.5kg	水	去离子水	适量
溶剂汽油	工业级	2165kg（未进行回收）			

（3）合成原理 吗啉与一氯化硫于碱性条件下在有机溶剂中反应，即生成 DTDM，其反应式如下：

$$S_2Cl_2 + 2O\begin{pmatrix}CH_2-CH_2\\CH_2-CH_2\end{pmatrix}NH + 2NaOH \longrightarrow$$

$$O\begin{pmatrix}CH_2-CH_2\\CH_2-CH_2\end{pmatrix}N-S-S-N\begin{pmatrix}CH_2-CH_2\\CH_2-CH_2\end{pmatrix}O + 2NaCl + 2H_2O$$

（4）生产工艺流程（参见图 11-24） 在反应釜 D101 中加入定量吗啉，适量溶剂汽油及少量

水，均匀搅拌。将定量一氯化硫加适量溶剂汽油及氢氧化钠溶液同时均匀滴入 D101 内，温度控制在 60℃ 以下，加料时间 60～90min，氢氧化钠稍前于一氯化硫加完。滴加完毕后，补充加水若干，继续搅拌 30min。将反应物经 L101 抽滤，滤液进行汽油与水相分离并回收汽油。固相转入离心机 L102 内洗涤，入 L103 干燥，即得成品。

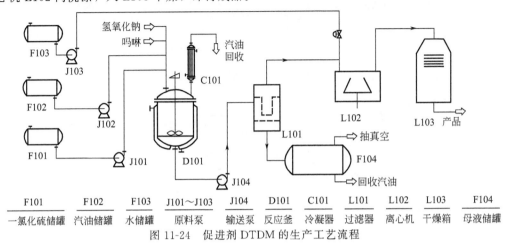

F101	F102	F103	J101～J103	J104	D101	C101	L101	L102	L103	F104
一氯化硫储罐	汽油储罐	水储罐	原料泵	输送泵	反应釜	冷凝器	过滤器	离心机	干燥箱	母液储罐

图 11-24　促进剂 DTDM 的生产工艺流程

（5）产品用途　可作为天然胶和合成胶（丁苯橡胶、顺丁橡胶、丁基橡胶、三元乙丙橡胶、乙烯基烯类橡胶等）的硫黄硫化有效促进剂，单用又可作硫化剂，具有耐热、耐疲劳、抗还原、不喷霜、防焦烧的特点。在硫化程度下方能分解活性硫，其含量约为 27%，不污染、不变色，可用于浅色、着色、透明制品。其硫化胶具有力学性能高、耐臭氧性能高、抗臭氧性能好及混炼胶不焦烧的优点。单用量硫化速度慢，它与噻唑类、秋兰姆类、二硫代氨基甲酸盐并用可提高硫化速度，尤与次磺酰胺类促进剂并用效果尤佳，具有出色的耐热老化性，不喷霜，且压缩变形小，可用于轮胎和橡胶工业制品中。

11.6　防老剂

11.6.1　防老剂甲

中文别名：N-苯基-1-萘胺，防老剂 A，抗氧剂 T-531
英文名称：antiager A，N-phenyl-1-naphthylamine
分子式：$C_{16}H_{13}N$

（1）性能指标（GB/T 8827—1988）

外观	黄色或紫色片状固体	熔点	60～62℃
密度	1.1g/cm³	沸点	226℃（2kPa）
溶解性	易溶于乙醇、乙醚、苯、二硫化碳、丙酮、氯仿，不溶于水	闪点	＞200℃

（2）生产原料与用量

α-萘胺	工业级，凝固点≥45℃	710kg	对氨基苯磺酸	工业级	27kg
苯胺	工业级，≥99%	440kg			

（3）合成原理　以对氨基苯磺酸作催化剂，在 250℃ 下使 α-萘胺与苯胺进行缩合反应制得，其反应式如下：

$$\underset{NH_2}{\text{（萘胺）}} + \underset{NH_2}{\text{（苯胺）}} \xrightarrow[250℃]{\text{对氨基苯磺酸}} \underset{NH}{\text{（N-苯基萘胺）}} + NH_3\uparrow$$

（4）生产工艺流程（参见图 11-25）　将一定量的 α-萘胺、苯胺、对氨基苯磺酸加入缩合蒸馏釜 D101，于 250℃下缩合脱氨，脱出的氨排到大气，带出的苯胺 E101 外集回收，缩合好的物料经 E102 进行减压蒸馏，得粗品防老剂甲，经中间罐 F102 切片冷却、包装。

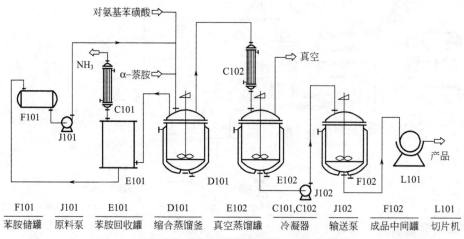

图 11-25　防老剂甲的生产工艺流程

（5）产品用途　该品系芳香族仲胺类防老剂，用于天然橡胶、二烯类合成橡胶、氯丁橡胶。是再生胶通用型防老剂，也用于氯丁胶乳。对热、氧、屈挠、天候老化、疲劳有良好的防护作用。在氯丁橡胶中兼有抗臭氧老化的性能，对有害金属也有一定的抑制作用。常与其他防老剂如 AP、DNP，尤其是 4010 和 4010N 并用。在干胶中易分散，亦易分解于水中。在橡胶中的溶解度高达 5%，用量为 3～4 份时不喷霜。由于其具有污染性、迁移性及在日光下颜色变深的特性，因此不适用于白色及浅色制品，主要用于制造轮胎、胶管、胶带、胶辊、胶鞋、海底电缆绝缘层等。在塑料工业中，该品可作聚乙烯的热稳定剂。工业品因含有 1-萘胺和苯胺，故有毒性。

11.6.2　防老剂丁

中文别名：N-苯基-2-萘胺，尼奥宗 D，苯基乙萘胺

英文名称：antiager D，N-(2-Naphthyl) aniline，2-(N-phenylamino)-naphthalene，phenyl-aminonaphth alene

分子式：$C_{16}H_{13}N$

（1）性能指标

外观	淡灰色粉末，暴露于空气中或日光下逐渐变为灰红色
密度	$1.24g/cm^3$
熔点	105～108℃
沸点	395～395.5℃
溶解性	不溶于水，溶于乙醇、四氯化碳、苯、丙酮

（2）生产原料与用量

苯胺	工业级，≥99%	430kg	苯胺盐酸盐	工业级	9kg
$β$-萘酚	工业级，熔点≥120℃	665kg	纯碱	工业级	适量

（3）合成原理　由 $β$-萘酚和苯胺在苯胺盐酸盐存在下，在 250℃进行缩合反应而得。反应式如下：

$$\text{（萘酚结构）—OH} + \text{（苯）—NH}_2 \xrightarrow[250℃]{\text{苯胺盐酸盐}} \text{（萘）—NH—（苯）} + H_2O$$

（4）生产工艺流程（参见图 11-26）　将定量 $β$-萘酚与苯胺加入配料釜 D101 中，熔化后打入

缩合釜 D102，再加入苯胺盐酸盐，升温至 250℃缩合。当缩合终了后，即加入纯碱进行中和，再进行真空蒸馏、水蒸气蒸馏，蒸出适量苯胺，然后将物料于 90.65kPa 真空下干燥数小时，送切片、打粉、包装即得产品。

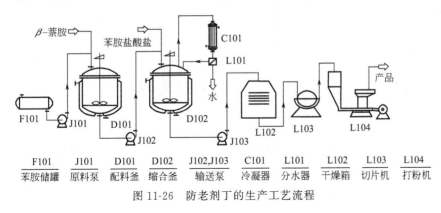

F101	J101	D101	D102	J102,J103	C101	L101	L102	L103	L104
苯胺储罐	原料泵	配料釜	缩合釜	输送泵	冷凝器	分水器	干燥箱	切片机	打粉机

图 11-26　防老剂丁的生产工艺流程

（5）产品用途　是天然橡胶、二烯类合成橡胶、氯丁橡胶及丁基胶乳用通用型防老剂。对热、氧、屈挠及一般老化有良好的防护作用，并稍优于防老剂甲。对有害金属有抑制作用，但较防老剂甲弱。若与防老剂 4010 或 4010NA 并用，则抗热、氧、屈挠龟裂，以及抗臭氧性均有显著提高。在干胶中容易分解，亦容易分散于水中。在橡胶中的溶解度约 1.5％，用量不超过 1 份不会发生喷霜。该品有污染性，在日光下渐变为灰黑色，故不适用于白色或浅色制品。主要用于制造轮胎、胶管、胶带、胶辊、胶鞋、电线电缆绝缘层等工业制品。防老剂丁还可作各种合成橡胶后处理和储存时的稳定剂，可用作聚甲醛的抗热防老剂。

11.6.3　防老剂 4010

中文别名：N-环己基-N'-苯基-1,4-苯二胺，N-环己基-N'-苯基对苯二胺

英文名称：antiager 4010，N-phenyl-N'-cyclohexyl-P-phenylenediamine

分子式：$C_{18}H_{22}N_2$

（1）性能指标（GB/T 8828—2003）

外观	深褐色颗粒状	溶解性	溶于丙酮、乙酸乙酯、乙醇，
密度	1.29g/cm³		微溶于汽油，不溶于水
熔点	115℃以上		

（2）生产原料与用量

4-氨基二苯胺	工业级，凝固点 68℃	930kg
环己酮	工业级，97.5％	620kg
甲酸	工业级，85％	274kg
溶剂汽油	工业级	450kg

（3）合成原理　用 4-氨基二苯胺与环己酮在 150～180℃下先缩合，然后以甲酸还原，再经溶剂汽油结晶、过滤、洗涤、干燥、粉碎而得。其反应式如下：

（4）生产工艺流程（参见图 11-27）　将规定量的 4-氨基二苯胺和环己酮加进配制釜 D101，搅拌升温，当温度达 110℃时开始脱去部分水，然后打入缩合釜 D102 中，进一步升温到 150～180℃继续脱水，直至缩合反应结束。冷却物料，送还原釜 D103。当温度降至 90℃时，滴加甲酸进行还原，还原后，物料抽入含有 120 号溶剂汽油的结晶釜 D104 中，进行冷却结晶，待结晶完

毕，放料进行吸滤、洗涤，抽干后湿料再送去干燥、粉碎即得成品。

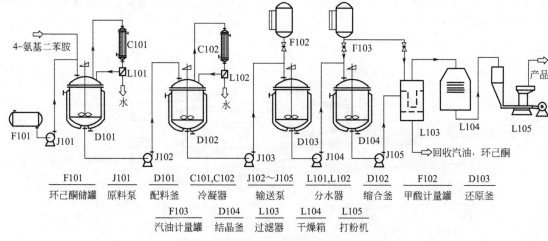

图 11-27　防老剂 4010 的生产工艺流程

F101	J101	D101	C101,C102	J102~J105	L101,L102	D102	F102	D103
环己酮储罐	原料泵	配料釜	冷凝器	输送泵	分水器	缩合釜	甲酸计量罐	还原釜

F103	D104	L103	L104	L105
汽油计量罐	结晶釜	过滤器	干燥箱	打粉机

（5）产品用途　适用于深色的天然橡胶和合成橡胶制品。可用于轮胎胎体、胶带和其他橡胶制品，最好与防老剂 RD 并用、强化其防老性能。

11.6.4　防老剂 4020

中文别名：防老剂 4020，N-(1,3-二甲基丁基)-N'-苯基-1,4-苯二胺，防老剂 DMPPD，N-(1-甲基异戊基)-N'-苯基对苯二胺

英文名称：antiager，4020，N-(1,3-dimethylbutyl)-N'-phenyl-p-phenylenediamine，antioxidant DNBPPD

分子式：$C_{18}H_{24}N_2$

（1）性能指标

外观	灰黑色、紫褐色固体	熔点	40～45℃
密度	0.986～1.00g/cm³	沸点	260℃
溶解性	溶于苯、丙酮、乙酸乙酯、二氯乙烷、甲苯，不溶于水	闪点	204℃

（2）生产原料与用量

N-(1,3-二甲基丁基)			铁粉	工业级	30kg
对氨基酚	工业级	966kg	碘粉	工业级	30kg
苯胺	工业级，≥99%	512kg	氮气	工业级	适量

（3）合成原理

① 酚胺缩合法　用 N-(1,3-二甲基丁基）对氨基酚和苯胺在催化剂作用下缩合而得。反应式如下：

$$HO-\text{（苯环）}-NH-\text{（苯环）}-NH-CH(CH_3)-CH_2-CH(CH_3)-CH_3 + \text{（苯环）}-NH_2$$

$$\xrightarrow[\text{(FeCl}_2\text{/FeCl}_3)]{\text{Fe+I}_2} \text{（苯环）}-NH-\text{（苯环）}-NH-CH(CH_3)-CH_2-CH(CH_3)-CH_3 + H_2N-\text{（苯环）}-NH-\text{（苯环）}-NH_2$$

$$+H_3C-CH(CH_3)-CH_2-CH(CH_3)-\text{（苯环）}-NH-\text{（苯环）}-NH-CH(CH_3)-CH_2-CH(CH_3)-CH_3$$

② 还原烃化法　用 4-氨基二苯胺与甲基异丁基酮高压催化加氢缩合而得。反应式如下：

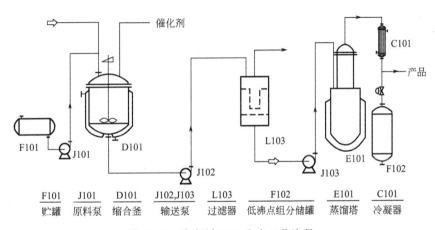

（4）生产工艺流程（参见图 11-28）

① 酚胺缩合法　将 N-(1,3-二甲基丁基) 对氨基酚、苯胺加入缩合釜 D101 中，在铁粉和碘粉或 $FeCl_2$、$FeCl_3$ 的催化下，在 210～230℃反应 8h，分出水。缩合反应完成后于 180℃（133.3Pa）通过 E101 蒸去易挥发物，即得产物。其成分为：N-(1,3-二甲基丁基)-N-苯基对苯二胺 50.2％，N,N'-苯基对苯二胺 13.4％，N,N'-(1,3-二甲基丁基) 对苯二胺 17.5％。

② 还原烃化法　在缩合釜 D101 内加入一定量经过纯化的对氨基二苯胺、甲基异丁基酮及一定质量的催化剂，通入氮气置换空气后再用氢气置换三次，通入氢气至设定的压力，开动搅拌，缓慢升温至所需要温度，反应至压力不再下降为止。降温出料，滤去催化剂，通过 E101 蒸馏除去去低沸点组分，即得产品。

F101	J101	D101	J102,J103	L103	F102	E101	C101
贮罐	原料泵	缩合釜	输送泵	过滤器	低沸点组分储罐	蒸馏塔	冷凝器

图 11-28　防老剂 4020 生产工艺流程

（5）产品用途　防老剂 4020 是对苯二胺类防老剂的主要品种之一。该品为污染性抗氧剂，除具有良好的抗氧效能外，还有抗臭氧、抗屈找龟裂和抑制铜、锰等有害金属的作用。其性能与防老剂 4010NA 相近，但其毒性及对皮肤刺激性比 4010NA 要小，在水中的溶解特性也比 4010NA 为佳（水洗损失率：4010NA 为 50％，而 4020 仅为 15％～20％）。可广泛用于轮胎、胶带以及许多其他工业橡胶制品制备中，一般用量为 0.5％～1.5％。该品因污染比较严重，不适用于制作浅色制品。

11.6.5　防老剂 RD

中文别名：2,2,4-三甲基-1,2-二氢化喹啉聚合体

英文名称：antiager RD, antioxidant RD, poly（1,2-dihydro-2,2,4-trimethylquinoline）

分子式：$C_{12}H_{15}N$

（1）性能指标（GB/T 8826—2011）

外观	淡黄色至琥珀色粉末或薄片	软化点	80～100℃
密度	1.05g/cm³	溶解性	不溶于水，溶于苯、氯仿、丙酮及
沸点	>315℃		二硫化碳。微溶于石油烃

（2）生产原料与用量

苯胺	工业级，≥99%	890kg	盐酸	工业级，30%	适量
苯磺酸	工业级	5.2kg	氢氧化钠	工业级，17%	适量
丙酮	工业级	1300kg			

（3）合成原理　苯胺与丙酮在苯磺酸的催化下于155～165℃进行缩合，然后进行减压蒸馏，收集单体。再将单体在盐酸介质中于95～98℃进行聚合。合成反应式如下：

（4）生产工艺流程（参见图11-24）　现代工业生产工艺主要有以下4种："二步合成法"、"二步合成改进法"、"一步合成法"及"无溶剂一步合成法"。其中大多数厂家采用"一步合成法"。"二步合成法"即以苯胺和丙酮为原料，在酸催化剂作用下进行缩合，制得单体后再在盐酸或氯化铵等物质存在下进行聚合，即所谓的"二步合成法"。"二步合成改进法"是在"二步合成法"基础上对催化剂进行改进的。即采用浓盐酸或苯磺酸作为催化剂，其他工艺条件不变，即形成了"二步合成改进法"。

① 一步合成法　将苯胺和丙酮缩合及单体聚合同时在一个反应釜中进行。在反应器中加入苯胺，并加入浓盐酸和甲苯，升温至130℃开始滴加丙酮，滴加完后，保持此温度维持反应1h。然后加入甲苯，再加入碱中和，水洗至中性，减压蒸馏回收甲苯，除去未反应的苯胺和RD单体，反应器中即得产物RD。

② 无溶剂一步合成法　采用该法合成防老剂RD时用苯胺、丙酮直接缩聚，无须另加溶剂甲苯而使反应一步进行。即以工业苯胺与丙酮为原料，以盐酸为催化剂，常压下在反应釜中连续搅拌10～12h，于反应釜中在140～180℃一步完成缩聚反应。加入浓碱中和上述反应产物，经分离除去水分后，进行成品蒸馏，釜中所得反应物料经冷却、成型即可制得成品，该方法生产的防老剂RD中二聚体和三聚体含量比较高，综合防护效果好。

（5）产品用途　主要用作橡胶防老剂。适用于天然胶及丁腈、丁苯、乙丙及氯丁等合成橡胶。对热和氧引起的老化防护效果极佳，但对屈挠老化防护效果较差。需与防老剂AW或对苯二胺类抗氧剂配合使用。是制造轮胎、胶管、胶带、电线等橡胶制品常用的防老剂。由于防老剂RD在橡胶中相溶性好，在用量高达5份时仍不喷出，故可提高防老剂的用量以及改善对胶料的防老化性能，在动态条件下使用的橡胶制品中，如轮胎胎面和运输带，可将它与防老剂4010NA或AW并用。

11.7　偶联剂

11.7.1　硅烷偶联剂A151

中文别名：乙烯基三乙氧基硅烷，KBE-1003

英文名称：silane coupling agent A-151，ethenyl triethoxysilane，vinyl triethoxysilane

分子式：$C_8H_{18}O_3Si$

（1）性能指标

外观	无色透明液体	溶解性	溶于醇、酮、酯类有机溶剂。在
相对密度	0.894		pH值为3.0～3.5时，经激烈搅
沸点	160.5℃		拌可溶于水中，并水解为相应的
闪点	54℃		硅醇及乙醇
折射率	1.3961		

（2）生产原料与用量

氯乙烯	工业级	62.5kg	乙醇	工业级，95%	138kg
三氯硅烷	工业级	135.44kg	乙醇镁	工业级	10kg

（3）合成原理　以三乙氧基氢硅和乙炔为原料，在二氯双三苯基磷和铂盐的催化作用下，一步加成制得产物。合成反应式如下：

$$HC{\equiv}CH + HSi(OCH_2CH_3)_3 \longrightarrow H_2C{=}CH{-}Si(OCH_2CH_3)_3$$

也可先合成乙烯基三氯硅烷，再使用乙烯基三氯硅烷与乙醇加热反应制得乙烯基三乙氧基硅烷；或在乙醇存在的条件下将乙烯基三氯硅烷与原甲酸三乙酯一起共热制得：

$$H_2C{=}CHSiCl_3 + 3CH_3CH_2OH \longrightarrow H_2C{=}CHSi(OCH_2CH_3)_3 + 3HCl$$

$$H_2C{=}CHSiCl_3 + 3HC(OC_2H_5)_3 + C_2H_5OH \longrightarrow$$

$$H_2C{=}CHSi(OCH_2CH_3)_3 + 3C_2H_5Cl + 3HCOOC_2H_5$$

（4）生产工艺流程（参见图 11-29）　打开氯乙烯钢瓶 F102 和三氯硅烷储槽 F101，按一定的比例加入到混合器 D101 中，将混合料预热至 50～100℃。再将混合料加入预热至 300～650℃ 的缩合反应釜 D102 中，在 400～650℃ 的温度下缩合反应 20～30min，反应产物经冷凝器 C101 冷凝在接收器 F103 中收集备用，接收器 F103 同时在喷射泵 E101 和酸吸收器相接回收副产物盐酸。将反应物料打入蒸馏釜 D103 内常压蒸馏，经冷凝器 C102、C103 冷凝收集 88～90℃ 的馏分于接收器 F104 中，此时，产物是酸性乙烯基三氯硅烷。将物料由接收器 F104 中打入酯化反应釜 D104 内，打开乙醇储槽 F105 按一定比例滴加无水乙醇，其滴加速度控制在 5～10kg/h，温度控制在 10～40℃，真空控制在 73～93kPa，同时开启盐酸吸收装置回收盐酸，放置在接收器 F106 中。乙醇滴完后，将酯化反应釜 D104 升温至 20～50℃，开启回流冷凝，真空度不变，恒温恒压，回流 3～5h。将酯化反应釜 D104 升温至 60～85℃，真空度为 2.67～8kPa，关闭冷凝器 C104。开冷凝器 C105，减压蒸馏，从接受器 F107 中收集馏出物即为乙烯基三乙氧基硅烷和中间产物乙烯基三羟基硅烷。将留出物由接收器 F107 中打入中和反应釜 D105 中，由乙醇镁储槽 F109 中加入 3%～5% 的乙醇镁，升温至 70～90℃，恒温常压回流反应 3～4h，取样测 pH 为 7～9，中和反应结束。控制温度 60～85℃ 进行常压蒸馏，经冷凝器 C106、C107 冷凝，在接收器 F111 中收集副产品乙醇回用，提高蒸馏温度 60～95℃，真空度控制在 2.67～8kPa 减压蒸馏，在接收器 F110 中收集馏出物即为产物。

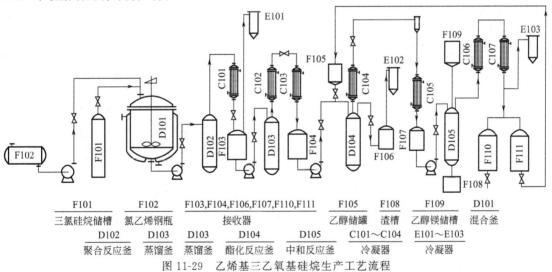

F101	F102	F103,F104,F106,F107,F110,F111		F105	F108	F109	D101
三氯硅烷储槽	氯乙烯钢瓶	接收器		乙醇储罐	渣槽	乙醇镁储槽	混合釜
D102	D103	D103	D104	D105	C101~C104	E101~E103	
聚合反应釜	蒸馏釜	蒸馏釜	酯化反应釜	中和反应釜	冷凝器	冷凝器	

图 11-29　乙烯基三乙氧基硅烷生产工艺流程

（5）产品用途　适用于不饱和聚酯、丙烯酸树脂、乙丙橡胶及其填充料的偶联剂，可改善填充料与橡胶的粘接性能。也用作玻璃纤维处理剂，改善丙烯酸树脂、不饱和聚酯、聚乙烯、聚丙烯等树脂与玻璃纤维的粘接、浸润性能，提高玻璃纤维增强塑料的机械强度，还可改善其耐水、耐热、耐候及电性能。亦用于无线电零件的绝缘及防潮处理等。

11.7.2　硅烷偶联剂南大-42

中文别名：苯胺基甲基三乙氧基硅烷

英文名称：silance coupling agent ND-42，phenylamino methyl triethoxysilane

分子式：$C_{13}H_{23}NO_3Si$

（1）性能指标

外观	淡黄色油状液体	溶解性	溶于苯、乙醇、丙酮、乙醚、
相对密度	1.021		醋酸乙酯，不溶于水
折射率	1.4857	沸点	132℃

（2）生产原料与用量

一甲基三氯硅烷	工业级	300	无水乙醇	工业级，99.8%	500～650
氯气	工业级	适量	苯胺	工业级	265

（3）合成原理　将一甲基三氯硅烷氯化得到氯甲基三氯硅烷，经乙醇醇解得氯甲基三异氧基硅烷，然后与苯胺反应得到成品。

① 氯甲基三氯硅烷的合成　甲基三氯硅烷采用光照氯化反应可制得氯甲基三氯硅烷：

$$CH_3SiCl_3 + Cl_2 \longrightarrow ClCH_2SiCl_3 + HCl$$

② 氯甲基三乙氧基硅烷的合成　氯甲基三氯硅烷与乙醇在溶剂中进行反应，反应结束后蒸出溶剂，即得氯甲基三乙氧基硅烷：

$$ClCH_2SiCl_3 + 3CH_3CH_2OH \longrightarrow ClCH_2Si(OCH_2CH_3)_3 + 3HCl$$

③ 苯胺甲基三乙氧基硅烷的合成　由苯胺与氯甲基三乙氧基硅烷反应制得：

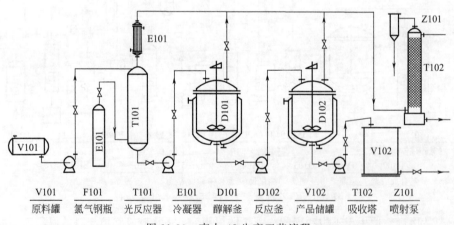

（4）生产工艺流程（参见图 11-30）

① 将来自 V101 的甲基三氯硅烷打入光反应器 T101 中，通入氯气，在光照下氯化反应 4～6h 得氯甲基三氯硅烷。

② 在醇解釜 D101 中加入乙醇，然后将氯甲基三氯硅烷导入与乙醇进行醇解反应，反应结束后蒸出溶剂，即得氯甲基三乙氧基硅烷。

③ 将氯甲基三乙氧基硅烷、苯胺加入反应釜 D102 中，在 80～95℃反应 6～8h 得到苯胺甲基三乙氧基硅烷。产品泵入 V102 中。

各反应器中逸出的氯气均通过吸收塔 T102 吸收。

V101	F101	T101	E101	D101	D102	V102	T102	Z101
原料罐	氯气钢瓶	光反应器	冷凝器	醇解釜	反应釜	产品储罐	吸收塔	喷射泵

图 11-30　南大-42 生产工艺流程

（5）产品用途　适用于环氧树脂、酚醛树脂、聚酰胺、聚氨酯、室温硫化硅橡胶等胶黏剂。也用作室温硫化硅橡胶的增黏剂及塑料增塑剂。

11.7.3　硅烷偶联剂 A172

中文别名：乙烯基三（β-甲氧乙氧基）硅烷，KBC-1003，3172-W

英文名称：silane coupling agent A-172，ethenyl tri（β-methoxyethoxy）silane，vinyl tri（β-ethoxy-ethoxy）silane

分子式：$C_{11}H_{24}O_6Si$

（1）性能指标

外观	无色透明液体	溶解性	溶于乙醇、异丙醇、石油醚、苯、
相对密度	1.0336		汽油和丙酮，不溶于水。配成 pH
沸点	285℃		值为 4.5 的透明水溶液，可全部
折射率	1.4271		水解

（2）生产原料与用量

三氯硅烷	工业级	260	过氧化物、叔胺或铂盐	工业级，催化剂	2～4
乙炔	工业级	适量	乙二醇甲醚	工业级	220～240

（3）合成原理

① 乙烯基三氯硅烷的合成　将三氯硅烷加热后通入乙炔，即可在液相或气相中发生反应。如在过氧化物、叔胺或铂盐等催化剂存在下效果更好。反应式如下：

$$HC\equiv CH + HSiCl_3 \longrightarrow H_2C\!\!=\!\!CHSiCl_3$$

② 乙烯基三（β-甲氧乙氧基）硅烷的合成　由乙烯基三氯硅烷与乙二醇甲醚反应制得。反应式如下：

$$H_2C\!\!=\!\!CHSiCl_3 + 3HOCH_2CH_2OCH_3 \longrightarrow H_2C\!\!=\!\!CHSi(OCH_2CH_2OCH_3)_3 + 3HCl$$

（4）生产工艺流程（参见图 11-31）

① 将三氯硅烷打入催化反应器 T101 中，加热至 60～80℃后通入乙炔，在过氧化物、叔胺或铂盐等催化剂存在下，发生液相或气相反应得到乙烯基三氯硅烷。

② 将乙烯基三氯硅烷与乙二醇甲醚（来自 V102）加入反应釜 D101 中，在 80～95℃反应 6～8h 得到乙烯基三（β-甲氧乙氧基）硅烷。产品泵入 V103 中。

各反应器中逸出的乙炔气体通过吸收塔 T102 吸收。

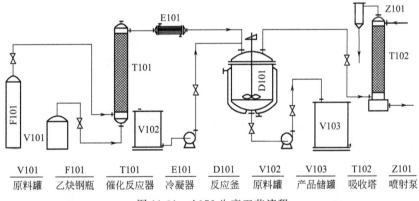

V101	F101	T101	E101	D101	V102	V103	T102	Z101
原料罐	乙炔钢瓶	催化反应器	冷凝器	反应釜	原料罐	产品储罐	吸收塔	喷射泵

图 11-31　A172 生产工艺流程

（5）产品用途　为含乙烯基的硅烷偶联剂，用于不饱和聚酯、丙烯酸树脂、邻苯二甲酸二烯丙酯树脂、聚丙烯、交联聚乙烯、聚丁二烯、醇酸树脂、有机硅树脂等玻璃纤维增强塑料或填充塑料生产的偶联剂。也可用作乙丙橡胶、无机含硅涂料、特种涂料及其他胶黏剂等的偶联剂。

11.7.4　钛酸酯偶联剂 OL-T951

中文别名：三油酰基钛酸异丙酯，异丙基三油酰氧基钛酸酯，异丙基三（十八碳烯-9-酰基）钛酸酯

英文名称：titanate coupling agent OL-T951，isopropyl trioleoyl titanate，isopropyl tri（*cis*-9-octadecenoyl）titanate

分子式：$C_{57}H_{106}O_7Ti$

（1）性能指标

外观		红色液体	黏度	39.6mPa·s
相对密度		0.9845	闪点	197℃

（2）生产原料与用量

四氯化钛	工业级	360	氨	工业级	适量
异丙醇	工业级	290	对 9-十八碳一烯酸	工业级	248

（3）合成原理　由异丙醇和四氯化钛首先制得中间体四异丙基钛或钛酸四异丙酯，然后与油酸反应得到产品。合成反应式如下：

$$4(CH_3)_2CHOH + TiCl_4 \longrightarrow Ti[OCH(CH_3)_2]_4 + 4HCl$$

$$HCl + NH_3 \longrightarrow NH_4Cl$$

$$\left[H_3C-\underset{\underset{CH_3}{|}}{CH}-O \right]_4 Ti + 3\ HO-\overset{\overset{O}{\|}}{C}-(CH_2)_7CH=CH(CH_2)_7CH_3 \longrightarrow$$

$$H_3C-\underset{\underset{CH_3}{|}}{CH}-O-Ti\left[O-\overset{\overset{O}{\|}}{C}-(CH_2)_7CH=CH(CH_2)_7CH_3\right]_3 + 3\ H_3C-\underset{\underset{CH_3}{|}}{CH}-OH$$

（4）生产工艺流程（参见图 11-32）

① 钛酸四异丙酯的合成　钛酸四异丙酯的合成有多种方法，其中最常用的是直接法，即由四氯化钛和异丙醇直接合成。工艺过程为：将四氯化钛和异丙醇加入耐酸搅拌釜 D101，控制较低的温度，于搅拌下通入缚酸剂氨进行反应。反应产物经 G101 过滤，除去氯化铵，即得钛酸四异丙酯。

② 合成异丙基三油酰氧基钛酸酯　将对-9-十八碳一烯酸加入搅拌反应釜 D102，搅拌并于室温下滴加钛酸四异丙酯进行反应。由于反应为放热反应，所以反应体系的温度逐渐升高并有异丙醇回流液产生。当滴加完钛酸四异丙酯后，加热至 90℃，并保持温度继续反应 0.5h。反应完成后抽真空脱出异丙醇，气体异丙醇经釜外冷凝器冷凝后，流入异丙醇储槽，用于合成钛酸四异丙酯。脱去异丙醇的产物经冷却、出料至 V104 即得成品。

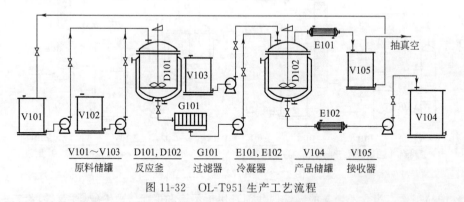

V101～V103	D101, D102	G101	E101, E102	V104	V105
原料储罐	反应釜	过滤器	冷凝器	产品储罐	接收器

图 11-32　OL-T951 生产工艺流程

（5）产品用途　适用于聚乙烯、聚丙烯、碳酸钙等。可提高制品的尺寸稳定性、热变形性及抗冲击强度，提高制品的表面光泽。

第12章

油田化学品

12.1 概述

12.1.1 油田化学品的概念及作用

　　石油化工是以原油及天然气为原料，经深度加工及综合利用，为工业、农业及国防事业，为人民生活提供各种各样石油化工产品的工业。原油的生产过程，要经过地质勘探、钻井、完井、采油、输油等多个工序。这些工序的正常运行，要使用多种化学物质。这类物质就统称为油田化学品。要增产原油，就离不开这些物质。

　　在石油勘探开发过程中所用的化学品称为油田化学品。油田化学品在石油勘探开发中占重要的地位，其应用遍及石油勘探、钻采、集输和注水等所有工艺过程中，主要包括矿物产品、无机化工产品、有机化工产品、天然材料和合成高分子材料等。近年来，随着人们对石油勘探、钻采、集输和注水等工艺过程认识的不断提高，化学或化学品在石油勘探开发中的应用备受重视，特别是随着油气勘探开发地域的扩大，所开采油气层位越来越深，地质条件愈趋复杂，开采难度越来越大，为了保证尽可能高效地进行石油钻探和提高油气采收率，从钻井、固井、压裂酸化，直到最后采出油气的各个环节，都必须采取有效的措施以保证施工的顺利进行。在这些过程中，对油田化学品的要求更高，油田化学品的用量也就越来越大，可以说没有油田化学品，石油勘探开发就不能顺利地进行。显然，油田化学品在石油勘探开发中起着至关重要的作用，是保证石油勘探开发顺利进行的关键。

　　原油是能源中使用价值高的资源，约占能源供应的 $35\% \sim 50\%$。油田化学品有些与原油间接接触，也有些是直接加入原油中，所以油田化学品有能增产原油的一面，又有改进原油质量的一面。

12.1.2 油田化学品的分类

　　油田化学品上要有两种分类方法，即按化学性质和用途进行分类。

　　按化学性质可将油田化学品分为矿物产品、天然材料及其改性产品、合成有机化学品和无机化学品。

　　根据用途可将油田用化学品分为通用化学品、钻井用化学品、油气开采用化学品、提高采收率用化学品、油气集输用化学品和水处理用化学品六大类。

12.2 油田通用化学品

12.2.1 羧甲基淀粉

中文别名：羧甲基淀粉钠，CMS

英文名称：carboxymethyl starch

分子式：$(C_6H_{10}O_5)_n$

（1）性能指标

外观	白色或淡黄色固体粉末	取代度	≥0.4
pH 值（1%溶液）	6.0~7.5		

（2）生产原料与用量

淀粉	工业级	20	乙醇	工业级，95%	100
氢氧化钠	工业级，30%	5	冰醋酸	工业级	适量
氯乙酸	工业级	5.5	水	去离子水	40

（3）合成原理　由淀粉、氢氧化钠和氯乙酸在水-乙醇作溶剂条件下碱化、醚化合成。

（4）生产工艺流程（参见图 12-1）

① 将淀粉、氢氧化钠和氯乙酸按一定比例加入反应器 D101 内，以水-乙醇做溶剂，控制反应温度 40~50℃进行碱化、醚化 5h~8h。

② 待反应停止后，用冰醋酸调节溶液 pH 值至中性。

③ 将物料在洗涤器 L101 内用 80%乙醇溶液洗涤至无氯化钠。

④ 在过滤器 L102 内用对产品进行过滤，并用乙醇滤饼至无氯。

⑤ 将粗产物压入干燥器 L103 内，在 105℃下烘干，即得成品。

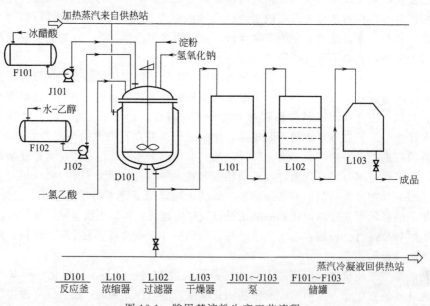

D101	L101	L102	L103	J101~J103	F101~F103
反应釜	浓缩器	过滤器	干燥器	泵	储罐

图 12-1　羧甲基淀粉生产工艺流程

（5）产品用途　CMS 是改性淀粉的代表产品，属天然优质、高效的化工助剂，具有优良的黏结、增稠、保湿、乳化、悬浮、分散等功能。该产品具有优异的降失水性、抗盐性能和一定的抗钙能力，可耐 130℃的高温，用于石油钻井泥浆中的降失水剂、降滤失剂，可保护油层不受泥浆的污染。

12.2.2 聚丙烯酸钠

中文别名：PAANA

英文名称：sodium polyacrylate

分子式：$(C_3H_3NaO_2)_n$

(1) 性能指标

外观	白色粉末	pH 值	8～9
残余单体含量/%	≤0.5	相对密度（20℃）	1.15～1.18
聚合物含量/%	≥30		

(2) 生产原料与用量

异丙醇	工业级	34	氢氧化钠	30%	适量
过硫酸铵	工业级	14	去离子水		80
丙烯酸	工业级	170			

(3) 合成原理

$$CH_2{=}CHCOOH \xrightarrow{\text{引发剂}} \left[CH_2{-}CH \right]_n \xrightarrow{NaOH} \left[CH_2{-}CH \right]_n$$
$$\quad\quad\quad\quad\quad\quad\quad\quad\quad\quad\quad\quad COOH\quad\quad\quad\quad\quad\quad COONa$$

(4) 生产工艺流程（参见图 12-2）

① 将去离子水和链转移剂异丙醇依次加入反应釜 D101 内，加热至 80～82℃，然后滴加 10%过硫酸铵溶液以及单体丙烯酸（去离子水）溶液，滴加后反应 3h。

② 反应完毕后冷却至 40℃，加入 30%的氢氧化钠溶液，中和至 pH 值为 8.0～9.0。

③ 将产品在蒸馏塔 E101 内进行蒸馏，蒸出异丙醇和水得到液体产品。

④ 将所得的液体产品在 L101 内进行喷雾干燥即得固体成品。

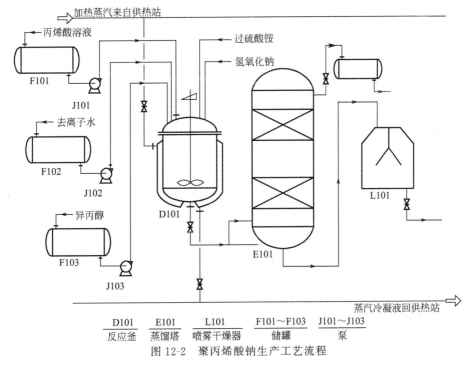

D101	E101	L101	F101～F103	J101～J103
反应釜	蒸馏塔	喷雾干燥器	储罐	泵

图 12-2　聚丙烯酸钠生产工艺流程

(5) 产品用途　聚丙烯酸钠是良好的阻垢剂和分散剂。能与其他水处理剂复配使用，用于油田注水，冷却用水，锅炉水的处理，在高 pH 下和高浓缩倍数下进行而不结垢。在钻井中用作低固相钻井降滤失剂。

12.2.3　腐殖酸钠

英文名称：Na-humic acid

分子式：$C_9H_8Na_2O_4$

（1）性能指标

指标名称	一级品	二级品	三级品
水溶性腐殖酸含量/%	55+2	45+2	40+2
水分/%	≤12	≤12	≤12
细度(过40目筛)/%	100	100	100
pH值	9～10	9～10	9～10
外观	黑色粉末	黑色粉末	黑色粉末

（2）生产原料与用量

褐煤　　工业级　　　　　　　　　　100　　烧碱　　　工业级　　　　　　10～20

（3）合成原理　由优质褐煤与烧碱反应，将反应液过滤浓缩干燥，得产品。

（4）生产工艺流程（参见图12-3）

① 将优质褐煤投入到反应釜D101内进行反应2.5～3h。

② 将产品依次通过浓缩器L101、干燥器L102、粉碎机L103进行浓缩、干燥、粉碎，即得成品。

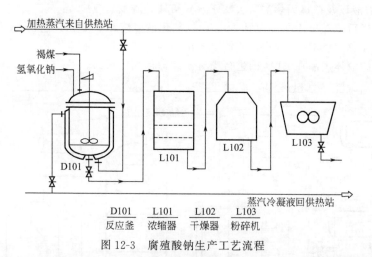

图12-3　腐殖酸钠生产工艺流程

（5）产品用途　腐殖酸钠用于钻井泥浆、淡水钻井液耐高温降滤失剂，有降黏、降失水、防塌、耐温、抗污等作用，也可用作水泥减水剂。

12.2.4　水解聚丙烯腈盐

英文名称：salt-hydrolyzed polyacryonitrile

主要成分：聚丙烯腈盐（聚丙烯腈钙、聚丙烯腈钠、聚丙烯腈铵、聚丙烯腈钾）等

（1）性能指标

项　目	水解聚丙烯腈钙	水解聚丙烯腈钠	水解聚丙烯腈铵	水解聚丙烯腈钾
性状	浅黄色或灰白色粉末，水溶性好	浅黄色粉末，溶于水后呈碱性	灰黄色粉末	棕色黏稠液
纯度/%	≥68	≥85	—	—
钙含量/%	≤14	—	—	—
铵含量/%	—	—	≥7.0	≥1.8
水分/%	≤7.0	≤7.0	—	—

项　目	水解聚丙烯腈钙	水解聚丙烯腈钠	水解聚丙烯腈铵	水解聚丙烯腈钾
细度（过80目筛）/%	95	100	100	—
残留碱量/%	—	2.5	—	—
灼烧残渣/%	—	—	≤2.0	—
烘失量/%	—	—	≤10	≤10

（2）生产原料与用量

聚丙烯腈钙	工业级	25	聚丙烯腈钾	工业级	25
聚丙烯腈钠	工业级	25	氢氧化钠	工业级，50%	30
聚丙烯腈铵	工业级	25			

（3）合成原理　用碱性水溶液在一定温度和压力下，水解聚丙烯腈盐（聚丙烯腈钙、聚丙烯腈钠、聚丙烯腈铵、聚丙烯腈钾）而得。

（4）生产工艺流程（参见图12-4）

① 分别将聚丙烯腈钙、聚丙烯腈钠、聚丙烯腈铵、聚丙烯腈钾压入反应釜 D101 内，加入50%氢氧化钠溶液在一定得温度和压力下进行水解。

② 将反应物料通过浓缩器 L101、干燥器 L102 进行浓缩、干燥即分别得成品水解聚丙烯腈盐（钙、钠、铵、钾盐）。

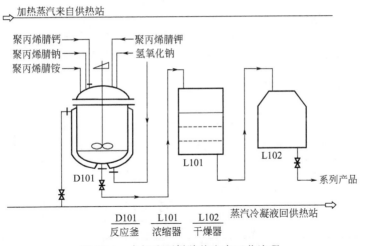

图 12-4　水解聚丙烯腈盐生产工艺流程

（5）产品用途　用于低固相不分散聚合物钻井液的降滤失剂。对黏土有降解作用，并能改善滤饼质量，抗温，能耐温 150～200℃，抗盐污染。

12.2.5　羧甲基纤维素

中文别名：CMC

英文名称：carboxymethyl cellulose

分子式：$[C_6H_7O_2(OH)_2CH_2COONa]_n$

（1）性能指标（HG/T 2727—1995）

指标 名称	低取代度 CMC	中取代度 CMC
含水量/%	≤10	≤10
纯度/%	≥80	
取代度（D.S）	<0.4	>0.6

指 标 名 称	低取代度 CMC	中取代度 CMC
氯化钠/%	≤20	≤7.0
黏度(20%)/mPa·s		300～600
pH 值	7.0～9.0	6.0～8.5
外观	白色或微黄色粉末	白色或微黄色粉末

（2）生产原料与用量

脱脂棉线	工业级	45	酒精	工业级，95%	15
氢氧化钠	工业级，35%	37	一氯醋酸	工业级	28
酒精	工业级，70%	120	盐酸	37%	适量

（3）合成原理　由脱脂漂白的棉线经碱化、醚化制得。

（4）生产工艺流程（参见图 12-5）

① 脱脂漂白的棉线按比例浸入碱化器 F101 内的浓碱液中，浸泡约 30min 取出。碱液可循环使用。

② 将浸泡后的棉短线称至平板压榨机 L101 上，以 14MPa 的压力，压出碱液，得碱化棉。

③ 将碱化棉投入醚化釜 D101 内，在搅拌下缓缓加入氯醋酸的酒精溶液，于 30℃下 2h 内完成，加完后在 40℃下搅拌 3h 得醚化棉。

④ 加酒精（70%）于醚化棉中，搅拌 0.5h，加盐酸调 pH 至 7。

⑤ 将粗产物经过滤器 L101、L102 内用酒精洗涤，滤除酒精。

⑥ 然后将滤出固体放入干燥器 L104 内在 80℃下鼓风干燥，最后经 L105 粉碎即得成品。

备注：根据配料比的不同可生产出低取代度（<0.4）、中取代度（0.4～1.2）产品。

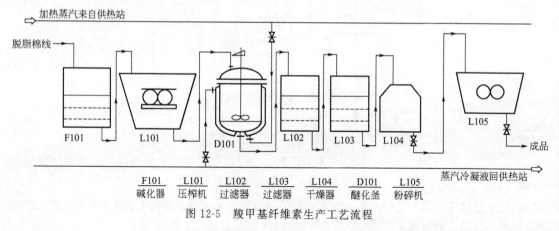

F101	L101	L102	L103	L104	D101	L105
碱化器	压榨机	过滤器	过滤器	干燥器	醚化釜	粉碎机

图 12-5　羧甲基纤维素生产工艺流程

（5）产品用途　本品为白色或微黄色纤维状粉末，具有吸湿性，无臭，无味，无毒。不易发酵，不溶于酸。易分散于水中成胶体溶液，有一定的抗盐能力和热稳定性。可用作水基钻井液降滤失剂，具有一定的增黏作用。

12.2.6　2-羟基-3-磺酸基丙基淀粉醚降滤失剂

英文名称：2-hydroxyl-3-sulfonic acid base with propyl starch ether fluid loss agent

分子式：$Starch\!-\!O\!-\!CH_2\!-\!\underset{\underset{\displaystyle OH}{|}}{CH}\!-\!CH_2SO_3Na$

（1）性能指标

| 外观 | 淡黄色固体 | pH 值 | 5.5～7.5（2%水溶液） |
| 黏度（20℃） | <40mPa·s（2%水溶液） | | |

（2）生产原料与用量

玉米淀粉	工业级	100	乙醇	工业级	450
3-氯-2-羟基丙磺酸钠	工业级	65	盐酸	37%	适量
氢氧化钠	工业级，30%	27.5	蒸馏水		225

（3）合成原理　以玉米淀粉和 3-氯-2-羟基丙基磺酸钠为原料，用乙醇溶剂法合成 2-羟基-3-磺酸基丙基淀粉醚，再经一系列的后处理制得。

（4）生产工艺流程（参见图 12-6）

① 将乙醇加入反应釜 D101 内，然后加入配方量的淀粉，搅拌使其充分分散，再慢慢加入氢氧化钠溶液，搅拌 1h 以使淀粉充分碱化。

② 等反应时间达到后，使体系的温度升至 45℃，在此温度下，加入已经溶于适量乙醇的 3-氯-2-羟基丙磺酸钠，加完 3-氯-2-羟基丙磺酸钠后在此温度下反应 1～2h。待反应时间达到后，将产物用盐酸中和至 pH 为 7～8。

③ 经适当浓度的乙醇沉淀后，将产物经过滤器 L101 进行过滤，并在干燥器 L102 内进行干燥粉碎，即得成品。

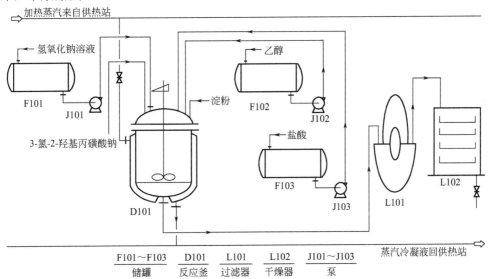

F101～F103	D101	L101	L102	J101～J103
储罐	反应釜	过滤器	干燥器	泵

图 12-6　2-羟基-3-磺酸基丙基淀粉醚降滤失剂生产工艺流程

（5）产品用途　本品是一种含磺酸基团的淀粉醚，可溶于水，水溶液呈酸性。可以直接通过混合漏斗加入钻井液中，用于各种类型的水基钻井液体系，特别适用于饱和盐水泥浆。作为钻井液降滤失剂，不仅具有较好的抗盐能力，而且还具有抗钙、镁污染的能力，能有效地降低淡水泥浆、盐水泥浆和饱和盐水泥浆的滤失量。

12.2.7　磺甲基五倍子单宁酸

英文名称：sulfomethylated gallnuat sodium tannic acid

（1）性能指标（HG/T 2727—1995）

外观	棕色粉末或细颗粒状	水分	≤12%
干基可溶物	≥98%		

（2）生产原料与用量

磺甲基单宁酸钠	工业级	100	水　去离子水	29.6
重铬酸钠	化学纯	20		

（3）合成原理　由磺甲基单宁酸钠和重铬酸钠反应制得。

（4）生产工艺流程（参见图 12-3）

① 将磺甲基单宁酸钠和重铬酸钠按比例依次加入反应釜中，加水，并在搅拌下缓缓升温至

40～44℃，使之溶解。

② 将粗产品静置一夜，再过滤、浓缩干燥、粉碎即得成品。

（5）产品用途　本产品吸水性强，易溶于水，水溶液呈碱性，可用作水基钻井液的降黏剂，抗钙浸 10000mg/L，耐温 180～200℃。也可作深井固井水泥浆的缓凝液和减稠剂。

12.3　钻井用化学品

12.3.1　聚丙烯酰胺

英文名称：polyacrylamide

分子式：$(C_3H_5NO)_n$

（1）性能指标（HG/T 2727—1995）

外观	无色或微黄色透明液体	游离单体/%	≤0.5
相对分子质量/万	300～400（Ⅰ）；＞400（Ⅱ）	水溶性	5%水溶液常温溶解
固含量/%	5		

（2）生产原料与用量

水	去离子水	1200	氢氧化铜	工业级	0.15
丙烯腈	工业级	100	过硫酸铵	工业级	2
氢氧化铝	工业级	0.15			

（3）合成原理

$$CH_2\!=\!CHCN \xrightarrow{H_2O} CH_2\!=\!CHCONH_2$$

$$nCH_2\!=\!CHCONH_2 \xrightarrow{引发剂} \left[\begin{array}{c} CH_2\!-\!CH \\ | \\ CONH_3 \end{array}\right]_n$$

（4）生产工艺流程（参见图 12-7）

① 将去离子水加入水解釜 D101 内，并在搅拌下加入丙烯腈、氢氧化铝-氢氧化铜复合催化剂，在 85～125℃下进行水解反应。

② 反应结束后将物料压入蒸馏塔 E101 内进行蒸馏，蒸出未反应单体丙烯腈，收集在储罐 F101 内。

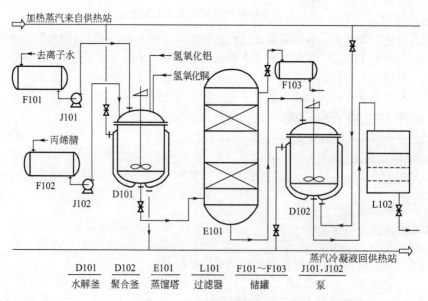

D101	D102	E101	L101	F101～F103	J101,J102
水解釜	聚合釜	蒸馏塔	过滤器	储罐	泵

图 12-7　聚丙烯酰胺生产工艺流程

③ 将上述所得物料配成 7%～8% 的水溶液，加入聚合釜 D102 内，在过硫酸铵引发下进行聚合反应。

④ 将产品在过滤器 L101 内进行过滤，即得成品。

（5）产品用途　用作水基钻井液的絮凝剂，能改善钻井液流变性能，减少摩阻等功能。

12.3.2　磺甲基化聚丙烯酰胺增黏剂

英文名称：sulfomethylation polyacrylamide tackifier

主要成分：磺甲基化聚丙烯酰胺

（1）性能指标

水分	≤7.0%	pH 值（1%水溶液）	9.0～10.0
黏度（1%水溶液）	≥50mPa·s		

（2）生产原料与用量

丙烯酰胺	工业级	71	亚硫酸氢钠	工业级	100
引发剂（过硫酸铵）	工业级	0.1	氢氧化钠	30%	适量
甲醛	工业级	85	水	去离子水	700

（3）合成原理　由丙烯酰胺、甲醛等经一系列的反应及后处理制得。

（4）生产工艺流程（参见图 12-8）

① 将丙烯酰胺和水加入聚合釜 D101，搅拌至丙烯酰胺溶解，配成 20% 的丙烯酰胺溶液，通氮除氧，30min 后于 35℃ 下加入引发剂过硫酸铵，恒温反应 4～8h，得凝胶状聚丙烯酰胺。

② 将凝胶状聚丙烯酰胺置于造粒机 L101 内造粒，并加入计量的水，在搅拌作用下配制成 2% 的聚丙烯酰胺溶液。

③ 将聚丙烯酰胺溶液转移至反应釜 D102 内，并用氢氧化钠溶液将体系 pH 调至 11，升温至 60～75℃，加入甲醛和亚硫酸氢钠水溶液，搅拌反应 5h 得磺甲基化聚丙烯酰胺胶体。

④ 将反应产物冷却至室温，出料，在分离器 L102 内用 95% 乙醇沉淀分离，乙醇水溶液经回收、精馏后循环使用。取出沉淀出的聚合物，在鼓风机 L103 内通热风除去乙醇，而后于 50～60℃ 下在干燥器 L104 内真空干燥、再经粉碎机 L105 粉碎后得磺甲基化聚丙烯酰胺。

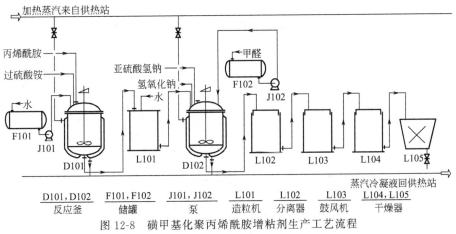

D101，D102	F101，F102	J101，J102	L101	L102	L103	L104，L105
反应釜	储罐	泵	造粒机	分离器	鼓风机	干燥器

图 12-8　磺甲基化聚丙烯酰胺增粘剂生产工艺流程

（5）产品用途　本品是一种阴离子型高相对分子质量的聚合物，易溶于水，水溶液呈弱碱性。用作钻井液处理剂具有良好的增黏及调节流型的能力，抗温、抗盐能力强，能在高温、高盐、高钙镁离子等苛刻条件下保持钻井液的黏度，同时还具有良好的降滤失性能。但是本品不宜直接使用，在使用时应先配成 0.1%～1.0% 的胶液，然后再慢慢加入钻井液中，其加入量一般为 0.05%～0.2%。

12.3.3　速溶田菁胶

英文名称：instant soluble Tian-jing gum

(1) 性能指标

外观	淡黄色粉末	水分	≤8%
细度（过120目筛）	≥99.5%	残渣	≤10%
黏度（30℃）	50mPa·s	水不溶物	≤4.5%

(2) 生产原料与用量

田菁粉	工业级	0.7	冰醋酸	工业级	适量
氢氧化钠	工业级	1	丙醇	工业级	22.5
氯乙酸	工业级	1.2	去离子水		20

(3) 合成原理　由田菁粉、氢氧化钠、氯乙酸进行碱化、醚化制得。

(4) 生产工艺流程（参见图12-4）

① 将田菁粉、氢氧化钠、氯乙酸按一定比例加入反应釜中，以水-丙醇作溶剂，在50～60℃下进行碱化、醚化，反应5h。

② 用冰醋酸调节体系pH至中性。

③ 物料浓缩、结晶、干燥即得成品。

(5) 产品用途　用作水基酸化压裂液的稠化剂，可与多价金属离子交链成凝链。

12.3.4　CT$_{1～6}$酸液胶凝剂

英文名称：acidizing fiuid gelling agent CT$_{1～6}$

主要成分：聚丙烯酰胺，重铬酸钾，硫代硫酸钠等

(1) 性能指标

外观	淡黄色乳液	闪点	≥110℃
相对密度	1.05～1.09	凝固点	≤0℃
运动黏度	250～300mPa·s		

(2) 生产原料与用量

聚丙烯酰胺	工业级	1.5	冰醋酸	工业级	50
重铬酸钾	工业级	12.5	水	去离子水	36
硫代硫酸钠	工业级	150			

(3) 合成原理　由聚丙烯酰胺、水、重铬酸钾、硫代硫酸钠、冰醋酸等复配而得。

(4) 生产工艺流程（参见图12-9）

① 将配方量的聚丙烯酰胺、水加入反应釜D101内，高速搅拌1min，静置5天。

② 在向反应釜内加入配方量的重铬酸钾、硫代硫酸钠，大约1min后再加入配方量的水，室温下搅拌2～3h即得成品。

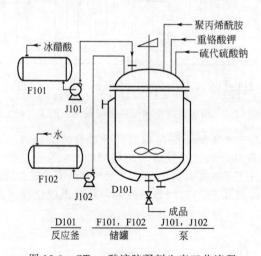

D101	F101，F102	J101，J102
反应釜	储罐	泵

图12-9　CT$_{1～6}$酸液胶凝剂生产工艺流程

（5）产品用途　用于油气井压裂酸化作业，可降低摩阻、降低酸液滤失率。有较好的抗热性，剪切稳定性好。

12.3.5　硬脂酸

中文别名：十八烷酸

英文名称：stearic acid，octadecanoic acid

分子式：$C_{17}H_{36}O_2$

（1）性能指标

外观	白色带有光泽的固体	相对密度（20℃）	0.8408
熔点	70～71℃	折射率	1.4299
沸点	383℃		

（2）生产原料与用量

动物油	工业级	36.4	盐酸	10%	适量
氧化锌	工业级	10.5			

（3）合成原理　以动物油为原料，在氧化锌存在下于1.17～1.47MPa压力下加热水解，再经酸洗、水洗、蒸馏、冷却、凝固、压榨除去油酸后制得。

（4）生产工艺流程（参见图12-10）

① 将配方量的动物油压入反应釜 D101 内，并在氧化锌存在下于 1.17～1.47MPa 压力下水解4h。

② 将物料经经过洗涤器 L101 进行酸洗、洗涤器 L102 进行水洗。

③ 再将粗产物于蒸馏塔 E101 内进行蒸馏。

④ 将蒸馏后的产物于冷却器 L103 内进行冷却凝固即得成品。

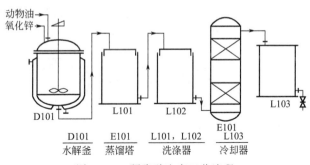

图 12-10　硬脂酸生产工艺流程

（5）产品用途　本品不溶于水，能溶于乙醇、丙酮等有机溶剂。可用作油基钻井液乳化剂，也可用于橡胶工业和纺织工业作润滑剂、润湿剂。

12.4　油气开采用化学品

12.4.1　RI-01 原油破乳剂

中文别名：RI-01 原油破乳剂

英文名称：demulsifier RI-01

主要成分：酚醛树脂，环氧丙烷，酚醛树脂等

（1）性能指标

外观	棕褐色黏稠液体	羟值	（46±3）mgKOH/g（干剂）
溶解性	油溶	凝固点	（5±2）℃（干剂）
色度	＜300 号（干剂）		

（2）生产原料与用量

对叔丁基苯酚甲醛树脂	工业级	3	环氧乙烷	工业级	150
酚醛树脂	工业级	2.5	氢氧化钾	工业级	0.68
环氧丙烷	工业级	450			

（3）合成原理　RI-01 破乳剂由 TA1031（占 70％）和 PR7525（占 30％）两种破乳剂复配而成。

（4）生产工艺流程（参见图 12-11）

① PR7525 破乳剂的合成　将对叔丁基苯酚甲醛树脂、环氧乙烷和质量分数为 0.3％～0.5％的氢氧化钾催化剂加入带冷却夹套和搅拌器的高压釜 D101 内，密封。

② 经氮气置换后，开启搅拌，升温，控制反应温度在（125±5）℃。至釜压停止上升并逐渐下降至常压时，反应完毕，产物为 PR7525 破乳剂成品。

③ TA1031 破乳剂的合成　将酚醛树脂在反应釜 D102 内制成酚醛树脂起始剂，再进行环氧丙烷、环氧乙烷嵌聚合，控制反应温度在（95±5）℃，反应 3.5h，得到破乳剂 TA1031。

④ 将 PR7525 破乳剂、破乳剂 TAl031 通入混合釜 D103 内进行搅拌，使其混合均匀，即得成品。

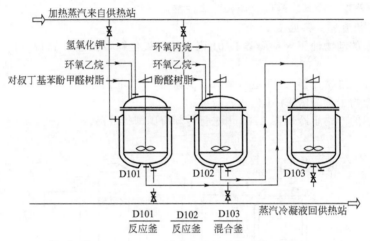

图 12-11　RI-01 原油破乳剂生产工艺流程

（5）产品用途　本品可溶于水和油中，常用作原油破乳脱水、脱盐及防黏防蜡。

12.4.2　甲基叔丁基醚

中文别名：2-甲基-2-甲氧基丙烷

英文名称：methyl tert-butyl ether

分子式：$CH_3OC(CH_3)_3$

（1）性能指标

外观	低黏度无色液体	相对密度（d_4^{20}）	0.7407
凝固点	−108.6℃	折射率（n_D^{20}）	1.3694
沸点	55.3℃		
燃点	460℃		

（2）生产原料与用量

| 甲醇 | 工业级 | 361 | 异丁烯 | 工业级 | 685 |

（3）合成原理　将甲醇和异丁烯进行催化醚化反应而得，反应式如下：

$$CH_3OH+(CH_3)_2C=CH_2 \longrightarrow CH_3OC(CH_3)_3$$

（4）生产工艺流程（参见图 12-12）

① 将含异丁烯的碳四馏分（含异丁烯 15％～55％）和甲醇混合预热后，送入列管式固定床反应器 D101，以大孔网状阳离子交换树脂为催化剂，反应温度为 50～60℃，用冷却水控制温度，

液相控速为 5.0~50m³/h，甲醇略过量。

② 反应完成后，将产物通过分离器 L101 进行分离，分出纯度为 99% 的甲基叔丁基醚。

③ 将粗产物在精馏塔 E101 内进行精馏，即得成品。

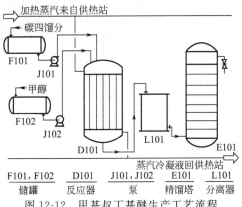

| F101, F102 | D101 | J101, J102 | E101 | L101 |
| 储罐 | 反应器 | 泵 | 精馏塔 | 分离器 |

图 12-12 甲基叔丁基醚生产工艺流程

（5）产品用途 本品可与多种有机溶剂互溶，微溶于水，能与水、甲醇、乙醇形成共沸混合物。常用作汽油辛烷值改进剂，代替四乙基铅以提高汽油的辛烷值。

12.4.3 丙烯酸酯-马来酸酐-十八胺三元共聚物

英文名称：acrylate-maleic anhydride-18 amine commonly terpolymer

主要成分：马来酸酐、二甲苯、苯乙烯等

（1）性能指标

| 外观 | 白色粉末 | 防蜡率/% | ≥10 |
| 凝点下降值 | ≥10℃ | | |

（2）生产原料与用量

马来酸酐	工业级	50	苯乙烯	工业级	100
二甲苯	工业级	1280	二甲基酰胺	工业级	300
过氧化二苯甲酰	工业级	40	十八胺	工业级	129

（3）合成原理 以马来酸酐、二甲苯、过氧化二苯甲酰、苯乙烯、二甲基酰胺、十八胺为原料经一系列的反应及后处理制得。

（4）生产工艺流程（参见图 12-13）

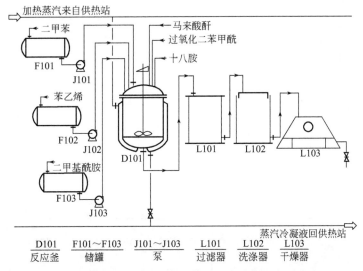

| D101 | F101~F103 | J101~J103 | L101 | L102 | L103 |
| 反应釜 | 储罐 | 泵 | 过滤器 | 洗涤器 | 干燥器 |

图 12-13 丙烯酸酯-马来酸酐-十八胺三元共聚物生产工艺流程

① 按配方要求将 50 份马来酸酐、1200 份二甲苯投入反应釜 D101 中，不断搅拌，待马来酸酐全部溶解后，慢慢升温至 80℃左右。

② 然后再将溶于二甲苯中的引发剂过氧化二苯甲酰和 100 份苯乙烯缓慢加入到反应釜中，加入过程中要控制投加速度。投加完毕后，反应 2～5h，得白色沉淀物。

③ 再向反应釜中投加配方量的 300 份二甲基酰胺和 129 份十八胺，升温至回流温度，回流反应 8～12h，得丙烯酸酯-马来酸酐-十八胺三元共聚物。

④ 再将产物依次通过过滤器 L101、洗涤器 L102、干燥器 L103 进行过滤、洗涤、干燥，即得成品。

（5）产品用途　本品为白色粉末，可溶于苯、甲苯、二甲苯和柴油等有机溶剂。对含蜡原油感受性好，可以显著地改变原油中蜡的结晶形态和结构，从而降低原油的凝点、表观黏度和屈服值。对某些含蜡原油有很好的降凝降黏作用，效果显著，在环境温度下能有效地输送高含蜡原油，适应范围广，是一种新型的原油降凝剂。常用作原油集输运输过程中的降凝剂。

12.4.4　聚乙烯吡咯烷酮

英文名称：polyvinylpyrrolidone，PVP

分子式：$(C_6H_9NO)_n$

（1）性能指标

外观	白色粉末	灰分/%	≤0.02
残单/%	≤0.2	固含量/%	≥95
水分/%	≤5.0	pH 值（5%水溶液）	3～7

（2）生产原料与用量

N-乙烯基吡咯烷酮	工业级，85%	32.83	Ganex V-516	工业级	0.65
偶氮二异丁腈	工业级	0.013	水	蒸馏水	9.64
正庚烷	工业级	51.6			

（3）合成原理　以 N-乙烯基吡咯烷酮、偶氮二异丁腈、正庚烷为原料，在氮气保护下反应，后经过滤、干燥、粉碎制得产品。

（4）生产工艺流程（参见图 12-14）

① 将质量分数≥85%的 N-乙烯基吡咯烷酮与偶氮二异丁腈加入反应釜 D101，并抽真空和充以干燥的氮气。

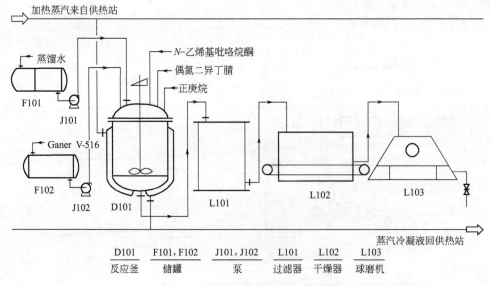

D101	F101，F102	J101，J102	L101	L102	L103
反应釜	储罐	泵	过滤器	干燥器	球磨机

图 12-14　聚乙烯吡咯烷酮生产工艺流程

② 将正庚烷和 Ganex V-516 加入 D101，然后在连续搅拌的情况下再加入蒸馏水与剩余的质量分数≥85％的 N-乙烯基吡咯烷酮并混合均匀，抽真空和充以干燥的氮气并加热到75℃，然后加入质量分数≥85％的 N-乙烯基吡咯烷酮、偶氮二异丁腈混合物料，于74～76℃的条件下反应8h。

③ 将反应物料冷却至室温，通过过滤器 L101、干燥器 L102 进行过滤、干燥。

④ 再将粗产物通过球磨机 L103 进行研磨，即得成品。

（5）产品用途　本品具有很强的黏结能力，极易被吸附在胶体粒子的表面起到保护胶体的作用，可广泛用于乳液、悬浮液的稳定剂。其固体与溶液都很稳定，具有优良的生理惰性与生物相容性，对皮肤、眼镜无刺激或过敏效应，适用于化妆品工业、表面活性剂工业、医药工业和其他工业用途。在油田方面常用作天然气的水合物生成抑制剂。

12.5　其他油田用化学品

12.5.1　低碱值石油磺酸钙

中文别名：101 清洗剂

英文名称：low basicity calcium petroleum sulfonate，cleaner 101

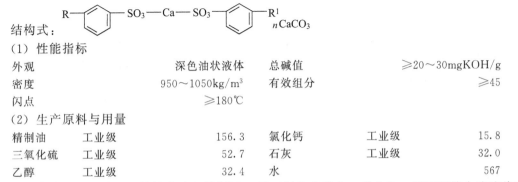

结构式：

（1）性能指标

外观	深色油状液体	总碱值	≥20～30mgKOH/g
密度	950～1050kg/m³	有效组分	≥45
闪点	≥180℃		

（2）生产原料与用量

精制油	工业级	156.3	氯化钙	工业级	15.8
三氧化硫	工业级	52.7	石灰	工业级	32.0
乙醇	工业级	32.4	水		567

（3）合成原理　减压二线馏分油经精制后，用三氧化硫磺化，碱中和，再用酒精水溶液将石油硫磺酸钠抽提出来，跟氯化钙进行复分解反应，再用石灰碱化，即得低碱值石油磺酸钙。

（4）生产工艺流程（参见图 12-15）

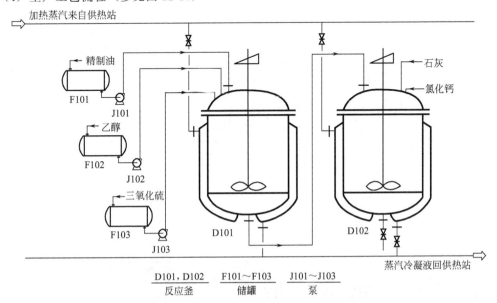

图 12-15　低碱值石油磺酸钙生产工艺流程

① 将减压二线馏分油经精制后压入反应釜 D101，而后用三氧化硫对其进行磺化。

② 磺化后用酒精-水溶液将石油硫磺酸钠抽提出来，然后导入反应釜 D102 内加入氯化钙与其进行复分解反应，再用石灰碱化，即得成品。

(5) 产品用途　本品具有良好的低温分散性和防锈性，在增压柴油机温度操作条件下，对上部活塞的沉积物有优异的清净性。由于良好的配伍性，故在许多内燃油的复合配方中得到广泛应用。

12.5.2　乙二醇甲醚

中文别名：1301 航空染料防冰剂

英文名称：methyl ethyleneglycoler ether

分子式：$C_3H_8O_2$

(1) 性能指标

外观	无色透明液体	乙二醇	≤0.025%
密度（20℃）	963～967kg/m³	25%水溶液 pH 值	6.0～7.0
初馏点	123.5℃	折射率（25℃）	1.4015～1.4025
终馏点	125.5℃	抗氧剂含量	50～150mg/kg
水分	≤0.15%		

(2) 生产原料与用量

环氧乙烷	工业级	16.7	乙醚	工业级	16.7
甲醇	工业级	98.5	氢氧化钠	工业级	适量
三氟化硼	工业级	12.8			

(3) 合成原理　以环氧乙烷、甲醇在三氟化硼、乙醚催化下形成醚，再经中和、脱甲醇、精馏而得。

(4) 生产工艺流程（参见图 12-16）

① 将甲醇加入反应釜 D101 内，通入环氧乙烷，使其在三氟化硼、乙醚催化下形成醚，反应结束后向 D101 内加入适量的氢氧化钠溶液中和之。

② 将物料通过蒸馏塔 E101 蒸出其中的甲醛。

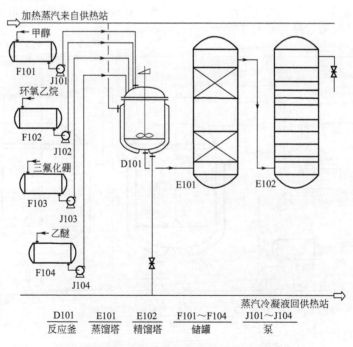

D101	E101	E102	F101～F104	J101～J104
反应釜	蒸馏塔	精馏塔	储罐	泵

图 12-16　乙二醇甲醚生产工艺流程

③ 将所余物料通过精馏塔 E102 进行精馏，即得成品。

（5）产品用途　本品有很好的亲水性，能与水形成氢键，防止油中微量水在低温下形成冰晶，从而降低油的冰点，且对喷气燃料的静电性能、对飞机橡胶材料的抗膨润性等多种性能均无明显的影响。适于作喷气燃料和航空汽油的防冰添加剂，添加量一般为 0.15％～0.20％。

注意：本品系危险品，应避免与皮肤、眼睛接触或吸入其蒸气。应用铁桶包装，容器应密封保存，于通风、阴凉的库房内，严禁日光暴晒。

12.5.3　丙烯酸酯与醚共聚物

中文别名：911 抗泡沫剂

英文名称：copolymer of acrylate and ether

分子式：$(C_2H_3)_nC_{15}H_{24}O_5$

（1）性能指标

外观	淡黄色透明黏性液体	相对分子质量	＞5000
密度（20℃）	≥0.91g/cm³	溶剂含量（％）	≤50
运动黏度（20℃）	≥400mm²/s		

（2）生产原料与用量

| 丙烯酸乙酯 | 工业级 | 23.0 | 乙烯基正丁醚 | 工业级 | 32.0 |
| 乙烯酸-2-乙基己酯 | 工业级 | 46.8 | 甲苯 | 工业级 | 19.8 |

（3）合成原理　在引发剂的存在下，丙烯酸乙酯、乙烯酸-2-乙基己酯和乙烯基正丁醚三种单体，在甲苯溶液中经过无规则共聚制得。

（4）生产工艺流程（参见图 12-17）　在已装有甲苯的反应釜 D101 内依次加入引发剂、丙烯酸乙酯、乙烯酸-2-乙基己酯和乙烯基正丁醚三种单体，升温至 80～85℃，搅拌下三种单体经过无规则共聚反应 4.5h 即得成品。

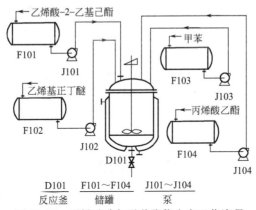

| D101 | F101～F104 | J101～J104 |
| 反应釜 | 储罐 | 泵 |

图 12-17　丙烯酸酯与醚共聚物生产工艺流程

（5）产品用途　本品属非硅型抗泡剂，相对分子质量较大，在轻、重质油品中均有良好的抗泡性，对油品空气释放性的不利影响比硅油抗泡剂小，适于以轻质油料为基础油而调和的液压油、透平油、机床用油和齿轮油。

12.5.4　N,N′-二水杨基-1,2-丙酰胺

中文别名：1201 金属钝化剂

英文名称：N,N′-di-salicylidene-1,2-propadiamine

分子式：$C_{17}H_{18}O_2N_2$

（1）性能指标

| 外观 | 棕红色液体 | 密度（25℃） | 1.050kg/m³ |
| 折射率（25℃） | 1.580 | | |

（2）生产原料与用量

| 水杨酸 | 工业级 | 63 | 甲苯 | 工业级 | 58 |

丙二胺　工业级　76

（3）合成原理　本产品系水杨酸、丙二胺缩合反应产物，经脱酚、脱水、干燥后以甲苯稀释制得。

（4）生产工艺流程（参见图 12-18）

① 将水杨酸、丙二胺加入反应釜 D102 内，在 80～85℃进行缩合反应 3.5h。

② 而后将产物经 L101、L102、L103 进行脱酚、脱水、干燥，再将产物在搅拌釜 D102 内用甲苯稀释，即得成品。

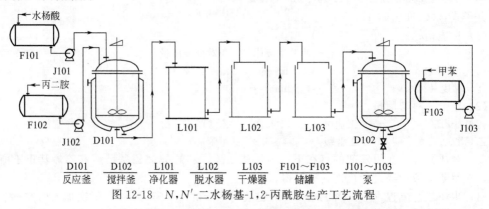

D101	D102	L101	L102	L103	F101～F103	J101～J103
反应釜	搅拌釜	净化器	脱水器	干燥器	储罐	泵

图 12-18　N,N'-二水杨基-1,2-丙酰胺生产工艺流程

（5）产品用途　本品油溶性好，能与金属离子形成螯合物，抑制金属离子对油品的催化氧化作用。适于作汽油、喷气燃料、润滑油的金属钝化剂，能增强油品安定性，延长油品的储存期。常与抗氧剂复合使用，能提高抗氧剂的抗氧效果，降低抗氧剂的添加量。

12.5.5　石油磺酸钡

中文别名：701 防锈剂

英文名称：barium petroleum sulfonate

分子式：$(RC_6H_4SO_3)_2Ba$

（1）性能指标

外观	黄色至棕色半透明	矿油含量	≤35%
	膏体或液体	pH 值	7～8
平均相对分子质量	900～1200	磺酸钡含量（%）	≥55

（2）生产原料与用量

机械油	工业级	57.0	氢氧化钠	工业级	2.3
硫酸	工业级，发烟硫酸	12.0	氯化钡	工业级	5.1
乙醇	工业级，50%	8.6			

（3）合成原理　将机械油用发烟硫酸磺化，再以 10% 氢氧化钠水溶液中和，再加入 20% 氯化钡水溶液进行复分解，加轻质石油溶剂稀释，除去水分、溶剂，即得成品。

（4）生产工艺流程（参见图 12-19）

① 将储罐 F103 内的机械油加入 D101 中，用发烟硫酸磺化，并分离弃去酸渣。

② 用储罐 F102 内的 50% 的乙醇水溶液抽提磺酸，然后以 10% 氢氧化钠水溶液中和，再加入 20% 氯化钡水溶液进行复分解，加轻质石油溶剂稀释。

③ 将粗品在 L101 中水洗至中性并除去水分、溶剂。即得成品。

（5）产品用途　本品加热后能较好地溶解于润滑油或润滑脂，能吸附于金属表面形成保护膜，阻止水分或其他腐蚀性介质对金属的侵蚀，对酸性介质有较好的置换作用。在湿热条件和盐雾条件下对黑色金属和有色金属均有良好的防锈性能，对酸性介质如二氧化碳、二氧化硫、手汗

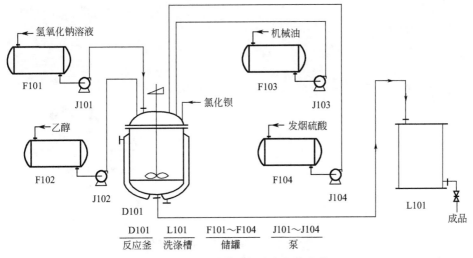

图 12-19　石油磺酸钡生产工艺流程

D101	L101	F101～F104	J101～J104
反应釜	洗涤槽	储罐	泵

等都有较好的中和作用，可以配制置换性防锈剂、工序间防锈剂、封存用油和润滑防锈两用油。

Chapter 13

第13章

纺织染整助剂

13.1 概述

13.1.1 定义

　　纺织工业中在合成（化学）纤维纺丝、纺纱、织造及染整加工的各道工序中，根据加工特点及性能需要，应使用不同的辅助化学药剂和化学品，以提高纺织品质量、改善加工效果、简化工艺过程、降低生产成本，并赋予纺织品各种功能性。这些辅助化学药剂和化学品统称为纺织染整助剂。广义地说，从纤维制造与处理开始，包括纺丝、纺纱、织布、练漂、印染、后整理，直到制成纺织品成品的全过程中所使用的除染料之外的化学品都属于纺织染整助剂。但是，通常我们不把在纺织工业中常用的酸、碱、盐和简单的有机物称为纺织助剂，比如硫酸、氢氧化钠、乙醇等在纺织染整工艺中，用量也不小，然而它们都是通用的化工原料，在国民经济的许多部门有着广泛用途，一般不特称它们为纺织助剂。因而，狭义地或更严格地说，纺织助剂是指在纺织品加工过程中加入的具有特定功能的精细化学品。经过纺织染整助剂的加工，纺织品的附加值要比坯布或原料提高十倍以上。目前，我国纺织染整助剂生产的产量虽然较大，但在数量和品种上特别是高档产品，还不能满足需求。

13.1.2 分类与作用

　　纺织染整助剂种类很多，组成复杂，性能用途各异。为了更好地了解和使用它们，有必要对其进行分类：从不同角度出发，有不同的分类标准。一般有4种分类方法。

　　(1) 按助剂在纤维上是否长期存留分类　助剂在纤维上的存留有两种情况，一种是纤维或织物经助剂处理后能提高加工效率或使加工过程更顺利进行，而在后面的工序中还要将它除去，以免影响后工序的进行，比如纺织浆料、化纤油剂等。另一种是经过处理，助剂机械地沉淀在纤维上或与之发生化学反应而结合，在以后工序中不再除去，产生较持久效果，许多后整理剂如阻燃剂、柔软剂等即是这种情况。根据以上两种情况，可将纺织助剂分为除去性助剂和存留性助剂两类。

　　(2) 按组成助剂的原料分类　纺织染整助剂中的很大一部分是由表面活性剂组成的，大约占全部纺织助剂的一半以上。其中一部分本身就是纯的表面活性剂，更多的是含有表面活性剂及其复配物，如乳化剂、润湿剂、净洗剂等。另一类不含表面活性剂，由高分子化合物或其他有机物、无机物组成，如树脂整理剂、阻燃剂、荧光增白剂等。根据原料组成情况，可将纺织助剂分为表面活性剂助剂和非表面活性剂助剂两大类，每大类可再根据组成分为若干小类，比如表面活性剂助剂又可分为阴离子表面活性剂助剂、阳离子表面活性剂助剂、两性离子表面活性剂助剂和非离子表面活性剂助剂等许多小类。

（3）按形态分类　纺织染整助剂按形态可分为液态产品和固态产品。液态产品又可分为水溶型、乳液型和溶剂型。液态产品调配容易，计量准确，使用方便，因此，纺织染整助剂以液态产品居多。近年来，随着环境要求的提高和安全防火要求的严格，液态产品中水溶型和乳液型比例增加，溶剂型产品减少。固态产品多为颗粒状或片状，特点是易于运输和储存。

（4）根据助剂的应用分类　即按照纺织品的加工工序，视助剂在哪道工序使用而将其分类。分为前处理助剂（包括纺织助剂）、印染助剂和后整理助剂三大类。前处理剂的作用在于去除纱线后织物上的天然杂质及纺织过程中所附加的浆料、助剂和沾污物。经前处理的纺织品能够在润湿性能、白度、光泽及尺寸稳定性方面得到改善。在对纺织品进行随后的染色和印花过程中，为使产品得到满意的印染效果，染色和印花助剂是必不可少的。各种印染助剂，如分散剂、匀染剂、乳化剂等可分别使特定的染料在染色时提高利用率及匀染性，提高产品质量。一般来说，经过上述两阶段的加工，纺织品的表观及性能已有很大改善，但仍需对其进行后整理，从而使手感、服用性能及尺寸稳定性得到进一步改善。后整理工艺中一般使用的整理剂有：阻燃剂、防静电剂、柔软剂、防水涂层、抗紫外剂等。通过后整理，还可使纺织物增加应用功能，提高附加值。

依照助剂的应用分类，突出了助剂的应用性能，对使用者比较方便，是目前采用较多的分类方法。而其中的按三大类分类的原则，工序划分粗细比较适度、合理，应用更为广泛。

应该指出，任何分类法都不是绝对合理的，都不可能划分得完全准确无误。比如按应用分类，一般把净洗剂划分为前处理助剂，因为它在棉布的退浆和煮练、合成纤维去除油剂等前处理工序有广泛用途，但实际上，净洗剂在织物染色、印花和后整理中也都有应用。再比如，柔软整理剂是较典型的后整理助剂，但在合纤油剂中，在涂料印花浆中也都要加入柔软剂成分。因此，各类分类标准都是相对的。

纺织染整助剂用量不大，但在纺织品加工工艺中却有着不可忽视的作用，有时甚至有着不可缺少的作用。归纳起来，使用纺织染整助剂可以在纺织品加工过程中起到以下几项作用。

① 缩短加工周期或减少加工工序，节省时间，提高效率。
② 减少能量消耗，审约能源，降低成本。
③ 减少三废污染，提高环境质量。
④ 改善印染效果和织物的外观及内在质量。
⑤ 赋予纺织品某种特殊功能和效果，产生高附加值。

13.2　纺织助剂

13.2.1　渗透剂 JFC

英文名称：penetrating agent JFC

分子式：$RO(CH_2CH_2O)_nH$

（1）性能指标

外观	淡黄色液体	pH 值	中性
浊点	40～50℃		

（2）生产原料与用量

环氧乙烷	工业级，≥98%	995kg	水	去离子水	1000～1200kg
脂肪醇	工业级	378kg	电		615kW·h
氢氧化钠	工业级	4kg	煤		600kg

（3）合成原理　由真空脱水的 $C_7 \sim C_9$ 低碳脂肪醇与环氧乙烷在氢氧化钠溶液中，于0.1～0.2MPa下，160～180℃缩合，冷却而得。化学反式如下：

$$ROH + 5CH_2\underset{O}{\overset{}{\diagdown\diagup}}CH_2 \xrightarrow[160\sim180℃]{NaOH,\ 0.1\sim0.2MPa} RO(CH_2CH_2O)_5H \qquad R=C_7\sim C_9烷基$$

（4）生产工艺流程（参见图 13-1）

① 在不锈钢缩合釜 D101 内加入化验合格的 $C_7\sim C_9$ 混合脂肪醇（羟值 300～350，酸值≤1）和氢氧化钠，并加水配成水溶液。

② 在真空下逐步升温至 110～120℃，脱水至视镜无水珠为止（注意：应保证 D101 内无空气，否则压入环氧乙烷会引起剧烈爆炸）。

③ 升温至 150℃，压入环氧乙烷，保持压力 0.1～0.2MPa，温度维持在 160～180℃。加环氧乙烷时抽样测定雾点，雾点为 40～50℃时达反应终点。

④ 反应到达终点后冷却放料，即得产品。

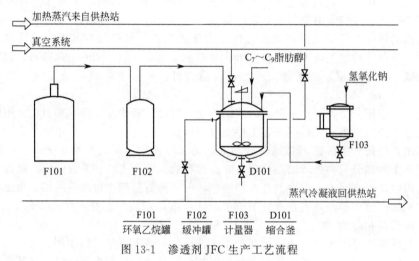

图 13-1　渗透剂 JFC 生产工艺流程

F101	F102	F103	D101
环氧乙烷罐	缓冲罐	计量器	缩合釜

（5）产品用途　JFC 为非离子表面活性剂，具有良好的稳定性，耐强酸、强碱和次氯酸盐，耐重水及重金属盐等。在纺织工业中主要用作渗透剂；也可用于上浆、退浆、煮练、漂白、碳化及氯化等工序；又可作染色浴及整理浴的渗透助剂、皮革涂层的渗透剂、生物酶退浆助剂，特别适于化纤精炼。此外，还可以用于羊毛净洗与羊毛碳化。

13.2.2　泡丝剂 M

英文名称：soak agent for rayon M

主要成分：脂肪酸硫酸酯、脂肪酸磷酸酯、石蜡、芒硝等

（1）性能指标

外观	米白至米黄色糊状物	固含量	≥30%
溶解性	易溶于 60℃ 热水中，并可稀释至任何比例	pH 值	6～7
		稳定性	1% 水溶液无油花

（2）生产原料与用量

脂肪酸硫酸酯	工业级	29	芒硝	工业级	8
脂肪酸磷酸酯	工业级	11	水	去离子水	42
石蜡	工业级	10			

（3）合成原理　由脂肪酸硫酸酯、脂肪酸磷酸酯、石蜡、芒硝及去离子水混合制得。

（4）生产工艺流程（参见图 13-2）

① 将脂肪酸硫酸酯、脂肪酸磷酸酯、石蜡、芒硝依次加入混合釜 D101 内。

② 再将去离子水加入到混合釜 D101 内，室温下进行搅拌均匀，即可得产品。

（5）产品用途　该产品可以使蚕丝织物的经、纬向纤维具有优良的平滑性、柔软性和较高的强度，用于真丝作纤维浸泡，增加柔软、润滑强度。使用时先将泡丝剂 M 与 70～80℃热水以 1:2 的比例混合溶解，然后稀释至所需浓度，用量 5%（对真丝）。温度在 70～80℃，浸泡时间为 45min。

13.3　印染助剂

13.3.1　分散剂 S

中文别名：分散剂 HN
英文名称：dispersing agent S，dispersing agent HN
分子式：$C_{27}H_{22}S_3O_{12}Na_3$

（1）性能指标

外观	棕褐色黏稠液体
固含量	38%～42%
研磨效率	4～5 级
pH 值	9～11
热稳定性（130℃）	4～5 级

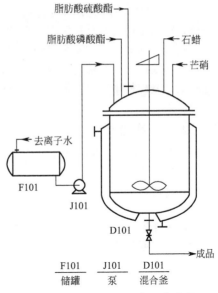

图 13-2　泡丝剂 M 生产工艺流程

F101	J101	D101
储罐	泵	混合釜

（2）生产原料与用量

对羟基苯甲基磺酸	工业级	80	甲醛	工业级	170
萘酚磺酸	工业级	65	氢氧化钠	工业级，30%	适量

（3）合成原理　由对羟基苯甲基磺酸、萘酚磺酸、甲醛缩合而得。反应式如下：

$$
\begin{array}{c}
\text{（对羟基苯甲基磺酸）} + \text{（萘酚磺酸）} \xrightarrow[\text{Na}_2\text{CO}_3]{\text{HCHO}} \text{（缩合产物）}_n
\end{array}
$$

（4）生产工艺流程（参见图 13-3）

① 分别将对羟基苯甲基磺酸和萘酚磺酸加入缩合釜 D101，然后加入过量的甲醛，在 80～90℃，196kPa 下进行缩合。

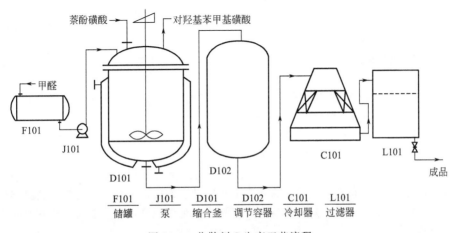

F101	J101	D101	D102	C101	L101
储罐	泵	缩合釜	调节容器	冷却器	过滤器

图 13-3　分散剂 S 生产工艺流程

② 将反应完毕的混合物在调节容器 D102 内用 30％的氢氧化钠溶液将 pH 调至 8.0～10。

③ 将产物通过冷却器 C101 进行冷却结晶，并在过滤器 L101 内进行过滤，即得产品。

（5）产品用途　本品属阴离子型、不燃、无臭、无毒、溶于水，耐酸、耐碱、耐硬水及无机盐、耐高温、耐冻。可与阴离子和非阴离子表面活性剂同时混用，但不能与阳离子染料及阳离子表面活性剂混用。具有优良的分散性能。主要用作还原染料和分散染料的高温分散剂，也可以同其他分散剂复配使用，可缩短分散染料研磨时间，提高染料的分散性和上色力。还可以作为印染行业的高温匀染剂使用，减少染料的凝聚。

13.3.2　分散剂 BZS

英文名称：dispersing agent BZS

分子式：$C_{13}H_{46}N_2Na_2O_6S_2$

（1）性能指标

外观	红色粉末	硫酸钠含量	0.1％～0.5％
双磺酸钠含量	79％～80％		

（2）生产原料与用量

邻苯二胺	工业级	108	苄氯	工业级	126.5
硬酯酰氯	工业级	302.5	硫酸	工业级，发烟硫酸	100
甲苯	工业级	86			

（3）合成原理　由邻苯二胺、硬酯酰氯在一定条件下缩合而得。反应路线如下：

（4）生产工艺流程（参见图 13-4）

① 将等摩尔的邻苯二胺与硬酯酰氯依次加入缩合釜 D101 中，并在 0～5℃搅拌下进行酰基化反应，反应在 pH 为 8～9 之间进行。

② 待反应完毕后加入带水剂甲苯，在回流蒸发塔 E101 内不断的蒸出水和甲苯的共沸液，反应数小时后检查邻苯二胺的残留量，以苯胺完全转化为终点。

③ 将生成物压入缩合釜 D102 内，滴加苄氯进行烷基化反应。

④ 反应物料用发烟硫酸在中和器 F104 内进行磺化中和反应。

⑤ 将反应物料在冷却结晶器 C101 内进行冷却结晶，并在烘干器 F105 内进行烘干即得成品。

（5）产品用途　本品可溶于水，具有优良的扩散性、匀染性。常用作分散染料染涤纶的匀染剂。还可用于涤纶的洗涤、染色后的皂洗浴，可洗去浮色而提高牢度。亦可用于配制羊毛、黏胶等纤维用的柔软剂。

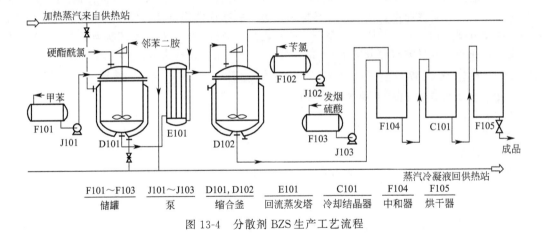

F101~F103	J101~J103	D101, D102	E101	C101	F104	F105
储罐	泵	缩合釜	回流蒸发塔	冷却结晶器	中和器	烘干器

图 13-4　分散剂 BZS 生产工艺流程

13.3.3　分散剂 CS

中文别名：纤维素硫酸酯钠

英文名称：dispersing CS

分子式：$C_{26}H_{45}O_8SNa$

（1）性能指标

外观	米黄色粉末	pH 值（1％水溶液）	7～8

（2）生产原料与用量

丁醇	工业级	500	纤维素	工业级	30
硫酸	工业级，60％	680	氢氧化钠	工业级	适量

（3）合成原理　由纤维素与硫酸反应生成纤维素硫酸酯，再用碱中和而成。

（4）生产工艺流程（参见图 13-5）

① 将丁醇加到反应釜 D101 中，然后在搅拌下滴加 60％硫酸。

② 待硫酸滴加完毕后，在 30～40℃反应 2h，然后分批加入纤维素，在 50～60℃进行酯化反应。

③ 酯化反应结束后，用 30％的 NaOH 溶液调 pH 至 7.0～7.5。

④ 将产品分别经 L101、F103、F104、F105 内进行过滤、脱水、浓缩、气流干燥，即得成品。

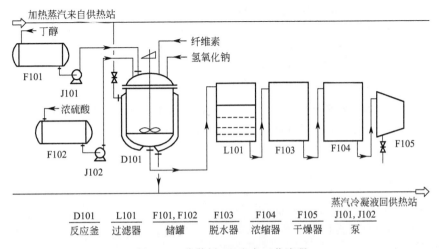

D101	L101	F101, F102	F103	F104	F105	J101, J102
反应釜	过滤器	储罐	脱水器	浓缩器	干燥器	泵

图 13-5　分散剂 CS 生产工艺流程

（5）产品用途　常用于还原染料研磨分散工序，通常和分散剂 N 或分散剂 MF 配合使用，效果更佳。能加快研磨速度，使分散染料均匀，提高贮存期的稳定性，使含有分散剂 CS 的商品化染料使用方便，化料时不结团、不粘壁。特别适用于制备液状染料，使液状染料具有良好的储存稳定性，在制备液状染料时分散剂 CS 的用量和用法与制备粉状染料相同。

13.3.4　硫化双乙醇

中文别名：助溶剂 TD，古来辛 A，利可匀 TG

英文名称：thiodiethanol，gilydote A，lyogen T

分子式：$C_4H_{10}SO_2$

（1）性能指标

外观	无色透明液体	相对密度	1.1852
沸点	283℃	折射率	1.519
闪点	160℃		

（2）原料及消耗定额（以生产 1t 目标产物计）

氯乙醇	工业级	856kg	硫酸	30%（质量分数）	适量
硫化钠	工业级	664kg		

（3）合成原理

$$2ClCH_2CH_2OH + Na_2S \longrightarrow HOCH_2CH_2SCH_2CH_2OH$$

（4）生产工艺流程（参见图 13-6）

① 将氯乙醇、硫化钠依次加入反应釜 D101 中，边搅拌边升温至 90～95℃，反应 3h 左右。

② 将反应产物转入冷却器 L101 内冷却，并用硫酸中和至 pH 为中性。

③ 将中和后产物转入过滤器 L102 中进行过滤。

④ 对粗产物在 E101 进行减压蒸馏，并收集其中的硫代双乙醇馏分，出料包装即可。

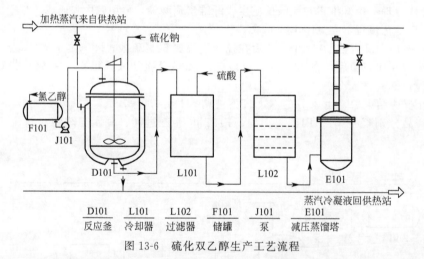

D101	L101	L102	F101	J101	E101
反应釜	冷却器	过滤器	储罐	泵	减压蒸馏塔

图 13-6　硫化双乙醇生产工艺流程

（5）产品用途　本品微溶于苯、乙醚和四氯化碳，溶于丙酮、乙醚氯仿和水，有特殊气味。易燃，低毒，不耐酸，遇盐酸放出有毒的芥子气。常用作酞菁素、各种阳离子染料、还原染料的助溶剂。也可用作还原染料印花用调浆剂、匀染剂、吸湿剂。作染料助溶剂能增加着色量和鲜艳度。

13.3.5　荧光增白剂 VBL

英文名称：fluorescent whitener agent VBL

分子式：$C_{36}H_{34}O_8N_{12}S_2Na_2$

（1）性能指标

外观	淡黄色粉末，带有青到微紫色荧光	水分含量	≤5%
荧光增白强度	≥100 分	细度（通过 100 目筛的残余含量）	≤10%
泛黄度（染色深度）	≥0.5%		

（2）生产原料与用量（以生产每吨荧光增白剂 VBL 计）

DSD 酸	分析纯	280kg	碳酸钠	工业级，98%	400kg
三聚氯氰	纯度 99%	295kg	盐酸	工业级，31%	500kg
苯胺	工业级，99.5%	150kg	元明粉	工业品	380kg
一乙醇胺	工业级，99%	132kg	活性炭	工业品	30kg
氨水	工业级，20%	186kg	匀染剂	工业级	1kg

（3）合成原理

① DSD 酸与三聚氯氰缩合生成一缩物：

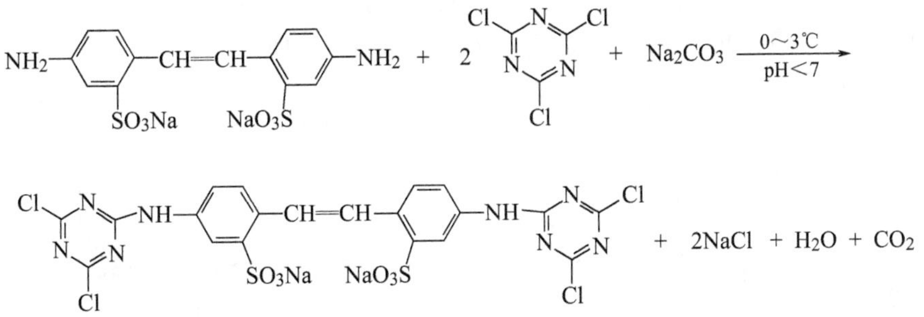

② 一缩合物与苯胺缩合生成二缩物：

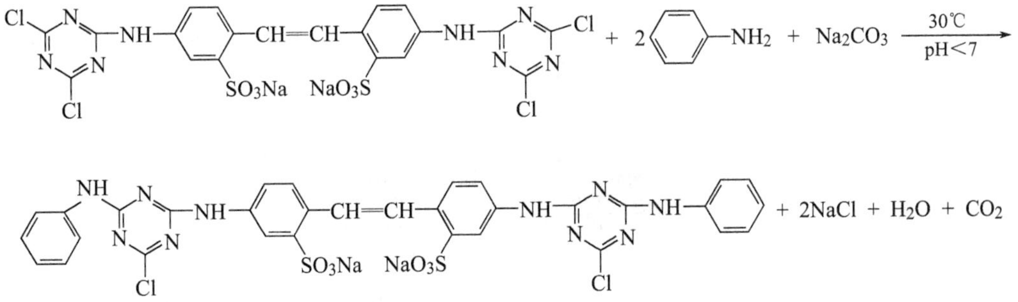

③ 二缩物与一乙醇胺反应生成荧光增白剂 VBL：

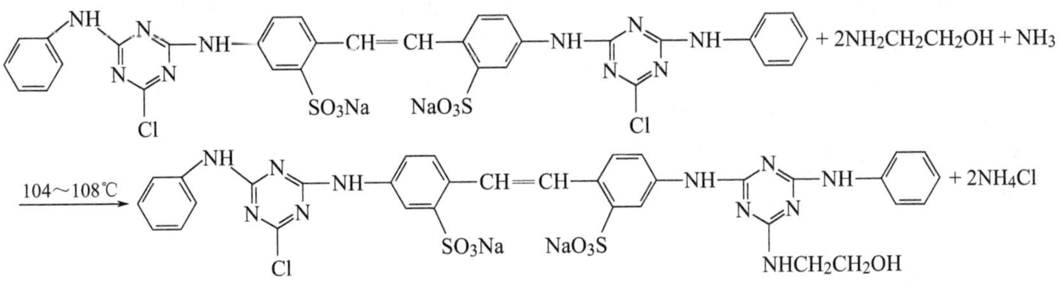

（4）生产工艺流程（参见图 13-7）

① 在 D101 中加水、碎冰搅拌，使釜内温度降至 0℃ 以下，加入 30% 匀染剂 O 的水溶液，工业盐酸。停止搅拌，加入三聚氯氰，开动搅拌，打浆 1h，温度保持在 0℃。

② 将 DSD 酸中和溶解（pH=7.5），用活性炭脱色（活性炭用量为 DSD 酸干品的 10%，脱色温度为 90～95℃），然后根据 DSD 酸含量的分析，将 DSD 酸的溶液稀释，于 2.5h 内均匀加至 D101 中。加入一定量后，同时加入 10% 的碳酸钠溶液进行中和，温度控制在 0～3℃，pH 控制

为 5～6。待全部 DSD 酸加完后，搅拌 45min。在 15min 内再加入 10％碳酸钠溶液中和至 pH 为 6～7。加完后，测氨基，氨基消失即达到第一次缩合反应的终点。

③ 将物料放入 D103 中，于半小时内均匀地加入苯胺。加完后，缓缓地均匀升温，温度达到 12℃时开始用 10％的碳酸钠溶液中和，升温至 30℃，pH 控制在 6～7。测定氨基值，氨基值消失即为第二次缩合反应的终点。

④ 将第二次缩合物转入带夹套的缩合釜 D104 中，一次加入乙醇胺，升温到 80～85℃，加入氨水。加完后，密闭反应釜，继续升温至 104～108℃，保温 3h。冷却至 55～60℃，加水静置 3h。

⑤ 反应液澄清后，过滤。滤液转入 D105 中，升温至 90℃，开动搅拌，继续升温至 95～98℃，逐渐加入工业盐酸酸析至 pH 为 1～1.5，停止搅拌，静置沉淀 2h 左右。

⑥ 酸析液澄清后，放去上层澄清液，下层酸析液放至吸滤桶 F103 中进行吸滤。

⑦ 吸干后，用冷水洗涤滤饼至 pH 为 5，再吸干，将滤饼送至 L101 中，加入适当纯碱，然后捏合成团，分出水分。再在 L102 中进行干燥，L103 磨粉，即得荧光增白剂 VBL。

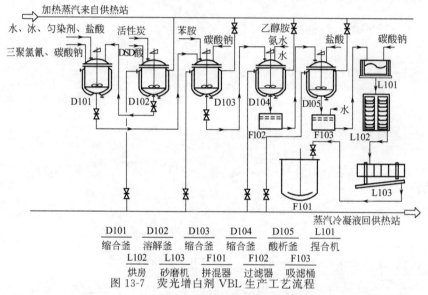

图 13-7 荧光增白剂 VBL 生产工艺流程

D101	D102	D103	D104	D105	L101
缩合釜	溶解釜	缩合釜	缩合釜	酸析釜	捏合机

L102	L103	F101	F102	F103
烘房	砂磨机	拼混器	过滤器	吸滤桶

（5）产品用途　本产品可溶于 80 倍以上的软水中，开始溶解时有絮凝现象，加水稀释，充分搅拌后可获得透明溶液，溶解用水宜呈微碱性或中性。可与阴离子表面活性剂、阴离子型染料（如直接染料、酸性染料等）和颜料混用，但不适宜于与阳离子染料、阳离子表面活性剂、合成树脂初缩体等同浴使用。主要用于纤维素织物和纸张的增白，浅色纤维织物增艳以及拔染印花白地增白等。增白剂 VBL 的上染性能基本上与染料相似，可用食盐、硫酸钠等促染，用匀染剂作缓染，温度和时间也与上染程度有密切关系。

13.3.6　柔软剂 ES

英文名称：softener ES

分子式：$C_{43}H_{86}ClN_3O_3$

（1）性能指标

外观	米白色浆状物	含固量	≥20％
pH	5～7		

（2）生产原料与用量

硬脂酸	工业级	350kg	冰醋酸	分析纯	43kg
二亚乙基三胺	工业级	70kg	醋酸钠	工业级	18kg
环氧氯丙烷	工业级	48kg	水	自来水	2000kg

（3）合成原理

① 硬脂酸与二亚乙基三胺在氮气的条件下于 140～170℃进行缩合反应：

$$2C_{17}H_{35}COOH + H_2NCH_2CH_2NHCH_2CH_2NH_2 \xrightarrow{140～170℃}$$

$$C_{17}H_{35}\overset{O}{\overset{\|}{C}}NHCH_2CH_2NHCH_2CH_2NH\overset{O}{\overset{\|}{C}}C_{17}H_{35} + 2H_2O$$

② 反应产物于 110～120℃与环氧氯丙烷缩合而得柔软剂 ES：

$$C_{17}H_{35}\overset{O}{\overset{\|}{C}}NHCH_2CH_2NHCH_2CH_2NH\overset{O}{\overset{\|}{C}}C_{17}H_{35} + H_2C\overset{}{-}CH\overset{}{-}CH_2Cl$$

$$\xrightarrow{110～120℃} \left[C_{17}H_{35}\overset{O}{\overset{\|}{C}}NHCH_2CH_2\overset{+}{N}HCH_2CH_2NH\overset{O}{\overset{\|}{C}}C_{17}H_{35} \right]^{+} Cl^{-}$$

（4）生产工艺流程（参见图 13-8）

① 酰化　在不锈钢锅 D101 内加入硬脂酸、二亚乙基三胺，通氨气，加热升温熔融，开动搅拌，升温到 140℃，在 1.5～2h 内使温度升到 170℃，进行脱水。

② 烷化　将上述反应物降温至 110℃，在 1.5h 内加入环氧氯丙烷，温度控制在 110～115℃，加毕，回流 2～3h。然后降温到 100℃左右，加入冰醋酸、醋酸钠水溶液，搅拌打浆即为成品。

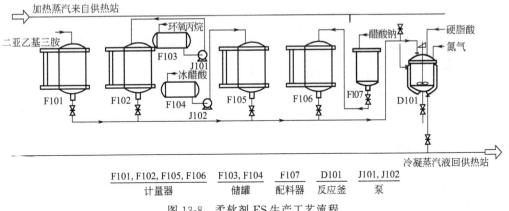

图 13-8　柔软剂 ES 生产工艺流程

（5）产品用途　本品为阳离子型柔软剂，可与水以任意比例稀释成乳液，也可与阳离子或非离子表面活性剂混用。主要用作腈纶纤维和织物的柔软整理，也可作涤纶纺丝油剂的添加剂，经处理后的纤维具有柔软性。

13.4　纺织染整后处理助剂

13.4.1　固色剂 Y

英文名称：colour fixing agent Y

分子式：$(C_3H_{10}ClN_5O)_n$

（1）性能指标

外观		白色粉末	通过 80 目筛残留量		≤5％
含水量（％）		3.5％			

（2）生产原料与用量

甲醛	工业级，37％	578	氯化铵	工业级	296.8
双氰胺	工业级	283.3			

（3）合成原理　由双氰胺与甲醛缩合而得，反应示意如下：

$$n\begin{bmatrix} \overset{\displaystyle NHCN}{\underset{\displaystyle NH_2}{HN=C}} \end{bmatrix} + nHCHO \longrightarrow \begin{bmatrix} \overset{\displaystyle NHCN}{\underset{\displaystyle N-CH_2}{HN=C}} \end{bmatrix}_n + H_2O$$

$$\begin{bmatrix} \overset{\displaystyle NHCN}{\underset{\displaystyle N-CH_2}{HN=C}} \end{bmatrix}_n + nNH_4Cl + 2nH_2O \longrightarrow \begin{bmatrix} \overset{\displaystyle NHC \cdot NH_2}{\underset{\displaystyle N-CH_2}{H_2N-C}} \end{bmatrix}_n + n\,NH_4OH$$

（4）生产工艺流程（参见图 13-9）

① 首先将储罐 F101 内质量分数为 37％的甲醛投入反应釜 D101 内，边搅拌边加入储罐 F101 内的双氰胺。

② 等双氰胺添加完毕后，将氯化铵的 75％投入反应釜 D101 内，此时温度自动由 30℃上升到 50℃，待温度稳定后加入余下的氯化铵，并升温至 90℃，继续在 90～95℃下搅拌 2h。

③ 待反应结束后将产物转移至冷却器 C101 内进行冷却，冷却至 70℃时出料即得成品。

（5）产品用途　主要用作直接、酸性染料的印花或染色固色剂。棉布、丝绸、人造棉等经染色后用固色剂 Y 处理，可以增进水洗、皂洗牢度；针织内衣等织物经固色剂 Y 处理后可提高其耐汗渍和耐晒牢度及耐磨和耐熨烫牢度。直接染料作底色拔染印花拔白时，用该剂处理，可防止底色渗入拔白部分；色织布经纱上浆时用该品处理可防止渗化沾色。

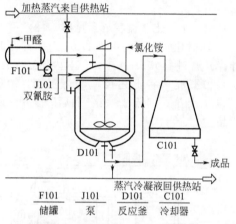

图 13-9　固色剂 Y 生产工艺流程

F101	J101	D101	C101
储罐	泵	反应釜	冷却器

13.4.2　柔软剂 101

英文名称：softener 101

结构式：$C_{17}H_{35}COO(CH_2CH_2O)NH$

（1）性能指标

外观	白色或微黄色稠厚液体	pH 值	7
固含量	23％～25％	乳化温度（3.5％水溶液）	50℃

（2）生产原料与用量

石蜡	工业级	70	油酸	工业级	5
硬脂酸	工业级	35	CMC	工业级	25
平平加 O	工业级	32	苯酚	工业级	2
二乙醇	工业级	3	香精	工业级	适量
三乙醇	工业级	3	水	自来水	适量

（3）合成原理　由硬脂酸、白油、石蜡、平平加 O、二乙醇、三乙醇、油酸、苯酚、香精混合，经搅拌、加热、冷却复配制得。

（4）生产工艺流程（参见图 13-9）　在反应釜内加入硬脂酸、白油、石蜡、平平加 O、二乙醇、三乙醇、油酸、苯酚、香精等，搅拌下加热融化成一体，当温度当升温至 90℃ 后加快搅拌（1440r/min），加入 CMC，加水稀释至 1t，快速搅拌成乳液，保温 1h，冷却出料即为成品。

（5）产品用途　本产品为非离子表面活性剂，可与任意比例的水稀释、耐酸、耐碱、耐硬水。主要用于针织内衣织物的后处理剂。处理后的布面滑腻丰满，纱线及纤维表面光滑，阻力降低，缝纫时针头温度不会上升过高，不易挑起针洞。

13.4.3　油酰胺

中文别名：十八碳-9-烯酰胺

英文名称：oleic amide，oleylamine

分子式：$C_{18}H_{35}NO$

（1）性能指标

外观	白色粉末或片状物	闪点	210℃
相对密度	0.9	着火点	235℃
熔点	68～79℃		

（2）生产原料与用量

油酸	工业级	100	乙醇	70%	适量
氨气	工业级	200～250			

（3）合成原理　由油酸经氨化反应制得。反应式如下：

$$C_{17}H_{33}COOH + NH_3 \longrightarrow C_{17}H_{33}CONH_2 + H_2O$$

（4）生产工艺流程（参见图 13-10）

① 将油酸投入反应釜 D101 中，加热熔化，在搅拌下升温，当物料达到 180℃ 左右，开始从反应釜底部通氨气。

② 在通氨气的同时快速搅拌，加强气相与液相接触。

③ 当氨气通入量为 200kg 时，检测排出的气相中有无水，如果气体中无水，即确定反应到终点，停止通氨气。

④ 停止通氨气后，趁热出料，在冷却器 C101 内进行冷却成型。

⑤ 将冷却后的粗产品用乙醇作溶剂在过滤器 L101 内进行重结晶，即得成品。

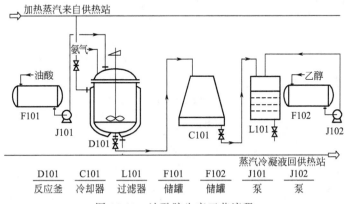

D101	C101	L101	F101	F102	J101	J102
反应釜	冷却器	过滤器	储罐	储罐	泵	泵

图 13-10　油酰胺生产工艺流程

（5）产品用途　本品不溶于水，溶于乙醇、乙醚等多种有机溶剂，熔融物带有暗褐色。可用作化学纤维的柔软剂、防水剂，也可作染料、涂料分散剂以及金属防锈剂。

13.4.4　紫外线吸收剂 UV-9

中文别名：2-羟基-4-甲氧基二苯甲酮，光稳定剂 UV-9

英文名称：absorbent UV-9，2-hydroxy-4-methoxy-benzophenone

分子式：$C_{14}H_{12}O_3$

（1）性能指标

外观	浅黄色结晶	相对密度	1.324
沸点	220℃	熔点	63～64.5℃

（2）生产原料与用量

间苯二酚	工业级	980	液碱	工业级，40%	3130
硫酸二甲酯	工业级	2640	苯甲酰氯	工业级	970

（3）合成原理　2-羟基-4-甲氧基二苯甲酮的合成反应路线如下：

$$OH\text{（间苯二酚）} + 2(CH_3)_2SO_4 + 2\,NaOH \longrightarrow OCH_3\text{（间苯二酚二甲醚）} + 2CH_3OSO_3Na + 2H_2O$$

$$\text{（间苯二酚二甲醚）} + \text{COCl（苯甲酰氯）} \xrightarrow[\text{氯苯}]{AlCl_3} \text{（2,4-二甲氧基二苯甲酮）} + HCl\uparrow$$

$$\text{（2,4-二甲氧基二苯甲酮）} + H_2O \longrightarrow \text{（2-羟基-4-甲氧基二苯甲酮）} + CH_3OH$$

（4）生产工艺流程（参见图 13-11）

① 甲基化反应　将间苯二酚和碱液投入搅拌反应釜 D101，在搅拌下溶解。保持温度 26～30℃下反应 2～4h，生成间苯二酚二甲基醚。当反应达到终点后，加盐酸中和。

② 静置分去水层，油层经水洗，然后在蒸馏塔 E101 内减压蒸馏，回收硫酸二甲酯，釜液即为间苯二酚二甲基醚。

③ 将制备的间苯二酚二甲基醚加入耐酸反应釜 D102 中，搅拌冷却至 0℃左右，加入无水三氯化铝，溶解后，在搅拌下缓缓加入苯甲酰氨酰氯和氯苯，进行傅-克反应，生成 2,4-二甲氧二苯甲酮，其中氯苯为溶剂。

④ 傅-克反应结束后，加适量水进行水解反应，生成 2-羟基-4-甲氧基二苯甲酮。

⑤ 将水解产物在蒸馏塔 E102 内减压蒸馏，回收过量的苯甲酰氯和溶剂氯苯，然后冷却至 60～70℃，加入酒精及活性炭，搅拌 0.5h 左右。然后在 L101 进行趁热吸滤，除去活性炭。

⑥ 将滤液在 L102 内浓缩，回收酒精，然后经 L103 冷却、结晶。经 L104 离心分离，母液回

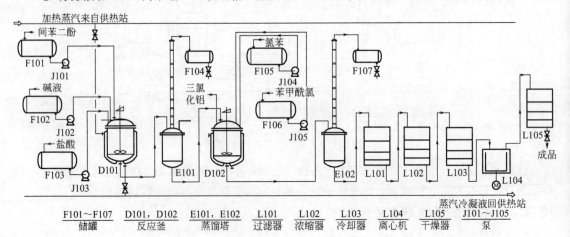

图 13-11　紫外线吸收剂 UV-9 生产工艺流程

收，再经 L105 对结晶进行低温干燥，即得成品。

（5）产品用途　本产品溶于甲醇、乙醇等大多数有机溶剂；不溶于水；低毒；储运稳定性好，能吸收 290～400nm 的紫外光，但几乎不吸收可见光。对光稳定性，在 200℃ 下不分解，但升华损失较大。适用于浅色透明制品作紫外线吸收剂。可用作油漆和各种塑料，如醋酸纤维素、硝酸纤维素、乙基纤维素、聚氯乙烯、聚苯乙烯、丙烯酸树脂和浅色透明木材家具漆等。

13.4.5　光稳定剂 NBC

中文别名：N,N'-二正丁基二硫代氨基甲酸镍
英文名称：light stability agent NBC；nickel N, N-di-n-butyl dithiocarbamate
分子式：$C_{18}H_{36}N_2NiS_4$

（1）性能指标

外观	深绿色粉末	灰分	≤20％
闪点	263℃	水分	≤0.5％
熔点	≥85℃	细度（60 目筛通过量）	100％

（2）生产原料与用量

二丁胺	工业级	129.9	烧碱	工业级	40.1
二硫化碳	工业级	76.2	氯化镍	工业级	13.1

（3）合成原理　由二丁胺与二硫化碳反应，再经复分解反应而得。反应式如下：

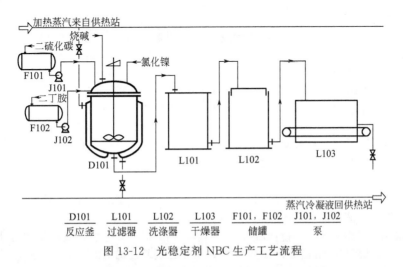

（4）生产工艺流程（参见图 13-12）

① 二丁基二硫代氨基甲酸钠的合成　将二丁胺、二硫化碳和烧碱按配比加入反应釜 D101 内，搅拌下于 25～30℃ 反应 3～5h，生成二丁基二硫代氨基甲酸钠溶液。

② N,N-二正丁基二硫代氨基甲酸镍的合成　在二丁基二硫代氨基甲酸钠溶液中加入浓度为 40％～50％ 的氯化镍溶液，搅拌下于 20～30℃ 进行复分解反应，反应粗产物以固体析出。

③ 将粗产物经 L101、L102、L103 进行过滤、洗涤、干燥，即得成品。

D101	L101	L102	L103	F101、F102	J101、J102
反应釜	过滤器	洗涤器	干燥器	储罐	泵

图 13-12　光稳定剂 NBC 生产工艺流程

（5）产品用途　本品溶于氯仿、苯、二硫化碳，微溶于丙酮、乙醇，不溶于水。对某些人的

皮肤有刺激作用。常用作高分子材料的光稳定剂和抗臭氧剂。在聚丙烯纤维、薄膜和窄带中，本品有十分优良的光稳定作用，用量为 0.3～0.5 份。在丁苯。氯丁、氯磺化聚乙烯等合成橡胶中有防止日光龟裂和臭氧龟裂的作用，而且可提高氯丁橡胶和氯磺化聚乙烯的耐热性。

13.4.6 抗静电剂 P

中文别名：烷基磷酸酯二乙醇胺

英文名称：antistatic agent P

分子式：$C_{18}H_{45}N_2O_8P$

(1) 性能指标

外观	淡黄色黏稠膏状物	酸碱值	8～9

(2) 生产原料与用量

高级脂肪酸	工业级	86	二乙醇	工业级	30
五氧化二磷	工业级	27			

(3) 合成原理 由脂肪醇与五氧化二磷进行磷酸化反应，再以醇胺中和而成。

(4) 生产工艺流程（参见图 13-13）

① 将高级脂肪酸加入反应釜 D101 内，并加热反应釜对其进行溶解。

② 搅拌下用冷水将物料冷却至 40℃ 以下，然后缓缓的将储罐 F101 内的五氧化二磷加入反应釜内，加料期间温度应控制在 40℃ 以下，加料完毕将反应釜 D101 内的温度升高至 70℃。

③ 将储罐 F101 内的二乙醇加入反应釜内对产物进行中和，将 pH 值调至 7～8，待反应均匀后趁热出料即得成品。

(5) 产品用途 本品易溶于水及有机溶剂，具有一定得吸潮性。用作涤纶、丙纶等合成纤维的纺丝油剂组分之一，起抗静电和润滑作用，也可在塑料工业中用作抗静电剂。

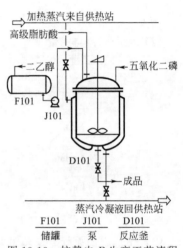

图 13-13 抗静电 P 生产工艺流程

13.4.7 二羟甲基二羟基乙烯脲树脂整理剂

中文别名：DMDHE 树脂

英文名称：dimethylol dihydroxy ethylene urea resin

分子式：$C_5H_{10}N_2O_5$

(1) 性能指标

外观	淡黄色液体	含固量	40%～45%
相对密度	1.2	游离甲醛	≤1%

(2) 生产原料与用量

乙二醛	50%	9.75	水	工业级	4
尿素	工业级	5.04	纯碱	工业级	少许
甲醛	37%	13.25	盐酸	工业级	少许

(3) 合成原理 通过质量分数为 20%～25% 的纯碱溶液将乙二醛的 pH 值调至 5～5.5，而后加入尿素，在冷浴锅内进行反应，在经后处理步骤制得。

(4) 生产工艺流程（参见图 13-14）

① 将储罐 F103 内的乙二醛加入到反应釜 D101 内，并在搅拌下将储罐 F104 内质量分数为 20%～25% 的纯碱溶液也加入其中，调节 pH 为 5～5.5。

② 将尿素加入 D101 内，并搅拌溶解 1h，逐渐升温至 45℃ 左右，反应锅置冷水浴中，温度在（50±1）℃，保温反应 3h 后，冷却至 40℃，得到二羟基乙烯脲溶液。

③ 将储罐 F101 内的甲醛加入到上述二羟基乙烯脲溶液中，并用适量 F102 内的纯碱溶液调

节 pH 至 8～8.5，温度升高到（50±1）℃，在搅拌下保温反应 3h，反应时 pH 会下降，应常用补加纯碱溶液调节之。

④ 反应结束，冷却至室温，用储罐 F102 内的盐酸调节 pH 至 6～6.5，即得二羟甲基二羟基脲树脂，最后加水调节至固含量为 40%～45%，即得成品。

（5）产品用途　本品储藏稳定性好、甲醛气味小，耐洗性和耐水解性优良。对活性染料的日晒牢度影响较小，手感丰满、挺括而富有弹性，压烫后甲醛味也较小，常用作织物耐久定型整理剂。

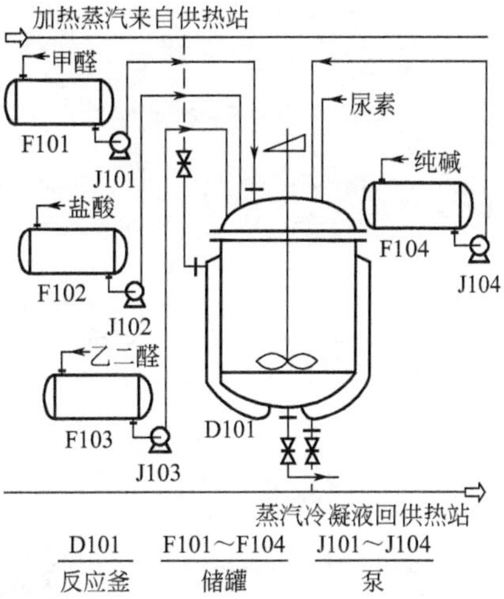

13.4.8　防水剂 CR

英文名称：water proof agent CR

分子式：$C_{18}H_{36}Cr_2Cl_4O_3$

（1）性能指标

外观	深绿色液体
固含量	30%

（2）生产原料与用量

三氯化铬	工业级	53	氢氧化钠	40%	4
皂粉	工业级	24	乙醇	工业级	125

（3）合成原理　由三氯化铬、皂粉和乙醇在一定条件下反应制得。

（4）生产工艺流程（参见图 13-15）

① 将三氯化铬、皂粉和乙醇加入到搪瓷反应釜 D101 中，在搅拌下，升温至 75℃反应 1.5h，然后加入氢氧化钠溶液，在 75～78℃继续反应 1.5h。

② 将反应后体系依次通过冷却器 C101、过滤器 L101 进行降温、过滤，所得的滤液即为防水剂 CR。

图 13-14　二羟甲基二羟基乙烯脲树脂整理剂生产工艺流程

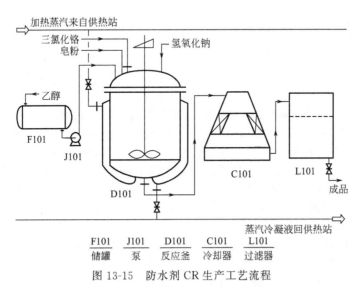

F101	J101	D101	C101	L101
储罐	泵	反应釜	冷却器	过滤器

图 13-15　防水剂 CR 生产工艺流程

（5）产品用途　防水剂 CR 可用于绒面革和其他铬鞣革的防水处理。经染色、加油、回软以后的皮革，就可用 CR 防水剂处理。经它处理的皮革吸水性减少 50% 以上，经 12～24h 雨淋不透水。它不但赋予皮革防水性能，还能提高平皮革质量并起到固色作用，广泛用于制革业。

第14章

水处理化学品

14.1 概述

水处理剂系指为了除去水中的大部分有害物质（如腐蚀物、金属离子、污垢及微生物等），得到符合要求的民用或工业用水而在水处理过程中添加的化学药品。水处理剂是精细化工产品中的一个重要门类，具有很强的专用性。不同的使用目的和处理对象，要求不同的水处理剂。例如，城市给水是以除去水中的悬浮物为主要对象，使用的药剂主要是絮凝剂；锅炉给水主要解决结垢腐蚀问题，使用的药剂为阻垢剂、缓蚀剂、除氧剂；冷却水处理主要解决腐蚀和菌类滋生，采用的药剂为阻垢剂、缓蚀剂和杀菌灭藻剂；污水处理，主要是除去有害物质、重金属离子、悬浮体和脱除颜色，所使用的药剂主要为絮凝剂、螯合剂等。

水处理剂按其应用目的可分为两大类，一类是以净化水质为目的，使水体相对净化，供生活和工业使用，包括原水的净化和污水的净化，所用的药剂有 pH 值调整剂、氧化还原剂、吸附剂、活性炭和离子交换树脂、混凝剂和絮凝剂等。第二类是针对工业上某种特殊目的而加入水中的药剂，通过对设备、管道、生产设施以及产品的表面化学作用而达到预期目的，所用的水处理剂主要有缓蚀剂、阻垢分散剂、杀菌灭藻剂、软化剂等。

添加到腐蚀介质中能抑制或降低金属腐蚀过程的一类化学物质叫缓蚀剂或腐蚀抑制剂。缓蚀剂作为金属溶解的抑制剂，不仅被用在金属酸洗中，还广泛用于冷却水处理、化学研磨、电解研磨、电镀、刻蚀等同时发生金属溶解的各个工业方面。当腐蚀介质为冷却水时，应用的缓蚀剂叫冷却水缓蚀剂。缓蚀剂的种类很多，通常可按照缓蚀剂在金属表面形成保护膜的成膜机理不同分为钝化膜型（如铬型盐、亚硝酸钠、钼酸盐、钨酸盐等）、沉淀膜型（如聚磷酸盐、锌盐巯基苯并噻唑、苯并三氮唑等）和吸附膜型（如有机胺、硫醇类、某些表面活性剂、木质素类、葡萄糖酸盐等）。

在工业水处理中，把加入到水中用于控制产生水垢和泥垢的水处理剂称为阻垢剂。阻垢剂的种类很多，早期采用的阻垢剂多半是天然成分经过适当加工后的物质，如木质素磺酸盐、葡萄糖酸钠、丹宁、淀粉衍生物和腐植酸钠等。近年来采用的阻垢剂主要有无机聚合物（三聚磷酸钠、六偏磷酸钠等）、磷酸酯（磷酸辛酯、磷酸二辛酯等）、有机膦酸（盐）、膦羧酸、合成有机聚合物（聚丙烯酸、聚马来酸、水解聚马来酸、聚丙烯酸钠、聚甲基丙烯酸等。常用的共聚物阻垢剂有丙烯酸-丙烯酰胺共聚物、马来酸酐-丙烯酸共聚物、苯乙烯磺酸-马来酸共聚物等）。这些化学物质有些兼有缓蚀作用，称之为缓蚀阻垢剂。有机膦酸盐既具有良好的阻垢性能，又有较好的缓蚀性能，已被大量应用于水处理技术中。

在水处理中，能使水中的胶体微粒相互粘结和聚结的化学药剂称为混凝剂。混凝剂与水混合从而使水中的胶体物质产生凝聚和絮凝，这一综合过程称为混凝过程。

凝聚就是向水中加入硫酸铝、明矾等凝聚剂，以中和水中带负电荷的胶体微粒，使其脱稳而沉淀。絮凝是在水中加入高分子物质——絮凝剂，使已中和的胶体微粒进一步凝聚，使其更快地凝成较大的絮凝物，从而加快沉淀。凝聚和絮凝总称为混凝。混凝剂大致可分为无机混凝剂和有机混凝剂两类。根据所处理的水的特性、不同的用途，已经开发出了许多不同性能和使用目的的混凝剂。

能杀灭和抑制微生物的生长和繁殖的药剂称为杀菌除藻剂。当冷却水中含有大量微生物时，会因微生物的繁殖而堵塞管道，严重降低热交换器的热效率。甚至造成孔蚀，使管道穿孔。为了避免这种危害，必须投加杀菌灭藻剂。目前使用的杀菌灭藻剂有氧化型和非氧化型两种。氧化型杀菌剂包括氯气、次卤酸钠、卤化海因二氧化氯、过氧化氢、高铁酸钾，使微生物体内一些与代谢有密切关系的酶发生氧化反应而使微生物死亡。非氧化型杀菌灭藻剂包括醛类、咪唑啉、季铵盐等。其杀菌机理是通过微生物蛋白中毒而使微生物死亡。目前国内使用较普遍的是氯气、季铵盐。这是因为它们杀菌率高，价廉，便于操作。但在碱性条件下氯气会残留在水中，造成二次污染。目前大有用二氧化氯替代之势。

14.2 缓蚀剂

14.2.1 WP 缓蚀剂

英文名称：corrosion inhibitor WP

主要成分：钨酸盐，聚羧酸盐，一元羧酸

（1）性能指标

外观	微黄色澄清液	水溶性	易溶于水
相对密度（20℃）	1.35～1.37 g/cm³	固含量	≥70%
pH	9～10		

（2）生产原料与用量

钨酸盐	工业级	10～20	一元羧酸	工业级	65～80
聚羧酸盐	工业级	8～15		

（3）合成原理 由钨酸盐、聚羧酸盐、一元羧酸按一定比例混合，复配而成。

（4）生产工艺流程（参见图 14-1） 将钨酸盐、聚羧酸盐、一元羧酸按比例加入反应釜 D101 中，室温下搅拌均匀，升温至 70～90℃继续搅拌复合 2～5h，降温至 40℃以下，出料即得产品。

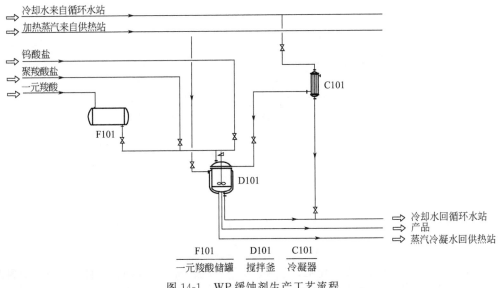

图 14-1　WP 缓蚀剂生产工艺流程

（5）产品用途　适用于化工、医药、冶金、轻工、食品、纺织等行业的循环冷却水系统的缓蚀阻垢，特别适用于偏碱性的循环水系统。缓蚀率90％以上，污垢热阻$0.6×10^{-6}$ W/(m² · K)。

14.2.2　钨酸钠

英文名称：sodium tungstate

分子式：$Na_2WO_4 · 2H_2O$

（1）性能指标

外观	无色或白色斜方晶体	pH	8.5～9
溶水性	溶于水		

（2）生产原料与用量

黑钨矿	工业级（65％WO₃）	1320kg	盐酸	工业级（HCl＞30％）	2336kg
烧碱	工业级（30％NaOH）	715kg	氯化钙	工业级	560kg

（3）合成原理　采用钨精矿与氢氧化钠压煮，生成钨酸钠溶液，再经精制、过滤、离子交换等工艺，分离杂质成分，然后经蒸发结晶得钨酸钠产品。主要的反应式如下：

$$MnWO_4 · FeWO_4 + 4NaOH \longrightarrow 2Na_2WO_4 + Fe(OH)_2 · Mn(OH)_2$$

$$Na_2WO_4 + CaCl_2 \longrightarrow CaWO_4 + 2NaCl$$

$$CaWO_4 + 2HCl \longrightarrow CaCl_2 + H_2WO_4$$

$$H_2WO_4 + 2NaOH \longrightarrow Na_2WO_4 · 2H_2O$$

（4）生产工艺流程（参见图14-2）　将粉碎至320目以下的黑钨矿加入碱解罐D101中，再加入30％氢氧化钠溶液压煮，生成钨酸钠溶液。钨酸钠溶液经过滤后泵入合成釜D102中，加入氯化钙，控制温度在70～95反应2～4h，降温。物料导入洗涤罐D103中，加水洗涤；再在酸解罐D104中加入盐酸酸解1～2h。酸解后的物料在中和罐D105中中和，再经蒸发、结晶、脱水干燥后得钨酸钠产品。

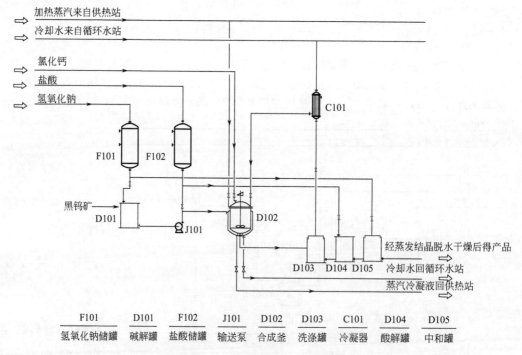

F101	D101	F102	J101	D102	D103	C101	D104	D105
氢氧化钠储罐	碱解罐	盐酸储罐	输送泵	合成釜	洗涤罐	冷凝器	酸解罐	中和罐

图 14-2　钨酸钠生产工艺流程

（5）产品用途　主要用于石油化工、电镀、纺织、阻燃剂、水处理、染料、颜料、油墨等方面。亦可用于制取仲钨酸铵及深度加工制取三氧化钨、金属钨、碳化钨、硬质合金、钨条、钨丝等，制偏钨酸铵、钨酸及其他钨化合物。

14.2.3 巯基苯并噻唑

中文别名：2-巯基苯并噻唑

英文名称：2-mercaptobenzothiazole，MBT

分子式：$C_7H_5NS_2$

（1）性能指标

外观	淡黄色粉末	含量	$\geqslant 95\%$
嗅觉	有微臭和苦味	水分	$\leqslant 0.5\%$
密度	$1.42g/cm^3$	灰分	$\leqslant 0.3\%$
熔点	$178\sim 180℃$	储存方式	密封保存
初熔点	$\geqslant 170℃$		

（2）生产原料与用量

苯胺	工业级	643kg	硫黄粉	工业级	232kg
二硫化碳	工业级	618kg	硫酸	工业级，98%	496kg
烧碱	工业级	360kg			

（3）合成原理　一般以苯胺、二硫化碳和硫黄粉为主要原料合成。反应式如下：

（4）生产工艺流程（参见图 14-3）　先将高压反应釜 D101 预热至 200℃。在此温度下投入苯胺及溶有硫黄的二硫化碳。继续将反应混合物加热到 $250\sim 260℃$，加压至 8104kPa 并保持此温此压进行环合反应。约 2.5h 后，环合反应完全，减至常压。将环合产物 2-巯基苯并噻唑及少量树脂生成物同 $7°\sim 8°Bé$ 的烧碱溶液在 F104 中制成 MBT 的钠盐。然后于 $30\sim 32℃$ 温度下以 $10°Bé$ 的硫酸慢慢酸化至 pH 为 9 进行过滤。滤去碱不溶物（树脂、硫黄粉等）后的滤液于 $38\sim 40℃$ 温度下以 $10°Bé$ 的硫酸在 F105 中中和至 pH7 左右。滤取固体，用水洗涤，经干燥、粉碎、筛选、包装即得 MBT 成品（初熔点 $\geqslant 170℃$，含量 $\geqslant 95\%$，水分 $\leqslant 0.5\%$，灰分 $\leqslant 0.3\%$），收率约 84%。滤液为硫酸钠等无机盐，可另外处理。反应过程中生成的硫化氢气体经气体吸收系统用液碱吸收处理。

（5）产品用途　缓蚀剂 MBT 可以作为循环冷却水系统中的铜缓蚀剂。MBT 的缓蚀作用主要依靠和金属铜表面上的活性铜原子或铜离子产生一种化学吸附作用；或进而发生螯合作用从而形成一层致密而牢固的保护膜，使铜材设备得到良好的保护，使用量一般为 4mg/L，MBT 也可以用作增塑剂、酸性镀铜光度剂等使用。

14.2.4 六偏磷酸钠

英文名称：sodium hexametaphosphate，SHMP

分子式：$Na_6O_{18}P_6$

（1）性能指标

外观	透明玻璃片粉末或白色粉状晶体	相对密度（20℃）	$2.484g/cm^3$
熔点	640℃	溶水性	易溶于水

（2）生产原料与用量

磷酸二氢钠	工业级	700

（3）合成原理

① 磷酸二氢钠法　由磷酸二氢钠加热、脱水、聚合得到。反应式如下：

$$NaH_2PO_4 \xrightarrow{\triangle} NaPO_3 + H_2O$$

$$6NaPO_3 \xrightarrow{聚合} (NaPO_3)_6$$

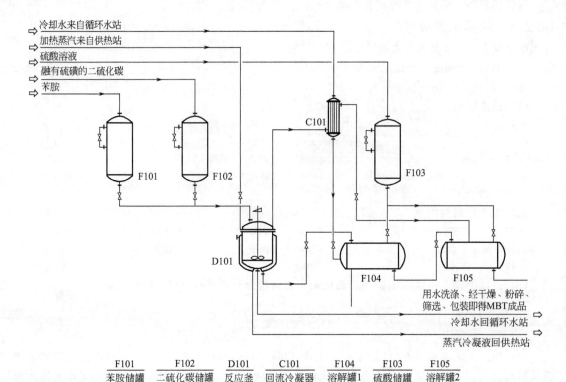

冷却水来自循环水站

加热蒸汽来自供热站

硫酸溶液

融有硫磺的二硫化碳

苯胺

C101

F101   F102   F103

D101

F104   F105

用水洗涤、经干燥、粉碎、
筛选、包装即得MBT成品

冷却水回循环水站

蒸汽冷凝液回供热站

F101	F102	D101	C101	F104	F103	F105
苯胺储罐	二硫化碳储罐	反应釜	回流冷凝器	溶解罐1	硫酸储罐	溶解罐2

图 14-3　巯基苯并噻唑生产工艺流程

② 磷酸酐法　黄磷经熔融槽加热融化后，流入燃烧炉，磷氧化后经沉淀、冷却，取出磷酐（P_2O_5）。特磷酐与纯碱按 1∶0.8（摩尔）配比在搅拌器中混合后进入石墨坩埚。于 750～800℃间接加热，脱水聚合后，得六偏磷酸钠的熔融体。将其放入冷却盘中骤冷，即得透明玻璃状六偏磷酸钠。反应式如下：

$$P_2 \xrightarrow{O_2} P_2O_5 \xrightarrow{Na_2CO_3} NaPO_3 + CO_2 \uparrow$$

$$6NaPO_3 \xrightarrow{聚合} (NaPO_3)_6$$

（4）生产工艺流程（参见图 14-4）　磷酸二氢钠法的工艺流程参见图 14-4。将磷酸二氢钠加入聚合釜 D101 中，加热至 700℃，脱水 15～30 min。然后泵入 M101 中，用冷水骤冷，加工成型即得产品。

（5）产品用途　用作发电站、机车车辆、锅炉及化肥厂冷却水处理的高效软水剂。对 Ca^{2+}络合能力强，每 100g 能络合 19.5g 钙，而且由于 SHMP 的螯合作用和吸附分散作用破坏了磷酸钙等晶体的正常生长过程，阻止磷酸钙垢的形成。用量 0.5mg/L，防止结垢率达 95%～100%。

14.2.5　W-331 新型阻垢缓蚀剂

英文名称：new scacle and corrosion inhibitor W-331

主要成分：聚磷酸盐，膦酸盐，苯并三氮唑

（1）性能指标

外观	淡黄色透明液体	苯并三氮唑含量/%	≥0.45
相对密度（20℃）	1.10～1.20	总磷酸盐含量/%	6.0～7.8
凝固点	−3.5℃	磷酸含量/%	≤0.142
固体含量/%	≥22	极限黏浸（30℃）/（Pa·s）	0.06～0.09
亚磷酸含量/%	≤0.7	年腐蚀率（m/a）	2.0

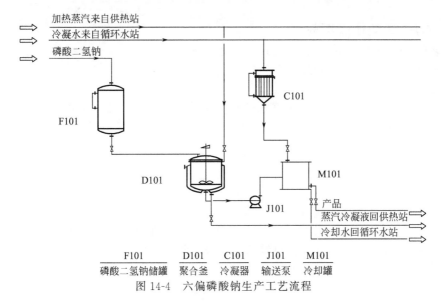

图 14-4　六偏磷酸钠生产工艺流程

（2）生产原料与用量

| 聚磷酸盐 | 工业级 | 100 | 苯并三氮唑 | 工业级 | 20～50 |
| 膦酸盐 | 工业级 | 30～60 | NaOH | 工业级，20％ | 5～10 |

（3）合成原理　由聚磷酸盐、膦酸盐、苯并三氮唑按一定比例复配而成。

（4）生产工艺流程（参见图 14-5）　将聚磷酸盐、膦酸盐、苯并三氮唑按一定比例加入聚合釜 D101 中，搅拌下加入 20％NaOH 水溶液将体系 pH 值调至 3.5～4.5。室温下继续搅拌 4h 即可。

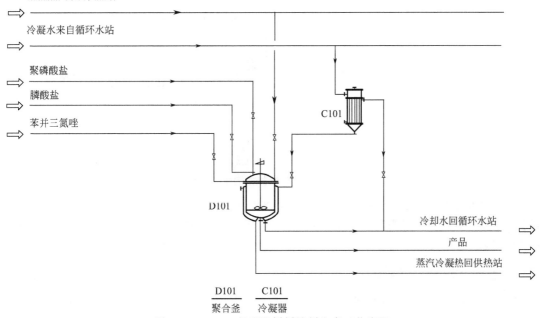

图 14-5　W-331 新型阻垢缓蚀剂生产工艺流程

（5）产品用途　本品在碱性条件下有良好的缓蚀性能和阻垢性能，是多功能复合水稳定剂。本品不含重金属离子，含磷量低，无环境污染物，与其他水处理药剂相溶性好，适用于各种工业水处理。适宜的 pH 值 7.5～9.3，Ca^{2+} 为 60～240mg/L，Cl^- 和 SO_4^{2-} 总和在 1000mg/L 以下，SiO_2 在 130mg/L 以下，浊度 20 度以下，正常使用含量 40～60mg/L。储于室内阴凉处，储存期为 10 个月。

14.2.6 NJ-213 缓蚀阻垢剂

英文名称：corrosion and scale inhibitor NJ-213

主要成分：聚磷酸盐，聚羧酸盐

(1) 性能指标

外观	淡黄色液体	固含量	≥25%
密度	相对密度（20℃）≥1.10 g/cm³	pH 值	2～4
凝固点	−3.5℃		

(2) 生产原料与用量

聚磷酸盐	工业级	200	水	自来水	750
聚羧酸盐	工业级	120～150			

(3) 合成原理　由聚磷酸盐和聚羧酸盐混合复配而成。

(4) 生产工艺流程（参见图 14-6）　由聚磷酸盐和聚羧酸盐按比例加入聚合釜 D101 中，加自来水搅拌溶解，升温至 40～60℃，继续搅拌 2～3h 即可得到产品。

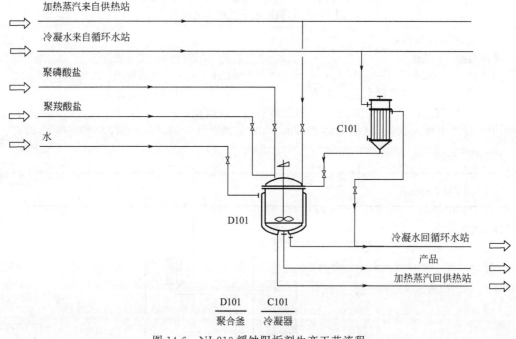

图 14-6　NJ-213 缓蚀阻垢剂生产工艺流程

(5) 产品用途　在工业水处理中作缓蚀阻垢剂，能有效阻止循环水中磷酸钙等难溶盐在换热设备及管道中析出。一般用量 40～100mg/L，即有明显的缓蚀阻垢效果。产品无重金属，对环境无污染。

14.3　阻垢分散剂

14.3.1　CW-881 阻垢分散剂

英文名称：scale inhibitor and dispersant CW-881

分子式：$(C_3H_4O_2)_n$

(1) 性能指标

外观	淡黄色黏稠液体	固含量	25%～30%
pH	1～2	水溶性	易溶于水
密度	1.1～1.2 g/cm³		

（2）生产原料与用量

丙烯酸	工业级	200～300	水	自来水	700～800
过硫酸铵	工业级	4～10			

（3）合成原理　由过硫酸铵引发丙烯酸聚合而得，反应式如下：

$$CH_2CHCOOH \xrightarrow{\text{引发剂}} \left[CH_2CH \right]_n$$
$$\qquad\qquad\qquad\qquad |$$
$$\qquad\qquad\qquad COOH$$

（4）生产工艺流程（参见图 14-7）　丙烯酸经磅秤 Y101 计量后，通过真空泵系统抽入单体配制釜，将配好的引发剂和单体抽入高位槽 F101、F102。将去离子水加入聚合釜 D101 中，加热至 60～90℃，反应釜中通蒸汽升温至回流，开始滴加过硫酸铵和丙烯酸的混合溶液（用去离子水配置），加料时间控制在 3h。滴毕后，继续保温搅拌 3～4h，即得产品。

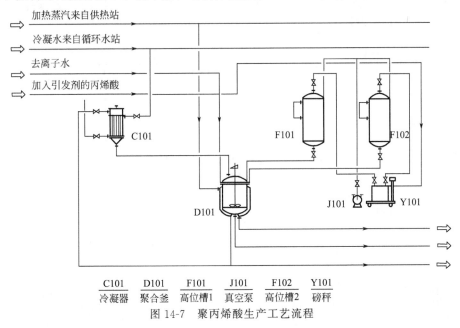

C101	D101	F101	J101	F102	Y101
冷凝器	聚合釜	高位槽1	真空泵	高位槽2	磅秤

图 14-7　聚丙烯酸生产工艺流程

（5）产品用途　本品是一种优良的水垢阻止剂和分散剂。与聚磷酸盐，有机磷盐、钼酸盐、钨酸盐、硅酸盐等水处理剂有很好的配伍性。广泛应用循环冷却水系统、油田注水等作阻垢剂。亦可作饮水前处理。在制备氧化铝中用以分离赤泥。在氯碱厂用以精制盐水。

14.3.2　氨基三亚甲基膦酸

英文名称：amino trimethylene phosphonic acid，ATMP

分子式：$N(CH_4O_3P)_3C$

（1）性能指标

外观	无色淡黄色液体	熔点	212℃
密度	1.28g/cm³	溶解性	溶于水、乙醇、丙酮、
pH	2		醋酸等极性溶剂

（2）生产原料与用量

三氯化磷	工业级	80～100	甲醛	工业级，37%	95
氯化铵	工业级	40～55			

（3）合成原理　氨基三亚甲基膦酸（ATMP）的合成方法较多，适合工业生产的合成方法有以下两种。

① 亚磷酸（或三氯化磷）与氨（或铵盐）、甲醛在酸性介质中一步合成。合成反应式如下：

$$PCl_3 + 3H_2O \longrightarrow H_3PO_3 + 3HCl$$

$$3H_3PO_3 + NH_4Cl + 3HCHO \longrightarrow N[CH_2PO(OH)_2]_3 + HCl + 3H_2O$$

② 氨川三乙酸和亚磷酸反应，合成反应如下：

$$N(CH_2COOH)_3 + 3H_3PO_3 \longrightarrow N[CH_2PO(OH)_2]_3 + CO_2 + 3H_2O$$

（4）生产工艺流程（参见图 14-8） 工业生产多采用第一种方法。该制法中所用的氨可以是氨气、氨水或铵盐，一般用氯化铵；甲醛为甲醛水溶液、三聚甲醛或多聚甲醛；亚磷酸由三氯化磷水解制得。方法二的收率高，产品质量好，但原料难得，成本高。第一种方法生产 ATMP 的工艺流程参见图 14-8。

在装有密封搅拌器、回流冷凝器和高位储罐的反应釜 D101 中，按比例加入氯化铵和甲醛水溶液，开动搅拌器，然后慢慢滴加三氯化磷。控制滴加三氯化磷的速度并进行外部冷却，使反应温度保持在 30～40℃。反应过程中有 HCl 气体逸出，用水吸收。控制三氯化磷滴加时间在 3～5h，然后慢慢加热到回流温度（110℃），回流 0.5h，继续反应 0.5h 得黄色澄清液体。粗产物经冷却、结晶分离、干燥得成品。

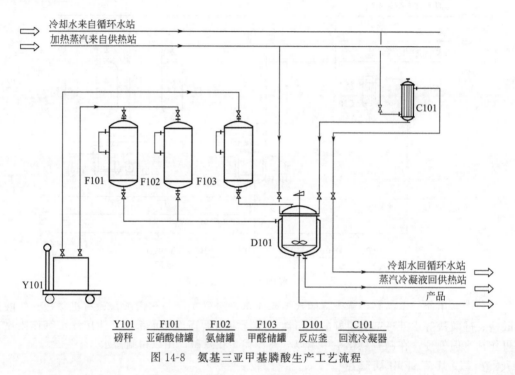

Y101	F101	F102	F103	D101	C101
磅秤	亚硝酸储罐	氨储罐	甲醛储罐	反应釜	回流冷凝器

图 14-8 氨基三亚甲基膦酸生产工艺流程

（5）产品用途 氨基三亚甲基膦酸（ATMP）在 200℃ 下有优良的阻垢作用，对碳酸盐的阻垢效果特别好，可作为硬度大、矿化度高、水质条件恶劣的阻垢剂。如用于循环冷却水、油田注水和含水输油管线、印染用水的除垢以及锅炉系统软垢的调解剂，用量以 3～10mg/kg 为佳。

14.3.3 聚羧酸

英文名称：polycarboxylic acid

主要成分：马来酸、马来酸酐等不饱和酸的聚合物

（1）性能指标

外观	淡黄色黏稠透明液体	pH	7.0～7.5
密度	1.10～1.20g/cm³	固含量	27%～33%

（2）生产原料与用量

| 马来酸、马来酸酐 | 工业级 | 270～350 | 过硫酸铵 | 工业级 | 3～5 |
| 等不饱和酸 | | | 水 | 自来水 | 650～750 |

（3）合成原理 由不饱和酸作单体，在引发剂存在下进行自由基聚合而成。

（4）生产工艺流程（参见图14-9）　将去离子水加入聚合釜 D101 中，加热至 70~90℃，反应釜中通蒸汽升温至回流，开始滴加引发剂过硫酸铵和不饱和酸的混合溶液（用去离子水配置），加料时间控制在 3~6h。滴毕后，继续保温搅拌 1h，即得产品。

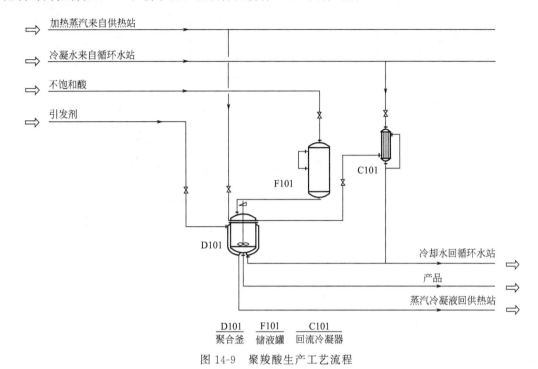

图 14-9　聚羧酸生产工艺流程

（5）产品用途　用于冷却水循环、油田注水等的阻垢分散。

14.3.4　水解聚马来酸酐

英文名称：hydrolytic polymaleic anhydride

分子式：$(C_4H_4O_4)_n(C_4H_2O_3)_m$

（1）性能指标　（GB/T 10535—1997）

外观	无色淡黄色液体	熔点	212℃
密度	1.28g/cm^3	溶解性	溶于水、乙醇、丙酮、
pH	2		醋酸等极性溶剂

（2）生产原料与用量

马来酸	工业级	450~500	甲苯	工业级	500~600
过氧化苯甲酰	工业级	10~15	盐酸	工业级，10%	50~60

（3）合成原理　在甲苯溶剂中，由过氧化苯甲酰引发马来酸酐聚合而得。聚合反应式如下：

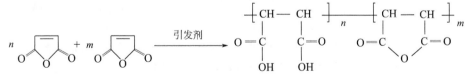

（4）生产工艺流程（参见图14-10）　将甲苯、过氧化苯甲酰和马来酸酐加入到反应釜 D101 中，搅拌下升温至体系微沸，继续搅拌反应 4~6h；降至室温，将反应混合产物（甲苯层和马来酸酐）分离；甲苯层经蒸馏回收；下层导入反应釜 D102 中，加入适量 10% 盐酸将聚马来酸酐产物水解，再脱除甲苯后，即得产品。

（5）产品用途　本品是一种优良的水处理剂，通常以 2~5mg/kg 与有机膦酸盐复合用于循环水、锅炉水等的防垢。与有机磷复合使用具有良好的抑制水垢结生和剥落老垢的作用。

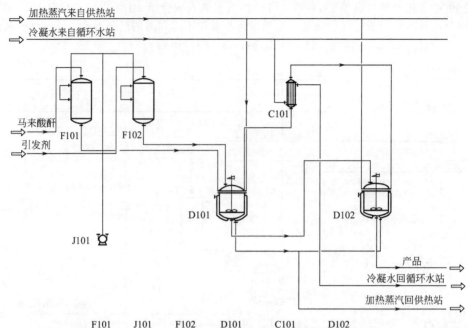

F101	J101	F102	D101	C101	D102
高位槽1	真空泵	高位槽2	反应釜1	回流冷凝器	反应釜2

图 14-10　水解聚马来酸酐生产工艺流程

14.4　絮凝剂

14.4.1　聚合氯化铝

中文别名：碱式氯化铝，聚合铝

英文名称：polyaluminium chiloride

分子式：$[Al_2(OH)_nCl_{6-n} \cdot xH_2O]_m$（$m \leqslant 10, n = 1 \sim 5$）

（1）性能指标

外观	无色或黄色树脂状固体	pH	3.5～5.0
密度	1.19g/cm³	溶解性	易溶于水

（2）生产原料与用量

铝灰	工业级	500	水	自来水	250～350
盐酸	工业级	300～400

（3）合成原理　由铝灰（主要成分为氧化铝和金属铝）在盐酸存在下进行缩聚反应而得。合成反应路线如下：

$$Al_2O_3 + 6HCl + 3H_2O \longrightarrow 2AlCl_3 \cdot 6H_2O$$
$$2Al + (6-n)HCl + nH_2O \longrightarrow Al_2(OH)_nCl_{6-n} + 3H_2$$
$$nAl + (6-n)AlCl_3 + 3nH_2O \longrightarrow 3Al_2(OH)_nCl_{6-n} + 1.5nH_2$$
$$mAl_2(OH)_nCl_{6-n} + mxH_2O \longrightarrow [Al_2(OH)_nCl_{6-n} \cdot xH_2O]_m$$

（4）生产工艺流程（参见图 14-11）　将铝灰（主要成分为氧化铝和金属铝）按一定配比加入预先加入洗涤水的聚合釜 D101 中，在搅拌下缓缓加入盐酸进行缩聚反应，经熟化聚合至 pH 为 4.2～4.5，溶液相对密度 1.2 左右。物料导入 F102 中进行沉降，得到液体聚合氯化铝。液体产品稀释过滤，再经浓缩干燥得固体聚合氯化铝成品。

（5）产品用途　作为絮凝剂主要用于净化饮用水和给水的特殊水质处理，如除铁、氟、镉、放射性污染及除飘浮油等。亦可用于工业废水如印染废水处理、精细铸造、医药、造纸、制革等。

14.4.2　聚合硫酸铁

中文别名：碱式硫酸铁

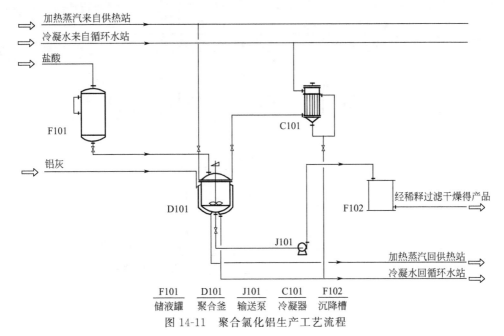

图 14-11 聚合氯化铝生产工艺流程

F101 储液罐　D101 聚合釜　J101 输送泵　C101 冷凝器　F102 沉降槽

英文名称：polymeric ferric sulfate，PFS

分子式：$[Fe_2(OH)_n(SO_4)_{3-n/2}]_m$

(1) 性能指标 (GB 14591—1993)

外观	红棕色黏稠液体	pH (1% 水溶液)	2.0～3.0
全铁含量	≥18.5%	砷 (As) 含量	≤0.0008
还原性物质 (以 Fe²⁺ 计) 含量	≤0.15%	铅 (Pb) 含量	≤0.0015%
		不溶物含量	≤0.5%
盐基度	9.0%～14.0%		

(2) 生产原料与用量

硫酸亚铁	工业级	520	NaNO₂	工业级	39
硫酸	工业级	60	氧气	空气	适量

(3) 合成原理　聚合硫酸铁的生产工艺主要有直接氧化法法和催化氧化法。大多数 PFS 的制备采用直接氧化法，此法工艺路线较简单，用于工业生产可以减少设备投资和生产环节，降低设备成本，但这种生产工艺必须依赖于氧化剂，如 H_2O_2、$KClO_3$、HNO_3 等无机氧化剂。催化氧化法一般是选用一种催化剂，利用氧气或空气氧化制备聚合硫酸铁。以下是制备聚合硫酸铁的具体操作方法。

聚合硫酸铁在工业生产中多采用催化氧化法，即以硫酸亚铁及硫酸为原料，借助催化剂 (NaNO₂) 的作用，利用氧化剂使硫酸亚铁在酸性介质中被氧化成三价铁离子。然后用氢氧化钠中和，调整碱化度进行水解，聚合反应制得聚合硫酸铁。其聚合机理是二价铁离子在酸性条件下，由于催化剂的作用，氧化为三价铁离子：

$$4FeSO_4 + 2H_2SO_4 \xrightarrow{[氧化剂]} 2Fe_2(SO_4)_3 + 4H^+$$

然后，$Fe_2(SO_4)_3$ 进行去质子化，先生成六水合硫酸铁，再生成五水合硫酸铁……，直至生成各种碱式硫酸铁，最后经水解、聚合作用制得聚合硫酸铁。

(4) 生产工艺流程 (参见图 14-12)　将工业品硫酸亚铁 (FeSO₄·7H₂O) 和硫酸 (也可分批加入) 及水配成浓度为 18%～20% (质量分数) 的水溶液，投入聚合釜 D101 中。加热到 50℃以上，通入氧气，其压力控制在 3.03×10^5 Pa 左右，然后将投料量 0.4%～1.0% 的催化剂 NaNO₂ 分批投加。所得液体产品碱化度为 10%～13%。将所得液体产品经过固化、陈化、干燥、粉碎等后处理，可得固体产品。

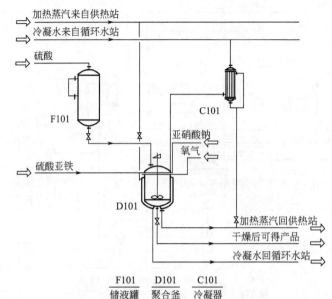

F101	D101	C101
储液罐	聚合釜	冷凝器

图 14-12　聚合硫酸铁生产工艺流程

（5）产品用途　聚合硫酸铁对除浊、脱色、脱油、脱水、除菌、除臭、除藻、去除水中 COD、BOD 及重金属离子等功效显著；适应水体 pH 范围宽为 4～11，最佳 pH 范围为 6～9，净化后原水的 pH 与总碱度变化幅度小，对处理设备腐蚀性小；对微污染、含藻类、低温低浊原水净化处理效果显著，对高浊度原水净化效果尤佳。

14.4.3　硫酸铝铵

中文别名：铵明矾，铵矾

英文名称：ammonium aluminium sulfate

分子式：$(NH_4)_2SO_4 \cdot Al_2(SO_4)_3 \cdot 24H_2O$

（1）性能指标　（GB 1896—1980）

外观	白色透明结晶硬块	溶解性	易溶于水、甘油，不溶于乙醇
密度	1.64g/cm³		

（2）生产原料与用量

铝土矿	工业级	500～700	水	去离子水	500～800
硫酸铵	工业级	400～500			

（3）合成原理　由工业硫酸铝和硫酸铵加水溶解后直接合成而得。反应式如下：

$$Al_2(SO_4)_3 + (NH_4)_2SO_4 + 24H_2O \longrightarrow (NH_4)_2SO_4 \cdot Al_2(SO_4)_3 \cdot 24H_2O$$

（4）生产工艺流程　（参见图 14-13）　将铝土矿加入分解槽 F101 中，加入硫酸分解，经静置、沉降、吸取清液精制后得纯度较高的硫酸铝溶液。将其导入聚合釜 D101 中，调节密度。再加入硫酸铵、去离子水，在 100℃下搅拌至硫酸铵全部溶解。然后冷却，干燥得成品。

（5）产品用途　用于原水和地下水的净化以及工业用水处理。还可用作膨松剂、中和剂。常与碳酸氢钠等作为焙烤食品的复合膨松剂应用。

14.4.4　阳离子聚丙烯酰胺

英文名称：cationic polyacrylamides

分子式：$(C_3H_5NO)_{n_1}(C_6H_{12}N_2O)_{n_2}$

（1）性能指标

外观	无色或淡黄色胶体	溶解性		易溶于水
阳离子浓度	10%～70%			

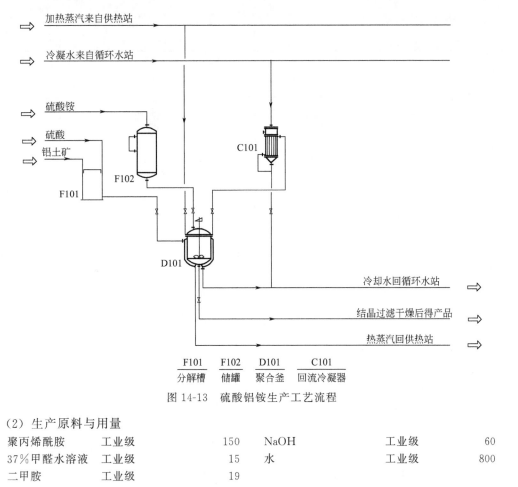

图 14-13　硫酸铝铵生产工艺流程

F101　F102　D101　C101
分解槽　储罐　聚合釜　回流冷凝器

（2）生产原料与用量

聚丙烯酰胺	工业级	150	NaOH	工业级	60
37%甲醛水溶液	工业级	15	水	工业级	800
二甲胺	工业级	19			

（3）合成原理　阳离子聚丙烯酰胺有多种生产工艺与方法。以聚丙烯酰胺为主要原料，再与甲醛、二甲胺缩合得到的一种阳离子聚丙烯酰胺的合成反应式如下：

$$\left[CH_2{-}CH \right]_n \xrightarrow{HCHO} \xrightarrow{NH(CH_3)_2} \left[CH_2{-}CH \right]_{n_1} \left[CH_2{-}CH \right]_{n_2}$$

$$\underset{CONH_2}{} \quad \underset{CONH_2}{} \quad \underset{CONHCH_2N(CH_3)_2}{}$$

（4）生产工艺流程（参见图 14-14）　将 150kg 聚丙烯酰胺加入聚合搅拌釜 D101 中，加水稀释溶解，在搅拌下升温至 40～45℃，开始滴加 37%的甲醛水溶液 15kg。加毕后在 90～100℃下反应 4h。然后降温至 60℃开始滴加二甲胺 19kg，控制滴加时间为 3～5h，滴毕后加 40%的 NaOH 水溶液 60kg。升温至 70℃，继续反应 2h。最后加 800kg 水稀释，搅匀即为成品。

（5）产品用途　阳离子聚丙烯酰胺（CPAM）是线型高分子化合物，由于它具有多种活泼的基团，可与许多物质亲和、吸附形成氢键。本品在配性或碱性介质中均呈现阳电性，这样对污水中悬浮颗粒带阴电荷的污水进行絮凝沉淀，澄清很有效。主要是絮凝带负电荷的胶体，具有除浊、脱色、吸附、黏合等功能，适用于染色、造纸、食品、建筑、冶金、选矿、煤粉、油田、水产加工与发酵等行业有机胶体含量较高的废水处理，特别适用于城市污水、城市污泥、造纸污泥及其他工业污泥的脱水处理。

14.4.5　高分子絮凝剂

英文名称：polymeric flocculant

主要成分：淀粉接枝共聚物

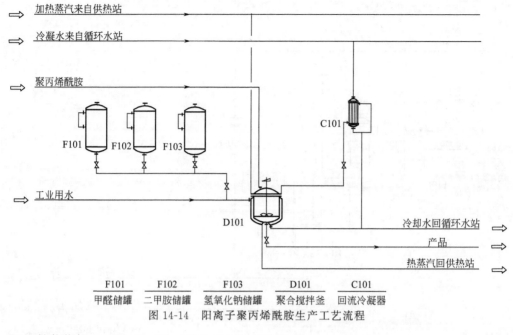

| F101 | F102 | F103 | D101 | C101 |
| 甲醛储罐 | 二甲胺储罐 | 氢氧化钠储罐 | 聚合搅拌釜 | 回流冷凝器 |

图 14-14　阳离子聚丙烯酰胺生产工艺流程

（1）性能指标

| 外观 | 白色粉末 | 溶解性 | 极强的吸水能力 |

（2）生产原料与用量

丙烯酸钠	工业级	170kg	淀粉	工业级	400kg
丙烯酸	工业级	26kg	过硫酸钾	工业级	4～10kg
N-羟甲基丙	工业级	4kg	工业酒精	工业级	300～500kg
烯酰胺			去离子水	工业级	4400kg

（3）合成原理　以淀粉为主要原料，将其与丙烯酸钠、丙烯酸、N-羟甲基丙烯酰胺在引发剂过硫酸钾的引发下，经自由基接枝聚合而成。

（4）生产工艺流程（参见图 14-15）

① 将 170kg 丙烯酸钠，26kg 丙烯酸，4kg N-羟甲基丙烯酰胺依次加入聚合釜 D101 中，再加入相当于物料总量 4 倍的去离子水，搅拌溶解混匀，并加入 0.06％的过硫酸钾溶液，升温至 70℃，恒温搅拌反应 3h 左右，得黏稠状溶液放出备用。

② 另将 400kg 小麦淀粉加入溶解槽 F102 中，加入 3600kg 去离子水，在搅拌下加热至 90℃，使成为淀粉糊化液，降温备用。

③ 将上述两产品按质量比 1：2 的比例加入聚合釜 D101 中，搅拌混合均匀。升温至 80℃，再加入浓度为 5％的过硫酸钾溶液，继续反应 3～6h。

④ 降温至 40℃，加入 300～500kg 工业酒精，过滤出料。溶剂回收，物料在 60℃减压干燥 3～4h，粉碎过 150 目筛，得固体粉末成品。

（5）产品用途　主要用于工业废水的絮凝处理，亦可作土壤保水剂。

14.4.6　高分子量聚丙烯酸钠

中文别名：KS-01 絮凝剂

英文名称：sodlum polyacrylate high molecular

分子式：$(C_3H_3O_2Na)_n$

（1）性能指标

| 外观 | 白色固体或微黄色透明胶体 | 固含量 | 36％ |
| pH | 10～12 | 溶解性 | 能溶于水 |

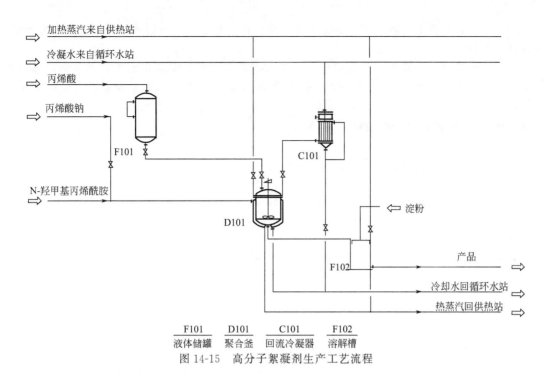

F101	D101	C101	F102
液体储罐	聚合釜	回流冷凝器	溶解槽

图 14-15　高分子絮凝剂生产工艺流程

（2）生产原料与用量

聚丙烯酸	工业级，固含	500	30％NaOH	工业级	60～80
	量 30%		溶液		

（3）合成原理

$$\left[CH_2-CH\right]_n \xrightarrow{NaOH} \left[CH_2-CH\right]_n$$
$$\qquad\quad COOH \qquad\qquad\qquad COONa$$

（4）生产工艺流程（参见图 14-16）　将固含量为 30％的聚丙烯酸投入反应釜 D101 中，加热

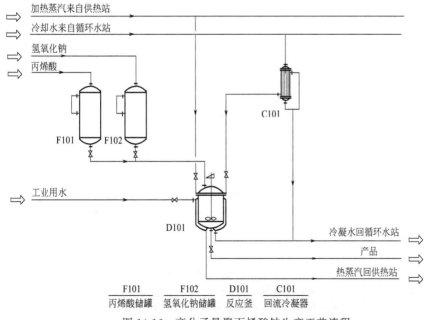

F101	F102	D101	C101
丙烯酸储罐	氢氧化钠储罐	反应釜	回流冷凝器

图 14-16　高分子量聚丙烯酸钠生产工艺流程

至 50～60℃，在搅拌下滴加 30％的 NaOH 水溶液。pH 值达 10～12 时停止滴加。继续搅拌 1h，降温至 40℃以下，出料得成品。

（5）产品用途　主要用于工业给水、城市废水的絮凝剂，制氯化铝中分解赤泥，还用于墙体材料黏结剂、农药防漂散剂、电解盐水精制以及絮凝剂等，且对动植物蛋白的絮凝有特效。

14.5　杀菌灭藻剂

14.5.1　氯化三甲基对十二烷基苄基铵

中文别名：消毒优

英文名称：trimethyl p-dodecyl benzyl ammonium chloride

分子式：$C_{22}H_{40}ClN$

（1）性能指标

外观	浅黄色液体	固含量	≥20％
pH	8.0～8.5	溶解性	易溶于水，乙醇

（2）生产原料与用量

十二烷基苄氯	工业级	300	异丙醇	工业级	适量
三甲胺	工业级	240～280	水	工业级	适量

（3）合成原理　由十二烷基苄氯与三甲胺反应得到，反应式如下：

$$C_{12}H_{25}—\!\!\bigcirc\!\!—CH_2Cl+N(CH_3)_3 \longrightarrow C_{12}H_{25}—\!\!\bigcirc\!\!—CH_2N^+(CH_3)_3Cl^-$$

（4）生产工艺流程（参见图 14-17）　将等物质的量的十二烷基苄氯与三甲胺加入反应釜 D101 中，在 0.2～0.3MPa 下加热到 70～80℃反应 4h。降温至室温，用异丙醇和水稀释到规定的含量即得产品。

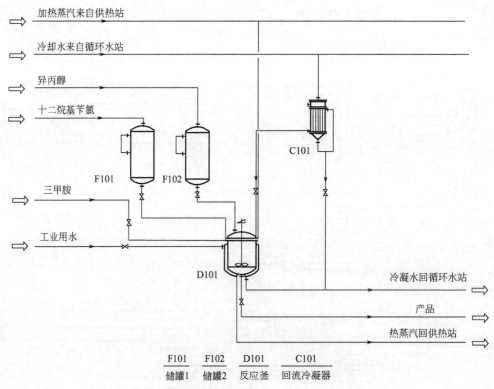

图 14-17　氯化三甲基对十二烷基苄基铵生产工艺流程

（5）产品用途　用作工业水处理和油田注水杀菌剂。用量一般是 $25\sim100g/m^3$，杀菌率可达 99.99％。

14.5.2　NL-4 杀菌灭藻剂

中文别名：双氯酚

英文名称：biocide-algaecide NL-4，dichlorophen

分子式：$C_{13}H_{10}O_2Cl_2$

（1）性能指标

外观	红棕色液体	pH	13.0～14.0
相对密度（20℃）	1.11～1.16 g/cm³	熔点	178℃

（2）生产原料与用量

对氯酚	工业级	277kg	浓硫酸	工业级	5～8kg
甲醛	工业级	30kg			

（3）合成原理　由对氯酚与甲醛在低温下缩合反应而得：

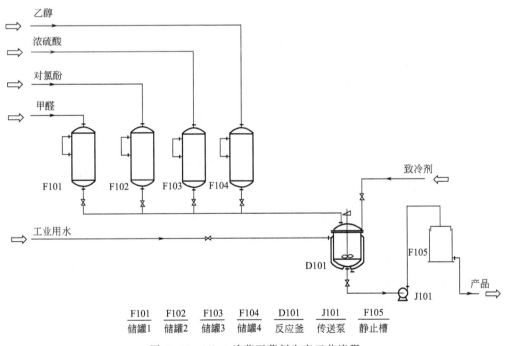

（4）生产工艺流程（参见图 14-18）　首先将溶剂乙醇和催化剂量的浓硫酸加入反应釜 D101，搅拌下再加入 277kg 对氯酚，冷却至 $-10\sim0$℃，开始滴加 30kg 甲醛，控制在 2～4h 滴加完毕，继续反应 1～2h。反应结束后在 F105 中静置，再经过滤、干燥、粉碎得固体成品。

F101	F102	F103	F104	D101	J101	F105
储罐1	储罐2	储罐3	储罐4	反应釜	传送泵	静止槽

图 14-18　NL-4 杀菌灭藻剂生产工艺流程

（5）产品用途　在工业水处理中作杀菌剂，对细菌、真菌、藻类、酵母菌等均有较高活性。广泛用于化肥、石油化工、炼油、冶金等行业的冷却循环水处理。当用量为 $50\sim100/m^3$ 时，24h 杀菌率达 99％以上。亦可作织物、纸浆、木材的防雾剂。

14.5.3　二氯异氰尿酸

中文别名：防散剂

英文名称：dichoroisocyanuric acid，prevent powder

分子式：$C_3HN_3O_3Cl_2$

（1）性能指标

| 外观 | 白色结晶粉末 | pH | 3.0～4.0 |

| 密度（20℃） | 1.10～1.20 g/cm³ | 气味 | 氯气味 |

（2）生产原料与用量

| 30%氢氧化钠 | 工业级 | 530～600kg | 氰尿酸 | 工业级 | 260kg |

（3）合成原理　由氰尿酸氯化而得，氯化反应式如下：

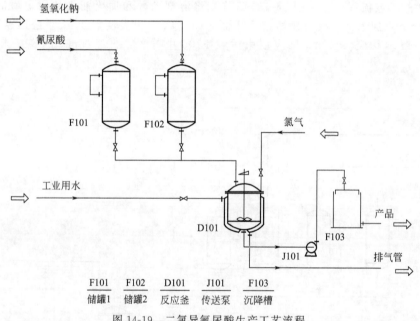

（4）生产工艺流程（参见图 14-19）　将氢氧化钠溶液和氰尿酸投入反应釜 D101 中，搅拌均匀，在 pH 为 6.5～8.5、温度 5～10℃下连续通 Cl_2 进行氯化反应 4～8h。反应液泵入沉降槽 F103 中，再经过滤、干燥得二氯异氰尿酸。

F101	F102	D101	J101	F103
储罐1	储罐2	反应釜	传送泵	沉降槽

图 14-19　二氯异氰尿酸生产工艺流程

（5）产品用途　适用于饮水及游泳池水消毒，亦可作织物漂白剂、羊毛防缩剂等。在 pH≤8.5 时具有极强的杀菌灭藻和对黏泥的剥离能力。

14.5.4　高铁酸钾

英文名称：potassium ferrate

分子式：K_2FeO_4

（1）性能指标

| 外观 | 暗紫色粉末结晶 | 氯化物（NaCl） | ≤0.46% |

| 高铁酸钾含量 | ≥98.58% | 重金属（Pb） | ≤0.001% |

砷（As）	≤0.0001%	溶解性	易溶于水，不溶于乙醚、
水不溶物	≤0.2%		醇和氯仿等有机溶剂
干燥失重（150℃）	≤1.0%		

（2）生产原料与用量

过氧化钠	工业级	234kg	氢氧化钾	工业级	56kg
硫酸亚铁	工业级	152 kg	95％乙醇	工业品	500～800kg
20％氢氧化钠	工业级	200～300kg			

（3）合成原理 目前，国内外生产高铁酸钾的方法主要有三种：次磷酸盐氧化法、电解法和高温氧化法。以硫酸亚铁为主要原料，经过氧化钠高温氧化的合成反应式如下：

$$2FeSO_4 + 4Na_2O_2 \longrightarrow 2Na_2FeO_4 + 2Na_2SO_4$$

$$Na_2FeO_4 + 2KOH \longrightarrow K_2FeO_4 + 2NaOH$$

（4）生产工艺流程（参见图 14-20） 将硫酸亚铁和过氧化钠依次投入反应釜 D101 中，其投料比为 1∶3（摩尔）。密闭反应器，在氮气流中，加热至 700℃下反应，反应 1～2h 得到 Na_2FeO_4 粉末。将其溶于 20％氢氧化钠溶液，经 F102 快速过滤。滤液转移至转化釜 D102 中，加入等物质的量的氢氧化钾固体，析出 K_2FeO_4 结晶。过滤，在 F104 中用 95％乙醇洗涤，再经干燥后得成品。

（5）产品用途 高铁酸盐是一种新型杀菌灭藻剂，具有优良的氧化杀菌消毒性能，生成的氢氧化铁对各种阴阳离子有吸附作用，无毒、无污染。适用于饮水消毒及循环冷却水系统的杀菌灭毒。也可用于含 CN^- 废水的治理。

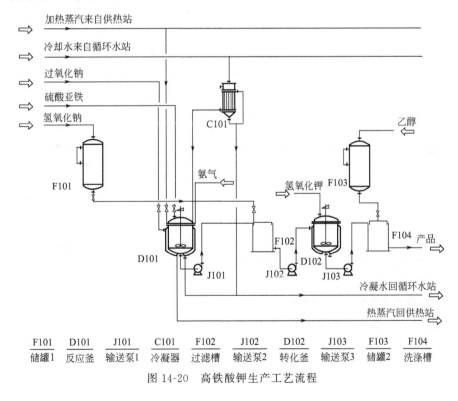

| F101 | D101 | J101 | C101 | F102 | J102 | D102 | J103 | F103 | F104 |
| 储罐1 | 反应釜 | 输送泵1 | 冷凝器 | 过滤槽 | 输送泵2 | 转化釜 | 输送泵3 | 储罐2 | 洗涤槽 |

图 14-20 高铁酸钾生产工艺流程

第15章

皮革化学品

15.1 概述

从动物体新剥下的皮称鲜皮或血皮，如不能及时加工，则需加盐腌制或风干。腌制的皮称盐湿皮，再经风干的称盐干皮。洗净和晾干的生皮称干板皮。哺乳动物的皮组织由上层表皮、中层真皮和下层皮下结缔组织构成。经过浸水、浸灰、脱脂、酶软等工序加工后，除去上下两层，留下的真皮称裸皮。真皮位于表皮和皮下组织之间，其质量约占生皮的90%以上，是生皮的主要部分，也是皮革加工的主要对象，成品革的许多特性都是由该层构造决定的。真皮主要是由胶原纤维、弹性纤维和网状纤维编织而成的，称为纤维成分。此外，真皮中还有细胞成分及汗腺、脂腺、血管、淋巴管神经、毛囊、肌肉、纤维间质和矿物质等。胶原纤维是真皮的主要纤维，是由一种特殊的蛋白质（胶原）构成的结缔组织纤维，占生皮纤维全部质量的95%～98%。胶原纤维束在真皮中相互缠绕交织，由细小的纤维束并合成较大的纤维束，如此不断地分而又合，合而又分，纵横交错，构成不同类型的编织，编织成一个特殊的网状结构，使生皮制品具有很高的强度。

裸皮经鞣制、染色、加脂和涂饰等工序制得成品革。显然，从生皮到成品革的全部加工过程都需要借助于化学品。皮革化学品的广义概念，可以认为是除原料皮以外的一切制革生产用的化学品，即基本化工材料、助剂、酶制剂、染料、鞣剂、加脂剂、涂饰剂等。其中鞣剂、加脂剂、涂饰剂仅限于制革工业应用，称为皮革专用化学品，也是本章介绍的主要内容。

15.2 合成鞣剂和复鞣剂

15.2.1 DLT-1 号合成鞣剂

中文别名：PO 型合成鞣剂

英文名称：synthetic tanning agent DLT-1

分子式：$C_{13}H_{12}O_7S_2(C_{14}H_{12}O_8S_2)_n$

（1）性能指标

外观	淡红色黏稠液体	固含量	70%
pH	1.5～2.0	溶解性	易溶于水

（2）生产原料与用量

苯酚	工业级	400kg	甲醛	工业级	244kg

| 醋酐 | 工业级 | 79kg | 水 | 自来水 | 适量 |
| 浓硫酸 | 工业级 | 160kg | | | |

（3）合成原理　在催化作用下，苯酚与甲醛进行缩合反应，然后再经浓硫酸磺化而得。反应式如下：

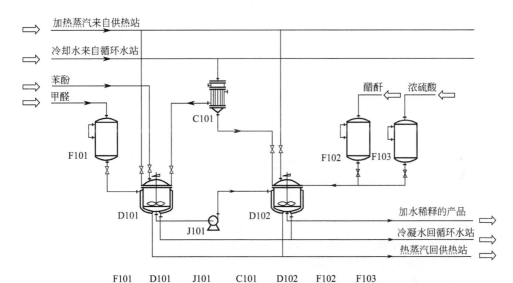

（4）生产工艺流程（参见图15-1）　将400kg苯酚投入缩合釜D101中，加热融化，加入催化剂量的浓硫酸，升温至65℃左右开始加37％甲醛水溶液244kg，约2～3h滴加完毕。滴毕后在90～95℃保温反应3～4h，然后减压脱水。脱水完毕后，将物料压入磺化釜D102中，在搅拌下于80～85℃开始滴加醋酐79kg，滴加过程中控制反应温度在85℃以下，加完后降温至70℃，开始滴加浓硫酸160kg。滴毕后继续在85～90反应4h，最后加适量水稀释即得产品。

| F101 | D101 | J101 | C101 | D102 | F102 | F103 |
| 储罐1 | 缩合釜 | 输送泵 | 冷凝器 | 磺化釜 | 储罐2 | 储罐3 |

图 15-1　DLT-1 号合成鞣剂生产工艺流程

（5）产品用途　属重革合成鞣剂，用于毛皮鞣制。存放于阴凉处，避免高热和日光暴晒。

15.2.2　合成鞣剂 1 号

中文别名：萘磺酸甲醛缩合物
英文名称：synthetic tanning agent No. 1
分子式：$(C_{21}H_{12}O_6S_2)_n$
（1）性能指标

外观	青黑色黏稠液体	溶解性	易溶于水
pH	1.0～1.2	鞣质	45％
固含量	58％～62％		

（2）生产原料与用量

精萘	工业级	100kg	甲醛	工业级	39kg
浓硫酸	工业级	120kg			

（3）合成原理　由萘与浓硫酸、甲醛经磺化、缩合而得，总反应如下：

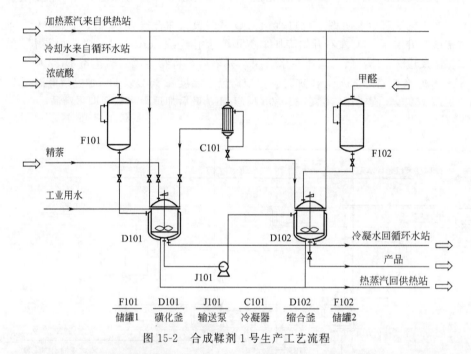

（4）生产工艺流程（参见图 15-2）

① 将 100kg 精萘投入磺化釜 D101 中，升温至 125℃，在搅拌下加入浓硫酸 120kg，在 155～165℃下反应 6～8h。取样测终点，如果完全溶于水则证明磺化完全。

② 逐渐降温至 110℃，加少量水稀释。在 80℃左右将料液压入缩合釜 D102，在 70℃左右滴加 37％的甲醛水溶液 39kg，滴毕后升温至 80～90℃下反应 3h，得青黑色黏稠液即为成品。

图 15-2　合成鞣剂 1 号生产工艺流程

（5）产品用途　用于裸皮浸酸和植物鞣液调节 pH 值。亦可用于植鞣漂洗。因酸性较强，不能用铁容器包装。宜存放于阴凉的库房。

15.2.3　合成鞣剂 6 号

中文别名：115 号合成鞣剂

英文名称：synthetic tanning agent No. 6

分子式：$C_6H_5O_4S (C_{12}H_8O_4S)_n$

（1）性能指标

外观	玫瑰紫色膏状物，水溶液呈鹅黄色		溶解性	易溶于水
pH		0.7～1.0	鞣质	＞30％
固含量		＞80％		

（2）生产原料与用量

苯酚	工业级	400kg	35％甲醛	工业级	150kg
98％硫酸	工业级	469kg			

（3）合成原理　以苯酚为主要原料，经磺化、缩合反应而得。反应原理式如下：

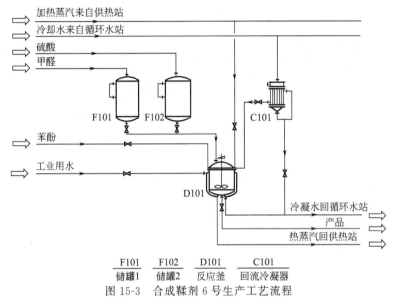

（4）生产工艺流程（参见图 15-3）　将 400kg 苯酚加入装有回流冷凝器的磺化反应釜 D101 中加热熔融，然后在搅拌下滴加 98％硫酸。滴加时温度以不超过 110℃为宜。滴毕后，在 100℃反应 2h，继续升温至 145～150℃，进行磺化反应 4h。降温至 100℃左右开始滴加 35％甲醛 150kg。滴毕后在 98～100℃下反应 4h，得成品。

加热蒸汽来自供热站
冷却水来自循环水站
硫酸
甲醛

F101　F102　　　　　C101

苯酚

工业用水

D101

冷凝水回循环水站
产品
热蒸汽回供热站

F101	F102	D101	C101
储罐1	储罐2	反应釜	回流冷凝器

图 15-3　合成鞣剂 6 号生产工艺流程

（5）产品用途　与锆鞣剂、植物鞣剂结合鞣制轻、重革或用作轻革的复鞣、填充。酸性较强，不宜用金属器皿盛装，应存放于阴凉处。

15.2.4　合成鞣剂 7 号

英文名称：synthetic tanning agent No. 7

分子式：$C_{13}H_{11}O_5S$

（1）性能指标

外观	深棕色黏稠液体	溶解性	易溶于水
pH	3.0～3.5	鞣质	≥30％
固含量	≥80％		

（2）生产原料与用量

苯酚	工业品	310kg	硫酸	工业品	100kg
醋酸	工业品	62kg	发烟硫酸	工业品	35kg
甲醛	工业品	190kg			

（3）合成原理　以苯酚为主要原料，经缩合、磺化反应而得。反应原理式如下：

（4）生产工艺流程（参见图 15-4）　将 310kg 苯酚加入缩合釜 D101 中，加热熔融。在搅拌下于 65℃左右开始滴加 37％甲醛水溶液 190kg，控制在 3h 内滴加完毕。升温至 90～95℃，继续反应 3h，反应结束后抽真空脱水。脱水毕，停止减压，在 80℃下滴加醋酸 62kg。滴毕后降温至 70℃，开始滴加硫酸 100kg，发烟硫酸 35kg，滴毕后于下反应 2～3h。然后取样测水溶性，如果完全溶于水证明磺化反应完成，加纸浆废液稀释至所需含量即为产品。

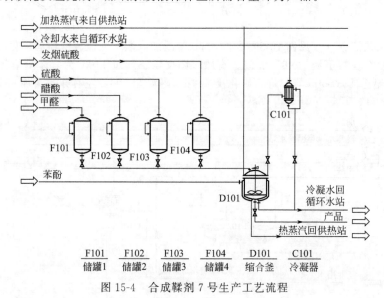

F101	F102	F103	F104	D101	C101
储罐1	储罐2	储罐3	储罐4	缩合釜	冷凝器

图 15-4　合成鞣剂 7 号生产工艺流程

（5）产品用途　用于轻革和重革的结合鞣。宜存放于阴凉的库房。在与其他鞣剂结合鞣时，应分开使用，以免影响色泽。

15.2.5　合成鞣剂 29 号

中文别名：二羟基二苯砜酚磺酸尿素甲醛缩合物

英文名称：synthetic tanning agent No. 29

分子式：$C_{21}H_{20}N_2O_9S_2$

（1）性能指标

外观	浅红色黏稠液体	溶解性	易溶于水
pH	1.0	鞣质	20%～25%
固含量	＞80%	相对密度（25℃）	1.3g/cm³

（2）生产原料与用量

37%甲醛	工业品	266	对羟基苯磺酸	工业品	85
尿素	工业品	100	二羟基二苯砜	工业品	130

（3）合成原理　以尿素、甲醛、对羟基苯磺酸、二羟基二苯砜为主要原料，经羟甲基化、缩合等反应而得。主要反应式如下：

$$HCHO + NH_2CNHCH_2OH \quad (O) \longrightarrow HOCH_2NHCNHCH_2OH \quad (O)$$

（4）生产工艺流程（参见图 15-5）　将 37% 的甲醛和尿素加入反应釜 D101 中，升温至 80～82℃，反应 1h，当 pH 下降至 6.5 时，尿素的羟甲基化反应完成。接着加入对羟基苯磺酸、二羟基二苯砜，升温至 90℃，继续反应 2h 至缩合反应完成。出料即得产品。

（5）产品用途　用于鞣制轻革、绵羊皮等。宜存放于阴凉、干燥的库房。

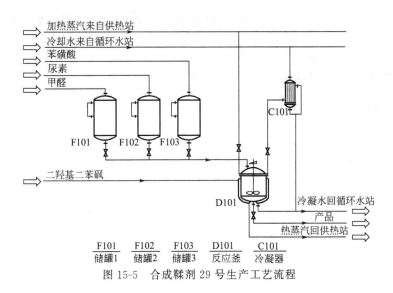

图 15-5　合成鞣剂 29 号生产工艺流程

F101	F102	F103	D101	C101
储罐1	储罐2	储罐3	反应釜	冷凝器

15.2.6　PR-I 复鞣剂

英文名称：PR-I retanning agent

主要成分：顺酐、乙烯基单体、丙烯酰胺的共聚物

（1）性能指标

外观	浅黄色黏稠液体	溶解性	易溶于水
pH	5.0～6.0	相对密度（25℃）	1.15～1.20g/cm³
固含量	≥30%		

（2）生产原料与用量

顺酐	工业品	140kg	过硫酸铵	工业品	2～4kg
乙烯基单体（醋酸乙烯酯）	工业品	150kg	液碱	工业品	200kg
			水	去离子水	400～500kg
丙烯酰胺	工业品	25kg			

（3）合成原理　由顺酐、乙烯基单体、丙烯酰胺在一定条件下经共聚反应得到产品。

（4）生产工艺流程（参见图 15-6）　先将顺酐、丙烯酰胺在溶解槽中分别溶解，泵入相应储

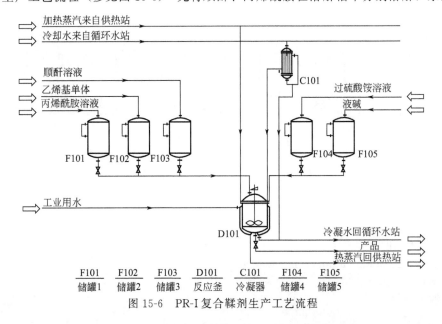

F101	F102	F103	D101	C101	F104	F105
储罐1	储罐2	储罐3	反应釜	冷凝器	储罐4	储罐5

图 15-6　PR-I 复合鞣剂生产工艺流程

罐中。依次将顺酐溶液、乙烯基单体和过硫酸铵加入反应釜 D101 内。同时搅拌升温，升至 55℃ 时恒温反应 2h，再加入丙烯酰胺溶液，在 55℃ 下继续反应 4h，然后滴加液碱，控制 90min 滴完，温度不能超高，最后降温至约 30℃ 出料即可。

（5）产品用途　用于各种高档轻革的复鞣。经复鞣后的成革丰满，柔软，富有弹性。

15.3　合成加脂剂

15.3.1　1号合成加脂剂

中文别名：A-1 型合成加脂剂，合成加脂剂，DLF-1 合成加脂剂

英文名称：synthetic fatliquoring agent No. 1

主要成分：烷基磺酰胺乙酸钠，液体石蜡，氯化石蜡等

（1）性能指标

外观	棕色油状液体	水分	10%
pH	6.0～7.5	相对密度（25℃）	0.95～1.00g/cm³
总油脂	85%		

（2）生产原料与用量

烷基磺酰胺乙酸钠	工业品	700kg	氨气	工业品	适量
液体石蜡	工业品	300kg	一氯醋酸	工业品	50～70kg
氯化石蜡	工业品	250kg	氢氧化钠	工业品	适量
SO₂ 和 Cl₂ 的混合物	工业品	适量	水	工业品	适量

（3）合成原理　以烷基磺酰胺乙酸钠与氯化石蜡为主要原料，经磺氯化、缩合等反应而得。

（4）生产工艺流程（参见图 15-7）　将液体石蜡加入反应釜 D101 中，在紫外线照射下由反应器底部引入 SO₂ 和 Cl₂ 的混合物。在 30℃ 下反应 4～6h，得到的磺氯化物进入氯化釜 D102，压入氨气，回流脱水得磺酰胺。将其移入缩合釜 D103，再加入一氯醋酸进行缩合得烷基磺酰胺乙酸，加 NaOH 水溶液中和得烷基磺酰胺乙酸钠。将其转移到混配釜 D104 中，在快速搅拌下再加入一定比例的氯化石蜡，搅成均匀成油状液。既得成品。

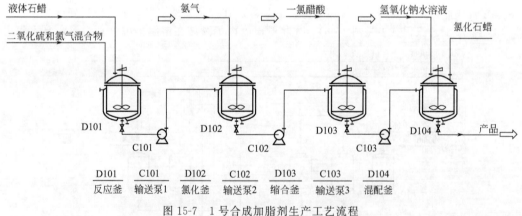

| D101 | C101 | D102 | C102 | D103 | C103 | D104 |
| 反应釜 | 输送泵1 | 氯化釜 | 输送泵2 | 缩合釜 | 输送泵3 | 混配釜 |

图 15-7　1号合成加脂剂生产工艺流程

（5）产品用途　用作皮革加脂剂，既可单独使用，也可与其他加脂剂混合使用。经本品处理后的成革柔软，无油腻感，并可增加皮革的耐撕裂强度。

15.3.2　合成加脂剂 SE

英文名称：synthetic fatliquoring agent SE

分子式：C₃H₄O₅R₂

（1）性能指标

外观	黄色油状液体	有效成分		>98%
水分	≤10%	相对密度（30℃）		0.89～0.91g/cm³
pH	7.5～8.5			

（2）生产原料与用量

烷基磺酰氯	工业品	600kg	乙二醇	工业品	20kg
液体石蜡	工业品	200kg	氨水	工业品	260kg
氯化石蜡	工业品	50kg	乳化剂	工业品	60kg
油酸	工业品	80kg			

（3）合成原理 由烷基磺酰氯氨化产物烷基苯磺酸铵、油酸酯化产物油酸酯及液蜡、氯化石蜡、乳化剂、抗氧剂等复配而成。氨化、酯化反应如下：

$$RSO_2Cl+2NH_4OH \longrightarrow RSO_3NH_4+NH_4Cl+H_2O$$

$$2ROOOH+CH_2OHCH_2OH \longrightarrow ROOOCH_2CH_2OCOR+2H_2O$$

（4）生产工艺流程（参见图15-8）

① 将烷基磺酰氯按配方计量泵送入氨化反应釜 D101 内，控制氨化反应温度 40～50℃，缓慢滴加氨水，氨水加完后，继续保温反应 2h，然后静置过夜，次日切去下部的酸盐水，产品放入调和罐 F105。

② 将油酸按配方计量泵送入酯化反应釜 D102 内，控制酯化反应温度 140～150℃，分批加入乙二醇，进行酯化反应 4h。取样分析，合格后切除废渣，产品放入调和罐 F105。

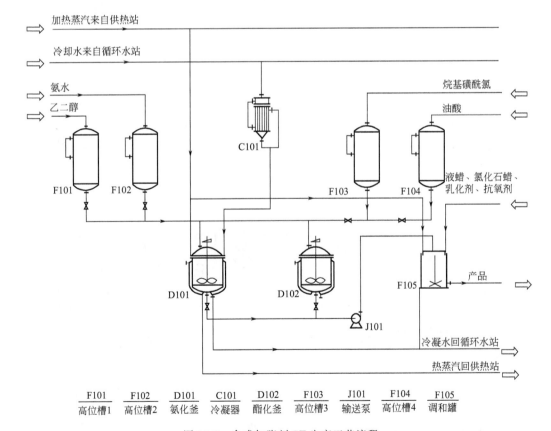

F101	F102	D101	C101	D102	F103	J101	F104	F105
高位槽1	高位槽2	氨化釜	冷凝器	酯化釜	高位槽3	输送泵	高位槽4	调和罐

图 15-8 合成加脂剂 SE 生产工艺流程

③ 按配方计量泵送烷基苯磺酸铵、油酸酯、液蜡、氯化石蜡等加入调和罐 F105 内，再投入配方计量的乳化剂、抗氧剂等，加热至 35～40℃，搅拌 1h 至体系均匀，即为产品。

（5）产品用途　适用于纳帕革、服装革、手套革等软革的加脂。亦可与其他加脂剂混合应用于鞋面革、球革等其他品种的加脂。

15.3.3　DLF-4 阳离子加脂剂

中文别名：阳离子皮革加脂剂

英文名称：cationic fatliquor agent DLF-4

主要成分：烷基三甲氯铵水溶液，氯化石蜡，OP-10

（1）性能指标

外观	乳白色黏稠状液体	水分	26%
pH	7.0～7.5	总固物	>60%
总油脂	>7.0%		

（2）生产原料与用量

氯代烷	工业品	44kg	OP-10（配成 20%）	工业品	1201kg
三甲胺（30%）	工业品	168kg	水溶液		
氯化石蜡	工业品	168kg			

（3）合成原理　将烷基三甲氯铵水溶液、氯化石蜡、OP-10 以一定比例混合反应既得产品。

（4）生产工艺流程（参见图 15-9）　将 44kg 氯代烷加入反应釜 D101，加水，搅拌下升温至 70℃，开始滴加三甲胺（30%）水溶液 168kg，滴毕后升温至 80～90℃下反应 4h 得烷基三甲氯铵水溶液。将烷基三甲氯铵溶液加入配制釜 D102 中，在搅拌下加入 168kg 氯化石蜡，加完后继续搅拌 30min，使其成为均匀的油状物。然后加入 1201kg 20% 的 OP-10 水溶液，充分搅拌成黏稠液即得产品。

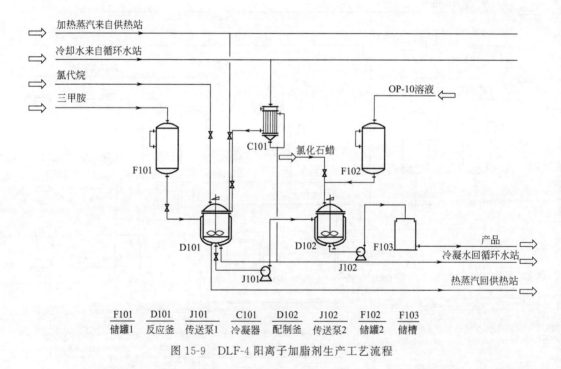

F101	D101	J101	C101	D102	J102	F102	F103
储罐1	反应釜	传送泵1	冷凝器	配制釜	传送泵2	储罐2	储槽

图 15-9　DLF-4 阳离子加脂剂生产工艺流程

（5）产品用途　适用于牛、猪正面革、绒面革、服装革加脂。成革身骨丰满、富有弹性，柔软、无油腻感、无特殊气味，加脂吸收良好。

15.3.4　磷酸酯皮革加脂剂

中文别名：改性葵花籽油磷酸酯盐

英文名称：phosphate ester greasing agent for leather

主要成分：
（1）性能指标

| 外观 | 浅棕色油状液体 | 含油量 | | ≥80％ |
| pH | | 6.0～7.0 | | |

（2）生产原料与用量

| 葵花籽油 | 工业品 | 110kg | NaOH | 工业品 | 0.3kg |
| 甲醇 | 工业品 | 5kg | P_2O_5 | 工业品 | 6kg |

（3）合成原理　将葵花籽油、甲醇、氢氧化钠、五氧化二磷按一定比例混合反应后配制而成。

（4）生产工艺流程（参见图 15-10）　将 110kg 葵花籽油，5kg 甲醇，0.3kg NaOH 加入反应釜 D101 中，在搅拌下升温至 40℃，反应 40min。然后加入 6kg P_2O_5，继续升温至 60℃，反应 6h。产物泵入 F104 中，用 NaCl 水溶液洗涤，分出水层。再用 NaOH 溶液中和至 pH 为 6.5～7.0。

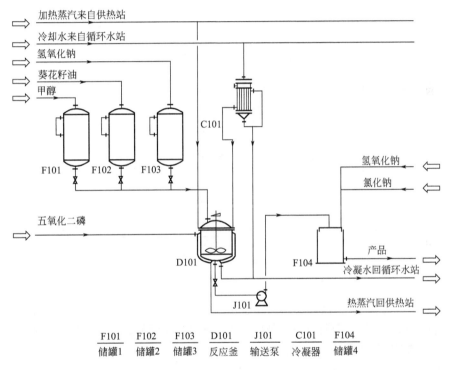

| F101 | F102 | F103 | D101 | J101 | C101 | F104 |
| 储罐1 | 储罐2 | 储罐3 | 反应釜 | 输送泵 | 冷凝器 | 储罐4 |

图 15-10　磷酸酯皮革加脂剂生产工艺流程

（5）产品用途　用于皮革加脂剂，成革柔软、丰满。延伸性好，革面有油润感和丝光感。

15.4　涂饰剂

15.4.1　丙烯酸树脂乳液涂饰剂

英文名称：acrylate resin emulsion coating agent

分子式：$(C_7H_{12}O_2)_m(C_3H_3N)_n$

（1）性能指标

外观	乳白色奶状乳液	稳定性	<1.0％
pH	6.0～8.0	延伸性	>1100％
总固体含量	34％～38％		

（2）生产原料与用量

平平加 OS-15	工业品	111kg	混合单体（丙烯酸	工业品	340kg
十二烷基硫酸钠	工业品	4kg	丁酯，丙烯腈）		
过硫酸铵（1.5%）	工业品	30kg	去离子水	工业品	530kg

（3）合成原理　将丙烯酸丁酯、丙烯腈混合单体在过硫酸铵引发下，经乳液聚合得到丙烯酸树脂乳液涂饰剂。总反应式如下：

$$m\,CH_2{=}CH \quad + \quad n\,CH_2{=}CH \xrightarrow{\text{引发剂}} \left[CH_2{-}CH\right]_m \left[CH_2{-}CH\right]_n$$
$$\underset{COOC_4H_9}{} \qquad \underset{CN}{} \qquad \underset{COOC_4H_9}{} \qquad \underset{CN}{}$$

（4）生产工艺流程（参见图 15-11）　将 530kg 去离子水加入反应釜 D101 中，加入 41kg 平平加 OS-15 搅拌溶解。再加入 4kg 十二烷基硫酸钠，搅拌溶解后在 20min 内加入 68kg 混合单体。搅拌 15min 后加入 1.5% 的过硫酸铵水溶液 30kg，30min 内加完。继续搅拌 15min 后缓慢升温至 80℃，开始滴加混合单体 272kg，控制 4～6h 滴完。加完后在 80～90℃ 保温搅拌 1h。反应完毕后降温至 40℃ 左右，加入 70kg 平平加 OS-15，搅拌 15min 后过滤，除去杂质得产品。

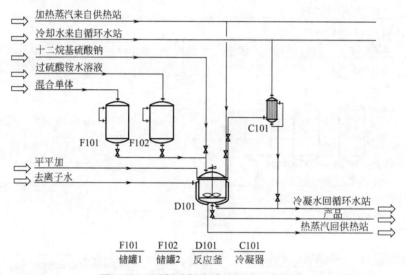

图 15-11　丙烯酸树脂乳液生产工艺流程

（5）产品用途　广泛用于面革、服装革、手套革等轻革的装饰，能增强革的耐弯曲性、延伸性、耐光、耐老化性、耐寒与耐热性，是配合颜料膏修饰粒面革的主要修饰成膜剂。

15.4.2　丙烯酸树脂乳液软 1 号

中文别名：软 1 树脂乳液

英文名称：acrylate resin emulsion S-1

分子式：$(C_4H_6O_2)_m(C_3H_4O_2)_n$

（1）性能指标

外观	乳白色带蓝光乳状液	固含量	≥37%
pH	6.0～7.0	溴值	≤1.0gBr/100g

（2）生产原料与用量

丙烯酸	工业品	140kg	过硫酸铵（1%）	工业品	20kg
丙烯酸甲酯	工业品	140kg	去离子水	工业品	700kg
十二烷基硫酸钠	工业品	3kg			

（3）合成原理　将丙烯酸、丙烯酸甲酯混合单体在过硫酸铵引发下，经乳液聚合得到丙烯酸树脂乳液。总反应式如下：

$$m \, CH_2=\overset{|}{\underset{COOCH_3}{CH}} + n \, CH_2=\overset{|}{\underset{COON}{CH}} \xrightarrow{\text{引发剂}} \left[CH_2-\overset{|}{\underset{COOCH_3}{CH}} \right]_m \left[CH_2-\overset{|}{\underset{COON}{CH}} \right]_n$$

（4）生产工艺流程（参见图 15-12）　将 140kg 丙烯酸和 140kg 丙烯酸甲酯用 1%NaOH 水溶液洗涤、脱水后加入反应釜 D101，再加入 3kg 十二烷基硫酸钠和 700kg 去离子水，快速搅拌乳化。乳化好后升温至 50℃后，开始滴加引发剂 1%过硫酸铵水溶液 20kg，升温至在 80~90℃下搅拌反应 2h。反应结束后减压蒸馏抽出未反应单体，然后过滤除去杂质即为成品。

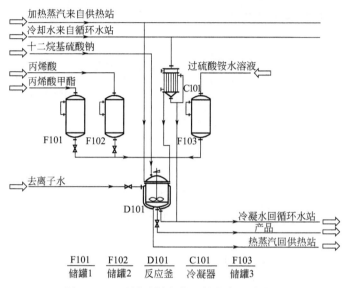

图 15-12　丙烯酸树脂软 1 号生产工艺流程

（5）产品用途　适用于各种轻革、粒面革、磨面革、服装革的底层、中层涂饰。使用时配料应注意加料顺序，树脂先用 1~2 倍的水稀释，然后慢慢依次加入其他材料，搅匀，过滤使用。

15.4.3　皮革浸渍剂

英文名称：impregnating agent for leather
主要成分：丙烯酸乙酯-甲基丙烯酸共聚物
（1）性能指标

外观	白色乳液	有效物含量	≥45%
黏度	14 mPa·s		

（2）生产原料与用量

甲基丙烯酸	工业品	33kg	过硫酸铵	工业品	7kg
丙烯酸乙酯	工业品	187kg	去离子水	工业品	780kg
叔辛基苯氧乙醇	工业品	25kg	乙醇	工业品	8kg

（3）合成原理　先用过硫酸铵，混合单体以及去离子水制成共聚物，再利用叔辛基苯氧乙醇和乙醇乳化制得最终产品。

（4）生产工艺流程（参见图 15-13）　将 780kg 去离子水加入反应釜 D101 中，加热至 90℃后在搅拌下加入 7kg 过硫酸铵。然后将预先混配好的混合单体（丙烯酸乙酯 187kg，甲基丙烯酸 33kg）分批在 30min 内加入 D101 中。加料过程中保持缓缓回流状态，加完料后停止回流。在 95~100℃保温 30min。然后冷却至 50~60℃，用氨水中和，继续搅拌 30min，制得丙烯酸乙酯-甲基丙烯酸共聚物，出料备用。

将 93kg 水加入混配釜 D102 中，加热至 50℃后，在搅拌下加入 25kg 叔辛基苯氧乙醇，快速乳化，然后再加入 100kg 丙烯酸乙酯-甲基丙烯酸共聚物和 8kg 乙醇，搅拌均匀，降温出料即得产品。

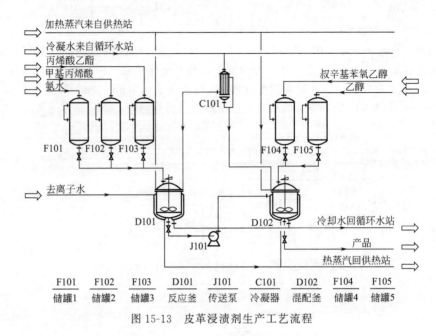

图 15-13 皮革浸渍剂生产工艺流程

| F101 | F102 | F103 | D101 | J101 | C101 | D102 | F104 | F105 |
| 储罐1 | 储罐2 | 储罐3 | 反应釜 | 传送泵 | 冷凝器 | 混配釜 | 储罐4 | 储罐5 |

（5）产品用途 本品用于皮革渍泡添加剂，具有改善皮革的抗开裂起皱性能。经本液处理的皮革具有圆润感，富有柔软性。

15.4.4 聚氨酯涂饰剂 PUC 系列

英文名称：polyurethane finishes PUC series

主要成分：PUC 预聚体乳液

（1）性能指标

| 外观 | 淡蓝色半透明液体 | 固含量 | | ≥25％ |
| pH | | 6.5～7.0 | | |

（2）生产原料与用量

线型聚酯	工业品	500kg	二甘醇	工业品	51kg
支化聚酯	工业品	250kg	酒石酸	工业品	46kg
二月桂酸二丁基锡	工业品	2.4kg	丙酮	工业品	2360kg
二甲苯二异氰酸酯	工业品	217kg	三乙醇胺	工业品	32kg

（3）合成原理 先用线型聚酯、支化聚酯、二月桂酸二丁基锡、二甲苯二异氰酸酯聚合制成 PUC 预聚体，再用二甘醇、酒石酸以及丙酮和三乙醇胺乳化制得最终产品。

（4）生产工艺流程（参见图 15-14）

① 将 500kg 线型聚酯和 250kg 支化聚酯依次加入聚合釜 D101 中，加热熔融。在 120℃下减压脱水，然后降温至 80℃，加入 2.4kg 二月桂酸二丁基锡，继续搅拌降温至 60℃，缓缓加入 217kg 二甲苯二异氰酸酯，在 80℃反应 1h 得 PUC 预聚体。

② 将 51kg 二甘醇加入已存在合成预聚体的 D101 中，在 80℃下反应 3h 后降温至 50℃，加入酒石酸丙酮溶液（46kg 酒石酸加 120kg 丙酮），加完后升温至 60℃，回流 1h，用 2000kg 丙酮稀释。然后加入三乙醇胺的丙酮溶液中和（三乙醇胺 32kg，丙酮 240kg），最后加入适量的蒸馏水快速搅拌乳化 1～2h，即得产品。

（5）产品用途 适用于服装革、沙发革、箱包革及鞋面革的涂饰。本系列有六种牌号：PUC-321，PUC-331 适宜涂饰底层革；PUC-322，PUC-332 适宜涂饰中层革；PUC-323，PUC-333 适宜顶层涂饰。

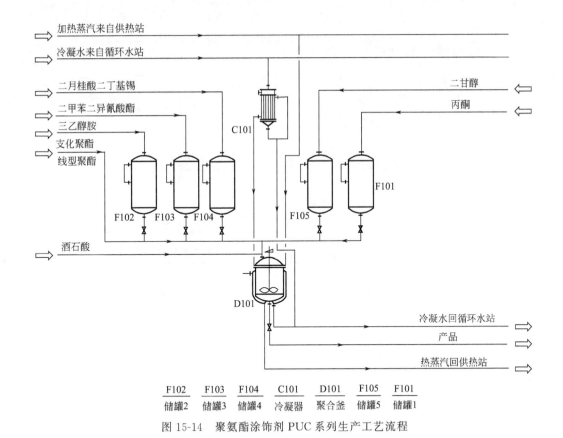

图 15-14　聚氨酯涂饰剂 PUC 系列生产工艺流程

F102	F103	F104	C101	D101	F105	F101
储罐2	储罐3	储罐4	冷凝器	聚合釜	储罐5	储罐1

15.4.5　DLC-1 皮革光亮剂

英文名称：leather seasoning agent DLC-1

主要成分：含醇硝化棉、醋酸正丁酯、增塑剂、甲基苯甲醛、乳化剂、硅油、乳化剂等

(1) 性能指标

外观	白色乳液	固体量	21%
pH	6～8		

(2) 生产原料与用量

含醇硝化棉	工业品	115kg	乳化剂	工业品	42kg
醋酸正丁酯	工业品	23kg	硅油	工业品	12.5kg
增塑剂	工业品	134kg	乙二醇	工业品	67kg
百里酚	工业品	2.9kg	食盐	工业品	200kg
甲基苯甲醛	工业品	0.96kg			

(3) 合成原理　将含醇硝化棉、醋酸正丁酯、正丁醇、增塑剂、百里酚、甲基苯甲醛、乳化剂在溶解釜中制得油相溶液，然后将油相溶液和硅油、乙二醇、乳化剂、食盐等在乳化釜中乳化制得产品。

(4) 生产工艺流程（参见图 15-15）

① 在油相溶解釜 D101 中加入含醇硝化棉 115kg，醋酸正丁酯 23kg，正丁醇 50kg，增塑剂 134kg，百里酚 2.9kg，甲基苯甲醛 0.96kg 及 10kg 乳化剂，缓慢加热至 50～60℃，间歇搅拌，注意观察使物料溶解。静置储放一天，使其成为均匀溶液备用。

② 将 12.5kg 硅油，67kg 乙二醇，32kg 乳化剂，277kg 蒸馏水，200kg 食盐加入乳化釜 D102 中。升温至 40℃，在搅拌下缓缓加入上述油相。油相加完后继续搅拌 1h。放料，过滤，用胶体磨继续乳化、循环 5～30min，放料得成品。

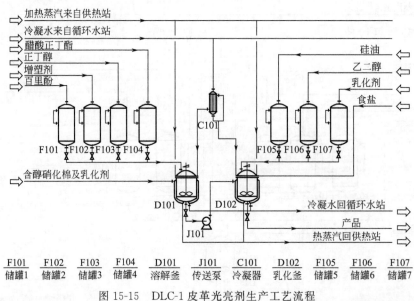

图 15-15　DLC-1 皮革光亮剂生产工艺流程

F101	F102	F103	F104	D101	J101	C101	D102	F105	F106	F107
储罐1	储罐2	储罐3	储罐4	溶解釜	传送泵	冷凝器	乳化釜	储罐5	储罐6	储罐7

（5）产品用途　该种光亮剂具有原材料易得、成本较低、光泽度好、成膜快等优点。主要用于革面的修饰，具有一定的防水性。

Chapter 16

第16章

造纸化学品

很久以来，纸的消费就被视作衡量一个国家文化水准的标志。如今更把纸的高功能程度及质量看成一个国家工业技术和文化水平的重要标志。新纸的使用，不仅在工业领域，而且随着社会结构和生活环境的改变在急剧增加，如与电子、信息事业发展配用的各种记录用纸——热敏记录纸、力感型记录纸、光敏记录纸、无碳复写纸、静电记录纸，以及荧光夜航地图纸、特种工业滤纸、真空镀铝包装纸、防锈纸；各种保护性包装纸和装饰用纸等。新型纸制品正在不断地进入我们的日常生活中。

造纸工业使用造纸助剂有着悠久的历史，但近年来随着纸机车速、自动化程度的提高，环境保护力度的加大，新的造纸助剂品种越来越多，造纸化学助剂的使用也越来越普遍。特别是我国以草浆为主要原料，要生产出高质量的纸张、提高生产效率，就必须借助造纸化学助剂的使用。例如，在用草浆生产高强度纸张时就必须使用增强剂以提高纸张的强度，使用助留剂时可大大降低细小纤维和填料的流失，废纸造纸中使用脱墨剂可大大提高再生纸的白度和质量。如证券纸要使用湿强剂、书写纸要使用施胶剂以及涂布纸需要更多的造纸助剂。特种加工纸需要的化学品就更多。总之，造纸化学品在纸的生产和加工过程中已经越来越重要，已引起了造纸工作者和化学品生产人员的高度重视。

16.1 概述

造纸工业是以植物纤维为主要原料的化学加工工业，在纸张的生产过程中需要加入很多化学品，其中一类属于基本化工原料，如烧碱、矾土、硫化钠、氯气、次氯酸钙、瓷土等；另一类则属于添加量较少的化学品，如施胶剂、消泡剂、染料、助留剂、增强剂、特种纸加工用化学品等，该类化学品大部分是属于精细化学品的范畴，具有用量小、附加值高、生产技术要求高、功能性强，对提高纸张的最终质量和功能、保持纸机的清洁都有非常重要的作用，可称为造纸（专用）化学品。造纸工作者一般把造纸化学品中用量在 $1\%\sim2\%$ 的化学品也称为造纸助剂。

按造纸工艺过程的不同，造纸化学品可以分为制浆化学品、抄纸化学品和加工纸用化学品三大类。

16.1.1 制浆化学品

蒸煮助剂：用于加快化学制浆蒸煮的速度和得率，常用的一般有蒽醌及醌类衍生物、二氢二羟基蒽二钠盐、表面活性剂等。

消泡剂：用于制浆、造纸、涂布等过程的消泡，主要品种有煤油或乳化煤油类、脂肪酸酯类、低碳醇类、有机硅类、酰胺类等。

脱墨剂：用于废纸回收再制浆过程中的脱墨，可以提高纸浆的白度，消除油墨点等各种杂质，主要由表面活性剂、螯合剂、漂白剂、洗涤剂、抗再沉淀剂等组成。

漂白助剂：主要用于纸浆漂白过程，达到提高白度、防止漂白纸浆的返黄等目的，一般品种有氨基磺酸、二亚乙基三胺五乙酸（DTPA）、乙二胺四乙酸（EDTA）、过氧乙酸、防止返黄的羟甲基次磷酸等。

树脂控制剂：用于制浆造纸的整个过程，防止树脂产生沉积，一般品种有表面活性剂、滑石粉、硫酸铝、聚合氯化铝以及聚胺等相对分子质量较低、电荷密度较高的阳离子聚合电解质等。

纸浆防腐剂：以防止制浆造纸过程中出现腐浆等为目的，一般有异噻唑啉酮类、有机卤素类、醛类、阳离子表面活性剂类等。

16.1.2　抄纸化学品

浆内施胶剂：施胶剂添加于纸浆内，以起到施胶作用，一般有松香皂化胶、强化松香胶、分散松香胶（阴离子分散松香胶、阳离子分散松香胶）、AKD 与 ASA 等反应性合成中性施胶剂、石油树脂施胶剂等。

表面施胶剂：用于纸张的表面施胶，以改进纸张表面强度，减轻掉粉、掉毛等现象，主要有改性淀粉类，如氧化淀粉、醋酸淀粉、交联淀粉；改性纤维素类，如羧甲基纤维素；合成高分子类，如聚乙烯醇、聚丙烯酸酯、苯乙烯马来酸酐共聚物、蜡乳液等；天然高分子类，如壳聚糖、明胶等。

增湿强剂：用于抄造需具有较高湿强度的纸张时使用，一般有三聚氰胺甲醛树脂类、脲醛树脂类、聚酰胺环氧氯丙烷树脂类、双醛淀粉类、乙二醛聚丙烯酰胺类等。

干强剂：用于提高干纸张物理强度，一般有聚丙烯酰胺类，如阴离子、非离子、阳离子和两性的聚丙烯酰胺；淀粉及其改性物，如阳离子淀粉、磷酸酯淀粉、两性淀粉等；聚酰胺类；聚丙烯酸类；天然胶及其改性物，如阳离子瓜尔豆胶、槐胶等；丙烯酰胺接枝淀粉类；壳聚糖及其改性物，如壳聚糖交联阳离子淀粉、壳聚糖交联聚丙烯酰胺、壳聚糖接枝丙烯酰胺等。

助留助滤剂：用于增加填料、细小纤维、以及施胶剂等助剂的留着，一般包括矾土、聚二烯丙基二甲基氧化胺；高相对分子质量的聚酰胺（阴离子、阳离子、非离子型等）；淀粉改性物，如阳离子淀粉、接枝共聚淀粉；壳聚糖改性物，如壳聚糖接枝丙烯酰胺等；海藻酸钠；阴离子表面活性剂；阳离子表面活性剂等。

纸张柔软剂：用于提高某些纸种的柔软性和手感，一般有阳离子表面活性剂、两性型表面活性剂、高碳醇、高分子蜡、有机硅高分子、硬脂酸聚乙烯酯等。

纤维分散剂：用于生活用纸的生产，促使纤维均匀分散，使其膨松柔软，一般有聚氧化乙烯、阴离子聚丙烯酰胺、海藻酸钠等。

纸张染料：用于色纸的染色，一般有酸性染料、直接染料、活性染料三类。

荧光增白剂：用于提高纸张的白度和光学性能。

毛毡清洗剂：用于造纸机的压榨毛毡的清洗，一般由阴离子、非离子表面活性剂、助洗剂等组成。

16.1.3　加工纸用化学品

涂布胶乳：一般有天然高分子类，如阿拉伯胶、骨胶、明胶、干酪素、皂胶、豆胶等；改性天然高分子类，如淀粉改性物（羧甲基淀粉、羟乙基淀粉等）、纤维素改性物（羧甲基纤维素等）；合成高分子乳液，如丁苯胶乳、丁腈胶乳、聚乙烯、聚乙烯醇、聚醋酸乙烯醋、聚丙烯酸酯、改性醇酸树脂、聚氨酯等。

涂布助剂：润滑剂，如硬脂酸钙分散液；防腐剂，如对氯间甲苯；分散剂，如六偏磷酸钠、聚丙烯酸钠等。

其他化学品：防油剂，如有机氟施胶剂；防干剂，如有机硅等；防水剂，如乳化蜡、乳化聚乙烯蜡等；防锈剂；隔离剂；阻燃剂；显色剂等。

16.2 制浆用化学品

16.2.1 保险粉

中文别名：连二亚硫酸钠

英文名称：sodium hyposulfite

分子式：$Na_2O_4S_2$

(1) 性能指标

外观	白色砂状结晶或淡黄色粉末
密度	2.3～2.4g/cm³
熔点	300℃
溶水性	易溶于水、氢氧化钠溶液。遇水发生强烈反应并燃烧。

(2) 生产原料与用量

锌粉	85%	565	食盐	95%	2000
二氧化硫	≥99%	1100	乙醇	≥95%	160
氢氧化钠	30%	1150			

(3) 生产原理 将锌粉调成锌浆，通入二氧化硫反应生成连二亚硫酸锌，再加入氢氧化钠进行复分解反应，然后经盐析脱水、过滤、干燥而得。反应方程式如下：

$$2SO_2 + Zn \longrightarrow ZnS_2O_4$$
$$ZnS_2O_4 + 2NaOH \longrightarrow Na_2S_2O_4 + Zn(OH)_2$$

(4) 生产工艺流程（参见图16-1）

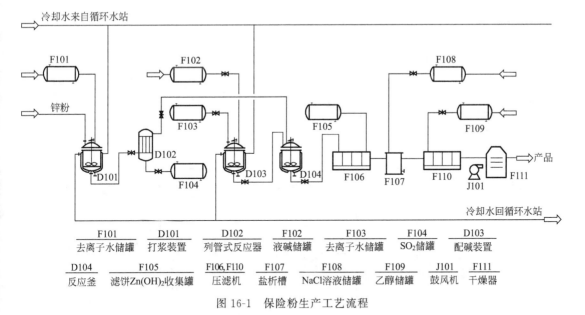

F101	D101	D102	F102	F103	F104	D103
去离子水储罐	打浆装置	列管式反应器	液碱储罐	去离子水储罐	SO₂储罐	配碱装置

D104	F105	F106,F110	F107	F108	F109	J101 F111
反应釜	滤饼Zn(OH)₂收集罐	压滤机	盐析槽	NaCl溶液储罐	乙醇储罐	鼓风机 干燥器

图 16-1 保险粉生产工艺流程

① 向打浆装置 D101 中加入锌粉 130kg、水 520kg，搅拌制成锌浆。压入列管式反应器 D102 中，开循环泵在管壳间通入冷却水，控制温度在 40～45℃ 之间，使锌浆循环吸收二氧化硫进行反应制成连二亚硫酸锌，终点时，物料 pH 为 3～3.5，含量约 460g/L。

② 在另一反应釜 D104 中加入密度为 1.19～1.21g/cm³ 的液碱约 770kg，边搅拌边缓缓加入上述制得的连二亚硫酸锌溶液，循环水冷却，控制温度在 28～35℃ 之间。复分解反应达终点时，物料 pH＝12～13，含碱 5～20g/L。将所制得的连二亚硫酸钠和氢氧化锌悬浮液送入压滤机 F106 中进行吸滤（或者用吸滤器压滤）。滤饼为氢氧化锌，收集在 F105 中，并用水洗涤，并回

收氢氧化锌。

③ 滤液及一次水洗液合拌，送入预先盛有 30％液碱 120kg 的盐析槽 F107 内，搅拌，并冷却。当连二亚硫酸钠滤液倾入 1/3 时，即开始加盐 480～500kg，控制温度低于 20℃，加完后继续搅拌 20min，总时间约为 40min。关闭冷却水，将物料静置沉淀 30～40min，抽去上层清液，并加入 30％液碱 20～30kg，搅拌加热，升温至 50～60℃，趁热放入压滤机 F110 中压滤，滤饼用乙醇洗涤 3～4 次，再分批送入热风气流干燥器 F111，热风气流温度为 120～140℃，干燥后即得成品保险粉。洗后的乙醇送去蒸馏，循环使用。盐析后吸滤出的盐液可回收 NaCl，重复使用。

（5）产品用途 由于硫处于中间价态，所以连二亚硫酸钠既具有强还原性，还具有强氧化性。主要在纺织业、造纸业用作漂白剂，其与水接触后会释放大量的热和二氧化硫、硫化氢等有毒气体。还被广泛用于纺织工业的还原性染色、还原清洗、漂白和有机合成、木浆造纸等领域，它是最适合木浆造纸的漂白剂。食品级产品用作漂白剂、防腐剂、抗氧化剂等。

16.2.2 氨基磺酸

中文别名：磺酸胺，氨磺酸，磺酰胺酸

英文名称：aminosulfonic acid，sulfamic acid

分子式：H_2NSO_3H

（1）性能指标（HG/T 2527—1993）

外观	无色斜方晶系结晶或白色结晶
溶水性	易溶于水和液氨，微溶于甲醇，不溶于乙醇和乙醚
密度	$2.126g/cm^3$

（2）生产原料与用量

尿素	工业级，含量≥46.3％	420
发烟硫酸	工业级，要求 SO_3 含量≥25％	1500
硫酸钠	工业级	600
乙醇	工业级，95％	400

（3）合成原理 尿素同过量的发烟硫酸反应，生成氨基磺酸粗结晶，分离后经重结晶精制而得产品，其反应式如下：

$$(NH_2)_2CO + SO_3 + H_2SO_4 \longrightarrow 2NH_2SO_3H + CO_2$$

（4）生产工艺流程（参见图 16-2）

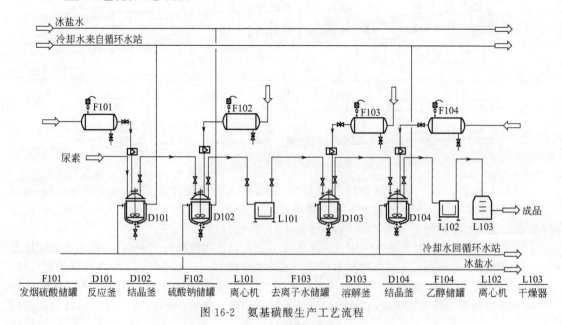

图 16-2 氨基磺酸生产工艺流程

① 将尿素按照消耗定额一次投料加入反应釜 D101 中，然后慢慢加入发烟硫酸钠储罐 F102 中的发烟硫酸并搅拌，注意控制反应温度不要高于 80℃。直至发烟硫酸加完，反应液均相，无二氧化碳气体放出时即为反应终点。

② 将硫酸钠储罐 F102 中硫酸钠水溶液加入结晶釜 D102 中，并将反应液慢慢通入结晶釜中，通冰盐水冷却，反应液转移完全后，充分冷却使结晶析出。结晶物经离心机 L101 分离后，得粗氨基磺酸。

③ 把粗氨基磺酸加入溶解釜 D103 中，以 2 倍量的水在 80℃加热搅拌，使结晶溶解。全部溶解后，将溶液转入结晶釜 D104 中，然后从乙醇储罐 F104 中量取适量工业乙醇，滴入结晶釜，冷却，使产品充分结晶。结晶经离心机 L102 分离后，放入干燥器 L103 中干燥、分装即得成品。

（5）产品用途　广泛应用于金属和陶瓷制造的多种工业设备和民用清洗剂、石油井处理剂和清洗剂、电镀工业用剂/电化学抛光用剂、沥青乳化剂、蚀刻剂、染料及颜料工业用磺化剂、染色用剂、高效漂白剂、纤维与纸张用阻燃剂、柔软剂、树脂交联促进剂、除草剂、防枯剂以及标准分析试剂等多个领域中。在造纸方面，一般用作纸浆漂白助剂和蒸煮过程中用作防剥皮剂，能减少纤维断链降解。

16.2.3　蒽醌

英文名称：anthraquinone

分子式：$C_{14}H_8O_2$

（1）性能指标（GB/T 2405—2006）

外观	淡黄色晶体	密度	$1.438g/cm^3$
溶水性	不溶于水，微溶于乙醇、乙醚和氯仿		

（2）生产原料与用量（均为工业级）

苯酐	含量≥99.2%	737	盐酸	含量30%	1500
无水三氯化铝	含量≥98.5%	1412	发烟硫酸	含量104.5%	2000
苯		849	碳酸钠		400

（3）生产原理　苯酐与苯在无水三氯化铝催化下进行傅-克反应，生成苯甲酰苯甲酸铝复盐，经水解酸化得到苯甲酰苯甲酸。再以发烟硫酸为脱水剂，经脱水干燥等工序得成品。其反应式如下：

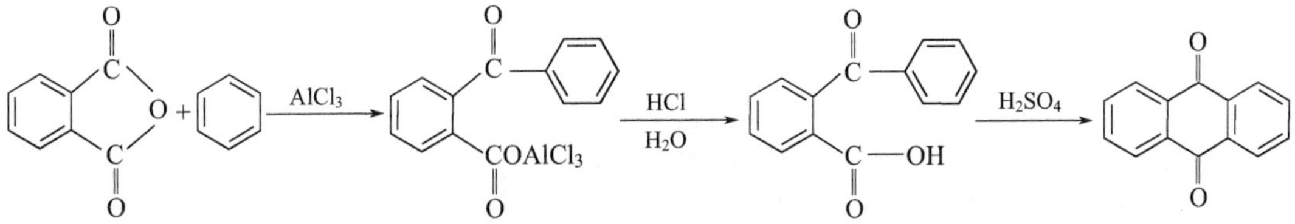

（4）生产工艺流程（参见图 16-3）　将一次投料量的苯和苯酐加入付-克反应釜 D101 中，在迅速搅拌下分 4 次加入需要的无水三氯化铝。待三氯化铝加完后，在 70℃下加热搅拌至不再有氯化氢气体放出。将反应液转入酸化和水蒸气蒸馏釜 D102 中，先在冷却下慢慢加入 10% 的盐酸并搅拌，使铝盐溶解，然后放掉冷却水。加热并向反应釜中导入水蒸气，进行水蒸气蒸馏，以蒸出多余的苯。

苯蒸完后，将反应液立即放入沉淀槽 L101 中，冷却、结晶，并洗涤沉淀。沉淀物为粗苯甲酰苯甲酸，将其转入碱化脱色釜 D103 中，慢慢加入碳酸钠溶液并搅拌，至溶液中已无二氧化碳气体放出并呈碱性。然后加入一定量活性炭，加热煮沸 30min，稍冷后进入压滤机 L102 中压滤。

经过压滤机滤除活性炭后的滤液转入沉淀槽 L104 中，加盐酸酸化至 pH 为 3 左右，使沉淀析出。沉淀物经压滤、洗涤、压干后，送干燥箱 L108 干燥，得到中间产物苯甲酰苯甲酸。

把干燥的苯甲酰苯甲酸投入脱水釜 D104 中，加入发烟硫酸搅拌，待脱水反应完成再向脱水釜中加入冰水混合物，搅拌至冰已全融化，将反应混合物转入洗涤沉淀槽 L104，将沉淀物洗涤至中性，经压滤、干燥、粉碎即得产品。如需进一步精制，可进行重结晶或减压蒸馏。

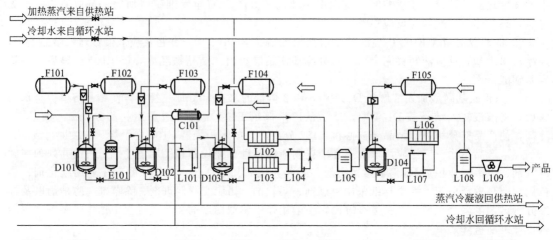

F101	F102	D101	E101	F103	C101	D102	L101	D103	F104
苯酐储罐	苯储罐	付-克反应釜	盐酸吸收塔	盐酸储罐	冷凝器	蒸馏釜	沉淀槽	碱化脱色釜	碳酸钠溶液储罐

L102,L103,L106	L104	L105	D104	F105	L107	L108	L109
压滤机	沉淀槽	干燥器	脱水釜	发烟硫酸储罐	压滤机	干燥器	粉碎机

图 16-3　蒽醌生产工艺流程

（5）产品用途　蒽醌绝大部分用于染料方面，但用作制纸浆的蒸解助剂的用量已在迅速增加。用作造纸制浆蒸煮剂，在碱法蒸煮液中只需加入少量蒽醌，即可加快脱木素的速度，缩短蒸煮时间，提高纸浆得率，减少废液负荷。蒽醌还有其他的应用领域。蒽醌化合物可用于高浓度过氧化氢的生产，在化肥工业中用以制造脱硫剂蒽醌二磺酸钠；在印染工业中用作拔染助剂。

16.3　抄纸添加剂

16.3.1　MS 施胶剂

英文名称：sizing agent MS

主要成分：改性聚酰胺-聚胺系列

（1）性能指标

外观	白色乳状液体	胶粒粒径	$<0.5\mu m$
固含量	38%～50%	密度	$\geqslant1.03g/cm^3$

（2）生产原料与用量

多亚乙基多胺	工业二级	48.8	脂肪酸	工业三级	117.0
己二酸	工业二级	16.0	环氧氯丙烷	工业三级	18.9

（3）生产原理　一般来说合成施胶剂必须具有以下三种特定功能：具有疏水性，使纸张具有抗水性；具有一定的亲水性使能均匀分散于水性抄纸介质中；具有自身固着性而保留在纤维上。

MS 中性施胶剂为浆内施胶剂，依靠自身乳化性能与自身固着性能保留在纸张纤维组织中，从而赋予纸张抗水性能，是一种改性聚酰胺-聚胺系列合成施胶剂。MS 施胶剂是合成施胶剂的一个典型例子。其合成反应原理如下：

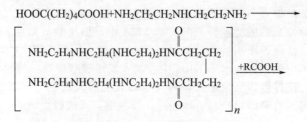

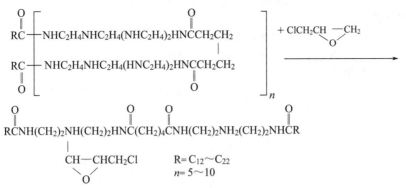

（4）生产工艺流程（参见图 16-4） 将计量的己二酸和多亚乙基多胺投入缩合釜 D101 中，逐步升温至 120℃，使反应温度在 180～200℃ 下保温一定时间，然后用料泵 J101 将缩聚液打入一次改性釜 D102 中，加入脂肪酸充分反应一段时间，用料泵 J102 将反应液加入稀释釜 D103 中，然后将稀释液加入二次改性釜 D104 中，向 D104 中加入计量的水稀释成一定浓度的水性分散体。再将计量的环氧氯丙烷加入之后进行交联处理，最后经过稳定处理之后放料出釜。

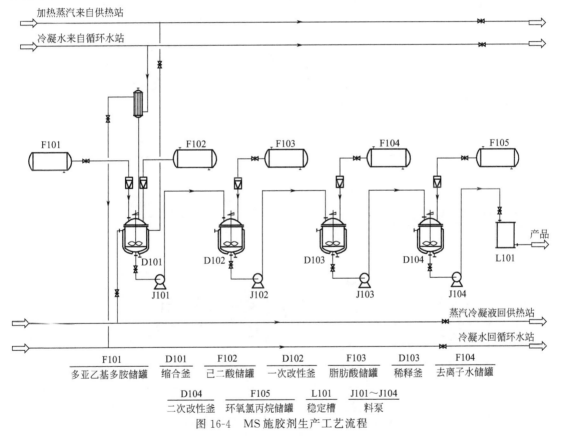

图 16-4 MS 施胶剂生产工艺流程

（5）产品用途 用于造纸业浆内施胶，可代替传统的皂化松香胶和强化松香胶，适用于要通过浆内施胶工序获得施胶度的各种纸种。其添加方式与传统的皂化胶一致，使用前只需将胶料用冷清水稀释到 2%、5% 即可。可大幅度降低松香用量和明矾用量。

16.3.2 强化松香施胶剂

英文名称：fortified rosin size

主要成分：马来松香的皂化物

(1) 性能指标

外观	棕色黏稠液体	黏度	1.9Pa·s（1900cP）
溶水性	溶于水，用水稀释产生热	密度	1.05g/cm³

(2) 生产原料与用量

松香	工业一级品	900	氢氧化钠	工业级，10%	137
马来酸酐	工业级，纯度≥98%	60			

(3) 生产原理　将松香加热熔化后加入马来酸酐，在150～200℃加热，进行狄尔斯-阿德尔 Diels-Alder 环化加成反应，其反应式示意如下：

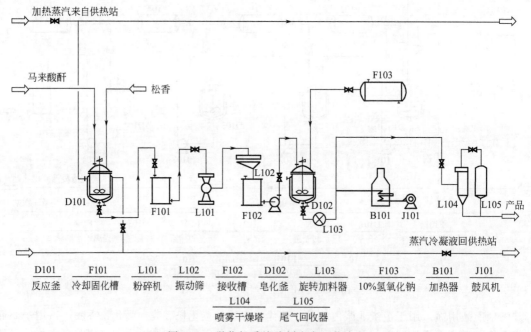

由于马来酸酐用量不同，而得到强化程度不同的马来松香。然后使强化松香与碱进行皂化反应制成皂膏，所得皂膏经喷雾干燥，即为成品。

(4) 生产工艺流程（参见图 16-5）

加热蒸汽来自供热站									
D101	F101	L101	L102	F102	D102	L103	F103	B101	J101
反应釜	冷却固化槽	粉碎机	振动筛	接收槽	皂化釜	旋转加料器	10%氢氧化钠	加热器	鼓风机
				L104		L105			
				喷雾干燥塔		尾气回收器			

图 16-5　强化松香施胶剂生产工艺流程

① 将 100 份的松香置于高温反应釜 D101 中，在 100～150℃下加热熔化，待松香全部熔化后加入 6～7 份马来酸酐，搅拌并升温至 200℃，共热反应 2h。然后趁热出料到冷却固化槽 F101 中，待松香充分冷却固化后，经粉碎机 L101 粉碎，经 L102 过 100 目筛。

② 将 100 份粉碎后的强化松香投入皂化釜 D102 中，加入 140 份 10% 的氢氧化钠水溶液，在

80℃加热搅拌反应 3～4h，生成皂膏。皂化反应后生成的皂膏送喷雾干燥塔 L104 干燥，即得成品（国产产品有 115、103 两种规格）。

（5）产品用途　强化松香施胶剂作为造纸施胶剂，也可直接制成乳状液，用户可免去熬胶、化胶工序。乳液稳定，可存放数月而不发生沉淀。

16.3.3　AKD 中性施胶剂

中文别名：烷基烯酮二聚体

英文名称：neutral sizing agent AKD，alkyl ketene dimmer，AKD

分子式：$C_{36}H_{68}O_2$

（1）性能指标

	合格品	优级品
外观	乳白色黏稠状液体	
碘值/($gL_2/100g$)	43±1	45±1
酸值/(mgKOH/g)	≤55	≤55
灰分/%	≤0.03	≤0.03
溶水性	水溶性极好，能溶于乙醇、苯、三氯甲烷等有机溶剂	
密度	1.016g/cm³	1.016g/cm³

（2）生产原料与用量

硬脂酸	工业一级品，酸值≤2		1186.3
三氯化磷	工业一级品，含量≥99%		191.4
三乙胺	工业一级品，含量≥99%		420
苯	工业级		400

（3）生产原理　将硬脂酸熔化后加入三氯化磷回流共热，生成硬脂酰氯。用苯或其他溶剂溶出硬脂酰氯。在三乙胺的催化作用下，2mol 硬脂酰氯缩合脱酰成烷基烯酮二聚体，蒸除溶剂后即得 AKD。固体 AKD 熔化后加入乳化剂、乳液保护剂，再加温水剧烈搅拌乳化成乳状液，即为 AKD 中性施胶剂。其反应式如下：

$$3C_{17}H_{35}COOH + PCl_3 \longrightarrow 3C_{17}H_{35}COCl + H_3PO_3$$

$$2C_{17}H_{35}COCl + 2N(C_2H_5)_3 \longrightarrow C_{16}H_{33}CH = C - \overset{H}{\underset{|}{C}} - C_{16}H_{33} + (C_2H_5)_3NHCl$$
$$\underset{O-C=O}{\overset{|}{}}$$

（4）生产工艺流程（参见图 16-6）　在酰化釜 D101 中加入一次投料量的硬脂酸，加热使其完全熔化，将 F101 中需要量的三氯化磷加入 D101，在 75～80℃加热回流反应 2～4h。酰化反应完成后加入约为硬脂酸四倍量的苯，搅拌下加热回流 1h，使生成的硬脂酰氯完全溶于苯中，然后充分冷却。

将已冷至室温的硬脂酰氯反应混合物放入分液储罐 F102 中，静置分层。分去下层亚磷酸，上层硬脂酰氯苯溶液转入脱酰缩合釜 D102 中。根据缩合釜中已加入的硬脂酰氯苯溶液的量，加入计量的三乙胺，加热回流 4～8h。待缩合反应完成后，充分冷却，使三乙胺盐酸盐结晶析出。离心分离，滤液转入蒸馏釜 D103 中，蒸馏回收溶剂苯。离心过滤出的三乙胺盐酸盐，经碱化后回收三乙胺。蒸除苯后的剩余物即 AKD，凝固干燥后，切片分装即为 ADK 固体产品。

也可将固体 AKD 转入乳化釜 D104 中，加热熔化，并加入乳化剂、乳液稳定剂，搅拌均匀再加温水乳化，然后冷至室温，出料包装为乳状液产品。

（5）产品用途

①明显提高纸张强度、韧性、白度和不透明度。改善纸张的适印性能。②赋予纸张良好的光学性能和化学稳定性能，纸张储存期长，不易变黄。③对碳酸钙填料容忍度高（10%～30%），可节约纤维原料，降低浆耗。④不用硫酸铝，白水中可溶固形物大为降低，白水可封闭循环，减少环境污染，节约用水。⑤由于在碱性条件下抄造，可减少设备腐蚀，延长网布，毛毯使用寿

命。⑥泡沫小，无污垢，纸机湿部系统清洁，改善纸机运行性能。

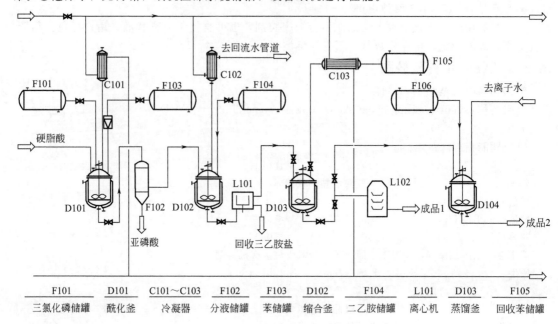

图 16-6　AKD 中性施胶剂生产工艺流程

F101	D101	C101～C103	F102	F103	D102	F104	L101	D103	F105
三氯化磷储罐	酰化釜	冷凝器	分液储罐	苯储罐	缩合釜	二乙胺储罐	离心机	蒸馏釜	回收苯储罐

L102	D104	F106
烘干器	乳化釜	乳化剂储罐

16.3.4　氧化淀粉

英文名称：oxidized starch

主要成分：淀粉经氧化反应产物

（1）性能指标

外观	白色粉末，糊液呈微黄色	白度	≥90 度
斑点	0.3～0.35 个/cm²	羟基含量（分子）	≥0.40%
细度	99%（过 120 目）	完全糊化温度	90℃

（2）生产原料与用量

淀粉	工业一级品	1050	盐酸	工业级，30%	160
次氯酸钠溶液	工业级，有效氯含量 10%	21	亚硫酸钠	工业级	2
氯化钠	工业级	70	水	去离子水	适量
氢氧化钠	工业级	30			

（3）生产原理　玉米淀粉在碱性条件下，次氯酸钠将淀粉分子环上的羟甲基氧化成羧基，使得淀粉链解聚，使淀粉的黏度降低，从而使淀粉链带有一定的阴离子性。其反应式示意如下：

（4）生产工艺流程（参见图 16-7） 将淀粉加入氧化釜 D101 中，加水调整淀粉浆浓度为 18°～20°（波美度），在处理过程中先加入浓度约 20g/L 的稀 NaOH，将 pH 调到 8～10，然后连续加入 NaClO 进行氧化，并不时补充 NaOH 溶液，以保持 pH 值。反应结束后用 30% HCl 中和，使 pH 值降至 6.0～6.5，再加入 Na$_2$SO$_3$ 除去游离氯，粗产物经 L101 离心分离，再经反复洗涤、过滤、干燥得产品。

氧化剂有效氧的用量：一般用于淀粉氧化的次氯酸溶液约含有效氯 5%～10%，并略呈碱性。次氯酸钠的用量是按有效氯对淀粉的质量分数来计算的，有效氯用量随所需的转化程度而变化，当其他条件不变时，有效氯用量对淀粉的质量分数越大，转化程度越高。一般来说，在转化作用中，有效氯用量对淀粉的最大质量比不超过 5%～6%。

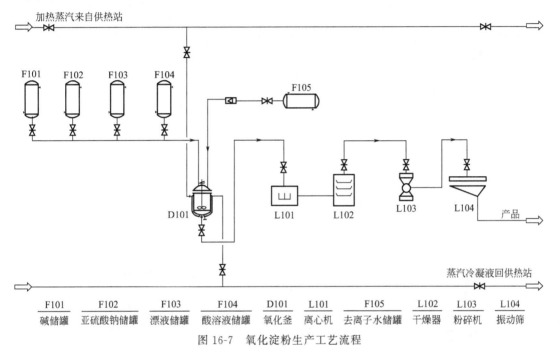

图 16-7　氧化淀粉生产工艺流程

（5）产品用途

①用作表面施胶剂：氧化淀粉糊化温度低、黏度低、黏结力强，是理想印刷纸表面施胶剂，可改善纸张印刷和书写的表面性能。②用于涂布胶黏剂。③湿部添加：添加氧化淀粉改善了纸张的湿强度。④胶黏剂：氧化淀粉胶黏剂具有强度高、初粘力强、流动性好、无腐蚀、不污染、消耗低等优点。

16.4　纸加工化学品

16.4.1　柔软剂 SG

中文别名：脂肪酸聚氧乙烯酯

英文名称：softening agent SG, polyoxyethglene stearate

结构式：RCOO(CH$_2$CH$_2$O)$_n$H

（1）性能指标

外观　　　米黄色膏状液体

溶水性　　能溶于水、甲苯、丙酮、乙醇和乙醚

（2）生产原料与用量

硬脂酸	工业级	510	冰乙酸	工业级	5
环氧乙烷	工业级	510	双氧水	工业级	10
氢氧化钾	工业级	5	乳化剂 OP	工业级	100

（3）生产原理　硬脂酸和环氧乙烷在氢氧化钾作用下，发生聚合和缩合反应，加入冰乙酸调pH至中性，再经双氧水漂白而制得。反应方程式如下：

$$C_{17}H_{35}COOH+6CH_2 \!-\! CH_2 \xrightarrow{\text{KOH}} C_{17}H_{35}COO(CH_2CH_2O)_6H$$

（4）生产工艺流程（参见图16-8）　在带搅拌装置的不锈钢反应釜D101内加入408kg硬脂酸，加热至熔融。开动搅拌并升温至100℃，加入已配好的50%氢氧化钾溶液16kg。抽真空脱水，继续搅拌升温，在真空度达87kPa条件下，升温至140℃时，观察釜上视镜内表面无水珠、水雾，即可通入氮气置换反应釜内空气，釜内空气一定要驱尽。停止抽真空，逐渐向釜内加入环氧乙烷408kg，控制反应温度在180～200℃，压力不超过0.3MPa。环氧乙烷加完后，将物料冷却至80℃，并使釜内压力自然降至常压，抽样检验皂化值，当皂化值为90～105时，则合格。用冰乙酸4kg将物料中和至中性。再加入双氧水8kg进行漂白。最后加入熔融态的乳化剂OP 80kg，保温80℃，搅拌乳化0.5h，冷却后出料，即得柔软剂SG。

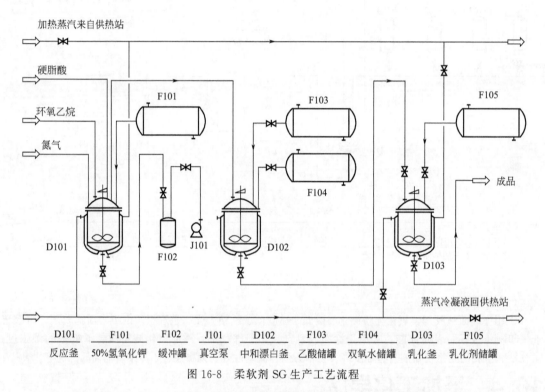

图16-8　柔软剂SG生产工艺流程

D101	F101	F102	J101	D102	F103	F104	D103	F105
反应釜	50%氢氧化钾	缓冲罐	真空泵	中和漂白釜	乙酸储罐	双氧水储罐	乳化釜	乳化剂储罐

（5）产品用途　在合纤纺丝过程中主要用作柔软剂和润滑剂，是腈纶、涤纶等合纤纺丝油剂的重要组成部分。本品具有良好的乳化性、增稠性、柔软性。在合纤纺丝过程中主要作为柔软剂和润滑剂，是腈纶、涤纶等合纤纺丝油剂的主要组成部分，对各种纤维，仅以稀的水溶液处理，便可收到显著的柔软效果，使织物手感好，在织物编制过程中，使用本品可减少机械摩擦而引起的断头现象，也可作为合成纤维和黏胶织物的柔软剂，用量为1%～3%。还可作为光学玻璃膏的增稠剂，在化妆品油膏中加入本品后，卸妆时易去除油彩，一般用量为1%～3%。

16.4.2　荧光增白剂PEB

英文名称：fluorescent brightener PEB

分子式：$C_{15}H_{12}O_4$

（1）性能指标

外观　　　　淡黄色粉末

溶水性	不溶于水、乙醚、石油醚，可溶于苯、丙酮、氯仿、乙醇、乙酸等
纯度	>99
粒度（100目筛通过率）/%	>95

（2）生产原料与用量

β-萘酚	工业级（99.1%）	28	乙酸酐	工业级	5
氢氧化钠	工业级	113	丙二酸二乙酯	工业级	29
氯仿	工业级	31.2	盐酸	工业级（30%）	适量
乙醇	工业级	73			

（3）生产原理　由 β-萘酚与氯仿在碱性条件下在乙醇中反应，然后再用酸中和生成 2-羟基-1-萘甲醛。反应式如下：

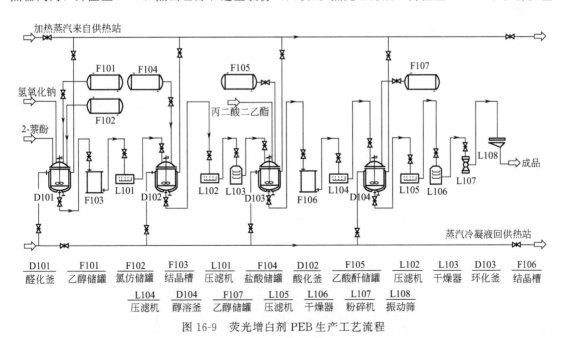

所得的 2-羟基-1-萘甲醛与丙二酸二乙酯在乙酸酐存在下反应生成香豆素型荧光增白剂 PEB。反应式如下：

（4）生产工艺流程（参见图 16-9）　在醛化釜 D101 中投入 28kg β-萘酚和 73kg 乙醇，加热至 40℃，搅拌 0.5h。再加入 113kg 30% 的氢氧化钠溶液，升温至 75℃。然后在 0.5h 内慢慢加完 31.2kg 氯仿。氯仿加完后，在 78℃ 保温回流反应 3～4h。打开蒸馏用换热器阀门，关闭回流换热器阀门，升温至 90℃，蒸出乙醇和过量氯仿（回收）。蒸完乙醇后，降温至 30℃ 以下。将反应

| D101 | F101 | F102 | F103 | L101 | F104 | D102 | F105 | L102 | L103 | D103 | F106 |
| 醛化釜 | 乙醇储罐 | 氯仿储罐 | 结晶槽 | 压滤机 | 盐酸储罐 | 酸化釜 | 乙酸酐储罐 | 压滤机 | 干燥器 | 环化釜 | 结晶槽 |

| L104 | D104 | F107 | L105 | L106 | L107 | L108 |
| 压滤机 | 醇溶釜 | 乙醇储罐 | 压滤机 | 干燥器 | 粉碎机 | 振动筛 |

图 16-9　荧光增白剂 PEB 生产工艺流程

液放入结晶槽 F103 中，静置 6h，使结晶充分析出。经 L101 压滤，滤液酸化后回收 β-萘酚，滤饼转入酸化釜 D102 中。

在酸化釜 D102 中加入 120kg 水，在 60℃加热搅拌，然后用 30％盐酸酸化至 pH 为 3。冷却后，转入压滤机，L102 压滤，水洗数次至盐酸被洗净，再压干，滤饼散碎后，送干燥箱 L103 在 60℃下干燥，得黄色结晶产品，即 2-羟基-1-萘甲醛中间体。

在环化釜 D103 中投入 28kg 的 2-羟基-1-萘甲醛，29kg 丙二酸二乙酯和 5kg 乙酸酐，搅拌均匀，然后在 130℃下加热回流 8h。停止加热，继续搅拌 1～2h，待冷至 80℃以下时，将反应液转入结晶槽 F106 中。静置 24h 后，L104 压滤，并以 10％纯碱溶液洗涤滤饼，压干，再用清水洗涤至中性，压干。

将压干后的滤饼转入醇溶釜 D104 中，加入适量乙醇，搅拌加热溶解，至固体物全部溶解后，停止加热搅拌，并充分冷却使结晶析出。产品充分结晶后，转入压滤机 L105 压滤，并以少量乙醇洗涤后，压干。回收滤液中的乙醇，滤饼在 L106 于 60℃下烘干，L107 粉碎后再经 L108 过筛即为产品。

（5）产品用途　主要用于腈纶、涤纶、氯纶、聚氨酯、聚酰胺、黏胶纤维等合成纤维的增白，也可用于塑料白料的增白。有时也用于天然纤维的增白，在涂布和涂塑纸中均可作为增白剂使用。

16.4.3　荧光增白剂 PRS

中文别名：增白剂 BBH，4,4′-双（6-苯胺基/L-甲氧基-1,3,5三嗪-2-氨基）二苯乙烯-2,2′-二磺酸钠盐

英文名称：fluorescetnt wltitening agent PRS

分子式：$C_{34}H_{28}N_{10}Na_2O_8S_2$

（1）性能指标

外观	淡黄色粉末状固体	水不溶物	≤0.5％
溶水性	易溶于水	粒度（100 目筛通过率）	≥95％
水分	≤5％	泛黄点	≤5％

（2）生产原料与用量

DSD 酸	≥94％，工业级	283	碳酸氢钠	工业级	300
三聚氯氰	工业级	300	碳酸钠	工业级，10％	200
甲醇	工业级	155	盐酸	≥30％，工业级	750
苯胺	≥99％，工业级	148			

（3）合成原理　荧光增白剂 PRS 的生产方法有溶剂法和水溶液法，后者与 DSD 酸类荧光增白剂的制法相似。它是由三聚氯氰与甲醇、DSD 酸盐、苯胺在碱性介质中缩合得到。其反应式如下：

①

②

③

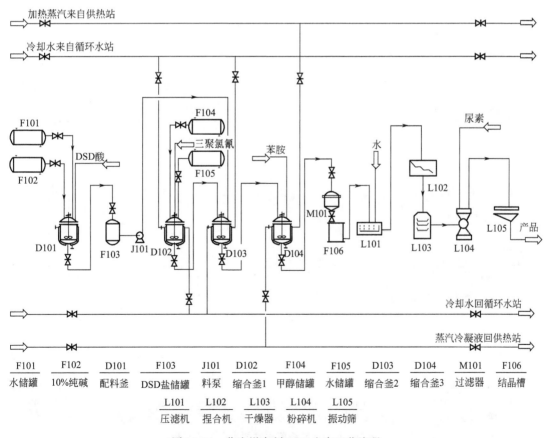

（4）生产工艺流程（参见图 16-10）　将 28.3kg DSD 酸投入配料釜 D101 中，加入 30kg 水，搅拌成糊状。搅拌下慢慢加入已配好的 10% 的纯碱溶液，直至 DSD 酸完全溶解，并使溶液的 pH 为 7～7.5，得 DSD 酸钠溶液。

在第一缩合釜 D102 中加入 30kg 甲醇（过量）和少量水，冷至 10℃。在冷却搅拌下慢慢加入三聚氯氰 30kg，要始终保持反应温度不超过 10℃。加完后继续反应 1h。用气相色谱或其他快速分析方法确定三聚氯氰已完全反应。然后将反应液转入第二缩合釜 D103 中。

在 1h 内往第二缩合釜 D103 中加入已配好的 DSD 酸钠溶液，并随时补加碱液控制 pH 值为 6～7，保持反应温度不超过 20℃。DSD 酸钠溶液加完后，1h 内升温至 40℃，并保持这一温度继续反应 1～3h，控制 pH 为 7。确认 DSD 酸钠参与反应完毕后，将反应液转入第三缩合釜 D104 中。

F101	F102	D101	F103	J101	D102	F104	F105	D103	D104	M101	F106
水储罐	10%纯碱	配料釜	DSD盐储罐	料泵	缩合釜1	甲醇储罐	水储罐	缩合釜2	缩合釜3	过滤器	结晶槽

L101	L102	L103	L104	L105
压滤机	捏合机	干燥器	粉碎机	振动筛

图 16-10　荧光增白剂 PRS 生产工艺流程

在第三缩合釜 D104 中慢慢加入 14.8kg 苯胺，并用 10％纯碱溶液调节 pH 为 7。然后升温至 70℃，蒸出多余的甲醇。甲醇蒸完后升温至 90℃继续反应 1～2h。停止加热搅拌，趁热将反应液经 M101 滤入结晶槽 F106 中。用盐酸酸化结晶槽中的滤液至 pH 值为 1～2，冷却，使结晶充分析出。L101 压滤，水洗数次再压干。滤饼送入捏合机 L102 中，加适量碳酸氢钠捏合，捏合 1～2h 后，送干燥器 L103 烘干，经 L104 粉碎。用适量尿素调节到所需要的荧光强度后分装，即为产品。

（5）产品用途　荧光增白剂 PRS 可用于棉、黏胶纤维、锦纶的增白，也可用于肥皂和洗衣粉中。对红紫背景呈强烈的白色。能与氧化性或还原性漂白液同浴使用，也可加入有柔软剂的水洗浴中。用于纤维素纤维增白时效果最好，因此，在造纸业中是一种较为理想的荧光增白剂。

16.4.4　BTT 杀菌防腐剂

中文别名：1,2-苯并异噻唑啉-3-酮
英文名称：disinfection antiseptic BTT，1,1-benzisothiazolin-3-one
分子式：C_7H_5NSO

（1）性能指标

外观	白色或淡黄色针状结晶	纯度		≥98％
溶水性		溶于热水		

（2）生产原料与用量

氯化亚砜	工业级	563	苯	工业级	适量
二硫化二苯甲酸	工业级	1443	溴	工业级	适量
催化剂	工业级	适量	氨水	工业级	适量

（3）生产原理　二硫化二苯甲酸与氯化亚砜进行酰氧化反应得到二硫化二苯甲酰氯，再经溴化、环化反应而制得，反应式如下：

$$\left[\begin{array}{c} \text{COOH} \\ \text{S} \end{array}\right]_2 + SOCl_2 \longrightarrow \left[\begin{array}{c} \text{COOCl} \\ \text{S} \end{array}\right]_2 \xrightarrow{Br_2, NH_3} 2 \begin{array}{c} \text{C=O} \\ \text{NH} \\ \text{S} \end{array}$$

（4）生产工艺流程（参见图 16-11）　将 2,2′,-二硫化二苯甲酸、氯化亚砜和催化剂加入反

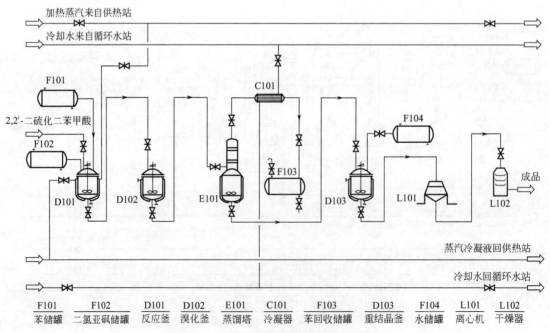

图 16-11　BTT 杀菌防腐剂生产工艺流程

F101	F102	D101	D102	E101	C101	F103	D103	F104	L101	L102
苯储罐	二氯亚砜储罐	反应釜	溴化釜	蒸馏塔	冷凝器	苯回收储罐	重结晶釜	水储罐	离心机	干燥器

应釜 D101 中，加入苯作溶剂，开动搅拌。往反应釜夹套通蒸汽，升温至回流温度，在此温度下反应约 1h。将物料放入溴化釜 D102，冷却至 10℃ 以下，边搅拌边慢慢加入溴及溴催化剂。之后将 13% 氨水在液面以下加入，继续反应约 1h，然后将反应物送入蒸馏塔 E101 蒸去溶剂苯，釜液进入重结晶釜 D103，用水重结晶，L101 离心分离，L102 干燥得产品。收率 66%～76%。

（5）产品用途　本品作为杀菌防霉剂，广泛用于造纸涂布乳液、胶黏剂、造纸浆料、金属切削液、液压油、油田开采等方面。对酸碱稳定，可在较宽的 pH 范围使用，已有多种剂型的产品，可用于不同的防霉对象。

16.5　涂布助剂

16.5.1　干酪素

中文别名：酪蛋白，酪蛋白酸钠，酪朊，乳酪素，奶酪素

英文名称：casein

分子式：NH_2RCOOH

（1）性能指标

外观	无臭、无味的白色至黄色粉末	脂肪	≤0.3%
溶水性	几乎不溶于水、醇及醚	灰分	≤4.8%
密度	1.25～1.31g/cm³	粗纤维	≤3.4%
水分	≤5.2%	pH（1:10 水分散液）	6.6

（2）生产原料与用量

大豆饼粕	大豆油加工副产物	3125	盐酸	30%，工业级	460
氢氧化钠	工业级	150			

（3）生产原理　大豆脱脂后的饼粕中蛋白质含量约 45%～55%，可由稀碱液浸提出其中约 80% 的蛋白质，经澄清过滤后的滤液，再以盐酸中和到豆蛋白的等电点（pH 为 4.6），则会析出豆蛋白，经澄清过滤、洗涤、干燥后得到豆蛋白或豆酪素。

（4）生产工艺流程（参见图 16-12）　把干燥的原料豆饼粕经 L101 粉碎（以下简称豆粉），并经 L102 过 100 目筛。将一定量（视碱浸罐容量而定）过 100 目筛的豆粉投入碱浸釜 D101 中，加入 16 倍量的 3% 的氢氧化钠溶液浸泡 8～12h，每隔 1h 搅拌 10min，然后放置澄清 4～8h。虹吸

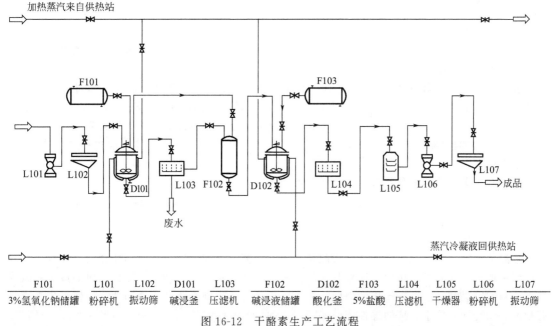

图 16-12　干酪素生产工艺流程

出上层清液，下层混浊物与沉淀经压滤机 L103 压滤，滤液与上层清液合并入酸化罐 D102，滤饼中和回收可作饲料。

在进入酸化釜 D102 的碱浸液中加入 5％的盐酸溶液，搅拌均匀，并仔细调溶液的 pH 值到4.6。同时加热至 40～60℃，保温放置，使澄清沉淀（夏季时注意应加防腐剂适量）。虹吸除去上层清液，下层沉淀倒入 L104 压滤，得到含水量约 80％的湿蛋白。在 50℃下经 L105 干燥、L106 粉碎、L107 过筛即得豆蛋白粉或豆酪素。

（5）产品用途　主要作为食品添加剂、酪素胶、化妆品、皮革化工、油漆、塑料、铝箔、安全火柴、颜料、铜版纸、夹板工业、上光工业、纸管、纸化工中应用。同时可用于塑料制品。

16.5.2　丁苯胶乳

英文名称：styrene-butadiene latex

分子式：$(C_{12}H_{14})_n$

（1）性能指标

外观	乳白色均质乳液	密度	0.9～1.0g/cm³
有效成分含量	48.0％±2％	pH	10～13
乳液黏度（NDJ-1 型旋转黏度计，2#，60r/min，25℃）	80～350mPa·s	玻璃化温度	3℃

（2）生产原料与用量

1,3-丁二烯	≥99.5％，工业级	428	β-苯基萘胺	工业级	5
苯乙烯	≥99.5％，工业级	128	其他		适量
乳化剂	自配	15			

（3）生产原理　将丁二烯和苯乙烯单体按配比分散在松香皂或脂肪酸皂作乳化剂的水乳液中，用十二硫醇作分子量调节剂，加入由叔丁基过氧化氢和亚硫酸氢钠组成的氧化还原引发体系中，进行自由基聚合。乳液聚合是在多个串联的釜中连续进行，转化率控制在 65％左右。未反应的丁二烯和苯乙烯以闪蒸铝脱并经蒸馏塔精制回收。脱除了未反应单体的共聚物乳液经减压浓缩为固含量 50％的胶乳，即为成品。聚合反应式可表示如下：

$$nCH_2=CHCH=CH_2 + nCH_2=CH-\!\!\bigcirc \xrightarrow{\text{引发剂}} \left[CH_2-CH=CH-CH_2-CH_2-CH-\!\!\bigcirc\right]_n$$

（4）生产工艺流程（参见图 16-13）　在配料釜 D101 中按配比要求加入去离子水、乳化剂、十二硫醇，搅拌。再向夹层中通冰盐冷却水，降温至 5℃后，加入配比量的丁二烯和苯乙烯，搅拌成乳状液物料待用。

乳状液物料导入第一聚合釜 D102 后，即缓慢加入一定量引发剂即 5％叔丁基过氧化氢和亚硫酸氢钠的水溶液，在 5℃左右搅拌聚合 1～2h。在聚合的同时 D102 不断进料，如此不断在D102 连续进行。经串联 2～3 级聚合后，聚合转化率约为 65％，终止反应。聚合后的乳状液经加热炉 B101 进入闪蒸器 C102，脱除并蒸出未聚合单体丁二烯和苯乙烯。馏出液进行进一步精制，回收丁二烯和苯乙烯。

经闪蒸后蒸去单体的乳状液，进入减压浓缩釜 D104，加入防老剂 β-苯基萘胺，搅拌均匀后在 50～60℃加热搅拌，减压浓缩至胶液固含量约 50％时，停止加热，减压，搅拌降温至室温后出料即为产品丁苯胶乳。

（5）产品用途

①湿部添加，主要是改进纸和纸板的抗张强度、撕裂强度、抗水、抗油性和柔软性等。②在纸或纸板成形后对其进行机内表面施胶，提高其物理性能和适印性能等。③作为机内或机外纸或纸板涂料的胶黏剂，以提高涂层的强度、纸面的光泽度、印刷光泽度、适印性，并使纸或纸板具有耐磨、耐挠曲、抗水、抗油等性能。④浸渍，如生产某些特种工业纸板，通过在胶乳中进行浸

溃而获得某些所需要的特殊性能。

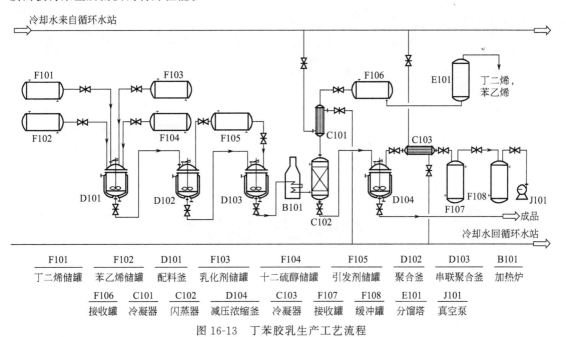

F101	F102	D101	F103	F104	F105	D102	D103	B101
丁二烯储罐	苯乙烯储罐	配料釜	乳化剂储罐	十二硫醇储罐	引发剂储罐	聚合釜	串联聚合釜	加热炉

F106	C101	C102	D104	C103	F107	F108	E101	J101
接收罐	冷凝器	闪蒸器	减压浓缩釜	冷凝器	接收罐	缓冲罐	分馏塔	真空泵

图 16-13　丁苯胶乳生产工艺流程

Chapter 17

第**17**章

精细纳米材料

17.1 概述

纳米科技是 20 世纪 80 年代末、90 年代初才逐步发展起来的前沿、交叉性新兴学科领域。纳米科技是指在纳米尺度（1～100nm 即 10^{-9}～10^{-7}m）上研究物质（包括原子、分子的操纵）的特性和相互作用以及利用这些特性的多学科交叉的科学和技术。当物质小到 1～100nm 时，由于其量子效应、物质的局域性及巨大的表面及界面效应，使物质的很多性能发生质变，呈现出许多既不同于宏观物体，也不同于单个孤立原子的奇异现象。纳米科技的最终目标是直接利用原子、分子及物质在纳米尺度上表现出来的新颖的物理、化学和生物学特性制造出具有特定功能的产品。

纳米材料是纳米科技发展的基础。什么是纳米材料？纳米材料必须同时满足两个基本条件：①在三维空间中至少有一维处于纳米尺度（1～100nm）或由它们作为"基本单元"（building blocks）构建的材料；②与块体材料（bulk materials）相比，在性能上有突变或者大幅提高的材料。如果仅在尺寸上满足了条件，但不具有尺寸减小所产生的奇异性能，那还不是纳米材料。

纳米材料的本质在于：当材料进入纳米尺度时，材料的物性之间由几个与尺度效应、边界效应等直接相关的特征物理尺度（如电子的德布罗意波长、波尔激子半径、隧穿势垒厚度、铁磁性临界尺寸等）所决定。只要结构几何尺寸接近这些特征物理尺度（绝大部分在纳米科学定义的尺度范围内），材料的电子结构、输运、磁学、光学、热力学和力学性能均要发生明显的变化。在这些特征尺度内，物质的局域场强度与外场强度可比拟，局域场、外场、原子分子构型形变的耦合变得突出，原子间相互位置或分子构型的变化必然引起局部电子云密度变化和纳米尺度物质的物理、生化性能变化。

17.2 精细纳米材料

17.2.1 纳米二氧化锆

英文名称：nanometer-sized ZrO_2

分子式：ZrO_2

（1）性能指标（HG/T 2773—2004）

外观	白色无定形颗粒			
	1 类	2 类	3 类	
			Ⅰ 型	Ⅱ 型
锆含量（以 ZrO_2 计，质量分数）	≥99.5%	≥99.5%	≥99.0%	≥98.0%

氧化铁质量分数	≤0.01%	≤0.005%	≤0.05%	≤0.1%
二氧化硅质量分数	≤0.02%	—	≤0.1%	≤1.0%
氧化铝质量分数	≤0.01%	—	—	≤0.8%
二氧化钛质量分数	≤0.01%	≤0.005%	—	≤0.22%
氧化钙质量分数	—	—	≤0.05%	—
氧化镁质量分数	—	—	—	—
氧化钠质量分数	≤0.01%	≤0.05%	—	—
灼烧减量质量分数	≤0.4%	≤0.3%	≤0.5%	—
氯化物（以 Cl 计）质量分数	≤0.1%	—	—	—
水分	≤0.1%	—	—	—

说明：1 类：电子工业用；2 类：光学玻璃用；3 类：Ⅰ 型，一般工业用；Ⅱ 型，耐火材料和陶瓷色料用。

常用工业产品的技术指标：

型号	外观	含量 /%	粒径 /nm	比表 面积 /(m²/g)	晶相	产品特性及应用
VK-R50	白色 粉末	99.9	40～50	20～40	单斜	粒径分布均匀，分散性好，主要用于各种涂料
VK-R50Y1 VK-RYK1	白色 粉末	94.7	50 —	12～15	四方	5.3%钇稳定，3Y 部分稳定，主要用于各种结构陶瓷，牙科材料，喷涂材料
VK-R50Y2 VK-RYK2	白色 粉末	91.5	50 —	12～15	四方	8.5%钇稳定，5Y 稳定，主要用于各种功能陶瓷，氧传感器等
VK-R50Y3 VK-RYK3	白色 粉末	86.5	50 —	12～15	立方	13.5%钇稳定，8Y 全稳定，用于各种功能陶瓷，氧传感器，电子烧支板等
VK-R60	白色 粉末	99.5	1～5μm	10～15	单斜	粒径分布均匀，分散性好，用于各种涂料陶瓷，耐火材料等
VK-R20W	白色 液体	20～40	40～50	—	单斜 四方	水性，不分层不沉淀，可任意比例稀释。长期放置，适合水性涂料及陶瓷添加剂，填充剂
VK-R20C	白色 液体	20～40	40～50	—	单斜 四方	油性，醇类或酮类，不分层不沉淀，可以长期放置，适合油性涂料及陶瓷添加剂，填充剂

（2）生产原料与用量

$ZrOCl_2 \cdot 8H_2O$	工业品	350
$Y(NO_3)_3 \cdot 6H_2O$	工业级	80
无水乙醇	食品级	200～300
聚乙二醇（PEG）分散剂	工业级	适量
氨水	工业级	适量
蒸馏水	一次蒸馏	适量

（3）合成原理　用醇-水溶液加热法制备纳米 ZrO_2（3Y）粉体过程中一个重要的阶段是在溶液加热时产生凝胶状沉淀。由于 $Y(NO_3)_3 \cdot 6H_2O$ 单独在醇-水溶液中加热时基本不反应，所以沉淀主要是 $ZrOCl \cdot 8H_2O$ 发生以下反应的结果：

$$4ZrOCl_2 + 6H_2O \longrightarrow Zr_4O_2(OH)_8Cl_4\downarrow + 4HCl$$

首先，当醇-水溶液加热时，溶液中的 $ZrOCl \cdot 8H_2O$ 发生水解反应生成 $Zr_4O_2(OH)_8Cl_4$ 胶粒并逐渐聚合形成凝胶。在这期间，Y^{3+} 自由地分散在凝胶中。由于加热过程是均匀进行的，没有外部的干扰，因此这种分散也是比较均匀的。接着，当氨水加入后 $Zr_4O_2(OH)_8Cl_4$ 凝胶将水解而完全转变成 $Zr(OH)_4$ 凝胶，而 $Y(NO_3)_3$ 则转变成 $Y(OH)_3$，依然均匀地分散在凝胶中。当凝胶被烘干、煅烧时，$Zn(OH)_4$ 脱水转变成 ZnO_2 粉体，而 $Y(OH)_3$ 也脱水成为 Y_2O_3 并掺入到 ZrO_2 颗粒中使之以四方相的形式稳定下来。

（4）生产工艺流程（参见图 17-1）

① 采用 $ZrOCl_2 \cdot 8H_2O$ 和 $Y(NO_3)_3 \cdot 6H_2O$ 为反应前躯体，按 Y_2O_3 含量为 3%（摩尔分数）的组成在 D101 中配制成一定浓度的混合溶液。

② 按醇∶水比为 5∶1 加入 D101 中，同时加入适量的 PEG 为分散剂。体系缓慢加热至 75℃，溶液很快转变为不透明。保温适当时间后，液体转变成白色凝胶状沉淀。

③ 将沉淀取出导入陈化釜 D102 中，在搅拌的同时滴加氨水至 pH＞9 后陈化 12h。

④ 用蒸馏水在 F101 中反复洗涤凝胶至无 Cl^-（用 3mol/L $AgNO_3$ 溶液检验），再用无水乙醇在 F102 中洗涤 3 次后烘干，最后在 B101 中煅烧得到 ZrO_2(3Y) 粉体。

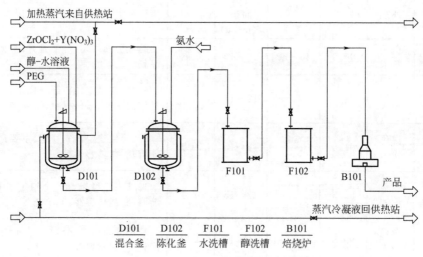

图 17-1 纳米 ZrO_2 粉体生产工艺流程

（5）产品用途

① 纳米二氧化锆具有高强度、高韧性的特点，可以广泛用于精密陶瓷、功能陶瓷、结构陶瓷、电子陶瓷、生物陶瓷等各种陶瓷，增强陶瓷制品的抗弯强度、韧性等。也可以作为陶瓷颜料、彩釉添加剂及各种耐火材料。

② 纳米二氧化锆有优异的耐磨性，广泛用于各种耐磨涂料及涂层。尤其是在表面涂层等高科技领域有重要的应用价值。

③ 纳米二氧化锆可以用在高强度、高韧性耐磨制品：磨机内衬、切削刀具、拉丝模、热挤压模、喷嘴、阀门、滚珠、泵零件、多种滑动部件等。

④ 纳米二氧化锆广泛用于光通讯器件、添加 CaO、Y_2O_3 等传感器、固体氧燃料电池等。

17.2.2 纳米二氧化硅

中文别名：超微细白炭黑

英文名称：nanometer-sized SiO2

分子式：SiO2

（1）性能指标

| S-SiO2 | 纯度＞99.9% | 比表面积 | $(380\pm5)m^2/g$ |
| 平均粒径 | 20～30nm | | |

（2）生产原料与用量

硅酸钠	模数 3.3～3.5，相对密度 1.284～1.308	680
盐酸	工业级，37%	120
分散剂（聚乙二醇）	工业级	2～5
非离子表面活性剂（OP-7 等）	工业级	5～8

（3）合成原理　以硅酸钠和盐酸为原料，低温加热发生反应，生成 H_4SiO_4 白色沉淀，加入分散剂和非离子表面活性剂，原硅酸经脱水生成 H_2SiO_3，经高温煅烧生成 SiO_2。反应式如下：

$$Na_2O \cdot SiO_2 \cdot nH_2O + HCl \longrightarrow H_4SiO_4 \downarrow + NaCl + H_2O$$

$$H_4SiO_4 \longrightarrow H_2SiO_3 + H_2O$$

$$H_2SiO_3 \longrightarrow SiO_2 + H_2O$$

（4）生产工艺流程（参见图 17-2）　将模数为 3.3～3.5 的硅酸钠溶液加入反应釜 D101 中，慢慢加热至不超过 30℃，搅拌均匀后，滴加 HCl 溶液发生反应，生成 H_4SiO_4 白色沉淀，然后在搅拌下加入适量分散剂和非离子表面活性剂，搅拌 1～2h 后，导入沉淀槽 F101 中，得到的沉淀物在 L101 中用离心法洗涤分离。继续导入 L102、L103 中洗涤、离心分离以去掉其中的 Cl^-。

粗产物在微波干燥器 L104 中干燥 30min 左右，最后在煅烧炉 B101 中以适宜的温度（430～480℃）热处理 1h 得到最终产品。

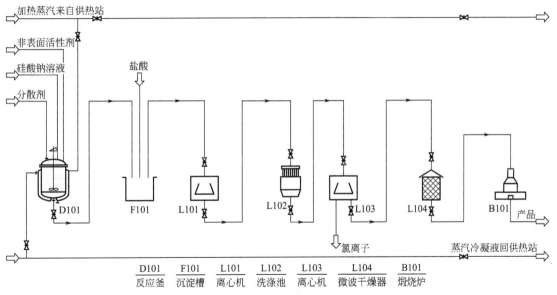

D101	F101	L101	L102	L103	L104	B101
反应釜	沉淀槽	离心机	洗涤池	离心机	微波干燥器	煅烧炉

图 17-2　纳米 SiO_2 粉体生产工艺流程

（5）产品用途　纳米二氧化硅是极其重要的高科技超微细无机新材料之一，因其粒径很小，比表面积大，表面吸附力强，表面能大，化学纯度高，且在分散性能、热阻、电阻等方面具有特异的性能，广泛应用于橡胶、塑料、电子、涂料、陶（搪）瓷、石膏、蓄电池、颜料、胶黏剂、化妆品、玻璃钢、化纤、有机玻璃、环保等诸多领域。

17.2.3　纳米二氧化钛

英文名称：nanosized titania

分子式：TiO_2

（1）性能指标

TiO_2 含量	99.4%	水溶物质量分数	≤0.4%
一次颗粒粒度	20～50nm	105℃挥发物质量分数	≤0.5%
吸油量	≤22g/100g	颜色	与标准样比近似
水悬浮液 pH 值	6.5～8.0	消色力（与标准样比）	≥100

（2）生产原料与用量

钛液	工业品	580	表面活性剂	工业级	5～10
尿素	工业级	230	絮凝剂	工业品	8～17
溶胶剂	工业品	10	去离子水	去离子水	200～800

（3）生产原理　国内外合成纳米 TiO_2 的方法主要有溶胶-凝胶法（S-G 方法）、气象法（CVD）的胶溶法。利用金属醇盐的水解和缩聚作用的溶胶-凝胶法，作为一种制备纳米粉末的有效方法，已经合成了均匀性好的 TiO_2 凝胶及纳米 TiO_2 粒子，但这种方法成本较高。而 CVD 法则在技术和材质方面要求高，工艺复杂，投资大。相比较而言，溶胶法工艺简单得多，但缺点是原料来源少且价格不等。用水热法能制得高纯度的二氧化钛，但产物的晶粒较大。采用硫酸法钛白粉生产的中间产品偏钛酸为原料，成功地制得了热稳定性好、粒度均匀、分散性好的锐钛矿型二氧化钛纳米粒子。下面介绍采用沉淀法生产纳米二氧化钛的原理。

以钛液（$TiOSO_4$）为原料，尿素 $[(NH_2)_2CO]$ 为沉淀剂生成偏钛酸沉淀，加入 0.01mol/L H_2SO_4 和去离子水、溶胶剂、表面活性剂，然后絮凝分离、干燥煅烧后得到 TiO_2 纳米粉体。反应式如下：

$$(NH_2)_2CO+3H_2O \longrightarrow 2NH_4OH+CO_2\uparrow$$
$$TiOSO_4+2NH_4OH \longrightarrow TiO(OH)_2\downarrow+(NH_4)_2SO_4$$
$$TiO(OH)_2+2HR \longrightarrow TiOR_2+2H_2O$$
$$TiOR_2+O_2 \longrightarrow TiO_2+CO_2\uparrow+H_2O\uparrow$$

（4）生产工艺流程（参见图 17-3）

① 将标准浓度的钛液（经冷凝结晶分离除去硫酸亚铁，经板框压滤澄清度合格，TiO_2 含量控制在 130g/L 左右），与定量的尿素和去离子水加入水解反应釜 D101 中，搅拌并开始加温（蒸汽加热），至 95℃时计为初始时间，检测 pH 值，保持 pH＝2 停止加热，用工业冷却水冷却至室温。

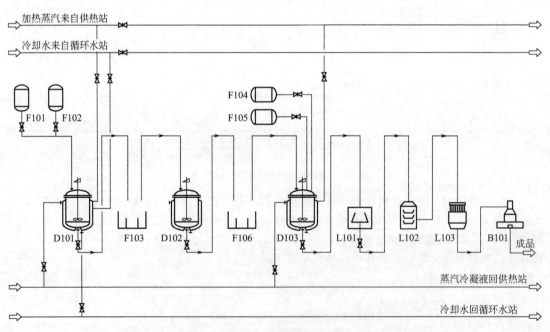

F101	F102	D101	F103	D102	F104
钛液储罐	尿素液储罐	水解釜	硫酸溶液洗槽	漂白釜	表面活性剂储罐
F105	F106	D103	L101	L102	L103	B101
絮凝剂储罐	洗槽	溶胶合成釜	离心机	干燥器	水洗器	煅烧炉

图 17-3　纳米二氧化钛生产工艺流程

② 用 pH＝2 的浓度 0.01mol/L 的 H_2SO_4 溶液在 F103 洗槽中清洗偏钛酸，以防止吸附沉淀中的 Fe^{2+} 由于酸度降低而出现沉淀；然后进入漂白反应釜 D102 进行深度除杂，再经过 F106 水槽清洗，进入溶胶合成釜 D103 中。

③ 由于偏钛酸沉淀时呈酸性，尿素经加热后，分解出 NH_4OH，经过一定的时间，TiO^{2+} 和 OH 达到饱和，当出现一定程度的过饱和后出现沉淀；选用 1mol/L 溶胶剂对 0.25mol/L 偏钛酸再添加 1％表面活性剂进行溶胶化；溶胶时的最佳温度为（70±2）℃，恒温加热 2h 得到胶体；选用 9.5mg/L 浓度的絮凝剂，破胶絮凝时先进行数分钟超声波分散处理，超声波分散处理均为频率 40kHz、功率密度 $1.8W/cm^3$ 条件下，在 1.5h 内完成。

④ 溶胶反应完全后，再经 L101 离心、L102 干燥、打散或再沉降，在 L103 中继续水洗四次后喷雾干燥；最后在 B101 中经 750℃以上煅烧 3h 出现金红石型 TiO_2 颗粒。

（5）产品用途　纳米二氧化钛添加到涂料中可制作成具有空气净化、消毒杀菌、防污自洁功能的纳米抗菌环保涂料，而且能够增加涂料的耐摩擦耐清洗能力，同时能够起到屏蔽紫外线的作用，从而增加涂料的耐老化性能；可制作成光催化剂液体，用于室内空气净化，有效去除室内的甲醛、苯、氨、TVOC 的有害气体；在污水处理方面也得到了广泛的应用，尤其是在处理农药厂废水、钢铁厂废水方面表现出了极佳的效果；添加到纺织品中还可以制作出特殊功能的纺织品，添加到陶瓷玻璃种可以制作出具有自洁防污功能的陶瓷、玻璃制品；添加到塑料中可以做成可降解塑料；添加到化妆品中可以起到很好的紫外线屏蔽作用。

17.2.4　纳米碳酸钙

英文名称：nano calcium carbonate

分子式：$CaCO_3$

（1）性能指标（HG/T 2776—1996）

外观	白色粉末	一等品	合格品
氧化钙含量		≥54.3％	≥53.8％
氧化镁含量		≤0.8％	≤1.0％
盐酸不溶物含量		≤0.2％	≤0.3％
铁含量		≤0.1％	≤0.1％
105℃挥发物含量		≤0.7％	≤1.0％
pH（100g/L 悬浮液）		8.5～10.0	8.5～10.0
白度		≥90 度	—
比表面积		≥18m²/g	≥18m²/g
密度		2.55～2.65g/cm³	2.55～2.65g/cm³
平均粒径		≤0.08μm	≤0.08μm

（2）生产原料与用量

石灰石	工业品	500
水	去离子水	适量

（3）生产原理

$Ca(OH)_2$ 浊液通过压力喷嘴喷成雾状与 CO_2 合气体逆流接触，使石灰乳为分散相，窑气为连续相，大大增加了气-液接触表面，通过控制石灰乳浓度、流量、液滴径、气液比等工艺条件，在常温下制取纳米级超细碳酸钙。

（4）生产工艺流程（参见图 17-4）　石灰石经过预处理，剔除红筋，洗去泥土，破粉到一定粒度，同一定粒度白煤按一定比例混合均匀后经混料煅烧立窑煅烧；或一定粒径石灰石在气烧（或液烧）立窑、回转窑等进行煅烧，制取石灰和窑气。石灰经筛分除渣送消化机或消化池与水进行消化反应生成石灰乳，经筛分、旋液分离等除渣精制后的精浆液，送调温调浓工序，根据碳化要求控制到一定温度、一定浓度送往碳化反应设备。窑气经惯性除尘器、喷淋除尘器、泡沫或垂直筛板塔、填料塔等净化降温后，经气液分离后干气送压缩机提压、降温、油水分离后送碳化反应设备，与石灰乳进行碳酸化反应。根据不同碳化方法，采取不同工艺条件、不同添加剂等合成纳米级碳酸钙悬浊液，该悬浊液直接过滤、干燥、分级、包装制取纳米级碳酸钙产品工；如悬浊液经湿法改性装置处理后，再进行过滤、干燥、分级、包装制取湿法改性的活性纳米级碳酸钙产品；如将直接干燥产品，引入干法改性装置处理后，再进行分级、包装制取干法改性的活性纳米级碳酸钙产品。

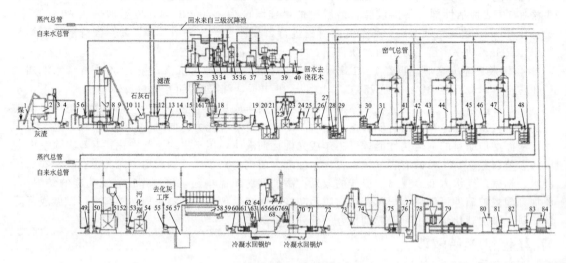

图 17-4　纳米碳酸钙生产工艺流程

1—提升机；2—煤气发生炉；3—分汽包；4—鼓风机；5—除尘器；6—预热器；7—煅烧立窑；8—预热器；9—鼓风机；10—提升机；11—粉碎机；12—热水槽；13—热水泵；14—颚式破碎机；15—提升机；16—料仓；17—电子皮带秤；18—化灰机；19—振动筛；20—粗浆槽；21—粗浆泵；22—旋液分离器；23—渣液槽；24—渣液泵；25—渣液储槽；26—筛子；27—精浆槽；28—调浓槽；29——级储槽泵；30——级储槽；31—第一碳化泵；32—惯性除尘器；33—喷淋除尘器；34—泡沫除尘器；35—填料塔；36—循环水泵；37—凉水塔；38—窑气压缩机；39—后冷却器；40—缓冲罐；41—第一碳化塔；42—第二储槽；43—第二碳化泵；44—第二碳化塔；45—第三储槽；46—第三碳化泵；47—第三碳化塔；48—熟浆槽；49—熟浆泵；50—压滤泵；51—活化槽；52—计量槽；53—活化剂泵；54—皂冲釜；55—滤液泵；56—滤液储槽；57—压滤机；58—滤饼导向槽；59—输送机；60—鼓风机；61—板式换热器；62—滤饼储槽；63—挤条机；64—带式干燥机；65—分离器；66—引风机；67—烟囱；68—输送机；69—双搅喂料机；70—旋转闪蒸干燥机；71—板式换热器；72—鼓风机；73—旋风分离器；74—袋滤器；75—引风机；76—烟囱；77—产品仓；78—提升机；79—包装机；80—冷冻液槽；81—冷冻液泵；82—制冷机组；83—循环水泵；84—凉水塔

（5）产品用途　由于活性纳米碳酸钙表面亲油疏水，与树脂相容性好，能有效提高或调节制品的刚、韧性、光洁度以及弯曲强度；改善加工性能，改善制品的流变性能、尺寸稳定性能、耐热稳定性具有填充及增强、增韧的作用。产品广泛应用于各种胶黏剂、PVC软硬制品、电线电缆、涂料、油墨、造纸、医药等工业领域。

17.2.5　纳米氧化铁

英文名称：nano-sized iron oxide

分子式：Fe_2O_3

（1）性能指标

Fe_2O_3 含量	99.40%	水溶物	≤0.18%
筛余物（45μm）	0.16%	水分	0.12%
吸油量	26%	遮盖力	5g/m³
pH 值	4.6	色光	较鲜艳

（2）生产原料与用量

硫酸亚铁	工业级	600	分散剂	工业级	适量
氢氧化钠	工业级	26	复配添加剂	工业级	适量
碳酸氢铵	工业级	45～60	催化剂	工业级	适量
十二烷基磺酸钠	工业级	5	活化剂	工业级	适量

（3）生产原理　以硫酸亚铁为原料，氢氧化钠为沉淀剂生成氢氧化亚铁沉淀，加入分散剂和表面活性剂十二烷基磺酸钠，再用碳酸氢铵将沉淀转化为碳酸亚铁，然而边搅拌边加复配添加剂及催化剂，通入空气氧化成 $\alpha\text{-}Fe_2O_3 \cdot H_2O$，煅烧成 Fe_2O_3 粉体，粉碎过筛成为纳米 Fe_2O_3 粒子。其化学反应如下：

$$Fe_2SO_4 + 2NaOH \longrightarrow Fe(OH)_2\downarrow + Na_2SO_4$$

$$Fe(OH)_2 + NH_4HCO_3 \longrightarrow FeCO_3\downarrow + NH_3 \cdot H_2O + H_2O$$

$$2FeCO_3 + \frac{1}{2}O_2 + H_2O \xrightarrow[\text{催化剂}]{\text{复配添加剂}} \alpha\text{-}Fe_2O_3 \cdot H_2O + 2CO_2$$

$$\alpha\text{-}Fe_2O_3 \cdot H_2O \xrightarrow{\text{煅烧}} \alpha\text{-}Fe_2O_3 + H_2O$$

（4）生产工艺流程（参见图 17-5）　取一定浓度的 $FeSO_4$ 溶液，加入反应釜 D101 中，边搅拌边加入少量分散剂和表面活性剂十二烷基磺酸钠的水溶液，慢慢加热至不超过 30℃。搅拌均匀后，导入 F101 中，迅速滴入氢氧化钠溶液，得到墨绿色氢氧化亚铁胶体；再导入 F102 用碳酸氢铵将沉淀转化为碳酸亚铁；然后在 F103 中边搅拌边加入复配添加剂和催化剂，同时通入空气进行氧化反应。

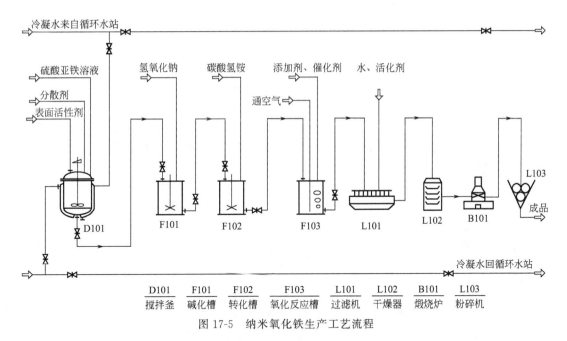

图 17-5　纳米氧化铁生产工艺流程

反应后的物料在 L101 中过滤，并用活化剂洗涤；然后在 L102 中在 105℃的温度下干燥 30min，最后经 B101 煅烧制得 $\alpha\text{-}Fe_2O_3$ 粉体，将粉体由 L103 粉碎、过筛得成品。

（5）产品用途　纳米氧化铁的应用非常广泛，主要应用领域为：化工、塑料、纺织、涂料、橡胶、颜料、密封等；电子、电子封装料、铁氧体材料、电池；金属、陶瓷、纳米陶瓷、复合陶瓷基片；抗紫外材料，微波吸收材料；生物医药领域：磁性药物载体，细胞分离技术，磁热疗材料等；磁保健材料；磁记录材料。

17.2.6　纳米氧化锌

英文名称：nanometer-sized ZnO

分子式：ZnO

(1) 性能指标（GB/T 19589—2004）

外观	白色或微黄色粉末		
	1类	2类	3类
氧化锌含量	≥99.0%	≥97.0%	≥95.0%
平均粒径	≤100nm	≤100nm	≤100nm
比表面积	≥15m²/g	≥15m²/g	≥35m²/g
团聚指数	≤100	≤100	≤100
铅含量	≤0.001	≤0.001	≤0.003
锰含量	≤0.001	≤0.001	≤0.005
铜含量	≤0.0005	≤0.0005	≤0.0005
镉含量	≤0.0015	≤0.005	—
汞含量	≤0.0001	—	—
砷含量	≤0.0003	—	—
105℃挥发物	≤0.5	≤0.5	≤0.7
水溶物	≤0.10	≤0.10	≤0.7
盐酸不溶物	≤0.02	≤0.02	≤0.05
灼烧失重	—	≤2	≤4

(2) 生产原料与用量

锌粉	工业级	120	溴乙烷	工业级	54.4
氧化铜	工业级	10	无水乙醇	工业级	适量
碘乙烷	工业级	78			

(3) 合成原理　采用溶胶-凝胶法制备。首先合成二乙基锌：

$$2CH_3CH_2I + 2CH_3CH_2Br + 4Zn \xrightarrow{加热} 2(CH_3CH_2)_2Zn + ZnI_2 + ZnBr_2$$

然后二乙基锌水解得到 $Zn(OH)_2$ 溶胶，再经高温焙烧得到产品。

(4) 生产工艺流程（参见图 17-6）

① 有机物前躯体-二乙基锌的合成：将锌粉和氧化铜粉末均匀混合，在反应釜 D101 中于氢气流下搅拌，慢慢加热至氧化铜还原，得到单一的灰色混合物，即锌-铜合金。

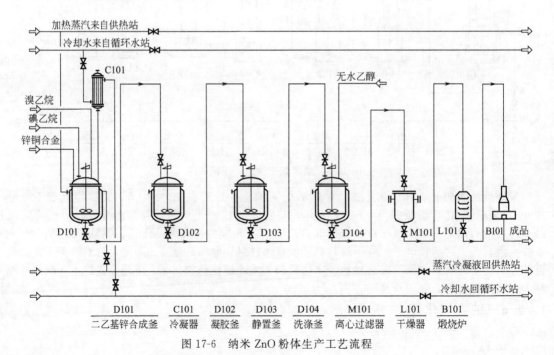

图 17-6　纳米 ZnO 粉体生产工艺流程

② 在氮气流下，在反应釜 D101 中，继续加入碘乙烷和溴乙烷的混合物。搅拌并加热，使之回流，一般在持续加热 1.5h 后反应开始，这可由回流速度加快来判断。反应开始后停止加热。加热停止 30min 后，反应结束，冷却至室温。

③ 在另一减压蒸馏釜中，保持压力在 4.0kPa，接受装置于冰水中冷却，蒸馏得到二乙基锌。

④ 在有机介质条件下，将二乙基锌与二次蒸馏水按一定的比例混合投入凝胶釜 D102 中，进行恒温水解，通过调整水解反应时间、水解体系的 pH 值，从而得到 $Zn(OH)_2$ 湿溶胶。

⑤ 将 $Zn(OH)_2$ 的湿凝胶在静置釜 D103 中静置一段时间之后，导入洗涤釜 D104 用无水乙醇对其进行多次洗涤、离心分离、真空干燥后，得到 $Zn(OH)_2$ 干凝胶。

⑥ 将 $Zn(OH)_2$ 干凝胶在高温炉 B101 中焙烧制得纳米 ZnO 粉末。

（5）产品用途　在橡胶工业中可以作为硫化活性剂等功能性添加剂，提高橡胶制品的光洁性、耐磨性、机械强度和抗老化性能性能指标，减少普通氧化锌的使用量，延长使用寿命；在陶瓷工业中可作为乳瓷、釉料和助熔剂，可降低烧结温度、提高光泽度和柔韧性，有着优异的性能；在国防工业中纳米氧化锌具有很强的吸收红外线的能力，吸收率和热容的比值大，可应用于红外线检测器和红外线传感器；纳米氧化锌还具有质量轻、颜色浅、吸波能力强等特点，能有效的吸收雷达波，并进行衰减，应用于新型的吸波隐身材料；在纺织工业中具有良好的紫外线屏蔽性和优越的抗菌、抑菌性能，添加入织物中，能赋予织物以防晒、抗菌、除臭等功能。

17.2.7　纳米氧化铝

英文名称：nanometer-sized Al_2O_3

分子式：Al_2O_3

（1）性能指标

外观	白色粉末	比表面积	$150\sim200m^2/g$
晶型	α 相	粒径	30nm
含量	≥99.99%		

（2）生产原料与用量

硝酸铝	工业级	670	过硫酸铵	工业级	1.5～4
丙烯酰胺	工业级	100	水	去离子水	适量
N,N'-亚甲基双	工业级	30～60			
丙烯酰胺					

（3）合成原理　以硝酸铝为主要原料，采用高分子网络凝胶法生产。该法利用了丙烯酰胺自由基聚合反应，同时在此体系中加入 N,N'-亚甲基双丙烯酰胺，利用它的有两个活化双键的双功能效应，将高分子链联结起来构成网络从而获得凝胶。由于凝胶的形成，Al^{3+} 在溶液中的移动受到限制，在以后干燥和煅烧过程中，Al_2O_3 纳米颗粒相互间接触和聚集的机会减少，有利于形成颗粒尺寸大小、团聚少的纳米粉体。

（4）生产工艺流程（参见图 17-7）

① 将硝酸铝水溶液加入混合釜 D101 中，加入丙烯酰胺单体、N,N'-亚甲基双丙烯酰胺网络剂，室温下搅拌混合 0.5h。

② 将上述物料泵入聚合釜 D102 中，加入引发剂过硫酸铵溶液，升温至 80℃，控制温度在 80～85℃下进行聚合反应 3～5h 获得凝胶。

③ 将所得的凝胶经 M101 过滤、L101 干燥、B101 煅烧即得 α-Al_2O_3 粉体产品。

（5）产品用途　α 相纳米 Al_2O_3 硬度高、尺寸稳定性好，可广泛应用于各种塑料、橡胶、陶瓷、耐火材料等产品的补强增韧，特别是提高陶瓷的致密性、光洁度、冷热疲劳性、断裂韧性、抗蠕变性能和高分子材料产品的耐磨性能尤为显著。由于纳米 Al_2O_3 也是性能优异的远红外发射材料，作为远红外发射和保温材料被应用于化纤产品和高压钠灯中。此外，α 相 Al_2O_3 电阻率高，具有良好的绝缘性能，可应用于 YGA 激光晶的主要配件和集成电路基板中。

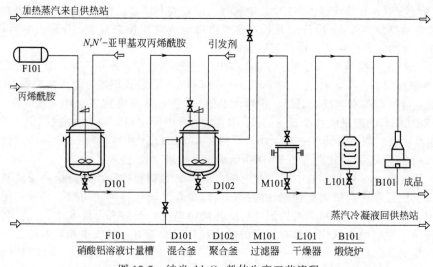

加热蒸汽来自供热站

N,N'-亚甲基双丙烯酰胺　　　引发剂

F101

丙烯酰胺

D101　　　D102　　　M101　　　L101　　　B101　成品

蒸汽冷凝液回供热站

F101	D101	D102	M101	L101	B101
硝酸铝溶液计量槽	混合釜	聚合釜	过滤器	干燥器	煅烧炉

图 17-7　　纳米 Al_2O_3 粉体生产工艺流程

Chapter 18

第18章

有机染料与颜料

有机染料和颜料一般都是自身有色而且能使其他物质获得鲜明和坚牢色泽的有机化合物。多数有机染料能以某种方式溶解在水中，染色过程是在染料的溶液中进行的，而有机颜料则不能溶解在水中，并且也不溶于使用它们的各种底物（被染物）中，它通常以高度分散的状态加入到底物中而使底物着色。

染料的应用主要有染色、着色和涂色三个途径。染料目前的主要应用领域是各种纤维的着色，同时也广泛地应用于塑料、橡胶、油墨、皮革、食品、造纸、光学和电学等工业，近年来其应用正在逐步向信息技术、生物技术、医疗技术等现代高科技领域中渗透。

颜料的应用途径主要是着色，它的主要应用领域是油墨，约占颜料产量的 1/3，其次为涂料、塑料、橡胶等工业。同时，在合成纤维的原浆着色、织物的涂料印花及皮革着色中也有比较广泛的应用。

18.1 有机染料与颜料概述

18.1.1 有机染料的分类与应用

染料按其结构和应用性能有两种分类方法。根据染料的应用性能、使用对象、应用方法来分类称为应用分类，根据染料共轭发色体的结构特征进行分类称为结构分类。同一种结构类型的染料，某些结构的改变可以产生不同的染色性质，而成为不同应用类型的染料；同样，同一应用类型的染料，可以有不同的共轭体系（如偶氮、蒽醌等）结构特征，因此，应用分类和结构分类常结合使用。为了方便染料的使用，一般商品染料的名称大都采用应用分类，而为了研究讨论方便，则常采用结构分类。

18.1.1.1 按化学结构分类

在染料的分子结构中都具有共轭体系。按照这种共轭体系结构的特点，染料的主要类别如下。

（1）偶氮染料　偶氮染料为含有偶氮基（—N=N—）的染料。

（2）蒽醌染料　蒽醌染料包括蒽醌和具有稠芳环的醌类染料。

（3）芳甲烷染料　根据一个碳原子上连接的芳环数的不同，芳甲烷染料可分为二芳甲烷和三芳甲烷两种类型。

（4）靛族染料　靛族染料为含有靛蓝和硫靛结构的染料。

（5）硫化染料　硫化染料为由某些芳胺、酚等有机溶剂和硫、硫化钠加热制得的染料，需在硫化钠溶液中染色。

(6) 酞菁染料　酞菁染料为含有酞菁金属络合结构的染料。

(7) 硝基和亚硝基染料　含有硝基（—NO$_2$）的染料称为硝基染料，含有亚硝基（—NO）的染料称为亚硝基染料。

此外还有其他结构类型的染料，如次甲基和多次甲基类染料、二苯乙烯类染料以及各种杂环染料等。

18.1.1.2　按应用性能分类

用于纺织品染色的染料按应用性能大致可分为以下几类。

(1) 直接染料（direct dyes）　直接染料是一类可溶于水的阴离子染料。它们的分子中大多含有磺酸基，有的则具有羧基，染料分子与纤维素分子之间以范德华力和氢键相结合。主要用于纤维素纤维的染色，也可用于蚕丝、纸张、皮革的染色。

(2) 酸性染料（acid dyes）　酸性染料是一类可溶于水的阴离子染料。染料分子中含磺酸基、羧基等酸性基团。通常以水溶性钠盐存在，在酸性浴中可以与蛋白质纤维分子中的氨基以离子键结合，故称为酸性染料。常用于蚕丝、羊毛和聚酰胺纤维（锦纶）以及皮革染色。也有一些染料，其染色条件和酸性染料相似，但需要通过某些金属盐的作用，在纤维上形成螯合物才能获得良好的耐洗性能，称为酸性媒染染料。还有一些酸性染料的分子中有螯合金属离子，含有这种螯合结构的酸性染料叫作酸性含媒染料。适宜在中性或弱酸性染浴中染色的酸性含媒染料往往称为中性染料，它们也可用于聚乙烯醇缩甲醛纤维（维纶）的染色。

(3) 阳离子染料（cationic dyes）　染料分子可溶于水，呈阳离子状态，故称阳离子染料，主要用于聚丙烯腈纤维（腈纶）的染色。因早期的染料分子中具有碱性基团，常以盐形式存在，可溶于水，能与蚕丝等蛋白质纤维分子以盐键形式相结合，故又称为碱性染料或盐基染料。

(4) 活性染料（reactive dyes）　活性染料又称为反应性染料。在这类染料分子结构中带有活性基团，染色时能够与纤维分子中的羟基、氨基发生共价结合而牢固地染着在纤维上。主要用于纤维素纤维纺织品的染色和印花，也能用于羊毛和锦纶的染色。

(5) 不溶性偶氮染料（azoic dyes）　在染色过程中，由重氮组分（色基）和偶合组分（色酚）直接在纤维上反应，生成不溶性色淀而染着、这种染料称为不溶性偶氮染料。其中，重氮组分是一些芳伯胺的重氮盐，偶合组分主要是酚类化合物。这类染料主要用于纤维素纤维的染色和印花。由于染色时需在冰的冷却条件下（0～5℃）进行，故又称为冰染染料。

(6) 分散染料（disperse dyes）　分散染料分子中不含水溶性基团，染色时染料以微小颗粒的稳定分散体对纤维进行染色，故称为分散染料。主要用于各种合成纤维，如涤纶、锦纶等的染色。

(7) 还原染料（vat dyes）　还原染料不溶于水。染色时，它们在含有还原剂的碱性溶液中被还原成可溶性的隐色体钠盐后上染纤维，染色后再经过氧化重新成为不溶性染料而固着在纤维上。主要用于纤维素纤维的染色、印花，少量用于丝、毛的染色。

(8) 硫化染料（sulphur dyes）　硫化染料和还原染料相似，也是不溶于水的染料。染色时，它们在硫化碱溶液中被还原为可溶状态，上染纤维后，经过氧化便又成不溶状态固着在纤维上。这类染料主要用于纤维素纤维的染色。

(9) 缩聚染料（polycondensation dyes）　缩聚染料是最近二十年来发展起来的一类染料，可溶于水。它们在纤维上能脱去水溶性基团而发生分子间的缩聚反应，成为相对分子质量（分子量）较大的不溶性染料而固着在纤维上。目前，此类染料主要用于纤维素纤维的染色和印花，也可用于维纶的染色。

(10) 荧光增白剂（fluorescent whitening agents）　荧光增白剂上染到纤维、纸张等基质后，能吸收紫外线，发射蓝色光，从而抵消织物上因黄光反射量过多而造成的黄色感。在视觉上产生洁白、耀目的效果。不同品种的荧光增白剂可用于不同种类纤维的增白。

此外，还有用于纺织品的氧化染料（如苯胺黑）、溶剂染料、丙纶染料以及用于食品的食品染料和用于油漆等其他工业的有机颜料等。

18.1.2 颜料的分类与应用

颜料是一种有装饰和保护作用的有色物质，它不溶于水、油、树脂等介质中，通常是以分散状态应用在涂料、油墨、塑料、橡胶、纺织、造纸、搪瓷和建筑材料等制品中，使这些制品呈现出颜色。

颜料至今还没有统一的分类方法，通常是按照生产方法、组成、功能、结构和颜色等进行分类的。

颜料按其生产方法可以分为天然颜料和合成颜料。天然颜料如：朱砂、红土、雄黄、铜绿、藤黄、靛青等；合成颜料如：钛白、锌钡白、铅铬黄、铁蓝、铁红、红丹、大红粉、酞菁蓝、喹吖啶酮红等。

颜料按其组成可以分为无机颜料和有机颜料。上述的钛白、锌钡白、铅铬黄、铁蓝、铁红、红丹等为无机颜料；大红粉、酞菁蓝、喹吖啶酮等为有机颜料。

颜料按其功能可以分为着色颜料、防锈颜料、体质颜料和特种颜料。着色颜料的功能主要是赋予制品所要求的颜色和遮盖力；防锈颜料是防止金属锈蚀，起到保护作用；体质颜料具有较低的遮盖力和着色力，一方面由于其价格较低，它的加入可以降低制品的成本，更重要的是可以增加制品机械强度、耐久性、耐磨性、耐水性和稳定性等；特种颜料包括示温颜料、发光（夜光）颜料和荧光颜料等，它主要用于标志、温度变化的显示等特殊用途。

颜料按其化学结构进行分类，如有机颜料可以分为偶氮颜料、酞菁颜料、多环颜料、芳甲烷系颜料等；无机颜料可以分为铁系颜料、铬系颜料、铅系颜料、锌系颜料、金属颜料、磷酸盐系颜料、钼酸盐系颜料、硼酸盐系颜料等。

颜料按其颜色进行分类，主要有白色颜料、黑色颜料、黄色颜料、红色颜料、绿色颜料、蓝色颜料等。颜料的应用性能与化学结构有密切的关系，如增加分子量、引入极性基团或提高分子的稠合程度，可以改善耐热、耐气候、耐溶剂和耐迁移等性质。

颜料的应用主要包括涂料、油墨、塑料、橡胶、皮革涂饰、造纸、陶瓷、纺织、建筑、工艺美术、医疗及化妆品等。不同的应用领域对颜料性能有不同的要求，因此应选择不同类型和结构的颜料来满足使用需要。

从上述主要用途可以看出，颜料在应用过程中以固体颗粒状态分散于使用介质中，因此颜料粒子的物理性能对应用性能的影响也是不容忽视的，例如着色强度、遮盖力、透明度和色光等在很大程度上依赖于粒子的物理状态。

18.2 有机染料

18.2.1 分散红 3B

中文别名：1-氨基-2-苯氧基-4-羟基蒽醌

英文名称：disperse red 3B

分子式：$C_{20}H_{13}NO_4$

（1）性能指标（ZB/TG 57010—1989）

外观	紫红色粉末	上色率（130℃，60min）	≥88%
溶水性	溶于50%丙酮呈红色，溶于浓硫酸呈暗黄色，不溶于水	水分	≤8%
		分散性	≥E级/级

（2）生产原料与用量

1-氨基蒽醌	工业级，≥95%	200	硫酸	工业级	1500
溴素	工业级	180	发烟硫酸	工业级	1400
苯酚	工业级	300	硼酸	工业级，98%	100

盐酸	工业级，31%	100	次氯酸钠	工业级	60
碳酸钾	工业级	89	扩散剂 NNO	工业级	700
焦亚硫酸钠	工业级	45			

（3）生产原理　分散红 3B 系由 1-氨基蒽醌溴化成 2,4-二溴-1-氨基蒽醌，然后在硫酚中水解，得 1-氨基-2-溴-4-羟基蒽醌，再与苯酚缩合而得。合成反应路线如下：

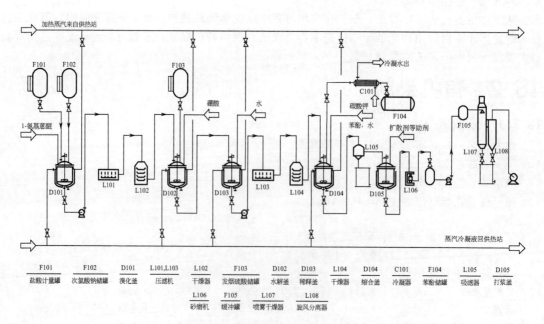

（4）生产工艺流程（参见图 18-1）

① 将磨细的 1-氨基蒽醌加入溴化釜 D101 中，加入 30% 的盐酸和溴素，反应 1h 后，在 3h 内加入 10% 的次氯酸钠溶液，2h 升温到 50℃，保温 2h，于 3h 升温到 80℃，直到溴化物熔点达 220℃ 以上，加入亚硫酸钠，冷却至 50℃，L101 过滤，水洗，L102 烘干。

② 在水解釜 D102 中加入发烟硫酸、硼酸，再加入上述二溴化物滤饼，至 100℃ 反应 1h，120℃ 反应 6h。

③ 上步物料导入稀释釜 D103，继续冷却至 50℃，稀释，经 L103 过滤，L104 烘干。

F101	F102	D101	L101,L103	L102	F103	D102	D103	L104	D104	C101	F104	L105	D105
盐酸计量罐	次氯酸钠储罐	溴化釜	压滤机	干燥器	发烟硫酸储罐	水解釜	稀释釜	干燥器	缩合釜	冷凝器	苯酚储罐	吸滤器	打浆釜

L106	F105	L107	L108
砂磨机	缓冲罐	喷雾干燥器	旋风分离器

图 18-1　分散红 3B 生产工艺流程

④ 在缩合釜 D104 中加入碳酸钾、苯酚，加热到 120℃，加入上述水解物，2h升温至140～145℃，并反应 6～8h。然后抽真空，蒸去苯酚，釜底物经过滤、水洗，滤饼加入打浆釜 D105 中加水打浆、并加扩散剂 NNO，在 90℃砂磨 14h，经 L107 喷雾干燥，得到染料分散红 3B 商品。

（5）产品用途　分散红 3B 主要用于涤纶及其混纺织物的染色，为蓝光艳红色，是分散染料"老三样"品种之一，可与分散蓝 2BLN、分散黄 RGFL 拼染。用高温高压法于 125～130℃染色，匀染性良好。也适用于锦纶或涤纶织物的直接印花，用高压汽蒸或高温汽蒸固色。

18.2.2　还原棕 BR

中文别名：士林棕 BR，C.I. 还原棕 1
英文名称：vat brown BR
分子式：$C_{42}H_{18}N_2O_6$

（1）性能指标（HG/T 3406—2002）

外观	深棕色粉末	颗粒细度		≤6μm
溶水性	不溶于水	扩散性能		3 级

（2）生产原料与用量

1-氯蒽醌	工业级，≥96%，熔点≥156℃	152	乙酸钠	工业级	4
			氯化亚铜	工业级	10
1,4-二氨基萘醌	工业级，≥88%，水分≤1%	60	液碱	工业级，30%	160
			氟化钠	工业级	24
三氯化铝	工业级，≥98.5%，FeCl₃≤0.05%	180	高锰酸钾	工业级	8.8
			盐酸	工业级	90
次氯酸钠	工业级，有效氯≥10%	1200	尿素	工业级	66
碳酸钠	工业级	45	水	去离子水	3500～4000

（3）生产原理　以 1,1-二氨基蒽醌和 1-氯蒽醌为原料，首先将两者在碳酸钠、乙酸钠、氯化亚铜存在下缩合（缩合反应也可在硝基苯介质中进行称为液相法）。然后在三氯化铝、氟化钠存在下闭环，经次氯酸钠氧化后即得产物。合成反应路线如下：

（4）生产工艺流程（参见图 18-2）

① 在反应器 D101 中加入经 F101 混合均匀的 152kg 1-氯蒽醌、60kg 1,4-二氨基蒽醌、45kg 碳酸钠（98%）、4kg 乙酸钠（98%）、10kg 氯化亚铜（99%），搅拌合 15min 后，于 1h 内升温至 160～180℃脱水，继续升温至 230℃，保温 3h。冷却，粉碎物料。向反应器内加水打浆，然后放

入水煮锅，补加水至2000L。升温至90～95℃，保持1h，经L101过滤，并水洗至中性。干燥至水分≤0.5％得缩合物约200～205kg。

② 在滚筒式反应器D102内加入66kg尿素（工业品）、24kg氟化钠（96％）、60kg缩合物、180kg无水三氯化铝（98％），按顺序加完料后，于室温混合，待有氯化氢气体放出时，逐步升温至180～190℃，随后吹风冷却1h，再次升温至170～180℃。保持3h，冷却，粉碎5h。然后将物料放至稀释釜D103（锅内已加入1500L水），调整体积至2000L，于90～95℃煮沸1h，冷至60℃，经L103过滤，水洗至中性，得滤饼约250kg。

③ 在氧化釜D104内加1200L水、160kg液碱（30％）、1200L次氯酸钠溶液（10％）、上述滤饼250kg，升温至80℃，再加入8.8kg高锰酸钾（99％），于90℃保温1h，过滤，得湿滤饼。

④ 在酸煮釜D106内加2000L水、上述湿滤饼、80L盐酸（30％），于90～95℃保持1h，过滤，水洗至中性，得染料约50～54kg。总收率约为85％～90％（按100％产品计）。

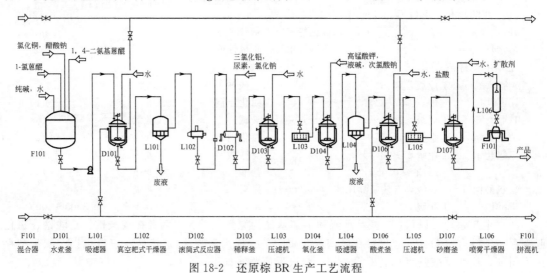

图18-2 还原棕BR生产工艺流程

（5）产品用途　主要用于棉纤维的染色，匀染性好。亲和力尚佳。也用于黏胶纤维、蚕丝、维纶、黏棉、维棉的染色。也可与分散染料同浴热熔法染涤棉混纺织物。涤纶较少沾色。还原棕BR还可与还原灰BG拼染咖啡色，与还原灰BG、棕GG、卡其GG拼染各种灰色和棕色，是一个常用的棕色品种。

18.2.3　活性艳蓝X-BR

中文别名：C.I.活性蓝4，C.I.61205

英文名称：reactive brilliant blue X-BR

分子式：$C_{23}H_{12}Cl_2N_6Na_2O_8S_2 \cdot 2Na$

（1）性能指标

外观	绿光蓝色粉末	水不溶物	≤1％
溶水性	易溶于水	细度（过80目筛）	≤5％
水分含量	≤5％		

（2）生产原料与用量

溴氨酸	工业级，≥80％	311	碳酸氢钠	工业级	400
2,4-二氨基苯磺酸	工业级，≥60％	224	磷酸三钠	工业级	550
三聚氯氰	工业级，99％	156	轻质磷酸钙	工业级	240
尿素	农用化肥	48	精盐	工业级	1800
碳酸钠	工业级，98％	74	氯化亚铜	工业级	25

（3）生产原理　活性艳蓝X-BR系由溴氨酸与2,4-氨基苯磺酸缩合，然后经精制，再与三聚

氯氰缩合而得，反应路线如下：

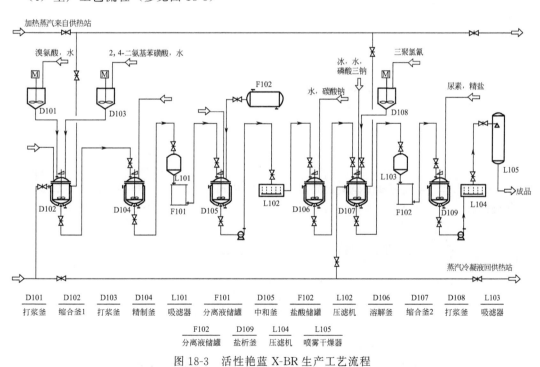

（4）生产工艺流程（参见图18-3）

图18-3 活性艳蓝 X-BR 生产工艺流程

① 在 1 号缩合釜 D102 内加入水，搅拌下升温至 85℃，加入经 D101 已打好浆的溴氨酸，保温在 85℃使成均匀溶液，然后加入 2,4-氨基苯磺酸和碳酸氢钠，升温到 85℃，保温搅拌 35min，加入氯化亚铜溶液（无游离亚硫酸钠存在），反应温度应为 83～85℃，pH 为 9.0；继续搅拌 3h

至溴氨酸消失，然后再于 90℃ 保温搅拌 2h。

② 将上述缩合物加入精制釜 D104 中，搅拌 15min 后加入轻质碳酸钙，30min 后过滤，滤液加入中和釜 D105，用盐酸酸化至 pH 为 2.0，加入体积的 10%～15% 的精盐进行盐析，然后经 L102 压滤。

③ 滤饼加入溶解釜 D106 内的水中，搅拌下加入碳酸钠，控制 pH 为 7.5。

④ 在 2 号缩合釜 D107 内加入水、冰和打好浆的三聚氯氰，在搅拌下加入上述精制滤饼的溶液，温度为 55℃，1h 后加入磷酸三钠，pH 为 6.5，反应 3h。过滤反应物，滤液导入 D109，加入尿素，并在 1h 内升温到 43℃，按体积的 20% 加入精盐进行盐析，压滤，滤饼打浆后经 L105 进行喷雾干燥而得产品。

（5）产品用途　主要用于棉、黏胶纤维绞纱及织物的染色，亲和力小，匀染性好，固色率在 60% 左右，各项坚牢度均较好，尤其是浅色的日晒坚牢度好，很适用于染浅蓝色。也用于棉、黏胶纤维织物的直接印花，较多用于黏胶纤维织物。由于风印原因，一般限用于小块面。与活性红紫 X-2R 拼玫红色，与活性嫩黄 X-6G 拼绿色，用量仅为 1/10。也可用于染锦纶、蚕丝、羊毛以及锦纶织物、丝绸、铜氨纤维织物的直接印花。

18.2.4　弱酸性深蓝 GR

英文名称：weakl acid blue GR

分子式：$C_{33}H_{23}N_5Na_2O_6S_2$

（1）性能指标

外观	蓝黑色粉末
溶水性	易溶于水呈紫色溶液，溶于乙醇呈深蓝色溶液
水分含量	≤3%
水不溶物	≤1%

（2）生产原料与用量

对甲苯基周位酸	工业级，周位酸含量≤0.5%	423
间氨基苯磺酸	工业级，氨基值总含量≥60%	239
硫酸	工业级	337
甲萘胺	工业级，≥90%，凝固点 45.4℃	202
氢氧化钠	工业级	1100
醋酸钠	工业级	352
亚硝酸钠	工业级，98%	197
盐酸	工业级，31%	600
精盐	工业级	4083

（3）生产原理　由间氨基苯磺酸重氮化，与甲萘胺盐酸盐进行第一次偶合，再将单偶氮化合物转化成钠盐，然后与硫酸、亚硝酸钠进行第二次重氮化，继续与对甲苯基周位酸偶合而得。反应式如下：

（单偶氮染料）　　　　　　　　　　　　（单偶氮染料重氮盐）

（4）生产工艺流程（参见图 18-4）

① 在重氮化釜 D101 内加入水、间氨基苯磺酸溶液搅拌均匀，加冰降温至 3～5℃，再加入 30％的盐酸溶液。待间氨基苯磺酸析出后，加水调整溶液体积，控制温度为 5℃左右，再将 30％的亚硝酸钠溶液由液面下加入，重氮化温度为 5～8℃，搅拌 1h，至反应终点。重氮液为透明液体。

② 在甲萘胺溶解釜 F103 内加入水，加热至 93～95℃加入工业盐酸和甲萘胺，搅拌使其全溶。

③ 在偶合釜 D102 内加入间氨基苯磺酸的重氮液，加冰降温至 0℃，在剧烈搅拌下，于 10min 内将甲萘胺盐酸盐加入，同时加入碎冰，温度约在 10℃，用醋酸钠中和后，搅拌 1h，用 15％的液体氢氧化钠在 1.5h 内中和到 pH 为 3.6，加入精盐进行盐析，再搅拌 1h 后，用 15％的稀液体氢氧化钠进行第 2 次中和至 pH 为 5.8～6.1，上述过程中应保持甲萘胺过量，搅拌 1h 后，温度控制在 16～18℃，再用 15％的稀氢氧化钠溶液使 pH 增至 9，反应物变成红色钠盐，取样滴入冷水中应易溶解。

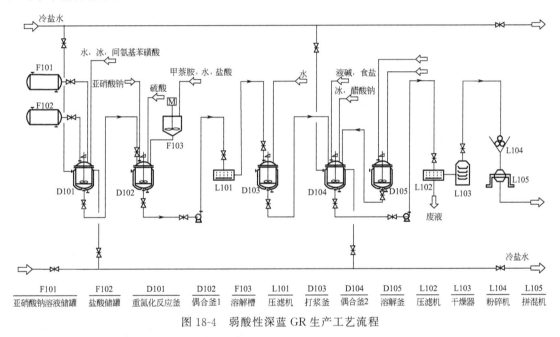

图 18-4　弱酸性深蓝 GR 生产工艺流程

④ 在上述单偶氮化合物中，加冰降温至 4℃，加入浓度为 30％的亚硝酸钠溶液，在搅拌下于 2～3min 内加入已预先配制好的 22.5％稀硫酸冷浴液，反应物温度维持在 7～8℃，搅拌 3h，过滤，滤饼备用。

⑤ 在打浆釜 D103 内加入水及适量的冰，在搅拌下加入重氮液的滤饼，搅拌打浆 1h，成为均匀的悬浮液，温度在 5℃以下。

⑥ 在 1 号溶解釜 D105 内加水，加热至 80℃，加入 N-甲苯基周位酸，搅拌下加入 30％的氢氧化钠溶液，使 pH 为 8.5～9.0，N-甲苯基周位酸全部溶解，再用稀盐酸和醋酸钠混合液调整 pH 为 5.1。

⑦ 在 2 号偶合釜 D104 内加水及结晶醋酸钠，搅拌使其全溶。将对甲苯基周位酸溶液加入偶合釜内，搅拌下加冰冷却到 12℃，将重氮盐浆液及醋酸钠溶液加入偶合釜内进行偶合。约 1.5～2.0h 加完，pH 为 4.0～4.2，温度为 11～12℃，偶合液中对甲苯基周位酸应当明显过量。

⑧ 将反应物搅拌 4h，加入 15％的氢氧化钠溶液，使 pH 为 8.0～8.5，加热至 80℃。按体积的 10％加入精盐。继续搅拌 0.5h，再按体积的 10％加入水。保温 65℃，L102 压滤，打浆后，

约在 80℃经 L103 干燥、L104 粉碎、L105 拼混得弱酸性深蓝 GR。

（5）产品用途　主要用于羊毛、锦纶和丝绸织物的染色，可与直接染料同浴染毛/粘混纺织物，也可用于皮革、纸张的染色和生物着色。

18.2.5　阳离子紫 3BL

英文名称：cationic violet 3BL

分子式：$C_{15}H_{17}N_4S \cdot ZnCl_3$

（1）性能指标

外观	深蓝色均匀粉末	细度	≤5（过 250μm 筛）
色光	与标准品近似	强度	为标准品的（100±3）分
水分含量	≤7%		

（2）生产原料与用量

2-氨基苯并噻唑	工业级，≥95%	249	硫酸	工业级，98%	2200
N,N-二甲苯胺	工业级，≥99%	182	亚硝酸钠	工业级	130
硫酸二甲酯	工业级，≥98%	434	氧化镁	工业级	35
氯化锌	工业级，≥96%	158	氯仿	工业级	150
氢氧化钠	工业级，30%	826	精盐	工业级	152
盐酸	工业级，31%	309	活性炭	工业级	13

（3）合成原理

① 硫酸与亚硝酸钠反应生成亚硝酰硫酸：

$$NaNO_2 + 2H_2SO_4 \longrightarrow NOHSO_4 + NaHSO_4 + H_2O$$

② 2-氨基苯并噻唑在亚硝酰硫酸中重氮化：

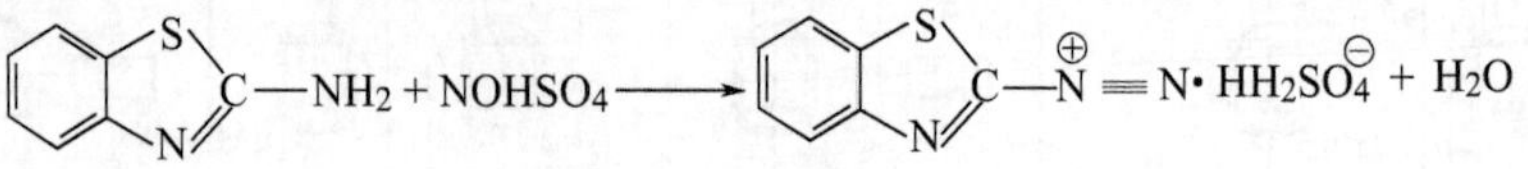

③ 上述重氮化合物与 N,N-二甲基苯胺盐酸盐偶合：

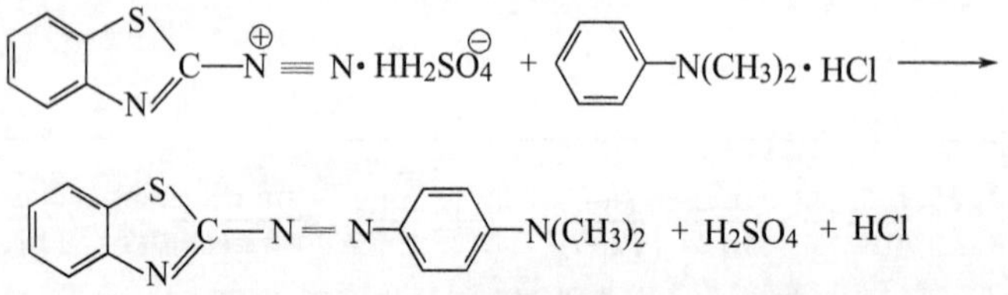

④ 上述偶氮化合物与硫酸二甲酯进行甲基化反应，并用氯仿和氯化钠盐析，得阳离子紫 3BL：

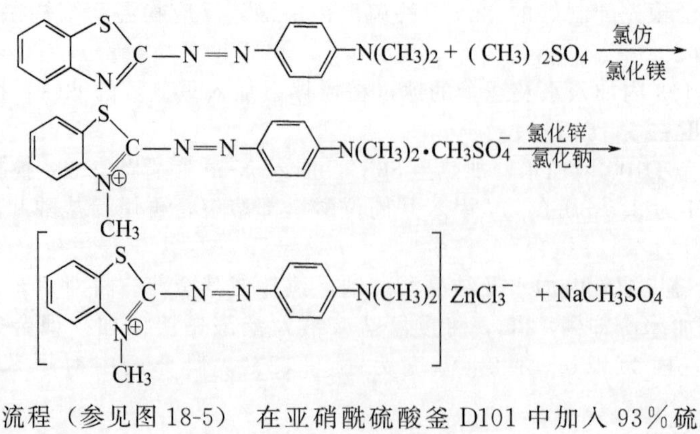

（4）生产工艺流程（参见图 18-5）　在亚硝酰硫酸釜 D101 中加入 93%硫酸和亚硝酸钠，在 70～75℃搅拌 0.5h，冷却。

在溶解釜 D103 内加入 30%盐酸和 N,N-二甲基苯胺，使其溶解成为 N,N-二甲基苯胺盐酸盐。

在重氮化釜 D102 内加入水、93％的硫酸。于 40 加入 2-氨基苯并噻唑，在 0～3℃加入配制好的亚硝酰硫酸溶液，进行重氮化。

于偶合槽 D104 内加入水和冰，并放入重氮液，于 0～3℃加入 N,N-二甲基苯胺盐酸盐溶液，偶合结束后加入 30％的氢氧化钠溶液，搅拌 15min 后经过 L101 压滤。

在甲基化釜 D105 中加入氯仿、上述偶氮染料湿滤饼及氧化镁，密闭反应釜，在搅拌下升温至 60～63℃，保持 15min，冷却到 35℃，加入硫酸二甲酯，于 60～63℃甲基化反应 5h，加水，升温至 99～100℃，蒸出氯仿。

在精制釜 D106 中加入水及上述甲基化合物，于 85℃加入活性炭，搅拌半小时后，于 95℃经过 L102 进行热过滤；将上述滤液加入到盐析釜 D107 中，再加入乳化剂 OP，于 70 加入 50％的氯化锌溶液、加入精盐，搅拌 0.5h 后经 L103 压滤，L104 干燥，L106 拼混、商品化后得到阳离子紫 3BL。

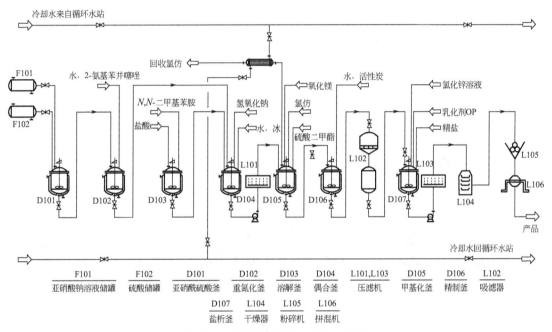

图 18-5　阳离子紫 3BL 生产工艺流程

（5）产品用途　主要用于腈纶染色，色光为红光较重的蓝色。也用于二醋酸纤维的染色及二醋酸纤维织物的直接印花。

18.2.6　色酚 AS

英文名称：naphthol AS

分子式：$C_{17}H_{15}NO_2$

（1）性能指标（GB/T 1652—1994）

外观	白色至米黄色或	干品初熔点	246.5℃
	微红均匀粉末	碱液中不溶物含量	0.2％
色酚 AS 含量	97.9％	溶解性能	符合检验

（2）生产原料与用量

2,3-酸	工业级，≥98％	765	氯苯	工业级，98％	182
苯胺	工业级，99.2％	382	碳酸钠	工业级，98％	193
三氯化磷	工业级，99％	218	保险粉	工业级	5

（3）合成原理　冰染染料是由重氮组分的重氮盐（又称色基）和偶合组分（又称色酚），在

棉纤维上生成的不溶于水的偶氮染料。在实际生产中，一般先将色酚吸附在纤维上，然后用色基偶合显色。偶合显色常在冰浴中进行，所以称为冰染染料，也叫不溶性偶氮染料。工业应用较多的冰染染料色酚 AS 的合成系由2,3-酸与苯胺和三氯化磷反应，再经中和蒸馏、抽滤而得。合成反应如下：

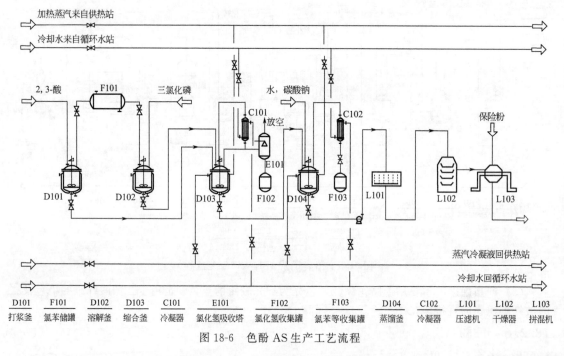

（4）生产工艺流程（参见图 18-6）

① 在打浆釜 D101 中加入氯苯和2,3-酸；在溶解釜 D102 内加入氯苯和三氯化磷，并使三氯化磷溶解；在缩合釜 D103 内加入打浆釜配制的2,3-酸-氯苯溶液，搅拌下加入部分三氯化磷-氯苯溶液，升温到 60℃，加入苯胺后，再加入其余的三氯化磷-氯苯溶液，温度由 110℃ 升至135℃，回流 1.5h。

② 在蒸馏釜 D104 中加入水、碳酸钠、缩合物，调 pH 为 8～8.5，通入直接蒸汽进行蒸馏，蒸出氯苯与过量苯胺，釜底物用水洗涤后经 L101 压滤，在干燥器 L102 中干燥，L103 中拼入保险粉后，得色酚 AS。

图 18-6 色酚 AS 生产工艺流程

（5）产品用途 冰染染料分子中不含水溶性基团，能牢固地固着在纤维上，具有优良的耐洗牢度，而且颜色鲜艳、色谱齐全、耐晒和耐洗牢度好、染色手续简便，但它耐摩擦牢度较低。由于冰染染料的上述特点，使它在印染工业的各个部门都有广泛的应用，尤其是在棉布的染色和印花上占有相当重要的地位。主要用于棉织物的染色和印花。也可用于棉纱、涤/棉、人造棉、维纶、黏胶纤维、丝绸和醋酸纤维的染色。还可用于制备快色素、快胺素、快磺素及有机颜料。

18.2.7 直接艳黄 4R

中文别名：直接冻黄 G，C. I. 直接黄 12

英文名称：direct brilliant yellow 4R

分子式：$C_{30}H_{26}N_4O_8S_7 \cdot Na$

（1）性能指标（HG/T 2588—1994）

外观	深黄色均匀粉末	水分含量	≤5%
强度	为标准品的（100±3）分	细度	≤5%（过80目筛）
色光	与标准品近似		

（2）生产原料与用量

DSD酸	工业级	435	盐酸	31%	64
苯酚	工业级	230	乙醇	工业级	49
氯乙烷	95%	581	元明粉	工业级	67
碳酸钠	98%	1017	硫酸	工业级	232
亚硝酸钠	工业级	163	精盐	工业级	2341
氢氧化钠	工业级	103			

（3）合成原理　不需媒染剂的帮助即能染色的染料称为直接染料。直接冻黄G系由DSD酸重氮化，再与苯酚偶合、氯乙烷乙基化而得。合成路线如下：

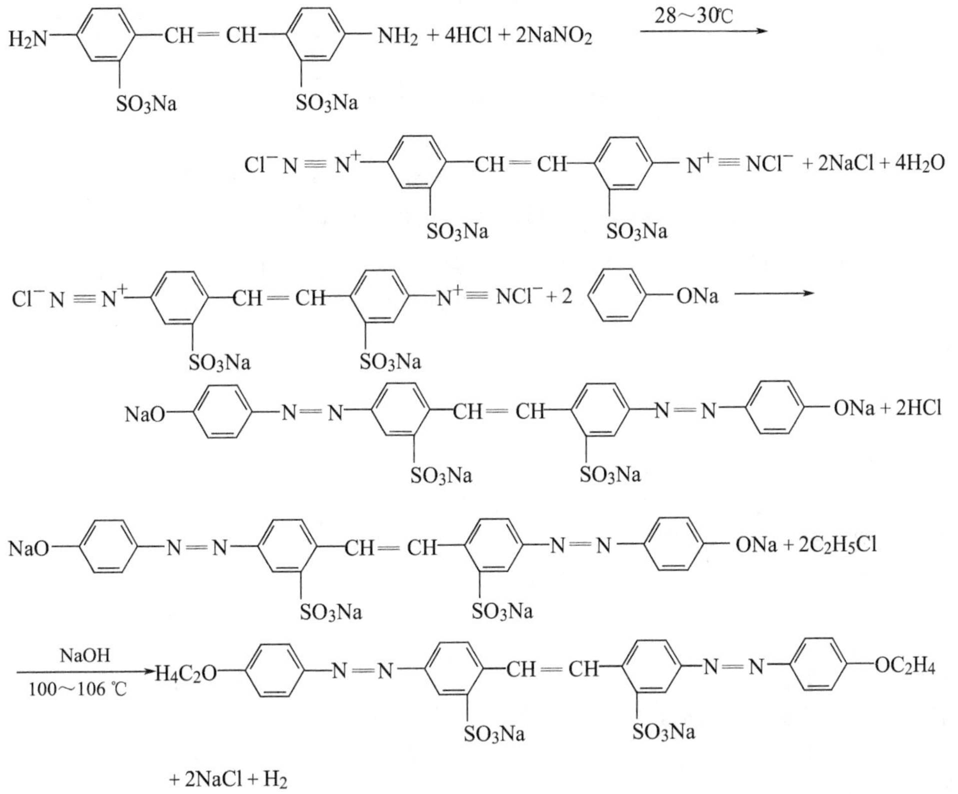

（4）生产工艺流程（参见图18-7）

① 将DSD酸加入重氮化釜D101内，加入盐酸，加冰降温到30℃以下，亚硝酸钠溶液从液面下加入，进行重氮化反应，反应温度为28～30℃、时间为1h，物料对刚果红试纸变蓝时为终点。将重氮液导入D102。

② 在偶合釜D102中，将苯酚钠溶液快速加入重氮液中进行偶合，搅拌4h，温度为34～36℃，pH为9。偶合结束后升温到50℃，按总体积的20%加入精盐，搅拌30min后加入稀硫酸，调节pH为6.5～7.0，抽滤至打浆釜D103内，用乙醇-氢氧化钠溶液打浆。

③ 将打浆好的浆状液压入乙基化釜D104，加入碳酸钠，密闭乙基化釜，升温至102℃，通入氯乙烷，压力为0.4kPa，温度为102～106℃；通氯乙烷的时间为12h，通完后于102～106℃保持4h（压力保持在0.4kPa）。反应结束后，泵入D105蒸出多余酒精，经D106盐析、L102过滤、L103干燥、L104粉碎，加入元明粉在L105中进行标准化，得直接艳黄4R。

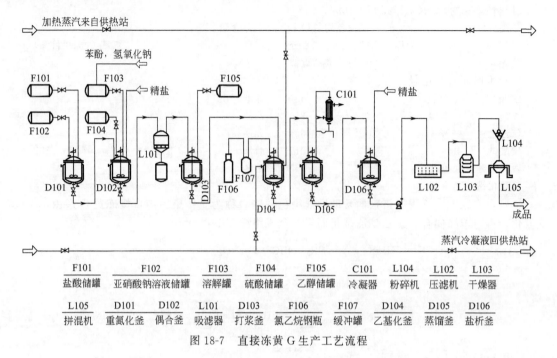

图 18-7 直接冻黄 G 生产工艺流程

F101	F102	F103	F104	F105	C101	L104	L102	L103
盐酸储罐	亚硝酸钠溶液储罐	溶解罐	硫酸储罐	乙醇储罐	冷凝器	粉碎机	压滤机	干燥器

L105	D101	D102	L101	D103	F106	F107	D104	D105	D106
拼混机	重氮化釜	偶合釜	吸滤器	打浆釜	氯乙烷钢瓶	缓冲罐	乙基化釜	蒸馏釜	盐析釜

(5) 产品用途　直接冻黄 G 可用于棉和黏胶纤维直接印花，也可作为拔染印花的底色，还可用于染蚕丝、羊毛、维纶、锦纶等。棉或黏胶纤维与其他纤维同浴染色时，蚕丝、羊毛可得近似深色泽，羊毛色光稍暗。

18.2.8　直接耐晒黑 G

中文别名：C.I. 直接黑 19，直接耐晒黑，直接黑 L-3BG

英文名称：direct fast black G

分子式：$C_{34}H_{27}N_{13}O_7S_2 \cdot 2Na$

(1) 性能指标（GB/T 9336—2001）

外观	黑色均匀粉末	水分含量	≤6%
强度/分	为标准品的 100±3	细度	≤5%（过 180μm 筛）

(2) 生产原料与用量

H 酸	工业级，≥83.5%	290	盐酸	工业级，31%	1600
对硝基苯胺	工业级，≥99%	254	精盐	工业级	870
间苯二胺	工业级，≥98%	102	硫化钠	工业级	325
亚硝酸钠	工业级，98%	242	元明粉	工业级	360
碳酸钠	工业级，98%	700			

(3) 合成原理　以间二苯胺、对硝基苯胺、H 酸为原料，首先将对硝基苯胺重氮化，再在弱酸性介质中与 H 酸进行第一次偶合。然后于弱酸性条件下与 H 酸进行第二次偶合，再用硫化碱对硝基还原，并重氮化，与间苯二胺进行第三次偶合得产物，经系列后处理得产品。合成反应路线如下：

$$O_2N-\!\!\!\bigcirc\!\!\!-NH_2 + 2HCl + NaNO_2 \longrightarrow NO_2-\!\!\!\bigcirc\!\!\!-\overset{+}{N}=\!\!=N \cdot Cl^- + NaCl + 2H_2O$$

$$O_2N-\!\!\!\bigcirc\!\!\!-\overset{+}{N}=\!\!=N \cdot Cl^- + \quad + Na_2CO_3 \longrightarrow$$

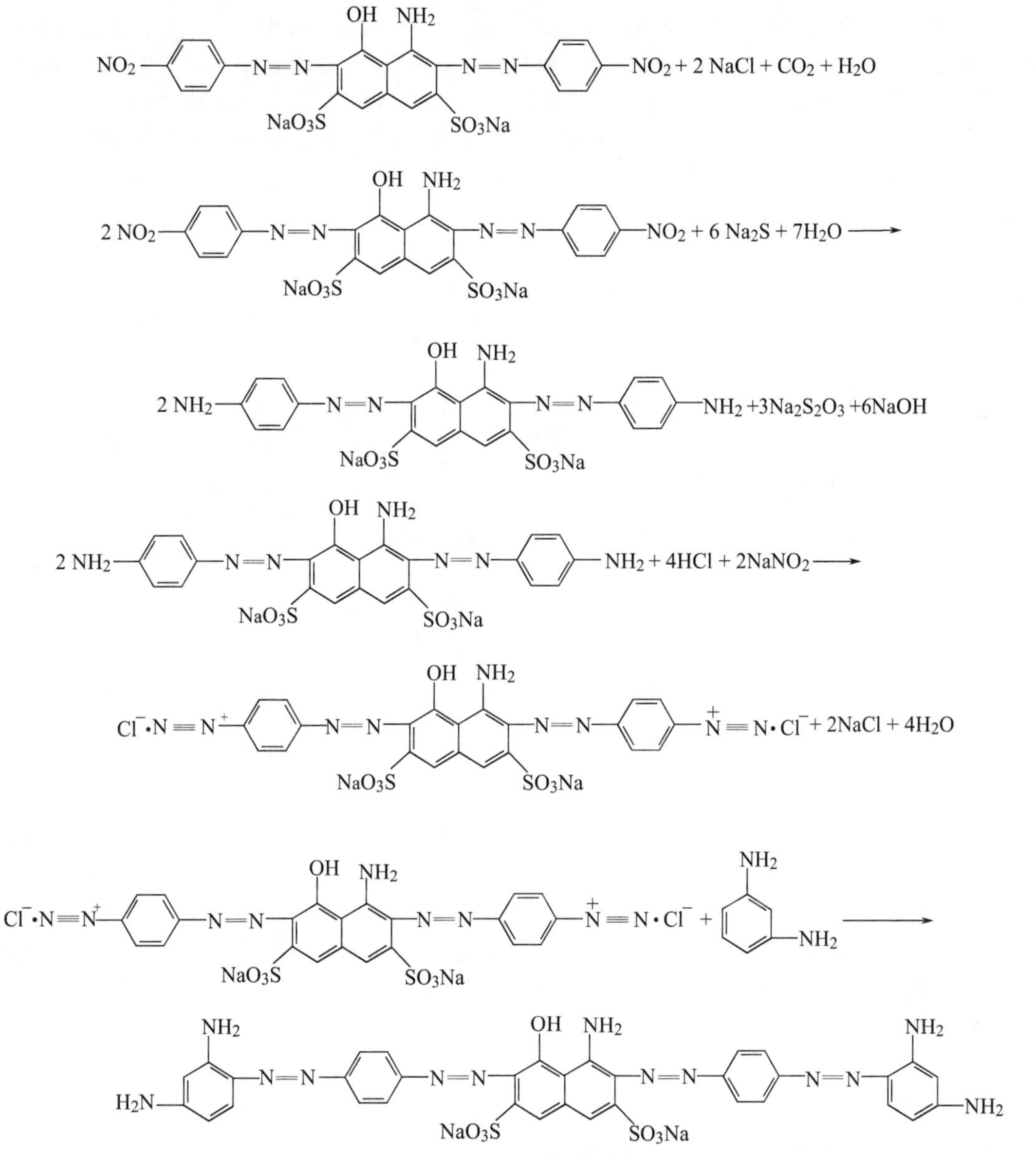

$$+ 2NaCl + CO_2 + H_2O$$

$$2\,NO_2 \cdots + 6\,Na_2S + 7H_2O \longrightarrow$$

$$2\,NH_2 \cdots + 3Na_2S_2O_3 + 6NaOH$$

$$2\,NH_2 \cdots + 4HCl + 2NaNO_2 \longrightarrow$$

$$\cdots + 2NaCl + 4H_2O$$

（直接耐晒黑G）

（4）生产工艺流程（参见图18-8）

① 在重氮锅 D101 中加入 400L 水、650kg 盐酸（30%）、276kg 对硝基苯胺（100%），升温至 80℃，搅拌全溶，然后加冰 800～1000kg，降温至 1～2℃，于液态快速加入 140.8kg 亚硝酸钠（100%），维持反应温度≤16℃，反应 40min 至溶液透明。泵入 D103 中。

② 取 H 酸 325kg（100%）、水 450kg 在 D102 中打浆后，迅速加入至含上述重氮液的 D103 中，维持反应温度≤18℃，维持反应约 40～50min。随后加冰降温至 8～10℃，迅速加入 300～320kg 纯碱粉（约 10min 内加完），维持≤20℃完成第二次偶合反应。

③ 取 235kg 硫化钠、1000kg 水加热溶解，然后自然冷却至 50℃。加入至上述偶合液中，升温至 35℃，反应 1～2h，反应结束，加入 1000kg 盐酸（30%）酸析，约 1h 加完。然后升温至 60℃赶二氧化硫 4h，经 L101 过滤。

④ 取滤饼、水 1000L、纯碱 58kg 打浆，升温至 60℃，抽滤。滤液中加入 127kg 亚硝酸钠（100%）。

⑤ 于另一重氮锅 D104 中加入 550kg 盐酸（30%）、冰和水，降温至≤18℃，加入上述含亚硝酸钠的滤液，约 1h 加完，继续反应 3h，取碘化钾试纸测终点。随后加冰，降温至 5～6℃。加入纯碱粉，调 pH 值至 6.5，加入 110kg 间苯二胺（100%），于 20℃反应 2h，经 L102 过滤，滤饼加水 1500L、纯碱 20kg 打浆，L103 干燥、L104 粉碎、L105 拼混得染料约 900kg。

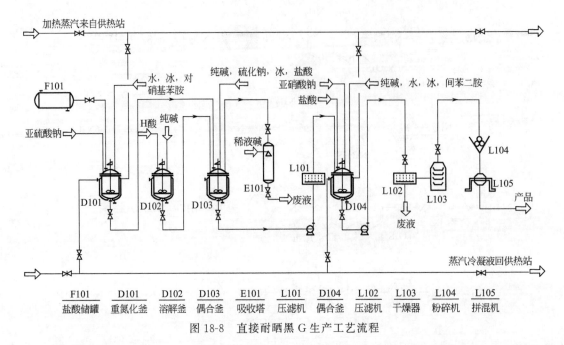

图 18-8　直接耐晒黑 G 生产工艺流程

F101	D101	D102	D103	E101	L101	D104	L102	L103	L104	L105
盐酸储罐	重氮化釜	溶解釜	偶合釜	吸收塔	压滤机	偶合釜	压滤机	干燥器	粉碎机	拼混机

（5）产品用途　主要用于棉、黏胶纤维以及棉、黏胶纤维与蚕丝、羊毛交织，混纺织物的染色和直接印花。主要染黑色，印花则普遍采用灰及黑色，也可与棕色染料拼成各种不同深度的咖啡等色，少量用于调色光，以增加色谱。染羊毛黏胶纤维混纺织物时，可与中性黑 BRL 同浴染色，得色均匀。也可与分散染料同浴染涤黏混纺织物。上染率好，移染性稍差，染色后可用固色剂 Y、固色剂 M 处理，但色光微绿，用脲醛树脂整理可不改变色光，也能提高湿处理牢度。

18.2.9　碱性艳蓝 B

中文别名：盐基品蓝 B，碱性艳蓝 3RF

英文名称：basic brilliant blue B，C. I. basic blue 26

分子式：$C_{33}H_{32}N_3 \cdot Cl$

（1）性能指标

外观	深蓝色或黑蓝色均匀粉末	不溶于水的杂质含量	≤0.5%
色光	与标准品相似	细度	≤5%（过 250μm 筛）
强度	为标准品的（100±3）分		

（2）生产原料与用量

四甲基米氏酮	工业级，≥90%	557	三氯氧磷	工业级	333
N-苯甲基萘胺	工业级	479	氢氧化钠	工业级	134
氯仿	工业级	197	精盐	工业级	485
二甲苯	工业级	153			

（3）生产原理　首先将四甲基米氏酮与三氯氧磷在氯仿中缩合：

$$(CH_3)_2N-\!\!\!\!\bigcirc\!\!\!\!-\overset{\overset{O}{\|}}{C}-\!\!\!\!\bigcirc\!\!\!\!-N(CH_3)_2 \xrightarrow{POCl_3} (CH_3)_2N-\!\!\!\!\bigcirc\!\!\!\!-\overset{\overset{Cl}{|}}{\underset{|}{C}}-\!\!\!\!\bigcirc\!\!\!\!-\overset{\oplus}{N}(CH_3)_2 \cdot \overset{\ominus}{P}O_2Cl_2$$

然后将缩合物与 N-苯甲基萘胺反应并水解得产物：

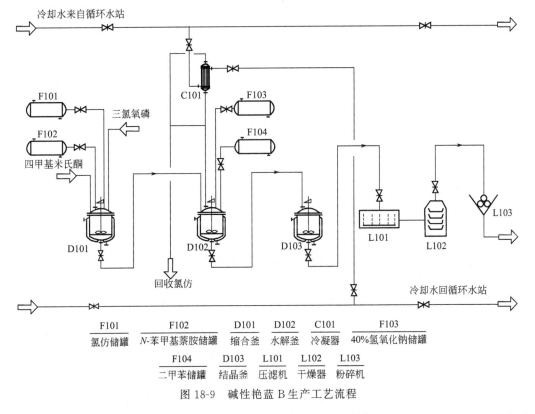

（4）生产工艺流程（参见图 18-9）　在缩合釜 D101 中加入氯仿，搅拌下加入四甲基米氏酮。1h 后于 30℃加入三氯氧磷，自然升温至 60℃，保温 1.5h，降温至 20℃，加入溶解的 N-苯基甲萘胺，升温至 80℃，于 78～80℃保温 8h。

F101	F102	D101	D102	C101	F103
氯仿储罐	N-苯甲基萘胺储罐	缩合釜	水解釜	冷凝器	40%氢氧化钠储罐

F104	D103	L101	L102	L103
二甲苯储罐	结晶釜	压滤机	干燥器	粉碎机

图 18-9　碱性艳蓝 B 生产工艺流程

在水解釜 D102 中加水和 40%氢氧化钠溶液，加入上述缩合物，加热至 100℃，回收氯仿。降温至 45℃静置，虹吸去掉上层母液。加水、升温至 98～100℃反应 1h，液面下加入二甲苯，搅拌 1h，静置 2h，下层染料溶液加入结晶槽 D103，再加入精盐饱和溶液。降温至 40℃，放出上层液体经 L101 过滤，得膏状碱性艳蓝 B，再经 L102 烘干、L103 粉碎即得粉末状产品。

（5）产品用途　可用于染蚕丝、羊毛、麻以及单宁媒染棉纤维，但日晒牢度均在 1～2 级。更多用于复写纸和一般纸张着色，也用于竹木制品着色及制造色淀颜料。

18.2.10　硫化艳绿 GB

中文别名：C. I. Sulphur Green 3，硫化艳绿 G，硫化绿 2B

英文名称：sulphur brilliant green GB

分子式：$C_{22}H_{17}N_2O_4S$ 的硫化物

（1）性能指标

外观	蓝绿色均匀粉末	水分含量	≤5/%
色光	与标准品近似	游离硫含量	≤12/%
强度	为标准品的（100±3）分	细度	≤5%（过180μm筛）

（2）生产原料与用量

苯基周位酸	工业级，≥35%	361	硫酸铜	工业级，96%	47
对氨基苯酚	工业级，≥96%	137	氢氧化钠	工业级	214
次氯酸钠	工业级，10%	2028	元明粉	工业级	15
硫化钠	工业级，63.5%	404	精盐	工业级	5440
硫磺	工业级，99%	531	水	去离子水	适量

（3）生产原理　以对氨基苯酚钠和苯基周位酸为原料，首先将两者在次氯酸钠存在下缩合，再用硫化钠还原，然后硫化、氧化、沉淀、过滤、粉碎得产品。合成反应路线如下：

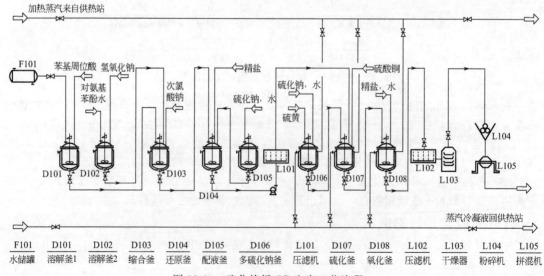

（4）生产工艺流程（参见图18-10）

① 在1号溶解釜D101内加水和苯基周位酸，升温至在40℃溶解。

② 在2号溶解釜D102内加入水和浓度为30%的氢氧化钠溶液，再加入对氨基苯酚，使其全溶。

③ 将苯基周位酸溶液加入缩合釜D103，加入对氨基苯酚钠的溶液，然后加冰降至0℃，加入次氯酸钠，缩合反应0.5h。

④ 缩合物加入还原釜D104，以硫化钠溶液还原2h后，加精盐盐析，过滤得还原物。

F101	D101	D102	D103	D104	D105	D106	L101	D107	D108	L102	L103	L104	L105
水储罐	溶解釜1	溶解釜2	缩合釜	还原釜	配液釜	多硫化钠釜	压滤机	硫化釜	氧化釜	压滤机	干燥器	粉碎机	拼混机

图18-10　硫化艳绿GB生产工艺流程

⑤ 在多硫化钠釜 D106 中加水、硫化钠，于 90 溶解，然后在 100℃加入硫黄，配成多硫化钠溶液，并将其加入硫化釜 D107，然后加入上述还原物湿滤饼，加入硫酸铜，于 106℃硫化 30h。

⑥ 将硫化液加入氧化釜 D108，用水调整体积，于 70℃左右通入压缩空气进行氧化，至终点加精盐盐析，过滤，L103 干燥，L104 粉碎，L105 拼混或用元明粉商品化，得硫化艳绿 GB。

（5）产品用途　主要用于棉、麻、黏胶纤维、维纶及其织物的染色和棉布的直接印花，匀染性佳。也用于与其他硫化染料拼染墨绿、蟹青等色泽，色光较鲜艳。

18.3　颜料

18.3.1　金光红

中文别名：统一金光红，金红粉，101 金光红，301 金光红，3006 金光红，3104 颜料金光红

英文名称：bronze red

分子式：$C_{23}H_{17}N_3O_2$

（1）性能指标（HG 15-1124—88）

外观	带黄光的红光颜料，黄光红色粉末	耐碱性	3 级
水分含量	≤2.5%	耐热性	100℃
吸油量	50%±5%	水渗性	3～4 级
105℃挥发物含量	≤2.5%	乙醇渗性	3 级
耐晒性	3～4 级	石蜡渗性	3～4 级
耐酸性	5 级		

（2）生产原料与用量

苯胺	工业级，≥99.2%	263	盐酸	工业级，31%	1100
色酚 AS	工业级，≥97.5	720	液碱	工业级，30%	347
亚硝酸钠	工业级	198	拉开粉	工业级	260

（3）合成原理

① 重氮化反应

② 偶合、萘酚 AS 溶解反应

③ 偶合反应

（4）生产工艺流程（参见图 18-11）

① 在重氮化釜 D101 中加入水、31% 盐酸、苯胺，搅拌成盐溶解，加冰冷却至 4℃。在液面下加 30% 亚硝酸钠溶液，温度上升至 8℃，此时对刚果红试纸呈深蓝色，碘化钾淀粉试纸呈浅蓝色，重氮液透明，搅拌 30min。用水调整体积。

② 在铁制偶合釜 D102 中加水，然后加入 30% 液喊，加热到 70℃加入拉开粉、色酚 AS 搅

拌,升温至 80℃左右,使溶解完全,立即加入冷水稀释,温度为 38~39℃时,将苯胺重氮盐于 8min 加入茶酚 AS 液中,重氮盐加完后温度为 31~32℃,重氮盐微过量(用 H 酸试液检查应呈红色),在 15min 后逐渐消失,介质呈强碱性.继续反应 3h,经 L101 过滤、L102 漂洗干燥、L103 粉碎得成品。

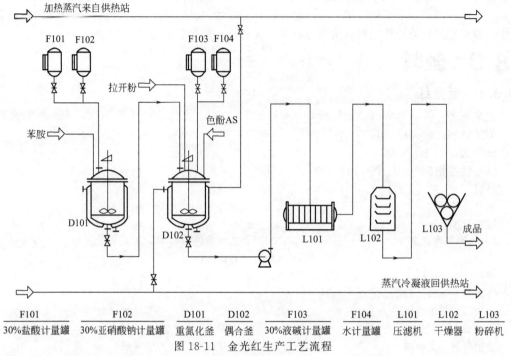

F101	F102	D101	D102	F103	F104	L101	L102	L103
30%盐酸计量罐	30%亚硝酸钠计量罐	重氮化釜	偶合釜	30%液碱计量罐	水计量罐	压滤机	干燥器	粉碎机

图 18-11 金光红生产工艺流程

(5) 产品用途 主要用于制造金光红色油墨以及水彩颜料和蜡笔。

18.3.2 射光蓝浆

中文别名:C. I. 颜料蓝 61∶1,4991 射光蓝浆 AG,7001 射光蓝浆

英文名称:C. I. pigment blue 61∶1

分子式:$C_{37}H_{29}N_3O_3S$

(1) 性能指标(HG 15-1138—85)

外观	深蓝色浆状	耐酸性	5 级
水分含量	≤1.5%	耐碱性	3 级
挥发物含量	≤2.5%	耐热性	180℃
着色力	为标准品的(100±5)分	水渗性	5 级
耐晒性	3~4 级	油渗性	4~5 级

(2) 生产原料与用量

苯胺	工业级,99%	594	苛性钠	工业级,30%	385
碱性付品红色基	工业级	126	稀硫酸	工业级,65%	132
苯甲酸	工业级,99%	3.8	调墨油	#3、#4 混合	330
硫酸	工业级,95%	660			

(3) 合成原理

① 缩合

$$H_2N-\bigcirc-\underset{\underset{NH_2}{|}}{\overset{\overset{NH_2}{|}}{C}}-OH + 3\;\bigcirc-NH_2 \xrightarrow{\text{苯甲酸}} \bigcirc-NH-\bigcirc-\underset{\underset{NH-\bigcirc}{|}}{\overset{\overset{NH-\bigcirc}{|}}{C}}-OH + 3\;NH_3$$

② 磺化

③ 溶解

④ 酸化

（4）生产工艺流程（参见图 18-12）

① 缩合苯胺蓝　在搪玻璃缩合罐 D101 内加入苯胺 594kg，升温到 60℃加入碱性付品红色基 126kg 及苯甲酸 3.8kg，用 4h 左右逐步升温到 175～180℃，并保温反应 3h 左右，即可达到终点。然后将反应物料注入减压蒸馏釜 D102 内进行减压蒸馏，蒸馏出过剩苯胺，约可回收苯胺 378kg。苯胺蒸尽后将物料放入冷却盘 L101 内，待冷却后，即可进行粉碎，得粗制苯胺蓝约 250kg。

② 磺化　在磺化罐 D103 内注入 95％硫酸 600kg，冷却至 15～25℃，开动搅拌将粉碎之粗制苯胺蓝 250kg 慢慢在 3h 内加入磺化罐内，搅拌 2h 后取样检验物料，无颗粒存在或者有极微小颗粒时，即可升温至 41℃，并立即进行终点检验。检验方法：在存有清水的试管中，加入物料一滴，摇动试管使物料成小颗粒状，稍静置立即沉底，倾出上层水液，用水漂洗二次，再用 7％稀氨水液漂洗二次后，再加入适量 7％稀氨水，将试管在酒精灯上加热，如能完全溶解成深蓝色溶液，即磺化已达终点，可立即放料。如有不溶物，可在 41℃继续保温，2h 后如尚有不溶物，可使物料升温至 50℃以下，或补加适量硫酸，使其达到反应终点。

③ 洗涤、溶解　在耐酸稀释罐 D104 内先放水 4500L，在搅拌下将上磺化物料注入稀释罐内进行稀释。物料放完后，再放水至 16000L 停止搅拌静置使沉淀。5h 后进行第一次虹吸出上层废酸母液，虹吸后物料体积约 4000L，再放水至 16000 L，静置 6～7 h 后进行第二次虹吸，共计洗涤、虹吸三次。第三次虹吸后，用 30％苛性钠约 200kg 进行中和至 pH 为 6.8～7.2，然后将物料调整体积为 4500 L，用蒸气加热至 50～60℃，再加入 30％苛性钠约 185kg，在搅拌下继续加热至 100℃，保温 40min，使物料全部溶解呈深褐色溶液。

④ 酸化　用 65％硫酸约 132kg，快速加入上之溶液内进行酸析，搅拌 20min 后取样滴在过滤纸上观察应无蓝色渗圈止，pH＝1.7 左右，再用蒸气加热到 100℃保温 5min，加水降温调整体积 7000 L。将物料压入可洗式板框过滤机 L103 内过滤，并用水洗涤到洗涤液无机盐合格为止。测试方法：用二个试管分别装有洗涤液和洗涤用水，用 1％氯化钡液分别滴加 2～3 滴，视白色沉淀相近似为止，或用电导仪测试电导率相近似为合格。

⑤ 捏合脱水、轧浆　将上洗涤合格之滤饼（一般含固量约 16％）在 L104 内分数次捏合，每次加

滤饼 325kg，加入捏合机内（视捏合机大小可适当增减）再加入调墨油 78kg（3# 油 26kg，4# 油 52kg），开动捏合机进行捏合，使油水相转移约 1h 左右，滤饼中水分挤出，倾出水分继续捏合 4～6h，物料呈硬块状。再将物料在三滚机 L105 上轧浆，压至 3～4 遍时，及时取样检验光彩，并适当控制和调节油量，共轧压 5 遍。此时物料中所含的少量水分已全部脱尽，即成射光蓝浆约 550kg。

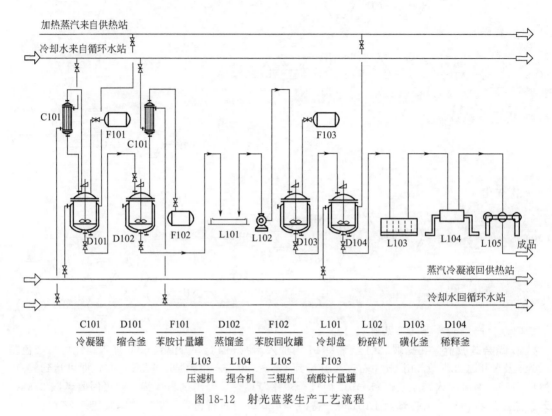

图 18-12　射光蓝浆生产工艺流程

（5）产品用途　用于制取黑色油墨，降低或消除其原来黑墨的红光，增加乌黑度及印刷品的清晰度。也可用于印刷油墨的着色。

18.3.3　酞菁蓝

中文别名：酞菁蓝 B，C.I. 颜料蓝 15，酞菁蓝 PHBN，4352 酞菁蓝 B，4402 酞菁蓝

英文名称：phthalocyanine blue B

分子式：$C_{32}H_{16}CuN_8$

（1）性能指标（GB 3674—83）

外观	红光深蓝色粉末	耐晒级	7～8 级
水分含量	≤2%	耐酸性	5 级
着色力	为标准品的（100±5）分	耐碱性	5 级
吸油量	40%±5%	耐热性	200℃
水溶物含量	≤1.5%	水渗性	5 级
挥发物含量	≤1.5%	油渗性	5 级

（2）生产原料与用量

邻苯二甲酸酐	工业级	1167kg	液碱	工业级，30%　621kg
尿素	农用化肥	958kg	拉开粉	工业级　32kg
氯化亚铜	工业级	222kg	苯二甲酸二丁酯	工业级　13kg
三氯化苯	工业级	2776kg	二甲苯	工业级　182kg
浓硫酸	工业级，98%	7138kg		

（3）合成原理　以三氯化苯为溶剂，由邻苯二甲酸酐与尿素或由邻苯二甲酸酐与氨水在氯化亚铜催化下进行缩合，是普遍使用的合成酞菁蓝方法。通过以钼酸铵为催化剂，由邻苯二甲酸酐与尿素及氯化亚铜进行缩合的工艺改进，产品的收率得到提高。同时采用水蒸气蒸馏回收三氯化苯，经压滤、漂洗而制得粗酞菁。然后经酸、碱处理精制以及过滤、研磨等过程而制得产品。合成路线如下：

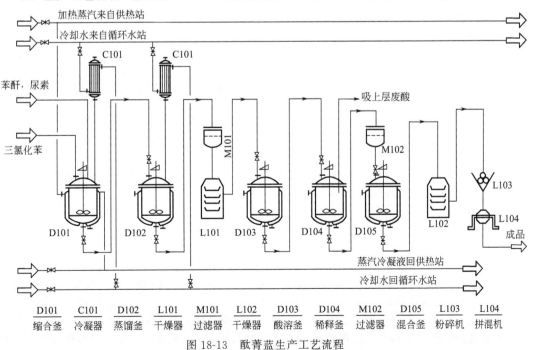

（4）生产工艺流程（参见图18-13）　向缩合釜D101中加入三氯化苯2776kg、邻苯二甲酸酐

图18-13　酞菁蓝生产工艺流程

1167kg 及尿素 958kg，搅拌，升温至 160℃，保温反应 2h。再加入三氯化苯 1709kg、尿素 846kg 及氯化亚铜 230kg，升温至 170℃，保温反应 3h。第三次加入三氯化苯 867kg，钼酸铵 13.4kg，加毕在 5～6h 内升温至 205℃，保温反应 6h。反应毕，将反应液移至蒸馏罐 D102 中，加入液碱（30%）600kg，用直接蒸汽蒸出三氯化苯。再用水洗涤 6 次，直至洗液的 pH 为 7～8，再继续蒸净。M101 过滤、L101 干燥得酞菁蓝粗品约 1250kg。

继续在酸溶锅 D103 中加入硫酸（98%）850kg，调整温度至 25℃，搅拌下加入粗品 135kg，在 40℃下保温处理 4h。随后加入二甲苯 17kg，升温至 70℃，保温处理约 20min。逐渐冷却至 24℃，将其加入 D104，稀释至温度为 20℃、含有 2kg 拉开粉的 4000L 水中，搅拌 30min，再加适量水，以后静置 3h，吸去上层废酸水。如此重复三次，用液碱（30%NaOH）中和至 pH 为 8～9，再加入拉开粉 2kg、邻苯二甲酸二丁酯 2kg，搅拌 0.5h 后用直接蒸汽煮沸 0.5h，M102 过滤、水洗，直至洗液无 SO_4^{2-} 为止。用少量（约 2%）油溶性乳化剂与滤出的浆状颜料在 D105 中均匀混合，在干燥箱 L102 中于 70℃干燥。再经 L103 粉碎或研磨、L104 拼混即得到精制酞菁蓝约 118kg，总收率为 90%。

（5）产品用途　主要用于油墨、印铁油墨、涂料、油彩颜料和涂料印花以及橡胶制品和塑料制品着色。

18.3.4　颜料绿 B

中文别名：颜料绿，1601 颜料绿，5952 颜料绿 B

英文名称：pigment green B

分子式：$C_{33}H_{24}N_3O_6FeNa$

（1）性能指标（HG14-113-64）

外观	橄榄绿色粉末	耐酸性		3 级
水分含量	≤7%	耐碱性		2 级
吸油量	40%±5%	耐热性		140℃
水溶物含量	≤8%	水渗性		2～3 级
着色力	为标准品（100±5）分	油渗性		1～2 级
耐晒性	7 级			

（2）生产原料与用量

2-萘酚	工业级，≥98%	566	碳酸钠	工业级，98%	673
氢氧化钠	工业级	280	太古油	工业级，40%	34
硫酸	工业级	500	精制硫酸铝	工业级	345
亚硝酸钠	工业级	300	氯化钡	工业级	256
亚硫酸氢钠	工业级	560	固色剂	工业级	72
硫酸亚铁	工业级	395	扩散剂	工业级	3

（3）合成原理　以 2-萘酚为原料，经亚硝化、硫酸亚铁色淀化而得。反应式如下：

（4）生产工艺流程（参见图 18-14）

① 亚硝化　将 2-萘酚、30%苛性钠溶液加入 D101 中，再加入少量太古油溶解，加冰降温，加 30%盐酸进行酸析，至 pH=7～8。将亚硝酸钠加入 2-萘酚悬浮液中，把稀释的盐酸于 3.5h 自液下加入，保持在温度 0℃下反应 1h。检验碘化钾淀粉试纸微蓝，亚硝化完毕。

② 媒染绿　将 30%氢氧化钠稀释中和亚硝化物，加热至 22℃时加入亚硫酸氢钠，使亚硝化产物完全溶解，生成媒染绿，过滤。

③ 色淀化　将滤液温度调至 24～26℃，加过量硫酸亚铁，搅拌溶解，检测 pH=4.8～5.0。

④ 后处理　将媒染绿加入溶解槽 F104 中，缓缓加入碳酸钠溶液，生成绿色色淀。在 F105

中，加入硫酸铝溶液，再加入浓硫酸，搅匀，将其慢慢加入 F104 的色淀液内，继续搅拌 20min，加热至 70℃，再搅拌 10min。然后经 L101 压滤、洗涤，L102 中经 70～80℃ 干燥，L103 粉碎，即得成品。

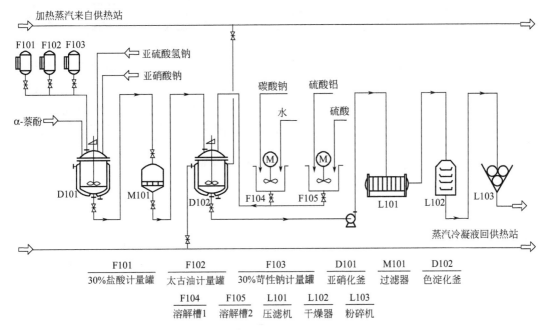

图 18-14　颜料绿 B 生产工艺流程

F101	F102	F103	D101	M101	D102
30%盐酸计量罐	太古油计量罐	30%苛性钠计量罐	亚硝化釜	过滤器	色淀化釜

F104	F105	L101	L102	L103
溶解槽1	溶解槽2	压滤机	干燥器	粉碎机

（5）产品用途　橡胶工业用于胶布、橡胶杂品；建筑材料工业用于人造大理石、瓷砖、水磨石以及塑料窗纱、塑料制品、油漆、油墨等的着色。

18.3.5　颜料黄 G

中文别名：耐晒黄 G，C. I. 颜料黄1,1001 汉沙黄 G，1125 耐晒黄 G

英文名称：C. I. pigment yellow 1

分子式：$C_{17}H_{16}N_4O_4$

（1）性能指标（GB 3679-83）

外观	黄色粉末	耐热性	160℃
色光	与标准品近似至微	耐酸性	5 级
着色力	为标准品的（100±5）分	耐碱性	5 级
吸油量	40%±5%	乙醇渗性	4～5 级
水分含量	≤2.5%	油渗性	4 级
水溶物含量	≤1.5%	石蜡渗性	5 级
细度（通过 80 目筛后残余物含量）	≤5%	水渗性	4 级
耐晒性	6～7 级		

（2）生产原料与用量

邻硝基对甲苯胺	工业一级	459	冰醋酸	工业级，98%	432
（红色基 GL）			烧碱	工业一级，30%	259
乙酰乙酰苯胺	工业一级	521	盐酸	工业级，31%	852
活性炭	工业级	16	亚硝酸钠	工业一级	217
太古油	工业级，40%	50	氨三乙酸	工业级	5.5

（3）合成原理　由邻硝基对甲苯胺重氮化后再与乙酰乙酰苯胺进行偶合反应而得：

① 重氮化反应

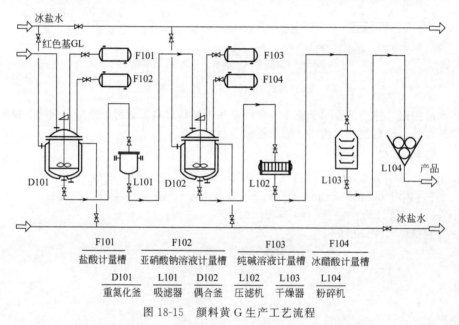

② 偶合反应

（4）生产工艺流程（参见图 18-15）

① 在重氮化釜 D101 中加水、100％红色基 GL，搅拌下加入 30％盐酸，搅拌 0.5h，降温至 4℃。将亚硝酸钠配成 30％溶液，于 45min 内均匀地加入进行重氮化反应，搅拌 1h，保持终点对碘化钾淀粉试纸呈微蓝色，刚果红试纸呈蓝色。调节温度至 2～3℃，加活性炭、太古油脱色，通过 L101 过滤，备偶合用。

② 在偶合釜 D102 内加水，加入乙酰乙酰苯胺，在搅拌下加入 30％液碱，使之溶解；温度 10℃时再加太古油，然后于 1～1.5h 将冲淡的 97％冰醋酸进行酸析，pH 为 6.5～7，加冰，温度为 20℃。

③ 将过滤好的重氮液于 1h 左右加入偶合釜 D102 内进行偶合反应，终点 pH＝4，温度不超过 20℃，乙酰乙酰苯胺微过量，搅拌 2h，过滤。用自来水漂洗，终点由漂洗液 1％硝酸银试液测定与自来水相近似即可。滤饼在 L103 内 60～70℃进行烘干，L104 粉碎即得成品。

图 18-15 颜料黄 G 生产工艺流程

（5）产品用途　主要用于涂料、高级耐光油墨、印铁油墨、塑料制品、橡胶和文教用品的着色，也用于涂料印花和黏胶的原浆着色。

18.3.6　甲苯胺红

中文别名：C. I. 颜料红 3，人漆朱，71 甲苯胺红，1207 甲苯胺红，3138 甲苯胺红

英文名称：C. I. pigment red 3

分子式：$C_{17}H_{13}N_3O_3$

（1）性能指标（GB 3678—83）

外观	红色粉末	水分含量	≤1％
色光	与标准品近似	水溶物含量	≤1％
着色力	为标准品的（100±5）分	细度（通过 80 目筛后残余物含量）	≤5％

（2）生产原料与用量

邻硝基对甲苯胺	工业一级	498	烧碱	工业级	127
（红色基 GL）			亚硝酸钠	工业一级	213
2-萘酚（乙萘酚）	工业一级	483	太古油	工业级，40%	55
盐酸	工业级，30%	1236	拉开粉	工业级	40～90

（3）合成原理　由邻硝基对甲苯胺重氮化再与 2-萘酚进行偶合而得：

① 重氮化

② 2-萘酚溶解

③ 偶合

（4）生产工艺流程（参见图 18-16）

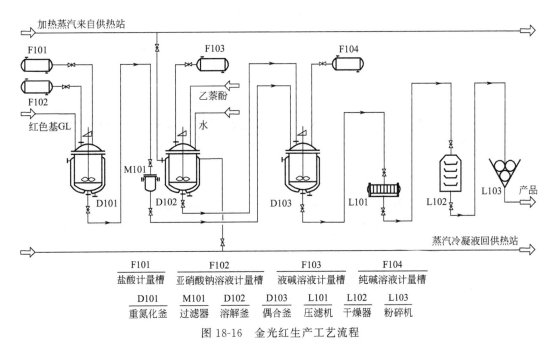

图 18-16　金光红生产工艺流程

①　在重氮化反应釜 D101 中加水，搅拌下加红色基 GL、拉开粉，打浆 1h，然后加入盐酸（30%），搅拌 1h。用冰降温至 0～2℃，加入亚硝酸钠（配成 30% 溶液），于 45min 加完，搅拌 1h，保持终点对碘化钾淀粉试纸呈微蓝色，刚果红试纸呈蓝色，温度 0～5℃。重氮化反应完毕后加活性炭、太古油，进行脱色吸滤。

②　在溶解锅 D102 中加水、拉开粉、30% 液碱及 40% 太古油，搅拌升温至 60℃，加入乙萘酚，使之完全溶解透明，过滤后放入偶合锅 D103 中，温度 25℃。

③　在搅拌下，将重氮盐加入偶合反应釜中，开始快加重氮盐 pH 下降至 8～8.5，用 20% 纯

碱溶液控制 pH＝8～8.5，终点时 pH 为 7.5，2-萘酚微过量，继续搅拌 1h，升温至 75℃保温 1h 过滤、自来水漂洗，终点系由漂洗液用 1％硝酸银试液测定与自来水相比近似即可。粗产物经 L101 压滤、L102 干燥、L103 粉碎即得精制成品。

（5）产品用途　用途十分广泛，适用于印泥、印油、铅笔、蜡笔、水彩和油彩颜料以及橡胶制品的着色；也适用于漆布、涂料、塑料和天然气生漆的着色以及工艺美术品和化妆品的着色。

18.3.7　甲苯胺紫红

中文别名：C. I. 颜料红 13，人漆紫，紫红粉，572 甲苯胺紫红，1302 甲苯胺紫红，3172 甲苯胺紫红

英文名称：C. I. pigment red 13

分子式：$C_{25}H_{20}O_4N_4$

（1）性能指标（HB15-1113—82）

外观	紫红色粉末	耐热性	140℃
色光	与标准品近似	耐酸性	5 级
着色力	为标准品的（100±5）分	耐碱性	4 级
水分含量	≤1％	水渗性	4 级
吸油量	45％±5％	乙醇渗性	4 级
细度（通过 80 目筛余物含量）	≤5％	石蜡渗性	5 级
耐晒性	7 级	油渗性	4 级

（2）生产原料与用量

红色基 GL	工业一级	305	液碱	工业一级	217
色酚 AS-D	工业一级	563	亚硝酸钠	工业一级	160
醋酸钠	工业级	1650	太古油	工业级，40％	58
盐酸	工业级，31％	1105	活性炭	工业级	19

（3）合成原理　由红色基 GL 经重氮化再与萘酚 AS-D 偶合而得：

① 重氮化反应

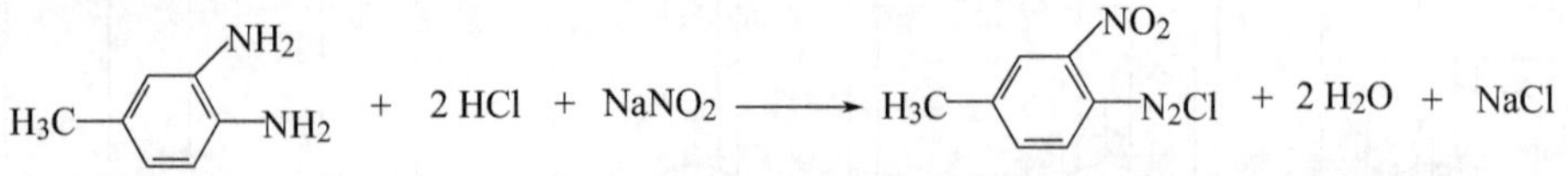

② 溶解 AS-D

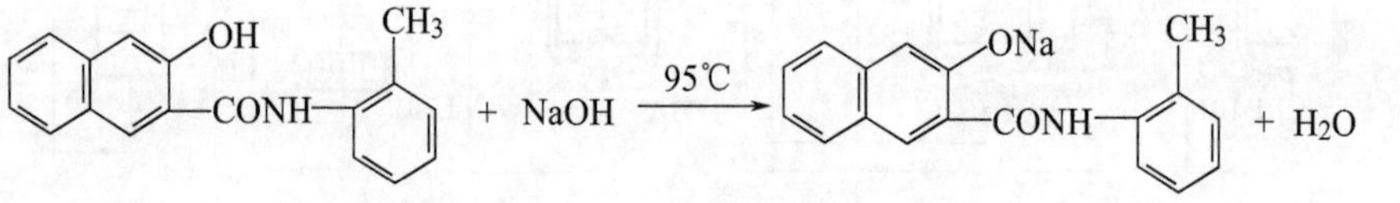

③ 偶合反应

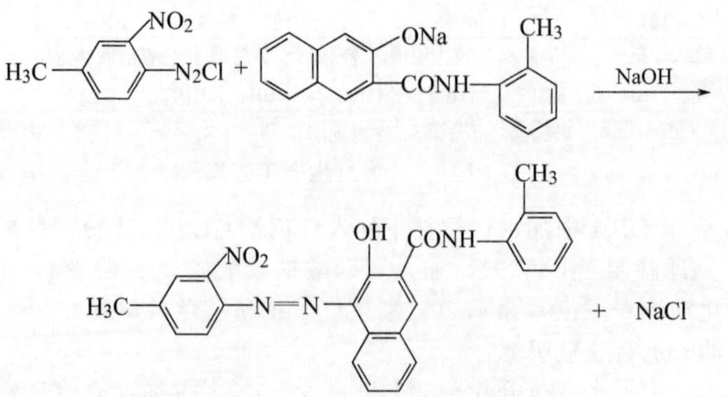

（4）生产工艺流程（参见图 18-16）

① 在重氮化反应釜 D101 中加水，在搅拌下加入红色基 GL、拉开粉，搅拌 2h，加入 30％盐

酸搅拌 1h，加冰降温至 0℃，然后加入亚硝酸钠（配成加 30％溶液），于 30min 加完，搅拌 40min，温度保持 4℃，终点为碘化钾淀粉试纸为无色/刚果红试纸蓝色，最后用活性炭、太古油进行脱色吸滤。

② 在溶解釜 D102 中加水，加入 30％液碱，升温至 95℃，加入色酚 AS-D，使之完全溶解透明，然后放入偶合釜 D103 中，调节温度到 25℃时用 30％盐酸在 30min 内进行酸析。终点 pH＝7.5～8。搅拌 2h，升温至 40～50℃，加入 58％醋酸钠搅拌 30min，物料备偶合使用。

③ 搅拌下于 1.5h 将吸滤好的重氮液徐徐加入偶合釜 D103 中进行偶合。用 30％液碱冲淡至 5％来控制 pH 为 6.5～7，温度保持 48～50℃，终点 pH＝6～6.5。重氮盐不过量。搅拌半小时，升温至 70℃，保温 1h，L101 过滤，滤饼以自来水漂洗，漂洗液用 1％硝酸银试液测定与自来水相比近似。粗产物经 L101 压滤、L102 干燥、L103 粉碎即得精制成品。

（5）产品用途　主要用于皮革涂饰剂、油墨、造漆、水彩或油漆颜料；亦可用于漆布、天然生漆的着色，涂刷纱管和工艺美术制品等的着色。

第19章

无机精细化学品

19.1 概述

近 30 年来，无机精细化工伴随电子信息技术、空间技术、激光技术、新能源技术、石油化工、冶金、轻工等行业的发展，不断开发出无机精细化学新产品，如无机晶须、无机纤维、精细陶瓷原料粉、精细陶瓷、无机抗菌剂、无机紫外线吸收剂、无机分离膜、纳米精细化学品、无机溶胶、无机电源材料、无机导电化学品、无机电镀化学品、荧光化学品、晶体材料等。

这些都表明，无机精细化工产品不再仅是"味精"，而成为各行业不可缺少的主要原材料。可以讲，发展高新技术离不开无机精细化工产品。综上所述，无机精细化工是精细化工中的重要组成部分，它的注意力不在于合成更多的新的无机化合物，而是采用众多的、特殊的、精细的工艺技术，或对现有的无机物在极端的条件下进行再加工，从而改变物质的微结构，产生新的功能，满足高新技术的各种需求。

改革开放以来，随着国民经济现代化进程的加快，国内无机精细化工得到了空前的快速发展，无机精细化工产品的作用越来越突出。目前，我国无机盐产品精细化率已达 35％左右。一些无机精细化学品不仅可以满足国内需要，也是重要的创汇产品。相当数量的无机精细化工产品在国际市场上占有重要地位。

19.2 超细粉体

所谓超细粉体是指尺度介于分子、原子与块状材料之间，通常泛指 $1\sim100nm$ 范围内的微小固体颗粒，包括金属、非金属、有机、无机和生物等多种材料颗粒。

随着物质的超细化，其表面电子结构和晶体结构发生了变化，产生了块状材料不具备的表面效应，小尺寸效应，量子效应和宏观量子隧道效应，从而使超细粉体与常规颗粒材料相比具有一系列优异的物理、化学性质。超细粉体有许多独特性能，主要性能如下：比表面积大、熔点低、磁性强、活性好、光吸收好、热导性能好。

超细粉体技术是 20 世纪 70 年代中期发展起来的新兴学科，超细粉体几乎应用于国民经济的所有行业。它是改造和促进油漆涂料、信息记录介质、精细陶瓷、电子技术、新材料和生物技术等新兴产业发展的基础，是现代高新技术的起点。

19.2.1 超微细二氧化钛

英文名称：titanium dioxide ultra-fine

分子式：TiO₂

（1）性能指标

外观	超微细白色粉末	二氧化钛	＞97％
相对密度	4.2	结晶型	金红石或锐钛型白色正方结晶
视密度	0.25～0.4	晶格常数	$a=0.458$　$b=0.295$
平均粒径	0.03～0.04nm	莫氏硬度	5.5～7
比表面积	35～45m²/g		

（2）生产原料与用量

四氯化钛	工业级	18.8	氢气	工业级	0.4

（3）生产原理　以四氯化钛为原料，在氢、氧焰中，高温水解制备超微细二氧化钛。反应式如下：

$$TiCl_4(气)+2H_2(气)+O_2(气)=\!=\!=TiO_2(固)+4HCl(气)$$

（4）生产工艺流程（参见图 19-1）

① 将四氯化钛气体与氢和空气混合均匀的通入 F101 中。

② 再将混合气通入 B101 中，在燃烧室内高温燃烧。

③ 生成的燃烧气体经冷凝后使二氧化钛固体与氯化氢气体分离，经捕集即可。

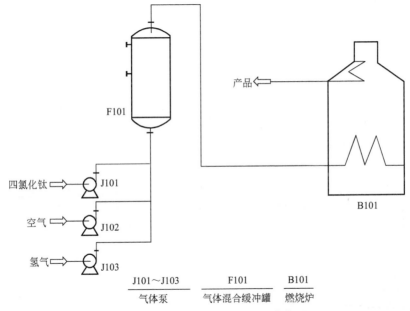

图 19-1　超微细二氧化钛生产工艺流程

（5）产品用途　在轿车闪光面漆中应用获得色彩丰富的涂层，其次，用于护肤产品、食品包装材料、农用薄膜、天然和人造纤维、木器漆和外用耐久漆作为无毒紫外光线屏蔽剂，同时使产品具有良好透明性。

19.2.2　超微细轻质碳酸钙

英文名称：calcium carbonate ultrafine light

主要成分：CaCO₃

（1）性能指标（GB/T 19590—2004）

外观	超微细白色粉末	电镜平均粒径	≤50nm
碳酸钙（干基）	≥93％	白度	≥90％
比表面积	≥35m²/g	pH 值	≤10.5
活化率	≥95％	水分	≤1.0％
盐酸不溶物	≤0.5％		

（2）生产原料与用量

石灰石	自然开采	2.5	表面处理剂	工业级	0.01～0.08
煤	工业级	1.5			

（3）生产原理　将石灰石煅烧后再将石灰乳通入二氧化碳反应，再经表面处理剂处理后得到产品。

（4）生产工艺流程（参见图 19-2）

① 将石灰石加入 B101 中，经过煅烧分解为生石灰和二氧化碳气。

② 生石灰经 V101 输送至 D101 中，用水消化生成石灰乳，再向石灰乳中通入二氧化碳气，进行碳酸化反应产生碳酸钙。

③ 向碳酸钙浆液中加入 F101 中的表面处理剂，进行粒子表面处理。

④ 然后，依次经过 L101 过滤、L102 干燥、L103 粉碎和 L104 筛分等工艺过程制得产品。

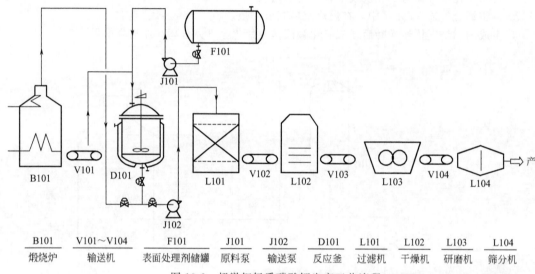

B101	V101～V104	F101	J101	J102	D101	L101	L102	L103	L104
煅烧炉	输送机	表面处理剂储罐	原料泵	输送泵	反应釜	过滤机	干燥机	研磨机	筛分机

图 19-2　超微细轻质碳酸钙生产工艺流程

（5）产品用途　在橡胶工业中用作填充剂或补强剂。在塑料工业中作为填料，用于提高聚氯乙烯软质制品的抗挠曲性。在涂料和油墨里作为体质颜料，用于调节色泽和流变性。在胶黏剂和密封剂中作填料使用。

19.2.3　超细硅酸铝

英文名称：*aluminium silicate ultra-fine*

主要成分：SiO_2、Al_2O_3、Fe_2O_3、Na_2O

（1）性能指标

指标名称	通用型	亲水型	指标名称	通用型	亲水型
外观	白色粉末	白色粉末	密度	$3.2g/cm^3$	$2.1g/cm^3$
平均粒径		≤1.5μm	折射率	1.62	1.46
粒度（-2μm，%）	90	90	白度	≥94%	≥96%
水分	≤2%	≤5%	吸油量	≤35g/100g	≤110g/100g
灼烧失量	≤3%	≤3%	SiO_2	60%±2%	80%±2%
（以干基计）			Al_2O_3	32%±2%	12%±1%
pH值（5%	6.5～8.0	8.0～9.5	Na_2O	≤9%	≤9%
水溶液）					

（2）生产原料与用量

硅酸钠	工业级，模数 3.1～3.4	2.8	水	自来水	45
硫酸铝	工业一级品	0.65	煤	工业级	1.8
沉淀剂	工业级	0.09			

（3）生产原理　由硅酸钠与硫酸铝反应，经分离、干燥后得到产品。

（4）生产工艺流程（参见图 19-3）

将 F101 和 F102 中符合工艺要求的硅酸钠溶液和硫酸铝溶液泵入反应釜 D101 中；在 D101 中与工序中两种溶液和沉淀剂在等 pH 条件下生成均匀的、微细的、分散性好的无定形硅酸铝沉淀；沉淀经过 L101 过滤工序后，滤饼水洗合格；经 V101 输送至 L102 在一定温度下干燥；最后在 L103 粉碎工序中得到成品。

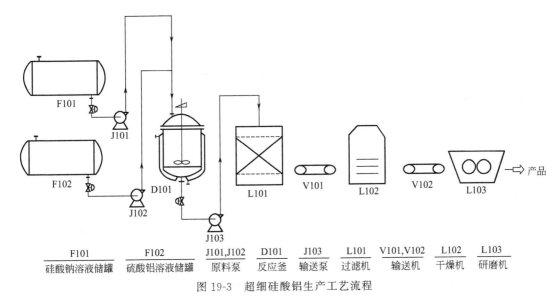

| F101 | F102 | J101,J102 | D101 | J103 | L101 | V101,V102 | L102 | L103 |
| 硅酸钠溶液储罐 | 硫酸铝溶液储罐 | 原料泵 | 反应釜 | 输送泵 | 过滤机 | 输送机 | 干燥机 | 研磨机 |

图 19-3　超细硅酸铝生产工艺流程

（5）产品用途　广泛用于涂料、油墨、塑料、橡胶、皮革、印染、造纸等工业部门。

19.2.4　超细水合二氧化钌

英文名称：ruthenium dioxide super fine hydrate

分子式：RuO_2

（1）性能指标（YS/T 598—2006）

外观	白色粉末	铝	≤0.02%
钌	60%～71%	银	≤0.001%
铂	≤0.005%	镍	≤0.01%
铟	≤0.005%	铅	≤0.01%
金	≤0.005%	铜	≤0.001%
铑	≤0.001%	平均粒径	≤1μm
铁	≤0.02%	比表面积	>30m²/g
钯	≤0.001%	含水量	≤0.12%

（2）生产原料与用量

| 钌粉 | 工业级 | 1 | 氧气 | 工业级 | 0.25 |

（3）生产原理　以金属钌粉为原料制备二氧化钌，反应式如下：

$$Ru + O_2 == RuO_2$$

（4）生产工艺流程（参见图 19-4）　将金属钌粉在氧气氛中于 800～900℃加热 1h 制得二氧化钌，经冷却制得产品。

（5）产品用途　用于电子工业薄膜电阻材料。

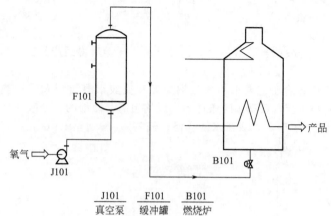

J101	F101	B101
真空泵	缓冲罐	燃烧炉

图 19-4　超细水合二氧化钌生产工艺流程

19.2.5　医药用超细硫酸钡

英文名称：barium sulfate ultrafine medicinal

分子式：$BaSO_4$

（1）**性能指标**

外观	超细白色粉末	pH 值	6.0～8.0
硫酸钡	≥97%	干燥失重	≤1.0%
酸中溶解物	≤0.3%	重金属	≤0.001%
粒度	0.5～50μm	砷盐	≤0.0001%

（2）**生产原料与用量**

氯化钡	工业一级品	143	水	蒸馏水	50～80
芒硝	工业级，98%	75	次氯酸钠	工业级	适量
硫酸	工业级，98%	20			

（3）**生产原理**　以氯化钡和硫酸钠为原料制备医药用硫酸钡。反应式如下：

$$BaCl_2 + Na_2SO_4 \Longrightarrow BaSO_4 + 2NaCl$$

（4）**生产工艺流程**（参见图 19-5）

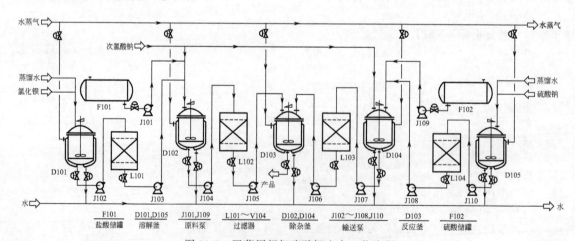

F101	D101,D105	J101,J109	L101～V104	D102,D104	J102～J108,J110	D103	F102
盐酸储罐	溶解釜	原料泵	过滤器	除杂釜	输送泵	反应釜	硫酸储罐

图 19-5　医药用超细硫酸钡生产工艺流程

① 将工业一级品氯化钡加入 D101 中，再加入蒸馏水，加热溶解；再经过 L101 过滤，滤液泵入 D102 中，然后加盐酸调 pH 为 2～3，再加适量的次氯酸钠，加热至沸，保温 0.5h 左右、静置 8h 以上，然后再经 L102 过滤除去硫化物杂质，滤液为精制氧化钡溶液。

② 将 98%以上的硫酸钠，加入蒸馏水在 D105 中加热溶解；再经过 L104 过滤，滤液泵入 D104 中后加硫酸调 pH 值为 3～4，再加入少量次氯酸钠、加热至沸，保温 0.5h 以上，静置 8h 以上，然后再经 L103 过滤除去硫化物杂质后得精制硫酸钠溶液。

③ 将精制硫酸钠溶液和精制氧化钡溶液同时泵入反应器 D103 中，控制反应温度 60～70℃，反应 4～6h，反应完成后。静置陈化 8h 以上，制得产品。

（5）产品用途　医药上用作医疗中 X 射线双重造影的造影剂。

19.3　晶体材料

晶体材料是以单晶组成的材料。其特点是：组成质点（原子或原子集团）为远程有序三维空间排列，具有特定对称性的空间晶格结构；晶体的各种物理性能与结构对称性有着内在的联系。各种类和应用晶体的性能通常分为固有物性和功能物性。实用上，晶体常按功能物性进行分类，主要有：压电晶体、激光晶体、电光晶体、声光晶体、非线性光学晶体、光折变晶体、热释电晶体、闪烁晶体、磁光晶体。此外，晶体材料按来源又分为天然晶体和人工晶体，后者应用较多。晶体材料广泛用于激光技术、电子技术、生物医学、高能物理及家用电器等方面。

晶体材料的基本形成过程大致可分为两个阶段：晶核的形成和生长。前者是晶体生长过程所必需的，但不是一个很主要的过程；后者实际上是一个连续的质量和能量输运过程。质量的输运是通过流动、扩散或蒸发与凝聚完成的；能量的输运是通过传导，对流和辐射实现的。晶体的生长速度则受这些输运过程制约，特别是取决于其中最慢的一个过程。

19.3.1　钒酸钇晶体

英文名称：yttrium vanadate

分子式：YVO_4

（1）性能指标

传送波阵面畸变（633nm）		$\geqslant\lambda/4$	平整度（633nm）	$\lambda/8$
尺寸误差	W	$\pm0.1mm$	角误差	$\Delta\theta<\pm0.5°$
	H	$\pm0.1mm$	通光孔径	$>90\%$
	L	$+0.2mm，-0.1mm$		

（2）生产原料与用量

钒酸钇	工业级	适量

（3）生产原理　将钒酸钇熔化，使用籽晶生长得到产品。

（4）生产工艺流程（参见图 19-6）首先将钒酸钇加入 L101，加热熔化，籽晶预热，再将旋转着的籽晶引入钒酸钇熔体微熔缓慢提拉，使籽晶变大，当坩埚温度达到恒定时，晶体开始等晶生长，晶体长到需要长度后，使钒酸钇晶体脱离熔体，退火取出制得。

（5）产品用途　用于光纤通讯（光隔离器）、宽波长的偏振器及分裂器上。

19.3.2　氟化钡晶体

英文名称：barium fluoride crystal

化学组成：BaF_2

（1）性能指标

传送波阵面畸变（633nm）		$\geqslant\lambda/4$	平整度（633nm）	$\lambda/8$
尺寸误差	W	$\pm0.1mm$	角误差	$\Delta\theta<\pm0.5°$
	H	$\pm0.1mm$	通光孔径	$>90\%$
	L	$+0.2mm，-0.1mm$		

（2）生产原料与用量

氟化钡粉末	工业级	适量

（3）生产原理　在石墨坩埚中通过温度梯度的变化析出晶体。

（4）生产工艺流程（参见图 19-7）坩埚下降法：将氟化钡粉末或细小晶粒放入 L101 石墨坩埚

中，然后将坩埚下降通过 B101 垂直温度梯度炉。当通过炉温与氟化钡熔点相同之处，氟化钡熔融。随着坩埚下降，炉温降低，产生氟化钡晶体并生长，直至氟化钡耗尽，将炉子退火，取出晶体。

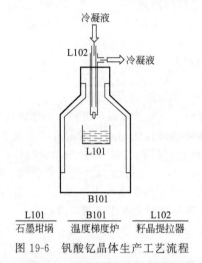 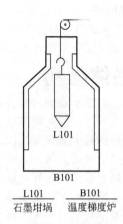

L101	B101	L102
石墨坩埚	温度梯度炉	籽晶提拉器

图 19-6　钒酸钇晶体生产工艺流程

L101	B101
石墨坩埚	温度梯度炉

图 19-7　氟化钡晶体生产工艺流程

（5）产品用途　用于光声池，各种波段的窗口、二氧化碳激光器窗口、红外吸收窗口以及 X 射线和高能粒子探测。

19.3.3　磷酸二氢铵晶体

英文名称：ammonium dihydrogen phosphate crystal

化学组成：$NH_4H_2PO_4$

（1）性能指标

外观	无色透明晶体（四方晶系）	介电常数	16
密度	$0.80g/cm^3$	透光范围	$0.2 \sim 1.2\mu m$
半波电压	9.0kV	居里温度	148K

（2）生产原料与用量

磷酸二氢铵	工业级	适量

（3）生产原理　从磷酸二氢铵过饱和溶液中析出单晶并生长。

（4）生产工艺流程（参见图 19-8）

① 将磷酸二氢铵过量加入 D102 中溶解为饱和溶液。

② 饱和溶液经 L102 过滤由饱和釜 D102 进入过热釜 D103。

③ 加热至过热后用泵打入生长罐 D101 中。此时溶液处于过饱和状态，析出磷酸二氢铵，结晶并生长。

④ 析晶后变稀的溶液由生长罐 D101 流进饱和釜 D102 重新溶解营养料（磷酸二氢铵）至溶液饱和，再进入过热釜，这样循环流动，使晶体不断长大。饱和釜 D102 温度高于生长罐 D101。

（5）产品用途　可用于制作电光开关等。

19.3.4　钼酸铅晶体

英文名称：lead molybdate crystral

分子式：$PbMoO_4$

（1）性能指标（SJ 20607—1996）

直径偏差	≤2mm	取向偏差	≤30′
锥度	≤8%	透光范围	$0.40 \sim 5.0$
弯曲度	≤2mm	品质因子 M_2	约 12.7
轴向偏差	≤2°		

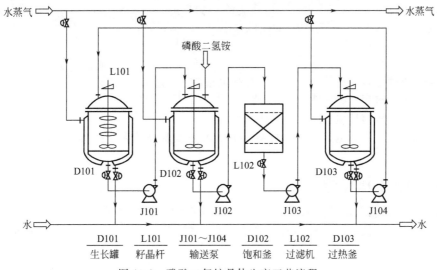

图 19-8　磷酸二氢铵晶体生产工艺流程

D101	L101	J101~J104	D102	L102	D103
生长罐	籽晶杆	输送泵	饱和釜	过滤机	过热釜

（2）生产原料与用量

三氧化钼　工业级	14.4	氧化铅	工业级	22.3

（3）生产原理　将原料熔化后，使用籽晶生长得到产品。

（4）生产工艺流程（参见图 19-6）　提拉法：首先将三氧化钼和氧化铅原料放入坩埚中熔化，籽晶预热，再将旋转的籽晶引入熔体，微熔后慢慢提拉，使籽径变大，当坩埚温度达到恒定时，晶体开始等径生长，晶体长到需要长度后，使晶体脱离熔体，退火取出制得钼酸铅晶体。

（5）产品用途　用于声光调制器和偏转器。

19.3.5　偏硼酸钡晶体

英文名称：barium metaborate crystal

化学组成：$Ba(BO_2)_2$

（1）性能指标

尺寸误差	W	$\pm 0.1mm$	传送波阵面畸变（633nm）	$\geqslant \lambda/4$
	H	$\pm 0.1mm$	平整度（633nm）	$\lambda/8$
	L	$+0.2mm$，$-0.1mm$	角误差	$\Delta\theta < \pm 0.5°$

（2）生产原料与用量

碳酸钡　工业级	20	碳酸钠	工业级	适量
硼酸　工业级	12.5			

（3）生产原理　将原料熔化后，使用籽晶生长得到产品。

（4）生产工艺流程（参见图 19-6）　采用顶部籽晶熔盐法工艺生产。将原料碳酸钡和硼酸按比例加入坩埚，同时加入适量助熔剂碳酸钠。采用电阻加热。当原料熔化后，保温数小时，使熔液完全熔融并均匀混合。将籽晶下至溶液中，降温，转动籽晶并缓慢向上提拉，生长出高质量的晶体。

（5）产品用途　用于高功率 YAG 激光器的倍频材料。

19.3.6　锗酸铋晶体

英文名称：bismuth germenate crystal

分子式：$Bi_4Ge_3O_{12}$

（1）性能指标

传送波阵面畸变（633nm）	$\geqslant \lambda/4$		H	$\pm 0.1mm$
尺寸误差	W	$\pm 0.1mm$	L	$+0.5mm$，$-0.1mm$

平整度（633nm）	λ/8	通光孔径	>90%
角误差	Δθ<±0.5°		

（2）生产原料与用量

氧化锗	工业级	31.5	氧化铋	工业级	93.2

（3）生产原理　将原料熔化后，使用籽晶生长得到产品。

（4）生产工艺流程（参见图19-6）　将氧化锗和氧化铋原料按配比加入坩埚熔化，预热籽晶并旋转引入熔体，微熔后慢慢提拉使晶体生长。

（5）产品用途　作为电声和电光材料，用于X射线及高能粒子探测器，还用于核物理学等研究领域。

19.4　精细陶瓷

"精细陶瓷"的精确定义尚无定论，但通常认为精细陶瓷是"采用高度精选的原料，具有精确控制的化学组成，按照便于控制的制造技术加工的，便于进行结构设计，并具有优异特性的陶瓷"。

精细陶瓷从性能上可分为结构陶瓷和功能陶瓷两大类。结构陶瓷是以力学性能为主的一大类陶瓷。特别适用于高温下应用的则称为高温结构陶瓷。功能陶瓷则主要利用材料的电、磁、光、声、热和力等性能及其耦合效应，如铁电、压电陶瓷、正或负温度系数陶瓷、敏感陶瓷、快离子导体陶瓷等。从电性能上考虑有绝缘陶瓷、介电陶瓷、半导体陶瓷、导体陶瓷以至高临界温度T_c的超导陶瓷。

19.4.1　钛酸铝陶瓷

英文名称：aluminium titanate ceramic

分子式：$Al_2O_3 \cdot TiO_2$

（1）性能指标

外观	灰黑色陶瓷	抗弯强度	1.2kg/mm²
视密度	3.26g/cm³	压缩强度	8.5kg/mm²
气孔率	4.5%	弹性模量	450 kg/mm²

（2）生产原料与用量

三氧化二铝	工业级	102	二氧化钛	工业级	80

（3）生产原理　以氧化铝和二氧化钛为原料制备钛酸铝，反应式如下：

$$Al_2O_3 + TiO_2 === Al_2TiO_5$$

（4）生产工艺流程（参见图19-9）

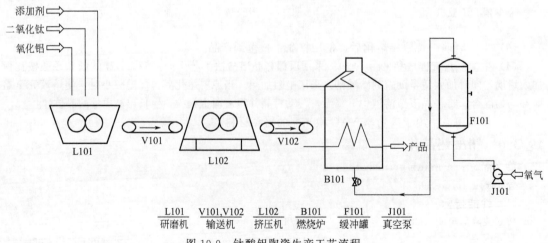

L101	V101,V102	L102	B101	F101	J101
研磨机	输送机	挤压机	燃烧炉	缓冲罐	真空泵

图 19-9　钛酸铝陶瓷生产工艺流程

① 将等物质的量的氧化铝和二氧化钛及其他添加剂加入 L101 中混合研磨。

② 再经 V101 输送至 L102 中挤压成型。

③ 然后经 V102 输送至 B101 中在氧化气氛中，于 1600℃ 以上进行烧结，即制得钛酸铝陶瓷。

（5）产品用途　主要用于热电偶保护管、喷嘴、熔融液输送管及密封用材料。

19.4.2　碳化硅陶瓷

英文名称：silicon carbide ceramic

主要成分：SiC

（1）性能指标

外观	黑色陶瓷	弹性模量	$4.18×10^4\,kg/mm^2$
密度	$3.1g/cm^3$	破坏韧性	$2900MN/m^{3/2}$
气孔率	<2%	硬度	$4.6kg/mm^2$
压缩强度	$398kg/mm^2$	热膨胀系数	$4.02×10^{-6}$
抗张强度	$56kg/mm^2$		

（2）生产原料与用量

碳化硅	工业级	100	氧化铝　工业级	4

（3）生产原理　将碳化硅原料粉加入 >1% 的氧化铝，在高温高压下烧结制得。

（4）生产工艺流程（参见图 19-10）

采用热压烧结法生产。将碳化硅原料粉加入 >1% 的氧化铝，在 2000℃ 以上和 350MPa 压力下，在 B101 中热压烧结制得。

（5）产品用途　广泛用于工业部门中喷嘴、轴承、涡轮增压器转子、燃气轮机静、动叶片、热交换器等。

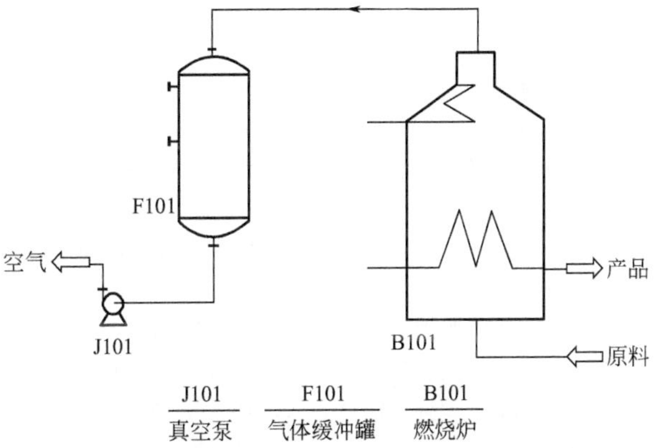

J101	F101	B101
真空泵	气体缓冲罐	燃烧炉

图 19-10　碳化硅陶瓷生产工艺流程

19.4.3　碳化钛陶瓷

英文名称：titanium carbide ceramic

分子式：TiC

（1）性能指标

外观	金属灰色陶瓷	弹性模量	$(3～4)×10^{-4}\,kg/mm^2$
密度	$3.5～4g/cm^3$	硬度	$850～1100kg/mm^2$
气孔率	40%～10%		

（2）生产原料与用量

二氧化钛	工业级	80	炭黑　工业级	12

（3）生产原理　二氧化钛和炭黑在 1700～2100℃ 反应制得。

（4）生产工艺流程（参见图 19-11）　将二氧化钛和炭黑加入 B101 中，在 1700～2100℃ 反应制得碳化钛原料粉，经 L101 研磨、L102 热压制得具有金属光泽的碳化钛陶瓷制品。

（5）产品用途　用于制造还原性和惰性气氛中用的高温热电偶保护套和熔炼金属的坩埚，复合陶瓷用于各种刀具、模具、工具制造。

19.4.4　氧化锆陶瓷

英文名称：zirconia ceramic

主要成分：ZrO_2

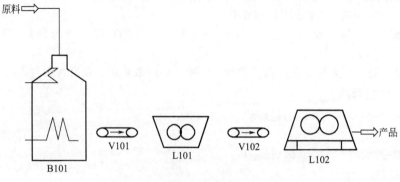

图 19-11　碳化钛陶瓷生产工艺流程

B101	V101,V102	L101	L102
煅烧炉	输送机	研磨机	挤压机

（1）性能指标

外观	白色陶瓷	弹性模量	25000kg/mm²
密度	5.02～5.50	硬度	1420～1650kg/mm²
压缩强度	＞370kg/mm²	热膨胀系数	8.0～9.4×10⁻⁶℃
抗弯强度	170kg/mm²		

（2）生产原料与用量

二氧化锆	工业级，＞96％ 100	黏结剂	工业级	适量
稳定剂（MgO、CaO、Y₂O₃ 等）	工业级　适量			

（3）生产原理　将二氧化锆研磨、烧结、成型后即得。

（4）生产工艺流程（参见图 19-12）

① 将原料粉按要求加入稳定剂，放入球磨机 L101 中研磨 8～24h，加入少量的黏结剂。

② 经 V101 输送至 L102 挤压机中，在 60～100MPa 压力下压成坯块。

③ 压坯再经 V102 输送至 B101 中，在 1450～1800℃加热 4～6h 进行固溶稳定化。

④ 将稳定化的烧结块经 L103 研磨至各种粒度。

⑤ 再将稳定化的烧结粉碎 ZrO₂ 原料粉用 L104 干压法成型，于 1650～1800℃温度烧成，保温 2～4h 制得产品。

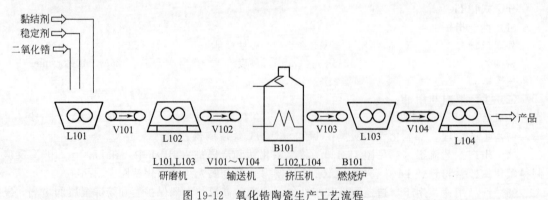

L101,L103	V101～V104	L102,L104	B101
研磨机	输送机	挤压机	燃烧炉

图 19-12　氧化锆陶瓷生产工艺流程

（5）产品用途　用于耐高温、耐腐蚀部件，作轴承、喷嘴、研磨介质、冶炼坩埚等。

19.4.5　氧化铝陶瓷

英文名称：alumina ceramic

主要成分：氧化铝，添加剂等

（1）性能指标

体积密度	$>3.75g/cm^2$	介电常数	$9 \sim 10.5$
抗弯强度	$3000kg/cm^2$	电阻率	$>10^{13} \Omega \cdot cm$
线膨胀系数	$(6.3 \sim 8) \times 10^{-6} mm/℃$	击穿电压	$15kV/mm$

（2）生产原料与用量

氧化铝	工业级	100	阿拉伯树胶	工业级，10%	10
添加物（H_3BO_3、	工业级	$0.3 \sim 3$	羧甲基纤维素	工业级，2%	$7 \sim 8$
NH_4F、AlF_3 等）			苯	工业级	$1 \sim 2$
油酸	工业级	$1 \sim 3$			

（3）生产原理　将氧化铝煅烧后，然后用注浆法成型得成品。

（4）生产工艺流程（参见图 19-13）

① 将工业 Al_2O_3 加入煅烧炉 B101，再加入添加物（H_3BO_3、NH_4F、AlF_3 等），在 B101 中进行煅烧。

② 冷却后经 V101 输送至 L101 中采用干磨磨细，干磨时，加入油酸以防黏结。

③ 然后用注浆法在 L102 挤压机中成型，将 Al_2O_3 细粉加入 $26\% \sim 29\%$ 的蒸馏水和阿拉伯树胶水溶液以及少量的苯制成粉浆。模压成型时加入浓度为 2% 的羧甲基纤维素水溶液作黏结剂，在 $58.8 \sim 98.1MPa$ 压力下成型。

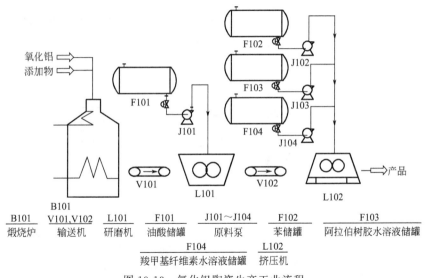

图 19-13　氧化铝陶瓷生产工业流程

（5）产品用途　用于制热电偶保护套管、高纯陶瓷原料粉研磨介质、陶瓷衬砖、栓塞、辊棒、密封环、电子元件、电路基片等。

19.5　无机晶须

晶须是以无机物（金属、氧化物、碳化物、氮化物、无机盐类、石墨等）和有机聚合物等可结晶物为原材料，通过人为控制，以单晶形式生长的形状类似于短纤维，而尺寸远小于短纤维的须状单晶体。其直径极小，长径比极大，是亚微米和纳米尺寸，具有高度有序的原子排列结构，几乎没有通常物体中大晶体存在的缺陷，作为塑料、涂料和陶瓷等材料的改性添加剂，显示出极优良的物理化学性质和优异的力学性能，被称为 21 世纪的补强材料，在工程塑料、涂料及隔热、绝缘材料等领域具有广泛的应用。

无机晶须作为一种新型的增强材料，具有高强度、耐热、耐磨、防腐蚀、导电、绝缘、减振、阻尼、吸波、阻燃等许多特殊的优点和功能，可用于热固性树脂、热塑性树脂、橡胶等聚合物中。能制造出高性能的工程塑料、复合材料、胶黏剂以及涂料等。将无机晶须填充于聚合物中，将有可能获得真正意义上的聚合物/晶须复合物，这种新型的复合物，可以将无机晶须的刚性、尺寸稳定性和热稳定性与高分子材料的韧性相结合，有望制造出高新技术所需的材料和开辟、扩大现有高分子材料的应用范围，这一领域已成为国内外研究的热点，具有广阔的应用和市场前景。

19.5.1 硫酸钙晶须

英文名称：calcium sulfate whisker

化学组成：$CaSO_4$

（1）性能指标

相对密度	2.96	晶须直径	$1\sim4\mu m$
晶须长度	$100\sim200\mu m$	平均长径比	80

（2）生产原料与用量

二水石膏　　　　　　　　工业级　　　　　　　适量

（3）生产原理　将二水石膏通过水热反应生成硫酸钙晶须。

（4）生产工艺流程（参见图 19-14）　二水石膏通过水热反应转化成 α 型半水石膏，反应过程中生成纤维状、针状硫酸钙晶须。

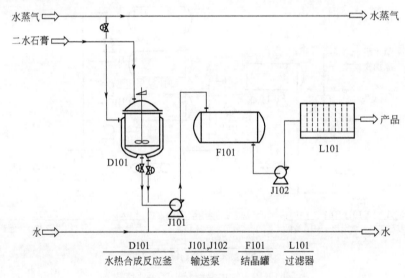

图 19-14　硫酸钙晶须生产工艺流程

（5）产品用途　硫酸钙晶须经硅烷表面处理后，用于聚丙烯增强可提高抗拉强度、抗弯强度、弹性率和热变性温度。用于中等强度的填充剂，可代替石棉作摩擦材料、建筑材料，也可部分代替玻璃纤维。

19.5.2 莫来石晶须

英文名称：mullite whisker

主要成分：三氧化二铝，二氧化硅

（1）性能指标

晶须直径	$0.5\sim1.0\mu m$	长径比	$15\sim20$
晶须长度	$7.5\sim20\mu m$	表观密度	$0.2g/cm^3$

（2）生产原料与用量

无水氟化铝　工业级　　　　　8.4　　　二氧化硅　　　工业级　　　　6.1

（3）生产原理　以无水氟化铝和二氧化硅为原料制备莫来石晶须。反应式如下：

$$AlF_3 + SiO_2 \xrightarrow{700\sim900℃} Al_2(SiO_4)F_2 + SiF_4$$

$$Al_2(SiO_4)F_2 + SiO_2 \xrightarrow{1150\sim1400℃} 3Al_2O_3 \cdot 2SiO_2 + SiF_4$$

（4）生产工艺流程（参见图19-15）

① 打开J101，将无水氟化硅气氛泵入到F101中，稳压后再将其通入到B101中。

② 将无水氟化铝和二氧化硅粉投入反应炉B101中，充分混合均匀后，在无水氟化硅的气氛下，先加热至700～950℃，使其生成棒状晶体，然后再继续升温至1150～1400℃即生成针状莫来石晶须。

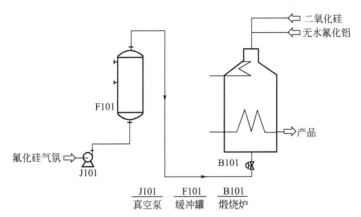

图19-15　莫来石晶须生产工艺流程

（5）产品用途　用于复合陶瓷及金属复合材料的增强剂。

19.5.3　硼酸铝晶须

英文名称：aluminum borate whisker

化学组成：$nAl_2O_3 \cdot mB_2O_3$

（1）性能指标

外观	白色针状	密度	$2.93g/cm^3$
晶须直径	$0.5\sim1.0\mu m$	比表面积	$2.0\sim2.3m^2/g$
晶须长度	$10\sim30\mu m$	水溶性杂质	$\leqslant0.02\%$
pH 值	$5.5\sim7.5$		

（2）生产原料与用量

硼酸	工业级	$0.40\sim0.42$	碳酸钠	工业级	$1.20\sim1.30$
硫酸铝	工业级	$7.00\sim7.50$	盐酸	工业级，30%	$4.50\sim5.00$
硫酸钾	工业级	$1.80\sim2.00$			

（3）生产原理　将无水硫酸铝和硼酸高温反应，冷却后成长为晶须。

（4）生产工艺流程（参见图19-16）　将无水硫酸铝和硼酸加入坩埚L101中，再加入与反应无关的助熔剂（如碱金属氯化物，硫酸盐，或碳酸盐），在B101中1000℃左右下反应，在该温度下熔融反应，成长为晶须。冷却后，用水洗、酸洗，除去助熔剂，分离出晶须。

（5）产品用途　用于工程塑料、涂料、黏结剂等材料，可提高强度、弹性率；用于与金属、铝合金复合化可提高耐磨性能和强度。也用于耐火材料和陶瓷填充剂。

19.5.4　钛酸钾晶须

英文名称：potassium titanate whisker

化学组成：$K_2Ti_6O_{13}$

（1）性能指标

晶须长度	$20\sim80\mu m$	晶须直径	$0.2\sim1\mu m$

（2）生产原料与用量

碳酸钾　　工业级　　　　　　　　　　　10　　二氧化钛　　　工业级　　　　　　　　　　48

（3）生产原理　以碳酸钾和二氧化钛为原料，在高温下烧结、冷却而成。

（4）生产工艺流程（参见图 19-17）采用烧结法生产。以碳酸钾和二氧化钛为原料，按比例混合，加压成型于 600～1200℃高温下烧结、冷却制得。

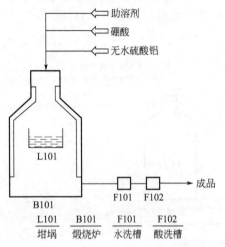

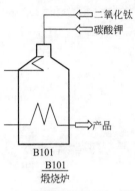

图 19-16　硼酸铝晶须生产工艺流程　　　　　　　19-17　钛酸钾晶须生产工艺流程

（5）产品用途　用于工程塑料增强剂，可代替石棉作汽车制动离合器等的摩擦材料；也用于导电、绝热材料。

19.5.5　碳化硅晶须

英文名称：silicon carbide whisker

化学组成：SiC

（1）性能指标

晶须长度　　　　　　　　　　　　5～20μm　　晶须直径　　　　　　　　　　　0.05～1.5μm

（2）生产原料与用量

甲基三氯硅烷　　工业级　　　　　　适量　　氢气　　　　　　　　工业级　　　　　　适量

（3）生产原理　将高纯二氧化硅与炭黑在高温保护气氛中反应后，再在催化剂基底上生长晶须。

（4）生产工艺流程（参见图 19-18）采用炭还原法生产。将高纯二氧化硅与炭黑按一定比例

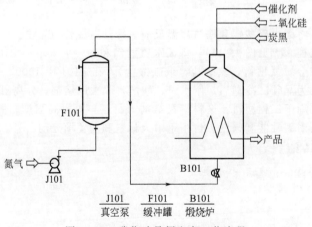

图 19-18　碳化硅晶须生产工艺流程

加入煅烧炉 B101 中，混合均匀，1300～1800℃下在非氧化气氛中加热进行还原反应，在含有 La 或其他催化剂的基底上生长碳化硅晶须。

（5）产品用途　用于陶瓷基和铝合金复合材料、工程塑料增强。

19.5.6　氧化铜晶须

英文名称：cupric oxide whisker

分子式：CuO

（1）性能指标

| 晶须直径 | $0.1～0.5\mu m$ | 晶须长度（角柱状） | $10～30\mu m$ |

（2）生产原料与用量

| 铜 | 高纯 | 64 | 氧气 | ＞5％ | 适量 |

（3）生产原理　以金属铜为原料制备氧化铜，反应式如下：

$$2Cu + O_2 =\!=\!= 2CuO$$

（4）生产工艺流程（参见图 19-18）　将高纯金属铜（不含铅、镉），在氧气气氛中于 750℃以上氧化 1h 左右，生成氧化铜晶须。晶须的长度由反应时间、氧化温度和其他元素含量和种类来控制。

（5）产品用途　用于热硬化性树脂和热可塑性树脂、工程塑料作增强材料、精密温度传感器等。

19.6　无机抗菌材料

抗菌材料是指自身具有杀灭或抑制微生物功能的一类新型功能材料。但目前抗菌材料更多的是指通过添加一定的抗菌物质（称为抗菌剂），从而使材料具有抑制或杀灭表面细菌能力的一类新型功能材料。

利用银、铜、锌等金属的抗菌能力，通过物理吸附、离子交换等方法，将银、铜、锌等金属（或其离子）固定在氟石、硅胶等多孔材料的表面制成抗菌剂，然后将其加入到相应的制品中即获得具有抗菌能力的材料。水银、镉、铅等金属也具有抗菌能力，但对人体有害。铜、镍、钻等离子带有颜色，将影响产品的美观，锌有一定的抗菌性，但其抗菌强度仅为银离子的 1/1000。因此，银离子抗菌剂在无机抗菌剂中占有主导地位。

19.6.1　分子筛载银抗菌剂

英文名称：molecular sieve carrier Ag fungicide

主要成分：合成分子筛载银、锌或天然分子筛载银、铜

（1）性能指标

| 含银量 | ≥2.5％ |

（2）生产原料与用量

| A 型沸石 | 工业级 | 20 | 水 | 去离子水 | 适量 |
| 硝酸银 | 工业级 | 0.17 | | | |

（3）生产原理　以合成分子筛作载体，负载上有效成分银、锌制得。

（4）生产工艺流程（参见图 19-19）

① 将 A 型沸石（干燥的）与去离子水加入到 D101 中，再与配制的 0.1mol AgNO₃ 溶液混合，在室温下搅拌，进行离子交换 7～8h。

② 然后经过 L101 过滤充分洗涤。

③ 再通过 V101 输送至 L102 干燥、精制得银沸石。

（5）产品用途　用于混凝土杀菌剂，与塑料、纤维混炼后作抗菌剂。也可在汽车部件、建材、壁材、卫生陶瓷品中应用。

19.6.2　钛酸钾纤维载银抗菌剂

英文名称：potassium titanate fibre carrier Ag fungicide

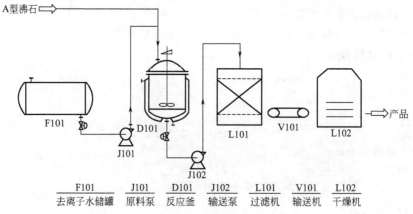

F101	J101	D101	J102	L101	V101	L102
去离子水储罐	原料泵	反应釜	输送泵	过滤机	输送机	干燥机

图 19-19　分子筛载银抗菌剂生产工艺流程

主要成分：钛酸钾纤维载银

（1）性能指标

纤维长	$10\sim20\mu m$	真密度	$4.3\sim4.6g/cm^3$
纤维径	$0.3\sim0.6\mu m$	松密度	$0.2\sim0.4g/cm^3$
载银量	约15%	含水率	$\leqslant1.0\%$

（2）生产原料与用量

钛酸钾纤维	工业级	10	去离子水	适量
硝酸银	工业级	0.17		

（3）生产原理　以钛酸钾纤维为主体载上银制得。

（4）生产工艺流程（参见图 19-19）　将钛酸钾纤维与去离子水配制的 $0.1mol\ AgNO_3$ 溶液混合，在室温下搅拌进行离子交换 $7\sim8h$，过滤并充分洗涤、干燥、再精制得银沸石。

（5）产品用途　用作纤维衣料、家电塑料制品、涂料及建材的抗菌剂。

19.6.3　碳酸钙粉体抗菌剂

英文名称：calcium carbonate powder fungicide

主要成分：$CaCO_3$ 载 Ag 或 $CaCO_3$ 载 Zn、Cu

（1）性能指标

比容积	$>1.5mL/g$	比表面积（BET）	$>8m^2/g$
孔容	$>1.0mL/g$		

（2）生产原料与用量

氢氧化钙	工业级	100	氢化钠	工业级	适量
柠檬酸	工业级	150	EDTA	工业级，10%	45
二氧化碳	工业级，30%	适量	水	去离子水	适量
硝酸银水	工业级	适量			

（3）生产原理　通过控制生产条件、调节产品粒度及粒子形状来制得多孔的碳酸钙粉体。

（4）生产工艺流程（参见图 19-20）

① 首先将 F101 中的氢氧化钙悬浮液泵入反应器 D101 中，调整温度至 20℃，再用水将浓度调至 10%。

② 再加入 F102 中的柠檬酸水溶液，混合后再通入二氧化碳进行碳化，二氧化碳以 1kg 氢氧化钙按 80L/min 速度通入，当碳化率达到 93% 时即停止碳化。

③ 然后加入 F103 中的硝酸银水溶液和 F104 中的氢化钠水溶液使其反应，至氯化银悬浮物全部析出。

④ 经充分混合，再加入 F105 中的 EDTA，再用二氧化碳进行碳化，二氧化碳以 1kg 氢氧化

钙按 20L/min 速度通入，碳化后悬浊液的 pH＝8.2 即为终点。

　　⑤ 最后得到的碳酸钙和氯化银凝聚粒子经 L101 压滤机压滤分离脱水，再通过 L102 干燥、L103 研磨即得到抗菌性碳酸钙粉体。

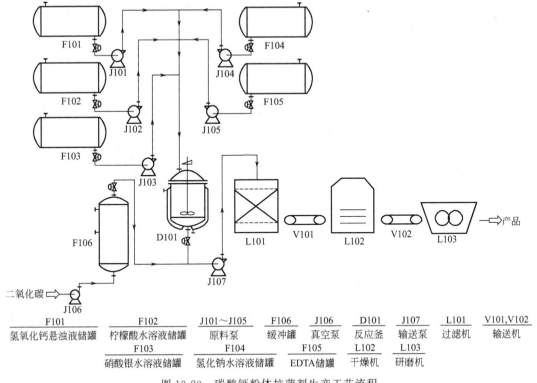

F101 氢氧化钙悬浊液储罐	F102 柠檬酸水溶液储罐	J101～J105 原料泵	F106 缓冲罐	J106 真空泵	D101 反应釜	J107 输送泵	L101 过滤机	V101,V102 输送机
F103 硝酸银水溶液储罐	F104 氢化钠水溶液储罐		F105 EDTA储罐		L102 干燥机	L103 研磨机		

图 19-20　碳酸钙粉体抗菌剂生产工艺流程

　　（5）产品用途　用于净水器、空调器的过滤材料，也用于床材、壁材、涂料及食用器材的抗菌及防腐。

19.7　无机溶胶

　　无机溶胶属于无机液相合成的一种，是指用金属的有机或无机化合物，经过溶液、溶胶、凝胶过程，接着在溶胶或凝胶状态下成型，再经干燥和热处理等工艺流程制成不同形态的产物。

　　无机溶胶的产品纯度高，粒度均匀，反应过程易于控制。20 世纪 80 年代以来，在玻璃、氧化物涂层、功能陶瓷粉料，尤其是传统方法难以制备的复合氧化物材料、高 T_c 临界温度氧化物超导材料的合成中均得到了成功的应用。

19.7.1　二氧化锆溶胶

　　英文名称：zirconium oxide sol
　　主要成分：二氧化锆
　　（1）性能指标

二氧化锆含量	20%	相对密度	1.21
平均粒径	<2.0nm	晶型	单斜晶系

　　（2）生产原料与用量

烷氧基锆	工业级	10	过氧化氢　工业级	适量
盐酸	工业级	适量		

　　（3）生产原理　将烷氧基锆中加入酸并用过氧化氢水解，即得二氧化锆溶胶。
　　（4）生产工艺流程（参见图 19-21）　将烷氧基锆加入 D101 中；再将 F101 中的盐酸泵入

D101 中，搅拌均匀后再泵入 F102 中的过氧化氢水解，即生成二氧化锆溶胶；经 L101 蒸发至干后，再通过 V101 输送至 D102 中；将 F103 中的乙醇泵入 D102 中，重新分散在乙醇中，即制得二氧化锆溶胶。

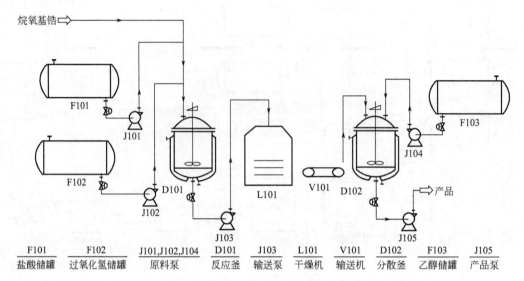

图 19-21　二氧化锆溶胶生产工艺流程

（5）产品用途　用于各种耐火物中作无机黏结剂及精密铸造用的黏结剂，也作涂料、复合材料及氧化锆的原料。

19.7.2　二氧化钛溶胶

英文名称：titanium oxide sol

主要成分：TiO_2

（1）性能指标

二氧化钛含量	27%～32%	pH 值	1～2
平均粒径	0.05μm	盐酸含量	0.5%～2.0%

（2）生产原料与用量

四氯化钛	工业级	18.2	盐酸	工业级　适量
氢氧化钠	工业级，20%	16		

（3）生产原理　以四氯化钛和氢氧化钠为原料制备二氧化钛溶胶，反应式如下：

$$TiCl_4 + 4NaOH =\!=\!= TiO_2 + 2H_2O + 4NaCl$$

（4）生产工艺流程（参见图 19-22）

① 将 F101 中的氢氧化钠按计量泵入 D101 中。

② 再将中性四氯化钛中加入 D101，经搅拌混合处理得二氧化钛浆液。

③ 经过 L101 过滤浆液以除去氯化钠。

④ 洗涤后将产物经 V101 输送至 D102 中，再加入 F102 中的盐酸水溶液，调整 pH 为 1～2 后，即得二氧化钛溶胶。

（5）产品用途　用于无机胶黏剂、陶瓷等。

19.7.3　硅溶胶

英文名称：silica sol colloid silica

主要成分：二氧化硅

（1）性能指标

二氧化硅	20%～40%	氧化钠	0.3%

pH 值	8.5～10.0	密度	1.12～1.21g/cm^3
黏度	≤5.0×10^{-3}Pa·s	平均粒径	10～20nm

（2）生产原料与用量

硅酸钠	40°Bé，模数 3.0～3.4	2.0	水	去离子水	12.0
盐酸	工业级，37%	1.3			

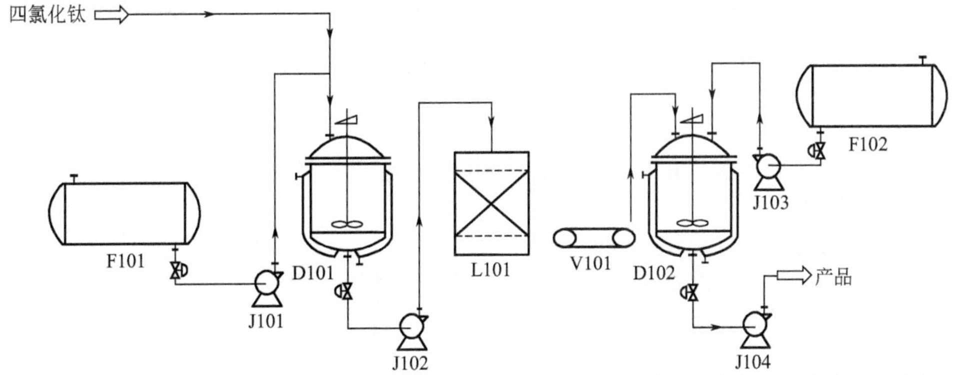

F101	J101,J103	D101	J102	L101	V101	D102	F102	J104
氢氧化钠溶液储罐	原料泵	反应釜	输送泵	过滤机	输送机	分散釜	盐酸储罐	产品泵

图 19-22　二氧化钛溶胶生产工艺流程

（3）生产原理　将稀硅酸钠溶液通过离子交换树脂后得到硅溶胶。

（4）生产工艺流程（参见图 19-23）

① 将 F101 中 3%～5%硅酸钠经 L101 过滤。

② 澄清溶液通过 L102 阳离子交换树脂柱，使硅酸钠中的 Na^+ 与阳离子交换树脂上的 H^+ 进行交换，流出液的 pH 约 2.5 左右。

③ 再通过 L103 阴离子交换树脂层，除去稀硅溶胶中的阴离子，流出液的 pH 约 3.5，粒径 3～4nm。

④ 在 D101 母液制备釜中加入定量的稳定剂，在搅拌下连续加入稀硅溶胶，控制 pH8～10 为止。加热升温，控制一定速度，使粒子长大。

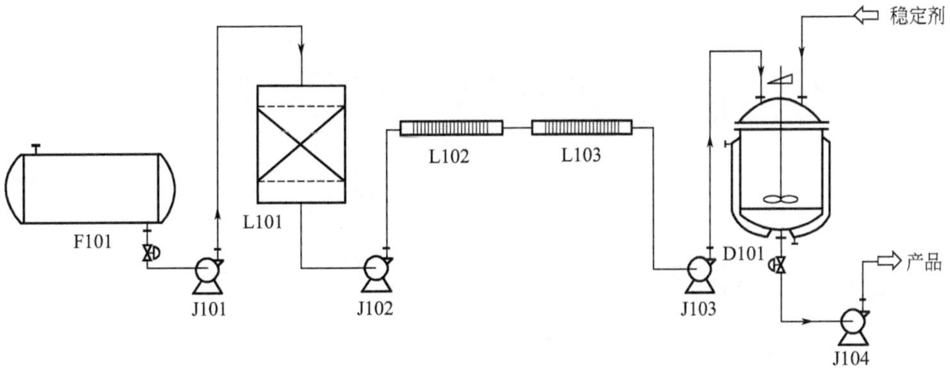

F101	J101	L101	J102,J103	L102	L103	D101	J104
硅酸钠水溶液储罐	原料泵	过滤机	输送泵	阳离子交换树脂柱	阴离子交换树脂柱	生长釜	产品泵

图 19-23　硅溶胶生产工艺流程

（5）产品用途　广泛用于建筑涂料。以其为成膜物质，无需添加固化剂，耐水、耐候性好、涂层表面细密，硬度高且耐温、阻燃。也用作催化剂载体；纺织行业助剂；精密铸造黏结剂；耐火材料胶黏剂等。

19.7.4 五氧化二铌溶胶

英文名称：niobium pentoxide sol

主要成分：Nb_2O_5

（1）性能指标

五氧化二铌含量	10%	草酸含量	1%
平均粒径	5nm	pH 值	4

（2）生产原料与用量

氢氧化铌	工业级	17.8	草酸 工业级	适量
盐酸	工业级	适量	氨水 工业级	适量
过氧化氢	工业级	适量		

（3）生产原理　将氢氧化铌与浓盐酸、过氧化氢反应得五氧化二铌水合物，然后中和、分解后得五氧化二铌溶胶。

（4）生产工艺流程（参见图 19-24）

① 按计量将 F104 中的纯水泵入 D101 中，将氢氧化铌分散于纯水中。

② 再将 F102 中的浓盐酸加入 D101。

③ 在搅拌下慢慢将 F101 中过氧化氢加入，再向混合物中加入纯水，使氢氧化铌变成五氧化二铌水合物水溶液。

④ 再加入草酸稳定剂，静置。

⑤ 静置后用 F103 中氨水中和溶液，分解稳定剂，再将溶液于 45℃ 以下静置 48h，即得五氧化二铌溶胶，成胶后滴加氨水调节 pH 至 1.5。

⑥ 通过 L101 聚砜超滤机过滤、净化以除去各种杂质粒子，如氯离子等，最后即得五氧化二铌溶胶产品。

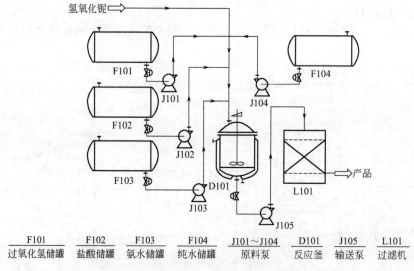

F101	F102	F103	F104	J101～J104	D101	J105	L101
过氧化氢储罐	盐酸储罐	氨水储罐	纯水储罐	原料泵	反应釜	输送泵	过滤机

图 19-24　五氧化二铌溶胶生产工艺流程

（5）产品用途　用于湿度敏感元件、光电材料、压电材料等功能陶瓷。也用于电子工业介电体、催化剂等。

19.7.5 氧化铝溶胶

英文名称：aluminum oxide sol

主要成分：氧化铝

（1）性能指标

糊状胶含 Al_2O_3	20%	SiO_2（糊状）	≤0.1%
固态胶含 Al_2O_3	60%	Fe_2O_3（糊状）	0.02%
胶溶指数	＞90%	Na_2O（糊状）	0.003%
胶粒直径	10μm	SO_3（糊状）	0.1～0.2

（2）生产原料与用量

| 氢氧化铝 | 工业级 | 30 | 盐酸 | 工业级，37% | 100～120 |
| 氨水 | 工业级 | 250 | | | |

（3）生产原理　将氢氧化铝制成铝盐后用氨水中和得氧化铝水合物沉淀，再经固液分离、洗涤后制得溶胶。

（4）生产工艺流程（参见图 19-25）

① 将氢氧化铝加入适量盐酸后制成铝盐溶液，然后再与 F101 中碱性物质氨水进行中和反应，制得氧化铝水合物沉淀。

② 再经 L101 固液分离，洗涤。

③ 得到的湿滤饼经 V101 输送至 D102 中进行胶溶，制造液体氧化铝溶胶；液体氧化铝溶胶干燥可得到粒状固体氧化铝溶胶。

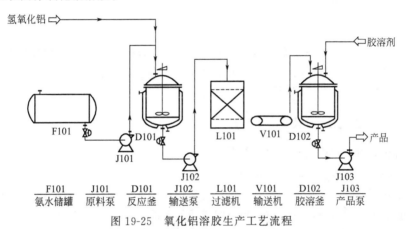

| F101 | J101 | D101 | J102 | L101 | V101 | D102 | J103 |
| 氨水储罐 | 原料泵 | 反应釜 | 输送泵 | 过滤机 | 输送机 | 胶溶釜 | 产品泵 |

图 19-25　氧化铝溶胶生产工艺流程

（5）产品用途　主要用作无机纤维和精密铸造的黏结剂，如搪瓷釉料悬浮剂、塑料防雾涂膜添加剂、阳离子乳化剂、石油化工催化剂、催化剂载体的配料及黏结剂；亦用于化妆品及高聚物的添加剂。

第20章

其他精细化工产品

鉴于精细化工产品的门类繁多，品种纷杂，更新换代较快，为使读者对精细化工工艺有一个较为全面的学习与掌握，本章将对前面章节未述及的较为重要的精细化工产品进行简要论述。主要内容包括气雾剂与喷雾剂、印刷油墨、农用精细化工产品等。

20.1 气雾剂与喷雾剂

20.1.1 气雾剂的定义及基本生产工艺

20.1.1.1 气雾剂与喷雾剂的基本概念和分类

气雾剂又称气溶胶，它是指装在耐压小型气雾罐中的液体制剂，再充入抛射剂的混合制品。使用时是借助于罐内的压力，自动喷射到空间或任何表面，罐内压力的来源是抛射剂。喷出的物质，因气雾剂品种的不同，有的是形成雾状，可悬浮在空间一段较长的时间；有的则能直接喷射到物体任何方向的表面，并在其表面形成一层薄膜；也有的形成泡沫，专为提供特殊用途。

气雾的含义是指液体的超细微粒或固体的超细微粒均匀地分散在空气中形成雾状的分散系统。它的特点是粒子微小（其粒径约 $5 \sim 8 \mu m$ 之间），且稳定均匀。若是液体微粒的气雾，也不会出现湿润喷射所接触的物体表面。

喷雾剂不以气雾罐的形式，而是在微型喷雾器中装入制剂，应用压缩空气、氧气、惰性气体等作动力的喷雾器或雾化器喷出药液雾滴或半固体物的制剂，也叫气压剂。抛射药液的动力是压缩在容器内的气体，但并未液化。当阀门打开时，压缩气体膨胀将药液压出，药液本身不气化，挤出的药液呈细滴或较大液滴。

气雾剂由抛射剂、内容物制剂、耐压容器和阀门系统 4 部分组成。抛射剂与内容物制剂一同装在耐压容器内，容器内由于抛射剂气化产生压力，若打开阀门，则内容物制剂、抛射剂一起喷出而形成气雾，离开喷嘴后抛射剂和内容物制剂进一步气化，雾滴变得更细。雾滴的大小取决于抛射剂的类型、用量、阀门和揿钮的类型以及内容物制剂的黏度等。

按气雾剂的用途和性质的不同，可将其他分为下列 4 类。

（1）空间类气雾剂　空间类气雾剂专供空间喷射使用。常用的有空间杀虫气雾剂、空间消毒气雾剂、屋内除臭气雾剂、空气清新气雾剂、空间药物免疫吸入气雾剂等。喷出的粒子极细（一般是在 $10 \mu m$ 直径以下），能在空气中悬浮较长时间。为了达到极微细粒的要求，空间用气雾剂所含抛射剂的比率很大。

（2）表面类气雾剂　该类气雾剂是专供喷射表面使用的。例如，消灭表面有害昆虫的有杀虫气雾剂、喷发胶、皮肤科和伤科医用气雾剂以及其他外科用气雾剂等。抛射出来的粒子较粗，一般在直径$100\sim200\mu m$之间。喷射后可直达被喷表面（非空间），喷出的抛射剂在没有接触到表面之前，或正在接触到表面之时，便立即气化，而留在表面上的仅是一层药液的薄膜。因制剂的组成成分中有部分的物质较稠，同时，所用的抛射剂又是沸点不同的混合气体，喷在物体表面之后，就会出现有若干沸点较高的抛射剂，在极短的时间被制剂包围，然后逐渐气化，并在表面上形成泡沫状态。对喷出来的微粒不要求很细，所以抛射剂的用量可以少些。

（3）泡沫类气雾剂　泡沫类气雾剂喷出的物质，不是液体微粒，而是泡沫。例如，洗发用气雾剂、护发摩丝、牙膏气雾剂、洗手消毒用气雾剂和某些皮肤科用的泡沫类医用气雾剂等。泡沫类与上述两类气雾剂不同之处在于抛射剂被制剂乳化后，形成了乳浊液。当乳浊液经阀门喷出后，被包围的抛射剂立即膨胀而气化，使之乳浊液变成泡沫状态。泡沫的稠度可以根据配方的要求来控制；也可以从抛射剂的用量来控制，多则是稀、少则是稠，含有一定量的抛射剂即能产生良好的泡沫效果。

（4）粉末类气雾剂　该类气雾剂中含的固体细粉分散在抛射剂中，形成比较稳定的混悬体。若将气雾剂的阀门打开，可引起气雾罐内的物料湍动，而其粉末即被抛射剂喷出。待抛射剂气化后，便将粉末遗留在空间或表面。常用的粉末类气雾剂有人体吸入的药用粉末状气雾剂、止血粉气雾剂、外用散剂方面的气雾剂和爽身粉之类的化妆品气雾剂等品种。

20.1.1.2　气雾剂的特点

气雾剂的最大特点是应用范围广泛。它不仅可以用于家庭生活和旅游、旅行，还可用在工农业生产和科研方面。它体积小、质量轻，携带方便，使用简单。气雾剂的特点可概括为以下几点。

① 配好的制剂在气雾罐中可以长期保持清洁并具有消毒作用，且能不受外界细菌的污染。

② 因罐内制剂是与外界空气隔绝的，所以减少了氧化的机会，水分也不能侵入罐内，保证了气雾剂的质量。

③ 气雾剂使用方便、快速。只要用手指往下一按喷头，罐内的制剂即能自动喷出，并可达到不同的物体表面。

④ 使用时手指不会直接的接触气雾罐内的制剂，可避免对皮肤的污染。

⑤ 在医药用气雾剂方面，可减少局部敷药的痛苦。例如：烧伤涂药时的疼痛、敏感皮肤病涂药时的痛痒等。

⑥ 罐内喷出的制剂能够均匀地分布到局部或扩散在空气，使用很小的剂量，即可达到高效的目的。

⑦ 喷射出来的粒子很微小，大小也较均匀一致，且容易吸收。这对有关吸收作用的药物开辟了一个新的给药途径。

⑧ 由于气雾剂装置有连喷阀门，使用者可根据需要，每次喷射出一定剂量的药物或连喷每秒钟的计划重量，做到既不多用，也不少用。这远远地优于喷雾器或雾化器的实用水平，确保了用药限量和良好的使用效果。

⑨ 空气清新消毒气雾剂所喷射的气雾颗粒极小，表面积却很大，在一定容量的药液所能产生的液滴数又很多，且在空气中抓浮的时间很长，所能接触到空气中病原微生物的机会也多，便可以小量药剂，获得最大的消毒效果。从而为预防性消毒和疫源地消毒方面提供了良好的卫生防疫条件。

20.1.1.3　气雾剂的制备工艺

气雾剂的制备过程可以分为容器与阀门系统的处理与装配、内容物的配制和分装、充填抛射剂等部分。

（1）容器和阀门系统的处理与装配

① 容器的处理　气雾剂容器按常规方法洗涤洁净之后，充分干燥。若容器是玻璃容器，则

对其进行搪塑，即先将玻璃瓶洗净烘干，预热至 120～130℃，趁热浸入塑料黏浆中，使瓶颈以下黏附一层塑料浆液，倒置，在 150～170℃烘干 15min，备用。塑料黏浆的配制方法为：将 200 份糊状树脂、100 份苯二甲酸二丁酯、110 份苯二甲酸二辛酯、5 份硬脂酸钙、1 份硬脂酸锌、适量色素混合均匀，使成浆状。对塑料涂层的要求是：能均匀紧密地包裹玻璃瓶，外表平整、美观。

② 阀门系统的处理与装配　先将阀门的各种零件分别处理。对于橡胶制品，可在 75％乙醇中浸泡 24h，可除去色泽并可消毒，然后干燥备用。对于塑料、尼龙材质的零件，先洗净，再浸在 95％乙醇中备用。不锈钢弹簧在 1％～3％碱液中煮沸 10～30min，用水洗涤数次，然后用蒸馏水洗涤 2～3 次，直至无油腻为止，浸泡在 95％乙醇中备用。最后将上述已处理好的零件按照阀门的结构装配。

（2）内容物的配制与分装　按配方组成及要求的气雾剂的类型进行配制。溶液型气雾剂应制成澄清溶液；混悬型气雾剂应将固体物料微粉化并保持干燥状态，且制成合格的混悬液；乳剂型气雾剂应制成稳定的乳状液。

将上述配制好的合格的内容物分散系统定量分装在已准备好的容器内，安装阀门，轧紧封帽。

（3）充填抛射剂　充填抛射剂是气雾剂制备工艺过程中最关键、最重要的部分。抛射剂的充填方法主要有压入法和冷灌法两种。

① 压入法　压入法又叫压装法或压罐法。将预先制备好的符合要求的原液在室温下灌入已处理好的气雾剂空罐内，然后将阀门装上并轧紧，最后借压装机压入定量的抛射剂。有条件时，最好先将容器内的空气排除。罐内空气可用下列方法排除：充进小量液化气体（如抛射剂）使之气化，或直接导入其他气体，使罐内剩余的空气排去，然后将阀门系统（推动钮去掉）装上并旋紧，以定量的抛射剂通过阀门注入气雾剂罐内，再将推动钮按上即可；另一个方法是，将阀门系统（除去推动钮）装上，抽空，将定量的抛射剂通过阀门注入，再安上推动钮即可。

② 冷灌法　首先配制好原液，在配制过程中最好在原液中加入少量较高沸点的抛射剂作为溶剂或稀释剂，以防在冷却中发生沉淀。加过抛射剂的原液，在没有送入热交换器之前，应作为液化气体处理，必须储在耐压容器内，以确保安全，同时要注意防止抛射剂的散失。

原液一般冷却至−20℃左右，抛射剂则冷却至其沸点之下至少 5℃。一般的方法是首先将冷却的原液灌入气雾剂罐内，随后加入已冷却的抛射剂。但原液和抛射剂也可以同时灌入。灌入之后，立即将阀门系统装上并旋紧。这一充装的操作过程必须迅速地完成，以减少抛射剂的损失。此外，还要注意安全生产。

气雾剂的生产与充罐工艺流程框图如图 20-1 所示。

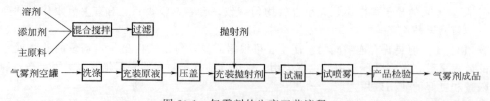

图 20-1　气雾剂的生产工艺流程

气雾剂的生产与充罐通用工艺流程如图 20-2 所示。

20.1.2　空气清新气雾剂

英文名称：aerosol air freshener

主要成分：无水乙醇，薄荷等

（1）性能指标（QB 2548—2002）

内容物色泽	符合规定色泽
香型	符合规定香型

喷雾形态	按产品使用方法喷出试样，喷射通畅无液滴漏
耐热	在40℃保持4h，恢复至室温能正常使用
耐寒	在0～5℃保持24h，恢复至室温能正常使用
喷出率	≥96％（质量分数）
内压力	在25℃恒温水浴中试验应≤0.8MPa，并在50℃恒温水浴中试验应小于气雾罐的变形压力
泄露试验	在50℃恒温水浴中试验，不应有泄露现象
火焰延伸长度	≤1.5m（喷出雾燃烧性）
pH	5.0～9.5
甲醇	≤0.2％（质量分数）

（2）生产原料与用量

无水乙醇	分析纯	48	薄荷或薄荷香精	0.98
甘油	99.6％	5	液化石油气	45
去离子水		1	（或二甲醚）	
糖精钠	工业级	0.02		

（3）生产原理　利用氯吡硫磷为杀虫有效成分，油相和水相混合形成均一乳剂。

（4）生产工艺流程（参见图 20-2）

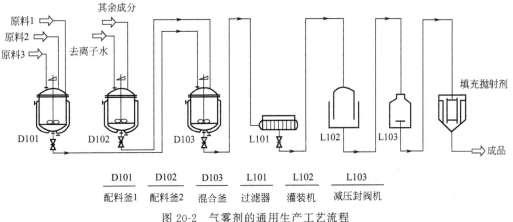

图 20-2　气雾剂的通用生产工艺流程

① 在小型有搅拌器的釜 D101 中，制备溶于纯水或去离子水的糖精钠预混合溶液。

② 在防爆环境条件下，在较大的带盖的罐 D102 中加入无水乙醇，而后在良好搅拌情况下，缓慢地加入上述的预混合溶液。

③ 加入甘油，然后加入香味剂，搅拌直至得到清澈的溶液。

④ 用 5μm 或小于 5μm，能耐受乙醇的滤芯式过滤器进行过滤，并送往灌装机。

注：如果有含量高于约 $2×10^{-4}$ 的氯离子，且铝罐的（环氧-酚醛树脂）内涂层有任何缺陷存在，铝罐就可能受到腐蚀。

（5）产品用途　该品能迅速散发到室内空气中进行调节空气，令人清爽舒适，持久留香，是工作、休息、娱乐场所必备用品。产品广泛应用于超市、酒店、机场、家居等场所。

20.1.3　杀虫气雾剂

英文名称：insecticide aerosol

主要成分：氯吡硫磷(O,O-diethyl-O-3,5,6-trichloro-2-pyridyl phosphoro thioate)

（1）性能指标（GB/T 18419—2009）

外观	图文清晰，罐体平整，无锈斑，印刷主要部位无明显划伤和污迹
感官	同一产品可为无味型或多种香型，其香型应与明示香型相符合
雾化率	≥98.0％（质量分数）

酸度	≤0.02%（质量分数，油脂基类产品以 HCl 计）	
	pH 范围为 4.0~8.0（水基、醇基类产品）	
水分	≤0.15%（水基、醇基类除外）	

（2）生产原料与用量

氯吡硫磷	工业级，熔点 41~42℃	50
二甲苯异构体混合物	工业级	35
蓖麻油	工业级	85
油酰二乙醇胺	工业级	45
香精	化妆品级	5
亚硝酸钠	工业级	5
苯甲酸钠	食品级	25
水	去离子水	9360
混合烃抛射剂	23%丙烷，77%异丁烷	390

（3）生产原理　利用氯吡硫磷为杀虫有效成分，油相和水相混合形成均一乳剂。

（4）生产工艺流程（参见图 20-2）

① 在配料釜 D101 中将前 3 种成分混合在一起，形成稍黄、澄清到稍浑浊的液体。可以将香精加入到混合液中。

② 在配料釜 D102 中将去离子水和余下的成分混合，充分搅拌。

③ 将水相和油相分别缓慢的加入到混合釜 D103 中，在良好的无漩涡搅拌下，形成乳剂。

④ 将乳剂经 25μm 过滤器 L101 过滤，然后传送到装罐机 L102（传送过程中缓慢搅拌），将过剩的乳剂返回到配料釜中。

⑤ 减压封阀后充填混合抛射剂即得产品。

（5）产品用途　能快速杀灭蚊子、苍蝇、蟑螂等害虫，适用于家居、酒店、办公室、商店等场所使用。

20.1.4　皮革养护喷雾剂

英文名称：leather maintenance aerosol

主要成分：油酰肌氨酸钠、道康宁 190 表面活性剂

（1）性能指标

外观	图文清晰，罐体平整，无锈斑，印刷主要部位无明显划伤和污迹
感官	同一产品可为无味型或多种香型，其香型应与明示香型相符合
雾化率	≥98.0%（质量分数）
pH	4.0~8.0（水基、醇基类产品）

（2）生产原料与用量

氢氧化钠	工业级，50%	1.08
油酰肌氨酸	工业级，95%纯液体	4.46
道康宁 190 表面活性剂	工业级	5
亚硝酸钠	工业级	1.6
戊二醛	工业级，25%	0.1
香精	化妆品级	0.4
水	去离子水	400
无水乙醇	化学纯	400
混合烃抛射剂	丙烷/异丁烷＝1∶4（体积比）	100

（3）生产原理　由油酰肌氨酸、表面活性剂等复配，再压入混合烃抛射剂制得。

（4）生产工艺流程（参见图 20-2）

① 在清洁的配料釜 D102 中加入 399kg 的去离子水，并开始搅拌，将水加热到 40℃

② 在釜内加入 1.08kg 的 50%的氢氧化钠水溶液，然后缓慢地加入 4.46kg 的油酰肌氨酸

（一般为 95％的纯液），搅拌直至油酰肌氨酸完全溶解为止。

③ 加入 1.6kg 亚硝酸钠（晶粒状），并搅拌到溶解为止。

④ 加入 100g 的戊二醛（25％水溶液），并搅拌直至溶液溶解为止。

⑤ 加入道康宁 190 表面活性剂 5kg，并搅拌至溶解为止。

⑥ 在另一单独的釜 D101 中，加入 29kg 的无水乙醇，然后加入 400g 香精，搅拌直至溶解。

⑦ 将预先混合好的香精和乙醇缓慢地加入到主混料釜中，持续搅拌。

⑧ 在 25℃测溶液的 pH 值，如果有必要，使用少量的 50％的氢氧化钠或 10％正磷酸的水溶液将 pH 值调整到 7.7～8.3。

⑨ 将浓缩液灌注到有内涂层的马口铁（或有内涂层的铝质）气雾罐内，并充以丙烷/异丁烷的混合抛射剂。

（5）产品用途　它能在瞬间内够赋予皮革、沙发、地毯、汽车内饰、家用纺织品等优良的防油污、拒水性能，并且使加工后的皮革物品手感柔软。具有神奇的防水防油污效果，防止污染、清洁环境，保护人体健康。

20.1.5　人造雪气雾剂

英文名称：instant snow aerosol

主要成分：硬脂酸、聚乙酸乙烯树脂、二氯甲烷等

（1）性能指标

外观	图文清晰，罐体平整，无锈斑，印刷主要部位无明显划伤和污迹
感官	同一产品可为无味型或多种香型，其香型应与明示香型相符合
雾化率	≥98.0％（质量分数）
酸度	≤0.02％（质量分数，油脂基类产品以 HCl 计）
水分	≤0.15％

（2）生产原料与用量

硬脂酸	工业级，纯度为双压或三压	75
高分子量聚乙酸乙烯树脂	工业级	15
香精	工业级	3
油酰二乙醇胺	工业级	45
香精	工业级	5
着色剂	1％染料溶于丙二醇	2
二氯甲烷	工业级	850
混合烃抛射剂	20％丙烷，80％异丁烷	555

（3）生产原理　以二氯甲烷为溶剂，由硬脂酸、聚乙酸乙烯树脂等复配，再压入混合烃抛射剂制得。

（4）生产工艺流程（参见图 20-2）

① 在一个装在地秤上的洁净不锈钢配料釜 D101 中加入总量 90％的二氯甲烷，在缓慢搅拌下加入片状硬脂酸，搅拌至完全溶解均匀，非常缓慢地加入颗粒状聚乙酸乙烯树脂，继续搅拌。聚乙酸乙烯树脂需要较长的时间才能完全溶解。定期取样在塑料烧杯中观察液体表面有无"鱼眼"状部分溶解的聚合物。加入香精和着色剂，沿配料釜壁加入剩余的二氯甲烷直到达到理论的批重。可多加 1％左右溶剂，以补偿这种极易挥发的溶剂在储藏期以及在灌装过程中由于挥发而造成的损耗。

② 料液经 10～20μm 过滤以除去落进配料釜的某些纤维、硬脂酸及聚乙烯包装袋碎片后输入灌装机，分装入罐后立即封阀并充气。

工艺说明如下。

① 雪片的大小可以用增加或减少聚乙酸乙烯树脂用量的方法稍加调节。如果希望获得大的雪片，那么喷雾距离应延长至 60～90cm，使得有足够的时间形成薄片并通过挥发掉绝大部分二

氯甲烷二得以固化。最好至少在 5min 内不要触摸沉降的雪片，否则因它们可能太软而变形或被抹掉。

② 由于二氯甲烷是很强的溶剂，喷雾器的质量损耗可能是通常量的 2～3 倍。阀门生产者应对提出的配方进行试验，并推荐最有效的阀杆密封垫圈。

③ 装满二氯甲烷的桶要放在尽可能阴凉的地方。顶部有直径 50mm 的开口并用塞子封住的 200L 二氯甲烷桶在 25℃时将释放 3～4kg 稍稍加压的蒸汽，随着蒸气相容积增加，损失亦增加。如果将桶放在温度较高的地方或者在直射阳光下，桶内压力可能会升高到使桶发生显著的变形，这就使空桶不再有回收重复使用的价值。

（5）产品用途　产品通过气雾喷射能连续分散地产生直径约 3～5mm 的聚集分散性泡沫团，洁白、细腻，造型如真雪，营造了飘逸、飘散、飘舞的自然景观。而且使用后，短时间内消失，不留痕迹，无毒无害，符合环保要求。特别适用于圣诞节、喜庆场合如新婚、祝寿、乔迁、聚会、庆典、庆祝和舞台布景等。

20.2　油墨

20.2.1　油墨的定义与基本性能

油墨是由有色体（如颜料，染料等）、连结料、填（充）料、附加料等物质组成的均匀混合物；能进行印刷，并在被印刷物体上干燥；是有颜色、具有一定流动度的浆状胶黏体。因此，颜色、身骨（稀稠、流动度等流变性能）和干燥性能是油墨的三个最重要的性能。

油墨的种类很多，物理性质亦不一，有的很稠、很黏，而有的却相当稀。有的以植物油作连结料，有的用树脂和溶剂或水等作连接料。这些都是根据印刷的对象即承印物、印刷方法、印刷版子的类型和干燥方法等来决定的。

一般地说，油墨应具有鲜艳的颜色、良好的印刷性能，满意的干燥速度。此外，还应具有一定的耐溶剂、酸、碱、水、光、热等方面的应用指标。实际上随着印刷、纸张以及其他要求等的不同，对油墨要求的技术条件也有所不同。如近代的高速多色印刷机，要求油墨以几秒钟甚至更快的速度干燥。玻璃粉（面）纸要求有亮光的油墨。印塑料薄膜，要求与塑料膜结合良好，或最大限度地与塑料膜黏合附着在一起的油墨。印特种印刷品，要求使用光致油墨等。

20.2.2　油墨的主要原料

目前，世界上用于制造油墨的原材料多达五千种左右。颜料与连结料是组成油墨的两类主要原料。

印刷工作者挑选油墨时，一般都把颜色看作是第一内容。油墨的颜色是最直观的指标之一，实际上，它也是在很大程度上反映印品质量的一个主要指标。所以颜料的优劣，对油墨的好坏是起着决定性作用的。

颜料是既不溶于水、也不溶于油或连接料、具有一定颜色的固体粉状物质。它不仅是油墨中主要的固体组成部分，也是印到物体上可见的有色体部分。在很大程度上决定了油墨的质量，如颜色、稀稠等。对黏度、理化性能、印刷性能等均有很大影响。因之，要求颜料有鲜艳的颜色、很高的浓度、良好的分散性以及油墨所要求的其他有关性能。

连结料是一种胶黏状流体。顾名思义，它是起着连接作用的。在油墨工业中，就是将粉状的颜料等物质混合连接起来，使之在研磨分散后，有可能形成具有一定流动度的浆状胶黏体。连接料是油墨中的流体组成部分。油墨的流动度（性）、黏度（性）、干性、以及印刷性能等，皆取决于连结料。可以这样说，连接料是油墨质量好坏的基础。

各种植物油，大都可用来制造油墨连接料。一些动物油、矿物油也被应用于油墨连接料中。溶剂和水也不例外。近几十年来各种合成树脂的出现，扩大了连接料的境界。

填（充）料是白色、透明、半透明或不透明的粉状物质，也是油墨中的固体组成部分。主要是起充填作用的，在油墨中就是充填颜料部分。适当采用些填料，既可减少颜料用量，降低成本，又可调节油墨的性质，如稀稠、流动度等，也提高了配方设计的灵活性。

附加料是油墨中除了主要组成外的附加部分。它们可以是颜料的附加部分，连结料的附加部分，也可以作为油墨成品的附加部分，主要视产品的特点、要求而定。不少附加料也就是印刷（辅）助剂。

20.2.3　油墨的分类

广义的油墨分类，应当按印刷版型来分，即分成凸版油墨、平版油墨、凹版油墨和滤过版油墨。但这样的分类过于原则，不能表达全部现实情况，因为近几年来由于油墨品种不断增多，新型花色连续出现，仅以版型来分类，就有局限性了。

除了按版型分类外，一般还有以干燥型式分类的。如氧化干燥型油墨、渗透干燥型油墨、挥发干燥型油墨、凝固干燥型油墨等。

也有以产品用途分类的，如书籍油墨、印铁油墨、玻璃油墨、塑料油墨。也有以产品特性分类的，如安全油墨、亮光油墨、光敏油墨、透明油墨、静电油墨等。还经常听到醇（溶）性油墨、水（溶）性油墨的叫法，这些都是反映它们特性的一种叫法。

表 20-1 概括地列出了油墨的分类，但是应当说明，像表中按产品用途、产品特性等分类，再归纳到 4 种版型中去的条件不是绝对的。例如平版中有亮光油墨，凸版中亦有亮光油墨，塑料油墨可以占有 4 种版型，干胶印却是兼有凸版与胶印两种印刷方法的特征（即由凸版通过橡皮布转印到纸张）等。

表 20-1　油墨的分类

分类	主　要　种　类
凸版油墨	铅印(书籍)油墨、轮转(新闻)油墨、铜版油墨、柔性凸版(苯胺)油墨、双色调油墨、耐碱油墨、反贴(贴花)油墨、三色版油墨等
平版油墨	石印油墨、胶印油墨、珂罗版油墨、印铁油墨、亮光油墨、树脂油墨等
凹版油墨	雕刻油墨(钞票、邮票)油墨、轮转(腐蚀)凹版油墨、印布油墨、塑料油墨等
滤过版油墨	丝网(印)版油墨、眷写油墨、荧光油墨、导电油墨、玻璃油墨等

20.2.4　凹版油墨

英文名称：gravure printing ink

主要成分：树脂、溶剂、颜料等

（1）性能指标

细度	$15\sim25\mu m$	初干（25℃）	$20\sim40mm/30s$
旋转黏度（25℃）	$0.05\sim0.1Pa \cdot s$	彻干（25℃）	$\leqslant100s/\mu m$

（2）生产原料与用量

聚酰胺液树脂	工业级，固含量40%	750	华蓝	工业级	20
炭黑	黑度≥1号标样	80	二甲苯	工业级	50
胶质钙	工业级	30	异丙醇	工业级	70

（3）合成原理　由树脂、溶剂、颜料按特定配方调配而成。

（4）生产工艺流程（参见图20-3）　将聚酰胺液树脂、二甲苯、异丙醇加入调墨油锅 D101，在高速搅拌下得到调墨油。再加入其他成分，进入球磨机 L101 研磨，再经调油锅 D102 高速分散、调整后包装。

（5）产品用途　主要用于印刷各种塑料薄膜。

20.2.5　胶印油墨

英文名称：offset ink

主要成分：树脂、颜料等

（1）性能指标

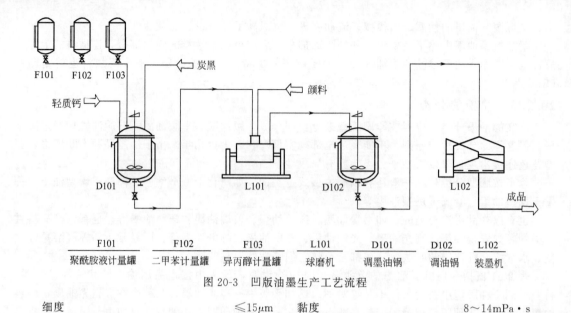

F101	F102	F103	L101	D101	D102	L102
聚酰胺液计量罐	二甲苯计量罐	异丙醇计量罐	球磨机	调墨油锅	调油锅	装墨机

图 20-3　凹版油墨生产工艺流程

细度	≤15μm	黏度	8～14mPa·s
流动度（25℃）	25～35mm		

（2）生产原料与用量

β型酞菁蓝	工业级，着色力为标准	150	阿拉伯胶	工业级	3.5
	品的100%±5%		醇酸树脂胶	工业级，长油度	50
硫酸钡	工业级	150	磷酸	工业级	1
松香改性	工业级，软化点	550	水	去离子水	45.5
树脂	157～165℃				
轻油	工业级，沸程	50			
	200～270℃				

（3）合成原理　根据各种胶印墨配方要求，选用合适的颜料、连接料及助剂，调合复配而制成。

（4）生产工艺流程（参见图20-4）

① 将阿拉伯胶、磷酸及水投入搅拌罐 D102，加热至 50℃，搅拌均匀，再加入醇酸树脂胶，乳化制得油包水型乳液。

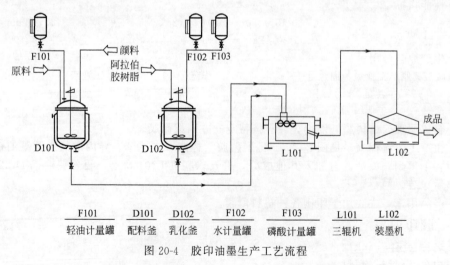

F101	D101	D102	F102	F103	L101	L102
轻油计量罐	配料釜	乳化釜	水计量罐	磷酸计量罐	三辊机	装墨机

图 20-4　胶印油墨生产工艺流程

② 其他各组分准确称入配料罐 D101，搅拌均匀，送三辊机研磨分散，加入上述乳液，搅拌

均匀，再用三辊机 L101 研磨后装墨。

（5）产品用途　适宜于各种胶印机的印刷。

20.2.6　墨粉

英文名称：powdered ink

主要成分：炭黑、热塑性聚合物等

（1）性能指标

细度　　　　　　　　　　　　　　　5～10μm　　熔点　　　　　　　　　　　　　　　＜160℃

（2）生产原料与用量

苯乙烯-甲基丙烯酸丁酯共聚体	工业级，马氏耐热 52～54℃	432
酚醛树脂	工业级，2123 型号	72
聚乙烯醇缩丁醛	工业级，BM-45	54
乙酰苯胺	化学纯	18
炭黑	工业级，焦化厂滚筒法	54
白蜡	工业级，熔点 50℃	12

（3）合成原理　以炭黑、热塑性聚合物、蜡等为原料复配而成。

（4）生产工艺流程（参见图 20-5）

① 将全部原料投入配料罐 D101 搅匀。

② 在三辊机 L101 上于 70℃将搅匀的材料轧细，最后拉出冷却成薄片状，再压成小碎片。

③ 先用锤式粉碎机 L102 进行粗粉碎至细度达 1mm 以下。

④ 上述粗粉用超微粉碎机 L103 进行超微粉碎至 5～10μm 即可。

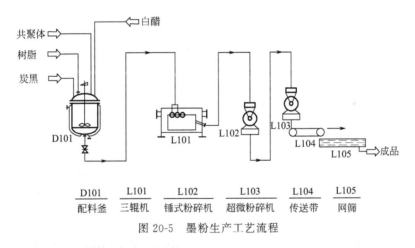

D101	L101	L102	L103	L104	L105
配料釜	三辊机	锤式粉碎机	超微粉碎机	传送带	网筛

图 20-5　墨粉生产工艺流程

（5）产品用途　本品为静电复印用墨粉。

20.2.7　柔性版油墨

英文名称：flexographic printing ink

主要成分：染料、乙醇、溶纤剂等

（1）性能指标

细度　　　　　　　　　　≤15μm　　流动度　　　　　　　　　　20～35mm

（2）生产原料与用量

永久红	工业级	130	聚乙烯蜡	工业级，熔程	25
改性马来	工业级	140		90～130℃	
酸树脂			溶纤剂	工业级	50
硝化棉	工业级，含氮量	60	乙醇	工业级，95%	550
	11.5%～12.7%		乙酸乙酯	工业级	45

（3）合成原理　以碱性染料或醇溶性染料为色料，以乙醇、乙酸乙酯、溶纤剂为溶剂复配而成。

（4）生产工艺流程（参见图20-6）　将树脂和溶剂加入调墨油锅D101，在高速搅拌下制造调墨油，再将色料和调墨油送入球磨机L101充分研磨，再经装墨机L102包装而得。

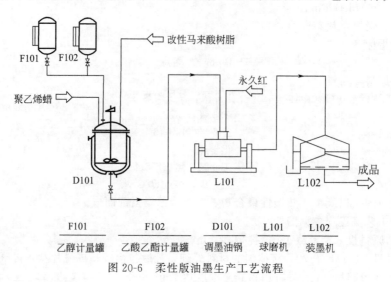

F101	F102	D101	L101	L102
乙醇计量罐	乙酸乙酯计量罐	调墨油锅	球磨机	装墨机

图 20-6　柔性版油墨生产工艺流程

（5）产品用途　用于玻璃纸、包装纸等的印刷。

20.2.8　凸版轮转油墨

英文名称：rotary letterpress ink

主要成分：碳酸钙、矿物油、炭黑和蓝色颜料等

（1）性能指标

细度	$15\sim25\mu m$	初干（25℃）	$20\sim40mm/30s$
旋转黏度（25℃）	$0.05\sim0.1Pa \cdot s$	彻干（25℃）	$\leqslant100s/\mu m$

（2）生产原料与用量

炭黑	工业级，黑度≥1号标样，着色力95%～110%	180	调墨油B	50%石油沥青	100
			醇酸树脂	工业级，长油度	300
铁蓝	工业级	60	机油	工业级，40号	160
碳酸钙	工业级，细度800目	40	凝胶油	工业级	50
调墨油A	30%松香酸钙	110			

（3）合成原理　将色料、连接料、助剂、填充料按预定配方复配而成。

（4）生产工艺流程（参见图20-6）　将树脂及油料加入配料罐D101，搅拌均匀。再加入色料及碳酸钙，混合均匀后，送入球磨机L101研磨分散至所需细度后出料包装。

（5）产品用途　主要为书刊印刷油墨。

20.2.9　紫外光固油墨

英文名称：UV solidified ink

主要成分：颜料，光固连接料及光敏剂等

（1）性能指标

颜色	近似标样	黏度（32℃）	$15\sim25Pa \cdot s$
细度	$15\sim25\mu m$	光固时间	$1\sim3s$
流动度	$20\sim35mm$		

（2）生产原料与用量

碳酸钙	工业级	300

三羟甲基丙烷四氢邻苯二甲酸酯	2:1型工业级	350	三羟甲基丙烷三丙烯酸酯	工业级	10
二季戊四醇六丙烯酸酯	工业级	290	对甲氧基苯酚	工业级	0.2
			对苯氧基二苯甲酮	工业级	50

（3）合成原理　以颜料光、固连结料及光敏剂等复配而成。

（4）生产工艺流程（参见图 20-6）　将三羟甲基丙烷四氢邻苯二甲酸酯、二季戊四醇六丙烯酸酯、三羟甲基丙烷三丙烯酸酯投入搅拌罐 D101，混合均匀，再加入对甲氧基苯酚及对苯氧基二苯甲酮，搅拌均匀。加入碳酸钙，分散均匀后进入三辊机 L101 研磨至所需细度出料。

（5）产品用途　紫外光固化油墨可用于铁皮、铝箔、塑料、印制电路板以及纸板、包装盒等印刷方面，特别适用于电容器、电位器、三极管、二极管、印制电路板等电子元、器件的印刷标记。

20.3　农用精细化工产品

农药是农、林、牧、渔业及公共卫生等部门用于防治病、虫、草、鼠害以及调节农作物生长的化学品，是重要的生产资料和救灾物资。全世界由于病、虫、草、鼠害而损失的农作物收获量相当于潜在收获量的 1/3，如果一旦停止用药或严重的用药不当，一年后将减少收成 25%～40%（与正常用药相比），两年后将减少 40%～60% 以至绝产。近年来，由于许多高效、低毒、低残留新农药的出现，农药使用的投入产出比已高达 1:10 以上；一般农药品种的投入产出比也达 1:4 以上。所以，农药的使用是保证农业生产经济效益的重要手段。21 世纪人类面临的挑战中，人口与粮食仍然是并存的严峻问题和最严重的挑战之一。粮食对人类生存与发展具有重要意义，据联合国粮农组织的资料表明，在耕地有限并且土壤沙化盐渍化日趋严重的情况下，世界农业面临每年增加 7000 万人口的巨大压力。世界谷物生产统计表明每年因虫害损失 14%，病害损失 10%，草害损失 11%。投入农药 1 元可以得到经济效益 8～10 元。

20.3.1　农用精细化工产品的定义与分类

狭义定义：农药是用于防治危害农（林、牧）业上的行害生物（包括害虫、害螨、线虫、病原菌、软体动物、杂草和鼠类等）和调节植物生长的化学药品。

广义定义：农药是指防治农业有害生物及调节植物生长的制剂。即用于预防、杀除、控制、忌避、调节任何农业有害生物及调节植物生长的任何物质。包括用于环卫领域防治害虫和防疫工作上的物质。

农药相关物：农药助剂，是指农药制剂在加工、储运和使用过程中，该组合物除原药组分及惰性组分外，木身没有或只有很低生物活性的其他对改善制剂或药液理化性状、提高有效成分生物活性或药效、降低药剂副作用等方面能起到积极作用的各种组分。

按米源和成分，农药可分为无机农药、有机农药和生物农药；化学农药包括矿物源的无机农药，如无机硫制剂、无机铜制剂等；矿物源的有机农药，如人工合成，包括仿生合成的有机农药；生物农药可以包括生物源农药、微生物农药、生物化学农药、生物合成农药、转入外源基因的抗有害生物作物品种等。

按防治用途，农药可分为杀虫剂、杀螨剂、杀线虫剂、杀菌剂、杀软体动物剂、除草剂、杀鼠剂和植物生长调节剂等。主要是除草剂、除虫剂和杀菌剂。

20.3.2　稻瘟净

中文别名：O,O-二乙基-S-苄基硫代磷酸酯

英文名称：kitazin

分子式：$C_{11}H_{17}O_3PS$

（1）性能指标

| 外观 | 纯品为无色透明液体，工业品为淡黄色液体 | 溶水性 | 易溶于乙醇、乙醚、二甲苯等有机溶剂 |

有效成分含量	≥40.0%	酸度（以 H_2SO_4 计）	≤0.5%
水分含量	≤0.5%	乳液稳定性	合格

（2）生产原料与用量

乙醇	工业级，95%	740	硫黄	工业级，99.5%	150
氯化苄	工业级，65%	750	纯碱	工业级，95%	400
三氯氧磷	工业级，97%	740			

（3）生产原理　以乙醇、三氯化磷为原料，经如下反应合成：

$$PCl_3 + 3C_2H_5OH \longrightarrow (C_2H_5O)_2\overset{\overset{O}{\|}}{P}H + 2HCl + C_2H_5Cl$$

$$(C_2H_5O)_2\overset{\overset{O}{\|}}{P}—H + S \xrightarrow[\text{甲苯}]{Na_2CO_3} (C_2H_5O)_2\overset{\overset{O}{\|}}{P}—SNa$$

$$(C_2H_5O)_2\overset{\overset{O}{\|}}{P}—SNa + ClCH_2—\langle\bigcirc\rangle \longrightarrow (C_2H_5O)_2\overset{\overset{O}{\|}}{P}—S—CH_2—\langle\bigcirc\rangle + NaCl$$

（4）生产工艺流程（图 20-7）

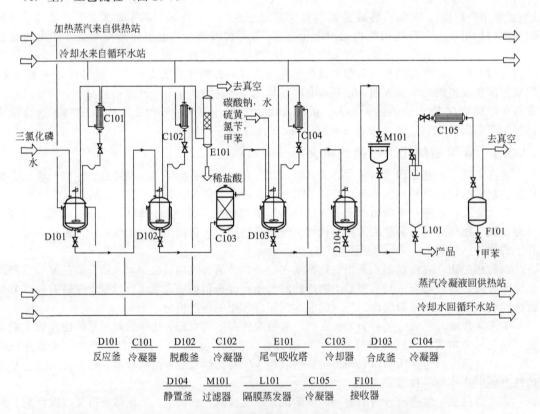

D101	C101	D102	C102	E101	C103	D103	C104
反应釜	冷凝器	脱酸釜	冷凝器	尾气吸收塔	冷却器	合成釜	冷凝器

D104	M101	L101	C105	F101
静置釜	过滤器	隔膜蒸发器	冷凝器	接收器

图 20-7　稻瘟净生产工艺流程

① 将 740kg 乙醇与 740kg 三氯化磷连续加入反应釜 D101 中，反应温度（60±5）℃，真空排除反应生成的氯化氢及氯乙烷气体，真空度 0.0745～0.0798MPa。

② 反应物料导入 D102，不断加温，真空脱酸，液体最终温度达（100±10）℃，经冷却得二乙基亚磷酸。

③ 然后将甲苯、碳酸钠、150kg 硫黄依次加入反应釜 D103 中，搅拌升温至 60℃，滴加定量二乙基亚磷酸，温度 60～80℃；加毕，升温至 90～100℃，反应 2h，冷至 70℃，得二乙基硫代磷酸钠。

④ 继续将 750kg 氯化苄一次投入 D104，升温至 80～85℃，反应 4h，加水搅拌，分层。油层过滤，薄膜真空脱出溶剂，真空度 79.99kPa（600mmHg）以上，液温达（100±10）℃，即得稻瘟净原油。

（5）产品用途　对植物有内吸传导作用，可阻止菌丝生长和孢子形成，兼有预防和治疗作用。主要用于防治稻瘟病。对水稻苗瘟、叶瘟和穗颈瘟均有较好防效。与治螟磷、乐果混用有增效作用。防治稻瘟病用 40% 乳油 500～600 倍液在苗瘟和叶瘟初发期施药，每隔 5～7d 喷洒 1 次，共喷 1～3 次。

20.3.3　敌百虫

中文别名：O,O-二甲基-（2,2,2-三氯-1-羟基乙基）膦酸酯

英文名称：trichlorphon

分子式：$C_4H_8Cl_3O_4P$

（1）性能指标

① 敌百虫原粉（GB 334—1981）

		精制品	一级品
外观	白色或淡黄色固体		
含量		≥97%	≥90%
酸度（以 H_2SO_4 计）		≤0.3%	≤1.5%
水分含量		≤0.4%	—

② 25% 敌百虫油剂

外观	黄棕色油状液体	水分含量	≤0.5%
有效成分含量	25.0%	闪点（开口杯）	≥70℃
酸度（以 H_2SO_4 计）	≤1.0%		

③ 80% 敌百虫可溶性粉剂

外观	白色或灰白色粉末	堆积密度	0.75 g/mL
有效成分含量	≥80.0%	熔点	≥65℃
水分含量	≤2.0%		

（2）生产原料与用量

三氯氧磷	工业级，97%	584	三氯乙醛	工业级，96%	688
甲醇	工业级，98%	440			

（3）生产原理　一步法生产工艺合成反应如下：

$$PCl_3 + 3CH_3OH + CCl_3CHO \longrightarrow (CH_3O)_2\overset{\overset{O}{\|}}{P}CH(OH)CCl_3 + CH_3Cl + 2HCl$$

（4）生产工艺流程（图 20-8）　将三氯化磷、三氯乙醛、甲醇分别由计量罐经转子流量计计量后流入玻璃混合器，混合液经混合冷却器 C101 冷却后进入酯化罐 D101。三氯化磷由计量罐经转子流量计计量后直接加入酯化罐 D101。原料在酯化罐反应后所得的酯化液，由酯化罐 2/5 处溢流至甩盘脱酸器 D102。脱酸后的中间体进入缩合罐 D103，缩合后缩合液由缩合罐的 2/5 处溢流进入第一次升膜，并在分离器 L101 进行汽液分离。经 L101 分离器分离后的液体部分，再进入第二次升膜，并在另一分离器 L101 进行汽液分离。经 L101 分离器分离后的液体部分，再进入第三次升膜，最后经分离器出料至敌百虫原液储罐 F102，再经多步后处理后送去包装。

生产工艺控制条件为：

原料配比　PCl_3∶CH_3OH∶CCl_3CHO=1∶0.78∶1.18（质量比）

流　　量　每小时 PCl_3 200～300kg

温　　度　酯化：（48±2）℃；脱酸：（80±5）℃；缩合：（90±5）℃；一次升膜：120℃；二次升膜：140℃；三次升膜：125℃

真空度　酯化：>80kPa；缩合：>80kPa；升膜：>80kPa。

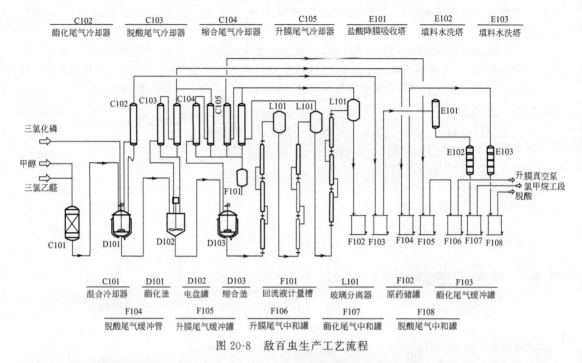

C102	C103	C104	C105	E101	E102	E103
酯化尾气冷却器	脱酸尾气冷却器	缩合尾气冷却器	升膜尾气冷却器	盐酸降膜吸收塔	填料水洗塔	填料水洗塔

三氯化磷

甲醇

三氯乙醛

升膜真空泵
氯甲烷工段
脱酸

C101	D101	D102	D103	F101	L101	F102	F103
混合冷却器	酯化釜	电盘罐	缩合釜	回流液计量槽	玻璃分离器	原药储罐	酯化尾气缓冲罐

F104	F105	F106	F107	F108
脱酸尾气缓冲管	升膜尾气缓冲罐	升膜尾气中和罐	酯化尾气中和罐	脱酸尾气中和罐

图 20-8　敌百虫生产工艺流程

（5）产品用途　高效、低毒、低残留、广谱性杀虫剂，以胃毒为主，兼有触杀作用，也有渗透活性。可用于粮食、棉花、果桑、茶树、烟草、蔬菜及畜牧、卫生方面害虫。如水稻螟虫、稻飞虱、稻苞虫、纵卷叶虫，棉花红铃虫、叶蝉、金刚钻、玉米黏虫、螟虫，蔬菜菜青虫、菜螟、斜纹夜蛾、二十八星瓢虫等。用 90％原粉兑水 800～1500 倍液均匀喷雾。

精制敌百虫可用于防治猪、牛、马、骡牲畜体内外寄生虫，体表寄生虫虱用 90％固体 0.5kg 兑水 200～250kg 的药液洗刷；猪胃肠内寄生虫用兽医用精制敌百虫 100mg/kg 体重口服。敌百虫也可用于防治卫生害虫如家蝇、孑孓、臭虫、蟑螂等。对高粱、大豆、瓜类作物有药害。

20.3.4　福美锌

中文别名：锌来特，什来特，二甲基二硫代氨基甲酸锌

英文名称：ziram，zerlate，fuklasin

分子式：$C_6H_{12}N_2S_4Zn$

（1）性能指标

外观	白色或淡黄色粉末	水分含量	≤2.5％
有效成分含量	≥65％	相对密度（20℃）	2.00g/cm³

（2）生产原料与用量

福美钠（DDN）	工业级	300	液碱	工业级，40％	800
二甲胺	工业级，40％	460	硫酸锌	工业级	1200
二硫化碳	工业级，98％	780			

（3）生产原理　由福美钠与氯化锌或硫酸锌作用：

$$(CH_3)_2NH + CS_2 + NaOH \longrightarrow (CH_3)_2NC\!\!-\!\!SNa + H_2O$$

$$3(CH_3)_2NCSNa + ZnSO_4 \longrightarrow [(CH_3)_2NCS]_2Zn + Na_2SO_4$$

（福美锌）

（4）生产工艺流程（参见图 20-9） 将 DDN、稀硫酸分别通过 DDN 高位槽 F101 及流量计、稀硫酸高位槽 F102 在中和器 L101 中和后，与通过硫酸锌高位槽 F103、硫酸锌同时进入反应器 D101，启动反应器搅拌进行连续合成反应。反应器的物料由溢流口流出，流入储罐 F104。启动斜储罐搅拌，0.5h 后即可出料，进行过滤操作。启动料泵，将料液由储罐 F104 底部放出并打入挤压式管式过滤器 L102，保持 500～600kPa 压力，进料一定量后停止进料，通过泵将水打入挤压管式过滤器 L102 洗涤滤饼。通入 500～600kPa 压力的压缩空气，通过橡胶胎挤压滤饼，直到无滤液时停止压滤。打开过滤器底部，卸出滤饼，滤饼收集在加料器 L103 内。启动风机 J101，将加热到 200～400℃ 的热空气通入气流沸腾干燥器 L105 内。滤饼经挤压泵打入定量加料器 L104 中，再进入干燥器 L104 上部。此时高温热空气将物料吹起沸腾得以干燥，并借助下部强化器 L105 将大颗粒粉碎。干燥后的细粉随气流进入扩散或旋风分离器 L106，由底部通过星型阀收集干粉。出旋风分离器 L106 的气体进入脉冲除尘器 L107，同时也由底部星型阀收集干粉。除尘后的气体由风机 J101 排空。

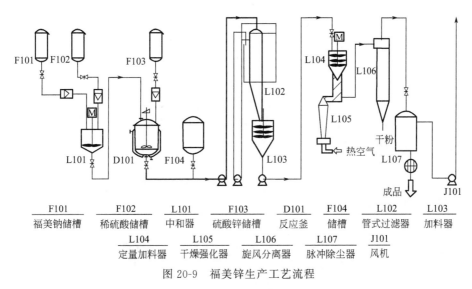

F101	F102	L101	F103	D101	F104	L102	L103
福美钠储槽	稀硫酸储槽	中和器	硫酸锌储槽	反应釜	储槽	管式过滤器	加料器

L104	L105	L106	L107	J101
定量加料器	干燥强化器	旋风分离器	脉冲除尘器	风机

图 20-9　福美锌生产工艺流程

（5）产品用途　为保护性杀菌剂。对多种真菌引起病害有抑制和预防作用，兼有刺激生长、促进早熟的作用，用于防治水稻稻瘟病、恶苗病，麦类锈病、白粉病，马铃薯晚疫病、黑斑病，黄瓜、白菜、甘蓝霜霉病，番茄炭疽病、早疫病，瓜类炭疽病，烟草立枯病，苹果花腐病，炭疽病、黑点病、赤星病，葡萄白粉病、炭疽病，梨黑星病，柑橘溃疡病、疮痂病等。一般用 65％可湿性粉剂 300～500 倍液处理。发病前或初期喷洒，有预防作用，发病期每隔 5～7d 喷雾 1 次，连续 2～4 次。根据不同病害用药量和用药次数不同。

20.3.5　甲拌磷

中文别名：赛美特，西梅脱，拌种磷，Thimate，Thmet

英文名称：phorate

分子式：$C_7H_{17}O_2PS_3$

（1）性能指标（HG 2464.2—1993）

① 60％乳油

外观	黄色或棕色透明液体	水分含量	≤1％
有效成分含量	≥60％	酸度（以 H_2SO_4 计）	≤1％

② 30％微胶囊剂

外观	淡黄色或白色悬浮液体	悬浮率	≥80％
有效成分含量	≥30％		

（2）生产原料与用量

无水乙醇	工业级，≥99.5%	350	氢氧化钠	工业级，18%	72
五硫化二磷	工业级，熔点	340	硫氢化钠	工业级，36%	820
	278℃~280℃		甲醛	工业级，36%	230
发烟硫酸	工业级，含 SO₃ 20%	540	二甲苯	工业级	100

（3）生产原理

① O,O-二乙基二硫代磷酸酯一般由无水乙醇和五硫化二磷制得：

$$4C_2H_5OH+P_2S_5 \longrightarrow 2(C_5H_5O)_2\overset{\overset{\displaystyle S}{\|}}{P}SH+H_2S$$

② 乙硫醇主要有两条路线合成：

第一种路线：

$$C_2H_5OH+H_2SO_4 \longrightarrow C_2H_5OSO_3H+H_2O$$

$$C_2H_5OSO_3H+NaOH \longrightarrow C_2H_5OSO_3Na+H_2O$$

$$C_2H_5OSO_3Na+NaSH \longrightarrow C_2H_5SH+Na_2SO_4$$

第二种路线：

$$C_2H_5Cl+KSH \xrightarrow{\ C_2H_5OH\ } C_2H_5SH+KCl$$

③ 缩合：

$$(C_5H_5O)_2\overset{\overset{\displaystyle S}{\|}}{P}SH+C_2H_5SH+CH_2O \longrightarrow (C_5H_5O)_2\overset{\overset{\displaystyle S}{\|}}{P}SCH_2SC_2H_5+H_2O$$

（4）生产工艺流程（参见图 20-10）

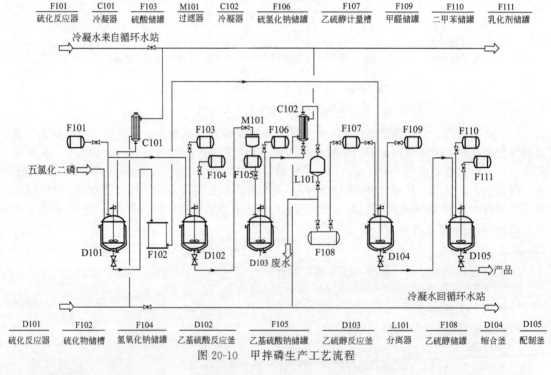

| F101 | C101 | F103 | M101 | C102 | F106 | F107 | F109 | F110 | F111 |
| 硫化反应器 | 冷凝器 | 硫酸储罐 | 过滤器 | 冷凝器 | 硫氢化钠储罐 | 乙硫醇计量槽 | 甲醛储罐 | 二甲苯储罐 | 乳化剂储罐 |

| D101 | F102 | F104 | D102 | F105 | D103 | L101 | F108 | D104 | D105 |
| 硫化反应器 | 硫化物储槽 | 氢氧化钠储罐 | 乙基硫酸反应釜 | 乙基硫酸钠储罐 | 乙硫醇反应釜 | 分离器 | 乙硫醇储罐 | 缩合釜 | 配制釜 |

图 20-10 甲拌磷生产工艺流程

① 硫化物的制备　在硫化物反应器 D101 中加入无水乙醇，在冷却下由螺旋输送器加入 P_2S_5，在 60~70℃下反应 3h，反应过程生成的 H_2S，经回流冷凝器排空，硫化物由真空抽至储槽备用。

② 乙硫醇的制备　在乙基硫酸反应器 D102 中首先加入无水乙醇，然后慢慢加入发烟硫酸，

用 NaOH 溶液中和至 pH 为 7～8，经过滤器滤去硫酸钠固体，所得的乙基硫酸钠经储槽放入乙硫醇反应器 D103 中，逐渐加入硫氢化钠溶液，反应完毕后，将乙硫醇和水共沸物蒸出，分层，将乙硫醇放入储槽备用。

③ 缩合　将硫化物、乙硫醇放于缩合釜 D104 中混合，冷却后加入甲醛溶液，反应在40～50℃进行 8h，即得甲拌磷原油。

④ 乳剂配制　在配制釜 D105 中将甲拌磷原油、二甲苯及乳化剂加入搅拌，即得 45%～50%甲拌磷乳剂。

(5) 产品用途　本品为剧毒、高效、广谱性、内吸性杀虫、杀螨剂，也具有触杀、胃毒和熏蒸作用。限用于棉花、甜菜、小麦、籽用油菜的拌种；不能用于蔬菜、果树、茶叶、桑叶、中药材等作物。能有效地防治棉蚜、棉红蜘蛛、蓟马、潜叶蝇、拟步行甲、象甲、金针虫、蝼蛄等早期害虫，兼能防治地下害虫。如棉花种子处理，用 60%乳油 0.5kg，加水 100kg 稀释后，在容器内浸泡 50kg 棉籽 12～24h，每隔 1～2h 翻动一次，浸毕捞起，堆闷 8～12h，待种子有 1/3 萌芽时，即可播种。防治甜菜害虫，每 50kg 种子，用 60%乳油 350mL，兑水 10kg，边喷边翻拌种子，均匀后摊开晾干或堆闷数小时后摊开晾干，然后播种。

20.3.6　久效磷

中文别名：O,O-二甲基-2-甲基氨基甲酰基-1-甲基乙烯基磷酸酯，C1414，SD9129

英文名称：monocrotophos，Azodrin

分子式：$C_7H_{14}NO_5P$

(1) 性能指标

① 久效磷原药（ZBG 25012—90）

外观	深棕色液体或固体	优等品	一级品	合格品
久效磷含量		≥73%	≥65%	≥58%
水分		≤0.2%	≤0.2%	≤0.4%
酸度（以 H_2SO_4 计）		≤2.5%	≤2.5%	≤3.0%

② 40%、50%久效磷乳油（ZBG 25013—90）

外观	棕色或红棕色液体	优等品	一级品
久效磷含量		≥34%	≥42%
水分		≤0.4%	≤0.4%
酸度（以 H_2SO_4 计）		≤2.0%	≤2.0%

(2) 生产原料与用量

双乙烯酮	工业级，≥90%	640
甲胺	工业级，≥38%	580
尿素	农药化肥	145
氯气	工业级	605
亚磷酸三甲酯	工业级，≥90%	1050
二氯乙烷	工业级	570

(3) 生产原理　工业上利用 Perkow 反应合成的农药很多。久效磷的合成反应如下：

① 乙酰乙酰甲胺（酰胺）的合成

$$(CH_2{=}C{=}O)_2 + CH_3NH_2 \longrightarrow CH_3\overset{O}{\overset{\|}{C}}CH\overset{O}{\overset{\|}{C}}NHCH_3$$

② α-氯代乙酰乙酰甲胺（一氯化物）的合成

$$CH_3\overset{O}{\overset{\|}{C}}CH\overset{O}{\overset{\|}{C}}NHCH_3 + Cl_2 \longrightarrow CH_3\overset{O}{\overset{\|}{C}}\underset{\underset{Cl}{|}}{C}H\overset{O}{\overset{\|}{C}}NHCH_3 + HCl$$

③ 久效磷的合成

$$\underset{\underset{Cl}{|}}{CH_3COCHCONHCH_3} + (CH_3O)_3P \longrightarrow \underset{\underset{OCH_3}{|}}{\overset{\overset{S}{\|}}{\underset{CH_3O}{|}}}\underset{}{P-O-C=CHCONHCH_3} + CH_3Cl$$

（4）生产工艺流程（参见图 20-11）

① 先将甲胺投入搪瓷釜 D101 中，再加水，搅拌、冷冻，待釜内温度降到－5℃，开始滴加双乙烯酮，滴加速度力求均匀，温度控制在 0～2℃。滴加完毕，用补加甲胺的办法调 pH 至 7～8，再搅拌 0.5h 结束反应。

② 将一定量的水投入搪瓷釜 D102 中，升温至 40℃左右投入食盐和尿素，使其溶解，而后吸入氯化釜，再把酰胺吸入氯化釜 D103，降温至 14℃，开始第一次通氯。反应保持在－10℃左右，以计量控制通氯到终点后，再反应 0.5h，停止搅拌，在 D104 进行第一次萃取。萃取后的水层经分析酰胺含量、计量算出通氯量后，再吸入氯化釜 D105 中，降温至－14℃，进行第二次通氯，操作同上。到终点时，经 D106 进行第二次萃取。

③ 将静置脱水的上述油层投入搪瓷合成釜 D107 中，搅拌、升温，蒸出二氯乙烷，用自来水冷却降温至 65℃时开始滴加亚磷酸三甲酯，约 0.5h 加完，此时温度自然升至 70℃。再导入 D108 中，缓缓升温，使其回流，温度升到 85℃，回流 3h，停止加热，降至 40℃时在 D109 进行脱溶。以上三步合成久效磷总收率 62%～64%。

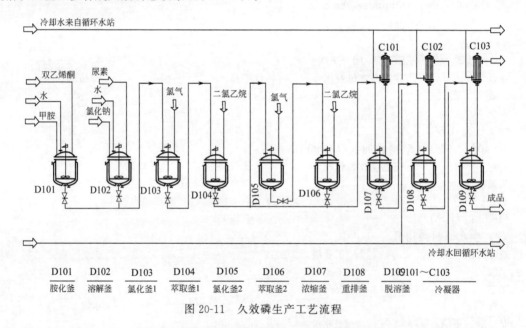

图 20-11 久效磷生产工艺流程

（5）产品用途 为一种有内吸性、兼有强烈触杀和胃毒作用的有机磷杀虫剂。杀虫谱广，药效期长，能维持 7～9 天。能防治稻螟、稻纵卷叶虫、稻苞虫、稻螟蛉、稻叶蝉、稻飞虱、抗性蚜虫、红蜘蛛、棉铃虫、棉红铃虫等多种害虫。

20.3.7 克瘟散

中文别名：敌瘟磷，稻瘟光，O-乙基-S,S-二苯基二硫代磷酸酯，西双散

英文名称：edifenphos

分子式：$C_{14}H_{15}O_2PS_2$

（1）性能指标

40%乳油		水分含量	≤0.1%
外观	淡黄色油状液体	游离酸含量	≤0.5%
有效成分含量	≥40%	硫酸含量	≤1.0%

（2）生产原料与用量

三氯氧磷	工业级	950	氯磺酸	工业级	4500
氢氧化钠	工业级	500	无水乙醇	≥95%	300
苯	工业级	2500			

（3）生产原理

由苯与氯磺酸为原料，经过几步反应而得。合成反应路线如下：

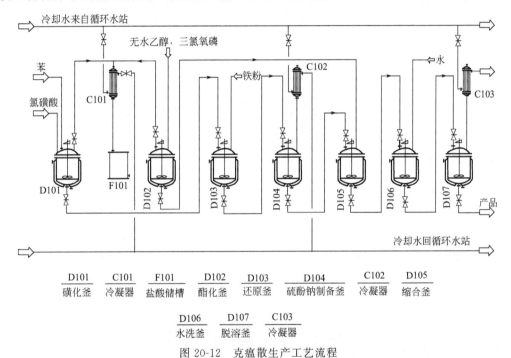

（4）生产工艺流程（参见图20-12）　将苯与氯磺酸加入 D101 进行氯磺化，在 20℃反应 4～6h 生成苯磺酰氯；再以铁屑还原生成苯硫酚，并与氢氧化钠在室温下反应生成苯硫酚钠盐；同时使三氯氧磷与乙醇反应制得二氯磷酸乙酯，再与苯硫酚钠在水中反应 5h，制得克瘟散。

| D101 | C101 | F101 | D102 | D103 | D104 | C102 | D105 |
| 磺化釜 | 冷凝器 | 盐酸储槽 | 酯化釜 | 还原釜 | 硫酚钠制备釜 | 冷凝器 | 缩合釜 |

| D106 | D107 | C103 |
| 水洗釜 | 脱溶釜 | 冷凝器 |

图 20-12　克瘟散生产工艺流程

（5）产品用途　为广谱性有机磷杀菌剂，有内吸作用，兼有保护和治疗作用。主要用于防治稻瘟病，对水稻叶瘟、穗颈瘟、苗瘟有良好防效。如防治叶瘟，在病前用 40%乳油 7.5～10.5mL/100m² 兑水喷雾；重发时用 11.3～15mL/100m² 隔 10～14d 喷雾；同样剂量可防治穗颈瘟；种子处理可防治苗瘟。此外还可用于防治麦类赤霉病、水稻小粒菌核病、水稻纹枯病、玉米大斑病和小斑病、胡麻叶斑病及稻叶蝉、飞虱、稻螟等。本药剂在病原菌侵入前使用效果明显。

20.3.8　灭菌丹

中文别名：费尔顿，法尔顿，福尔培，N-（三氯甲硫基）酞酰亚胺，N-（三氯甲硫基）邻苯二甲酰亚胺

英文名称：folpet

分子式：$C_9H_4Cl_3NO_2S$

（1）性能指标

外观	白色或淡黄色粉末	游离氯	≤1%
有效成分含量	≥80%	熔点	160～175℃

（2）生产原料与用量

二硫化碳	工业级，95%	512	液氨	工业级	200
氯气	工业级	844	固碱	工业级	309
苯酐	工业一级	853			

（3）生产原理

① 将苯酐与尿素经胺化反应得邻苯二甲酰亚胺。反应式如下：

$$2\ \text{(苯酐)} + (NH_2)_2CO \longrightarrow 2\ \text{(}NH\text{)} + H_2O + CO_2$$

② 将水、二硫化碳及浓盐酸反应得硫代次氯酸三氯甲酯。反应式如下：

$$CS_2 + 5Cl_2 + 4H_2O \xrightarrow{12\%HCl} ClSCCl_3 + H_2SO_4 + 6HCl$$

③ 将5%NaOH溶液与邻苯二甲酰亚胺反应成为钠盐。再与硫代次氯酸三氯甲酯反应即得灭菌丹。反应式如下：

$$\text{(}NH\text{)} + ClSCCl_3 \xrightarrow{NaOH} \text{(}N\text{—}SCCl_3\text{)} + H_2O$$

（4）生产工艺流程（参见图20-13）

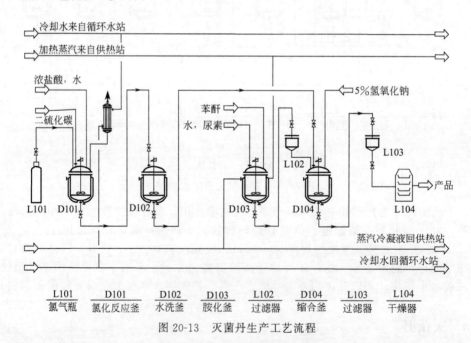

L101	D101	D102	D103	L102	D104	L103	L104
氯气瓶	氯化反应釜	水洗釜	胺化釜	过滤器	缩合釜	过滤器	干燥器

图 20-13 灭菌丹生产工艺流程

① 将苯酐与尿素以1∶0.24称量后加入胺化釜D103中混匀，在0.5MPa蒸汽加热下预热10min，开动搅拌器，迅速投入混合料，使反应在15～20min内达到完全"喷雾"状态。反应完毕，迅速加水，结晶在水中析出，经L102抽滤得湿邻苯二甲酰亚胺，收率90%～95%。

② 将水、二硫化碳及浓盐酸加入氯化反应釜D101中，搅拌降温至28～30℃，开始通氯至吸收完全，反应2～3h，反应后分出油层，经水洗即得硫代次氯酸三氯甲酯。收率80%。

③ 将 5%NaOH 溶液放入缩合釜 D104 内，开动搅拌器并降温至−2℃，加入邻苯二甲酰亚胺，搅拌 15～20min，使亚胺成为钠盐。在维持反应温度不高于 10℃ 情况下滴加硫代次氯酸三氯甲酯。当反应物 pH 为 8～9 时出料、过滤、干燥，即得灭菌丹。收率 50%。

（5）产品用途　灭菌丹是一种具有保护作用的广谱保护性杀菌剂，可用于防治粮食、棉花、蔬菜、茶树、烟草等作物的多种病害，对各种作物的叶斑病有良好效果。如马铃薯晚疫病和白粉病、叶锈病、叶斑病。防治粮食作物蔬菜、果树等的多种病害，且对植物有刺激生长作用。可防治稻瘟病、水稻纹枯病、麦类锈病、赤霉病、油菜霜霉病、花生叶斑病、马铃薯晚疫病、番茄早疫病、烟草炭疽病、苹果炭疽病等。

20.3.9　杀草胺

中文别名：N-α-氯代乙酰-N-异丙基邻乙基苯胺

英文名称：shacaoan

分子式：$C_{13}H_{18}ClNO$

（1）性能指标

| 外观 | 纯品为白色结晶，工业品为棕红色油状液体 |
| 溶水性 | 难溶于水，易溶于乙醇、丙酮、氯仿、二氯乙烷、苯、甲苯等有机溶剂 |

（2）生产原料与用量

邻硝基乙苯	工业级	100	氢氧化钠	工业级，40%	45
铁粉	工业级，≥90%	120	氯乙酸	工业级	47.5
盐酸	工业级，30%	10	三氯化磷	工业级	29.5
2-溴丙烷	工业级	68			

（3）生产原理　由邻硝基乙苯为起始原料，经还原等反应而得。合成反应如下：

（4）生产工艺流程（参见图 20-14）

① 先将邻硝基乙苯、盐酸、水分别打入高位槽，然后将 1.35L 水放入反应釜 D101 内，启动搅拌，夹套通蒸汽，加入 120kg 铁粉。当釜内温度为 80℃ 时，加入 30% 盐酸 10L，升温到 98～100℃ 并保持 15min，充分进行铁的预蚀。2h 内滴加入 100L 邻硝基乙苯，温度保持在（100±2）℃，反应 2h。取样测反应终点，即用玻璃棒取物料一滴于滤纸上，渗圈无黄色即为终点。

② 还原反应完毕，进行水蒸气蒸馏，蒸至通过视镜观察无油状存在为止，时间约 6～7h。馏出物静置分层，除去下层水层即得邻乙基苯胺。收率约为 90%（含量约为 95%～98%）。

③ 先将 82L 邻乙基苯胺加入到釜 D103 内，启动搅拌并升温到 100～105℃，5～6h 内滴加入 68L（含量为 94%）2-溴丙烷，滴加完后保温 110～120℃ 反应 3h，取样测凝固点。当凝固点高于 80℃ 时即为反应终点。加入 40%NaOH 45L 进行中和，静置分层。分出下层溴化钠，再加水 100L，分出上层油状物即得产品邻乙基-N-异丙基苯胺（简称二胺）。

④ 先将 47.5kg 氯乙酸加入到 200L 搪瓷釜 D104 内，然后打开真空将 29.5kg 三氯化磷抽入釜内，关闭真空，打开搅拌，升温到 40℃ 时于 3h 内均匀加入 74.5kg 二胺。滴加完毕后，升温到 80～90℃ 保持 4h。导入水洗釜 D105，降温至 70℃ 后缓缓滴加 40kg 水，搅拌 10min，静置分层，除去水层即得产品，收率约为 73%。

生产工艺条件如下：邻乙基苯胺制备过程的原料配比为邻硝基苯胺：铁粉：盐酸：水＝1：3.6：0.4：10.2，反应时间2h，反应温度（100±2）℃。烷基化反应过程中，原料配比为邻乙基苯胺：2-溴丙烷＝1：1.03，反应温度为110～120℃，反应时间3h，反应终点物料凝固点大于80℃。杀草胺合成过程中，原料配比为烷基物：氯乙酸：三氯化磷＝1：1.2：0.5，烷基物滴加温度为40～60℃，反应温度为80～90℃，反应时间为4h。

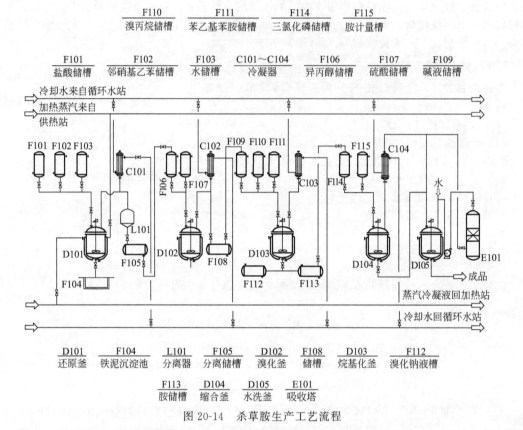

图 20-14　杀草胺生产工艺流程

（5）产品用途　主要用于防治大豆、玉米、水稻、花生等水田、旱田杂草，对芽状的稗草、马唐、三棱草有较好的效果。芽前除草剂，土壤处理可杀死萌芽期杂草。持效期15～20天。主要用于水稻秧田、大豆田、花生田等防除一年生单子叶和部分双子叶杂草。如水稻田的稗草、鸭舌草、水马齿苋、球三棱、牛毛草及旱田的狗尾草、马唐、灰菜、马齿苋等。

20.3.10　烯丙菊酯

中文别名：丙烯菊酯，毕那命，益必添，杀蚊灵

英文名称：allethrin

分子式：$C_{19}H_{26}O_3$

（1）性能指标

烯丙菊酯产品系由不同异构体组成，含量如下：

不同异构体	烯丙菊酯	右旋顺反式	生物丙烯菊酯	益必添
	90％	92％	95％	93％
右旋反式右旋	18	36.8	46.5	72
右旋反式左旋	18	36.8	46.5	21
左旋反式右旋	18	—	—	—
左旋反式左旋	18	—	—	—

	4.5	9.2	—	—
右旋顺式右旋	4.5	9.2	—	—
右旋顺式左旋	4.5	9.2	—	—
左旋顺式右旋	4.5	—	—	—
左旋顺式左旋	4.5	—	—	—

（2）生产原料与用量

D-(-) 果糖	工业级	240
氯化十六烷基三甲基胺	工业级	130
十二烷基苯磺酸钠	工业级	5
三乙胺	工业级	80
四氢呋喃	工业级	350
氯化镁	工业级	13
10%磷酸二氢钾	工业级	适量
氢氧化钠	工业级，10%	适量
己酮	工业级	200～300
硫酸	工业级，14.1%	适量
氮气	工业级，10%	适量
苯	工业级	适量
碳酸氢钠	工业级，10%	适量
食盐	工业级，饱和溶液	适量

（3）生产原理　烯丙菊酯是 20 世纪 50 年代第一个投入工业化生产的第一菊酸类拟除虫菊酯类农药，其合成方法是利用第一菊酰氯与烯丙酮醇反应而得到：

$$SOCl_2 + (CH_3)_2C = CH - CH - CH - COOH \xrightarrow[\text{石油醚}]{0℃，2.5～3h} (CH_3)_2C = CH - CH - CH - COCl$$

其中烯丙酮醇可采用 Vandewalle 法合成，合成反应如下：

$$CH_3COC_2H_5 + \begin{matrix} COOEt \\ | \\ COOEt \end{matrix} \xrightarrow[\text{乙醇钠+乙醇}]{-2EtOH} \cdots \xrightarrow[\text{对甲苯磺酸}]{\text{原甲酸三乙酯}} \cdots$$

$$\xrightarrow[\text{(pH<1)水解}]{CH_2=CH-CH_2MgCl} \cdots \xrightarrow[\text{CH}_2\text{Cl}_2]{Zn+CH_3COOH} \cdots$$

（4）生产工艺流程（参见图 20-15）

① 5-甲基糠醛的制备　向反应器 D101 中，放入 D-（一）果糖、氯化十六烷基三甲基铵、十二烷基苯磺酸钠、水和甲苯，进行搅拌。然后在室温下通入氯化氢气体，通完后，再于室温下继续搅拌 2.5h。把上面的油层从下面的水层中分出。再向水层中加入甲苯及同样数量的上述两种表面活性剂后仍于室温下搅拌 2.5h，再分出上面的油层，总共重复 3 次。

将所有的甲苯层合并后，加入 D102 中，放入钯催化剂和三乙胺。用氢气置换掉反应器中的空气。将反应物加热至 35℃，在 35℃下搅拌反应 30min，反应完成后除去催化剂。5-甲基糠醛的收率为 75%。

② 自 5-甲基糠醛制 2-(1-羟基-3-丁烯基)-5-甲基呋喃　在反应器 D103 中，加入干燥的四氢呋喃和碘。将烯丙基氯在室温下滴至反应器 D103 中，同时开动搅拌约 0.5h 后，待碘色消失开始放热时表明反应已经开始。然后把 5-甲基糠醛、烯丙基氯和四氢呋喃混合后，维持 60℃，在 1h 内加至反应器中，继续在同一温度下搅拌 30min。待反应完成后，反应物与 14.1% 硫酸水溶液同时倒入水中（时间 30min，温度 10℃）并继续在 10℃ 条件下搅拌 1h。反应完成后，溶液分为油层及水层，分去水层。蒸去油层中的溶剂，将残留油状物减压蒸馏后得到中间产物，收率以 5-甲基糠醛计为 90%。

③ 自 2-(1-羟基-3-丁烯基)-5-甲基呋喃制取 2-烯丙基-3-甲基-3-羟基-4-环戊烯-1-酮　在反应容器 D104 中放入水、14.1% 硫酸，升温至 100℃。然后滴加 2-(1-羟基-3-丁烯基)-5-甲基呋喃和氯化镁水溶液。滴加时间分别控制在 2.5h 和 3.5h 完成。在滴加时，反应物的 pH 以 10% 磷酸二氢钾和氢氧化钠水溶液调节使之维持在 5.7～5.3 之间。在反应开始大约 1.5h 后，pH 不再改变。在 MgCl$_2$ 溶液加完后，反应物的 pH 为 5.5。继续在回流温度（100℃）下搅拌 4.5h。最后，把反应物冷却到 40℃ 并用稀氢氧化钠中和，食盐盐析物料，物料以甲苯萃取四次，60℃ 蒸去溶剂，残余油状物减压蒸馏得到收率为 85% 的 2-烯丙基-3-甲基-3-羟基-4-环戊烯-1-酮。

④ 自 2-烯丙基-3-甲基-3-羟基-4-环戊烯-1-酮制取烯丙醇酮　把 2-烯丙基-3-甲基-3-羟基-4-环戊烯-1-酮和水加至高压釜 D105 中，充入氮气。在 180℃ 搅拌 6h。冷却后以氯化钠加至反应物内。然后以己酮萃取。萃取物经脱去溶剂、减压蒸馏得到烯丙醇酮。收率 95%。

⑤ 烯丙菊酯的合成　在反应器 D106 中，加入烯丙醇酮、甲苯和菊酰氯，于室温下搅拌反应 12h，反应混合物加入到冰水中，苯萃取。再依次用饱和碳酸氢钠水溶液、饱和食盐水溶液、水洗涤，干燥，减压蒸馏得烯丙菊酯，收率 92%。

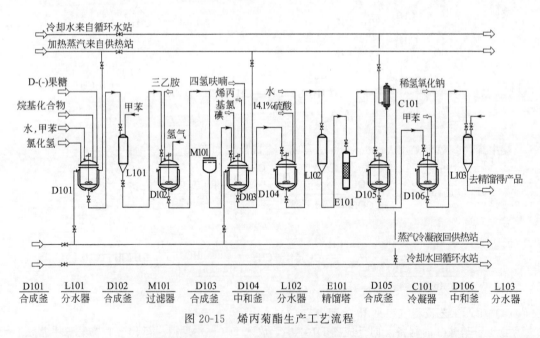

图 20-15　烯丙菊酯生产工艺流程

D101	L101	D102	M101	D103	D104	L102	E101	D105	C101	D106	L103
合成釜	分水器	合成釜	过滤器	合成釜	中和釜	分水器	精馏塔	冷凝器	冷凝器	中和釜	分水器

（5）产品用途　本品为拟除虫菊酯类杀虫剂，蒸气压大小适中，具有熏杀、触杀作用，对于蚊虫还有很好的驱赶和拒避作用，特别适合用于蚊香、电烤蚊香原料，室内蚊、蝇防治，右旋丙烯菊酯、特别是 ES-生物丙烯菊酯击倒作用非常显著。亦可作为气雾剂、喷射剂的原料。另外，与其他农药复配，可以防治其他飞行、爬行害虫及动物体外寄生虫。本品对害虫杀死力、持效力稍差。

20.3.11 乐果

中文别名：乐戈

英文名称：dimethoate，rogor，cygon，dantox

分子式：$C_5H_{12}NO_3PS_2$

（1）性能指标

① 乐果原粉及晶体（GB 9558—1988）

	乐果原粉	乐果晶体
外观	白色或类白色固体	白色或类白色晶体
乐果含量	≥96%	≥98%
水分含量	≤0.5%	≤0.3%
酸度（以 H_2SO_4 计）	≤0.2%	≤0.1%
丙酮不溶物	≤0.5%	≤0.1%

② 乐果原药（GB 15582—1995）

外观　　　　黄色至棕黄色固体或黏稠液体

	优等品	一级品	合格品
乐果含量	≥93%	≥90%	≥80%
水分含量	≤0.2%	≤0.3%	≤0.4%
酸度（以 H_2SO_4 计）	≤0.3%	≤0.4%	≤0.4%
丙酮不溶物	≤0.1%	≤0.1%	≤0.2%

③ 40%乐果乳油（GB 15583—1995）

外观	均相液体	水分含量	≤0.5%
乐果含量	≥40%	酸度（以 H_2SO_4 计）	≤0.3%

（2）生产原料与用量

五硫化二磷	工业级	806	氯乙酸	工业级	650
甲醇	工业级	896	一甲胺	工业级，≥40%	529

（3）生产原理

① O,O-二甲基二硫代磷酸（简称甲基硫化物）的制备：

$$P_2S_5 + 4CH_3OH \longrightarrow 2(CH_3O)_2 \overset{\overset{S}{\|}}{P}\!\!-\!\!SH + H_2S$$

② O,O-甲基二硫代磷酸盐的制备：

$$(CH_3O)_2\overset{\overset{S}{\|}}{P}\!\!-\!\!SH + NaHCO_3 \longrightarrow (CH_3O)_2\overset{\overset{S}{\|}}{P}\!\!-\!\!S\!\!-\!\!Na + H_2O + CO_2$$

③ O,O-二甲基-S-（乙酸甲酯）二硫代磷酸酯的制备：

$$(CH_3O)_2\overset{\overset{S}{\|}}{P}\!\!-\!\!S\!\!-\!\!Na + ClCH_2COOH \longrightarrow (CH_3O)_2\overset{\overset{S}{\|}}{P}\!\!-\!\!S\!\!-\!\!CH_2\!\!-\!\!\overset{\overset{O}{\|}}{C}\!\!-\!\!OCH_3 + NaCl$$

④ 乐果的合成：

$$(CH_3O)_2\overset{\overset{S}{\|}}{P}\!\!-\!\!S\!\!-\!\!CH_2\!\!-\!\!\overset{\overset{S}{\|}}{C}\!\!-\!\!OCH_3 + CH_3NH_2 \longrightarrow (CH_3O)_2\overset{\overset{S}{\|}}{P}\!\!-\!\!S\!\!-\!\!CH_2\!\!-\!\!\overset{\overset{O}{\|}}{C}\!\!-\!\!NH\!\!-\!\!CH_3 + NaCl$$

（4）生产工艺流程（参见图 20-16）　先将甲醇与五硫化二磷加入硫化釜 D101 中，于 50～55℃反应（生成的硫化氢由碱吸收），粗产物二硫代磷酸二甲酯导入 D102，将其用碳酸氢钠中和，生成相应的二硫代磷酸二甲酯钠盐，经 M101 过滤、F101 分层。然后与氯乙酸甲酯、碳酸钠在 D105 中在 50℃反应 3～5h，分出酯层，在 D106 中经减压蒸馏除去过量的氯乙酸甲酯，得到相应的二甲氧基二硫代磷酸甲酯，收率 88％（以硫化物计）。该硫代磷酸酯经冷却至 0℃以下，先与反应需要量三分之二的甲胺在 D107 进行胺解反应，然后补加剩余的 1/3 继续反应一定时间，反应完成后，加入三氯乙烯溶剂，并用盐酸中和至 pH＝6～7，然后加热至 20℃静置分层，分出水层，回收甲醇和未反应的一甲胺，油层水洗后脱去溶剂即为乐果原油，含量 90％以上。再进一步提纯可得 96％以上乐果原粉，经进一步精制，即得 98％以上结晶乐果。

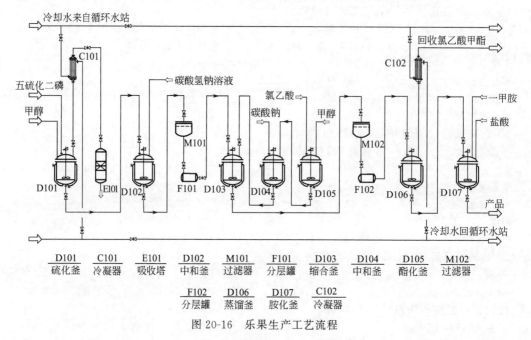

图 20-16　乐果生产工艺流程

（5）产品用途　为内吸性杀虫、乐螨剂，具触杀和一定的胃毒作用，无熏蒸作用。可用于防治多种作物上的刺吸式口器害虫，对蚜虫、螨类及潜叶性害虫高效，用于水稻、棉花、蔬菜、果树等作物。如防治棉蚜、棉红蜘蛛、棉造桥虫，每百平方米用 40％乳油 7.5～10.5mL，兑水 7.5～9kg 喷雾，或用 1.5％粉剂 225～300g 喷粉。用于防治稻叶蝉、稻飞虱、稻蓟马，每百平方米用 40％乳油 7.5mL，兑水 5.6～7.5kg 喷雾，对产生抗性的叶蝉和飞虱，增加 50％稻瘟净乳油 7.5mL，可提高防治效果。此外还可用于防治蔬菜、大豆、油菜、紫云英作物上的蚜虫、柑橘实蝇、介壳虫、潜叶蝇、菜地小地老虎、梨花蝽、梨蚜、苹果红蜘蛛，蝼蛄等害虫。宜在 20℃以上使用效果较好，残效期 5～7 天。

参 考 文 献

[1] 王大全. 精细化工生产流程图解一部. 北京：化学工业出版社，1997.

[2] 王大全. 精细化工生产流程图解二部. 北京：化学工业出版社，1999.

[3] 钱旭红，莫述诚主编. 现代精细化工产品技术大全. 北京：科学出版社，2001.

[4] 孙宝国，何坚. 香料化学与工艺学. 第2版. 北京：化学工业出版社，2004.

[5] 李和平主编. 精细化工工艺学. 第2版. 北京：化学工业出版社，2007.

[6] 李和平，葛虹主编. 精细化工工艺学. 北京：科学出版社，1997.

[7] 贡长生，单自兴. 绿色精细化工导论. 北京：化学工业出版社，2005.

[8] 何坚，孙宝国. 香料化学与工艺学. 北京：化学工业出版社，1995.

[9] 《化妆品生产工艺》编写组. 化妆品生产工艺（1）. 北京：中国轻工业出版社，1995.

[10] 宋启煌. 精细化工工艺学. 第2版. 北京：化学工业出版社，2004.

[11] 孙宝国. 香精概论. 北京：化学工业出版社，1996.

[12] 李和平主编. 精细化工生产原理与技术. 郑州：河南科学技术出版社，1994.

[13] 冯胜. 精细化工手册（上册）. 广州：广东科技出版社，1993.

[14] 李和平主编. 精细化工工艺学. 第3版. 北京：科学出版社，2013.

[15] 余爱农，张庆. 精细化工制剂成型技术. 北京：化学工业出版社，2002.

[16] 程铸生. 精细化学品化学. 上海：华东化工学院出版社，1990.

[17] 毛培坤. 新机能化妆品和洗涤剂. 北京：轻工业出版社，1993.

[18] 刘程. 表面活性剂应用手册. 北京：化学工业出版社，1992.

[19] 李子萐. 中草药在化妆品中的应用. 日用化学品科学，1995，(2)：14-16.

[20] 周学良，朱领地，张林栋等. 精细化工助剂. 北京：化学工业出版社，2002.

[21] 周家华，崔英德，曾颢等. 食品添加剂. 北京：化学工业出版社，2008.

[22] 李炎. 食品添加剂制备工艺. 广州：广东科技出版社，2001.

[23] 凌关庭主编. 食品添加剂手册. 北京：化学工业出版社，2003.

[24] 肖子英. 中国药物化妆品. 北京：中国医药科技出版社，1992.

[25] 李和平. 胶黏剂. 北京：化学工业出版社，2005.

[26] 李和平主编. 国家"十一五"重点图书. 功能元素精细有机化学品结构、性质与合成——含氯精细化学品. 北京：化学工业出版社，2010.

[27] 李和平主编. 国家"十一五"重点图书. 功能元素精细有机化学品结构、性质与合成——含氟、溴、碘精细化学品. 北京：化学工业出版社，2010.

[28] 李和平主编. 胶黏剂生产原理与技术. 北京：化学工业出版社，2009.

[29] 李和平主编. 胶黏剂配方工艺设计. 北京：化学工业出版社，2010.

[30] 何瑾馨. 染料化学. 北京：中国纺织出版社，2000.

[31] 唐岸平. 精细化工产品配方500例及生产. 南京：江苏科学技术出版社，1993.

[32] 陆辟疆，李春燕主编. 精细化工工艺. 北京：化学工业出版社，1996.

[33] 陈甘棠主编. 化学反应工程. 北京：化学工业出版社，1990.

[34] 李绍芬. 化学与催化反应工程. 北京：化学工业出版社，1986.

[35] 倪进方. 化工设计. 上海：华东理工大学出版社，1994.

[36] 戎志梅. 生物化工新产品与新技术开发指南. 北京：化学工业出版社，2002.

[37] 丁学杰. 精细化工新品种与合成技术. 广州：广东科学技术出版社，1993.

[38] ［美］L. 比索等编. 化工过程放大. 邓彤等译. 北京：化学工业出版社，1992.

[39] Jean-Marie Lehn. 超分子化学——概念和展望. 北京：北京大学出版社，2002.

[40] 刘吉平，郝向阳. 纳米科学与技术. 北京：科学出版社，2002.

[41] 陈煜强，刘幼君. 香料产品开发与应用. 上海：上海科学技术出版社，1994.

[42] 杨晓东，李平辉. 日用化学品生产技术. 北京：化学工业出版社，2008.

[43] 温辉梁，黄绍华，刘崇波主编. 食品添加剂生产技术及应用配方. 南昌：江西科学技术出版社，2002.

[44] 侯毓汾，朱振华，王任之. 染料化学. 北京：化学工业出版社，1994.

[45] 刘程主编. 食品添加剂实用大全. 北京：北京工业大学出版社，2004.

[46] 刘志皋，高彦祥等主编. 食品添加剂基础. 北京：中国轻工业出版社，1994.

[47] 熊伟. 农产品保鲜新材料环氧乙烷高级脂肪醇合成研究. 华中农业大学硕士学位论文，2010.

[48] 张光华. 造纸化学品. 北京：中国石化出版社，2000.

[49]　顾民，吕静兰，刘江丽．造纸化学品．北京：中国石化出版社，2006.

[50]　沈一丁．造纸化学品的制备和作用机理．北京：中国轻工业出版社，2002.

[51]　陈根荣．国际造纸化学品工业现状与发展趋势．北京：中国轻工业出版社，2003.

[52]　卢秀萍．造纸工业中的合成聚合物．天津：天津大学出版社，2003.

[53]　张光华．造纸湿部化学原理及其应用．北京：中国轻工业出版社，1998.

[54]　李祥军．造纸化学品．北京：化学工业出版社，1996.

[55]　蔡季琰．造纸用化学助剂 2001 例．广州：科学普及出版社广州分社，1985.

[56]　陶乃杰．染整工程．北京：纺织工业出版社，1990.

[57]　钱国坻．染料化学．上海：上海交通大学出版社，1987.

[58]　《精细化工》、《精细石油化工》、《化工新型材料》、《现代化工》等期刊 1990～2013 年各期．